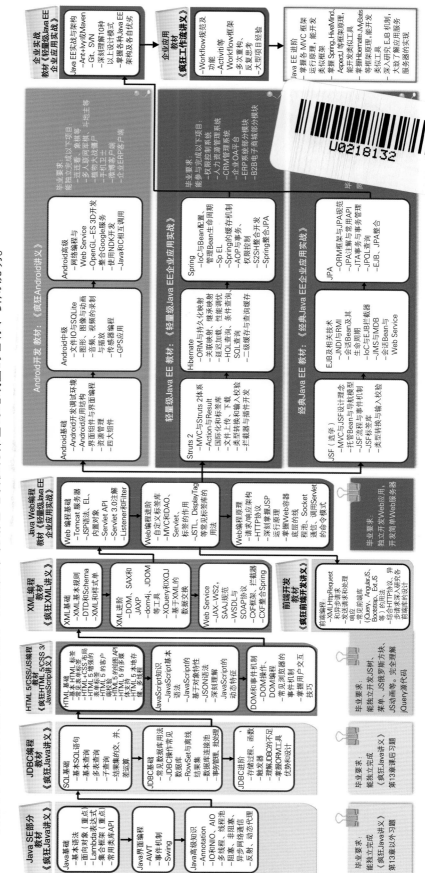

疯狂Java体系

疯狂源自梦想　技术成就辉煌

疯狂Java程序员的基本修养

作　　者：李刚
定　　价：59.00元
出版时间：2013-01
书　　号：978-7-121-19232-6

疯狂HTML 5＋CSS 3＋JavaScript讲义（第2版）

作　　者：李刚
定　　价：89.00元
出版时间：2017-05
书　　号：978-7-121-31405-6

轻量级Java EE企业应用实战（第5版）——Struts 2+Spring 5+Hibernate 5/JPA 2整合开发

作　　者：李刚
定　　价：128.00元（含光盘1张）
出版时间：2018-02
书　　号：978-7-121-33716-1

经典Java EE企业应用实战——基于WebLogic/JBoss的JSF+EJB 3+JPA整合开发

作　　者：李刚
定　　价：79.00元（含光盘1张）
出版时间：2010-08
书　　号：978-7-121-11534-9

疯狂Java讲义（第4版）

作　　者：李刚
定　　价：109.00元（含光盘1张）
出版时间：2018-01
书　　号：978-7-121-33108-4

疯狂前端开发讲义——jQuery+AngularJS+Bootstrap前端开发实战

作　　者：李刚
定　　价：79.00元
出版时间：2017-10
书　　号：978-7-121-32680-6

疯狂XML讲义（第2版）

作　　者：李刚
定　　价：69.00元（含光盘1张）
出版时间：2011-08
书　　号：978-7-121-14049-5

疯狂Android讲义（第4版）

作　　者：李刚
定　　价：139.00元
出版时间：2019-03
书　　号：978-7-121-36009-9

疯狂 Android 讲义（第4版）

李 刚 编著

电子工业出版社
Publishing House of Electronics Industry
北京·BEIJING

内 容 简 介

移动互联网已经成为当今世界发展最快、市场潜力最大、前景最诱人的业务，而Android则是移动互联网上市场占有率最高的平台。

本书是《疯狂Android讲义》的第4版。本书基于最新的Android 9.x，并采用Google推荐的IDE：Android Studio作为开发工具，书中每个案例、每个截图都全面升级到Android 9.x。本书全面介绍Android应用开发的相关知识，全书内容覆盖了Android用户界面编程、Android四大组件、Android资源访问、图形/图像处理、事件处理机制、Android输入/输出处理、音频/视频多媒体应用开发、OpenGL与3D应用开发、网络通信编程、Android整合RESTful服务端、传感器应用开发、GPS应用开发、整合第三方Map服务等。

本书并不局限于介绍Android编程的各种理论知识，而是从"项目驱动"的角度来讲授理论。全书一共包括近百个实例，这些示范性的实例既可帮助读者更好地理解各知识点在实际开发中的应用，也可供读者在实际开发时作为参考，拿来就用。本书最后还提供了两个实用的案例：合金弹头和电子拍卖系统Android客户端（基于主流的RESTful服务端），具有极高的参考价值。本书提供了配套的答疑网站，如果读者在阅读本书时遇到了技术问题，可以登录疯狂Java联盟（http://www.crazyit.org）发帖，笔者将会及时予以解答。

本书适合于有一定Java编程基础的读者。如果读者已熟练掌握Java编程语法，并具有一定的图形界面编程经验，阅读本书将十分合适；否则，在阅读本书之前，建议先认真阅读疯狂Java体系之《疯狂Java讲义》。

未经许可，不得以任何方式复制或抄袭本书之部分或全部内容。
版权所有，侵权必究。

图书在版编目（CIP）数据

疯狂Android讲义 / 李刚编著. —4版. —北京：电子工业出版社，2019.3
ISBN 978-7-121-36009-1

Ⅰ. ①疯… Ⅱ. ①李… Ⅲ. ①移动终端－应用程序－程序设计 Ⅳ. ①TN929.53

中国版本图书馆CIP数据核字（2019）第022959号

策划编辑：张月萍
责任编辑：葛　娜
印　　刷：三河市君旺印务有限公司
装　　订：三河市君旺印务有限公司
出版发行：电子工业出版社
　　　　　北京市海淀区万寿路173信箱　　　邮编：100036
开　　本：787×1092　1/16　　印张：47.75　　字数：1484千字　　彩插：1
版　　次：2011年7月第1版
　　　　　2019年3月第4版
印　　次：2023年6月第12次印刷
印　　数：1000册　　定价：139.00元

凡所购买电子工业出版社图书有缺损问题，请向购买书店调换。若书店售缺，请与本社发行部联系，联系及邮购电话：（010）88254888，88258888。
质量投诉请发邮件至zlts@phei.com.cn，盗版侵权举报请发邮件至dbqq@phei.com.cn。
本书咨询联系方式：010-51260888-819，faq@phei.com.cn。

前　言

移动互联网热潮在全世界引起了巨大反响，移动互联网正在改变着传统互联网的格局，全世界的 IT 公司争相将业务重心向移动互联网转型，移动互联网业务也成为业内最大的利润增长点。

Android 系统就是一个非常优秀的、开放式的手机、平板电脑操作系统，Android 已经成为应用最广的移动互联网平台，而 Android 平台应用的主要开发语言依然是 Java，虽然 Google 官方推荐使用 Kotlin 作为 Android 的开发语言（如果读者想学习如何使用 Kotlin 来开发 Android App，推荐阅读《疯狂 Android 讲义（Kotlin 版）》），但绝大部分 Android App 依然是采用 Java 开发的。

需要指出的是，运行 Android 平台的硬件只是手机、平台电脑等便携式设备，这些设备的计算能力、数据存储能力都是有限的，因此不太可能在 Android 平台上部署大型企业级应用，因此 Android App 通常只能以纯粹客户端应用的角色出现，然后通过网络与传统大型应用交互，充当大型企业应用的客户端，比如现在已经出现的淘宝 Android 客户端、京东 Android 客户端等，它们都是这种发展趋势下的产物。

对于 Java 开发者来说，以前主要在 Java EE 平台上从事服务器端应用开发，但在移动互联网的趋势下，Java 开发者必然面临着为这些应用开发客户端的需求。现在，Android 应用开发既是一个挑战，也是一个机遇——挑战是：掌握 Android 应用开发需要重新投入学习成本；机遇是：掌握 Android 开发之后将可让职业生涯达到一个新的高度，而且移动互联网与 Android 必然带来更多的就业机会与创业机会，这都值得当下的开发者好好把握。

本书是《疯狂 Android 讲义》的第 4 版，本书真正基于最新的 Android 9.x，而且本书采用了 Google 推荐的 IDE：Android Studio 作为开发工具。书中每个案例都已对 Android 9.x 进行了适配，完美支持 Android 9.x 平台的运行。此外，相比第 3 版，本书大体涉及如下更新内容。

➢ 新增了约束布局的介绍。
➢ 删除了 Android 不再推荐的 RelativeLayout、GridView 等 API。
➢ 新增了 RecyclerView 的详细介绍。
➢ 新增了 Android 9.x 改进的通知栏和通知 Channel 的详细介绍。
➢ 新增了 Android 9.x 升级后的 Fragment 的详细介绍。
➢ 新增了 Android 9.x 新增的 ImageDecoder 的内容。
➢ 新增了增强后属性动画的介绍。
➢ 新增了改进后广播接收器的详细介绍。
➢ 新增了 Android 9.x 增强的 MediaPlayer 的内容。
➢ 新增了 Android 9.x 安全增强的 URL 的内容。
➢ 新增了全新的快捷方式的详细介绍。
➢ 新增了各种新的传感器的介绍。

如果读者在下载 Android 9.x 及其相关工具时遇到困难，可关注封面勒口上的"疯狂图书"

公众号，通过本书提供的配套网盘地址进行下载。

此外，本书详细介绍了 Android 开发所使用的项目构建工具：Gradle。推荐大家认真学习这个项目构建工具，原因有两方面。

- ➢ Gradle 本身是目前最优秀的项目构建工具，未来完全可能会取代传统的 Ant、Maven 等项目构建工具。
- ➢ 使用 Android Studio 开发 Android 时可能会遇到一些"未知"的错误，其实往往是由于不熟悉 Gradle 所导致的，因此掌握 Gradle 能真正在 Android 开发中做到得心应手。

衷心感谢

疯狂 Java 体系图书能走到今天，广大读者的认同与支持是笔者坚持创作的最大动力。广大读者的认同，已让疯狂 Java 体系图书的销量逐年上升。《疯狂 Android 讲义》一书在过去更是屡创辉煌。

《疯狂 Android 讲义》自面市以来重印 **30** 多次，发行量超 **16** 万册，并屡获殊荣！

❤ 曾获评 CSDN 年度最具技术影响力十大原创图书

❤ 多次荣获年度最畅销图书及长销图书大奖

- 在 Amazon 百万动销品种中曾取得排名第 3 的惊人成绩

诚挚地感谢广大读者的支持与爱护：你们的支持让疯狂 Java 图书没有放弃，你们的激励让疯狂 Java 图书茁壮成长、你们的反馈让疯狂 Java 图书日臻完善；同时也感谢博文视点张月萍等编辑、疯狂软件教育中心技术团队一贯的支持。

网络上有些不良作者及其"水军"为了"蹭热点"，经常拿一些乱七八糟的 Android 图书与《疯狂 Android 讲义》进行对比，试图误导广大读者。在这里提醒广大读者擦亮眼睛：真正优秀的经典，都是坚持自己做到极致，不断地突破自己。

本书有什么特点

本书是一本介绍 Android 应用开发的实用图书，全面介绍了 Android 9.x 平台上应用开发各方面的知识。与市面上有些介绍 Android 编程的图书不同，本书并没有花太多篇幅介绍 Android 的发展历史（因为这些内容到处都是），完全没有介绍 Android 市场（因为它只是一个交易网站，与 Android 开发无关，但有些图书甚至用整整一章来介绍它），也没有介绍 JDK 安装、环境变量配置等内容——笔者假设读者已经具有一定的 Java 功底。换句话说，如果你对 Java 基本语法还不熟，本书并不适合你。

本书只用了一章来介绍如何搭建 Android 开发环境、Android 应用结构，当然也简要说明了 Android 的发展历史。可能依然会有人觉得本书篇幅很多，这是由于本书覆盖了 Android 开发绝大部分知识，而且很多知识不仅介绍了相应的理论，并通过相应的实例程序给出了示范。

需要说明的是，本书只是一本介绍 Android 实际开发的图书，而不是一本关于所谓"思想"的书，不要指望学习本书能提高你所谓的"Android 思想"，所以奉劝那些希望提高编程思想的读者不要阅读本书。

本书更不是一本看完之后可以"吹嘘、炫耀"的书——因为本书并没有堆砌一堆"深奥"的新名词、一堆"高深"的思想，本书保持了"疯狂 Java 体系"的一贯风格：操作步骤详细，编程思路清晰，语言平实。只要读者有基本的 Java 基础，阅读本书不会有任何问题，看完本书不会让你觉得自己突然"高深"了，"高深"到自己都理解不了。

认真看完本书，把书中所有示例都练习一遍，本书带给你的只是 9 个字："看得懂、学得会、做得出"。本书不能让你认识一堆新名词，只会让你学会实际的 Android 应用开发。

读者在阅读本书时遇到知识上的问题，都可以登录疯狂 Java 联盟（http://www.crazyit.org）与广大 Android 学习者交流，笔者也会通过该平台与大家一起交流、学习。

本书还具有如下几个特点。

1. 知识全面，覆盖面广

本书深入阐述了 Android 应用开发的 Activity、Service、BroadcastReceiver 与 ContentProvider 四大组件，并详细介绍了 Android 全部图形界面组件的功能和用法，Android 各种资源的管理与用法，Android 图形/图像处理，事件处理，Android 输入/输出处理，音频/视频等多媒体开发，OpenGL-ES 开发，网络通信，传感器和 GPS 开发等内容，全面覆盖 Android 官方指南，在某些内容上更加具体、深入。

2. 内容实际，实用性强

本书并不局限于枯燥的理论介绍，而是采用"项目驱动"的方式来讲授知识点，全书有近百个实例，几乎每个知识点都可找到对应的参考实例。本书最后还提供了"合金弹头"和"电子拍卖系统 Android 客户端"两个应用，具有极高的参考价值。

3. 讲解详细，上手容易

本书保持了"疯狂 Java 体系"的一贯风格：操作步骤详细，编程思路清晰，语言平实。只要读者有一定的 Java 编程基础，阅读本书将可以很轻松地上手 Android 应用开发；学习完本书最后的两个案例后，读者即可完全满足实际企业中 Android 应用开发的要求。

本书写给谁看

如果你已经具备一定的 Java 基础和 XML 基础，或已经学完了《疯狂 Java 讲义》一书，那么你阅读此书将会比较适合；如果你有不错的 Java 基础，而且有一定的图形界面编程经验，那么阅读本书将可以很快掌握 Android 应用开发。如果你对 Java 的掌握还不熟练，比如对 Java 基本语法都不熟练，建议遵从学习规律，循序渐进，暂时不要购买、阅读此书。

2019-1-9

目 录 CONTENTS

第 1 章 Android 应用和开发环境 1
1.1 Android 的发展和历史 2
   1.1.1 Android 的发展和简介 2
   1.1.2 Android 9.x 平台架构及特性 2
1.2 使用 Gradle 自动化构建项目 5
   1.2.1 下载和安装 Gradle 5
   1.2.2 Gradle 构建文件和创建任务 6
   1.2.3 Gradle 的属性定义 11
   1.2.4 增量式构建 13
   1.2.5 Gradle 插件和 java、application 等插件 14
   1.2.6 依赖管理 16
   1.2.7 自定义任务 19
   1.2.8 自定义插件 21
1.3 搭建 Android 开发环境 23
   1.3.1 安装 Android Studio 23
   1.3.2 下载和安装 Android SDK 28
   1.3.3 在安装过程中常见的错误 30
   1.3.4 安装运行、调试环境 31
1.4 Android 常用开发工具的用法 38
   1.4.1 使用 Monitor 进行调试 38
   1.4.2 Android Debug Bridge（ADB）的用法 40
   1.4.3 使用 mksdcard 管理虚拟 SD 卡 41
1.5 开始第一个 Android 应用 41
   1.5.1 使用 Android Studio 开发第一个 Android 应用 41
   1.5.2 通过 Andorid Studio 运行 Android 应用 44
1.6 Android 应用结构分析 45
   1.6.1 Android 项目结构分析 45
   1.6.2 自动生成的 R.java 48
   1.6.3 res 目录说明 48
   1.6.4 Android 应用的清单文件：AndroidManifest.xml 49
   1.6.5 应用程序权限说明 50
1.7 Android 应用的基本组件介绍 51
   1.7.1 Activity 和 View 51
   1.7.2 Service 52
   1.7.3 BroadcastReceiver 52
   1.7.4 ContentProvider 53
   1.7.5 Intent 和 IntentFilter 53
1.8 使用 Android 9 来签名 APK 54
   1.8.1 使用 Android Studio 对 Android 应用签名 54
   1.8.2 使用 Android 9 的命令对 APK 签名 56
1.9 本章小结 57

第 2 章 Android 应用的界面编程 58
2.1 界面编程与视图（View）组件 59
   2.1.1 视图组件与容器组件 59
   2.1.2 使用 XML 布局文件控制 UI 界面 65
   2.1.3 在代码中控制 UI 界面 65
   实例：用编程的方式开发 UI 界面 65
   2.1.4 使用 XML 布局文件和代码混合控制 UI 界面 67
   实例：简单图片浏览器 67
   2.1.5 开发自定义 View 69
   实例：跟随手指的小球 69
2.2 第 1 组 UI 组件：布局管理器 71
   2.2.1 线性布局 72
   2.2.2 表格布局 74
   实例：丰富的表格布局 74
   2.2.3 帧布局 76
   实例：霓虹灯效果 78
   2.2.4 绝对布局 79
   2.2.5 约束布局 80
2.3 第 2 组 UI 组件：TextView 及其子类 84
   2.3.1 文本框（TextView）和编辑框（EditText）的功能与用法 84
   实例：功能丰富的文本框 88
   2.3.2 EditText 的功能与用法 90
   2.3.3 按钮（Button）组件的功能与用法 91
   实例：按钮、圆形按钮、带文字的图片按钮 91
   2.3.4 使用 9Patch 图片作为背景 92
   2.3.5 单选钮（RadioButton）和复选框（CheckBox）的功能与用法 94
   实例：利用单选钮、复选框获取用户信息 94
   2.3.6 状态开关按钮（ToggleButton）和开关（Switch）的功能与用法 96

VII

实例：动态控制布局	97

2.3.7 时钟（AnalogClock 和 TextClock）的功能与用法 ... 98
实例：手机里的"劳力士" ... 98
2.3.8 计时器（Chronometer） ... 99
2.4 第 3 组 UI 组件：ImageView 及其子类 ... 100
实例：图片浏览器 ... 101
实例：强大的图片按钮 ... 104
实例：使用 QuickContactBadge 关联联系人 ... 105
实例：可折叠的悬浮按钮 ... 107
2.5 第 4 组 UI 组件：AdapterView 及子类 ... 108
2.5.1 Adapter 接口及实现类 ... 109
实例：使用 ArrayAdapter 创建 ListView ... 110
实例：使用 SimpleAdapter 创建 ListView ... 112
2.5.2 自动完成文本框（AutoCompleteTextView）的功能与用法 ... 114
2.5.3 可展开的列表组件（ExpandableListView） ... 116
2.5.4 Spinner 的功能与用法 ... 120
2.5.5 AdapterViewFlipper 的功能与用法 ... 121
实例：自动播放的图片库 ... 122
2.5.6 StackView 的功能与用法 ... 124
实例：叠在一起的图片 ... 125
2.5.7 优秀的 RecyclerView 组件 ... 126
实例：使用 RecyclerView 实现列表 ... 127
2.6 第 5 组 UI 组件：ProgressBar 及其子类 ... 130
2.6.1 进度条（ProgressBar）的功能与用法 ... 130
2.6.2 拖动条（SeekBar）的功能与用法 ... 133
实例：通过拖动滑块来改变图片的透明度 ... 134
2.6.3 星级评分条（RatingBar）的功能与用法 ... 135
实例：通过星级改变图片的透明度 ... 136
2.7 第 6 组 UI 组件：ViewAnimator 及其子类 ... 136
2.7.1 ViewSwitcher 的功能与用法 ... 137
实例：仿 Android 系统的 Launcher 界面 ... 137
2.7.2 图像切换器（ImageSwitcher）的功能与用法 ... 142
实例：支持动画的图片浏览器 ... 142
2.7.3 文本切换器（TextSwitcher）的功能与用法 ... 144
2.7.4 ViewFlipper 的功能与用法 ... 145
实例：自动播放的图片库 ... 145
2.8 各种杂项组件 ... 147
2.8.1 使用 Toast 显示提示信息框 ... 147
实例：带图片的消息提示 ... 147
2.8.2 日历视图（CalendarView）组件的功能与用法 ... 149
实例：选择您的生日 ... 149
2.8.3 日期、时间选择器（DatePicker 和 TimePicker）的功能与用法 ... 151
实例：用户选择日期、时间 ... 151
2.8.4 数值选择器（NumberPicker）的功能与用法 ... 153
实例：选择您意向的价格范围 ... 153
2.8.5 搜索框（SearchView）的功能与用法 ... 155
实例：搜索 ... 155
2.8.6 滚动视图（ScrollView）的功能与用法 ... 157
实例：可垂直和水平滚动的视图 ... 157
2.8.7 Android 9 改进的通知和通知 Channel ... 158
实例：加薪通知 ... 159
2.9 第 7 组 UI 组件：对话框 ... 161
2.9.1 使用 AlertDialog 创建对话框 ... 162
实例：显示提示消息的对话框 ... 162
实例：简单列表项对话框 ... 163
实例：单选列表项对话框 ... 164
实例：多选列表项对话框 ... 165
实例：自定义列表项对话框 ... 166
实例：自定义 View 对话框 ... 166
2.9.2 对话框风格的窗口 ... 168
2.9.3 使用 PopupWindow ... 168
2.9.4 使用 DatePickerDialog、TimePickerDialog ... 169
2.9.5 使用 ProgressDialog 创建进度对话框 ... 171
2.10 菜单 ... 171
2.10.1 选项菜单和子菜单（SubMenu） ... 171
2.10.2 使用监听器来监听菜单事件 ... 175
2.10.3 创建多选菜单项和单选菜单项 ... 175
2.10.4 设置与菜单项关联的 Activity ... 175
2.10.5 上下文菜单 ... 176
2.10.6 使用 XML 文件定义菜单 ... 177
实例：使用 XML 资源文件定义菜单 ... 178

	2.10.7 使用 PopupMenu 创建弹出式菜单 181	
2.11	使用活动条（ActionBar）............. 182	
	2.11.1 启用 ActionBar 182	
	2.11.2 使用 ActionBar 显示选项菜单项 ... 183	
	2.11.3 启用程序图标导航 185	
	2.11.4 添加 Action View 186	
	实例："标题"上的时钟 187	
2.12	本章小结 187	

第3章 Android 事件机制 188

3.1	Android 事件处理概述 189
3.2	基于监听的事件处理 189
	3.2.1 监听的处理模型 189
	3.2.2 事件和事件监听器 192
	实例：控制飞机移动 192
	3.2.3 内部类作为事件监听器类 194
	3.2.4 外部类作为事件监听器类 194
	3.2.5 Activity 本身作为事件监听器类 ... 196
	3.2.6 Lambda 表达式作为事件监听器类 ... 196
	3.2.7 直接绑定到标签 197
3.3	基于回调的事件处理 198
	3.3.1 回调机制与监听机制 198
	3.3.2 基于回调的事件传播 199
3.4	响应系统设置的事件 201
	3.4.1 Configuration 类简介 201
	实例：获取系统设备状态 202
	3.4.2 重写 onConfigurationChanged 方法响应系统设置更改 203
	实例：监听屏幕方向的改变 203
3.5	Handler 消息传递机制 205
	3.5.1 Handler 类简介 205
	实例：自动播放动画 206
	3.5.2 Handler、Loop、MessageQueue 的工作原理 207
	实例：使用新线程计算质数 208
3.6	异步任务（AsyncTask）......................... 210
	实例：使用异步任务执行下载 211
3.7	本章小结 213

第4章 深入理解 Activity 与 Fragment 214

4.1	建立、配置和使用 Activity 215
	4.1.1 高级 Activity 215

	实例：用 LauncherActivity 开发启动 Activity 的列表 216
	实例：使用 ExpandableListActivity 实现可展开的 Activity 217
	实例：PreferenceActivity 结合 PreferenceFragment 实现参数设置界面 217
	4.1.2 配置 Activity 222
	4.1.3 启动、关闭 Activity 224
	4.1.4 使用 Bundle 在 Activity 之间交换数据 226
	实例：用第二个 Activity 处理注册信息 226
	4.1.5 启动其他 Activity 并返回结果 ... 229
	实例：用第二个 Activity 让用户选择信息 ... 230
4.2	Activity 的回调机制 232
4.3	Activity 的生命周期 233
	4.3.1 Activity 的生命周期演示 233
	4.3.2 Activity 与 Servlet 的相似性和区别 236
4.4	Activity 的 4 种加载模式 237
	4.4.1 standard 模式 237
	4.4.2 singleTop 模式 238
	4.4.3 singleTask 模式 239
	4.4.4 singleInstance 模式 240
4.5	Android 9 升级的 Fragment 242
	4.5.1 Fragment 概述及其设计初衷 242
	4.5.2 创建 Fragment 243
	实例：开发显示图书详情的 Fragment 244
	实例：创建 ListFragment 246
	4.5.3 Fragment 与 Activity 通信 247
	4.5.4 Fragment 管理与 Fragment 事务 ... 249
	实例：开发兼顾屏幕分辨率的应用 250
4.6	Fragment 的生命周期 253
4.7	管理 Fragment 导航 257
	实例：结合 ViewPager 实现分页导航 257
	实例：结合 TabLayout 实现 Tab 导航 259
4.7	本章小结 261

第5章 使用 Intent 和 IntentFilter 通信 262

5.1	Intent 对象简述 263
5.2	Intent 的属性及 intent-filter 配置 264
	5.2.1 Component 属性 264
	5.2.2 Action、Category 属性与 intent-filter 配置 266

IX

5.2.3 指定 Action、Category 调用系统
　　　Activity 270
实例：查看并获取联系人电话................. 271
实例：返回系统 Home 桌面 274
5.2.4 Data、Type 属性与 intent-filter
　　　配置 274
实例：使用 Action、Data 属性启动系统
　　　Activity 280
5.2.5 Extra 属性 282
5.2.6 Flag 属性 282
5.3 本章小结 283

第 6 章 Android 应用资源 284
6.1 应用资源概述 285
6.1.1 资源的类型及存储方式 285
6.1.2 使用资源 286
6.2 字符串、颜色、尺寸资源 288
6.2.1 颜色值的定义 288
6.2.2 定义字符串、颜色、尺寸资源
　　　文件 288
6.2.3 使用字符串、颜色、尺寸资源 290
6.3 数组（Array）资源 292
6.4 使用 Drawable 资源 295
6.4.1 图片资源 295
6.4.2 StateListDrawable 资源 295
实例：高亮显示正在输入的文本框 296
6.4.3 LayerDrawable 资源 297
实例：定制拖动条的外观 297
6.4.4 ShapeDrawable 资源 299
实例：椭圆形、渐变背景的文本框 299
6.4.5 ClipDrawable 资源 301
实例：徐徐展开的风景 301
6.4.6 AnimationDrawable 资源 302
6.5 属性动画（Property Animation）资源 305
实例：不断渐变的背景色 306
6.6 使用原始 XML 资源 306
6.6.1 定义原始 XML 资源 307
6.6.2 使用原始 XML 文件 307
6.7 使用布局（Layout）资源 309
6.8 使用菜单（Menu）资源 309
6.9 样式（Style）和主题（Theme）资源..... 309
6.9.1 样式资源 310
6.9.2 主题资源 311
实例：给所有窗口添加边框、背景 311

6.10 属性（Attribute）资源.......................... 313
6.11 使用原始资源 315
6.12 国际化 316
6.12.1 为 Android 应用提供国际化资源... 317
6.12.2 国际化 Android 应用 317
6.13 自适应不同屏幕的资源 319
6.14 本章小结 322

第 7 章 图形与图像处理 323
7.1 使用简单图片 324
7.1.1 使用 Drawable 对象 324
7.1.2 Bitmap 和 BitmapFactory 324
7.1.3 Android 9 新增的 ImageDecoder ... 326
7.2 绘图 328
7.2.1 Android 绘图基础：Canvas、
　　　Paint 等 328
7.2.2 Path 类 332
7.2.3 绘制游戏动画 335
实例：采用双缓冲实现画图板 335
实例：弹球游戏 339
7.3 图形特效处理 342
7.3.1 使用 Matrix 控制变换 342
7.3.2 使用 drawBitmapMesh 扭曲图像 ... 344
实例：可揉动的图片 345
7.3.3 使用 Shader 填充图形 347
7.4 逐帧（Frame）动画 349
7.4.1 AnimationDrawable 与逐帧动画 ... 349
7.4.2 实例：在指定点爆炸 350
7.5 补间（Tween）动画 352
7.5.1 Tween 动画与 Interpolator 352
7.5.2 位置、大小、旋转度、透明度
　　　改变的补间动画 354
实例：蝴蝶飞舞 356
7.5.3 自定义补间动画 358
7.6 Android 8 增强的属性动画 360
7.6.1 属性动画的 API 361
7.6.2 使用属性动画 362
实例：大珠小珠落玉盘 366
7.7 使用 SurfaceView 实现动画 371
7.7.1 SurfaceView 的绘图机制 371
7.7.2 实例：基于 SurfaceView 开发
　　　示波器 374
7.8 本章小结 376

第 8 章 Android 数据存储与 IO 377

- 8.1 使用 SharedPreferences 378
  - 8.1.1 SharedPreferences 与 Editor 简介 378
  - 8.1.2 SharedPreferences 的存储位置和格式 379
  - 实例：记录应用程序的使用次数 380
- 8.2 File 存储 381
  - 8.2.1 openFileOutput 和 openFileInput 381
  - 8.2.2 读写 SD 卡上的文件 383
  - 实例：SD 卡文件浏览器 386
- 8.3 SQLite 数据库 389
  - 8.3.1 SQLiteDatabase 简介 390
  - 8.3.2 创建数据库和表 391
  - 8.3.3 SQLiteOpenHelper 类 391
  - 8.3.4 使用 SQL 语句操作 SQLite 数据库 .. 393
  - 8.3.5 使用 sqlite3 工具 396
  - 8.3.6 使用特定方法操作 SQLite 数据库 .. 397
  - 8.3.7 事务 400
  - 8.3.8 SQLite 数据库最佳实践建议 400
- 8.4 手势（Gesture） 401
  - 8.4.1 手势检测 401
  - 实例：通过手势缩放图片 403
  - 实例：通过多点触碰缩放 TextView 404
  - 实例：通过多点触碰缩放图片 406
  - 实例：通过手势实现翻页效果 408
  - 8.4.2 增加手势 410
  - 8.4.3 识别用户手势 413
- 8.5 让应用说话（TTS） 415
- 8.6 本章小结 418

第 9 章 使用 ContentProvider 实现数据共享 .419

- 9.1 数据共享标准：ContentProvider 420
  - 9.1.1 ContentProvider 简介 420
  - 9.1.2 Uri 简介 421
  - 9.1.3 使用 ContentResolver 操作数据 422
- 9.2 开发 ContentProvider 423
  - 9.2.1 ContentProvider 与 ContentResolver 的关系 423
  - 9.2.2 开发 ContentProvider 子类 424
  - 9.2.3 配置 ContentProvider 425
  - 9.2.4 使用 ContentResolver 调用方法 426
  - 9.2.5 创建 ContentProvider 的说明 428
  - 实例：使用 ContentProvider 共享单词数据 429
- 9.3 操作系统的 ContentProvider 434
  - 9.3.1 使用 ContentProvider 管理联系人 434
  - 9.3.2 使用 ContentProvider 管理多媒体内容 440
- 9.4 监听 ContentProvider 的数据改变 443
  - 9.4.1 ContentObserver 简介 443
  - 9.4.2 实例：监听用户发出的短信 444
- 9.5 本章小结 446

第 10 章 Service 和 BroadcastReceiver 447

- 10.1 Service 简介 448
  - 10.1.1 创建、配置 Service 448
  - 10.1.2 启动和停止 Service 450
  - 10.1.3 绑定本地 Service 并与之通信 451
  - 10.1.4 Service 的生命周期 454
  - 10.1.5 使用 IntentService 455
- 10.2 跨进程调用 Service（AIDL Service） 458
  - 10.2.1 AIDL Service 简介 458
  - 10.2.2 创建 AIDL 文件 459
  - 10.2.3 将接口暴露给客户端 459
  - 10.2.4 客户端访问 AIDL Service 461
  - 实例：传递复杂数据的 AIDL Service 462
- 10.3 电话管理器（TelephonyManager） 467
  - 实例：获取网络和 SIM 卡信息 467
  - 实例：监听手机来电 469
- 10.4 短信管理器（SmsManager） 470
  - 实例：发送短信 470
  - 实例：短信群发 471
- 10.5 音频管理器（AudioManager） 474
  - 10.5.1 AudioManager 简介 474
  - 10.5.2 实例：使用 AudioManager 控制手机音频 474
- 10.6 振动器（Vibrator） 476
  - 10.6.1 Vibrator 简介 476
  - 10.6.2 使用 Vibrator 控制手机振动 476
- 10.7 手机闹钟服务（AlarmManager） 477
  - 10.7.1 AlarmManager 简介 477
  - 10.7.2 设置闹钟 478
- 10.8 广播接收器 480
  - 10.8.1 BroadcastReceiver 简介 480
  - 10.8.2 发送广播 481
  - 10.8.3 有序广播 483
  - 实例：基于 Service 的音乐播放器 485
- 10.9 接收系统广播消息 489

实例：开机自动运行的 Activity 490
　　　实例：手机电量提示 490
　10.10　本章小结 492

第 11 章　多媒体应用开发 493
　11.1　音频和视频的播放 494
　　11.1.1　Android 9 增强的 MediaPlayer 494
　　11.1.2　音乐特效控制 498
　　　实例：音乐的示波器、均衡、重低音
　　　　　　和音场 499
　　11.1.3　使用 VolumeShaper 控制声音效果 ... 505
　　11.1.4　使用 SoundPool 播放音效 507
　　11.1.5　使用 VideoView 播放视频 509
　　11.1.6　使用 MediaPlayer 和 SurfaceView
　　　　　　播放视频 511
　11.2　使用 MediaRecorder 录制音频 514
　　　实例：录制音乐 515
　11.3　控制摄像头拍照 517
　　11.3.1　Android 9 改进的 Camera v2 517
　　　实例：拍照时自动对焦 518
　　11.3.2　录制视频短片 526
　　　实例：录制生活短片 527
　11.4　屏幕捕捉 530
　11.5　本章小结 532

第 12 章　OpenGL 与 3D 开发 533
　12.1　3D 图形与 3D 开发的基本知识 534
　12.2　OpenGL 和 OpenGL ES 简介 535
　12.3　绘制 2D 图形 536
　　12.3.1　在 Android 应用中使用
　　　　　　OpenGL ES 536
　　12.3.2　绘制平面上的多边形 538
　　12.3.3　旋转 543
　12.4　绘制 3D 图形 546
　　12.4.1　构建 3D 图形 546
　　12.4.2　应用纹理贴图 550
　12.5　本章小结 555

第 13 章　Android 网络应用 556
　13.1　基于 TCP 协议的网络通信 557
　　13.1.1　TCP 协议基础 557
　　13.1.2　使用 ServerSocket 创建 TCP
　　　　　　服务器端 558
　　13.1.3　使用 Socket 进行通信 559

　　13.1.4　加入多线程 562
　13.2　使用 URL 访问网络资源 567
　　13.2.1　Android 9 安全增强的 URL 568
　　13.2.2　使用 URLConnection 提交请求 570
　13.3　使用 HTTP 访问网络 575
　　13.3.1　使用 HttpURLConnection 575
　　　实例：多线程下载 576
　　13.3.2　使用 OkHttp 580
　　　实例：访问被保护资源 581
　13.4　使用 WebView 进行混合开发 585
　　13.4.1　使用 WebView 浏览网页 586
　　　实例：迷你浏览器 586
　　13.4.2　使用 WebView 加载 HTML 代码 ... 587
　　13.4.3　使用 WebView 中的 JavaScript
　　　　　　调用 Android 方法 588
　13.5　本章小结 591

第 14 章　管理 Android 系统桌面 592
　14.1　改变壁纸 593
　　14.1.1　开发动态壁纸（Live Wallpapers）... 593
　　14.1.2　实例：蜿蜒壁纸 594
　14.2　快捷方式 597
　　14.2.1　静态快捷方式 598
　　14.2.2　动态快捷方式 599
　　14.2.3　桌面快捷方式（Pinned Shortcut）... 601
　　　实例：让程序占领桌面 601
　14.3　管理桌面控件 602
　　14.3.1　开发桌面控件 602
　　　实例：液晶时钟 604
　　14.3.2　显示带数据集的桌面控件 606
　14.4　本章小结 610

第 15 章　传感器应用开发 611
　15.1　利用 Android 的传感器 612
　15.2　Android 的常用传感器 614
　　15.2.1　方向传感器 614
　　15.2.2　陀螺仪传感器 615
　　15.2.3　磁场传感器 615
　　15.2.4　重力传感器 615
　　15.2.5　线性加速度传感器 615
　　15.2.6　温度传感器 616
　　15.2.7　光传感器 616
　　15.2.8　湿度传感器 616
　　15.2.9　压力传感器 616

15.2.10	心率传感器 ... 616	18.4	加载、管理游戏图片 ... 686
15.2.11	离身检查传感器 ... 616	18.5	实现游戏界面 ... 689
15.3	传感器应用案例 ... 620		18.5.1 实现游戏 Activity ... 689
	实例：指南针 ... 620		18.5.2 实现主视图 ... 691
	实例：水平仪 ... 621	18.6	本章小结 ... 699
15.4	本章小结 ... 625		

第 16 章　GPS 应用开发 ... 626

- 16.1 支持 GPS 的核心 API ... 627
- 16.2 获取 LocationProvider ... 628
  - 16.2.1 获取所有可用的 LocationProvider ... 629
  - 16.2.2 通过名称获得指定 LocationProvider ... 629
- 16.3 获取定位信息 ... 630
  - 16.3.1 通过模拟器发送 GPS 信息 ... 630
  - 16.3.2 获取定位数据 ... 630
  - 16.3.3 Android 9 新增的室内 Wi-Fi 定位 ... 632
- 16.4 临近警告 ... 634
- 16.5 本章小结 ... 636

第 17 章　整合高德 Map 服务 ... 637

- 17.1 调用高德 Map 服务 ... 638
  - 17.1.1 获取 Map API Key ... 638
  - 17.1.2 高德地图入门 ... 640
- 17.2 根据 GPS 信息在地图上定位 ... 643
- 17.3 实际定位 ... 649
  - 17.3.1 地址解析与反向地址解析 ... 649
  - 17.3.2 根据地址执行定位 ... 652
- 17.4 GPS 导航 ... 654
- 17.5 本章小结 ... 659

第 18 章　合金弹头 ... 660

- 18.1 合金弹头游戏简介 ... 661
- 18.2 开发游戏界面组件 ... 661
  - 18.2.1 游戏界面分析 ... 662
  - 18.2.2 实现"怪物"类 ... 662
  - 18.2.3 实现怪物管理类 ... 669
  - 18.2.4 实现"子弹"类 ... 673
  - 18.2.5 实现"角色"类 ... 676
- 18.3 实现绘图工具类 ... 681

第 19 章　电子拍卖系统 ... 700

- 19.1 系统功能简介和架构设计 ... 701
  - 19.1.1 系统功能简介 ... 701
  - 19.1.2 系统架构设计 ... 702
- 19.2 JSON 简介 ... 703
  - 19.2.1 使用 JSON 语法创建对象 ... 704
  - 19.2.2 使用 JSON 语法创建数组 ... 705
  - 19.2.3 Android 的 JSON 支持 ... 706
- 19.3 发送请求的工具类 ... 706
- 19.4 用户登录 ... 708
  - 19.4.1 处理登录的接口 ... 708
  - 19.4.2 用户登录客户端 ... 708
- 19.5 查看流拍物品 ... 716
  - 19.5.1 查看流拍物品的接口 ... 716
  - 19.5.2 查看流拍物品客户端 ... 717
- 19.6 管理物品种类 ... 722
  - 19.6.1 浏览物品种类的接口 ... 722
  - 19.6.2 查看物品种类 ... 723
  - 19.6.3 添加物品种类的接口 ... 727
  - 19.6.4 添加物品种类 ... 727
- 19.7 管理拍卖物品 ... 729
  - 19.7.1 查看自己的拍卖物品的接口 ... 729
  - 19.7.2 查看自己的拍卖物品 ... 729
  - 19.7.3 添加拍卖物品的接口 ... 733
  - 19.7.4 添加拍卖物品 ... 733
- 19.8 参与竞拍 ... 738
  - 19.8.1 选择物品种类 ... 738
  - 19.8.2 根据种类浏览物品的服务器端接口 ... 740
  - 19.8.3 根据种类浏览物品 ... 740
  - 19.8.4 参与竞价的服务器端接口 ... 742
  - 19.8.5 参与竞价 ... 742
- 19.9 权限控制 ... 747
- 19.10 本章小结 ... 748

第 1 章
Android 应用和开发环境

本章要点

- Android 手机平台的发展与现状
- Android 手机平台的架构与特性
- 下载和安装 Gradle 工具
- 定义 Gradle 任务和属性
- Gradle 的增量式构建
- Gradle 插件和依赖管理
- 自定义 Gradle 任务和插件
- 搭建 Android 应用的开发环境
- 管理 Android 虚拟设备
- 使用 Android 模拟器
- 安装和使用 Genymotion 模拟器
- 调试工具 Monitor 的用法
- 使用 ADB 工具复制文件、安装 APK 等
- 使用 Android Studio 开发 Android 应用
- 掌握 Android 应用的结构
- 自动生成 Android 应用的清单文件
- Android 应用的 res 目录
- Android 应用的程序权限
- Android 应用的四大组件
- 对 Android 应用程序进行签名

Android 系统已经成为全球应用最广泛的手机操作系统，三星、华为等手机厂商早已通过 Android 阵营取得了巨大成功。目前国内对 Android 开发人才的需求也在迅速增长。而且搭载 Android 智能系统的手机越来越不像"手机"，更像一台小型电脑。因此手机软件在未来 IT 行业中必将具有举足轻重的地位——你不可能带着一台电脑到处跑，而且时时开着机，但手机可以做到。从趋势上来看，对 Android 软件人才的需求会越来越大。

本书所介绍的平台是 Android 9 平台，该版本的 Android 平台经过几年的沉淀，不仅功能十分强大，而且十分高效、稳定。本书将会全面介绍 Android 平台的软件开发。本章是全书的基础，将会简要介绍 Android 平台的历史、现状，重点向读者讲解如何搭建和使用 Android 应用开发环境，包括安装 Android SDK、Android 开发工具；也包括如何使用 Android 提供的 ADB、Monitor、AAPT 等工具，掌握这些工具是开发 Android 应用的基础技能。

1.1 Android 的发展和历史

Android 是由 Andy Rubin 创立的一个手机操作系统，后来被 Google 收购。Google 希望与各方共同建立一个标准化、开放式的移动电话软件平台，从而在移动产业内形成一个开放式的操作平台。

▶▶ 1.1.1 Android 的发展和简介

Android 并不是 Google 创造的，而是 Android 公司创造的，该公司的创始人是 Andy Rubin。该公司后来被 Google 收购，而 Andy Rubin 也成为 Google 公司的 Android 产品负责人。

Google 于 2007 年 11 月 5 日发布了 Android 1.0 手机操作系统，这个版本的 Android 系统并没有赢得广泛的市场支持。

2009 年 5 月，Google 发布了 Android 1.5，该版本的 Android 提供了一个非常"豪华"的用户界面，而且提供了蓝牙连接支持。这个版本的 Android 吸引了大量开发者的目光。接下来，Android 的版本更新得较快，目前最新的 Android 版本是 9.0，这也是本书所介绍的 Android 版本。

目前 Android 已经成为一个重要的手机操作系统，此外还有另一个重要的手机操作系统就是 Apple 公司的 iOS 系统，但 iOS 系统只能运行在 Apple 公司的 iPhone、iWatch 等产品上。

事实上，Android 已经超出了手机操作系统的范畴，Android 系统已经广泛应用于 TV、手表，以及各种可穿戴设备。最新发布的 Android 9.0 已经专门提供了 TV、Wear 等系统镜像。

就目前国内环境来说，已有大量手机厂商开始生产 Android 操作系统的手机，因为 Android 手机平台是一个真正开放的平台，无须支付任何费用即可使用。出于节省研发费用的考虑，Android 操作平台是一个不错的选择。

从 2008 年 9 月 22 日，T-Mobile 在纽约正式发布第一款 Android 手机：T-Mobile G1 开始，Android 系统不断地获得各个手机厂商的青睐。

2010 年 1 月 7 日，Google 在其美国总部正式向外界发布了旗下首款合作品牌手机 Nexus One（HTC G5），同时开始对外发售。

目前，已经发布搭载 Android 系统的手机厂商包括：三星、HTC、索尼爱立信、LG 等；国内厂商如华为、联想、小米等也发布了大量搭载 Android 系统的手机。

▶▶ 1.1.2 Android 9.x 平台架构及特性

Android 系统的底层建立在 Linux 系统之上，该平台由操作系统、中间件、用户界面和应用软件 4 层组成，它采用一种被称为软件叠层（Software Stack）的方式进行构建。这种软件叠层结构使得层与层之间相互分离，明确各层的分工。这种分工保证了层与层之间的低耦合，当下层的层内或层下发生改变时，上层应用程序无须任何改变。

图 1.1 显示了 Android 系统的体系结构。

图 1.1　Android 系统的体系结构

> **提示：**
> 图 1.1 以 Android 官方文档提供的附图为基础进行了修改。

从图 1.1 可以看出，Android 系统主要由 6 部分组成，下面分别对这 6 部分进行简单介绍。

1．系统 App 层

Android 系统将会包含一系列核心 App（应用程序），包括电话拨号应用、电子邮件客户端、日历、相机、联系人等。这些应用程序通常都是用 Java 编写的。此外，普通开发者开发的各种 Android App，都位于这一层，这也是本书所介绍的主要内容：编写 Android 系统上的应用程序。

2．Java API 框架层

前面已经提到，本书所要介绍的内容就是开发 Android App，开发 Android App 就是面向 Java API 框架层进行开发。从这个意义上看，Android 系统上的各种 App 是完全平等的，不管是 Android 系统本身提供的 App，还是普通开发者所开发的 App，都可以调用 Android 提供的 Java API 框架。

Java API 框架提供了大量 API 供开发者使用。关于这些 API 的具体功能和用法，则是本书后面要详细介绍的内容，此处不再展开阐述。

Java API 框架除可作为 App 开发的基础之外，也是软件复用的重要手段，任何一个应用程序都可以发布它的功能模块——只要发布时遵守了 API 框架的规范，其他 App 就可以调用这个功能模块。

3. 原生 C/C++库

Android 包含一套被不同组件所使用的 C/C++库的集合。一般来说，Android 应用开发者不能直接调用这套 C/C++库集，而是应该通过它上面的 Java API 框架来调用这些库。

下面简单列出一些原生 C/C++库。

- WebKit：一个全新的 Web 浏览器引擎，该引擎为 Android 浏览器提供支持，也为 WebView 提供支持，WebView 完全可以嵌入开发者自己的应用程序中。本书后面会有关于 WebView 的介绍。
- OpenMAX（开放媒体加速层）：其目的在于使用统一的接口，加速处理大量多媒体资料。其中最上层为 OpenMAX AL（App Layer），该层代表 App 和多媒体中间层的标准接口，使得 App 在多媒体接口上具有良好的可移植性。
- Libc（系统 C 库）：一个从 BSD 系统派生的标准 C 系统库，并且专门为嵌入式 Linux 设备调整过。
- Media Framework（媒体框架）：基于 PacketVideo 的 OpenCORE，这套媒体库支持播放和录制许多流行的音频和视频格式，以及查看静态图片。它主要包括 MPEG4、H.264、MP3、AAC、AMR、JPG、PNG 等多媒体格式。
- SGL：底层的 2D 图形引擎。
- OpenGL ES：基于 OpenGL ES API 实现的 3D 系统，这套 3D 库既可使用硬件 3D 加速（如果硬件系统支持的话），也可使用高度优化的软件 3D 加速。
- SQLite：供所有应用程序使用的功能强大的轻量级关系数据库。

4. Android 运行时

Android 运行时由两部分组成：Android 核心库和 ART。其中核心库提供了 Java 语言核心库所能使用的绝大部分功能；而 ART 则负责运行 Android 应用程序。

早期 Android 运行时由 Dalvik 虚拟机和 Android 核心库集组成，但由于 Dalvik 虚拟机采用了一种被称为 JIT（Just-In-Time）的解释器进行动态编译并执行，因此导致 Android App 运行时比较慢。从 Android 5.0 开始，Android 运行时改为使用 ART，ART 在用户安装 App 时进行预编译（Ahead-Of-Time，AOT），将原本在程序运行时的编译动作提前到 App 安装时，这样使得程序在运行时可以减少动态编译的开销，从而提升 Android App 的运行效率。

反过来，由于 ART 需要在安装 App 时进行 AOT 处理，因此 ART 需要占用更多的存储空间，应用安装和系统启动时间会延长不少。此外，ART 还支持 ARM、x86 和 MIPS 架构，并且能完全兼容 64 位系统。

Android 6.0 的重要更新是运行时权限，使得 App 能在安装之后动态地请求获取相关权限；Android 7.0 的重要更新则是多窗口模式。

5. 硬件抽象层（HAL）

硬件抽象层主要提供了对 Linux 内核驱动的封装，这种封装可以向上提供驱动音频、蓝牙、摄像头、传感器等设备的编程接口，向下则可隐藏底层的实现细节。

简单来说，Android 系统把对硬件的支持分为两层：内核驱动层和硬件抽象层。其中底层的内核驱动层处于 Linux 内核中，内核驱动层只提供简单的硬件访问逻辑，这部分代码是完全开源的；

而硬件抽象层则负责参数和访问流程控制，这层的封装代码并不开源，它只是向上提供统一的编程接口，而具体的实现往往属于各厂家。

6．Linux 内核

Android 系统是基于 Linux 的（所以 Android 本质上是一个 Linux 系统）。Linux 内核提供了安全性、内存管理、进程管理、网络协议栈和驱动模型等核心系统服务。除此之外，Linux 内核也是系统硬件和软件叠层之间的抽象层。

1.2 使用 Gradle 自动化构建项目

Gradle 是新一代的自动化构建工具。如果读者熟悉 Ant、Maven，则可以把 Gradle 理解为升级版的 Ant 或 Maven，Gradle 可以完成 Ant、Maven 的所有工作，甚至整合 Ant 或 Maven 的功能。

▶▶ 1.2.1 下载和安装 Gradle

本书之所以要介绍 Gradle，是因为 Android Studio 所采用的构建工具就是 Gradle。如果读者不会使用 Gradle，那么当构建 Android App 出现问题时往往会很茫然。

对早期 Android 开发有印象的读者应该知道，早期 Android 采用 Ant 作为构建工具，后来才使用 Gradle 取代了 Ant。与 Ant、Maven 相比，Gradle 的优势到底在哪里呢？归纳起来，Gradle 的优势有以下几点。

- Ant、Maven 支持的构建操作，Gradle 都可以支持。
- Gradle 提供了强大的依赖管理，完全支持已有的 Maven 或 Ivy 仓库。
- Gradle 使用 Groovy 语言来编写构建文件，构建文件的功能更加灵活。因此，Gradle 的构建文件可支持高级 API，允许开发人员对构建过程进行监视或配置管理。
- 使用领域对象模型来描述构建。
- Gradle 支持多项目构建。
- 提供简单易用的自定义任务、自定义插件。

下载和安装 Gradle 请按如下步骤进行。

① 登录 http://services.gradle.org/distributions/站点下载 Gradle 最新版，本书成书之时，Gradle 的最新稳定版是 4.10.2，建议下载该版本。该版本的 Gradle 需要有 Java 8 的支持，本书使用 Java 11。

下载 Gradle 时有 3 个选择：源代码包（文件名包含 src）、二进制文件包（文件名包含 bin）和完整包（文件名包含 all），通常建议下载完整包，该包内包含了 Gradle 的源代码、二进制文件和文档。

② 下载 gradle-4.10.2-all.zip 文件，将下载到的压缩文件解压缩到任意路径下，此处将其解压缩到 D:\根路径下，解压缩后将看到如下文件结构。

- bin：包含 Gradle 的命令——gradle。
- docs：包含用户手册（包括 PDF 和 HTML 两种版本）、DSL 参考指南、API 文档。
- lib：包含 Gradle 核心，以及它依赖的 JAR 包。
- media：主要包含 Gradle 的一些图标。
- sample：样例。
- src：Gradle 源代码，仅供参考使用。

③ Gradle 的运行需要 JAVA_HOME 环境变量，该环境变量应指向 JDK 安装路径。

> **提示：**
> 如果读者成功安装过 Ant 或 Tomcat 等，则该环境变量应该是正确的。关于如何添加 JAVA_HOME 环境变量，请读者自行参考 Java 入门图书。

④ Gradle 工具的关键命令就是 Gradle 解压缩目录下 bin 路径下的 gradle.bat，如果读者希望操作系统可以识别该命令，还应该将 Gradle 解压缩目录下的 bin 路径添加到操作系统的 PATH 环境变量中。

> **提示：**
> 当在命令行窗口、Shell 窗口中输入一条命令后，操作系统会到 PATH 环境变量所指定的系列路径中去搜索，如果找到了该命令所对应的可执行程序，则运行该命令；否则，将提示找不到命令。如果读者不嫌麻烦，愿意每次都输入 D:\gradle-4.10.2\bin\gradle.bat 的全路径来运行 Gradle，则可不将 Gradle 解压缩目录下的 bin 路径添加到 PATH 环境变量中。

经过上面 4 个步骤，Gradle 安装成功。读者可以启动命令行窗口，输入 gradle.bat 命令，如果看到如下提示信息，则表明 Gradle 安装成功。

```
Starting a Gradle Daemon (subsequent builds will be faster)
> Task :help

Welcome to Gradle 4.10.2.

To run a build, run gradle <task> ...

To see a list of available tasks, run gradle tasks

To see a list of command-line options, run gradle --help

To see more detail about a task, run gradle help --task <task>

For troubleshooting, visit https://help.gradle.org
```

▶▶ 1.2.2 Gradle 构建文件和创建任务

使用 Gradle 非常简单，当正确安装 Gradle 后，只要输入 gradle 或 gradle.bat 命令即可。

如果运行 gradle 命令时没有指定任何参数，Gradle 会在当前目录下搜索 build.gradle 文件。如果找到了就以该文件作为构建文件，并执行指定任务。

要想让 Gradle 使用其他构建文件，可以用--buildfile <构建文件>选项，其中--buildfile 可以使用 -b 代替，这两个选项的作用完全一样。例如如下命令：

```
gradle -b a.xml          // 显式指定使用 a.xml 作为构建文件
gradle --buildfile b.xml          // 显式指定使用 b.xml 作为构建文件
```

如果希望 Gradle 运行时只输出少量的必要信息，则可以使用--quiet 或-q 选项。

如果运行 Gradle 时要显式指定希望运行的任务，则可以采用如下命令格式。

```
gradle [task1 [task2 [task3] ...]]
```

实际上，如果读者需要获取 gradle 命令的更多详细信息，则直接使用 gradle -h 选项（或--help 选项）即可。运行 gradle -h 命令，将看到如图 1.2 所示的提示信息。

使用 Gradle 的关键就是编写构建文件，构建文件的主要作用就是定义构建项目的各种任务（Task）和属性，每个任务可包含多个动作（Action），Gradle 每次运行时可运行一个或多个任务。

Gradle 构建文件的默认名字为 build.gradle，也可以取其他名字。但如果为该构建文件起其他名字，则意味着要将这个文件名作为参数传给 Gradle 工具。可以将构建文件放在项目的任何位置，但通常做法是放在项目的根目录中，这样有利于保持项目的简洁和清晰。

图 1.2 gradle 命令的用法

下面是一个典型的 Gradle 项目层次结构。

```
<project>：存放整个项目的全部资源
    ├─src：分类存放各种源文件、资源文件
    │   ├─main：主要存放与项目相关的源文件和资源
    │   │   ├─java：存放与项目相关的 Java 源文件
    │   │   └─resources：存放与项目相关的资源
    │   └─test：主要存放与测试相关的源文件和资源
    │       ├─java：存放与测试相关的 Java 源文件
    │       └─resources：存放与测试相关的资源
    ├─build：存放编译后的 class 文件、资源的文件夹，该文件夹与 src 具有对应关系
    ├─libs：存放第三方 JAR 包的文件夹
    └─build.gradle：Gradle 构建文件
```

如果使用 gradle 命令构建过项目，那么在项目的根目录下会多出一个 .gradle 文件夹，在该文件夹中存放的是 Gradle 的构建信息，一般不要手动去修改、删除它。

Gradle 构建文件本质上是一个 Groovy 源文件，因此该文件的语法完全符合 Groovy 语法——不过读者不用担心，本节不打算详细介绍 Groovy 编程，只是简单介绍 Gradle 构建文件的语法。

Gradle 采用领域对象模型的概念来组织构建文件，在整个构建文件中涉及如下最核心的 API。

➢ Project：代表项目，通常一份构建文件代表一个项目。Project 包含大量属性和方法。
➢ TaskContainer：任务容器。每个 Project 都会维护一个 TaskContainer 类型的 tasks 属性。简而言之，Project 和 TaskContainer 有一一对应的关系。
➢ Task：代表 Gradle 要执行的一个任务。Task 允许指定它依赖的任务、该任务的类型，也可通过 configure() 方法配置任务。它还提供了 doFirst()、doLast() 方法来添加 Action。Action 对象和 Closure 对象都可代表 Action。

提示： Closure 代表一个闭包，所以 Action 实际上就代表一个代码块。

从逻辑上看，Gradle 构建文件具有如图 1.3 所示的结构。
为 Gradle 构建文件创建 Task 有如下常用方法。
➢ 调用 Project 的 task() 方法创建 Task。
➢ 调用 TaskContainer 的 create() 方法创建 Task。

不管使用哪种方式来创建 Task，通常都可为 Task 指定如下 3 个常用属性。
➢ 通过 dependsOn 属性指定该 Task 所依赖的其他 Task。
➢ 通过 type 属性指定该 Task 的类型。

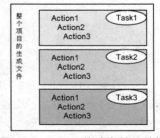
图 1.3 Gradle 构建文件的结构

➢ 通过传入的代码块参数配置 Task。

下面代码示范了创建 Task 最简单的方式。

程序清单：codes\01\1.2\gradle01\build.gradle

```
// 定义 hello1 任务，传入的代码块负责配置该任务
task hello1 {
    println "配置第一个任务"
}
```

上面代码就是调用 task 方法定义了一个名为"hello1"的任务，在创建 hello1 任务时传入了一个代码块，在该代码块内只包含一行简单的 println 语句。

接下来即可使用 gradle hello1 命令来执行该任务，将可看到如下输出。

```
> Configure project :
配置第一个任务
```

从上面的执行过程可以看出，上面的 println 语句被执行了。而且 println 语句并不是在运行阶段输出的，而是在配置阶段输出的。

此处需要对 Gradle 的构建过程进行说明。Gradle 是一种声明式的构建工具，使用 Gradle 构建时，Gradle 并不是直接按顺序执行 build.gradle 文件中的内容的，Gradle 的构建过程可分为两个阶段。

➢ 第一阶段：配置阶段。在此阶段，Gradle 会读取 build.gradle 文件的全部内容来配置 Project 和 Task，比如设置 Project 和 Task 的 Property、处理 Task 之间的依赖关系等。

➢ 第二阶段：按依赖关系执行指定 Task。

在创建 Task 时传入的代码块用于配置该 Task，因此上面 hello1 任务后代码块内的 println 语句会在配置阶段执行，而不是在运行阶段执行的。

如果需要为 Task 添加 Action，则可通过 Task 的 doFirst、doLast 方法——正如它们的名字所暗示的，doFirst 用于将 Action 添加在 Action 序列的前面，doLast 用于将 Action 添加在 Action 序列的后面。

如下代码示范了为 Task 添加 Action（程序清单同上）。

```
// 定义 hello2 任务，传入的代码块负责配置该任务
task hello2 {
    println "配置第二个任务"
    // 调用 doLast 方法为 Task 添加 Action
    doLast {
        // 使用循环
        for(i in 0..<5){
            println i
        }
    }
    // 调用 doFrist 方法为 Task 添加 Action
    doFirst {
        // 定义变量
        def s = "fkjava.org"
        // 输出字符串模板
        println "开始执行第二个任务:$s"
    }
}
```

上面代码同样调用 task 方法定义了一个 hello2 任务，该任务的配置代码的第一行是 println 输出语句；接下来依次使用 doLast、doFirst 方法添加了两个 Action——正如大家所看到的，使用 doLast、doFirst 方法添加的 Action 就是一个代码块，在这个代码块内完全可定义变量，也可使用循环等流程控制语句，只要这些语句符合 Groovy 语法即可。这是多么强大的功能啊——Gradle 构建文件不

是简单的 XML 配置，而是完全支持 Groovy 编程语言，这就可以让 Gradle 构建文件增加无限的可能性。

使用 gradle hello2 命令来执行 hello2 任务，将可看到如下输出。

```
> Configure project :
配置第一个任务
配置第二个任务

> Task :hello2
开始执行第二个任务:fkjava.org
0
1
2
3
4
```

从上面的执行过程可以清楚地看出 Gradle 构建的配置和运行两个阶段。在配置阶段，Gradle 会配置整个 Project 和所有 Task，因此可以看到 hello1、hello2 两个 Task 的配置代码的执行过程；在运行阶段，则只看到执行 hello2 任务。从上面的执行结果可以看出，程序先执行 doFirst 方法添加的 Action，再执行 doLast 方法添加的 Action。

此外，Project 对象还带一个 TaskContainer 类型的 tasks 属性，因此也可在构建文件中通过 tasks 属性的 create 方法来创建 Task。如下代码示范了使用 tasks 属性的 create 方法来创建 Task（程序清单同上）。

```
// 调用 Project 的 tasks 属性（TaskContainer）的 create 方法来创建 Task
tasks.create(name: 'showTasks') {
    doLast{
        // 查看 Project 的 tasks 属性的类型
        println "tasks 属性的类型：${tasks.class}"
        // 遍历 tasks 属性
        tasks.each {e ->
            println e
        }
    }
}
```

上面代码使用 create 方法创建了一个名为 "showTasks" 的 Task，使用 create 方法传入的代码块用于配置该 Task——该代码块只是使用 doLast 为该 Task 添加了一个 Action，该 Action 用于访问 tasks 属性的类型，并遍历该构建文件所包含的 Task。

使用 gradle showTasks 命令来执行 showTasks 任务，将可看到如下输出。

```
> Configure project :
配置第一个任务
配置第二个任务

> Task :showTasks
tasks 属性的类型: class org.gradle.api.internal.tasks.DefaultTaskContainer_Decorated
task ':hello1'
task ':hello2'
task ':showTasks'
```

在创建 Task 时可通过 dependsOn 属性指定该 Task 所依赖的 Task，也可通过 type 指定该 Task 的类型——如果不指定 type 属性，Task 的默认类型是 Gradle 实现的 DefaultTask 类。

下面代码使用 tasks 属性的 create 方法来创建 Task，并指定 dependsOn 和 type 属性（程序清单同上）。

```
// 调用 Project 的 tasks 属性（TaskContainer）的 create 方法来创建 Task
// dependsOn 指定该 Task 依赖 hello2，该 Task 的类型是 Copy（文件拷贝）
```

```
tasks.create(name: 'fkTask', dependsOn:'hello2', type: Copy) {
    from 'books.xml'
    into 'dist'
}
```

上面代码定义了一个名为"fkTask"的 Task，该 Task 依赖 hello2，且该 Task 的类型为 Copy（完成文件复制的 Task，读者可通过 Gradle 的 API 文档查看关于该任务的具体信息），该任务的 from 方法指定被复制的源文件，into 方法指定复制的目标位置，该任务的默认 Action 将会完成文件复制。

使用 gradle fkTask 命令来执行 fkTask 任务，将可看到如下输出。

```
> Configure project :
配置第一个任务
配置第二个任务

> Task :hello2
开始执行第二个任务:fkjava.org
0
1
2
3
4
```

从上面的执行过程可以看出，由于 fkTask 任务依赖 hello2，因此在执行 fkTask 任务之前会先执行 hello2 任务。上面命令执行完成后，可以看到项目根目录下的 books.xml 文件被复制到 dist 目录下。

使用 Project 的 task 方法创建 Task 时也可指定 type、dependsOn 属性，例如如下代码定义了 compile 和 run 两个任务。由于这两个任务分别为 JavaCompile、JavaExec 类型，因此该构建文件需要应用 java 插件。

构建代码如下（程序清单同上）：

```
// 应用名为 java 的插件，主要是为了引入 JavaCompile、JavaExec 两个任务
apply plugin: 'java'
// 指定该任务的类型为 JavaCompile
task compile(type: JavaCompile){
    source = fileTree('src/main/java')
    classpath = sourceSets.main.compileClasspath
    destinationDir = file('build/classes/main')
    options.fork = true
    options.incremental = true
}
// 指定该任务的类型为 JavaExec
task run(type: JavaExec, dependsOn: 'compile'){
    classpath = sourceSets.main.runtimeClasspath
    // 指定主类为 lee.HelloWorld
    main = 'lee.HelloWorld'
}
```

上面代码定义的 compile 任务的类型是 JavaCompile（编译 Java 源程序的 Task，读者可通过 Gradle 的 API 文档查看关于该 Task 的具体信息），在使用 JavaCompile 时需要通过 source 指定源代码所在路径，通过 destinationDir 指定编译后的字节码文件的保存位置，该任务的默认 Action 将会编译所有 Java 源文件。

上面 run 任务的类型是 JavaExec（运行 Java 程序的 Task，读者可通过 Gradle 的 API 文档查看关于该 Task 的具体信息），在使用 JavaExec 时需要通过 main 指定运行的主类。

为了看到 Gradle 编译、运行 Java 源代码的效果，应按 Gradle 的约定，将所有 Java 源文件放在 src\main\java 目录下，并创建 build 路径作为构建目录。

使用 gradle run 命令来执行 run 任务，将可看到 Gradle 先执行 compile 任务，然后再执行 run 任务，构建过程生成如下输出。

```
> Configure project :
配置第一个任务
配置第二个任务

> Task :run
Hello World!
```

▶▶ 1.2.3 Gradle 的属性定义

除创建任务之外，Gradle 构建文件的重要功能就是定义属性，Gradle 允许为 Project 和 Task 已有的属性指定属性值，也可为 Project 和 Task 添加属性。下面依次介绍这几种情况。

1. 为已有属性指定属性值

Project、Task 都是 Gradle 提供的 API，它们本身具有内置属性，因此可以在构建文件中为这些属性指定属性值。如下代码示范了为 Project、Task 内置属性指定属性值。

程序清单：codes\01\1.2\gradle02\build.gradle

```
// 为 Project 内置属性指定属性值
version = 1.0
description = 'Project 的属性'
// 定义 showProps 任务，显示 Project 和 Task 内置属性
task showProps {
    // 为 Task 内置属性指定属性值
    description = 'Task 的属性'
    doLast {
        println version
        // 输出 Task 属性
        println description
        // 由于 Task 和 Project 都有 description 属性，
        // 因此下面要显式指定访问 project 的 description 属性
        println project.description
    }
}
```

上面代码中的前两行粗体字代码不在任何 Task 之内，这就是为 Project 定义属性。第三行粗体字代码位于 showProps 的初始化代码块内，因此表明为该任务定义属性。

使用 gradle showProps 命令执行上面任务，可以看到如下输出。

```
> Task :showProps
1.0
Task 的属性
Project 的属性
```

Project 常用的属性有如下几个，这些属性大部分都可通过上面方式来指定属性值。
- name：项目的名字。
- path：项目的绝对路径。
- description：项目的描述信息。
- buildDir：项目的构建结果的存放路径。
- version：项目的版本号。

2. 通过 ext 添加属性

如果需要为 Project 和 Task 添加属性，则可通过它们各自的 ext 进行添加。由于 Project 和 Task

都实现了 ExtensionAware 接口，因此它们都可通过 ext 来添加属性。

> **提示:** Gradle 中所有实现了 ExtensionAware 接口的 API 都可通过 ext 来添加属性。

如下代码示范了通过 ext 为 Project、Task 添加属性（程序清单同上）。

```
ext.prop1 = '添加的项目属性一'
ext.prop2 = '添加的项目属性二'
// 使用ext方法，传入代码块来设置属性
ext {
    prop3 = '添加的项目属性三'
    prop4 = '添加的项目属性四'
}
task showAddedProps {
    ext.prop1 = '添加的任务属性一'
    ext.prop2 = '添加的任务属性二'
    // 使用ext方法，传入代码块来设置属性
    ext {
        prop3 = '添加的任务属性三'
        prop4 = '添加的任务属性四'
    }
    doLast {
        println prop1
        println project.prop1
        println prop2
        println project.prop2
        println prop3
        println project.prop3
        println prop4
        println project.prop4
    }
}
```

上面代码中的前两行粗体字代码通过 ext 为项目添加属性，后两行粗体字代码通过 ext 方法传入代码块为项目添加属性。在这里这两种方式都是允许的。

上面 4 行粗体字代码不在任何 Task 之内，这就是为项目添加属性。如果将上面 4 行粗体字代码放在 Task 的初始化代码块内，那么就意味着为该 Task 定义属性，如上面 showAddedProps 任务中的初始化代码所示。

3. 通过-P 选项添加属性

Gradle 还允许在运行 gradle 命令时通过-P 选项来添加属性，使用这种方式添加的属性都是项目属性。例如定义如下任务（程序清单同上）。

```
task showCmdProp {
    doLast{
        println("系统显卡类型：${graphics}")
        println("系统显卡类型：${project.graphics}")
    }
}
```

上面代码在 showCmdProp 任务中访问了项目的 graphics 属性（加不加 project.的效果相同），如果直接运行该任务，将会出现异常，因为 graphics 属性不存在。

可以通过 gradle -P graphics=ATI showCmdProp 命令来添加属性，它通过-P 选项指定了 graphics 属性，该属性值为 ATI。运行上面命令，可以看到如下输出。

```
> Task :showCmdProp
```

```
系统显卡类型：ATI
系统显卡类型：ATI
```

4. 通过 JVM 参数添加属性

Gradle 也允许在运行 gradle 命令时通过 JVM 参数来添加属性，Java 允许通过-D 选项为 JVM 设置参数，使用这种方式添加的属性也都是项目属性。例如定义如下任务（程序清单同上）。

```
task showJVMProp {
    doLast{
        println("添加的 JVM 属性: ${p1}")
    }
}
```

上面代码在 showJVMProp 任务中访问了项目的 p1 属性（加不加 project.的效果相同），如果直接运行该任务，将会出现异常，因为 p1 属性不存在。

可以通过 gradle -D org.gradle.project.p1=sss showJVMProp 命令来添加属性，它通过-D 选项指定了 p1 属性，该属性值为 sss。运行上面命令，可以看到如下输出：

```
> Task :showJVMProp
添加的 JVM 属性: sss
```

从上面运行的命令可以看出，在通过-D 选项来添加属性时，每个属性都需要以"org.gradle.project"为前缀。

此外，Gradle 还允许通过环境变量来添加属性。由于这种方式比较少见，故此处不再给出详细介绍和示例。

▶▶ 1.2.4 增量式构建

当使用 Gradle 构建一个任务时，如果该任务是一个非常耗时的任务，那么每次执行该任务时都需要耗费很长的时间——如果每次执行该任务时都没有造成任何改变，那么重复执行该任务就没有任何意义了。为此 Gradle 引入了增量式构建的概念，如果任务的执行和前一次执行比较没有造成任何改变，Gradle 不会重复执行该任务，这样就可以提高 Gradle 的构建效率。

那么 Gradle 如何判断任务的执行是否造成改变呢？Gradle 将每个任务都当成一个黑盒子：只要该任务的输入部分没有改变，输出部分也没有改变——Gradle 就会判断该任务的执行没有造成任何改变。

Gradle 的 Task 使用 inputs 属性来代表任务的输入，该属性是一个 TaskInputs 类型的对象；Task 使用 outputs 属性来代表任务的输出，该属性是一个 TaskOutputs 类型的对象。

不管是 TaskInputs，还是 TaskOuputs，它们都支持设置文件、文件集、目录、属性等，只要它们没有发生改变，Gradle 就认为该任务的输入、输出没有发生改变。

下面示例示范了 Gradle 的增量式构建。

程序清单：codes\01\1.2\gradle03\build.gradle

```
// 定义 fileContentCopy 任务
task fileContentCopy {
    // 定义代表 source 目录的文件集
    def sourceTxt = fileTree("source")
    def dest = file('dist.txt')
    // 定义该任务的输入、输出
    inputs.dir sourceTxt
    outputs.file dest
    doLast {
        // 调用 File 对象的 withPrintWriter 方法
        dest.withPrintWriter { writer ->
```

```
        // 调用 sourceTxt 的 each 方法遍历每个文件
        sourceTxt.each { s ->
            writer.write(s.text)
        }
    }
}
```

上面两行粗体字代码就是该构建文件的关键代码,其中 inputs.dir sourceTxt 指定该任务的输入目录是 sourceTxt,只要该目录没有发生改变、目录里的内容没有发生改变,Gradle 就认为该任务的输入部分没有改变;outputs.file dest 指定该任务的输出文件是 dest,只要该文件没有发生任何改变,Gradle 就认为该任务的输出部分没有改变。

上面示例只是为 inputs 指定了输入路径,其实同样还可指定输入文件、输入属性等,如果同时为 inputs 指定多个输入成分,则只有当所有输入成分都没有发生改变时,Gradle 才认为该任务的输入部分没有改变;outputs 与此类似,可同时指定输出文件、输出目录、输出属性等。

第一次执行 gradle fileContentCopy 命令,将看到如下输出。

```
BUILD SUCCESSFUL in 1s
1 actionable task: 1 executed
```

再次执行该命令,将会看到如下输出。

```
BUILD SUCCESSFUL in 0s
1 actionable task: 1 up-to-date
```

从上面的输出结果可以看出,第二次执行该命令时不再真正执行该任务,程序只是将该任务更新到最新(up-to-date)。

如果删除上面构建文件中的两行粗体字代码,那么每次执行 grade fileContentCopy 命令时都会真正执行该任务,这意味着没有启用 Gradle 的增量式构建。

▶▶ 1.2.5 Gradle 插件和 java、application 等插件

前面已经介绍了 Gradle 的任务和属性,但如果一份构建文件内所有的任务和属性每次执行时都需要开发人员重新编写,而且一些复杂的任务总需要开发员重新定义任务类型,那这样 Gradle 不就和 Ant 差不多了吗?这就完全体现不出 Gradle 的优势了。

为了简化开发人员编写构建文件的工作,Gradle 提供了插件机制。

开发 Gradle 插件很简单,无非就是在插件中预先定义大量的任务类型、任务、属性等(后文会介绍如何开发自定义插件),接下来开发人员只要在 build.gradle 文件中使用如下代码来应用插件即可。

```
apply plugin: 插件名
```

应用插件就相当于引入了该插件包含的所有任务类型、任务和属性等,这样 Gradle 即可执行插件中预先定义好的任务。

前面在介绍 JavaCompile、JavaExec 类型的任务时使用过 java 插件,引用该插件之后,不仅引入了这两种任务类型,还增加了大量任务。比如在 build.gradle 文件中仅增加如下代码:

```
apply plugin: 'java'
```

然后执行如下命令来查看该构建文件支持的所有任务。

```
gradle tasks --all
```

执行上面命令,可以看到该构建文件增加了如下任务。

➤ assemble:装配整个项目。
➤ build:装配并测试该项目。

- buildDependents：装配并测试该项目，以及该项目的依赖项目。
- buildNeeded：与 buildDependents 任务基本相同。
- classes：装配该项目的所有类。
- clean：删除构建目录的所有内容。属于 Delete 类型的任务。
- jar：将项目的所有类打包成 JAR 包。属于 Jar 类型的任务。
- testClasses：装配所有测试类。
- init：执行构建的初始化操作。
- wrapper：生成 Gradle 包装文件。
- javadoc：为所有类生成 API 文档。属于 Javadoc 类型的任务。
- compileJava：编译项目的所有主 Java 源文件。属于 JavaCompile 类型的任务。
- compileTestJava：编译项目的所有测试 Java 源文件。属于 JavaCompile 类型的任务。
- processResources：处理该项目的所有主资源。属于 Copy 类型的任务。
- processTestResources：处理该项目的所有测试资源。属于 Copy 类型的任务。

此外，java 插件还定义了大量属性，比如 sourceCompatibility 属性用于指定在编译 Java 源文件时所使用的 JDK 版本；archivesBaseName 属性用于指定打包成 JAR 包时的文件名。

在默认情况下，java 插件要求将项目源代码和资源都放在 src 目录下，将构建生成的字节码文件和资源放在 build 目录下，该插件会自动管理该目录下的两类源代码和资源。

- main：项目的主代码和资源。
- test：项目的测试代码和资源。

main 和 test 目录都可包含 java 和 resources 两个子目录，其中 java 子目录存放 Java 源文件；resources 子目录存放资源文件。

从上面介绍可以看出，main 和 test 目录的内容基本相同，区别只是 main 目录存放项目的主代码和资源；而 test 目录存放项目的测试代码和资源。

> **提示：** 开发者可以在构建文件中通过 sourceSets 方法来改变项目主代码、资源的存储路径，也可通过该方法改变测试代码和资源的存储路径。

此外，如果项目需要添加第三方或额外依赖的源代码，则可通过 sourceSets 方法进行配置。为了配置第三方或额外依赖的源代码路径，需要使用 sourceSets 方法，代码如下。

程序清单：codes\01\1.2\gradle04\build.gradle

```
// 配置被依赖的源代码路径
sourceSets {
    fkframework
}
```

此时可以将 fkframework 的 Java 源代码放在 src/fkframework/java 目录下，将该框架的资源文件放在 src/fkframework/resources 目录下。

Gradle 会自动为每一个新创建的 sourceSet 创建相应的 Task，创建规律为：对于名为"fkframework"的 sourceSet，Gradle 将为其创建 compileFkframeworkJava、processFkframework-Resources 和 fkfameworClasses 这 3 个 Task，它们的作用分别类似于 compileJava、processResources 和 classes——区别只是前面 3 个 Task 处理 fkframework 目录下的 Java 源代码和资源，而后面 3 个 Task 处理 main 目录下的 Java 源代码和资源。

> **提示**：
> 对于 main 而言，Gradle 生成的 3 个任务并不是 compileMainJava、processMainResources 和 mainClasses，这是由于 main 是 Gradle 默认创建的主 sourceSet，因此 main 对应的 3 个任务就不需要 "main" 名称了。

通常来说，主项目的源代码和测试代码往往需要依赖第三方项目源代码，因此还需要进行如下配置。

① 保证 Gradle 先编译第三方项目源代码，再编译主项目源代码。因此，需要在构建文件中配置如下依赖（程序清单同上）。

```
// 配置 compileJava 任务依赖 compileFkframeworkJava 任务
compileJava.dependsOn compileFkframeworkJava
```

② 将第三方项目的字节码文件的存储路径添加到系统编译时、运行时的类路径中。因此，需要在构建文件中进行如下配置（程序清单同上）。

```
sourceSets {
    main {
        // 将 fkframework 生成的字节码文件的存储路径添加到编译时的类路径中
        compileClasspath = compileClasspath + files(fkframework.output.classesDir)
    }
    test {
        // 将 fkframework 生成的字节码文件的存储路径添加到运行时的类路径中
        runtimeClasspath = runtimeClasspath + files(fkframework.output.classesDir)
    }
}
```

经过上面配置，Gradle 即可将 src 目录下的 fkframework 下第三方框架纳入构建过程中，Gradle 在项目构建过程中会先编译第三方项目依赖的框架，再构建主项目。

读者可以让 main 目录下的 Java 类引用 fkframework 下的某个 Java 类，接下来可通过 gradle build 命令来构建项目，此时将会看到项目构建成功。

Gradle 还提供了一个 application 插件，该插件主要增加了一个 mainClassName 属性和 run、startScripts 等任务，其中 mainClassName 属性用于指定该项目的主类，而 run 任务则用于运行主类。

在 build.gradle 文件中增加如下配置：

```
apply plugin: 'application'
// 指定 run 任务执行的主类
mainClassName='lee.HelloWorld'
// 为 run 任务的 classpath 增加 fkframework 的类
run.classpath = sourceSets.main.runtimeClasspath +
    files(sourceSets.fkframework.output.classesDir)
```

上面粗体字代码表示需要为 run 任务的 classpath 增加 fkframework 的类，这是由于 fkframework 是我们自行添加的 sourceSet，run 任务默认不会加载该 sourceSet 中的类。

接下来可以通过 gradle run 命令来执行 run 任务，这样即可运行 lee.HelloWorld 类。

▶▶ 1.2.6 依赖管理

在构建 Java 项目时通常都要依赖一个或多个框架，Gradle 既可像 Maven 那样从仓库（远程仓库和本地仓库都行）中下载所依赖的 JAR 包，也可像 Ant 那样直接引用项目路径下的 JAR 包，非常方便。

为 Gradle 配置依赖大体上需要两步。

① 为 Gradle 配置仓库。配置仓库的目的是告诉 Gradle 到哪里下载 JAR 包。

② 为不同的组配置依赖 JAR 包。配置依赖 JAR 包的目的是告诉 Gradle 要下载哪些 JAR 包。

第 1 步是为了告诉 Gradle 从哪里下载所依赖的 JAR 包，需要为 Gradle 配置仓库，Gradle 可以直接使用 Maven 中央仓库，也可以使用 Maven 本地仓库，还可以使用本地磁盘路径作为 Maven 仓库。

如果需要使用 Maven 中央仓库，那么只要在 build.gradle 文件中增加如下配置即可。

程序清单：codes\01\1.2\gradle05\build.gradle

```
// 定义仓库
repositories {
    // 使用 Maven 默认的中央仓库
    mavenCentral()
}
```

有时候在国内通过 Maven 中央仓库下载 JAR 包速度太慢，开发者可能希望使用 Maven 中央仓库的国内镜像，Gradle 也允许显式指定 Maven 仓库的 URL。例如如下配置（程序清单同上）。

```
// 定义仓库
repositories{
    // Maven 远程仓库
    maven {
        // 显式指定 Maven 仓库的 URL
        url "http://repo2.maven.org/maven2/"
    }
}
```

Gradle 还允许直接使用本地磁盘路径作为 Maven 仓库。例如如下配置（程序清单同上）。

```
// 定义仓库
repositories {
    // Maven 远程仓库
    maven {
        // 显式指定本地磁盘路径作为 Maven 仓库的 URL
        url "g:/abc"
    }
}
```

第 2 步是为了告诉 Gradle 需要下载哪些 JAR 包，并为不同的组配置数量不等的 JAR 包。可能读者对"组"这个概念感到疑惑，这是由现代软件项目的特征决定的——很多时候，同一个项目在编译时依赖某一组 JAR 包；在运行时可能依赖另一组 JAR 包；在测试时可能又依赖其他 JAR 包，因此允许使用不同的组来区分不同的 JAR 包。

Gradle 使用 configurations 来配置组。例如如下代码即可配置一个组（程序清单同上）。

```
configurations {
    // 配置名为 fkDependency 的依赖组
    fkDependency
}
```

接下来就可以为依赖组配置数量不等的 JAR 包，Gradle 使用 dependencies 来为依赖组配置 JAR 包。与在 Maven 中指定 JAR 包的方式相同，配置 JAR 包同样需要指定 3 个信息。

➢ JAR 包所属的组织名：通过 group 指定。
➢ JAR 包的名称：通过 name 指定。
➢ JAR 包的版本：通过 version 指定。

如下配置为 fkDependency 依赖组添加了 commons-logging 1.2 的 JAR 包（程序清单同上）。

```
dependencies {
    // 配置依赖 JAR 包
    fkDependency group:'commons-logging', name:'commons-logging', version:'1.2'
    // 简写为如下形式
```

```
fkDependency 'commons-logging:commons-logging:1.2'
}
```

上面的一行粗体字代码是简写形式——也是在实际开发中使用最多的形式,这种形式直接将 group、name、version 属性写成一个字符串,中间以英文冒号隔开即可。

如果在为依赖组添加 JAR 包之后需要进行额外配置,则可使用闭包。例如如下配置代码（程序清单同上）。

```
fkDependency (group:'commons-logging', name:'commons-logging', version:'1.2') {
    // 提供额外配置...
}
// 简写为如下形式
fkDependency ('commons-logging:commons-logging:1.2') {
    // 提供额外配置...
}
```

大部分时候,依赖组总是需要添加多个 JAR 包,此时既可通过多次调用 fkDependency 来添加多个依赖 JAR 包,也可使用数组形式一次添加多个 JAR 包。例如如下配置。

```
fkDependency 'commons-logging:commons-logging:1.2',
    "org.apache.commons:commons-dbcp2:2.2.0"
```

在定义好该依赖之后,接下来即可在任务中使用该依赖了。下面定义一个简单的任务来查看 fkDependency 所依赖的 JAR 包（此处以 fkDependency 的最后一个配置为准）。

```
task showFkDependency {
    doLast{
        // 输出 fkDependency 所依赖的 JAR 包
        println configurations.fkDependency.asPath
    }
}
```

使用 gradle showFkDependency 命令执行 showFkDependency 任务,可以看到如下输出。

```
Download http://repo2.maven.org/maven2/org/apache/commons/commons-dbcp2/2.2.0/commons-dbcp2-2.2.0.jar
Download http://repo2.maven.org/maven2/org/apache/commons/commons-pool2/2.5.0/commons-pool2-2.5.0.jar
Download http://repo2.maven.org/maven2/commons-logging/commons-logging/1.2/commons-logging-1.2.jar

> Task :showFkDependency
...
```

从上面的输出结果可以看到,Gradle 从 Maven 中央仓库下载了 commons-logging 的 JAR 包和 commons-dbcp2 的 JAR 包,由于 commons-dbcp2 的 JAR 包又依赖 commons-pool2 的 JAR 包,因此 Gradle 还下载了 commons-pool2 的 JAR 包。

另外,从上面的下载信息可以看出,此时 Gradle 是从 http://repo2.maven.org/maven2 仓库下载的,这表明上面显式指定的中央仓库的 URL 生效了。上面在介绍配置中央仓库时,一共介绍了 3 种配置方式,此处使用的是第 2 种方式；如果读者改为使用第 3 种方式（maven { url "g:/abc" }）,执行该任务通常会报错,这是由于 g:/abc 并不是 Maven 仓库的缘故。

在实际项目开发中,通常并不需要自己配置依赖组,因为当应用 java 插件之后,该插件默认已经添加了多个依赖组,其中常用的依赖组有如下几个。

- ➤ implementation：主项目源代码（src/main/java）所依赖的组。这个依赖组很常用。
- ➤ compileOnly：主项目源代码（src/main/java）编译时才依赖的组。
- ➤ runtimeOnly：主项目源代码（src/main/java）运行时才依赖的组。
- ➤ testImplementation：项目测试代码（src/test/java）所依赖的组。
- ➤ testCompileOnly：项目测试代码（src/test/java）编译时才依赖的组。

➢ testRuntimeOnly：项目测试代码（src/test/java）运行时才依赖的组。
➢ archives：项目打包时依赖的组。

对于上面这些常用的依赖组，我们可以根据需要为不同的依赖组添加 JAR 包。比如为项目的编译、运行添加依赖 JAR 包，则为 implementation 组添加 JAR 包即可；为项目的测试添加依赖 JAR 包，则为 testImplementation 组添加 JAR 包即可。

假如在项目的源代码中同时用到了 commons-logging、commons-dbcp2 两个 JAR 包中的类，为了保证该项目可正常编译、运行，则需要为 implementation 组增加如下配置（该配置也放在 dependencies 后的代码块内，程序清单同上）。

```
// 以数组形式添加多个 JAR 包
implementation 'commons-logging:commons-logging:1.2',
    "org.apache.commons:commons-dbcp2:2.2.0"
```

这样该项目中的 Java 类即可正常使用这两个 JAR 包所包含的类。比如在 src/main/java 目录下增加一个 HelloWorld 类，该类完全可以使用 commons-logging、commons-dbcp2 所包含的类。

接下来为项目添加 application 插件，并通过 mainClassName 属性指定主类之后，即可通过 gradle run 命令运行 HelloWorld 类。

▶▶ 1.2.7 自定义任务

自定义任务就是一个实现 Task 接口的 Groovy 类，该接口定义了大量抽象方法需要实现，因此一般自定义任务类会继承 DefaultTask 基类。自定义任务的 Groovy 类可以自定义多个方法，这些方法可作为 Action 使用。

自定义任务的 Groovy 类既可直接定义在 build.gradle 文件中，也可使用专门的 Groovy 源文件定义。

下面先直接在 build.gradle 文件中定义一个自定义任务类。

程序清单：codes\01\1.2\gradle06\build.gradle

```groovy
// 继承 DefaultTask 定义自定义任务类
class HelloWorldTask extends DefaultTask {
    @Optional
    def message = '疯狂软件教育中心'
    // 使用@TaskAction 修饰的方法被自动当成 Action
    @TaskAction
    def test(){
        println "test: $message"
    }
    def info(){
        println "info: $message"
    }
}
task hello(type: HelloWorldTask){
    doLast{
        info
    }
}
task hello1(type: HelloWorldTask){
    message = "疯狂 Java 联盟"
}
```

上面代码定义了一个 HelloWorldTask 类，该类继承了 DefaultTask 基类，这就是一个自定义任务类。该自定义任务类可以定义属性作为任务属性，也可以定义方法作为 Action，使用@TaskAction 修饰的方法将会被自动添加为该任务的 Action。

接下来构建文件定义了 hello 和 hello1 两个任务，这两个任务的类型都是 HelloWorldTask，其中 hello 任务没有为 message 属性指定值，因此该属性将使用默认值；hello1 任务为 message 属性重新指定了值，因此该属性将会使用新值。

HelloWorldTask 类使用@TaskAction 修饰了 test 方法，因此该方法将会被添加成该任务的 Action；而 info 方法并未使用@TaskAction 修饰，因此需要使用 doLast 或 doFirst 方法手动将它添加成 Action；否则，该方法不会被执行。

执行上面的 hello 任务，将会看到如下输出。

```
> Task :hello
test：疯狂软件教育中心
info：疯狂软件教育中心
```

执行上面的 hello1 任务，将会看到如下输出。

```
> Task :hello1
test：疯狂 Java 联盟
```

从上面的输出结果可以看出，在执行 hello1 任务时，只有 test 方法（有@TaskAction 修饰）执行，并未看到 info 方法执行。

上面这种自定义任务的方式虽然简单，但会使得自定义任务类被直接放在 build.gradle 文件中，从而导致 build.gradle 文件比较混乱。当自定义任务较少且比较简单时，可以采用这种方式，但是当自定义任务较多或比较复杂时，建议采用专门的 Groovy 源文件来自定义任务。

自定义任务的源代码属于项目构建的源代码，因此 Gradle 约定将这些源代码放在 buildSrc 目录下。buildSrc 目录就相当于另一个 Gradle 项目，Gradle 执行时会先构建 buildSrc 目录下的 Groovy 源代码以供 build.gradle 文件使用。

提示：
buildSrc 目录相当于另一个 Gradle 项目，因此在该目录下还会包含 src、build 目录。在 src 目录下也需要定义 main 子目录，在 main 子目录下使用 groovy 子目录保存 Groovy 源代码。

在 buildSrc\src\main\groovy\org\fkjava 目录下添加如下自定义任务的 Groovy 类。

程序清单：codes\01\1.2\gradle06\buildSrc\src\main\groovy\org\fkjava\ShowTask.groovy

```
package org.fkjava;

import org.gradle.api.*
import org.gradle.api.tasks.*
class ShowTask extends DefaultTask {
    @Optional
    File file = new File('dist.txt')
    @TaskAction
    def show(){
        println file.text
    }
    // @TaskAction 注解用于把该方法标注为默认执行的 Action
    @TaskAction
    def multiShow(){
        println "-------------"
        println file.text
        println "-------------"
    }
}
```

上面的自定义任务类同样继承了 DefaultTask，并包含两个使用@TaskAction 修饰的 Action 方法。从该代码可以看出，将自定义任务类直接放在 build.gradle 文件中和单独放在 Groovy 源文件中并没有区别。

由于上面的自定义任务类指定了包名,因此在 build.gradle 中为任务指定类型时也需要指定包名。例如,如下构建代码使用了上面的 ShowTask。

程序清单:codes\01\1.2\gradle06\build.gradle

```groovy
// 使用 Groovy 文件中的 task
task show(type: org.fkjava.ShowTask)
// 使用 Groovy 文件中的 task
task show1(type: org.fkjava.ShowTask) {
    // 对 file 属性赋值
    file = file("g:/LoggerTest.java")
}
```

上面的构建代码定义的 show 和 show1 两个任务的类型都是 org.fkjava.ShowTask,其中 show 任务没有为 file 属性指定初始值,因此执行该任务将会打印项目根路径下 dist.txt 文件的内容;show1 任务的 file 属性被指定为 g:/LoggerTest.java 文件,因此执行该任务将会打印 G 盘中 LoggerTest.java 文件的内容。

▶▶ 1.2.8 自定义插件

所谓自定义插件,其实就是一个实现 Plugin<Project>接口的类,实现该接口要求必须实现 apply(Project project)方法,接下来就可以在该方法中为 Project 添加属性和定义任务了——正如前面所介绍的,所谓插件,无非就是为 Project 定义多个属性和任务,这样引入该插件后即可使用这些属性和任务。

> **提示:** 正如上面所介绍的,项目的插件要实现 Plugin<Project>接口,但实际上 Plugin<T> 是一个带泛型参数的接口,其中泛型 T 是可以动态变化的,因此 Plugin<T>不仅可以为项目提供插件,也可以为其他类提供插件。

与自定义任务的 Groovy 类相同,自定义插件类既可被直接定义在 build.gradle 文件中,也可使用专门的 Groovy 源文件定义。

下面先直接在 build.gradle 文件中定义一个自定义插件类。

程序清单:codes\01\1.2\gradle07\build.gradle

```groovy
// 实现 Plugin<Project>定义自定义插件类
class FirstPlugin implements Plugin<Project> {
    // 重写接口中的 apply 方法
    void apply(Project project){
        // 为项目额外定义一个 User 类型的 user 属性
        project.extensions.create("user", User)
        // 调用 task 方法定义 showName 任务
        project.task('showName') {
            doLast{
                println '用户名:' + project.user.name
            }
        }
        // 调用 tasks 对象 (TaskContainer) 的 create 方法定义 showPass 任务
        project.tasks.create('showPass') {
            doLast {
                println '密码:' + project.user.pass
            }
        }
    }
}
```

```
}
class User {
    String name = 'fkjava'
    String pass = 'leegang'
}
```

上面第一行粗体字代码定义了一个 Plugin<Project>的实现类，这意味着该类就是一个自定义插件。自定义插件需要重写 apply 方法，该方法中的 Project 形参就代表了引入插件的项目，因此 apply 方法中的粗体字代码用于为该项目扩展属性。此外，apply 方法还为项目定义了两个任务。

需要说明的是，由于 Gradle 需要为插件定义的属性生成代理，因此为插件定义的属性类型不能是 final 类。所以，上面的 User 类没有使用 final 修饰。

接下来即可在构建文件中引入该插件。引入该插件之后，既可对插件扩展的属性赋值，也可直接调用插件为项目增加任务。例如如下构建代码（程序清单同上）。

```
// 引入 FirstPlugin 插件
apply plugin: FirstPlugin
// 为 Project 的 user 属性的 name 属性赋值
user.name = "疯狂软件教育"
```

使用 gradle showName 命令调用插件定义的 showName 任务，可以看到如下输出。

```
> Task :showName
用户名:疯狂软件教育
```

使用 gradle showPass 命令调用插件定义的 showPass 任务，可以看到如下输出。

```
> Task :showPass
密码:leegang
```

可以看到，上面在 showPass 输出时，输出了 leegang，这是由于引入插件后没有为 Project 的 user.pass 属性赋值，因此直接使用默认值。

与自定义任务类似的是，自定义插件其实也应该使用专门的 Groovy 源文件定义，这些用于自定义插件的 Groovy 类也应该被放在 buildSrc 目录下。

下面是本例自定义插件的 Groovy 类。

程序清单：codes\01\1.2\gradle07\buildSrc\src\main\groovy\org\fkjava\ItemPlugin.groovy

```
package org.fkjava;

import org.gradle.api.*
class ItemPlugin implements Plugin<Project> {
    // 重写接口中的 apply 方法
    void apply(Project project){
        // 为项目额外定义一个 Item 类型的 item 属性
        project.extensions.create("item", Item)
        // 调用 task 方法定义 showItem 任务
        project.task('showItem') {
            doLast{
                println '商品名:' + project.item.name
                println '商品销售价：' + project.item.price * project.item.discount
            }
        }
    }
}
```

上面的插件类同样实现了 Plugin<Project>接口，并实现了该接口中的 apply 方法，而 apply 方法则可为项目添加属性和任务。该插件只为项目额外定义了一个 showItem 任务。

上面的插件类还使用了一个 Item 类，它是一个简单的 Groovy 类，代码如下。

程序清单：codes\01\1.2\gradle07\buildSrc\src\main\groovy\org\fkjava\Item.groovy

```
class Item {
    String name = 'unknown item'
    double price = 0
    double discount = 1.0
}
```

在定义好插件之后，接下来可以使用 apply plugin 引入该插件——该插件有包名，因此需要使用带包名的类名，并为该插件所扩展的项目属性赋值。构建代码如下。

程序清单：codes\01\1.2\gradle07\build.gradle

```
// 引入 org.fkjava.ItemPlugin 插件
apply plugin: org.fkjava.ItemPlugin
// 为 org.fkjava.ItemPlugin 插件所扩展的项目属性赋值
item.name='疯狂 Android 讲义'
item.price = 108
item.discount = 0.75
```

在引入该插件之后，接下来即可使用调用该插件定义的 showItem 任务了。使用 gradle showItem 命令执行 showItem 任务，可以看到如下输出。

```
> Task :showItem
商品名：疯狂 Android 讲义
商品销售价：81.0
```

1.3 搭建 Android 开发环境

在开始搭建 Android 开发环境之前，本书假定读者已经具有一定的 Java 编程基础，像 JDK 安装、环境设置、设置 JAVA_HOME 环境变量之类的入门知识不在本书介绍范围之内。如果读者暂时还不会这些，建议先学习 Java 入门知识。

下面将从下载和安装 Android Studio 开始讲起，详细介绍 Android 开发、调试环境的安装和使用，这些内容是 Android 开发的基础。按照目前开发环境的搭建步骤，接下来依次要完成如下事情。

① 下载和安装 Android Studio，这是 Android 开发的 IDE。
② 通过 Android Studio 在线下载 Android SDK（Software Developer Kit），这是 Android 开发的基础。
③ 配置 Android_SDK_HOME 环境变量。
④ 配置 Android 模拟器——用于测试我们开发的 App，或者下载、安装第三方模拟器，也可以直接使用真机测试。

1.3.1 安装 Android Studio

Android Studio 是 Google 为 Android 提供的官方 IDE 工具，简称 AS。Google 建议广大 Android 开发者尽快将 Eclipse+ADT 的开发环境改为 Android Studio。

提示：
如果读者仍然希望学习使用 Eclipse+ADT 作为开发工具的开发方式，则可以选择阅读本书配套资源中的 Eclipse+ADT.pdf 电子文档，这是本书第 2 版中关于 Eclipse+ADT 安装和开发的内容。总之，无论使用何种 IDE 工具，技术才是根本，只有真正掌握了技术本身，使用任何工具才能得心应手。

Android Studio 是基于 IntelliJ IDEA 的 Android 开发环境。实际上，IntelliJ IDEA 一直都是一款

非常优秀的 IDE 工具，只是因为 IntelliJ IDEA 是商业的 IDE 工具（虽然也有免费的社区交流版，但功能比较有限），因此影响了它的广泛应用。

下载和安装 Android Studio 请按如下步骤进行。

① 登录 http://developer.android.com/sdk/index.html 页面，滚动到该页面的最下方，即可看到如图 1.4 所示的下载链接。

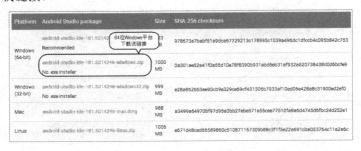

图 1.4 下载 Android Studio

② 根据所使用的操作系统选择不同平台的 Android Studio，这里以 Windows 平台为例，单击"android-studio-ide-181.xxx-windows.zip"链接，可下载得到 android-studio-ide-181.xxx-windows.zip 压缩包。

③ 将 android-studio-ide-181.xxx-windows.zip 压缩包解压缩到任意盘符的根路径下，然后单击解压缩路径下 bin 目录下的 studio.exe 或 studio64.exe 文件，32 位系统运行 studio.exe，64 位系统运行 studio64.exe。运行该程序，即可看到如图 1.5 所示的对话框。

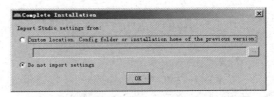

图 1.5 选择是否导入 Android Studio 设置

图 1.5 所示的对话框询问用户是否需要导入 Android Studio 设置，如果以前用过 Android Studio 且保存了定制该 IDE 的设置信息，则可以选择第一个单选钮，并通过下面的文件浏览框选择 Android Studio 设置信息的存储位置；否则选择第二个单选钮。

④ 初学者选择第二个单选钮，然后单击"OK"按钮，系统显示 Android Studio 的加载界面。加载完成后，单击"Next"按钮，将会看到如图 1.6 所示的配置向导对话框。

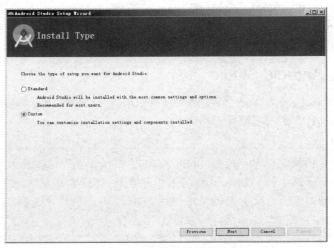

图 1.6 配置向导对话框

⑤ 图 1.6 所示的对话框用于引导用户进行 Android Studio 设置,包括从网络上下载 Android SDK 等,选择"Custom"单选钮,然后单击"Next"按钮。接下来让用户选择 Android Studio 的 UI 主题(它支持 IntelliJ 和 Darcula 两个主题),建议选择默认的 IntelliJ 主题,然后单击"Next"按钮,显示如图 1.7 所示的对话框。

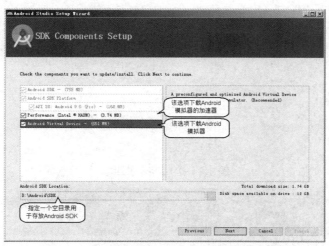

图 1.7 勾选下载选项和选择存储目录

⑥ 在图 1.7 所示的对话框中勾选需要下载的选项,Android Studio 默认需要下载最新版的 Android SDK。此外,建议勾选"Performance"和"Android Virtual Device"两个选项,其中 Performance 用于针对 Intel CPU 优化 Android 模拟器的性能;Android Virtual Device 用于下载模拟器设备。然后单击"Next"按钮,系统显示如图 1.8 所示的对话框。

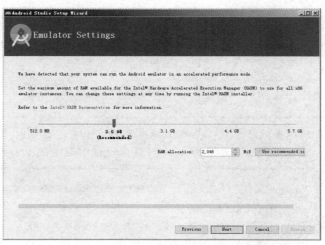

图 1.8 设置 Android 模拟器的内存大小

⑦ 在图 1.8 所示的对话框中为 Android 模拟器设置内存大小,保持默认的内存大小(通常都是 2GB,建议不要超过电脑物理内存的一半),然后单击"Next"按钮,显示如图 1.9 所示的确认设置对话框。

⑧ 在图 1.9 所示的对话框中可以看到前面勾选的各种选项的大小,如果需要重新选择,也可以通过"Previous"按钮返回之前的界面。如果所有勾选的选项都经过确认没问题,则单击"Finish"按钮,即可看到开始下载 Android SDK 的进度对话框。单击"Show Details"按钮,即可看到如图 1.10 所示的对话框。

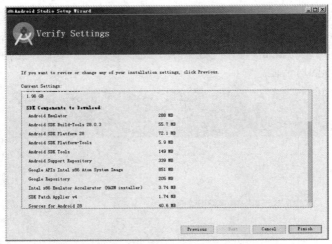

图 1.9 确认设置对话框

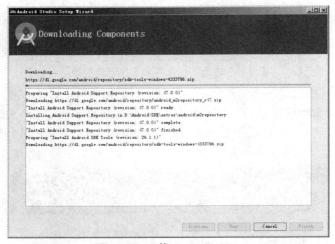

图 1.10 下载 Android SDK

> **提示:**
> 对于国内的很多读者来说,基本上很难走到这一步,这是因为国内网络无法连接 Google 外网。建议读者选择购买商业 VPN 或尝试使用国内镜像(并不容易找)。

下载完成后,单击"Finish"按钮,即完成了 Android Studio、最新版 Android SDK 的安装。接下来显示如图 1.11 所示的欢迎 Android Studio 界面。

由于 Android Studio 是基于 IntelliJ IDEA 的 IDE 工具,因此 Android Studio 中的 Project (项目)的概念与 Eclipse 的 Project 概念不同, Android Studio 的项目相当于 Eclipse 的 Workspace(工作空间),Android Studio 的 Module(模块)才相当于 Eclipse 的项目。由此可见,Android Studio 的项目相当于一个工

图 1.11 欢迎 Android Studio 界面

作空间,一个工作空间可包含多个模块,每个模块对应一个 Android 项目。因此要记住一句有些拗口的话:Andriod Studio 的项目可以包含多个 Android 项目(模块)。

使用 Android Studio 开发项目按如下步骤进行。

❶ 单击图 1.11 所示界面中的"Start a new Android Studio project"列表项,新建一个 Android Studio 项目,显示如图 1.12 所示的对话框。记住:Android Studio 的所谓项目只是一个工作空间,与 Android 项目并不对应。

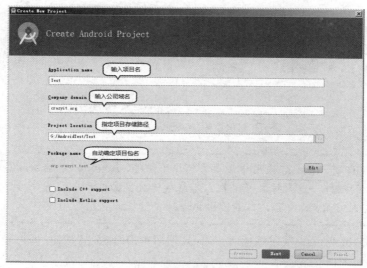

图 1.12 新建项目对话框

❷ 按图 1.12 所示输入新建项目名、公司域名(Android Studio 将会根据项目名、公司域名自动确定项目的包名。当然,开发者也可通过右边的"Edit"按钮手动编辑项目的包名)和项目存储路径。然后单击"Next"按钮,即可看到如图 1.13 所示的选择 Android SDK 版本对话框。

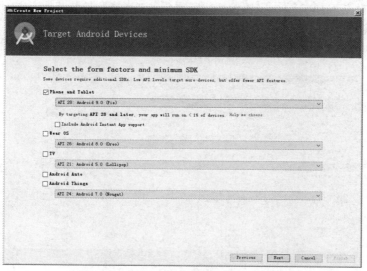

图 1.13 选择 Android SDK 版本对话框

❸ 根据业务需要选择 SDK 的最低版本要求——由于本书需要介绍 Android 9.0 的新功能,因此一般都会选择"API 28: Android 9.0(Pie)"作为最低版本要求。选好最低的 SDK 版本要求之后,单击"Next"按钮,将显示如图 1.14 所示的添加 Activity 对话框。

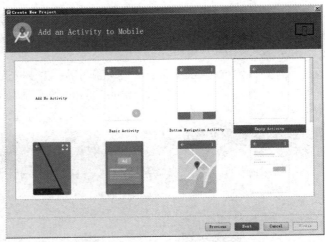

图 1.14　添加 Activity 对话框

> **提示：** Activity 是 Android 应用中最主要的应用组件，Activity 在 Android 应用中是负责与用户交互的组件——大致上可以把它想象成传统界面编程中的窗口。此处读者无须过多掌握有关 Activity 的内容，本书后面会详细介绍它。

④ 选择"Add No Activity"（不添加 Activity），然后单击"Finish"按钮，即可看到 Android Studio 正常打开的窗口。

▶▶ 1.3.2　下载和安装 Android SDK

虽然安装 Android Studio 时已经附带安装了 Android SDK，但最新版的 Android Studio 自动下载的 Android SDK 只有一个版本，通常就是最新版的。比如前面 Android Studio 默认下载的 Android SDK 版本为 28（对应 Android 9.0），因此往往还需要重新下载和安装其他版本的 Android SDK。

下载和安装其他版本的 Android SDK 请按如下步骤进行。

① 单击 Android Studio 右上角的下载图标（），Android Studio 显示如图 1.15 所示的 SDK 管理界面。

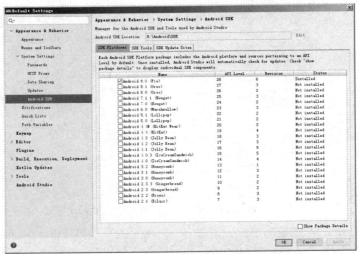

图 1.15　SDK 管理界面

② 从图 1.15 可以看出，Android Studio 默认下载了 Android API 28，它代表 Android 9.0。在该界面中勾选想要下载的 Android SDK，然后单击"Apply"按钮，Android Studio 弹出接受协议对话框，勾选"Accept"单选钮，Android Studio 开始下载所选中的 SDK。

> **提示：**
> 通过图 1.15 所示界面左边的"HTTP Proxy"可以设置 Android Studio 在线更新 SDK 的代理服务器或国内镜像。很多国内开发者都只能通过这种方式来在线更新 SDK。

下载完成后，应该在 SDK 管理界面的列表右边看到勾选图标，且列表右边的"Status"从"Not installed"变成"Installed"。

此外，为了离线查看 Android 文档，建议下载、安装 Android 文档。单击图 1.15 所示 SDK 管理界面中的"SDK Tools"选项卡，可以看到如图 1.16 所示的 SDK Tools 管理界面。

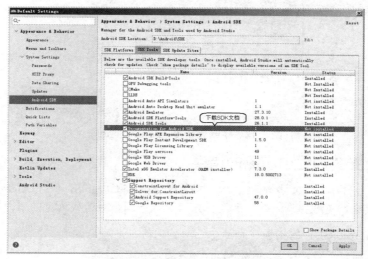

图 1.16　SDK Tools 管理界面

勾选图 1.16 所示界面中的"Documentation for Android SDK"列表项，然后单击"Apply"按钮，Android Studio 将开始下载 SDK 文档。下载完成后，将会看到该列表项右边的"Status"从"Not installed"变成"Installed"。

安装完成后，将可以在 SDK 安装目录下看到如下文件结构。

➢ build-tools：存放不同版本的 Android 项目编译工具。
➢ docs：存放 Android SDK 开发文件和 API 文档等。
➢ emulator：存放 Android 自带的各种模拟器程序。
➢ extras：存放 Google 提供的 USB 驱动、Intel 提供的硬件加速等附加工具包。
➢ licenses：存放 Android 的相关授权文档。
➢ patcher：存放 Android 的一些兼容性补丁。
➢ platforms：存放不同版本的 Android 系统。刚解压缩时该目录为空。
➢ platform-tools：存放 Android 平台相关工具。
➢ skins：存放针对不同 Android 模拟器的皮肤。
➢ sources：存放不同版本的 Android 系统的源代码。
➢ system-images：存放不同 Android 平台针对不同 CPU 架构提供的系统镜像。这些系统镜像用于启动、运行 Android 模拟器。
➢ tools：存放大量的 Android 开发、调试工具。

为了可以在命令行窗口中使用 Android SDK 的各种工具，建议将 Android SDK 目录下的 tools、platform-tools 子目录添加到系统的 PATH 环境变量中。

如果读者还需要对 Android Studio 进行一些定制化设置，则可单击 Android Studio 的 "File" → "Settings" 菜单，打开如图 1.17 所示的对话框进行设置。

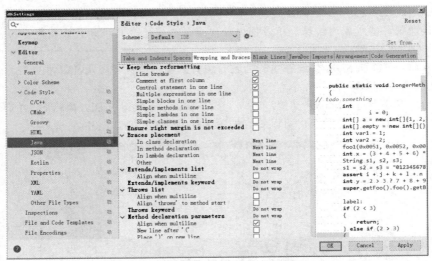

图 1.17　定制化设置 Android Studio

▶▶ 1.3.3　在安装过程中常见的错误

对于 Android 初学者来说，按照上面步骤安装好 Android Studio，新建 Android 项目之后，往往还会遇到各种错误，这些错误对初学者的打击很大，下面就对这些常见的错误进行说明。

1. 找不到 Android SDK 的错误

新建 Android 项目之后，在 Android SDK 下方提示如下错误：

```
Error: Failed to find target with hash string 'android-26' in D:\Android\SDK
```

上面错误提示信息中的 "D:\Android\SDK" 表示 Android SDK 的安装目录。

Android Studio 提示该错误的原因是：Android Studio 默认只下载最新版的 Android SDK，如果开发者创建 Android 项目时使用了其他版本的 SDK，Android Studio 就会报出这个错误，提示找不到 android-26 SDK（Android 8）。

解决方法：打开图 1.15 所示的对话框，下载该 Android 项目所使用的 SDK。

2. 找不到编译工具的错误

下载该 Android 项目所使用的 SDK 之后，在 Android SDK 下方提示如下错误：

```
failed to find build tools revision 26
```

Android Studio 提示该错误的原因是：Android Studio 默认只下载最新版的 Android 项目编译工具，但由于 Android Studio 需要为不同版本的 Android 使用不同的项目编译工具，所以会报错，提示找不到 android-26（Android 8）项目编译工具。

解决方法 1：单击该错右边的解决链接，让 Android Studio 自动下载对应版本的 Android 编译工具。该方法适合网络畅通的情况。

解决方法 2：通过国内镜像下载所缺失版本的 Android 编译工具，并将它解压缩到 build-tools 目录下。

3. 网络不通的错误

新建 Android 项目之后，在 Android SDK 下方提示如下错误：

```
Unknown host 'dl.google.com'
```

或者

```
Failed to connect to 'dl.google.com'
```

上面的 dl.google.com 名称可能会发生变化，这些错误都是由于网络不通导致的。

前面已经介绍过了，Gradle 构建工具可以自动管理项目的依赖库。Gradle 会先尝试在本地加载 Android 项目的依赖库，当在本地仓库中无法找到依赖库时，Gradle 会自动连接中央仓库下载依赖库；如果 Gradle 无法连接中央仓库，就会报出这个错误。

解决方法：使用 VPN 连接 Google 网站，或者尝试使用国内的 Android 更新镜像。

总结：上面这些错误基本上都是无法连接 Google 网站所导致的，因此读者要么选择设置国内 Android 镜像，要么花点钱买一个专业的国外 VPN，这样就可以直接连接 Google 网站了。

▶▶ 1.3.4 安装运行、调试环境

Android 程序必须在 Android 手机上运行，因此在进行 Android 开发时必须准备相关的运行、调试环境。准备 Android 程序的运行、调试环境有如下 3 种方式。

- 优先考虑购买 Android 真机（真机调试的速度更快、效果更好）。
- 配置 Android 虚拟设备（即 AVD）。
- 使用第三方提供的 Genymotion 模拟器。

1. 使用真机作为运行、调试环境

使用真机作为运行、调试环境时，只要完成如下 3 步。

① 用 USB 连接线将 Android 手机连接到电脑上。

② 在电脑上为手机安装驱动，不同手机厂商的 Android 手机的驱动略有差异，请登录各手机厂商官网下载手机驱动。

> **提示：**
> 通常都需要在电脑上为手机安装驱动。可能有读者会感到疑惑：Android 手机连接电脑后，电脑即可识别到 Android 的存储卡，不需要安装驱动啊？需要提醒读者的是，电脑仅能识别 Android 手机的存储卡是不够的，安装驱动才能把 Android 手机整合成运行、调试环境。

③ 打开手机的调试模式。打开手机，依次单击 "Dev Tools" → "开发者选项"，进入如图 1.18 所示的设置界面，在该界面中 "开启" 开发者选项。

> **提示：**
> 现在很多手机默认是看不到 "开发者选项" 的，必须手动打开 "开发者选项" 才行。比如三星手机需要通过 "设定" → "更多" → "关于设备" 看到 "内部版本号"，然后多次单击 "内部版本号" 才会打开 "开发者选项"；华为手机则通过 "设置" → "关于设备" 看到 "内部版本号"，然后多次单击 "内部版本号" 才会打开 "开发者选项"。

按图 1.18 所示，选择打开 "USB 调试" 和 "USB 安装" 两个选项即可。如果开发者还有其他需要，则可以选择打开其他的开发者选项。

2. 使用 AVD 作为运行、调试环境

Android SDK 为开发者提供了可以在电脑上运行的"虚拟手机"，Android 把它称为 Android Virtual Device（AVD）。如果开发者没有 Android 手机，则完全可以在 AVD 上运行我们编写的 Android 应用。

在创建、删除和浏览 AVD 之前，通常应该先为 Android SDK 设置一个环境变量：ANDROID_SDK_HOME，该环境变量的值为磁盘上一个已有的路径。如果不设置该环境变量，开发者创建的虚拟设备默认保存在 C:\Users\<user_name>\.android 目录（以 Windows 为例）下；如果设置了 ANDROID_SDK_HOME 环境变量，那么虚拟设备就会保存在%ANDROID_SDK_HOME%\.android 路径下。

> **注意：** 这里有一点非常容易混淆，此处的%ANDROID_SDK_HOME%环境变量并不是 Android SDK 的安装目录。学习过 Java EE 的读者可能都记得 JAVA_HOME、ANT_HOME 等环境变量，它们都是指向自身的安装目录，但 Android 的%ANDROID_SDK_HOME%不是。

在图形用户界面下管理 AVD 比较简单，因为可以借助 Android SDK 和 AVD 管理器，完全在图形用户界面下操作，比较适合新上手的用户。

① 单击 Android Studio 右上角的 AVD Manager 图标（▇）来启动 AVD 管理器，该管理器列出了当前已有的 AVD 设备，如图 1.19 所示。

图 1.18 打开调试模式

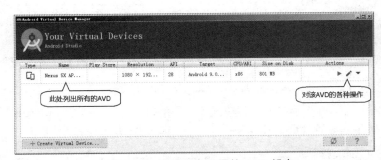

图 1.19 查看所有可用的 AVD 设备

> **提示：** 如果读者看到 Android Studio 右上角的 AVD Manager 图标是灰色的（不可用），则可能是由于 Android Studio 并未安装成功，或者由于 Android Studio 不能编译当前 Android 项目，这都需要读者仔细对照 1.3.1 节认真检查。

通过图 1.19 所示对话框中的列表可以看到当前系统中已有的所有 AVD 设备，此处之所以看到一个 AVD 设备，是因为前面在图 1.7 中勾选了 Android 模拟器选项。在每个 AVD 设备的右边都可

以看到该设备支持的各种操作，在图 1.19 中显示的三个操作依次是"运行"、"修改"和"更多操作"（包括 Duplicate、Wipe Data、Delete 等）。

② 如果要新建 AVD，则单击下方的"Create Virtual Device..."按钮，AVD 管理器弹出如图 1.20 所示的对话框。

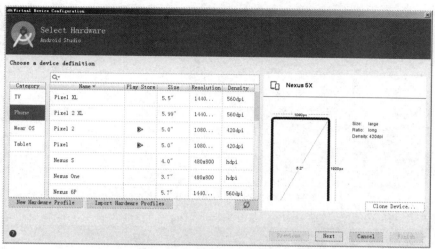

图 1.20　选择 AVD 设备

③ 在图 1.20 所示对话框中左边一列选择 AVD 类型（支持 TV、手表、电话、平板电脑 4 种设备，这是目前最流行的 4 种 Android 设备），在中间一列选择模拟器的皮肤和屏幕大小。选择完成后单击"Next"按钮，系统进入选择 Android 系统镜像的界面，单击该界面中的"x86 Images"选项卡（因为电脑 CPU 都是 x86 架构的），将看到如图 1.21 所示的界面。

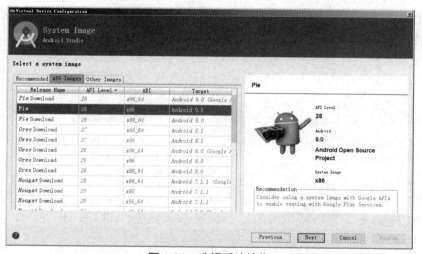

图 1.21　选择系统镜像

> **提示：**
> 如果在图 1.21 所示界面中看到所选的镜像显示"Download"链接，则说明当前该系统镜像还未成功下载，读者应该先下载该镜像。

④ 在图 1.21 所示界面中选择系统镜像之后，单击"Next"按钮，系统进入如图 1.22 所示的界面。

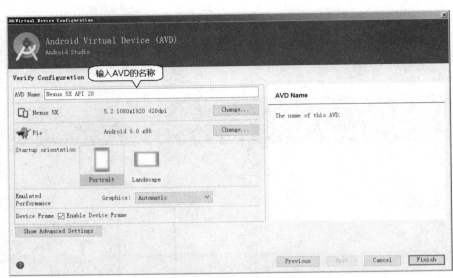

图 1.22　输入 AVD 的名称

⑤ 填写 AVD 的名称后，单击"Finish"按钮，管理器即开始创建 AVD 设备，开发者只要稍作等待即可。

单击图 1.22 所示界面中的"Show Advanced Settings"按钮打开高级选项设置界面，可以设置该 AVD 的摄像头、运行内存大小、VM 堆内存大小、虚拟 SD 卡等信息。

创建 AVD 设备完成后，管理器返回如图 1.19 所示的窗口，该管理器将会列出当前所有可用的 AVD 设备。如果开发者想删除某个 AVD 设备，只要在图 1.19 所示窗口中选择指定的 AVD 设备，然后单击右边的下拉按钮，在弹出的下拉菜单中选择"Delete"即可。

AVD 设备创建成功之后，接下来就可以使用模拟器来运行该 AVD 设备了。在 Android SDK 和 AVD 管理器中运行 AVD 设备非常简单：①在图 1.19 所示窗口中选择需要运行的 AVD 设备；②单击该 AVD 设备右边的"启动"（三角箭头按钮）按钮即可。启动后的虚拟手机如图 1.23 所示。

现在开始使用该"虚拟手机"来模拟一些"手机操作"，读者可以花点时间来熟悉一下 Android 系统的操作习惯。

在 Android 主界面下方向上拖动，Android 进入如图 1.24 所示的界面。

从图 1.24 所示列表中可以看到 Android 系统默认提供的所有可用的程序，以后我们开发的 Android 程序也可以在这里找到。当包含的程序太多时，可以通过手指上下拖动来查看更多的程序。

对于国内用户来说，设置中文操作界面、中文输入法是两个常用的操作。设置中文操作界面可通过单击图 1.24 所示界面中的"Settings"项来进行，依次单击"Settings"→"System"→"Language & input"→"Language"，然后单击"Add a language"，将出现如图 1.25 所示的列表，选中其中的"简体中文"列表项，然后单击虚拟手机上的确认键返回即可。

> **提示：**
> 为 Android 模拟器设置了中文操作界面之后，在有些电脑上启动、运行模拟器特别慢，慢到令人难以忍受。如果遇到这种情况，请放弃使用中文操作界面。

开启中文输入法通过单击图 1.24 所示界面中的"Settings"项进行设置，依次单击"Settings"→"Language & input"，在出现的列表中勾选"谷歌拼音输入法"列表项，然后单击虚拟手机上的确认键返回即可。

图 1.23　启动后的虚拟手机　　图 1.24　Android 应用程序列表　　图 1.25　设置中文操作界面

> **提示：** 有时开发者启动了 Android 模拟器，"虚拟手机"的显示屏右上方可能提示没有网络信号，通常是因为模拟器无法访问网络的缘故。一般来说，只要运行模拟器的电脑已经处于局域网内（已接入 Internet 也可以），并且没有防火墙阻止 Android 模拟器访问网络，Android 模拟器都不应该提示没有网络信号。如果运行 Android 模拟器的机器既不在局域网内，也没有接入 Internet，则可将电脑 DNS 服务器设为与本机相同。例如，设置本机 IP 地址为 192.168.1.50，再将 DNS 服务器地址也设为 192.168.1.50。

3. 安装 Genymotion 模拟器

使用 Android 自带的模拟器虽然简单、方便，但最大的问题就是慢，慢到让大部分开发者难以忍受，这时可以选择使用第三方模拟器：Genymotion，这个模拟器最大的特点就是速度快，使用该模拟器可模拟出与真机媲美的速度。

> **提示：** 如果读者的电脑性能很好，使用 Android 自带的模拟器的性能可以接受，则完全可以跳过这部分内容。

下载和安装 Genymotion 模拟器请按如下步骤进行。

① 登录 https://www.genymotion.com/#!/download 站点，可以看到如图 1.26 所示的登录页面。

图 1.26　登录 Genymotion 官网页面

在图 1.26 所示页面中输入用户名、密码登录 Genymotion 官网，如果读者没有该网站的账户，则可单击该页面上的"Create an account"按钮注册一个。注册账户时需要输入一个有效的邮箱地址——注册完成后必须登录该邮箱来激活账户。

② 登录成功后，可以看到如图 1.27 所示的下载链接。

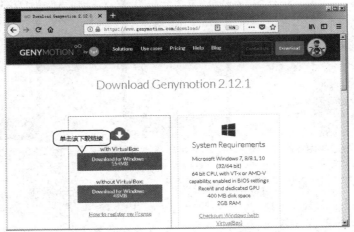

图 1.27　下载 Genymotion 模拟器

③ 单击"Download for Windows"链接，开始下载 Genymotion 模拟器。

下载完成后得到一个 genymotion-2.12.2-vbox.exe 文件，该文件就是 Genymotion 的安装文件，双击该文件即可开始安装。安装 Genymotion 与安装其他 Windows 程序并没有什么区别，此处不再赘述。

> **提示：** 在安装 Genymotion 时会自动安装 Oracle 的 VM VirtualBox，读者只要不断地单击"Next"按钮即可完成安装。

安装完成后可能会自动重启电脑。

④ 从"开始"菜单中启动 Genymotion，然后选择"Personal User"，接受该软件的授权协议，即可看到如图 1.28 所示的窗口。

图 1.28　管理 Genymotion 模拟器

> **提示：** Genymotion 有两个版本：免费的个人使用版和收费的商业版。免费版的功能比较少，只能个人使用，但商业版要收费，因此此处使用免费的个人使用版。

⑤ 从图 1.28 可以看出，此时还没有任何 Genymotion 模拟器，读者可通过单击该窗口上方的"Add"按钮来添加模拟器。单击"Add"按钮会再次要求输入用户名、密码登录系统，输入前面在 Genymotion 官网注册的用户名、密码，即可看到如图 1.29 所示的列表。

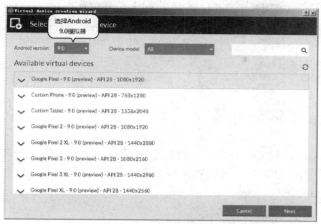

图 1.29 选择模拟器

⑥ 在图 1.29 所示列表中选择一个模拟器（此处的选择并不重要，后面还需要对此处的选择进行重新设置），此处选择"Google Pixel-9.0(preview) - API 28 - 1080×1920"，然后单击"Next"按钮。系统将会显示一个文本框让用户输入该模拟器的名称，按自己喜欢随意输入一个名称，然后单击"Next"按钮。Genymotion 将会开始下载文件，下载完成后将会自动完成配置，配置完成后单击"Finish"按钮，返回图 1.28 所示窗口，此时在该窗口中将可以看到我们刚刚配置的 Android 模拟器。

⑦ 在图 1.28 所示窗口中右击刚刚创建的 Android 模拟器，在弹出的右键菜单中单击"Settings"菜单项，即可看到如图 1.30 所示的设置窗口。

图 1.30 所示的内容设置该模拟器的 CPU 有两个内核，内置内存为 2048MB，读者可根据自己的电脑性能进行适当调整——如果电脑的性能很好，则可以将模拟器的 CPU 个数、内存容量适当调大；如果电脑的性能较差，则可以将模拟器的 CPU 个数、内存容量适当调小。

⑧ 在图 1.30 所示对话框中设置完成后，单击"OK"按钮返回图 1.28 所示窗口，在该窗口的模拟器列表中就可以看到刚刚配置的模拟器。在该窗口中选择刚刚配置的模拟器，然后单击窗口上方的"Start"按钮，即可启动 Genymotion 模拟器。

Genymotion 模拟器的启动速度比 Android 自带的模拟器的启动速度快，因此很快即可看到如图 1.31 所示的模拟器界面。

图 1.30 设置 Genymotion 模拟器的模拟参数

图 1.31 使用 Genymotion 模拟器

注意：

> 如果在启动 Genymotion 模拟器时一直卡在黑屏界面，或者卡在 Android Logo 界面，则可能是因为电脑没有开启 CPU 虚拟化支持。需要重启电脑，并进入 BIOS 开启 CPU 的虚拟化支持。

读者可以操作 Genymotion 模拟器，感受它的运行效率：这个模拟器的运行速度真的很流畅，本书后面大部分示例都是基于这个模拟器的。

1.4 Android 常用开发工具的用法

前面主要介绍了 Android SDK 的安装，运行、调试环境的搭建，以及 Android 开发环境 Android Studio 的安装，但这些内容只是最基本的知识，要真正掌握 Android 开发，还需要掌握 Android 开发常用的辅助工具。

▶▶ 1.4.1 使用 Monitor 进行调试

当 Android 应用在模拟器上运行时，我们看不到程序运行的过程，在命令行控制台也看不到程序的输出，那如何调试 Android 应用呢？

不用担心，Android 已经为我们考虑好了这个问题。Android 提供了一个 Monitor 工具，该工具可用于监视 Android 设备的运行，它是一个功能非常强大的调试环境。运行如下命令：

```
monitor.bat
```

即可看到系统启动了如图 1.32 所示的窗口。

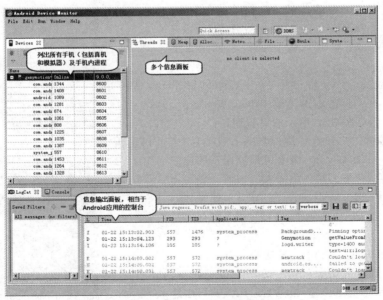

图 1.32 Monitor 的调试窗口

在图 1.32 所示的窗口中有如下几个重要的面板。

➢ 设备面板：Monitor 窗口左上角的面板，该面板会列出当前所有运行的手机（包括真机和模拟器），并列出各手机内的所有进程信息。如果需要查看指定手机或指定进程信息，则应先在该面板内选中指定手机或进程。

➢ 信息输出面板：该面板位于 Monitor 窗口的下方，相当于传统 Java 应用控制台，因此非常重要。
➢ 线程跟踪面板：该面板可用于查看指定进程内所有正在执行的线程状态。如果需要让该面板显示指定进程内线程的状态，则应保证下面两步：①在设备面板上选中需要查看的进程；②在设备面板上单击"Update Threads"按钮。
➢ Heap 内存跟踪面板：该面板可用于查看指定进程内堆内存的分配和回收信息。如果需要让该面板显示指定进程内 Heap 的回收和分配状态，则应保证下面两步：①在设备面板上选中需要查看的进程；②在设备面板上单击"Update Heap"按钮。
➢ 模拟器控制面板：该面板用于让模拟器模拟拨打电话、发送短信等，还可以设置模拟器的虚拟位置信息等。图 1.33 显示了该面板的示意图。

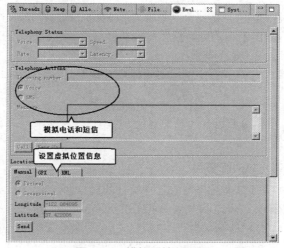

图 1.33　模拟器控制面板

➢ 文件管理器面板：该面板可用于查看 Android 设备所包含的文件，也可用于将 Android 设备的文件导出到电脑上，也可将电脑中的文件导入 Android 设备，如图 1.34 所示。

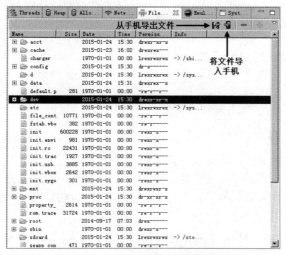

图 1.34　文件管理器面板

实际上，Android Studio 已经将 Monitor 集成进来，在 Android Studio 下方可以看到如图 1.35 所示的面板。

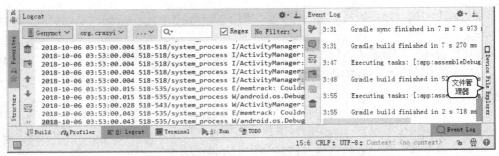

图 1.35　Android Studio 继承的 Monitor 面板

1.4.2　Android Debug Bridge（ADB）的用法

Android Debug Bridge（ADB）是一个功能非常强大的工具，它位于 Android SDK 安装目录的 platform-tools 子目录下。ADB 工具既可完成模拟器文件与电脑文件的相互复制，也可安装 APK 应用，甚至可以直接切换到 Android 系统中执行 Linux 命令。

ADB 工具的功能很多，此处就几个常用的功能略做说明。

1．查看当前运行的模拟器

输入如下命令，即可查看当前运行的模拟器：

```
adb devices
```

2．电脑与手机之间文件的相互复制

在默认情况下，ADB 工具总是操作当前正在运行的模拟器。

如果需要将电脑文件复制到模拟器中，则可使用 adb push 命令：

```
adb push d:\abc.txt /sdcard/
```

上面的命令将电脑的 D:\盘根目录下的 abc.txt 文件复制到手机的/sdcard/目录下。

如果需要将模拟器文件复制到电脑中，则可使用 adb pull 命令：

```
adb pull /sdcard/xyz.txt d:\
```

上面的命令将模拟器的/sdcard/目录下的 xyz.txt 文件复制到电脑的 D:\盘根目录下。

3．启动模拟器的 shell 窗口

Android 平台的内核是基于 Linux 的，有时开发者希望直接打开 Android 平台的 shell 窗口，这样就可以在该窗口内执行一些常用的 Linux 命令，如 ls、mkdir、rm 等。此时可考虑使用 adb shell 命令：

```
adb shell
```

4．安装、卸载 APK 程序

APK 程序就是 Android 程序的发布包。虽然我们使用 Java 或 Kotlin 开发了 Android 应用，但并不是直接将字节码文件复制到手机或模拟器上就可以的，而是需要将 Android 应用打包成 APK 包。

一旦将 Android 应用打包成 APK 包，接下来就可以通过 ADB 工具来安装、卸载 APK 程序了。

使用 ADB 安装 APK 程序的命令格式如下：

```
adb install [-r] [-s] <file>
```

上面的命令格式指定安装<file>代表的 APK 包。其中-r 表示重新安装该 APK 包；-s 表示将 APK 包安装到 SD 卡上——默认是将 APK 包安装到内部存储器上。例如，运行如下命令即可安装 test.apk 包：

```
adb install test.apk
```

如果希望从 Android 系统中删除指定软件包，则可使用如下命令：

```
adb uninstall [-k] <package>
```

上面的命令格式指定删除<package>代表的 APK 包。其中-k 表示只删除该应用程序，但保留该程序所用的数据和缓存目录。

▶▶ 1.4.3 使用 mksdcard 管理虚拟 SD 卡

正如前面在 Android SDK 和 AVD 管理器中所见到的，在创建 AVD 设备时可以创建一个虚拟 SD 卡。实际上，还可以使用 mksdcard 命令来单独创建一个虚拟存储卡。

mksdcard 命令的语法格式如下：

```
mksdcard [-l label] <size> <file>
```

上面的命令格式中<size>指定虚拟 SD 卡的大小，<file>指定保存虚拟 SD 卡的文件镜像。

例如如下命令：

```
mksdcard 64M D:\avds\.android\avd\leegang.avd\sdcard.img
```

上面命令创建了一个大小为 64MB 的虚拟 SD 卡，该 SD 卡对应的镜像文件为 D:\avds\.android\avd\leegang.avd\sdcard.img。

如果希望在启动模拟器时使用指定的虚拟 SD 卡，则在启动模拟器时增加-sdcard <file>选项，其中<file>代表虚拟 SD 卡的文件镜像。例如如下命令：

```
emulator -avd crazyit -sdcard d:\sdcard.img
```

到此为止，我们已经成功地安装了 Android SDK、配置了 Android 开发环境，并且对 Android 相关开发工具都有了一个大致的了解，接下来正式开始 Android 应用开发。

📁 1.5 开始第一个 Android 应用

无须担心，Android 应用的开发十分简单！Android 应用程序建立在应用程序框架之上，所以 Android 编程就是面向应用程序框架 API 编程——这种开发方式与编写普通的 Java 或 Kotlin 应用程序并没有太大的区别，只是 Android 新增了一些 API 而已。

▶▶ 1.5.1 使用 Android Studio 开发第一个 Android 应用

使用 Android Studio 开发 Android 应用非常方便，因为 Android Studio 会为我们自动完成许多工作。使用 Android Studio 开发 Android 应用大致需要如下 3 步。

① 创建一个 Android 项目或 Android 模块。
② 在 XML 布局文件中定义应用程序的用户界面。
③ 在 Java 或 Kotlin 代码中编写业务实现。

上面 3 个步骤只是最粗粒度的归纳。下面以开发一个 HelloWorld 应用为例来介绍 Android 开发。详细步骤如下。

① 通过 Android Studio 主菜单中的"File"→"New Project..."菜单项，创建一个 Android Studio 项目。Android Studio 弹出如图 1.12 所示的对话框。

② 在图 1.12 所示对话框中输入项目名、公司域名、包名和项目存储路径，然后单击"Next"按钮，接下来即可看到如图 1.13 所示的选择 Android SDK 版本对话框。

Android 应用的包名非常重要，它可作为 Android 应用的唯一标识。

③ 在图 1.13 所示对话框中根据业务需要选择 SDK 的最低版本要求，如果要使用 Android 9.0

的新功能，则需要选择"API 28 Android 9.0 (Pie)"作为最低版本要求。选好最低的 SDK 版本要求之后，单击"Next"按钮，接下来即可看到如图 1.14 所示的添加 Activity 对话框。

④ 在图 1.14 所示对话框中选择"Empty Activity"（空 Activity，这是 Android 应用中最简单的 Activity），然后单击"Next"按钮，即可看到如图 1.36 所示的对话框。

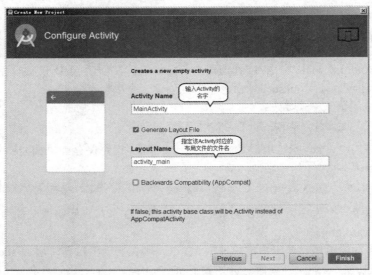

图 1.36　为创建 Activity 设置信息

⑤ 单击"Finish"按钮，Android Studio 即成功创建了一个项目，该项目包含一个 Android 应用。Android 项目创建完成后，将看到如图 1.37 所示的项目结构。

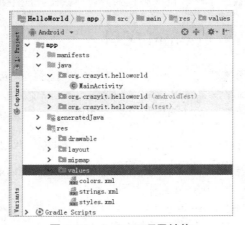

图 1.37　Android 项目结构

⑥ 在 Android 项目的 layout 目录下有一个 activity_main.xml 文件，该文件用于定义 Android 应用用户界面。在 Android Studio 工具中打开该文件，将看到如图 1.38 所示的界面。

图 1.38 所示的"所见即所得"的设计界面十分简单，有过网页编辑经验的读者可能对 Dreamweaver 之类的工具比较熟悉，那么可以把这个界面近似地当成 Dreamweaver。

从图 1.38 所示界面的控件面板中向程序拖入一个 Button 控件（按钮），再切换到源代码编写界面，将 activity_main.xml 文件（该文件就是 MainActivity 配套的 XML 布局文件）修改为如下形式。

图 1.38　Android Studio 提供的界面设计工具

程序清单：\codes\01\1.5\HelloWorld\app\src\main\res\layout\activity_main.xml

```xml
<RelativeLayout android:layout_width="wrap_content"
    android:layout_height="wrap_content"
    xmlns:android="http://schemas.android.com/apk/res/android"
    xmlns:tools="http://schemas.android.com/tools">
    <TextView
        android:id="@+id/show"
        android:layout_width="wrap_content"
        android:layout_height="wrap_content"
        android:layout_centerInParent="true"
        android:layout_alignParentTop="true"
        android:text="@string/app_name" />
    <Button
        android:layout_width="wrap_content"
        android:layout_height="wrap_content"
        android:layout_below="@id/show"
        android:text="单击我"
        android:onClick="clickHandler"/>
</RelativeLayout>
```

上面 XML 文档的根元素是 RelativeLayout，它代表一个相对布局，在该界面布局里包含如下两个 UI 控件。

- TextView：代表一个文本框。
- Button：代表一个普通按钮。

在 Android 用户界面设计中，各种界面布局元素将会在后面进行详细介绍，不同 UI 组件也会在后面进行详细介绍。此处只想说明 UI 组件上的几个通用属性。

- android:id：指定该控件的唯一标识，在 Java 或 Kotlin 程序中可通过 findViewById("id")来获取指定的 Android 界面组件。
- android:layout_width：指定该界面组件的宽度。如果该属性值为 match_parent，则说明该组件与其父容器具有相同的宽度；如果该属性值为 wrap_content，则说明该组件的宽度取决于它的内容——能包裹它的内容即可。
- android:layout_height：指定该界面组件的高度。如果该属性值为 match_parent，则说明该组件与其父容器具有相同的高度；如果该属性值为 wrap_content，则说明该组件的高度取决于它的内容——能包裹它的内容即可。

可能有读者感到奇怪：Android 怎么采用 XML 文件来定义用户界面呢？或者有过 Swing 编程经验的读者感到不习惯：怎么不是在 Java 代码里定义用户界面，而是在 XML 文档里定义用户界面呢？

大家要接受 Android 的这种优秀设计。Android 把用户界面放在 XML 文档中定义，就可以让 XML 文档专门负责用户 UI 设置，而 Java 程序则专门负责业务实现，这样可以降低程序的耦合性。对于不习惯这种方式的读者来说，其实可以近似地把 activity_main.xml 文件当成一个 HTML 页面——它们都通过标记语言来定义用户界面。区别在于 HTML 页面使用 HTML 标签，而 activity_main.xml 文件则使用 Android 标签。

Android Studio 项目下的 app\src 目录包含的是 Android 项目的源代码，该目录的 main\java\org\crazyit\helloworld 子目录下有一个 MainActivity.java 文件，它就是 Android 项目的 Java 文件。打开该文件，将该文件编辑为如下形式。

程序清单：codes\01\1.5\HelloWorld\app\src\main\java\org\crazyit\helloworld\MainActivity.java

```java
public class MainActivity extends Activity
{
    @Override
    protected void onCreate(Bundle savedInstanceState)
    {
        super.onCreate(savedInstanceState);
        setContentView(R.layout.activity_main);
    }
    public void clickHandlder(View source)
    {
        // 获取UI界面中ID为R.id.show的文本框
        TextView tv = findViewById(R.id.show);
        // 改变文本框的文本内容
        tv.setText("Hello Android-" + new java.util.Date());
    }
}
```

对于有不错的 Java 基础的读者来说，上面这个程序十分简单，它只做了如下两件事情。
➢ 设置该 Activity 使用 activity_main.xml 文件定义的界面布局作为用户界面。
➢ 定义了一个 clickHandler()方法作为按钮的事件处理方法——在处理方法中改变 ID 为 R.id.show 的文本框的内容。

至此，这个 HelloWorld 级的 Android 应用就开发完成了。

> 提示：
> 前面在介绍 activity_main.xml 文件时说过，读者可以把该文件当成一份 HTML 代码，在 Java 程序中通过 findViewById()方法即可获取指定 ID 的界面控件，实际上读者完全可以把 findViewById()类比成 JavaScript 代码中的 getElementById()。

▶▶ 1.5.2 通过 Andorid Studio 运行 Android 应用

通过 Andorid Studio 来运行 Android 应用非常简单，只要如下两步即可。

① 运行 Genymotion 模拟器（或通过 Android 提供的 AVD 管理器或直接使用 emulator 命令运行指定的 AVD 虚拟机，但 Android 自带的虚拟机比较慢）。如果打算用真机作为运行、调试环境，则使用 USB 线连接手机，并打开手机的调试模式。

② 在 Android Studio 的工具条中选择 Android app，然后单击工具条中的"运行"按钮，如图 1.39 所示。

图 1.39　运行 Android 应用

如果当前电脑只连接着一个 Android 设备（包括虚拟机、真机），单击"运行"按钮后，Android Studio 将会把该应用部署到该设备上，并成功运行该应用，如图 1.40 所示。

> **提示：**
> 如果当前电脑不止连接着一个 Android 设备（包括虚拟机、真机），Android Studio 将会弹出对话框询问用户要将该 Android 应用部署到哪个设备上。

打开"手机"，进入程序列表，即可看到刚刚开发的 HelloWorld 程序，如图 1.41 所示。

图 1.40 成功运行 Android 应用　　　　　　图 1.41 安装成功的 Android 应用

1.6 Android 应用结构分析

使用 Android Studio 开发 Android 应用简单、方便，除了创建 Android 项目，开发者只需做两件事情：使用 activity_main.xml 文件定义用户界面；打开 Java 源代码编写业务实现。但对于一个喜欢"穷根究底"的学习者来说，这种开发方式不免让其迷惑：

➢ findViewById(R.id.show)代码中的 R.id.show 是什么？从哪里来？
➢ 为何 setContentView(R.layout.activity_main)代码设置使用 activity_main.xml 文件定义的界面布局？

……

实际上，喜欢"穷根究底"的学习者才是真正好的学习者。借用拿破仑的一句话：不想当将军的士兵不是好士兵。类似地，也可以说：不喜欢探究原理、机制的程序员不是好程序员。

每次看到那些局限于特定 IDE 工具、只能在特定 IDE 里做事，而且自我感觉良好的学习者、工作者，笔者都忍不住十分遗憾：程序员，又少了一个。

▶▶ 1.6.1 Android 项目结构分析

上一节的示例在 codes\01\1.5\HelloWorld 目录下创建了一个项目（项目对应于 Eclipse 的工作空间），因此在该目录下除 app 之外，通常文件和子目录不需要开发者过多关心——除非你想手动修改与项目相关的全局设置。

在 HelloWorld 目录下的 app 则代表一个模块（相当于 Eclipse 的项目），因此 Android 项目的全部内容其实就在该目录下。app 目录结构如下：

```
app
├─build：存放该项目的构建结果
├─libs：存放该项目依赖的第三方类库
├─src
│   ├─androidTest
│   ├─main
│   │   ├─java（存放 Java 或 Kotlin 源文件）
│   │   │   └─org
│   │   │       └─crazyit
│   │   │           └─helloworld
│   │   ├─res
│   │   │   ├─drawable
│   │   │   ├─layout
│   │   │   ├─mipmap-xxx
│   │   │   └─values
│   │   └─AndroidManifest.xml
│   └─test
├─build.gradle（Gradle 构建文件）
└─.gitignore（该文件配置 Git 工具忽略管理哪些文件）
```

app 目录是一个典型的 Gradle 项目，其中 build.gradle 是该项目的构建文件；build 目录存放该项目的构建结果；libs 目录存放该项目所依赖的第三方类库；src 是项目开发的重点，所有源代码和资源都放在该目录下。可见，Android Studio 使用 Gradle 作为项目构建工具。

打开 build.gradle 文件，可以在开头看到如下 3 行。

```
apply plugin: 'com.android.application'
apply plugin: 'kotlin-android'
apply plugin: 'kotlin-android-extensions'
```

这 3 行指定了该构建文件应用的插件，所有的 Android 项目构建都需要使用 com.android.application 插件，除非你打算自己来完成所有的构建工作。如果打算使用 Kotlin 来开发 Android 项目，则需要第 2 行和第 3 行。

build.gradle 文件的接下来部分则负责为该项目定义全局属性。

构建文件的最后部分定义项目依赖：

```
dependencies {
    // implementation 定义项目主源代码的依赖
    // 下面配置依赖 libs 目录下的所有 JAR 包
    implementation fileTree(dir: 'libs', include: ['*.jar'])
    // 下面配置从中央仓库下载依赖 JAR 包
    implementation 'com.android.support.constraint:constraint-layout:1.1.3'
    // testImplementation 定义项目测试代码（test 目录下的代码）的依赖
    testImplementation 'junit:junit:4.12'
    // androidTestImplementation 定义 androidTest 目录下的代码依赖
    androidTestImplementation 'com.android.support.test:runner:1.0.2'
    androidTestImplementation 'com.android.support.test.espresso:espresso-core:3.0.2'
}
```

从上面的依赖配置来看，该 Android 项目所使用的构建文件与前面介绍的 Gradle 生成文件基本一致，只是 Android 项目额外增加了一个 sourceSet：androidTest，因此 Android 项目额外多出一组依赖。

上面依赖配置的第 1 行指定将 libs 目下的所有 JAR 包都添加成该项目的依赖包；接下来几行则指定需要从中央仓库下载 JAR 包——在默认情况下，Android Studio 将会从国外的中央仓库下载它们，如果网络不能顺畅地连接国外网络，Android Studio 将会报错。

为了避免这个问题，我们可以在 build.gradle 文件中配置国内中央仓库，或者在企业内部服务器上配置本地中央仓库来解决该问题。本章 1.2.6 节介绍了关于 Gradle 配置中央仓库的方法。

> **提示：**
> .gitignore 是版本控制工具 Git 所需要的文件，用于列出哪些文件不需要接受 Git 的管理。一般来说，只有项目源文件和各种配置文件才需要接受 Git 的管理。关于 Git 的详细介绍，可参考《轻量级 Java EE 企业应用实战》。

正如前面关于 Gradle 的介绍，src 目录通常包含主源代码（main 子目录）和测试代码（test 子目录）。此外，Android 项目额外多出一组测试代码：androidTest，代表了 Android 测试项目。如果暂时不理会测试代码，则可直接进入 main 目录。

main 目录下的 java 目录、res 目录（对应于标准的 Gradle 项目叫作 resources 目录）、AndroidManifest.xml 文件是 Android 项目必需的。

➢ java 目录：保存 Java 或 Kotlin 源文件。
➢ res 目录：存放 Android 项目的各种资源文件。比如 layout 子目录存放界面布局文件，values 子目录存放各种 XML 格式的资源文件，如字符串资源文件 strings.xml、颜色资源文件 colors.xml、尺寸资源文件 dimens.xml；drawable 子目录存放 XML 文件定义的 Drawable 资源，如 drawable-ldpi、drawable-mdpi、drawable-hdpi、drawable-xhdpi、drawable-xxhdpi 等子目录分别用于存放低分辨率、中分辨率、高分辨率、超高分辨率、超超高分辨率的 5 种图片文件。

> **提示：**
> 与 drawable 子目录对应的还有一个 mipmap 子目录，这两个子目录都用于存放各种 Drawable 资源。其区别在于：mipmap 子目录用于保存应用程序启动图标及系统保留的 Drawable 资源；而 drawable 子目录则用于保存与项目相关的各种 Drawable 资源。

➢ AndroidManifest.xml 文件是 Android 项目的系统清单文件，它用于控制 Android 应用的名称、图标、访问权限等整体属性。除此之外，Andriod 应用的 Activity、Service、ContentProvider、BroadcastReceiver 这 4 大组件都需要在该文件中配置。
➢ 对于 Android 开发者而言，重点关注的就是如下两部分。
➢ app\src\main\java 目录下的各种 Java 或 Kotlin 文件。
➢ app\src\main\res 目录下的各种资源文件。

进入 app\build\generated\source\r\debug\org\crazyit\helloworld 目录，可以看到 Android Studio 自动生成的 R.java 文件。

前面在编写 Android 程序代码时多次使用了 R.layout.main、R.id.show、R.id.ok……现在读者应该明白这里的 R 是什么了，原来它是 Android 项目自动生成的一个 Java 类。接下来将会详细介绍 R.java 文件。

▶▶ 1.6.2 自动生成的 R.java

打开 app\build\generated\source\r\debug\org\crazyit\helloworld 目录下的 R.java 文件，将看到如下代码。

程序清单：codes\01\1.5\HelloWorld\app\build\generated\source\r\debug\org\crazyit\helloworld\R.java

```java
/* AUTO-GENERATED FILE. DO NOT MODIFY.
 *
 * This class was automatically generated by the
 * aapt tool from the resource data it found.It
 * should not be modified by hand.
 */

package org.crazyit.helloworld;

public final class R {
  public static final class anim {
    public static final int abc_fade_in=0x7f010000;
    public static final int abc_fade_out=0x7f010001;
    public static final int abc_grow_fade_in_from_bottom=0x7f010002;
    public static final int abc_popup_enter=0x7f010003;
    public static final int abc_popup_exit=0x7f010004;
    public static final int abc_shrink_fade_out_from_bottom=0x7f010005;
    public static final int abc_slide_in_bottom=0x7f010006;
    public static final int abc_slide_in_top=0x7f010007;
    public static final int abc_slide_out_bottom=0x7f010008;
    public static final int abc_slide_out_top=0x7f010009;
    public static final int tooltip_enter=0x7f01000a;
    public static final int tooltip_exit=0x7f01000b;
  }
  public static final class attr {
   ...
  }
}
```

通过 R.java 类中的注释可以看出，R.java 文件是由 AAPT 工具根据应用中的资源文件自动生成的，因此可以把 R.java 理解成 Android 应用的资源字典。

AAPT 生成 R.java 文件的规则主要是如下两条。

> 每类资源都对应于 R 类的一个内部类。比如所有界面布局资源对应于 layout 内部类；所有字符串资源对应于 string 内部类；所有标识符资源对应于 id 内部类。
> 每个具体的资源项都对应于内部类的一个 public static final int 类型的字段。例如，前面在界面布局文件中用到了 show 标识符，因此 R.id 类里就包含了这个字段；由于 mipmap-xxx 文件夹里包含了 ic_launcher.png 图片，因此 R.mipmap 类里就包含了 ic_launcher 字段。

随着我们不断地向 Android 项目中添加资源，R.java 文件的内容也会越来越多。后面还会详细介绍 Android 资源访问的相关内容，因此后面还会进一步说明不同资源在 R.java 文件中的表现形式。

▶▶ 1.6.3 res 目录说明

Android 应用的 res 目录是一个特殊的项目，该项目里存放了 Android 应用所用的全部资源，包括图片资源、字符串资源、颜色资源、尺寸资源等——后面还会进一步介绍 Android 应用中资源的用法，此处先对 res 目录的资源进行简单的归纳。

Android 按照约定，将不同的资源放在不同的文件夹内，这样可以方便地让 AAPT 工具来扫描这些资源，并为它们生成对应的资源清单类：R.java。

以/res/value/strings.xml 文件为例，该文件的内容十分简单，它只是定义了一个字符串常量，如以下代码所示。

程序清单：codes\01\1.5\HelloWorld\app\src\main\res\values\strings.xml

```xml
<resources>
    <string name="app_name">HelloWorld</string>
</resources>
```

上面的资源文件中定义了一个字符串常量，常量的值为 HelloWorld，该字符串常量的名称为 app_name。一旦定义了这份资源文件之后，Android 项目就允许分别在 Java 代码、XML 文件中使用这份资源文件中的字符串资源。

1. 在 Java 代码中使用资源

为了在 Java 代码中使用资源，AAPT 会为 Android 项目自动生成一份 R.java 文件，R 类里为每份资源分别定义了一个内部类，其中每个资源项对应于内部类里一个 int 类型的 Field。例如，上面的字符串资源文件对应于 R.java 里的如下内容：

```java
// 对应于一份资源
public static final class string {
    // 对应于一个资源项
    public static final int app_name=0x7f040000;
    ...
}
```

借助于 AAPT 自动生成 R 类的帮助，在 Java 代码中可通过 R.string.app_name 引用到 "HelloWorld" 字符串常量。

2. 在 XML 文件中使用资源

在 XML 文件中使用资源更加简单，只要按如下格式来访问即可。

```
@<资源对应的内部类的类名>/<资源项的名称>
```

例如，要访问上面的字符串资源中定义的"HelloWorld"字符串常量，则使用如下形式来引用即可。

```
@string/app_name
```

但有一种情况例外，如果在 XML 文件中使用标识符——这些标识符无须使用专门的资源进行定义，直接在 XML 文档中按如下格式分配标识符即可。

```
@+id/<标识符代号>
```

例如，使用如下代码为一个组件分配标识符。

```
android:id="@+id/ok"
```

上面的代码为该组件分配了一个标识符，接下来就可以在程序中引用该组件了。
如果希望在 Java 或 Kotlin 代码中获取该组件，则可调用 Activity 的 findViewById()方法来获取。
如果希望在 XML 文件中获取该组件，则可通过资源引用的方式来引用它，语法如下：

```
@id/<标识符代号>
```

▶▶ 1.6.4 Android 应用的清单文件：AndroidManifest.xml

AndroidManifest.xml 清单文件是每个 Android 项目所必需的，它是整个 Android 应用的全局描述文件。AndroidManifest.xml 清单文件说明了该应用的名称、所使用的图标以及包含的组件等。
AndroidManifest.xml 清单文件通常包含如下信息。
- ➢ 应用程序的包名，该包名将会作为该应用的唯一标识。
- ➢ 应用程序所包含的组件，如 Activity、Service、BroadcastReceiver 和 ContentProvider 等。
- ➢ 应用程序兼容的最低版本。

➢ 应用程序使用系统所需的权限声明。
➢ 其他程序访问该程序所需的权限声明。

不管是 Android Studio 工具还是 android.bat 命令，它们所创建的 Android 项目都有一个 AndroidManifest.xml 文件。但随着不断地进行开发，可能需要对 AndroidManifest.xml 清单文件进行适当的修改。

下面是一份简单的 AndroidManifest.xml 清单文件。

程序清单：codes\01\1.5\HelloWorld\app\src\main\AndroidManifest.xml

```xml
<?xml version="1.0" encoding="utf-8"?>
<!-- 指定该 Android 应用的包名，该包名可用于唯一标识该应用 -->
<manifest xmlns:android="http://schemas.android.com/apk/res/android"
    package="org.crazyit.helloworld">
    <!-- 指定 Android 应用图标、标签、圆图标、主题等 -->
    <application
        android:allowBackup="true"
        android:icon="@mipmap/ic_launcher"
        android:label="@string/app_name"
        android:roundIcon="@mipmap/ic_launcher_round"
        android:supportsRtl="true"
        android:theme="@style/AppTheme">
        <!-- 定义 Android 应用的一个组件：Activity，该 Activity 的类为 MainActivity -->
        <activity android:name=".MainActivity">
            <intent-filter>
                <!-- 指定该 Activity 是程序的入口 -->
                <action android:name="android.intent.action.MAIN" />
                <!-- 指定加载该应用时运行该 Activity -->
                <category android:name="android.intent.category.LAUNCHER" />
            </intent-filter>
        </activity>
    </application>
</manifest>
```

上面这份 AndroidManifest.xml 清单文件中的注释已经大致说明了各元素的作用，故不再详细说明每个元素。上面的清单文件中有两处用到了资源。

➢ android:label="@string/app_name"，这说明该应用的标签（Label）为 app\src\main\res\value 目录下 strings.xml 文件中名为 "app_name" 的字符串值。

➢ android:icon="@mipmap/ic_launcher"，这说明该应用的图标为 app\src\main\res\xxx-mipmap 目录下主文件名为 "ic_launcher" 的图片。

▶▶ 1.6.5 应用程序权限说明

一个 Android 应用可能需要权限才能调用 Android 系统的功能，因此它也需要声明调用自身所需要的权限。

通过为 \<manifest.../\> 元素添加 \<uses-permission.../\> 子元素即可为程序本身声明权限。

例如，在 \<manifest.../\> 元素里添加如下代码：

```xml
<!-- 声明该应用本身需要打电话的权限 -->
<uses-permission android:name="android.permission.CALL_PHONE"/>
```

通过上面的介绍可以看出，\<uses-permission.../\> 元素的用法倒不难，但到底有多少权限呢？实际上 Android 提供了大量的权限，这些权限都位于 Manifest.permission 类中。一般来说，Android 系统的常用权限如表 1.1 所示。

表 1.1 Android 系统的常用权限

权 限	说 明
ACCESS_NETWORK_STATE	允许应用程序获取网络状态信息的权限
ACCESS_WIFI_STATE	允许应用程序获取 Wi-Fi 网络状态信息的权限
BATTERY_STATS	允许应用程序获取电池状态信息的权限
BLUETOOTH	允许应用程序连接匹配的蓝牙设备的权限
BLUETOOTH_ADMIN	允许应用程序发现匹配的蓝牙设备的权限
BROADCAST_SMS	允许应用程序广播收到短信提醒的权限
CALL_PHONE	允许应用程序拨打电话的权限
CAMERA	允许应用程序使用照相机的权限
CHANGE_NETWORK_STATE	允许应用程序改变网络连接状态的权限
CHANGE_WIFI_STATE	允许应用程序改变 Wi-Fi 网络连接状态的权限
DELETE_CACHE_FILES	允许应用程序删除缓存文件的权限
DELETE_PACKAGES	允许应用程序删除安装包的权限
FLASHLIGHT	允许应用程序访问闪光灯的权限
INTERNET	允许应用程序打开网络 Socket 的权限
MODIFY_AUDIO_SETTINGS	允许应用程序修改全局声音设置的权限
PROCESS_OUTGOING_CALLS	允许应用程序监听、控制、取消呼出电话的权限
READ_CONTACTS	允许应用程序读取用户的联系人数据的权限
READ_HISTORY_BOOKMARKS	允许应用程序读取历史书签的权限
READ_OWNER_DATA	允许应用程序读取用户数据的权限
READ_PHONE_STATE	允许应用程序读取电话状态的权限
READ_PHONE_SMS	允许应用程序读取短信的权限
REBOOT	允许应用程序重启系统的权限
RECEIVE_MMS	允许应用程序接收、监控、处理彩信的权限
RECEIVE_SMS	允许应用程序接收、监控、处理短信的权限
RECORD_AUDIO	允许应用程序录音的权限
SEND_SMS	允许应用程序发送短信的权限
SET_ORIENTATION	允许应用程序旋转屏幕的权限
SET_TIME	允许应用程序设置时间的权限
SET_TIME_ZONE	允许应用程序设置时区的权限
SET_WALLPAPER	允许应用程序设置桌面壁纸的权限
VIBRATE	允许应用程序控制振动器的权限
WRITE_CONTACTS	允许应用程序写入用户联系人的权限
WRITE_HISTORY_BOOKMARKS	允许应用程序写历史书签的权限
WRITE_OWNER_DATA	允许应用程序写用户数据的权限
WRITE_SMS	允许应用程序修改短信的权限

1.7 Android 应用的基本组件介绍

Android 应用通常由一个或多个基本组件组成，前面看到 Android 应用中最常用的组件就是 Activity。事实上 Android 应用还可能包括 Service、BroadcastReceiver、ContentProvider 等组件。本节先让读者对这些组件建立一个大致的认识，后面的章节还会对这些组件做更详细的介绍。

▶▶ 1.7.1 Activity 和 View

Activity 是 Android 应用中负责与用户交互的组件——大致上可以把它想象成 Swing 编程中的 JFrame 控件。不过它与 JFrame 的区别在于：JFrame 本身可以设置布局管理器，不断地向 JFrame 中添加组件，但 Activity 只能通过 setContentView(View) 来显示指定组件。

View 组件是所有 UI 控件、容器控件的基类，View 组件就是 Android 应用中用户实实在在看到的部分。但 View 组件需要放到容器组件中，或者使用 Activity 将它显示出来。如果需要通过某个 Activity 把指定 View 显示出来，调用 Activity 的 setContentView()方法即可。

```
setContentView()方法可接受一个 View 对象作为参数，例如如下代码：
// 创建一个线性布局管理器
LinearLayout layout = new LinearLayout(this);
// 设置该 Activity 显示 layout
setContentView(layout);
```

上面的程序通过代码创建了一个 LinearLayout 对象（它是 ViewGroup 的子类，ViewGroup 又是 View 的子类），接着调用 Activity 的 setContentView(layout)把这个布局管理器显示出来。

setContentView()方法也可接受一个布局管理资源的 ID 作为参数，例如如下代码：

```
// 设置该 Activity 显示 main.xml 文件定义的 View
setContentView(R.layout.main);
```

可见，大致上可以把 Activity 理解成 Swing 中的 JFrame 组件。当然，Activity 可以完成的功能比 JFrame 更多，此处只是简单地类比一下。

实际上 Activity 是 Window 的容器，Activity 包含一个 getWindow()方法，该方法返回该 Activity 所包含的窗口。对于 Activity 而言，开发者一般不需要关心 Window 对象。如果应用程序不调用 Activity 的 setContentView()来设置该窗口显示的内容，那么该程序将显示一个空窗口。

Activity 为 Android 应用提供了可视化用户界面，如果该 Android 应用需要多个用户界面，那么这个 Android 应用将会包含多个 Activity，多个 Activity 组成 Activity 栈，当前活动的 Activity 位于栈顶。

Activity 包含了一个 setTheme(int resid)方法来设置其窗口的风格。例如，我们希望窗口不显示 ActionBar、以对话框形式显示窗口，都可通过该方法来实现。

▶▶ 1.7.2 Service

Service 与 Activity 的地位是并列的，它也代表一个单独的 Android 组件。Service 与 Activity 的区别在于：Service 通常位于后台运行，它一般不需要与用户交互，因此 Service 组件没有图形用户界面。

与 Activity 组件需要继承 Activity 基类相似，Service 组件需要继承 Service 基类。一个 Service 组件被运行起来之后，它将拥有自己独立的生命周期，Service 组件通常用于为其他组件提供后台服务或监控其他组件的运行状态。

▶▶ 1.7.3 BroadcastReceiver

BroadcastReceiver 是 Android 应用中另一个重要的组件，顾名思义，BroadcastReceiver 代表广播消息接收器。从代码实现角度来看，BroadcastReceiver 非常类似于事件编程中的监听器。与普通事件监听器不同的是，普通事件监听器监听的事件源是程序中的对象；而 BroadcastReceiver 监听的事件源是 Android 应用中的其他组件，因此 BroadcastReceiver 相当于一个全局的事件监听器。

使用 BroadcastReceiver 组件接收广播消息比较简单，开发者只要实现自己的 BroadcastReceiver 子类，并重写 onReceive(Context context, Intent intent)方法即可。当其他组件通过 sendBroadcast()、sendStickyBroadcast()或 sendOrderedBroadcast()方法发送广播消息时，如果该 BroadcastReceiver 也对该消息"感兴趣"（通过 IntentFilter 配置），BroadcastReceiver 的 onReceive(Context context, Intent intent)方法将会被触发。

开发者实现了自己的 BroadcastReceiver 之后，通常有两种方式来注册这个系统级的"事件监听器"。

> 在 Java 或 Kotlin 代码中通过 Context.registReceiver()方法注册 BroadcastReceiver。
> 在 AndroidManifest.xml 文件中使用<receiver.../>元素完成注册。

读者此处只要对 BroadcastReceiver 有一个大致的印象即可，本书后面的章节还会详细介绍如何开发、使用 BroadcastReceiver 组件。

1.7.4 ContentProvider

对于 Android 应用而言，它们必须相互独立，各自运行在自己的进程中，如果这些 Android 应用之间需要实现实时的数据交换——例如，我们开发了一个发送短信的程序，当发送短信时需要从联系人管理应用中读取指定联系人的数据——这就需要多个应用程序之间进行数据交换。

Android 系统为这种跨应用的数据交换提供了一个标准：ContentProvider。当用户实现自己的 ContentProvider 时，需要实现如下抽象方法。

> insert(Uri, ContentValues)：向 ContentProvider 插入数据。
> delete(Uri, ContentValues)：删除 ContentProvider 中指定数据。
> update(Uri, ContentValues, String, String[])：更新 ContentProvider 中指定数据。
> query(Uri, String[], String, String[],String)：从 ContentProvider 查询数据。

通常与 ContentProvider 结合使用的是 ContentResolver，一个应用程序使用 ContentProvider 暴露自己的数据，而另一个应用程序则通过 ContentResolver 来访问数据。

1.7.5 Intent 和 IntentFilter

Intent 并不是 Android 应用的组件，但它对于 Android 应用的作用非常大——它是 Android 应用内不同组件之间通信的载体。当 Android 运行时需要连接不同的组件时，通常就需要借助于 Intent 来实现。Intent 可以启动应用中另一个 Activity，也可以启动一个 Service 组件，还可以发送一条广播消息来触发系统中的 BroadcastReceiver。也就是说，Activity、Service、BroadcastReceiver 三种组件之间的通信都以 Intent 作为载体，只是不同组件使用 Intent 的机制略有区别而已。

> 当需要启动一个 Activity 时，可调用 Context 的 startActivity (Intent intent) 或 startActivityForResult(Intent intent, int requestCode)方法，这两个方法中的 Intent 参数封装了需要启动的目标 Activity 的信息。
> 当需要启动一个 Service 时，可调用 Context 的 startService(Intent intent)方法或 bindService(Intent service, ServiceConnection conn, int flags)方法，这两个方法中的 Intent 参数封装了需要启动的目标 Service 的信息。
> 当需要触发一个 BroadcastReceiver 时，可调用 Context 的 sendBroadcast(Intent intent)、sendStickyBroadcast(Intent intent)或 sendOrderedBroadcast(Intent intent, String receiverPermission)方法来发送广播消息，这三个方法中的 Intent 参数封装了需要触发的目标 BroadcastReceiver 的信息。

通过上面的介绍不难看出，Intent 封装了当前组件需要启动或触发的目标组件的信息，因此有些资料也将 Intent 翻译为"意图"。实际上 Intent 对象里封装了大量关于目标组件的信息，本书后面还会更详细地介绍 Intent 所封装的数据，此处不再深入讲解。

当一个组件通过 Intent 表示了启动或触发另一个组件的"意图"之后，这个意图可分为两类。
> 显式 Intent：显式 Intent 明确指定需要启动或者触发的组件的类名。
> 隐式 Intent：隐式 Intent 只是指定需要启动或者触发的组件应满足怎样的条件。

对于显式 Intent 而言，Android 系统无须对该 Intent 做任何解析，系统直接找到指定的目标组件，启动或触发它即可。

对于隐式 Intent 而言，Android 系统需要对该 Intent 进行解析，解析出它的条件，然后再去系统中查找与之匹配的目标组件。如果找到符合条件的组件，就启动或触发它们。

那么 Android 系统如何判断被调用组件是否符合隐式 Intent 呢？这就需要靠 IntentFilter 来实现了，被调用组件可通过 IntentFilter 来声明自己所满足的条件——也就是声明自己到底能处理哪些隐式 Intent。关于 Intent 和 IntentFilter 本书后面还会有进一步阐述，此处先建立简单的概念即可。

1.8 使用 Android 9 来签名 APK

前面已经介绍过，Android 项目以它的包名作为唯一标识。如果在同一台手机上安装两个包名相同的应用，后面安装的应用就可以覆盖前面安装的应用。为了避免这种情况发生，Android 要求对作为产品发布的应用进行签名。

签名主要有如下两个作用：

- 确定发布者的身份。由于应用开发者可以通过使用相同包名来替换已经安装的程序，因此使用签名可以避免发生这种情况。
- 确保应用的完整性。签名会对应用包中的每个文件进行处理，从而确保程序包中的文件不会被替换。

通过以上介绍不难看出，Android 应用签名的作用类似于现实生活中的签名。当开发者对 Android 应用签名时，相当于告诉外界：该应用程序是由"我"开发的，"我"会对该应用负责——因为有签名（签名有密钥），别人无法冒名顶替"我"；与此同时，"我"也无法冒名顶替别人。

签名后的 APK 就可以上传到各大应用商店，既可供广大用户免费使用，也可用于盈利。

> **提示：**
> 在应用的开发、调试阶段，Android Studio 或 Gradle 工具会自动生成调试证书对 Android 应用签名，因此部署、调试前面两个示例并没有经过签名。需要指出的是，如果要正式发布一个 Android 应用，必须使用合适的数字证书来给应用程序签名，不能使用 Android Studio 或 Gradle 工具生成的调试证书来发布。

▶▶ 1.8.1 使用 Android Studio 对 Android 应用签名

大部分时候，开发者会直接使用 Android Studio 对 Android 应用签名。使用 Android Studio 对 Android 应用签名的步骤如下。

① 单击 Android Studio 主菜单中的"Build"→"Generate Signed APK..."菜单项，系统会提示生成"Android App Bundle"，还是生成"APK"，其中 Android App Bundle 是 Google 新推出的动态发布方案，这种发布方式的 App 更小、安装更快，但最大的问题是目前仅支持 Google Play（Google 官方 App 市场），国内通常连不上 Google Play，因此还是老实地选择生成"APK"吧。选择后 Android Studio 弹出如图 1.42 所示的对话框。

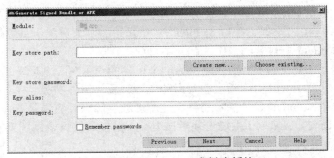

图 1.42　选择已有的 Key store 或创建新的 Key store

❷ 如果系统中还没有数字证书,则可以在图 1.42 所示窗口中单击 "Create new..." 按钮,并按图 1.43 所示格式填写数字证书的存储路径和密码。

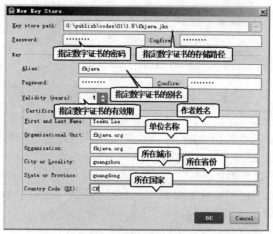

图 1.43 创建数字证书

❸ 填写完成后单击 "OK" 按钮,Android Studio 返回图 1.42 所示的对话框,并在该对话框中使用刚刚创建的数字证书,如图 1.44 所示。

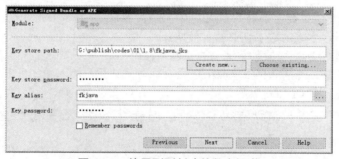

图 1.44 使用刚刚创建的数字证书

❹ 单击 "Next" 按钮,Android Studio 将会显示如图 1.45 所示的对话框,该对话框用于指定生成签名后的 APK 安装包的存储路径。选择签名版本,其中 V1 版本只对 JAR 包签名,而 V2 版本对整个 APK 签名,通常建议选择 V2 版本。

图 1.45 指定签名后的 APK 安装包的存储路径

单击 "Finish" 按钮,签名完成。Android Studio 将会在指定路径下生成一个签名后的 APK 安装包。

上面步骤的第 2 步用于制作新的数字证书,一旦数字证书制作完成,以后就可以直接使用该数字证书签名了。

利用已有的数字证书进行签名,请按如下步骤进行。

① 在图 1.42 所示窗口中单击 "Choose existing..." 按钮浏览已有的数字证书。

② 浏览到已有的数字证书之后,在该对话框下面的 Key store password、Key alias、Key password 文本框中输入已有的数字证书对应的信息,这样将会看到如图 1.44 所示的效果。剩下的事情同样是单击 "Next" 按钮,并选择签名 APK 的存储路径即可。

▶▶ 1.8.2　使用 Android 9 的命令对 APK 签名

如果不想借助于 Android Studio 对 Android 应用程序签名,或者有时候需要对一个"未签名"的 APK 包(比如已有一个未签名的 APK 包,或者委托第三方公司开发的 API 包)进行签名,则可通过"命令"对 Android 应用进行手动签名。

使用命令对 APK 签名的步骤如下。

① 创建 Key store 库。在 JDK 安装目录下的 bin 子目录中提供了 keytool.exe 工具来生成数字证书。在命令行窗口中输入如下命令:

```
keytool -genkeypair -alias crazyit -keyalg RSA -validity 400 -keystore crazyit.jks
```

上面命令中各选项说明如下。

- -genkeypair:指定生成数字证书。
- -alias:指定生成数字证书的别名。
- -keyalg:指定生成数字证书的算法。使用 RSA 算法。
- -validity:指定生成的数字证书的有效期。
- -keystore:指定所生成的数字证书的存储路径。

输入上面命令后按回车键,接下来将会以交互式方式让用户输入数字证书 keystore 的密码、作者、公司等详细信息,如图 1.46 所示。

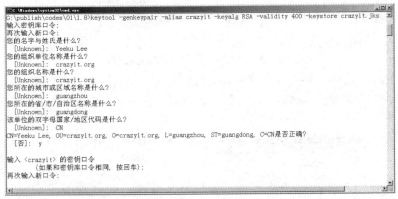

图 1.46　生成数字证书

第 1 步的作用是生成属于你们公司、你的数字证书,这个步骤只要做一次即可。一旦数字证书创建成功之后,只要在该证书有效期内,就可以一直重复使用该证书。

② 如果 Android 项目没有错误,通过 Android Studio 的 "Build" → "Build APK(s)" 即可生成未签名的 APK 安装包。在 Android Studio 项目的 app\build\outputs\apk\debug 路径下即可找到一个 app-release-unaligned.apk 文件,该文件就是未签名的 APK 安装包。

第 2 步的作用是生成一个未签名的 APK 安装包,如果本来已有这个未签名的安装包,或者该安装包是委托第三方公司开发的,第三方公司负责提供该未签名的安装包,那么这个步骤是可以省略的。

③ 使用 Android 9 的 apksigner.bat 命令对未签名的 APK 安装包进行签名。apksigner.bat 命令位于 Android SDK 的 build-tools 目录下。比如 Android 9.0 的 build-tools 位于 SDK\build-tools\28.0.3 目录下，为了方便使用该目录下的命令，可以考虑将该目录添加到 PATH 环境变量中。

apksigner 命令就对应于前面介绍的 V2 版本的签名。

在命令行窗口中输入如下命令：

```
apksigner sign --ks crazyit.jks --ks-key-alias crazyit
 --out HelloWorld_crazyit.apk app-debug.apk
```

上面命令中各选项说明如下。

- sign：指定使用 apksigner 命令执行签名。
- --ks：指定数字证书的存储路径。
- --ks-key-alias：指定数字证书的别名。
- --out <文件名>：指定签名后的 APK 文件的文件名。
- 最后一个参数则代表未签名的 APK 文件。

输入上面命令后按回车键，接下来将会以交互式方式让用户输入数字证书 keystore 的密码、数字证书的密码。如果签名成功，该命令不会有任何提示，但会在指定目录下生成一个签名后的 APK 文件。

apksigner 还提供了 verify 子命令来验证签名是否有效。例如，在命令行窗口中输入如下命令：

```
apksigner verify -v HelloWorld_crazyit.apk
```

上面命令将会对 APK 安装包的签名状态执行检查，检查结果通常会产生如下输出。

```
Verifies
Verified using v1 scheme (JAR signing): false
Verified using v2 scheme (APK Signature Scheme v2): true
Number of signers: 1
```

上面的输出提示用户：签名检查已经得到确定，其中 V1 版本的签名为 false，V2 版本的签名为 true。

上面两条命令的执行结果如图 1.47 所示。

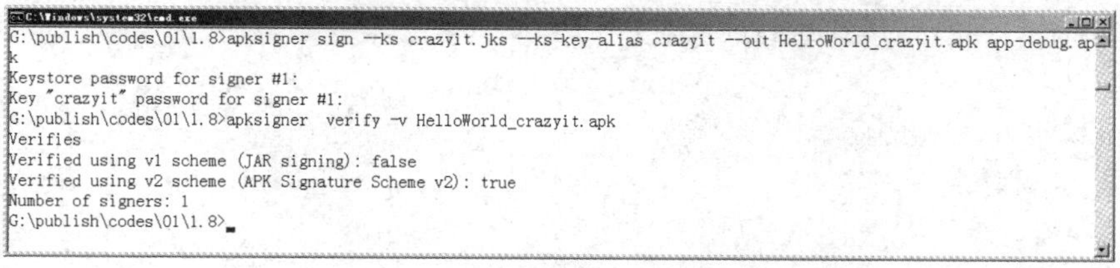

图 1.47 执行数字签名

1.9 本章小结

本章简要介绍了 Android 应用开发的背景知识，包括 Android 是什么，它是干什么的；简要介绍了 Android 的发展历史及现状。由于 Android 开发默认使用 Gradle 作为项目构建工具，因此读者应该掌握 Gradle 构建工具，包括如何定义 Gradle 构建文件、自定义 Gradle 任务和插件。学习本章需要掌握的重点是搭建、使用 Android 开发平台，包括下载与安装 Android Studio 和 Android SDK。此外，Android SDK 提供的各种小工具，如 ADB、Monitor 也是需要掌握的，这些内容是开发 Android 应用的基础。本章还介绍了一个 Android 的 HelloWorld 应用，并结合 Gradle 工具详细分析了 Android 项目的文件结构，可以让读者对 Android 应用的程序结构更加熟悉。本章详细介绍了 Android 应用的 AndroidManifest.xml 文件，以及如何在该文件中管理程序权限。

CHAPTER 2

第2章
Android 应用的界面编程

本章要点

- Android 的程序界面与 View 组件
- View 组件与 ViewGroup 组件
- Android 控制程序界面的 3 种方式
- 通过继承 View 开发自定义 View
- Android 常见的布局管理器
- 文本框组件：TextView 和 EditText
- 按钮组件：Button
- 特殊的按钮组件：RadioButton、CheckBox、ToggleButton 和 Switch
- 时间显示组件：AnalogClock 与 TextClock
- 图片浏览组件：ImageView、ImageButton、ZoomButton 与 QuickContactBadge
- AdapterView 组件与 Adapter
- RecyclerView 的功能与用法
- ExpandableListView 组件的功能与用法
- Spinner 的功能与用法
- AutoCompleteTextView 组件的功能与用法
- AdapterViewFlipper 和 StackView 的功能与用法
- ProgressBar 进度条的功能与用法
- SeekBar 的功能与用法
- RatingBar 的功能与用法
- ViewAnimator 和 ViewSwitch 的功能与用法
- ImageSwitcher、TextSwitcher 和 ViewFlipper 的功能与用法
- 使用 Toast 创建简单提示
- CalendarView 的功能与用法
- DatePicker、TimerPicker 和 NumberPicker 的功能与用法
- SearchView 的功能与用法
- ScrollView 的功能与用法
- 使用 Notification 发送全局通知
- 使用 AlertDialog 创建各种复杂的对话框
- 具有对话框风格的窗口
- 使用 PopupWindow 创建对话框
- 开发选项菜单和子菜单
- 为菜单项提供响应
- 使用 ActionBar 显示选项菜单
- 为 ActionBar 添加 ActionView

Android 应用开发的一项内容就是用户界面的开发。不管应用实际包含的逻辑多么复杂、多么优秀，如果这个应用没有提供友好的图形用户界面（Graphics User Interface，GUI），也将很难吸引最终用户。相反，如果为应用程序提供了友好的图形用户界面，最终用户通过手指拖动、点击等动作就可以操作整个应用，这个应用程序就会受欢迎得多（实际上，Windows 之所以广为人知，其最初的吸引力就是来自它所提供的图形用户界面）。作为一个程序设计者，必须优先考虑用户的感受，一定要让用户感到"爽"，我们的程序才会被需要、被使用，这样的程序才有价值。

Android 提供了大量功能丰富的 UI 组件，开发者只要按一定规律把这些 UI 组件组合起来——就像小朋友"搭积木"一样，把这些 UI 组件搭建在一起就可以开发出优秀的图形用户界面。为了让这些 UI 组件能响应用户的手指触摸、键盘动作，Android 也提供了事件响应机制，这样保证图形界面应用可响应用户的交互操作。

通过学习本章，读者应该能开发出漂亮的图形用户界面，这些图形用户界面是 Android 应用开发的基础，也是非常重要的组成部分。

2.1 界面编程与视图（View）组件

Android 应用是运行于手机系统上的程序，这种程序给用户的第一印象就是用户界面。从市场的角度来看，所有开发者都应充分重视 Android 应用的用户界面。Android 提供了非常丰富的用户界面组件，借助于这些用户界面组件，开发者可以非常方便地进行用户界面开发，而且可以开发出非常优秀的用户界面。

2.1.1 视图组件与容器组件

Android 应用的绝大部分 UI 组件都放在 android.widget 包及其子包、android.view 包及其子包中，Android 应用的所有 UI 组件都继承了 View 类，View 组件非常类似于 Swing 编程的 JPanel，它代表一个空白的矩形区域。

View 类还有一个重要的子类：ViewGroup，但 ViewGroup 通常作为其他组件的容器使用。

Android 的所有 UI 组件都是建立在 View、ViewGroup 基础之上的，Android 采用了"组合器"设计模式来设计 View 和 ViewGroup：ViewGroup 是 View 的子类，因此 ViewGroup 也可被当成 View 使用。对于一个 Android 应用的图形用户界面来说，ViewGroup 作为容器来盛装其他组件，而 ViewGroup 里除可以包含普通 View 组件之外，还可以再次包含 ViewGroup 组件。

图 2.1 显示了 Android 图形用户界面的组件层次。

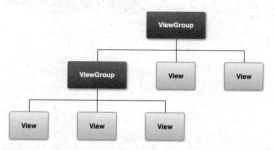

图 2.1　图形用户界面的组件层次（备注：该图来自 Android 文档）

对于每个 Android 开发者而言，Android 提供的官方文档是必看的。下面简单介绍读者应该如何查看 Android 文档——这实际上是一种学习方法。实际上，笔者常常觉得掌握学习方法比记住几个知识点更重要。

在第 1 章中在线安装 Android SDK 组件时，通过图 1.16 所示窗口选择 Android 工具时勾选

"Documentation for Android SDK"项，就会将 Android 文档安装到本地磁盘。一旦我们将 Android 文档安装到本地磁盘，就可以在 Android SDK 安装目录下找到 docs 子目录，打开 docs 子目录下的 index.html 页面，先单击页面上方的"DEVELOP"标签，然后单击该页面上的"Develop"→"API Guides"（开发指南）链接，用户将看到如图 2.2 所示的页面。

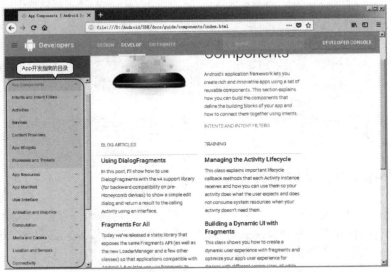

图 2.2　Android 开发指南

如图 2.2 所示的就是 Android 官方提供的开发指南文档，这份文档也是笔者当初学习、开发 Android 应用的重要文档。

> **提示：**
> 如果你具有良好的英文阅读能力，而且 Java 或 Kotlin 基本功扎实，那么学习 Android 完全可以不用购买任何图书，直接阅读这份 API Guides 也是很好的学习方法。

单击 index.html 页面上方的"DEVELOP"标签，然后单击该页面上的"Develop"→"Reference"（参考手册）链接，即可看到 Android 的 API 文档，如图 2.3 所示。

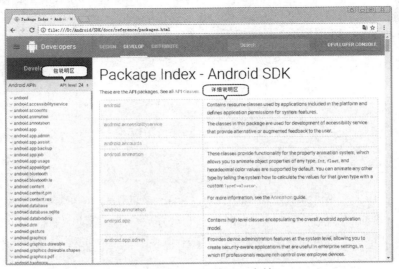

图 2.3　Android 的 API 文档

如图 2.3 所示的 API 文档与我们熟悉的 API 文档略有区别，最大的区别在于 Android 的 API 文档没有类列表区。这份 API 文档中的做法是：当开发者选择指定包时，该包下的所有接口、类、枚举都会以树状节点展开。建议使用 Chrome、Firefox 等浏览器查看这份 API 文档，使用 IE 查看这份 API 文档会比较慢。这份 API 文档与所有的 API 文档一样，都是开发者必须时常查阅的手册。

前面介绍 Android 应用结构时已经指出，Android 推荐使用 XML 布局文件来定义用户界面，而不是使用 Java 或 Kotlin 代码来开发用户界面，因此所有组件都提供了两种方式来控制组件的行为。

➢ 在 XML 布局文件中通过 XML 属性进行控制。
➢ 在 Java 或 Kotlin 程序代码中通过调用方法进行控制。

实际上不管使用哪种方式，它们控制 Android 用户界面行为的本质是完全一样的。大部分时候，控制 UI 组件的 XML 属性还有对应的方法。

对于 View 类而言，它是所有 UI 组件的基类，因此它包含的 XML 属性和方法是所有组件都可使用的。如表 2.1 所示的是 View 类常用的 XML 属性、相关方法及简要说明。

表 2.1　View 类常用的 XML 属性、相关方法及简要说明

XML 属性	相关方法	说明
android:alpha	setAlpha(float)	设置该组件的透明度
android:background	setBackgroundResource(int)	设置该组件的背景颜色
android:backgroundTint	setBackgroundTintList(ColorStateList)	设置对背景颜色重新着色，该属性要与 android:background 结合使用
android:backgroundTintMode	setBackgroundTintMode(PorterDuff.Mode)	设置对背景颜色着色的模式，该属性支持 PorterDuff.Mode 的各枚举值
android:clickable	setClickable(boolean)	设置该组件是否可以激发单击事件
android:contentDescription	setContentDescription(CharSequence)	设置该组件的内容描述信息
android:contextClickable	setContextClickable(boolean)	设置该属性是否可以激发 context 单击事件
android:drawingCacheQuality	setDrawingCacheQuality(int)	设置该组件所使用的绘制缓存的质量
android:elevation	setElevation(float)	设置该组件"浮"起来的高度，通过设置该属性可让该组件呈现 3D 效果
android:fadeScrollbars	setScrollbarFadingEnabled(boolean)	设置当不使用该组件的滚动条时，是否淡出显示滚动条
android:fadingEdgeLength	getVerticalFadingEdgeLength()	设置淡出边界的长度
android:filterTouchesWhenObscured	setFilterTouchesWhenObscured(boolean)	设置当该组件所在的窗口被其他窗口遮挡时，是否过滤触摸事件
android:fitsSystemWindows	setFitsSystemWindows(boolean)	设置是否基于系统窗口（如状态栏）来调整视图布局
android:focusable	setFocusable(boolean)	设置该组件是否可以得到焦点
android:focusableInTouchMode	setFocusableInTouchMode(boolean)	设置该组件在触摸模式下是否可以得到焦点
android:foreground	setForeground(Drawable)	指定绘制到组件内容上面的 Drawable
android:foregroundGravity	setForegroundGravity(int)	设置绘制前景 Drawable 时的对齐方式
android:foregroundTint	setForegroundTintList(ColorStateList)	设置对前景 Drawable 重新着色
android:foregroundTintMode	setForegroundTintMode(PorterDuff.Mode)	设置对前景 Drawable 着色的模式

续表

XML 属性	相关方法	说明
android:hapticFeedbackEnabled	setHapticFeedbackEnabled(boolean)	设置该组件是否能对诸如长按这样的事件启用触觉反馈
android:id	setId(int)	设置该组件的唯一标识。在 Java 代码中可通过 findViewById 来获取它
android:isScrollContainer	setScrollContainer(boolean)	设置该组件是否作为可滚动容器使用
android:keepScreenOn	setKeepScreenOn(boolean)	设置该组件是否会强制手机屏幕一直打开
android:layerType	setLayerType(int,Paint)	设置该组件使用的图层类型
android:layoutDirection	setLayoutDirection(int)	设置该组件的布局方式。该属性支持 ltr（从左到右）、rtl（从右到左）、inherit（与父容器相同）和 locale 四种值
android:longClickable	setLongClickable(boolean)	设置该组件是否可以响应长单击事件
android:minHeight	setMinimumHeight(int)	设置该组件的最小高度
android:minWidth	setMinimumWidth(int)	设置该组件的最小宽度
android:nextFocusDown	setNextFocusDownId(int)	设置焦点在该组件上，且单击向下键时获得焦点的组件 ID
android:nextFocusForward	setNextFocusForwardId(int)	设置焦点在该组件上，且单击向前键时获得焦点的组件 ID
android:nextFocusLeft	setNextFocusLeftId(int)	设置焦点在该组件上，且单击向左键时获得焦点的组件 ID
android:nextFocusRight	setNextFocusRightId(int)	设置焦点在该组件上，且单击向右键时获得焦点的组件 ID
android:nextFocusUp	setNextFocusUpId(int)	设置焦点在该组件上，且单击向上键时获得焦点的组件 ID
android:onClick		为该组件的单击事件绑定监听器
android:padding	setPadding(int,int,int,int)	在组件的四边设置填充区域
android:paddingBottom	setPadding(int,int,int,int)	在组件的下边设置填充区域
android:paddingEnd	setPaddingRelative(int,int,int,int)	相对布局时，在组件结尾处设置填充区域
android:paddingHorizontal	setPaddingRelative(int,int,int,int)	在组件的左、右两边设置填充区域
android:paddingLeft	setPadding(int,int,int,int)	在组件的左边设置填充区域
android:paddingRight	setPadding(int,int,int,int)	在组件的右边设置填充区域
android:paddingStart	setPaddingRelative(int,int,int,int)	相对布局时，在组件起始处设置填充区域
android:paddingTop	setPadding(int,int,int,int)	在组件的上边设置填充区域
android:paddingVertical	setPadding(int,int,int,int)	在组件的上、下两边设置填充区域
android:rotation	setRotation(float)	设置该组件旋转的角度
android:rotationX	setRotationX(float)	设置该组件绕 X 轴旋转的角度
android:rotationY	setRotationY(float)	设置该组件绕 Y 轴旋转的角度
android:saveEnabled	setSaveEnabled(boolean)	如果设置为 false，那么当该组件被冻结时不会保存它的状态

续表

XML 属性	相关方法	说明
android:scaleX	setScaleX(float)	设置该组件在水平方向的缩放比
android:scaleY	setScaleY(float)	设置该组件在垂直方向的缩放比
android:scrollIndicators	setScrollIndicators(int)	设置组件滚动时显示哪些滚动条，默认值是"top|bottom"，即上、下显示
android:scrollX		该组件初始化后的水平滚动偏移
android:scrollY		该组件初始化后的垂直滚动偏移
android:scrollbarAlwaysDrawHorizontalTrack		设置该组件是否总是显示水平滚动条的轨道
android:scrollbarAlwaysDrawVerticalTrack		设置该组件是否总是显示垂直滚动条的轨道
android:scrollbarDefaultDelayBeforeFade	setScrollBarDefaultDelayBeforeFade(int)	设置滚动条在淡出隐藏之前延迟多少毫秒
android:scrollbarSize	setScrollBarSize(int)	设置垂直滚动条的宽度和水平滚动条的高度
android:scrollbarStyle	setScrollBarStyle(int)	设置滚动条的风格和位置。该属性支持如下属性值： ➤ insideOverlay ➤ insideInset ➤ outsideOverlay ➤ outsideInset
android:scrollbarThumbHorizontal		设置该组件的水平滚动条的滑块对应的 Drawable 对象
android:scrollbarThumbVertical		设置该组件的垂直滚动条的滑块对应的 Drawable 对象
android:scrollbarTrackHorizontal		设置该组件的水平滚动条的轨道对应的 Drawable 对象
android:scrollbarTrackVertical		设置该组件的垂直滚动条的轨道对应的 Drawable 对象
android:scrollbars		定义该组件滚动时显示几个滚动条。该属性支持如下属性值： ➤ none：不显示滚动条 ➤ horizontal：显示水平滚动条 ➤ vertical：显示垂直滚动条
android:soundEffectsEnabled	setSoundEffectsEnabled(boolean)	设置该组件被单击时是否使用音效
android:tag		为该组件设置一个字符串类型的 tag 值。接下来可通过 View 的 getTag()获取该字符串，或通过 findViewWithTag()查找该组件
android:textAlignment	setTextAlignment(int)	设置组件内文字的对齐方式
android:textDirection	setTextDirection(int)	设置组件内文字的排列方式
android:theme		设置该组件的主题
android:transformPivotX	setPivotX(float)	设置该组件旋转时旋转中心的 X 坐标
android:transformPivotY	setPivotY(float)	设置该组件旋转时旋转中心的 Y 坐标

续表

XML 属性	相关方法	说明
android:transitionName		为该 View 指定名字以便 Transition 能识别它
android:translationX	setTranslationX(float)	设置该组件在 X 方向上的位移
android:translationY	setTranslationY(float)	设置该组件在 Y 方向上的位移
android:translationZ	setTranslationZ(float)	设置该组件在 Z 方向（垂直屏幕方向）上的位移
android:visibility	setVisibility(int)	设置该组件是否可见

> **提示：** Drawable 是 Android 提供的一个抽象基类，它代表了"可以被绘制出来的某种东西"，Drawable 包括了大量子类，比如 ColorDrawable 代表颜色 Drawable，ShapeDrawable 代表几何形状 Drawable。各种 Drawable 可用于定制 UI 组件的背景等外观。本书第 7 章会详细介绍各种 Drawable 的功能与用法。

> **注意：** 上面表格中介绍 View 组件时列出的 setBackgroundTintList、setElevation(float)、setTranslationZ(float)方法都是 Material Design 中的功能，它们的作用也基本相似，它们都可用于设置该组件垂直屏幕"浮"起来的效果，通过该属性可让该组件呈现 3D 效果。当该组件垂直于屏幕"浮"起来之后，组件下的实时阴影就会自动显现。

ViewGroup 继承了 View 类，当然也可以当成普通 View 来使用，但 ViewGroup 主要还是当成容器类使用。但由于 ViewGroup 是一个抽象类，因此在实际使用中通常总是使用 ViewGroup 的子类来作为容器，例如各种布局管理器。

ViewGroup 容器控制其子组件的分布依赖于 ViewGroup.LayoutParams、ViewGroup.MarginLayoutParams 两个内部类。这两个内部类中都提供了一些 XML 属性，ViewGroup 容器中的子组件可以指定这些 XML 属性。

表 2.2 显示了 ViewGroup.LayoutParams 所支持的两个 XML 属性。

表 2.2　ViewGroup.LayoutParams 支持的 XML 属性

XML 属性	说明
android:layout_height	指定该子组件的布局高度
android:layout_width	指定该子组件的布局宽度

android:layout_height 和 android:layout_width 两个属性支持如下两个属性值。

> match_parent（早期叫 fill_parent）：指定子组件的高度、宽度与父容器组件的高度、宽度相同（实际上还要减去填充的空白距离）。

> wrap_content：指定子组件的大小恰好能包裹它的内容即可。

读者可能对布局高度与布局宽度感到疑惑：为组件指定了高度与宽度不就够了吗？为何还要设置布局高度与布局宽度呢？这是由 Android 的布局机制决定的，Android 组件的大小不仅受它实际的宽度、高度控制，还受它的布局高度与布局宽度控制。比如设置一个组件的宽度为 30pt，如果将它的布局宽度设为 match_parent，那么该组件的宽度将会被"拉宽"到占满它所在的父容器；如果将它的布局宽度设为 wrap_content，那么该组件的宽度才会是 30pt。

ViewGroup.MarginLayoutParams 用于控制子组件周围的页边距（Margin，也就是组件四周的留白），它支持的 XML 属性及相关方法如表 2.3 所示。

表 2.3 ViewGroup.MarginLayoutParams 支持的 XML 属性

XML 属性	相关方法	说明
android:layout_margin	setMargins(int,int,int,int)	指定该子组件四周的页边距
android:layout_marginBottom	setMargins(int,int,int,int)	指定该子组件下边的页边距
android:layout_marginEnd	setMargins(int,int,int,int)	指定该子组件结尾处的页边距
android:layout_marginHorizontal	setMargins(int,int,int,int)	指定该子组件左、右两边的页边距
android:layout_marginLeft	setMargins(int,int,int,int)	指定该子组件左边的页边距
android:layout_marginRight	setMargins(int,int,int,int)	指定该子组件右边的页边距
android:layout_marginStart	setMargins(int,int,int,int)	指定该子组件起始处的页边距
android:layout_marginTop	setMargins(int,int,int,int)	指定该子组件上边的页边距
android:layout_marginVertical	setMargins(int,int,int,int)	指定该子组件上、下两边的页边距

后面我们还会详细介绍 ViewGroup 各子类的用法，此处不再详述。

▶▶ 2.1.2 使用 XML 布局文件控制 UI 界面

Android 推荐使用 XML 布局文件来控制视图，这样不仅简单、明了，而且可以将应用的视图控制逻辑从 Java 或 Kotlin 代码中分离出来，放入 XML 文件中控制，从而更好地体现 MVC 原则。

当我们在 Android 应用的\res\layout 目录下定义一个主文件名任意的 XML 布局文件之后（R.java 会自动收录该布局资源），Java 或 Kotlin 代码可通过如下方法在 Activity 中显示该视图。

```
setContentView(R.layout.<资源文件名字>)
```

当在布局文件中添加多个 UI 组件时，都可以为该 UI 组件指定 android:id 属性，该属性的属性值代表该组件的唯一标识。接下来如果希望在 Java 或 Kotlin 代码中访问指定的 UI 组件，则可通过如下代码来实现。

```
findViewById(R.id.<android.id 属性值>)
```

一旦在程序中获得了指定的 UI 组件之后，接下来就可以通过代码来控制各 UI 组件的外观行为，包括为 UI 组件绑定事件监听器等。

▶▶ 2.1.3 在代码中控制 UI 界面

虽然 Android 推荐使用 XML 布局文件来控制 UI 界面，但如果开发者愿意，Android 允许开发者像开发 Swing 应用一样，完全抛弃 XML 布局文件，完全在 Java 或 Kotlin 代码中控制 UI 界面。如果希望在代码中控制 UI 界面，那么所有的 UI 组件都将自行创建出来，然后以合适的方式"搭建"在一起即可。

实例：用编程的方式开发 UI 界面

按照前面所介绍的方式新建 Android Studio 项目，当 Android Studio 项目进入图 1.14 所示的添加 Activity 的界面后，依然可以选择添加 Empty Activity，并选择 Java 作为源代码。

> 提示：实际上，选择哪种 Activity 只是告诉 AS 采用不同的 Activity 模板，但最终还是需要开发者自己修改配置文件和 Java 代码的。为同一个应用选择不同的模板只会影响所

需要修改的代码，但最后达到的代码效果还是相同的。本书如果不做特别说明，都是选择添加 Empty Activity，并使用 Java 作为源代码的。

本例将开发一个完全用代码控制 UI 界面的 Android 应用。由于该应用完全采用代码来控制 UI 界面，因此可以完全抛弃 XML 布局文件。下面是通过代码控制 UI 界面的代码。

程序清单：codes\02\2.1\CodeView\codeview\src\main\java\org\crazyit\ui\MainActivity.java

```java
public class MainActivity extends Activity
{
    // 当第一次创建该 Activity 时回调该方法
    public void onCreate(Bundle savedInstanceState)
    {
        super.onCreate(savedInstanceState);
        // 创建一个线性布局管理器
        LinearLayout layout = new LinearLayout(this);
        // 设置该 Activity 显示 layout
        super.setContentView(layout);
        layout.setOrientation(LinearLayout.VERTICAL);
        // 创建一个 TextView
        TextView show = new TextView(this);
        // 创建一个按钮
        Button bn = new Button(this);
        bn.setText(R.string.ok);
        bn.setLayoutParams(new ViewGroup.LayoutParams(ViewGroup.LayoutParams
            .WRAP_CONTENT, ViewGroup.LayoutParams.WRAP_CONTENT));
        // 向 layout 容器中添加 TextView
        layout.addView(show);
        // 向 layout 容器中添加按钮
        layout.addView(bn);
        // 为按钮绑定一个事件监听器
        bn.setOnClickListener((view) ->{
            show.setText("Hello , Android , " + new java.util.Date());
        });
    }
}
```

从上面程序的粗体字代码可以看出，该程序中所用到的 UI 组件都是自行创建出来的，然后程序使用 LinearLayout 容器来"盛装"这些 UI 组件，这样就组成了图形用户界面。

> **注意：** 上面程序代码使用了 Java 8 的 Lambda 表达式，而 Android 3.2 默认并不支持 Lambda 表达式，为了在 Android 项目中使用 Lambda 表达式，程序在 codeview 模块的 build.gradle 文件的 android 属性中增加了如下配置。
>
> ```
> compileOptions {
>     sourceCompatibility JavaVersion.VERSION_1_8
>     targetCompatibility JavaVersion.VERSION_1_8
> }
> ```

从上面的程序代码可以看出，无论创建哪种 UI 组件，都需要传入一个 this 参数，这是由于创建 UI 组件时传入一个 Context 参数，Context 代表访问 Android 应用环境的全局信息的 API。让 UI 组件持有一个 Context 参数，可以让这些 UI 组件通过该 Context 参数来获取 Android 应用环境的全局信息。

Context 本身是一个抽象类，Android 应用的 Activity、Service 都继承了 Context，因此 Activity、

Service 都可直接作为 Context 使用。

在模拟器中运行上面的程序，将可以看到如图 2.4 所示的界面。

从上面的程序代码不难看出，完全在代码中控制 UI 界面不仅不利于高层次的解耦，而且由于自行创建 UI 组件，需要调用方法来设置 UI 组件的行为，因此代码也显得十分臃肿；相反，如果

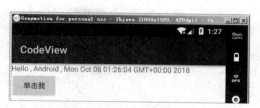

图 2.4　在代码中控制 UI 界面

通过 XML 布局文件来控制 UI 界面，开发者只要在 XML 布局文件中使用标签即可创建 UI 组件，而且只要配置简单的属性即可控制 UI 组件的行为，因此要简单得多。

虽然 Android 应用完全允许开发者像开发 Swing 应用一样在代码中控制 UI 界面，但这种方式不仅编程烦琐，而且不利于高层次的解耦，因此不推荐开发者使用这种方式。

▶▶ 2.1.4　使用 XML 布局文件和代码混合控制 UI 界面

前面已经提到，完全使用 Java 代码来控制 UI 界面不仅烦琐，而且不利于解耦；而完全利用 XML 布局文件来控制 UI 界面虽然方便、便捷，但难免有失灵活。因此有些时候，可能需要混合使用 XML 布局文件和代码来控制 UI 界面。

当混合使用 XML 布局文件和代码来控制 UI 界面时，习惯上把变化小、行为比较固定的组件放在 XML 布局文件中管理，而那些变化较多、行为控制比较复杂的组件则交给代码来管理。

实例：简单图片浏览器

依然在上一个项目中创建该实例，即采用一个 Android Studio 项目（对应于 Eclipse 工作空间）包含多个模块（对应于 Eclipse 项目）的方式：单击 Android Studio 主菜单中的 "File" → "New" → "New Module" 菜单项，在弹出的对话框中选择 "Phone & Tablet Module" 项，Android Studio 显示如图 2.5 所示的配置模块对话框。

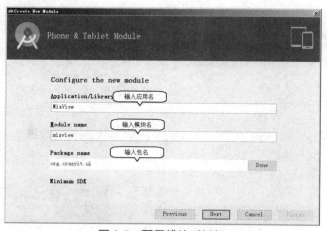

图 2.5　配置模块对话框

> **提示：**
> 本书将采用每节一个 Android Studio 项目来组织源代码；该节内不同的例子对应于不同的模块。

在图 2.5 所示的对话框中输入应用名、模块名和包名之后，单击 "Next" 按钮，Android Studio 项目再次进入图 1.14 所示的添加 Activity 的界面，这时依然可以选择添加 Empty Activity。

首先在应用的布局文件中定义一个简单的线性布局容器，该布局文件的代码如下。

程序清单：codes\02\2.1\CodeView\mixview\src\main\res\layout\activity_main.xml

```xml
<?xml version="1.0" encoding="utf-8"?>
<!-- 定义一个线性布局容器 -->
<LinearLayout xmlns:android="http://schemas.android.com/apk/res/android"
    xmlns:tools="http://schemas.android.com/tools"
    android:id="@+id/root"
    android:layout_width="match_parent"
    android:layout_height="match_parent"
    android:orientation="vertical"
    tools:context=".MainActivity">
</LinearLayout>
```

上面的布局文件只是定义了一个简单的线性布局容器。接下来我们会在程序中获取该线性布局容器，并往该容器中添加组件。下面是该实例的程序代码。

程序清单：codes\02\2.1\CodeView\mixview\src\main\java\org\crazyit\ui\MainActivity.java

```java
public class MainActivity extends Activity
{
    // 定义一个访问图片的数组
    private int[] images = new int []{R.drawable.java, R.drawable.javaee,
        R.drawable.swift, R.drawable.ajax, R.drawable.html};
    private int currentImg = 0;
    @Override
    public void onCreate(Bundle savedInstanceState)
    {
        super.onCreate(savedInstanceState);
        setContentView(R.layout.activity_main);
        // 获取 LinearLayout 布局容器
        LinearLayout main = findViewById(R.id.root);
        // 程序创建 ImageView 组件
        ImageView image = new ImageView(this);
        // 将 ImageView 组件添加到 LinearLayout 布局容器中
        main.addView(image);
        // 初始化时显示第一张图片
        image.setImageResource(images[0]);
        image.setOnClickListener(view -> {
            // 改变 ImageView 里显示的图片
            image.setImageResource(images[++currentImg % images.length]);
        });
    }
}
```

程序中的第 1 行粗体字代码定义了一个 Array<Int>数组，该数组的每个元素都是一个图片资源的 ID，因此需要将 5 张图片拷贝到/res/drawable-xxx/目录下。

第 2 行粗体字代码获取了该 Activity 所显示的 LinearLayout（线性布局容器），第 3 行和第 4 行粗体字代码用于创建一个 ImageView，并将该 ImageView 添加到 LinearLayout 容器中——其中 LinearLayout 布局容器通过 XML 布局文件管理，而 ImageView 组件则由 Java 代码管理。

除此之外，上面的程序还为 ImageView 组件添加了一个单击事件。当用户单击该组件时，ImageView 显示下一张图片。运行上面的程序，可以看到如图 2.6 所示的界面。

图 2.6　XML 布局文件和代码混合控制布局

▶▶ 2.1.5 开发自定义 View

前面已经提到，View 组件的作用类似于 Swing 编程中的 JPanel，它只是一个矩形的空白区域，View 组件没有任何内容。对于 Android 应用的其他 UI 组件来说，它们都继承了 View 组件，然后在 View 组件提供的空白区域绘制外观。

基于 Android UI 组件的实现原理，开发者完全可以开发出项目定制的组件——当 Android 系统提供的 UI 组件不足以满足项目需要时，开发者可以通过继承 View 来派生自定义组件。

当开发者打算派生自己的 UI 组件时，首先要定义一个继承 View 基类的子类，然后重写 View 类的一个或多个方法。通常可以被用户重写的方法如下。

- 构造器：重写构造器是定制 View 的最基本方式，当 Java 或 Kotlin 代码创建一个 View 实例，或根据 XML 布局文件加载并构建界面时将，需要调用该构造器。
- onFinishInflate()：这是一个回调方法，当应用从 XML 布局文件加载该组件并利用它来构建界面之后，该方法将会被回调。
- onMeasure(int, int)：调用该方法来检测 View 组件及其所包含的所有子组件的大小。
- onLayout(boolean, int, int, int, int)：当该组件需要分配其子组件的位置、大小时，该方法就会被回调。
- onSizeChanged(int, int, int, int)：当该组件的大小被改变时回调该方法。
- onDraw(Canvas)：当该组件将要绘制它的内容时回调该方法。
- onKeyDown(int, KeyEvent)：当某个键被按下时触发该方法。
- onKeyUp(int, KeyEvent)：当松开某个键时触发该方法。
- onTrackballEvent(MotionEvent)：当发生轨迹球事件时触发该方法。
- onTouchEvent(MotionEvent)：当发生触摸屏事件时触发该方法。
- onFocusChanged (boolean gainFocus, int direction, Rect previouslyFocusedRect)：当该组件焦点发生改变时触发该方法。
- onWindowFocusChanged(boolean)：当包含该组件的窗口失去或得到焦点时触发该方法。
- onAttachedToWindow()：当把该组件放入某个窗口中时触发该方法。
- onDetachedFromWindow()：当把该组件从某个窗口中分离时触发该方法。
- onWindowVisibilityChanged(int)：当包含该组件的窗口的可见性发生改变时触发该方法。

当需要开发自定义 View 时，开发者并不需要重写上面列出的所有方法，而是可以根据业务需要重写上面的部分方法。例如，下面的实例程序就只重写了 onDraw(Canvas)方法。

此外，如果要新建的自定义组件只是组合现有组件，不需要重新绘制所有组件内容，那么就更简单了——只要实现自定义组件的构造器，在自定义构造器中使用 LayoutInflater 加载布局文件即可。

实例：跟随手指的小球

为了实现一个跟随手指的小球，我们考虑开发自定义的 UI 组件，这个 UI 组件将会在指定位置绘制一个小球，这个位置可以动态改变。当用户通过手指在屏幕上拖动时，程序监听到这个手指动作，把手指动作的位置传入自定义 UI 组件，并通知该组件重绘即可。

下面是自定义组件的代码。

程序清单：codes\02\2.1\CodeView\customview\src\main\java\org\crazyit\ui\DrawView.java

```
public class DrawView extends View
{
    private float currentX = 40f;
    private float currentY = 50f;
    // 定义并创建画笔
    private Paint p = new Paint();
```

```java
    public DrawView(Context context)
    {
        super(context);
    }
    public DrawView(Context context, AttributeSet set)
    {
        super(context, set);
    }
    @Override
    public void onDraw(Canvas canvas)
    {
        super.onDraw(canvas);
        // 设置画笔的颜色
        p.setColor(Color.RED);
        // 绘制一个小圆（作为小球）
        canvas.drawCircle(currentX, currentY, 15F, p);
    }
    // 为该组件的触碰事件重写事件处理方法
    @Override
    public boolean onTouchEvent(MotionEvent event)
    {
        // 修改 currentX、currentY 两个成员变量
        currentX = event.getX();
        currentY = event.getY();
        // 通知当前组件重绘自己
        invalidate();
        // 返回 true 表明该处理方法已经处理该事件
        return true;
    }
}
```

上面的 DrawView 组件继承了 View 基类，并重写了 onDraw 方法——该方法负责在该组件的指定位置绘制一个小球。除此之外，该组件还重写了 onTouchEvent(MotionEvent event)方法，该方法用于处理该组件的触碰事件，当用户手指触碰该组件时将会触发该方法。当手指在触摸屏上移动时，将会不断地触发触摸屏事件，事件监听器中负责触发事件的坐标将被传入 DrawView 组件，并通知该组件重绘——这样即可保证 DrawView 上的小球跟随手指移动。

有了这个自定义组件之后，接下来可以通过 Java 代码把该组件添加到指定容器中，这样就可以看到该组件的运行效果了。下面是该应用的 Activity 类。

程序清单：codes\02\2.1\CodeView\customview\src\main\java\org\crazyit\ui\MainActivity.java

```java
public class MainActivity extends Activity
{
    @Override
    public void onCreate(Bundle savedInstanceState)
    {
        super.onCreate(savedInstanceState);
        setContentView(R.layout.activity_main);
        // 获取布局文件中的 LinearLayout 容器
        LinearLayout root = findViewById(R.id.root);
        // 创建 DrawView 组件
        DrawView draw = new DrawView(this);
        // 设置自定义组件的最小宽度、高度
        draw.setMinimumWidth(300);
        draw.setMinimumHeight(500);
        root.addView(draw);
    }
}
```

上面的程序中先创建了自定义组件（DrawView）的实例，然后程序将该组件添加到 LinearLayout 容器中。

运行上面的程序，结果如图 2.7 所示。

该实例依然在 Java 代码中创建了 DrawView 组件的实例，并将它添加到 LinearLayout 容器中，实际上完全可以在 XML 布局文件中管理该组件。如果使用如下布局文件：

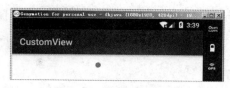

图 2.7　跟随手指的小球

```xml
<?xml version="1.0" encoding="utf-8"?>
<LinearLayout xmlns:android="http://schemas.android.com/apk/res/android"
    android:orientation="vertical"
    android:layout_width="match_parent"
    android:layout_height="match_parent"
    android:id="@+id/root">
<org.crazyit.ui.DrawView
    android:layout_width="match_parent"
    android:layout_height="match_parent" />
</LinearLayout>
```

上面的布局文件已经添加了自定义组件，因此在 Java（或 Kotlin）代码中只要加载该界面布局文件即可，无须通过 Java（或 Kotlin）代码来添加该自定义组件。因此，Activity 的代码可以简化为如下形式：

```java
public class MainActivity extends Activity
{
    @Override
    public void onCreate(Bundle savedInstanceState)
    {
        super.onCreate(savedInstanceState);
        setContentView(R.layout.activity_main);
    }
}
```

2.2　第 1 组 UI 组件：布局管理器

Android 的界面组件比较多，如果不理顺它们内在的关系，孤立地学习、记忆这些 UI 组件，不仅学习起来事倍功半，而且不利于掌握它们内在的关系。为了帮助读者更好地掌握 Android 界面组件的关系，本书将会把这些界面组件按照它们的关联分析，分为几组进行介绍。本节介绍的是第 1 组 UI 组件：以 ViewGroup 为基类派生的布局管理器。

为了更好地管理 Android 应用的用户界面里的组件，Android 提供了布局管理器。通过使用布局管理器，Android 应用的图形用户界面具有良好的平台无关性。通常，推荐使用布局管理器来管理组件的分布、大小，而不是直接设置组件位置和大小。例如，通过如下代码定义了一个文本框（TextView）。

```java
TextView hello = new TextView(this);
hello.setText("Hello Android");
```

为了让这个组件在不同的手机屏幕上都能运行良好——不同手机屏幕的分辨率、尺寸并不完全相同，如果让程序手动控制每个组件的大小、位置，则将给编程带来巨大的困难。为了解决这个问题，Android 提供了布局管理器。布局管理器可以根据运行平台来调整组件的大小，程序员要做的，只是为容器选择合适的布局管理器。

Android 的布局管理器本身就是一个 UI 组件，所有的布局管理器都是 ViewGroup 的子类。图 2.8 显示了 Android 布局管理器的类图。

从图 2.8 可以看出，所有布局都可作为容器类使用，因此可以调用多个重载的 addView()向布局管理器中添加组件。实际上，我们完全可以用一个布局管理器嵌套到其他布局管理器中——因为布局管理器也继承了 View，也可以作为普通 UI 组件使用。

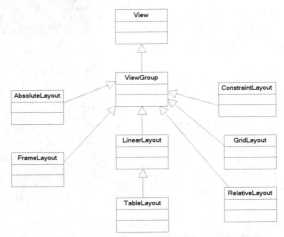

图 2.8 Android 布局管理器的类图

如图 2.8 所示的 GridLayout 和 RelativeLayout 已被 Android 9 标注为不推荐使用，推荐使用 ConstraintLayout 代替它们，因此本书不再介绍 GridLayout 和 RelativeLayout 的相关内容，读者可以阅读本书配套资源中的 layout.pdf 文件来学习这两个布局管理器的用法。

▶▶ 2.2.1 线性布局

线性布局由 LinearLayout 类来代表，线性布局有点像 Swing 编程里的 Box，它们都会将容器里的组件一个挨着一个排列起来。LinearLayout 可以控制各组件横向排列（通过设置 android:orientation 属性控制），也可控制各组件纵向排列。

Android 的线性布局不会换行，当组件一个挨着一个排列到头之后，剩下的组件将不会被显示出来。

表 2.4 显示了 LinearLayout 支持的常用 XML 属性及相关方法。

表 2.4 LinearLayout 支持的常用 XML 属性及相关方法

XML 属性	相关方法	说明
android:baselineAligned	setBaselineAligned(boolean)	该属性设为 false，将会阻止该布局管理器与它的子元素的基线对齐
android:divider	setDividerDrawable(Drawable)	设置垂直布局时两个按钮之间的分隔条
android:gravity	setGravity(int)	设置布局管理器内组件的对齐方式。该属性支持 top、bottom、left、right、center_vertical、fill_vertical、center_horizontal、fill_horizontal、center、fill、clip_vertical、clip_horizontal 几个属性值。也可以同时指定多种对齐方式的组合，例如 left|center_vertical 代表出现在屏幕左边，而且垂直居中
android:measureWithLargestChild	setMeasureWithLargestChildEnabled(boolean)	当该属性设为 true 时，所有带权重的子元素都会具有最大子元素的最小尺寸
android:orientation	setOrientation(int)	设置布局管理器内组件的排列方式，可以设置为 horizontal（水平排列）、vertical（垂直排列，默认值）两个值的其中之一
android:weightSum		设置该布局管理器的最大权值和

LinearLayout 包含的所有子元素都受 LinearLayout.LayoutParams 控制,因此 LinearLayout 包含的子元素可以额外指定如表 2.5 所示的属性。

表 2.5 LinearLayout 子元素支持的常用 XML 属性及相关方法

XML 属性	相关方法	说明
android:layout_gravity		指定该子元素在 LinearLayout 中的对齐方式
android:layout_weight		指定该子元素在 LinearLayout 中所占的权重

> **提示:**
> 基本上很多布局管理器都提供了相应的 LayoutParams 内部类,该内部类用于控制它们的子元素支持指定 android:layout_gravity 属性,该属性设置该子元素在父容器中的对齐方式。与 android:layout_gravity 相似的属性还有 android:gravity 属性(一般容器才支持指定该属性),该属性用于控制它所包含的子元素的对齐方式。

例如,定义如下 XML 布局管理器。

程序清单:codes\02\2.2\LayoutTest\linearlayout\src\main\res\layout\activity_main.xml

```xml
<?xml version="1.0" encoding="utf-8"?>
<LinearLayout xmlns:android="http://schemas.android.com/apk/res/android"
    android:orientation="vertical"
    android:layout_width="match_parent"
    android:layout_height="match_parent"
    android:gravity="bottom|center_horizontal">
    <Button
        android:id="@+id/bn1"
        android:layout_width="wrap_content"
        android:layout_height="wrap_content"
        android:text="@string/bn1"/>
    <!-- 省略后面 4 个相似的按钮 -->
    ...
</LinearLayout>
```

上面的界面布局非常简单,它只是定义了一个简单的线性布局,并在线性布局中定义了 5 个按钮。在定义线性布局时使用粗体字代码指定了垂直排列所有组件,而且所有组件对齐到容器底部并且水平居中。运行上面的程序,使用 Activity 显示界面布局,将看到如图 2.9 所示的界面。

如果将上面布局文件中的 android:gravity="bottom|center_horizontal" 改为 android:gravity="right|center_vertical"——也就是所有组件水平右对齐、垂直居中,再次使用 Activity 显示该界面布局,将看到所有按钮都会在屏幕右边的中间垂直排列。

如果将上面的线性布局的方向改为水平,也就是设置 android:orientation="horizontal",并设置 gravity="top",再次使用 Activity 来显示该界面布局,将看到如图 2.10 所示的界面。

图 2.9 垂直的线性布局,底部、居中对齐

图 2.10 水平的线性布局,顶端对齐

从图 2.10 所示的运行结果可以看出,当采用线性布局来管理 5 个按钮组件时,如果这 5 个按

钮组件无法在一行中同时显示出来，那么 LinearLayout 不会换行显示多余的组件，因此后面可能有些按钮会显示不出来。

2.2.2 表格布局

表格布局由 TableLayout 所代表，TableLayout 继承了 LinearLayout，因此它的本质依然是线性布局管理器。表格布局采用行、列的形式来管理 UI 组件，TableLayout 并不需要明确地声明包含多少行、多少列，而是通过添加 TableRow、其他组件来控制表格的行数和列数。

每次向 TableLayout 中添加一个 TableRow，该 TableRow 就是一个表格行，TableRow 也是容器，因此它也可以不断地添加其他组件，每添加一个子组件该表格就增加一列。

如果直接向 TableLayout 中添加组件，那么这个组件将直接占用一行。

在表格布局中，列的宽度由该列中最宽的那个单元格决定，整个表格布局的宽度则取决于父容器的宽度（默认总是占满父容器本身）。

在表格布局管理器中，可以为单元格设置如下 3 种行为方式。

> Shrinkable：如果某个列被设为 Shrinkable，那么该列的所有单元格的宽度可以被收缩，以保证该表格能适应父容器的宽度。
> Stretchable：如果某个列被设为 Stretchable，那么该列的所有单元格的宽度可以被拉伸，以保证组件能完全填满表格空余空间。
> Collapsed：如果某个列被设为 Collapsed，那么该列的所有单元格会被隐藏。

TableLayout 继承了 LinearLayout，因此它完全可以支持 LinearLayout 所支持的全部 XML 属性。除此之外，TableLayout 还支持如表 2.6 所示的常用 XML 属性及相关方法。

表 2.6 TableLayout 支持的常用 XML 属性及相关方法

XML 属性	相关方法	说明
android:collapseColumns	setColumnCollapsed(int,boolean)	设置需要被隐藏的列的列序号。多个列序号之间用逗号隔开
android:shrinkColumns	setShrinkAllColumns(boolean)	设置允许被收缩的列的列序号。多个列序号之间用逗号隔开
android:stretchColumns	setStretchAllColumns(boolean)	设置允许被拉伸的列的列序号。多个列序号之间用逗号隔开

实例：丰富的表格布局

下面的程序示范了如何使用 TableLayout 来管理组件的布局。下面是界面布局所使用的布局文件。

程序清单：codes\02\2.2\LayoutTest\tablelayout\src\main\res\layout\activity_main.xml

```xml
<?xml version="1.0" encoding="utf-8"?>
<LinearLayout xmlns:android="http://schemas.android.com/apk/res/android"
    android:orientation="vertical"
    android:layout_width="match_parent"
    android:layout_height="match_parent">
<!-- 定义第 1 个表格布局，指定第 2 列允许收缩，第 3 列允许拉伸 -->
<TableLayout android:id="@+id/TableLayout01"
    android:layout_width="match_parent"
    android:layout_height="wrap_content"
    android:shrinkColumns="1"
    android:stretchColumns="2">
...<!-- 表格内容接下来详细讲解 -->
</TableLayout>
<!-- 定义第 2 个表格布局，指定第 2 列隐藏-->
<TableLayout android:id="@+id/TableLayout02"
    android:layout_width="match_parent"
    android:layout_height="wrap_content"
```

```xml
    android:collapseColumns="1">
...<!-- 表格内容接下来详细讲解 -->
</TableLayout>
<!-- 定义第 3 个表格布局,指定第 2 列和第 3 列可以被拉伸-->
<TableLayout android:id="@+id/TableLayout03"
    android:layout_width="match_parent"
    android:layout_height="wrap_content"
    android:stretchColumns="1,2">
...<!-- 表格内容接下来详细讲解 -->
</TableLayout>
</LinearLayout>
```

上面页面中定义了 3 个 TableLayout,在这 3 个 TableLayout 中粗体字代码指定了它们对各列的控制行为。

- 第 1 个 TableLayout,指定第 2 列允许收缩,第 3 列允许拉伸。
- 第 2 个 TableLayout,指定第 2 列被隐藏。
- 第 3 个 TableLayout,指定第 2 列和第 3 列允许拉伸。

接下来为布局中第 1 个 TableLayout 添加两行,第 1 行不使用 TableRow,直接添加一个 Button,那么该 Button 自己将占用整行。第 2 行先添加一个 TableRow,并为 TableRow 添加 3 个 Button,那说明该表格将包含 3 列。第 1 个表格的界面布局代码如下。

程序清单:codes\02\2.2\LayoutTest\tablelayout\src\main\res\layout\activity_main.xml

```xml
<!-- 直接添加按钮,它自己会占一行 -->
<Button android:id="@+id/ok1"
    android:layout_width="wrap_content"
    android:layout_height="wrap_content"
    android:text="独自一行的按钮"/>
<!-- 添加一个表格行 -->
<TableRow>
<!-- 为该表格行添加 3 个按钮 -->
<Button android:id="@+id/ok2"
    android:layout_width="wrap_content"
    android:layout_height="wrap_content"
    android:text="普通按钮"/>
<Button android:id="@+id/ok3"
    android:layout_width="wrap_content"
    android:layout_height="wrap_content"
    android:text="收缩的按钮"/>
<Button android:id="@+id/ok4"
    android:layout_width="wrap_content"
    android:layout_height="wrap_content"
    android:text="拉伸的按钮"/>
</TableRow>
```

> **提示:**
> 在上面的界面布局文件中,我们直接把按钮上的文本写在了布局文件中。这不是一种好的做法,Android 建议将这些字符串集中放到 XML 文件中管理。但此处为了示范简单、讲解方便,所以直接在 XML 布局文件中给出了按钮文本的字符串。

接下来为布局中第 2 个 TableLayout 添加两行,第 1 行不使用 TableRow,直接添加一个 Button,那么该 Button 自己将占用整行。第 2 行先添加一个 TableRow,并为 TableRow 添加 3 个 Button,那说明该表格将包含 3 列。第 2 个表格内容与第 1 个表格内容基本相似,但由于为第 2 个表格指定了 android:collapseColumns="1",这意味着第 2 行中间的按钮将会被隐藏。

再接下来为布局中第 3 个 TableLayout 添加 3 行,第 1 行不使用 TableRow,直接添加一个 Button,那么该 Button 自己将占用整行。第 2 行先添加一个 TableRow,并为 TableRow 添加 3 个 Button,

那说明该表格将包含 3 列。第 3 行也先添加一个 TableRow，并为 TableRow 添加两个按钮，这意味着表格的第 3 行只有两个单元格，第 3 个单元格为空。

第 3 个表格布局管理器的内容如下。

程序清单：codes\02\2.2\LayoutTest\tablelayout\src\main\res\layout\activity_main.xml

```xml
<!-- 直接添加按钮，它自己会占一行 -->
<Button android:id="@+id/ok9"
    android:layout_width="wrap_content"
    android:layout_height="wrap_content"
    android:text="独自一行的按钮"/>
<!--定义一个表格行-->
<TableRow>
<!-- 为该表格行添加 3 个按钮 -->
<Button android:id="@+id/ok10"
    android:layout_width="wrap_content"
    android:layout_height="wrap_content"
    android:text="普通按钮"/>
<Button android:id="@+id/ok11"
    android:layout_width="wrap_content"
    android:layout_height="wrap_content"
    android:text="拉伸的按钮"/>
<Button android:id="@+id/ok12"
    android:layout_width="wrap_content"
    android:layout_height="wrap_content"
    android:text="拉伸的按钮"/>
</TableRow>
<!--定义一个表格行-->
<TableRow>
<!-- 为该表格行添加两个按钮 -->
<Button android:id="@+id/ok13"
    android:layout_width="wrap_content"
    android:layout_height="wrap_content"
    android:text="普通按钮"/>
<Button android:id="@+id/ok14"
    android:layout_width="wrap_content"
    android:layout_height="wrap_content"
    android:text="拉伸的按钮"/>
</TableRow>
```

使用 Activity 来显示上面的界面布局，将会看到如图 2.11 所示的界面。

图 2.11 表格布局

▶▶ 2.2.3 帧布局

帧布局由 FrameLayout 所代表，FrameLayout 直接继承了 ViewGroup 组件。

帧布局容器为每个加入其中的组件都创建一个空白的区域(称为一帧),每个子组件占据一帧,这些帧都会根据 gravity 属性执行自动对齐。帧布局的效果有点类似于 AWT 编程的 CardLayout,都是把组件一个个叠加在一起。与 CardLayout 的区别在于,CardLayout 可以将下面的 Card 移上来,但 FrameLayout 则没有提供相应的方法。

表 2.7 显示了 FrameLayout 支持的常用 XML 属性及相关方法。

表 2.7 FrameLayout 支持的常用 XML 属性及相关方法

XML 属性	相关方法	说明
android:foregroundGravity	setForegroundGravity(int)	定义绘制前景图像的 gravity 属性
android:measureAllChildren	setMeasureAllChildren(boolean)	设置该布局管理器计算大小时是否考虑所有子组件,默认为 false,即只考虑可见状态的组件

FrameLayout 包含的子元素也受 FrameLayout.LayoutParams 控制,因此它所包含的子元素也可指定 android:layout_gravity 属性,该属性控制该子元素在 FrameLayout 中的对齐方式。

下面示范了帧布局的用法,可以看到 6 个 TextView 叠加在一起,上面的 TextView 遮住下面的 TextView。下面是使用帧布局的页面定义代码。

程序清单:codes\02\2.2\LayoutTest\framelayout\src\main\res\layout\activity_main.xml

```xml
<?xml version="1.0" encoding="utf-8"?>
<FrameLayout xmlns:android="http://schemas.android.com/apk/res/android"
    android:layout_width="match_parent"
    android:layout_height="match_parent">
    <!-- 依次定义 6 个 TextView,先定义的 TextView 位于底层,
        后定义的 TextView 位于上层 -->
    <TextView
        android:id="@+id/view01"
        android:layout_width="wrap_content"
        android:layout_height="wrap_content"
        android:layout_gravity="center"
        android:width="320dp"
        android:height="320dp"
        android:background="#f00"/>
    <TextView
        android:id="@+id/view02"
        android:layout_width="wrap_content"
        android:layout_height="wrap_content"
        android:layout_gravity="center"
        android:width="280dp"
        android:height="280dp"
        android:background="#0f0"/>
    <TextView
        android:id="@+id/view03"
        android:layout_width="wrap_content"
        android:layout_height="wrap_content"
        android:layout_gravity="center"
        android:width="240dp"
        android:height="240dp"
        android:background="#00f"/>
    <TextView
        android:id="@+id/view04"
        android:layout_width="wrap_content"
        android:layout_height="wrap_content"
        android:layout_gravity="center"
        android:width="200dp"
        android:height="200dp"
        android:background="#ff0"/>
```

```xml
<TextView
    android:id="@+id/view05"
    android:layout_width="wrap_content"
    android:layout_height="wrap_content"
    android:layout_gravity="center"
    android:width="160dp"
    android:height="160dp"
    android:background="#f0f"/>
<TextView
    android:id="@+id/view06"
    android:layout_width="wrap_content"
    android:layout_height="wrap_content"
    android:layout_gravity="center"
    android:width="120dp"
    android:height="120dp"
    android:background="#0ff"/>
</FrameLayout>
```

上面的界面布局定义使用 FrameLayout 布局，并向该布局容器中添加了 6 个 TextView，这 6 个 TextView 的高度、宽度逐渐减小——这样可以保证最先添加的 TextView 不会被完全遮挡；而且设置了 6 个 TextView 的背景色渐变。

使用 Activity 显示上面的界面布局，将看到如图 2.12 所示的效果。

实例：霓虹灯效果

如果考虑轮换改变上面的帧布局中 6 个 TextView 的背景色，就会看到上面的颜色渐变条不断地变换，就像大街上的霓虹灯一样。下面的程序还是使用上面的 FrameLayout 布局管理器，只是程序启动了一个线程来控制周期性地改变这 6 个 TextView 的背景色。下面是该主程序的代码。

图 2.12　帧布局

程序清单：codes\02\2.2\LayoutTest\framelayout\src\main\java\org\crazyit\ui\MainActivity.java

```java
public class MainActivity extends Activity
{
    int[] names = new int[] {R.id.view01, R.id.view02,
            R.id.view03, R.id.view04, R.id.view05, R.id.view06};
    TextView[] views = new TextView[names.length];
    class MyHandler extends Handler
    {
        private WeakReference<MainActivity> activity;
        public MyHandler(WeakReference<MainActivity> activity)
        {
            this.activity = activity;
        }
        private int currentColor = 0;
        // 定义一个颜色数组
        int[] colors = new int[]{R.color.color1, R.color.color2,
                R.color.color3, R.color.color4, R.color.color5, R.color.color6};
        @Override public void handleMessage(Message msg)
        {
            // 表明消息来自本程序所发送的
            if (msg.what == 0x123) {
                for (int i = 0, len = activity.get().names.length; i < len; i++)
                {
                    activity.get().views[i].setBackgroundResource(
                            colors[(i + currentColor) % colors.length]);
```

```
            }
            currentColor++;
        }
        super.handleMessage(msg);
    }
}
private Handler handler = new MyHandler(new WeakReference(this));
public void onCreate(Bundle savedInstanceState)
{
    super.onCreate(savedInstanceState);
    setContentView(R.layout.activity_main);
    for (int i = 0 ; i < names.length; i++) {
        views[i] = findViewById(names[i]);
    }
    // 定义一个线程周期性改变 currentColor 变量值
    new Timer().schedule(new TimerTask()
    {
        @Override public void run()
        {
            // 发送一条空消息通知系统改变 6 个 TextView 组件的背景色
            handler.sendEmptyMessage(0x123);
        }
    },0, 200);
}
```

上面程序中的粗体字代码定义了一个每 0.2 秒执行一次的任务，该任务仅仅向 Handler 发送一条消息，通知它更新 6 个 TextView 的背景色。

可能会有读者提出疑问：为何不直接在 run() 方法里直接更新 6 个 TextView 的背景色呢？这是因为 Android 的 View 和 UI 组件不是线程安全的，所以 Android 不允许开发者启动线程访问用户界面的 UI 组件。因此，在程序中额外定义了一个 Handler 来处理 TextView 背景色的更新。

如果直接使用匿名内部类来定义 Handler 类的实例，该 Handler 直接使用主线程的 Looper 或 MessageQueue，就可能导致内存泄漏。因此，上面程序为 Handler 派生了一个子类，并让该子类实例持有它所在 Activity 的弱引用（WeakReference），这样可以更好地避免内存泄漏。

> **注意：**
> 在上面的程序中直接使用了 R.color.color1、R.color.color2、R.color.color3 等整型常量来代表颜色，这也得益于 Android 的资源访问支持，本书后面会有关于颜色资源的详细介绍。

简单地说，上面的程序通过任务调度控制每间隔 0.2 秒轮换更新一次 6 个 TextView 的背景色，这样看上去就像大街上的霓虹灯了。

▶▶ 2.2.4 绝对布局

绝对布局由 AbsoluteLayout 所代表。绝对布局就像 Java AWT 编程中的空布局，就是 Android 不提供任何布局控制，而是由开发人员自己通过 X、Y 坐标来控制组件的位置。当使用 AbsoluteLayout 作为布局容器时，布局容器不再管理子组件的位置、大小——这些都需要开发人员自己控制。

> **提示：**
> 大部分时候，使用绝对布局都不是一个好思路，因为运行 Android 应用的手机千差万别，因此屏幕大小、分辨率都可能存在较大差异，使用绝对布局会很难兼顾不同屏幕大小、分辨率的问题。因此，AbsoluteLayout 布局管理器已经过时。

使用绝对布局时，每个子组件都可指定如下两个 XML 属性。
- layout_x：指定该子组件的 X 坐标。
- layout_y：指定该子组件的 Y 坐标。

绝对布局中的每个子组件都要指定 layout_x、layout_y 两个定位属性，这样才能控制每个子组件在容器中出现的位置。因此，使用绝对布局来控制子组件布局，编程要烦琐得多，而且当显示屏幕发生改变时，绝对布局的显示效果差异很大。

在绝对布局中指定 android:layout_x、android:layout_y 属性可以使用形如 20dp 这样的属性值，这是一个距离值。在 Android 中一般支持如下常用的距离单位。
- px（像素）：每个 px 对应屏幕上的一个点。
- dip 或 dp（device independent pixels，设备独立像素）：一种基于屏幕密度的抽象单位。在每英寸 160 点的显示器上，1dip = 1px。但随着屏幕密度的改变，dip 与 px 的换算会发生改变。
- sp（scaled pixels，比例像素）：主要处理字体的大小，可以根据用户的字体大小首选项进行缩放。
- in（英寸）：标准长度单位。
- mm（毫米）：标准长度单位。
- pt（磅）：标准长度单位，1/72 英寸。

▶▶ 2.2.5 约束布局

约束布局是 Android 8 新增的布局方式，如果读者有 iOS 开发经验，则应该知道 iOS 布局所支持的约束，而约束布局完全就是借鉴 iOS 所提供的约束的。

从功能上讲，约束布局相当于相对布局的改进：相对布局只能控制组件在父容器中居中，或者与父容器（或另一个组件）左对齐、右对齐、顶端对齐、底端对齐，或者控制组件在另一个组件的左边、右边、上方或下方。但如果要控制组件位于父容器的某个百分比处，或者控制组件位于另一个组件的左边 25dp 处，相对布局就无能为力了，此时就可借助于约束布局。

使用 Android Studio 新建项目时添加的 Actvitiy 的默认布局文件自动使用约束布局，Android Studio 自动显示如图 2.13 所示的约束布局的设计界面。

从图 2.13 可以看出，每个组件都可以在上、下、左、右 4 个方向添加约束，图中"Hello World！"文本框四周的 4 个带圆圈的点就是添加约束的点，开发者按住它们就可以向父容器或其他组件添加约束了。

约束既可基于父容器，也可基于其他组件。比如在上面界面中添加一个新按钮，该按钮的定位需求如下：
- 新按钮位于文本框下边（与文本框相差 20dp）。
- 新按钮左边与文本框对齐。
- 新按钮右边比文本框右边少 10dp。

首先向界面中拖入一个按钮，然后执行如下操作。
① 从按钮左边的带圆圈的点拖向文本框的左边——建立按钮左边与文本框左边对齐的约束。
② 从按钮右边的带圆圈的点拖向文本框的右边——建立按钮右边与文本框右边对齐的约束。
③ 从按钮上边的带圆圈的点拖向文本框的下边——建立按钮上边与文本框下边对齐的约束。

上面只是控制按钮与文本框对齐，如果要精确控制按钮与文本框的相对距离，则可通过 Android Studio 提供的 Inspector 设置界面进行控制。选中按钮后，可以在 Android Studio 右上角看到如图 2.14 所示的 Inspector 设置界面。

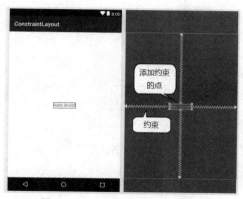

图 2.13　约束布局的设计界面

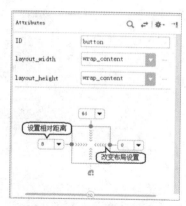

图 2.14　设置约束的相对距离

从图 2.14 可以看出，由于为按钮的左边、上边、下边都添加了约束，因此在这 3 个方向都可以设置相对距离。此处将左边间距改为 0，上边间距改为 20，右边间距改为 10，这样就实现了上面的相对布局设置。

Inspector 设置界面中间的矩形代表当前选中的组件，该矩形内部的 >>> 图标用于设置该组件的 layout_width、layout_height。约束布局中的组件的 layout_width、layout_height 支持如下 3 个值。

➢ wrap_content：该组件的宽度或高度刚够显示组件内容。
➢ 固定长度值：设置该组件的宽度或高度为固定值。
➢ match_constraint（0dp）：该组件的宽度或高度完全按约束计算。

比如将上面文本框、按钮的 layout_width 都设为 match_constraint，打开布局文件的源代码，此时可以看到按钮对应的代码如下：

```
<Button
    android:id="@+id/button"
    android:layout_width="0dp"
    android:layout_height="wrap_content"
    android:layout_marginEnd="10dp"
    android:layout_marginTop="20dp"
    android:text="Button"
    app:layout_constraintEnd_toEndOf="@+id/textView"
    app:layout_constraintStart_toStartOf="@+id/textView"
    app:layout_constraintTop_toBottomOf="@+id/textView" />
```

上面 7 行粗体字代码就是为该按钮建立约束布局的关键代码。

第 1 行粗体字代码设置该按钮的 layout_width 为 0dp，这意味着该按钮的宽度将根据约束计算。

第 2 行粗体字代码设置该按钮的 layout_height 为 wrap_content，这意味着该高度刚够显示组件内容。

第 3 行粗体字代码设置该按钮的结束处（右边）和参照组件（文本框）的右边相差 10dp——从这里可以看出，在约束布局中相对距离通过 layout_marginXxx 来控制。第 4 行粗体字代码与此类似。

第 5 行粗体字代码设置该按钮的结束处（右边）和参照组件（文本框）的右边对齐。第 6、7 行粗体字代码与此类似。

运行该布局文件，可以看到如图 2.15 所示的界面。

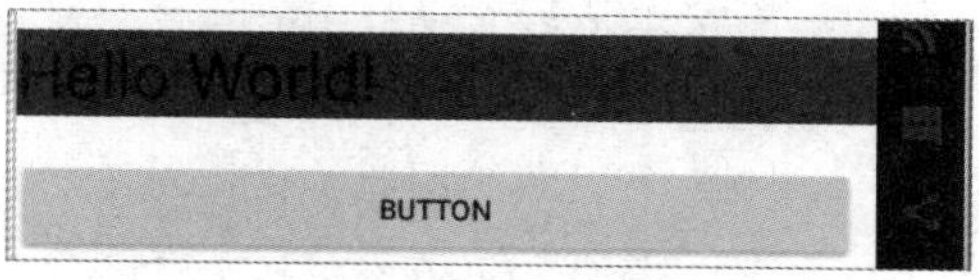

图 2.15　约束布局

从图 2.15 可以看出，该文本框垂直居中（位于屏幕中间）——这是由于该文本框上边要与容器顶部对齐，下边要与容器底部对齐，但文本框的 layout_height 只是 wrap_content，因此该文本框的实际高度刚够显示文本内容，且文本框位于父容器中间。

如果将文本框的 layout_height 设为 match_constraint，该文本框的实际高度将会占满父容器。

由于文本框的 layout_width 被设为 match_constraint——该文本框左边要与容器左边对齐，右边要与容器右边对齐，因此文本框在宽度上占满父容器。

而文本框下方的按钮和文本框的垂直间距为 20dp，按钮右边比文本框少 10dp——按钮的宽度同样是根据约束计算出来的。

如果希望文本框的垂直位置不是位于父容器的中间（由于按钮是根据文本框定位的，因此，如果文本框上移，按钮也会随之上移），而是位于父容器的上方 5%处，约束布局也可处理。选中文本框，拖动 Android Studio 右上角的 Inspector 设置界面中的"垂直"滑动条，将其值设置为 5%，如图 2.16 所示。

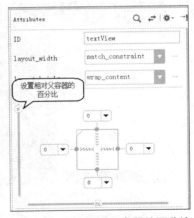

图 2.16　设置相对父容器的百分比

再次打开该布局文件的源代码，可以看到在文本框对应的 XML 元素中增加了如下一行：

`app:layout_constraintVertical_bias="0.05"`

从上面代码可以看出，app:layout_constraintVertical_bias 属性用于控制该组件在父容器中垂直方向上的相对百分比。

如果希望设置该组件在父容器中水平方向上的相对百分比，则可通过设置 app:layout_constraintHorizontal_bias 属性进行控制。但由于该文本框的宽度被设为 match_constraint，因此该文本框的宽度会占满整个父容器，所以直接设置 app:layout_constraintHorizontal_bias 属性不会起作用；如果将该文本框的宽度改为 wrap_content，即可看到该文本框在水平方向上位于父容器的指定百分比处。

至此，就讲完了在约束布局中定位约束的方法。实际上，它们对应于布局文件中的如下几个属性。

- app:layout_constraintXxx_toXxxOf：设置该组件与父容器（或其他组件）对齐。其中 Xxx 可以是 Start、End、Top、Bottom 等值，具体可根据实际情况设置。该属性的属性值可以是 parent（代表父容器）或其他组件的 ID。
- android:layout_marginXxx：设置该组件与参照组件的间距。其中 Xxx 可以是 Start、End、Top、Bottom 等值，具体可根据实际情况设置。
- app:layout_constraintXxx_bias：设置该组件在参照组件中的百分比。其中 Xxx 可以是 Horizontal 或 Vertical。

在实际开发中，虽然会通过界面进行拖曳操作，但最后精确控制时肯定还是直接修改源代码的。因此，读者必须牢记上面 3 个属性对应于 Inspector 设置界面中的哪个控制部分。

Android Studio 设计界面也允许删除约束，删除约束很简单。

- 删除单个约束：将鼠标指针悬浮在某个约束的圆圈上，然后该圆圈会变成红色，单击该圆圈就能删除它对应的约束。
- 删除某个组件的所有约束：选中该组件，它的左下角会出现一个删除约束的图标（ ），单击该图标就能删除当前组件的所有约束。
- 如果要删除整个界面上的所有约束，则可通过单击布局设计器左上角的删除图标（ ）来删除所有约束。

实际上，如果只是删除单个约束或单个组件的约束，那么直接通过源代码删除会更加方便、快捷。

有时候，一批组件都需要放在容器的某个位置，或者某个组件需要参照的组件并不存在，为此约束布局为之提供了引导线（GuideLine）。

引导线是约束布局中不可见的、却实实在在存在的组件，引导线唯一的作用就是被其他组件作为定位的参照。

引导线分为两种：水平引导线和垂直引导线。引导线对应于 Guideline 元素，该元素可支持如下属性。

- android:orientation：该属性指定引导线的方向。该属性支持 vertical 和 horizontal 两个值，代表垂直引导线和水平引导线。
- app:layout_constraintGuide_begin：该属性指定引导线到父容器起始处的距离。该属性值可以是一个距离值。
- app:layout_constraintGuide_end：该属性指定引导线到父容器结束处的距离。该属性值可以是一个距离值。
- app:layout_constraintGuide_percent：该属性指定引导线位于父容器的指定百分比处。

上面的后 3 个属性的作用是相同的，只是代表引导线的 3 种不同的定位方式，它们都用于控制引导线的位置，因此只要指定其中之一即可。

通过约束布局设计界面上方的引导线图标（ I ）即可添加水平引导线或垂直引导线，添加引导线后可在界面上通过拖动来改变引导线的位置，也可通过引导线起始处的图标来改变引导线的定位方式，如图 2.17 所示。

从图 2.17 可以看出，此时添加的是垂直引导线，该引导线距离父容器结束处 252dp，说明此时指定了 app:layout_constraintGuide_end="252dp"。引导线可通过单击起始处的图标来切换它的定位方式。

根据需要添加引导线之后，约束布局设计界面上的其他组件参照引导线进行布局。

除使用引导线之外，约束布局还提供了分界线（Barrier）来定位其他组件，分界线同样是不可见的、但实实在在存在的组件。通过引导线图标右边的下拉菜单中的分界线图标（ I ）可添加分界线。

分界线同样可分为水平分界线和垂直分界线两种。分界线与引导线的区别在于：引导线以父容器为基础进行定位，比如设置与父容器的起始处、结束处的距离来控制引导线的定位，也可通过设置位于父容器的百分比来控制引导线的定位；而分界线根据容器中的组件进行定位，分界线可位于多个组件的上方、下方、左边或右边。

例如要实现如图 2.18 所示的效果。

图 2.17 设置引导线　　　　　　　　　　图 2.18 要实现的效果

对于图 2.18 所示的效果，程序要右边两个输入框总是左对齐，且它们距离左边两个 TextView 组件中较长的结尾处 20dp。此时就可借助于分界线来实现：考虑添加一条垂直分界线，这条分界线根据左边的两个 TextView 进行定位。

现在在界面布局文件中添加两个 TextView，并使用约束布局让两个 TextView 左对齐，同时让第一个 TextView 距离容器左边 11dp、距离容器上边 16dp；让第二个 TextView 的上边距离第一个 TextView 的下边 22dp。这样两个 TextView 在界面上的定位就定下来了。

接下来在界面上增加一条垂直分界线，并让该分界线位于两个 TextView 的右边，建议通过编辑代码进行控制（直接在 GUI 上编辑比较麻烦），将分界线代码改为如下形式。

```xml
<android.support.constraint.Barrier
    android:id="@+id/barrier"
    android:layout_width="wrap_content"
    android:layout_height="wrap_content"
    app:constraint_referenced_ids="textView1,textView2"
    app:barrierDirection="right"/>
```

上面程序中的第一行粗体字代码指定该分界线应相对于 textView1、textView2 进行定位；第二行粗体字代码指定该分界线应该位于所有相对组件（textView1、textView2）的右边。

切换到图形用户界面，可以看到如图 2.19 所示的设计界面。

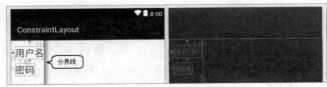

图 2.19　分界线

有了这条分界线之后，右边的两个输入框就可以相对这条分界线进行定位了。例如让两个输入框的左边距离分界线 20dp，这样就可以让两个输入框左对齐了。

此外，约束布局还提供了两种自动创建约束的方式。

➢ 自动连接（Autoconnect）：自动连接默认是关闭的，可以通过单击约束布局设计器上方的 Autoconnect 图标（）来打开自动连接。

➢ 推断（Infer）：可以通过单击约束布局设计器上方的 Infer 图标（）执行推断。

如果打开了约束布局的自动连接，那么每次向约束布局中拖入新组件时，约束布局设计器都会自动为该组件添加上、下、左、右 4 个约束——并不保证所添加的约束符合开发者的期望，因此通过自动连接添加的约束通常都需要手动修改。

"推断"功能则是另一种用法：用户先向界面中添加所有的 UI 组件，再通过拖曳摆放这些组件的位置，然后单击约束布局设计器上方的 Infer 图标（）执行推断，约束布局设计器会自动为所有组件添加上、下、左、右 4 个约束——依然不保证所添加的约束符合开发者的期望。

总体来说，约束布局是对 iOS 布局的一次完美模仿，这种布局方式功能比较强大，但在实际使用时也比较烦琐。本节介绍了约束布局的全部内容，但如何好好利用这种布局方式则需要读者多加练习。

2.3　第 2 组 UI 组件：TextView 及其子类

前面介绍了 Android 界面编程的一些基础知识，接下来将要介绍的是 Android 基本界面组件。"九层之台，起于累土"——无论看上去多么美观的 UI 界面，开始都是先创建容器（ViewGroup 的实例），然后不断地向容器中添加界面组件，最后形成一个美观的 UI 界面的。掌握这些基本的用户界面组件是学好 Android 编程的基础。

▶▶ 2.3.1　文本框（TextView）和编辑框（EditText）的功能与用法

TextView 直接继承了 View，它还是 EditText、Button 两个 UI 组件类的父类。TextView 的作用就是在界面上显示文本——从这个意义上来看，它有点类似于 Swing 编程中的 JLabel，不过它比 JLabel 功能更强大。

从功能上来看，TextView 其实就是一个文本编辑器，只是 Android 关闭了它的文字编辑功能。如果开发者想要定义一个可编辑内容的文本框，则可以使用它的子类：EditText，EditText 允许用户编辑文本框中的内容。

TextView 还派生了一个 CheckedTextView，CheckedTextView 增加了一个 checked 状态，开发者可通过 setChecked(boolean) 和 isChecked() 方法来改变、访问该组件的 checked 状态。除此之外，该组件还可通过 setCheckMarkDrawable() 方法来设置它的勾选图标。

不仅如此，TextView 还派生出了 Button 类。TextView 及其子类的类图如图 2.20 所示。

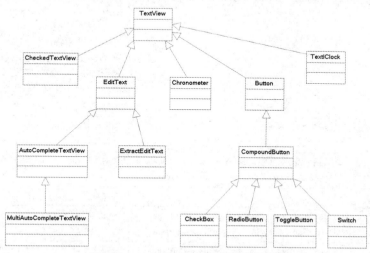

图 2.20　TextView 及其子类的类图

TextView 和 EditText 具有很多相似之处，它们之间的最大区别在于 TextView 不允许用户编辑文本内容，而 EditText 则允许用户编辑文本内容。

TextView 提供了大量的 XML 属性，这些 XML 属性大部分不仅可适用于 TextView，而且可适用于它的子类（EditText、Button 等）。表 2.8 显示了 TextView 支持的 XML 属性及相关方法。

表 2.8　TextView 支持的 XML 属性及相关方法

XML 属性	相关方法	说明
android:autoLink	setAutoLinkMask(int)	是否将符合指定格式的文本转换为可单击的超链接形式
android:autoSizeMaxTextSize		在自动调整文本大小时，该属性用于限制该文本的最大尺寸
android:autoSizeMinTextSize		在自动调整文本大小时，该属性用于限制该文本的最小尺寸
android:autoSizeTextType	setAutoSizeTypeWithDefaults(int)	设置文本自动调整大小的类型（只对 TextView 有效），该属性支持 0（不调整）或 1（自动调整适应 TextView 组件）
android:autoText	setKeyListener(KeyListener)	控制是否将 URL、E-mail 地址等连接自动转换为可单击的链接
android:breakStrategy	setBreakStrategy(int)	设置文本的换行策略。该属性支持如下属性值。 ➢ balanced（2）：根据行长度换行的策略 ➢ high_quality（1）：使用高质量的换行策略，包括断词 ➢ simple（0）：使用简单的换行策略

续表

XML 属性	相关方法	说明
android:bufferType	setText(int,TextView.BufferType)	控制 getText() 返回值的最小类型，默认值是 "normal"。该属性支持如下属性值。 ➢ editable（2）：仅返回可选中和可编辑的文本 ➢ normal（0）：返回所有字符序列 ➢ spannable（1）：仅返回可选中的文本
android:capitalize	setKeyListener(KeyListener)	控制是否将用户输入的文本转换为大写字母。该属性支持如下属性值。 ➢ none：不转换 ➢ sentences：每个句子的首字母大写 ➢ words：每个单词的首字母大写 ➢ characters：每个字母都大写
android:cursorVisible	setCursorVisible(boolean)	设置该文本框的光标是否可见
android:digits	setKeyListener(KeyListener)	如果该属性设为 true，则该文本框对应一个数字输入方法，并且只接受那些合法字符
android:drawableBottom	setCompoundDrawablesWithIntrinsicBounds(Drawable,Drawable,Drawable,Drawable)	在文本框内文本的底端绘制指定图像
android:drawableEnd		在文本框内文本的结尾处绘制指定图像
android:drawableLeft	setCompoundDrawablesWithIntrinsicBounds(Drawable,Drawable,Drawable,Drawable)	在文本框内文本的左边绘制指定图像
android:drawablePadding	setCompoundDrawablesWithIntrinsicBounds(Drawable,Drawable,Drawable,Drawable)	设置文本框内文本与图形之间的间距
android:drawableRight	setCompoundDrawablesWithIntrinsicBounds(Drawable,Drawable,Drawable,Drawable)	在文本框内文本的右边绘制指定图像
android:drawableStart		在文本框内文本的开始处绘制指定图像
android:drawableTint	setCompoundDrawableTintList(ColorStateList)	设置对文本框内的 Drawable 进行着色
android:drawableTintMode	setCompoundDrawableTintMode(PorterDuff.Mode)	设置文本框内的 Drawable 着色的模式
android:drawableTop	setCompoundDrawablesWithIntrinsicBounds(Drawable,Drawable,Drawable,Drawable)	在文本框内文本的顶端绘制指定图像
android:editable		设置该文本是否允许编辑
android:elegantTextHeight	setElegantTextHeight(boolean)	设置优雅的文字高度，该属性对于不太紧凑的复杂脚本内容很有用
android:ellipsize	setEllipsize(TextUitls.TruncateAt)	设置当显示的文本超过了 TextView 的长度时如何处理文本内容。该属性支持如下属性值。 ➢ none：不做任何处理 ➢ start：在文本开始处截断，并显示省略号 ➢ middle：在文本中间处截断，并显示省略号 ➢ end：在文本结尾处截断，并显示省略号 ➢ marquee：使用 marquee 滚动动画显示文本
android:ems	setEms(int)	设置该组件的宽度，以 em 为单位
android:fontFamily	setTypeface(Typeface)	设置该文本框内文本的字体
android:gravity	setGravity(int)	设置文本框内文本的对齐方式
android:height	setHeight(int)	设置该文本框的高度（以 pixel 为单位）

续表

XML 属性	相关方法	说明
android:hint	setHint(int)	设置当该文本框内容为空时，文本框内默认显示的提示文本
android:imeActionId	setImeActionLabel(CharSequence, int)	当该文本框关联输入法时，为输入法提供 EditorInfo.actionId 值
android:imeActionLabel	setImeActionLabel(CharSequence, int)	当该文本框关联输入法时，为输入法提供 EditorInfo.actionLabel 值
android:imeOptions	setImeOptions(int)	当该文本框关联输入法时，为输入法指定额外的选项
android:includeFontPadding	setIncludeFontPadding(boolean)	设置是否为字体保留足够的空间。默认值为 true
android:inputMethod	setKeyListener(KeyListener)	为该文本框指定特定的输入法。该属性值为输入法的全限定类名
android:inputType	setRawInputType(int)	指定该文本框的类型。该属性有点类似于 HTML 中<input.../>元素的 type 属性。该属性支持大量属性值，不同属性值用于指定特定的输入框
android:letterSpacing	setLetterSpacing(float)	设置文本字符之间的间距
android:lineSpacingExtra	setLineSpacing(float,float)	控制两行文本之间的额外间距。与 android:lineSpacingMultiplier 属性结合使用
android:lineSpacingMultiplier	setLineSpacing(float,float)	控制两行文本之间的额外间距。每行文本为高度×该属性值+android:lineSpacingExtra 属性值
android:lines	setLines(int)	设置该文本框默认占几行
android:linksClickable	setLinksClickable(boolean)	控制该文本框的 URL、E-mail 等链接是否可点击
android:marqueeRepeatLimit	setMarqueeRepeatLimit(int)	设置 marquee 动画重复的次数
android:maxEms	setMaxEms(int)	指定该文本框的最大宽度（以 em 为单位）
android:maxHeight	setMaxHeight(int)	指定该文本框的最大高度（以 pixel 为单位）
android:maxLength	setFilters(InputFilter)	设置该文本框的最大字符长度
android:maxLines	setMaxLines(int)	设置该文本框最多占几行
android:maxWidth	setMaxWidth(int)	指定该文本框的最大宽度（以 pixel 为单位）
android:minEms	setMinEms(int)	指定该文本框的最小宽度（以 em 为单位）
android:minHeight	setMinHeight(int)	指定该文本框的最小高度（以 pixel 为单位）
android:minLines	setMinLines(int)	设置该文本框最少占几行
android:minWidth	setMinWidth(int)	指定该文本框的最小宽度（以 pixel 为单位）
android:numeric	setKeyListener(KeyListener)	设置该文本框关联的数值输入法。该属性支持如下属性值。 ➢ integer：指定关联整数输入法 ➢ signed：允许输入符号的数值输入法 ➢ decimal：允许输入小数点的数值输入法
android:password	setTransformationMethod (TransformationMethod)	设置该文本框是一个密码框（以点代替字符）
android:phoneNumber	setKeyListener(KeyListener)	设置该文本框只能接受电话号码
android:privateImeOptions	setPrivateImeOptions(String)	设置该文本框关联的输入法的私有选项
android:scrollHorizontally	setHorizontallyScrolling(boolean)	设置当该文本框不够显示全部内容时是否允许水平滚动

续表

XML 属性	相关方法	说明
android:selectAllOnFocus	setSelectAllOnFocus(boolean)	如果文本框的内容可选择，设置是否当它获得焦点时自动选中所有文本
android:shadowColor	setShadowLayer(float,float,float,int)	设置文本框内文本的阴影颜色
android:shadowDx	setShadowLayer(float,float,float,int)	设置文本框内文本的阴影在水平方向的偏移
android:shadowDy	setShadowLayer(float,float,float,int)	设置文本框内文本的阴影在垂直方向的偏移
android:shadowRadius	setShadowLayer(float,float,float,int)	设置文本框内文本的阴影的模糊程度。该值越大，阴影越模糊
android:singleLine	setTransformationMethod	设置该文本框是否为单行模式。如果设为true，文本框不会换行
android:text	setText(CharSequence)	设置文本框内文本的内容
android:textAllCaps	setAllCaps(boolean)	设置是否将文本框的所有字母显示为大写字母
android:textAppearance		设置该文本框的颜色、字体、大小等样式
android:textColor	setTextColor(ColorStateList)	设置文本框中文本的颜色
android:textColorHighlight	setHighlightColor(int)	设置文本框中文本被选中时的颜色
android:textColorHint	setHintTextColor(int)	设置文本框中提示文本的颜色
android:textColorLink	setLinkTextColor(int)	设置该文本框中链接的颜色
android:textIsSelectable	isTextSelectedable()	设置该文本框不能编辑时，文本框内的文本是否可以被选中
android:textScaleX	setTextScaleX(float)	设置文本框内文本在水平方向上的缩放因子
android:textSize	setTextSize(float)	设置文本框内文本的字体大小
android:textStyle	setTypeface(Typeface)	设置文本框内文本的字体风格，如粗体、斜体等
android:typeface	setTypeface(Typeface)	设置文本框内文本的字体风格
android:width	setWidth(int)	设置该文本框的宽度（以pixel为单位）

下面通过实例来介绍 TextView 和 CheckedTextView 的用法。

实例：功能丰富的文本框

由于 TextView 提供了大量 XML 属性，因此我们可以通过这些 XML 属性来控制 TextView 中文本的行为。

TextView 默认并未提供设置边框的方式，如果想为 TextView 添加边框，只能通过"曲线救国"的方式来实现——可以考虑为 TextView 设置一个背景 Drawable，该 Drawable 只是一个边框，这样就实现了带边框的 TextView。

由于可以为 TextView 设置背景 Drawable 对象，因此在定义 Drawable 时不仅可以指定边框，而且还可以指定渐变背景，这样即可为 TextView 添加渐变背景和边框。

下面的界面布局文件示范了 TextView 的几种典型用法。

程序清单：codes\02\2.3\TextViewTest\textviewtest\src\main\res\layout\activity_main.xml

```xml
<?xml version="1.0" encoding="utf-8"?>
<LinearLayout xmlns:android="http://schemas.android.com/apk/res/android"
    android:orientation="vertical"
    android:layout_width="match_parent"
    android:layout_height="match_parent">
    <!-- 设置字号为20pt，在文本框结尾处绘制图片 -->
    <TextView
```

```xml
    android:layout_width="match_parent"
    android:layout_height="wrap_content"
    android:text="我爱 Java"
    android:textSize="20pt"
    android:drawableEnd="@mipmap/ic_launcher"/>
<!-- 设置中间省略，所有字母大写 -->
<TextView
    android:layout_width="match_parent"
    android:layout_height="wrap_content"
    android:singleLine="true"
    android:textSize="20sp"
    android:text="我爱 Java 我爱 Java 我爱 Java 我爱 Java 我爱 Java 我爱 Java"
    android:ellipsize="middle"
    android:textAllCaps="true"/>
<!-- 为邮件、电话增加链接 -->
<TextView
    android:layout_width="match_parent"
    android:layout_height="wrap_content"
    android:singleLine="true"
    android:text="邮件是 kongyeeku@163.com，电话是 13900008888"
    android:autoLink="email|phone"/>
<!-- 设置文字颜色、大小，并使用阴影 -->
<TextView
    android:layout_width="match_parent"
    android:layout_height="wrap_content"
    android:text="测试文字"
    android:shadowColor="#00f"
    android:shadowDx="10.0"
    android:shadowDy="8.0"
    android:shadowRadius="3.0"
    android:textColor="#f00"
    android:textSize="18pt"/>
<CheckedTextView
    android:layout_width="match_parent"
    android:layout_height="wrap_content"
    android:text="可勾选的文本"
    android:checkMark="@drawable/ok" />
<!-- 通过 android:background 指定背景 -->
<TextView
    android:layout_width="match_parent"
    android:layout_height="wrap_content"
    android:text="带边框的文本"
    android:textSize="24pt"
    android:background="@drawable/bg_border"/>
<TextView
    android:layout_width="match_parent"
    android:layout_height="wrap_content"
    android:text="圆角边框、渐变背景的文本"
    android:textSize="24pt"
    android:background="@drawable/bg_border2"/>
</LinearLayout>
```

上面的界面布局文件中定义了 7 个 TextView，它们指定的规则如下。

➢ 第 1 个 TextView 指定 android:textSize="20pt"，这就指定了字号为 20pt。而且指定了在文本框的结尾处绘制图片。

➢ 第 2 个 TextView 指定 android:ellipsize="middle"，这就指定了当文本多于文本框的宽度时，从中间省略文本。而且指定了 android:textAllCaps="true"，表明该文本框的所有字母大写。

➢ 第 3 个 TextView 指定 android:autoLink="email|phone"，这就指定了该文本框会自动为文本框内的 E-mail 地址、电话号码添加超链接。

➢ 第 4 个 TextView 指定一系列 android:shadowXXX 属性，这就为该文本框内的文本内容添加了阴影。

➢ 第 5 个 CheckedTextView 指定 android:checkMark= "@drawable/ok"，这就指定了该可勾选文本框的勾选图标。

➢ 第 6 个 TextView 指定了背景，背景是由 XML 文件定义的，将该文件放在 drawable 文件夹内，该 XML 文件也可被当成 Drawable 使用。下面是该 XML 文件的代码。

程序清单：codes\02\2.3\TextViewTest\textviewtest\src\main\res\drawable\bg_border.xml

```xml
<?xml version="1.0" encoding="UTF-8"?>
<shape xmlns:android="http://schemas.android.com/apk/res/android">
    <!-- 设置背景色为透明色 -->
    <solid android:color="#0000"/>
    <!-- 设置红色边框 -->
    <stroke android:width="2dp" android:color="#f00" />
</shape>
```

➢ 第 7 个 TextView 使用 Drawable 指定使用圆角边框、渐变背景。第二个文本框所指定的背景也是由 XML 文件定义的，将该文件放在 drawable 文件夹内，该 XML 文件也可被当成 Drawable 使用。下面是该 XML 文件的代码。

程序清单：codes\02\2.3\TextViewTest\textviewtest\src\main\res\drawable\bg_border2.xml

```xml
<?xml version="1.0" encoding="UTF-8"?>
<shape xmlns:android="http://schemas.android.com/apk/res/android"
       android:shape="rectangle">
    <!-- 指定圆角矩形的 4 个圆角的半径 -->
    <corners android:topLeftRadius="20dp"
        android:topRightRadius="10dp"
        android:bottomRightRadius="20dp"
        android:bottomLeftRadius="10dp"/>
    <!-- 指定边框线条的宽度和颜色 -->
    <stroke android:width="4px" android:color="#f0f" />
    <!-- 指定使用渐变背景色，使用 sweep 类型的渐变
        颜色从红色→绿色→蓝色 -->
    <gradient android:startColor="#f00"
        android:centerColor="#0f0"
        android:endColor="#00f"
        android:type="sweep"/>
</shape>
```

使用 Activity 来显示上面的界面布局文件，将看到如图 2.21 所示的界面。

从图 2.21 不难看出，通过为 TextView 的 android:background 赋值，可以为文本框增加大量自定义外观，这种控制方式非常灵活。

需要指出的是，表面上这里只是在介绍 TextView，但由于 TextView 是 EditText、Button 等类的父类，因此此处介绍的对 TextView 控制的属性，也同样适用于 EditText 和 Button。

图 2.21　功能丰富的文本框

▶▶ 2.3.2　EditText 的功能与用法

EditText 与 TextView 非常相似，它甚至与 TextView 共用了绝大部分 XML 属性和方法。EditText 与 TextView 的最大区别在于：EditText 可以接受用户输入。在表 2.8 中介绍的与输入相关的属性很多正是为 EditText 准备的。

EditText 组件最重要的属性是 inputType，该属性相当于 HTML 的<input.../>元素的 type 属性，用于将 EditText 设置为指定类型的输入组件。inputType 能接受的属性值非常丰富，而且随着 Android 版本的升级，该属性能接受的类型还会增加。

EditText 还派生了如下两个子类。

> AutoCompleteTextView：带有自动完成功能的 EditText，实际上该组件的命名不太恰当。笔者认为该类名应该叫 AutoCompleteEditText 比较合适。由于该类通常需要与 Adapter 结合使用，因此将会在讲解 AdapteView 组件时介绍该组件的用法。
> ExtractEditText：它并不是 UI 组件，而是 EditText 组件的底层服务类，负责提供全屏输入法支持。

相比 TextView，EditText 最大的差异就是支持输入，因此可以通过 inputType 指定它能接受的输入类型。读者可以通过本书配套资源中 codes\02\2.3\TextViewTest 项目下的 edittexttest 模块，来掌握 EditText 组件的 inputType 属性的作用与差异。

▶▶ 2.3.3 按钮（Button）组件的功能与用法

Button 继承了 TextView，它主要是在 UI 界面上生成一个按钮，该按钮可以供用户单击，当用户单击按钮时，按钮会触发一个 onClick 事件。关于 onClick 事件编程的简单示例，本书前面已经见到很多，后面还会详细介绍 Android 的事件编程。

按钮使用起来比较容易，可以通过指定 android:background 属性为按钮增加背景颜色或背景图片，如果将背景图片设为不规则的背景图片，则可以开发出各种不规则形状的按钮。

如果只是使用普通的背景颜色或背景图片，那么这些背景是固定的，不会随着用户的动作而改变。如果需要让按钮的背景颜色、背景图片随用户的动作动态改变，则可以考虑使用自定义 Drawable 对象来实现。

下面通过实例来开发出更强大的按钮。

实例：按钮、圆形按钮、带文字的图片按钮

为了让图片按钮随用户的动作改变，可以考虑使用 XML 资源文件来定义 Drawable 对象，再将 Drawable 对象设为 Button 的 android:background 属性值，或设为 ImageButton 的 android:src 属性值。

例如，有如下界面布局文件。

程序清单：codes\02\2.3\TextViewTest\buttontest\src\main\res\layout\activity_main.xml

```xml
<?xml version="1.0" encoding="utf-8"?>
<LinearLayout xmlns:android="http://schemas.android.com/apk/res/android"
    android:orientation="vertical"
    android:layout_width="match_parent"
    android:layout_height="match_parent">
    <!-- 文字带阴影的按钮 -->
    <Button
        android:layout_width="wrap_content"
        android:layout_height="wrap_content"
        android:text="文字带阴影的按钮"
        android:textSize="12pt"
        android:shadowColor="#aa5"
        android:shadowRadius="1"
        android:shadowDx="5"
        android:shadowDy="5"/>
    <!-- 普通文字按钮 -->
    <Button
        android:layout_width="wrap_content"
```

```xml
      android:layout_height="wrap_content"
      android:background="@drawable/red"
      android:text="普通按钮"
      android:textSize="10pt"/>
  <!-- 带文字的图片按钮-->
  <Button
      android:layout_width="wrap_content"
      android:layout_height="wrap_content"
      android:background="@drawable/button_selector"
      android:textSize="11sp"
      android:text="带文字的图片按钮"/>
</LinearLayout>
```

上面界面布局中的第一个按钮是一个普通按钮,但为该按钮的文字指定了阴影——配置阴影的方式与为 TextView 配置阴影的方式完全相同,这是因为 Button 的本质还是 TextView。第二个按钮通过 background 属性配置了背景图片,因此该按钮将会显示为背景图片形状的按钮。

第三个按钮有点特殊,它指定了 android:background 属性为@drawable/button_selector,该属性值引用一个 Drawable 资源,该资源对应的 XML 文件如下。

程序清单：codes\02\2.3\TestViewTest\buttontest\src\main\res\drawable\button_selector.xml

```xml
<?xml version="1.0" encoding="UTF-8"?>
<selector xmlns:android="http://schemas.android.com/apk/res/android">
    <!-- 指定按钮按下时的图片 -->
    <item android:state_pressed="true"
     android:drawable="@drawable/red" />
    <!-- 指定按钮松开时的图片 -->
    <item android:state_pressed="false"
     android:drawable="@drawable/purple" />
</selector>
```

上面的资源文件使用<selector.../>元素定义了一个 StateListDrawable 对象——本书后面会详细介绍如何使用 XML 文件来定义 Drawable 的内容,此处不再深入讲解。

使用 Activity 显示上面的界面布局文件,可以看到如图 2.22 所示的界面。

在图 2.22 所示界面上的三个按钮中,前两个按钮的背景色、图片都是固定的,用户单击这两个按钮不会看到任何改变;用户单击第三个按钮时,将会看到按钮的图片被切换为红色。

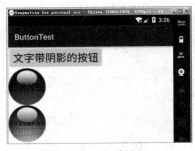

图 2.22　各种按钮

Button 生成的按钮功能很强大,就像第三个按钮就是 Button 生成的,而且它也可以通过背景色来设置图片,因此使用 Button 生成的按钮不仅可以是普通的文字按钮,也可以定制成任意形状,并可以随用户交互动作改变外观。

▶▶ 2.3.4　使用 9Patch 图片作为背景

从图 2.22 所示的第三个按钮来看,当按钮的内容太多时,Android 会自动缩放整张图片,以保证背景图片能覆盖整个按钮。但这种缩放整张图片的效果可能并不好。可能存在的情况是我们只想缩放图片中某个部分,这样才能保证按钮的视觉效果。

为了实现只缩放图片中某个部分的效果,我们需要借助于 9Patch 图片来实现。9Patch 图片是一种特殊的 PNG 图片,这种图片以.9.png 结尾,它在原始图片四周各添加一个宽度为 1 像素的线条,这 4 条线就决定了该图片的缩放规则、内容显示规则。

左侧和上侧的直线共同决定了图片的缩放区域:以左边直线为左边界绘制矩形,它覆盖的区域可以在纵向上缩放；以上面直线为上边界绘制矩形，它覆盖的区域可以水平缩放；它们二者的交集可以在两个方向上缩放。图 2.23 显示了定义图片缩放区域的示意图。

右侧和下侧的直线共同决定图片的内容显示区域：以右边直线为右边界绘制矩形，以下边直线为下边界绘制矩形，它们二者的交集就是图片的内容显示区域。图 2.24 显示了定义图片的内容显示区域的示意图。

图 2.23　定义图片缩放区域

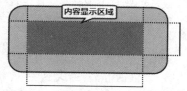
图 2.24　定义图片的内容显示区域

Android Studio 集成了绘制 9Patch 图片的工具。使用 Android Studio 绘制 9Patch 图片的步骤如下。

① 在 Android Studio 的项目导航视图中右击想要创建 9Patch 图片的 PNG 图片，在右键菜单中单击"Create 9-patch file"菜单项。

② 在弹出的对话框中为新建的 9Patch 图片输入文件名，然后单击"OK"按钮，即可创建一个文件扩展名为.9.png 的新文件。

③ 双击新的 9Patch 图片，Android Studio 将会使用 9Patch 绘制工具打开该图片。

④ 在 1 像素周长的范围内单击左键即可绘制可拉伸区域和内容区域（可选）的线条，单击右键即可擦除之前绘制的线条。绘制 9Patch 图片的过程如图 2.25 所示。

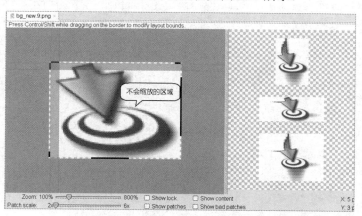
图 2.25　绘制 9Patch 图片的过程

绘制完成后，保存该 9Patch 图片即可。再次双击 9Patch 图片，也可使用 Android Studio 重新打开现有的 9Patch 图片。

绘制好 9Patch 图片之后，接下来在应用中定义两个按钮，分别使用原始图片和 9Patch 图片作为 Button 的背景。页面定义文件比较简单，此处不再赘述。以普通图片为背景的按钮和以 9Patch 图片为背景的按钮对比如图 2.26 所示。

从图 2.26 可以看出，以普通图片作为背景时，整张图片都被缩放了；如果使用 9Patch 图片作为背景，则只有指定区域才会被缩放。

9Patch 图片的典型用途就是微信聊天界面上的"气泡"对话框，其背景就是 9Patch 图片，读者可以在本例的 drawable-hdpi 目录下找到气泡背景的 9Patch 图片。使用这种图片实现的"气泡"聊天界面如图 2.27 所示。

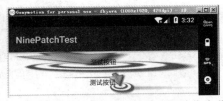

图 2.26 以普通图片和 9Patch 图片作为背景的按钮对比

图 2.27 使用 9Patch 图片实现的"气泡"聊天界面

▶▶ 2.3.5 单选钮（RadioButton）和复选框（CheckBox）的功能与用法

单选钮（RadioButton）、复选框（CheckBox）、状态开关按钮（ToggleButton）和开关（Switch）是用户界面中最普通的 UI 组件，它们都继承了 Button 类，因此都可直接使用 Button 支持的各种属性和方法。

RadioButton、CheckBox 与普通按钮不同的是，它们多了一个可选中的功能，因此 RadioButton、CheckBox 都可额外指定一个 android:checked 属性，该属性用于指定 RadioButton、CheckBox 初始时是否被选中。

RadioButton 与 CheckBox 的不同之处在于，一组 RadioButton 只能选中其中一个，因此 RadioButton 通常要与 RadioGroup 一起使用，用于定义一组单选钮。

下面通过实例来介绍 RadioButton 和 CheckBox 的用法。

实例：利用单选钮、复选框获取用户信息

在需要获取用户信息的界面中，有些信息不需要用户直接输入，可以考虑让用户进行选择，比如用户的性别、爱好等。下面的界面布局文件定义了一个让用户选择的输入界面。

程序清单：codes\02\2.3\TextViewTest\checkbuttontest\src\main\res\layout\activity_main.xml

```xml
<?xml version="1.0" encoding="utf-8"?>
<TableLayout xmlns:android="http://schemas.android.com/apk/res/android"
    android:layout_width="match_parent"
    android:layout_height="match_parent"
    android:padding="12dp">
    <TableRow>
        <TextView
            android:layout_width="wrap_content"
            android:layout_height="wrap_content"
            android:text="性别："/>
        <!-- 定义一组单选钮 -->
        <RadioGroup android:id="@+id/rg"
            android:orientation="horizontal"
            android:layout_gravity="center_horizontal">
            <!-- 定义两个单选钮 -->
            <RadioButton android:layout_width="wrap_content"
                android:layout_height="wrap_content"
                android:id="@+id/male"
                android:text="男"
                android:checked="true"/>
            <RadioButton android:layout_width="wrap_content"
                android:layout_height="wrap_content"
                android:id="@+id/female"
                android:text="女"/>
        </RadioGroup>
    </TableRow>
    <TableRow>
        <TextView
            android:layout_width="wrap_content"
```

```xml
            android:layout_height="wrap_content"
            android:text="喜欢的颜色:" />
        <!-- 定义一个垂直的线性布局 -->
        <LinearLayout android:layout_gravity="center_horizontal"
            android:orientation="vertical"
            android:layout_width="wrap_content"
            android:layout_height="wrap_content">
            <!-- 定义三个复选框 -->
            <CheckBox android:layout_width="wrap_content"
                android:layout_height="wrap_content"
                android:text="红色"
                android:checked="true"/>
            <CheckBox android:layout_width="wrap_content"
                android:layout_height="wrap_content"
                android:text="蓝色"/>
            <CheckBox android:layout_width="wrap_content"
                android:layout_height="wrap_content"
                android:text="绿色"/>
        </LinearLayout>
    </TableRow>
    <TextView
        android:id="@+id/show"
        android:layout_width="wrap_content"
        android:layout_height="wrap_content"/>
</TableLayout>
```

上面的界面布局中定义了一组单选钮，并默认选中了第一个单选钮，这组单选钮供用户选择性别；还定义了三个复选框，供用户选择喜欢的颜色。

> **提示：** 如果在 XML 布局文件中默认选中了某个单选钮，则必须为该组单选钮的每个按钮都指定 android:id 属性值；否则，这组单选钮不能正常工作。

为了监听单选钮、复选框的选中状态的改变，可以为它们添加事件监听器。例如，下面 Activity 为 RadioGroup 添加了事件监听器，该监听器可以监听这组单选钮的选中状态的改变。

程序清单：codes\02\2.3\TextViewTest\checkbuttontest\src\main\java\org\crazyit\ui\MainActivity.java

```java
public class MainActivity extends Activity
{
    @Override
    public void onCreate(Bundle savedInstanceState)
    {
        super.onCreate(savedInstanceState);
        setContentView(R.layout.activity_main);
        // 获取界面上 rg、show 两个组件
        RadioGroup rg = findViewById(R.id.rg);
        TextView show = findViewById(R.id.show);
        // 为 RadioGroup 组件的 OnCheckedChange 事件绑定事件监听器
        rg.setOnCheckedChangeListener((group, checkedId) -> {
            // 根据用户选中的单选钮来动态改变 tip 字符串的值
            String tip = checkedId == R.id.male ? "您的性别是男人" :
                "您的性别是女人";
            // 修改 show 组件中的文本
            show.setText(tip);
        });
    }
}
```

上面代码添加事件监听器的方式采用了"委托式"事件处理机制，委托式事件处理机制的原理是，当事件源上发生事件时，该事件将会激发该事件源上的监听器的特定方法。本书第 3 章还会详

细介绍这种事件处理机制。

运行上面的程序，并改变第一组单选钮的选中状态，将看到如图 2.28 所示的界面。

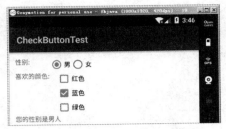

图 2.28　单选钮、复选框示意图

▶▶ 2.3.6　状态开关按钮（ToggleButton）和开关（Switch）的功能与用法

状态开关按钮（ToggleButton）和开关（Switch）也是由 Button 派生出来的，因此它们的本质也是按钮，Button 支持的各种属性、方法也适用于 ToggleButton 和 Switch。从功能上来看，ToggleButton、Switch 与 CheckBox 复选框非常相似，它们都可以提供两种状态。不过 ToggleButton、Switch 与 CheckBox 的区别主要体现在功能上，ToggleButton、Switch 通常用于切换程序中的某种状态。

表 2.9 显示了 ToggleButton 支持的 XML 属性及相关方法。

表 2.9　ToggleButton 支持的 XML 属性及相关方法

XML 属性	相关方法	说明
android:disabledAlpha		设置禁用指示器上的透明度
android:textOff		设置当该按钮的状态关闭时显示的文本
android:textOn		设置当该按钮的状态打开时显示的文本

表 2.10 显示了 Switch 支持的 XML 属性及相关方法。

表 2.10　Switch 支持的 XML 属性及相关方法

XML 属性	相关方法	说明
android:showText	setShowText(boolean)	设置是否绘制开关文本
android:splitTrack	setSplitTrack(boolean)	设置是否将开关轨道分成两半，并留下间隔
android:switchMinWidth	setSwitchMinWidth(int)	设置该开关的最小宽度
android:switchPadding	setSwitchPadding(int)	设置开关与标题文本之间的空白
android:switchTextAppearance	setSwitchTextAppearance(Context,int)	设置该开关图标上的文本样式
android:textOff	setTextOff(CharSequence)	设置该开关的状态关闭时显示的文本
android:textOn	setTextOn(CharSequence)	设置该开关的状态打开时显示的文本
android:textStyle	setSwitchTypeface(Typeface)	设置该开关的文本风格
android:thumb	setThumbResource(int)	设置使用自定义 Drawable 绘制该开关的开关按钮
android:thumbTextPadding	setThumbTextPadding(int)	设置开关滑块两边留出的空白
android:thumbTint	setThumbTintList(ColorStateList)	设置对开关上的滑块进行重新着色
android:thumbTintMode	setThumbTintMode(PorterDuff.Mode)	设置开关上滑块的着色模式
android:track	setTrackResource(int)	设置使用自定义 Drawable 绘制该开关的开关轨道
android:trackTint	setTrackTintList(ColorStateList)	设置对开关轨道进行重新着色

续表

XML 属性	相关方法	说明
android:trackTintMode	android:trackTintMode	设置开关轨道的着色模式
android:typeface	setSwitchTypeface(Typeface)	设置文本的 Typeface（如 normal、sans、serif 和 monospace）

下面通过一个动态控制布局的实例来示范 ToggleButton 与 Switch 的用法。

实例：动态控制布局

该实例的思路是在页面中增加一个 ToggleButton，随着该按钮状态的改变，界面布局中的 LinearLayout 布局的方向在水平布局、垂直布局之间切换。下面是该程序所使用的界面布局文件。

程序清单：codes\02\2.3\TextViewTest\togglebuttontest\src\main\res\layout\activity_main.xml

```xml
<?xml version="1.0" encoding="utf-8"?>
<LinearLayout xmlns:android="http://schemas.android.com/apk/res/android"
    android:orientation="vertical"
    android:layout_width="match_parent"
    android:layout_height="match_parent">
    <!-- 定义一个 ToggleButton 按钮 -->
    <ToggleButton android:id="@+id/toggle"
        android:layout_width="wrap_content"
        android:layout_height="wrap_content"
        android:textOff="横向排列"
        android:textOn="纵向排列"
        android:checked="true"/>
    <Switch android:id="@+id/switcher"
        android:layout_width="wrap_content"
        android:layout_height="wrap_content"
        android:textOff="横向排列"
        android:textOn="纵向排列"
        android:thumb="@drawable/check"
        android:checked="true"/>
    <!-- 定义一个可以动态改变方向的线性布局 -->
    <LinearLayout android:id="@+id/test"
        android:orientation="vertical"
        android:layout_width="match_parent"
        android:layout_height="match_parent">
        <!-- 下面省略了三个按钮的定义 -->
        ...
    </LinearLayout>
</LinearLayout>
```

上面 LinearLayout 中定义了三个按钮，该 LinearLayout 默认采用垂直方向的线性布局。接下来为 ToggleButton 按钮、Switch 按钮绑定监听器，当它的选中状态发生改变时，程序通过代码来改变 LinearLayout 的布局方向。

程序清单：codes\02\2.3\TextViewTest\togglebuttontest\src\main\java\org\crazyit\ui\MainActivity.java

```java
public class MainActivity extends Activity
{
    @Override
    public void onCreate(Bundle savedInstanceState)
    {
        super.onCreate(savedInstanceState);
        setContentView(R.layout.activity_main);
        ToggleButton toggle = findViewById(R.id.toggle);
        Switch switcher = findViewById(R.id.switcher);
        LinearLayout test = findViewById(R.id.test);
```

```
            CompoundButton.OnCheckedChangeListener listener = (button, isChecked) -> {
                if (isChecked) {
                    // 设置LinearLayout 垂直布局
                    test.setOrientation(LinearLayout.VERTICAL);
                    toggle.setChecked(true);
                    switcher.setChecked(true);
                } else {
                    // 设置LinearLayout 水平布局
                    test.setOrientation(LinearLayout.HORIZONTAL);
                    toggle.setChecked(false);
                    switcher.setChecked(false);
                }
            };
            toggle.setOnCheckedChangeListener(listener);
            switcher.setOnCheckedChangeListener(listener);
        }
    }
```

运行上面的程序，随着用户改变 ToggleButton 按钮的状态，界面布局的方向也在随之发生改变。

▶▶ 2.3.7 时钟（AnalogClock 和 TextClock）的功能与用法

时钟 UI 组件是两个非常简单的组件：TextClock 本身就继承了 TextView——也就是说，它本身就是文本框，只是它里面显示的内容总是当前时间。与 TextView 不同的是，为 TextClock 设置 android:text 属性没什么作用。

TextClock 取代早期的 DigitalClock 组件，因此功能更加强大——TextClock 能以 24 小时制或 12 小时制来显示时间，而且可以由程序员来指定时间格式。表 2.11 显示了 TextClock 支持的 XML 属性及相关方法。

表 2.11 TextClock 支持的 XML 属性及相关方法

XML 属性	相关方法	说明
android:format12Hour	setFormat12Hour(CharSequence)	设置该时钟的 12 小时制的格式字符串
android:format24Hour	setFormat24Hour(CharSequence)	设置该时钟的 24 小时制的格式字符串
android:timeZone	setTimeZone(String)	设置该时钟的时区

AnalogClock 则继承了 View 组件，它重写了 View 的 OnDraw() 方法，它会在 View 上绘制模拟时钟。

表 2.12 显示了 AnalogClock 支持的 XML 属性。

表 2.12 AnalogClock 支持的 XML 属性

XML 属性	说明
android:dial	设置该模拟时钟的表盘使用的图片
android:hand_hour	设置该模拟时钟的时针使用的图片
android:hand_minute	设置该模拟时钟的分针使用的图片

TextClock 和 AnalogClock 都会显示当前时间。不同的是，TextClock 显示数字时钟，可以显示当前的秒数；AnalogClock 显示模拟时钟，不会显示当前的秒数。

下面通过实例来示范 AnalogClock 和 TextClock 的用法。

实例：手机里的"劳力士"

由于我们可以通过图片定制 AnalogClock 模拟指针的表盘、时针、分针，因此只要使用合适的图片，就可以对 AnalogClock 进行任意定制。本实例将会使用"劳力士"图片来定义模拟时钟，从而开发手机里的"劳力士"。

下面是本实例的界面布局文件。

程序清单：codes\02\2.3\TextViewTest\clocktest\src\main\res\layout\activtiy_main.xml

```xml
<?xml version="1.0" encoding="utf-8"?>
<LinearLayout xmlns:android="http://schemas.android.com/apk/res/android"
    android:orientation="vertical"
    android:layout_width="match_parent"
    android:layout_height="match_parent"
    android:gravity="center_horizontal">
    <!-- 定义模拟时钟 -->
    <AnalogClock
        android:layout_width="wrap_content"
        android:layout_height="wrap_content"/>
    <!-- 定义数字时钟 -->
    <TextClock
        android:layout_width="wrap_content"
        android:layout_height="wrap_content"
        android:textSize="20dp"
        android:textColor="#f0f"
        android:format12Hour="yyyy年MM月dd日 H:mma EEEE"
        android:drawableEnd="@mipmap/ic_launcher"/>
    <!-- 定义模拟时钟，并使用自定义表盘、时针图片 -->
    <AnalogClock
        android:layout_width="wrap_content"
        android:layout_height="wrap_content"
        android:dial="@drawable/watch"
        android:hand_minute="@drawable/hand"/>
</LinearLayout>
```

使用 Activity 显示上面的界面布局，将看到如图 2.29 所示的界面。

正如从上面的粗体字代码所看到的，如果想控制模拟时钟显示时间的字号大小、字体颜色等，都可通过 android:textSize、android:textColor 等属性进行控制——因为 TextClock 的本质还是一个 TextView，所以它可以使用 TextView 的 XML 属性和方法。

▶▶ 2.3.8 计时器（Chronometer）

Android 还提供了一个计时器组件：Chronometer，该组件与 TextClock 都继承自 TextView，因此它们都会显示一段文本。但 Chronometer 并不显示当前时间，它显示的是从某个起始时间开始，一共过去了多长时间。

图 2.29 数字时钟和模拟时钟

Chronometer 的用法也很简单，它只提供了 android:format 和 android:countDown 属性，其中前者用于指定计时器的计时格式。除此之外，Chronometer 还支持如下常用方法。

➢ setBase(long base)：设置计时器的起始时间。
➢ setFormat(String format)：设置显示时间的格式。
➢ start()：开始计时。
➢ stop()：停止计时。
➢ setOnChronometerTickListener(Chronometer.OnChronometerTickListener listener)：为计时器绑定事件监听器，当计时器改变时触发该监听器。

关于 Chronometer 的用法，读者可以参考本书配套资源中的 codes\02\2.3\TextViewTest\

chronometertest 模块。

2.4 第 3 组 UI 组件：ImageView 及其子类

ImageView 继承自 View 组件，它的主要功能是用于显示图片——实际上这个说法不太严谨，因为它能显示的不仅仅是图片，任何 Drawable 对象都可使用 ImageView 来显示。

除此之外，ImageView 还派生了 ImageButton、ZoomButton 等组件，图 2.30 显示了 ImageView 及其子类的类图。

从图 2.30 可以看出，ImageView 派生了 ImageButton、ZoomButton、FloatingActionButton 等组件，因此 ImageView 支持的 XML 属性、方法，基本上也可应用于 ImageButton、ZoomButton、FloatingActionButton 等组件。

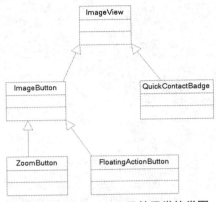

图 2.30　ImageView 及其子类的类图

表 2.13 显示了 ImageView 支持的常用 XML 属性及相关方法。

表 2.13　ImageView 支持的常用 XML 属性及相关方法

XML 属性	相关方法	说明
android:adjustViewBounds	setAdjustViewBounds(boolean)	设置 ImageView 是否调整自己的边界来保持所显示图片的长宽比
android:baseline	setBaseline(int)	设置基线在该组件内的偏移量
android:baselineAlignBottom	setBaselineAlignBottom(boolean)	如果该属性为 true，则该组件将会根据其底边进行基线对齐
android:cropToPadding	setCropToPadding(boolean)	如果将该属性设为 true，该组件将会被裁剪到保留该 ImageView 的 padding
android:maxHeight	setMaxHeight(int)	设置 ImageView 的最大高度
android:maxWidth	setMaxWidth(int)	设置 ImageView 的最大宽度
android:scaleType	setScaleType(ImageView.ScaleType)	设置所显示的图片如何缩放或移动以适应 ImageView 的大小
android:src	setImageResource(int)	设置 ImageView 所显示的 Drawable 对象的 ID
android:tint	setImageTintList(ColorStateList)	设置对该组件显示的图片重新着色
android:tintMode	setImageTintMode(PorterDuff.Mode)	设置对该组件显示的图片着色模式

ImageView 所支持的 android:scaleType 属性可指定如下属性值。

➢ matrix（ImageView.ScaleType.MATRIX）：使用 matrix 方式进行缩放。

➢ fitXY（ImageView.ScaleType.FIT_XY）：对图片横向、纵向独立缩放，使得该图片完全适应于该 ImageView，图片的纵横比可能会改变。

➢ fitStart（ImageView.ScaleType.FIT_START）：保持纵横比缩放图片，直到该图片能完全显示在 ImageView 中（图片较长的边长与 ImageView 相应的边长相等），缩放完成后将该图片放在 ImageView 的左上角。

➢ fitCenter（ImageView.ScaleType.FIT_CENTER）：保持纵横比缩放图片，直到该图片能完全显示在 ImageView 中（图片较长的边长与 ImageView 相应的边长相等），缩放完成后将该图片放在 ImageView 的中央。
- fitEnd（ImageView.ScaleType.FIT_END）：保持纵横比缩放图片，直到该图片能完全显示在 ImageView 中（图片较长的边长与 ImageView 相应的边长相等），缩放完成后将该图片放在 ImageView 的右下角。
- center（ImageView.ScaleType.CENTER）：把图片放在 ImageView 的中间，但不进行任何缩放。
- centerCrop（ImageView.ScaleType.CENTER_CROP）：保持纵横比缩放图片，以使得图片能完全覆盖 ImageView。只要图片的最短边能显示出来即可。
- centerInside（ImageView.ScaleType.CENTER_INSIDE）：保持纵横比缩放图片，以使得 ImageView 能完全显示该图片。

为了控制 ImageView 显示的图片，ImageView 提供了如下方法。
- setImageBitmap(Bitmap bm)：使用 Bitmap 位图设置该 ImageView 显示的图片。
- setImageDrawable(Drawable drawable)：使用 Drawable 对象设置该 ImageView 显示的图片。
- setImageResource(int resId)：使用图片资源 ID 设置该 ImageView 显示的图片。
- setImageURI(Uri uri)：使用图片的 URI 设置该 ImageView 显示的图片。

ImageView 的功能比较简单，下面结合一个图片浏览器的实例来示范 ImageView 的功能与用法。

实例：图片浏览器

本例的图片浏览器可以改变所查看图片的透明度，可通过调用 ImageView 的 setImageAlpha() 方法来实现。不仅如此，这个图片浏览器还可通过一个小区域来查看图片的原始大小，因此本例会定义两个 ImageView，一个用于查看图片整体，一个用于查看图片局部的细节。

下面是本实例的界面布局文件。

程序清单：codes\02\2.4\ImageViewTest\imageviewtest\src\main\res\layout\activity_main.xml

```xml
<?xml version="1.0" encoding="utf-8"?>
<LinearLayout xmlns:android="http://schemas.android.com/apk/res/android"
    android:orientation="vertical"
    android:layout_width="match_parent"
    android:layout_height="match_parent">
    <LinearLayout
        android:orientation="horizontal"
        android:layout_width="match_parent"
        android:layout_height="wrap_content"
        android:gravity="center">
        <!-- 此处省略三个按钮定义 -->
        ...
    </LinearLayout>
    <!-- 定义显示图片整体的 ImageView -->
    <ImageView android:id="@+id/image1"
        android:layout_width="wrap_content"
        android:layout_height="280dp"
        android:src="@drawable/shuangta"
        android:scaleType="fitCenter"/>
    <!-- 定义显示图片局部细节的 ImageView -->
    <ImageView android:id="@+id/image2"
        android:layout_width="120dp"
        android:layout_height="120dp"
        android:background="#00f"
        android:layout_margin="10dp"/>
</LinearLayout>
```

上面的界面布局文件中定义了两个 ImageView，其中第一个 ImageView 指定了 android:scaleType=

"fitCenter",这表明 ImageView 显示图片时会保持纵横比缩放,并将缩放后的图片放在该 ImageView 的中央。

为了能动态改变图片的透明度,接下来需要为按钮编写事件监听器,当用户单击按钮时动态改变图片的 Alpha 值。为了能动态显示图片的局部细节,程序为第一个 ImageView 添加 OnTouchListener 监听器,用户在第一个 ImageView 上发生触摸事件时,程序从原始图片中读取相应部分的图片,并将其显示在第二个 ImageView 中。下面是主程序的代码。

程序清单:codes\02\2.4\ImageViewTest\imageviewtest\src\main\java\org\crazyit\ui\MainActivity.java

```java
public class MainActivity extends Activity
{
    // 定义一个访问图片的数组
    private int[] images = new int[]{R.drawable.lijiang, R.drawable.qiao,
            R.drawable.shuangta, R.drawable.shui, R.drawable.xiangbi};
    // 定义默认显示的图片
    private int currentImg = 2;
    // 定义图片的初始透明度
    private int alpha = 255;

    @Override public void onCreate(Bundle savedInstanceState)
    {
        super.onCreate(savedInstanceState);
        setContentView(R.layout.activity_main);
        Button plus = findViewById(R.id.plus);
        Button minus = findViewById(R.id.minus);
        ImageView image1 = findViewById(R.id.image1);
        ImageView image2 = findViewById(R.id.image2);
        Button next = findViewById(R.id.next);
        // 定义查看下一张图片的监听器
        next.setOnClickListener(source -> {
            // 控制 ImageView 显示下一张图片
            image1.setImageResource(images[++currentImg % images.length]);
        });
        // 定义改变图片透明度的方法
        View.OnClickListener listener = v -> {
            if (v == plus)
            {
                alpha += 20;
            }
            if (v == minus)
            {
                alpha -= 20;
            }
            if (alpha >= 255)
            {
                alpha = 255;
            }
            if (alpha <= 0)
            {
                alpha = 0;
            }
            // 改变图片的透明度
            image1.setImageAlpha(alpha);
        };
        // 为两个按钮添加监听器
        plus.setOnClickListener(listener);
        minus.setOnClickListener(listener);
        image1.setOnTouchListener((view, event) -> {
            BitmapDrawable bitmapDrawable = (BitmapDrawable) image1.getDrawable();
            // 获取第一个图片显示框中的位图
            Bitmap bitmap = bitmapDrawable.getBitmap();
```

```
        // bitmap 图片实际大小与第一个 ImageView 的缩放比例
        double scale = 1.0 * bitmap.getHeight() / image1.getHeight();
        // 获取需要显示的图片的开始点
        long x = Math.round(event.getX() * scale);
        long y = Math.round(event.getY() * scale);
        if (x + 120 > bitmap.getWidth())
        {
            x = bitmap.getWidth() - 120;
        }
        if (y + 120 > bitmap.getHeight())
        {
            y = bitmap.getHeight() - 120;
        }
        // 显示图片的指定区域
        image2.setImageBitmap(Bitmap.createBitmap(bitmap, (int)x, (int)y, 120, 120));
        image2.setImageAlpha(alpha);
        return false;
    });
}
```

上面程序中的第一行粗体字代码调用了 ImageView 的 setImageResource()方法动态修改该 ImageView 所显示的图片，当用户单击"下一张"按钮时，即可控制 ImageView 显示图片数组中的下一张图片。第二行粗体字代码动态设置第一个 ImageView 的 Alpha 值，这就是动态改变该图片的透明度。

程序中的粗体字代码段将会用于从源位图的触碰点"截取"源位图，并将截取的部分显示在第二个 ImageView 中。此时用到了 Bitmap 类，它是一个代表位图的类，调用它的 createBitmap()静态方法即可截取位图的指定部分，该方法返回截取区域生成的新位图。

运行上面的程序，将看到如图 2.31 所示的界面。

图 2.31 使用 ImageView 实现图片浏览器

ImageView 派生了如下两个子类。

➢ ImageButton：图片按钮。

➢ QuickContactBadge：显示关联到特定联系人的图片。

Button 与 ImageButton 的区别在于，Button 生成的按钮上显示文字，而 ImageButton 上则显示图片。需要指出的是，为 ImageButton 按钮指定 android:text 属性没用（ImageButton 的本质是 ImageView），即使指定了该属性，图片按钮上也不会显示任何文字。

如果考虑使用 ImageButton，图片按钮可以指定 android:src 属性，该属性既可使用静止的图片，也可使用自定义的 Drawable 对象，这样即可开发出随用户动作改变图片的按钮。

ImageButton 派生了一个 ZoomButton，ZoomButton 可以代表"放大"和"缩小"两个按钮。ZoomButton 的行为基本类似于 ImageButton，只是 Android 默认提供了 btn_minus、btn_plus 两个 Drawable 资源，只要为 ZoomButton 的 android:src 属性分别指定 btn_minus、btn_plus，即可实现"缩小"和"放大"按钮。

实际上 Android 还提供了一个 ZoomControls 组件，该组件相当于同时组合了"放大"和"缩小"两个按钮，并允许分别为两个按钮绑定不同的事件监听器。

ImageButton 还有一个子类：FloatingActionButton，它代表一个悬浮按钮。

实例：强大的图片按钮

本实例定义了多个图片按钮，并定义了两个 ZoomButton。两个 ZoomButton 的 android:src 属性分别指定为@android:drawable/btn_minus、@android:drawable/btn_plus，这样即可定义"缩小"和"放大"两个按钮。

下面是该实例的界面布局文件。

程序清单：codes\02\2.4\ImageViewTest\imagebuttontest\src\main\res\layout\activity_main.xml

```xml
<?xml version="1.0" encoding="utf-8"?>
<LinearLayout xmlns:android="http://schemas.android.com/apk/res/android"
    android:orientation="vertical"
    android:layout_width="match_parent"
    android:layout_height="match_parent">
    <!-- 普通图片按钮 -->
    <ImageButton
        android:layout_width="wrap_content"
        android:layout_height="wrap_content"
        android:src="@drawable/blue"/>
    <!-- 按下时显示不同图片的按钮 -->
    <ImageButton
        android:layout_width="wrap_content"
        android:layout_height="wrap_content"
        android:src="@drawable/button_selector"/>
    <LinearLayout
        android:orientation="horizontal"
        android:layout_width="wrap_content"
        android:layout_height="wrap_content"
        android:layout_margin="10sp"
        android:layout_gravity="center_horizontal">
        <!-- 分别定义两个 ZoomButton，并分别使用 btn_minus 和 btn_plus 图片 -->
        <ZoomButton
            android:layout_width="wrap_content"
            android:layout_height="wrap_content"
            android:id="@+id/btn_zoom_down"
            android:src="@android:drawable/btn_minus" />
        <ZoomButton
            android:layout_width="wrap_content"
            android:layout_height="wrap_content"
            android:id="@+id/btn_zoom_up"
            android:src="@android:drawable/btn_plus" />
    </LinearLayout>
    <!-- 定义 ZoomControls 组件 -->
    <ZoomControls android:id="@+id/zoomControls1"
        android:layout_width="wrap_content"
        android:layout_height="wrap_content"
        android:layout_gravity="center_horizontal"/>
</LinearLayout>
```

上面界面布局文件的开头定义了两个 ImageButton，第一个 ImageButton 的 android:src 指定为一张静态图片，这样无论用户有怎样的行为，该 ImageButton 总显示这张静态图片。第二个 ImageButton 的 android:src 指定为@drawable/button_selector，该 Drawable 组合了两张图片，可以保证用户单击该按钮时切换图片。

该布局文件中间定义了两个 ZoomButton，并分别指定了放大、缩小 Drawable。该布局文件的结尾处定义了一个 ZoomControls 组件。使用 Activity 显示该界面布局文件，可以看到如图 2.32 所示的效果。

图 2.32 强大的图片按钮

对于第二个图片按钮,当用户单击第二个图片按钮时,将会看到按钮的图片被切换为红色图片。

实例:使用 QuickContactBadge 关联联系人

QuickContactBadge 继承了 ImageView,因此它的本质也是图片按钮,也可以通过 android:src 属性指定它显示的图片。QuickContactBadge 额外增加的功能是:该图片可以关联到手机中指定联系人,当用户单击该图片时,系统将会打开相应联系人的联系方式界面。

为了让 QuickContactBadge 与特定联系人关联,可以调用如下方法。

➢ assignContactFromEmail(String emailAddapp\src\main\ress, boolean lazyLookup):将该图片关联到指定 E-mail 地址对应的联系人。

➢ assignContactFromPhone(String phoneNumber, boolean lazyLookup):将该图片关联到指定电话号码对应的联系人。

➢ assignContactUri(Uri contactUri):将该图片关联到特定 Uri 对应的联系人。

本实例示范了如何使用 QuickContactBadge 关联特定联系人。

该实例的界面布局文件如下。

程序清单:codes\02\2.4\ImageViewTest\quickcontactbadgetest\src\main\res\layout\activity_main.xml

```xml
<?xml version="1.0" encoding="utf-8"?>
<LinearLayout
    xmlns:android="http://schemas.android.com/apk/res/android"
    android:layout_width="match_parent"
    android:layout_height="match_parent">
    <QuickContactBadge
        android:id="@+id/badge"
        android:layout_height="wrap_content"
        android:layout_width="wrap_content"
        android:src="@mipmap/ic_launcher"/>
    <TextView
        android:layout_width="match_parent"
        android:layout_height="wrap_content"
        android:textSize="20sp"
        android:text="我的偶像"/>
</LinearLayout>
```

上面的界面布局文件非常简单,它只是包含了一个 QuickContactBadge 组件与 TextView 组件。接下来在 Activity 代码中可以让 QuickContactBadge 与特定联系人建立关联。下面是该 Activity 的代码。

程序清单:codes\02\2.4\ImageViewTest\quickcontactbadgetest\src\main\java\org\crazyit\ui\MainActivity.java

```java
public class MainActivity extends Activity
{
    @Override
    protected void onCreate(Bundle savedInstanceState)
    {
        super.onCreate(savedInstanceState);
        setContentView(R.layout.activity_main);
        // 获取 QuickContactBadge 组件
        QuickContactBadge badge = findViewById(R.id.badge);
        // 将 QuickContactBadge 组件与特定电话号码对应的联系人建立关联
        badge.assignContactFromPhone("020-88888888", false);
    }
}
```

上面的粗体字代码将该 QuickContactBadge 组件与电话号码为 02088888888 的联系人建立了关联,当用户单击该图片时,系统将会打开该联系人对应的联系方式界面。

运行该实例,可以看到如图 2.33 所示的界面。

图 2.33 中左边的图片就是 QuickContactBadge 组件，单击该组件，如果手机中存储有电话号码为 02088888888 的联系人，系统将会打开该联系人的联系方式界面，如图 2.34 所示。

图 2.33　使用 QuickContactBadge　　　图 2.34　使用 QuickContactBadge 打开特定联系人

ImageButton 还派生了一个子类：FloatingActionButton，该组件用于代表悬浮按钮。悬浮按钮的本质依然是一个按钮，只是它有其特定的行为——该按钮默认是一个带默认填充色的圆形按钮，当用户单击该按钮时，该按钮可以显示一个波纹效果。

FloatingActionButton 除可指定图片按钮的各属性之外，还可指定如下控制悬浮按钮的属性。

- ➢ app:fabSize：指定悬浮按钮的大小，可支持"normal"（正常大小）、"mini"（小按钮）两个属性值。
- ➢ app:backgroundTint：设置按钮的填充色。如果不指定该属性，则使用默认的填充色。
- ➢ app:rippleColor：指定悬浮按钮被单击时的波纹颜色。

一般来说，悬浮按钮应该悬浮在界面的右上角或右下角，用于为 App 提供一些常用操作。通常，一个页面只应该有一个悬浮按钮，如果需要多个常用操作，则通过悬浮按钮进行折叠或展开。

由于 FloatingActionButton 位于 support 库中，因此必须先添加然后才能使用。开发者可以直接修改对应模块的 build.gradle 文件来添加 FloatingActionButton，在 build.gradle 文件中增加如下配置。

```
dependencies {
    implementation fileTree(dir: 'libs', include: ['*.jar'])
    implementation 'com.android.support.constraint:constraint-layout:1.1.3'
    testImplementation 'junit:junit:4.12'
    androidTestImplementation 'com.android.support.test:runner:1.0.2'
    androidTestImplementation 'com.android.support.test.espresso:espresso-core:3.0.2'
    implementation 'com.android.support:design:28.0.0'
}
```

上面配置中的粗体字代码用于引入 FloatingActionButton，增加上面配置后，AS 应该会自动同步项目。如果 AS 没有自动同步项目，则可单击 AS 右上角的"Sync Project with Gradle Files"按钮（）来手动执行同步。

> **提示：**
> 除通过修改 build.gradle 文件来添加 FloatingActionButton 之外，也可通过在 AS 的布局设计界面中找到 FloatingActionButton，然后单击该组件右边的下载按钮（ ）来添加它。

实例：可折叠的悬浮按钮

本实例将采用约束布局来管理一个悬浮按钮，当用户单击该悬浮按钮时，程序会展开另一组（两个）悬浮按钮。

该实例所采用的界面布局文件如下。

程序清单：codes\02\2.4\ImageViewTest\floatingactionbutton\src\main\res\layout\activity_main.xml

```xml
<?xml version="1.0" encoding="utf-8"?>
<android.support.constraint.ConstraintLayout
xmlns:android="http://schemas.android.com/apk/res/android"
    xmlns:app="http://schemas.android.com/apk/res-auto"
    xmlns:tools="http://schemas.android.com/tools"
    android:layout_width="match_parent"
    android:layout_height="match_parent"
    tools:context=".MainActivity">
    <!-- 嵌套一个约束布局来管理两个悬浮按钮 -->
    <android.support.constraint.ConstraintLayout
xmlns:android="http://schemas.android.com/apk/res/android"
        xmlns:app="http://schemas.android.com/apk/res-auto"
        xmlns:tools="http://schemas.android.com/tools"
        android:id="@+id/content"
        android:layout_width="match_parent"
        android:layout_height="match_parent"
        android:background="#80000000"
        android:visibility="gone">
        <!-- 下面省略了两个使用 LinearLayout 管理的悬浮按钮 -->
        ...
    </android.support.constraint.ConstraintLayout>
    <!-- 使用约束布局将该按钮定位到界面的右下角 -->
    <android.support.design.widget.FloatingActionButton
        android:id="@+id/fab"
        android:layout_width="wrap_content"
        android:layout_height="wrap_content"
        android:layout_marginEnd="20dp"
        android:layout_marginBottom="20dp"
        android:clickable="true"
        android:src="@drawable/add"
        app:layout_constraintBottom_toBottomOf="parent"
        app:layout_constraintEnd_toEndOf="parent"
        app:fabSize="normal"
        app:elevation="5dp"
        app:backgroundTint="#31bfcf"
        app:rippleColor="#e7d161"/>
</android.support.constraint.ConstraintLayout>
```

上面粗体字代码定义了一个悬浮按钮，且该按钮处于约束布局中，该约束会控制该按钮位于界面的右下角。该按钮的 fabSize 为"normal"，说明它是一个正常大小的悬浮按钮。

为了实现能响应用户单击、展开折叠的悬浮按钮，接下来要修改程序的 Activity 代码。下面是修改后的 Activity 代码。

程序清单：codes\02\2.4\ImageViewTest\floatingactionbutton\src\org\crazyit\ui\MainActivity.java

```java
public class MainActivity extends Activity
{
    private boolean isShow = false;
    private ConstraintLayout content;
    private FloatingActionButton fab;
    @Override
    protected void onCreate(Bundle savedInstanceState)
    {
        super.onCreate(savedInstanceState);
```

```
setContentView(R.layout.activity_main);
fab = findViewById(R.id.fab);
content = findViewById(R.id.content);
// 定义事件监听器
View.OnClickListener listener = view -> {
    switch (view.getId()) {
        // 如果是 fab 悬浮按钮被单击，则切换两个小的悬浮按钮的显示状态
        case R.id.fab:
            isShow = !isShow;
            content.setVisibility(isShow ? View.VISIBLE : View.GONE);
            break;
        // 如果是被展开的悬浮按钮，则折叠两个小的悬浮按钮
        case R.id.mini_fab01: case R.id.mini_fab02:
            content.setVisibility(View.GONE);
            isShow = false;
            break;
    }
};
// 为悬浮按钮绑定事件监听器
fab.setOnClickListener(listener);
```

上面监听器中的粗体字代码为悬浮按钮的单击事件提供响应，当用户单击大的悬浮按钮时，它会展开或折叠两个小的悬浮按钮；当用户单击小的悬浮按钮时，悬浮按钮会被折叠。实际上，悬浮按钮只是一个按钮，程序希望用户单击时提供什么响应，是受事件监听器代码控制的，这一点其实与普通按钮并没有太大的区别。

运行上面程序，单击程序界面上的悬浮按钮，可以看到它展开了两个小的悬浮按钮，如图 2.35 所示。

图 2.35 悬浮按钮

> **提示：**
> 由于本书此时还未介绍动画相关知识，因此上面两个小的悬浮按钮是"突然"出现的，如果程序为这两个小的悬浮按钮的出现增加一些动画效果，程序界面就会好得多。

2.5 第 4 组 UI 组件：AdapterView 及子类

AdapterView 是一组重要的组件，AdapterView 本身是一个抽象基类，它派生的子类在用法上十分相似，只是显示界面有一定的区别，因此本节把它们归为一类，针对它们的共性集中讲解，并突出介绍它们的区别。

AdapterView 具有如下特征。

- AdapterView 继承了 ViewGroup，它的本质是容器。
- AdapterView 可以包括多个"列表项"，并将多个"列表项"以合适的形式显示出来。
- AdapterView 显示的多个"列表项"由 Adapter 提供。调用 AdapterView 的 setAdapter(Adapter) 方法设置 Adapter 即可。

AdapterView 及其子类的继承关系如图 2.36 所示。

从图 2.36 不难看出，AdapterView 派生了三个子类：AbsListView、AbsSpinner 和 AdapterViewAnimator，这三个子类依然是抽象的，实际使用时往往采用它们的子类。

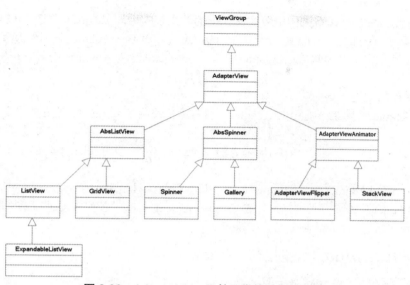

图 2.36　AdapterView 及其子类的继承关系图

 提示：
> 由于 Gallery 是一个已经过时的 API，Android 推荐使用 HorizontalScrollView 来代替它，因此本书不再介绍 Gallery 的功能与用法。ListView 和 GridView 也不再推荐使用，推荐使用 RecyclerView 来代替它们，因此本书将 ListView 和 GridView 的内容放在了本书配套资源的 list.pdf 文件中。

▶▶ 2.5.1　Adapter 接口及实现类

Adapter 本身只是一个接口，它派生了 ListAdapter 和 SpinnerAdapter 两个子接口，其中 ListAdapter 为 AbsListView 提供列表项，而 SpinnerAdapter 为 AbsSpinner 提供列表项。Adapter 接口及其实现类的继承关系如图 2.37 所示。

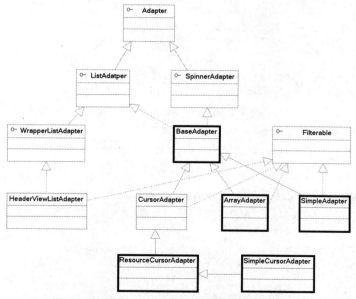

图 2.37　Adapter 接口及其实现类的继承关系图

在图 2.37 所示的继承关系类图中粗线框标出的是比较常用的 Adapter。从图 2.37 所示的继承关系可以看出，几乎所有的 Adapter 都继承了 BaseAdapter，而 BaseAdapter 同时实现了 ListAdapter、SpinnerAdapter 两个接口，因此 BaseAdapter 及其子类可以同时为 AbsListView、AbsSpinner 提供列表项。

Adapter 常用的实现类如下。

- ArrayAdapter：简单、易用的 Adapter，通常用于将数组或 List 集合的多个值包装成多个列表项。
- SimpleAdapter：并不简单、功能强大的 Adapter，可用于将 List 集合的多个对象包装成多个列表项。
- SimpleCursorAdapter：与 SimpleAdapter 基本相似，只是用于包装 Cursor 提供的数据。
- BaseAdapter：通常用于被扩展。扩展 BaseAdapter 可以对各列表项进行最大限度的定制。

下面先通过 ArrayAdapter 来实现 ListView。

实例：使用 ArrayAdapter 创建 ListView

本实例在界面布局文件中定义了两个 ListView。

程序清单：codes\02\2.5\AdapterViewTest\arrayadaptertest\src\main\res\layout\activitty_main.xml

```xml
<?xml version="1.0" encoding="utf-8"?>
<LinearLayout xmlns:android="http://schemas.android.com/apk/res/android"
    android:orientation="vertical"
    android:layout_width="match_parent"
    android:layout_height="match_parent">
    <!-- 设置使用红色的分隔条 -->
    <ListView
        android:id="@+id/list1"
        android:layout_width="match_parent"
        android:layout_height="wrap_content"
        android:divider="#f00"
        android:dividerHeight="1dp"
        android:headerDividersEnabled="false"/>
    <!-- 设置使用绿色的分隔条 -->
    <ListView
        android:id="@+id/list2"
        android:layout_width="match_parent"
        android:layout_height="wrap_content"
        android:divider="#0f0"
        android:dividerHeight="1dp"
        android:headerDividersEnabled="false"/>
</LinearLayout>
```

上面的界面布局文件中定义了两个 ListView，但这两个 ListView 都没有指定 android:entries 属性，这意味着它们都需要通过 Adapter 来提供列表项。

接下来 Activity 为两个 ListView 提供了 Adapter，Adapter 决定 ListView 所显示的列表项。程序如下。

程序清单：codes\02\2.5\AdapterViewTest\arrayadaptertest\main\java\org\crazyit\ui\MainActivity.java

```java
public class MainActivity extends Activity
{
    @Override
    protected void onCreate(Bundle savedInstanceState)
    {
        super.onCreate(savedInstanceState);
        setContentView(R.layout.activity_main);
        ListView list1 = findViewById(R.id.list1);
        // 定义一个数组
```

```
        String[] arr1 = new String[]{"孙悟空", "猪八戒", "牛魔王"};
        // 将数组包装为 ArrayAdapter
        ArrayAdapter adapter1 = new ArrayAdapter(this, R.layout.array_item, arr1);
        // 为 ListView 设置 Adapter
        list1.setAdapter(adapter1);
        ListView list2 = findViewById(R.id.list2);
        // 定义一个数组
        String[] arr2 = new String[]{"Java", "Hibernate", "Spring", "Android"};
        // 将数组包装为 ArrayAdapter
        ArrayAdapter adapter2 = new ArrayAdapter(this, R.layout.checked_item, arr2);
        // 为 ListView 设置 Adapter
        list2.setAdapter(adapter2);
    }
}
```

上面程序中的两行粗体字代码创建了两个 ArrayAdapter，在创建 ArrayAdapter 时必须指定如下三个参数。

- Context：这个参数无须多说，它代表了访问整个 Android 应用的接口。几乎创建所有组件都需要传入 Context 对象。
- textViewResourceId：一个资源 ID，该资源 ID 代表一个 TextView，该 TextView 组件将作为 ArrayAdapter 的列表项组件。
- 数组或 List：该数组或 List 将负责为多个列表项提供数据。

从上面的介绍不难看出，在创建 ArrayAdapter 时传入的第二个参数控制每个列表项的组件，第三个参数则负责为列表项提供数据。该数组或 List 包含多少个元素，就将生成多少个列表项，每个列表项都是 TextView 组件，TextView 组件显示的文本由数组或 List 的元素提供。

以上面代码中的第一个 ArrayAdapter 为例，该 ArrayAdapter 对应的数组为{ "孙悟空","猪八戒","牛魔王" }，该数组将会负责生成一个包含三个列表项的 ArrayAdapter，每个列表项的组件外观由 R.layout.array_item 布局文件（该布局文件只是一个 TextView 组件）控制，第一个 TextView 列表项显示的文本为"孙悟空"，第二个 TextView 列表项显示的文本为"猪八戒"……

上面程序中的 R.layout.array_item 布局文件如下。

程序清单：codes\02\2.5\AdapterViewTest\arrayadaptertest\src\main\res\layout\array_item.xml

```xml
<?xml version="1.0" encoding="utf-8"?>
<TextView
    xmlns:android="http://schemas.android.com/apk/res/android"
    android:id="@+id/TextView"
    android:layout_width="match_parent"
    android:layout_height="wrap_content"
    android:textSize="24dp"
    android:padding="5dp"
    android:shadowColor="#f0f"
    android:shadowDx="4"
    android:shadowDy="4"
    android:shadowRadius="2"/>
```

上面程序中的 R.layout.checked_item 布局文件与上面的布局文件类似，具体可以参考本书配套资源中的代码。

运行上面的程序，将可以看到如图 2.38 所示的效果。

如果程序的窗口仅仅需要显示一个列表，则可以直接让 Activity 继承 ListActivity 来实现，ListActivity 的子类无须调用 setContentView()方法来显示某个界面，而是可以直接传入一个内容 Adapter，ListActivity 的子类就呈现出一个列表。

图 2.38　使用 ArrayAdatper 创建 ListView

ListActivity 不需要界面布局文件——相当于它的布局文件中只有一个 ListView，因此只要为 ListActivity 设置 Adapter 即可。

> **提示:**
> ListActivity 的默认布局是由一个位于屏幕中心的列表组成的。关于 ListActivity 的示例，请读者参考本书配套资源中 codes\02\2.5\AdapterViewTest 下的 listactivitytest 模块。

实例：使用 SimpleAdapter 创建 ListView

通过 ArrayAdapter 实现 Adapter 虽然简单、易用，但 ArrayAdapter 的功能比较有限，它的每个列表项只能是 TextView。如果开发者需要实现更复杂的列表项，则可以考虑使用 SimpleAdapter。

不要被 SimpleAdapter 的名字欺骗了，SimpleAdapter 并不简单，而且它的功能非常强大。ListView 的大部分应用场景，都可以通过 SimpleAdapter 来提供列表项。

下面先定义界面布局文件。

程序清单：codes\02\2.5\AdapterViewTest\simpleadaptertest\src\main\res\layout\activity_main.xml

```xml
<?xml version="1.0" encoding="utf-8"?>
<LinearLayout xmlns:android="http://schemas.android.com/apk/res/android"
    android:orientation="horizontal"
    android:layout_width="match_parent"
    android:layout_height="wrap_content">
    <!-- 定义一个 ListView -->
    <ListView android:id="@+id/mylist"
        android:layout_width="match_parent"
        android:layout_height="wrap_content"/>
</LinearLayout>
```

上面的界面布局文件中仅定义了一个 ListView，该 ListView 将会显示由 SimpleAdatper 提供的列表项。

下面是 Activity 代码。

程序清单：codes\02\2.5\AdapterViewTest\simpleadaptertest\src\main\java\org\crazyit\ui\MainActivity.java

```java
public class MainActivity extends Activity
{
    private String[] names = new String[]{"虎头", "弄玉", "李清照", "李白"};
    private String[] descs = new String[]{"可爱的小孩", "一个擅长音乐的女孩",
        "一个擅长文学的女性", "浪漫主义诗人"};
    private int[] imageIds = new int[]{R.drawable.tiger,
        R.drawable.nongyu, R.drawable.qingzhao, R.drawable.libai};
    @Override
    protected void onCreate(Bundle savedInstanceState)
    {
        super.onCreate(savedInstanceState);
        setContentView(R.layout.activity_main);
        // 创建一个 List 集合, List 集合的元素是 Map
        List<Map<String, Object>> listItems = new ArrayList<>();
        for (int i = 0; i < names.length; i++)
        {
            Map<String, Object> listItem = new HashMap<>();
            listItem.put("header", imageIds[i]);
            listItem.put("personName", names[i]);
            listItem.put("desc", descs[i]);
            listItems.add(listItem);
        }
        // 创建一个 SimpleAdapter
        SimpleAdapter simpleAdapter = new SimpleAdapter(this, listItems,
```

```
                R.layout.simple_item, new String[]{"personName", "header", "desc"},
                new int[]{R.id.name, R.id.header, R.id.desc});
        ListView list = findViewById(R.id.mylist);
        // 为 ListView 设置 Adapter
        list.setAdapter(simpleAdapter);
    }
}
```

上面程序的关键在于粗体字代码，粗体字代码创建了一个 SimpleAdapter。使用 SimpleAdapter 的最大难点在于创建 SimpleAdapter 对象，它需要 5 个参数，其中后面 4 个参数十分关键。

➤ 第 2 个参数：该参数应该是一个 List<? extends Map<String, ?>>类型的集合对象，该集合中每个 Map<String, ?>对象生成一个列表项。
➤ 第 3 个参数：该参数指定一个界面布局的 ID。例如，此处指定了 R.layout.simple_item，这意味着使用\layout\simple_item.xml 文件作为列表项组件。
➤ 第 4 个参数：该参数应该是一个 String[]类型的参数，该参数决定提取 Map<String, ?>对象中哪些 key 对应的 value 来生成列表项。
➤ 第 5 个参数：该参数应该是一个 int[]类型的参数，该参数决定填充哪些组件。

从上面的程序看，listItems 是一个长度为 4 的集合，这意味着它生成的 ListView 将会包含 4 个列表项，每个列表项都是 R.layout.simple_item 对应的组件（也就是一个 LinearLayout 组件）。LinearLayout 中包含了 3 个组件：ID 为 R.id.header 的 ImageView 组件、ID 为 R.id.name 和 R.id.desc 的 TextView 组件，这些组件的内容由 listItems 集合提供。

R.layout.simple_item 对应的布局文件代码如下。

程序清单：codes\02\2.5\AdapterView\simpleadaptertest\src\main\res\layout\simple_item.xml

```xml
<?xml version="1.0" encoding="utf-8"?>
<LinearLayout xmlns:android="http://schemas.android.com/apk/res/android"
    android:orientation="horizontal"
    android:layout_width="match_parent"
    android:layout_height="wrap_content">
    <!-- 定义一个 ImageView，用于作为列表项的一部分-->
    <ImageView
        android:id="@+id/header"
        android:layout_width="wrap_content"
        android:layout_height="wrap_content"
        android:paddingLeft="10dp" />
    <LinearLayout
        android:layout_width="match_parent"
        android:layout_height="wrap_content"
        android:orientation="vertical">
        <!-- 定义一个 TextView，用于作为列表项的一部分-->
        <TextView
            android:id="@+id/name"
            android:layout_width="wrap_content"
            android:layout_height="wrap_content"
            android:paddingLeft="10dp"
            android:textColor="#f0f"
            android:textSize="20dp" />
        <!-- 定义一个 TextView，用于作为列表项的一部分-->
        <TextView
            android:id="@+id/desc"
            android:layout_width="wrap_content"
            android:layout_height="wrap_content"
            android:paddingLeft="10dp"
            android:textSize="14dp" />
    </LinearLayout>
</LinearLayout>
```

举例来说，上面 SimpleAdapter 将会生成 4 个列表项，其中第一个列表项组件是一个

LinearLayout 组件，第一个列表项的数据是{"personName"="虎头", "header"=R.id.tiger, "desc"="可爱的小孩"}Map 集合。创建 SimpleAdapter 时第 5 个参数、第 4 个参数指定使用 ID 为 R.id.name 组件显示 personName 对应的值，使用 ID 为 R.id.header 组件显示 header 对应的值，使用 ID 为 R.id.desc 的组件显示 desc 对应的值，这样第一个列表项组件所包含的三个组件都有了显示内容。后面的每个列表项依此类推。

运行上面的程序，将看到如图 2.39 所示的界面。

SimpleAdapter 同样可作为 ListActivity 的内容 Adapter，这样可以让用户方便地定制 ListActivity 所显示的列表项。

如果需要监听用户单击、选中某个列表项的事件，则可以通过 AdapterView 的 setOnItemClickListener() 方法为单击事件添加监听器，或者通过 setOnItemSelectedListener()方法为列表项的选中事件添加监听器。

图 2.39　使用 SimpleAdapter 创建 ListView

例如，可以在上面的 Activity 中通过如下代码为 ListView 绑定事件监听器。

程序清单：codes\02\2.5\AdapterViewTest\simpleadaptertest\src\main\java\org\crazyit\ui\MainActivity.java

```
// 为 ListView 的列表项的单击事件绑定事件监听器
list.setOnItemClickListener((parent, view, position, id) -> {
    Log.i("-CRAZYIT-", names[position] + "被单击了");
});
// 为 ListView 的列表项的选中事件绑定事件监听器
list.setOnItemSelectedListener(new AdapterView.OnItemSelectedListener()
{
    @Override
    public void onItemSelected(AdapterView<?> parent, View view, int position, long id)
    {
        Log.i("-CRAZYIT-", names[position] + "被选中了");
    }
    @Override
    public void onNothingSelected(AdapterView<?> parent)
    {
    }
});
```

再次运行上面程序，如果单击列表项或选中列表项，将可以看到在 Logcat 控制台中有如图 2.40 所示的输出。

图 2.40　ListView 的事件监听

上面的程序为 ListView 的列表项单击事件、列表项选中事件绑定了事件监听器，但事件监听器只是简单地在 Logcat 控制台输出一行内容。在实际项目中我们可以在事件处理方法中做"任何"事情。不仅如此，上面绑定事件监听器的 setOnItemClickListener、setOnItemSelectedListener 方法都来自 AdapterView，因此这种事件处理机制完全适用于 AdapterView 的其他子类。

▶▶ 2.5.2　自动完成文本框（AutoCompleteTextView）的功能与用法

自动完成文本框（AutoCompleteTextView）从 EditText 派生而出，实际上它也是一个文本编辑框，但它比普通编辑框多了一个功能：当用户输入一定字符之后，自动完成文本框会显示一个下拉菜单，供用户从中选择，当用户选择某个菜单项之后，AutoCompleteTextView 按用户选择自动填写该文本框。

AutoCompleteTextView 除可使用 EditText 提供的 XML 属性和方法之外，还支持如表 2.14 所示的常用 XML 属性及相关方法。

表 2.14 AutoCompleteTextView 支持的常用 XML 属性及相关方法

XML 属性	相关方法	说明
android:completionHint	setCompletionHint(CharSequence)	设置下拉菜单中的提示标题
android:completionHintView		设置下拉菜单中提示标题的视图
android:completionThreshold	setThreshold(int)	设置用户至少输入几个字符才会显示提示
android:dropDownAnchor	setDropDownAnchor(int)	设置下拉菜单的定位"锚点"组件，如果没有指定该属性，将使用该 TextView 本身作为定位"锚点"组件
android:dropDownHeight	setDropDownHeight(int)	设置下拉菜单的高度
android:dropDownHorizontalOffset		设置下拉菜单与文本框之间的水平偏移。下拉菜单默认与文本框左对齐
android:dropDownVerticalOffset		设置下拉菜单与文本框之间的垂直偏移。下拉菜单默认紧跟文本框
android:dropDownWidth	setDropDownWidth(int)	设置下拉菜单的宽度
android:popupBackground	setDropDownBackgroundResource(int)	设置下拉菜单的背景

使用 AutoCompleteTextView 很简单，只要为它设置一个 Adapter 即可，该 Adapter 封装了 AutoCompleteTextView 预设的提示文本。

AutoCompleteTextView 还派生了一个子类：MultiAutoCompleteTextView，该子类的功能与 AutoCompleteTextView 基本相似，只是 MultiAutoCompleteTextView 允许输入多个提示项，多个提示项以分隔符分隔。MultiAutoCompleteTextView 提供了 setTokenizer()方法来设置分隔符。

下面的界面布局文件中包含了 AutoCompleteTextView 和 MultiAutoCompleteTextView。

程序清单：codes\02\2.5\AdapterViewTest\autocompletetextviewtest\src\main\res\layout\activity_main.xml

```xml
<?xml version="1.0" encoding="utf-8"?>
<LinearLayout xmlns:android="http://schemas.android.com/apk/res/android"
    android:orientation="vertical"
    android:layout_width="match_parent"
    android:layout_height="match_parent">
    <!-- 定义一个自动完成文本框，
        指定输入一个字符后进行提示 -->
    <AutoCompleteTextView
        android:id="@+id/auto"
        android:layout_width="match_parent"
        android:layout_height="wrap_content"
        android:completionHint="请选择您喜欢的图书："
        android:dropDownHorizontalOffset="10dp"
        android:completionThreshold="1"/>
    <!-- 定义一个 MultiAutoCompleteTextView 组件 -->
    <MultiAutoCompleteTextView
        android:id="@+id/mauto"
        android:layout_width="match_parent"
        android:layout_height="wrap_content"
        android:completionThreshold="1"/>
</LinearLayout>
```

上面的界面布局文件中定义了 AutoCompleteTextView 和 MultiAutoCompleteTextView，接下来

在程序中为它们绑定同一个 Adapter，这意味着两个自动完成文本框的提示项完全相同，只是它们的表现行为略有差异。

Adapter 负责为它提供提示文本。主程序如下。

程序清单：codes\02\2.5\AdapterViewTest\autocompletetextviewtest\
src\main\java\org\crazyit\ui\MainActivity.java

```java
public class MainActivity extends Activity
{
    // 定义字符串数组，作为提示文本
    private String[] books = new String[]{"疯狂 Java 讲义", "疯狂前端开发讲义",
        "疯狂 XML 讲义", "疯狂 Workflow 讲义"};
    @Override
    protected void onCreate(Bundle savedInstanceState)
    {
        super.onCreate(savedInstanceState);
        setContentView(R.layout.activity_main);
        // 创建一个 ArrayAdapter，封装数组
        ArrayAdapter aa = new ArrayAdapter(this,
                android.R.layout.simple_dropdown_item_1line, books);
        AutoCompleteTextView actv = findViewById(R.id.auto);
        // 设置 Adapter
        actv.setAdapter(aa);
        MultiAutoCompleteTextView mauto = findViewById(R.id.mauto);
        // 设置 Adapter
        mauto.setAdapter(aa);
        // 为 MultiAutoCompleteTextView 设置分隔符
        mauto.setTokenizer(new MultiAutoCompleteTextView.CommaTokenizer());
    }
}
```

上面程序中的粗体字代码负责为 AutoCompleteTextView、MultiAutoCompleteTextView 设置同一个 Adapter，并为 MultiAutoCompleteTextView 设置了分隔符。

运行上面的程序，将看到如图 2.41 所示的界面。

图 2.41　自动完成文本框

▶▶ 2.5.3　可展开的列表组件（ExpandableListView）

ExpandableListView 是 ListView 的子类，它在普通 ListView 的基础上进行了扩展，它把应用中的列表项分为几组，每组里又可包含多个列表项。

ExpandableListView 的用法与普通 ListView 的用法非常相似，只是 ExpandableListView 所显示的列表项应该由 ExpandableListAdapter 提供。ExpandableListAdapter 也是一个接口，该接口下提供的类继承关系如图 2.42 所示。

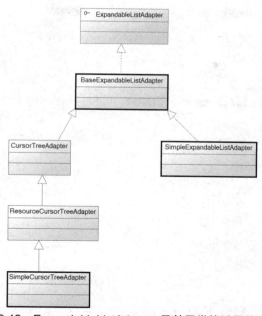

图 2.42　ExpandableListAdapter 及其子类的继承关系图

与 Adapter 类似的是，实现 ExpandableListAdapter 也有如下三种常用方式。
➢ 扩展 BaseExpandableListAdapter 实现 ExpandableListAdapter。
➢ 使用 SimpleExpandableListAdapter 将两个 List 集合包装成 ExpandableListAdapter。
➢ 使用 SimpleCursorTreeAdapter 将 Cursor 中的数据包装成 SimpleCursorTreeAdapter。
表 2.15 显示了 ExpandableListView 额外支持的常用 XML 属性。

表 2.15　ExpandableListView 额外支持的常用 XML 属性

XML 属性	说明
android:childDivider	指定各组内各子列表项之间的分隔条
android:childIndicator	显示在子列表项旁边的 Drawable 对象
android:childIndicatorEnd	设置每个子列表项的结束边界符，该属性为任意长度值
android:childIndicatorLeft	设置每个子列表项的左边界符，该属性为任意长度值
android:childIndicatorRight	设置每个子列表项的右边界符，该属性为任意长度值
android:childIndicatorStart	设置每个子列表项的起始边界符，该属性为任意长度值
android:groupIndicator	显示在组列表项旁边的 Drawable 对象
android:indicatorEnd	设置每个组列表项的结束边界符，该属性为任意长度值
android:indicatorLeft	设置每个组列表项的左边界符，该属性为任意长度值
android:indicatorRight	设置每个组列表项的右边界符，该属性为任意长度值
android:indicatorStart	设置每个组列表项的起始边界符，该属性为任意长度值

下面的程序示范了如何通过自定义 ExpandableListAdapter 为 ExpandableListView 提供列表项。该程序的界面布局文件非常简单，只是在 LinearLayout 内定义了一个 ExpandableListView，因此此处不再给出。

程序清单：codes\02\2.5\AdapterViewTest\expandablelistviewtest\src\main\java\org\crazyit\ui\MainActivity.java

```
public class MainActivity extends Activity
```

```java
{
    @Override
    protected void onCreate(Bundle savedInstanceState)
    {
        super.onCreate(savedInstanceState);
        setContentView(R.layout.activity_main);
        // 创建一个 BaseExpandableListAdapter 对象
        BaseExpandableListAdapter adapter = new BaseExpandableListAdapter()
        {
            int[] logos = new int[]{R.drawable.p, R.drawable.z, R.drawable.t};
            String[] armTypes = new String[]{"神族兵种", "虫族兵种", "人族兵种"};
            String[][] arms = new String[][]{
                    new String[]{"狂战士", "龙骑士", "黑暗圣堂", "电兵"},
                    new String[]{"小狗", "刺蛇", "飞龙", "自爆飞机"},
                    new String[]{"机枪兵", "护士MM", "幽灵"}};
            @Override
            public int getGroupCount()
            {
                return armTypes.length;
            }
            @Override
            public int getChildrenCount(int groupPosition)
            {
                return arms[groupPosition].length;
            }
            // 获取指定组位置处的组数据
            @Override
            public Object getGroup(int groupPosition)
            {
                return armTypes[groupPosition];
            }
            // 获取指定组位置、指定子列表项处的子列表项数据
            @Override
            public Object getChild(int groupPosition, int childPosition)
            {
                return arms[groupPosition][childPosition];
            }
            @Override
            public long getGroupId(int groupPosition)
            {
                return groupPosition;
            }
            @Override
            public long getChildId(int groupPosition, int childPosition)
            {
                return childPosition;
            }
            @Override
            public boolean hasStableIds()
            {
                return true;
            }
            // 该方法决定每个组选项的外观
            @Override
            public View getGroupView(int groupPosition, boolean isExpanded,
                View convertView, ViewGroup parent)
            {
                LinearLayout ll;
                ViewHolder viewHolder;
                if (convertView == null) {
                    ll = new LinearLayout(MainActivity.this);
                    ll.setOrientation(LinearLayout.HORIZONTAL);
                    ImageView logo = new ImageView(MainActivity.this);
                    ll.addView(logo);
```

```java
            TextView textView = this.getTextView();
            ll.addView(textView);
            viewHolder = new ViewHolder(logo, textView);
            ll.setTag(viewHolder);
        } else {
            ll = (LinearLayout) convertView;
            viewHolder = (ViewHolder) ll.getTag();
        }
        viewHolder.imageView.setImageResource(logos[groupPosition]); // ①
        viewHolder.textView.setText(getGroup(groupPosition).toString()); // ②
        return ll;
    }
    // 该方法决定每个子选项的外观
    @Override
    public View getChildView(int groupPosition, int childPosition,
        boolean isLastChild, View convertView, ViewGroup parent)
    {
        TextView textView;
        if (convertView == null) {
            textView = this.getTextView();
        } else {
            textView = (TextView) convertView;
        }
        textView.setText(getChild(groupPosition, childPosition).toString());// ③
        return textView;
    }
    @Override
    public boolean isChildSelectable(int groupPosition, int childPosition)
    {
        return true;
    }
    private TextView getTextView()
    {
        TextView textView = new TextView(MainActivity.this);
        AbsListView.LayoutParams lp = new AbsListView.LayoutParams(
            ViewGroup.LayoutParams.MATCH_PARENT,
            ViewGroup.LayoutParams.WRAP_CONTENT);
        textView.setLayoutParams(lp);
        textView.setGravity(Gravity.CENTER_VERTICAL | Gravity.START);
        textView.setPadding(36, 10, 0, 10);
        textView.setTextSize(20f);
        return textView;
    }
};
ExpandableListView expandListView = findViewById(R.id.list);
expandListView.setAdapter(adapter);
}
class ViewHolder{
    ImageView imageView;
    TextView textView;
    public ViewHolder(ImageView imageView, TextView textView)
    {
        this.imageView = imageView;
        this.textView = textView;
    }
}
}
```

上面程序的关键代码就是扩展 BaseExpandableListAdapter 来实现 ExpandableListAdapter, 当扩展 BaseExpandableListAdapter 时, 关键是实现如下 4 个方法。

- getGroupCount(): 该方法返回包含的组列表项的数量。
- getGroupView(): 该方法返回的 View 对象将作为组列表项。

➢ getChildrenCount()：该方法返回特定组所包含的子列表项的数量。
➢ getChildView()：该方法返回的 View 对象将作为特定组、特定位置的子列表项。

上面程序中的 getChildView() 方法返回了一个普通 TextView，因为每个子列表项都是一个普通文本框。而 getGroupView() 方法则返回了一个 LinearLayout 对象，该 LinearLayout 对象里包含一个 ImageView 和一个 TextView。因此，每个组列表项都由图片和文本组成。

getChildView() 和 getGroupView() 方法的功能相似，区别只是 getGroupView() 方法的返回值代表每个组的组件，而 getChildView() 方法的返回值代表组内各列表项的组件。Android 系统会缓存 getChildView()、getGroupView() 方法返回的部分组件：当用户滚动列表时，有些组、列表项会"滚"进屏幕内，Android 优先考虑缓存它们（只是缓存组件本身，并不缓存组件所显示的数据）；但是当系统内存紧张时，Android 也可能会回收它们。

为了优化 getChildView() 和 getGroupView() 方法的性能，程序在这两个方法中首先判断 convertView 参数是否为 null，该参数代表 Andrioid 系统所缓存的组或列表项组件，只有当 convertView 组件为 null 时，程序才重新创建组或列表项组件。不管是使用缓存的组或列表项组件，还是使用重新创建的组或列表项组件，程序都需要重新设置这些组件所显示的数据（Android 并不缓存组件所显示的数据），如上面程序中 getGroupView() 方法内的①、②号代码和 getChildView() 方法内的③号代码所示。

如果 getChildView() 或 getGroupView() 方法的 convertView 组件内包含多个需要设置显示数据的子组件，为了更高效地访问这些子组件，程序应该提供一个 ViewHolder 来管理这些子组件，如上面程序中 getGroupView() 方法内的 ViewHolder 所示。

运行上面的程序，将看到如图 2.43 所示的界面。

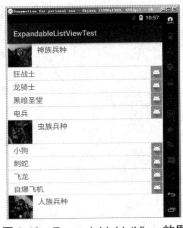

图 2.43　ExpandableListView 效果

▶▶ 2.5.4　Spinner 的功能与用法

Spinner 组件与 Swing 编程中的 Spinner 不同，此处的 Spinner 其实就是一个列表选择框。不过 Android 的列表选择框并不直接显示下拉列表，而是弹出（下拉）一个菜单供用户选择。

Spinner 与 Gallery 都继承了 AbsSpinner，AbsSpinner 继承了 AdapterView，因此它也表现出 AdapterView 的特征：只要为 AdapterView 提供 Adapter 即可。

Spinner 支持的常用 XML 属性及相关方法如表 2.16 所示。

表 2.16　Spinner 支持的常用 XML 属性及相关方法

XML 属性	相关方法	说明
android:dropDownHorizontalOffset	setDropDownHorizontalOffset(int)	设置下拉列表选择框的水平偏移距
android:dropDownSelector		设置 dropdown 模式的 Spinner 的下拉列表选择框的选择器，该属性既可是一个颜色值，也可是一个布局资源 ID
android:dropDownVerticalOffset	setDropDownVerticalOffset(int)	设置下拉列表选择框的垂直偏移距
android:dropDownWidth	setDropDownWidth(int)	设置下拉列表选择框的宽度
android:gravity	setGravity(int)	设置当前选中项的定位的对齐方式
android:popupBackground	android:popupBackground	设置下拉列表选择框的背景色
android:prompt		设置该 Spinner 的提示信息

续表

XML 属性	相关方法	说明
android:spinnerMode		设置该 Spinner 显示列表的方式，该属性支持两个值：dialog（弹出）和 dropdown（下拉）

> 提示：虽然 Spinner 本身没有 android:entries 属性，但由于在 AbsSpinner 中定义了该属性，因此 Spinner（继承了 AbsSpinner）也支持该 XML 属性。

Spinner 与 ListView 的用法基本相同，都是既可在界面布局文件中指定 android:entries 属性，也可通过 Adapter 为 Spinner 提供列表项，区别只是 Spinner 可以以弹出或下拉方式显示列表选择框。由于 Spinner 与 ListView 的用法很相似，故此处不再深入介绍，读者可以参考本书配套资源中 AdapterViewTest 项目下的 spinnertest 模块学习该组件的用法。

Gallery 与 Spinner 组件有共同的父类：AbsSpinner，表明 Gallery 和 Spinner 都是一个列表选择框。它们之间的区别在于：Spinner 显示的是一个垂直的列表选择框；而 Gallery 显示的是一个水平的列表选择框。Gallery 与 Spinner 还有一个区别：Spinner 的作用是供用户选择；而 Gallery 则允许用户通过拖动来查看上一个、下一个列表项。

Gallery 本身的用法非常简单——基本上与 Spinner 的用法相似，只要为它提供一个内容 Adapter 即可，该 Adapter 的 getView()方法所返回的 View 将作为 Gallery 列表的列表项。如果程序需要监控 Gallery 选择项的改变，则通过为 Gallery 添加 OnItemSelectedListener 监听器即可实现。

> 注意：Android 已经不再推荐使用 Gallery 组件，而是推荐使用其他水平滚动组件如 HorizontalScrollView 和 ViewPager 来代替 Gallery 组件。故本书不再详细介绍该界面组件的用法。

▶▶ 2.5.5 AdapterViewFlipper 的功能与用法

AdapterViewFilpper 继承了 AdapterViewAnimator，它也会显示 Adapter 提供的多个 View 组件，但它每次只能显示一个 View 组件，程序可通过 showPrevious()和 showNext()方法控制该组件显示上一个、下一个组件。

AdapterViewFilpper 可以在多个 View 切换过程中使用渐隐渐显的动画效果。除此之外，还可以调用该组件的 startFlipping()控制它"自动播放"下一个 View 组件。

AdapterViewAnimator 支持的 XML 属性如表 2.17 所示。

表 2.17　AdapterViewAnimator 支持的 XML 属性

XML 属性	说明
android:animateFirstView	设置显示该组件的第一个 View 时是否使用动画
android:inAnimation	设置组件显示时使用的动画
android:loopViews	设置循环到最后一个组件后是否自动"转头"到第一个组件
android:outAnimation	设置组件隐藏时使用的动画

AdapterViewFilpper 额外支持的 XML 属性及相关方法如表 2.18 所示。

表 2.18 AdapterViewFilpper 额外支持的 XML 属性及相关方法

XML 属性	相关方法	说明
android:autoStart	startFlipping()	设置显示该组件是否自动播放
android:flipInterval	setFlipInterval(int)	设置自动播放的时间间隔

实例：自动播放的图片库

本实例示范了如何使用 AdapterViewFlipper 开发自动播放的图片库。该实例的界面上除包含一个 AdapterViewFilpper 之外，还包含三个按钮，用于控制显示上一个、下一个图片和自动播放。为了控制 AdapterViewFilpper 要显示的多个列表项，程序为 AdapterViewFilpper 设置一个 Adapter 即可。

下面是该实例的 XML 布局文件。

程序清单：codes\02\2.5\AdapterViewTest\adapterviewflippertest\src\main\res\layout\activity_main.xml

```xml
<?xml version="1.0" encoding="utf-8"?>
<android.support.constraint.ConstraintLayout
    xmlns:android="http://schemas.android.com/apk/res/android"
    xmlns:app="http://schemas.android.com/apk/res-auto"
    xmlns:tools="http://schemas.android.com/tools"
    android:layout_width="match_parent"
    android:layout_height="match_parent"
    tools:context=".MainActivity">
    <AdapterViewFlipper
        android:id="@+id/flipper"
        android:layout_width="match_parent"
        android:layout_height="match_parent"
        android:layout_alignParentTop="true"
        android:flipInterval="5000" />
    <Button
        android:id="@+id/button"
        android:layout_width="wrap_content"
        android:layout_height="wrap_content"
        android:layout_marginStart="8dp"
        android:layout_marginBottom="8dp"
        android:onClick="prev"
        android:text="上一个"
        app:layout_constraintBottom_toBottomOf="parent"
        app:layout_constraintStart_toStartOf="parent" />
    <Button
        android:id="@+id/button2"
        android:layout_width="wrap_content"
        android:layout_height="wrap_content"
        android:layout_marginBottom="8dp"
        android:onClick="next"
        android:text="下一个"
        app:layout_constraintBottom_toBottomOf="parent"
        app:layout_constraintEnd_toStartOf="@+id/guideline"
        app:layout_constraintStart_toStartOf="@+id/guideline" />
    <Button
        android:id="@+id/button4"
        android:layout_width="wrap_content"
        android:layout_height="wrap_content"
        android:layout_marginEnd="8dp"
        android:layout_marginBottom="8dp"
        android:onClick="auto"
        android:text="自动播放"
        app:layout_constraintBottom_toBottomOf="parent"
        app:layout_constraintEnd_toEndOf="parent" />
```

```xml
<android.support.constraint.Guideline
    android:id="@+id/guideline"
    android:layout_width="wrap_content"
    android:layout_height="wrap_content"
    android:orientation="vertical"
    app:layout_constraintGuide_percent="0.5" />
</android.support.constraint.ConstraintLayout>
```

上面的粗体字代码定义了一个 AdapterViewFlipper 组件,并为三个按钮指定了事件处理方法。该实例的 Activity 会采用扩展 BaseAdapter 的方式来实现自己的 Adapter,并为 AdapterViewFlipper 组件设置 Adapter。下面是该 Activity 的代码。

程序清单:codes\02\2.5\AdapterViewTest\adapterviewflippertest\src\main\java\org\crazyit\ui\MainActivity.java

```java
public class MainActivity extends Activity
{
    private int[] imageIds = new int[]{R.drawable.shuangzi, R.drawable.shuangyu,
        R.drawable.chunv, R.drawable.tiancheng, R.drawable.tianxie,
        R.drawable.sheshou, R.drawable.juxie, R.drawable.shuiping,
        R.drawable.shizi, R.drawable.baiyang, R.drawable.jinniu, R.drawable.mojie};
    private AdapterViewFlipper flipper;
    @Override
    protected void onCreate(Bundle savedInstanceState)
    {
        super.onCreate(savedInstanceState);
        setContentView(R.layout.activity_main);
        flipper = findViewById(R.id.flipper);
        // 创建一个 BaseAdapter 对象,该对象负责提供 AdapterViewFlipperTest 所显示的列表项
        BaseAdapter adapter = new BaseAdapter()
        {
            @Override
            public int getCount()
            {
                return imageIds.length;
            }
            @Override
            public Object getItem(int position)
            {
                return position;
            }
            @Override
            public long getItemId(int position)
            {
                return position;
            }
            // 该方法返回的 View 代表了每个列表项
            @Override
            public View getView(int position, View convertView, ViewGroup parent)
            {
                ImageView imageView;
                if (convertView == null) {
                    // 创建一个 ImageView
                    imageView = new ImageView(MainActivity.this);
                } else {
                    imageView = (ImageView) convertView;
                }
                imageView.setImageResource(imageIds[position]);
                // 设置 ImageView 的缩放类型
                imageView.setScaleType(ImageView.ScaleType.FIT_XY);
                // 为 imageView 设置布局参数
                imageView.setLayoutParams(new ViewGroup.LayoutParams(
                    ViewGroup.LayoutParams.MATCH_PARENT,
                    ViewGroup.LayoutParams.MATCH_PARENT));
                return imageView;
```

```
            }
        };
        flipper.setAdapter(adapter);
    }
    public void prev(View source)
    {
        // 显示上一个组件
        flipper.showPrevious();
        // 停止自动播放
        flipper.stopFlipping();
    }
    public void next(View source)
    {
        // 显示下一个组件。
        flipper.showNext();
        // 停止自动播放
        flipper.stopFlipping();
    }
    public void auto(View source)
    {
        // 开始自动播放
        flipper.startFlipping();
    }
}
```

上面程序中的粗体字代码调用了 AdapterViewFlipper 的 showPrevious()、showNext()方法来控制该组件显示上一个、下一个组件，并调用了 startFlipping()方法控制自动播放。

运行该程序，可以看到如图 2.44 所示的界面。

图 2.44　使用 AdapterViewFlipper 实现自动播放图片

在图 2.44 中单击"自动播放"按钮，将可以看到 AdapterViewFlipper 每隔 5 秒更换一个图片，切换图片时会使用渐隐渐显效果。

▶▶ 2.5.6　StackView 的功能与用法

StackView 也是 AdapterViewAnimator 的子类，它也用于显示 Adapter 提供的一系列 View。StackView 将会以"堆叠（Stack）"的方式来显示多个列表项。

为了控制 StackView 显示的 View 组件,StackView 提供了如下两种控制方式。
- 拖走 StackView 中处于顶端的 View,下一个 View 将会显示出来。将上一个 View 拖进 StackView,将使之显示出来。
- 通过调用 StackView 的 showNext()、showPrevious()控制显示下一个、上一个组件。

下面的实例示范了 StackView 的功能与用法。

实例:叠在一起的图片

该实例会使用 StackView 将照片叠在一起,并允许用户通过拖动或单击按钮来显示上一个、下一个图片。该实例的布局文件如下。

程序清单:codes\02\2.5\AdapterViewTest\stackviewtest\src\main\res\layout\activity_main.xml

```xml
<?xml version="1.0" encoding="utf-8"?>
<LinearLayout
    xmlns:android="http://schemas.android.com/apk/res/android"
    android:orientation="horizontal"
    android:layout_width="match_parent"
    android:layout_height="match_parent">
    <StackView
        android:id="@+id/mStackView"
        android:layout_width="match_parent"
        android:layout_height="wrap_content"
        android:loopViews="true" />
    <LinearLayout
        android:orientation="horizontal"
        android:layout_width="wrap_content"
        android:layout_height="wrap_content">
        <Button
            android:layout_width="wrap_content"
            android:layout_height="wrap_content"
            android:text="上一个"
            android:onClick="prev"/>
        <Button
            android:layout_width="wrap_content"
            android:layout_height="wrap_content"
            android:text="下一个"
            android:onClick="next"/>
    </LinearLayout>
</LinearLayout>
```

上面的布局文件中定义了一个 StackView 组件,该 StackView 将会以"叠"的方式显示多个 View 组件。与所有 AdapterView 类似的是,只要为 StackView 设置 Adapter 即可。

下面 Activity 将会创建一个 SimpleAdapte 作为 StackView 的 Adapter,并为布局文件中的两个按钮的 onClick 事件提供处理方法。下面是该 Activity 的代码。

程序清单:codes\02\2.5\AdapterViewTest\stackviewtest\src\main\java\org\crazyit\ui\MainActivity.java

```java
public class MainActivity extends Activity
{
    private StackView stackView;
    private int[] imageIds = new int[]{R.drawable.bomb5, R.drawable.bomb6,
            R.drawable.bomb7, R.drawable.bomb8, R.drawable.bomb9,
            R.drawable.bomb10, R.drawable.bomb11, R.drawable.bomb12,
            R.drawable.bomb13, R.drawable.bomb14, R.drawable.bomb15,
            R.drawable.bomb16};
    @Override
    protected void onCreate(Bundle savedInstanceState)
    {
        super.onCreate(savedInstanceState);
        setContentView(R.layout.activity_main);
```

```
        stackView = findViewById(R.id.mStackView);
        // 创建一个List对象，List对象的元素是Map
        List<Map<String, Object>> listItems = new ArrayList<>();
        for (int i = 0; i < imageIds.length; i++)
        {
            Map<String, Object> listItem = new HashMap<>();
            listItem.put("image", imageIds[i]);
            listItems.add(listItem);
        }
        // 创建一个SimpleAdapter
        SimpleAdapter simpleAdapter = new SimpleAdapter(this, listItems,
                R.layout.cell, /* /layout/cell.xml 文件作为单元格布局 */
                new String[]{"image"}, new int[]{R.id.image1});
        stackView.setAdapter(simpleAdapter);
    }
    public void prev(View view)
    {
        // 显示上一个组件
        stackView.showPrevious();
    }
    public void next(View view)
    {
        // 显示下一个组件
        stackView.showNext();
    }
}
```

上面的 Activity 代码中粗体字代码创建了一个 SimpleAdapter，并将这个 SimpleAdapter 设置为该 StackView 的 Adapter，这样该 StackView 将会显示该 SimpleAdapter 包含的一系列 View 组件。

运行该程序，并拖动 ViewStack 顶端的 View 组件，将可以看到如图 2.45 示的效果。

图 2.45 中下方的图片是正在被拖动的图片，这个图片显示的"动画"效果正是 StackView 支持的效果。

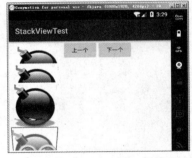

图 2.45 StackView 示例效果

▶▶ 2.5.7 优秀的 RecyclerView 组件

正如前面讲解 BaseExpandableListAdapter 示例时所介绍的，开发者在编写该类的子类时，必须对 getChildView()、getGroupView()方法进行性能优化；否则，ListView 运行时可能不太流畅。但这种优化在很大程度上依赖于开发者本人的技巧，这对普通开发者而言是一种挑战。

此外，ListView 使用起来缺乏一定的灵活性（ListView 通常不支持水平滚动），因此 Android 提供了 RecyclerView 来代替 ListView。

> **提示：**
> ListView、GridView 在 AS 中被归入 legacy（遗产）分类下，该分类下的组件都是 Android 早期使用、现已不再推荐使用的组件。

RecyclerView 的用法与 ListView 相似，同样使用 Adapter 来生成列表项，只不过 RecyclerView 需要使用改进的 RecyclerView.Adapter，改进后 RecyclerView.Adapter 只要实现三个方法。

- onCreateViewHolder(ViewGroup viewGroup, int i)：该方法用于创建列表项组件。使用该方法所创建的组件会被自动缓存。
- onBindViewHolder(ViewHolder viewHolder, int i)：该方法负责为列表项组件绑定数据，每次组件重新显示出来时都会重新执行该方法。

➢ getItemCount()：该方法的返回值决定包含多少个列表项。

从这三个方法的介绍可以看出，改进后 RecyclerView.Adapter 相当于把 getGroupView()或 getItemView()分解成两个方法，其中 convertView（代表被缓存的组件）为 null 时的代码交给 onCreateViewHolder 方法实现；为 convertView 内的所有子组件绑定数据的代码交给 onBindViewHolder 方法实现。而且该 Adapter 强制使用 ViewHolder 来管理 convertView 内的所有子组件，这样的设计可以保证 RecyclerView 总是具有较好的性能。

此外，RecyclerView 不再提供 setOnItemClickListener 等绑定监听器的方法。因此，如果程序要为列表项绑定事件监听器，则应在 onCreateViewHolder()方法中为列表项组件绑定事件监听器。

实例：使用 RecyclerView 实现列表

该实例会使用 RecyclerView 来实现列表，这种列表可以灵活地实现水平滚动或垂直滚动，只要修改 RecyclerView 的布局管理器的方向即可。该实例的界面布局文件内只包含一个 RecyclerView 组件，该布局文件的代码如下。

程序清单：codes\02\2.5\AdapterViewTest\recyclerviewtest\src\main\res\layout\activity_main.xml

```xml
<?xml version="1.0" encoding="utf-8"?>
<LinearLayout xmlns:android="http://schemas.android.com/apk/res/android"
    xmlns:app="http://schemas.android.com/apk/res-auto"
    xmlns:tools="http://schemas.android.com/tools"
    android:layout_width="match_parent"
    android:layout_height="match_parent"
    tools:context=".MainActivity">
    <android.support.v7.widget.RecyclerView
        android:id="@+id/recycler"
        android:layout_marginLeft="8dp"
        android:layout_marginRight="8dp"
        android:layout_width="match_parent"
        android:layout_height="match_parent"/>
</LinearLayout>
```

> **提示：** RecyclerView 同样位于 Android 的 support 库中，因此开发者既可通过修改 build.gradle 文件来添加 RecyclerView，也可通过单击 AS 图形设计界面中 RecyclerView 右边的下载按钮来添加 RecyclerView。

接下来的 Activity 程序同样只要创建 Adapter，并为 RecyclerView 设置 Adapter 即可。下面是该 Activity 的代码。

程序清单：codes\02\2.5\AdapterViewTest\recyclerviewtest\src\main\java\org\crazyit\ui\MainActivity.java

```java
public class MainActivity extends Activity
{
    private RecyclerView recyclerView;
    private List<Person> personList = new ArrayList<>();
    @Override
    protected void onCreate(Bundle savedInstanceState)
    {
        super.onCreate(savedInstanceState);
        setContentView(R.layout.activity_main);
        recyclerView = findViewById(R.id.recycler);
        // 设置 RecyclerView 保持固定大小，这样可优化 RecyclerView 的性能
        recyclerView.setHasFixedSize(true);
        LinearLayoutManager layoutManager = new LinearLayoutManager(this);
        // 设置 RecyclerView 的滚动方向
        layoutManager.setOrientation(LinearLayoutManager.VERTICAL);    // ①
```

```java
        // 为RecyclerView设置布局管理器
        recyclerView.setLayoutManager(layoutManager);
        initData();
        RecyclerView.Adapter adapter = new RecyclerView.Adapter<PersonViewHolder>()
        {
            // 创建列表项组件的方法，使用该方法所创建的组件会被自动缓存
            @Override
            public PersonViewHolder onCreateViewHolder(ViewGroup viewGroup, int i)
            {
                View view = LayoutInflater.from(MainActivity.this).inflate(R.layout.item, null);
                return new PersonViewHolder(view, this);
            }
            // 为列表项组件绑定数据的方法，每次组件重新显示出来时都会重新执行该方法
            @Override
            public void onBindViewHolder(PersonViewHolder viewHolder, int i)
            {
                viewHolder.nameTv.setText(personList.get(i).name);
                viewHolder.descTv.setText(personList.get(i).desc);
                viewHolder.headerIv.setImageResource(personList.get(i).header);
            }
            // 该方法的返回值决定包含多少个列表项
            @Override
            public int getItemCount()
            {
                return personList.size();
            }
        };
        recyclerView.setAdapter(adapter);
}
private void initData()
{
    String[] names = new String[]{"虎头", "弄玉", "李清照", "李白"};
    String[] descs = new String[]{"可爱的小孩", "一个擅长音乐的女孩",
            "一个擅长文学的女性", "浪漫主义诗人"};
    int[] imageIds = new int[]{R.drawable.tiger,
            R.drawable.nongyu, R.drawable.qingzhao, R.drawable.libai};
    for(int i = 0; i < names.length; i++){
        this.personList.add(new Person(names[i], descs[i], imageIds[i]));
    }
}
class PersonViewHolder extends RecyclerView.ViewHolder
{
    View rootView;
    TextView nameTv;
    TextView descTv;
    ImageView headerIv;
    private RecyclerView.Adapter adapter;
    public PersonViewHolder(View itemView, RecyclerView.Adapter adapter) {
        super(itemView);
        this.nameTv = itemView.findViewById(R.id.name);
        this.descTv = itemView.findViewById(R.id.desc);
        this.headerIv = itemView.findViewById(R.id.header);
        this.rootView = itemView.findViewById(R.id.item_root);
        this.adapter = adapter;
    }
}
```

上面 Activity 的 onCreate()方法先获取了界面上的 RecyclerView，并设置该组件保持固定大小来优化其性能。然后程序为 RecyclerView 设置了布局管理器，该布局管理器即可控制 RecyclerView 的滚动方向：水平滚动或垂直滚动。程序中①号粗体字代码设置了该 RecyclerView 为垂直滚动，

开发者可修改这行代码使之变成水平滚动。

接下来程序使用匿名内部类语句创建了一个 RecyclerView.Adapter 对象，创建该对象的重点是重写 onCreateViewHolder()、onBindViewHolder()、getItemCount()方法，其中 onCreateViewHolder()方法负责创建列表项组件（当缓存组件为 null 时）；onBindViewHolder()方法负责为列表项组件绑定数据。

为了更有效地管理列表项所包含的子组件，程序额外定义了一个 PersonViewHolder 类。

上面程序在实现使用 onCreateViewHolder()方法创建列表项组件时，并不是通过代码来逐项创建的，而是直接加载/res/layout 目录下的 item.xml 布局文件来作为列表项的，因此该 item.xml 文件定义的布局决定了 RecyclerView 中各列表项组件。item.xml 文件定义的列表项包含一个 ImageView 和两个 TextView，关于该布局文件的具体内容可参考本书配套资源中的代码。

运行该程序，将可以看到如图 2.46 示的效果。

图 2.46　使用 RecyclerView 实现列表

如果程序希望为列表项绑定事件监听器，则可在 Adapter 的 onCreateViewHolder()方法中实现，当使用该方法创建了列表项组件之后，程序即可为该组件绑定事件监听器。对于本例而言，由于使用 onCreateViewHolder()创建列表项会传入 PersonViewHolder，因此本例将会在 PersonViewHolder 类的构造器中为列表项组件绑定事件监听器。

在 PersonViewHolder 的构造器中增加如下代码。

```
// 为rootView（列表项组件）绑定事件监听器
rootView.setOnClickListener(view -> {
    int i = (int)(Math.random() * (personList.size() + 1));
    Person person = new Person(personList.get(i).name,
            personList.get(i).desc, personList.get(i).header);
    adapter.notifyItemInserted(2);
    personList.add(2, person);
    adapter.notifyItemRangeChanged(2, adapter.getItemCount());
});
// 为rootView（列表项组件）绑定事件监听器
rootView.setOnLongClickListener(view -> {
    int position = this.getAdapterPosition();
    // 通知RecyclerView执行动画
    adapter.notifyItemRemoved(position);
    // 删除底层数据模型中的数据
    MainActivity.this.personList.remove(position);
    // 通知RecyclerView执行实际的删除操作
    adapter.notifyItemRangeChanged(position, adapter.getItemCount());
    return false;
});
```

上面代码为列表项组件的单击事件绑定了事件监听器，当用户单击列表项组件时，程序会为列表添加一个列表项；当用户长按某个列表项时，程序会删除该列表项。

从上面程序可以看到，程序向 RecyclerView 中添加列表项时，实际上是调用它底层的 Adapter 来实现的，这些操作都只是界面上的改变，真正的改变还是修改底层的数据模型（personList）。

RecyclerView.Adapter 大致提供了如下方法来控制对列表项的修改。

➢ notifyItemChanged(int position)：当 position 位置的数据发生改变时，程序调用该方法通知 Adapter 更新界面——实际上，Adapter 就是回调对应位置的 onBindViewHolder()方法进行更新的。当然，如果 position 位置处于屏幕外，那么自然就不用立即回调 onBindViewHolder()方法了，而是等到该位置的列表项滚动到屏幕内时才会真正回调该方法。

- notifyItemRangeChanged(int positionStart, int itemCount)：与前一个方法基本相似，只是该方法负责通知从 positionStart 开始、itemCount 数量的列表项。
- notifyItemInserted(int position)：该方法指定在 position 位置执行插入动作（其实就是一个插入动画，该动画也可使用自定义动画）。
- notifyItemMoved(int fromPosition, int toPosition)：该方法指定列表项从 fromPosition 移动到 toPosition。
- notifyItemRangeInserted(int positionStart, int itemCount)：执行插入多个列表项。
- notifyItemRemoved(int position)：该方法指定在 position 位置执行删除动作（其实就是一个删除动画，该动画也可使用自定义动画）。
- notifyItemRangeRemoved(int positionStart, int itemCount)：执行删除多个列表项。

2.6　第 5 组 UI 组件：ProgressBar 及其子类

ProgressBar 也是一组重要的组件，ProgressBar 本身代表了进度条组件，它还派生了两个常用的组件：SeekBar 和 RatingBar。ProgressBar 及其子类在用法上十分相似，只是显示界面有一定的区别，因此本节把它们归为一类，针对它们的共性集中讲解，并突出介绍它们的区别。

ProgressBar 及其子类的继承关系如图 2.47 所示。

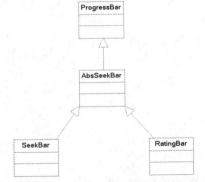

图 2.47　ProgressBar 及其子类的继承关系图

▶▶ 2.6.1　进度条（ProgressBar）的功能与用法

进度条也是 UI 界面中一种非常实用的组件，通常用于向用户显示某个耗时操作完成的百分比。进度条可以动态地显示进度，因此避免长时间地执行某个耗时操作时，让用户感觉程序失去了响应，从而更好地提高用户界面的友好性。

Android 支持多种风格的进度条，通过 style 属性可以为 ProgressBar 指定风格。该属性可支持如下几个属性值。
- @android:style/Widget.ProgressBar.Horizontal：水平进度条。
- @android:style/Widget.ProgressBar.Inverse：普通大小的环形进度条。
- @android:style/Widget.ProgressBar.Large：大环形进度条。
- @android:style/Widget.ProgressBar.Large.Inverse：大环形进度条。
- @android:style/Widget.ProgressBar.Small：小环形进度条。
- @android:style/Widget.ProgressBar.Small.Inverse：小环形进度条。

除此之外，ProgressBar 还支持如表 2.19 所示的常用 XML 属性。

表 2.19 ProgressBar 支持的常用 XML 属性

XML 属性	说明
android:max	设置该进度条的最大值
android:progress	设置该进度条的已完成进度值
android:progressDrawable	设置该进度条的轨道对应的 Drawable 对象
android:indeterminate	该属性设为 true，设置进度条不精确显示进度
android:indeterminateDrawable	设置绘制不显示进度的进度条的 Drawable 对象
android:indeterminateDuration	设置不精确显示进度的持续时间

表 2.19 中的 android:progressDrawable 用于指定进度条的轨道的绘制形式，该属性可指定为一个 LayerDrawable 对象（该对象可通过在 XML 文件中用<layer-list>元素进行配置）的引用。

ProgressBar 提供了如下方法来操作进度。

- setProgress(int)：设置进度的完成百分比。
- incrementProgressBy(int)：设置进度条的进度增加或减少。当参数为正数时进度增加；当参数为负数时进度减少。

下面的程序简单示范了进度条的用法。该程序的界面布局文件只是定义了几个简单的进度条，并指定 style 属性为@android:style/Widget.ProgressBar.Horizontal，即水平进度条。界面布局文件如下。

程序清单：codes\02\2.6\ProgressBarTest\progressbartest\src\main\res\layout\activity_main.xml

```xml
<?xml version="1.0" encoding="utf-8"?>
<LinearLayout xmlns:android="http://schemas.android.com/apk/res/android"
    android:orientation="vertical"
    android:layout_width="match_parent"
    android:layout_height="match_parent">
    <LinearLayout
        android:orientation="horizontal"
        android:layout_width="match_parent"
        android:layout_height="wrap_content">
        <!-- 定义一个大环形进度条 -->
        <ProgressBar
            android:layout_width="wrap_content"
            android:layout_height="wrap_content"
            style="@android:style/Widget.ProgressBar.Large"/>
        <!-- 定义一个中等大小的环形进度条 -->
        <ProgressBar
            android:layout_width="wrap_content"
            android:layout_height="wrap_content"/>
        <!-- 定义一个小环形进度条 -->
        <ProgressBar
            android:layout_width="wrap_content"
            android:layout_height="wrap_content"
            style="@android:style/Widget.ProgressBar.Small"/>
    </LinearLayout>
    <TextView
        android:layout_width="match_parent"
        android:layout_height="wrap_content"
        android:text="任务完成的进度"/>
    <!-- 定义一个水平进度条 -->
    <ProgressBar
        android:id="@+id/bar"
        android:layout_width="match_parent"
        android:layout_height="wrap_content"
        android:max="100"
        style="@android:style/Widget.ProgressBar.Horizontal"/>
```

```xml
<!-- 定义一个水平进度条，并改变轨道外观 -->
<ProgressBar
    android:id="@+id/bar2"
    android:layout_width="match_parent"
    android:layout_height="wrap_content"
    android:max="100"
    android:progressDrawable="@drawable/my_bar"
    style="@android:style/Widget.ProgressBar.Horizontal"/>
</LinearLayout>
```

上面的界面布局文件中先定义了三个环形进度条，这种环形进度条无法显示进度，它只是显示一个不断旋转的图片。布局文件的后面定义的两个进度条的最大值为 100，第一个进度条的样式为水平进度条；第二个进度条的外观被定义为@drawable/my_bar，因此还需要在 drawable 中定义如下文件。

程序清单：codes\02\2.6\ProgressBarTest\progressbartest\src\main\res\drawable\my_bar.xml

```xml
<?xml version="1.0" encoding="UTF-8"?>
<layer-list xmlns:android="http://schemas.android.com/apk/res/android">
    <!-- 定义轨道的背景 -->
    <item android:id="@android:id/background"
        android:drawable="@drawable/no" />
    <!-- 定义轨道上已完成部分的样式 -->
    <item android:id="@android:id/progress"
        android:drawable="@drawable/ok" />
</layer-list>
```

下面的主程序用一个填充数组的任务模拟了耗时操作，并以进度条来标识任务的完成百分比。

程序清单：codes\02\2.6\ProgressBarTest\progressbartest\src\main\java\org\crazyit\ui\MainActivity.java

```java
public class MainActivity extends Activity
{
    // 该程序模拟填充长度为 100 的数组
    private int[] data = new int[100];
    private int hasData = 0;
    // 记录 ProgressBar 的完成进度
    int status = 0;
    private ProgressBar bar;
    private ProgressBar bar2;
    static class MyHandler extends Handler
    {
        private WeakReference<MainActivity> activity;
        MyHandler(WeakReference<MainActivity> activity){
            this.activity = activity;
        }
        @Override public void handleMessage(Message msg)
        {
            // 表明消息是由该程序发送的
            if (msg.what == 0x111)
            {
                activity.get().bar.setProgress(activity.get().status);
                activity.get().bar2.setProgress(activity.get().status);
            }
        }
    }
    // 创建一个负责更新的进度的 Handler
    MyHandler mHandler = new MyHandler(new WeakReference<>(this));
    @Override
    protected void onCreate(Bundle savedInstanceState)
    {
        super.onCreate(savedInstanceState);
        setContentView(R.layout.activity_main);
        bar = findViewById(R.id.bar);
```

```
        bar2 = findViewById(R.id.bar2);
        // 启动线程来执行任务
        new Thread()
        {
            @Override public void run()
            {
                while (status < 100)
                {
                    // 获取耗时操作的完成百分比
                    status = doWork();
                    // 发送消息
                    mHandler.sendEmptyMessage(0x111);
                }
            }
        }.start();
    }
    // 模拟一个耗时的操作
    public int doWork()
    {
        // 为数组元素赋值
        data[hasData++] = (int)(Math.random() * 100);
        try {
            Thread.sleep(100);
        } catch (InterruptedException e) {
            e.printStackTrace();
        }
        return hasData;
    }
}
```

上面程序中的粗体字代码用于修改进度条的完成进度。运行上面的程序,将看到如图 2.48 所示的界面。

还有一种进度条,可以直接在窗口标题上显示,这种进度条甚至不需要使用 ProgressBar 组件,它是直接由 Activity 的方法启用的。为了在窗口标题上显示进度条,需要经过如下两步。

① 调用 Activity 的 requestWindowFeature()方法,该方法根据传入的参数可启用特定的窗口特征。例如,传入 Window.FEATURE_INDETERMINATE_PROGRESS 在窗口标题上显示不带进度的进度条;传入 Window.FEATURE_PROGRESS 则显示带进度的进度条。

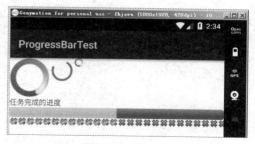

图 2.48 进度条

② 调用 Activity 的 setProgressBarVisibility(boolean)或 setProgressBarIndeterminateVisibility(boolean)方法即可控制进度条的显示和隐藏。

需要说明的是,Material 主题并不支持在标题上显示进度条的功能。因此,如果希望使用该功能,则需要放弃 Material 主题。如果读者希望学习这种用法,则可参考本书配套资源中 ProgressBarTest 项目下的 titleprogressbar 模块。

2.6.2 拖动条(SeekBar)的功能与用法

拖动条和进度条非常相似,只是进度条采用颜色填充来表明进度完成的程度,而拖动条则通过滑块的位置来标识数值——而且拖动条允许用户拖动滑块来改变值,因此拖动条通常用于对系统的某种数值进行调节,比如调节音量等。

由于拖动条 SeekBar 继承了 ProgressBar,因此 ProgressBar 所支持的 XML 属性和方法完全适用于 SeekBar。

SeekBar 允许用户改变拖动条的滑块外观,改变滑块外观通过如下属性来指定。

> android:thumb:指定一个 Drawable 对象,该对象将作为自定义滑块。
> android:tickMark:指定一个 Drawable 对象,该对象将作为自定义刻度图标。

为了让程序能响应拖动条滑块位置的改变,程序可以考虑为它绑定一个 OnSeekBarChangeListener 监听器。

下面通过一个实例来示范 SeekBar 的功能与用法。

实例:通过拖动滑块来改变图片的透明度

该程序的界面布局中需要两个组件:一个 ImageView 用于显示图片;一个 SeekBar 用于动态改变图片的透明度。界面布局文件如下。

程序清单:codes\02\2.6\ProgressBarTest\seekbartest\src\main\res\layout\activity_main.xml

```xml
<?xml version="1.0" encoding="utf-8"?>
<LinearLayout xmlns:android="http://schemas.android.com/apk/res/android"
    android:orientation="vertical"
    android:layout_width="match_parent"
    android:layout_height="match_parent">
    <ImageView
        android:id="@+id/image"
        android:layout_width="match_parent"
        android:layout_height="240dp"
        android:src="@drawable/lijiang"/>
    <!-- 定义一个拖动条,并改变它的滑块外观 -->
    <SeekBar
        android:id="@+id/seekbar"
        android:layout_width="match_parent"
        android:layout_height="wrap_content"
        android:max="255"
        android:progress="255"
        android:thumb="@mipmap/ic_launcher"/>
    <!-- 定义一个拖动条,并改变它的刻度图标 -->
    <SeekBar
        android:id="@+id/seekBar2"
        android:layout_width="match_parent"
        android:layout_height="wrap_content"
        android:max="10"
        android:tickMark="@drawable/tickmark"/>
</LinearLayout>
```

上面程序中的粗体字代码定义了该拖动条的最大值、当前值都是 255,并通过指定 android:thumb 属性来改变拖动条上滑块的外观。上面代码定义的第二个拖动条指定了 android:tickMark 属性,该属性用于指定拖动条上的刻度图标。

该实例的主程序比较简单,程序只要为拖动条绑定一个监听器,当滑块位置发生改变时动态改变 ImageView 的透明度即可。主程序如下。

程序清单:codes\02\2.6\ProgressBarTest\seekbartest\src\main\java\org\crazyit\ui\MainActivity.java

```java
public class MainActivity extends Activity
{
    @Override
    protected void onCreate(Bundle savedInstanceState)
    {
        super.onCreate(savedInstanceState);
        setContentView(R.layout.activity_main);
        final ImageView image = findViewById(R.id.image);
        SeekBar seekBar = findViewById(R.id.seekbar);
```

```
seekBar.setOnSeekBarChangeListener(new SeekBar.OnSeekBarChangeListener()
{
    // 当拖动条的滑块位置发生改变时触发该方法
    @Override public void onProgressChanged(SeekBar bar,
        int progress, boolean fromUser)
    {
        // 动态改变图片的透明度
        image.setImageAlpha(progress);
    }
    @Override public void onStartTrackingTouch(SeekBar bar)
    {
    }
    @Override public void onStopTrackingTouch(SeekBar bar)
    {
    }
});
```

上面的粗体字代码就是监听拖动条上滑块位置发生改变的关键代码：当滑块位置发生改变时，ImageView 的透明度将变为该拖动条的当前数值。运行上面的程序，将看到如图 2.49 所示的界面。

图 2.49 拖动滑块改变图片的透明度

▶▶ 2.6.3 星级评分条（RatingBar）的功能与用法

星级评分条与拖动条有相同的父类：AbsSeekBar，因此它们十分相似。实际上星级评分条与拖动条的用法、功能都十分接近：它们都允许用户通过拖动来改变进度。RatingBar 与 SeekBar 的最大区别在于：RatingBar 通过星星来表示进度。

表 2.20 显示了 RatingBar 支持的常用 XML 属性。

表 2.20 RatingBar 支持的常用 XML 属性

XML 属性	说明
android:isIndicator	设置该星级评分条是否允许用户改变（true 为不允许修改）
android:numStars	设置该星级评分条总共有多少个星级
android:rating	设置该星级评分条默认的星级
android:stepSize	设置每次最少需要改变多少个星级

为了让程序能响应星级评分条评分的改变，可以考虑为它绑定一个 OnRatingBarChangeListener 监听器。

下面通过一个实例来示范 RatingBar 的功能和用法。

实例：通过星级改变图片的透明度

该程序其实就是前一个程序的简单改变，只是将前一个程序中的 SeekBar 组件改为使用 RatingBar。下面是界面布局文件中关于 RatingBar 的代码片段。

程序清单：codes\02\2.6\ProgressBarTest\ratingbartest\src\main\res\layout\activity_main.xml

```xml
<!-- 定义一个星级评分条 -->
<RatingBar
    android:id="@+id/rating"
    android:layout_width="wrap_content"
    android:layout_height="wrap_content"
    android:numStars="5"
    android:max="255"
    android:progress="255"
    android:stepSize="0.5"/>
```

上面的界面布局文件中指定了该星级评分条的最大值为 255，当前进度为 255——其中两个属性都来自 ProgressBar 组件，这没有任何问题，因为 RatingBar 本来就是一个特殊的 ProgressBar。

主程序只要为 RatingBar 绑定事件监听器，即可监听星级评分条的星级改变。下面的主程序为星级评分条绑定监听器的代码。

程序清单：codes\02\2.6\ProgressBarTest\ratingbartest\src\main\java\org\crazyit\ui\MainActivity.java

```java
final ImageView image = findViewById(R.id.image);
RatingBar ratingBar = findViewById(R.id.rating);
ratingBar.setOnRatingBarChangeListener((bar, rating, fromUser) -> {
    // 当星级评分条的评分发生改变时触发该方法
    // 动态改变图片的透明度，其中255是星级评分条的最大值
    // 5颗星星就代表最大值255
    image.setImageAlpha((int)(rating * 255 / 5));
});
```

由于上面定义 RatingBar 时指定了 android:stepSize="0.5"，因此该星级评分条中星级的最小变化为 0.5，也就是最少要变化半个星级。运行上面的程序，将看到如图 2.50 所示的界面。

图 2.50 星级评分条改变图片的透明度

2.7 第 6 组 UI 组件：ViewAnimator 及其子类

ViewAnimator 是一个基类，它继承了 FrameLayout，因此它表现出 FrameLayout 的特征，可以将多个 View 组件"叠"在一起。ViewAnimator 额外增加的功能正如它的名字所暗示的，ViewAnimator 可以在 View 切换时表现出动画效果。

ViewAnimator 及其子类的继承关系如图 2.51 所示。

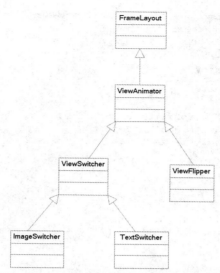

图 2.51　ViewAnimator 及其子类的继承关系图

ViewAnimator 及其子类也是一组非常重要的 UI 组件，这种组件的主要功能是增加动画效果，从而使界面更加"炫"。使用 ViewAnimator 时可以指定如表 2.21 所示的常用 XML 属性。

表 2.21　ViewAnimator 支持的常用 XML 属性

XML 属性	说明
android:animateFirstView	设置 ViewAnimator 显示第一个 View 组件时是否使用动画
android:inAnimation	设置 ViewAnimator 显示组件时所使用的动画
android:outAnimation	设置 ViewAnimator 隐藏组件时所使用的动画

在实际项目中往往会使用 ViewAnimator 的几个子类，下面一一详细介绍。

▶▶ 2.7.1　ViewSwitcher 的功能与用法

ViewSwitcher 代表了视图切换组件，它本身继承了 FrameLayout，因此可以将多个 View 层叠在一起，每次只显示一个组件。当程序控制从一个 View 切换到另一个 View 时，ViewSwitcher 支持指定动画效果。

为了给 ViewSwitcher 添加多个组件，一般通过调用 ViewSwitcher 的 setFactory (ViewSwitcher.ViewFactory)方法为之设置 ViewFactory，并由该 ViewFactory 为之创建 View 即可。

下面通过一个实例来介绍 ViewFactory 的用法。

实例：仿 Android 系统的 Launcher 界面

Android 早期版本的 Launcher 界面是上下滚动的，新版 Android 的 Launcher 界面已经实现了分屏、左右滚动（可能是模仿 iOS 的操作习惯吧），本实例就是通过 ViewSwitcher 来实现 Android 的分屏、左右滚动效果的。

为了实现该效果，程序主界面考虑使用 ViewSwitcher 来组合多个 GridView，每个 GridView 代表一个屏幕的应用程序，GridView 中每个单元格显示一个应用程序的图标和程序名。

该程序的主界面布局文件如下。

程序清单：codes\02\2.7\ViewAnimator\viewswitchertest\src\main\res\layout\activity_main.xml

```
<?xml version="1.0" encoding="utf-8"?>
<android.support.constraint.ConstraintLayout
```

```xml
xmlns:android="http://schemas.android.com/apk/res/android"
    xmlns:app="http://schemas.android.com/apk/res-auto"
    xmlns:tools="http://schemas.android.com/tools"
    android:layout_width="match_parent"
    android:layout_height="match_parent"
    tools:context=".MainActivity">
    <!-- 定义一个 ViewSwitcher 组件 -->
    <ViewSwitcher
        android:id="@+id/viewSwitcher"
        android:layout_width="match_parent"
        android:layout_height="match_parent" />
    <!-- 定义滚动到上一屏的按钮 -->
    <Button
        android:id="@+id/button_prev"
        android:layout_width="wrap_content"
        android:layout_height="wrap_content"
        android:layout_marginStart="12dp"
        android:layout_marginBottom="8dp"
        android:onClick="prev"
        android:text="&lt;"
        app:layout_constraintBottom_toBottomOf="parent"
        app:layout_constraintStart_toStartOf="parent" />
    <!-- 定义滚动到下一屏的按钮 -->
    <Button
        android:id="@+id/button_next"
        android:layout_width="wrap_content"
        android:layout_height="wrap_content"
        android:layout_marginEnd="12dp"
        android:layout_marginBottom="8dp"
        android:onClick="next"
        android:text="&gt;"
        app:layout_constraintBottom_toBottomOf="parent"
        app:layout_constraintEnd_toEndOf="parent" />
</android.support.constraint.ConstraintLayout>
```

上面的界面布局文件中只定义了一个 ViewSwitcher 组件和两个按钮，这两个按钮分别用于控制该 ViewSwitcher 显示上一屏、下一屏的程序列表。

> **提示：** 这个程序采用了按钮来控制滚动到上一屏、下一屏，这种操作方式显得不够"酷"，实际上完全可以实现通过手势来滚动屏幕。如果希望实现通过手势来滚动屏幕的效果，建议参考本书第 8 章中关于手势的知识。

该实例的重点在于为该 ViewSwitcher 设置 ViewFactory 对象，并且当用户单击 "<" 和 ">" 两个按钮时控制 ViewSwitcher 显示 "上一屏" 和 "下一屏" 的应用程序。

该程序会考虑使用扩展 BaseAdapter 的方式为 GridView 提供 Adapter，而本实例的关键就是根据用户单击的按钮来动态计算该 BaseAdapter 应该显示哪些程序列表。该程序的 Activity 代码如下。

程序清单：codes\02\2.7\ViewAnimator\viewswitchertest\src\main\java\org\crazyit\ui\MainActivity.java

```java
public class MainActivity extends Activity
{
    // 定义一个常量，用于显示每屏显示的应用程序数
    public static final int NUMBER_PER_SCREEN = 12;
    // 保存系统所有应用程序的 List 集合
    private List<DataItem> items = new ArrayList<>();
    // 记录当前正在显示第几屏的程序
    private int screenNo = -1;
    // 保存程序所占的总屏数
    private int screenCount = 0;
```

```java
private ViewSwitcher switcher;
// 创建 LayoutInflater 对象
private LayoutInflater inflater;
// 该 BaseAdapter 负责为每屏显示的 GridView 提供列表项
private BaseAdapter adapter = new BaseAdapter()
{
    @Override public int getCount()
    {
        // 如果已经到了最后一屏，且应用程序的数量不能整除 NUMBER_PER_SCREEN
        if (screenNo == screenCount - 1 && items.size() % NUMBER_PER_SCREEN != 0)
        {
            // 最后一屏显示的程序数为应用程序的数量对 NUMBER_PER_SCREEN 求余
            return items.size() % NUMBER_PER_SCREEN;
        // 否则每屏显示的程序数为 NUMBER_PER_SCREEN
        } else {
            return NUMBER_PER_SCREEN;
        }
    }
    @Override public DataItem getItem(int position)
    {
        // 根据 screenNo 计算第 position 个列表项的数据
        return items.get(screenNo * NUMBER_PER_SCREEN + position);
    }
    @Override public long getItemId(int position)
    {
        return position;
    }
    @Override public View getView(int position, View convertView, ViewGroup parent)
    {
        View view;
        ViewHolder viewHolder;
        if (convertView == null)
        {
            // 加载 R.layout.labelicon 布局文件
            view = inflater.inflate(R.layout.labelicon, null);
            ImageView imageView = view.findViewById(R.id.imageview);
            TextView textView = view.findViewById(R.id.textview);
            viewHolder = new ViewHolder(imageView, textView);
            view.setTag(viewHolder);
        }
        else
        {
            view = convertView;
            viewHolder = (ViewHolder) view.getTag();
        }
        // 获取 R.layout.labelicon 布局文件中的 ImageView 组件，并为之设置图标
        viewHolder.imageView.setImageDrawable(getItem(position).drawable);
        // 获取 R.layout.labelicon 布局文件中的 TextView 组件，并为之设置文本
        viewHolder.textView.setText(getItem(position).dataName);
        return view;
    }
};
// 代表应用程序的内部类
public static class DataItem {
    // 应用程序名称
    String dataName;
    // 应用程序图标
    Drawable drawable;
    DataItem(String dataName, Drawable drawable){
        this.dataName = dataName;
        this.drawable = drawable;
    }
}
```

```java
    // 代表应用程序的内部类
    public static class ViewHolder {
        ImageView imageView;
        TextView textView;
        ViewHolder(ImageView imageView, TextView textView) {
            this.imageView = imageView;
            this.textView = textView;
        }
    }
    @Override
    protected void onCreate(Bundle savedInstanceState)
    {
        super.onCreate(savedInstanceState);
        setContentView(R.layout.activity_main);
        inflater = LayoutInflater.from(this);
        // 创建一个包含40个元素的List集合,用于模拟包含40个应用程序
        for (int i = 0; i < 40; i++)
        {
            String label = "" + i;
            Drawable drawable = getResources().getDrawable(R.mipmap.ic_launcher, null);
            DataItem item = new DataItem(label, drawable);
            items.add(item);
        }
        // 计算应用程序所占的总屏数
        // 如果应用程序的数量能整除NUMBER_PER_SCREEN,除法的结果就是总屏数
        // 如果不能整除,总屏数应该是除法的结果再加1
        screenCount = items.size() % NUMBER_PER_SCREEN == 0 ?
            items.size() / NUMBER_PER_SCREEN :
            items.size() / NUMBER_PER_SCREEN + 1;
        switcher = findViewById(R.id.viewSwitcher);
        switcher.setFactory(() -> {
            // 加载R.layout.slidelistview组件,实际上就是一个GridView组件
            return inflater.inflate(R.layout.slidelistview, null);
        });
        // 页面加载时先显示第一屏
        next(null);
    }
    public void next(View v)
    {
        if (screenNo < screenCount - 1)
        {
            screenNo++;
            // 为ViewSwitcher的组件显示过程设置动画
            switcher.setInAnimation(this, R.anim.slide_in_right);
            // 为ViewSwitcher的组件隐藏过程设置动画
            switcher.setOutAnimation(this, R.anim.slide_out_left);
            // 控制下一屏将要显示的GridView对应的Adapter
            ((GridView) switcher.getNextView()).setAdapter(adapter);
            // 单击右边按钮,显示下一屏
            // 学习手势检测后,也可通过手势检测实现显示下一屏
            switcher.showNext();   // ①
        }
    }
    public void prev(View v)
    {
        if (screenNo > 0)
        {
            screenNo--;
            // 为ViewSwitcher的组件显示过程设置动画
            switcher.setInAnimation(this, android.R.anim.slide_in_left);
            // 为ViewSwitcher的组件隐藏过程设置动画
            switcher.setOutAnimation(this, android.R.anim.slide_out_right);
            // 控制下一屏将要显示的GridView对应的Adapter
```

```
            ((GridView)switcher.getNextView()).setAdapter(adapter);
            // 单击左边按钮，显示上一屏，当然可以采用手势
            // 学习手势检测后，也可通过手势检测实现显示上一屏
            switcher.showPrevious();    // ②
        }
    }
}
```

上面的程序使用 screenNo 保存当前正在显示第几屏的程序列表。该程序的关键在于粗体代码部分，该粗体字代码创建了一个 BaseAdapter 对象，这个 BaseAdapter 会根据 screenNo 动态计算该 Adapter 总共包含多少个列表项（如 getCount()方法所示），会根据 screenNo 计算每个列表项的数据（如 getItem(int position)方法所示）。

BaseAdapter 的 getView()只是简单加载了 R.layout.labelicon 布局文件，并使用当前列表项的图片数据填充 R.layout.labelicon 布局文件中的 ImageView，使用当前列表项的文本数据填充 R.layout.labelicon 布局文件中的 TextView。下面是 R.layout.labelicon 布局文件的代码。

程序清单：codes\02\2.7\ViewAnimator\viewswitchertest\src\main\res\layout\labelicon.xml

```xml
<?xml version="1.0" encoding="utf-8"?>
<!-- 定义一个垂直的 LinearLayout，在该容器中放置一个 ImageView 和一个 TextView -->
<LinearLayout xmlns:android="http://schemas.android.com/apk/res/android"
    android:layout_width="match_parent"
    android:layout_height="match_parent"
    android:padding="10dp"
    android:gravity="center"
    android:orientation="vertical">
    <ImageView
        android:id="@+id/imageview"
        android:layout_width="wrap_content"
        android:layout_height="wrap_content" />
    <TextView
        android:id="@+id/textview"
        android:layout_width="wrap_content"
        android:layout_height="wrap_content"
        android:gravity="center" />
</LinearLayout>
```

当用户单击 ">" 按钮时，程序的事件处理方法将会控制 ViewSwitcher 调用 showNext()方法显示下一屏的程序列表——而且此时 screenNo 被加 1，因而 Adapter 将会动态计算下一屏的程序列表，再将该 Adapter 传给 ViewSwitcher 接下来要显示的 GridView。

为了实现 ViewSwitcher 切换 View 时的动画效果，程序的事件处理方法中调用了 ViewSwitcher 的 setInAnimation()、setOutAnimation()方法来设置动画效果。本程序不仅利用了 Android 系统提供的两个动画资源，还自行提供了动画资源。

其中 R.anim.slide_in_right 动画资源对应的代码如下。

程序清单：codes\02\2.7\ViewAnimator\viewswitchertest\src\main\res\anim\slide_in_right.xml

```xml
<?xml version="1.0" encoding="utf-8"?>
<set xmlns:android="http://schemas.android.com/apk/res/android">
    <!-- 设置从右边拖进来的动画
    android:duration 指定动画持续时间   -->
    <translate
        android:fromXDelta="100%p"
        android:toXDelta="0"
        android:duration="@android:integer/config_mediumAnimTime" />
</set>
```

R.anim.slide_out_left 动画资源对应的代码如下。

程序清单：codes\02\2.7\ViewAnimator\viewswitchertest\src\main\res\anim\slide_out_left.xml

```xml
<?xml version="1.0" encoding="utf-8"?>
<set xmlns:android="http://schemas.android.com/apk/res/android">
    <!-- 设置从左边拖出去的动画
    android:duration 指定动画持续时间 -->
    <translate
        android:fromXDelta="0"
        android:toXDelta="-100%p"
        android:duration="@android:integer/config_mediumAnimTime" />
</set>
```

运行上面的程序，可以看到如图 2.52 所示的效果。

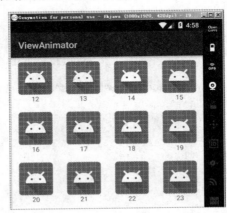

图 2.52　仿 Android 系统的 Launcher 界面

在图 2.52 所示界面中，当用户单击底端的 "<" 或 ">" 按钮时，将可以看到 ViewSwitcher 切换屏幕时的动画效果。

▶▶ 2.7.2　图像切换器（ImageSwitcher）的功能与用法

ImageSwitcher 继承了 ViewSwitcher，因此它具有与 ViewSwitcher 相同的特征：可以在切换 View 组件时使用动画效果。ImageSwitcher 继承了 ViewSwitcher，并重写了 ViewSwitcher 的 showNext()、showPrevious() 方法，因此 ImageSwitcher 使用起来更加简单。使用 ImageSwitcher 只要如下两步即可。

- ➢ 为 ImageSwitcher 提供一个 ViewFactory，该 ViewFactory 生成的 View 组件必须是 ImageView。
- ➢ 需要切换图片时，只要调用 ImageSwitcher 的 setImageDrawable(Drawable drawable)、setImageResource(int resid) 和 setImageURI(Uri uri) 方法更换图片即可。

ImageSwitcher 与 ImageView 的功能有点相似，它们都可用于显示图片，区别在于 ImageSwitcher 的效果更炫，它可以指定图片切换时的动画效果。

下面通过一个实例来介绍 ImageSwitcher 的用法。

实例：支持动画的图片浏览器

本实例是对前面的 GridViewTest 实例的修改，该实例使用 ImageSwitcher 代替了原有的 ImageView。该实例的界面布局文件如下。

程序清单：codes\02\2.7\ViewAnimator\imageswitchertest\src\main\res\layout\activity_main.xml

```xml
<?xml version="1.0" encoding="utf-8"?>
<LinearLayout xmlns:android="http://schemas.android.com/apk/res/android"
    android:orientation="vertical"
    android:layout_width="match_parent"
```

```xml
        android:layout_height="match_parent"
        android:gravity="center_horizontal">
    <!-- 定义一个 GridView 组件 -->
    <GridView
        android:id="@+id/grid01"
        android:layout_width="match_parent"
        android:layout_height="wrap_content"
        android:horizontalSpacing="2dp"
        android:verticalSpacing="2dp"
        android:numColumns="4"
        android:gravity="center"/>
    <!-- 定义一个 ImageSwitcher 组件 -->
    <ImageSwitcher android:id="@+id/switcher"
        android:layout_width="300dp"
        android:layout_height="300dp"
        android:layout_gravity="center_horizontal"
        android:inAnimation="@android:anim/fade_in"
        android:outAnimation="@android:anim/fade_out"/>
</LinearLayout>
```

上面界面布局文件中的粗体字代码定义了一个 ImageSwitcher，并通过 android:inAnimation 和 android:outAnimation 指定了图片切换时的动画效果。

接下来 Activity 代码需要为该 ImageSwitcher 设置 ViewFactory，并让该 ViewFactory 的 makeView()方法返回 ImageView。下面是该 Activity 的代码。

程序清单：codes\02\2.7\ViewAnimator\imageswitchertest\src\main\java\org\crazyit\ui\MainActivity.java

```java
public class MainActivity extends Activity
{
    int[] imageIds = new int[]{R.drawable.bomb5, R.drawable.bomb6,
        R.drawable.bomb7, R.drawable.bomb8, R.drawable.bomb9,
        R.drawable.bomb10, R.drawable.bomb11, R.drawable.bomb12,
        R.drawable.bomb13, R.drawable.bomb14, R.drawable.bomb15,
        R.drawable.bomb16};
    @Override
    protected void onCreate(Bundle savedInstanceState)
    {
        super.onCreate(savedInstanceState);
        setContentView(R.layout.activity_main);
        // 创建一个 List 对象，List 对象的元素是 Map
        List<Map<String, Object>> listItems = new ArrayList();
        for (int i = 0; i < imageIds.length; i++)
        {
            Map<String, Object> listItem = new HashMap<>();
            listItem.put("image", imageIds[i]);
            listItems.add(listItem);
        }
        // 获取显示图片的 ImageSwitcher
        ImageSwitcher switcher = findViewById(R.id.switcher);
        // 为 ImageSwitcher 设置图片切换的动画效果
        // 使用 Lambda 表达式创建 ViewFactory，表达式是 makeView()方法的方法体
        switcher.setFactory(() -> {
            // 创建 ImageView 对象
            ImageView imageView = new ImageView(MainActivity.this);
            imageView.setScaleType(ImageView.ScaleType.FIT_CENTER);
            imageView.setLayoutParams(new FrameLayout.LayoutParams(
                    FrameLayout.LayoutParams.WRAP_CONTENT,
                    FrameLayout.LayoutParams.WRAP_CONTENT));
            // 返回 ImageView 对象
            return imageView;
        });
        // 创建一个 SimpleAdapter
        SimpleAdapter simpleAdapter = new SimpleAdapter(this, listItems,
```

```
                R.layout.cell,   // 使用/layout/cell.xml 文件作为界面布局
                new String[]{"image"}, new int[]{R.id.image1});
        GridView grid = findViewById(R.id.grid01);
        // 为 GridView 设置 Adapter
        grid.setAdapter(simpleAdapter);
        // 添加列表项被选中的监听器
        grid.setOnItemSelectedListener(new AdapterView.OnItemSelectedListener()
        {
            @Override
            public void onItemSelected(AdapterView<?> parent, View view, int position,
long id)
            {
                // 显示当前被选中的图片
                switcher.setImageResource(imageIds[position]);
            }
            @Override
            public void onNothingSelected(AdapterView<?> parent)
            {
            }
        });
        // 添加列表项被单击的监听器
        grid.setOnItemClickListener((parent, view, position, id) -> {
            // 显示被单击的图片
            switcher.setImageResource(imageIds[position]);
        });
    }
}
```

上面程序中的粗体字代码使用 Lambda 表达式实现了 ViewFactory 的 makeView()方法，该方法返回一个 ImageView 对象，这样该 ImageSwitcher 即可正常工作。该 Activity 还为 GridView 绑定了事件监听器，当用户单击 GridView 或选中 GridView 的指定单元格时，ImageSwitcher 切换为显示对应的图片。

运行上面的实例，可以看到如图 2.53 所示的界面。

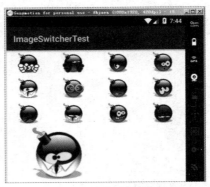

图 2.53 使用 ImageSwitcher 控制图片切换

在图 2.53 所示界面中，用户单击或选中 GridView 中某个图标时，下面的 ImageSwitcher 将会切换为显示对应的图片，图片切换时会使用动画效果。

▶▶ 2.7.3 文本切换器（TextSwitcher）的功能与用法

TextSwitcher 继承了 ViewSwitcher，因此它具有与 ViewSwitcher 相同的特征：可以在切换 View 组件时使用动画效果。

与 ImageSwitcher 相似的是，使用 TextSwitcher 也需要设置一个 ViewFactory。与 ImageSwitcher 不同的是，TextSwitcher 所需的 ViewFactory 的 makeView()方法必须返回一个 TextView 组件。

TextSwitcher 与 TextView 的功能有点相似，它们都可用于显示文本内容，区别在于 TextSwitcher 的效果更炫，它可以指定文本切换时的动画效果。

由于 TextSwitcher 和 ImageSwitcher 的功能与用法很接近，此处不再详细讲解，读者可参考本书配套资源中 ViewAnimator 项目下的 textswitchertest 模块学习。

▶▶ 2.7.4 ViewFlipper 的功能与用法

ViewFlipper 组件继承了 ViewAnimator，它可调用 addView(View v)添加多个组件，一旦向 ViewFlipper 中添加了多个组件之后，ViewFlipper 就可使用动画控制多个组件之间的切换效果。

ViewFlipper 与前面介绍的 AdapterViewFlipper 有较大的相似性，它们可以控制组件切换的动画效果。它们的区别是：ViewFlipper 需要开发者通过 addView(View v)添加多个 View，而 AdapterViewFlipper 则只要传入一个 Adapter，Adapter 将会负责提供多个 View。因此，ViewFlipper 可以指定与 AdapterViewFlipper 相同的 XML 属性。

实例：自动播放的图片库

该实例与前面介绍的 AdapterViewFlipper 实例非常相似，区别只是该实例直接定义了该 ViewFlipper 所包含的 View 组件。下面是该实例的界面布局文件。

程序清单：codes\02\2.7\ViewAnimator\viewflippertest\src\main\res\layout\activity_main.xml

```xml
<?xml version="1.0" encoding="utf-8"?>
<android.support.constraint.ConstraintLayout
    xmlns:android="http://schemas.android.com/apk/res/android"
    xmlns:app="http://schemas.android.com/apk/res-auto"
    xmlns:tools="http://schemas.android.com/tools"
    android:layout_width="match_parent"
    android:layout_height="match_parent"
    tools:context=".MainActivity">
    <ViewFlipper
        android:id="@+id/details"
        android:layout_width="match_parent"
        android:layout_height="match_parent"
        android:flipInterval="1000">
        <ImageView
            android:src="@drawable/java"
            android:layout_width="match_parent"
            android:layout_height="wrap_content">
        </ImageView>
        <ImageView
            android:src="@drawable/android"
            android:layout_width="match_parent"
            android:layout_height="wrap_content">
        </ImageView>
        <ImageView
            android:src="@drawable/javaee"
            android:layout_width="match_parent"
            android:layout_height="wrap_content">
        </ImageView>
    </ViewFlipper>
    <Button
        android:id="@+id/button"
        android:text="&lt;"
        android:onClick="prev"
        android:layout_width="wrap_content"
        android:layout_height="wrap_content"
        android:layout_marginStart="8dp"
        android:layout_marginBottom="8dp"
        app:layout_constraintBottom_toBottomOf="parent"
```

```xml
            app:layout_constraintStart_toStartOf="parent"/>
    <Button
        android:layout_width="wrap_content"
        android:layout_height="wrap_content"
        android:layout_marginStart="8dp"
        android:layout_marginEnd="8dp"
        android:layout_marginBottom="8dp"
        app:layout_constraintBottom_toBottomOf="parent"
        app:layout_constraintEnd_toStartOf="@+id/button2"
        app:layout_constraintStart_toEndOf="@+id/button"
        android:onClick="auto"
        android:text="自动播放"/>
    <Button
        android:id="@+id/button2"
        android:text="&gt;"
        android:onClick="next"
        android:layout_width="wrap_content"
        android:layout_height="wrap_content"
        android:layout_marginEnd="8dp"
        android:layout_marginBottom="8dp"
        app:layout_constraintBottom_toBottomOf="parent"
        app:layout_constraintEnd_toEndOf="parent"/>
</android.support.constraint.ConstraintLayout>
```

上面的界面布局文件中定义了一个 ViewFlipper，并在该 ViewFlipper 中定义了三个 ImageView，这意味着该 ViewFlipper 包含了三个子组件。接下来在 Activity 代码中即可调用 ViewFlipper 的 showPrevious()、showNext()等方法控制 ViewFlipper 显示上一个、下一个子组件。为了控制组件切换时的动画效果，还需要调用 ViewFlipper 的 setInAnimation()、setOutAnimation()方法设置动画效果。

下面是该 Activity 的代码。

程序清单：codes\02\2.7\ViewAnimator\viewflippertest\src\main\java\org\crazyit\ui\MainActivity.java

```java
public class MainActivity extends Activity
{
    private ViewFlipper viewFlipper;
    @Override
    protected void onCreate(Bundle savedInstanceState)
    {
        super.onCreate(savedInstanceState);
        setContentView(R.layout.activity_main);
        viewFlipper = findViewById(R.id.details);
    }
    public void prev(View source)
    {
        viewFlipper.setInAnimation(this, R.anim.slide_in_right);
        viewFlipper.setOutAnimation(this, R.anim.slide_out_left);
        // 显示上一个组件
        viewFlipper.showPrevious();
        // 停止自动播放
        viewFlipper.stopFlipping();
    }
    public void next(View source)
    {
        viewFlipper.setInAnimation(this, android.R.anim.slide_in_left);
        viewFlipper.setOutAnimation(this, android.R.anim.slide_out_right);
        // 显示下一个组件
        viewFlipper.showNext();
        // 停止自动播放
        viewFlipper.stopFlipping();
    }
    public void auto(View source)
    {
        viewFlipper.setInAnimation(this, android.R.anim.slide_in_left);
```

```
            viewFlipper.setOutAnimation(this, android.R.anim.slide_out_right);
            // 开始自动播放
            viewFlipper.startFlipping();
        }
    }
```

上面程序中的粗体字代码就是控制 ViewFlipper 切换组件的动画效果，以及控制 ViewFlipper 切换组件的关键代码。运行该程序，可以看到如图 2.54 所示的界面。

单击图 2.54 所示界面下方的按钮，即可看到图片上、下切换，而且组件切换时将可以看到动画切换效果。

2.8 各种杂项组件

除前面介绍的 6 组 UI 组件之外，Android 还有如下一些常用的杂项组件，掌握这些杂项组件也是开发 Android 应用必需的技能。

图 2.54 使用 ViewFlipper 控制组件切换

▶▶ 2.8.1 使用 Toast 显示提示信息框

Toast 是一种非常方便的提示消息框，它会在程序界面上显示一个简单的提示信息。这个提示信息框用于向用户生成简单的提示信息。它具有如下两个特点。

➤ Toast 提示信息不会获得焦点。
➤ Toast 提示信息过一段时间会自动消失。

使用 Toast 来生成提示消息也非常简单，只要如下几个步骤即可。

① 调用 Toast 的构造器或 makeText()静态方法创建一个 Toast 对象。
② 调用 Toast 的方法来设置该消息提示的对齐方式、页边距等。
③ 调用 Toast 的 show()方法将它显示出来。

Toast 的功能和用法都比较简单，大部分时候它只能显示简单的文本提示；如果应用需要显示诸如图片、列表之类的复杂提示，一般建议使用对话框来完成；如果开发者确实想通过 Toast 来完成，也是可以的，此时就需要调用 Toast 构造器创建实例，再调用 setView()方法设置该 Toast 显示的 View 组件。该方法允许开发者自己定义 Toast 显示的内容。

下面以一个实例程序来示范 Toast 的用法。

实例：带图片的消息提示

本实例程序非常简单，它在用户界面上显示了两个按钮，其中一个按钮用于激发普通的 Toast 提示；另一个按钮用于激发带图片的 Toast 提示。这意味着开发者必须调用该 Toast 对象的 setView() 方法来改变该 Toast 对象的内容 View。

本程序的用户界面很简单，只有两个普通按钮，故不再给出界面布局文件代码。本程序的 Activity 代码如下。

程序清单：codes\02\2.8\Miscel\toasttest\src\main\java\org\crazyit\ui\MainActivity.java

```
public class MainActivity extends Activity
{
    @Override
    protected void onCreate(Bundle savedInstanceState)
    {
        super.onCreate(savedInstanceState);
```

```java
setContentView(R.layout.activity_main);
Button simple = findViewById(R.id.simple);
// 为按钮的单击事件绑定事件监听器
simple.setOnClickListener(view -> {
    // 创建一个 Toast 提示信息
    Toast toast = Toast.makeText(MainActivity.this,
    "简单的提示信息", Toast.LENGTH_SHORT); // 设置该 Toast 提示信息的持续时间
    toast.show();
});
Button bn = findViewById(R.id.bn);
// 为按钮的单击事件绑定事件监听器
bn.setOnClickListener(view -> {
    // 创建一个 Toast 提示信息
    Toast toast = new Toast(MainActivity.this);
    // 设置 Toast 的显示位置
    toast.setGravity(Gravity.CENTER, 0, 0);
    // 创建一个 ImageView
    ImageView image = new ImageView(MainActivity.this);
    image.setImageResource(R.drawable.tools);
    // 创建一个 LinearLayout 容器
    LinearLayout ll = new LinearLayout(MainActivity.this);
    // 向 LinearLayout 中添加图片、原有的 View
    ll.addView(image);
    // 创建一个 TextView
    TextView textView = new TextView(MainActivity.this);
    textView.setText("带图片的提示信息");
    // 设置文本框内字号的大小和字体颜色
    textView.setTextSize(24f);
    textView.setTextColor(Color.MAGENTA);
    ll.addView(textView);
    // 设置 Toast 显示自定义 View
    toast.setView(ll);
    // 设置 Toast 的显示时间
    toast.setDuration(Toast.LENGTH_LONG);
    toast.show();
});
}
```

上面的程序比较简单：第一个按钮被单击时，程序只是简单地创建了一个 Toast 对象，并把它显示出来，因此单击第一个按钮只是看到一个简单的 Toast 提示；当第二个按钮被单击时，程序先创建了一个 Toast 对象，并调用该 Toast 对象的 setView() 方法改变了该消息提示的内容。因此单击第二个按钮时将看到带图片的消息提示，如图 2.55 所示。

图 2.55　带图片的消息提示

▶▶ 2.8.2 日历视图（CalendarView）组件的功能与用法

日历视图（CalendarView）可用于显示和选择日期，用户既可选择一个日期，也可通过触摸来滚动日历。如果希望监控该组件的日期改变，则可调用 CalendarView 的 setOnDateChangeListener() 方法为此组件的点击事件添加事件监听器。

使用 CalendarView 时可指定如表 2.22 所示的常用 XML 属性及相关方法。

表 2.22 CalendarView 支持的常用 XML 属性及相关方法

XML 属性	相关方法	说明
android:dateTextAppearance	setDateTextAppearance(int)	设置该日历视图的日期文字的样式
android:firstDayOfWeek	setFirstDayOfWeek(int)	设置每周的第一天，允许设置周一到周日任意一天作为每周的第一天
android:focusedMonthDateColor	setFocusedMonthDateColor(int)	设置获得焦点的月份的日期文字的颜色
android:maxDate	setMaxDate(long)	设置该日历组件支持的最大日期。以 mm/dd/yyyy 格式指定最大日期
android:minDate	setMinDate(long)	设置该日历组件支持的最小日期。以 mm/dd/yyyy 格式指定最小日期
android:selectedDateVerticalBar	setSelectedDateVerticalBar(int)	设置绘制在选中日期两边的竖线对应的 Drawable
android:selectedWeekBackgroundColor	setSelectedWeekBackgroundColor(int)	设置被选中周的背景色
android:showWeekNumber	setShowWeekNumber(boolean)	设置是否显示第几周
android:shownWeekCount	setShownWeekCount(int)	设置该日历组件总共显示几个星期
android:unfocusedMonthDateColor	setUnfocusedMonthDateColor(int)	设置没有焦点的月份的日期文字的颜色
android:weekDayTextAppearance	setWeekDayTextAppearance(int)	设置星期几的文字样式
android:weekNumberColor	setWeekNumberColor(int)	设置显示周编号的颜色
android:weekSeparatorLineColor	setWeekSeparatorLineColor(int)	设置周分割线的颜色

下面通过实例来示范 CalendarView 组件的功能与用法。

实例：选择您的生日

本实例的重点是界面布局文件中添加了一个 CalendarView 组件。下面是该实例的界面布局文件。

程序清单：codes\02\2.8\Miscel\calendarviewtest\src\main\res\layout\activity_main.xml

```xml
<LinearLayout
    xmlns:android="http://schemas.android.com/apk/res/android"
    android:orientation="vertical"
    android:layout_width="match_parent"
    android:layout_height="match_parent">
    <TextView
        android:layout_width="match_parent"
        android:layout_height="wrap_content"
        android:text="选择您的生日："/>
    <!-- 设置以星期二作为每周第一天，
    设置该组件总共显示 4 个星期，
    并对该组件的日期时间进行了定制 -->
    <CalendarView
        android:layout_width="match_parent"
        android:layout_height="match_parent"
        android:firstDayOfWeek="3"
```

```xml
        android:shownWeekCount="4"
        android:selectedWeekBackgroundColor="#aff"
        android:focusedMonthDateColor="#f00"
        android:weekSeparatorLineColor="#ff0"
        android:unfocusedMonthDateColor="#f9f"
        android:id="@+id/calendarView" />
</LinearLayout>
```

上面的界面布局文件中粗体字代码定义了一个 CalenarView 组件，并设置该组件总共显示 4 周，以每周的星期二作为第一天。

为了监听用户选择日期的事件，本实例在 Activity 代码中调用该组件的 setOnDateChangeListener() 方法来添加事件监听器。该实例的 Activity 代码如下。

程序清单：codes\02\2.8\Miscel\calendarviewtest\src\main\java\org\crazyit\ui\MainActivity.java

```java
public class MainActivity extends Activity
{
    @Override
    protected void onCreate(Bundle savedInstanceState)
    {
        super.onCreate(savedInstanceState);
        setContentView(R.layout.activity_main);
        CalendarView cv = findViewById(R.id.calendarView);
        // 为 CalendarView 组件的日期改变事件添加事件监听器
        cv.setOnDateChangeListener((view, year, month, dayOfMonth) -> {
            // 使用 Toast 显示用户选择的日期
            Toast.makeText(MainActivity.this,"你生日是" + year
                + "年" + (month + 1) + "月" + dayOfMonth + "日"
                , Toast.LENGTH_SHORT).show();
        });
    }
}
```

上面 Activity 的粗体字代码的 Lambda 表达式就是 onSelectedDayChange()方法的方法体，当用户选择的日期发生改变时将会触发该方法。运行上面的程序，当用户选择的日期发生改变时，将可以看到程序显示如图 2.56 所示的界面。

图 2.56　通过 CalendarView 组件选择日期

2.8.3 日期、时间选择器（DatePicker 和 TimePicker）的功能与用法

DatePicker 和 TimePicker 是两个比较易用的组件，它们都从 FrameLayout 派生而来，其中 DatePicker 供用户选择日期；而 TimePicker 则供用户选择时间。

DatePicker 和 TimePicker 在 FrameLayout 的基础上提供了一些方法来获取当前用户所选择的日期、时间；如果程序需要获取用户选择的日期、时间，则可通过为 DatePicker 添加 OnDateChangedListener 进行监听、为 TimePicker 添加 OnTimerChangedListener 进行监听来实现。

使用 DatePicker 时可指定如表 2.23 所示的常用 XML 属性。

表 2.23 DatePicker 支持的常用 XML 属性

XML 属性	相关方法	说明
android:calendarTextColor		设置日历列表的文本颜色
android:calendarViewShown		设置该日期选择器是否显示 CalendarView 组件
android:datePickerMode		设置日期选择的模式，该属性支持 calendar（日历）和 spinner（旋转）两种模式
android:dayOfWeekBackground		设置日历中每周上方的页眉颜色
android:dayOfWeekTextAppearance		设置日历中每周上方的页眉的文本外观
android:endYear		设置日期选择器允许选择的最后一年
android:firstDayOfWeek	setFirstDayOfWeek(int)	设置每周的第一天，允许设置周一到周日任意一天作为每周的第一天
android:headerBackground		设置选中日期的背景色
android:headerDayOfMonthTextAppearance		设置选中日期中代表日的文本外观
android:headerMonthTextAppearance		设置选中日期中代表月的文本外观
android:headerYearTextAppearance		设置选中日期中代表年的文本外观
android:maxDate		设置该日期选择器支持的最大日期。以 mm/dd/yyyy 格式指定最大日期
android:minDate		设置该日期选择器支持的最小日期。以 mm/dd/yyyy 格式指定最小日期
android:spinnersShown		设置该日期选择器是否显示 Spinner 日期选择组件
android:startYear		设置日期选择器允许选择的第一年

上面很多属性都是与主题相关的，因此这些属性可能需要在特定主题下才能发挥作用。

TimePicker 只可指定一个 android:timePickerMode 属性，该属性指定该组件的模式，它可支持 clock（钟）和 spinner（旋转）两种选择器模式。

下面以一个让用户选择日期、时间的实例来示范 DatePicker 和 TimePicker 的功能与用法。

实例：用户选择日期、时间

为了让用户能选择日期，本应用需要同时使用 DatePicker 和 TimePicker 两个组件，并为它们分别绑定监听器。下面是本应用的界面布局文件。

程序清单：codes\02\2.8\Miscel\choosedate\src\main\res\layout\activity_main.xml

```
<?xml version="1.0" encoding="utf-8"?>
<LinearLayout xmlns:android="http://schemas.android.com/apk/res/android"
    android:orientation="vertical"
    android:layout_width="match_parent"
    android:layout_height="match_parent">
    <TextView
```

```xml
        android:layout_width="match_parent"
        android:layout_height="wrap_content"
        android:textSize="22sp"
        android:padding="10dp"
        android:text="选择购买本书的具体时间"/>
    <!-- 定义一个DatePicker组件 -->
    <DatePicker android:id="@+id/datePicker"
        android:layout_width="wrap_content"
        android:layout_height="wrap_content"
        android:layout_gravity="center_horizontal"
        android:startYear="2000"
        android:endYear="2018"
        android:headerBackground="#f0f"
        android:calendarViewShown="true"
        android:spinnersShown="true"/>
    <!-- 定义一个TimePicker组件 -->
    <TimePicker android:id="@+id/timePicker"
        android:layout_width="wrap_content"
        android:layout_height="wrap_content"
        android:layout_gravity="center_horizontal"/>
</LinearLayout>
```

在上面的界面布局中添加了一个 DatePicker 和一个 TimePicker，这两个组件供用户选择日期、时间。

本应用的主程序如下。

程序清单：codes\02\2.8\Miscel\choosedate\src\main\java\org\crazyit\ui\MainActivity.java

```java
public class MainActivity extends Activity
{
    // 定义 5 个记录当前时间的变量
    private int year;
    private int month;
    private int day;
    private int hour;
    private int minute;
    @Override
    protected void onCreate(Bundle savedInstanceState)
    {
        super.onCreate(savedInstanceState);
        setContentView(R.layout.activity_main);
        DatePicker datePicker = findViewById(R.id.datePicker);
        TimePicker timePicker = findViewById(R.id.timePicker);
        // 获取当前的年、月、日、小时、分钟
        Calendar c = Calendar.getInstance();
        year = c.get(Calendar.YEAR);
        month = c.get(Calendar.MONTH);
        day = c.get(Calendar.DAY_OF_MONTH);
        hour = c.get(Calendar.HOUR);
        minute = c.get(Calendar.MINUTE);
        // 初始化 DatePicker 组件，初始化时指定监听器
        datePicker.init(year, month, day,  (view, year, month, day) -> {
            MainActivity.this.year = year;
            MainActivity.this.month = month;
            MainActivity.this.day = day;
            // 显示当前日期、时间
            showDate(year, month, day, hour, minute);
        });
        // 为 TimePicker 指定监听器
        timePicker.setOnTimeChangedListener((view, hourOfDay, minute) -> {
            MainActivity.this.hour = hourOfDay;
            MainActivity.this.minute = minute;
            // 显示当前日期、时间
```

```
            showDate(year, month, day, hour, minute);
        });
    }
    // 使用 Toast 显示当前日期、时间的方法
    private void showDate(int year, int month, int day, int hour, int minute)
    {
        String msg = "您的购买日期为:" + year + "年" + (month + 1) +
            "月" + day + "日 " + hour + "时" + minute + "分";
        Toast.makeText(this, msg, Toast.LENGTH_SHORT)
            .show();
    }
}
```

上面程序中的两段粗体字代码就是分别为 DatePicker、TimePicker 绑定事件监听器的代码，DatePicker 和 TimePicker 绑定监听器的方式略有不同，但本质是一样的。一旦为 DatePicker、TimePicker 绑定了监听器，当用户通过这两个组件来选择日期、时间时，监听器就会被触发——监听器负责使用 Toast 来显示用户选择的日期、时间。运行上面的程序，将看到如图 2.57 所示的界面。

图 2.57　选择日期、时间

▶▶2.8.4　数值选择器（NumberPicker）的功能与用法

数值选择器用于让用户输入数值，用户既可以通过键盘输入数值，也可以通过拖动来选择数值。使用该组件常用如下三个方法。

➢ setMinValue(int minVal)：设置该组件支持的最小值。
➢ setMaxValue(int maxVal)：设置该组件支持的最大值。
➢ setValue(int value)：设置该组件的当前值。

下面通过一个实例来介绍 NumberPicker 的功能与用法。

实例：选择您意向的价格范围

在该实例中，程序将会使用两个 NumberPicker 来让用户选择价格，其中第一个 NumberPicker 用于选择低价；第二个 NumberPicker 用于选择高价。下面是该实例的界面布局文件。

程序清单：codes\02\2.8\Miscel\numberpickertest\src\main\res\layout\activity_main.xml

```xml
<?xml version="1.0" encoding="utf-8"?>
<TableLayout
```

```xml
    xmlns:android="http://schemas.android.com/apk/res/android"
    android:layout_width="match_parent"
    android:layout_height="wrap_content">
    <TableRow
        android:layout_width="match_parent"
        android:layout_height="wrap_content">
        <TextView
            android:text="选择低价："
            android:layout_width="120dp"
            android:padding="10dp"
            android:layout_height="wrap_content" />
        <NumberPicker
            android:id="@+id/np1"
            android:layout_width="match_parent"
            android:layout_height="80dp"
            android:focusable="true"
            android:focusableInTouchMode="true" />
    </TableRow>
    <TableRow
        android:layout_width="match_parent"
        android:layout_height="wrap_content">
        <TextView
            android:text="选择高价："
            android:layout_width="120dp"
            android:padding="10dp"
            android:layout_height="wrap_content" />
        <NumberPicker
            android:id="@+id/np2"
            android:layout_width="match_parent"
            android:layout_height="80dp"
            android:focusable="true"
            android:focusableInTouchMode="true" />
    </TableRow>
</TableLayout>
```

在上面的界面布局文件中定义了两个 NumberPicker，接下来 Activity 代码需要为这两个 NumberPicker 设置最小值、最大值，并为它们绑定事件监听器。下面是该 Activity 的代码。

程序清单：codes\02\2.8\Miscel\numberpickertest\src\main\java\org\crazyit\ui\MainActivity.java

```java
public class MainActivity extends Activity
{
    // 定义最低价格、最高价格的初始值
    private int minPrice = 25;
    private int maxPrice = 75;
    @Override
    protected void onCreate(Bundle savedInstanceState)
    {
        super.onCreate(savedInstanceState);
        setContentView(R.layout.activity_main);
        NumberPicker np1 = findViewById(R.id.np1);
        // 设置 np1 的最小值和最大值
        np1.setMinValue(10);
        np1.setMaxValue(50);
        // 设置 np1 的当前值
        np1.setValue(minPrice);
        np1.setOnValueChangedListener((picker, oldVal, newVal) -> {
            // 当 NumberPicker 的值发生改变时，将会激发该方法
            minPrice = newVal;
            showSelectedPrice();
        });
        NumberPicker np2 = findViewById(R.id.np2);
        // 设置 np2 的最小值和最大值
        np2.setMinValue(60);
```

```
            np2.setMaxValue(100);
            // 设置 np2 的当前值
            np2.setValue(maxPrice);
            np2.setOnValueChangedListener((picker, oldVal, newVal) -> {
                // 当 NumberPicker 的值发生改变时，将会激发该方法
                maxPrice = newVal;
                showSelectedPrice();
            });
    }
    private void showSelectedPrice()
    {
        Toast.makeText(this, "您选择最低价格为： " + minPrice +
                "，最高价格为： " + maxPrice, Toast.LENGTH_SHORT).show();
    }
}
```

上面两段粗体字代码的控制逻辑基本是相似的，它们都调用了 NumberPicker 的 setMinValue()、setMaxValue()、setValue() 来设置该数值选择器的最小值、最大值和当前值。除此之外，程序还为两个数值选择器绑定了事件监听器：当它们的值发生改变时，将会激发相应的事件处理方法。

运行该程序，并通过 NumberPicker 选择数值，将可以看到如图 2.58 所示的界面。

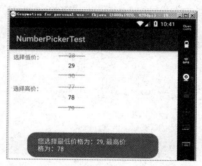

图 2.58　使用 NumberPicker 选择数值

▶▶ 2.8.5　搜索框（SearchView）的功能与用法

SearchView 是搜索框组件，它可以让用户在文本框内输入文字，并允许通过监听器监控用户输入，当用户输入完成后提交搜索时，也可通过监听器执行实际的搜索。

使用 SearchView 时可使用如下常用方法。

- ➢ setIconifiedByDefault (boolean iconified)：设置该搜索框默认是否自动缩小为图标。
- ➢ setSubmitButtonEnabled(boolean enabled)：设置是否显示搜索按钮。
- ➢ setQueryHint(CharSequence hint)：设置搜索框内默认显示的提示文本。
- ➢ setOnQueryTextListener (SearchView.OnQueryTextListener listener)：为该搜索框设置事件监听器。

如果为 SearchView 增加一个配套的 ListView，则可以为 SearchView 增加自动完成的功能。如下实例示范了 SearchView 的功能与用法。

实例：搜索

该实例的界面布局文件中定义了一个 SearchView 和 ListView，其中 ListView 用于为 SearchView 显示自动补齐列表。界面布局文件如下。

程序清单：codes\02\2.8\Miscel\searchviewtest\src\main\res\layout\activity_main.xml

```
<?xml version="1.0" encoding="utf-8"?>
<LinearLayout
```

```xml
    xmlns:android="http://schemas.android.com/apk/res/android"
    android:layout_width="match_parent"
    android:layout_height="match_parent"
    android:orientation="vertical">
    <!-- 定义一个 SearchView -->
    <SearchView
        android:id="@+id/sv"
        android:layout_width="wrap_content"
        android:layout_height="wrap_content" />
    <!-- 为 SearchView 定义自动完成的 ListView-->
    <ListView
        android:id="@+id/lv"
        android:layout_width="match_parent"
        android:layout_height="0dp"
        android:layout_weight="1"/>
</LinearLayout>
```

上面的布局文件中定义了一个 SearchView 组件，并为该 SearchView 组件定义了一个 ListView 组件，该 ListView 组件用于为 SearchView 组件显示自动完成列表。

下面是该实例对应的 Activity 代码。

程序清单：codes\02\2.8\Miscel\searchviewtest\src\main\java\org\crazyit\ui\MainActivity.java

```java
public class MainActivity extends Activity
{
    // 自动完成的列表
    private String[] mStrings = new String[]{"aaaaa", "bbbbbb", "cccccc"};
    @Override
    protected void onCreate(Bundle savedInstanceState)
    {
        super.onCreate(savedInstanceState);
        setContentView(R.layout.activity_main);
        final ListView lv = findViewById(R.id.lv);
        lv.setAdapter(new ArrayAdapter(this, android.R.layout.simple_list_item_1, mStrings));
        // 设置 ListView 启用过滤
        lv.setTextFilterEnabled(true);
        SearchView sv = findViewById(R.id.sv);
        // 设置该 SearchView 默认是否自动缩小为图标
        sv.setIconifiedByDefault(false);
        // 设置该 SearchView 显示搜索按钮
        sv.setSubmitButtonEnabled(true);
        // 设置该 SearchView 内默认显示的提示文本
        sv.setQueryHint("查找");
        // 为该 SearchView 组件设置事件监听器
        sv.setOnQueryTextListener(new SearchView.OnQueryTextListener()
        {
            // 用户输入字符时激发该方法
            @Override public boolean onQueryTextChange(String newText)
            {
                // 如果 newText 不是长度为 0 的字符串
                if (TextUtils.isEmpty(newText))
                {
                    // 清除 ListView 的过滤
                    lv.clearTextFilter();
                } else
                {
                    // 使用用户输入的内容对 ListView 的列表项进行过滤
                    lv.setFilterText(newText);
                }
                return true;
            }
```

```
            // 单击搜索按钮时激发该方法
            @Override public boolean onQueryTextSubmit(String query)
            {
                // 实际应用中应该在该方法内执行实际查询
                // 此处仅使用 Toast 显示用户输入的查询内容
                Toast.makeText(MainActivity.this, "您的选择是:" +
                    query, Toast.LENGTH_SHORT).show();
                return false;
            }
        });
    }
}
```

上面程序中的粗体字代码就是控制 SearchView 的关键代码。第四行粗体字代码为 SeachView 设置了事件监听器，并为该 SearchView 启用了搜索按钮。接下来程序重写了 onQueryTextChange()、onQueryTextSubmit() 两个方法，这两个方法用于为 SearchView 的事件提供响应。

运行该程序，将可以看到如图 2.59 所示的界面。

图 2.59 使用 SearchView 执行搜索

▶▶ 2.8.6 滚动视图（ScrollView）的功能与用法

ScrollView 由 FrameLayout 派生而出，它就是一个用于为普通组件添加滚动条的组件。ScrollView 里最多只能包含一个组件，而 ScrollView 的作用就是为该组件添加垂直滚动条。

> **提示：**
> ScrollView 的作用和 Swing 编程中的 JScrollPane 非常相似，它们甚至不能被称为真正的容器，它们只是为其他容器添加滚动条。

在默认情况下，ScrollView 只是为其他组件添加垂直滚动条，如果应用需要添加水平滚动条，则可借助于另一个滚动视图——HorizontalScrollView 来实现。ScrollView 与 HorizontalScrollView 的功能基本相似，只是前者添加垂直滚动条，后者添加水平滚动条。

下面以一个例子来示范 ScrollView、HorizontalScrollView 的用法。

实例：可垂直和水平滚动的视图

本实例程序通过在 ScrollView 里嵌套 HorizontalScrollView，来为应用的界面同时添加水平滚动条、垂直滚动条。下面是该应用的界面布局文件。

程序清单：codes\02\2.8\Miscel\scrollviewtest\src\main\res\layout\activity_main.xml

```xml
<?xml version="1.0" encoding="utf-8"?>
<!-- 定义 ScrollView，为里面的组件添加垂直滚动条 -->
<ScrollView xmlns:android="http://schemas.android.com/apk/res/android"
    android:layout_width="match_parent"
    android:layout_height="match_parent">
    <!-- 定义 HorizontalScrollView，为里面的组件添加水平滚动条 -->
    <HorizontalScrollView
        android:layout_width="match_parent"
        android:layout_height="wrap_content">
        <LinearLayout android:orientation="vertical"
            android:layout_width="match_parent"
            android:layout_height="match_parent">
            <!-- 省略多个 TextView 组件 -->
            ...
```

```
        </LinearLayout>
    </HorizontalScrollView>
</ScrollView>
```

上面的界面布局实现了界面的垂直、水平同时滚动。使用 Activity 显示上面的界面布局，将看到如图 2.60 所示的界面。

图 2.60　水平、垂直滚动

此外，ScrollView 和 HorizontalScrollView 还可设置分页滚动方式，这样可实现滑动分页的效果。

▶▶ 2.8.7　Android 9 改进的通知和通知 Channel

Notification 是显示在手机状态栏的通知——手机状态栏位于手机屏幕的最上方，那里一般显示手机当前的网络状态、电池状态、时间等。Notification 所代表的是一种具有全局效果的通知，程序一般通过 NotificationManager 服务来发送 Notification。

> **提示：**
> NotificationManager 是一个重要的系统服务，该 API 位于图 1.1 中的 Java API 框架层，应用程序可通过 NotificationManager 向系统发送全局通知。

Android 为 Notification 提供了 Notification.Builder 类，通过该类允许开发者更轻松地创建 Notification 对象。Notification.Builder 提供了如下常用方法。

- setDefaults()：设置通知 LED 灯、音乐、振动等。
- setAutoCancel()：设置点击通知后，状态栏自动删除通知。
- setContentTitle()：设置通知标题。
- setContentText()：设置通知内容。
- setSmallIcon()：为通知设置图标。
- setLargeIcon()：为通知设置大图标。
- setTick()：设置通知在状态栏的提示文本。
- setContentIntent()：设置点击通知后将要启动的程序组件对应的 PendingIntent。

Android 8 加入了通知 Channel 帮助用户来统一管理通知，开发者可以为不同类型的通知创建同一个通知 Channel，而用户则可通过该 Channel 统一管理这些通知的行为——所有使用同一个 Channel 的通知都具有相同的行为。

通知 Channel 可统一管理通知的如下行为。

- 重要性
- 声音
- 闪光灯

- 振动
- 在锁屏上显示
- 替换免打扰模式

App 第一次运行时可通过程序设置通知 Channel 的行为，但用户完全可以通过 Settings 来改变通知 Channel 的行为，甚至可以随时屏蔽通知 Channel。一旦用户修改了该通知 Channel 的行为之后，程序将无法通过编程方式修改 Channel 的行为，这些设置完全由用户控制。

Android 9 再次改进了消息机制，它新增如下两个功能。

- 增强了通知参与者的支持。程序在创建 MessagingStyle 时应使用 Person（支持名字、头像等）作为参数，不推荐使用普通的 CharSequence 作为参数，这样可为通知参与者设置更丰富的信息。
- 消息支持更丰富的数据。Message 对象可使用 setData()方法设置更多样的通知数据（如图片），而不像以前仅支持文字通知。

发送 Notification 很简单，按如下步骤进行即可。

① 调用 getSystemService(NOTIFICATION_SERVICE)方法获取系统的 NotificationManager 服务。

② 创建 NotificationChannel 对象，并在 NotificationManager 上创建该 Channel 对象。

③ 通过构造器创建一个 Notification.Builder 对象。

④ 为 Notification.Builder 设置通知的各种属性。

⑤ 创建 MessagingStyle 和 Message，通过 Message 设置消息内容，为 Notification.Builder 设置 MessagingStyle 后创建 Notification。

⑥ 通过 NotificationManager 发送 Notification。

下面通过实例来介绍 Notification 的功能与用法。

实例：加薪通知

本实例示范了如何通过 NotificationManager 来发送、取消 Notification。本实例的界面很简单，只是包含两个普通按钮，分别用于发送 Notification 和取消 Notification。本实例程序的 Activity 代码如下。

程序清单：codes\02\2.8\Miscel\notificationtest\src\main\java\org\crazyit\ui\MainActivity.java

```java
public class MainActivity extends Activity
{
    public static final int NOTIFICATION_ID = 0x123;
    public static final String CHANNEL_ID = "crazyit";
    private NotificationManager nm;
    @Override
    protected void onCreate(Bundle savedInstanceState)
    {
        super.onCreate(savedInstanceState);
        setContentView(R.layout.activity_main);
        // 获取系统的 NotificationManager 服务
        nm = (NotificationManager) getSystemService(Context.NOTIFICATION_SERVICE);
        // 设置通知 Channel 的名字
        String name = "测试 Channel";
        // 创建通知
        NotificationChannel channel = new NotificationChannel(CHANNEL_ID,
                name, NotificationManager.IMPORTANCE_HIGH);
        // 设置通知 Channel 的描述信息
```

```java
            channel.setDescription("测试 Channel 的描述信息");
            // 设置通知出现时的闪光灯
            channel.enableLights(true);
            channel.setLightColor(Color.RED);
            // 设置通知出现时振动
            channel.enableVibration(true);
            channel.setVibrationPattern(new long[]{0 , 50 , 100, 150});
            channel.setSound(Uri.parse("android.resource://org.crazyit.ui/" +
R.raw.msg), null);
            // 最后在 NotificationManager 上创建该通知 Channel
            nm.createNotificationChannel(channel);
    }
    // 为发送通知的按钮的点击事件定义事件处理方法
    public void send(View source)
    {
        // 创建一个启动其他 Activity 的 Intent
        Intent intent = new Intent(MainActivity.this, OtherActivity.class);
        PendingIntent pi = PendingIntent.getActivity(MainActivity.this, 0, intent, 0);
        Person p = new Person.Builder()
                .setName("孙悟空")
                .setIcon(Icon.createWithResource(this, R.drawable.sun))
                .build();
        // 设置通知参与者
        Notification.MessagingStyle messagingStyle = new
Notification.MessagingStyle(p);
        // 设置消息标题
        messagingStyle.setConversationTitle("一条新通知");
        // 创建一条消息
        Notification.MessagingStyle.Message message = new
Notification.MessagingStyle
                .Message("恭喜您，您加薪了,工资增加20%!", System.currentTimeMillis(), p);
        // 设置额外的数据
//        message.setData("image/jpeg", Uri.parse("file:///mnt/sdcard/list.png"));  // ②
        // 添加一条消息
        messagingStyle.addMessage(message);
        Notification notify = new Notification.Builder(this, CHANNEL_ID)
            // 设置打开该通知,该通知自动消失
            .setAutoCancel(true)
            // 设置通知的图标
            .setSmallIcon(R.drawable.notify)
            // 设置 MessagingStyle
            .setStyle(messagingStyle)
            // 设置通知将要启动程序的 Intent
            .setContentIntent(pi)    // ①
            .build();
        // 发送通知
        nm.notify(NOTIFICATION_ID, notify);
    }
    // 为删除通知的按钮的点击事件定义事件处理方法
    public void del(View v)
    {
        // 取消通知
        nm.cancel(NOTIFICATION_ID);
    }
}
```

上面程序中的粗体字代码用于为 Notification 设置各种属性，包括 Notification 的图标、标题、发送时间等。

从 Android 8 开始，通知的声音、闪光灯、振动等信息由通知 Channel 管理。因此，上面程序创建了 NotificationChannel 之后，设置了闪光灯、振动等信息，如果希望设置自定义声音，则可以使用如下代码。

```
// 设置自定义声音
channel.setSound(Uri.parse("android.resource://org.crazyit.ui/" + R.raw.msg), null);
```

接下来的①号粗体字代码用于为该 Notification 设置事件信息，在设置事件信息时传入了一个 PendingIntent 对象，该对象里封装了一个 Intent，这意味着单击该 Notification 时将会启动该 Intent 对应的程序。

运行上面的程序（必须使用支持 Android 9 的模拟器），单击"发送 NOTIFICATION"按钮，将可以看到在手机屏幕上方出现了一个 Notification，如图 2.61 所示。

将图 2.61 所示的通知向下拖动，将看到通知被展开，用户可用手指向右拖动通知，将会显示如图 2.62 所示的 Channel 设置界面。

图 2.61　发送通知

图 2.62　设置通知 Channel

图 2.61 所示的 Notification 还关联了一个 Activity：OtherActivity，因此，当用户单击"一条新通知"时即可启动 OtherActivity——OtherActivity 是一个十分简单的程序，此处不再介绍。

程序中被注释掉的②号代码用于为通知设置图片消息，如果取消这行代码的注释，程序发送的通知内容将是一张图片（前提是在模拟器的/mnt/sdcard/目录下有对应的图片）。

由于上面的程序指定了该 Notification 要启动 OtherActivity，因此一定不要忘记在 AndroidManifest.xml 文件中声明该 Activity。而且上面的程序还需要访问系统闪光灯、振动器，这也需要在 AndroidManifest.xml 文件中声明权限。也就是增加如下代码片段：

```
<activity android:name=".OtherActivity" android:label="@string/other_activity">
</activity>
<!-- 添加操作闪光灯的权限 -->
<uses-permission android:name="android.permission.FLASHLIGHT"/>
<!-- 添加操作振动器的权限 -->
<uses-permission android:name="android.permission.VIBRATE"/>
```

2.9　第 7 组 UI 组件：对话框

Android 提供了丰富的对话框支持，它提供了如下 4 种常用的对话框。

➢ AlertDialog：功能最丰富、实际应用最广的对话框。
➢ ProgressDialog：进度对话框，这种对话框只是对进度条的包装。
➢ DatePickerDialog：日期选择对话框，这种对话框只是对 DatePicker 的包装。
➢ TimePickerDialog：时间选择对话框，这种对话框只是对 TimePicker 的包装。

上面 4 种对话框中功能最强、用法最灵活的就是 AlertDialog，因此其应用也非常广泛，而其他三种对话框都是它的子类。图 2.63 显示了它们的继承关系。

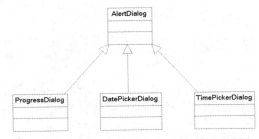

图 2.63　AlertDialog 及其子类的继承关系图

本节将会详细介绍各种对话框的功能与用法。

▶▶ 2.9.1　使用 AlertDialog 创建对话框

AlertDialog 的功能很强大，它可以生成各种内容的对话框。但实际上 AlertDialog 生成的对话框总有如图 2.64 所示的结构。

从图 2.64 可以看出，AlertDialog 生成的对话框可分为如下 4 个区域。

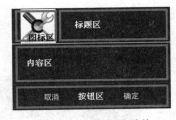

图 2.64　对话框的结构

- 图标区
- 标题区
- 内容区
- 按钮区

从上面对话框的结构来看，创建一个对话框需要经过如下几步。

① 创建 AlertDialog.Builder 对象。
② 调用 AlertDialog.Builder 的 setTitle()或 setCustomTitle()方法设置标题。
③ 调用 AlertDialog.Builder 的 setIcon()方法设置图标。
④ 调用 AlertDialog.Builder 的相关设置方法设置对话框内容。
⑤ 调用 AlertDialog.Builder 的 setPositiveButton()、setNegativeButton()或 setNeutralButton()方法添加多个按钮。
⑥ 调用 AlertDialog.Builder 的 create()方法创建 AlertDialog 对象，再调用 AlertDialog 对象的 show()方法将该对话框显示出来。

在上面的 6 个步骤中，第 4 步是最灵活的，AlertDialog 允许创建各种内容的对话框。归纳起来，AlertDialog 提供了如下 6 种方法来指定对话框的内容。

- setMessage()：设置对话内容为简单文本。
- setItems()：设置对话框内容为简单列表项。
- setSingleChoiceItems()：设置对话框内容为单选列表项。
- setMultiChoiceItems()：设置对话框内容为多选列表项。
- setAdapter()：设置对话框内容为自定义列表项。
- setView()：设置对话框内容为自定义 View。

下面通过几个实例来介绍 AlertDialog 的用法。

实例：显示提示消息的对话框

本程序的界面非常简单，程序界面上定义了 1 个文本框和 6 个按钮，每次用户单击一个按钮时，将会显示不同类型的对话框。

本实例的界面只包含一个简单的文本框和几个按钮。当用户单击按钮时将会显示对话框。由于界面十分简单，故此处不再给出界面布局文件。

本程序将会通过上面介绍的 6 步来创建 AlertDialog 对话框。

程序清单：codes\02\2.9\AlertDialogTest\alertdialogtest\src\main\java\org\crazyit\ui\MainActivity.java

```java
public void simple(View source)
{
    AlertDialog.Builder builder = new AlertDialog.Builder(this)
            // 设置对话框标题
            .setTitle("简单对话框")
            // 设置图标
            .setIcon(R.drawable.tools).setMessage("对话框的测试内容\n第二行内容");
    // 为 AlertDialog.Builder 添加"确定"按钮
    setPositiveButton(builder);
    // 为 AlertDialog.Builder 添加"取消"按钮
    setNegativeButton(builder).create().show();
}
```

上面程序中的粗体字代码为该对话框设置了图标、标题等属性。上面程序中还调用了 setPositiveButton() 和 setNegativeButton() 方法添加按钮。这两个方法的代码如下（程序清单同上）。

```java
private AlertDialog.Builder setPositiveButton(AlertDialog.Builder builder)
{
    // 调用 setPositiveButton 方法添加"确定"按钮
    return builder.setPositiveButton("确定", (dialog, which) -> show.setText("单击了【确定】按钮！"));
}
private AlertDialog.Builder setNegativeButton(AlertDialog.Builder builder)
{
    // 调用 setNegativeButton 方法添加"取消"按钮
    return builder.setNegativeButton("取消", (dialog, which) -> show.setText("单击了【取消】按钮！"));
}
```

除此之外，AlertDialog.Builder 还提供了如下方法来添加按钮。

➤ setNeutralButton(CharSequence text, DialogInterface.OnClickListener listener)：添加一个装饰性按钮。

因此，Android 的对话框一共可以生成三个按钮。

运行上面的程序，单击"简单对话框"按钮，将看到如图 2.65 所示的界面。

图 2.65 简单对话框

实例：简单列表项对话框

调用 AlertDialog.Builder 的 setItems() 方法即可设置简单列表项对话框，调用该方法时需要传入一个数组或数组资源的资源 ID。

下面的程序调用 setItems() 来设置简单列表项对话框（程序清单同上）。

```
public void simpleList(View source)
{
    AlertDialog.Builder builder = new AlertDialog.Builder(this)
            // 设置对话框标题
            .setTitle("简单列表项对话框")
            // 设置图标
            .setIcon(R.drawable.tools)
            // 设置简单的列表项内容
            .setItems(items, (dialog, wh) -> show.setText("你选中了《" + items[wh] + "》"));
    // 为 AlertDialog.Builder 添加"确定"按钮
    setPositiveButton(builder);
    // 为 AlertDialog.Builder 添加"取消"按钮
    setNegativeButton(builder).create().show();
}
```

上面程序中的粗体字代码调用 AlertDialog.Builder 的 setItems() 方法为对话框设置了多个列表项，此处生成了 4 个普通列表项。

运行上面的程序，单击"简单列表项对话框"按钮，程序将显示如图 2.66 所示的界面。

图 2.66　简单列表项对话框

实例：单选列表项对话框

只要调用 AlertDialog.Builder 的 setSingleChoiceItems() 方法即可创建带单选列表项的对话框。调用 setSingleChoiceItems() 方法时既可传入数组作为参数，也可传入 Cursor（相当于数据库查询结果集）作为参数，还可传入 ListAdapter 作为参数。如果传入 ListAdapter 作为参数，则由 ListAdapter 来提供多个列表项组件。

下面的程序调用了 setSingleChoiceItems() 方法来创建带单选列表项的对话框（程序清单同上）。

```
public void singleChoice(View source)
{
    AlertDialog.Builder builder = new AlertDialog.Builder(this)
            // 设置对话框标题
            .setTitle("单选列表项对话框")
            // 设置图标
            .setIcon(R.drawable.tools)
```

```
            // 设置单选列表项，默认选中第 2 项（索引为 1）
            .setSingleChoiceItems(items, 1, (dialog, which)
                -> show.setText("你选中了《" + items[which] + "》"));
        // 为 AlertDialog.Builder 添加"确定"按钮
        setPositiveButton(builder);
        // 为 AlertDialog.Builder 添加"取消"按钮
        setNegativeButton(builder).create().show();
}
```

运行上面的程序，单击"单选列表项对话框"按钮，应用显示如图 2.67 所示的界面。

图 2.67　单选列表项对话框

实例：多选列表项对话框

只要调用 AlertDialog.Builder 的 setMultiChoiceItems()方法即可创建一个多选列表项对话框。调用 setMultiChoiceItems()方法时既可传入数组作为参数，也可传入 Cursor（相当于数据库查询结果集）作为参数。

下面的程序调用了 setMultiChoiceItems()方法来创建带多选列表项的对话框（程序清单同上）。

```
public void multiChoice(View source)
{
    AlertDialog.Builder builder = new AlertDialog.Builder(this)
            // 设置对话框标题
            .setTitle("多选列表项对话框")
            // 设置图标
            .setIcon(R.drawable.tools)
            // 设置多选列表项，设置勾选第 2 项、第 4 项
            .setMultiChoiceItems(items, new boolean[]{false, true, false, true}, null);
    // 为 AlertDialog.Builder 添加"确定"按钮
    setPositiveButton(builder);
    // 为 AlertDialog.Builder 添加"取消"按钮
    setNegativeButton(builder).create().show();
}
```

调用 AlertDialog.Builder 的 setMultiChoiceItems()方法添加多选列表项时，需要传入一个 boolean[]参数，该参数有两个作用：①设置初始化时选中哪些列表项；②该 boolean[]类型的参数还可用于动态地获取多选列表中列表项的选中状态。

运行上面的程序，然后单击"多选列表项对话框"按钮，程序将显示如图 2.68 所示的界面。

图 2.68 多选列表项对话框

实例：自定义列表项对话框

AlertDialog.Builder 提供了一个 setAdapter()方法来设置对话框的内容，该方法需要传入一个 Adapter 参数，这样即可由该 Adapter 负责提供多个列表项组件。

不仅 setAdapter()方法可以接受 Adapter 作为参数，setSingleChoice()方法也可以接受 Adapter 作为参数，这意味着调用 setSingleChoice()方法也可实现自定义列表项对话框。

下面的程序调用了 setAdapter()方法来创建自定义列表项对话框（程序清单同上）。

```
public void customList(View source)
{
    AlertDialog.Builder builder = new AlertDialog.Builder(this)
        // 设置对话框标题
        .setTitle("自定义列表项对话框")
        // 设置图标
        .setIcon(R.drawable.tools)
        // 设置自定义列表项
        .setAdapter(new ArrayAdapter(this, R.layout.array_item, items), null);
    // 为AlertDialog.Builder添加"确定"按钮
    setPositiveButton(builder);
    // 为AlertDialog.Builder添加"取消"按钮
    setNegativeButton(builder).create().show();
}
```

上面程序中的粗体字代码调用 setAdapter()方法时传入了一个 ArrayAdapter，该 ArrayAdapter 将会负责提供多个自定义列表项。如果需要，完全可以用创建 SimpleAdapter 对象或扩展 BaseAdapter 的方式来实现 Adapter，并作为参数传入 setAdapter()方法。

运行上面的程序，然后单击"自定义列表项对话框"按钮，程序将显示如图 2.69 所示的界面。

实例：自定义 View 对话框

AlertDialog.Builder 的 setView()方法可以接受一个 View 组件，该 View 组件将会作为对话框的内容，通过这种方式，开发者可以"随心所欲"地定制对话框的内容——因为在 Android 界面编程中，一切都是 View。

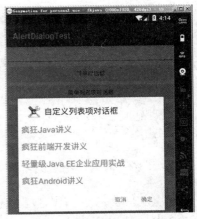

图 2.69 自定义列表项对话框

本实例将会定义一个登录对话框，为实现该登录对话框，先定义登录界面布局，该界面布局文件可参考本书配套资源中 codes\02\2.9\AlertDialogTest\alertdialogtest\src\main\res\layout 下的 login.xml 文件。

该界面布局文件定义了登录用的三个输入框：输入用户名的文本框、输入密码的密码框、输入电话号码的输入框。接下来在应用程序中调用 AlertDialog.Builder 的 setView(View view)方法让对话框显示该输入界面。

该程序与前面介绍的列表对话框程序比较相似，只是将原来的调用 setItems()设置列表项，改为调用 setView()来设置自定义视图。下面给出该程序的关键代码（程序清单同上）。

```java
public void customView(View source)
{
    // 加载\res\layout\login.xml 界面布局文件
    TableLayout loginForm = (TableLayout)getLayoutInflater().inflate
(R.layout.login, null);
    new AlertDialog.Builder(this)
            // 设置对话框的图标
            .setIcon(R.drawable.tools)
            // 设置对话框的标题
            .setTitle("自定义View对话框")
            // 设置对话框显示的 View 对象
            .setView(loginForm)
            // 为对话框设置一个"确定"按钮
            .setPositiveButton("登录", (dialog, which) -> {
                // 此处可执行登录处理
            })
            // 为对话框设置一个"取消"按钮
            .setNegativeButton("取消", (dialog, which) -> {
                // 取消登录，不做任何事情
            })
            // 创建并显示对话框
            .create().show();
}
```

上面程序中的第一行粗体字代码显式加载了\alertdialogtest\src\main\res\layout\login.xml 文件，并返回该文件对应的 TableLayout 作为 View。接下来程序调用了 AlertDialog.Builder 的 setView()方法来显示上一行代码所获得的 TableLayout。

运行上面的程序，然后单击"自定义View对话框"按钮，程序将显示如图 2.70 所示的界面。

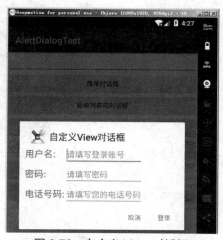

图 2.70　自定义 View 对话框

▶▶ 2.9.2 对话框风格的窗口

还有一种自定义对话框的方式,这种对话框本质上依然是窗口,只是把显示窗口的 Activity 的风格设为对话框风格。

下面的程序只需定义一个简单的界面布局,该界面布局里包含一个 ImageView 和一个 Button。接下来程序使用 Activity 来显示该界面布局。

程序清单:codes\02\2.9\AlertDialogTest\dialogtheme\src\main\java\org\crazyit\ui\MainActivity.java

```java
public class MainActivity extends Activity
{
    @Override
    protected void onCreate(Bundle savedInstanceState)
    {
        super.onCreate(savedInstanceState);
        setContentView(R.layout.activity_main);
        Button bn = findViewById(R.id.bn);
        // 为按钮绑定事件监听器
        bn.setOnClickListener(view -> finish() /* 结束 */);
    }
}
```

上面的程序仅仅是为界面上的按钮绑定了一个监听器,当该按钮被单击时结束该 Activity。

接下来在 AndroidManifest.xml 文件中指定该窗口以对话框风格显示,也就是在该清单文件中使用如下配置片段:

```xml
<activity android:name=".MainActivity"
    android:theme="@android:style/Theme.Material.Dialog">
    <intent-filter>
        <action android:name="android.intent.action.MAIN" />
        <category android:name="android.intent.category.LAUNCHER" />
    </intent-filter>
</activity>
```

上面的粗体字代码指定 DialogTheme 使用对话框风格进行显示。运行上面的程序,将看到如图 2.71 所示的界面。

▶▶ 2.9.3 使用 PopupWindow

PopupWindow 可以创建类似对话框风格的窗口,使用 PopupWindow 创建对话框风格的窗口只要如下两步即可。

① 调用 PopupWindow 的构造器创建 PopupWindow 对象。

② 调用 PopupWindow 的 showAsDropDown(View v) 将 PopupWindow 作为 v 组件的下拉组件显示出来;或调用 PopupWindow 的 showAtLocation() 方法将 PopupWindow 在指定位置显示出来。

图 2.71 对话框风格的窗口

下面的程序示范了如何使用 PopupWindow 创建对话框风格的窗口。主程序中只有一个简单的按钮,用户单击该按钮时将会显示 PopupWindow;其中 PopupWindow 负责加载并显示前一个示例的窗口界面。

程序清单:codes\02\2.9\AlertDialogTest\popupwindowtest\src\main\java\org\crazyit\ui\MainActivity.java

```java
public class MainActivity extends Activity
```

```
    {
        @Override
        protected void onCreate(Bundle savedInstanceState)
        {
            super.onCreate(savedInstanceState);
            setContentView(R.layout.activity_main);
            // 加载 R.layout.popup 对应的界面布局文件
            View root = this.getLayoutInflater().inflate(R.layout.popup, null);
            // 创建 PopupWindow 对象
            PopupWindow popup = new PopupWindow(root, 560, 720);
            Button button = findViewById(R.id.bn);
            button.setOnClickListener(view ->
                // 以下拉方式显示
                // popup.showAsDropDown(view);
                // 将 PopupWindow 显示在指定位置
                popup.showAtLocation(findViewById(R.id.bn), Gravity.CENTER, 20, 20));
            // 获取 PopupWindow 中的"关闭"按钮,并绑定事件监听器
            root.findViewById(R.id.close).setOnClickListener(view -> popup.dismiss()
/* ① */);
        }
    }
```

上面程序中的第一行粗体字代码用于创建 PopupWindow 对象,接下来的两行粗体字代码分别示范了两种显示 PopupWindow 的方式:以下拉方式显示和在指定位置显示,这就是在程序中创建并显示 PopupWindow 的关键代码。程序中①号粗体字代码负责销毁、隐藏 PopupWindow 对象——当用户单击 PopupWindow 中的"关闭"按钮时,该 PopupWindow 将会关闭。

运行上面的程序,将可以看到如图 2.72 所示的结果。

从图 2.72 所示的效果不难看出,PopupWindow 非常适合显示一些需要浮动显示的内容。

图 2.72 使用 PopupWindow 实现浮动窗

▶▶ 2.9.4 使用 DatePickerDialog、TimePickerDialog

DatePickerDialog 与 TimePickerDialog 的功能比较简单,用法也简单,只要如下两步即可。

① 通过构造器创建 DatePickerDialog、TimePickerDialog 实例,调用它们的 show()方法即可将日期选择对话框、时间选择对话框显示出来。

② 为 DatePickerDialog、TimePickerDialog 绑定监听器,这样可以保证用户通过 DatePickerDialog、TimePickerDialog 选择日期、时间时触发监听器,从而通过监听器来获取用户所选择的日期、时间。

下面程序的界面上定义了两个按钮,其中一个按钮用于打开日期选择对话框;另一个按钮用于打开时间选择对话框。该程序的界面布局文件非常简单,这里不再给出。该程序的代码如下。

程序清单:codes\02\2.9\AlertDialogTest\datedialogtest\src\main\java\org\crazyit\ui\MainActivity.java

```
public class MainActivity extends Activity
{
    @Override
    protected void onCreate(Bundle savedInstanceState)
    {
```

```java
        super.onCreate(savedInstanceState);
        setContentView(R.layout.activity_main);
        Button dateBn = findViewById(R.id.date_bn);
        Button timeBn = findViewById(R.id.time_bn);
        TextView show = findViewById(R.id.show);
        // 为"选择日期"按钮绑定监听器
        dateBn.setOnClickListener(view -> {
            Calendar c = Calendar.getInstance();
            // 直接创建一个 DatePickerDialog 对话框实例,并将它显示出来
            new DatePickerDialog(MainActivity.this,
                // 绑定监听器
                (dp, year, month, dayOfMonth) -> {
                    show.setText("您选择了:" + year + "年" + (month + 1) +
                        "月" + dayOfMonth + "日");
                }, c.get(Calendar.YEAR),
                    c.get(Calendar.MONTH),
                    c.get(Calendar.DAY_OF_MONTH))  // 设置初始日期
                .show();
        });
        // 为"选择时间"按钮绑定监听器
        timeBn.setOnClickListener(view -> {
            Calendar c = Calendar.getInstance();
            // 创建一个 TimePickerDialog 实例,并把它显示出来
            new TimePickerDialog(MainActivity.this,
                // 绑定监听器
                (tp, hourOfDay, minute) -> {
                    show.setText("您选择了:" + hourOfDay +
                        "时" + minute + "分");
                }, c.get(Calendar.HOUR_OF_DAY),
                    c.get(Calendar.MINUTE),  // 设置初始时间
                    true)  // true 表示采用 24 小时制
                .show();
        });
    }
}
```

上面程序中的两段粗体字代码就是创建并显示 DatePickerDialog、TimePickerDialog 的关键代码。运行上面的程序,如果单击"选择时间"按钮,系统将会显示如图 2.73 所示的选择时间对话框。

图 2.73 选择时间对话框

如果用户单击"选择日期"按钮,系统将会显示选择日期对话框。需要指出的是,选择日期对话框、选择时间对话框只是供用户来选择日期、时间的,对 Android 的系统日期、时间没有任何影响。

2.9.5 使用 ProgressDialog 创建进度对话框

ProgressDialog 代表了进度对话框，程序只要创建 ProgressDialog 实例，并将它显示出来就是一个进度对话框。使用 ProgressDialog 创建进度对话框有如下两种方式。

- 如果只是创建简单的进度对话框，那么调用 ProgressDialog 提供的静态 show()方法显示对话框即可。
- 创建 ProgressDialog，然后调用方法对对话框里的进度条进行设置，设置完成后将对话框显示出来即可。

为了对进度对话框里的进度条进行设置，ProgressDialog 包含了如下常用的方法。

- setIndeterminate(boolean indeterminate)：设置对话框里的进度条不显示进度值。
- setMax(int max)：设置对话框里进度条的最大值。
- setMessage(CharSequence message)：设置对话框里显示的消息。
- setProgress(int value)：设置对话框里进度条的进度值。
- setProgressStyle(int style)：设置对话框里进度条的风格。

由于 Android 8 已将 ProgressDialog 标记为过时，因此本书不再详述该组件，如果读者对该组件感兴趣，则可参考本书配套资源中 AlertDiaglogTest 项目下的 progressdialogtest 模块。

2.10 菜单

菜单在桌面应用中使用十分广泛，几乎所有的桌面应用都有菜单。菜单在手机应用中的使用减少了不少（主要受到手机屏幕大小制约），但依然有不少手机应用会添加菜单。

与桌面应用的菜单不同，Android 应用中的菜单默认是看不见的，只有当用户按下手机上的"MENU"键（位于模拟器右边的物理键盘上）时，系统才会显示该应用关联的菜单，这种菜单叫选项菜单（Option Menu）。

> **提示：**
> 从 Android 3.0 开始，Android 并不要求手机设备上必须提供 MENU 按键，因此部分 Android 手机将不再提供 MENU 按键。目前 Android 提供了 ActionBar 来打开选项菜单——即使没有 MENU 按键，用户也依然可以通过 ActionBar 右边的折叠图标（三个点）打开选项菜单。2.11 节会介绍 Android 的 ActionBar。

Android 应用同样支持上下文菜单（ContextMenu），当用户一直按住某个组件时，该组件所关联的上下文菜单就会显示出来。

2.10.1 选项菜单和子菜单（SubMenu）

为了让读者感受 Android 应用中菜单的外观和功能，先简单看一下 Android 系统自带的选项菜单，按如下两步进行。

① 单击模拟器右边的 ![] 按键（返回桌面），系统返回桌面。
② 单击模拟器右边的 ![] "MENU"按键，将可以在手机屏幕下方看到系统默认的选项菜单，如图 2.74 所示。

> **提示：**
> 在 Android 系统的桌面空白处长按，也可以看到如图 2.74 所示的选项菜单。

从图 2.74 可以看出，Android 的选项菜单默认是看不见的，当用户按下"MENU"按键时程序菜单将会出现在屏幕下方。

Android 系统的菜单支持主要通过 4 个接口来体现，图 2.75 显示了 Android 菜单支持的 4 个接口。

图 2.74 系统的选项菜单

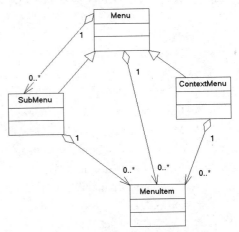

图 2.75 Android 系统的菜单支持接口

从图 2.75 可以看出，Menu 接口只是一个父接口，该接口下有如下两个子接口。
- SubMenu：它代表一个子菜单。可以包含 1~N 个 MenuItem（形成菜单项）。
- ContextMenu：它代表一个上下文菜单。可以包含 1~N 个 MenuItem（形成菜单项）。

Android 的不同菜单具有如下特征。
- 选项菜单：选项菜单不支持勾选标记，并且只显示菜单的"浓缩（condensed）"标题。
- 子菜单（SubMenu）：不支持菜单项图标，不支持嵌套子菜单。
- 上下文菜单（ContextMenu）：不支持菜单快捷键和图标。

Menu 接口定义了如下方法来添加子菜单或菜单项。
- **MenuItem add(int titleRes)**：添加一个新的菜单项。
- **MenuItem add(int groupId, int itemId, int order, CharSequence title)**：添加一个新的处于 groupId 组的菜单项。
- **MenuItem add(int groupId, int itemId, int order, int titleRes)**：添加一个新的处于 groupId 组的菜单项。
- **MenuItem add(CharSequence title)**：添加一个新的菜单项。
- **SubMenu addSubMenu(int titleRes)**：添加一个新的子菜单。
- **SubMenu addSubMenu(int groupId, int itemId, int order, int titleRes)**：添加一个新的处于 groupId 组的子菜单。
- **SubMenu addSubMenu(CharSequence title)**：添加一个新的子菜单。
- **SubMenu addSubMenu(int groupId, int itemId, int order, CharSequence title)**：添加一个新的处于 groupId 组的子菜单。

上面的方法归纳起来就是两个：add()方法用于添加菜单项；addSubMenu()用于添加子菜单。这些重载方法的区别是：是否将子菜单、菜单项添加到指定菜单组中，是否使用资源文件中的字符串资源来设置标题。

SubMenu 继承了 Menu，它就代表一个子菜单，额外提供了如下常用方法。
- **SubMenu setHeaderIcon(Drawable icon)**：设置菜单头的图标。
- **SubMenu setHeaderIcon(int iconRes)**：设置菜单头的图标。

- SubMenu setHeaderTitle(int titleRes)：设置菜单头的标题。
- SubMenu setHeaderTitle(CharSequence title)：设置菜单头的标题。
- SubMenu setHeaderView(View view)：使用 View 来设置菜单头。

掌握了上面 Menu、SubMenu、MenuItem 的用法之后，接下来就可通过它们来为 Android 应用添加菜单或子菜单了。添加菜单或子菜单的步骤如下：

① 重写 Activity 的 onCreateOptionsMenu(Menu menu)方法，在该方法里调用 Menu 对象的方法来添加菜单项或子菜单。

② 如果希望应用程序能响应菜单项的单击事件，那么重写 Activity 的 onOptionsItemSelected(MenuItem mi)方法即可。

下面的程序示范了如何为 Android 应用添加菜单和子菜单。该程序的界面布局很简单，故不再给出界面布局文件。该程序的 Activity 代码如下。

程序清单：codes\02\2.10\MenuTest\menutest\src\main\java\org\crazyit\ui\MainActivity.java

```java
public class MainActivity extends Activity
{
    // 定义"字体大小"菜单项的标识
    private static final int FONT_10 = 0x111;
    private static final int FONT_12 = 0x112;
    private static final int FONT_14 = 0x113;
    private static final int FONT_16 = 0x114;
    private static final int FONT_18 = 0x115;
    // 定义"普通菜单项"的标识
    private static final int PLAIN_ITEM = 0x11b;
    // 定义"字体颜色"菜单项的标识
    private static final int FONT_RED = 0x116;
    private static final int FONT_BLUE = 0x117;
    private static final int FONT_GREEN = 0x118;
    private TextView text;
    @Override
    protected void onCreate(Bundle savedInstanceState)
    {
        super.onCreate(savedInstanceState);
        setContentView(R.layout.activity_main);
        text = findViewById(R.id.txt);
    }
    // 当用户单击 MENU 按键时触发该方法
    @Override public boolean onCreateOptionsMenu(Menu menu)
    {
        // -------------向 menu 中添加"字体大小"的子菜单-------------
        SubMenu fontMenu = menu.addSubMenu("字体大小");
        // 设置菜单的图标
        fontMenu.setIcon(R.drawable.font);
        // 设置菜单头的图标
        fontMenu.setHeaderIcon(R.drawable.font);
        // 设置菜单头的标题
        fontMenu.setHeaderTitle("选择字体大小");
        fontMenu.add(0, FONT_10, 0, "10 号字体");
        fontMenu.add(0, FONT_12, 0, "12 号字体");
        fontMenu.add(0, FONT_14, 0, "14 号字体");
        fontMenu.add(0, FONT_16, 0, "16 号字体");
        fontMenu.add(0, FONT_18, 0, "18 号字体");
        // -------------向 menu 中添加"普通菜单项"-------------
        menu.add(0, PLAIN_ITEM, 0, "普通菜单项");
        // -------------向 menu 中添加"字体颜色"的子菜单-------------
        SubMenu colorMenu = menu.addSubMenu("字体颜色");
        colorMenu.setIcon(R.drawable.color);
```

```
        // 设置菜单头的图标
        colorMenu.setHeaderIcon(R.drawable.color);
        // 设置菜单头的标题
        colorMenu.setHeaderTitle("选择文字颜色");
        colorMenu.add(0, FONT_RED, 0, "红色");
        colorMenu.add(0, FONT_GREEN, 0, "绿色");
        colorMenu.add(0, FONT_BLUE, 0, "蓝色");
        return super.onCreateOptionsMenu(menu);
}
// 选项菜单的菜单项被单击后的回调方法
@Override public boolean onOptionsItemSelected(MenuItem mi)
{
        // 判断单击的是哪个菜单项,并有针对性地做出响应
        switch (mi.getItemId())
        {
            case FONT_10: text.setTextSize(10 * 2);    break;
            case FONT_12: text.setTextSize(12 * 2); break;
            case FONT_14: text.setTextSize(14 * 2); break;
            case FONT_16: text.setTextSize(16 * 2); break;
            case FONT_18: text.setTextSize(18 * 2); break;
            case FONT_RED: text.setTextColor(Color.RED); break;
            case FONT_GREEN: text.setTextColor(Color.GREEN); break;
            case FONT_BLUE: text.setTextColor(Color.BLUE); break;
            case PLAIN_ITEM:
                Toast.makeText(MainActivity.this,
                "您单击了普通菜单项", Toast.LENGTH_SHORT)
                    .show();
                break;
        }
        return true;
    }
}
```

上面程序中的粗体字代码就是添加三个菜单的代码,三个菜单中有两个带有子菜单,而且程序还为子菜单设置了图标、标题等。运行上面的程序,单击"MENU"按键,将看到程序下方显示如图 2.76 所示的菜单。

图 2.76 所示菜单中的"字体大小"包含子菜单,"普通菜单项"只是一个菜单项,"字体颜色"也包含子菜单,如果开发者单击"字体颜色"菜单,将看到屏幕上显示如图 2.77 所示的子菜单。

图 2.76 选项菜单　　　　　　　　　　图 2.77 子菜单

由于程序重写了 onOptionsItemSelected()方法,因此当用户单击指定菜单项时,程序可以为菜单项的单击事件提供响应。

前面已经介绍过,如果程序要监听菜单项的单击事件,可以通过重写 onOptionsItemSelected()方法来实现——每当用户单击任意菜单时,该方法都会被触发。如果开发者需要针对不同菜单提供响应,就需要在 onOptionsItemSelected()方法中进行判断,如上面程序使用 switch 语句进行了判断。由于程序需要在 onOptionsItemSelected()方法中准确判断到底是哪个菜单项被单击了,因此添加菜单项时通常应为每个菜单项指定 ID。

2.10.2 使用监听器来监听菜单事件

除重写 onOptionsItemSelected(MenuItem item)方法来为菜单单击事件编写响应之外，Android 同样允许开发者为不同菜单项分别绑定监听器。为菜单项绑定监听器的方法为：

➢ setOnMenuItemClickListener(MenuItem.OnMenuItemClickListener menuItemClickListener)

在这种方式下，我们可以采用简单方法来添加菜单项，无须为每个菜单项指定 ID。

一般来说，通过重写 onOptionsItemSelected()方法来使处理菜单的单击事件更加简捷，因为所有的事件处理代码都控制在该方法内，只需要判断到底单击了哪个菜单项就行。通过为每个菜单项绑定事件监听器使得代码更加臃肿，因此，一般并不推荐为每个菜单项分别绑定监听器。

2.10.3 创建多选菜单项和单选菜单项

如果希望所创建的菜单项是单选菜单项或多选菜单项，则可以调用 MenuItem 的如下方法。

➢ setCheckable(boolean checkable)：设置该菜单项是否可以被勾选。

调用上面的方法后，菜单项默认是多选菜单项。

如果希望将一组菜单里的菜单项都设为可勾选的菜单项，则可调用如下方法。

➢ setGroupCheckable(int group, boolean checkable, boolean exclusive)：设置 group 组里的所有菜单项是否可勾选；如果将 exclusive 设为 true，那么它们将是一组单选菜单项。

除此之外，Android 还为 MenuItem 提供了如下方法来设置快捷键。

➢ setAlphabeticShortcut(char alphaChar)：设置字母快捷键。
➢ setNumericShortcut(char numericChar)：设置数字快捷键。
➢ setShortcut(char numericChar, char alphaChar)：同时设置两种快捷键。

2.10.4 设置与菜单项关联的 Activity

有些时候，应用程序需要单击某个菜单项时启动其他 Activity（包括其他 Service）。对于这种需求，Android 甚至不需要开发者编写任何事件处理代码，只要调用 MenuItem 的 setIntent(Intent intent)方法即可——该方法把该菜单项与指定 Intent 关联到一起，当用户单击该菜单项时，该 Intent 所代表的组件将会被启动。

如下程序示范了如何通过菜单项来启动指定 Activity。该程序几乎不包含任何界面组件，因此不给出界面布局文件。该程序的 Activity 代码如下。

程序清单：codes\02\2.10\MenuTest\activitymenu\src\main\java\org\crazyit\ui\MainActivity.java

```
public class MainActivity extends Activity
{
    @Override
    protected void onCreate(Bundle savedInstanceState)
    {
        super.onCreate(savedInstanceState);
        setContentView(R.layout.activity_main);
    }
    @Override public boolean onCreateOptionsMenu(Menu menu)
    {
        // -------------向menu中添加子菜单-------------
        SubMenu prog = menu.addSubMenu("启动程序");
        // 设置菜单头的图标
        prog.setHeaderIcon(R.drawable.tools);
        // 设置菜单头的标题
        prog.setHeaderTitle("选择您要启动的程序");
        // 添加菜单项
        MenuItem item = prog.add("查看 Swift");
```

```
        // 为菜单项设置关联的Activity
        item.setIntent(new Intent(this, OtherActivity.class));
        return super.onCreateOptionsMenu(menu);
    }
}
```

上面程序中的粗体字代码表示单击指定菜单项时启动 OtherActivity，因此程序还应该定义 OtherActivity，并在 AndroidManifest.xml 文件中添加如下代码来声明 OtherActivity。

```
<activity android:name=".OtherActivity"
    android:label="查看《疯狂 Swift 讲义》">
</activity>
```

运行上面的程序，打开"启动程序"菜单，可以看到如图 2.78 所示的子菜单。

图 2.78　启动 Activity 的菜单项

单击图 2.78 所示子菜单中的"查看 Swift"，即可启动另一个 Activity：OtherActivity。

▶▶ 2.10.5　上下文菜单

Android 用 ContextMenu 来代表上下文菜单，为 Android 应用开发上下文菜单与开发选项菜单的方法基本相似，因为 ContextMenu 继承了 Menu，因此程序可用相同的方法为它添加菜单项。

当然，开发上下文菜单与开发选项菜单的区别在于：开发上下文菜单不是重写 onCreateOptionsMenu(Menu menu)方法，而是重写 onCreateContextMenu (ContextMenu menu, View source, ContextMenu.ContextMenuInfo menuInfo)方法。其中 source 参数代表触发上下文菜单的组件。

开发上下文菜单的步骤如下。

① 重写 Activity 的 onCreateContextMenu(ContextMenu menu, View source, ContextMenu. Context MenuInfo menuInfo)方法。

② 调用 Activity 的 registerForContextMenu(View view)方法为 view 组件注册上下文菜单。

③ 如果希望应用程序能为菜单项提供响应，则可以重写 onContextItemSelected(MenuItem mi)方法，或为指定菜单项绑定事件监听器。

ContextMenu 提供了如下方法，同样可以为上下文菜单设置图标、标题等。

➢ ContextMenu setHeaderIcon(Drawable icon)：为上下文菜单设置图标。
➢ ContextMenu setHeaderIcon(int iconRes)：为上下文菜单设置图标。
➢ ContextMenu setHeaderTitle(int titleRes)：为上下文菜单设置标题。

下面的程序示范了如何开发上下文菜单。该程序的用户界面同样很简单，故不再给出界面布局文件。下面是该程序的 Activity 代码。

程序清单：codes\02\2.10\MenuTest\contextmenutest\src\main\java\org\crazyit\ui\MainActivity.java

```
public class MainActivity extends Activity
{
    // 为每个菜单定义一个标识
    private static final int MENU1 = 0x111;
    private static final int MENU2 = 0x112;
    private static final int MENU3 = 0x113;
    private TextView txt;

    @Override
```

```
protected void onCreate(Bundle savedInstanceState)
{
    super.onCreate(savedInstanceState);
    setContentView(R.layout.activity_main);
    txt = findViewById(R.id.txt);
    // 为文本框注册上下文菜单
    registerForContextMenu(txt); // ①
}
// 创建上下文菜单时触发该方法
@Override
public void onCreateContextMenu(ContextMenu menu,
    View source, ContextMenu.ContextMenuInfo menuInfo)
{
    menu.add(0, MENU1, 0, "红色");
    menu.add(0, MENU2, 0, "绿色");
    menu.add(0, MENU3, 0, "蓝色");
    // 将三个菜单项设为单选菜单项
    menu.setGroupCheckable(0, true, true);
    // 设置上下文菜单的标题、图标
    menu.setHeaderIcon(R.drawable.tools);
    menu.setHeaderTitle("选择背景色");
}
// 上下文菜单的菜单项被单击时触发该方法
@Override
public boolean onContextItemSelected(MenuItem mi)
{
    switch (mi.getItemId())
    {
        case MENU1:  txt.setBackgroundColor(Color.RED); break;
        case MENU2: txt.setBackgroundColor(Color.GREEN); break;
        case MENU3: txt.setBackgroundColor(Color.BLUE); break;
    }
    return true;
}
```

上面的程序重写了 onCreateContextMenu(ContextMenu menu, View source, ContextMenu.ContextMenuInfo menuInfo)方法，该方法的内部为程序创建了一个上下文菜单。

程序在①号粗体字代码处调用 registerForContextMenu(txt)为 txt 组件（一个文本框组件）注册了上下文菜单，这意味着当用户长按该组件时显示上下文菜单。上下文菜单如图 2.79 所示。

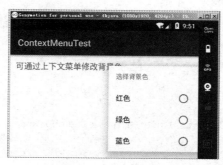

图 2.79　上下文菜单

2.10.6　使用 XML 文件定义菜单

Android 提供了两种创建菜单的方式：一种是在 Java 或 Kotlin 代码中创建；一种是使用 XML 资源文件定义。上面的示例都是在 Java 代码中创建菜单的，在代码中定义菜单存在如下不足。

➢ 在代码中定义菜单、菜单项，必然导致程序代码臃肿。

> 需要程序员采用硬编码方式为每个菜单项分配 ID，为每个菜单组分配 ID，这种方式将导致应用可扩展性、可维护性降低。

一般推荐使用 XML 资源文件来定义菜单，这种方式可以提供更好的解耦。

菜单资源文件通常应该放在\res\menu 目录下，菜单资源的根元素通常是<menu.../>，<menu.../>元素无须指定任何属性。<menu.../>元素内可包含如下子元素。

> <item.../>元素：定义菜单项。
> <group.../>子元素：将多个<item.../>定义的菜单项包装成一个菜单组。

<group.../>子元素用于控制整组菜单的行为，该元素可指定如下常用属性。

> checkableBehavior：指定该组菜单的选择行为。可指定为 none（不可选）、all（多选）和 single（单选）三个值。
> menuCategory：对菜单进行分类，指定菜单的优先级。有效值为 container、system、secondary 和 alternative。
> visible：指定该组菜单是否可见。
> enable：指定该组菜单是否可用。

<item.../>元素用于定义菜单项，<item.../>元素又可包含<menu.../>元素，位于<item.../>元素内部的<menu.../>就代表了子菜单。

<item.../>元素可指定如下常用属性。

> android:id：为菜单项指定一个唯一标识。
> android:title：指定菜单项的标题。
> android:icon：指定菜单项的图标。
> android:alphabeticShortcut：为菜单项指定字符快捷键。
> android:numericShortcut：为菜单项指定数字快捷键。
> android:checkable：设置该菜单项是否可选。
> android:checked：设置该菜单项是否已选中。
> android:visible：设置该菜单项是否可见。
> android:enable：设置该菜单项是否可用。

在程序中定义了菜单资源后，接下来还是重写 onCreateOptionsMenu（用于创建选项菜单）、onCreateContextMenu（用于创建上下文菜单）方法，在这些方法中调用 MenuInflater 对象的 inflate 方法加载指定资源对应的菜单即可。

接下来将会开发一个使用 XML 资源文件定义菜单的实例，本实例将会把前面开发的菜单示例程序改为使用 XML 资源文件定义菜单。

实例：使用 XML 资源文件定义菜单

本实例包含两种菜单：选项菜单和上下文菜单，其中选项菜单对应的 XML 资源文件如下。

程序清单：codes\02\2.10\MenuTest\menurestest\src\main\res\menu\menu_main.xml

```xml
<?xml version="1.0" encoding="utf-8"?>
<menu xmlns:android="http://schemas.android.com/apk/res/android">
    <item android:title="@string/font_size"
        android:icon="@drawable/font">
        <menu>
            <!-- 定义一组单选菜单项 -->
            <group android:checkableBehavior="single">
                <!-- 定义多个菜单项 -->
                <item
                    android:id="@+id/font_10"
                    android:title="@string/font_10"/>
```

```xml
                <item
                    android:id="@+id/font_12"
                    android:title="@string/font_12"/>
                <item
                    android:id="@+id/font_14"
                    android:title="@string/font_14"/>
                <item
                    android:id="@+id/font_16"
                    android:title="@string/font_16"/>
                <item
                    android:id="@+id/font_18"
                    android:title="@string/font_18"/>
            </group>
        </menu>
    </item>
    <!-- 定义一个普通菜单项 -->
    <item android:id="@+id/plain_item"
        android:title="@string/plain_item">
    </item>
    <item android:title="@string/font_color"
        android:icon="@drawable/color">
        <menu>
            <!-- 定义一组普通菜单项 -->
            <group>
                <!-- 定义三个菜单项 -->
                <item
                    android:id="@+id/red_font"
                    android:title="@string/red_title"/>
                <item
                    android:id="@+id/green_font"
                    android:title="@string/green_title"/>
                <item
                    android:id="@+id/blue_font"
                    android:title="@string/blue_title"/>
            </group>
        </menu>
    </item>
</menu>
```

上面的菜单资源文件的<menu.../>根元素里包含三个<item.../>子元素，这表明该菜单里包含三个菜单项。其中第一个、第三个菜单项都包含子菜单。

接下来为该应用定义上下文菜单的资源文件，代码如下。

程序清单：codes\02\2.10\MenuTest\menurestest\src\main\res\menu\context.xml

```xml
<?xml version="1.0" encoding="utf-8"?>
<menu xmlns:android="http://schemas.android.com/apk/res/android">
    <!-- 定义一组单选菜单项 -->
    <group android:checkableBehavior="single">
        <!-- 定义三个菜单项 -->
        <item
            android:id="@+id/red"
            android:title="@string/red_title"
            android:alphabeticShortcut="r"/>
        <item
            android:id="@+id/green"
            android:title="@string/green_title"
            android:alphabeticShortcut="g"/>
        <item
            android:id="@+id/blue"
            android:title="@string/blue_title"
            android:alphabeticShortcut="b"/>
    </group>
</menu>
```

在定义了上面两份菜单资源之后，接下来即可在 Activity 的 onCreateOptionsMenu、onCreateContextMenu 方法中加载这两份菜单资源。下面是程序中加载并显示两份菜单资源的 Activity 代码。

程序清单：codes\02\2.10\MenuTest\menurestest\src\main\java\org\crazyit\ui\MainActivity.java

```java
public class MainActivity extends Activity
{
    private TextView txt;
    @Override
    protected void onCreate(Bundle savedInstanceState)
    {
        super.onCreate(savedInstanceState);
        setContentView(R.layout.activity_main);
        txt = findViewById(R.id.txt);
        // 为文本框注册上下文菜单
        registerForContextMenu(txt);
    }
    @Override
    public boolean onCreateOptionsMenu(Menu menu)
    {
        // 装填 R.menu.menu_main 对应的菜单，并添加到 menu 中
        getMenuInflater().inflate(R.menu.menu_main, menu);
        return super.onCreateOptionsMenu(menu);
    }
    // 创建上下文菜单时触发该方法
    @Override
    public void onCreateContextMenu(ContextMenu menu,
        View source, ContextMenu.ContextMenuInfo menuInfo)
    {
        // 装填 R.menu.context 对应的菜单，并添加到 menu 中
        getMenuInflater().inflate(R.menu.context, menu);
        menu.setHeaderIcon(R.drawable.tools);
        menu.setHeaderTitle("请选择背景色");
    }
    // 上下文菜单中菜单项被单击时触发该方法
    @Override public boolean onContextItemSelected(MenuItem mi)
    {
        // 勾选该菜单项
        mi.setChecked(true);   // ①
        switch(mi.getItemId())
        {
            case R.id.red: txt.setBackgroundColor(Color.RED); break;
            case R.id.green: txt.setBackgroundColor(Color.GREEN); break;
            case R.id.blue: txt.setBackgroundColor(Color.BLUE); break;
        }
        return true;
    }
    // 菜单项被单击后的回调方法
    @Override public boolean onOptionsItemSelected(MenuItem mi)
    {
        // 勾选该菜单项
        if (mi.isCheckable())
        {
            mi.setChecked(true);  // ②
        }
        // 判断单击的是哪个菜单项，并有针对性地做出响应
        switch (mi.getItemId())
        {
            case R.id.font_10: txt.setTextSize(10 * 2); break;
            case R.id.font_12: txt.setTextSize(12 * 2); break;
            case R.id.font_16: txt.setTextSize(16 * 2); break;
```

```
            case R.id.font_18: txt.setTextSize(18 * 2); break;
            case R.id.red_font: txt.setTextColor(Color.RED); break;
            case R.id.green_font: txt.setTextColor(Color.GREEN); break;
            case R.id.blue_font: txt.setTextColor(Color.BLUE); break;
            case R.id.plain_item:
                Toast.makeText(MainActivity.this,
                    "您单击了普通菜单项", Toast.LENGTH_SHORT)
                    .show();
                break;
        }
        return true;
    }
}
```

上面程序中的两行粗体字代码就是加载选项菜单资源、上下文菜单资源的关键代码。

需要指出的是，可勾选菜单的勾选状态必须由程序代码来控制，所以上面程序中的①、②号代码自己控制了菜单项勾选状态的切换。这一点是笔者感到很奇怪的地方：为何 Android 系统不为我们处理这些细节？这些细节给我们编程带来了不少烦琐的处理。

从上面的程序可以看出，如果使用 XML 资源文件来定义菜单，就像使用布局文件来定义应用程序界面一样，Android 应用的 Java 或 Kotlin 代码就会简单很多，因此可维护性更好。

归纳起来，使用 XML 资源文件定义菜单有如下两个好处。

➢ XML 资源文件不仅负责定义应用界面，也负责定义菜单，这样可把所有界面相关的内容交给 XML 文件管理，而 Java 或 Kotlin 代码的功能更集中。
➢ 后期更新、维护应用时，如果需要更新、维护菜单，打开、编辑 XML 文件即可，避免对 Java 或 Kotlin 文件的修改。

该应用程序的运行效果与前面介绍的菜单示例的效果大致相同，此处不再给出。

▶▶ 2.10.7 使用 PopupMenu 创建弹出式菜单

PopupMenu 代表弹出式菜单，它会在指定组件上弹出 PopupMenu，在默认情况下，PopupMenu 会显示在该组件的下方或者上方。PopupMenu 可增加多个菜单项，并可为菜单项增加子菜单。

使用 PopupMenu 创建菜单的步骤非常简单，只要如下步骤即可。

① 调用 PopupMenu(Context context, View anchor)构造器创建下拉菜单，anchor 代表要激发该弹出菜单的组件。
② 调用 MenuInflater 的 inflate()方法将菜单资源填充到 PopupMenu 中。
③ 调用 PopupMenu 的 show()方法显示弹出式菜单。

下面的示例示范了使用 PopupMenu 的功能和用法。这个示例的界面布局文件中仅有一个普通按钮，界面布局文件非常简单，故此处不再给出代码。

该示例的 Activity 代码如下。

程序清单：codes\02\2.10\MenuTest\popupmenutest\src\main\java\org\crazyit\ui\MainActivity.java

```
public class MainActivity extends Activity
{
    private PopupMenu popup;
    @Override
    protected void onCreate(Bundle savedInstanceState)
    {
        super.onCreate(savedInstanceState);
        setContentView(R.layout.activity_main);
        Button button = findViewById(R.id.bn);
        // 创建 PopupMenu 对象
        popup = new PopupMenu(this, button);
        // 将 R.menu.popup_menu 菜单资源加载到 popup 菜单中
```

```
        getMenuInflater().inflate(R.menu.popup_menu, popup.getMenu());
        // 为popup菜单的菜单项单击事件绑定事件监听器
        popup.setOnMenuItemClickListener(item -> {
            switch (item.getItemId())
            {
                // 隐藏该对话框
                case R.id.exit: popup.dismiss();break;
                default:
                    // 使用Toast显示用户单击的菜单项
                    Toast.makeText(MainActivity.this,
                    "您单击了【" + item.getTitle() + "】菜单项",
                        Toast.LENGTH_SHORT).show();
                    break;
            }
            return true;
        });
    }
    public void onPopupButtonClick(View button)
    {
        popup.show();
    }
}
```

上面程序中的第一行粗体字代码创建了一个 PopupMenu 对象，第二行粗体字代码指定将该 R.menu.popup_menu 菜单资源填充到 PopupMenu 中，这样即可实现当用户单击界面上的按钮时弹出 popup 菜单。

运行该程序，单击程序界面上的按钮，将可以看到如图 2.80 所示的界面。

图 2.80 使用 PopupMenu 开发弹出式菜单

2.11 使用活动条（ActionBar）

ActionBar 位于屏幕的顶部。ActionBar 可显示应用的图标和 Activity 标题——也就是前面应用程序的顶部显示的内容。除此之外，ActionBar 的右边还可以显示活动项（Action Item）。

归纳起来，ActionBar 提供了如下功能。

➢ 显示选项菜单的菜单项（将菜单项显示成 Action Item）。
➢ 使用程序图标作为返回 Home 主屏或向上的导航操作。
➢ 提供交互式 View 作为 Action View。
➢ 提供基于 Tab 的导航方式，可用于切换多个 Fragment。
➢ 提供基于下拉的导航方式。

▶▶ 2.11.1 启用 ActionBar

最新的 Android 版本已经默认启用了 ActionBar，只要应用运行的目标平台不低于 Android 3.0，该应用就会启用 ActionBar。

如果希望关闭 ActionBar，则可以设置该应用的主题为 Xxx.NoActionBar。例如如下配置片段：

```
<application android:icon="@drawable/ic_launcher"
    android:theme="@android:style/Theme.Material.NoActionBar"
    android:label="@string/app_name">
    ...
</application>
```

上面的粗体字代码指定该应用关闭 ActionBar 功能。一旦关闭了 ActionBar，该 Android 应用将不能使用 ActionBar。

在实际项目中，通常推荐使用代码来控制 ActionBar 的显示、隐藏。ActionBar 提供了如下方法来控制显示、隐藏。

➢ show()：显示 ActionBar。
➢ hide()：隐藏 ActionBar。

如下示例示范了如何通过代码来控制 ActionBar 的显示、隐藏。

该示例的界面布局文件中只定义了两个按钮，界面布局文件非常简单，故此处不再给出界面布局文件代码。该示例的 Activity 代码如下。

程序清单：codes\02\2.11\ActionBarTest\actionbartest\src\main\java\org\crazyit\ui\MainActivity.java

```java
public class MainActivity extends Activity
{
    private ActionBar actionBar;
    @Override
    protected void onCreate(Bundle savedInstanceState)
    {
        super.onCreate(savedInstanceState);
        setContentView(R.layout.activity_main);
        // 获取该 Activity 的 ActionBar
        // 只有当应用主题没有关闭 ActionBar 时，该代码才能返回 ActionBar
        actionBar = getActionBar();
    }
    // 为"显示 ActionBar"按钮定义事件处理方法
    public void showActionBar(View source)
    {
        // 显示 ActionBar
        actionBar.show();
    }
    // 为"隐藏 ActionBar"按钮定义事件处理方法
    public void hideActionBar(View source)
    {
        // 隐藏 ActionBar
        actionBar.hide();
    }
}
```

上面程序中的粗体字代码调用了 getActionBar()方法来获取该 Activity 关联的 ActionBar。接下来就可以调用 ActionBar 的方法来控制它的显示、隐藏了。

运行该程序并单击"隐藏 ACTIONBAR"按钮，将可以看到如图 2.81 所示的界面。

图 2.81　隐藏 ActionBar

从图 2.81 可以看出，此处程序顶端的 ActionBar 已经"消失"了。

▶▶ 2.11.2　使用 ActionBar 显示选项菜单项

前面介绍菜单时已经指出，Android 不再强制要求手机必须提供 MENU 按键，这样可能导致用户无法打开选项菜单。为了解决这个问题，Android 已经提供了 ActionBar 作为解决方案，ActionBar 可以将选项菜单显示成 Action Item。

从 Android 3.0 开始，MenuItem 新增了如下方法。

➢ setShowAsAction(int actionEnum)：该方法设置是否将该菜单项显示在 ActionBar 上，作为 Action Item。

该方法支持如下参数值。

➢ SHOW_AS_ACTION_ALWAYS：总是将该 MenuItem 显示在 ActionBar 上。
➢ SHOW_AS_ACTION_COLLAPSE_ACTION_VIEW：将该 Action View 折叠成普通菜单项。
➢ SHOW_AS_ACTION_IF_ROOM：当 ActionBar 位置足够时才显示 MenuItem。
➢ SHOW_AS_ACTION_NEVER：不将该 MenuItem 显示在 ActionBar 上。
➢ SHOW_AS_ACTION_WITH_TEXT：将该 MenuItem 显示在 ActionBar 上，并显示该菜单项的文本。

正如前面所看到的，实际项目推荐使用 XML 资源文件来定义菜单，因此 Android 允许在 XML 菜单资源文件中为<item.../>元素指定如下属性。

➢ android:showAsAction：该属性的作用类似于 setShowAsAction(int actionEnum)方法。因此该属性也能支持类似于上面的属性值。

下面的程序对前面关于菜单的示例稍作修改，只是在定义菜单资源文件时为<item.../>元素增加了 android:showAsAction 属性。下面是本示例的菜单资源文件代码。

程序清单：codes\02\2.11\ActionBarTest\actionitemtest\src\main\res\menu\menu_main.xml

```xml
<?xml version="1.0" encoding="utf-8"?>
<menu xmlns:android="http://schemas.android.com/apk/res/android">
    <item
        android:icon="@drawable/font"
        android:showAsAction="always|withText"
        android:title="@string/font_size">
        <menu>
            <!-- 定义一组单选菜单项 -->
            <group android:checkableBehavior="single">
                <!-- 定义多个菜单项 -->
                <item
                    android:id="@+id/font_10"
                    android:title="@string/font_10" />
                <item
                    android:id="@+id/font_12"
                    android:title="@string/font_12" />
                <item
                    android:id="@+id/font_14"
                    android:title="@string/font_14" />
                <item
                    android:id="@+id/font_16"
                    android:title="@string/font_16" />
                <item
                    android:id="@+id/font_18"
                    android:title="@string/font_18" />
            </group>
        </menu>
    </item>
    <!-- 定义一个普通菜单项 -->
    <item
        android:id="@+id/plain_item"
        android:showAsAction="always|withText"
        android:title="@string/plain_item"></item>
    <item
        android:icon="@drawable/color"
        android:showAsAction="always"
        android:title="@string/font_color">
        <menu>
            <!-- 定义一组允许复选的菜单项 -->
```

```xml
            <group>
                <!-- 定义三个菜单项 -->
                <item
                    android:id="@+id/red_font"
                    android:title="@string/red_title" />
                <item
                    android:id="@+id/green_font"
                    android:title="@string/green_title" />
                <item
                    android:id="@+id/blue_font"
                    android:title="@string/blue_title" />
            </group>
        </menu>
    </item>
</menu>
```

上面三行粗体字代码为选项菜单项增加了 android:showAsAction 属性,该属性可控制将这些菜单项显示在 ActionBar 上。再次运行该示例,将可以看到如图 2.82 所示的 Action Item。

正如图 2.82 所显示的,手机顶部的 ActionBar 的空间是有限的,当选项菜单的菜单项很多时,ActionBar 无法同时显示所有的选项菜单项,Android 将会根据不同手机设备采取不同行为。

➢ 对于有 MENU 按键的手机,用户单击 MENU 按键即可看到剩余的选项菜单项。
➢ 对于没有 MENU 按键的手机,ActionBar 会在最后显示一个折叠图标,用户单击该折叠图标将会显示剩余的选项菜单项,类似于以前单击 MENU 按键后出现"More"按钮。

实际上,只要不将菜单项的显示行为设为 never,选项菜单项就要么直接显示出来,要么通过 ActionBar 上的折叠图标来显示。总之,用户总可以操作选项菜单。例如修改上面的 menu_main.xml 文件,删除前两个菜单的 android:showAsAction 属性,再次运行程序,可以看到如图 2.83 所示的效果。

图 2.82　使用 ActionBar 显示选项菜单项

图 2.83　ActionBar 折叠选项菜单

▶▶ 2.11.3　启用程序图标导航

为了将应用程序图标转变成可以点击的图标,可以调用 ActionBar 的如下方法。

➢ setDisplayHomeAsUpEnabled(boolean showHomeAsUp):设置是否将应用程序图标转变成可点击的图标,并在图标上添加一个向左的箭头。
➢ setDisplayOptions(int options):通过传入 int 类型常量来控制该 ActionBar 的显示选项。
➢ setDisplayShowHomeEnabled(boolean showHome):设置是否显示应用程序图标。

下面的程序将该 Activity 的程序图标转变成可点击的图标,并控制单击该图标时直接返回程序的 FirstActivity。该程序的界面布局文件、菜单资源文件保持不变。下面是该 Activity 的代码。

程序清单:codes\02\2.11\ActionBarTest\actionhometest\src\main\java\org\crazyit\ui\MainActivity.java

```java
public class MainActivity extends Activity
{
    private TextView txt;
    private ActionBar actionBar;
    @Override
    protected void onCreate(Bundle savedInstanceState)
    {
```

```
        super.onCreate(savedInstanceState);
        setContentView(R.layout.activity_main);
        txt = findViewById(R.id.txt);
        actionBar = getActionBar();
        // 设置是否显示应用程序图标
        actionBar.setDisplayShowHomeEnabled(true);
        // 将应用程序图标设置为可点击的按钮，并在图标上添加向左的箭头
        actionBar.setDisplayHomeAsUpEnabled(true);
    }
    @Override
    public boolean onCreateOptionsMenu(Menu menu)
    {
        // 装填 R.menu.menu_main 对应的菜单，并添加到 menu 中
        getMenuInflater().inflate(R.menu.menu_main, menu);
        return super.onCreateOptionsMenu(menu);
    }
    // 菜单项被单击后的回调方法
    @Override public boolean onOptionsItemSelected(MenuItem mi)
    {
        // 勾选该菜单项
        if (mi.isCheckable())
        {
            mi.setChecked(true); // ②
        }
        // 判断单击的是哪个菜单项，并有针对性地做出响应
        switch (mi.getItemId())
        {
            case android.R.id.home:
                // 创建启动 FirstActivity 的 Intent
                Intent intent = new Intent(this, FirstActivity.class);
                // 添加额外的 Flag，将 Activity 栈中处于 FirstActivity 之上的 Activity 弹出
                intent.addFlags(Intent.FLAG_ACTIVITY_CLEAR_TOP);
                // 启动 intent 对应的 Activity
                startActivity(intent);
                break;
            ...
        }
        return true;
    }
}
```

上面程序中的第一行粗体字代码将 ActionBar 上的应用程序图标转变成可点击的图标。接下来程序为点击事件绑定了事件监听器，当用户单击 ID 为 android.R.id.home 的 Action Item（应用程序图标的 ID）时，程序使用 Intent 启动应用程序的 FirstActivity，如上面程序中的第二段粗体字代码所示。

> **提示：** 上面的示例中还定义了 FirstActivity、SecondActivity 两个 Activity。关于开发、定义 Activity 的详细步骤，请参考本书第 4 章。

▶▶ 2.11.4 添加 Action View

在 ActionBar 上除可以显示普通的 Action Item 之外，还可以显示普通的 UI 组件。为了在 ActionBar 上添加 Action View，可以来用如下两种方式。

➢ 定义 Action Item 时使用 android:actionViewClass 属性指定 Action View 的实现类。
➢ 定义 Action Item 时使用 android:actionLayout 属性指定 Action View 对应的视图资源。

实例:"标题"上的时钟

本实例将会在菜单资源文件中定义两个 Action Item,但这两个 Action Item 都是使用 Action View,而不是普通的 Action Item。资源文件代码如下。

程序清单:codes\02\2.11\ActionBarTest\actionviewtest\src\main\res\menu\menu_main.xml

```xml
<?xml version="1.0" encoding="utf-8" ?>
<menu xmlns:android="http://schemas.android.com/apk/res/android">
    <item
        android:id="@+id/search"
        android:title="search"
        android:actionViewClass="android.widget.SearchView"
        android:orderInCategory="100"
        android:showAsAction="always" />
    <item
        android:id="@+id/progress"
        android:title="clock"
        android:actionLayout="@layout/clock"
        android:orderInCategory="100"
        android:showAsAction="always" />
</menu>
```

上面资源文件中的两行粗体字代码分别采用两种方式定义了 Action View,这样就可以在 ActionBar 上显示自定义 View。其中第一行粗体字代码指定 Action View 的实现类为 SearchView;第二行粗体字代码指定该 Action View 对应的界面布局资源为@layout/clock。该布局文件代码如下。

程序清单:codes\02\2.11\ActionBarTest\actionviewtest\src\main\res\layout\clock.xml

```xml
<?xml version="1.0" encoding="utf-8" ?>
<AnalogClock xmlns:android="http://schemas.android.com/apk/res/android"
    android:layout_width="wrap_content"
    android:layout_height="wrap_content" />
```

该界面布局文件仅仅定义了一个 AnalogClock,这表明该 ActionBar 的第二个 Action View 只是一个模拟时钟。

运行该程序,可以看到如图 2.84 所示的界面。

图 2.84 添加 Action View

2.12 本章小结

本章主要介绍了 Android 应用界面开发的相关知识,对于一个手机应用来说,它面临的最终用户都是不太懂软件的普通人,这批用户第一眼看到的就是软件界面,因此为 Android 系统提供一个友好的用户界面十分重要。学习本章需要重点掌握 View 与 ViewGroup 的功能和用法;Android 系统所有的基本 UI 组件、高级 UI 组件也都需要重点掌握。

此外,用户界面少不了对话框与菜单,Android 为对话框提供了 AlertDialog 类,还提供了 PopupWindow、DatePickerDialog、TimePickerDialog 用于辅助开发对话框。另外,Toast 是手机系统特有的一种"准对话框",它可用于显示简单的提示信息,而且一段时间后会自动隐藏,非常方便。Android 为菜单支持提供了 SubMenu、ContextMenu、MenuItem 等 API,读者必须掌握这些 API 的用法,并能通过它们为 Android 应用添加菜单支持。本章最后还介绍了 Android 系统的 ActionBar,它可用于展开或折叠显示应用的选项菜单,因此读者必须熟练掌握它。

CHAPTER

3

第 3 章
Android 事件机制

本章要点

- 事件处理概述与 Android 事件处理
- 基于监听的事件处理模型
- 事件与事件监听器接口
- 实现事件监听器的方式
- 基于回调的事件处理模型
- 基于回调的事件传播
- 常见的事件回调方法
- 响应系统设置事件
- 重写 onConfigurationChanged 方法响应系统设置更改
- Handler 类的功能与用法
- 使用 Handler 更新程序界面
- Handler、Looper、MessageQueue 工作原理
- 异步任务的功能与用法

与界面编程紧密相关的知识就是事件处理了，当用户在程序界面上执行各种操作时，应用程序必须为用户动作提供响应动作，这种响应动作就需要通过事件处理来完成。因此本章知识与上一章的内容衔接得非常紧密，实际上我们在介绍上一章示例时已经使用过 Android 的事件处理了。

Android 提供了两种方式的事件处理：基于回调的事件处理和基于监听的事件处理。熟悉传统图形界面编程的读者对于基于回调的事件处理可能比较熟悉；熟悉 AWT/Swing 开发方式的读者对于基于监听的事件处理可能比较熟悉。Android 系统充分利用了两种事件处理方式的优点，允许开发者采用自己熟悉的事件处理方式来为用户操作提供响应动作。

本章将会详细介绍 Android 事件处理的各种实现细节，学完本章内容之后，再结合上一章的内容，读者将可以开发出界面友好、人机交互良好的 Android 应用。

3.1 Android 事件处理概述

不管是桌面应用还是手机应用程序，面对最多的就是用户，经常需要处理的就是用户动作——也就是需要为用户动作提供响应，这种为用户动作提供响应的机制就是事件处理。

Android 提供了两套强大的事件处理机制。

➢ 基于监听的事件处理。
➢ 基于回调的事件处理。

对于 Android 基于监听的事件处理而言，主要做法就是为 Android 界面组件绑定特定的事件监听器，上一章我们已经见到大量这种事件处理的示例。

Android 还允许在界面布局文件中为 UI 组件的 android:onClick 属性指定事件监听方法，通过这种方式指定事件监听方法时，开发者需要在 Activity 中定义该事件监听方法（该方法必须有一个 View 类型的形参，该形参代表被单击的 UI 组件），当用户单击该 UI 组件时，系统将会激发 android:onClick 属性所指定的方法。

对于 Android 基于回调的事件处理而言，主要做法就是重写 Android 组件特定的回调方法，或者重写 Activity 的回调方法。Android 为绝大部分界面组件都提供了事件响应的回调方法，开发者只要重写它们即可。

一般来说，基于回调的事件处理可用于处理一些具有通用性的事件，基于回调的事件处理代码会显得比较简洁。但对于某些特定的事件，无法使用基于回调的事件处理，只能采用基于监听的事件处理。

3.2 基于监听的事件处理

基于监听的事件处理是一种更"面向对象"的事件处理，这种处理方式与 Java 的 AWT、Swing 的处理方式几乎完全相同。如果开发者有 AWT、Swing 事件处理的编程经验，基本上可以直接上手编程，甚至不需要学习。如果以前没有任何事件处理的编程经验，就需要花点时间先去理解事件监听的处理模型。

3.2.1 监听的处理模型

在事件监听的处理模型中，主要涉及如下三类对象。

➢ Event Source（事件源）：事件发生的场所，通常就是各个组件，例如按钮、窗口、菜单等。
➢ Event（事件）：事件封装了界面组件上发生的特定事情（通常就是一次用户操作）。如果程序需要获得界面组件上所发生事件的相关信息，一般通过 Event 对象来取得。

> Event Listener（事件监听器）：负责监听事件源所发生的事件，并对各种事件做出相应的响应。

> **提示：** 有过 JavaScript、Visual Basic 等编程经验的读者都知道，事件响应的动作实际上就是一系列程序语句，通常以方法的形式组织起来。事件监听器的核心就是它所包含的方法——这些方法也被称为事件处理器（Event Handler）。

当用户按下一个按钮或者单击某个菜单项时，这些动作就会激发一个相应的事件，该事件就会触发事件源上注册的事件监听器（特殊的 Java 对象或 Lambda 表达式），事件监听器调用对应的事件处理器（事件监听器里的实例方法）来做出相应的响应。

基于监听的事件处理机制是一种委派式（Delegation）事件处理方式：普通组件（事件源）将整个事件处理委托给特定的对象（事件监听器）；当该事件源发生指定的事件时，就通知所委托的事件监听器，由事件监听器来处理这个事件。

每个组件均可以针对特定的事件指定一个事件监听器，每个事件监听器也可监听一个或多个事件源。因为同一个事件源上可能发生多种事件，委派式事件处理方式可以把事件源上所有可能发生的事件分别授权给不同的事件监听器来处理；同时也可以让一类事件都使用同一个事件监听器来处理。

> **提示：** 委派式事件处理方式明显"抄袭"了人类社会的分工协作，例如某个单位发生了火灾，该单位通常不会自己处理该事件，而是将该事件委派给消防局（事件监听器）处理；如果发生了打架斗殴事件，则委派给公安局（事件监听器）处理；而消防局、公安局也会同时监听多个单位的火灾、打架斗殴事件。这种委派式的处理方式将事件源和事件监听器分离，从而提供更好的程序模型，有利于提高程序的可维护性。

如图 3.1 所示为事件处理流程示意图。

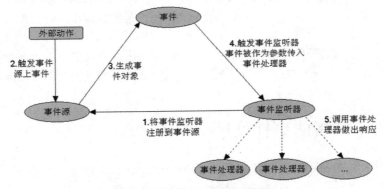

图 3.1 事件处理流程示意图

下面以一个简单的入门程序来示范基于监听的事件处理模型。

先看本程序的界面布局代码，该界面布局中只是定义了两个组件：一个文本框和一个按钮，界面布局代码如下。

程序清单：codes\03\3.2\EventTest\eventqs\src\main\res\layout\activity_main.xml

```
<?xml version="1.0" encoding="utf-8"?>
<LinearLayout xmlns:android="http://schemas.android.com/apk/res/android"
    android:layout_width="match_parent"
    android:layout_height="match_parent"
```

```xml
        android:gravity="center_horizontal"
        android:orientation="vertical">
    <TextView
        android:id="@+id/txt"
        android:layout_width="match_parent"
        android:layout_height="wrap_content"
        android:padding="12dp"
        android:textSize="18sp" />
    <!-- 定义一个按钮，该按钮将作为事件源 -->
    <Button
        android:id="@+id/bn"
        android:layout_width="wrap_content"
        android:layout_height="wrap_content"
        android:text="单击我" />
</LinearLayout>
```

上面程序中定义的按钮将会作为事件源，接下来程序将会为该按钮绑定一个事件监听器——监听器类必须由开发者来实现。下面是该程序的 Activity。

程序清单：codes\03\3.2\EventTest\eventqs\src\main\java\org\crazyit\event\MainActivity.java

```java
public class MainActivity extends Activity
{
    @Override
    protected void onCreate(Bundle savedInstanceState)
    {
        super.onCreate(savedInstanceState);
        setContentView(R.layout.activity_main);
        // 获取应用程序中的 bn 按钮
        Button bn = findViewById(R.id.bn);
        // 为按钮绑定事件监听器
        bn.setOnClickListener(new MyClickListener()); // ①
    }
    // 定义一个单击事件的监听器
    class MyClickListener implements View.OnClickListener
    {
        // 实现监听器类必须实现的方法，该方法将会作为事件处理器
        @Override
        public void onClick(View v)
        {
            TextView txt = findViewById(R.id.txt);
            txt.setText("bn 按钮被单击了！");
        }
    }
}
```

上面程序中的粗体字代码定义了一个 View.OnClickListener 实现类，这个实现类将会作为事件监听器使用。程序中①号代码用于为 bn 按钮注册事件监听器。当程序中的 bn 按钮被单击时，该处理器被触发，将看到程序中文本框内变为"bn 按钮被单击了"。

从上面的程序中可以看出，基于监听的事件处理模型的编程步骤如下。

① 获取普通界面组件（事件源），也就是被监听的对象。
② 实现事件监听器类，该监听器类是一个特殊的类，必须实现一个 XxxListener 接口。
③ 调用事件源的 setXxxListener 方法将事件监听器对象注册给普通组件（事件源）。

当事件源上发生指定事件时，Android 会触发事件监听器，由事件监听器调用相应的方法（事件处理器）来处理事件。

把上面的程序与图 3.1 结合起来看，可以发现基于监听的事件处理有如下规则。

➢ 事件源：就是程序中的 bn 按钮，其实开发者不需要太多的额外处理，应用程序中任何组件都可作为事件源。

- 事件监听器：就是程序中的 MyClickListener 类。监听器类必须由程序员负责实现，实现监听器类的关键就是实现处理器方法。
- 注册监听器：只要调用事件源的 setXxxListener(XxxListener) 方法即可。

对于上面三件事情，事件源可以是任何界面组件，不太需要开发者参与；注册监听器也只要一行代码即可，因此事件编程的关键就是实现事件监听器类。

3.2.2 事件和事件监听器

从图 3.1 中可以看出，当外部动作在 Android 组件上执行操作时，系统会自动生成事件对象，这个事件对象会作为参数传给事件源上注册的事件监听器。

基于监听的事件处理模型涉及三个成员：事件源、事件和事件监听器，其中事件源最容易创建，任意界面组件都可作为事件源；事件的产生无须程序员关心，它是由系统自动产生的；所以，实现事件监听器是整个事件处理的核心。

但在上面的程序中，我们并未发现事件的踪迹，这是什么原因呢？这是因为 Android 对事件监听模型做了进一步简化：如果事件源触发的事件足够简单，事件里封装的信息比较有限，那就无须封装事件对象，将事件对象传入事件监听器。

但对于键盘事件、屏幕触碰事件等，此时程序需要获取事件发生的详细信息。例如，键盘事件需要获取是哪个键触发的事件；触摸屏事件需要获取事件发生的位置等，对于这种包含更多信息的事件，Android 同样会将事件信息封装成 XxxEvent 对象，并把该对象作为参数传入事件处理器。

实例：控制飞机移动

下面以一个简单的飞机游戏为例来介绍屏幕触碰事件的监听。游戏中的飞机会随用户的触碰动作而移动：触碰屏幕不同的位置，飞机向不同的方向移动。

为了实现该程序，先开发一个自定义 View，该 View 负责绘制游戏的飞机。该 View 类的代码如下。

程序清单：codes\03\3.2\EvnetTest\plane\src\main\java\org\crazyit\event\PlainView.java

```java
public class PlaneView extends View
{
    float currentX;
    float currentY;
    // 创建画笔
    private Paint p = new Paint();
    private Bitmap plane0;
    private Bitmap plane1;
    private int index;
    public PlaneView(Context context)
    {
        super(context);
        // 定义飞机图片
        plane0 = BitmapFactory.decodeResource(context.getResources(), R.drawable.plane0);
        plane1 = BitmapFactory.decodeResource(context.getResources(), R.drawable.plane1);
        // 启动定时器来切换飞机图片，实现动画效果
        new Timer().schedule(new TimerTask()
        {
            @Override public void run()
            {
                index++;
                PlaneView.this.invalidate();
            }
        }, 0L, 100L);
        setFocusable(true);
    }
```

```java
    @Override
    public void onDraw(Canvas canvas)
    {
        super.onDraw(canvas);
        // 绘制飞机
        canvas.drawBitmap(index % 2 == 0 ? plane0 : plane1, currentX, currentY, p);
    }
}
```

上面的 PlaneView 足够简单,因为这个程序只需要绘制玩家自己控制的飞机,没有增加"敌机"。如果游戏中要增加"敌机",那么还需要增加数据来控制敌机的坐标,并会在 View 上绘制敌机。

该游戏几乎不需要界面布局,该游戏直接使用 PlaneView 作为 Activity 显示的内容,并为该 PlaneView 增加触碰事件的监听器即可。下面是该程序的 Activity 代码。

程序清单:codes\03\3.2\EvnetTest\plane\src\main\java\org\crazyit\event\MainActivity.java

```java
public class MainActivity extends Activity
{
    // 定义飞机的移动速度
    private int speed = 10;
    private PlaneView planeView;
    DisplayMetrics metrics;
    @Override
    protected void onCreate(Bundle savedInstanceState)
    {
        super.onCreate(savedInstanceState);
        // 去掉窗口标题
        requestWindowFeature(Window.FEATURE_NO_TITLE);
        // 全屏显示
        getWindow().setFlags(WindowManager.LayoutParams.FLAG_FULLSCREEN,
            WindowManager.LayoutParams.FLAG_FULLSCREEN);
        // 创建 PlaneView 组件
        planeView = new PlaneView(this);
        setContentView(planeView);
        planeView.setBackgroundResource(R.drawable.background);
        // 获取窗口管理器
        WindowManager windowManager = getWindowManager();
        Display display = windowManager.getDefaultDisplay();
        metrics = new DisplayMetrics();
        // 获得屏幕宽和高
        display.getMetrics(metrics);
        // 设置飞机的初始位置
        planeView.currentX = (metrics.widthPixels / 2);
        planeView.currentY = (metrics.heightPixels - 200);
        planeView.setOnTouchListener(new MyTouchListener());
    }
    class MyTouchListener implements View.OnTouchListener
    {
        @Override
        public boolean onTouch(View v, MotionEvent event)
        {
            if (event.getX() < metrics.widthPixels / 8) {
                planeView.currentX -= speed;
            }
            if (event.getX() > metrics.widthPixels * 7 / 8) {
                planeView.currentX += speed;
            }
            if (event.getY() < metrics.heightPixels / 8) {
                planeView.currentY -= speed;
            }
            if (event.getY() > metrics.heightPixels * 7 / 8) {
                planeView.currentY += speed;
            }
```

```
            return true;
        }
    }
}
```

上面程序中的粗体字代码就是控制飞机移动的关键代码——由于程序需要根据用户触碰屏幕的坐标来确定飞机的移动方向，所以上面的程序先调用了 MotionEvent（事件对象）的 x、y 两个属性来获取触碰事件的坐标，然后针对不同的坐标来改变游戏中飞机的坐标。

正如前面所提到的，如果事件发生时有比较多的信息需要传给事件监听器，那么就需要将事件信息封装成 Event 对象，该 Event 对象将作为参数传入事件处理函数。

运行上面的程序，将看到如图 3.2 所示的界面。

对于图 3.2 所示的"游戏"，当用户触碰屏幕的四周时，将可以看到"游戏"中的飞机可以上、下、左、右自由移动。

图 3.2 控制飞机的移动

上面这个"游戏"还只是一个"雏型"，为了增加这个游戏的可玩性，可以考虑为游戏随机增加"敌机"，并让"敌机"在屏幕上移动。为了提高用户操作的方便性，建议在界面上增加 4 个虚拟方向键和发弹键（其实就是图片按钮），并为这些虚拟按键提供事件监听器即可。

在基于监听的事件处理模型中，事件监听器必须实现事件监听器接口，Android 为不同的界面组件提供了不同的监听器接口，这些接口通常以内部类的形式存在。以 View 类为例，它包含了如下几个内部接口。

➢ View.OnClickListener：单击事件的事件监听器必须实现的接口。
➢ View.OnCreateContextMenuListener：创建上下文菜单事件的事件监听器必须实现的接口。
➢ View.onFocusChangeListener：焦点改变事件的事件监听器必须实现的接口。
➢ View.OnKeyListener：按键事件的事件监听器必须实现的接口。
➢ View.OnLongClickListener：长按事件的事件监听器必须实现的接口。
➢ View.OnTouchListener：触摸事件的事件监听器必须实现的接口。

实际上可以把事件处理模型简化成如下理解：当事件源组件上发生事件时，系统将会执行该事件源组件上监听器的对应处理方法。与普通 Java 方法调用不同的是，普通 Java 程序里的方法是由程序主动调用的，事件处理中的事件处理器方法是由系统负责调用的。

通过上面的介绍不难看出，所谓事件监听器，其实就是实现了特定接口的实例。在程序中实现事件监听器，通常有如下几种形式。

➢ 内部类形式：将事件监听器类定义成当前类的内部类。
➢ 外部类形式：将事件监听器类定义成一个外部类。
➢ Activity 本身作为事件监听器类：让 Activity 本身实现监听器接口，并实现事件处理方法。
➢ Lambda 表达式或匿名内部类形式：使用 Lambda 表达式或匿名内部类创建事件监听器对象。

▶▶ 3.2.3 内部类作为事件监听器类

前面两个程序中所使用的事件监听器类都是内部类形式，使用内部类可以在当前类中复用该监听器类；因为监听器类是外部类的内部类，所以可以自由访问外部类的所有界面组件。这也是内部类的两个优势。

使用内部类来定义事件监听器类的例子可以参看前面的例子程序，此处不再赘述。

▶▶ 3.2.4 外部类作为事件监听器类

使用外部类定义事件监听器类的形式比较少见，主要因为如下两个原因。

> 事件监听器通常属于特定的 GUI 界面，定义成外部类不利于提高程序的内聚性。
> 外部类形式的事件监听器不能自由访问创建 GUI 界面的类中的组件，编程不够简洁。

但如果某个事件监听器确实需要被多个 GUI 界面所共享，而且主要是完成某种业务逻辑的实现，则可以考虑使用外部类形式来定义事件监听器类。下面的程序定义了一个外部类作为 OnLongClickListener 类，该事件监听器实现了发送短信的功能。

程序清单：codes\03\3.2\EventTest\sendsms\src\main\java\org\crazyit\event\SendSmsListener.java

```java
public class SendSmsListener implements View.OnLongClickListener
{
    private Activity act;
    private String address;
    private String content;
    public SendSmsListener(Activity act, String address, String content)
    {
        this.act = act;
        this.address = address;
        this.content = content;
    }
    @Override
    public boolean onLongClick(View source)
    {
        // 获取短信管理器
        SmsManager smsManager = SmsManager.getDefault();
        // 创建发送短信的 PendingIntent
        PendingIntent sentIntent = PendingIntent.getBroadcast(act,
            0, new Intent(), 0);
        // 发送文本短信
        smsManager.sendTextMessage(address, null,
            content, sentIntent, null);
        Toast.makeText(act, "短信发送完成", Toast.LENGTH_LONG).show();
        return false;
    }
}
```

上面的事件监听器类没有与任何 GUI 界面耦合，创建该监听器对象时需要传入两个 String 对象和一个 Activity 对象，其中第一个 String 对象用于作为收信人号码，第二个 String 用于作为短信内容。

上面程序中的三行粗体字代码调用了 SmsManager、PendingIntent 来发送短信，关于 SmsManager、Intent 的用法可参看本书后面的内容。

该程序的界面布局比较简单，此处不再给出界面布局文件。该程序的 Activity 代码如下。

程序清单：codes\03\3.2\EventTest\sendsms\src\main\java\org\crazyit\event\MainActivity.java

```java
public class MainActivity extends Activity
{
    private EditText address;
    private EditText content;
    @Override
    protected void onCreate(Bundle savedInstanceState)
    {
        super.onCreate(savedInstanceState);
        setContentView(R.layout.activity_main);
        // 获取页面中收件人地址、短信内容
        address = findViewById(R.id.address);
        content = findViewById(R.id.content);
        Button bn = findViewById(R.id.send);
        // 使用外部类的实例作为事件监听器
        bn.setOnLongClickListener(new SendSmsListener(this,
```

```
                address.getText().toString(), content.getText().toString()));
        }
    }
```

上面程序中的粗体字代码用于为指定按钮的长单击事件绑定监听器,当用户长单击界面中的 bn 按钮时,程序将会触发 SendSmsListener 监听器,该监听器里包含的事件处理方法将会向指定手机发送短信。

由于本示例需要发送短信,使用模拟器不方便测试,因此建议读者使用真机测试该应用。

实际上不推荐将业务逻辑实现写在事件监听器中,包含业务逻辑的事件监听器将导致程序的显示逻辑和业务逻辑耦合,从而增加程序后期的维护难度。如果确实有多个事件监听器需要实现相同的业务逻辑功能,则可以考虑使用业务逻辑组件来定义业务逻辑功能,再让事件监听器来调用业务逻辑组件的业务逻辑方法。

▶▶ 3.2.5 Activity 本身作为事件监听器类

这种形式使用 Activity 本身作为监听器类,可以直接在 Activity 类中定义事件处理器方法。这种形式非常简洁,但这种做法有两个缺点。

- ➤ 这种形式可能造成程序结构混乱,Activity 的主要职责应该是完成界面初始化工作,但此时还需包含事件处理器方法,从而引起混乱。
- ➤ 如果 Activity 界面类需要实现监听器接口,让人感觉比较怪异。

下面的程序使用 Activity 对象作为事件监听器。

程序清单: codes\03\3.2\Event\Test\activitylistener\src\main\java\org\crazyit\event\MainActivity.java

```java
// 实现事件监听器接口
public class MainActivity extends Activity implements View.OnClickListener
{
    private TextView show;
    @Override
    protected void onCreate(Bundle savedInstanceState)
    {
        super.onCreate(savedInstanceState);
        setContentView(R.layout.activity_main);
        show = findViewById(R.id.show);
        Button bn = findViewById(R.id.bn);
        // 直接使用 Activity 作为事件监听器
        bn.setOnClickListener(this);
    }
    // 实现事件处理方法
    @Override
    public void onClick(View v)
    {
        show.setText("bn 按钮被单击了! ");
    }
}
```

上面的程序让 Activity 类实现了 View.OnClickListener 事件监听器接口,从而可以在该 Activity 类中直接定义事件处理器方法:onClick(View v)(如上面的粗体字代码所示)。当为某个组件添加该事件监听器对象时,直接使用 this 作为事件监听器对象即可。

▶▶ 3.2.6 Lambda 表达式作为事件监听器类

大部分时候,事件处理器都没有什么复用价值(可复用代码通常都被抽象成了业务逻辑方法),因此大部分事件监听器只是临时使用一次,所以使用 Lambda 表达式形式的事件监听器更合适。实际上,这种形式是目前使用最广泛的事件监听器形式。下面的程序使用 Lambda 表达式来创建事件监听器。

程序清单：codes\03\3.2\EventTest\lambdalistener\src\main\java\org\crazyit\event\MainActivity.java

```java
public class MainActivity extends Activity
{
    @Override
    protected void onCreate(Bundle savedInstanceState)
    {
        super.onCreate(savedInstanceState);
        setContentView(R.layout.activity_main);
        TextView show = findViewById(R.id.show);
        Button bn = findViewById(R.id.bn);
        // 使用 Lambda 表达式作为事件监听器
        bn.setOnClickListener(view -> show.setText("bn 按钮被单击了！"));
    }
}
```

上面程序中的粗体字代码使用 Lambda 表达式创建了一个事件监听器对象，得益于 Lambda 表达式的简化写法，如果 Lambda 表达式的执行体只有一行代码，程序可以省略 Lambda 表达式的花括号。

▶▶ 3.2.7 直接绑定到标签

Android 还有一种更简单的绑定事件监听器的方式，那就是直接在界面布局文件中为指定标签绑定事件处理方法。

对于很多 Android 界面组件标签而言，它们都支持 onClick 属性，该属性的属性值就是一个形如 xxx(View source)方法的方法名。例如如下界面布局文件。

程序清单：codes\03\3.2\EventTest\bindingtag\src\main\res\layout\activity_main.xml

```xml
<?xml version="1.0" encoding="utf-8"?>
<LinearLayout xmlns:android="http://schemas.android.com/apk/res/android"
    android:layout_width="match_parent"
    android:layout_height="match_parent"
    android:gravity="center_horizontal"
    android:orientation="vertical">
    <TextView
        android:id="@+id/show"
        android:layout_width="match_parent"
        android:layout_height="wrap_content"
        android:padding="10dp"
        android:textSize="18sp" />
    <!-- 在标签中为按钮绑定事件处理方法 -->
    <Button
        android:layout_width="wrap_content"
        android:layout_height="wrap_content"
        android:onClick="clickHandler"
        android:text="单击我" />
</LinearLayout>
```

上面程序中的粗体字代码用于在界面布局文件中为 Button 按钮绑定一个事件处理方法：clickHanlder，这就意味着开发者需要在该界面布局对应的 Activity 中定义一个 clickHandler(View source)方法，该方法将会负责处理该按钮上的单击事件。下面是该界面布局对应的 Activity 代码。

程序清单：codes\03\3.2\EventTest\bindingtag\src\main\java\org\crazyit\event\MainActivity.java

```java
public class MainActivity extends Activity
{
    private TextView show;
    @Override
    protected void onCreate(Bundle savedInstanceState)
```

```
    {
        super.onCreate(savedInstanceState);
        setContentView(R.layout.activity_main);
        show = findViewById(R.id.show);
    }
    // 定义一个事件处理方法
    // 其中 source 参数代表事件源
    public void clickHandler(View source)
    {
        show.setText("bn 按钮被单击了");
    }
}
```

上面程序中的粗体字代码定义了一个 clickHandler(View source)方法，当程序中的 bn 按钮被单击时，该方法将会被激发并处理 bn 按钮上的单击事件。

3.3 基于回调的事件处理

除前面介绍的基于监听的事件处理模型之外，Android 还提供了一种基于回调的事件处理模型。从代码实现的角度来看，基于回调的事件处理模型更加简单。

▶▶ 3.3.1 回调机制与监听机制

如果说事件监听机制是一种委托式的事件处理，那么回调机制则恰好与之相反：对于基于回调的事件处理模型来说，事件源与事件监听器是统一的，或者说事件监听器完全消失了。当用户在 GUI 组件上激发某个事件时，组件自己特定的方法将会负责处理该事件。

为了使用回调机制类处理 GUI 组件上所发生的事件，我们需要为该组件提供对应的事件处理方法——这种事件处理方法通常都是系统预先定义好的，因此通常需要继承 GUI 组件类，并通过重写该类的事件处理方法来实现。

为了实现回调机制的事件处理，Android 为所有 GUI 组件都提供了一些事件处理的回调方法，以 View 为例，该类包含如下方法。

- boolean onKeyDown(int keyCode, KeyEvent event)：当用户在该组件上按下某个按键时触发该方法。
- boolean onKeyLongPress(int keyCode, KeyEvent event)：当用户在该组件上长按某个按键时触发该方法。
- boolean onKeyShortcut(int keyCode, KeyEvent event)：当一个键盘快捷键事件发生时触发该方法。
- boolean onKeyUp(int keyCode, KeyEvent event)：当用户在该组件上松开某个按键时触发该方法。
- boolean onTouchEvent(MotionEvent event)：当用户在该组件上触发触摸屏事件时触发该方法。
- boolean onTrackballEvent(MotionEvent event)：当用户在该组件上触发轨迹球事件时触发该方法。

下面的程序示范了基于回调的事件处理机制。正如前面所提到的，基于回调的事件处理机制可通过自定义 View 来实现，自定义 View 时重写该 View 的事件处理方法即可。下面是一个自定义按钮的实现类。

程序清单：codes\03\3.3\CallbackHandler\callback\src\main\java\org\crazyit\event\MyButton.java

```
public class MyButton extends Button
```

```
{
    public MyButton(Context context, AttributeSet set)
    {
        super(context, set);
    }
    @Override
    public boolean onTouchEvent(MotionEvent event)
    {
        super.onTouchEvent(event);
        Log.v("-crazyit.org-", "the onTouchEvent in MyButton");
        // 返回 true，表明该事件不会向外传播
        return true;
    }
}
```

在上面自定义的 MyButton 类中，我们重写了 Button 类的 onTouchEvent(MotionEvent event)方法，该方法将会负责处理按钮上的用户触碰事件。

接下来在界面布局文件中使用这个自定义 View，界面布局文件如下。

程序清单：codes\03\3.3\CallbackHandler\callback\src\main\res\layout\activity_main.xml

```xml
<?xml version="1.0" encoding="utf-8"?>
<LinearLayout xmlns:android="http://schemas.android.com/apk/res/android"
    android:layout_width="match_parent"
    android:layout_height="match_parent"
    android:orientation="vertical">
    <!-- 使用自定义 View 时应使用全限定类名 -->
    <org.crazyit.event.MyButton
        android:layout_width="match_parent"
        android:layout_height="wrap_content"
        android:text="单击我" />
</LinearLayout>
```

上面程序中的粗体字代码在 XML 界面布局文件中使用 MyButton 组件，接下来 Activity 程序无须为该按钮绑定事件监听器——因为该按钮自己重写了 onTouchEvent(MotionEvent event)方法，这意味着该按钮将会自己处理相应的事件。

运行上面的程序，触碰界面上的按钮，将可以看到 Android Studio 的 Logcat 中有如图 3.3 所示的输出。

图 3.3　基于回调的事件处理

通过上面的介绍不难发现，对于基于监听的事件处理模型来说，事件源和事件监听器是分离的，当事件源上发生特定事件时，该事件交给事件监听器负责处理；对于基于回调的事件处理模型来说，事件源和事件监听器是统一的，当事件源发生特定事件时，该事件还是由事件源本身负责处理。

▶▶ 3.3.2　基于回调的事件传播

几乎所有基于回调的事件处理方法都有一个 boolean 类型的返回值，该返回值用于标识该处理方法是否能完全处理该事件。

- 如果处理事件的回调方法返回 true，表明该处理方法已完全处理该事件，该事件不会传播出去。
- 如果处理事件的回调方法返回 false，表明该处理方法并未完全处理该事件，该事件会传播出去。

对于基于回调的事件传播而言,某组件上所发生的事件不仅会激发该组件上的回调方法,也会触发该组件所在 Activity 的回调方法——只要事件能传播到该 Activity。

下面的程序示范了 Android 系统中的事件传播,该程序重写了 Button 类的 onTouchEvent(MotionEvent event)方法,而且重写了该 Button 所在 Activity 的 onTouchEvent(MotionEvent event)方法——程序没有阻止事件传播,因此程序可以看到事件从 Button 传播到 Activity 的情形。

下面是从 Button 派生的 MyButton 子类代码。

程序清单:codes\03\3.3\CallbackHandler\propagation\src\main\java\org\crazyit\event\MyButton.java

```java
public class MyButton extends Button
{
    public MyButton(Context context, AttributeSet set)
    {
        super(context, set);
    }
    @Override
    public boolean onTouchEvent(MotionEvent event)
    {
        super.onTouchEvent(event);
        Log.v("-crazyit.org-", "the onTouchEvent in MyButton");
        // 返回 false,表明该事件会向外传播
        return false;   // ①
    }
}
```

上面的 MyButton 子类重写了 onTouchEvent(MotionEvent event)方法,当用户触碰该按钮时将会触发该方法。但由于该方法返回了 false,这意味着该事件还会继续向外传播。

该程序也按前一个示例的方式使用自定义组件,并在 Activity 中重写了 onTouchEvent(MotionEvent event)方法,该方法也会在它包含的组件被触碰时被回调。

看如下 Activity 类代码。

程序清单:codes\03\3.3\CallbackHandler\propagation\app\src\main\java\org\crazyit\event\MainActivity.java

```java
public class MainActivity extends Activity
{
    @Override
    protected void onCreate(Bundle savedInstanceState)
    {
        super.onCreate(savedInstanceState);
        setContentView(R.layout.activity_main);
        Button bn = findViewById(R.id.bn);
        bn.setOnTouchListener((view, event) ->
        {
            // 只处理按下键的事件
            if (event.getAction() == MotionEvent.ACTION_DOWN) {
                Log.v("--Listener--", "the TouchDown in Listener");
            }
            // 返回 false,表明该事件会向外传播
            return false;  // ①
        });
    }
    // 重写 onTouchEvent 方法,该方法可监听它所包含的所有组件上的触碰事件
    @Override
    public boolean onTouchEvent(MotionEvent event)
    {
        super.onTouchEvent(event);
        Log.v("--Activity--", "the onTouchEvent in Activity");
        // 返回 false,表明该事件会向外传播
        return false;
```

```
        }
    }
```

从上面的程序可以看出,粗体字代码重写了 Activity 的 onTouchEvent(MotionEvent event)方法,当用户触碰该 Activity 包含的所有组件时,该方法都可能被触发——只要该组件没有完全处理该事件(即返回了 false)。

运行上面的程序,触碰程序界面上的按钮,将可以在 Android Studio 的 Logcat 中看到如图 3.4 所示的输出。

图 3.4　基于回调的事件传播

从图 3.4 不难看出,当该组件上发生触碰事件时,Android 系统最先触发的应该是该组件绑定的事件监听器,然后才触发该组件提供的事件回调方法,最后还会传播到该组件所在的 Activity——但如果让任何一个事件处理方法返回了 true,那么该事件将不会继续向外传播。例如,改写上面的 Activity 代码,将程序中①号代码改为 true,然后运行该程序并触碰界面上的按钮,在 Android Studio 的 Logcat 中将看到如图 3.5 所示的输出。

图 3.5　监听器阻止事件传播

3.4　响应系统设置的事件

在开发 Android 应用时,有时候可能需要让应用程序随系统设置而进行调整,比如判断系统的屏幕方向、判断系统方向的方向导航设备等。除此之外,有时候可能还需要让应用程序监听系统设置的更改,对系统设置的更改做出响应。

3.4.1　Configuration 类简介

Configuration 类专门用于描述手机设备上的配置信息,这些配置信息既包括用户特定的配置项,也包括系统的动态设备配置。

程序可调用 Activity 的如下方法来获取系统的 Configuration 对象:

```
Configuration cfg = getResources().getConfiguration();
```

一旦获得了系统的 Configuration 对象,就可以使用该对象提供的如下常用属性来获取系统的配置信息。

- ➢ float fontScale:获取当前用户设置的字体的缩放因子。
- ➢ int keyboard:获取当前设备所关联的键盘类型。该属性可能返回 KEYBOARD_NOKEYS、KEYBOARD_QWERTY(普通电脑键盘)、KEYBOARD_12KEY(只有 12 个键的小键盘)等属性值。
- ➢ int keyboardHidden:该属性返回一个 boolean 值用于标识当前键盘是否可用。该属性不仅会判断系统的硬件键盘,也会判断系统的软键盘(位于屏幕上)。如果该系统的硬件键盘不可用,但软键盘可用,该属性也会返回 KEYBOARDHIDDEN_NO;只有当两个键盘都不可用时才返回 KEYBOARDHIDDEN_YES。
- Locale locale：获取用户当前的 Locale。
- int mcc：获取移动信号的国家码。
- int mnc：获取移动信号的网络码。
- int navigation：判断系统上方向导航设备的类型。该属性可能返回 NAVIGATION_ NONAV（无导航）、NAVIGATION_DPAD（DPAD 导航）、NAVIGATION_TRACKBALL（轨迹球导航）、NAVIGATION_WHEEL（滚轮导航）等属性值。
- int orientation：获取系统屏幕的方向，该属性可能返回 ORIENTATION_ LANDSCAPE（横向屏幕）、ORIENTATION_PORTRAIT（竖向屏幕）、ORIENTATION_SQUARE（方形屏幕）等属性值。
- int touchscreen：获取系统触摸屏的触摸方式。该属性可能返回 TOUCHSC-REEN_NOTOUCH（无触摸屏）、TOUCHSCREEN_STYLUS（触摸笔式的触摸屏）、TOUCHSCREEN_FINGER（接受手指的触摸屏）等属性值。

下面以一个实例来介绍 Configuration 的用法，该程序可以获取系统的屏幕方向、触摸屏方式等。

实例：获取系统设备状态

该程序的界面布局比较简单，程序只是提供了 4 个文本框来显示系统的屏幕方向、触摸屏方式等状态，故此处不再给出界面布局文件。

该程序的 Activity 代码主要可分为两步。

① 获取系统的 Configuration 对象。
② 调用 Configuration 对象的属性来获取设备状态。

下面是该程序的 Activity 代码。

程序清单：codes\03\3.4\ConfigurationTest\view\src\main\java\org\crazyit\event\MainActivity.java

```java
public class MainActivity extends Activity
{
    private TextView ori;
    private TextView navigation;
    private TextView touch;
    private TextView mnc;
    @Override
    protected void onCreate(Bundle savedInstanceState)
    {
        super.onCreate(savedInstanceState);
        setContentView(R.layout.activity_main);
        // 获取应用界面中的界面组件
        ori = findViewById(R.id.ori);
        navigation = findViewById(R.id.navigation);
        touch = findViewById(R.id.touch);
        mnc = findViewById(R.id.mnc);
        Button bn = findViewById(R.id.bn);
        bn.setOnClickListener(view -> {
            // 获取系统的 Configuration 对象
            Configuration cfg = getResources().getConfiguration();
            String screen = cfg.orientation == Configuration.ORIENTATION_LANDSCAPE ?
                "横向屏幕" : "竖向屏幕";
            String mncCode = cfg.mnc + "";
            String naviName = cfg.orientation == Configuration.NAVIGATION_NONAV?
                "没有方向控制" :
                (cfg.orientation == Configuration.NAVIGATION_WHEEL)? "滚轮控制方向":
                (cfg.orientation == Configuration.NAVIGATION_DPAD) ? "方向键控制方向":
```

```
                "轨迹球控制方向";
            navigation.setText(naviName);
            String touchName = cfg.touchscreen ==
                Configuration.TOUCHSCREEN_NOTOUCH? "无触摸屏": "支持触摸屏";
            ori.setText(screen);
            mnc.setText(mncCode);
            touch.setText(touchName);
        });
    }
}
```

上面程序中的粗体字代码用于获取系统的 Configuration 对象，一旦获得了系统的 Configuration 对象之后，程序就可以通过它来了解系统的设备状态。运行上面的程序，将显示如图 3.6 所示的界面。

单击图 3.6 所示界面中的"获取手机信息"按钮，系统显示如图 3.7 所示的界面。

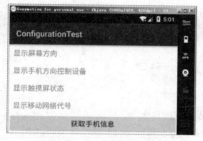

图 3.6　未获取设备状态

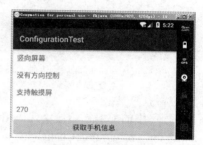

图 3.7　获取设备状态

▶▶ 3.4.2　重写 onConfigurationChanged 方法响应系统设置更改

如果程序需要监听系统设置的更改，则可以考虑重写 Activity 的 onConfigurationChanged (Configuration newConfig)方法，该方法是一个基于回调的事件处理方法——当系统设置发生更改时，该方法会被自动触发。

为了在程序中动态地更改系统设置，我们可调用 Activity 的 setRequestedOrientation(int)方法来修改屏幕的方向。

实例：监听屏幕方向的改变

该实例的界面布局很简单，该界面中仅包含一个普通按钮，该按钮用于动态修改系统屏幕的方向，此处不再给出系统界面布局代码。

该程序的 Activity 代码主要会调用 Activity 的 setRequestedOrientation(int)方法来动态更改屏幕方向。除此之外，我们还重写了 Activity 的 onConfigurationChanged(Configuration newConfig)方法，该方法可用于监听系统设置的更改。程序代码如下。

程序清单：codes\03\3.4\ConfigurationTest\change\src\main\java\org\crazyit\event\MainActivity.java

```
public class MainActivity extends Activity
{
    @Override
    protected void onCreate(Bundle savedInstanceState)
    {
        super.onCreate(savedInstanceState);
        setContentView(R.layout.activity_main);
        Button bn = findViewById(R.id.bn);
        // 为按钮绑定事件监听器
        bn.setOnClickListener(view -> {
            Configuration config = getResources().getConfiguration();
            // 如果当前是横屏
```

```java
            if (config.orientation == Configuration.ORIENTATION_LANDSCAPE) {
                // 设为竖屏
                MainActivity.this.setRequestedOrientation(
                    ActivityInfo.SCREEN_ORIENTATION_PORTRAIT);
            }
            // 如果当前是竖屏
            if (config.orientation == Configuration.ORIENTATION_PORTRAIT) {
                // 设为横屏
                MainActivity.this.setRequestedOrientation(
                    ActivityInfo.SCREEN_ORIENTATION_LANDSCAPE);
            }
        });
    }
    // 重写该方法,用于监听系统设置的更改,主要是监控屏幕方向的更改
    @Override
    public void onConfigurationChanged(Configuration newConfig)
    {
        super.onConfigurationChanged(newConfig);
        String screen = newConfig.orientation ==
            Configuration.ORIENTATION_LANDSCAPE? "横向屏幕": "竖向屏幕";
        Toast.makeText(this, "系统的屏幕方向发生改变"
            + "\n 修改后的屏幕方向为: " + screen, Toast.LENGTH_LONG).show();
    }
}
```

上面程序中的前两行粗体字代码用于动态地修改手机屏幕的方向,接下来的粗体字代码重写了 Activity 的 onConfigurationChanged(Configuration newConfig)方法,当系统设置发生更改时,该方法将会被自动回调。

除此之外,为了让该 Activity 能监听屏幕方向更改的事件,需要在配置该 Activity 时指定 android:configChanges 属性,该属性可以支持 mcc、mnc、locale、touchscreen、keyboard、keyboardHidden、navigation、orientation、screenLayout、uiMode、screenSize、smallestScreenSize、fontScale 属性值,其中 orientation|screenSize 属性值指定该 Activity 可以监听屏幕方向改变的事件。

因此,将应用的 AndroidManifest.xml 文件改为如下形式。

程序清单:codes\03\3.4\ConfigurationTest\change\main\src\AndroidManifest.xml

```xml
<?xml version="1.0" encoding="utf-8"?>
<manifest xmlns:android="http://schemas.android.com/apk/res/android"
    package="org.crazyit.event">
    <application
        android:allowBackup="true"
        android:icon="@mipmap/ic_launcher"
        android:label="@string/app_name"
        android:roundIcon="@mipmap/ic_launcher_round"
        android:supportsRtl="true"
        android:theme="@style/AppTheme">
        <!-- 设置 Activity 可以监听屏幕方向改变的事件 -->
        <activity android:name=".MainActivity"
            android:configChanges="orientation|screenSize">
            <intent-filter>
                <action android:name="android.intent.action.MAIN" />
                <category android:name="android.intent.category.LAUNCHER" />
            </intent-filter>
        </activity>
    </application>
</manifest>
```

上面的粗体字代码指定了该 Activity 可以监听屏幕方向改变的事件,这样当程序改变手机屏幕方向时,Activity 的 onConfigurationChanged()方法就会被回调。

提供上面的程序和设置之后,运行该程序,单击应用程序中的"更改屏幕方向"按钮,将可以

看到如图 3.8 所示的界面。

图 3.8　设置横向屏幕并响应系统设置的更改

3.5　Handler 消息传递机制

出于性能优化考虑，Android 的 UI 操作并不是线程安全的，这意味着如果有多个线程并发操作 UI 组件，则可能导致线程安全问题。为了解决这个问题，Android 制定了一条简单的规则：只允许 UI 线程修改 Activity 里的 UI 组件。

当一个程序第一次启动时，Android 会同时启动一条主线程（Main Thread），主线程主要负责处理与 UI 相关的事件，如用户的按键事件、用户接触屏幕的事件及屏幕绘图事件，并把相关的事件分发到对应的组件进行处理。所以，主线程通常又被叫作 UI 线程。

Android 的消息传递机制是另一种形式的"事件处理"，这种机制主要是为了解决 Android 应用的多线程问题——Android 平台只允许 UI 线程修改 Activity 里的 UI 组件，这样就会导致新启动的线程无法动态改变界面组件的属性值。但在实际 Android 应用开发中，尤其是涉及动画的游戏开发中，需要让新启动的线程周期性地改变界面组件的属性值，这就需要借助于 Handler 的消息传递机制来实现了。

3.5.1　Handler 类简介

Handler 类的主要作用有两个。
➢ 在新启动的线程中发送消息。
➢ 在主线程中获取、处理消息。

上面的说法看上去很简单，似乎只要分成两步即可：在新启动的线程中发送消息；然后在主线程中获取并处理消息。但这个过程涉及两个问题：新启动的线程何时发送消息呢？主线程何时去获取并处理消息呢？这个时机显然不好控制。

为了让主线程能"适时"地处理新启动的线程所发送的消息，显然只能通过回调的方式来实现——开发者只要重写 Handler 类中处理消息的方法，当新启动的线程发送消息时，消息会发送到与之关联的 MessageQueue，而 Handler 会不断地从 MessageQueue 中获取并处理消息——这将导致 Handler 类中处理消息的方法被回调。

Handler 类包含如下方法用于发送、处理消息。
➢ handleMessage(Message msg)：处理消息的方法。该方法通常用于被重写。
➢ hasMessages(int what)：检查消息队列中是否包含 what 属性为指定值的消息。
➢ hasMessages(int what, Object object)：检查消息队列中是否包含 what 属性为指定值且 object 属性为指定对象的消息。

- 多个重载的 Message obtainMessage()：获取消息。
- sendEmptyMessage(int what)：发送空消息。
- sendEmptyMessageDelayed(int what, long delayMillis)：指定多少毫秒之后发送空消息。
- sendMessage(Message msg)：立即发送消息。
- sendMessageDelayed(Message msg, long delayMillis)：指定多少毫秒之后发送消息。

借助于上面这些方法，程序可以方便地利用 Handler 来进行消息传递。

实例：自动播放动画

本实例通过一个新线程来周期性地修改 ImageView 所显示的图片，通过这种方式来开发一个动画效果。该程序的界面布局代码非常简单，程序只是在界面布局中定义了 ImageView 组件，此处不再给出界面布局代码。

接下来主程序使用 java.util.Timer 来周期性地执行指定任务，程序代码如下。

程序清单：codes\03\3.5\HandlerTest\app\src\main\java\org\crazyit\event\MainActivity.java

```java
public class MainActivity extends Activity
{
    private ImageView show;
    static class MyHandler extends Handler
    {
        private WeakReference<MainActivity> activity;
        public MyHandler(WeakReference<MainActivity> activity){
            this.activity = activity;
        }
        // 定义周期性显示的图片 ID
        private int[] imageIds = new int[]{R.drawable.java,
            R.drawable.javaee, R.drawable.ajax,
            R.drawable.android, R.drawable.swift};
        private int currentImageId = 0;
        @Override
        public void handleMessage(Message msg)
        {
            // 如果该消息是本程序所发送的
            if (msg.what == 0x1233)
            {
                // 动态修改所显示的图片
                activity.get().show.setImageResource(
                    imageIds[currentImageId++ % imageIds.length]);
            }
        }
    }
    MyHandler myHandler = new MyHandler(new WeakReference(this));
    @Override
    protected void onCreate(Bundle savedInstanceState)
    {
        super.onCreate(savedInstanceState);
        setContentView(R.layout.activity_main);
        show = findViewById(R.id.show);
        // 定义一个计时器，让该计时器周期性执行指定任务
        new Timer().schedule(new TimerTask()
        {
            @Override public void run()
            {
                // 发送空消息
                myHandler.sendEmptyMessage(0x1233);
            }
        }, 0, 1200);
    }
}
```

上面程序中的第二段粗体字代码通过 Timer 周期性执行指定任务，Timer 对象可调度 TimerTask 对象，TimerTask 对象的本质就是启动一条新线程，由于 Android 不允许在新线程中访问 Activity 里的界面组件，因此程序只能在新线程里发送一条消息，通知系统更新 ImageView 组件。

上面程序中的第一段粗体字代码重写了 Handler 的 handleMessage(Message msg)方法，该方法用于处理消息——当新线程发送消息时，该方法会被自动回调，handleMessage(Message msg)方法依然位于主线程中，所以可以动态地修改 ImageView 组件的属性。这就实现了本程序所要达到的效果：由新线程来周期性地修改 ImageView 的属性，从而实现动画效果。运行上面的程序，可以看到应用程序中 5 张图片交替显示的动态效果。

▶▶ 3.5.2 Handler、Loop、MessageQueue 的工作原理

为了更好地理解 Handler 的工作原理，下面先介绍一下与 Handler 一起工作的几个组件。

- Message：Handler 接收和处理的消息对象。
- Looper：每个线程只能拥有一个 Looper。它的 loop 方法负责读取 MessageQueue 中的消息，读到信息之后就把消息交给发送该消息的 Handler 进行处理。
- MessageQueue：消息队列，它采用先进先出的方式来管理 Message。程序创建 Looper 对象时，会在它的构造器中创建 MessageQueue 对象。Looper 的构造器源代码如下：

```
private Looper()
{
    mQueue = new MessageQueue();
    mRun = true;
    mThread = Thread.currentThread();
}
```

该构造器使用了 private 修饰，表明程序员无法通过构造器创建 Looper 对象。从上面的代码不难看出，程序在初始化 Looper 时会创建一个与之关联的 MessageQueue，这个 MessageQueue 就负责管理消息。

- Handler：它的作用有两个，即发送消息和处理消息，程序使用 Handler 发送消息，由 Handler 发送的消息必须被送到指定的 MessageQueue。也就是说，如果希望 Handler 正常工作，必须在当前线程中有一个 MessageQueue；否则消息就没有 MessageQueue 进行保存了。不过 MessageQueue 是由 Looper 负责管理的，也就是说，如果希望 Handler 正常工作，必须在当前线程中有一个 Looper 对象。为了保证当前线程中有 Looper 对象，可以分如下两种情况处理。
  - 在主 UI 线程中，系统已经初始化了一个 Looper 对象，因此程序直接创建 Handler 即可，然后就可通过 Handler 来发送消息、处理消息了。
  - 程序员自己启动的子线程，必须自己创建一个 Looper 对象，并启动它。创建 Looper 对象调用它的 prepare()方法即可。

prepare()方法保证每个线程最多只有一个 Looper 对象。prepare()方法的源代码如下：

```
public static final void prepare()
{
    if (sThreadLocal.get() != null)
    {
        throw new RuntimeException("Only one Looper may be created per thread");
    }
    sThreadLocal.set(new Looper());
}
```

接下来调用 Looper 的静态 loop()方法来启动它。loop()方法使用一个死循环不断取出 MessageQueue 中的消息，并将取出的消息分给该消息对应的 Handler 进行处理。下面是 Looper 类的 loop()方法的

源代码。

```
for (;;)
{
    Message msg = queue.next(); // 获取消息队列中的下一个消息，如果没有消息，将会阻塞
    if (msg == null) {
        // 如果消息为 null，表明消息队列正在退出
        return;
    }
    Printer logging = me.mLogging;
    if (logging != null) {
        logging.println(">>>>> Dispatching to " + msg.target + " " +
            msg.callback + ": " + msg.what);
    }
    msg.target.dispatchMessage(msg);
    if (logging != null) {
        logging.println("<<<<< Finished to " + msg.target + " " + msg.callback);
    }
    // 使用 final 修饰该标识符，保证在分发消息的过程中线程标识符不会被修改
    final long newIdent = Binder.clearCallingIdentity();
    if (ident != newIdent) {
        Log.wtf(TAG, "Thread identity changed from 0x"
            + Long.toHexString(ident) + " to 0x"
            + Long.toHexString(newIdent) + " while dispatching to "
            + msg.target.getClass().getName() + " "
            + msg.callback + " what=" + msg.what);
    }
    msg.recycle();
}
```

归纳起来，Looper、MessageQueue、Handler 各自的作用如下。

➢ Looper：每个线程只有一个 Looper，它负责管理 MessageQueue，会不断地从 MessageQueue 中取出消息，并将消息分给对应的 Handler 处理。
➢ MessageQueue：由 Looper 负责管理。它采用先进先出的方式来管理 Message。
➢ Handler：它能把消息发送给 Looper 管理的 MessageQueue，并负责处理 Looper 分给它的消息。

在线程中使用 Handler 的步骤如下。

① 调用 Looper 的 prepare()方法为当前线程创建 Looper 对象，创建 Looper 对象时，它的构造器会创建与之配套的 MessageQueue。

② 有了 Looper 之后，创建 Handler 子类的实例，重写 handleMessage()方法，该方法负责处理来自其他线程的消息。

③ 调用 Looper 的 loop()方法启动 Looper。

下面通过一个实例来介绍 Looper 与 Handler 的用法。

实例：使用新线程计算质数

该实例允许用户输入一个数值上限，当用户单击"计算"按钮时，该应用会将该上限数值发送到新启动的线程中，让该线程来计算该范围内的所有质数。

之所以不直接在 UI 线程中计算该范围内的所有质数，是因为 UI 线程需要响应用户动作，如果在 UI 线程中执行一个"耗时"操作，将会导致 UI 线程被阻塞，从而让应用程序失去响应。比如在该实例中，如果用户输入的数值太大，系统可能需要较长时间才能计算出所有质数，这就可能导致 UI 线程失去响应。

尽量避免在 UI 线程中执行耗时操作，因为这样可能导致一个"著名"的异常：ANR 异常。只要在 UI 线程中执行需要消耗大量时间的操作，都会引发 ANR，因为这会导致 Android 应用程序无

法响应输入事件和 Broadcast。

为了将用户在 UI 界面输入的数值上限动态地传给新启动的线程，本实例将会在线程中创建一个 Handler 对象，然后 UI 线程的事件处理方法就可以通过该 Handler 向新线程发送消息了。

该实例的界面布局文件比较简单，只有一个文本框和一个按钮,故此处不再给出界面布局文件。

该实例的 Activity 代码如下。

程序清单： codes\03\3.5\HandlerTest\calprime\src\main\java\org\crazyit\event\MainActivity.java

```java
public class MainActivity extends Activity
{
    public final static String UPPER_NUM = "upper";
    private EditText etNum;
    private CalThread calThread;
    // 定义一个线程类
    class CalThread extends Thread
    {
        private Handler mHandler;
        @Override
        public void run()
        {
            Looper.prepare();
            mHandler = new Handler()
            {
                // 定义处理消息的方法
                @Override public void handleMessage(Message msg)
                {
                    if (msg.what == 0x123) {
                        int upper = msg.getData().getInt(UPPER_NUM);
                        List<Integer> nums = new ArrayList<Integer>();
                        // 计算从 2 开始、到 upper 的所有质数
                        outer:
                        for (int i = 2; i <= upper; i++) {
                            // 用 i 除以从 2 开始、到 i 的平方根的所有数
                            int j = 2;
                            while (j <= Math.sqrt(i)) {
                                // 如果可以整除，则表明这个数不是质数
                                if (i != 2 && i % j == 0) {
                                    continue outer;
                                }
                                j++;
                            }
                            nums.add(i);
                        }
                        // 使用 Toast 显示统计出来的所有质数
                        Toast.makeText(MainActivity.this, nums.toString(),
                            Toast.LENGTH_LONG).show();
                    }
                }
            };
            Looper.loop();
        }
    }
    @Override
    protected void onCreate(Bundle savedInstanceState)
    {
        super.onCreate(savedInstanceState);
        setContentView(R.layout.activity_main);
        etNum = findViewById(R.id.et_num);
        calThread = new CalThread();
        // 启动新线程
        calThread.start();
    }
}
```

```
    // 为按钮的点击事件提供事件处理方法
    public void cal(View source)
    {
        // 创建消息
        Message msg = new Message();
        msg.what = 0x123;
        Bundle bundle = new Bundle();
        bundle.putInt(UPPER_NUM, Integer.parseInt(etNum.getText().toString()));
        msg.setData(bundle);
        // 向新线程中的 Handler 发送消息
        calThread.mHandler.sendMessage(msg);
    }
}
```

上面的粗体字代码是实例的关键代码，这些粗体字代码在新线程内创建了一个 Handler。由于在新线程中创建 Handler 时必须先创建 Looper，因此程序先调用 Looper 的 prepare()方法为当前线程创建了一个 Looper 实例，并创建了配套的 MessageQueue。新线程有了 Looper 对象之后，接下来程序创建了一个 Handler 对象，该 Handler 可以处理其他线程发送过来的消息。程序最后还调用了 Looper 的 loop()方法。

运行该程序，无论用户输入多大的数值，计算该范围内的质数都将会交给新线程完成，而前台 UI 线程不会受到影响。该程序的运行效果如图 3.9 所示。

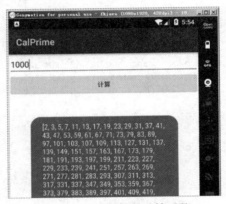

图 3.9　使用新线程计算质数

3.6 异步任务（AsyncTask）

前面已经介绍过，Android 的 UI 线程主要负责处理用户的按键事件、用户触屏事件及屏幕绘图事件等，因此开发者的其他操作不应该、也不能阻塞 UI 线程；否则 UI 界面将会变得停止响应——用户感觉非常糟糕。

> **提示：**
> Android 默认约定当 UI 线程阻塞超过 20 秒时将会引发 ANR（Application Not Responding）异常。但实际上，不要说 20 秒，即使是 5 秒甚至 2 秒，用户都会感觉十分不爽（用户是很急燥的！）。因此笔者认为，其实没必要去记这个 20 秒的时间限度。总之，开发者需要牢记：不要在 UI 线程中执行一些耗时的操作。

为了避免 UI 线程失去响应的问题，Android 建议将耗时操作放在新线程中完成，但新线程也可能需要动态更新 UI 组件，比如需要从网上获取一个网页，然后在 TextView 中将其源代码显示出来，此时就应该将连接网络、获取网络数据的操作放在新线程中完成。问题是：获取网络数据之后，新线程不允许直接更新 UI 组件。

为了解决新线程不能更新 UI 组件的问题，Android 提供了如下几种解决方案。
- 使用 Hanlder 实现线程之间的通信。
- Activity.runOnUiThread(Runnable)。
- View.post(Runnable)。
- View.postDelayed(Runnable, long)。

上一节已经见到了使用 Handler 的实例，后面的三种方式可能导致编程略显烦琐，而异步任务（AsyncTask）则可进一步简化这种操作。相对来说 AsyncTask 更轻量级一些，适用于简单的异步处理，不需要借助线程和 Handler 即可实现。

AsyncTask<Params, Progress, Result>是一个抽象类，通常用于被继承，继承 AsyncTask 时需要指定如下三个泛型参数。
- Params：启动任务执行的输入参数的类型。
- Progress：后台任务完成的进度值的类型。
- Result：后台执行任务完成后返回结果的类型。

使用 AsyncTask 只要如下三步即可。

① 创建 AsyncTask 的子类，并为三个泛型参数指定类型。如果某个泛型参数不需要指定类型，则可将它指定为 Void。

② 根据需要，实现 AsyncTask 的如下方法。
- doInBackground(Params...)：重写该方法就是后台线程将要完成的任务。该方法可以调用 publishProgress(Progress... values)方法更新任务的执行进度。
- onProgressUpdate(Progress... values)：在 doInBackground()方法中调用 publishProgress()方法更新任务的执行进度后，将会触发该方法。
- onPreExecute()：该方法将在执行后台耗时操作前被调用。通常该方法用于完成一些初始化的准备工作，比如在界面上显示进度条等。
- onPostExecute(Result result)：当 doInBackground()完成后，系统会自动调用 onPostExecute()方法，并将 doInBackground()方法的返回值传给该方法。

③ 调用 AsyncTask 子类的实例的 execute(Params... params)开始执行耗时任务。

使用 AsyncTask 时必须遵守如下规则。
- 必须在 UI 线程中创建 AsyncTask 的实例。
- 必须在 UI 线程中调用 AsyncTask 的 execute()方法。
- AsyncTask 的 onPreExecute()、onPostExecute(Result result)、doInBackground (Params... params)、onProgressUpdate(Progress... values)方法，不应该由程序员代码调用，而是由 Android 系统负责调用。
- 每个 AsyncTask 只能被执行一次，多次调用将会引发异常。

实例：使用异步任务执行下载

本实例示范如何使用异步任务下载网络资源。该实例的界面布局很简单，只包含两个组件：一个文本框用于显示从网络下载的页面代码；一个按钮用于激发下载任务。此处不再给出界面布局文件。

该程序的 Activity 代码如下。

程序清单：coder\03\3.6\AsyncTaskTest\app\src\main\java\org\crazyit\event\MainActivity.java
```
public class MainActivity extends Activity
{
    private TextView show;
    @Override
```

```java
protected void onCreate(Bundle savedInstanceState)
{
    super.onCreate(savedInstanceState);
    setContentView(R.layout.activity_main);
    show = findViewById(R.id.show);
}
// 重写该方法,为界面上的按钮提供事件响应方法
public void download(View source) throws MalformedURLException
{
    DownTask task = new DownTask(this, (ProgressBar)findViewById(R.id.progressBar));
    task.execute(new URL("http://www.crazyit.org/index.php"));
}
class DownTask extends AsyncTask<URL, Integer, String>
{
    private ProgressBar progressBar;
    // 定义记录已经读取行的数量
    int hasRead = 0;
    Context mContext;
    public DownTask(Context ctx, ProgressBar progressBar)
    {
        mContext = ctx;
        this.progressBar = progressBar;
    }
    @Override
    protected String doInBackground(URL... params)
    {
        StringBuilder sb = new StringBuilder();
        try
        {
            URLConnection conn = params[0].openConnection();
            // 打开conn连接对应的输入流,并将它包装成BufferedReader
            BufferedReader br = new BufferedReader(
                new InputStreamReader(conn.getInputStream(), "utf-8"));
            String line = null;
            while ((line = br.readLine()) != null)
            {
                sb.append(line + "\n");
                hasRead++;
                publishProgress(hasRead);
            }
            return sb.toString();
        }
        catch (Exception e)
        {
            e.printStackTrace();
        }
        return null;
    }
    @Override
    protected void onPostExecute(String result)
    {
        // 返回HTML页面的内容
        show.setText(result);
        // 设置进度条不可见
        progressBar.setVisibility(View.INVISIBLE);
    }
    @Override
    protected void onPreExecute()
    {
        // 设置进度条可见
        progressBar.setVisibility(View.VISIBLE);
        // 设置进度条的当前值
        progressBar.setProgress(0);
        // 设置该进度条的最大进度值
```

```
            progressBar.setMax(120);
        }
        @Override
        protected void onProgressUpdate(Integer... values)
        {
            // 更新进度
            show.setText("已经读取了【" + values[0] + "】行!");
            progressBar.setProgress(values[0]);
        }
    }
}
```

上面程序的 download()方法很简单,它只是创建了 DownTask(AsyncTask 的子类)实例,并调用它的 execute()方法开始执行异步任务。

该程序的重点是实现 AsyncTask 的子类,实现该子类时实现了如下 4 个方法。

- ➢ doInBackground():该方法的代码完成实际的下载任务。
- ➢ onPreExecute():该方法的代码负责在下载开始的时候显示一个进度条。
- ➢ onProgressUpdate():该方法的代码负责随着下载进度的改变更新进度条的进度值。
- ➢ onPostExecute():该方法的代码负责当下载完成后,将下载的代码显示出来。

该程序使用了网络编程从网络下载数据。关于 Android 网络编程的知识,请参考本书第 13 章的内容。除此之外,本程序需要访问网络,因此还需要在 AndroidManifest.xml 文件中声明如下权限:<uses-permission android:name= "android.permission.INTERNET"/>。

运行该程序并单击"下载"按钮,将可以看到如图 3.10 所示的界面。

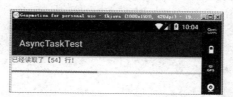

图 3.10 使用异步任务下载网络资源

3.7 本章小结

本章是对上一章内容的补充:图形界面编程肯定需要与事件处理结合,当我们开发了一个界面友好的应用之后,用户在程序界面上执行操作时,程序必须为这种用户操作提供响应动作,这种响应动作就是由事件处理来完成的。学习本章的重点是掌握 Android 的两种事件处理机制:基于回调的事件处理和基于监听的事件处理;对于基于监听的事件处理来说,开发者需要掌握事件监听的处理模式,以及不同事件对应的监听器接口;对于基于回调的事件处理来说,开发者需要掌握不同事件对应的回调方法。除此之外,本章还介绍了重写 onConfigurationChanged 方法响应系统设置更改。需要指出的是,由于 Android 不允许在子线程中更新界面组件,如果想在子线程中更新界面组件,开发者需要借助于 Handler 对象来实现。本章详细介绍了 Handler、Looper 与 MessageQueue 之间的关系及工作原理。

CHAPTER 4

第4章 深入理解 Activity 与 Fragment

本章要点

- 理解 Activity 的功能与作用
- 开发普通 Activity 类
- 在 AndroidManifest.xml 中配置 Activity
- 特殊 Activity 的功能和用法
- 在程序中启动 Activity
- 关闭 Activity
- 使用 Bundle 在不同 Activity 之间交换数据
- 启动其他 Activity 并返回结果
- Activity 的回调机制
- Activity 的生命周期
- Fragment 概述及 Fragment 的设计哲学
- 开发 Fragment
- 使用 ListFragment
- 管理 Fragment,并让 Fragment 与 Activity 通信
- Fragment 的生命周期

Activity 是 Android 应用的重要组成单元之一（另外三个是 Service、BroadcastReceiver 和 ContentProvider），而 Activity 又是 Android 应用最常见的组件之一。前面看到的示例通常都只包含一个 Activity，但在实际应用中这是不大可能的，往往包括多个 Activity，不同的 Activity 向用户呈现不同的操作界面。Android 应用的多个 Activity 组成 Activity 栈，当前活动的 Activity 位于栈顶。

有 Web 开发经验的读者对 Servlet 的概念应该比较熟悉。实际上 Activity 对于 Android 应用的作用有点类似于 Servlet 对于 Web 应用的作用——一个 Web 应用通常都需要 N 个 Servlet 组成（JSP 的本质依然是 Servlet）；那么一个 Android 应用通常也需要 N 个 Activity 组成。对于 Web 应用而言，Servlet（把 JSP 也统一成 Servlet）主要负责与用户交互，并向用户呈现应用状态；对于 Android 应用而言，Activity 大致也具有相同的功能。

当 Activity 处于 Android 应用中运行时，同样受系统控制，有其自身的生命周期，本章深入介绍 Activity 的相关知识。

4.1 建立、配置和使用 Activity

Activity 是 Android 应用中最重要、最常见的应用组件（此处的组件是粗粒度的系统组成部分，并非指界面控件：widget）。Android 应用开发的一个重要组成部分就是开发 Activity，下面将会详细介绍 Activity 开发、配置的相关知识。

▶▶ 4.1.1 高级 Activity

与开发 Web 应用时建立 Servlet 类相似，建立自己的 Activity 也需要继承 Activity 基类。当然，在不同应用场景下，有时也要求继承 Activity 的子类。例如，如果应用程序界面只包括列表，则可以让应用程序继承 ListActivity。

图 4.1 显示了 Android 提供的 Activity 类。

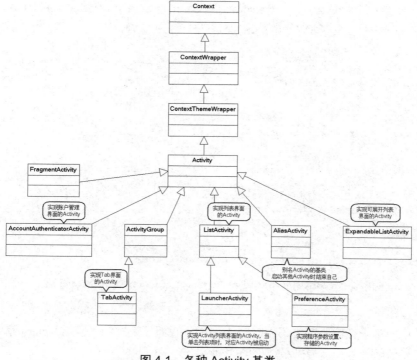

图 4.1　各种 Activity 基类

如图 4.1 所示，Activity 类间接或直接地继承了 Context、ContextWrapper、ContextThemeWrapper 等基类，因此 Activity 可以直接调用它们的方法。

与 Servlet 类似，当一个 Activity 类定义出来之后，这个 Activity 类何时被实例化、它所包含的方法何时被调用，这些都不是由开发者决定的，都应该由 Android 系统来决定。

为了让 Servlet 能响应用户请求，开发者需要重写 HttpServlet 的 doRequest()、doResponse()方法，或重写 service()方法。Activity 与此类似，创建一个 Activity 也需要实现一个或多个方法，其中最常见的就是实现 onCreate(Bundle status)方法，该方法将会在 Activity 创建时被回调，该方法调用 Activity 的 setContentView(View view)方法来显示要展示的 View。为了管理应用程序界面中的各组件，调用 Activity 的 findViewById(int id)方法来获取程序界面中的组件，接下来修改各组件的属性和方法即可。

实例：用 LauncherActivity 开发启动 Activity 的列表

通过前几章的实例已经介绍了 Activity、ListActivity 等基类的用法，接下来开发一个继承 LauncherActivity 的应用。

LauncherActivity 继承了 ListActivity，因此它本质上也是一个开发列表界面的 Activity，但它开发出来的列表界面与普通列表界面有所不同。它开发出来的列表界面中的每个列表项都对应于一个 Intent，因此当用户单击不同的列表项时，应用程序会自动启动对应的 Activity。

使用 LauncherActivity 的方法并不难，由于依然是一个 ListActivity，因此同样需要为它设置 Adapter——既可使用简单的 ArrayAdapter，也可使用 SimpleAdapter，当然还可以扩展 BaseAdapter 来实现自己的 Adapter。与使用普通 ListActivity 不同的是，继承 LauncherActivity 时通常应该重写 Intent intentForPosition(int position)方法，该方法根据不同列表项返回不同的 Intent（用于启动不同的 Activity）。

下面是 LauncherActivity 的一个子类的代码。

程序清单：codes\04\4.1\ActivityTest\senioractivity\src\main\java\org\crazyit\app\MainActivity.java

```java
public class MainActivity extends LauncherActivity
{
    // 定义两个 Activity 的名称
    private String[] names = new String[]{"设置程序参数", "查看星际兵种"};
    // 定义两个 Activity 对应的实现类
    private Class[] clazzs = new Class[]{PreferenceActivityTest.class,
        ExpandableListActivityTest.class};
    @Override
    protected void onCreate(Bundle savedInstanceState)
    {
        super.onCreate(savedInstanceState);
        ArrayAdapter<String> adapter = new ArrayAdapter<>(this,
            android.R.layout.simple_list_item_1, names);
        // 设置该窗口显示的列表所需的 Adapter
        setListAdapter(adapter);
    }
    // 根据列表项返回指定 Activity 对应的 Intent
    @Override
    public Intent intentForPosition(int position)
    {
        return new Intent(MainActivity.this, clazzs[position]);
    }
}
```

上面程序中的第一行粗体字代码为该 ListActivity 设置了所需的内容 Adapter，第二段粗体字代码则根据用户单击的列表项去启动对应的 Activity。

上面的程序还用到了如下两个 Activity。

- ExpandableListActivityTest：它是 ExpandableListActivity 的子类，用于显示一个可展开的列表窗口。
- PreferenceActivityTest：它是 PreferenceActivity 的子类，用于显示一个显示设置选项参数并进行保存的窗口。

实例：使用 ExpandableListActivity 实现可展开的 Activity

先看 ExpandableListActivityTest，它继承了 ExpandableListActivity 基类，ExpandableListActivity 的用法与前面介绍的 ExpandableListView 的用法基本相似，只要为该 Activity 传入一个 ExpandableListAdapter 对象即可，接下来 ExpandableListActivity 将会生成一个显示可展开列表的窗口。

下面是 ExpandableListActivityTest 的代码。

程序清单：codes\04\4.1\ActivityTest\senioractivity\src\main\java\org\crazyit\app\ExpandableListActivityTest.java

```java
public class ExpandableListActivityTest extends ExpandableListActivity
{
    @Override
    protected void onCreate(Bundle savedInstanceState)
    {
        super.onCreate(savedInstanceState);
        // 省略创建 BaseExpandableListAdapter 子类实例的代码
        BaseExpandableListAdapter adapter = new BaseExpandableListAdapter()
        {
            ...
        };
        // 设置该窗口显示列表
        setListAdapter(adapter)
    }
    class ViewHolder{
        ImageView imageView;
        TextView textView;
        ViewHolder(ImageView imageView, TextView textView)
        {
            this.imageView = imageView;
            this.textView = textView;
        }
    }
}
```

上面 Activity 的主要代码就是创建了 BaseExpandableListAdapter 子类的实例。由于创建该对象的过程与第 2 章的代码完全相同，故此处不再详述，读者可参考本书配套资源中的代码。

上面程序中的粗体字代码为 ExpandableListActivity 设置了一个 ExpandableListAdapter 对象，即可使得该 Activity 显示可展开列表的窗口。

实例：PreferenceActivity 结合 PreferenceFragment 实现参数设置界面

PreferenceActivity 是一个非常有用的基类，当我们开发一个 Android 应用程序时，不可避免地需要进行选项设置，这些选项设置会以参数的形式保存，习惯上我们会用 Preferences 进行保存。

> **提示：**
> 关于 Preferences 的介绍，请参看本书第 8 章中关于 SharedPreferences 的内容。

需要指出的是，如果 Android 应用程序中包含的某个 Activity 专门用于设置选项参数，那么

Android 为这种 Activity 提供了便捷的基类：PreferenceActivity。

一旦 Activity 继承了 PreferenceActivity，那么该 Activity 完全不需要自己控制 Preferences 的读写，PreferenceActivity 会为我们处理一切。

PreferenceActivity 与普通 Activity 不同，它不再使用普通的界面布局文件，而是使用选项设置布局文件。选项设置布局文件以 PreferenceScreen 作为根元素——它表明定义一个参数设置的界面布局。

从 Android 3.0 开始，Android 不再推荐直接让 PreferenceActivity 加载选项设置布局文件，而是建议将 PreferenceActivity 与 PreferenceFragment 结合使用，其中 PreferenceActivity 只负责加载选项设置头布局文件（根元素是 preference-headers），而 PreferenceFragment 才负责加载选项设置布局文件。

本实例中 PreferenceActivity 加载的选项设置头布局文件如下。

程序清单：codes\04\4.1\ActivityTest\senioractivity\src\main\res\xml\preference_headers.xml

```xml
<?xml version="1.0" encoding="utf-8"?>
<preference-headers xmlns:android="http://schemas.android.com/apk/res/android">
    <!-- 指定启动指定 PreferenceFragment 的列表项 -->
    <header
        android:fragment="org.crazyit.app.PreferenceActivityTest$Prefs1Fragment"
        android:icon="@drawable/ic_settings_applications"
        android:summary="设置应用的相关选项"
        android:title="程序选项设置" />
    <!-- 指定启动指定 PreferenceFragment 的列表项 -->
    <header
        android:fragment="org.crazyit.app.PreferenceActivityTest$Prefs2Fragment"
        android:icon="@drawable/ic_settings_display"
        android:summary="设置显示界面的相关选项"
        android:title="界面选项设置 ">
        <!-- 使用 extra 可向 Activity 传入额外的数据 -->
        <extra
            android:name="website"
            android:value="www.crazyit.org" />
    </header>
    <!-- 使用 Intent 启动指定 Activity 的列表项 -->
    <header
        android:icon="@drawable/ic_settings_display"
        android:summary="使用 Intent 启动某个 Activity"
        android:title="使用 Intent">
        <intent
            android:action="android.intent.action.VIEW"
            android:data="http://www.crazyit.org" />
    </header>
</preference-headers>
```

上面的布局文件中定义了三个列表项，其中前两个列表项通过 android:fragment 选项指定启动相应的 PreferenceFragment；第三个列表项通过<intent.../>子元素启动指定的 Activity。

> **提示：**
> 关于 Intent 与<intent.../>的介绍，请参考本书下一章的内容。

上面的布局文件中指定使用 Prefs1Fragment、Prefs2Fragment 两个内部类，为此我们将会在 PreferenceActivityTest 类中定义这两个内部类。下面是 PreferenceActivityTest 类的代码。

程序清单：codes\04\4.1\ActivityTest\senioractivity\src\main\java\org\crazyit\app\PreferenceActivityTest.java

```
class PreferenceActivityTest extends PreferenceActivity
```

```java
    @Override
    protected void onCreate(Bundle savedInstanceState)
    {
        super.onCreate(savedInstanceState);
        // 该方法用于为该界面设置一个标题按钮
        if (hasHeaders()) {
            Button button = new Button(this);
            button.setText("设置操作");
            // 将该按钮添加到该界面上
            setListFooter(button);
        }
    }
    // 重写该方法，负责加载选项设置头布局文件
    @Override
    public void onBuildHeaders(List<Header> target)
    {
        // 加载选项设置头布局文件
        loadHeadersFromResource(R.xml.preference_headers, target);
    }
    // 重写该方法，验证各 PreferenceFragment 是否有效
    @Override
    public boolean isValidFragment(String fragmentName)
    {
        return true;
    }
    public static class Prefs1Fragment extends PreferenceFragment
    {
        @Override
        public void onCreate(Bundle savedInstanceState)
        {
            super.onCreate(savedInstanceState);
            addPreferencesFromResource(R.xml.preferences);
        }
    }
    public static class Prefs2Fragment extends PreferenceFragment
    {
        @Override
        public void onCreate(Bundle savedInstanceState)
        {
            super.onCreate(savedInstanceState);
            addPreferencesFromResource(R.xml.display_prefs);
            // 获取传入该 Fragment 的参数
            String website = getArguments().getString("website");
            Toast.makeText(getActivity(), "网站域名是: " + website,
                Toast.LENGTH_LONG).show();
        }
    }
}
```

上面的 Activity 重写了 PreferenceActivity 的 onBuildHeaders(List<Header> target)方法，重写该方法指定加载前面定义的 preference_headers.xml 界面布局文件。

上面的 Activity 中定义了两个 PreferenceFragment，它们需要分别加载 preferences.xml、display_prefs.xml 两个选项设置布局文件。

建立选项设置布局文件按如下步骤进行。

① 用鼠标右击 Android Studio 项目管理面板上的 Android 模块（如 senioractivity）节点，然后在弹出的右键菜单中单击 "New" → "Android Resource File" 菜单，如图 4.2 所示。

② Android Studio 弹出如图 4.3 所示的窗口，选择创建 "XML" 类型的资源文件，该文件默认保存在/res/xml 路径下，并选择该 XML 文件的根元素为 PreferenceScreen，然后单击 "OK" 按钮完成创建。

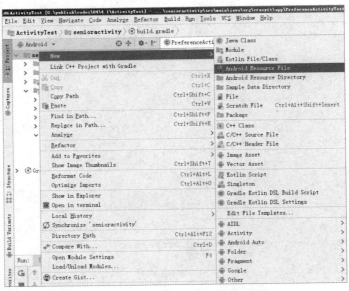

图 4.2 新建 Android 资源文件

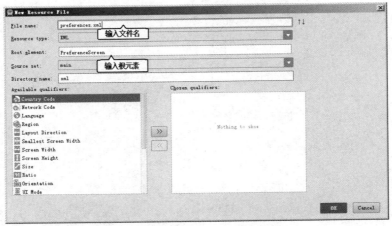

图 4.3 创建 Android XML 文件

上面介绍的两步就是创建 Android 资源文件的通用步骤，包括界面布局文件、菜单资源文件、字符串资源等，都可通过这两步来进行创建。

接下来在 Android Studio 中打开 preferences.xml 进行编辑，Android Studio 为编辑该文件提供了良好的提示信息，该 XML 文件能接收哪些子元素、各子元素能包含哪些属性，Android Studio 中都有优秀的提示，如图 4.4 所示。

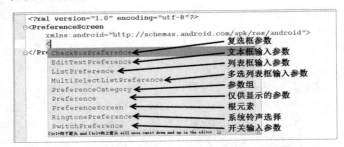

图 4.4 preferences.xml 文件中可添加的元素

其中 PreferenceCategory 用于对参数选项进行分组，其他元素都用于设置相应的参数。编辑 preferences.xml 文件完成后，可以看到如下所示的界面布局文件。

程序清单：codes\04\4.1\ActivityTest\senioractivity\src\main\res\xml\preferences.xml

```xml
<?xml version="1.0" encoding="utf-8"?>
<PreferenceScreen xmlns:android="http://schemas.android.com/apk/res/android">
    <!-- 设置系统铃声 -->
    <RingtonePreference
        android:key="ring_key"
        android:ringtoneType="all"
        android:showDefault="true"
        android:showSilent="true"
        android:summary="选择铃声（测试RingtonePreference）"
        android:title="设置铃声"></RingtonePreference>
    <PreferenceCategory android:title="个人信息设置组">
        <!-- 通过输入框填写用户名 -->
        <EditTextPreference
            android:dialogTitle="您所使用的用户名为："
            android:key="name"
            android:summary="填写您的用户名（测试EditTextPreference）"
            android:title="填写用户名" />
        <!-- 通过列表框选择性别 -->
        <ListPreference
            android:dialogTitle="ListPreference"
            android:entries="@array/gender_name_list"
            android:entryValues="@array/gender_value_list"
            android:key="gender"
            android:summary="选择您的性别（测试ListPreference）"
            android:title="性别" />
    </PreferenceCategory>
    <PreferenceCategory android:title="系统功能设置组 ">
        <CheckBoxPreference
            android:defaultValue="true"
            android:key="autoSave"
            android:summaryOff="自动保存：关闭"
            android:summaryOn="自动保存：开启"
            android:title="自动保存进度" />
    </PreferenceCategory>
</PreferenceScreen>
```

上面的界面布局文件中定义了一个参数设置界面，其中包括两个参数设置组，而且该参数设置界面全面应用了各种元素，这样方便读者以后查询。

定义了参数设置的界面布局文件之后，接下来在 PreferenceFragment 程序中使用该界面布局文件进行参数设置、保存十分简单，只要如下两步即可。

① 让 Fragment 继承 PreferenceFragment。

② 在 onCreate(Bundle savedInstanceState)方法中调用 addPreferencesFromResource()方法加载指定的界面布局文件。

上面的实例中还用到了选项设置布局文件 display_prefs.xml，该布局文件的创建步骤与 preferences.xml 文件的创建步骤相同。该文件的代码如下。

程序清单：codes\04\4.1\ActivityTest\senioractivity\src\main\res\xml\display_prefs.xml

```xml
<?xml version="1.0" encoding="utf-8"?>
<PreferenceScreen xmlns:android="http://schemas.android.com/apk/res/android">
    <PreferenceCategory android:title="背景灯光组">
        <!-- 通过列表框选择灯光强度 -->
        <ListPreference
```

```xml
        android:dialogTitle="请选择灯光强度"
        android:entries="@array/light_strength_list"
        android:entryValues="@array/light_value_list"
        android:key="light"
        android:summary="请选择灯光强度（测试ListPreference）"
        android:title="灯光强度" />
    </PreferenceCategory>
    <PreferenceCategory android:title="文字显示组 ">
        <!-- 通过SwitchPreference设置是否自动滚屏 -->
        <SwitchPreference
            android:defaultValue="true"
            android:key="autoScroll"
            android:summaryOff="自动滚屏：关闭"
            android:summaryOn="自动滚屏：开启"
            android:title="自动滚屏" />
    </PreferenceCategory>
</PreferenceScreen>
```

至此，我们为该应用程序开发了三个 Activity 类，但这三个 Activity 还不能使用，必须在 AndroidManifest.xml 清单文件中配置 Activity 才行。

▶▶ 4.1.2 配置 Activity

Android 应用要求所有应用程序组件（Activity、Service、ContentProvider、BroadcastReceiver）都必须显式进行配置。

只要为<application.../>元素添加<activity.../>子元素即可配置 Activity。在配置 Activity 时通常指定如下几个属性。

- ➢ name：指定该 Activity 的实现类的类名。
- ➢ icon：指定该 Activity 对应的图标。
- ➢ label：指定该 Activity 的标签。
- ➢ exported：指定该 Activity 是否允许被其他应用调用。如果将该属性设为 true，那么该 Activity 将可以被其他应用调用。
- ➢ launchMode：指定该 Activity 的加载模式，该属性支持 standard、singleTop、singleTask 和 singleInstance 这 4 种加载模式。本章后面会详细介绍这 4 种加载模式。

此外，在配置 Activity 时通常还需要指定一个或多个<intent-filter.../>元素，该元素用于指定该 Activity 可响应的 Intent。

> **提示：**
> 关于 Intent 和 IntentFilter 的介绍，请参看本书下一章的介绍。

为了在 AndroidManifest.xml 文件中配置、管理上面的三个 Activity，可以在清单文件的<application.../>元素中增加如下三个<activity.../>子元素。

程序清单：codes\04\4.1\ActivityTest\senior\src\main\AndroidManifest.xml

```xml
<activity android:name=".MainActivity">
    <intent-filter>
        <action android:name="android.intent.action.MAIN" />
        <category android:name="android.intent.category.LAUNCHER" />
    </intent-filter>
</activity>
<activity android:name=".ExpandableListActivityTest"
    android:label="查看星际兵种">
</activity>
<activity android:name=".PreferenceActivityTest"
```

```
        android:label="设置程序参数">
</activity>
```

上面的配置片段配置了三个 Activity，其中第一个 Activity 还配置了一个<intent-filter.../>元素，该元素指定该 Activity 作为应用程序的入口。

运行上面的应用程序，将看到如图 4.5 所示的界面。

在图 4.5 所示的程序界面中，用户单击任意列表项即可启动对应的 Activity。例如，单击"设置程序参数"将会启动 PreferenceActivityTest，单击"查看星际兵种"将会启动 ExpandableListActivityTest。单击图 4.5 所示列表的第一个列表项，将看到如图 4.6 所示的界面。

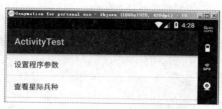

图 4.5　启动 Activity 的列表

图 4.6　选项设置列表界面

图 4.6 所示界面就是利用 PreferenceActivity 生成的选项设置列表界面。这个界面只是包含三个列表项，其中前两个列表项用于启动 PreferenceFragment，最后一个列表项将会根据 Intent 启动其他 Activity。

单击图 4.6 所示界面中的第一个列表项，将可以看到如图 4.7 所示的界面。

图 4.7 所示界面就是利用 PreferenceFragment 生成的选项设置界面，这个界面非常漂亮，而且系统会自动将设置的参数永久地保存到系统中——这都得益于 PreferenceActivity。例如，单击"填写用户名"列表项，系统将会显示如图 4.8 所示的输入框。

图 4.7　使用 PreferenceFragment 生成的选项设置界面　　图 4.8　使用 EditTextPreference 生成的输入框

在图 4.8 所示对话框中输入用户名，单击"OK"按钮，程序将会自动保存设置的选项参数。程序所设置的参数将会保存在/data/data/<应用程序包名>/shared_prefs 路径下，文件名为<应用程序包>_preferences.xml。

运行本程序系统将会在/data/data/org.crazyit.app/shared_prefs/路径下生成一个 org.crazyit.app_preferences.xml 文件。打开 Android Studio 的 File Explorer 面板，进入该参数的参数文件的保存路径，将可以看到如图 4.9 所示的窗口。

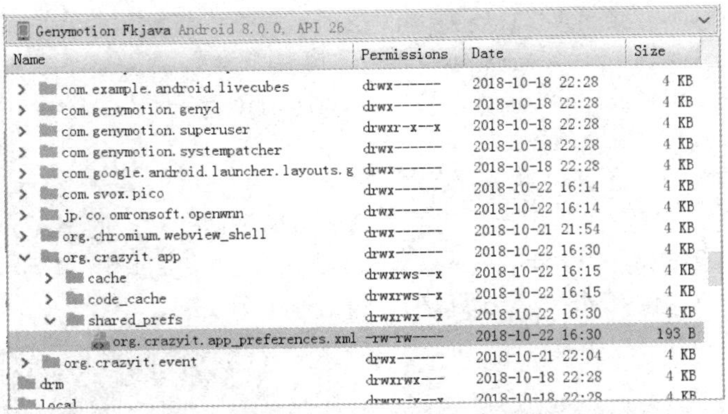

图 4.9 查看系统生成的参数文件

通过图 4.9 所示窗口把其中的"org.crazyit.app_ preferences.xml"文件导出来,该文件的内容为:

```xml
<?xml version='1.0' encoding='utf-8' standalone='yes' ?>
<map>
    <string name="name">fkit.org</string>
    <string name="gender">male</string>
    <string name="light">medium</string>
    <boolean name="autoSave" value="true" />
    <boolean name="autoScroll" value="true" />
</map>
```

上面的文件就是程序运行设置的参数。

如果单击图 4.5 所示列表的第二个列表项,将可以看到如图 4.10 所示的界面。

图 4.10 使用 ExpandableListActivity 生成的可展开的列表界面

▶▶ 4.1.3 启动、关闭 Activity

正如前面所介绍的,一个 Android 应用通常都会包含多个 Activity,但只有一个 Activity 会作为程序的入口——当该 Android 应用运行时将会自动启动并执行该 Activity。至于应用中的其他 Activity,通常都由入口 Activity 启动,或由入口 Activity 启动的 Activity 启动。

Activity 启动其他 Activity 有如下两个方法。

- startActivity(Intent intent):启动其他 Activity。
- startActivityForResult(Intent intent, int requestCode):以指定的请求码(requestCode)启动 Activity,而且程序将会获取新启动的 Activity 返回的结果(通过重写 onActivityResult()方法来获取)。

启动 Activity 时可指定一个 requestCode 参数,该参数代表了启动 Activity 的请求码。这个请求码的值由开发者根据业务自行设置,用于标识请求来源。

上面两个方法都用到了 Intent 参数，Intent 是 Android 应用里各组件之间通信的重要方式，一个 Activity 通过 Intent 来表达自己"意图"——想要启动哪个组件，被启动的组件既可是 Activity 组件，也可是 Service 组件。

Android 为关闭 Activity 准备了如下两个方法。

- finish()：结束当前 Activity。
- finishActivity(int requestCode)：结束以 startActivityForResult(Intent intent, int requestCode)方法启动的 Activity。

下面的示例程序示范了如何启动 Activity，并允许程序在两个 Activity 之间切换。

程序的第一个 Activity 的界面布局很简单，该界面只包含一个按钮，该按钮用于进入第二个 Activity。此处不给出界面布局文件，该 Activity 的代码如下。

程序清单：codes\04\4.1\ActivityTest\startactivity\src\main\java\org\crazyit\app\MainActivity.java

```java
public class MainActivity extends Activity
{
    @Override
    protected void onCreate(Bundle savedInstanceState)
    {
        super.onCreate(savedInstanceState);
        setContentView(R.layout.activity_main);
        // 获取应用程序中的 bn 按钮
        Button bn = findViewById(R.id.bn);
        // 为 bn 按钮绑定事件监听器
        bn.setOnClickListener( view -> {
            // 创建需要启动的 Activity 对应的 Intent
            Intent intent = new Intent(MainActivity.this, SecondActivity.class);
            // 启动 intent 对应的 Activity
            startActivity(intent);
        });
    }
}
```

上面程序中的粗体字代码就是在 Activity 中启动其他 Activity 的关键代码。

程序中第二个 Activity 的界面同样简单，它只包含两个按钮，其中一个按钮用于简单地返回上一个 Activity（并不关闭自己）；另一个按钮用于结束自己并返回上一个 Activity。此处不给出第二个 Activity 的界面布局文件。

下面是第二个 Activity 类的代码。

程序清单：codes\04\4.1\ActivityTest\startactivity\src\main\java\org\crazyit\app\SecondActivity.java

```java
public class SecondActivity extends Activity
{
    @Override
    protected void onCreate(Bundle savedInstanceState)
    {
        super.onCreate(savedInstanceState);
        setContentView(R.layout.second);
        // 获取应用程序中的 previous 按钮
        Button previous = findViewById(R.id.previous);
        // 获取应用程序中的 close 按钮
        Button close = findViewById(R.id.close);
        // 为 previous 按钮绑定事件监听器
        previous.setOnClickListener(view ->
        {
            // 获取启动当前 Activity 的上一个 Intent
            Intent intent = new Intent(SecondActivity.this, MainActivity.class);
            // 启动 intent 对应的 Activity
            startActivity(intent);
```

```
        });
        // 为 close 按钮绑定事件监听器
        close.setOnClickListener(view ->
        {
            // 获取启动当前 Activity 的上一个 Intent
            Intent intent = new Intent(SecondActivity.this, MainActivity.class);
            // 启动 intent 对应的 Activity
            startActivity(intent);
            // 结束当前 Activity
            finish();
        });
    }
}
```

上面程序中两个按钮的监听器里的处理代码只有一行区别：finish()，如果有这行代码，则表明该 Activity 会结束自己。

▶▶ 4.1.4 使用 Bundle 在 Activity 之间交换数据

当一个 Activity 启动另一个 Activity 时，常常会有一些数据需要传过去——这就像 Web 应用从一个 Servlet 跳到另一个 Servlet 时，习惯把需要交换的数据放入 requestScope、sessionScope 中。对于 Activity 而言，在 Activity 之间进行数据交换更简单，因为两个 Activity 之间本来就有一个"信使"：Intent，因此我们主要将需要交换的数据放入 Intent 中即可。

Intent 提供了多个重载的方法来"携带"额外的数据，如下所示。

- putExtras(Bundle data)：向 Intent 中放入需要"携带"的数据包。
- Bundle getExtras()：取出 Intent 中所"携带"的数据包。
- putExtra(String name, Xxx value)：向 Intent 中按 key-value 对的形式存入数据。
- getXxxExtra(String name)：从 Intent 中按 key 取出指定类型的数据。

上面方法中的 Bundle 就是一个简单的数据携带包，该 Bundle 对象包含了多个方法来存入数据。

- putXxx(String key , Xxx data)：向 Bundle 中放入 Int、Long 等各种类型的数据。
- putSerializable(String key, Serializable data)：向 Bundle 中放入一个可序列化的对象。

为了取出 Bundle 数据携带包里的数据，Bundle 提供了如下方法。

- getXxx(String key)：从 Bundle 中取出 Int、Long 等各种类型的数据。
- getSerializable(String key, Serializable data)：从 Bundle 中取出一个可序列化的对象。

从上面的介绍不难看出，Intent 主要通过 Bundle 对象来携带数据，因此 Intent 提供了 putExtras() 和 getExtras() 两个方法。除此之外，Intent 也提供了多个重载的 putExtra(String name, Xxx value)、getXxxExtra(String name)，那么这些方法存取的数据在哪里呢？其实 Intent 提供的 putExtra(String name, Xxx value)、getXxxExtra(String name)方法，只是两个便捷的方法，这些方法依然是存取 Intent 所携带的 Bundle 中的数据。

Intent 的 putExtra(String name, Xxx value)方法是"智能"的，当程序调用 Intent 的 putExtra(String name, Xxx value)方法向 Intent 中存入数据时，如果该 Intent 中已经携带了 Bundle 对象，则该方法直接向 Intent 所携带的 Bundle 中存入数据；如果 Intent 还没有携带 Bundle 对象，putExtra(String name, Xxx value)方法会先为 Intent 创建一个 Bundle，再向 Bundle 中存入数据。

下面通过一个实例应用来介绍两个 Activity 之间是如何通过 Bundle 交换数据的。

实例：用第二个 Activity 处理注册信息

本实例程序包含两个 Activity，其中第一个 Activity 用于收集用户的输入信息，当用户单击该 Activity 的"注册"按钮时，应用进入第二个 Activity，第二个 Activity 将会获取第一个 Activity 中的数据。

下面是第一个 Activity 的界面布局文件。

程序清单：codes\04\4.1\ActivityTest\bundletest\src\main\res\layout\activity_main.xml

```xml
<?xml version="1.0" encoding="utf-8"?>
<LinearLayout xmlns:android="http://schemas.android.com/apk/res/android"
    android:layout_width="match_parent"
    android:layout_height="match_parent"
    android:orientation="vertical">
    <TextView
        android:layout_width="match_parent"
        android:layout_height="wrap_content"
        android:padding="20dp"
        android:text="请输入您的注册信息"
        android:textSize="20sp" />
    <!-- 定义一个 EditText，用于收集用户的账号 -->
    <EditText
        android:id="@+id/name"
        android:layout_width="match_parent"
        android:layout_height="wrap_content"
        android:hint="请填写想注册的账号"
        android:selectAllOnFocus="true" />
    <!-- 用于收集用户的密码 -->
    <EditText
        android:id="@+id/passwd"
        android:layout_width="match_parent"
        android:layout_height="wrap_content"
        android:inputType="textPassword"
        android:selectAllOnFocus="true" />
    <!-- 定义一组单选钮，用于收集用户注册的性别 -->
    <RadioGroup
        android:layout_width="match_parent"
        android:layout_height="wrap_content"
        android:orientation="horizontal">
        <RadioButton
            android:id="@+id/male"
            android:layout_width="wrap_content"
            android:layout_height="wrap_content"
            android:text="男"
            android:textSize="16sp" />
        <RadioButton
            android:id="@+id/female"
            android:layout_width="wrap_content"
            android:layout_height="wrap_content"
            android:text="女"
            android:textSize="16sp" />
    </RadioGroup>
    <Button
        android:id="@+id/bn"
        android:layout_width="match_parent"
        android:layout_height="wrap_content"
        android:text="注册"
        android:textSize="16sp" />
</LinearLayout>
```

该界面布局对应的 Activity 代码如下。

程序清单：codes\04\4.1\ActivityTest\bundletest\src\main\java\org\crazyit\app\MainActivity.java

```java
public class MainActivity extends Activity
{
    @Override
    protected void onCreate(Bundle savedInstanceState)
    {
```

```
        super.onCreate(savedInstanceState);
        setContentView(R.layout.activity_main);
        EditText name = findViewById(R.id.name);
        EditText passwd = findViewById(R.id.passwd);
        RadioButton male = findViewById(R.id.male);
        Button bn = findViewById(R.id.bn);
        bn.setOnClickListener( view -> {
            String gender = male.isChecked() ? "男" : "女";
            Person p = new Person(name.getText().toString(), passwd.getText().toString(), gender);
            // 创建一个Bundle对象
            Bundle data = new Bundle();
            data.putSerializable("person", p);
            // 创建一个Intent
            Intent intent = new Intent(MainActivity.this, ResultActivity.class);
            intent.putExtras(data);
            // 启动intent对应的Activity
            startActivity(intent);
        });
    }
}
```

上面程序中的粗体字代码根据用户输入创建了一个Person对象,Person类只是一个简单的DTO对象,该Person类实现了java.io.Serializable接口,因此Person对象是可序列化的。

上面的程序创建了一个Bundle对象,并调用putSerializable("person", p)将Person对象放入该Bundle中,然后再使用Intent来"携带"这个Bundle,这样即可将Person对象传入第二个Activity。

运行该程序,第一个Activity显示的界面如图4.11所示。

图4.11 注册界面

当用户单击"注册"按钮时,程序将会启动ResultActivity,并将用户输入的数据传入该Activity。下面是ResultActivity的界面布局文件。

程序清单:codes\04\4.1\ActivityTest\bundletest\src\main\res\layout\result.xml

```xml
<?xml version="1.0" encoding="utf-8"?>
<LinearLayout xmlns:android="http://schemas.android.com/apk/res/android"
    android:layout_width="match_parent"
    android:layout_height="match_parent"
    android:orientation="vertical">
    <!-- 定义三个TextView,用于显示用户输入的数据 -->
    <TextView
        android:id="@+id/name"
        android:layout_width="match_parent"
        android:layout_height="wrap_content"
        android:textSize="18sp" />
    <TextView
        android:id="@+id/passwd"
        android:layout_width="match_parent"
        android:layout_height="wrap_content"
        android:textSize="18sp" />
    <TextView
        android:id="@+id/gender"
        android:layout_width="match_parent"
        android:layout_height="wrap_content"
        android:textSize="18sp" />
</LinearLayout>
```

这个Activity的程序将会从Bundle中取出前一个Activity传过来的数据,并将它们显示出来。

该 Activity 类的代码如下。

程序清单：codes\04\4.1\ActivityTest\bundletest\src\main\java\org\crazyit\app\ResultActivity.java

```java
public class ResultActivity extends Activity
{
    @Override
    protected void onCreate(Bundle savedInstanceState)
    {
        super.onCreate(savedInstanceState);
        setContentView(R.layout.result);
        TextView name = findViewById(R.id.name);
        TextView passwd = findViewById(R.id.passwd);
        TextView gender = findViewById(R.id.gender);
        // 获取启动该 Activity 的 Intent
        Intent intent = getIntent();
        // 直接通过 Intent 取出它所携带的 Bundle 数据包中的数据
        Person p = (Person) intent.getSerializableExtra("person");
        name.setText("您的用户名为：" + p.getName());
        passwd.setText("您的密码为：" + p.getPasswd());
        gender.setText("您的性别为：" + p.getGender());
    }
}
```

上面程序中的粗体字代码用于获取前一个 Activity 所传过来的数据，至于该 Activity 获取数据之后如何处理它们，完全由开发者自己决定。本应用程序只是将获取的数据显示出来，用户在图 4.11 所示界面中输入注册信息之后，单击"注册"按钮，将看到如图 4.12 所示的界面。

图 4.12 注册成功

> 提示：此处只是为了演示两个 Activity 之间的数据交换才专门使用一个 Activity 来显示注册提示的，在实际开发中完全没这个必要，使用对话框或 Toast 提示即可。

4.1.5 启动其他 Activity 并返回结果

前面已经提到，Activity 还提供了一个 startActivityForResult(Intent intent, int requestCode)方法来启动其他 Activity。该方法用于启动指定 Activity，而且期望获取指定 Activity 返回的结果。这种请求对于实际应用也是很常见的，例如应用程序第一个界面需要用户进行选择——但需要选择的列表数据比较复杂，必须启动另一个 Activity 让用户选择。当用户在第二个 Activity 中选择完成后，程序返回第一个 Activity，第一个 Activity 必须能获取并显示用户在第二个 Activity 中选择的结果。在这种应用场景下，也是通过 Bundle 进行数据交换的。

为了获取被启动的 Activity 所返回的结果，需要从两方面着手。

➢ 当前 Activity 需要重写 onActivityResult(int requestCode, int resultCode , Intent intent)，当被启动的 Activity 返回结果时，该方法将会被触发，其中 requestCode 代表请求码，而 resultCode 代表 Activity 返回的结果码，这个结果码也是由开发者根据业务自行设定的。

➢ 被启动的 Activity 需要调用 setResult()方法设置处理结果。

一个 Activity 中可能包含多个按钮，并调用多个 startActivityForResult()方法来打开多个不同的 Activity 处理不同的业务，当这些新 Activity 关闭后，系统都将回调前面 Activity 的 onActivityResult(int requestCode, int resultCode, Intent data)方法。为了知道该方法是由哪个请求的结果所触发的,可利用 requestCode 请求码;为了知道返回的数据来自哪个新的 Activity,可利用 resultCode 结果码。

下面通过一个实例来介绍如何启动 Activity 并获取被启动 Activity 的结果。

实例:用第二个 Activity 让用户选择信息

本实例程序也包含两个 Activity,第一个 Activity 的界面布局比较简单,它只包含一个按钮和一个文本框,故此处不再给出界面布局文件。第一个 Activity 对应的代码如下。

程序清单:codes\04\4.1\ActivityTest\activityforresult\src\main\java\org\crazyit\app\MainActivity.java

```java
public class MainActivity extends Activity
{
    private TextView city;
    @Override
    protected void onCreate(Bundle savedInstanceState)
    {
        super.onCreate(savedInstanceState);
        setContentView(R.layout.activity_main);
        // 获取界面上的组件
        Button bn = findViewById(R.id.bn);
        city = findViewById(R.id.city);
        // 为按钮绑定事件监听器
        bn.setOnClickListener(view -> {
            // 创建需要对应于目标 Activity 的 Intent
            Intent intent = new Intent(MainActivity.this, SelectCityActivity.class);
            // 启动指定 Activity 并等待返回的结果,其中 0 是请求码,用于标识该请求
            startActivityForResult(intent, 0);
        });
        ...
    }
```

上面程序中的粗体字代码用于启动 SelectCityActivity,并等待该 Activity 返回的结果——但问题是,该 Activity 如何获取 SelectCityActivity 返回的结果呢?当前 Activity 启动 SelectCityActivity 之后,SelectCityActivity 何时返回结果是不确定的,因此当前 Activity 无法获取 SelectCityActivity 返回的结果。

为了让当前 Activity 获取 SelectCityActivity 所返回的结果,开发者应该重写 onActivityResult() 方法——当被启动的 SelectCityActivity 返回结果时,onActivityResult() 方法将会被回调。

因此,还需要为上面的 MainActivity 添加如下方法(程序清单同上)。

```java
// 重写该方法,该方法以回调的方式来获取指定 Activity 返回的结果
@Override
public void onActivityResult(int requestCode, int resultCode, Intent intent)
{
    // 当 requestCode、resultCode 同时为 0 时,也就是处理特定的结果
    if (requestCode == 0 && resultCode == 0)
    {
        // 取出 Intent 里的 Extras 数据
        Bundle data = intent.getExtras();
        // 取出 Bundle 中的数据
        String resultCity = data.getString("city");
        // 修改 city 文本框的内容
        city.setText(resultCity);
    }
}
```

运行该程序,将看到如图 4.13 所示的界面。

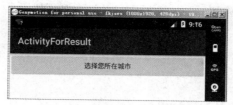

图 4.13 让用户选择所在城市

单击图 4.13 所示界面中的"选择您所在城市"按钮，系统将会启动 SelectCityActivity，该 SelectCityActivity 将会显示一个可展开的列表。该 SelectCityActivity 无须界面布局文件。该 SelectCityActivity 类的代码如下。

程序清单：codes\04\4.1\ActivityTest\activityforresult\src\main\java\org\crazyit\app\SelectCityActivity.java

```java
public class SelectCityActivity extends ExpandableListActivity
{
    // 定义省份数组
    private String[] provinces = new String[]{"广东", "广西", "湖南"};
    // 定义城市数组
    private String[][] cities = new String[][]{
        new String[]{"广州", "深圳", "珠海", "中山"},
        new String[]{"桂林", "柳州", "南宁", "北海"},
        new String[]{"长沙", "岳阳", "衡阳", "株洲"}};
    @Override
    public void onCreate(Bundle savedInstanceState)
    {
        super.onCreate(savedInstanceState);
        // 省略实现 BaseExpandableListAdapter 对象的代码
        BaseExpandableListAdapter adapter = new BaseExpandableListAdapter()
        {
            ...
        };
        // 设置该窗口的显示列表
        setListAdapter(adapter);
        getExpandableListView().setOnChildClickListener(
            (parent, source, groupPosition, childPosition, id) -> {
            // 获取启动该 Activity 之前的 Activity 对应的 Intent
            Intent intent = getIntent();
            intent.putExtra("city", cities[groupPosition][childPosition]);
            // 设置该 SelectCityActivity 的结果码，并设置结束之后退回的 Activity
            SelectCityActivity.this.setResult(0, intent);
            // 结束 SelectCityActivity
            SelectCityActivity.this.finish();
            return false;
        });
    }
    private TextView createTextView()
    {
        AbsListView.LayoutParams lp = new AbsListView.LayoutParams(
            ViewGroup.LayoutParams.MATCH_PARENT,
            ViewGroup.LayoutParams.MATCH_PARENT);
        TextView textView = new TextView(SelectCityActivity.this);
        textView.setLayoutParams(lp);
        textView.setGravity(Gravity.CENTER_VERTICAL | Gravity.START);
        textView.setPadding(36, 0, 0, 0);
        textView.setTextSize(20f);
        return textView;
    }
}
```

上面的 Activity 只是一个普通的显示可展开列表的 Activity，程序还为该 Activity 的各子列表项绑定了事件监听器,当用户单击子列表项时,该 Activity 将会把用户选择城市返回给上一个 Activity。

当上一个 Activity 获取 SelectCityActivity 选择城市之后,将会把该结果显示在图 4.13 所示界面下面的文本框内。

4.2 Activity 的回调机制

有 Web 开发经验的读者都知道:当一个 Servlet 开发出来之后,该 Servlet 运行于 Web 服务器中。服务器何时创建 Servlet 的实例,何时回调 Servlet 的方法向用户生成响应,程序员无法控制,这种回调由服务器自行决定。

前面已经提到,Android 应用中的 Activity 与 Web 应用中的 Servlet 有点相似,也就是说,Activity 被开发出来之后,开发者只要在 AndroidManifest.xml 文件中配置该 Activity 即可。至于该 Activity 何时被实例化,它的方法何时被调用,对开发者来说是完全透明的。

当开发者开发一个 Servlet 时,根据不同的需求场景,可能需要选择性地实现如下方法。

- ➢ init(ServletConfig config)
- ➢ destroy()
- ➢ doGet(HttpServletRequest req, HttpServletResponse resp)
- ➢ doPost(HttpServletRequest req, HttpServletResponse resp)
- ➢ service(HttpServletRequest req, HttpServletResponse resp)

当把这个 Servlet 部署在 Web 应用中之后,Web 服务器将会在特定的时刻,调用该 Servlet 上面的各种方法——这种机制就被称为回调。

所谓回调,在实现具有通用性质的应用架构时非常常见:对于一个具有通用性质的程序架构来说,程序架构完成整个应用的通用功能、流程,但在某个特定的点上,需要一段业务相关的代码——通用的程序架构无法实现这段代码,那么程序架构会在这个点上留一个"空"。

对于 Java 程序来说,程序架构在某个点上留的"空",可以以如下两种方式存在。

- ➢ 以接口形式存在:该接口由开发者实现,实现该接口时将会实现该接口的方法,那么通用的程序架构就会回调该方法来完成业务相关的处理。
- ➢ 以抽象方法(也可以是非抽象方法)的形式存在:这就是 Activity 的实现形式。在这些特定的点上方法已经被定义了,如 onCreate、onActivityResult 等方法,开发者可以有选择性地重写这些方法,通用的程序架构就会回调该方法来完成业务相关的处理。

提示:
回调机制的第一种实现方式就是典型的命令者模式,关于命令者模式请参考疯狂 Java 体系的《轻量级 Java EE 企业应用实战》第 9 章。

前面介绍的事件处理也用到了回调机制:当开发者开发一个组件时,如果开发者需要该组件能响应特定的事件,则可以有选择性地实现该组件的特定方法——当用户在该组件上激发某个事件时,该组件上特定的方法就会回调。

Activity 的回调机制也与此类似,当 Activity 被部署在 Android 应用中之后,随着应用程序的运行,Activity 会不断地在不同的状态之间切换,该 Activity 中特定的方法就会被回调——开发者就可以有选择性地重写这些方法来加入业务相关的处理。

Activity 运行过程所处的不同状态也被称为生命周期,下面将详细介绍 Activity 的生命周期。

4.3 Activity 的生命周期

当 Activity 处于 Android 应用中运行时，它的活动状态由 Android 以 Activity 栈的形式管理，当前活动的 Activity 位于栈顶。随着不同应用的运行，每个 Activity 都有可能从活动状态转入非活动状态，也可能从非活动状态转入活动状态。

4.3.1 Activity 的生命周期演示

归纳起来，Activity 大致会经过如下 4 种状态。
- 运行状态：当前 Activity 位于前台，用户可见，可以获得焦点。
- 暂停状态：其他 Activity 位于前台，该 Activity 依然可见，只是不能获得焦点。
- 停止状态：该 Activity 不可见，失去焦点。
- 销毁状态：该 Activity 结束，或 Activity 所在的进程被结束。

图 4.14（该图参照了 Android 官方文档，但在细节方面比官方文档更准确）显示了 Activity 的生命周期及相关回调方法。

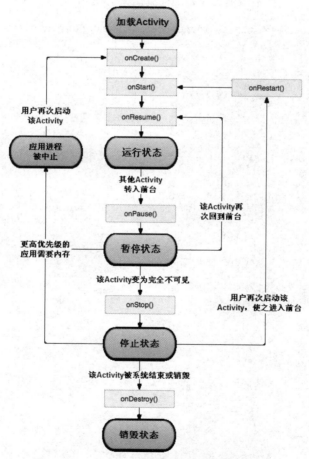

图 4.14　Activity 的生命周期及相关回调方法

从图 4.14 可以看出，在 Activity 的生命周期中，如下方法会被系统回调。
- onCreate(Bundle savedStatus)：创建 Activity 时被回调。该方法只会被调用一次。
- onStart()：启动 Activity 时被回调。

- onRestart()：重新启动 Activity 时被回调。
- onResume()：恢复 Activity 时被回调。在 onStart()方法后一定会回调 onResume()方法。
- onPause()：暂停 Activity 时被回调。
- onStop()：停止 Activity 时被回调。
- onDestroy()：销毁 Activity 时被回调。该方法只会被调用一次。

正如开发 Servlet 时可以根据需要有选择性地重写指定方法一样，开发 Activity 时也可根据需要有选择性地重写指定方法。其中最常见的就是重写 onCreate(Bundle savedInstanceState)方法——前面所有示例都重写了 Activity 的 onCreate(Bundle savedInstanceState)方法，该方法用于对该 Activity 执行初始化。除此之外，重写 onPause()方法也很常见，比如用户正在玩一个游戏，此时有电话进来，那么我们需要将当前游戏暂停，并保存该游戏的进行状态，这就可以通过重写 onPause()方法来实现。接下来当用户再次切换到游戏状态时，onResume()方法将会被回调，因此可以通过重写 onResume()方法来恢复游戏状态。

下面的 Activity 重写了上面的 7 个生命周期方法，并在每个方法中增加了一行记录日志代码。该 Activity 的界面布局很简单，包含了两个按钮，其中一个用于启动一个对话框风格的 Activity；另一个用于退出该应用。此处不给出界面布局代码。该 Activity 的代码如下。

程序清单：codes\04\4.3\Lifecycle\app\src\main\java\org\crazyit\app\MainActivity.java

```java
public class MainActivity extends Activity
{
    private static final String TAG = "--CrazyIt--";
    private Button finishBn;
    private Button startActivityBn;
    @Override
    protected void onCreate(Bundle savedInstanceState)
    {
        super.onCreate(savedInstanceState);
        setContentView(R.layout.activity_main);
        // 输出日志
        Log.d(TAG, "-------onCreate------");
        finishBn = findViewById(R.id.finish);
        startActivityBn = findViewById(R.id.startActivity);
        // 为 startActivity 按钮绑定事件监听器
        startActivityBn.setOnClickListener(view ->{
            Intent intent = new Intent(MainActivity.this, SecondActivity.class);
            startActivity(intent);
        });
        // 为 finish 按钮绑定事件监听器
        finishBn.setOnClickListener(view -> MainActivity.this.finish()/*结束该Activity*/);
    }
    @Override public void onStart()
    {
        super.onStart();
        // 输出日志
        Log.d(TAG, "-------onStart------");
    }
    @Override public void onRestart()
    {
        super.onRestart();
        // 输出日志
        Log.d(TAG, "-------onRestart------");
    }
    @Override public void onResume()
    {
        super.onResume();
        // 输出日志
        Log.d(TAG, "-------onResume------");
```

```
    }
    @Override public void onPause()
    {
        super.onPause();
        // 输出日志
        Log.d(TAG, "-------onPause------");
    }
    @Override public void onStop()
    {
        super.onStop();
        // 输出日志
        Log.d(TAG, "-------onStop------");
    }
    @Override public void onDestroy()
    {
        super.onDestroy();
        // 输出日志
        Log.d(TAG, "-------onDestroy------");
    }
}
```

将该 Activity 设置成程序的入口 Activity，当程序启动时将会自动启动并执行该 Activity，此时在 Android Studio 的 Logcat 窗口中将可以看到如图 4.15 所示的输出。

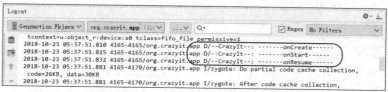

图 4.15　启动 Activity 时回调的方法

单击该程序界面上的"启动对话框风格的 Activity"按钮，对话框风格的 Activity 进入前台，虽然 MainActivity 不能获得焦点，但依然"部分可见"，此时该 Activity 进入"暂停"状态。此时在 Android Studio 的 Logcat 窗口中将可以看到如图 4.16 所示的输出。

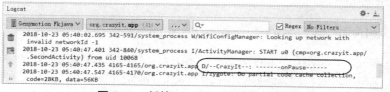

图 4.16　暂停 Activity 时回调的方法

在当前状态下，按下模拟器右边的返回键（◁），返回 MainActivity，该 Activity 再次进入"运行"状态，此时在 Logcat 窗口中将可以看到如图 4.17 所示的输出。

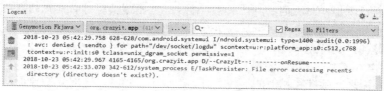

图 4.17　恢复 Activity 时回调的方法

在当前程序运行状态下，按下模拟器右边的○键，返回系统桌面，当前该 Activity 将失去焦点且不可见。但该 Activity 并未被销毁，它进入"停止"状态，此时在 Logcat 窗口中将可以看到如图 4.18 所示的输出。

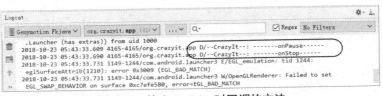

图 4.18 停止 Activity 时回调的方法

在模拟器程序列表处再次找到该应用程序并启动它，在 Logcat 窗口中将可以看到如图 4.19 所示的输出。

图 4.19 重新启动 Activity 时回调的方法

如果用户单击该程序界面上的"退出"按钮，该 Activity 将会结束自己，并且在 Logcat 窗口中可以看到如图 4.20 所示的输出。

图 4.20 结束 Activity 时回调的方法

通过上面的运行过程，相信读者对 Activity 的生命周期状态及在不同状态之间切换时所回调的方法有了很清晰的认识。

▶▶ 4.3.2 Activity 与 Servlet 的相似性和区别

虽然很少有人会把 Activity 和 Servlet 放在一起对比，但就笔者的经验来看，Activity 与 Servlet 之间确实存在不少相似之处，如果读者已经具备一定的 Web 开发经验，通过这种"触类旁通"式的学习，相信可以更好地理解 Activity 的设计思想。

> **提示：** "温故而知新"是一种很好的学习方式：当我们学习一门新的知识时，最好能找到新知识和已掌握知识之间的类比关系，这样既可迅速获得对新知识的直观把握，又可巩固已掌握的旧知识，避免"知识越学越多"的困扰。你的知识越积累越多，你会发现眼界越来越高，视野越来越广，看问题更容易简明、扼要地把握本质。

当然，两门知识之间除存在相似的地方之外，也少不了差异，这部分差异正是需互相参考、互相对照的部分，以求深入理解各自的设计思想、原理。当我们学习知识时，除掌握怎么用它之外，最好能站在设计者的角度来看：他为何要设计这个类？这个类为何要包含这些方法？方法为何要有这些形参？理解这些设计，剩下的也就简单了。

Activity 与 Servlet 的相似之处大致如下。

➢ Activity、Servlet 的职责都是向用户呈现界面。

- 开发者开发 Activity、Servlet 都继承系统的基类。
- Activity、Servlet 开发出来之后都需要进行配置。
- Activity 运行于 Android 应用中，Servlet 运行于 Web 应用中。
- 开发者无须创建 Activity、Servlet 的实例，无须调用它们的方法。Activity、Servlet 的方法都由系统以回调的方式来调用。
- Activity、Servlet 都有各自的生命周期，它们的生命周期都由外部负责管理。
- Activity、Servlet 都不会直接相互调用，因此都不能直接进行数据交换。Servlet 之间的数据交换需要借助于 Web 应用提供的 requestScope、sessionScope 等；Activity 之间的数据交换要借助于 Bundle。

当然，Activity 与 Servlet 之间的差别很大，因为它们本身所在场景是完全不同的，它们之间的区别也很明显。

- Activity 是 Android 窗口的容器，因此 Activity 最终以窗口的形式显示出来；而 Servlet 并不会生成应用界面，只是向浏览者生成文本响应。
- Activity 运行于 Android 应用中，因此 Activity 的本质还是通过各种界面组件来搭建界面；而 Servlet 则主要以 IO 流向浏览者生成文本响应，浏览者看到的界面其实是由浏览器负责生成的。
- Activity 之间的跳转主要通过 Intent 对象来控制；而 Servlet 之间的跳转则主要由用户请求来控制。

4.4 Activity 的 4 种加载模式

正如前面介绍 Activity 配置时提到的，配置 Activity 时可指定 android:launchMode 属性，该属性用于配置该 Activity 的加载模式。该属性支持如下 4 个属性值。

- standard：标准模式，这是默认的加载模式。
- singleTop：Task 栈顶单例模式。
- singleTask：Task 内单例模式。
- singleInstance：全局单例模式。

可能有读者会问：为什么要为 Activity 指定加载模式？加载模式有什么用？在讲解 Activity 的加载模式之前，先介绍 Android 对 Activity 的管理。Android 采用 Task 来管理多个 Activity，当我们启动一个应用时，Android 就会为之创建一个 Task，然后启动这个应用的入口 Activity（即 <intent-filter.../>中配置为 MAIN 和 LAUNCHER 的 Activity）。

Android 的 Task 是一个有点麻烦的概念——因为 Android 并没有为 Task 提供 API，因此开发者无法真正去访问 Task，只能调用 Activity 的 getTaskId()方法来获取它所在的 Task 的 ID。事实上，我们可以把 Task 理解成 Activity 栈，Task 以栈的形式来管理 Activity：先启动的 Activity 被放在 Task 栈底，后启动的 Activity 被放在 Task 栈顶。

那么 Activity 的加载模式，就负责管理实例化、加载 Activiyt 的方式，并可以控制 Activity 与 Task 之间的加载关系。

下面详细介绍这 4 种加载模式。

4.4.1 standard 模式

每次通过 standard 模式启动目标 Activity 时，Android 总会为目标 Activity 创建一个新的实例，并将该 Activity 添加到当前 Task 栈中——这种模式不会启动新的 Task，新 Activity 将被添加到原有的 Task 中。

下面的示例使用了 standard 模式来不断启动自身。

程序清单：codes\04\4.4\LaunchMode\standardtest\src\main\java\org\crazyit\app\MainActivity.java

```java
public class MainActivity extends Activity
{
    @Override
    protected void onCreate(Bundle savedInstanceState)
    {
        super.onCreate(savedInstanceState);
        LinearLayout layout = new LinearLayout(this);
        layout.setOrientation(LinearLayout.VERTICAL);
        this.setContentView(layout);
        // 创建一个 TextView 来显示该 Activity 和它所在的 Task ID
        TextView tv = new TextView(this);
        tv.setText("Activity 为：" + this.toString() + "\n" + ", Task ID 为:" + this.getTaskId());
        Button button = new Button(this);
        button.setText("启动 MainActivity");
        // 添加 TextView 和 Button
        layout.addView(tv);
        layout.addView(button);
        // 为 button 添加事件监听器，当单击该按钮时启动 MainActivity
        button.setOnClickListener(view -> {
            // 创建启动 MainActivity 的 Intent
            Intent intent = new Intent(MainActivity.this, MainActivity.class);
            startActivity(intent);
        });
    }
}
```

正如上面的粗体字代码所示，每次单击按钮，程序都会再次启动 MainActivity，程序配置该 Activity 时无须指定 launchMode 属性，该 Activity 默认采用 standard 加载模式。

运行该程序，多次单击程序界面上的"启动 MainActivity"按钮，程序将会不断启动新的 MainActivity 实例（不同 Activity 实例的 hashCode 值有差异），但它们所在的 Task ID 总是相同的——这表明这种加载模式不会使用全新的 Task。

standard 加载模式示意图如图 4.21 所示。

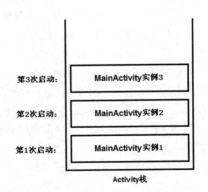

图 4.21 standard 加载模式示意图

正如图 4.21 所示，当用户按下手机的"返回"键时，系统将会"逐一"从 Activity 栈顶删除 Activity 实例。

▶▶ 4.4.2 singleTop 模式

singleTop 模式与 standard 模式基本相似，但有一点不同：当将要启动的目标 Activity 已经位于

Task 栈顶时，系统不会重新创建目标 Activity 的实例，而是直接复用已有的 Activity 实例。

如果将上面实例中 MainActivity 的加载模式改为 singleTop，那么无论用户单击多少次按钮，界面上的程序都不会有任何变化。

如果将要启动的目标 Activity 没有位于 Task 栈顶，此时系统会重新创建目标 Activity 的实例，并将它加载到 Task 栈顶——此时与 standard 模式完全相同。

▶▶ 4.4.3 singleTask 模式

采用 singleTask 这种加载模式的 Activity 能保证在同一个 Task 内只有一个实例，当系统采用 singleTask 模式启动目标 Activity 时，可分为如下三种情况。

- ➤ 如果将要启动的目标 Activity 不存在，系统将会创建目标 Activity 的实例，并将它加入 Task 栈顶。
- ➤ 如果将要启动的目标 Activity 已经位于 Task 栈顶，此时与 singleTop 模式的行为相同。
- ➤ 如果将要启动的目标 Activity 已经存在、但没有位于 Task 栈顶，系统将会把位于该 Activity 上面的所有 Activity 移出 Task 栈，从而使得目标 Activity 转入栈顶。

下面的示例示范了上面第三种情况。该实例包含两个 Activity，其中第一个 Activity 上显示文本框和按钮，该按钮用于启动第二个 Activity；第二个 Activity 上显示文本框和按钮，该按钮用于启动第一个 Activity。

第一个 Activity 的代码如下。

程序清单：codes\04\4.4\LauchMode\singletasktest\src\main\java\org\crazyit\app\MainActivity.java

```java
public class MainActivity extends Activity
{
    @Override
    protected void onCreate(Bundle savedInstanceState)
    {
        super.onCreate(savedInstanceState);
        LinearLayout layout = new LinearLayout(this);
        layout.setOrientation(LinearLayout.VERTICAL);
        setContentView(layout);
        // 创建一个 TextView 来显示该 Activity 和它所在的 Task ID
        TextView tv = new TextView(this);
        tv.setText("Activity 为: " + this.toString() + "\n" + ", Task ID 为:" + this.getTaskId());
        Button button = new Button(this);
        button.setText("启动 SecondActivity");
        layout.addView(tv);
        layout.addView(button);
        // 为 button 添加事件监听器，当单击该按钮时启动 SecondActivity
        button.setOnClickListener(view -> {
            Intent intent = new Intent(MainActivity.this, SecondActivity.class);
            startActivity(intent);
        });
    }
}
```

正如上面的粗体字代码所示，当用户单击该 Activity 上的按钮时，系统将会启动 SecondActivity。下面是 SecondActivity 的代码。

程序清单：codes\04\4.4\LauchMode\singletasktest\src\main\java\org\crazyit\app\SecondActivity.java

```java
public class SecondActivity extends Activity
{
    @Override
    protected void onCreate(Bundle savedInstanceState)
    {
```

```
        super.onCreate(savedInstanceState);
        LinearLayout layout = new LinearLayout(this);
        layout.setOrientation(LinearLayout.VERTICAL);
        setContentView(layout);
        // 创建一个 TextView 来显示该 Activity 和它所在的 Task ID
        TextView tv = new TextView(this);
        tv.setText("Activity 为: " + this.toString() + "\n" + ", Task ID 为:" + this.getTaskId());
        Button button = new Button(this);
        button.setText("启动 MainActivity");
        // 添加 TextView 和 Button
        layout.addView(button);
        layout.addView(tv);
        // 为 button 添加事件监听器, 当单击该按钮时启动 MainActivity
        button.setOnClickListener(view -> {
            Intent intent = new Intent(SecondActivity.this, MainActivity.class);
            startActivity(intent);
        });
    }
}
```

正如上面的粗体字代码所示，当用户单击该 Activity 上的按钮时，系统将会启动 MainActivity。程序将该 SecondActivity 的加载模式配置成 singleTask。运行该示例，系统默认启动 MainActivity，单击该界面上的按钮，系统将以 singleTask 模式打开 SecondActivity，如图 4.22 所示。

图 4.22 singleTask 模式

在图 4.22 所示界面的 Task 栈中目前有两个 Activity（从底向上）：MainActivity→SecondActivity。

单击图 4.22 所示界面上的"启动 MainActivity"按钮，系统以标准模式再次加载一个新的 MainActivity。此时 Task 栈中有三个 Activity（从底向上）：MainActivity→SecondActivity→MainActivity。

在 MainActivity 的界面上再次单击按钮，系统将会以 singleTask 模式再次打开 SecondActivity，系统会将位于 SecondActivity 上面的所有 Activity 移出，使得 SecondActivity 转入栈顶。此时 Task 栈中只有两个 Activity（从底向上）：MainActivity→SecondActivity，也就是再次恢复到图 4.22 所示的状态。

▶▶ 4.4.4 singleInstance 模式

在 singleInstance 这种加载模式下，系统保证无论从哪个 Task 中启动目标 Activity，只会创建一个目标 Activity 实例，并会使用一个全新的 Task 栈来加载该 Activity 实例。

当系统采用 singleInstance 模式启动目标 Activity 时，可分为如下两种情况。

➤ 如果将要启动的目标 Activity 不存在，系统会先创建一个全新的 Task，再创建目标 Activity 的实例，并将它加入新的 Task 栈顶。

➤ 如果将要启动的目标 Activity 已经存在，无论它位于哪个应用程序中、位于哪个 Task 中，系统都会把该 Activity 所在的 Task 转到前台，从而使该 Activity 显示出来。

需要指出的是，采用 singleInstance 模式加载 Activity 总是位于 Task 栈顶，且采用 singleInstance 模式加载的 Activity 所在 Task 将只包含该 Activity。

下面示例的 MainActivity 中包含一个按钮，当用户单击该按钮时，系统启动 SecondActivity。程序清单如下。

程序清单：codes\04\4.4\LauchMode\singleinstancetest\src\main\java\org\crazyit\app\MainActivty.java

```java
public class MainActivity extends Activity
{
    @Override
    protected void onCreate(Bundle savedInstanceState)
    {
        super.onCreate(savedInstanceState);
        LinearLayout layout = new LinearLayout(this);
        layout.setOrientation(LinearLayout.VERTICAL);
        this.setContentView(layout);
        // 创建一个 TextView 来显示该 Activity 和它所在的 Task ID
        TextView tv = new TextView(this);
        tv.setText("Activity 为：" + this.toString() + "\n" + ", Task ID 为:" + this.getTaskId());
        Button button = new Button(this);
        button.setText("启动 SecondActivity");
        layout.addView(tv);
        layout.addView(button);
        // 为 button 添加事件监听器，当单击该按钮时启动 SecondActivity
        button.setOnClickListener(view -> {
            Intent intent = new Intent(MainActivity.this, SecondActivity.class);
            startActivity(intent);
        });
    }
}
```

上面的粗体字代码指定单击按钮时将会启动 SecondActivity，该 SecondActivity 的实现代码与前一个示例相同，此处不再给出。将该 SecondActivity 配置成 singleInstance 加载模式，并且将该 Activity 的 exported 属性配置成 true——表明该 Activity 可被其他应用启动。

配置该 Activity 的代码片段如下：

```xml
<activity android:name=".SecondActivity"
    android:label="第二个 Activity"
    android:exported="true"
    android:launchMode="singleInstance">
    <intent-filter>
        <!-- 指定该 Activity 能响应 Action 为指定字符串的 Intent -->
        <action android:name="org.crazyit.intent.action.CRAZYIT_ACTION" />
        <category android:name="android.intent.category.DEFAULT" />
    </intent-filter>
</activity>
```

在配置该 Activity 时，将它的 exported 属性设为 true，表明允许通过其他程序来启动该 Activity；在配置该 Activity 时还配置了<intent-filter.../>子元素，表明该 Activity 可通过隐式 Intent 启动——关于隐式 Intent 的介绍，请参考下一章的内容。

运行该示例，系统默认显示 MainActivity，当用户单击该 Activity 界面上的按钮时，系统将会采用 singleInstance 模式加载 SecondActivity：系统启动新的 Task，并用新的 Task 加载新创建的 SecondActivity 实例，SecondActivity 总是位于该新 Task 的栈顶。此时可以看到如图 4.23 所示的界面。

图 4.23　singleInstance 模式

另一个示例将采用隐式 Intent 再次启动该 SecondActivity。下面是采用隐式 Intent 启动 SecondActivity 的示例代码。

程序清单：codes\04\4.4\LauchMode\othertest\ \src\main\java\org\crazyit\other\MainActivity.java

```java
public class MainActivity extends Activity
{
```

```java
    @Override
    protected void onCreate(Bundle savedInstanceState)
    {
        super.onCreate(savedInstanceState);
        LinearLayout layout = new LinearLayout(this);
        layout.setOrientation(LinearLayout.VERTICAL);
        this.setContentView(layout);
        // 创建一个 TextView 来显示该 Activity 和它所在的 Task ID
        TextView tv = new TextView(this);
        tv.setText("Activity 为: " + this.toString() + "\n" + ", Task ID 为:" + this.getTaskId());
        Button button = new Button(this);
        button.setText("启动 SecondActivity");
        // 添加 TextView 和 Button
        layout.addView(tv);
        layout.addView(button);
        // 为 button 添加事件监听器，使用隐式 Intent 启动目标 Activity
        button.setOnClickListener(view -> {
            // 使用隐式 Intent 启动 SecondActivity
            Intent intent = new Intent();
            intent.setAction("org.crazyit.intent.action.CRAZYIT_ACTION");
            startActivity(intent);
        });
    }
}
```

运行该示例，系统默认显示 OtherTest，当用户单击该 Activity 界面上的按钮时，系统将采用隐式 Intent 来启动 SecondActivity。注意 SecondActivity 的加载模式是 singleInstance，如果前一个示例还未退出，无论 SecondActivity 所在 Task 是否位于前台，系统都将再次把 SecondActivity 所在的 Task 转入前台，从而将 SecondActivity 显示出来。也就是说，系统将会再次显示如图 4.23 所示的界面。

4.5 Android 9 升级的 Fragment

Fragment 代表了 Activity 的子模块，因此可以把 Fragment 理解成 Activity 片段（Fragment 本身就是片段的意思）。Fragment 拥有自己的生命周期，也可以接受它自己的输入事件。

▶▶ 4.5.1 Fragment 概述及其设计初衷

Fragment 必须被"嵌入"Activity 中使用，因此，虽然 Fragment 也拥有自己的生命周期，但 Fragment 的生命周期会受它所在的 Activity 的生命周期控制。例如，当 Activity 暂停时，该 Activity 内的所有 Fragment 都会暂停；当 Activity 被销毁时，该 Activity 内的所有 Fragment 都会被销毁。只有当该 Activity 处于活动状态时，程序员才可通过方法独立地操作 Fragment。

关于 Fragment，可以归纳出如下几个特征。

➢ Fragment 总是作为 Activity 界面的组成部分。Fragment 可调用 getActivity()方法获取它所在的 Activity，Activity 可调用 FragmentManager 的 findFragmentById()或 findFragmentByTag()方法来获取 Fragment。

➢ 在 Activity 运行过程中，可调用 FragmentManager 的 add()、remove()、replace()方法动态地添加、删除或替换 Fragment。

➢ 一个 Activity 可以同时组合多个 Fragment；反过来，一个 Fragment 也可被多个 Activity 复用。

➢ Fragment 可以响应自己的输入事件，并拥有自己的生命周期，但它们的生命周期直接被其所属的 Activity 的生命周期控制。

Android 引入 Fragment 的初衷是为了适应大屏幕的平板电脑,由于平板电脑的屏幕比手机屏幕更大,因此可以容纳更多的 UI 组件,且这些 UI 组件之间存在交互关系。Fragment 简化了大屏幕 UI 的设计,它不需要开发者管理组件包含关系的复杂变化,开发者使用 Fragment 对 UI 组件进行分组、模块化管理,就可以更方便地在运行过程中动态更新 Activity 的用户界面。

例如有如图 4.24 所示的新闻浏览界面,该界面需要在屏幕左边显示新闻列表,并在屏幕右边显示新闻内容,此时就可以在 Activity 中显示两个并排的 Fragment:左边的 Fragment 显示新闻列表,右边的 Fragment 显示新闻内容。由于每个 Fragment 都拥有自己的生命周期,并可响应用户输入事件,因此可以非常方便地实现:当用户单击左边列表中的指定新闻时,右边的 Fragment 就会显示相应的新闻内容。图 4.24 所示左边的"平板电脑"部分显示了这种 UI 界面。

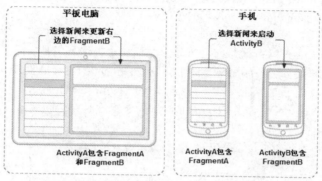

图 4.24 Fragment 的设计初衷

通过使用上面的 Fragment 设计机制,可以取代传统的让一个 Activity 显示新闻列表,另一个 Activity 显示新闻内容的设计。

由于 Fragment 是可复用的组件,因此如果需要在正常尺寸的手机屏幕上运行该应用,则可以改为使用两个 Activity:ActivityA 包含 FragmentA、ActivityB 包含 FragmentB。其中 ActivityA 仅包含显示文章列表的 FragmentA,而当用户选择一篇文章时,它会启动包含新闻内容的 ActivityB,如图 4.24 所示右边的"手机"部分。由此可见,Fragment 可以很好地支持图 4.24 所示的两种设计方式。

4.5.2 创建 Fragment

与创建 Activity 类似,开发者实现的 Fragment 必须继承 Fragment 基类,Android 9 将原来的 Fragment 等基类都标记成了过时,推荐使用 support-fragment 下的 Fragment,升级后的 Fragment 具有更好的适用性。Android 提供了如图 4.25 所示的 Fragment 继承体系。

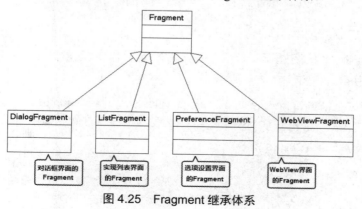

图 4.25 Fragment 继承体系

开发者实现的 Fragment，可以根据需要继承图 4.25 所示的 Fragment 基类或它的任意子类。接下来，实现 Fragment 与实现 Activity 非常相似，它们都需要实现与 Activity 类似的回调方法，例如 onCreate()、onCreateView()、onStart()、onResume()、onPause()、onStop()等。

开发 Fragment 与开发 Activity 非常相似，区别只是开发 Activity 需要继承 Activity 或其子类；而开发 Fragment 需要继承 Fragment 及其子类。与此同时，只要将原来写在 Activity 回调方法中的代码"移到" Fragment 的回调方法中即可。

通常来说，创建 Fragment 需要实现如下三个方法。

- ➢ onCreate()：系统创建 Fragment 对象后回调该方法，在实现代码中只初始化想要在 Fragment 中保持的必要组件，当 Fragment 被暂停或者停止后可以恢复。
- ➢ onCreateView()：当 Fragment 绘制界面组件时会回调该方法。该方法必须返回一个 View，该 View 也就是该 Fragment 所显示的 View。
- ➢ onPause()：当用户离开该 Fragment 时将会回调该方法。

对于大部分 Fragment 而言，通常都会重写上面这三个方法。但是实际上开发者可以根据需要重写 Fragment 的任意回调方法，后面将会详细介绍 Fragment 的生命周期及其回调方法。

为了控制 Fragment 显示的组件，通常需要重写 onCreateView()方法，该方法返回的 View 将作为该 Fragment 显示的 View 组件。当 Fragment 绘制界面组件时将会回调该方法。

例如如下方法片段：

```java
// 重写该方法，该方法返回的 View 将作为 Fragment 显示的组件
@Override
public View onCreateView(LayoutInflater inflater, ViewGroup container,
    Bundle savedInstanceState)
{
    // 加载/res/layout/目录下的 fragment_book_detail.xml 布局文件
    View rootView = inflater.inflate(R.layout.fragment_book_detail, container, false);
    if (book != null)
    {
        // 让 book_title 文本框显示 book 对象的 title 属性
        ((TextView)rootView.findViewById(R.id.book_title)).setText(book.title);
        // 让 book_desc 文本框显示 book 对象的 desc 属性
        ((TextView)rootView.findViewById(R.id.book_desc)).setText(book.desc);
    }
    return rootView;
}
```

上面方法中的第一行粗体字代码使用 LayoutInflater 加载了 /res/layout/ 目录下的 fragment_book_detail.xml 布局文件。最后一行粗体字代码返回该布局文件对应的 View 组件，这表明该 Fragment 将会显示该 View 组件。

实例：开发显示图书详情的 Fragment

下面 Fragment 将会加载并显示一份简单的界面布局文件，并根据传入的参数来更新界面组件。该 Fragment 的代码如下。

程序清单：codes\04\4.5\FragmentTest\basic\src\main\java\org\crazyit\app\BookDetailFragment.java

```java
public class BookDetailFragment extends Fragment
{
    public static final String ITEM_ID = "item_id";
    // 保存该 Fragment 显示的 Book 对象
    private BookManager.Book book;
    @Override
    public void onCreate(Bundle savedInstanceState)
    {
```

```
        super.onCreate(savedInstanceState);
        // 如果启动该 Fragment 时包含了 ITEM_ID 参数
        if (getArguments().containsKey(ITEM_ID))
        {
            book = BookManager.ITEM_MAP.get(getArguments().getInt(ITEM_ID));  // ①
        }
    }
    // 重写该方法，该方法返回的 View 将作为 Fragment 显示的组件
    @Override
    public View onCreateView(LayoutInflater inflater, ViewGroup container,
        Bundle savedInstanceState)
    {
        // 加载/res/layout/目录下的 fragment_book_detail.xml 布局文件
        View rootView = inflater.inflate(R.layout.fragment_book_detail, container, false);
        if (book != null)
        {
            // 让 book_title 文本框显示 book 对象的 title 属性
            ((TextView)rootView.findViewById(R.id.book_title)).setText(book.title);
            // 让 book_desc 文本框显示 book 对象的 desc 属性
            ((TextView)rootView.findViewById(R.id.book_desc)).setText(book.desc);
        }
        return rootView;
    }
}
```

BookDetailFragment 继承了 support-fragment 下的 Fragment 基类，因此程序需要在该模块的 build.gradle 文件的 dependencies 部分增加如下一行：

```
implementation 'com.android.support:support-fragment:28.0.0'
```

增加上面这行之后，单击"Sync now"或同步按钮来执行同步，同步完成后才可导入 support-fragment 下的 Fragment 基类。

上面的 Fragment 将会加载并显示/res/layout/目录下的 fragment_book_detail.xml 界面布局文件。上面①号粗体字代码获取启动该 Fragment 时传入的 ITEM_ID 参数，并根据该 ID 获取 BookManager 的 ITEM_MAP 中的图书信息。

BookManager 类用于模拟系统的数据模型组件，该模拟组件的代码如下。

程序清单：codes\04\4.5\FragmentTest\basic\src\main\java\org\crazyit\app\model\BookManager.java

```
public class BookManager
{
    // 定义一个内部类，作为系统的业务对象
    public static class Book
    {
        public Integer id;
        public String title;
        public String desc;
        public Book(Integer id, String title, String desc)
        {
            this.id = id;
            this.title = title;
            this.desc = desc;
        }
        @Override
        public String toString()
        {
            return title;
        }
    }
    // 使用 List 集合记录系统所包含的 Book 对象
```

```java
    public static List<Book> ITEMS = new ArrayList<>();
    // 使用 Map 集合记录系统所包含的 Book 对象
    public static Map<Integer, Book> ITEM_MAP
            = new HashMap<>();
    static
    {
        // 使用静态初始化代码,将 Book 对象添加到 List 集合、Map 集合中
        addItem(new Book(1, "疯狂 Java 讲义", "十年沉淀的必读 Java 经典," +
                "已被包括北京大学在内的大量双一流高校选做教材。"));
        addItem(new Book(2, "疯狂 Android 讲义",
                "Android 学习者的首选图书,常年占据京东、当当、" +
                        "亚马逊 3 大网站 Android 销量排行榜的榜首"));
        addItem(new Book(3, "轻量级 Java EE 企业应用实战",
                "全面介绍 Java EE 开发的 Struts 2、Spring、Hibernate/JPA 框架"));
    }
    private static void addItem(Book book)
    {
        ITEMS.add(book);
        ITEM_MAP.put(book.id, book);
    }
}
```

BookDetailFragment 只是加载并显示一份简单的布局文件,在这份布局文件中通过 LinearLayout 包含两个文本框。该布局文件的代码如下。

程序清单:codes\04\4.5\FragmentTest\basic\src\main\res\layout\fragment_book_detail.xml

```xml
<?xml version="1.0" encoding="utf-8"?>
<LinearLayout xmlns:android="http://schemas.android.com/apk/res/android"
    android:layout_width="match_parent"
    android:layout_height="match_parent"
    android:orientation="vertical">
    <!-- 定义一个 TextView 来显示图书标题 -->
    <TextView
        android:id="@+id/book_title"
        style="?android:attr/textAppearanceLarge"
        android:layout_width="match_parent"
        android:layout_height="wrap_content"
        android:padding="16dp" />
    <!-- 定义一个 TextView 来显示图书描述 -->
    <TextView
        android:id="@+id/book_desc"
        style="?android:attr/textAppearanceMedium"
        android:layout_width="match_parent"
        android:layout_height="match_parent"
        android:padding="16dp" />
</LinearLayout>
```

实例:创建 ListFragment

如果开发 ListFragment 的子类,则无须重写 onCreateView()方法——与 ListActivity 类似的是,只要调用 ListFragment 的 setListAdapter()方法为该 Fragment 设置 Adapter 即可。该 ListFragment 将会显示该 Adapter 提供的列表项。

本实例开发了一个 ListFragment 的子类。

程序清单:codes\04\4.5\FragmentTest\basic\src\main\java\org\crazyit\app\BookListFragment.java

```java
public class BookListFragment extends ListFragment
{
    private Callbacks mCallbacks;
    // 定义一个回调接口,该 Fragment 所在 Activity 需要实现该接口
    // 该 Fragment 将通过该接口与它所在的 Activity 交互
```

```java
interface Callbacks
{
    void onItemSelected(int id);
}
@Override
public void onCreate(Bundle savedInstanceState)
{
    super.onCreate(savedInstanceState);
    // 为该 ListFragment 设置 Adapter
    setListAdapter(new ArrayAdapter<>(getActivity(),
        android.R.layout.simple_list_item_activated_1,
        android.R.id.text1, BookManager.ITEMS));   // ①
}
// 当该 Fragment 被添加、显示到它所在的 Context 时，回调该方法
@Override
public void onAttach(Context context)
{
    super.onAttach(context);
    // 如果 Activity 没有实现 Callbacks 接口，抛出异常
    if (!(context instanceof Callbacks))
    {
        throw new IllegalStateException(
            "BookListFragment 所在的 Activity 必须实现 Callbacks 接口!");
    }
    // 把该 Activity 当成 Callbacks 对象
    mCallbacks = (Callbacks) context;
}
// 当该 Fragment 从它所属的 Activity 中被删除时回调该方法
@Override public void onDetach()
{
    super.onDetach();
    // 将 mCallbacks 赋为 null
    mCallbacks = null;
}
// 当用户单击某列表项时激发该回调方法
@Override
public void onListItemClick(ListView listView, View view, int position, long id)
{
    super.onListItemClick(listView, view, position, id);
    // 激发 mCallbacks 的 onItemSelected 方法
    mCallbacks.onItemSelected(BookManager.ITEMS.get(position).id);
}
// 为自适应手机和平板电脑屏幕的方法
public void setActivateOnItemClick(boolean activateOnItemClick)
{
    getListView().setChoiceMode(activateOnItemClick ? ListView.CHOICE_MODE_SINGLE :
        ListView.CHOICE_MODE_NONE);
}
}
```

为了控制 ListFragment 显示的列表项，只要调用 ListFragment 提供的 setListAdapter()方法，即可让该 ListFragment 显示该 Adapter 所提供的多个列表项。

▶▶ 4.5.3　Fragment 与 Activity 通信

为了在 Activity 中显示 Fragment，还必须将 Fragment 添加到 Activity 中。将 Fragment 添加到 Activity 中有如下两种方式。

- ➢ 在布局文件中使用<fragment.../>元素添加 Fragment，<fragment.../>元素的 android:name 属性指定 Fragment 的实现类。
- ➢ 在代码中通过 FragmentTransaction 对象的 add()方法来添加 Fragment。

Activity 的 getSupportFragmentManager()方法可返回 FragmentManager，FragmentManager 对象的 beginTransaction()方法即可开启并返回 FragmentTransaction 对象。

下面 Activity 首先通过如下布局文件来使用前面定义的 BookListFragment。

程序清单：codes\04\4.5\FragmentTest\basic\src\main\res\layout\activity_main.xml

```xml
<?xml version="1.0" encoding="utf-8"?>
<!-- 定义一个水平排列的 LinearLayout，并指定使用中等分隔条 -->
<LinearLayout xmlns:android="http://schemas.android.com/apk/res/android"
    android:layout_width="match_parent"
    android:layout_height="match_parent"
    android:layout_marginLeft="16dp"
    android:layout_marginRight="16dp"
    android:divider="?android:attr/dividerHorizontal"
    android:orientation="horizontal"
    android:showDividers="middle">
    <!-- 添加一个 Fragment -->
    <fragment
        android:id="@+id/book_list"
        android:name="org.crazyit.app.BookListFragment"
        android:layout_width="0dp"
        android:layout_height="match_parent"
        android:layout_weight="1" />
    <!-- 添加一个 FrameLayout 容器 -->
    <FrameLayout
        android:id="@+id/book_detail_container"
        android:layout_width="0dp"
        android:layout_height="match_parent"
        android:layout_weight="3" />
</LinearLayout>
```

上面布局文件中的粗体字代码使用<fragment.../>元素添加了 BookListFragment，该 Activity 的左边将会显示一个 ListFragment，右边只是一个 FrameLayout 容器，该 FrameLayout 容器将会动态更新其中显示的 Fragment。

Android 9 升级后的 Fragment 继承的是 support-fragment 下的 Fragment，此时的 Activity 也必须继承 support-fragment 下的 FragmentActivity，否则 App 会出现错误。下面是该 Activity 的代码。

程序清单：codes\04\4.5\FragmentTest\basic\src\main\java\org\crazyit\app\MainActivity.java

```java
public class MainActivity extends FragmentActivity
        implements BookListFragment.Callbacks
{
    @Override
    protected void onCreate(Bundle savedInstanceState)
    {
        super.onCreate(savedInstanceState);
        // 加载/res/layout 目录下的 activity_main.xml 布局文件
        setContentView(R.layout.activity_main);
    }
    // 实现 Callbacks 接口必须实现的方法
    @Override
    public void onItemSelected(int id)
    {
        // 创建 Bundle，准备向 Fragment 传入参数
        Bundle arguments = new Bundle();
        arguments.putInt(BookDetailFragment.ITEM_ID, id);
        // 创建 BookDetailFragment 对象
        BookDetailFragment fragment = new BookDetailFragment();
        // 向 Fragment 传入参数
        fragment.setArguments(arguments);
        // 使用 fragment 替换 book_detail_container 容器当前显示的 Fragment
```

```
        getSupportFragmentManager().beginTransaction().replace(
            R.id.book_detail_container, fragment).commit(); // ①
    }
}
```

上面程序中的①号粗体字代码就调用了 FragmentTransaction 的 replace()方法动态更新了 ID 为 book_detail_container 的容器（也就是前面布局文件中的 FrameLayout 容器）中显示的 Fragment。

将 Fragment 添加到 Activity 之后，Fragment 必须与 Activity 交互信息，这就需要 Fragment 能获取它所在的 Activity，Activity 也能获取它所包含的任意的 Fragment。可按如下方式进行。

➢ Fragment 获取它所在的 Activity：调用 Fragment 的 getActivity()方法即可返回它所在的 Activity。

➢ Activity 获取它包含的 Fragment：调用 Activity 关联的 FragmentManager 的 findFragmentById(int id)或 findFragmentByTag(String tag)方法即可获取指定的 Fragment。

> **提示：**
> 在界面布局文件中使用<fragment.../>元素添加 Fragment 时，可以为<fragment.../>元素指定 android:id 或 android:tag 属性，这两个属性都可用于标识该 Fragment，接下来 Activity 将可通过 findFragmentById(int id)或 findFragmentByTag (String tag)来获取该 Fragment。

除此之外，Fragment 与 Activity 可能还需要相互传递数据，可按如下方式进行。

➢ Activity 向 Fragment 传递数据：在 Activity 中创建 Bundle 数据包，并调用 Fragment 的 setArguments(Bundle bundle)方法即可将 Bundle 数据包传给 Fragment。

➢ Fragment 向 Activity 传递数据或 Activity 需要在 Fragment 运行中进行实时通信：在 Fragment 中定义一个内部回调接口，再让包含该 Fragment 的 Activity 实现该回调接口，这样 Fragment 即可调用该回调方法将数据传给 Activity。

上面示例定义了两个 Fragment，并使用一个 Activity 来"组合"这两个 Fragment，该示例的运行界面正是实现图 4.24 中示意界面的左边部分。使用大屏幕设备运行该程序，可以看到如图 4.26 所示的界面。

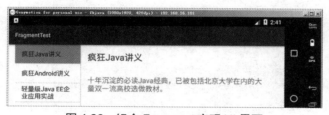

图 4.26　组合 Fragment 实现 UI 界面

4.5.4　Fragment 管理与 Fragment 事务

前面介绍了 Activity 与 Fragment 交互相关的内容，其实 Activity 管理 Fragment 主要依靠 FragmentManager。

FragmentManager 可以完成如下几方面的功能。

➢ 使用 findFragmentById()或 findFragmentByTag()方法来获取指定 Fragment。

➢ 调用 popBackStack()方法将 Fragment 从后台栈中弹出（模拟用户按下 BACK 按键）。

➢ 调用 addOnBackStackChangeListener()注册一个监听器，用于监听后台栈的变化。

如果需要添加、删除、替换 Fragment，则需要借助于 FragmentTransaction 对象，FragmentTransaction 代表 Activity 对 Fragment 执行的多个改变。

FragmentTransaction 也被翻译为 Fragment 事务。与数据库事务类似的是，数据库事务代表了对底层数组的多个更新操作；而 Fragment 事务则代表了 Activity 对 Fragment 执行的多个改变操作。

开发者可通过 FragmentManager 来获得 FragmentTransaction，代码片段如下：

```
FragmentManager fragmentManager = getSupportFragmentManager();
FragmentTransaction fragmentTransaction = fragmentManager.beginTransaction();
```

每个 FragmentTransaction 可以包含多个对 Fragment 的修改，比如包含调用了多个 add()、remove()、和 replace()操作，最后调用 commit()方法提交事务即可。

在调用 commit()之前，开发者也可调用 addToBackStack()将事务添加到 Back 栈，该栈由 Activity 负责管理，这样允许用户按 BACK 按键返回到前一个 Fragment 状态。

```
// 创建一个新的 Fragment 并打开事务
ExampleFragment newFragment = new ExampleFragment();
FragmentTransaction transaction = getSupportFragmentManager().beginTransaction();
// 替换该界面中 fragment_container 容器内的 Fragment
transaction.replace(R.id.fragment_container, newFragment);
// 将事务添加到 Back 栈，允许用户按 BACK 按键返回到替换 Fragment 之前的状态
transaction.addToBackStack(null);
// 提交事务
transaction.commit();
```

在上面的示例代码中，newFragment 替换了当前界面布局中 ID 为 fragment_container 的容器内的 Fragment，由于程序调用 addToBackStack()将该 replace 操作添加到了 Back 栈中，因此用户可以通过按 BACK 按键返回替换之前的状态。

前面介绍的示例在大屏幕的平板电脑上运行良好，但在小屏幕的手机上运行就会有问题：运行界面非常丑陋。图 4.27 显示了在小屏幕手机上的运行效果。

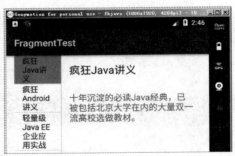

图 4.27 小屏幕手机上运行组合 Fragment 实现的 UI 界面

如果希望开发的应用既可在大屏幕平板电脑上使用，也可在小屏幕手机上使用，可以考虑开发兼顾屏幕分辨率的应用。

实例：开发兼顾屏幕分辨率的应用

为了开发兼顾屏幕分辨率的应用，可以考虑在 res/目录下为大屏幕、600dpi 的屏幕建立相应的资源文件夹：values-large、values-sw600dp，在该文件夹下建立一个名为 refs.xml 的引用资源文件。该引用资源文件专门用于定义各种引用项。

本实例的引用资源文件中只有一项，下面是该引用资源文件的代码。

> 程序清单：codes\04\4.5\FragmentTest\senior\src\main\res\values-large\refs.xml

```
<?xml version="1.0" encoding="utf-8"?>
<resources>
    <!-- 定义 activity_book_list 实际引用@layout/activity_main 资源 -->
```

```xml
    <item type="layout" name="activity_book_list">
        @layout/activity_main</item>
</resources>
```

上面引用资源文件中指定activity_book_list引用/res/layout/目录下的activity_main.xml界面布局文件。

接下来在 Activity 加载 R.layout.activity_book_list 时将会根据运行平台的屏幕大小自动选择界面布局文件：在大屏幕的平板电脑上，R.layout.activity_book_list 将会变成/res/layout/目录下的 activity_main 界面布局文件；在小屏幕的手机上，R.layout.activity_book_list 依然引用/res/layout/目录下的 activity_book_list.xml 界面布局文件。

下面是 activity_book_list.xml 界面布局文件的代码。

程序清单：codes\04\4.5\FragmentTest\senior\src\main\res\layout\activity_book_list.xml

```xml
<?xml version="1.0" encoding="utf-8"?>
<!-- 直接使用BookListFragment作为界面组件 -->
<fragment xmlns:android="http://schemas.android.com/apk/res/android"
    android:name="org.crazyit.app.BookListFragment"
    android:id="@+id/book_list"
    android:layout_width="match_parent"
    android:layout_height="match_parent"
    android:layout_marginLeft="16dp"
    android:layout_marginRight="16dp"/>
```

从上面的布局文件可以看出，该布局文件仅仅显示 BookListFragment 组件，这表明该界面布局文件中只是显示图书列表。

接下来加载该布局文件的 Activity 将会针对不同的屏幕分辨率分别进行处理。下面是该 Activity 的代码。

程序清单：codes\04\4.5\FragmentTest\senior\src\main\java\org\crazyit\app\MainActivity.java

```java
public class MainActivity extends FragmentActivity
        implements BookListFragment.Callbacks
{
    // 定义一个旗标，用于标识该应用是否支持大屏幕
    private boolean mTwoPane;
    @Override
    protected void onCreate(Bundle savedInstanceState)
    {
        super.onCreate(savedInstanceState);
        // 指定加载 R.layout.activity_book_list 对应的界面布局文件
        // 但实际上该应用会根据屏幕分辨率加载不同的界面布局文件
        setContentView(R.layout.activity_book_list);
        // 如果加载的界面布局文件中包含 ID 为 book_detail_container 的组件
        if (findViewById(R.id.book_detail_container) != null)
        {
            mTwoPane = true;
            // 将显示列表的 ListFragment 的选择模式设置为单选模式
            ((BookListFragment)getSupportFragmentManager()
                    .findFragmentById(R.id.book_list)).setActivateOnItemClick(true);
        }
    }
    // 实现 Callbacks 接口必须实现的方法
    @Override
    public void onItemSelected(int id)
    {
        if (mTwoPane) {
            // 创建 Bundle，准备向 Fragment 传入参数
            Bundle arguments = new Bundle();
            arguments.putInt(BookDetailFragment.ITEM_ID, id);
```

```
            // 创建 BookDetailFragment 对象
            BookDetailFragment fragment = new BookDetailFragment();
            // 向 Fragment 传入参数
            fragment.setArguments(arguments);
            // 使用 fragment 替换 book_detail_container 容器当前显示的 Fragment
            getSupportFragmentManager().beginTransaction().replace(
                    R.id.book_detail_container, fragment).commit();
        }
        else
        {
            // 创建启动 BookDetailActivity 的 Intent
            Intent detailIntent = new Intent(this, BookDetailActivity.class);
            // 设置传给 BookDetailActivity 的参数
            detailIntent.putExtra(BookDetailFragment.ITEM_ID, id);
            // 启动 Activity
            startActivity(detailIntent);
        }
    }
}
```

由于该实例为大屏幕设备定义了引用资源文件,因此该应用将会根据大屏幕加载对应的界面布局文件,因此上面程序中第一段粗体字代码会判断界面布局中是否包含 ID 为 book_detail_container 的组件,如果包含该组件,则表明是适应大屏幕的"双屏"界面;否则,该程序界面上只包含一个简单的 BookListFragment 列表组件。此时当用户单击列表项时,程序不再是简单地更换 Fragment,而是启动 BookDetailActivity 来显示指定图书的详细信息。

BookDetailActivity 只是一个简单的封装,它将直接复用前面已有的 BookDetailFragment。BookDetailActivity 的代码如下。

程序清单:codes\04\4.5\FragmentTest\senior\src\main\java\org\crazyit\app\BookDetailActivity.java

```
public class BookDetailActivity extends FragmentActivity
{
    @Override
    protected void onCreate(Bundle savedInstanceState)
    {
        super.onCreate(savedInstanceState);
        // 指定加载/res/layout 目录下的 activity_book_detail.xml 布局文件
        // 该界面布局文件内只定义了一个名为 book_detail_container 的 FrameLayout
        setContentView(R.layout.activity_book_detail);
        // 将 ActionBar 上的应用图标转换成可点击的按钮
        getActionBar().setDisplayHomeAsUpEnabled(true);
        if (savedInstanceState == null)
        {
            // 创建 BookDetailFragment 对象
            BookDetailFragment fragment = new BookDetailFragment();
            // 创建 Bundle 对象
            Bundle arguments = new Bundle();
            arguments.putInt(BookDetailFragment.ITEM_ID,
                    getIntent().getIntExtra(BookDetailFragment.ITEM_ID, 0));
            // 向 Fragment 传入参数
            fragment.setArguments(arguments);
            // 将指定 fragment 添加到 book_detail_container 容器中
            getSupportFragmentManager().beginTransaction()
                    .add(R.id.book_detail_container, fragment).commit();
        }
    }
    @Override
    public boolean onOptionsItemSelected(MenuItem item)
    {
        if (item.getItemId() == android.R.id.home)
        {
```

```
            // 创建启动 MainActivity 的 Intent
            Intent intent = new Intent(this, MainActivity.class);
            // 添加额外的 Flag, 将 Activity 栈中处于 MainActivity 之上的 Activity 弹出
            intent.addFlags(Intent.FLAG_ACTIVITY_CLEAR_TOP);
            // 启动 intent 对应的 Activity
            startActivity(intent);
            return true;
        }
        return super.onOptionsItemSelected(item);
    }
}
```

上面的粗体字代码创建了 BookDetailFragment，并让该 Activity 显示该 Fragment 即可。

除此之外，该 Activity 还启用了 ActionBar 上的应用程序图标，允许用户点击该图标返回程序的主 Acitivity。

在平板电脑等大屏幕设备上运行该应用，该应用将会自适应大屏幕设备，依然显示如图 4.26 所示的效果。

如果在手机设备上运行该应用，该应用将会自适应手机等小屏幕设备，可以看到如图 4.28 所示的界面。

图 4.28　图书列表界面

单击其中一个列表项，将可以看到如图 4.29 所示的界面。

图 4.29　图书详情界面

4.6　Fragment 的生命周期

与 Activity 类似的是，Fragment 也存在如下状态。

> 运行状态：当前 Fragment 位于前台，用户可见，可以获得焦点。
> 暂停状态：其他 Activity 位于前台，该 Fragment 依然可见，只是不能获得焦点。
> 停止状态：该 Fragment 不可见，失去焦点。
> 销毁状态：该 Fragment 被完全删除，或该 Fragment 所在的 Activity 被结束。

Android 文档只提到了 Fragment 的三种状态，官方文档没有提到 Fragment 的"销毁状态"。这也是合理的，因为处于"销毁状态"的 Fragment 基本不可用了，只能等着被回收。

图 4.30（该图参照 Android 官方文档，有些地方与文档有差异，以实际运行结果为准）显示了

Fragment 的生命周期及相关回调方法。

从图 4.30 可以看出，在 Fragment 的生命周期中，如下方法会被系统回调。

- onAttach()：当该 Fragment 被添加到它所在的 Context 时被回调。该方法只会被调用一次。
- onCreate()：创建 Fragment 时被回调。该方法只会被调用一次。
- onCreateView()：每次创建、绘制该 Fragment 的 View 组件时回调该方法，Fragment 将会显示该方法返回的 View 组件。
- onActivityCreated()：当 Fragment 所在的 Activity 被启动完成后回调该方法。
- onStart()：启动 Fragment 时被回调。
- onResume()：恢复 Fragment 时被回调，在 onStart()方法后一定会回调 onResume()方法。
- onPause()：暂停 Fragment 时被回调。
- onStop()：停止 Fragment 时被回调。
- onDestroyView()：销毁该 Fragment 所包含的 View 组件时调用。
- onDestroy()：销毁 Fragment 时被回调。该方法只会被调用一次。
- onDetach()：将该 Fragment 从它所在的 Context 中删除、替换完成时回调该方法，在 onDestroy()方法后一定会回调 onDetach()方法。该方法只会被调用一次。

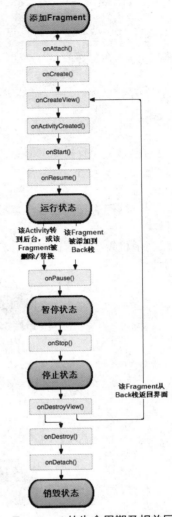

图 4.30 Fragment 的生命周期及相关回调方法

正如开发 Activity 时可以根据需要有选择性地重写指定方法一样，开发 Fragment 时也可根据需要有选择性地重写指定方法。其中最常见的就是重写 onCreateView()方法——该方法返回的 View 将由 Fragment 显示出来。

下面的 Fragment 重写了上面的 11 个生命周期方法，并在每个方法中增加了一行记录日志代码。该 Fragment 的代码如下。

程序清单：codes\04\4.6\FragLifecycle\app\src\main\java\org\crazyit\app\LifecycleFragment.java

```
public class LifecycleFragment extends Fragment
{
    public final static String TAG = "--CrazyIt--";
    @Override public void onAttach(Context context)
    {
        super.onAttach(context);
        // 输出日志
        Log.d(TAG, "-------onAttach------");
    }
    @Override public void onCreate(Bundle savedInstanceState)
    {
        super.onCreate(savedInstanceState);
        // 输出日志
        Log.d(TAG, "-------onCreate------");
```

```java
    }
    @Override public View onCreateView(LayoutInflater inflater,
                    ViewGroup container, Bundle data)
    {
        // 输出日志
        Log.d(TAG, "-------onCreateView------");
        TextView tv = new TextView(getActivity());
        tv.setGravity(Gravity.CENTER_HORIZONTAL);
        tv.setText("测试Fragment");
        tv.setTextSize(40f);
        return tv;
    }
    @Override public void onActivityCreated(Bundle savedInstanceState)
    {
        super.onActivityCreated(savedInstanceState);
        // 输出日志
        Log.d(TAG, "-------onActivityCreated------");
    }
    @Override public void onStart()
    {
        super.onStart();
        // 输出日志
        Log.d(TAG, "-------onStart------");
    }
    @Override public void onResume()
    {
        super.onResume();
        // 输出日志
        Log.d(TAG, "-------onResume------");
    }
    @Override public void onPause()
    {
        super.onPause();
        // 输出日志
        Log.d(TAG, "-------onPause------");
    }
    @Override public void onStop()
    {
        super.onStop();
        // 输出日志
        Log.d(TAG, "-------onStop------");
    }
    @Override public void onDestroyView()
    {
        super.onDestroyView();
        // 输出日志
        Log.d(TAG, "-------onDestroyView------");
    }
    @Override public void onDestroy()
    {
        super.onDestroy();
        // 输出日志
        Log.d(TAG, "-------onDestroy------");
    }
    @Override public void onDetach()
    {
        super.onDetach();
        // 输出日志
        Log.d(TAG, "-------onDetach------");
    }
}
```

包含该Fragment的Activity的布局文件很简单：该布局文件中只包含一个容器来盛装Fragment，

另外还包含几个按钮。此处不给出界面布局代码。

单击界面上的"加载目标 Fragment"按钮，让 Activity 加载 LifecycleFragment，可以在 Logcat 控制台中看到如图 4.31 所示的输出。

图 4.31　启动 Fragment 时回调的方法

如果单击程序界面上的"启动对话框风格的 Activity"按钮，将启动一个对话框风格的 Activity，当前 Activity 将会转入"暂停"状态，该 Fragment 已经进入"暂停"状态，此时可以在 Logcat 控制台中看到如图 4.32 所示的输出。

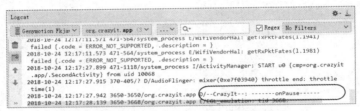

图 4.32　暂停 Fragment 时回调的方法

按下手机的键来关闭对话框风格的 Activity，Fragment 将会再次进入"运行"状态，将可以在 Logcat 控制台中看到如图 4.33 所示的输出。

图 4.33　恢复 Fragment 时回调的方法

单击程序界面上的"替换目标 Fragment，并加入 Back 栈"按钮，将可以在 Logcat 控制台中看到如图 4.34 所示的输出。

图 4.34　将 Fragment 加入 Back 栈时回调的方法

从图 4.34 可以看出，替换目标 Fragment，并将它添加到 Back 栈中，此时该 Fragment 虽然不可见，但它并未被销毁，它只是被添加到后台的 Back 栈中。当用户按下手机的键时，该 Fragment 将会再次显示出来，此时可以在 Logcat 控制台中看到如图 4.35 所示的输出。

从此处可以看到，Android 9 的 Fragment 从 Back 栈重新显示出来时，只需回调 3 个方法；但传统的 Fragment 从 Back 栈重新显示出来时，还会回调 onActivityCreated()方法，此方法在 Fragment

重新显示时也会被回调，这显然是有问题的，Android 9 终于纠正了这个问题。

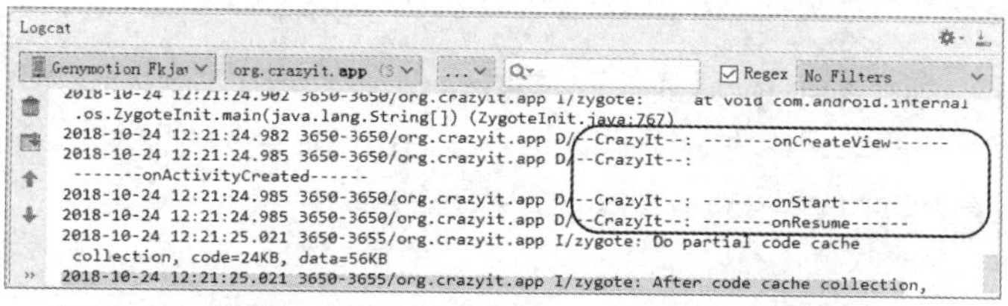

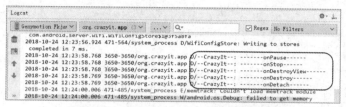

图 4.35　将 Back 栈中 Fragment 转入前台时回调的方法

单击程序界面上的"替换目标 Fragment"或"退出"按钮，该 Fragment 将会被完全结束，Fragment 将进入"销毁"状态，此时可以在 Logcat 控制台中看到如图 4.36 所示的输出。

图 4.36　结束 Fragment 时回调的方法

4.7　管理 Fragment 导航

　　Fragment 相当于 Activity 的一个片段，可以方便地被添加到 Activity 中，也可以被删除、替换。因此，可以使用一个 Activity 来组合多个 Fragment，这样即可在一个 Activity 中创建多个用户界面。总之，Fragment 相当于 Activity 的模块化区域。

　　当一个 Activity 包含多个 Fragment 时，用户可能需要在多个 Fragment 之间导航。一种常用的导航方式就是"滑动导航"——用户手指在屏幕上滑动时，Activity 在不同的 Fragment 之间切换，从而让 Activity 实现不同的交互界面。Android 在 support-fragment 下提供了一个 ViewPager 组件，该组件可以非常方便地实现分页导航。

　　ViewPager 组件的用法与第 2 章中介绍的 AdapterView 有点类似，ViewPager 只是一个容器（它继承了 ViewGroup），该组件所显示的内容由它的 Adapter 提供，因此使用 ViewPager 时必须为它设置一个 Adapter。

　　ViewPager 所使用的 Adpater 也是它独有的 PagerAdapter，该 PagerAdapter 还有一个 FragmentPagerAdapter 子类，专门用于管理多个 Fragment。

实例：结合 ViewPager 实现分页导航

　　本实例的界面布局文件很简单，只要在 LinearLayout 中定义一个 ViewPager 组件即可。下面是该实例的界面布局文件。

　　　　程序清单：codes\04\4.7\FragmentNav\swipe\src\main\res\layout\activity_main.xml

```xml
<?xml version="1.0" encoding="utf-8"?>
<LinearLayout xmlns:android="http://schemas.android.com/apk/res/android"
    android:layout_width="match_parent"
    android:layout_height="match_parent"
    android:layout_marginLeft="16dp"
    android:layout_marginRight="16dp"
    android:orientation="vertical">
    <!-- 定义一个 ViewPager 组件 -->
    <android.support.v4.view.ViewPager
        android:id="@+id/container"
```

```xml
        android:layout_width="match_parent"
        android:layout_height="match_parent" />
</LinearLayout>
```

该界面布局文件对应的 Activity 只要获取该 ViewPager 组件,并为之设置 Adapter(PagerAdapter 子类的实例),这样该 ViewPager 组件即可正常运行了。由于本实例使用 ViewPager 管理 Fragment,因此该 ViewPager 的 Adapter 应该继承 FragmentPagerAdapter。

下面是该 Activity 类的代码。

程序清单:codes\04\4.7\FragmentNav\swipe\src\main\java\org\crazyit\app\MainActivity.java

```java
public class MainActivity extends FragmentActivity
{
    @Override
    protected void onCreate(Bundle savedInstanceState)
    {
        super.onCreate(savedInstanceState);
        setContentView(R.layout.activity_main);
        // 获取界面上的 ViewPager 组件
        ViewPager viewPager = findViewById(R.id.container);
        // 创建 SectionsPagerAdapter 对象
        SectionsPagerAdapter pagerAdapter = new SectionsPagerAdapter(
            getSupportFragmentManager());
        // 为 ViewPager 组件设置 Adapter
        viewPager.setAdapter(pagerAdapter);
    }
    // 定义一个 Fragment
    public static class DummyFragment extends Fragment
    {
        private static final String ARG_SECTION_NUMBER = "section_number";
        // 该方法用于返回一个 DummyFragment 实例
        public static DummyFragment newInstance(int sectionNumber)
        {
            DummyFragment fragment = new DummyFragment();
            // 定义 Bundle 用于向 DummyFragment 传入参数
            Bundle args = new Bundle();
            args.putInt(ARG_SECTION_NUMBER, sectionNumber);
            fragment.setArguments(args);
            return fragment;
        }
        // 重写该方法用于生成该 Fragment 所显示的组件
        @Override
        public View onCreateView(@NonNull LayoutInflater inflater, ViewGroup container,
            Bundle savedInstanceState)
        {
            // 加载/res/layout/目录下的 fragment_main.xml 文件
            View rootView = inflater.inflate(R.layout.fragment_main, container, false);
            TextView textView = rootView.findViewById(R.id.section_label);
            textView.setText("Fragment 页面" +
                getArguments().getInt(ARG_SECTION_NUMBER, 0));
            return rootView;
        }
    }
    // 定义 FragmentPagerAdapter 的子类,用于作为 ViewPager 的 Adapter 对象
    public class SectionsPagerAdapter extends FragmentPagerAdapter
    {
        SectionsPagerAdapter(FragmentManager fm)
        {
            super(fm);
        }
        // 根据位置返回指定的 Fragment
        @Override
```

```java
        public Fragment getItem(int position)
        {
            return DummyFragment.newInstance(position + 1);
        }
        // 该方法的返回值决定该Adapter包含多少项
        @Override
        public int getCount()
        {
            return 3;
        }
    }
}
```

上面 Activity 的 onCreate()方法先获取了界面上的 ViewPager 组件，接下来为该组件设置了 Adapter。ViewPager 的 Adapter 继承了 FragmentPagerAdapter，并重写了 getCount()和 getItem()两个方法，其中 getCount()方法的返回值决定该 Adapter 包含多少项，由于该方法返回了 3，这表明该 Adapter 包含 3 项；getItem()方法的返回值则代表不同位置的 Fragment 组件。

上面 Activity 还使用嵌套类定义了一个 DummyFragment，这个 Fragment 的 onCreateView()方法控制它加载并显示/res/layout/目录下的 fragment_main.xml 文件。出于简单考虑，该布局文件只是在布局管理器中添加一个 TextView 作为显示组件。该布局文件的代码如下：

程序清单：codes\04\4.7\FragmentNav\swipe\src\main\res\layout\fragment_main.xml

```xml
<?xml version="1.0" encoding="utf-8"?>
<android.support.constraint.ConstraintLayout
    xmlns:android="http://schemas.android.com/apk/res/android"
    xmlns:app="http://schemas.android.com/apk/res-auto"
    xmlns:tools="http://schemas.android.com/tools"
    android:id="@+id/constraintLayout"
    android:layout_width="match_parent"
    android:layout_height="match_parent"
    tools:context=".MainActivity$DummyFragment">
    <!-- 定义一个TextView用于显示数据 -->
    <TextView
        android:id="@+id/section_label"
        android:layout_width="wrap_content"
        android:layout_height="wrap_content"
        android:layout_marginStart="10dp"
        app:layout_constraintLeft_toLeftOf="parent"
        app:layout_constraintTop_toTopOf="@+id/constraintLayout"
        tools:layout_constraintLeft_creator="1"
        tools:layout_constraintTop_creator="1" />
</android.support.constraint.ConstraintLayout>
```

运行该实例，将可以看到如图 4.37 所示的滑动式的分页导航。

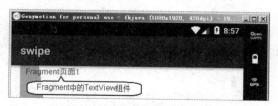

图 4.37　滑动式的分页导航

实例：结合 TabLayout 实现 Tab 导航

如果在上面实例的界面上添加一个 TabLayout 组件，再让 TabLayout 与 ViewPager 之间建立相互关联，这样即可实现 Tab 导航效果。

在该实例的界面布局文件中添加一个 TabLayout 组件，修改后的界面布局文件代码如下。

程序清单：codes\04\4.7\FragmentNav\swipe\src\main\res\layout\activity_main.xml

```xml
<?xml version="1.0" encoding="utf-8"?>
<LinearLayout xmlns:android="http://schemas.android.com/apk/res/android"
    android:layout_width="match_parent"
    android:layout_height="match_parent"
    android:layout_marginLeft="16dp"
    android:layout_marginRight="16dp"
    android:orientation="vertical">
    <!-- 定义一个 TabLayout 组件 -->
    <android.support.design.widget.TabLayout
        android:id="@+id/tabs"
        android:layout_width="match_parent"
        android:layout_height="wrap_content">
        <!-- 在 TabLayout 中定义 3 个 Tab 标签 -->
        <android.support.design.widget.TabItem
            android:id="@+id/tabItem"
            android:layout_width="wrap_content"
            android:layout_height="wrap_content"
            android:text="标签一" />
        <android.support.design.widget.TabItem
            android:id="@+id/tabItem2"
            android:layout_width="wrap_content"
            android:layout_height="wrap_content"
            android:text="标签二" />
        <android.support.design.widget.TabItem
            android:id="@+id/tabItem3"
            android:layout_width="wrap_content"
            android:layout_height="wrap_content"
            android:text="标签三" />
    </android.support.design.widget.TabLayout>
    <!-- 定义一个 ViewPager 组件 -->
    <android.support.v4.view.ViewPager
        android:id="@+id/container"
        android:layout_width="match_parent"
        android:layout_height="match_parent" />
</LinearLayout>
```

上面的界面布局文件无非是在 ViewPager 的前面添加了一个 TabLayout 组件，并在该组件内部定义了 3 个 TabItem 组件，它们代表 Tab 标签。

由于 TabLayout 组件位于 design 模块下，因此需要在该实例对应的 build.gradle 文件中增加如下一行代码（当然也要增加 Fragment 支持的 support-fragment）。

```
implementation 'com.android.support:design:28.0.0'
```

增加上面一行代码之后，单击"Sync Now"来同步项目，这样才可以在该实例中正常使用 TabLayout。

本实例的 Activity 代码与前一个实例大致相似，只是该实例需要在 onCreate()方法中获取 TabLayout 组件，并设置 TabLayout 组件与 ViewPager 之间的关联。也就是在 MainActivity 的 onCreate() 方法的后面增加如下代码即可。

程序清单：codes\04\4.7\FragmentNav\tabnav\src\main\java\org\crazyit\app\MainActivity.java

```java
// 获取界面上的 TabLayout 组件
TabLayout tabLayout = findViewById(R.id.tabs);
// 设置从 ViewPager 到 TabLayout 的关联
viewPager.addOnPageChangeListener(new
    TabLayout.TabLayoutOnPageChangeListener(tabLayout));
// 设置从 TabLayout 到 ViewPager 的关联
tabLayout.addOnTabSelectedListener(new
    TabLayout.ViewPagerOnTabSelectedListener(viewPager));
```

增加上面代码之后，即可在该应用中实现 Tab 式的分页导航。当然，ViewPager 原本支持的滑动式分页导航依然会被保留，当用户通过滑动切换屏幕时，界面上方的 Tab 标签也会随之改变。

由于该实例所使用的 TabLayout 需要 AppCompat 主题支持，因此将该实例的主题改为 Theme.AppCompat.Light.DarkActionBar。

运行该实例，将会看到如图 4.38 所示的界面。

图 4.38　Tab 式的分页导航

需要指出的是，Android Studio 为上面这种分页导航提供了支持，当使用 AS 的向导工具创建 Activity 时，可以选择创建 Tabbed Activity，接下来即可看到如图 4.39 所示的创建对话框。

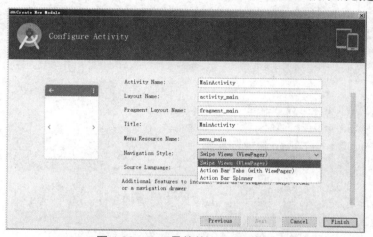

图 4.39　Tab 导航的 Activity 模板

在图 4.39 所示的 "Navigation Style" 列表中列出的前两种导航方式分别是 Swipe 导航（对应于本节第一个实例）和 Tab 导航（对应于本节第二个实例）。

4.7　本章小结

本章详细介绍了 Android 四大组件之一：Activity。一个 Android 应用将会包含多个 Activity，每个 Activity 通常对应于一个窗口。普通用户接触最多的就是 Activity。学习本章的重点是掌握如何开发 Activity，如何在 AndroidManifest.xml 文件中配置 Activity。不仅如此，由于 Android 系统通常会由多个 Activity 组成，因此读者还需要掌握启动其他 Activity 的方法，包括如何利用 Bundle 在不同 Activity 之间通信，启动其他 Activity 并返回结果等。Activity 在 Android 系统中运行，具有自身的生命周期，因此读者还需要清晰地掌握 Activity 的生命周期。

本章的另一个重点是掌握开发 Fragment 的方法，包括为 Fragment 开发界面、把 Fragment 添加到 Activity 中、Fragment 与 Activity 通信等内容。Fragment 也具有自己的生命周期，因此读者也需要清晰地掌握 Fragment 的生命周期。

第 5 章
使用 Intent 和 IntentFilter 通信

本章要点

- 理解 Intent 对于 Android 应用的作用
- 使用 Intent 启动系统组件
- Intent 的 Component 属性的作用
- Intent 的 Action 属性的作用
- Intent 的 Category 属性的作用
- 为指定 Action、Category 的 Intent 配置对应的 intent-filter
- Intent 的 Data 属性
- Intent 的 Type 属性
- 为指定 Data、Type 的 Intent 配置对应的 intent-filter
- Intent 的 Extra 属性
- Intent 的 Flag 属性

第5章 使用 Intent 和 IntentFilter 通信

前面介绍 Activity 时已经多次使用了 Intent，当一个 Activity 需要启动另一个 Activity 时，程序并没有直接告诉系统要启动哪个 Activity，而是通过 Intent 来表达自己的意图：需要启动哪个 Activity。Intent 的中文翻译就是"意图"的意思。

在这里有读者可能会产生一个疑问，假如甲 Activity 需要启动另一个 Activity，为何不直接使用一个形如 startActivity(Class activityClass) 的方法呢？这样多么简单、明了啊。但实际上，这种方式虽然简洁，却明显背离了 Android 的理念，Android 使用 Intent 来封装程序的"调用意图"，不管程序想启动一个 Activity 也好，想启动一个 Service 组件也好，想启动一个 BroadcastReceiver 也好，Android 使用统一的 Intent 对象来封装这种"启动意图"，很明显使用 Intent 提供了一致的编程模型。

除此之外，使用 Intent 还有一个好处：在某些时候，应用程序只是想启动具有某种特征的组件，并不想和某个具体的组件耦合，如果使用形如 startActivity(Class activityClass) 的方法来启动特定组件，势必造成一种硬编码耦合，这样也不利于高层次的解耦。

提示：
> 如果读者有过 Spring MVC、Struts 2 等 MVC 框架的编程经验，一定可以很好地理解此处 Intent 的设计，当 MVC 框架的控制器处理完用户请求之后，它并不会直接返回特定的视图页面，而是返回一个逻辑视图名，开发者可以在配置文件中把该逻辑视图映射到任意的物理视图资源；Android 系统的 Intent 设计有点类似于 MVC 框架中逻辑视图的设计。

总之，Intent 封装 Android 应用程序需要启动某个组件的"意图"。不仅如此，Intent 还是应用程序组件之间通信的重要媒介，正如从前面程序中所看到的，两个 Activity 可以把需要交换的数据封装成 Bundle 对象，然后使用 Intent 来携带 Bundle 对象，这样就实现了两个 Activity 之间的数据交换。

5.1 Intent 对象简述

Android 的应用程序包含三种重要组件：Activity、Service、BroadcastReceiver，应用程序采用了一致的方式来启动它们——都是依靠 Intent 来启动的，Intent 就封装了程序想要启动程序的意图。不仅如此，Intent 还可用于与被启动组件交换信息。

表 5.1 显示了使用 Intent 启动不同组件的方法。

表 5.1 使用 Intent 启动不同组件的方法

组件类型	启动方法
Activity	startActivity(Intent intent) startActivityForResult(Intent intent, int requestCode)
Service	ComponentName startService(Intent service) boolean bindService(Intent service, ServiceConnection conn, int flags)
BroadcastReceiver	sendBroadcast(Intent intent) sendBroadcast(Intent intent, String receiverPermission) sendOrderedBroadcast(Intent intent, String receiverPermission) sendOrderedBroadcast(Intent intent, String receiverPermission, BroadcastReceiver resultReceiver, Handler scheduler, int initialCode, String initialData, Bundle initialExtras) sendStickyBroadcast(Intent intent) sendStickyOrderedBroadcast(Intent intent, BroadcastReceiver resultReceiver, Handler scheduler, int initialCode, String initialData, Bundle initialExtras)

上一章已经见到了如何使用 Intent 来启动 Activity 的示例，至于使用 Intent 来启动另外两种组件，本书后面章节中会有相关示例，此处暂不深入介绍。

Intent 对象大致包含 Component、Action、Category、Data、Type、Extra 和 Flag 这 7 种属性，其中 Component 用于明确指定需要启动的目标组件，而 Extra 则用于"携带"需要交换的数据。

下面详细介绍 Intent 对象各属性的作用。

5.2 Intent 的属性及 intent-filter 配置

Intent 代表了 Android 应用的启动"意图"，Android 应用将会根据 Intent 来启动指定组件，至于到底启动哪个组件，则取决于 Intent 的各属性。下面将详细介绍 Intent 的各属性值，以及 Android 如何根据不同属性值来启动相应的组件。

▶▶ 5.2.1 Component 属性

Intent 的 Component 属性需要接受一个 ComponentName 对象，ComponentName 对象包含如下几个构造器。

- ComponentName(String pkg, String cls)：创建 pkg 所在包下的 cls 类所对应的组件。
- ComponentName(Context pkg, String cls)：创建 pkg 所对应的包下的 cls 类所对应的组件。
- ComponentName(Context pkg, Class<?> cls)：创建 pkg 所对应的包下的 cls 类所对应的组件。

上面几个构造器的本质是相同的，这说明创建一个 ComponentName 需要指定包名和类名——这就可以唯一地确定一个组件类，这样应用程序即可根据给定的组件类去启动特定的组件。

除此之外，Intent 还包含了如下三个方法。

- setClass(Context packageContext, Class<?> cls)：设置该 Intent 将要启动的组件对应的类。
- setClassName(Context packageContext, String className)：设置该 Intent 将要启动的组件对应的类名。
- setClassName(String packageName, String className)：设置该 Intent 将要启动的组件对应的类名。

> **提示：**
> Android 应用的 Context 代表了访问该应用环境信息的接口，而 Android 应用的包名则作为应用的唯一标识，因此 Android 应用的 Context 对象与该应用的包名有一一对应的关系。上面三个 setClass() 方法正是指定组件的包名（分别通过 Context 指定或 String 指定）和实现类（分别通过 Class 指定或通过 String 指定）。

指定 Component 属性的 Intent 已经明确了它将要启动哪个组件，因此这种 Intent 也被称为显式 Intent，没有指定 Component 属性的 Intent 被称为隐式 Intent——隐式 Intent 没有明确指定要启动哪个组件，应用将会根据 Intent 指定的规则去启动符合条件的组件，但具体是哪个组件则不确定。

> **提示：**
> 比如一个女孩子有找男朋友的意图，此时有两种方式来表达她的意图：第一种，她已经芳心暗许，于是明确地告诉父母，我要找"梁山伯"做男朋友，这种明确指定要找某人的方式被称为显式 Intent；第二种，她告诉父母，要找"高""富""帅"做男朋友，至于到底是谁不重要，只要符合这三个条件即可，这种方式被称为隐式 Intent。

下面的示例程序示范了如何通过显式 Intent（指定了 Component 属性）来启动另一个 Activity。该程序的界面布局很简单，界面中只有一个按钮，用户单击该按钮将会启动第二个 Activity。此处不再给出该程序的界面布局文件。该程序的 Activity 代码如下。

程序清单：codes\05\5.2\IntentTest\component\src\main\java\org\crazyit\intent\MainActivity.java

```java
public class MainActivity extends Activity
{
    @Override
    protected void onCreate(Bundle savedInstanceState)
    {
        super.onCreate(savedInstanceState);
        setContentView(R.layout.activity_main);
        Button bn = findViewById(R.id.bn);
        // 为 bn 按钮绑定事件监听器
        bn.setOnClickListener(view -> {
            // 创建一个 ComponentName 对象
            ComponentName comp = new ComponentName(
                MainActivity.this, SecondActivity.class);
            Intent intent = new Intent();
            // 为 Intent 设置 Component 属性
            intent.setComponent(comp);
            startActivity(intent);
        });
    }
}
```

上面程序中的三行粗体字代码用于创建 ComponentName 对象，并将该对象设置成 Intent 对象的 Component 属性，这样应用程序即可根据该 Intent 的"意图"去启动指定组件。

实际上，上面三行粗体字代码完全可以简化为如下形式：

```java
// 根据指定组件类来创建 Intent
Intent intent = new Intent(MainActivity.this
    , SecondActivity.class);
```

从上面的代码可以看出，当需要为 Intent 设置 Component 属性时，实际上 Intent 已经提供了一个简化的构造器，这样方便程序直接指定启动其他组件。

当程序通过 Intent 的 Component 属性（明确指定了启动哪个组件）启动特定组件时，被启动组件几乎不需要使用 <intent-filter.../> 元素进行配置。

程序的 SecondActivity 也很简单，它的界面布局中只包含一个简单的文本框，用于显示该 Activity 对应的 Intent 的 Component 属性的包名、类名。该 Activity 的代码如下。

程序清单：codes\05\5.2\IntentTest\component\src\main\java\org\crazyit\intent\SecondActivity.java

```java
public class SecondActivity extends Activity
{
    @Override
    protected void onCreate(Bundle savedInstanceState)
    {
        super.onCreate(savedInstanceState);
        setContentView(R.layout.activity_second);
        TextView show = findViewById(R.id.show);
        // 获取该 Activity 对应的 Intent 的 Component 属性
        ComponentName comp = getIntent().getComponent();
        // 显示该 ComponentName 对象的包名、类名
        show.setText("组件包名为：" + comp.getPackageName() +
            "\n 组件类名为：" + comp.getClassName());
    }
}
```

运行上面的程序，通过第一个 Activity 中的按钮进入第二个 Activity 中，将可以看到如图 5.1 所示的界面。

图 5.1 Intent 的 Component 属性

5.2.2 Action、Category 属性与 intent-filter 配置

Intent 的 Action、Category 属性的值都是一个普通的字符串,其中 Action 代表该 Intent 所要完成的一个抽象"动作",而 Category 则用于为 Action 增加额外的附加类别信息。通常 Action 属性会与 Category 属性结合使用。

Action 要完成的只是一个抽象动作,这个动作具体由哪个组件(或许是 Activity,或许是 BroadcastReceiver)来完成,Action 这个字符串本身并不管。比如 Android 提供的标准 Action:Intent.ACTION_VIEW,它只表示一个抽象的查看操作,但具体查看什么、启动哪个 Activity 来查看,Intent.ACTION_VIEW 并不知道——这取决于 Activity 的<intent-filter.../>配置,只要某个 Activity 的<intent-filter.../>配置中包含了该 ACTION_VIEW,该 Actvitiy 就有可能被启动。

> **提示:** 有过 Struts 2 开发经验的读者都知道,当 Struts 2 的 Action 处理用户请求结束后,Action 并不会直接指定"跳转"到哪个 Servlet(通常是 JSP,但 JSP 的本质就是 Servlet),Action 的处理方法只是返回一个普通字符串,然后在配置文件中配置该字符串对应到哪个 Servlet。Struts 2 之所以采用这种设计思路,就是为了把 Action 与呈现视图的 Servlet 分离开。类似的,Intent 通过指定 Action 属性(属性值其实就是一个普通字符串),就可以把该 Intent 与具体的 Activity 分离,从而提供高层次的解耦。

下面通过一个简单的示例来示范 Action 属性(就是普通字符串)的作用。下面程序的第一个 Activity 非常简单,它只包括一个普通按钮,当用户单击该按钮时,程序会"跳转"到第二个 Activity——但第一个 Activity 指定跳转的 Intent 时,并不以"硬编码"的方式指定要跳转的目标 Activity,而是为 Intent 指定 Action 属性。此处不给出界面布局的代码,第一个 Activity 的代码如下。

程序清单:codes\05\5.2\IntentTest\actionattr\src\main\java\org\crazyit\intent\MainActivity.java

```java
public class MainActivity extends Activity
{
    public static final String CRAZYIT_ACTION = "org.crazyit.intent.action.CRAZYIT_ACTION";
    @Override
    protected void onCreate(Bundle savedInstanceState)
    {
        super.onCreate(savedInstanceState);
        setContentView(R.layout.activity_main);
        Button bn = findViewById(R.id.bn);
        // 为 bn 按钮绑定事件监听器
        bn.setOnClickListener(view -> {
            // 创建 Intent 对象
            Intent intent = new Intent();
            // 为 Intent 设置 Action 属性(属性值就是一个普通字符串)
            intent.setAction(MainActivity.CRAZYIT_ACTION);
            startActivity(intent);
        });
    }
}
```

上面程序中的粗体字代码指定了根据 Intent 来启动 Activity——但该 Intent 并未以"硬编码"的方式指定要启动哪个 Activity，相信读者从上面程序中的粗体字代码无法看出该程序将要启动哪个 Activity。那么到底程序会启动哪个 Activity 呢？这取决于 Activity 配置中<intent-filter.../>元素的配置。

<intent-filter.../>元素是 AndroidManifest.xml 文件中<activity.../>元素的子元素，前面已经介绍过，<activity.../>元素用于为应用程序配置 Activity，<activity.../>的<intent-filter.../>子元素则用于配置该 Activity 所能"响应"的 Intent。

<intent-filter.../>元素里通常可包含如下子元素。

- 0~N 个<action.../>子元素。
- 0~N 个<category.../>子元素。
- 0~1 个<data.../>子元素。

> **提示：**
> <intent-filter.../>元素也可以是<service.../>、<receiver.../>两个元素的子元素，用于表明它们可以响应的 Intent。

<action.../>、<category.../>子元素的配置非常简单，它们都可指定 android:name 属性，该属性的值就是一个普通字符串。

当<activity.../>元素的<intent-filter.../>子元素里包含多个<action.../>子元素（相当于指定了多个字符串）时，就表明该 Activity 能响应 Action 属性值为其中任意一个字符串的 Intent。

还是借用前面介绍的女孩子找男朋友的例子，基本上可以把 Intent 中的 Action、Category 属性，理解为她对男朋友的要求，每个 Intent 只能指定一个 Action "要求"，但可以指定多个 Category "要求"；IntentFilter（使用<intent-filter.../>元素配置）则用于声明该组件（比如 Activity、Service、BroadcastReceiver）能满足的要求，每个组件可以声明自己满足多个 Action 要求、多个 Category 要求。只要某个组件能满足的要求大于、等于 Intent 所指定的要求，那么该 Intent 就能启动该组件。

由于上面的程序指定启动 Action 属性为 ActionAttr.CRAZYIT_ACTION 常量（常量值为 org.crazyit.intent.action.CRAZYIT_ACTION）的 Activity，也就要求被启动的 Activity 对应的配置元素的<intent-filter.../>元素里至少包括一个如下的<action.../>子元素：

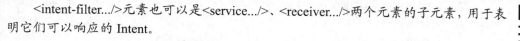

需要指出的是，一个 Intent 对象最多只能包括一个 Action 属性，程序可调用 Intent 的 setAction(String str)方法来设置 Action 属性值；但一个 Intent 对象可以包括多个 Category 属性，程序可调用 Intent 的 addCategory (String str)方法来为 Intent 添加 Category 属性。当程序创建 Intent 时，该 Intent 默认启动 Category 属性值为 Intent.CATEGORY_DEFAULT 常量（常量值为 android.intent.category.DEFAULT）的组件。

因此，虽然上面程序中的粗体字代码并未指定目标 Intent 的 Category 属性，但该 Intent 已有一个值为 android.intent.category.DEFAULT 的 Category 属性值，因此被启动 Activity 对应的配置元素的<intent-filter.../>元素里至少还包括一个如下的<category.../>子元素：

`<category android:name="android.intent.category.DEFAULT" />`

下面是被启动的 Activity 的完整配置。

程序清单：codes\05\5.2\IntentTest\actionattr\src\main\AndroidManifest.xml

```
<activity android:name=".SecondActivity"
    android:label="第二个 Activity">
    <intent-filter>
        <!-- 指定该 Activity 能响应 Action 属性值为指定字符串的 Intent -->
```

```xml
        <action android:name="org.crazyit.intent.action.CRAZYIT_ACTION" />
        <!-- 指定该 Activity 能响应 Action 属性为 helloWorld 的 Intent -->
        <action android:name="helloWorld" />
        <category android:name="android.intent.category.DEFAULT" />
    </intent-filter>
</activity>
```

上面 Activity 配置的两行粗体字代码指定该 Activity 能响应具有指定 Action 属性值、指定 Category 属性值的 Intent。其中第二行粗体字代码只是试验用的，对本程序没有影响——它表明该 Activity 能响应 Action 属性值为 helloWorld 字符串、Category 属性值为 android.intent.category.DEFAULT 的 Intent，但本程序并未尝试启动这样的 Activity，读者可以自己尝试用这样的 Intent 来启动 Activity，将会看到程序也是启动该 Activity。

上面的配置代码中配置了一个实现类为 SecondActivity 的 Activity，因此程序还应该提供这个 Activity 代码。代码如下。

程序清单：codes\05\5.2\IntentTest\actionattr\src\main\java\org\crazyit\intent\SecondActivity.java

```java
public class SecondActivity extends Activity
{
    @Override
    protected void onCreate(Bundle savedInstanceState)
    {
        super.onCreate(savedInstanceState);
        setContentView(R.layout.activity_second);
        TextView show = findViewById(R.id.show);
        // 获取该 Activity 对应的 Intent 的 Action 属性
        String action = getIntent().getAction();
        // 显示 Action 属性
        show.setText("Action为: " + action);
    }
}
```

上面的程序代码很简单，它只是在启动时把启动该 Activity 的 Intent 的 Action 属性值显示在指定文本框内。运行上面的程序，并单击程序中的"启动指定 Action、默认 Category 对应的 Activity"按钮，将看到如图 5.2 所示的界面。

图 5.2　根据 Intent 的 Action 启动 Activity

接下来的示例程序将会示范 Category 属性的用法。该程序的第一个 Activity 的代码如下。

程序清单：codes\05\5.2\IntentTest\actioncateattr\src\main\java\org\crazyit\intent\MainActivity.java

```java
public class MainActivity extends Activity
{
    // 定义一个 Action 常量
    public static final String CRAZYIT_ACTION =
            "org.crazyit.intent.action.CRAZYIT_ACTION";
    // 定义一个 Category 常量
    public static final String CRAZYIT_CATEGORY =
        "org.crazyit.intent.category.CRAZYIT_CATEGORY";
    @Override
    protected void onCreate(Bundle savedInstanceState)
    {
        super.onCreate(savedInstanceState);
        setContentView(R.layout.activity_main);
        Button bn = findViewById(R.id.bn);
        bn.setOnClickListener(view -> {
            Intent intent = new Intent();
            // 设置 Action 属性
```

```
            intent.setAction(MainActivity.CRAZYIT_ACTION);
            // 添加 Category 属性
            intent.addCategory(MainActivity.CRAZYIT_CATEGORY);
            startActivity(intent);
        });
    }
}
```

上面程序中的两行粗体字代码指定了该 Intent 的 Action 属性值为 org.crazyit.intent.action.CRAZYIT_ACTION 字符串,并为该 Intent 添加了字符串为 org.crazyit.intent.category.CRAZYIT_CATEGORY 的 Category 属性。这意味着上面的程序所要启动的目标 Activity 里应该包含如下 <action.../>子元素和<category.../>子元素:

```
<!-- 指定该 Activity 能响应 action 为指定字符串的 Intent -->
<action android:name="org.crazyit.intent.action.CRAZYIT_ACTION" />
<!-- 指定该 Activity 能响应 category 为指定字符串的 Intent -->
<category android:name="org.crazyit.intent.category.CRAZYIT_CATEGORY" />
<!-- 指定该 Activity 能响应 category 为 android.intent.category.DEFAULT 的 Intent -->
<category android:name="android.intent.category.DEFAULT" />
```

下面是程序要启动的目标 Action 所对应的配置代码。

> 程序清单:codes\05\5.2\IntentTest\actioncateattr\src\main\AndroidManifest.xml

```xml
<activity android:name=".SecondActivity"
        android:label="第二个 Activity">
    <intent-filter>
        <!-- 指定该 Activity 能响应 action 为指定字符串的 Intent -->
        <action android:name="org.crazyit.intent.action.CRAZYIT_ACTION" />
        <!-- 指定该 Activity 能响应 category 为指定字符串的 Intent -->
        <category android:name="org.crazyit.intent.category.CRAZYIT_CATEGORY" />
        <!-- 指定该 Activity 能响应 category 为 android.intent.category.DEFAULT 的 Intent -->
        <category android:name="android.intent.category.DEFAULT" />
    </intent-filter>
</activity>
```

上面配置 Activity 时也指定该 Activity 的实现类为 SecondActivity,该实现类的代码如下。

> 程序清单:codes\05\5.2\IntentTest\actioncateattr\src\main\java\org\crazyit\intent\SecondActivity.java

```java
public class SecondActivity extends Activity
{
    @Override
    protected void onCreate(Bundle savedInstanceState)
    {
        super.onCreate(savedInstanceState);
        setContentView(R.layout.activity_second);
        TextView show = findViewById(R.id.show);
        // 获取该 Activity 对应的 Intent 的 Action 属性
        String action = getIntent().getAction();
        // 显示 Action 属性
        show.setText("Action 为: " + action);
        TextView cate = findViewById(R.id.cate);
        // 获取该 Activity 对应的 Intent 的 Category 属性
        Set<String> cates = getIntent().getCategories();
        // 显示 Category 属性
        cate.setText("Category 属性为: " + cates);
    }
}
```

上面的程序代码也很简单,它只是在启动时把启动该 Activity 的 Intent 的 Action、Catetory 属性值分别显示在不同的文本框内。运行上面的程序,并单击程序中的"启动指定 Action、指定

Category 对应的 Activity"按钮，将看到如图 5.3 所示的界面。

图 5.3　根据 Intent 的 Action、Category 启动 Activity

▶▶ 5.2.3　指定 Action、Category 调用系统 Activity

Intent 代表了启动某个程序组件的"意图"，实际上 Intent 对象不仅可以启动本应用内程序组件，也可以启动 Android 系统的其他应用的程序组件，包括系统自带的程序组件（只要权限允许）。

实际上，Android 内部提供了大量标准的 Action、Catetory 常量，其中用于启动 Activity 的标准的 Action 常量及对应的字符串如表 5.2 所示。

表 5.2　启动 Activity 的标准的 Action 常量及对应的字符串

Action 常量	对应字符串	简单说明
ACTION_MAIN	android.intent.action.MAIN	应用程序入口
ACTION_VIEW	android.intent.action.VIEW	查看指定数据
ACTION_ATTACH_DATA	android.intent.action.ATTACH_DATA	指定某块数据将被附加到其他地方
ACTION_EDIT	android.intent.action.EDIT	编辑指定数据
ACTION_PICK	android.intent.action.PICK	从列表中选择某项，并返回所选的数据
ACTION_CHOOSER	android.intent.action.CHOOSER	显示一个 Activity 选择器
ACTION_GET_CONTENT	android.intent.action.GET_CONTENT	让用户选择数据，并返回所选数据
ACTION_DIAL	android.intent.action.DIAL	显示拨号面板
ACTION_CALL	android.intent.action.CALL	直接向指定用户打电话
ACTION_SEND	android.intent.action.SEND	向其他人发送数据
ACTION_SENDTO	android.intent.action.SENDTO	向其他人发送消息
ACTION_ANSWER	android.intent.action.ANSWER	应答电话
ACTION_INSERT	android.intent.action.INSERT	插入数据
ACTION_DELETE	android.intent.action.DELETE	删除数据
ACTION_RUN	android.intent.action.RUN	运行数据
ACTION_SYNC	android.intent.action.SYNC	执行数据同步
ACTION_PICK_ACTIVITY	android.intent.action.PICK_ACTIVITY	用于选择 Activity
ACTION_SEARCH	android.intent.action.SEARCH	执行搜索
ACTION_WEB_SEARCH	android.intent.action.WEB_SEARCH	执行 Web 搜索
ACTION_FACTORY_TEST	android.intent.action.FACTORY_TEST	工厂测试的入口点
ACTION_ANSWER	android.intent.action.ANSWER	应答电话

标准的 Category 常量及对应的字符串如表 5.3 所示。

表 5.3 标准的 Category 常量及对应的字符串

Category 常量	对应字符串	简单说明
CATEGORY_DEFAULT	android.intent.category.DEFAULT	默认的 Category
CATEGORY_BROWSABLE	android.intent.category.BROWSABLE	指定该 Activity 能被浏览器安全调用
CATEGORY_TAB	android.intent.category.TAB	指定 Activity 作为 TabActivity 的 Tab 页
CATEGORY_LAUNCHER	android.intent.category.LAUNCHER	Activity 显示顶级程序列表
CATEGORY_INFO	android.intent.category.INFO	用于提供包信息
CATEGORY_HOME	android.intent.category.HOME	设置该 Activity 随系统启动而运行
CATEGORY_PREFERENCE	android.intent.category.PREFERENCE	该 Activity 是参数面板
CATEGORY_TEST	android.intent.category.TEST	该 Activity 是一个测试
CATEGORY_CAR_DOCK	android.intent.category.CAR_DOCK	指定手机被插入汽车底座（硬件）时运行该 Activity
CATEGORY_DESK_DOCK	android.intent.category.DESK_DOCK	指定手机被插入桌面底座（硬件）时运行该 Activity
CATEGORY_CAR_MODE	android.intent.category.CAR_MODE	设置该 Activity 可在车载环境下使用

表 5.2、表 5.3 所列出的都只是部分较为常用的 Action 常量、Category 常量。关于 Intent 所提供的全部 Action 常量、Category 常量，应参考 Android API 文档中关于 Intent 的说明。

下面将以两个实例来介绍 Intent 系统 Action、系统 Category 的用法。

实例：查看并获取联系人电话

这个实例将会在程序中提供一个按钮，用户单击该按钮时会显示系统的联系人列表，当用户单击指定联系人之后，程序将会显示该联系人的名字、电话。

这个程序非常有用，比如我们要开发一个发送短信的程序，当用户编写短信完成之后，可能需要浏览联系人列表，并从联系人列表中选出短信接收人，那就可以用到该程序了。

该程序的界面布局代码如下。

程序清单：codes\05\5.2\IntentTest\sysaction\src\main\res\layout\activity_main.xml

```xml
<?xml version="1.0" encoding="utf-8"?>
<LinearLayout xmlns:android="http://schemas.android.com/apk/res/android"
    android:layout_width="match_parent"
    android:layout_height="match_parent"
    android:gravity="center_horizontal"
    android:orientation="vertical">
    <!-- 显示联系人姓名的文本框 -->
    <TextView
        android:id="@+id/show"
        android:layout_width="match_parent"
        android:layout_height="wrap_content"
        android:padding="10dp"
        android:textSize="18sp" />
    <!-- 显示联系人电话号码的文本框 -->
    <TextView
        android:id="@+id/phone"
        android:layout_width="match_parent"
        android:layout_height="wrap_content"
        android:padding="10dp"
        android:textSize="18sp" />
    <Button
        android:id="@+id/bn"
        android:layout_width="match_parent"
        android:layout_height="wrap_content"
        android:text="查看联系人" />
</LinearLayout>
```

上面的界面布局中包含了两个文本框、一个按钮,其中按钮用于浏览系统的联系人列表并选择其中的联系人。两个文本框分别用于显示联系人的名字和电话号码。

提示: 由于该程序会用到系统的联系人应用,因此读者在运行该程序之前应该先进入 Android 系统自带的 Contacts 程序,并通过该程序添加几个联系人。

该程序的 Activity 代码如下。

程序清单:codes\05\5.2\IntentTest\sysaction\src\main\java\org\crazyit\action\MainActivity.java

```java
public class MainActivity extends Activity
{
    private static final int PICK_CONTACT = 0;
    @Override
    protected void onCreate(Bundle savedInstanceState)
    {
        super.onCreate(savedInstanceState);
        setContentView(R.layout.activity_main);
        Button bn = findViewById(R.id.bn);
        // 为 bn 按钮绑定事件监听器
        bn.setOnClickListener(view ->{
            // 运行时获取读取联系人信息的权限
            requestPermissions(new String[]{Manifest.permission.READ_CONTACTS},
                0x133); // ①
        });
    }
    @Override
    public void onRequestPermissionsResult(int requestCode,
                                    String[] permissions, int[] grantResults)
    {
        if (requestCode == 0x133)
        {
            // 如果用户同意授权访问
            if(permissions.length > 0 &&  grantResults[0] ==
                PackageManager.PERMISSION_GRANTED)
            {
                // 创建 Intent
                Intent intent = new Intent();
                // 设置 Intent 的 Action 属性
                intent.setAction(Intent.ACTION_PICK);
                // 设置 Intent 的 Type 属性
                intent.setType(ContactsContract.CommonDataKinds.Phone.CONTENT_TYPE);
                // 启动 Activity,并希望获取该 Activity 的结果
                startActivityForResult(intent, PICK_CONTACT);
            }
        }
    }
    @Override
    public void onActivityResult(int requestCode, int resultCode, Intent data)
    {
        super.onActivityResult(requestCode, resultCode, data);
        switch (requestCode) {
            case PICK_CONTACT:
                if (resultCode == Activity.RESULT_OK) {
                    // 获取返回的数据
                    Uri contactData = data.getData();
                    CursorLoader cursorLoader = new CursorLoader(this, contactData,
                        null, null, null, null);
                    // 查询联系人信息
                    Cursor cursor = cursorLoader.loadInBackground();
```

```java
            // 如果查询到指定的联系人
            if (cursor!= null && cursor.moveToFirst()) {
                String contactId = cursor.getString(
                    cursor.getColumnIndex(ContactsContract.Contacts._ID));
                // 获取联系人的名字
                String name = cursor.getString(
                    cursor.getColumnIndexOrThrow(
                        ContactsContract.Contacts.DISPLAY_NAME));
                String phoneNumber = "此联系人暂未输入电话号码";
                // 根据联系人查询该联系人的详细信息
                Cursor phones = getContentResolver().query(
                    ContactsContract.CommonDataKinds.Phone.CONTENT_URI, null,
                    ContactsContract.CommonDataKinds.Phone.CONTACT_ID +
                        " = " + contactId, null, null);
                if (phones != null && phones.moveToFirst())
                {
                    // 取出电话号码
                    phoneNumber = phones.getString(
                        phones.getColumnIndex(ContactsContract.
                            CommonDataKinds.Phone.NUMBER));
                }
                // 关闭游标
                if (phones != null) phones.close();
                TextView show = findViewById(R.id.show);
                // 显示联系人的名称
                show.setText(name);
                TextView phone = findViewById(R.id.phone);
                // 显示联系人的电话号码
                phone.setText(phoneNumber);
            }
            // 关闭游标
            if (cursor != null) cursor.close();
        }
    }
}
```

> **提示：** 该实例使用了后面章节中关于 ContentProvider 的知识，如果读者一时看不懂这个程序，可以参考后面章节的讲解进行理解。

由于上面程序需要查看系统联系人信息，因此要获取系统对应的权限。首先需要在 AndroidManifest.xml 文件中增加如下一行代码来获取权限。

```xml
<!-- 请求获取读取联系人的权限 -->
<uses-permission android:name="android.permission.READ_CONTACTS" />
```

最新的 Android 要求在获取系统资源时不能仅靠在 AndroidManifest.xml 文件中申请权限，而是在 App 运行时动态请求获取权限。因此，上面按钮的单击事件处理代码中的①号代码只是在运行时动态获取权限。

当用户对应用授权完成后，系统会自动激发 Activity 的 onRequestPermissionsResult 方法，因此上面 Activity 重写了该方法来处理用户的授权结果：只有当用户授权本 Activity 访问 Contacts（通讯录）时，本 Activity 才会继续定义 action 为 Intent.ACTION_PICK，指定 type 的 Intent，并通过该 Intent 启动 Activity，如上面 Activity 中的粗体字代码所示。

运行上面的程序，单击程序界面中的"查看联系人"按钮，该应用将会向用户请求授权，如果用户同意访问联系人信息，程序将会显示如图 5.4 所示的界面。

在图 5.4 所示的联系人列表中单击某个联系人，系统将会自动返回上一个 Activity，程序会在上一个 Activity 中显示所选联系人的名字和电话号码，如图 5.5 所示。

图 5.4 查看联系人

图 5.5 获取指定联系人的信息

上面的 Intent 对象除设置了 Action 属性之外，还设置了 Type 属性，关于 Intent 的 Type 属性的作用，5.2.4 节将会进行更详细的介绍。

实例：返回系统 Home 桌面

本实例将会提供一个按钮，当用户单击该按钮时，系统将会返回 Home 桌面，就像单击模拟器右边的 ⌂ 按钮一样。这也需要通过 Intent 来实现，程序为 Intent 设置合适的 Action、Category 属性，并根据该 Intent 来启动 Activity 即可返回 Home 桌面。该实例程序如下。

程序清单：codes\05\5.2\IntentTest\returnhome\src\main\java\org\crazyit\intent\MainActivity.java

```
public class MainActivity extends Activity
{
    @Override
    protected void onCreate(Bundle savedInstanceState)
    {
        super.onCreate(savedInstanceState);
        setContentView(R.layout.activity_main);
        Button bn = findViewById(R.id.bn);
        bn.setOnClickListener(view -> {
            // 创建 Intent 对象
            Intent intent = new Intent();
            // 为 Intent 设置 Action、Category 属性
            intent.setAction(Intent.ACTION_MAIN);
            intent.addCategory(Intent.CATEGORY_HOME);
            startActivity(intent);
        });
    }
}
```

上面程序中的粗体字代码设置了 Intent 的 Action 属性值为"android.intent.action.MAIN"字符串、Category 属性值为"android.intent.category.HOME"字符串，满足该 Intent 的 Activity 其实就是 Android 系统的 Home 桌面。因此，运行上面的程序时单击"返回桌面"按钮，即可返回 Home 桌面。

▶▶ 5.2.4 Data、Type 属性与 intent-filter 配置

Data 属性通常用于向 Action 属性提供操作的数据。Data 属性接受一个 Uri 对象，该 Uri 对象通常通过如下形式的字符串来表示。

```
content://com.android.contacts/contacts/1
tel:123
```

Uri 字符串总满足如下格式。

```
scheme://host:port/path
```

例如上面给出的 content://com.android.contacts/contacts/1，其中 content 是 scheme 部分，com.android.contacts 是 host 部分，port 部分被省略了，/contacts/1 是 path 部分。

Type 属性用于指定该 Data 属性所指定 Uri 对应的 MIME 类型,这种 MIME 类型可以是任何自定义的 MIME 类型,只要符合 abc/xyz 格式的字符串即可。

Data 属性与 Type 属性的关系比较微妙,这两个属性会相互覆盖,例如:

> 如果为 Intent 先设置 Data 属性,后设置 Type 属性,那么 Type 属性将会覆盖 Data 属性。
> 如果为 Intent 先设置 Type 属性,后设置 Data 属性,那么 Data 属性将会覆盖 Type 属性。
> 如果希望 Intent 既有 Data 属性,也有 Type 属性,则应该调用 Intent 的 setDataAndType() 方法。

下面的示例演示了 Intent 的 Data 属性与 Type 属性互相覆盖的情形,该示例的界面布局文件很简单,只是定义了三个按钮,并为三个按钮绑定了事件处理函数。

下面是该示例的 Activity 代码。

程序清单:codes\05\5.2\IntentTest\datatypeoverride\src\main\java\org\crazyit\intent\MainActivity.java

```java
public class MainActivity extends Activity
{
    @Override
    protected void onCreate(Bundle savedInstanceState)
    {
        super.onCreate(savedInstanceState);
        setContentView(R.layout.activity_main);
    }
    public void overrideType(View source)
    {
        Intent intent = new Intent();
        // 先为 Intent 设置 Type 属性
        intent.setType("abc/xyz");
        // 再为 Intent 设置 Data 属性,覆盖 Type 属性
        intent.setData(Uri.parse("lee://www.fkjava.org:8888/test"));
        Toast.makeText(this, intent.toString(), Toast.LENGTH_LONG).show();
    }
    public void overrideData(View source)
    {
        Intent intent = new Intent();
        // 先为 Intent 设置 Data 属性
        intent.setData(Uri.parse("lee://www.fkjava.org:8888/mypath"));
        // 再为 Intent 设置 Type 属性,覆盖 Data 属性
        intent.setType("abc/xyz");
        Toast.makeText(this, intent.toString(), Toast.LENGTH_LONG).show();
    }
    public void dataAndType(View source)
    {
        Intent intent = new Intent();
        // 同时设置 Intent 的 Data、Type 属性
        intent.setDataAndType(Uri.parse("lee://www.fkjava.org:8888/mypath"), "abc/xyz");
        Toast.makeText(this, intent.toString(), Toast.LENGTH_LONG).show();
    }
}
```

上面的三个事件监听方法分别为 Intent 设置了 Data、Type 属性,第一个事件监听方法先设置了 Type 属性,再设置了 Data 属性,这将导致 Data 属性覆盖 Type 属性,单击按钮激发该事件监听方法,将可以看到如图 5.6 所示的 Toast 输出。

图 5.6 Data 属性覆盖 Type 属性

从图 5.6 可以看出，此时的 Intent 只有 Data 属性，Type 属性被覆盖了。

第二个事件监听方法先设置了 Data 属性，再设置了 Type 属性，这将导致 Type 属性覆盖 Data 属性，单击按钮激发该事件监听方法，将可以看到如图 5.7 所示的输出。

图 5.7　Type 属性覆盖 Data 属性

第三个事件监听方法同时设置了 Data、Type 属性，这样该 Intent 中才会同时具有 Data、Type 属性。

在 AndroidManifest.xml 文件中为组件声明 Data、Type 属性都通过<data.../>元素，<data.../>元素的格式如下：

```
<data android:mimeType=""
    android:scheme=""
    android:host=""
    android:port=""
    android:path=""
    android:pathPrefix=""
    android:pathPattern="" />
```

上面的<data.../>元素支持如下属性。
- mimeType：用于声明该组件所能匹配的 Intent 的 Type 属性。
- scheme：用于声明该组件所能匹配的 Intent 的 Data 属性的 scheme 部分。
- host：用于声明该组件所能匹配的 Intent 的 Data 属性的 host 部分。
- port：用于声明该组件所能匹配的 Intent 的 Data 属性的 port 部分。
- path：用于声明该组件所能匹配的 Intent 的 Data 属性的 path 部分。
- pathPrefix：用于声明该组件所能匹配的 Intent 的 Data 属性的 path 前缀。
- pathPattern：用于声明该组件所能匹配的 Intent 的 Data 属性的 path 字符串模板。

Intent 的 Type 属性也用于指定该 Intent 的要求，对应组件中<intent-filter.../>元素的<data.../>子元素的 mimeType 属性必须与此相同，才能启动该组件。

Intent 的 Data 属性则略有差异，程序员为 Intent 指定 Data 属性时，Data 属性的 Uri 对象实际上可分为 scheme、host、port 和 path 部分，此时并不要求被启动组件的<intent-filter.../>中<data.../>子元素的 android:scheme、android:host、android:port、android:path 完全满足。

Data 属性的"匹配"过程则有些差别，它会先检查<intent-filter.../>里的<data.../>子元素，然后：
- 如果目标组件的<data.../>子元素只指定了 android:scheme 属性，那么只要 Intent 的 Data 属性的 scheme 部分与 android:scheme 属性值相同，即可启动该组件。
- 如果目标组件的<data.../>子元素只指定了 android:scheme、android:host 属性，那么只要 Intent 的 Data 属性的 scheme、host 部分与 android:scheme、android:host 属性值相同，即可启动该组件。
- 如果目标组件的<data.../>子元素指定了 android:scheme、android:host、android:port 属性，那么只要 Intent 的 Data 属性的 scheme、host、port 部分与 android:scheme、android:host、android:host 属性值相同，即可启动该组件。

> **提示：**
> 如果<data.../>子元素只有 android:port 属性，没有指定 android:host 属性，那么 android:port 属性将不会起作用。

➢ 如果目标组件的<data.../>子元素只指定了 android:scheme、android:host、android:path 属性，那么只要 Intent 的 Data 属性的 scheme、host、path 部分与 android:scheme、android:host、android:path 属性值相同，即可启动该组件。

> **提示：**
> 如果<data.../>子元素只有 android:path 属性，没有指定 android:host 属性，那么 android:path 属性将不会起作用。

➢ 如果目标组件的<data.../>子元素指定了 android:scheme、android:host、android:port、android:path 属性，那么就要求 Intent 的 Data 属性的 scheme、host、port、path 部分依次与 android:scheme、android:host、android:port、android:path 属性值相同，才可启动该组件。

下面的示例测试了 Intent 的 Data 属性与<data.../>元素配置的关系，该示例依次配置了如下 5 个 Activity。

程序清单：codes\05\5.2\IntentTest\datatypeattr\src\main\AndroidManifest.xml

```xml
<activity
    android:icon="@drawable/ic_scheme"
    android:name=".SchemeActivity"
    android:label="指定 scheme 的 Activity">
    <intent-filter>
        <action android:name="xx" />
        <category android:name="android.intent.category.DEFAULT" />
        <!-- 只要 Intent 的 Data 属性的 scheme 是 lee，即可启动该 Activity -->
        <data android:scheme="lee" />
    </intent-filter>
</activity>
<activity
    android:icon="@drawable/ic_host"
    android:name=".SchemeHostPortActivity"
    android:label="指定 scheme、host、port 的 Activity">
    <intent-filter>
        <action android:name="xx" />
        <category android:name="android.intent.category.DEFAULT" />
        <!-- 只要 Intent 的 Data 属性的 scheme 是 lee，且 host 是 www.fkjava.org,
        port 是 8888，即可启动该 Activity -->
        <data android:scheme="lee"
            android:host="www.fkjava.org"
            android:port="8888" />
    </intent-filter>
</activity>
<activity
    android:icon="@drawable/ic_sp"
    android:name=".SchemeHostPathActivity"
    android:label="指定 scheme、host、path 的 Activity">
    <intent-filter>
        <action android:name="xx" />
        <category android:name="android.intent.category.DEFAULT" />
        <!-- 只要 Intent 的 Data 属性的 scheme 是 lee，且 host 是 www.fkjava.org,
        path 是/mypath，即可启动该 Activity -->
        <data android:scheme="lee"
            android:host="www.fkjava.org"
            android:path="/mypath" />
    </intent-filter>
</activity>
<activity
    android:icon="@drawable/ic_path"
    android:name=".SchemeHostPortPathActivity"
    android:label="指定 scheme、host、port、path 的 Activity">
```

```xml
        <intent-filter>
            <action android:name="xx" />
            <category android:name="android.intent.category.DEFAULT" />
            <!-- 需要 Intent 的 Data 属性的 scheme 是 lee，且 host 是 www.fkjava.org,
            port 是 8888, path 是/mypath, 才可启动该 Activity -->
            <data android:scheme="lee"
                android:host="www.fkjava.org"
                android:port="8888"
                android:path="/mypath"/>
        </intent-filter>
</activity>
<activity
    android:icon="@drawable/ic_type"
    android:name=".SchemeHostPortPathTypeActivity"
    android:label="指定 scheme、host、port、path、type 的 Activity">
    <intent-filter>
        <action android:name="xx"/>
        <category android:name="android.intent.category.DEFAULT" />
        <!-- 需要 Intent 的 Data 属性的 scheme 是 lee，且 host 是 www.fkjava.org,
        port 是 8888, path 是/mypath,
        type 是 abc/xyz, 才可启动该 Activity -->
        <data android:scheme="lee"
            android:host="www.fkjava.org"
            android:port="8888"
            android:path="/mypath"
            android:mimeType="abc/xyz"/>
    </intent-filter>
</activity>
```

在上面的配置文件中配置了 5 个 Activity，这 5 个 Activity 的实现类都非常简单，它们都仅在界面上显示一个 TextView，并不显示其他内容。关于这 5 个 Activity 的<data.../>子元素配置说明如下。

- 第 1 个 Activity：只要 Intent 的 Data 属性的 scheme 是 lee，即可启动该 Activity。
- 第 2 个 Activity：只要 Intent 的 Data 属性的 scheme 是 lee，且 host 是 www.fkjava.org，port 是 8888，即可启动该 Activity。
- 第 3 个 Activity：只要 Intent 的 Data 属性的 scheme 是 lee，且 host 是 www.fkjava.org，path 是/mypath，即可启动该 Activity。
- 第 4 个 Activity：需要 Intent 的 Data 属性的 scheme 是 lee，且 host 是 www.fkjava.org，port 是 8888，path 是/mypath，才可启动该 Activity。
- 第 5 个 Activity：需要 Intent 的 Data 属性的 scheme 是 lee，且 host 是 www.fkjava.org，port 是 8888，path 是/mypath，type 是 abc/xyz，才可启动该 Activity。

上面配置 Activity 的<intent-filter.../>元素时，<action.../>子元素的 name 属性是随意指定的，这是必需的。如果希望<data.../>子元素能正常起作用，至少要配置一个<action.../>子元素，但该子元素的 android:name 属性值可以是任意的字符串。

下面是第 1 个启动 Activity 的方法。

```java
public void scheme(View source)
{
    Intent intent = new Intent();
    // 只设置 Intent 的 Data 属性
    intent.setData(Uri.parse("lee://www.crazyit.org:1234/test"));
    startActivity(intent);
}
```

上面 Intent 的 Data 属性，只有 scheme 为 lee，也就是只有第 1 个 Activity 符合条件，因此通过该方法启动 Activity 时，将可以看到启动如图 5.8 所示的 Activity。

图 5.8 只有 scheme 匹配的 Activity

下面是第 2 个启动 Activity 的方法。

```
public void schemeHostPort(View source)
{
    Intent intent = new Intent();
    // 只设置 Intent 的 Data 属性
    intent.setData(Uri.parse("lee://www.fkjava.org:8888/test"));
    startActivity(intent);
}
```

上面 Intent 的 Data 属性，scheme 为 lee，因此第 1 个 Activity 符合条件；且该 Intent 的 Data 属性的 host 为 www.fkjava.org，port 为 8888，因此第 2 个 Activity 也符合条件。通过该方法启动 Activity 时，将可以看到启动如图 5.9 所示的选择 Activity 界面。

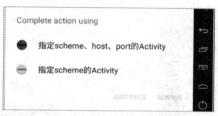

图 5.9 scheme、host、port 匹配的 Activity

下面是第 3 个启动 Activity 的方法。

```
public void schemeHostPath(View source)
{
    Intent intent = new Intent();
    // 只设置 Intent 的 Data 属性
    intent.setData(Uri.parse("lee://www.fkjava.org:1234/mypath"));
    startActivity(intent);
}
```

上面 Intent 的 Data 属性，scheme 为 lee，因此第 1 个 Activity 符合条件；且该 Intent 的 Data 属性的 host 为 www.fkjava.org，path 为/mypath，因此第 3 个 Activity 也符合条件。通过该方法启动 Activity 时，将可以看到启动如图 5.10 所示的选择 Activity 界面。

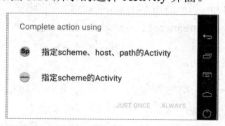

图 5.10 scheme、host、path 匹配的 Activity

下面是第 4 个启动 Activity 的方法。

```
public void schemeHostPortPath(View source)
{
    Intent intent = new Intent();
    // 只设置 Intent 的 Data 属性
    intent.setData(Uri.parse("lee://www.fkjava.org:8888/mypath"));
```

```
        startActivity(intent);
    }
```

上面 Intent 的 Data 属性，scheme 为 lee，因此第 1 个 Activity 符合条件；且该 Intent 的 Data 属性的 host 为 www.fkjava.org，port 为 8888，因此第 2 个 Activity 符合条件；该 Intent 的 Data 属性的 host 为 www.fkjava.org，path 为/mypath，因此第 3 个 Activity 符合条件；该 Intent 的 Data 属性的 host 为 www.fkjava.org，port 为 8888，path 为/mypath，因此第 4 个 Activity 也符合条件。通过该方法启动 Activity 时，将可以看到启动如图 5.11 所示的选择 Activity 界面。

下面是第 5 个启动 Activity 的方法。

```
public void schemeHostPortPathType(View source)
{
    Intent intent = new Intent();
    // 同时设置 Intent 的 Data、Type 属性
    intent.setDataAndType(Uri.parse("lee://www.fkjava.org:8888/mypath"),
"abc/xyz");
    startActivity(intent);
}
```

上面的 Intent 不仅指定了 Data 属性，也指定了 Type 属性，此时符合条件的只有第 5 个 Activity。通过该方法启动 Activity 时，将可以看到启动如图 5.12 所示的 Activity。

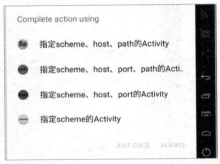

图 5.11　scheme、host、port、path 匹配的 Activity　　图 5.12　scheme、host、port、path、type 匹配的 Activity

实例：使用 Action、Data 属性启动系统 Activity

一旦为 Intent 同时指定了 Action、Data 属性，Android 就可根据指定的数据类型来启动特定的应用程序，并对指定数据执行相应的操作。

下面是几个常见的 Action 属性、Data 属性的组合。

- ACTION_VIEW content://com.android.contacts/contacts/1：显示标识为 1 的联系人的信息。
- ACTION_EDIT content://com.android.contacts/contacts/1：编辑标识为 1 的联系人的信息。
- ACTION_DIAL content://com.android.contacts/contacts/1：显示向标识为 1 的联系人拨号的界面。
- ACTION_VIEW tel:123：显示向指定号码 123 拨号的界面。
- ACTION_DIAL tel:123：显示向指定号码 123 拨号的界面。
- ACTION_VIEW content://contacts/people/：显示所有联系人列表的信息，通过这种组合可以非常方便地查看系统联系人。

本实例程序示范通过同时为 Intent 指定 Action、Data 属性来启动特定程序并操作相应的数据。下面程序的界面很简单，只包含 3 个按钮，其中一个按钮用于浏览指定网页；一个按钮用于编辑指定联系人信息；另一个按钮用于呼叫指定号码。

程序清单：codes\05\5.2\IntentTest\actiondata\src\main\java\org\crazyit\intent\MainActivity.java

```java
public class MainActivity extends Activity
{
    @Override
    protected void onCreate(Bundle savedInstanceState)
    {
        super.onCreate(savedInstanceState);
        setContentView(R.layout.activity_main);
        Button bn = findViewById(R.id.bn);
        // 为 bn 按钮添加一个监听器
        bn.setOnClickListener(view -> {
            // 创建 Intent
            Intent intent = new Intent();
            // 为 Intent 设置 Action 属性
            intent.setAction(Intent.ACTION_VIEW);
            // 设置 Data 属性
            intent.setData(Uri.parse("http://www.crazyit.org"));
            startActivity(intent);
        });
        Button edit = findViewById(R.id.edit);
        // 为 edit 按钮添加一个监听器
        edit.setOnClickListener(view -> {
            // 创建 Intent
            Intent intent = new Intent();
            // 为 Intent 设置 Action 属性（动作为：编辑）
            intent.setAction(Intent.ACTION_EDIT);
            // 设置 Data 属性
            intent.setData(Uri.parse("content://com.android.contacts/contacts/1"));
            startActivity(intent);
        });
        Button call = findViewById(R.id.call);
        // 为 call 按钮添加一个监听器
        call.setOnClickListener(view -> {
            // 创建 Intent
            Intent intent = new Intent();
            // 为 Intent 设置 Action 属性（动作为：拨号）
            intent.setAction(Intent.ACTION_DIAL);
            // 设置 Data 属性
            intent.setData(Uri.parse("tel:13800138000"));
            startActivity(intent);
        });
    }
}
```

运行上面的程序，单击第一个按钮，该按钮被单击时启动 Intent（Action=Intent.ACTION_VIEW，Data=http://www.crazyit.org）对应的 Activity，将看到打开 www.crazyit.org 的界面，如图 5.13 所示。

单击第二个按钮，该按钮被单击时启动 Intent（Action=Intent.ACTION_EDIT，Data= content://com.android.contacts/contacts/1）对应的 Activity，将看到编辑标识为 1 的联系人界面，如图 5.14 所示。

单击第三个按钮，该按钮被单击时启动 Intent（Action=Intent.ACTION_DIAL，Data=tel: 13800138000）对应的 Activity，将看到程序向 13800138000 拨号的界面，如图 5.15 所示。

图 5.13 使用 Action、Data 打开指定网页

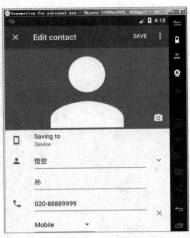

图 5.14 使用 Action、Data 属性编辑指定联系人

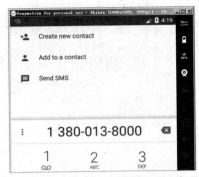

图 5.15 使用 Action、Data 属性向指定号码拨号

5.2.5 Extra 属性

Intent 的 Extra 属性通常用于在多个 Action 之间进行数据交换，Intent 的 Extra 属性值应该是一个 Bundle 对象，Bundle 对象就像一个 Map 对象，它可以存入多个 key-value 对，这样就可以通过 Intent 在不同 Activity 之间进行数据交换了。关于 Extra 属性的用法前面已有示例，此处不再赘述。

5.2.6 Flag 属性

Intent 的 Flag 属性用于为该 Intent 添加一些额外的控制旗标，Intent 可调用 addFlags() 方法来添加控制旗标。

前面介绍启用 ActionBar 的程序图标返回主 Activity 时已经用到了 Flag 属性。比如前面介绍的 Intent.FLAG_ACTIVITY_CLEAR_TOP 旗标可用于清除当前 Activity 栈中的 Activity。

除此之外，Intent 还包含了如下常用的 Flag 旗标。

- FLAG_ACTIVITY_BROUGHT_TO_FRONT：如果通过该 Flag 启动的 Activity 已经存在，下次再次启动时，将只是把该 Activity 带到前台。例如，现在 Activity 栈中有 Activity A，此时以该旗标启动 Activity B（即 Activity B 是以 FLAG_ACTIVITY_BROUGHT_TO_FRONT 旗标启动的），然后在 Activity B 中启动 Activity C、D，如果此时在 Activity D 中再启动 Activity B，将直接把 Activity 栈中的 Activity B 带到前台。此时 Activity 栈中情形是 Activity A、C、D、B。
- FLAG_ACTIVITY_CLEAR_TOP：该 Flag 相当于加载模式中的 singleTask，通过这种 Flag 启动的 Activity 将会把要启动的 Activity 之上的 Activity 全部弹出 Activity 栈。例如，Activity 栈中包含 A、B、C、D 四个 Activity，如果采用该 Flag 从 Activity D 跳转到 Activity B，那么此时 Activity 栈中只包含 A、B 两个 Activity。
- FLAG_ACTIVITY_NEW_TASK：默认的启动旗标，该旗标控制重新创建一个新的 Activity。
- FLAG_ACTIVITY_NO_ANIMATION：该旗标控制启动 Activity 时不使用过渡动画。
- FLAG_ACTIVITY_NO_HISTORY：该旗标控制被启动的 Activity 将不会保留在 Activity 栈中。例如，Activity 栈中原来有 A、B、C 三个 Activity，此时在 Activity C 中以该 Flag 启动 Activity D，Activity D 再启动 Activity E，此时 Activity 栈中只有 A、B、C、E 四个 Activity，Activity D 不会保留在 Actvity 栈中。
- FLAG_ACTIVITY_REORDER_TO_FRONT：该 Flag 控制如果当前已有 Activity，则直接将该 Activity 带到前台。例如，现在 Activity 栈中有 A、B、C、D 四个 Activity，如果使用

FLAG_ACTIVITY_REORDER_TO_FRONT 旗标来启动 Activity B，那么启动后的 Activity 栈中情形为 A、C、D、B。
➢ FLAG_ACTIVITY_SINGLE_TOP：该 Flag 相当于加载模式中的 singleTop 模式。例如，原来 Activity 栈中有 A、B、C、D 四个 Activity，在 Activity D 中再次启动 Activity D，Activity 栈中依然还是 A、B、C、D 四个 Activity。

Android 为 Intent 提供了大量的 Flag，每个 Flag 都有其特定的功能，具体请参考关于 Intent 的 API 文档。

 ## 5.3 本章小结

本章主要介绍了 Android 系统中 Intent 的功能和用法，当 Android 应用需要启动某个组件时，总需要借助于 Intent 来实现。不管是启动 Activity，还是启动 Service、BroadcastReceiver 组件，Android 系统都是由 Intent 来实现的。简单地说，Android 使用 Intent 封装了应用程序的"启动意图"，但这种"意图"并未直接与任何程序组件耦合，通过这种方式即可很好地提高系统的可扩展性和可维护性。学习本章需要重点掌握 Intent 的 Component、Action、Category、Data、Type 各属性的功能与用法，并掌握如何在 AndroidManifest.xml 文件中配置<intent-filter.../>元素。

CHAPTER 6

第 6 章
Android 应用资源

本章要点

- Android 应用的资源和作用
- Android 应用的资源的存储方式
- 在 XML 布局文件中使用资源
- 在 Java 程序中使用资源
- 使用字符串资源
- 使用颜色资源
- 使用尺寸资源
- 使用数组资源
- 使用图片资源
- 使用各种 Drawable 资源
- 使用原始 XML 资源
- 使用布局资源
- 使用菜单资源
- 使用样式和主题资源
- 使用属性资源
- 使用原始资源
- 为 Android 应用提供国际化资源
- 自适应不同屏幕的资源

经过前面的介绍，相信读者对 Android 应用已有了大致的了解。如果从物理存在形式来分，Android 应用的源文件大致可分为如下三大类。

> ➢ 界面布局文件：XML 文件，文件中每个标签都对应于相应的 View 标签。
> ➢ 程序源文件：应用中的 Activity、Service、BroadcastReceiver、ContentProvider 四大组件都是由 Java 或 Kotlin 源代码来实现的。
> ➢ 资源文件：主要以各种 XML 文件为主，还可包括*.png、*.jpg、*.gif 图片资源。

在传统开发中，初学者很容易犯一个错误：直接在 Java 或 Kotlin 源代码中使用如"crazyit.org"、"hello"这样的字符串，或者直接使用 123、0.9 这样的数值，而且不添加任何注释。过了一段时间后，即使自己再去看原来写的程序代码，一时之间，也无法理解其中"crazyit.org"、"hello"字符串，123、0.9 等数值的含义，这种方式就大大增加了程序的维护成本。这种直接在代码中定义的 123、0.9 等数值，也被称为"魔术数值"（就像表演魔术一样，其他人都搞不懂）。

为了改善这种情况，有经验的开发者会专门定义一个或多个接口或类，然后在其中以常量的形式来定义程序中用到的所有字符串、数值等，这些常量的名称十分明确，如 ResultSet.TYPE_FORWARD_ONLY，相信有经验的读者——看到这个常量就大致明白了它的含义。这样的方式就可以很好地提高程序的可维护性。

使用接口或类的形式来定义程序中用到的字符串、数值，虽然已经部分提高了程序的解耦，但后期维护、进一步开发时，开发人员还得去"代码海"中打捞那些定义字符串常量、数值常量的位置，因此还有可以提高的地方。

Android 应用则对这种字符串常量、数值常量的定义做了进一步改进：Android 允许把应用中用到的各种资源，如字符串资源、颜色资源、数组资源、菜单资源等都集中放到/res/目录中定义，应用程序则直接使用这些资源中定义的值。

在 Android 应用中除/res/目录用于存放资源之外，assets 目录也用于存放资源。一般来说，assets 目录下存放的资源代表应用无法直接访问的原生资源，应用程序需要通过 AssetManager 以二进制流的形式来读取资源。而/res/目录下的资源，Android SDK 会在编译该应用时，自动在 R.java 文件中为这些资源创建索引，程序可直接通过 R 资源清单类进行访问。

前面介绍的很多示例都是直接将字符串值写在界面布局文件或 Activity 代码中的，实际上那并不是一种好的方式。只是前面还未详细介绍 Android 应用的资源，为了避免读者产生畏难心理，并未使用资源文件而已。

📁 6.1 应用资源概述

Android 应用资源可分为两大类。
> ➢ 无法通过 R 资源清单类访问的原生资源，保存在 assets 目录下。
> ➢ 可通过 R 资源清单类访问的资源，保存在/res/目录下。

大部分时候提到 Android 应用资源时，往往都是指位于/res/目录下的应用资源，Android SDK 会在编译该应用时在 R 类中为它们创建对应的索引项。

▶▶ 6.1.1 资源的类型及存储方式

Android 要求在/res/目录下用不同的子目录来保存不同的应用资源，表 6.1 大致显示了 Android 不同资源在/res/目录下的存储方式。

表 6.1 Android 应用资源的存储

目录	存放的资源
/res/animator/	存放定义属性动画的 XML 文件
/res/anim/	存放定义补间动画的 XML 文件
/res/color/	存放定义不同状态下颜色列表的 XML 文件
/res/drawable/	存放适应不同屏幕分辨率的各种位图文件（如*.png、*.9.png、*.jpg、*.gif 等）。此外，也可能编译成如下各种 Drawable 对象的 XML 文件。 ➢ BitmapDrawable 对象 ➢ NinePatchDrawable 对象 ➢ StateListDrawable 对象 ➢ ShapeDrawable 对象 ➢ AnimationDrawable 对象 ➢ Drawable 的其他各种子类的对象
/res/mipmap/	主要存放适应不同屏幕分辨率的应用程序图标，以及其他系统保留的 Drawable 资源
/res/layout/	存放各种用户界面的布局文件
/res/menu/	存放为应用程序定义各种菜单的资源，包括选项菜单、子菜单、上下文菜单资源
/res/raw/	存放任意类型的原生资源（比如音频文件、视频文件等）。在 Java 或 Kotlin 代码中可通过调用 Resources 对象的 openRawResource(int id)方法来获取该资源的二进制输入流。实际上，如果应用程序需要使用原生资源，也可把这些原生资源保存到/assets/目录下，然后在应用程序中使用 AssetManager 来访问这些资源
/res/values/	存放各种简单值的 XML 文件。这些简单值包括字符串值、整数值、颜色值、数组等。 这些资源文件的根元素都是<resources.../>，为该<resources.../>元素添加不同的子元素则代表不同的资源，例如： ➢ string/integer/bool 子元素：代表添加一个字符串值、整数值或 boolean 值 ➢ color 子元素：代表添加一个颜色值 ➢ array 子元素或 string-array、int-array 子元素：代表添加一个数组 ➢ style 子元素：代表添加一个样式 ➢ dimen：代表添加一个尺寸 ...... 由于各种简单值都可定义在/res/values/目录下的资源文件中，如果在同一份资源文件中定义各种值，势必增加程序维护的难度。为此，Android 建议使用不同的文件来存放不同类型的值，例如： ➢ arrays.xml：定义数组资源 ➢ colors.xml：定义颜色值资源 ➢ dimens.xml：定义尺寸值资源 ➢ strings.xml：定义字符串资源 ➢ styles.xml：定义样式资源
/res/xml/	存放任意的原生 XML 文件。这些 XML 文件可以在 Java 或 Kotlin 代码中使用 Resources.getXML()方法进行访问

/res/目录下的 drawable 和 mipmap 子目录都可针对不同的分辨率建立对应的子目录，比如 drawable-ldpi（低分辨率）、drawable-mdpi（中等分辨率）、drawable-hdpi（高分辨率）、drawable-xhdpi（超高分辨率）、drawable-xxhdpi（超超高分辨率）等子目录——这种做法可以让系统根据屏幕分辨率来选择对应子目录下的图片。如果开发时为所有分辨率的屏幕提供的是同一张图片，则可直接将该图片放在 drawable 目录下。

▶▶ 6.1.2 使用资源

在 Android 应用中使用资源可分为在 Java 或 Kotlin 代码和 XML 文件中使用资源，其中 Java 或 Kotlin 程序用于为 Android 应用定义四大组件；而 XML 文件则用于为 Android 应用定义各种资源。

1. 在源程序中使用资源清单项

由于 Android SDK 会在编译应用时在 R 类中为/res/目录下所有资源创建索引项,因此在 Java 或 Kotlin 代码中访问资源主要通过 R 类来完成。其完整的语法格式为:

```
[<package_name>.]R.<resource_type>.<resource_name>
```

上面语法格式中各成分的说明如下。

- ➢ <package_name>:指定 R 类所在包,实际上就是使用全限定类名。当然,如果在源程序中导入 R 类所在包,就可以省略包名。
- ➢ <resource_type>:R 类中代表不同资源类型的子类,例如 string 代表字符串资源。
- ➢ <resource_name>:指定资源的名称。该资源名称可能是无后缀的文件名(如图片资源),也可能是 XML 资源元素中由 android:name 属性所指定的名称。

例如如下代码片段。

```
// 从drawable 资源中加载图片,并设为该窗口的背景
window.setBackgroundDrawableResource(R.drawable.back);
// 从string 资源中获取指定字符串资源,并设置该窗口的标题
window.setTitle(resources.getText(R.string.main_title));
// 获取指定的TextView 组件,并设置该组件显示 string 资源中的指定字符串资源
TextView msg = findViewById(R.id.msg);
msg.setText(R.string.hello_message);
```

2. 在源代码中访问实际资源

R 资源清单类为所有的资源都定义了一个资源清单项,但这个清单项只是一个 int 类型的值,并不是实际的资源对象。在大部分情况下,Android 应用的 API 允许直接使用 int 类型的资源清单项代替应用资源。

但有些时候,程序也需要使用实际的 Android 资源,为了通过资源清单项来获取实际资源,可以借助于 Android 提供的 Resources 类。

> **提示:**
> 笔者把 Resources 类称为"Android 资源访问总管家",Resources 类提供了大量的方法来根据资源清单 ID 获取实际资源。

Resources 主要提供了如下两类方法。

- ➢ getXxx(int id):根据资源清单 ID 来获取实际资源。
- ➢ getAssets():获取访问/assets/目录下资源的 AssetManager 对象。

Resources 由 Context 调用 getResources()方法来获取。

下面的代码片段示范了如何通过 Resources 获取实际字符串资源。

```
// 直接调用Activity 的getResources()方法来获取 Resources 对象
Resources res = getResources();
// 获取字符串资源
String mainTitle = res.getText(R.string.main_title);
// 获取Drawable 资源
Drawable logo = res.getDrawable(R.drawable.logo);
// 获取数组资源
int[] arr = res.getIntArray(R.array.books);
```

3. 在 XML 文件中使用资源

当定义 XML 资源文件时,其中的 XML 元素可能需要指定不同的值,这些值就可设置为已定义的资源项。在 XML 代码中使用资源的完整语法格式为:

```
@[<package_name>:]<resource_type>/<resource_name>
```

上面语法格式中各成分的说明如下。

> ➢ <package_name>：指定资源类所在应用的包。如果所引用的资源和当前资源位于同一个包下，则<package_name>可以省略。
> ➢ <resource_type>：R 类中代表不同资源类型的子类。
> ➢ <resource_name>：指定资源的名称。该资源名称可能是无后缀的文件名（如图片资源），也可能是 XML 资源元素中由 android:name 属性所指定的名称。

下面将会对各种资源分别进行详细阐述。

6.2 字符串、颜色、尺寸资源

字符串资源、颜色资源、尺寸资源，它们对应的 XML 文件都将位于/res/values/目录下，它们默认的文件名以及在 R 类中对应的内部类如表 6.2 所示。

表 6.2 字符串、颜色、尺寸资源表

资源类型	资源文件的默认名	对应于 R 类中的内部类的名称
字符串资源	/res/values/strings.xml	R.string
颜色资源	/res/values/colors.xml	R.color
尺寸资源	/res/values/dimens.xml	R.dimen

下面会通过示例来介绍字符串资源、颜色资源和尺寸资源的用法。

▶▶ 6.2.1 颜色值的定义

Android 中的颜色值是通过红（Red）、绿（Green）、蓝（Blue）三原色以及一个透明度（Alpha）值来表示的，颜色值总是以井号（#）开头，接下来就是 Alpha-Red-Green-Blue 的形式。其中 Alpha 值可以省略，如果省略了 Alpha 值，那么该颜色默认是完全不透明的。

Android 颜色值支持常见的 4 种形式。

> ➢ #RGB：分别指定红、绿、蓝三原色的值（只支持 0~f 这 16 级颜色）来代表颜色。
> ➢ #ARGB：分别指定红、绿、蓝三原色的值（只支持 0~f 这 16 级颜色）及透明度（只支持 0~f 这 16 级透明度）来代表颜色。
> ➢ #RRGGBB：分别指定红、绿、蓝三原色的值（支持 00~ff 这 256 级颜色）来代表颜色。
> ➢ #AARRGGBB：分别指定红、绿、蓝三原色的值（支持 00~ff 这 256 级颜色）以及透明度（支持 00~ff 这 256 级透明度）来代表颜色。

在上面 4 种形式中，A、R、G、B 都代表一个十六进制的数，其中 A 代表透明度，R 代表红色数值，G 代表绿色数值，B 代表蓝色数值。

> **提示：**
> 关于颜色与三原色的知识，请读者自行参考光学方面的知识。此处笔者粗略介绍一下三原色理论：白色光大致可"分解"为红、绿、蓝三种光，红、绿、蓝三种光可合并成白色光。当红、绿、蓝都是最大值时，三种光合并就会变成白色光；当三种光的值相等，但不是最大值时，三种光将会合并成灰色光；如果其中一种光或两种光的值更亮，那么三种光合并就会产生彩色的光。

▶▶ 6.2.2 定义字符串、颜色、尺寸资源文件

字符串资源文件位于/res/values/目录下，字符串资源文件的根元素是<resources...>，该元素里

每个<string.../>子元素定义一个字符串常量，其中<string.../>元素的 name 属性指定该常量的名称，<string.../>元素开始标签和结束标签之间的内容代表字符串值，如以下代码所示。

```xml
<!-- 定义一个字符串，名称为hello，字符串值为Hello World, ValuesResTest! -->
<string name="hello">Hello World, ValuesResTest!</string>
```

如下文件是该示例的字符串资源文件。

程序清单：codes\06\6.2\ValuesResTest\app\src\main\res\values\strings.xml

```xml
<?xml version="1.0" encoding="utf-8"?>
<resources>
    <string name="app_name">字符串、颜色、尺寸资源</string>
    <string name="c1">F00</string>
    <string name="c2">0F0</string>
    <string name="c3">00F</string>
    <string name="c4">0FF</string>
    <string name="c5">F0F</string>
    <string name="c6">FF0</string>
    <string name="c7">07F</string>
    <string name="c8">70F</string>
    <string name="c9">F70</string>
</resources>
```

上面的程序代码中每个<string.../>元素定义一个字符串，其中<string.../>元素的name属性定义字符串的名称，<string>与</string>中间的内容就是该字符串的值。

颜色资源文件位于/res/values/目录下，颜色资源文件的根元素是<resources...>，该元素里每个<color.../>子元素定义一个字符串常量，其中<color.../>元素的name属性指定该颜色的名称，<color.../>元素开始标签和结束标签之间的内容代表颜色值，如以下代码所示。

```xml
<!-- 定义一个颜色，名称为c1，颜色为红色-->
<color name="c1">#F00</color>
```

如下文件是该示例的颜色资源文件。

程序清单：codes\06\6.2\ValuesResTest\app\src\main\res\values\colors.xml

```xml
<?xml version="1.0" encoding="utf-8"?>
<resources>
    <color name="c1">#F00</color>
    <color name="c2">#0F0</color>
    <color name="c3">#00F</color>
    <color name="c4">#0FF</color>
    <color name="c5">#F0F</color>
    <color name="c6">#FF0</color>
    <color name="c7">#07F</color>
    <color name="c8">#70F</color>
    <color name="c9">#F70</color>
</resources>
```

上面的程序代码中每个<color.../>元素定义一个字符串，其中<color.../>元素的 name 属性定义颜色的名称，<color>与</color>中间的内容就是该颜色的值。

尺寸资源文件位于/res/values/目录下，尺寸资源文件的根元素是<resources...>，该元素里每个<dimen.../>子元素定义一个尺寸常量，其中<dimen.../>元素的 name 属性指定该尺寸的名称，<dimen.../>元素开始标签和结束标签之间的内容代表尺寸值，如以下代码所示。

程序清单：codes\06\6.2\ValuesResTest\app\src\main\res\values\dimens.xml

```xml
<?xml version="1.0" encoding="utf-8"?>
<resources>
    <dimen name="spacing">8dp</dimen>
    <!-- 定义GridView组件中每个单元格的宽度、高度 -->
```

```xml
    <dimen name="cell_width">60dp</dimen>
    <dimen name="cell_height">66dp</dimen>
    <!-- 定义主程序标题的字体大小 -->
    <dimen name="title_font_size">18sp</dimen>
</resources>
```

上面三份资源文件分别定义了字符串、颜色、尺寸资源，应用程序接下来既可在 XML 文件中使用这些资源，也可在 Java 或 Kotlin 代码中使用这些资源。

▶▶ 6.2.3 使用字符串、颜色、尺寸资源

正如前面所介绍的，在 XML 文件中使用资源按如下语法格式。

`@[<package_name>:]<resource_type>/<resource_name>`

下面程序的界面布局中大量使用了前面定义的资源。

程序清单：codes\06\6.2\ValuesResTest\app\src\main\res\layout\activity_main.xml

```xml
<?xml version="1.0" encoding="utf-8"?>
<LinearLayout xmlns:android="http://schemas.android.com/apk/res/android"
    android:layout_width="match_parent"
    android:layout_height="match_parent"
    android:gravity="center_horizontal"
    android:orientation="vertical">
    <!-- 使用字符串资源、尺寸资源 -->
    <TextView
        android:layout_width="wrap_content"
        android:layout_height="wrap_content"
        android:gravity="center"
        android:text="@string/app_name"
        android:textSize="@dimen/title_font_size" />
    <!-- 定义一个 GridView 组件，使用尺寸资源中定义的长度来指定水平间距、垂直间距 -->
    <GridView
        android:id="@+id/grid01"
        android:layout_width="wrap_content"
        android:layout_height="wrap_content"
        android:gravity="center"
        android:numColumns="3"
        android:horizontalSpacing="@dimen/spacing"
        android:verticalSpacing="@dimen/spacing"/>
</LinearLayout>
```

上面程序中的粗体字代码就是使用字符串资源、尺寸资源的代码。

在 Java 或 Kotlin 代码中使用资源按如下语法格式。

`[<package_name>.]R.<resource_type>.<resource_name>`

下面的 Actiivty 代码同时使用了上面定义的三种资源。

程序清单：codes\06\6.2\ValuesResTest\app\src\main\java\org\crazyit\res\MainActivity.java

```java
public class MainActivity extends Activity
{
    // 使用字符串资源
    int[] textIds = new int[]{R.string.c1, R.string.c2,
            R.string.c3, R.string.c4, R.string.c5, R.string.c6,
            R.string.c7, R.string.c8, R.string.c9};
    // 使用颜色资源
    int[] colorIds = new int[]{R.color.c1, R.color.c2,
            R.color.c3, R.color.c4, R.color.c5, R.color.c6,
            R.color.c7, R.color.c8, R.color.c9};
    @Override
    protected void onCreate(Bundle savedInstanceState)
    {
```

```
        super.onCreate(savedInstanceState);
        setContentView(R.layout.activity_main);
        GridView grid = findViewById(R.id.grid01);
        // 创建一个 BaseAdapter 对象
        BaseAdapter ba = new BaseAdapter()
        {
            // 省略重写其他方法的代码
            ...
            // 重写该方法,该方法返回的 View 将作为 GridView 的每个格子
            @Override
            public View getView(int position, View convertView, ViewGroup parent)
            {
                TextView tv;
                if (convertView == null)
                {
                    tv = new TextView(MainActivity.this);
                }
                else
                {
                    tv = (TextView) convertView;
                }
                Resources res = MainActivity.this.getResources();
                // 使用尺寸资源来设置文本框的高度、宽度
                tv.setWidth((int) res.getDimension(R.dimen.cell_width));
                tv.setHeight((int) res.getDimension(R.dimen.cell_height));
                // 使用字符串资源设置文本框的内容
                tv.setText(textIds[position]);
                // 使用颜色资源来设置文本框的背景色
                tv.setBackgroundResource(colorIds[position]);
                tv.setTextSize(res.getInteger(R.integer.font_size));
                return tv;
            }
        };
        // 为 GridView 设置 Adapter
        grid.setAdapter(ba);
    }
}
```

上面程序中的粗体字代码分别使用了前面定义的字符串资源、颜色资源和尺寸资源。运行上面的程序,将可以看到如图 6.1 所示的界面。

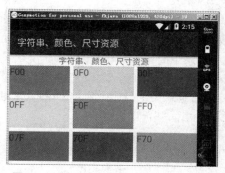

图 6.1 使用字符串、颜色、尺寸资源

与定义字符串资源类似的是,Android 也允许使用资源文件来定义 boolean 常量。例如,在 /res/values/ 目录下增加一个 bools.xml 文件,该文件的根元素也是 <resources.../>,根元素内通过 <bool.../> 子元素来定义 boolean 常量,示例如下:

```
<?xml version="1.0" encoding="utf-8"?>
<resources>
    <bool name="is_male">true</bool>
```

```xml
    <bool name="is_big">false</bool>
</resources>
```

一旦在资源文件中定义了如上所示的资源文件之后,接下来在 Java 或 Kotlin 代码中按如下语法格式访问即可。

```
[<package_name>.]R.bool.bool_name
```

在 XML 文件中按如下格式即可访问资源。

```
@[<package_name>:]bool/bool_name
```

例如,为了在 Java 代码中获取指定 boolean 变量的值,可通过如下代码来实现。

```java
Resources res = getResources();
boolean is_male = res.getBoolean(R.bool.is_male);
```

与定义字符串资源类似的是,Android 也允许使用资源文件来定义整型常量。例如,在/res/values/目录下增加一个 integers.xml 文件(文件名可以自由选择),该文件的根元素也是<resources.../>,根元素内通过<integer.../>子元素来定义整型常量,示例如下:

```xml
<?xml version="1.0" encoding="utf-8"?>
<resources>
    <integer name="my_size">32</integer>
    <integer name="book_numbers">12</integer>
</resources>
```

一旦在资源文件中定义了如上所示的资源文件之后,接下来在 Java 或 Kotlin 代码中按如下语法格式访问即可。

```
[<package_name>.]R.integer.integer_name
```

在 XML 文件中按如下格式即可访问资源。

```
@[<package_name>:]integer/integer_name
```

例如,为了在 Java 代码中获取指定整型变量的值,可通过如下代码来实现。

```java
Resources res = getResources();
int mySize = res.getInteger(R.integer.my_size);
```

6.3 数组(Array)资源

上面的程序在 Java 源代码中定义了两个数组,Android 并不推荐在程序源代码中定义数组,因为 Android 允许通过资源文件来定义数组资源。

Android 采用位于/res/values 目录下的 arrays.xml 文件来定义数组资源,定义数组时 XML 资源文件的根元素也是<resources.../>,该元素内可包含如下三种子元素。

➢ <array..../>子元素:定义普通类型的数组,例如 Drawable 数组。
➢ <string-array..../>子元素:定义字符串数组。
➢ <integer-array..../>子元素:定义整型数组。

一旦在资源文件中定义了数组资源之后,接下来就可以在 Java 或 Kotlin 程序中通过如下形式来访问资源了。

```
[<package_name>.]R.array.array_name
```

在 XML 文件中则可通过如下形式进行访问。

```
@[<package_name>:]array/array_name
```

为了能在 Java 或 Kotlin 程序中访问到实际数组,Resources 提供了如下方法。

➢ String[] getStringArray(int id):根据资源文件中字符串数组资源的名称来获取实际的字符

串数组。

- int[] getIntArray(int id)：根据资源文件中整型数组资源的名称来获取实际的整型数组。
- TypedArray obtainTypedArray(int id)：根据资源文件中普通数组资源的名称来获取实际的普通数组。

TypedArray 代表一个通用类型的数组，该类提供了 getXxx(int index)方法来获取指定索引处的数组元素。

下面为该应用程序增加如下数组资源文件。

程序清单：codes\06\6.3\ArrayResTest\app\src\main\res\values\arrays.xml

```xml
<?xml version="1.0" encoding="utf-8"?>
<resources>
    <!-- 定义一个 Drawable 数组 -->
    <array name="plain_arr">
        <item>@color/c1</item>
        <item>@color/c2</item>
        <item>@color/c3</item>
        <item>@color/c4</item>
        <item>@color/c5</item>
        <item>@color/c6</item>
        <item>@color/c7</item>
        <item>@color/c8</item>
        <item>@color/c9</item>
    </array>
    <!-- 定义字符串数组 -->
    <string-array name="string_arr">
        <item>@string/c1</item>
        <item>@string/c2</item>
        <item>@string/c3</item>
        <item>@string/c4</item>
        <item>@string/c5</item>
        <item>@string/c6</item>
        <item>@string/c7</item>
        <item>@string/c8</item>
        <item>@string/c9</item>
    </string-array>
    <!-- 定义字符串数组 -->
    <string-array name="books">
        <item>疯狂Java讲义</item>
        <item>疯狂前端开发讲义</item>
        <item>疯狂Android讲义</item>
    </string-array>
</resources>
```

在定义了上面的数组资源之后，既可在 XML 文件中使用这些数组资源，也可在 Java 程序中使用这些数组资源。例如，如下界面布局文件中定义了一个 ListView 数组，并将 android:entries 属性值指定为一个数组。界面布局文件代码如下。

程序清单：codes\06\6.3\ArrayResTest\app\src\main\res\layout\activity_main.xml

```xml
<?xml version="1.0" encoding="utf-8"?>
<LinearLayout xmlns:android="http://schemas.android.com/apk/res/android"
    android:layout_width="match_parent"
    android:layout_height="match_parent"
    android:gravity="center_horizontal"
    android:orientation="vertical">
    <!-- 省略其他组件定义 -->
    ...
    <!-- 定义 ListView 组件，使用了数组资源 -->
    <ListView
```

```xml
        android:layout_width="wrap_content"
        android:layout_height="wrap_content"
        android:entries="@array/books"/>
</LinearLayout>
```

接下来程序中无须定义数组，程序直接使用资源文件中定义的数组。程序代码如下。

程序清单：codes\06\6.3\ArrayResTest\app\src\main\java\org\crazyit\res\MainActivity.java

```java
public class MainActivity extends Activity
{
    // 获取系统定义的数组资源
    private String[] texts;
    private TypedArray icons;
    @Override
    protected void onCreate(Bundle savedInstanceState)
    {
        super.onCreate(savedInstanceState);
        setContentView(R.layout.activity_main);
        texts = getResources().getStringArray(R.array.string_arr);
        icons = getResources().obtainTypedArray(R.array.plain_arr);
        // 创建一个BaseAdapter对象
        BaseAdapter ba = new BaseAdapter()
        {
            // 省略重写其他方法的代码
            ...
            // 重写该方法，该方法返回的View将作为GridView的每个格子
            @Override
            public View getView(int position, View convertView, ViewGroup parent)
            {
                TextView tv;
                if (convertView == null)
                {
                    tv = new TextView(MainActivity.this);
                }
                else
                {
                    tv = (TextView) convertView;
                }
                Resources res = MainActivity.this.getResources();
                // 使用尺寸资源来设置文本框的高度、宽度
                tv.setWidth((int) res.getDimension(R.dimen.cell_width));
                tv.setHeight((int) res.getDimension(R.dimen.cell_height));
                // 使用字符串资源设置文本框的内容
                tv.setText(texts[position]);
                // 使用颜色资源来设置文本框的背景色
                tv.setBackground(icons.getDrawable(position));
                tv.setTextSize(20f);
                return tv;
            }
        };
        GridView grid = findViewById(R.id.grid01);
        // 为GridView设置Adapter
        grid.setAdapter(ba);
    }
}
```

上面程序中的粗体字代码就是使用数组资源的关键代码。运行上面的程序，将看到如图6.2所示的结果。

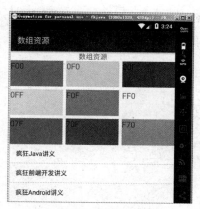

图 6.2　使用数组资源

6.4　使用 Drawable 资源

Drawable 资源是 Android 应用中使用最广泛的资源，也是 Android 应用中最灵活的资源，它不仅可以直接使用*.png、*.jpg、*.gif、*.9.png 等图片作为资源，也可以使用多种 XML 文件作为资源。只要一份 XML 文件可以被系统编译成 Drawable 子类的对象，那么这份 XML 文件即可作为 Drawable 资源。

Drawable 资源通常保存在 /res/drawable 目录下，实际上可能保存在 /res/drawable-ldpi、/res/drawable-mdpi、/res/drawable-hdpi、/res/drawable-xhdpi 目录下。

下面详细介绍各种 Drawable 资源。

6.4.1　图片资源

图片资源是最简单的 Drawable 资源，只要把 *.png、*.jpg、*.gif 等格式的图片放入 /res/drawable-xxx 目录下，Android SDK 就会在编译应用中自动加载该图片，并在 R 资源清单类中生成该资源的索引。

> **注意：** Android 要求图片资源的文件名必须符合 Java 或 Kotlin 标识符的命名规则；否则，Android SDK 无法为该图片在 R 类中生成资源索引。

一旦系统在 R 资源清单类中生成了指定资源的索引，接下来就可以在 Activity 类中使用如下语法格式来访问该资源。

```
[<package_name>.]R.drawable.<file_name>
```

在 XML 代码中则按如下语法格式来访问该资源。

```
@[<package_name>:]drawable/file_name
```

为了在程序中获得实际的 Drawable 对象，Resources 提供了 getDrawable(int id) 方法，该方法即可根据 Drawable 资源在 R 资源清单类中的 ID 来获取实际的 Drawable 对象。

关于图片资源的示例，本书前面已有大量介绍，此处不再赘述。

6.4.2　StateListDrawable 资源

StateListDrawable 用于组织多个 Drawable 对象。当使用 StateListDrawable 作为目标组件的背景、

前景图片时，StateListDrawable 对象所显示的 Drawable 对象会随目标组件状态的改变而自动切换。

定义 StateListDrawable 对象的 XML 文件的根元素为<selector.../>，该元素可以包含多个<item.../>元素，该元素可指定如下属性。

> android:color 或 android:drawable：指定颜色或 Drawable 对象。
> android:state_xxx：指定一个特定状态。

例如如下语法格式。

```xml
<?xml version="1.0" encoding="utf-8"?>
<selector xmlns:android="http://schemas.android.com/apk/res/android" >
    <!-- 指定特定状态下的颜色 -->
    <item android:color="hex_color"
        android:state_pressed=["true" | "false"] />
</selector>
```

StateListDrawable 的<item.../>元素所支持的状态有如表 6.3 所示的几种。

表 6.3 StateListDrawable 的<item.../>元素所支持的状态

属性值	含义
android:state_active	代表是否处于激活状态
android:state_checkable	代表是否处于可勾选状态
android:state_checked	代表是否处于已勾选状态
android:state_enabled	代表是否处于可用状态
android:state_first	代表是否处于开始状态
android:state_focused	代表是否处于已得到焦点状态
android:state_last	代表是否处于结束状态
android:state_middle	代表是否处于中间状态
android:state_pressed	代表是否处于已被按下状态
android:state_selected	代表是否处于已被选中状态
android:state_window_focused	代表窗口是否处于已得到焦点状态

实例：高亮显示正在输入的文本框

通过前面介绍我们知道，使用 EditText 时可指定一个 android:textColor 属性，该属性用于指定文本框的文字颜色。前面介绍该属性时总是直接给它一个颜色值，因此该文本框的文字颜色总是固定的。借助于 StateListDrawable 对象，可以让文本框中的文字颜色随文本框的状态动态改变。

为本应用提供如下 Drawable 资源文件。

程序清单：codes\06\6.4\DrawableTest\statelistdrawable\src\main\res\drawable\my_image.xml

```xml
<?xml version="1.0" encoding="UTF-8"?>
<selector xmlns:android="http://schemas.android.com/apk/res/android">
    <!-- 指定获得焦点时的颜色 -->
    <item android:state_focused="true"
        android:color="#f44"/>
    <!-- 指定失去焦点时的颜色 -->
    <item android:state_focused="false"
        android:color="#ccf"/>
</selector>
```

上面的资源文件中指定了目标组件得到焦点、失去焦点时使用不同的颜色，接下来可以在定义 EditText 时使用该资源。

程序清单：codes\06\6.4\DrawableTest\statelistdrawable\src\main\res\layout\activity_main.xml

```xml
<?xml version="1.0" encoding="utf-8"?>
<LinearLayout xmlns:android="http://schemas.android.com/apk/res/android"
    android:layout_width="match_parent"
    android:layout_height="match_parent"
    android:orientation="vertical">
    <!-- 使用 StateListDrawable 资源 -->
    <EditText
        android:layout_width="match_parent"
        android:layout_height="wrap_content"
        android:textColor="@drawable/my_image" />
    <EditText
        android:layout_width="match_parent"
        android:layout_height="wrap_content"
        android:textColor="@drawable/my_image" />
</LinearLayout>
```

该应用的 Activity 代码不需要任何修改，只要显示该界面布局即可。运行该程序，将看到输入时文本框内文字高亮显示的效果。

通过使用 StateListDrawable 不仅可以让文本框里文字的颜色随文本框状态的改变而切换，也可让按钮的背景图片随按钮状态的改变而切换，实际上 StateListDrawable 的功能非常灵活，它可以让各种组件的背景、前景随状态的改变而切换。

▶▶ 6.4.3 LayerDrawable 资源

与 StateListDrawable 有点类似，LayerDrawable 也可包含一个 Drawable 数组，因此系统将会按这些 Drawable 对象的数组顺序来绘制它们，索引最大的 Drawable 对象将会被绘制在最上面。

定义 LayerDrawable 对象的 XML 文件的根元素为<layer-list.../>，该元素可以包含多个<item.../>元素，该元素可指定如下属性。

- ➢ android:drawable：指定作为 LayerDrawable 元素之一的 Drawable 对象。
- ➢ android:id：为该 Drawable 对象指定一个标识。
- ➢ android:buttom|top|left|button：它们用于指定一个长度值，用于指定将该 Drawable 对象绘制到目标组件的指定位置。

例如如下语法格式。

```xml
<?xml version="1.0" encoding="utf-8"?>
<layer-list xmlns:android="http://schemas.android.com/apk/res/android" >
    <!-- 指定一个 Drawable 元素 -->
    <item android:id="@android:id/background"
        android:drawable="@drawable/grow" />
</layer-list>
```

实例：定制拖动条的外观

通过前面介绍我们知道，使用 SeekBar 时可指定一个 android:progressDrawable 属性，该属性可改变 SeekBar 的外观，借助于 LayerDrawable 即可改变 SeekBar 的规定、已完成部分的 Drawable 对象。

例如定义如下 Drawable 资源。

程序清单：codes\06\6.4\DrawableTest\layerdrawable\src\main\res\drawable\my_bar.xml

```xml
<?xml version="1.0" encoding="UTF-8"?>
<layer-list xmlns:android="http://schemas.android.com/apk/res/android">
    <!-- 定义轨道的背景 -->
    <item android:id="@android:id/background"
        android:drawable="@drawable/grow" />
```

```xml
<!-- 定义轨道上已完成部分的外观-->
<item android:id="@android:id/progress"
    android:drawable="@drawable/ok" />
</layer-list>
```

除此之外，该实例还定义了如下 LayerDrawable 对象。

程序清单：codes\06\6.4\DrawableTest\layerdrawable\src\main\res\drawable\layer_logo.xml

```xml
<?xml version="1.0" encoding="utf-8"?>
<layer-list xmlns:android="http://schemas.android.com/apk/res/android">
    <item>
        <bitmap android:gravity="center"
            android:src="@drawable/ic_logo" />
    </item>
    <item android:left="40dp"
        android:top="40dp">
        <bitmap android:gravity="center"
            android:src="@drawable/ic_logo" />
    </item>
    <item android:left="80dp"
        android:top="80dp">
        <bitmap android:gravity="center"
            android:src="@drawable/ic_logo" />
    </item>
</layer-list>
```

上面的程序中定义了三个"层叠"在一起的 Drawable 对象，接着在界面布局中使用上面的 my_bar.xml 定义的 Drawable 对象来改变 SeekBar 的外观，并通过 ImageView 来显示上面 layer_logo 的 Drawable 组件。界面布局的代码片段如下。

程序清单：codes\06\6.4\DrawableTest\layerdrawable\src\main\res\layout\activity_main.xml

```xml
<?xml version="1.0" encoding="utf-8"?>
<LinearLayout xmlns:android="http://schemas.android.com/apk/res/android"
    android:layout_width="match_parent"
    android:layout_height="match_parent"
    android:orientation="vertical">
    <!-- 定义一个拖动条，并改变轨道外观 -->
    <SeekBar
        android:layout_width="match_parent"
        android:layout_height="wrap_content"
        android:max="100"
        android:progressDrawable="@drawable/my_bar" />
    <ImageView
        android:layout_width="wrap_content"
        android:layout_height="wrap_content"
        android:src="@drawable/layer_logo" />
</LinearLayout>
```

该程序的代码无须任何改变，直接加载、显示上面的界面布局文件即可。运行该程序，将出现如图 6.3 所示的界面。

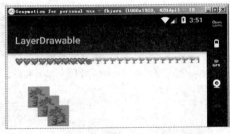

图 6.3 使用 LayerDrawable 资源

6.4.4 ShapeDrawable 资源

ShapeDrawable 用于定义一个基本的几何图形（如矩形、圆形、线条等），定义 ShapeDrawable 的 XML 文件的根元素是<shape.../>元素，该元素可指定如下属性。

➢ android:shape=["rectangle" | "oval" | "line" | "ring"]：指定定义哪种类型的几何图形。

定义 ShapeDrawable 对象的完整语法格式如下：

```xml
<?xml version="1.0" encoding="utf-8"?>
<shape xmlns:android="http://schemas.android.com/apk/res/android"
    android:shape=["rectangle" | "oval" | "line" | "ring"] >
    <!-- 定义几何图形的四个角的弧度 -->
    <corners
        android:radius="integer"
        android:topLeftRadius="integer"
        android:topRightRadius="integer"
        android:bottomLeftRadius="integer"
        android:bottomRightRadius="integer" />
    <!-- 定义使用渐变色填充 -->
    <gradient
        android:angle="integer"
        android:centerX="integer"
        android:centerY="integer"
        android:centerColor="integer"
        android:endColor="color"
        android:gradientRadius="integer"
        android:startColor="color"
        android:type=["linear" | "radial" | "sweep"]
        android:usesLevel=["true" | "false"] />
    <!-- 定义几何形状的内边距 -->
    <padding
        android:left="integer"
        android:top="integer"
        android:right="integer"
        android:bottom="integer" />
    <!-- 定义几何形状的大小 -->
    <size
        android:width="integer"
        android:color="color"
        android:dashWidth="integer"
        android:dashGap="integer" />
    <!-- 定义使用单种颜色填充 -->
    <solid
        android:color="color" />
    <!-- 定义为几何形状绘制边框 -->
    <stroke
        android:width="integer"
        android:color="color"
        android:dashWidth="integer"
        android:dashGap="integer" />
</shape>
```

下面通过实例来介绍 ShapeDrawable 资源的定义和使用。

实例：椭圆形、渐变背景的文本框

前面介绍 TextView 时知道该组件可指定一个 android:background 属性，该属性用于为该文本框指定背景。大部分时候，文本框的背景只是一个简单的图片，或者只是一个简单的颜色。

如果程序使用 ShapeDrawable 资源作为文本框的 android:background 属性，则可以在 Android 应用中做出各种外观的文本框。下面先定义如下的 ShapeDrawable 资源。

程序清单：codes\06\6.4\DrawableTest\shapedrawable\src\main\res\drawable\my_shape_1.xml

```xml
<?xml version="1.0" encoding="UTF-8"?>
<shape xmlns:android="http://schemas.android.com/apk/res/android"
    android:shape="rectangle">
    <!-- 设置填充颜色 -->
    <solid android:color="#fff"/>
    <!-- 设置四周的内边距 -->
    <padding android:left="7dp"
        android:top="7dp"
        android:right="7dp"
        android:bottom="7dp" />
    <!-- 设置边框 -->
    <stroke android:width="3dip" android:color="#ff0" />
</shape>
```

再定义如下的 ShapeDrawable 资源。

程序清单：codes\06\6.4\DrawableTest\shapedrawable\src\main\res\drawable\my_shape_2.xml

```xml
<?xml version="1.0" encoding="UTF-8"?>
<shape xmlns:android="http://schemas.android.com/apk/res/android"
    android:shape="rectangle">
    <!-- 定义填充渐变颜色 -->
    <gradient
        android:startColor="#FFFF0000"
        android:endColor="#80FF00FF"
        android:angle="45"/>
    <!-- 设置内填充 -->
    <padding android:left="7dp"
        android:top="7dp"
        android:right="7dp"
        android:bottom="7dp" />
    <!-- 设置圆角矩形 -->
    <corners android:radius="8dp" />
</shape>
```

接下来定义如下的 ShapeDrawable 资源。

程序清单：codes\06\6.4\DrawableTest\shapedrawable\src\main\res\drawable\my_shape_3.xml

```xml
<?xml version="1.0" encoding="UTF-8"?>
<shape xmlns:android="http://schemas.android.com/apk/res/android"
    android:shape="oval">
    <!-- 定义填充渐变颜色 -->
    <gradient
        android:startColor="#ff0"
        android:endColor="#00f"
        android:angle="45"
        android:type="sweep"/>
    <!-- 设置内填充 -->
    <padding android:left="7dp"
        android:top="7dp"
        android:right="7dp"
        android:bottom="7dp" />
    <!-- 设置圆角矩形 -->
    <corners android:radius="8dp" />
</shape>
```

在定义了上面三个 ShapeDrawable 资源之后，接下来在界面布局文件中用这三个 ShapeDrawable 资源作为文本框的背景。界面布局文件代码如下。

程序清单：codes\06\6.4\DrawableTest\shapedrawable\src\main\res\layout\activity_main.xml

```xml
<?xml version="1.0" encoding="utf-8"?>
```

```xml
<LinearLayout xmlns:android="http://schemas.android.com/apk/res/android"
    android:layout_width="match_parent"
    android:layout_height="match_parent"
    android:orientation="vertical">
    <EditText
        android:layout_width="match_parent"
        android:layout_height="wrap_content"
        android:background="@drawable/my_shape_1" />
    <EditText
        android:layout_width="match_parent"
        android:layout_height="wrap_content"
        android:background="@drawable/my_shape_2" />
    <EditText
        android:layout_width="match_parent"
        android:layout_height="wrap_content"
        android:background="@drawable/my_shape_3" />
</LinearLayout>
```

使用 Activity 加载、显示上面的界面布局文件，将可以看到如图 6.4 所示的界面。

图 6.4　使用 ShapeDrawable 资源

6.4.5　ClipDrawable 资源

ClipDrawable 代表从其他位图上截取的一个"图片片段"。在 XML 文件中定义 ClipDrawable 对象使用<clip.../>元素，该元素的语法为：

```xml
<?xml version="1.0" encoding="utf-8"?>
<clip xmlns:android="http://schemas.android.com/apk/res/android"
    android:drawable="@drawable/drawable_resource"
    android:clipOrientation=["horizontal" | "vertical"]
    android:gravity=["top" | "bottom" | "left" | "right" | "center_vertical" |
        "fill_vertical" | "center_horizontal" | "fill_horizontal" |
        "center" | "fill" | "clip_vertical" | "clip_horizontal"] />
```

上面的语法格式中可指定如下三个属性。

➤ android:drawable：指定截取的源 Drawable 对象。
➤ android:clipOrientation：指定截取方向，可设置水平截取或垂直截取。
➤ android:gravity：指定截取时的对齐方式。

使用 ClipDrawable 对象时可调用 setLevel(int level)方法来设置截取的区域大小，当 level 为 0 时，截取的图片片段为空；当 level 为 10000 时，截取整张图片。

下面以一个实例来说明 ClipDrawable 对象的用法。

实例：徐徐展开的风景

因为 ClipDrawable 对象可调用 setLevel(int level)控制截取图片的部分，因此本实例只要设置一个定时器，让程序不断调用 ClipDrawable 的 setLevel(int level)方法即可实现图片徐徐展开的效果。

程序先定义如下 ClipDrawable 对象。

程序清单：codes\06\6.4\DrawableTest\clipdrawable\src\main\res\drawable\my_clip.xml

```xml
<?xml version="1.0" encoding="UTF-8"?>
```

```xml
<clip xmlns:android="http://schemas.android.com/apk/res/android"
    android:clipOrientation="horizontal"
    android:drawable="@drawable/shuangta"
    android:gravity="center" />
```

上面的程序控制从中间开始截取图片，截取方向为水平截取。接下来程序将通过一个定时器来定期修改 ClipDrawable 对象的 level，即可实现图片徐徐张开的效果。

程序清单：codes\06\6.4\DrawableTest\clipdrawable\src\main\java\org\crazyit\res\MainActivity.java

```java
public class MainActivity extends Activity
{
    @Override
    protected void onCreate(Bundle savedInstanceState)
    {
        super.onCreate(savedInstanceState);
        setContentView(R.layout.activity_main);
        ImageView imageView = findViewById(R.id.image);
        // 获取图片所显示的 ClipDrawable 对象
        final ClipDrawable drawable = (ClipDrawable) imageView.getDrawable();
        class MyHandler extends Handler
        {
            @Override
            public void handleMessage(Message msg)
            {
                // 如果该消息是本程序所发送的
                if (msg.what == 0x1233)
                {
                    // 修改 ClipDrawable 的 level 值
                    drawable.setLevel(drawable.getLevel() + 200);
                }
            }
        }
        final Handler handler = new MyHandler();
        final Timer timer = new Timer();
        timer.schedule(new TimerTask()
        {
            @Override public void run()
            {
                Message msg = new Message();
                msg.what = 0x1233;
                // 发送消息，通知应用修改 ClipDrawable 对象的 level 值
                handler.sendMessage(msg);
                // 取消定时器
                if (drawable.getLevel() >= 10000)
                {
                    timer.cancel();
                }
            }
        }, 0, 300);
    }
}
```

运行上面的程序，将看到如图 6.5 所示的结果。

从图 6.5 所示的运行结果可以看出，通过使用这种徐徐展开的图片，用户会感觉就像进度条一样——实际上，在实际应用中完全可以使用这种 ClipDrawable 对象来实现图片进度条。

▶▶ 6.4.6 AnimationDrawable 资源

AnimationDrawable 代表一个动画，关于 Android

图 6.5 使用 ClipDrawable 对象

动画的知识本书后面还有更详细的介绍，本节只是先介绍一下如何定义 AnimationDrawable 资源。Android 既支持传统的逐帧动画（类似于电影方式，一张图片、一张图片地切换），也支持通过平移、变换计算出来的补间动画。

下面以补间动画为例来介绍如何定义 AnimationDrawable 资源。定义补间动画的 XML 资源文件以<set.../>元素作为根元素，该元素内可以指定如下 4 个元素。

- ➢ alpha：设置透明度的改变。
- ➢ scale：设置图片进行缩放变换。
- ➢ translate：设置图片进行位移变换。
- ➢ rotate：设置图片进行旋转。

定义动画的 XML 资源应该放在/res/anmi/路径下，当使用 Android Studio 创建一个 Android 应用时，默认不会包含该路径，开发者需要自行创建该路径。

定义补间动画的思路很简单：设置一张图片的开始状态（包括透明度、位置、缩放比、旋转度），并设置该图片的结束状态（包括透明度、位置、缩放比、旋转度），再设置动画的持续时间，Android 系统会使用动画效果把这张图片从开始状态变换到结束状态。

设置补间动画的语法格式如下：

```xml
<?xml version="1.0" encoding="utf-8"?>
<set xmlns:android="http://schemas.android.com/apk/res/android"
    android:interpolator="@[package:]anim/interpolator_resource"
    android:shareInterpolator=["true" | "false"]
    android:duration="持续时间">
    <alpha
        android:fromAlpha="float"
        android:toAlpha="float" />
    <scale
        android:fromXScale="float"
        android:toXScale="float"
        android:fromYScale="float"
        android:toYScale="float"
        android:pivotX="float"
        android:pivotY="float" />
    <translate
        android:fromXDelta="float"
        android:toXDelta="float"
        android:fromYDelta="float"
        android:toYDelta="float" />
    <rotate
        android:fromDegrees="float"
        android:toDegrees="float"
        android:pivotX="float"
        android:pivotY="float" />
</set>
```

上面语法格式中包含了大量的 fromXxx、toXxx 属性，这些属性就用于定义图片的开始状态、结束状态。除此之外，当进行缩放变换（scale）、旋转（rotate）变换时，还需要指定 pivotX、pivotY 两个属性，这两个属性用于指定变换的"中心点"——比如进行旋转变换时，需要指定"旋轴点"；进行缩放变换时，需要指定"中心点"。

除此之外，上面<set.../>、<alpha.../>、<scale.../>、<translate.../>、<rotate.../>都可指定一个 android:interpolator 属性，该属性指定动画的变化速度，可以实现匀速、正加速、负加速、无规则变加速等，Android 系统的 R.anim 类中包含了大量常量，它们定义了不同的动画速度，例如：

- ➢ linear_interpolator：匀速变换。
- ➢ accelerate_interpolator：加速变换。
- ➢ decelerate_interpolator：减速变换。

如果程序想让 <set.../> 元素下所有的变换效果使用相同的动画速度,则可指定 android:shareInterpolator="true"。

例如,下面的资源文件定义了一个动画资源。

程序清单:codes\06\6.4\DrawableTest\animationdrawable\app\src\main\res\anim\my_anim.xml

```xml
<?xml version="1.0" encoding="UTF-8"?>
<set xmlns:android="http://schemas.android.com/apk/res/android"
    android:interpolator="@android:anim/linear_interpolator"
    android:duration="5000">
    <!-- 定义缩放变换 -->
    <scale android:fromXScale="1.0"
        android:toXScale="1.4"
        android:fromYScale="1.0"
        android:toYScale="0.6"
        android:pivotX="50%"
        android:pivotY="50%"
        android:fillAfter="true"
        android:duration="2000"/>
    <!-- 定义位移变换 -->
    <translate android:fromXDelta="10"
        android:toXDelta="130"
        android:fromYDelta="30"
        android:toYDelta="-80"
        android:duration="2000"/>
</set>
```

上面的动画资源文件十分简单,它只指定了图片资源需要进行两种变换:缩放变换和位移变换。

一旦定义了上面的动画资源文件,接下来就可以在 XML 文件中按如下语法格式来访问它。

@[<package_name>:]anim/file_name

在 Java 或 Kotlin 代码中则按如下语法格式来访问。

[<package>.]R.anim.<file_name>

为了在 Java 或 Kotlin 代码中获取实际的 Animation 对象,可调用 AnimationUtils 的如下方法:

➢ loadAnimation(Context ctx, int resId)

下面的程序示范了如何使用 AnimationDrawable 资源。

程序清单:codes\06\6.4\DrawableTest\animationdrawable\src\main\java\org\crazyit\res\MainActivity.java

```java
public class MainActivity extends Activity
{
    @Override
    protected void onCreate(Bundle savedInstanceState)
    {
        super.onCreate(savedInstanceState);
        setContentView(R.layout.activity_main);
        ImageView image = findViewById(R.id.image);
        // 加载动画资源
        Animation anim = AnimationUtils.loadAnimation(this, R.anim.my_anim);
        // 设置动画结束后保留结束状态
        anim.setFillAfter(true);   // ①
        Button bn = findViewById(R.id.bn);
        bn.setOnClickListener(view -> image.startAnimation(anim) /* 开始动画 */);
    }
}
```

上面的程序使用了界面布局中的两个组件：一个 ImageView 和一个 Button，这是两个最普通的组件，故此处不再给出界面布局代码。

程序先通过 AnimationUtils 获取动画资源，然后调用 ImageView 组件的 startAnimation()方法，即可让 ImageView 执行动画。而实际上 startAnimation()方法来自 View，可见通过该方法可对任意组件执行动画。

运行上面的程序，将看到如图 6.6 所示的动画效果。

上面程序中的①号代码设置动画结束后保留图片的变换结果。本来 Android 的 API 文档中说明可以在<alpha.../>、<scale.../>、<translate.../>、<rotate.../>等元素中指定 android:fillAfter 为 true 来实现这个效果，但实际上要为<set.../>设置 android:fillAfter 为 true 才可以。

图 6.6 使用 AnimationDrawable 资源

6.5 属性动画（Property Animation）资源

Animator 代表一个属性动画，但它只是一个抽象类，通常会使用它的子类：AnimatorSet、ValueAnimator、ObjectAnimator、TimeAnimator。关于 Android 动画的知识，本书后面还有更详细的介绍，本节只是先介绍一下如何定义属性动画资源。

定义属性动画的 XML 资源文件能以如下三个元素中的任意一个作为根元素。

> <set.../>：它是一个父元素，用于包含<objectAnimator.../>、<animator.../>或<set.../>子元素，该元素定义的资源代表 AnimatorSet 对象。
> <objectAnimator.../>：用于定义 ObjectAnimator 动画。
> <animator.../>：用于定义 ValueAnimator 动画。

定义属性动画的语法格式如下：

```xml
<?xml version="1.0" encoding="utf-8"?>
<set android:ordering=["together" | "sequentially"]>
    <objectAnimator
        android:propertyName="string"
        android:duration="int"
        android:valueFrom="float | int | color"
        android:valueTo="float | int | color"
        android:startOffset="int"
        android:repeatCount="int"
        android:interpolator=""
        android:repeatMode=["repeat" | "reverse"]
        android:valueType=["intType" | "floatType"]/>
    <animator
        android:duration="int"
        android:valueFrom="float | int | color"
        android:valueTo="float | int | color"
        android:startOffset="int"
        android:repeatCount="int"
        android:interpolator=""
        android:repeatMode=["repeat" | "reverse"]
        android:valueType=["intType" | "floatType"]/>
    <set>
        ...
    </set>
</set>
```

实例：不断渐变的背景色

该实例将会使用属性动画来控制组件背景色不断渐变。该实例所使用的属性动画资源文件如下。

程序清单：codes\06\6.5\AnimatorTest\app\src\main\res\animator\color_anim.xml

```xml
<?xml version="1.0" encoding="utf-8"?>
<objectAnimator xmlns:android="http://schemas.android.com/apk/res/android"
    android:duration="3000"
    android:propertyName="backgroundColor"
    android:repeatCount="infinite"
    android:repeatMode="reverse"
    android:valueFrom="#FF8080"
    android:valueTo="#8080FF"
    android:valueType="intType" />
```

上面的代码定义了一个 ObjectAnimator 对象，接下来程序就可以通过属性动画来控制指定组件的背景色不断改变。下面是该实例的 Activity 代码。

程序清单：codes\06\6.5\AnimatorTest\app\src\main\java\org\crazyit\res\MainActivity.java

```java
public class MainActivity extends Activity
{
    @Override
    protected void onCreate(Bundle savedInstanceState)
    {
        super.onCreate(savedInstanceState);
        setContentView(R.layout.activity_main);
        LinearLayout container = findViewById(R.id.container);
        // 添加MyAnimationView组件
        container.addView(new MyAnimationView(this));
    }
    public class MyAnimationView extends View
    {
        MyAnimationView(Context context)
        {
            super(context);
            // 加载动画资源
            ObjectAnimator colorAnim = (ObjectAnimator) AnimatorInflater.loadAnimator(
                    MainActivity.this,    R.animator.color_anim);
            colorAnim.setEvaluator(new ArgbEvaluator());
            // 对该View本身应用属性动画
            colorAnim.setTarget(this);
            // 开始指定动画
            colorAnim.start();
        }
    }
}
```

上面程序中的粗体字代码使用 AnimatorInflater 工具类加载了指定动画资源文件，并将该动画资源文件转换为 ObjectAnimator 对象。接下来程序对 MyAnimationView 本身应用该动画，将可以看到该组件的背景色不断变化。

6.6 使用原始 XML 资源

在某些时候，Android 应用有一些初始化的配置信息、应用相关的数据资源需要保存，一般推荐使用 XML 文件来保存它们，这种资源就被称为原始 XML 资源。下面介绍如何定义、获取原始 XML 资源。

▶▶ 6.6.1 定义原始 XML 资源

原始 XML 资源一般保存在/res/xml/路径下——当使用 Android Studio 创建 Android 应用时,/res/目录下并没有包含 xml 子目录,开发者应该自行手动创建 xml 子目录。

接下来 Android 应用对原始 XML 资源没有任何特殊的要求,只要它是一份格式良好的 XML 文档即可。

一旦成功地定义了原始 XML 资源,接下来在 XML 文件中就可通过如下语法格式来访问它。

```
@[<package_name>:]xml/file_name
```

在 Java 或 Kotlin 代码中则按如下语法格式来访问。

```
[<package_name>.]R.xml.<file_name>
```

为了在 Java 或 Kotlin 程序中获取实际的 XML 文档,可以通过 Resources 的如下两个方法来实现。

➢ XmlResourceParser getXml(int id):获取 XML 文档,并使用一个 XmlPullParser 来解析该 XML 文档,该方法返回一个解析器对象(XmlResourceParser 是 XmlPullParser 的子类)。
➢ InputStream openRawResource(int id):获取 XML 文档对应的输入流。

大部分时候都可以直接调用 getXml(int id)方法来获取 XML 文档,并对该文档进行解析。Android 默认使用内置的 Pull 解析器来解析 XML 文件。

除使用 Pull 解析之外,也可使用 DOM 或 SAX 对 XML 文档进行解析。一般的 Java 或 Kotlin 应用会使用 JAXP API 来解析 XML 文档。

> **提示:**
> Pull 解析器是一个开源项目,既可以用于 Android 应用,也可以用于 Java EE 应用。如果需要在 Java EE 应用中使用 Pull 解析器,则需要自行下载并添加 Pull 解析器的 JAR 包。不过 Android 平台已经内置了 Pull 解析器,而且 Android 系统本身也使用 Pull 解析器来解析各种 XML 文档,因此 Android 推荐开发者使用 Pull 解析器来解析 XML 文档。

Pull 解析方式有点类似于 SAX 解析,它们都采用事件驱动的方式来进行解析。当 Pull 解析器开始解析之后,开发者可不断地调用 Pull 解析器的 next()方法获取下一个解析事件(开始文档、结束文档、开始标签、结束标签等),当处于某个元素处时,可调用 XmlPullParser 的 getAttributeValue()方法来获取该元素的属性值,也可调用 XmlPullParser 的 nextText()方法来获取文本节点的值。

如果开发者希望使用 DOM、SAX 或其他解析器来解析 XML 资源,那么可调用 openRawResource (int id)方法来获取 XML 资源对应的输入流,这样即可自行选择解析器来解析该 XML 资源了。

> **提示:**
> 使用其他 XML 解析器需要开发者自行下载并安装解析器的 JAR 包。关于 DOM、SAX、JAXP、dom4j、JDOM 的相关知识,或者读者需要获取更多关于 XML 的知识,请参考疯狂 Java 体系的《疯狂 XML 讲义》。

▶▶ 6.6.2 使用原始 XML 文件

下面为示例程序添加一个原始的 XML 文件,将该 XML 文件放到/res/xml 目录下。该 XML 文件的内容很简单,如下所示。

程序清单:codes\06\6.6\XmlResTest\app\src\main\res\xml\books.xml

```
<?xml version="1.0" encoding="UTF-8"?>
```

```
<books>
    <book price="109.0" 出版日期="2008 年">疯狂 Java 讲义</book>
    <book price="108.0" 出版日期="2009 年">轻量级 Java EE 企业应用实战</book>
    <book price="79.0" 出版日期="2009 年">疯狂前端开发讲义</book>
</books>
```

接下来就可以在 Activity 中获取该 XML 资源，并解析该 XML 资源中的信息了。Activity 程序如下。

程序清单：codes\06\6.6\XmlResTest\app\src\main\java\org\crazyit\res\MainActivity.java

```java
public class MainActivity extends Activity
{
    @Override
    protected void onCreate(Bundle savedInstanceState)
    {
        super.onCreate(savedInstanceState);
        setContentView(R.layout.activity_main);
        // 获取 bn 按钮，并为该按钮绑定事件监听器
        Button bn = findViewById(R.id.bn);
        bn.setOnClickListener(view -> {
            // 根据 XML 资源的 ID 获取解析该资源的解析器
            // getXml()方法返回 XmlResourceParser 对象
            // XmlResourceParser 是 XmlPullParser 的子类
            XmlResourceParser xrp = getResources().getXml(R.xml.books);
            try {
                StringBuilder sb = new StringBuilder();
                // 还没有到 XML 文档的结尾处
                while (xrp.getEventType() != XmlResourceParser.END_DOCUMENT) {
                    // 如果遇到开始标签
                    if (xrp.getEventType() == XmlResourceParser.START_TAG) {
                        // 获取该标签的标签名
                        String tagName = xrp.getName();
                        // 如果遇到 book 标签
                        if (tagName.equals("book")) {
                            // 根据属性名来获取属性值
                            String bookName = xrp.getAttributeValue(null, "price");
                            sb.append("价格: ");
                            sb.append(bookName);
                            // 根据属性索引来获取属性值
                            String bookPrice = xrp.getAttributeValue(1);
                            sb.append("    出版日期: ");
                            sb.append(bookPrice);
                            sb.append(" 书名: ");
                            // 获取文本节点的值
                            sb.append(xrp.nextText());
                        }
                        sb.append("\n");
                    }
                    // 获取解析器的下一个事件
                    xrp.next();  // ①
                }
                TextView show = findViewById(R.id.show);
                show.setText(sb.toString());
            }
            catch (Exception e)
            {
                e.printStackTrace();
            }
        });
    }
}
```

上面程序中的①号粗体字代码用于不断地获取 Pull 解析的解析事件，程序中第一行粗体字代码只要解析事件不等于 XmlResourceParser.END_DOCUMENT（也就是还没有解析结束），程序就将一直解析下去，通过这种方式即可把整份 XML 文档的内容解析出来。

上面的程序中包含一个按钮和一个文本框，当用户单击该按钮时，程序将会解析指定 XML 文档，并把文档中的内容显示出来。运行该程序，然后单击"解析 XML 资源"按钮，程序显示如图 6.7 所示的界面。

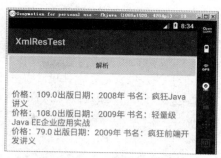

图 6.7　使用原始 XML 资源

6.7　使用布局（Layout）资源

实际上，从我们学习第一个 Android 应用开始，已经开始接触 Android 的 Layout 资源了，因此此处不会详述 Android 的 Layout 资源的知识，只是对 Layout 资源进行简单的归纳。

Layout 资源文件应放在/res/layout/目录下，Layout 资源文件的根元素通常是各种布局管理器，比如 LinearLayout、TableLayout、FrameLayout 等，接着在该布局管理器中定义各种 View 组件即可。

一旦在 Android 项目中定义了 Layout 资源，接下来在 XML 文件中就可通过如下语法格式来访问它。

```
@[<package_name>:]layout/file_name
```

在 Java 或 Kotlin 代码中则按如下语法格式来访问。

```
[<package_name>.]R.layout.<file_name>
```

6.8　使用菜单（Menu）资源

前面已经介绍过 Android 的菜单支持，并分别介绍了如何使用 Java 代码来实现菜单和使用 XML 资源文件来定义菜单。

实际上，Android 推荐使用 XML 资源文件来定义菜单，这样将会提供更好的解耦。由于前面介绍过如何使用 XML 资源文件定义菜单，因此此处不再详细介绍菜单资源文件的内容，只是对其进行简单的归纳。

Android 菜单资源文件放在/res/menu 目录下，菜单资源的根元素通常是<menu.../>元素，<menu.../>元素无须指定任何属性。

一旦在 Android 项目中定义了菜单资源，接下来在 XML 文件中就可通过如下语法格式来访问它。

```
@[<package_name>:]menu/file_name
```

在 Java 或 Kotlin 代码中则按如下语法格式来访问。

```
[<package_name>.]R.menu.<file_name>
```

6.9　样式（Style）和主题（Theme）资源

样式和主题资源都用于对 Android 应用进行"美化"，只要充分利用 Android 应用的样式和主题资源，开发者就可以开发出各种风格的 Android 应用。

▶▶ 6.9.1 样式资源

如果经常需要对某个类型的组件指定大致相似的格式，比如字体、颜色、背景色等，如果每次都要为 View 组件重复指定这些属性，无疑会有大量的工作量，而且不利于项目后期的维护。

类似于 Word，Word 也提供了样式来管理格式：一个样式等于一组格式的集合，如果设置某段文本使用某个样式，那么该样式的所有格式将会整体应用于这段文本。Android 的样式与此类似，Android 样式也包含一组格式，为一个组件设置使用某个样式时，该样式所包含的全部格式将会应用于该组件。

> **提示：**
> 一个样式相当于多个格式的集合，其他 UI 组件通过 style 属性来指定样式，这就相当于把该样式包含的所有格式同时应用于该 UI 组件。

Android 的样式资源文件也放在/res/values/目录下，样式资源文件的根元素是<resources.../>元素，该元素内可包含多个<style.../>子元素，每个<style.../>子元素定义一个样式。<style.../>元素指定如下两个属性。

- ➢ name：指定样式的名称。
- ➢ parent：指定该样式所继承的父样式。当继承某个父样式时，该样式将会获得父样式中定义的全部格式。当然，当前样式也可以覆盖父样式中指定的格式。

在<style.../>元素内可包含多个<item.../>子元素，每个<item.../>子元素定义一个格式项。
例如，为应用定义如下样式资源文件。

程序清单：codes\06\6.9\StyleResTest\app\src\main\res\values\styles.xml

```xml
<?xml version="1.0" encoding="UTF-8"?>
<resources>
    <!-- 使用 AS 创建项目时原有的主题 -->
    <style name="AppTheme" parent="android:Theme.Material.Light.DarkActionBar">
    </style>
    <!-- 定义一个样式，指定字体大小、字体颜色 -->
    <style name="style1">
        <item name="android:textSize">20sp</item>
        <item name="android:textColor">#00d</item>
    </style>
    <!-- 定义一个样式，继承前一个颜色 -->
    <style name="style2" parent="@style/style1">
        <item name="android:background">#ee6</item>
        <item name="android:padding">8dp</item>
        <!-- 覆盖父样式中指定的属性 -->
        <item name="android:textColor">#000</item>
    </style>
</resources>
```

上面的样式资源中定义了两个样式，其中第二个样式继承了第一个样式，而且第二个样式中的 textColor 属性覆盖了父样式中的 textColor 属性。

一旦定义了上面的样式资源之后，接下来就可以在 XML 资源中按如下语法格式来使用样式了。

```
@[<package_name>:]style/file_name
```

下面是该示例中的界面布局文件，该布局文件中包含两个文本框，这两个文本框分别使用两个样式。

程序清单：codes\06\6.9\StyleResTest\app\src\main\res\layout\activity_main.xml

```xml
<?xml version="1.0" encoding="utf-8"?>
<LinearLayout xmlns:android="http://schemas.android.com/apk/res/android"
```

```xml
    android:layout_width="match_parent"
    android:layout_height="match_parent"
    android:orientation="vertical">
    <!-- 指定使用 style1 的样式 -->
    <EditText
        style="@style/style1"
        android:layout_width="match_parent"
        android:layout_height="wrap_content"
        android:text="@string/style1" />
    <!-- 指定使用 style2 的样式 -->
    <EditText
        style="@style/style2"
        android:layout_width="match_parent"
        android:layout_height="wrap_content"
        android:text="@string/style2" />
</LinearLayout>
```

在上面的界面布局文件中并未为两个文本框指定任何格式，只是为它们分别指定了使用 style1、style2 的样式，这两个样式包含的格式就会应用到这两个文本框。运行上面的程序，将看到如图 6.8 所示的界面。

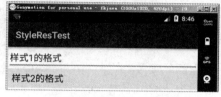

图 6.8　使用样式资源

▶▶ 6.9.2 主题资源

与样式资源非常相似，主题资源的 XML 文件通常也放在/res/values/目录下，主题资源的 XML 文件同样以<resources.../>元素作为根元素，同样使用<style.../>元素来定义主题。

 提示：　使用 AS 建立 Android 模块时，AS 默认会创建一个 styles.xml 文件，并在该文件中定义一个名为"AppTheme"的主题，开发者可以在该主题中增加自己的定义。

主题与样式的区别主要体现在：

➢ 主题不能作用于单个的 View 组件，主题应该对整个应用中的所有 Activity 起作用，或对指定的 Activity 起作用。
➢ 主题定义的格式应该是改变窗口外观的格式，例如窗口标题、窗口边框等。

实例：给所有窗口添加边框、背景

下面通过一个实例来介绍主题资源的用法。为了给所有窗口都添加边框、背景，先在/res/values/my_style.xml 文件中增加一个主题，定义主题的<style.../>片段如下（程序清单同上）。

程序清单：codes\06\6.9\StyleResTest\app\src\main\res\values\styles.xml

```xml
<style name="CrazyTheme">
    <item name="android:windowNoTitle">true</item>
    <item name="android:windowFullscreen">true</item>
    <item name="android:windowFrame">@drawable/window_border</item>
    <item name="android:windowBackground">@drawable/star</item>
</style>
```

在上面的主题定义中使用了两个 Drawable 资源，其中 @drawable/star 是一张图片；@drawable/window_border 是一个 ShapeDrawable 资源，该资源对应的 XML 文件代码如下。

程序清单：codes\06\6.9\StyleResTest\app\src\main\res\drawable\window_border.xml

```xml
<?xml version="1.0" encoding="UTF-8"?>
<shape xmlns:android="http://schemas.android.com/apk/res/android"
    android:shape="rectangle">
```

```xml
    <!-- 设置填充颜色 -->
    <solid android:color="#0fff" />
    <!-- 设置四周的内边距 -->
    <padding android:bottom="7dp"
        android:left="7dp"
        android:right="7dp"
        android:top="7dp" />
    <!-- 设置边框 -->
    <stroke android:width="10dp"
        android:color="#f00" />
</shape>
```

在定义了上面主题之后，接下来即可在 Java 代码中使用该主题了。例如如下代码：

```java
protected void onCreate(Bundle savedInstanceState)
{
    super.onCreate(savedInstanceState);
    setTheme(R.style.CrazyTheme);
    setContentView(R.layout.activity_main);
}
```

大部分时候，在 AndroidManifest.xml 文件中对指定应用、指定 Activity 应用主题更加简单。如果我们想让应用中全部窗口使用该主题，那么只要为<application.../>元素添加 android:theme 属性即可。属性值是一个主题的名字，如以下代码所示。

```xml
<application android:theme="@style/CrazyitTheme">
...
</application>
```

如果只是想让程序中的某个 Activity 拥有这个主题，那么可以修改<activity.../>元素，同样通过 android:theme 指定主题即可。

本应用在 AndroidManifest.xml 文件的<application.../>元素中添加了 android:theme= "@style/CrazyTheme"属性，运行程序，可以看到如图 6.9 所示的界面。

从图 6.9 所示的效果可以看出，该窗口没有标题，窗口背景也被改变了，窗口全屏显示……这些都是自定义主题控制的。

可能会有读者觉得窗口边框弄得这么粗，显得很难看，其实读者可以自行控制。笔者之所以弄得这么粗，是为了让读者看到窗口边框的效果。

图 6.9 使用主题资源

Android 中提供了几种内置的主题资源，这些主题通过查询 Android.R.style 类可以看到。例如前面介绍的对话框风格的窗口，我们只要采用如下代码来定义某个 Activity 即可。

```xml
<activity android:theme="android:Theme.Material.Dialog">
...
</activity>
```

与样式类似的是，Android 主题同样支持继承。如果开发过程中还想利用某个主题，但需要对它进行局部修改，则可通过继承系统主题来实现自定义主题。例如如下代码片段：

```xml
<style name="CrazyTheme" parent="android:Theme.Material.Dialog">
...
</activity>
```

上面定义的 CrazyTheme 主题继承了 android:Theme.Material.Dialog 主题，那么接下来在该<style.../>元素中添加的<item.../>子元素就可覆盖系统主题的部分属性了。

6.10 属性（Attribute）资源

前面已经介绍过自定义 View 组件的开发，自定义 View 组件与 Android 系统提供的 View 组件一样，既可在 Activity 代码中使用，也可在 XML 界面布局代码中使用。

当在 XML 布局文件中使用 Android 系统提供的 View 组件时，开发者可以指定多个属性，这些属性可以很好地控制 View 组件的外观行为。如果用户开发的自定义 View 组件也需要指定属性，就需要属性资源的帮助了。

属性资源文件也放在/res/values 目录下，属性资源文件的根元素也是<resources.../>元素，该元素包含如下两个子元素。

> attr 子元素：定义一个属性。
> declare-styleable 子元素：定义一个 styleable 对象，每个 styleable 对象就是一组 attr 属性的集合。

在使用属性资源文件定义了属性之后，接下来就可以在自定义组件的构造器中通过 AttributeSet 对象来获取这些属性了。

例如想开发一个默认带动画效果的图片，该图片显示时，自动从全透明变到完全不透明，为此需要开发一个自定义组件，但这个自定义组件需要指定一个额外的 duration 属性，该属性控制动画的持续时间。

为了在自定义组件中使用 duration 属性，需要先定义如下属性资源文件。

程序清单：codes\06\6.10\AttrResTest\app\src\main\res\values\attrs.xml

```xml
<?xml version="1.0" encoding="utf-8"?>
<resources>
    <!-- 定义一个属性 -->
    <attr name="duration" />
    <!-- 定义一个 styleable 对象来组合多个属性 -->
    <declare-styleable name="AlphaImageView">
        <attr name="duration" />
    </declare-styleable>
</resources>
```

在上面的属性资源文件中定义了该属性之后，至于到底在哪个 View 组件中使用该属性，该属性到底能发挥什么作用，就不归属性资源文件管了。属性资源文件所定义的属性到底可以发挥什么作用，取决于自定义组件的代码实现。

例如如下自定义的 AlphaImageView，它获取了定义该组件所指定的 duration 属性之后，根据该属性来控制图片透明度的改变。

在属性资源文件中定义<declare-styleable.../>元素时，也可在其内部直接使用<attr.../>定义属性，使用<attr.../>时指定一个 format 属性即可，例如上面我们可以指定<attr name="duration" format="integer"/>。

程序清单：codes\06\6.10\AttrResTest\app\src\main\java\org\crazyit\res\AlphaImageView.java

```java
public class AlphaImageView extends ImageView
{
    // 每隔多少毫秒透明度改变一次
    private final static int SPEED = 300;
    // 图片透明度每次改变的大小
    private int alphaDelta;
    // 记录图片当前的透明度
    private int curAlpha;
    private Timer timer;
    static class MyHandler extends Handler
```

```java
{
    private WeakReference<AlphaImageView> imageView;
    private MyHandler(WeakReference<AlphaImageView> imageView)
    {
        this.imageView = imageView;
    }
    @Override
    public void handleMessage(Message msg)
    {
        if (msg.what == 0x123)
        {
            // 每次增加 curAlpha 的值
            imageView.get().curAlpha += imageView.get().alphaDelta;
            if (imageView.get().curAlpha > 255)
                imageView.get().curAlpha = 255;
            // 修改该 ImageView 的透明度
            imageView.get().setImageAlpha(imageView.get().curAlpha);
        }
    }
}
private Handler handler = new MyHandler(new WeakReference<>(this));
public AlphaImageView(Context context, AttributeSet attrs)
{
    super(context, attrs);
    TypedArray typedArray = context.obtainStyledAttributes(attrs,
R.styleable.AlphaImageView);
    // 获取 duration 参数
    int duration = typedArray.getInt(R.styleable.AlphaImageView_duration, 0);
    typedArray.recycle();
    // 计算图片透明度每次改变的大小
    alphaDelta = 255 * SPEED / duration;
    timer = new Timer();
    // 按固定间隔发送消息，通知系统改变图片的透明度
    timer.schedule(new TimerTask()
    {
        @Override
        public void run()
        {
            Message msg = new Message();
            msg.what = 0x123;
            if (curAlpha >= 255)
            {
                timer.cancel();
            } else
            {
                handler.sendMessage(msg);
            }
        }
    }, 0L, SPEED);
}
@Override
public void onDraw(Canvas canvas)
{
    this.setImageAlpha(curAlpha);
    super.onDraw(canvas);
}
}
```

上面程序中的粗体字代码用于获取定义 AlphaImageView 时指定的 duration 属性，并根据该属性计算图片透明度的变化幅度，然后程序启动了一个定时器来动态改变图片的透明度。接着程序重写了 ImageView 的 onDraw(Canvas canvas)方法，该方法会改变图片的透明度（当然也可根据业务需要改变其他属性）。

上面粗体字代码中的 R.styleable.AlphaImageView、R.styleable.AlphaImageView_duration 都是 Android SDK 根据属性资源文件自动生成的。

接下来在界面布局文件中使用 AlphaImageView 时可以为它指定一个 duration 属性,注意该属性位于 http://schemas.android.com/apk/apk/res-auto 命名空间下。

下面是该应用的界面布局文件的代码。

程序清单:codes\06\6.10\AttrResTest\app\src\main\res\layout\activity_main.xml

```xml
<?xml version="1.0" encoding="utf-8"?>
<LinearLayout xmlns:android="http://schemas.android.com/apk/res/android"
    xmlns:crazyit="http://schemas.android.com/apk/res-auto"
    android:layout_width="match_parent"
    android:layout_height="match_parent"
    android:orientation="vertical">
    <!-- 使用自定义组件,并指定属性资源文件中定义的属性 -->
    <org.crazyit.res.AlphaImageView
        android:layout_width="match_parent"
        android:layout_height="wrap_content"
        android:src="@drawable/javaee"
        crazyit:duration="8000" />
</LinearLayout>
```

上面程序中的第一行粗体字代码用于导入 http://schemas.android.com/apk/res-auto 命名空间,并指定该命名空间对应的短名前缀为 crazyit;第二行粗体字代码用于为 AlphaImageView 组件指定自定义属性 duration 的属性值为 8000。

主程序无须做任何特殊的控制,只要简单地加载并显示上面的界面布局文件,运行该程序时即可看到该图片从无到有、慢慢显示出来的效果。

6.11 使用原始资源

除上面介绍的各种 XML 文件、图片文件之外,Android 应用可能还需要用到大量其他类型的资源,比如声音资源等。实际上,声音对于 Android 应用非常重要,选择合适的音效可以让 Android 应用增色不少。

类似于声音文件及其他各种类型的文件,只要 Android 没有为之提供专门的支持,这种资源都被称为原始资源。Android 的原始资源可以放在如下两个地方。

➢ 位于/res/raw/目录下,Android SDK 会处理该目录下的原始资源,Android SDK 会在 R 清单类中为该目录下的资源生成一个索引项。

➢ 位于/assets/目录下,该目录下的资源是更彻底的原始资源。Android 应用需要通过 AssetManager 来管理该目录下的原始资源。

Android SDK 会为位于/res/raw/目录下的资源在 R 清单类中生成一个索引项,接下来在 XML 文件中可通过如下语法格式来访问它。

```
@[<package_name>:]raw/file_name
```

在 Java 或 Kotlin 代码中则按如下语法格式来访问。

```
[<package_name>.]R.raw.<file_name>
```

通过上面的索引项,Android 应用就可以非常方便地访问/res/raw/目录下的原始资源了,至于获取原始资源之后如何处理,则完全取决于实际项目的需要。

AssetManager 是一个专门管理/assets/目录下原始资源的管理器类,AssetManager 提供了如下两个常用方法来访问 Assets 资源。

➢ InputStream open(String fileName):根据文件名来获取原始资源对应的输入流。

> AssetFileDescriptor openFd(String fileName)：根据文件名来获取原始资源对应的 AssetFileDescriptor。AssetFileDescriptor 代表了一项原始资源的描述，应用程序可通过 AssetFileDescriptor 来获取原始资源。

下面的程序示范了如何使用声音。先往应用的/res/raw/目录下放入一个 bomb.mp3 文件——Android SDK 会自动处理该目录下的资源，会在 R 清单类中为它生成一个索引项：R.raw.bomb。

接下来再往/assets/目录下放入一个 shot.mp3 文件——需要通过 AssetManager 进行管理。

下面的程序中定义了两个按钮，其中一个按钮用于播放/res/raw/目录下的声音文件；另一个按钮用于播放/assets/目录下的声音文件。程序界面布局代码很简单，此处不再给出。

程序清单：codes\06\6.11\RawResTest\app\src\main\java\org\crazyit\res\MainActivity.java

```java
public class MainActivity extends Activity
{
    private MediaPlayer mediaPlayer1;
    private MediaPlayer mediaPlayer2;
    @Override
    protected void onCreate(Bundle savedInstanceState)
    {
        super.onCreate(savedInstanceState);
        setContentView(R.layout.activity_main);
        // 直接根据声音文件的 ID 来创建 MediaPlayer
        mediaPlayer1 = MediaPlayer.create(this, R.raw.bomb);
        // 获取该应用的 AssetManager
        AssetManager am = getAssets();
        try {
            // 获取指定文件对应的 AssetFileDescriptor
            AssetFileDescriptor afd = am.openFd("shot.mp3");
            mediaPlayer2 = new MediaPlayer();
            // 使用 MediaPlayer 加载指定的声音文件
            mediaPlayer2.setDataSource(afd.getFileDescriptor());
            mediaPlayer2.prepare();
        }
        catch (IOException e)
        {
            e.printStackTrace();
        }
        // 获取第一个按钮，并为它绑定事件监听器
        Button playRaw = findViewById(R.id.playRaw);
        playRaw.setOnClickListener(view -> mediaPlayer1.start() /* 播放声音 */);
        // 获取第二个按钮，并为它绑定事件监听器
        Button playAsset = findViewById(R.id.playAsset);
        playAsset.setOnClickListener(view -> mediaPlayer2.start()/* 播放声音 */);
    }
}
```

上面程序中的第一行粗体字代码用于获取/res/raw/目录下的原始资源文件；第二段粗体字代码则利用 AssetManager 来获取/assets/目录下的原始资源文件。

在上面程序中利用 MediaPlayer 来播放声音，MediaPlayer 是 Android 提供的一个播放声音的类，本书后面还有关于该类更详细的介绍。

6.12 国际化

引入国际化的目的是为了提供自适应、更友好的用户界面。程序国际化指的是同一个应用在不同语言、国家环境下，可以自动呈现出对应的语言等用户界面，从而提供更友好的界面。

6.12.1 为 Android 应用提供国际化资源

为 Android 程序提供国际化资源很方便——因为 Android 本身就采用了 XML 资源文件来管理所有字符串消息，只要为各消息提供不同国家、语言对应的内容即可。

通过前面的介绍我们知道，Android 应用使用 res\values\目录下的资源文件来保存程序中用到的字符串消息，为了给这些消息提供不同国家、语言的版本，开发者需要为 values 目录添加几个不同的语言国家版本。不同 values 文件夹的命名方式为：

```
values-语言代码-r国家代码
```

例如，如果希望下面的应用支持简体中文、美式英语两种环境，则需要在 res 目录下添加 values-zh-rCN、values-en-rUS 两个目录。

如果希望应用程序的图片也能随国家、语言环境改变，那么还需要为 drawable 目录添加几个不同的语言国家版本。不同 drawable 文件夹的命名方式为：

```
drawable-语言代码-r国家代码
```

如果还需要为 drawable 目录按分辨率提供文件夹，则可以在后面追加分辨率后缀，例如 drawable-zh-rCN-mdpi、drawable-zh-rCN-hdpi、drawable-zh-rCN-xhdpi、drawable-en-rUS-mdpi、drawable-en-rUS-hdpi、drawable-en-rUS-xhdpi 等。

下面的程序分别为 values 目录、drawable 目录创建了简体中文、美式英语两个版本，然后在 \res\drawable-zh-rCN\、\res\drawable-en-rUS\目录下分别添加了 logo.png 图片，这两个图片并不相同，一个是简体中文环境的图片，一个是美式英语环境的图片。

在\res\values-en-rUS\、\res\values-zh-rCN\目录下分别创建了 strings.xml 文件，很明显，这两个文件中存放的就是字符串资源，其中 \res\values-en-rUS\ 目录下的 strings.xml 是美式英语的字符串资源文件；而\res\values-zh-rCN\目录下的 strings.xml 是简体中文的字符串资源文件。添加完成后，项目结构如图 6.10 所示。

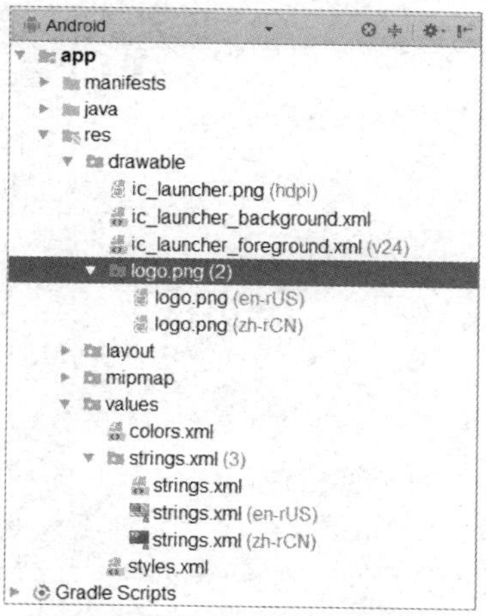

\res\values-en-rUS\目录下的 strings.xml 文件（美式英语）内容如下：

图 6.10 提供国际化资源文件

```xml
<resources>
    <string name="ok">OK</string>
    <string name="cancel">Cancel</string>
    <string name="msg">Hello , Android!</string>
</resources>
```

\res\values-zh-rCN\目录下的 strings.xml 文件内容如下：

```xml
<resources>
    <string name="ok">确定</string>
    <string name="cancel">取消</string>
    <string name="msg">你好啊,可爱的小机器人！</string>
</resources>
```

在不同语言的国际化资源文件中所有消息的 key 是相同的，在不同国家、语言环境下，消息资源 key 对应的 value 不同。

6.12.2 国际化 Android 应用

Android 的设计本身就是国际化的，当开发者在 XML 界面布局文件、Java 代码中加载字符串资源时，Android 的国际化机制就已经起作用了。

例如，对于下面的界面布局文件。

程序清单：codes\06\6.12\I18NTest\app\src\main\res\layout\activity_main.xml

```xml
<?xml version="1.0" encoding="utf-8"?>
<LinearLayout xmlns:android="http://schemas.android.com/apk/res/android"
    android:layout_width="match_parent"
    android:layout_height="match_parent"
    android:orientation="vertical">
    <TextView
        android:id="@+id/show"
        android:layout_width="match_parent"
        android:layout_height="wrap_content"
        android:gravity="top"
        android:lines="2" />
    <ImageView
        android:layout_width="match_parent"
        android:layout_height="wrap_content"
        android:src="@drawable/logo" />
    <LinearLayout
        android:layout_width="match_parent"
        android:layout_height="wrap_content"
        android:gravity="center_horizontal"
        android:orientation="horizontal">
        <!-- 两个按钮的文本都是通过消息资源指定的 -->
        <Button
            android:layout_width="wrap_content"
            android:layout_height="wrap_content"
            android:text="@string/ok" />
        <Button
            android:layout_width="wrap_content"
            android:layout_height="wrap_content"
            android:text="@string/cancel" />
    </LinearLayout>
</LinearLayout>
```

上面三行粗体字代码与前面的界面布局代码相比没有任何改变，它本身就没有把字符串内容"写死"在布局文件中，它本身就是去加载资源文件中的字符串值，此时 Android 的国际化机制就可发挥作用了：如果 Android 是简体中文环境，就加载\res\values-zh-rCN\strings.xml 文件中的字符串资源、加载\res\drawable-zh-rCN 目录下的 Drawable 资源；如果是美式英语环境，就加载\res\values-en-rUS\strings.xml 文件中的字符串资源、加载\res\drawable-en-rUS 目录下的 Drawable 资源。

与此类似的是，在 Java 或 Kotlin 代码中编程时，程序同样可以根据资源 ID 设置字符串内容，而不是以硬编码的方式设置为固定的字符串内容。例如如下程序代码。

程序清单：codes\06\6.12\I18NTest\app\src\main\java\org\crazyit\res\MainActivity.java

```java
public class MainActivity extends Activity
{
    @Override
    protected void onCreate(Bundle savedInstanceState)
    {
        super.onCreate(savedInstanceState);
        setContentView(R.layout.activity_main);
        TextView tvShow = findViewById(R.id.show);
        // 设置文本框所显示的文本
        tvShow.setText(R.string.msg);
    }
}
```

上面的程序为 tvShow 设置文本内容时并未以硬编码的方式设置为固定的字符串内容，而是设置为消息资源的 name——相当于国际化消息的 key。类似的，Android 系统的国际化机制同样可以发挥作用：如果 Android 是简体中文环境，就加载\res\values-zh-rCN\strings.xml 文件中的字符串资源；如果是美式英语环境，就加载\res\values-en-rUS\strings.xml 文件中的字符串资源。

将手机设为美式英语环境（通过 Android 系统的 Settings→System→Language&input→Select language→English (United States)进行设置），运行该程序，即可看到如图 6.11 所示的界面。

将手机设为简体中文环境（通过 Android 系统的 Settings→System→Language&input→language→中文（简体）进行设置），运行该程序，即可看到如图 6.12 所示的界面。

图 6.11　美式英语环境

图 6.12　简体中文环境

从图 6.11、图 6.12 可以看出，两个程序是同一个程序，只是由于它们的运行环境不同，Android 系统会控制程序加载不同的资源文件，因此程序界面上的图片、字符串就完全不同了。

上面程序中的标题并未改变，这是因为这个标题对应的字符串资源只有一份，而且是保存在 values 目录下的，不管是简体中文环境，还是美式英语环境，系统总是加载这份资源文件，因此程序标题是固定的。如果需要对程序标题也进行国际化，不难，只要为程序标题对应的字符串消息名（app_name）分别提供美式英语、简体中文的消息资源即可。

6.13　自适应不同屏幕的资源

开发 Android 应用有一个比较烦人的地方是：Android 设备的屏幕尺寸、分辨率差别非常大，而开发者开发的 Android 应用总希望能在所有 Android 设备上运行，因此开发 Android 应用就需要考虑不同屏幕的适应性问题。

> **提示:**
> 相比之下，开发 iOS 应用要更简单，因为 iOS 只有几种特定的手机和平板电脑两种设备，它们的屏幕尺寸、分辨率都是固定的，因此需要考虑的设备更少。

前面已经提到，Android 默认把 drawable 目录（存放图片等 Drawable 资源的目录）分为 drawable-ldpi、drawable-mdpi、drawable-hdpi、drawable-xhdpi、drawable-xxhdpi 这些子目录，它们正是用于为不同分辨率屏幕准备图片的。

通常来说，屏幕资源需要考虑如下两个方面。

- ➢ 屏幕尺寸：屏幕尺寸可分为 small（小屏幕）、normal（中等屏幕）、large（大屏幕）、xlarge（超大屏幕）4 种。
- ➢ 屏幕分辨率：屏幕分辨率可分为 ldpi（低分辨率）、mdpi（中等分辨率）、hdpi（高分辨率）、xhdpi（超高分辨率）、xxhdpi（超超高分辨率）5 种。
- ➢ 屏幕方向：屏幕方向可分为 land（横屏）和 port（竖屏）两种。

图 6.13 显示了不同屏幕尺寸、不同分辨率对应的通用说法。

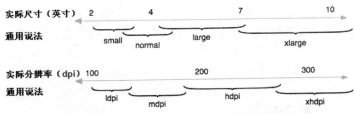

图 6.13 不同尺寸、不同分辨率的屏幕

当为不同尺寸的屏幕设置用户界面时,每种用户界面总有一个最低的屏幕尺寸要求(低于该屏幕尺寸就没法运行),上面这些通用说法中屏幕尺寸总有一个最低分辨率,该最低分辨率是以 dp 为单位的,因此我们在定义界面布局时应该尽量考虑使用 dp 为单位。

下面是上面 4 种屏幕尺寸所需的最低尺寸。

- xlarge 屏幕尺寸至少需要 960dp×720dp。
- large 屏幕尺寸至少需要 640dp×480dp。
- normal 屏幕尺寸至少需要 470dp×320dp。
- small 屏幕尺寸至少需要 426dp×320dp。

通过上面的介绍不难发现,为了提供自适应不同屏幕的资源,最简单的做法就是为不同屏幕尺寸、不同屏幕分辨率提供相应的布局资源、Drawable 资源。

- 屏幕分辨率:可以为 drawable 目录增加后缀 ldpi(低分辨率)、mdpi(中等分辨率)、hdpi(高分辨率)、xhdpi(超高分辨率)、xxhdpi(超超高分辨率),分别为不同分辨率的屏幕提供资源。
- 屏幕尺寸:可以为 layout、values 等目录增加后缀 small、normal、large 和 xlarge,分别为不同尺寸的屏幕提供相应资源。

> **提示:** 从 Android 3.2 开始,Android 建议直接使用真实的屏幕尺寸来定义屏幕尺寸。Android 3.2 支持在 layout、values 目录后添加 sw<N>dp(屏幕尺寸至少宽 N 个 dp 才能使用该资源)、w<N>dp(屏幕尺寸可用宽度为 N 个 dp 可使用该资源)、h<N>dp(屏幕尺寸可用高度为 N 个 dp 才能使用该资源)。例如可指定 layout-sw600dp,表明该设备屏幕的宽度大于或等于 600 个 dp 时使用该目录下的布局资源。

- 屏幕方向:可以为 layout、values 等目录增加后缀 land 和 port,分别为横屏、竖屏提供相应的资源。

下面的示例在 layout 目录下定义了一个界面布局文件。

程序清单:codes\06\6.13\DpiTest\app\src\main\res\layout\activity_main.xml

```xml
<RelativeLayout xmlns:android="http://schemas.android.com/apk/res/android"
    android:layout_width="match_parent"
    android:layout_height="match_parent">
    <ImageView
        android:layout_width="wrap_content"
        android:layout_height="wrap_content"
        android:layout_centerHorizontal="true"
        android:layout_centerVertical="true"
        android:src="@drawable/a"/>
</RelativeLayout>
```

上面的界面布局文件指定显示@drawable/a 对应的图片资源,在 xhdpi 设备上运行程序时(比如 768×1280、320dpi),系统将会使用/res/drawable-xhdpi/目录下的图片。运行该程序,将看到如

图 6.14 所示的界面。

在 xxhdpi 设备上运行程序时（比如 1080×1920、420dpi），系统将会使用/res/drawable-xxhdpi/目录下的图片。运行该程序，将看到如图 6.15 所示的界面。

图 6.14 xhdpi 屏幕使用 drawable-xhdpi 目录下的图片

图 6.15 xxhdpi 屏幕使用 drawable-xxhdpi 目录下 的图片

下面的示例提供了两份布局文件，其中一份放在 layout-normal 目录下，一份放在 layout-large 目录下。layout-normal 目录下的布局文件代码如下。

程序清单：codes\06\6.13\DpiTest\screensize\src\main\res\layout-normal\activity_main.xml

```xml
<?xml version="1.0" encoding="utf-8"?>
<LinearLayout xmlns:android="http://schemas.android.com/apk/res/android"
    android:layout_width="match_parent"
    android:layout_height="match_parent"
    android:orientation="vertical">
    <Button
        android:layout_width="match_parent"
        android:layout_height="wrap_content"
        android:text="第一个按钮" />
    <Button
        android:layout_width="match_parent"
        android:layout_height="wrap_content"
        android:text="第二个按钮" />
    <Button
        android:layout_width="match_parent"
        android:layout_height="wrap_content"
        android:text="第三个按钮" />
</LinearLayout>
```

layout-large 目录下的布局文件代码如下。

程序清单：codes\06\6.13\ScreenSizeTest\app\src\main\res\layout-large\activity_main.xml

```xml
<?xml version="1.0" encoding="utf-8"?>
<LinearLayout xmlns:android="http://schemas.android.com/apk/res/android"
    android:layout_width="match_parent"
    android:layout_height="match_parent"
    android:orientation="horizontal">
    <Button
        android:layout_width="wrap_content"
        android:layout_height="wrap_content"
        android:text="第一个按钮" />
    <Button
        android:layout_width="wrap_content"
        android:layout_height="wrap_content"
        android:text="第二个按钮" />
```

```
    <Button
        android:layout_width="wrap_content"
        android:layout_height="wrap_content"
        android:text="第三个按钮" />
</LinearLayout>
```

在正常尺寸的屏幕（如768×1280、320dpi）上运行该程序，系统将会加载layout-normal目录下的activity_main.xml布局文件。运行该程序，将看到如图6.16所示的界面。

在大尺寸的屏幕（如720×1280、240dpi）上运行该程序，系统将会加载layout-large目录下的activity_main.xml布局文件。运行该程序，将看到如图6.17所示的界面。

图6.16 正常尺寸的屏幕加载layout-normal
目录下的界面布局文件

图6.17 大尺寸的屏幕加载layout-large
目录下的界面布局文件

可能有读者感到奇怪：720×1280、240dpi的分辨率不是比768×1280、320dpi分辨率更低吗？怎么Android反而使用layout-large目录下的布局文件呢？这是因为手机屏幕大小不仅与分辨率有关，还与dpi有关。dpi的意思是Dots Per Inch，即每英寸包含的点数，这意味着在相同分辨率情况下，dpi越高，屏幕反而越小；但dpi越高，图像显示效果就越细腻。因此720×1280、240dpi的屏幕其实比768×1280、320dpi的屏幕更大，故而Android在720×1280、240dpi的屏幕上会选择layout-large目录下的activity_main.xml布局文件。

6.14 本章小结

本章主要介绍了Android应用资源的相关内容。Android应用资源是一种非常优秀的、高解耦设计，通过使用资源文件，Android应用可以把各种字符串、图片、颜色、界面布局等交给XML文件配置管理，这样就避免在Java或Kotlin代码中以硬编码的方式直接定义这些内容。学习本章需要掌握Android应用资源的存储方式、Android应用资源的使用方式。除此之外，Android应用的字符串资源、颜色资源、尺寸资源、数组资源、图片资源、各种Drawable资源、原始XML资源、布局资源、菜单资源、样式和主题资源、属性资源、原始资源等各种资源文件都需要重点掌握。

本章最后还介绍了Android应用的国际化和不同分辨率屏幕的自适应资源，这些内容都需要读者认真掌握。

第 7 章
图形与图像处理

本章要点

- Android 的图形处理基础
- Bitmap 与 BitmapFactory
- 继承 View 在 Android 中绘图
- 掌握 Canvas、Paint、Path 等绘图 API
- 双缓冲机制
- 使用 Matrix 对图像进行几何变换
- 通过 drawBitmapMesh 方法扭曲图像
- 使用不同的 Shader 类绘制图形
- 逐帧动画
- 补间动画
- 属性动画
- 开发自定义补间动画
- SurfaceView 的绘图机制
- 继承 SurfaceView 开发动画

正如前面所介绍的，决定 Android 应用是否被用户接受的重要方面就是用户界面，为了提供友好的用户界面，就需要在应用中使用图片了。Android 系统提供了丰富的图片功能支持，包括处理静态图片和动画等。

Android 系统提供了 ImageView 显示普通的静态图片，也提供了 AnimationDrawable 来开发逐帧动画，还可通过 Animation 对普通图片使用补间动画。图形、图像处理不仅对 Android 系统的应用界面非常重要，而且 Android 系统上的益智类游戏、2D 游戏都需要大量的图形、图像处理。所谓游戏，本质就是提供更逼真的、能模拟某种环境的用户界面，并根据某种规则来响应用户操作。为了提供更逼真的用户界面，需要借助于图形、图像处理。

学习本章内容之后，读者应该能熟练掌握 Android 系统的图形、图像处理，这样就可以在 Android 平台上开发出俄罗斯方块、五子棋等小游戏了。本章将会通过弹球游戏、飞机游戏等来帮助读者掌握 Android 2D 游戏开发的入门知识。

7.1 使用简单图片

前面的 Android 应用中已经大量使用了简单图片，图片不仅可以使用 ImageView 来显示，也可以作为 Button、Window 的背景。从广义的角度来看，Android 应用中的图片不仅包括*.png、*.jpg、*.gif 等各种格式的位图，也包括使用 XML 资源文件定义的各种 Drawable 对象。

▶▶ 7.1.1 使用 Drawable 对象

为 Android 应用增加了 Drawable 资源之后，Android SDK 会为这份资源在 R 清单文件中创建一个索引项：R.drawable.file_name。

接下来既可在 XML 资源文件中通过@drawable/file_name 访问该 Drawable 对象，也可在 Java 或 Kotlin 代码中通过 R.drawable.file_name 访问该 Drawable 对象。

需要指出的是，R.drawable.file_name 是一个 int 类型的常量，它只代表 Drawable 对象的 ID，如果在 Java 或 Kotlin 程序中需要获取实际的 Drawable 对象，则可调用 Resources 的 getDrawable(int id)方法来实现。

由于前面已经介绍了大量关于 Drawable 的示例，故此处不再给出示例。

▶▶ 7.1.2 Bitmap 和 BitmapFactory

Bitmap 代表一个位图，BitmapDrawable 里封装的图片就是一个 Bitmap 对象。开发者为了把一个 Bitmap 对象包装成 BitmapDrawable 对象，可以调用 BitmapDrawable 的构造器。

```
// 把一个Bitmap对象包装成BitmapDrawable对象
BitmapDrawable drawable = BitmapDrawable(bitmap);
```

如果需要获取 BitmapDrawable 所包装的 Bitmap 对象，则可调用 BitmapDrawable 的 getBitmap()方法，如下面的代码所示。

```
// 获取BitmapDrawable所包装的Bitmap对象
Bitmap bitmap = drawable.getBitmap();
```

除此之外，Bitmap 还提供了一些静态方法来创建新的 Bitmap 对象，例如如下常用方法。

➢ createBitmap(Bitmap source, int x, int y, int width, int height)：从源位图 source 的指定坐标点（给定 x、y）开始，从中"挖取"宽 width、高 height 的一块出来，创建新的 Bitmap 对象。

➢ createScaledBitmap(Bitmap src, int dstWidth, int dstHeight, boolean filter)：对源位图 src 进行缩放，缩放成宽 dstWidth、高 dstHeight 的新位图。

➢ createBitmap(int width, int height, Bitmap.Config config)：创建一个宽 width、高 height 的新

位图。
- createBitmap(Bitmap source, int x, int y, int width, int height, Matrix m, boolean filter)：从源位图 source 的指定坐标点（给定 x、y）开始，从中"挖取"宽 width、高 height 的一块出来，创建新的 Bitmap 对象，并按 Matrix 指定的规则进行变换。

BitmapFactory 是一个工具类，它提供了大量的方法，这些方法可用于从不同的数据源来解析、创建 Bitmap 对象。BitmapFactory 包含了如下方法。
- decodeByteArray(byte[] data, int offset, int length)：从指定字节数组的 offset 位置开始，将长度为 length 的字节数据解析成 Bitmap 对象。
- decodeFile(String pathName)：从 pathName 指定的文件中解析、创建 Bitmap 对象。
- decodeFileDescriptor(FileDescriptor fd)：用于从 FileDescriptor 对应的文件中解析、创建 Bitmap 对象。
- decodeResource(Resources res, int id)：用于根据给定的资源 ID 从指定资源中解析、创建 Bitmap 对象。
- decodeStream(InputStream is)：用于从指定输入流中解析、创建 Bitmap 对象。

通常，只要把图片放在/res/drawable/目录下，就可以在程序中通过该图片对应的资源 ID 来获取封装该图片的 Drawable 对象。但由于手机系统的内存比较小，如果系统不停地去解析、创建 Bitmap 对象，可能由于前面创建 Bitmap 所占用的内存还没有回收，而导致程序运行时引发 OutOfMemory 错误。

Android 为 Bitmap 提供了两个方法来判断它是否已回收，以及强制 Bitmap 回收自己。
- boolean isRecycled()：返回该 Bitmap 对象是否已被回收。
- void recycle()：强制一个 Bitmap 对象立即回收自己。

此外，如果 Android 应用需要访问其他存储路径（比如 SD 卡）里的图片，则可通过 BitmapFactory 来解析、创建 Bitmap 对象。

下面开发一个查看/assets/目录下图片的图片查看器。该程序界面十分简单，只包含一个 ImageView 和一个按钮，当用户单击该按钮时程序会自动去搜寻/assets/目录下的下一张图片。此处不再给出界面布局代码，该 Activity 的代码如下。

程序清单：codes\07\7.1\BitmapTest\factory\src\main\java\org\crazyit\image\MainActivity.java

```java
public class MainActivity extends Activity
{
    private String[] images;
    private int currentImg;
    private ImageView image;
    @Override
    protected void onCreate(Bundle savedInstanceState)
    {
        super.onCreate(savedInstanceState);
        setContentView(R.layout.activity_main);
        image = findViewById(R.id.image);
        try {
            // 获取/assets/目录下的所有文件
            images = getAssets().list("");
        } catch (IOException e) {
            e.printStackTrace();
        }
        // 获取 next 按钮
        Button next = findViewById(R.id.next);
        // 为 next 按钮绑定事件监听器，该监听器将会查看下一张图片
        next.setOnClickListener(view -> {
            // 如果发生数组越界
            if (currentImg >= images.length)
```

```java
            {
                currentImg = 0;
            }
            // 找到下一个图片文件
            while (!images[currentImg].endsWith(".png") &&
                    !images[currentImg].endsWith(".jpg") &&
                    !images[currentImg].endsWith(".gif"))
            {
                currentImg++;
                // 如果已发生数组越界
                if (currentImg >= images.length)
                {
                    currentImg = 0;
                }
            }
            InputStream assetFile = null;
            try {
                // 打开指定资源对应的输入流
                assetFile = getAssets().open(images[currentImg++]);
            } catch (IOException e) {
                e.printStackTrace();
            }
            BitmapDrawable bitmapDrawable = (BitmapDrawable) image.getDrawable();
            // 如果图片还未回收,先强制回收该图片
            if (bitmapDrawable != null && !bitmapDrawable.getBitmap().isRecycled()) // ①
            {
                bitmapDrawable.getBitmap().recycle();
            }
            // 改变 ImageView 显示的图片
            image.setImageBitmap(BitmapFactory.decodeStream(assetFile)); // ②
        });
    }
}
```

上面程序中的①号粗体字代码用于判断当前 ImageView 所显示的图片是否已被回收,如果该图片还未被回收,则系统强制回收该图片;程序的②号粗体字代码调用了 BitmapFactory 从指定输入流解析并创建 Bitmap 对象。

▶▶ 7.1.3 Android 9 新增的 ImageDecoder

Android 9 引入了 ImageDecoder、OnHeaderDecodedListener 等 API,它们提供了更强大的图片解码支持(就是读取图片),其不仅可以解码 PNG、JPEG 等静态图片,而且也能直接解码 GIF、WEBP 等动画图片。

此外,Android 9 新增了支持 HEIF 格式,Apple 从 iOS 11 开始对这种压缩格式提供兼容。这种压缩格式具有超高的压缩比,相较 JPEG 格式,其文件大小可以压缩到只有其一半,且可保证近似的图像质量。

当使用 ImageDecoder 解码 GIF、WEBP 等动画图片时,程序将会返回一个 AnimatedImageDrawable(Android 9 新增的 API)对象,为了开始执行动画,调用 AnimatedImageDrawable 对象的 start()方法即可。

使用 ImageDecoder 解码图片的方式同样很简单,只要如下两步即可。

① 调用 ImageDecoder 的重载的 createSource 方法来创建 Source 对象。根据不同的图片来源,createSource 方法有不同的重载形式。

② 调用 ImageDecoder 的 decodeDrawable(Source) or decodeBitmap(Source)方法来读取代表图片的 Drawable 或 Bitmap 对象。

在执行上面第 2 步时,程序可以额外传入一个 OnHeaderDecodedListener 参数,该参数代表一

个监听器，该监听器要实现一个 onHeaderDecoded(ImageDecoder, ImageInfo, Source)方法，通过该方法可以对 ImageDecoder 进行额外设置，也可以通过 ImageInfo 获取被解码图片的信息。

下面程序示范了使用 ImageDecoder 直接读取 GIF 动画图片。在该程序的界面 LinearLayout 布局内只定义了一个 TextView 和一个 ImageView，因此此处不再给出界面布局文件。

该程序的 Activity 代码如下。

程序清单：codes\07\7.1\BitmapTest\imagedecoder\src\main\java\org\crazyit\image\MainActivity.java

```java
public class MainActivity extends Activity
{
    @Override
    protected void onCreate(Bundle savedInstanceState)
    {
        super.onCreate(savedInstanceState);
        setContentView(R.layout.activity_main);
        // 获取 TextView 对象
        TextView textView = findViewById(R.id.tv);
        // 获取 ImageView 对象
        ImageView imageView = findViewById(R.id.image);
        // ① 创建 ImageDecoder.Source 对象
        ImageDecoder.Source source = ImageDecoder.createSource(
            getResources(), R.drawable.fat_po);
        try {
            // ② 执行 decodeDrawable()方法获取 Drawable 对象
            Drawable drawable = ImageDecoder.decodeDrawable(
                source, (decoder, info, s) -> {
                    // 通过 info 参数获取被解码的图片信息
                    textView.setText("图片原始宽度" + info.getSize().getWidth()
                        + "\n" + "图片原始高度" + info.getSize().getHeight());
                    // 设置图片解码之后的缩放大小
                    decoder.setTargetSize(600, 580);
                });
            imageView.setImageDrawable(drawable);
            // 如果 drawable 是 AnimatedImageDrawable 的实例，则执行动画
            if (drawable instanceof AnimatedImageDrawable) {
                ((AnimatedImageDrawable) drawable).start();
            }
        } catch (IOException e) {
            e.printStackTrace();
        }
    }
}
```

上面程序中的第一行粗体字代码根据图片的资源 ID 创建了 ImageDecoder.Source；第二行粗体字代码则调用 ImageDecoder 解码了 Drawable 对象，并使用 ImageView 来显示该 Drawable 对象。由于程序解码的是一张 GIF 动画图片，因此实际得到的是 AnimatedImageDrawable 对象，调用该对象的 start()方法即可播放动画。

运行该程序，可以看到一张播放的动画图片，这就是 ImageDecoder 的功能。

与传统的 BitmapFactory 相比，ImageDecoder 甚至可以解码包含不完整或错误的图片，如果希望显示 ImageDecoder 解码出错之前的部分图片，则可通过为 ImageDecoder 设置 OnPartialImageListener 监听器来实现。例如如下代码片段：

```java
// 先用 Lambda 表达式作为 OnHeaderDecodedListener 监听器
Drawable drawable = ImageDecoder.decodeDrawable(source, (decoder, info, src) -> {
    // 为 ImageDecoder 设置 OnPartialImageListener 监听器（Lambda 表达式）
    decoder.setOnPartialImageListener(e -> {
        ...
        // return true 表明即使不能完整地解码全部图片也返回 Drawable 或 Bitmap
```

```
            return true;
        });
    });
```

7.2 绘图

除使用已有的图片之外，Android 应用还常常需要在运行时动态生成图片，比如一个手机游戏，游戏界面看上去丰富多彩，而且可以随着用户动作而动态改变，这就需要借助于 Android 的绘图支持了。

▶▶ 7.2.1 Android 绘图基础：Canvas、Paint 等

有过 Swing 编程经验的读者都知道，在 Swing 中绘图的思路是需要开发一个自定义类，该自定义类继承 JPanel，并重写 JPanel 的 paint(Graphics g)方法即可。Android 的绘图与此类似，Android 的绘图应该继承 View 组件，并重写它的 onDraw(Canvas)方法即可。

重写 onDraw(Canvas)方法时涉及一个绘图 API：Canvas，Canvas 代表"依附"于指定 View 的画布，它提供了如表 7.1 所示的方法来绘制各种图形。

表 7.1 Canvas 的绘制方法

方法签名	简要说明
drawArc(RectF oval, float startAngle, float sweepAngle, boolean useCenter, Paint paint)	绘制弧
drawBitmap(Bitmap bitmap, Rect src, Rect dst, Paint paint)	在指定点绘制从源位图中"挖取"的一块
drawBitmap(Bitmap bitmap, float left, float top, Paint paint)	在指定点绘制位图
drawCircle(float cx, float cy, float radius, Paint paint)	在指定点绘制一个圆
drawLine(float startX, float startY, float stopX, float stopY, Paint paint)	绘制一条直线
drawLines(float[] pts, int offset, int count, Paint paint)	绘制多条直线
drawOval(RectF oval, Paint paint)	绘制椭圆
drawPath(Path path, Paint paint)	沿着指定 Path 绘制任意形状
drawPoint(float x, float y, Paint paint)	绘制一个点
drawPoints(float[] pts, int offset, int count, Paint paint)	绘制多个点
drawRect(float left, float top, float right, float bottom, Paint paint)	绘制矩形
drawRoundRect(RectF rect, float rx, float ry, Paint paint)	绘制圆角矩形
drawText(String text, int start, int end, Paint paint)	绘制字符串
drawTextOnPath(String text, Path path, float hOffset, float vOffset, Paint paint)	沿着路径绘制字符串
clipRect(float left, float top, float right, float bottom)	剪切一个矩形区域
clipRegion(Region region)	剪切指定区域

除表 7.1 中所定义的各种方法之外，Canvas 还提供了如下方法进行坐标变换。

- ➢ rotate(float degrees, float px, float py)：对 Canvas 执行旋转变换。
- ➢ scale(float sx, float sy, float px, float py)：对 Canvas 执行缩放变换。
- ➢ skew(float sx, float sy)：对 Canvas 执行倾斜变换。
- ➢ translate(float dx, float dy)：移动 Canvas。向右移动 dx 距离（dx 为负数即向左移动）；向下移动 dy 距离（dy 为负数即向上移动）。

Canvas 提供的方法还涉及一个 API：Paint，Paint 代表 Canvas 上的画笔，因此 Paint 类主要用于设置绘制风格，包括画笔颜色、画笔笔触粗细、填充风格等。Paint 提供了如表 7.2 所示的常用方法。

表 7.2 Paint 的常用方法

方法签名	简要说明
setARGB(int a, int r, int g, int b)/setColor(int color)	设置颜色
setAlpha(int a)	设置透明度
setAntiAlias(boolean aa)	设置是否抗锯齿
setColor(int color)	设置颜色
setPathEffect(PathEffect effect)	设置绘制路径时的路径效果
setShader(Shader shader)	设置画笔的填充效果
setShadowLayer(float radius, float dx, float dy, int color)	设置阴影
setStrokeWidth(float width)	设置画笔的笔触宽度
setStrokeJoin(Paint.Join join)	设置画笔转弯处的连接风格
setStyle(Paint.Style style)	设置 Paint 的填充风格
setTextAlign(Paint.Align align)	设置绘制文本时的文字对齐方式
setTextSize(float textSize)	设置绘制文本时的文字大小

在 Canvas 提供的绘制方法中还用到了一个 API：Path，Path 代表任意多条直线连接而成的任意图形，当 Canvas 根据 Path 绘制时，它可以绘制出任意的形状。

下面的程序示范了如何在 Android 应用中绘制基本的几何图形。该程序的关键在于一个自定义 View 组件，程序重写该 View 组件的 onDraw(Canvas)方法，接下来在该 Canvas 上绘制了大量几何图形。这个自定义 View 的代码如下。

程序清单：codes\07\7.2\DrawTest\canvastest\src\main\java\org\crazyit\image\MyView.java

```java
public class MyView extends View
{
    private Path path1 = new Path();
    private Path path2 = new Path();
    private Path path3 = new Path();
    private Path path4 = new Path();
    private Path path5 = new Path();
    private Path path6 = new Path();
    public MyView(Context context, AttributeSet set)
    {
        super(context, set);
    }
    private LinearGradient mShader = new LinearGradient(0f, 0f, 40f, 60f,
        new int[]{Color.RED, Color.GREEN, Color.BLUE, Color.YELLOW},
        null, Shader.TileMode.REPEAT);
    private RectF rect = new RectF();
    // 定义画笔
    private Paint paint = new Paint();
    // 重写该方法，进行绘图
    @Override
    public void onDraw(Canvas canvas)
    {
        super.onDraw(canvas);
        // 把整张画布绘制成白色
        canvas.drawColor(Color.WHITE);
        // 去锯齿
        paint.setAntiAlias(true);
        paint.setColor(Color.BLUE);
        paint.setStyle(Paint.Style.STROKE);
        paint.setStrokeWidth(4f);
        int viewWidth = this.getWidth();
```

```java
// 绘制圆形
canvas.drawCircle(viewWidth / 10 + 10, viewWidth / 10 + 10, viewWidth / 10, paint);
// 绘制正方形
canvas.drawRect(10f, viewWidth / 5 + 20,
    viewWidth / 5 + 10, viewWidth * 2 / 5 + 20, paint);
// 绘制矩形
canvas.drawRect(10f, viewWidth * 2 / 5 + 30,
    viewWidth / 5 + 10, viewWidth / 2 + 30, paint);
rect.set(10f, viewWidth / 2 + 40, 10 + viewWidth / 5, viewWidth * 3 / 5 + 40);
// 绘制圆角矩形
canvas.drawRoundRect(rect, 15f, 15f, paint);
rect.set(10f, viewWidth * 3 / 5 + 50, 10 + viewWidth / 5, viewWidth * 7 / 10 + 50);
// 绘制椭圆
canvas.drawOval(rect, paint);
// 使用一个 Path 对象封闭成一个三角形
path1.moveTo(10f, viewWidth * 9 / 10 + 60);
path1.lineTo(viewWidth / 5 + 10, viewWidth * 9 / 10 + 60);
path1.lineTo(viewWidth / 10 + 10, viewWidth * 7 / 10 + 60);
path1.close();
// 根据 Path 进行绘制，绘制三角形
canvas.drawPath(path1, paint);
// 使用一个 Path 对象封闭成一个五边形
path2.moveTo(10 + viewWidth / 15, viewWidth * 9 / 10 + 70);
path2.lineTo(10 + viewWidth * 2 / 15, viewWidth * 9 / 10 + 70);
path2.lineTo(10 + viewWidth / 5, viewWidth + 70);
path2.lineTo(10 + viewWidth / 10, viewWidth * 11 / 10 + 70);
path2.lineTo(10f, viewWidth + 70);
path2.close();
// 根据 Path 进行绘制，绘制五边形
canvas.drawPath(path2, paint);
// ----------设置填充风格后绘制----------
paint.setStyle(Paint.Style.FILL);
paint.setColor(Color.RED);
// 绘制圆形
canvas.drawCircle(viewWidth * 3 / 10 + 20, viewWidth / 10 + 10, viewWidth / 10, paint);
// 绘制正方形
canvas.drawRect(viewWidth / 5 + 20, viewWidth / 5 + 20,
    viewWidth * 2 / 5 + 20, viewWidth * 2 / 5 + 20, paint);
// 绘制矩形
canvas.drawRect(viewWidth / 5 + 20, viewWidth * 2 / 5 + 30,
    viewWidth * 2 / 5 + 20, viewWidth / 2 + 30, paint);
rect.set(viewWidth / 5 + 20, viewWidth / 2 + 40,
    20 + viewWidth * 2 / 5, viewWidth * 3 / 5 + 40);
// 绘制圆角矩形
canvas.drawRoundRect(rect, 15f, 15f, paint);
rect.set(20 + viewWidth / 5, viewWidth * 3 / 5 + 50,
    20 + viewWidth * 2 / 5, viewWidth * 7 / 10 + 50);
// 绘制椭圆
canvas.drawOval(rect, paint);
// 使用一个 Path 对象封闭成一个三角形
path3.moveTo(20 + viewWidth / 5, viewWidth * 9 / 10 + 60);
path3.lineTo(viewWidth * 2 / 5 + 20, viewWidth * 9 / 10 + 60);
path3.lineTo(viewWidth * 3 / 10 + 20, viewWidth * 7 / 10 + 60);
path3.close();
// 根据 Path 进行绘制，绘制三角形
canvas.drawPath(path3, paint);
// 使用一个 Path 对象封闭成一个五边形
path4.moveTo(20 + viewWidth * 4 / 15, viewWidth * 9 / 10 + 70);
path4.lineTo(20 + viewWidth / 3, viewWidth * 9 / 10 + 70);
path4.lineTo(20 + viewWidth * 2 / 5, viewWidth + 70);
path4.lineTo(20 + viewWidth * 3 / 10, viewWidth * 11 / 10 + 70);
```

```java
            path4.lineTo(20 + viewWidth / 5, viewWidth + 70);
            path4.close();
            // 根据 Path 进行绘制，绘制五边形
            canvas.drawPath(path4, paint);
            // ----------设置渐变器后绘制----------
            // 为 Paint 设置渐变器
            paint.setShader(mShader);
            // 设置阴影
            paint.setShadowLayer(25f, 20f, 20f, Color.GRAY);
            // 绘制圆形
            canvas.drawCircle(viewWidth / 2 + 30, viewWidth / 10 + 10, viewWidth / 10, paint);
            // 绘制正方形
            canvas.drawRect(viewWidth * 2 / 5 + 30, viewWidth / 5 + 20,
                    viewWidth * 3 / 5 + 30, viewWidth * 2 / 5 + 20, paint);
            // 绘制矩形
            canvas.drawRect(viewWidth * 2 / 5 + 30, viewWidth * 2 / 5 + 30,
                    viewWidth * 3 / 5 + 30, viewWidth / 2 + 30, paint);
            rect.set((viewWidth * 2 / 5 + 30), viewWidth / 2 + 40, 30 + viewWidth * 3 / 5,
                    viewWidth * 3 / 5 + 40);
            // 绘制圆角矩形
            canvas.drawRoundRect(rect, 15f, 15f, paint);
            rect.set(30 + viewWidth * 2 / 5, viewWidth * 3 / 5 + 50, 30 + viewWidth * 3 / 5,
                    viewWidth * 7 / 10 + 50);
            // 绘制椭圆
            canvas.drawOval(rect, paint);
            // 使用一个 Path 对象封闭成一个三角形
            path5.moveTo(30 + viewWidth * 2 / 5, viewWidth * 9 / 10 + 60);
            path5.lineTo(viewWidth * 3 / 5 + 30, viewWidth * 9 / 10 + 60);
            path5.lineTo(viewWidth / 2 + 30, viewWidth * 7 / 10 + 60);
            path5.close();
            // 根据 Path 进行绘制，绘制三角形
            canvas.drawPath(path5, paint);
            // 使用一个 Path 对象封闭成一个五边形
            path6.moveTo(30 + viewWidth * 7 / 15, viewWidth * 9 / 10 + 70);
            path6.lineTo(30 + viewWidth * 8 / 15, viewWidth * 9 / 10 + 70);
            path6.lineTo(30 + viewWidth * 3 / 5, viewWidth + 70);
            path6.lineTo(30 + viewWidth / 2, viewWidth * 11 / 10 + 70);
            path6.lineTo(30 + viewWidth * 2 / 5, viewWidth + 70);
            path6.close();
            // 根据 Path 进行绘制，绘制五边形
            canvas.drawPath(path6, paint);
            // ----------设置字符大小后绘制----------
            paint.setTextSize(48f);
            paint.setShader(null);
            // 绘制 7 个字符串
            canvas.drawText(getResources().getString(R.string.circle),
                    60 + viewWidth * 3 / 5, viewWidth / 10 + 10, paint);
            canvas.drawText(getResources().getString(R.string.square),
                    60 + viewWidth * 3 / 5, viewWidth * 3 / 10 + 20, paint);
            canvas.drawText(getResources().getString(R.string.rect),
                    60 + viewWidth * 3 / 5, viewWidth * 1 / 2 + 20, paint);
            canvas.drawText(getResources().getString(R.string.round_rect),
                    60 + viewWidth * 3 / 5, viewWidth * 3 / 5 + 30, paint);
            canvas.drawText(getResources().getString(R.string.oval),
                    60 + viewWidth * 3 / 5, viewWidth * 7 / 10 + 30, paint);
            canvas.drawText(getResources().getString(R.string.triangle),
                    60 + viewWidth * 3 / 5, viewWidth * 9 / 10 + 30, paint);
            canvas.drawText(getResources().getString(R.string.pentagon),
                    60 + viewWidth * 3 / 5, viewWidth * 11 / 10 + 30, paint);
        }
    }
```

上面程序中大量调用了 Canvas 的方法来绘制几何图形，而且程序的第二段粗体字代码还为

Paint 画笔设置了使用渐变、阴影，因此接下来绘制的几何图形将采用渐变填充，而且具有阴影。使用一个 Activity 来显示上面的 MyView 类，运行程序，将看到如图 7.1 所示的效果。

Android 的 Canvas 不仅可以绘制这种简单的几何图形，还可以直接将一个 Bitmap 绘制到画布上，这样就给了开发者巨大的灵活性，只要前期美工把应用程序所需的图片制作出来，后期开发时把这些图片绘制到 Canvas 上即可。

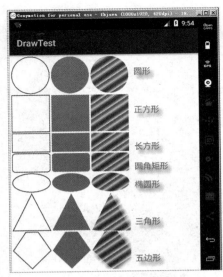

图 7.1 Android 绘图入门

▶▶ 7.2.2 Path 类

从上面的程序可以看出，Android 提供的 Path 是一个非常有用的类，它可以预先在 View 上将 N 个点连成一条"路径"，然后调用 Canvas 的 drawPath(path, paint) 方法即可沿着路径绘制图形。实际上 Android 还为路径绘制提供了 PathEffect 来定义绘制效果，PathEffect 包含了如下子类（每个子类代表一种绘制效果）。

- ComposePathEffect
- CornerPathEffect
- DashPathEffect
- DiscretePathEffect
- PathDashPathEffect
- SumPathEffect

这些绘制效果使用语言来表述总显得有点空洞，下面通过一个程序来让读者理解这些绘制效果。该程序绘制 7 条路径，分别示范了不使用效果和使用上面 6 种效果的效果。

程序清单：codes\07\7.2\DrawTest\pathtest\src\main\java\org\crazyit\image\MainActivity.java

```java
public class MainActivity extends Activity
{
    @Override
    protected void onCreate(Bundle savedInstanceState)
    {
        super.onCreate(savedInstanceState);
        setContentView(new MyView(this));
    }
    private static class MyView extends View
    {
        private float phase;
        private PathEffect[] effects = new PathEffect[7];
        private int[] colors;
        private Paint paint = new Paint();
        // 定义创建并初始化 Path
        private Path path = new Path();
        public MyView(Context context)
        {
            super(context);
            paint.setStyle(Paint.Style.STROKE);
            paint.setStrokeWidth(4);
            path.moveTo(0f, 0f);
            for (int i = 1; i <= 40; i++)
            {
```

```
            // 生成40个点，随机生成它们的Y坐标，并将它们连成一条Path
            path.lineTo(i * 25f, (float) (Math.random() * 90));
        }
        // 初始化7种颜色
        colors = new int[]{Color.BLACK, Color.BLUE, Color.CYAN,
            Color.GREEN, Color.MAGENTA, Color.RED, Color.YELLOW};
        // ----------下面开始初始化7种路径效果----------
        // 不使用路径效果
        effects[0] = null;
        // 使用CornerPathEffect路径效果
        effects[1] = new CornerPathEffect(10f);
        // 初始化DiscretePathEffect
        effects[2] = new DiscretePathEffect(3.0f, 5.0f);
    }

    @Override
    public void onDraw(Canvas canvas)
    {
        // 将背景填充成白色
        canvas.drawColor(Color.WHITE);
        // 将画布移动到(8, 8)处开始绘制
        canvas.translate(8f, 8f);
        // 依次使用7种不同的路径效果、7种不同的颜色来绘制路径
        for (int i = 0; i < effects.length; i++) {
            paint.setPathEffect(effects[i]);
            paint.setColor(colors[i]);
            canvas.drawPath(path, paint);
            canvas.translate(0f, 90f);
        }
        // 初始化DashPathEffect
        effects[3] = new DashPathEffect(new float[]{20f, 10f, 5f, 10f}, phase);
        // 初始化PathDashPathEffect
        Path p = new Path();
        p.addRect(0f, 0f, 8f, 8f, Path.Direction.CCW);
        effects[4] = new PathDashPathEffect(p, 12f, phase,
            PathDashPathEffect.Style.ROTATE);
        // 初始化ComposePathEffect
        effects[5] = new ComposePathEffect(effects[2], effects[4]);
        effects[6] = new SumPathEffect(effects[4], effects[3]);
        // 改变phase值，形成动画效果
        phase += 1f;
        invalidate();
    }
}
```

正如从上面的程序中所看到的，当定义 DashPathEffect、PathDashPathEffect 时可指定一个 phase 参数，该参数用于指定路径效果的相位，当该 phase 参数改变时，绘制效果也略有变化。上面的程序不停地改变 phase 参数，并不停地重绘该 View 组件，这将产生动画效果，如图 7.2 所示。

除此之外，Android 的 Canvas 还提供了一个 drawTextOnPath(String text, Path path, float hOffset, float vOffset, Paint paint)方法，该方法可以沿着 Path 绘制文本。其中 hOffset 参数指定水平偏移，vOffset 参数指定垂直偏移。例如如下程序。

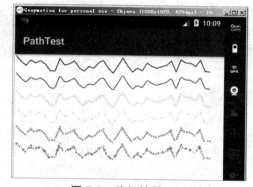

图 7.2　路径效果示例

程序清单：codes\07\7.2\DrawTest\pathtext\src\main\java\org\crazyit\image\MainActivity.java

```java
public class MainActivity extends Activity
{
    @Override
    protected void onCreate(Bundle savedInstanceState)
    {
        super.onCreate(savedInstanceState);
        setContentView(new PathTextView(this));
    }
    private static class PathTextView extends View
    {
        private String drawStr = getResources().getString(R.string.draw_string);
        private Path[] paths = new Path[3];
        private Paint paint = new Paint();
        public PathTextView(Context context)
        {
            super(context);
            paths[0] = new Path();
            paths[0].moveTo(0f, 0f);
            for (int i = 1; i <= 20; i++)
            {
                // 生成20个点，随机生成它们的Y坐标，并将它们连成一条Path
                paths[0].lineTo(i * 30f, (float) (Math.random() * 30));
            }
            paths[1] = new Path();
            RectF rectF = new RectF(0f, 0f, 600f, 360f);
            paths[1].addOval(rectF, Path.Direction.CCW);
            paths[2] = new Path();
            paths[2].addArc(rectF, 60f, 180f);
            // 初始化画笔
            paint.setAntiAlias(true);
            paint.setColor(Color.CYAN);
            paint.setStrokeWidth(1f);
        }
        @Override
        public void onDraw(Canvas canvas)
        {
            canvas.drawColor(Color.WHITE);
            canvas.translate(40f, 40f);
            // 设置从右边开始绘制（右对齐）
            paint.setTextAlign(Paint.Align.RIGHT);
            paint.setTextSize(30f);
            // 绘制路径
            paint.setStyle(Paint.Style.STROKE);
            canvas.drawPath(paths[0], paint);
            paint.setTextSize(40f);
            // 沿着路径绘制一段文本
            paint.setStyle(Paint.Style.FILL);
            canvas.drawTextOnPath(drawStr, paths[0], -8f, 20f, paint);
            // 对Canvas进行坐标变换：画布下移60
            canvas.translate(0f, 60f);
            // 绘制路径
            paint.setStyle(Paint.Style.STROKE);
            canvas.drawPath(paths[1], paint);
            // 沿着路径绘制一段文本
            paint.setStyle(Paint.Style.FILL);
            canvas.drawTextOnPath(drawStr, paths[1], -20f, 20f, paint);
            // 对Canvas进行坐标变换：画布下移360
            canvas.translate(0f, 360f);
            // 绘制路径
            paint.setStyle(Paint.Style.STROKE);
            canvas.drawPath(paths[2], paint);
```

```
        // 沿着路径绘制一段文本
        paint.setStyle(Paint.Style.FILL);
        canvas.drawTextOnPath(drawStr, paths[2], -10f, 20f, paint);
    }
}
```

上面程序三次调用了 drawTextOnPath() 在 View 组件上绘制文本，此时绘制的文本并不是简单的水平排列，而是沿着指定路径绘制的。运行上面的程序，将看到如图 7.3 所示的效果。

图 7.3　沿着路径绘制文本

7.2.3　绘制游戏动画

掌握了 Canvas 绘图知识之后，如果需要实现游戏动画也是非常简单的。动画其实就是不断地重复调用 View 组件的 onDraw(Canvas canvas) 方法，如果每次在 View 组件上绘制的图形并不相同，那么就成了习惯上所说的动画。

为了让 View 组件上绘制的图形发生改变（无非是位置、大小、角度等发生改变），这就需要程序采用变量来"记住"这些状态数据——如果需要游戏动画随用户操作而改变，就为用户动作编写事件监听器，在监听器中修改这些数据；如果需要游戏动画"自动"改变，也就是随时间的流逝而改变，那么就需要使用定时器（Timer），让 Timer 控制这些状态数据定期改变。

不管使用哪种方式，每次 View 组件上的图形状态数据发生改变时，都应该通知 View 组件重写调用 onDraw(Canvas canvas) 方法重绘该组件。通知 View 重绘可调用 invalidate（在 UI 线程中）或 postInvalidate（在非 UI 线程中）。

实例：采用双缓冲实现画图板

本实例要实现一个画图板，当用户在触摸屏上移动时，即可在屏幕上绘制任意的图形。实现手绘功能其实是一种假象：表面上看起来可以随用户在触摸屏上自由地画曲线，实际上依然利用的是 Canvas 的 drawLine() 方法画直线，每条直线都是从上一次拖动事件的发生点画到本次拖动事件的发生点。当用户在触摸屏上移动时，两次拖动事件发生点的距离很小，多条极短的直线连接起来，肉眼看起来就是曲线了。借助于 Android 提供的 Path 类，可以非常方便地实现这种效果。

需要指出的是，如果程序每次都只是从上次拖动事件的发生点绘一条直线到本次拖动事件的发生点，那么用户前面绘制的就会丢失。为了保留用户之前绘制的内容，程序要借助于"双缓冲"技术。

所谓双缓冲技术其实很简单：当程序需要在指定 View 上进行绘制时，程序并不直接绘制到该 View 组件上，而是先绘制到内存中的一个 Bitmap 图片（这就是缓冲区）上，等到内存中的 Bitmap 绘制好之后，再一次性地将 Bitmap 绘制到 View 组件上。

该程序需要一个自定义 View，该 View 的代码如下。

程序清单：codes\07\7.2\DrawTest\handdraw\src\main\java\org\crazyit\image\DrawView.java

```java
public class DrawView extends View
{
    // 定义记录前一个拖动事件发生点的坐标
    private float preX;
    private float preY;
    private Path path = new Path();
    Paint paint = new Paint(Paint.DITHER_FLAG);
    private Bitmap cacheBitmap;
    // 定义 cacheBitmap 上的 Canvas 对象
    private Canvas cacheCanvas = new Canvas();
    private Paint bmpPaint = new Paint();
    DrawView(Context context, int width, int height){
        super(context);
        // 创建一个与该 View 具有相同大小的图片缓冲区
        cacheBitmap = Bitmap.createBitmap(width, height,
            Bitmap.Config.ARGB_8888);
        // 设置 cacheCanvas 将会绘制到内存中的 cacheBitmap 上
        cacheCanvas.setBitmap(cacheBitmap);
        // 设置画笔的颜色
        paint.setColor(Color.RED);
        // 设置画笔风格
        paint.setStyle(Paint.Style.STROKE);
        paint.setStrokeWidth(1);
        // 反锯齿
        paint.setAntiAlias(true);
        paint.setDither(true);
    }
    @Override
    public boolean onTouchEvent(MotionEvent event)
    {
        // 获取拖动事件的发生位置
        float x = event.getX();
        float y = event.getY();
        switch (event.getAction())
        {
            case MotionEvent.ACTION_DOWN:
                // 从前一个点绘制到当前点之后，把当前点定义成下次绘制的前一个点
                path.moveTo(x, y);
                preX = x;
                preY = y;
                break;
            case MotionEvent.ACTION_MOVE:
                // 从前一个点绘制到当前点之后，把当前点定义成下次绘制的前一个点
                path.lineTo(x, y);
                preX = x;
                preY = y;
                break;
            case MotionEvent.ACTION_UP:
                cacheCanvas.drawPath(path, paint);   // ①
                path.reset();
                break;
        }
        invalidate();
        // 返回 true 表明处理方法已经处理该事件
        return true;
    }
    @Override
    public void onDraw(Canvas canvas)
    {
```

```
            // 将cacheBitmap 绘制到该 View 组件上
            canvas.drawBitmap(cacheBitmap, 0f, 0f, bmpPaint); // ②
            // 沿着 path 绘制
            canvas.drawPath(path, paint);
        }
    }
```

上面程序中的粗体字代码为触摸屏的拖动事件提供了响应——只是简单地修改了 preX、preY 两个属性，并通知该组件重绘。

在这个自定义 View 组件中，程序重写了该 View 的 onDraw(Canvas canvas)方法，注意该方法中的②号粗体字代码，这行代码并不是调用该 View 的 Canvas 进行绘制的，而是调用了缓存 Bitmap 的 Canvas 进行绘图的，这表明是向缓冲区绘图。程序的②号粗体字代码将缓冲区中的 Bitmap 对象绘制到 View 组件上——这就是所谓的"双缓冲"技术。

在提供了上面的 DrawView 之后，接下来把该组件添加到主界面中，本程序无须使用界面布局文件，本程序直接在 Activity 中使用代码创建程序界面。

本程序还提供了菜单来设置画笔的颜色和笔触大小，该程序的菜单资源文件如下。

程序清单：codes\07\7.2\DrawTest\handdraw\src\main\res\menu\menu_main.xml

```xml
<?xml version="1.0" encoding="utf-8"?>
<menu xmlns:android="http://schemas.android.com/apk/res/android">
    <item android:title="@string/color">
        <menu>
            <!-- 定义一组单选菜单项 -->
            <group android:checkableBehavior="single">
                <!-- 定义多个菜单项 -->
                <item android:id="@+id/red"
                    android:title="@string/color_red" />
                <item android:id="@+id/green"
                    android:title="@string/color_green" />
                <item android:id="@+id/blue"
                    android:title="@string/color_blue" />
            </group>
        </menu>
    </item>
    <item android:title="@string/width">
        <menu>
            <!-- 定义一组菜单项 -->
            <group>
                <!-- 定义三个菜单项 -->
                <item android:id="@+id/width_1"
                    android:title="@string/width_1" />
                <item android:id="@+id/width_3"
                    android:title="@string/width_3" />
                <item android:id="@+id/width_5"
                    android:title="@string/width_5" />
            </group>
        </menu>
    </item>
    <item android:id="@+id/blur"
        android:title="@string/blur" />
    <item android:id="@+id/emboss"
        android:title="@string/emboss" />
</menu>
```

主程序负责加载、显示界面布局，加载、显示上面的菜单资源。除此之外，程序还要为各菜单项编写事件响应，程序代码如下。

程序清单：codes\07\7.2\DrawTest\handdraw\src\main\java\org\crazyit\image\MainActivity.java

```java
public class MainActivity extends Activity
{
    private EmbossMaskFilter emboss;
    private BlurMaskFilter blur;
    private DrawView drawView;
    @Override
    protected void onCreate(Bundle savedInstanceState)
    {
        super.onCreate(savedInstanceState);
        LinearLayout line = new LinearLayout(this);
        DisplayMetrics displayMetrics = new DisplayMetrics();
        // 获取创建的宽度和高度
        getWindowManager().getDefaultDisplay().getRealMetrics(displayMetrics);
        // 创建一个DrawView，该DrawView的宽度、高度与该Activity保持相同
        drawView = new DrawView(this, displayMetrics.widthPixels,
            displayMetrics.heightPixels);
        line.addView(drawView);
        setContentView(line);
        emboss = new EmbossMaskFilter(new float[]{1.5f, 1.5f, 1.5f}, 0.6f, 6f, 4.2f);
        blur = new BlurMaskFilter(8f, BlurMaskFilter.Blur.NORMAL);
    }
    // 负责创建选项菜单
    @Override
    public boolean onCreateOptionsMenu(Menu menu)
    {
        // 加载R.menu.menu_main对应的菜单，并添加到menu中
        getMenuInflater().inflate(R.menu.menu_main, menu);
        return super.onCreateOptionsMenu(menu);
    }
    // 菜单项被单击后的回调方法
    @Override
    public boolean onOptionsItemSelected(MenuItem mi)
    {
        // 判断单击的是哪个菜单项，并有针对性地做出响应
        switch (mi.getItemId())
        {
            case R.id.red:
                drawView.paint.setColor(Color.RED);
                mi.setChecked(true);
                break;
            case R.id.green:
                drawView.paint.setColor(Color.GREEN);
                mi.setChecked(true);
                break;
            case R.id.blue:
                drawView.paint.setColor(Color.BLUE);
                mi.setChecked(true);
                break;
            case R.id.width_1: drawView.paint.setStrokeWidth(1f); break;
            case R.id.width_3: drawView.paint.setStrokeWidth(3f); break;
            case R.id.width_5: drawView.paint.setStrokeWidth(5f); break;
            case R.id.blur: drawView.paint.setMaskFilter(blur); break;
            case R.id.emboss: drawView.paint.setMaskFilter(emboss); break;
        }
        return true;
    }
}
```

上面的程序代码比较简单，当用户单击不同的菜单项之后，程序只要简单地修改DrawView组件内的Paint对象的颜色和笔触粗细即可。运行上面的程序，将看到如图7.4所示的界面。

第7章 图形与图像处理

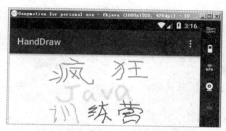

图 7.4 双缓冲实现绘图板

> **提示：**
> 阅读过《疯狂 Java 讲义》一书的读者可能对这个程序感到很"眼熟"，实际上这个程序所用的"双缓冲"技术，编程思路都来自《疯狂 Java 讲义》一书中 11.8 节的示例。正如笔者前面提到的，Android 开发并不难——如果读者有扎实的 Java 或 Kotlin 基础，再加上一定的界面编程经验，学习 Android 开发将非常轻松。

实例：弹球游戏

下面的程序开发了一个简单的弹球游戏，其中小球和球拍分别以圆形区域和矩形区域代替，小球开始以随机速度向下运动，遇到边框或球拍时小球反弹；球拍则由用户控制，当用户按下向左、向右键时，球拍将会向左、向右移动。

程序清单：codes\07\7.2\DrawTest\pinball\src\main\java\org\crazyit\image\MainActivity.java

```java
public class MainActivity extends Activity
{
    // 屏幕的宽度
    private float tableWidth;
    // 屏幕的高度
    private float tableHeight;
    // 球拍的垂直位置
    private float racketY;
    // 下面定义球拍的高度和宽度
    private float racketHeight;
    private float racketWidth;
    // 小球的大小
    private float ballSize;
    // 小球纵向的运行速度
    private int ySpeed = 15;
    private Random rand = new Random();
    // 返回一个-0.5~0.5 的比率，用于控制小球的运行方向
    private double xyRate = rand.nextDouble() - 0.5;
    // 小球横向的运行速度
    private int xSpeed = (int) (ySpeed * xyRate * 2.0);
    // ballX 和 ballY 代表小球的坐标
    private float ballX = rand.nextInt(200) + 20f;
    private float ballY = rand.nextInt(10) + 60f;
    // racketX 代表球拍的水平位置
    private float racketX = rand.nextInt(200);
    // 游戏是否结束的旗标
    private boolean isLose;
    private GameView gameView;
    static class MyHandler extends Handler
    {
        private WeakReference<MainActivity> activity;
        MyHandler(WeakReference<MainActivity> activity)
        {
            this.activity = activity;
```

```java
    }
    @Override
    public void handleMessage(Message msg)
    {
        if (msg.what == 0x123)
        {
            activity.get().gameView.invalidate();
        }
    }
}
private Handler handler = new MyHandler(new WeakReference<>(this));
@Override
public void onCreate(Bundle savedInstanceState)
{
    super.onCreate(savedInstanceState);
    // 去掉窗口标题
    requestWindowFeature(Window.FEATURE_NO_TITLE);
    racketHeight = getResources().getDimension(R.dimen.racket_height);
    racketWidth = getResources().getDimension(R.dimen.racket_width);
    ballSize = getResources().getDimension(R.dimen.ball_size);
    // 全屏显示
    getWindow().setFlags(WindowManager.LayoutParams.FLAG_FULLSCREEN,
            WindowManager.LayoutParams.FLAG_FULLSCREEN);
    // 创建 GameView 组件
    gameView = new GameView(this);
    setContentView(gameView);
    // 获取窗口管理器
    WindowManager windowManager = getWindowManager();
    Display display = windowManager.getDefaultDisplay();
    DisplayMetrics metrics = new DisplayMetrics();
    display.getMetrics(metrics);
    // 获得屏幕宽和高
    tableWidth = metrics.widthPixels;
    tableHeight = metrics.heightPixels;
    racketY = tableHeight - 80;
    gameView.setOnTouchListener((source, event) -> { // ②
        if (event.getX() <= tableWidth / 10)
        {
            // 控制挡板左移
            if (racketX > 0) racketX -= 10;
        }
        if (event.getX() >= tableWidth * 9 / 10)
        {
            // 控制挡板右移
            if (racketX < tableWidth - racketWidth) racketX += 10;
        }
        return true;
    });
    Timer timer = new Timer();
    timer.schedule(new TimerTask()  // ①
    {
        @Override
        public void run()
        {
            // 如果小球碰到左边边框
            if (ballX < ballSize || ballX >= tableWidth - ballSize)
            {
                xSpeed = -xSpeed;
            }
            // 如果小球高度超出了球拍位置，且横向不在球拍范围之内，游戏结束
            if (ballY >= racketY - ballSize &&
                    (ballX < racketX || ballX > racketX + racketWidth))
            {
```

```java
                    timer.cancel();
                    // 设置游戏是否结束的旗标为true
                    isLose = true;
                }
                // 如果小球位于球拍之内,且到达球拍位置,小球反弹
                else if (ballY < ballSize || (ballY >= racketY - ballSize &&
                    ballX > racketX && ballX <= racketX + racketWidth))
                {
                    ySpeed = -ySpeed;
                }
                // 小球坐标增加
                ballY += ySpeed;
                ballX += xSpeed;
                // 发送消息,通知系统重绘组件
                handler.sendEmptyMessage(0x123);
            }
        }, 0, 100);
    }
    class GameView extends View
    {
        private Paint paint = new Paint();
        private RadialGradient mShader = new RadialGradient(-ballSize/ 2,
            -ballSize/ 2, ballSize, Color.WHITE, Color.RED, Shader.TileMode.CLAMP);
        public GameView(Context context)
        {
            super(context);
            setFocusable(true);
            paint.setStyle(Paint.Style.FILL);
            // 设置去锯齿
            paint.setAntiAlias(true);
        }
        // 重写View的onDraw方法,实现绘画
        @Override
        public void onDraw(Canvas canvas)
        {
            // 如果游戏已经结束
            if (isLose)
            {
                paint.setColor(Color.RED);
                paint.setTextSize(40f);
                canvas.drawText("游戏已结束", tableWidth / 2 - 100, 200f, paint);
            }
            // 如果游戏还未结束
            else
            {
                canvas.save();  // 保存坐标系统
                // 将坐标系统平移到小球圆心处绘制小球
                canvas.translate(ballX, ballY);
                // 设置渐变,并绘制小球
                paint.setShader(mShader);
                canvas.drawCircle(0f, 0f, ballSize, paint);
                canvas.restore();  // 恢复原来的坐标系统
                paint.setShader(null);
                // 设置颜色,并绘制球拍
                paint.setColor(Color.rgb(80, 80, 200));
                canvas.drawRect(racketX, racketY, racketX + racketWidth,
                    racketY + racketHeight, paint);
            }
        }
    }
}
```

上面程序提供了一个GameView,这个GameView很简单,它只是根据程序中小球的坐标、球

拍的坐标来绘制小球和球拍的。

上面程序在绘制小球时还用到了坐标变换。所谓坐标变换，就是将坐标系统进行平移（translate）、旋转（rotate）、缩放（scale）、倾斜（skew）等变换。接下来当程序使用 Canvas 绘图时，实际上是基于变换后的坐标系统进行绘图的。比如上面程序在绘制小球时先将坐标系统平移到（ballX, ballY）处，然后直接以（0, 0）作为圆心来绘制小球，但实际上小球的圆心将位于（ballX, ballY）。

当程序需要对多个绘图元素的坐标进行某种计算时，更简单的做法是先保存原来的坐标系统（以备后面恢复），然后进行坐标变换，接下来直接绘制这些绘图元素，最后恢复原来的坐标系统即可。为了绘制小球的立体效果（使用渐变填充），需要动态计算圆形渐变的圆心，因此本实例使用了坐标变换。

除此之外，这个所谓的"游戏"本质上就是一个动画程序，该程序中可以"动"的内容很少，只有一个小球和一个球拍。其中小球的坐标由定时器定时修改（如程序中①号粗体字代码所示）；球拍的坐标则由键盘动作来修改（如程序中②号粗体字代码所示）。运行上面的程序，将可以看到如图 7.5 所示的游戏界面。

虽然图 7.5 所示的弹球游戏还略嫌粗糙，但只要开发者找到一些"美丽"的图片，替换程序中的小球、球

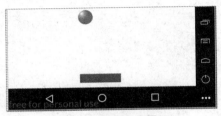

图 7.5 弹球游戏界面

拍，再考虑在界面上方增加一些"障碍物"来增加游戏乐趣，以及为小球碰撞边界、碰撞球拍时增加音效，这个游戏将会变得"生动"起来。这个游戏的 AWT 版本同样来自《疯狂 Java 讲义》，疯狂 Java 联盟（crazyit.org）站点上有大量已经完成的弹球游戏，读者也可利用那些游戏中的图片资源来完善这个游戏。

7.3 图形特效处理

Android 除前面介绍的那些图形支持之外，还提供了一些额外的更高级的图形特效支持，这些图形特效支持可以让开发者开发出更绚丽的 UI 界面。

▶▶ 7.3.1 使用 Matrix 控制变换

Matrix 是 Android 提供的一个矩阵工具类，它本身并不能对图形或组件进行变换，但它可与其他 API 结合来控制图形、组件的变换。

使用 Matrix 控制图形或组件变换的步骤如下。

① 获取 Matrix 对象，该 Matrix 对象既可新创建，也可直接获取其他对象内封装的 Matrix（例如 Transformation 对象内部就封装了 Matrix）。

② 调用 Matrix 的方法进行平移、旋转、缩放、倾斜等。

③ 将程序对 Matrix 所做的变换应用到指定图形或组件。

Matrix 不仅可用于控制图形的平移、旋转、缩放、倾斜变换，也可用于控制 View 组件进行平移、旋转和缩放等。

Matrix 提供了如下方法来控制平移、旋转、缩放和倾斜。

- ➤ setTranslate(float dx, float dy)：控制 Matrix 进行平移。
- ➤ setSkew(float kx, float ky, float px, float py)：控制 Matrix 以 px、py 为轴心进行倾斜。kx、ky 为 X、Y 方向上的倾斜距离。
- ➤ setSkew(float kx, float ky)：控制 Matrix 进行倾斜。kx、ky 为 X、Y 方向上的倾斜距离。
- ➤ setRotate(float degrees)：控制 Matrix 进行旋转，degrees 控制旋转的角度。

➢ setRotate(float degrees, float px, float py)：设置以 px、py 为轴心进行旋转，degrees 控制旋转的角度。
➢ setScale(float sx, float sy)：设置 Matrix 进行缩放，sx、sy 控制 X、Y 方向上的缩放比例。
➢ setScale(float sx, float sy, float px, float py)：设置 Matrix 以 px、py 为轴心进行缩放，sx、sy 控制 X、Y 方向上的缩放比例。

一旦对 Matrix 进行了变换，接下来就可应用该 Matrix 对图形进行控制了。例如，Canvas 就提供了一个 drawBitmap(Bitmap bitmap, Matrix matrix, Paint paint)方法，调用该方法就可以在绘制 bitmap 时应用 Matrix 上的变换。

如下程序开发了一个自定义 View，该自定义 View 可以检测到用户的键盘事件，当用户单击相应的按钮时，该自定义 View 会用 Matrix 对绘制的图形进行旋转、倾斜变换。

程序清单：codes\07\7.3\ImageEffect\matrixtest\src\main\java\org\crazyit\image\MyView.java

```java
public class MyView extends View
{
    // 初始的图片资源
    private Bitmap bitmap;
    // Matrix 实例
    private Matrix bmMatrix = new Matrix();
    // 设置倾斜度
    float sx;
    // 位图宽和高
    private int bmWidth;
    private int bmHeight;
    // 缩放比例
    float scale = 1.0f;
    // 判断缩放还是旋转
    boolean isScale;
    public MyView(Context context, AttributeSet set)
    {
        super(context, set);
        // 获得位图
        bitmap = ((BitmapDrawable)context.getResources().getDrawable(
            R.drawable.a, context.getTheme())).getBitmap();
        // 获得位图宽
        bmWidth = bitmap.getWidth();
        // 获得位图高
        bmHeight = bitmap.getHeight();
        // 使当前视图获得焦点
        this.setFocusable(true);
    }
    @Override
    public void onDraw(Canvas canvas)
    {
        super.onDraw(canvas);
        // 重置 Matrix
        bmMatrix.reset();
        if (!isScale)
        {
            // 倾斜 Matrix
            bmMatrix.setSkew(sx, 0f);
        }
        else
        {
            // 缩放 Matrix
            bmMatrix.setScale(scale, scale);
        }
        // 根据原始位图和 Matrix 创建新图片
```

```
            Bitmap bitmap2 = Bitmap.createBitmap(bitmap,
                    0, 0, bmWidth, bmHeight, bmMatrix, true);
            // 绘制新位图
            canvas.drawBitmap(bitmap2, bmMatrix, null);
        }
    }
```

上面程序中的粗体字代码就是通过 Matrix 控制图片倾斜、缩放的关键代码。本程序的 Activity 在界面上添加了 4 个按钮，这 4 个按钮分别控制图片的倾斜、缩放。

当用户单击不同的按钮时，按钮对应的事件监听器会负责修改程序中 sx（控制水平倾斜度）和 scale（控制缩放比）两个参数，从而控制程序界面上图片的倾斜、缩放。

把上面的自定义 View 放在 Activity 中显示出来，运行该程序，将看到如图 7.6 所示的界面。

图 7.6　使用 Matrix 控制倾斜

▶▶ 7.3.2　使用 drawBitmapMesh 扭曲图像

Canvas 提供了一个 drawBitmapMesh(Bitmap bitmap, int meshWidth, int meshHeight, float[] verts, int vertOffset, int[] colors, int colorOffset, Paint paint)方法，该方法可以对 bitmap 进行扭曲。这个方法非常灵活，如果用好这个方法，开发者可以在 Android 应用上开发出"水波荡漾""风吹旗帜"等各种扭曲效果。

drawBitmapMesh()方法的关键参数说明如下。

- bitmap：指定需要扭曲的源位图。
- meshWidth：该参数控制在横向上把该源位图划分成多少格。
- meshHeight：该参数控制在纵向上把该源位图划分成多少格。
- verts：该参数是一个长度为(meshWidth+1)*(meshHeight+1)*2 的数组，它记录了扭曲后的位图各"顶点"（图 7.7 所示网格线的交点）位置。虽然它是一个一维数组，但实际上它记录的数据是形如($x0,y0$)、($x1,y1$)、($x2,y2$)、…、(xN,yN)格式的数据，这些数组元素控制对 bitmap 位图的扭曲效果。
- vertOffset：控制 verts 数组中从第几个数组元素开始才对 bitmap 进行扭曲（忽略 verOffset 之前数据的扭曲效果）。

drawBitmapMesh()方法对源位图扭曲时最关键的参数是 meshWidth、meshHeight、verts，这三个参数对扭曲的控制如图 7.7 所示。

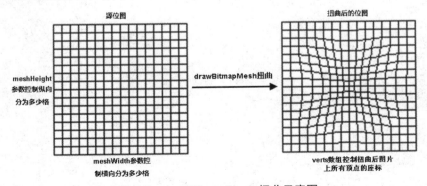

图 7.7　drawBitmapMesh 扭曲示意图

从图 7.7 可以看出，当程序希望调用 drawBitmapMesh()方法对位图进行扭曲时，关键是计算 verts 数组的值——该数组的值记录了扭曲后的位图上各"顶点"（图 7.7 所示网格线的交点）的坐标。

提示：
初学者往往容易对 drawBitmapMesh()方法感到不好理解，如果读者有 Photoshop 图形处理的经验，应该对图 7.7 所示的扭曲效果很熟悉——实际上该方法可以模拟 Photoshop 的扭曲"滤镜"。Android 应用面向的终端用户都是普通人群，应用界面对这些用户的影响非常大，Android 提供的 drawBitmapMesh()方法带给开发者一种非常灵活的控制。在实际开发中，笔者甚至"贪心"地希望 Android 提供更多的方法，这些方法可以更好地模拟 Photoshop 的各种"滤镜"。

实例：可揉动的图片

本实例程序将会通过 drawBitmapMesh()方法来控制图片的扭曲，当用户"触摸"图片的指定点时，该图片会在这个点被用户"按"下去——就像这张图片铺在"极软的床上"一样。

为了实现这个效果，程序要在用户触摸图片的指定点时，动态改变 verts 数组里每个元素的位置（控制扭曲后每个顶点的坐标）。这种改变也简单：程序计算图片上每个顶点与触摸点的距离，顶点与触摸点的距离越小，该顶点向触摸点移动的距离越大。

下面是该 Activity 的代码。

程序清单：codes\07\7.3\ImageEffect\meshtest\src\main\java\org\crazyit\image\MainActivity.java

```java
public class MainActivity extends Activity
{
    @Override
    protected void onCreate(Bundle savedInstanceState)
    {
        super.onCreate(savedInstanceState);
        setContentView(new MyView(this, R.drawable.jinta));
    }
    private class MyView extends View
    {
        // 定义两个常量，这两个常量指定该图片横向、纵向上都被划分为20 格
        private final static int WIDTH = 20;
        private final static int HEIGHT = 20;
        // 记录该图片上包含441 个顶点
        private final static int COUNT = (WIDTH + 1) * (HEIGHT + 1);
        // 定义一个数组，保存 Bitmap 上的21 * 21 个点的坐标
        private float[] verts = new float[COUNT * 2];
        // 定义一个数组，记录 Bitmap 上的21 * 21 个点经过扭曲后的坐标
        // 对图片进行扭曲的关键就是修改该数组里元素的值
        private float[] orig = new float[COUNT * 2];
        private Bitmap bitmap;
        MyView(Context context, int drawableId)
        {
            super(context);
            setFocusable(true);
            // 根据指定资源加载图片
            bitmap = BitmapFactory.decodeResource(getResources(), drawableId);
            // 获取图片宽度、高度
            float bitmapWidth = bitmap.getWidth();
            float bitmapHeight = bitmap.getHeight();
            int index = 0;
            for (int y = 0; y <= HEIGHT; y++) {
                float fy = bitmapHeight * y / HEIGHT;
```

```java
            for (int x = 0; x <= WIDTH; x++) {
                float fx = bitmapWidth * x / WIDTH;
                // 初始化 orig、verts 数组。初始化后，orig、verts
                // 两个数组均匀地保存了 21 * 21 个点的 x,y 坐标
                verts[index * 2] = fx;
                orig[index * 2] = verts[index * 2];
                verts[index * 2 + 1] = fy;
                orig[index * 2 + 1] = verts[index * 2 + 1];
                index += 1;
            }
        }
        // 设置背景色
        setBackgroundColor(Color.WHITE);
    }
    @Override
    public void onDraw(Canvas canvas)
    {
        // 对 bitmap 按 verts 数组进行扭曲
        // 从第一个点（由第 5 个参数 0 控制）开始扭曲
        canvas.drawBitmapMesh(bitmap, WIDTH, HEIGHT, verts, 0, null, 0, null);
    }
    // 工具方法，用于根据触摸事件的位置计算 verts 数组里各元素的值
    private void warp(float cx, float cy)
    {
        for (int i = 0; i < COUNT * 2; i += 2) {
            float dx = cx - orig[i];
            float dy = cy - orig[i + 1];
            float dd = dx * dx + dy * dy;
            // 计算每个坐标点与当前点（cx, cy）之间的距离
            float d = (float) Math.sqrt(dd);
            // 计算扭曲度，距离当前点（cx, cy）越远，扭曲度越小
            float pull = 200000 / (dd * d);
            // 对 verts 数组（保存 bitmap 上 21 * 21 个点经过扭曲后的坐标）重新赋值
            if (pull >= 1) {
                verts[i] = cx;
                verts[i + 1] = cy;
            } else {
                // 控制各顶点向触摸事件发生点偏移
                verts[i] = orig[i] + dx * pull;
                verts[i + 1] = orig[i + 1] + dy * pull;
            }
        }
        // 通知 View 组件重绘
        invalidate();
    }
    @Override
    public boolean onTouchEvent(MotionEvent event)
    {
        // 调用 warp 方法根据触摸屏事件的坐标点来扭曲 verts 数组
        warp(event.getX(), event.getY());
        return true;
    }
}
```

上面程序中的粗体字代码是关键，该方法将会根据触摸点的位置（由 cx、cy 坐标控制）动态修改 verts 数组里所有数组元素的值，这样就控制了 drawBitmapMesh() 方法的扭曲效果。

运行该程序并触碰该图片的任意位置，将可以看到如图 7.8 所示的效果。

图 7.8　扭曲图像

▶▶ 7.3.3　使用 Shader 填充图形

前面介绍 Paint 时提到该 Shader 包含了一个 setShader(Shader s)方法，该方法控制"画笔"的绘制效果——Android 不仅可以使用颜色来填充图形（包括前面介绍的矩形、椭圆、圆形等各种几何图形），也可以使用 Shader 对象指定的效果来填充图形。

Shader 本身是一个抽象类，它提供了如下实现类。

- BitmapShader：使用位图平铺来填充图形。
- LinearGradient：使用线性渐变来填充图形。
- RadialGradient：使用圆形渐变来填充图形。
- SweepGradient：使用角度渐变来填充图形。
- ComposeShader：使用组合效果来填充图形。

如果使用文字来描述 Shader 效果，不仅显得十分啰唆，而且极难讲清楚。但如果读者有"玩"Flash 的经验，则应该对位图平铺、线性渐变、圆形渐变、角度渐变等名词十分熟悉，那么此处就无须笔者多费笔墨来描述这些 Shader 效果了，因为它们与 Flash 提供的位图平铺、线性渐变、圆形渐变、角度渐变完全一样。如果读者没有 Flash 经验，也无须担心，运行下面的程序即可明白各种 Shader 对象的效果。

下面的程序中包含了 5 个按钮，当用户按下不同的按钮时系统将会设置 Paint 使用不同的 Shader，这样读者即可看到不同 Shader 的效果。

程序清单：codes\07\7.3\ImageEffect\shadertest\src\main\java\org\crazyit\image\MainActivity.java

```
public class MainActivity extends Activity
{
    // 声明Shader数组
    private Shader[] shaders = new Shader[5];
    // 声明颜色数组
    private int[] colors;
    private MyView myView;
```

```java
@Override
protected void onCreate(Bundle savedInstanceState)
{
    super.onCreate(savedInstanceState);
    setContentView(R.layout.activity_main);
    myView = findViewById(R.id.my_view);
    // 获得 Bitmap 实例
    Bitmap bm = BitmapFactory.decodeResource(getResources(), R.drawable.water);
    // 设置渐变的颜色组，也就是按红、绿、蓝的方式渐变
    colors = new int[]{Color.RED, Color.GREEN, Color.BLUE};
    // 实例化 BitmapShader，x 坐标方向重复图形，y 坐标方向镜像图形
    shaders[0] = new BitmapShader(bm, Shader.TileMode.REPEAT,
        Shader.TileMode.MIRROR);
    // 实例化 LinearGradient
    shaders[1] = new LinearGradient(0f, 0f, 100f, 100f,
        colors, null, Shader.TileMode.REPEAT);
    // 实例化 RadialGradient
    shaders[2] = new RadialGradient(100f, 100f, 80f,
        colors, null, Shader.TileMode.REPEAT);
    // 实例化 SweepGradient
    shaders[3] = new SweepGradient(160f, 160f, colors, null);
    // 实例化 ComposeShader
    shaders[4] = new ComposeShader(shaders[1], shaders[2], PorterDuff.Mode.ADD);
    Button bn1 = findViewById(R.id.bn1);
    Button bn2 = findViewById(R.id.bn2);
    Button bn3 = findViewById(R.id.bn3);
    Button bn4 = findViewById(R.id.bn4);
    Button bn5 = findViewById(R.id.bn5);
    View.OnClickListener listener = source -> {
        switch (source.getId())
        {
            case R.id.bn1: myView.paint.setShader(shaders[0]); break;
            case R.id.bn2: myView.paint.setShader(shaders[1]); break;
            case R.id.bn3: myView.paint.setShader(shaders[2]); break;
            case R.id.bn4: myView.paint.setShader(shaders[3]); break;
            case R.id.bn5: myView.paint.setShader(shaders[4]); break;
        }
        // 重绘界面
        myView.invalidate();
    };
    bn1.setOnClickListener(listener);
    bn2.setOnClickListener(listener);
    bn3.setOnClickListener(listener);
    bn4.setOnClickListener(listener);
    bn5.setOnClickListener(listener);
}
```

上面程序中的第一段粗体字代码创建了多个 Shader 对象，第二段粗体字代码会根据用户单击不同的按钮来修改 MyView 对象的 Paint，MyView 对象将会用该 Paint 来绘制一个矩形。随着 MyView 的 Paint 所使用的 Shader 不断改变，MyView 对象所绘制的矩形也随之改变。

运行上面的程序，如果使用 BitmapShader 绘制矩形，将看到如图 7.9 所示的效果。

如果使用 SweepGradient 绘制矩形，将看到如图 7.10 所示的效果。

图 7.9、图 7.10 显示了 Android 提供的 BitmapShader、SweepGradient 两种 Shader 的效果，读者可自行运行该程序去查看其他 Shader 的效果。

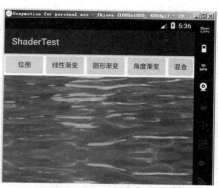
图 7.9 位图平铺的效果

图 7.10 角度渐变的效果

7.4 逐帧（Frame）动画

逐帧（Frame）动画是最容易理解的动画，它要求开发者把动画过程的每张静态图片都收集起来，然后由 Android 来控制依次显示这些静态图片，再利用人眼"视觉暂留"的原理，给用户造成"动画"的错觉。逐帧动画的动画原理与放电影的原理完全一样。

7.4.1 AnimationDrawable 与逐帧动画

前面讲解定义 Android 资源时已经介绍了动画资源，事实上逐帧动画通常也是采用 XML 资源文件进行定义的。

定义逐帧动画非常简单，只要在<animation-list.../>元素中使用<item.../>子元素定义动画的全部帧，并指定各帧的持续时间即可。定义逐帧动画的语法格式如下：

```
<?xml version="1.0" encoding="utf-8"?>
<animation-list xmlns:android="http://schemas.android.com/apk/res/android"
    android:oneshot=["true" | "false"] >
    <item android:drawable="@[package:]drawable/drawable_resource_name"
        android:duration="integer" />
</animation-list>
```

在上面的语法格式中，android:oneshot 控制该动画是否循环播放，如果该参数指定为 true，则动画将不会循环播放；否则该动画将会循环播放；每个<item.../>子元素添加一帧。

Android 完全支持在 Java 或 Kotlin 代码中创建逐帧动画，如果开发者喜欢，则完全可以先创建 AnimationDrawable 对象，然后调用 addFrame(Drawable frame, int duration)向该动画中添加帧，每调用一次 addFrame()方法，就向<animation-list.../>元素中添加一个<item.../>子元素。

一旦程序获取了 AnimationDrawable 对象之后，接下来就可用 ImageView 把 AnimationDrawable 显示出来——习惯上把 AnimationDrawable 设成 ImageView 的背景即可。

下面是逐帧动画的简单示例，该示例先使用如下代码定义了一个逐帧动画资源。

程序清单：codes\07\7.4\AnimationTest\fatpo\src\main\res\drawable\fat_po.xml

```
<?xml version="1.0" encoding="utf-8"?>
<!-- 指定动画循环播放 -->
<animation-list xmlns:android="http://schemas.android.com/apk/res/android"
    android:oneshot="false">
    <!-- 添加多个帧 -->
    <item android:drawable="@drawable/fat_po_f01" android:duration="60" />
    <item android:drawable="@drawable/fat_po_f02" android:duration="60" />
    <item android:drawable="@drawable/fat_po_f03" android:duration="60" />
    <!-- 下面省略了多个类似的item定义 -->
```

349

```
    ...
</animation-list>
```

上面的 fat_po.xml 文件定义了一个逐帧动画资源，接下来就可以在程序中使用 ImageView 来显示该动画了。

需要指出的是，AnimationDrawable 代表的动画默认是不播放的，必须在程序中启动动画播放才可以。AnimationDrawable 提供了如下两个方法来开始、停止动画。

➢ start()：开始播放动画。
➢ stop()：停止播放动画。

下面的程序中包含两个按钮，其中一个按钮用于播放动画；另一个按钮可停止动画。

程序清单：codes\07\7.4\AnimationTest\fatpo\src\main\java\org\crazyit\image\MainActivity.java

```java
public class MainActivity extends Activity
{
    @Override
    protected void onCreate(Bundle savedInstanceState)
    {
        super.onCreate(savedInstanceState);
        setContentView(R.layout.activity_main);
        // 获取两个按钮
        Button play = findViewById(R.id.play);
        Button stop = findViewById(R.id.stop);
        ImageView imageView = findViewById(R.id.anim);
        // 获取 AnimationDrawable 动画对象
        AnimationDrawable anim = (AnimationDrawable) imageView.getBackground();
        play.setOnClickListener(view -> anim.start() /* 开始播放动画 */);
        stop.setOnClickListener(view -> anim.stop() /* 停止播放动画 */);
    }
}
```

上面程序中的两行粗体字代码用于控制动画的播放和停止。运行该程序，单击程序界面中的"播放"按钮，将可以看到"功夫熊猫"开始表演，如图 7.11 所示。

图 7.11 逐帧动画

▶▶ 7.4.2 实例：在指定点爆炸

第 3 章介绍飞机游戏时已经提到，当敌机与用户自己的飞机碰撞，或者自己的飞机发射的子弹与敌机碰撞时，都应该在碰撞点播放"飞机爆炸"的动画。

爆炸效果实际上是一个逐帧动画，开发者需要收集从开始爆炸到爆炸结束的所有静态图片，再将这些图片定义成一个逐帧动画，接着在碰撞点播放该逐帧动画即可。

本实例为了突出此处的"主题"——在指定点爆炸，并未增加如何控制飞机移动等细节，只是简单地检测触摸屏事件，当用户触摸屏幕时，程序将会在触碰点"爆炸"。

该程序先使用如下代码来定义爆炸的逐帧动画资源。

程序清单：codes\07\7.4\AnimationTest\blast\app\src\main\res\drawable\blast.xml

```xml
<?xml version="1.0" encoding="utf-8"?>
<!-- 定义动画只播放一次，不循环 -->
<animation-list xmlns:android="http://schemas.android.com/apk/res/android"
    android:oneshot="true" >
    <item android:drawable="@drawable/bom_f01" android:duration="80" />
    <item android:drawable="@drawable/bom_f02" android:duration="80" />
    <!-- 省略其他相似的 item 元素 -->
```

```
    ...
</animation-list>
```

接下来就可以利用上面的 blast.xml 所定义的动画资源了——当程序检测到用户触摸屏幕时，程序就在该触摸点播放该动画资源。程序如下。

程序清单：codes\07\7.4\AnimationTest\blast\src\main\java\org\crazyit\image\MainActivity.java

```java
public class MainActivity extends Activity
{
    public static final int BLAST_WIDTH = 240;
    public static final int BLAST_HEIGHT = 240;
    private MyView myView;
    private AnimationDrawable anim;
    private MediaPlayer bomb;
    @Override
    protected void onCreate(Bundle savedInstanceState)
    {
        super.onCreate(savedInstanceState);
        // 使用 FrameLayout 布局管理器，它允许组件自己控制位置
        FrameLayout frame = new FrameLayout(this);
        setContentView(frame);
        // 设置使用背景
        frame.setBackgroundResource(R.drawable.back);
        // 加载音效
        bomb = MediaPlayer.create(this, R.raw.bomb);
        myView = new MyView(this);
        // 设置 myView 用于显示 blast 动画
        myView.setBackgroundResource(R.drawable.blast);
        // 设置 myView 默认为隐藏
        myView.setVisibility(View.INVISIBLE);
        // 获取动画对象
        AnimationDrawable anim = (AnimationDrawable) myView.getBackground();
        frame.addView(myView);
        frame.setOnTouchListener((source , event) -> {
            // 只处理按下事件（避免每次产生两个动画效果）
            if (event.getAction() == MotionEvent.ACTION_DOWN)
            {
                // 先停止动画播放
                anim.stop();
                float x = event.getX();
                float y = event.getY();
                // 控制 myView 的显示位置
                myView.setLocation((int)y - BLAST_HEIGHT, (int)x - BLAST_WIDTH / 2);
                myView.setVisibility(View.VISIBLE);
                // 启动动画
                anim.start();
                // 播放音效
                bomb.start();
            }
            return false;
        });
    }
    // 定义一个自定义 View, 该自定义 View 用于播放"爆炸"效果
    class MyView extends ImageView
    {
        MyView(Context context){
            super(context);
        }
        // 定义一个方法，该方法用于控制 MyView 的显示位置
        public void setLocation(int top, int left)
        {
            this.setFrame(left, top, left + BLAST_WIDTH, top + BLAST_HEIGHT);
```

```
            }
    // 重写该方法，控制如果动画播放到最后一帧时，隐藏该View
    @Override
    public void onDraw(Canvas canvas) // ①
    {
        try {
            Field field = AnimationDrawable.class.getDeclaredField("mCurFrame");
            field.setAccessible(true);
            // 获取anim动画的当前帧
            int curFrame = field.getInt(anim);
            // 如果已经到了最后一帧
            if (curFrame == anim.getNumberOfFrames() - 1) {
                // 让该View隐藏
                setVisibility(View.INVISIBLE);
            }
        }
        catch (Exception e)
        {
            e.printStackTrace();
        }
        super.onDraw(canvas);
    }
}
```

上面程序中的第一段粗体字代码就是触摸屏事件的响应代码，该程序把 MyView（ImageView 的子类）实例移动到触摸事件的发生点，并播放动画，这就实现了在指定点爆炸的效果。

需要指出的是，程序中①号粗体字代码所定义的方法对于该程序不是必要的——即使删除该方法程序也完全正常，但这只是因为恰好爆炸效果的最后一帧是空白。换一种情况，如果爆炸动画的最后一帧不是空白，而程序又没有控制隐藏播放动画的 ImageView，用户将会看到动画结束了，但动画效果依然残留在那里。为了解决这个问题，就可借助于①号粗体字代码所定义的方法，它会自动检测动画播放到最后一帧时隐藏该 ImageView。

7.5 补间（Tween）动画

Android 除支持逐帧动画之外，也提供了对补间（Tween）动画的支持。补间动画就是指开发者只需指定动画开始、动画结束等"关键帧"，而动画变化的"中间帧"由系统计算并补齐。这也是笔者把 Tween 动画翻译为"补间动画"的原因。

7.5.1 Tween 动画与 Interpolator

有过 Flash 设计经验的人应该对补间动画有很好的了解，对于没有 Flash 设计经验的读者，图 7.12 可作为补间动画的示意图。

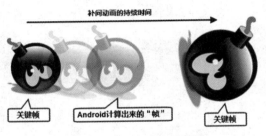

图 7.12 补间动画示意图

从图 7.12 可以看出，对于补间动画而言，开发者无须"逐一"定义动画过程中的每一帧，他只要定义动画开始、结束的关键帧，并指定动画的持续时间即可。

从图 7.12 可以看出，补间动画所定义的开始帧、结束帧其实只是一些简单的变化，比如图形大小的缩放、旋转角度的改变等。Android 使用 Animation 代表抽象的动画类，它包括如下几个子类。

- AlphaAnimation：透明度改变的动画。创建该动画时要指定动画开始时的透明度、结束时的透明度和动画持续时间。其中透明度可从 0 变化到 1。
- ScaleAnimation：大小缩放的动画。创建该动画时要指定动画开始时的缩放比（以 X、Y 轴的缩放参数来表示）、结束时的缩放比（以 X、Y 轴的缩放参数来表示），并指定动画持续时间。由于缩放时以不同点为中心的缩放效果并不相同，因此指定缩放动画时还要通过 pivotX、pivotY 来指定"缩放中心"的坐标。
- TranslateAnimation：位移变化的动画。创建该动画时只要指定动画开始时的位置（以 X、Y 坐标来表示）、结束时的位置（以 X、Y 坐标来表示），并指定动画持续时间即可。
- RotateAnimation：旋转动画。创建该动画时只要指定动画开始时的旋转角度、结束时的旋转角度，并指定动画持续时间即可。由于旋转时以不同点为中心的旋转效果并不相同，因此指定旋转动画时还要通过 pivotX、pivotY 来指定"旋转轴心"的坐标。

一旦为补间动画指定了三个必要信息，Android 就会根据动画的开始帧、结束帧、动画持续时间计算出需要在中间"补入"多少帧，并计算所有补入帧的图形。当用户浏览补间动画时，他眼中看到的依然是"逐帧动画"。

为了控制在动画期间需要动态"补入"多少帧，具体在动画运行的哪些时刻补入帧，需要借助于 Interpolator。

提示： 有些资料将 Interpolator 翻译为"插值"，这个翻译基本还可以：补间动画定义的是动画开始、结束的关键帧，Android 需要在开始帧、结束帧之间动态地计算、插入大量的帧，而 Interpolator 用于控制"插入帧"的行为，因此翻译为插值也是合适的；也有些资料将 Interpolator 翻译得比较生僻，难以理解。为避免读者对各种翻译感到疑惑，本书后面笔者一律使用英文单词 Interpolator，不会强行将它翻译成中文。

Interpolator 根据特定算法计算出整个动画所需要动态插入帧的密度和位置。简单地说，Interpolator 负责控制动画的变化速度，这就使得基本的动画效果（Alpha、Scale、Translate、Rotate）能以匀速变化、加速、减速、抛物线速度等各种速度变化。

Interpolator 是一个接口，它定义了所有 Interpolator 都需要实现的方法：float getInterpolation(float input)，开发者完全可以通过实现 Interpolator 来控制动画的变化速度。

Android 为 Interpolator 提供了如下几个实现类，分别用于实现不同的动画变化速度。

- LinearInterpolator：动画以均匀的速度改变。
- AccelerateInterpolator：在动画开始的地方改变速度较慢，然后开始加速。
- AccelerateDecelerateInterpolator：在动画开始、结束的地方改变速度较慢，在中间的时候加速。
- CycleInterpolator：动画循环播放特定的次数，变化速度按正弦曲线改变。
- DecelerateInterpolator：在动画开始的地方改变速度较快，然后开始减速。

为了在动画资源文件中指定补间动画所使用的 Interpolator，定义补间动画的<set.../>元素支持一个 android:interpolator 属性，该属性的属性值可指定为 Android 默认支持的 Interpolator。例如：

- @android:anim/linear_interpolator
- @android:anim/accelerate_interpolator

➢ @android:anim/accelerate_decelerate_interpolator

……

其实上面的写法很有规律，它们就是把系统提供的 Interpolator 实现类的类名的驼峰写法改为下画线写法即可。

一旦在程序中通过 AnimationUtils 得到了代表补间动画的 Animation 之后，接下来就可调用 View 的 startAnimation(Animation anim)方法开始对该 View 执行动画了。

▶▶ 7.5.2 位置、大小、旋转度、透明度改变的补间动画

虽然 Android 允许在程序中创建 Animation 对象，但实际上一般都会采用动画资源文件来定义补间动画。前面已经介绍过定义补间动画资源文件的格式，此处不再赘述。

下面以一个示例来介绍补间动画。该示例包括两个动画资源文件，其中第一个动画资源文件控制图片以旋转的方式缩小。该动画资源文件如下。

程序清单：codes\07\7.5\TweenAnim\tweentest\src\main\res\anim\anim.xml

```xml
<?xml version="1.0" encoding="UTF-8"?>
<!-- 指定动画匀速改变 -->
<set xmlns:android="http://schemas.android.com/apk/res/android"
    android:interpolator="@android:anim/linear_interpolator">
    <!-- 定义缩放变换 -->
    <scale android:fromXScale="1.0"
        android:toXScale="0.01"
        android:fromYScale="1.0"
        android:toYScale="0.01"
        android:pivotX="50%"
        android:pivotY="50%"
        android:fillAfter="true"
        android:duration="3000"/>
    <!-- 定义透明度的变化 -->
    <alpha
        android:fromAlpha="1"
        android:toAlpha="0.05"
        android:duration="3000"/>
    <!-- 定义旋转变换 -->
    <rotate
        android:fromDegrees="0"
        android:toDegrees="1800"
        android:pivotX="50%"
        android:pivotY="50%"
        android:duration="3000"/>
</set>
```

上面的动画资源指定动画匀速变化，同时进行缩放、透明度、旋转三种改变，动画持续时间为 3 秒。

第二个动画资源文件则控制图片以动画的方式恢复回来。该动画资源文件如下。

程序清单：codes\07\7.5\TweenAnim\tweentest\src\main\res\anim\reverse.xml

```xml
<?xml version="1.0" encoding="UTF-8"?>
<!-- 指定动画匀速改变 -->
<set xmlns:android="http://schemas.android.com/apk/res/android"
    android:interpolator="@android:anim/linear_interpolator">
    <!-- 定义缩放变换 -->
    <scale android:fromXScale="0.01"
        android:toXScale="1"
        android:fromYScale="0.01"
        android:toYScale="1"
        android:pivotX="50%"
```

```xml
        android:pivotY="50%"
        android:fillAfter="true"
        android:duration="3000"/>
    <!-- 定义透明度的变化 -->
    <alpha
        android:fromAlpha="0.05"
        android:toAlpha="1"
        android:duration="3000"/>
    <!-- 定义旋转变换 -->
    <rotate
        android:fromDegrees="1800"
        android:toDegrees="0"
        android:pivotX="50%"
        android:pivotY="50%"
        android:duration="3000"/>
</set>
```

定义动画资源之后，接下来就可以利用 AnimationUtils 工具类来加载指定的动画资源了，加载成功后会返回一个 Animation，该对象即可控制图片或视图播放动画。

下面的程序将会负责加载动画资源，并使用 Animation 来控制图片播放动画。

程序清单：codes\07\7.5\TweenAnim\tweentest\src\main\java\org\crazyit\image\MainActivity.java

```java
public class MainActivity extends Activity
{
    private ImageView flower;
    private Animation reverse;
    class MyHandler extends Handler
    {
        private WeakReference<MainActivity> activity;
        public MyHandler(WeakReference<MainActivity> activity)
        {
            this.activity = activity;
        }
        @Override
        public void handleMessage(Message msg)
        {
            if (msg.what == 0x123)
            {
                activity.get().flower.startAnimation(activity.get().reverse);
            }
        }
    }
    Handler handler = new MyHandler(new WeakReference<>(this));
    @Override
    protected void onCreate(Bundle savedInstanceState)
    {
        super.onCreate(savedInstanceState);
        setContentView(R.layout.activity_main);
        flower = findViewById(R.id.flower);
        // 加载第一份动画资源
        Animation anim = AnimationUtils.loadAnimation(this, R.anim.anim);
        // 设置动画结束后保留结束状态
        anim.setFillAfter(true);
        // 加载第二份动画资源
        reverse = AnimationUtils.loadAnimation(this, R.anim.reverse);
        // 设置动画结束后保留结束状态
        reverse.setFillAfter(true);
        Button bn = findViewById(R.id.bn);
        bn.setOnClickListener(view -> {
            flower.startAnimation(anim);
            // 设置 3.5 秒后启动第二个动画
            new Timer().schedule(new TimerTask()
            {
```

```
            @Override public void run()
            {
                handler.sendEmptyMessage(0x123);
            }
        }, 3500);
    });
    }
}
```

正如从上面两行粗体字代码所看到的，当用户单击程序中的指定按钮时，程序对 flower 图片播放第一个动画；程序使用定时器设置 3.5 秒后对 flower 图片播放第二个动画。运行该程序，单击按钮将看到程序中间的图片先旋转着缩小、变淡，然后旋转着放大，透明度也逐渐恢复正常，如图 7.13 所示。

实例：蝴蝶飞舞

很多实际的动画往往同时运行两个动画，比如我们要做一个小游戏，需要让用户控制游戏中的主角移动——当主角移动时，不仅要控制它的位置改变，还应该在它移动时播放逐帧动画来让用户感觉更逼真。

本实例将会结合逐帧动画和补间动画来开发一个"蝴蝶飞舞"的效果。在这个实例中，蝴蝶飞行时的振翅效果是逐帧动画；蝴蝶飞行时的位置改变是补间动画。

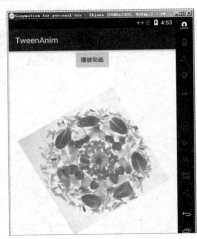

图 7.13 补间动画

先为该实例定义如下动画资源。

程序清单：codes\07\7.5\TweenAnim\butterfly\app\src\main\res\drawable\butterfly.xml

```
<?xml version="1.0" encoding="utf-8"?>
<!-- 定义动画循环播放 -->
<animation-list xmlns:android="http://schemas.android.com/apk/res/android"
    android:oneshot="false">
    <item android:drawable="@drawable/butterfly_f01" android:duration="120" />
    <item android:drawable="@drawable/butterfly_f02" android:duration="120" />
    <!-- 下面省略了相似的 item 元素 -->
    ...
</animation-list>
```

定义了上面逐帧动画的动画资源后，接下来在程序中使用一个 ImageView 显示该动画资源，即可看到蝴蝶"振翅"的效果了。由于蝴蝶飞舞主要是位移改变，接下来可以在程序中通过 TranslateAnimation 以动画的方式改变 ImageView 的位置，这样就可实现"蝴蝶飞舞"的效果了。程序如下。

程序清单：codes\07\7.5\TweenAnim\butterfly\src\main\java\org\crazyit\image\MainActivity.java

```
public class MainActivity extends Activity
{
    // 记录蝴蝶 ImageView 当前的位置
    private float curX;
    private float curY = 30f;
    // 记录蝴蝶 ImageView 下一个位置的坐标
    private float nextX;
    private float nextY;
    private ImageView imageView;
    private float screenWidth;
    static class MyHandler extends Handler
    {
```

```java
        private WeakReference<MainActivity> activity;
        MyHandler(WeakReference<MainActivity> activity)
        {
            this.activity = activity;
        }
        @Override
        public void handleMessage(Message msg)
        {
            if (activity.get() != null && msg.what == 0x123)
            {
                MainActivity act = activity.get();
                // 横向上一直向右飞
                if (act.nextX > act.screenWidth)
                {
                    act.nextX = 0f;
                    act.curX = act.nextX;
                }
                else
                {
                    act.nextX += 8f;
                }
                // 纵向上可以随机上下
                act.nextY = act.curY + (float)(Math.random() * 10 - 5);
                // 设置显示蝴蝶的 ImageView 发生位移改变
                TranslateAnimation anim = new TranslateAnimation(act.curX,
                    act.nextX, act.curY, act.nextY);
                act.curX = act.nextX;
                act.curY = act.nextY;
                anim.setDuration(200);
                // 开始位移动画
                act.imageView.startAnimation(anim);    // ①
            }
        }
    }
    private Handler handler = new MyHandler(new WeakReference<>(this));
    @Override
    protected void onCreate(Bundle savedInstanceState)
    {
        super.onCreate(savedInstanceState);
        setContentView(R.layout.activity_main);
        Point p = new Point();
        // 获取屏幕宽度
        getWindowManager().getDefaultDisplay().getSize(p);
        screenWidth = p.x;
        // 获取显示蝴蝶的 ImageView 组件
        imageView = findViewById(R.id.butterfly);
        AnimationDrawable butterfly = (AnimationDrawable) imageView.getBackground();
        imageView.setOnClickListener(view -> {
            // 开始播放蝴蝶振翅的逐帧动画
            butterfly.start();    // ②
            // 通过定时器控制每 0.2 秒运行一次 TranslateAnimation 动画
            new Timer().schedule(new TimerTask()
            {
                @Override public void run()
                {
                    handler.sendEmptyMessage(0x123);
                }
            }, 0, 200);
        });
    }
}
```

上面程序中的①号粗体字代码位于 Handler 的消息处理方法内，这样程序每隔 0.2 秒即对该

ImageView 执行一次位移动画；程序的②号粗体字代码则用于播放 butterfly 动画（蝴蝶振翅效果）。运行上面的程序，单击蝴蝶，即可看到屏幕上有只蝴蝶从左向右飞舞，如图 7.14 所示。

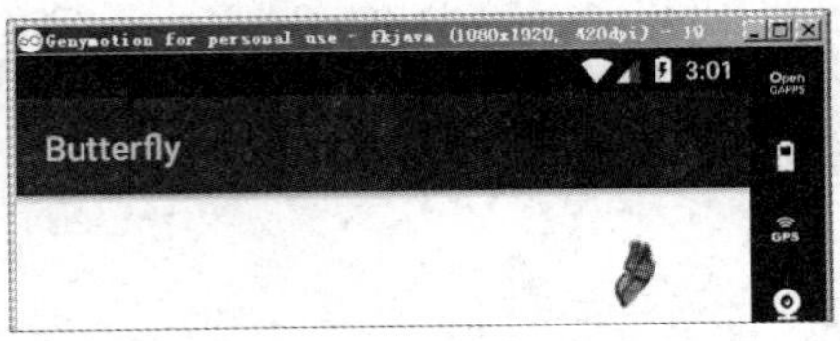

图 7.14 蝴蝶飞舞

▶▶ 7.5.3 自定义补间动画

Android 提供了 Animation 作为补间动画抽象基类，并且为该抽象基类提供了 AlphaAnimation、RotateAnimation、ScaleAnimation、TranslateAnimation 四个实现类，这四个实现类只是补间动画的四种基本形式：透明度改变、旋转、缩放、位移。在实际项目中可能还需要一些更复杂的动画，比如让图片在"三维"空间内进行旋转动画等，这就需要开发者自己开发补间动画了。

自定义补间动画并不难，需要继承 Animation，继承 Animation 时关键是要重写该抽象基类的 applyTransformation(float interpolatedTime, Transformation t)方法，该方法中两个参数说明如下。

- interpolatedTime：代表了动画的时间进行比。不管动画实际的持续时间如何，当动画播放时，该参数总是自动从 0 变化到 1。
- Transformation：代表了补间动画在不同时刻对图形或组件的变形程度。

从上面的介绍可以看出，实现自定义动画的关键就在于重写 applyTransformation()方法时，根据 interpolatedTime 时间来动态地计算动画对图片或视图的变形程度。

Transformation 代表了对图片或视图的变形程度，该对象里封装了一个 Matrix 对象，对它所包装的 Matrix 进行位移、倾斜、旋转等变换时，Transformation 将会控制对应的图片或视图进行相应的变换。

为了控制图片或视图进行三维空间的变换，还需要借助于 Android 提供的一个 Camera，这个 Camera 并非代表手机的摄像头，而是一个空间变换工具，作用有点类似于 Matrix，但功能更强大。

Camera 提供了如下常用的方法。

- getMatrix(Matrix matrix)：将 Camera 所做的变换应用到指定 matrix 上。
- rotateX(float deg)：使目标组件沿 X 轴旋转。
- rotateY(float deg)：使目标组件沿 Y 轴旋转。
- rotateZ(float deg)：使目标组件沿 Z 轴旋转。
- translate(float x, float y, float z)：使目标组件在三维空间里进行位移变换。
- applyToCanvas(Canvas canvas)：把 Camera 所做的变换应用到 Canvas 上。

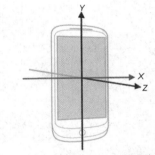

图 7.15 手机屏幕上的三维坐标系统

从上面的方法可以看出，Camera 主要用于支持三维空间的变换，那么手机中三维空间的坐标系统是怎样的呢？图 7.15 显示了手机屏幕上的三维坐标系统。

当 Camera 控制图片或 View 沿 X、Y 或 Z 轴旋转时，被旋转的图片或 View 将会呈现出三维透视的效果。图 7.16 显示了一张图片沿着 Y 轴旋转的效果。

> 提示：
> 关于三维透视理论的知识，此处限于篇幅不便深入解释，如果读者有 3ds Max 或 Maya 之类的设计经验，应该很容易理解三维透视的基本理论；否则建议读者自行阅读相关内容。

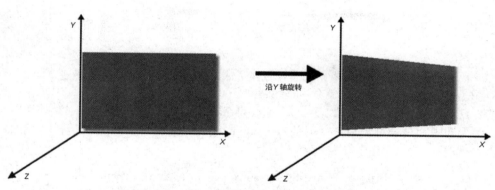

图 7.16 在三维空间内沿 Y 轴旋转的示意图

下面程序将会利用 Camera 来自定义在三维空间的动画，该程序的自定义动画类的代码如下。

程序清单：codes\07\7.5\TweenAnim\listviewtween\src\main\java\org\crazyit\image\MyAnimation.java

```java
public class MyAnimation extends Animation
{
    private float centerX;
    private float centerY;
    private int duration;
    private Camera camera = new Camera();
    public MyAnimation(float x, float y, int duration)
    {
        this.centerX = x;
        this.centerY = y;
        this.duration = duration;
    }
    @Override
    public void initialize(int width, int height, int parentWidth, int parentHeight)
    {
        super.initialize(width, height, parentWidth, parentHeight);
        // 设置动画的持续时间
        setDuration(duration);
        // 设置动画结束后效果保留
        setFillAfter(true);
        setInterpolator(new LinearInterpolator());
    }
    /*
     * 该方法的 interpolatedTime 代表了抽象的动画持续时间，不管动画实际持续时间多长
     * interpolatedTime 参数总是从 0（动画开始时）变化到 1（动画结束时）
     * Transformation 参数代表了对目标组件所做的改变
     */
    @Override
    public void applyTransformation(float interpolatedTime, Transformation t)
    {
        camera.save();
        // 根据 interpolatedTime 时间来控制 X、Y、Z 上的偏移
        camera.translate(100.0f - 100.0f * interpolatedTime,
                150.0f * interpolatedTime - 150,
                80.0f - 80.0f * interpolatedTime);
        // 设置根据 interpolatedTime 时间在 Y 轴上旋转不同角度
        camera.rotateY(360 * interpolatedTime);
        // 设置根据 interpolatedTime 时间在 X 轴上旋转不同角度
        camera.rotateX(360 * interpolatedTime);
        // 获取 Transformation 参数的 Matrix 对象
        Matrix matrix = t.getMatrix();
        camera.getMatrix(matrix);
        matrix.preTranslate(-centerX, -centerY);
```

```
            matrix.postTranslate(centerX, centerY);
            camera.restore();
        }
    }
```

上面程序中自定义动画的关键就是两行粗体字代码,这两行代码将会根据动画的进行时间来控制 View 在 X、Y 轴上的旋转,这就会具有在三维空间内旋转的效果。

提供了上面的自定义动画类之后,接下来既可用该自定义动画类来控制图片,也可控制 View 组件,因为动画就是通过调用 View 的 startAnimation(Animation anim)来启动的。下面是使用 MyAnimation 执行动画的程序代码。

程序清单:codes\07\7.5\TweenAnim\listviewtween\src\main\java\org\crazyit\image\MainActivity.java

```java
public class MainActivity extends Activity
{
    @Override
    protected void onCreate(Bundle savedInstanceState)
    {
        super.onCreate(savedInstanceState);
        setContentView(R.layout.activity_main);
        // 获取 ListView 组件
        ListView list = findViewById(R.id.list);
        WindowManager windowManager = (WindowManager)
            getSystemService(WINDOW_SERVICE);
        Display display = windowManager.getDefaultDisplay();
        DisplayMetrics metrice = new DisplayMetrics();
        // 获取屏幕的宽和高
        display.getMetrics(metrice);
        // 设置对 ListView 组件应用动画
        list.setAnimation(new MyAnimation(metrice.xdpi / 2,
            metrice.ydpi / 2, 3500));
    }
}
```

上面程序中的粗体字代码对 ListView 使用 MyAnimation 播放动画,这意味着程序中 ListView 将会以三维变换的动画方式出现,如图 7.17 所示。

图 7.17 三维空间变换的动画

7.6 Android 8 增强的属性动画

前面介绍 Android 资源时已经提到了属性动画,从某种角度来看,属性动画是增强版的补间动画,属性动画的强大可以体现在如下两方面。

➢ 补间动画只能定义两个关键帧在"透明度""旋转""缩放""位移"4 个方面的变化,但属性动画可以定义任何属性的变化。
➢ 补间动画只能对 UI 组件执行动画,但属性动画几乎可以对任何对象执行动画(不管它是否显示在屏幕上)。

与补间动画类似的是,属性动画也需要定义如下几个属性。

➢ 动画持续时间:该属性的默认值是 300ms。在属性动画资源文件中通过 android:duration 属性指定。
➢ 动画插值方式:该属性的作用与补间动画中插值属性的作用基本类似。在属性动画资源文件中通过 android:interpolator 属性指定。
➢ 动画重复次数:指定动画重复播放的次数。在属性动画资源文件中通过 android:repeatCount

属性指定。
- 重复行为：指定动画播放结束后、重复下次动画时，是从开始帧再次播放到结束帧，还是从结束帧反向播放到开始帧。在属性动画资源文件中通过 android:repeatMode 属性指定。
- 动画集：开发者可以将多个属性动画合并成一组，既可让这组属性动画按次序播放，也可让这组属性动画同时播放。在属性动画资源文件中通过<set.../>元素来组合，该元素的 android:ordering 属性指定该组动画是按次序播放，还是同时播放。
- 帧刷新频率：指定每隔多长时间播放一帧。该属性的默认值为 10ms。

▶▶ 7.6.1 属性动画的 API

属性动画涉及的 API 如下。
- Animator：它提供了创建属性动画的基类，基本上不会直接使用该类。通常该类只用于被继承并重写它的相关方法。
- ValueAnimator：属性动画主要的时间引擎，它负责计算各个帧的属性值。它定义了属性动画的绝大部分核心功能，包括计算各帧的相关属性值，负责处理更新事件，按属性值的类型控制计算规则。属性动画主要由两方面组成：①计算各帧的相关属性值；②为指定对象设置这些计算后的值。ValueAnimator 只负责第一方面内容，因此程序员必须根据 ValueAnimator 计算并监听值更新来更新对象的相关属性值。
- ObjectAnimator：它是 ValueAnimator 的子类，允许程序员对指定对象的属性执行动画。在实际应用中，ObjectAnimator 使用起来更加简单，因此更加常用。在少数场景下，由于 ObjectAnimator 存在一些限制，可能需要考虑使用 ValueAnimator。
- AnimatorSet：它是 Animator 的子类，用于组合多个 Animator，并指定多个 Animator 是按次序播放，还是同时播放。

除此之外，属性动画还需要利用一个 Evaluator（计算器），该工具类控制属性动画如何计算属性值。Android 提供了如下 Evaluator。
- IntEvaluator：用于计算 int 类型属性值的计算器。
- FloatEvaluator：用于计算 float 类型属性值的计算器。
- ArgbEvaluator：用于计算以十六进制形式表示的颜色值的计算器。
- TypeEvaluator：它是计算器接口，开发者可以通过实现该接口来实现自定义计算器。如果需要对 int、float 或者颜色值以外类型的属性执行属性动画，可能需要实现 TypeEvaluator 接口来实现自定义计算器。

Android 8 还为 AnimatorSet 新增了如下方法。
- reverse()：反向播放属性动画。
- long getCurrentPlayTime()：获取动画的当前播放时间。
- setCurrentPlayTime(long playTime)：设置动画的播放时间。

通过调用 setCurrentPlayTime()方法，Android 允许 AnimatorSet 动画直接调到指定时间点进行播放，不需要总是从头开始播放；通过 reverse()方法则允许对动画进行倒播——以前可能需要定义两组动画，其中一组用于正向播放（比如放大、淡入）；另一组用于反向播放（比如缩小、淡出），有了倒播功能之后，只需定义一组动画即可。

1. 使用 ValueAnimator 创建动画

使用 ValueAnimator 创建动画可按如下 4 个步骤进行。
① 调用 ValueAnimator 的 ofInt()、ofFloat()或 ofObject()静态方法创建 ValueAnimator 实例。
② 调用 ValueAnimator 的 setXxx()方法设置动画持续时间、插值方式、重复次数等。

③ 调用 ValueAnimator 的 start()方法启动动画。

④ 为 ValueAnimator 注册 AnimatorUpdateListener 监听器，在该监听器中可以监听 ValueAnimator 计算出来的值的改变，并将这些值应用到指定对象上。

例如如下代码片段：

```
ValueAnimator animation = ValueAnimator.ofFloat(0f, 1f);
animation.setDuration(1000);
animation.start();
```

上面的例子实现了在 1000ms 内，值从 0 到 1 的变化。

除此之外，开发者也可以提供一个自定义的 Evaluator 计算器，例如如下代码片段：

```
ValueAnimator animation = ValueAnimator.ofObject(MyTypeEvaluator(),
    startVal, endVal);
animation.setDuration(1000);
animation.start();
```

在上面的代码片段中，ValueAnimator 仅仅是计算动画过程中变化的值，并没有把这些计算出来的值应用到任何对象上，因此也不会显示任何动画。

如果希望使用 ValueAnimator 创建动画，还需要注册一个监听器：AnimatorUpdateListener，该监听器负责更新对象的属性值。在实现这个监听器时，可以通过 getAnimatedValue()方法来获取当前帧的值，并将该计算出来的值应用到指定对象上。当该对象的属性持续改变时，该对象也就呈现出动画效果了。

2. 使用 ObjectAnimator 创建动画

ObjectAnimator 继承了 ValueAnimator，因此它可以直接将 ObjectAnimator 在动画过程中计算出来的值应用到指定对象的指定属性上（ValueAnimator 则需要注册一个监听器来完成这个工作）。因此使用 ObjectAnimator 就不需要注册 AnimatorUpdateListener 监听器了。

使用 ObjectAnimator 的 ofInt()、ofFloat()或 ofObject()静态方法创建 ObjectAnimator 时，需要指定具体的对象，以及对象的属性名。

例如如下代码片段：

```
ObjectAnimator anim = ObjectAnimator.ofFloat(foo, "alpha", 0f, 1f);
anim.setDuration(1000);
anim.start();
```

与 ValueAnimator 不同的是，使用 ObjectAnimator 有如下几个注意点。

➤ 要为该对象对应的属性提供 setter 方法，如上例中需要为 foo 对象提供 setAlpha(float value) 方法。

➤ 调用 ObjectAnimator 的 ofInt()、ofFloat()或 ofObject()工厂方法时，如果 values... 参数只提供了一个值（本来需要提供开始值和结束值），那么该值会被认为是结束值。该对象应该为该属性提供一个 getter 方法，该 getter 方法的返回值将被作为开始值。

➤ 如果动画的对象不是 View，为了能显示动画效果，可能还需要在 onAnimationUpdate()事件监听方法中调用 View.invalidate()方法来刷新屏幕的显示，比如对 Drawable 对象的 color 属性执行动画。但如果是 View 定义的 setter 方法，如 setAlpha()和 setTranslationX()等方法，都会自动地调用 invalidate()方法，因此不需要额外地调用 invalidate()方法。

▶▶ 7.6.2 使用属性动画

属性动画既可作用于 UI 组件，也可作用于普通的对象（即使它没有在 UI 界面上绘制出来）。定义属性动画有如下两种方式。

➤ 使用 ValueAnimator 或 ObjectAnimator 的静态工厂方法来创建动画。

➢ 使用资源文件来定义动画。

使用属性动画的步骤如下。

① 创建 ValueAnimator 或 ObjectAnimator 对象——既可从 XML 资源文件加载该动画资源，也可直接调用 ValueAnimator 或 ObjectAnimator 的静态工厂方法来创建动画。

② 根据需要为 Animator 对象设置属性。

③ 如果需要监听 Animator 的动画开始事件、动画结束事件、动画重复事件、动画值改变事件，并根据事件提供相应的处理代码，则应该为 Animator 对象设置事件监听器。

④ 如果有多个动画需要按次序或同时播放，则应使用 AnimatorSet 组合这些动画。

⑤ 调用 Animator 对象的 start()方法启动动画。

下面的示例示范了如何利用属性动画来控制"小球"掉落动画。该示例会监听用户在屏幕上的"触摸"事件，程序会在屏幕的触摸点绘制一个小球，并用动画控制该小球向下掉落。

该示例的界面布局文件非常简单，界面布局文件中只有一个 LinearLayout，因此此处不再给出界面布局文件。下面是该示例的 Activity 代码。

程序清单：codes\07\7.6\AnimatorTest\fallingball\src\main\java\org\crazyit\image\MainActivity.java

```java
public class MainActivity extends Activity
{
    // 定义小球大小的常量
    public static final float BALL_SIZE = 50f;
    // 定义小球从屏幕上方下落到屏幕底端的总时间
    public static final float FULL_TIME = 1000f;
    @Override
    protected void onCreate(Bundle savedInstanceState)
    {
        super.onCreate(savedInstanceState);
        setContentView(R.layout.activity_main);
        LinearLayout container = findViewById(R.id.container);
        // 设置该窗口显示 MyAnimationView 组件
        container.addView(new MyAnimationView(this));
    }
    static class MyAnimationView extends View
        implements ValueAnimator.AnimatorUpdateListener
    {
        List<ShapeHolder> balls = new ArrayList<>();
        public MyAnimationView(Context context)
        {
            super(context);
            setBackgroundColor(Color.WHITE);
        }
        @Override
        public boolean onTouchEvent(MotionEvent event)
        {
            // 如果触碰事件不是按下、移动事件
            if (event.getAction() != MotionEvent.ACTION_DOWN &&
                    event.getAction() != MotionEvent.ACTION_MOVE)
            {
                return false;
            }
            // 在事件发生点添加一个小球（用一个圆形代表）
            ShapeHolder newBall = addBall(event.getX(), event.getY());
            // 计算小球下落动画开始时的 y 坐标
            float startY = newBall.getY();
            // 计算小球下落动画结束时的 y 坐标（落到屏幕最下方，就是屏幕高度减去小球高度）
            float endY = getHeight() - BALL_SIZE;
            // 获取屏幕高度
            float h = getHeight();
            float eventY = event.getY();
```

```java
        // 计算动画的持续时间
        int duration = (int) (FULL_TIME * ((h - eventY) / h));
        // 定义小球"落下"的动画:
        // 让 newBall 对象的 y 属性从事件发生点变化到屏幕最下方
        ObjectAnimator fallAnim = ObjectAnimator.ofFloat(newBall, "y", startY, endY);
        // 设置 fallAnim 动画的持续时间
        fallAnim.setDuration(duration);
        // 设置 fallAnim 动画的插值方式: 加速插值
        fallAnim.setInterpolator(new AccelerateInterpolator());
        // 为 fallAnim 动画添加监听器
        // 当 ValueAnimator 的属性值发生改变时, 将会激发该监听器的事件监听方法
        fallAnim.addUpdateListener(this);
        // 定义对 newBall 对象的 alpha 属性执行从 1 到 0 的动画 (即定义渐隐动画)
        ObjectAnimator fadeAnim = ObjectAnimator.ofFloat(newBall, "alpha", 1f, 0f);
        // 设置动画持续时间
        fadeAnim.setDuration(250);
        // 为 fadeAnim 动画添加监听器
        fadeAnim.addListener(new AnimatorListenerAdapter()
        {
            // 当动画结束时
            @Override
            public void onAnimationEnd(Animator animation)
            {
                // 动画结束时将该动画关联的 ShapeHolder 删除
                balls.remove(((ObjectAnimator) animation).getTarget());
            }
        });
        // 为 fadeAnim 动画添加监听器
        // 当 ValueAnimator 的属性值发生改变时, 将会激发该监听器的事件监听方法
        fadeAnim.addUpdateListener(this);
        // 定义一个 AnimatorSet 来组合动画
        AnimatorSet animatorSet = new AnimatorSet();
        // 指定在播放 fadeAnim 之前, 先播放 fallAnim 动画
        animatorSet.play(fallAnim).before(fadeAnim);
        // 开始播放动画
        animatorSet.start();
        return true;
    }
    private ShapeHolder addBall(float x, float y)
    {
        // 创建一个圆
        OvalShape circle = new OvalShape();
        // 设置该圆的宽、高
        circle.resize(BALL_SIZE, BALL_SIZE);
        // 将圆包装成 Drawable 对象
        ShapeDrawable drawable = new ShapeDrawable(circle);
        // 创建一个 ShapeHolder 对象
        ShapeHolder shapeHolder = new ShapeHolder(drawable);
        // 设置 ShapeHolder 的 x、y 坐标
        shapeHolder.setX(x - BALL_SIZE / 2);
        shapeHolder.setY(y - BALL_SIZE / 2);
        int red = (int) (Math.random() * 255);
        int green = (int) (Math.random() * 255);
        int blue = (int) (Math.random() * 255);
        // 将 red、green、blue 三个随机数组合成 ARGB 颜色
        int color = -0x1000000 + red << 16 | (green << 8) | blue;
        // 获取 drawable 上关联的画笔
        Paint paint = drawable.getPaint();
        // 将 red、green、blue 三个随机数除以 4 得到商值组合成 ARGB 颜色
        int darkColor = (-0x1000000 | (red / 4 << 16) | (green / 4 << 8) | blue / 4);
        // 创建圆形渐变
```

```
            RadialGradient gradient = new RadialGradient(37.5f, 12.5f, BALL_SIZE,
                color, darkColor, Shader.TileMode.CLAMP);
            paint.setShader(gradient);
            // 为 shapeHolder 设置 paint 画笔
            shapeHolder.setPaint(paint);
            balls.add(shapeHolder);
            return shapeHolder;
        }
        @Override
        public void onDraw(Canvas canvas)
        {
            // 遍历 balls 集合中的每个 ShapeHolder 对象
            for (ShapeHolder shapeHolder : balls)
            {
                // 保存 canvas 的当前坐标系统
                canvas.save();
                // 坐标变换：将画布坐标系统平移到 shapeHolder 的 X、Y 坐标处
                canvas.translate(shapeHolder.getX(), shapeHolder.getY());
                // 将 shapeHolder 持有的圆形绘制在 Canvas 上
                shapeHolder.getShape().draw(canvas);
                // 恢复 Canvas 坐标系统
                canvas.restore();
            }
        }
        @Override
        public void onAnimationUpdate(ValueAnimator animation)
        {
            // 指定重绘该界面
            this.invalidate();  // ①
        }
    }
}
```

上面程序中的第一段粗体字代码创建了两个 ObjectAnimator 对象，其中第一个 ObjectAnimator 控制小球的"下落"；第二个 ObjectAnimator 则用于控制该小球以"渐隐"的方式隐藏——程序为 fadeAnim 绑定了事件监听器，当 fadeAnim 动画播放完成时，程序将小球删除。

上面程序的属性动画并没有控制 UI 组件，而是对一个自定义 ShapeHolder 对象起作用。为了能让 UI 界面不断刷新，看到 UI 界面上小球的动画效果，程序为两个动画都绑定了 AnimatorUpdateListener 监听器，该监听器用于实现当目标对象（小球）的属性发生改变时，该组件会重绘界面——如上面程序中①号代码所示。

上面程序中的第三段粗体字代码用于创建一个圆形渐变，创建圆形渐变的起始颜色的 red、green、blue 值都是随机的，结束颜色值是起始颜色值的四分之一。读者可能对计算颜色值的代码有点疑惑：

```
int color = 0xff000000 + red << 16 | green << 8 | blue;
```

上面的代码其实很简单，解释如下。

- 0xff000000 代表透明度为 ff，也就是完全不透明。
- red 代表一个 0~255（0~ff）的随机整数，但这个整数要添加到 0xff**00**0000 中加粗的两个"位"上，也就是要将 red 的值左移（16 位，对应为十六进制数的 4 位），这就是 red<<16 的原因。
- green 代表一个 0~255（0~ff）的随机整数，但这个整数要添加到 0xff00**00**00 中加粗的两个"位"上，也就是要将 green 的值左移（8 位，对应为十六进制数的 2 位），这就是 red<<8 的原因。
- blue 代表一个 0~255（0~ff）的随机整数，但这个整数要添加到 0xff0000**00** 中加粗的两个

"位"上,因此 blue 值就不需要位移了。

将 red、green、blue 值位移后的结果加起来就得到了实际的颜色值,但为了有更好的计算性能,本代码直接使用按位或(|)来累加这些值。

上面的示例还用到了一个 ShapeHolder 类,该类只是负责包装 ShapeDrawable 对象,并为 x、y、width、height、alpha 等属性提供 setter、getter 方法,以方便 ObjectAnimator 动画控制它。下面是 ShapeHolder 类的代码。

程序清单:codes\07\7.6\AnimatorTest\fallingball\src\main\java\org\crazyit\image\ShapeHolder.java

```java
public class ShapeHolder
{
    private float x = 0, y = 0;
    private ShapeDrawable shape;
    private int color;
    private RadialGradient gradient;
    private float alpha = 1f;
    private Paint paint;
    public ShapeHolder(ShapeDrawable s)
    {
        shape = s;
    }
    // 省略各 setter、getter 方法
    ...
}
```

运行该程序,用户在屏幕上拖动手指时,将可以看到如图 7.18 所示的小球下落的动画。

图 7.18 小球下落

如果为小球增加更多的动画,让小球落到底端时产生弹跳动画,并且再次弹起来,则可以使该示例更加完善。

实例:大珠小珠落玉盘

该实例是对上一个示例的改进,主要是为小球增加了几个动画,控制小球落到底端时小球被压扁,小球会再次弹起,这样就可以开发出"大珠小珠落玉盘"的弹跳动画。

该实例的 Activity 代码如下。

程序清单:codes\07\7.6\AnimatorTest\bouncingballs\src\main\java\org\crazyit\image\MainActivity.java

```java
public class MainActivity extends Activity
{
    // 定义小球大小的常量
    public static final float BALL_SIZE = 50f;
    // 定义小球从屏幕上方下落到屏幕底端的总时间
    public static final float FULL_TIME = 1000f;
    @Override
```

```java
    protected void onCreate(Bundle savedInstanceState)
    {
        super.onCreate(savedInstanceState);
        setContentView(R.layout.activity_main);
        LinearLayout container = findViewById(R.id.container);
        // 设置该窗口显示 MyAnimationView 组件
        container.addView(new MyAnimationView(this));
    }
    class MyAnimationView extends View
    {
        List<ShapeHolder> balls = new ArrayList<>();
        MyAnimationView(Context context)
        {
            super(context);
            // 加载动画资源
            ObjectAnimator colorAnim = (ObjectAnimator) AnimatorInflater.loadAnimator(MainActivity.this,
                R.animator.color_anim);
            colorAnim.setEvaluator(new ArgbEvaluator());
            // 对该 View 本身应用属性动画
            colorAnim.setTarget(this);
            // 开始指定动画
            colorAnim.start();
        }
        @Override
        public boolean onTouchEvent(MotionEvent event)
        {
            // 如果触碰事件不是按下、移动事件
            if (event.getAction() != MotionEvent.ACTION_DOWN &&
                event.getAction() != MotionEvent.ACTION_MOVE)
            {
                return false;
            }
            // 在事件发生点添加一个小球（用一个圆形代表）
            ShapeHolder newBall = addBall(event.getX(), event.getY());
            // 计算小球下落动画开始时的 y 坐标
            float startY = newBall.getY();
            // 计算小球下落动画结束时的 y 坐标（落到屏幕最下方，就是屏幕高度减去小球高度）
            float endY = getHeight() - BALL_SIZE;
            // 获取屏幕高度
            float h = getHeight();
            float eventY = event.getY();
            // 计算动画的持续时间
            int duration = (int) (FULL_TIME * ((h - eventY) / h));
            // 定义小球"落下"的动画
            // 让 newBall 对象的 y 属性从事件发生点变化到屏幕最下方
            ObjectAnimator fallAnim = ObjectAnimator.ofFloat(newBall, "y", startY, endY);
            // 设置 fallAnim 动画的持续时间
            fallAnim.setDuration(duration);
            // 设置 fallAnim 动画的插值方式：加速插值
            fallAnim.setInterpolator(new AccelerateInterpolator());
            // 定义小球"压扁"的动画：该动画控制小球的 x 坐标"左移"半个球
            ObjectAnimator squashAnim1 = ObjectAnimator.ofFloat(newBall,
                "x", newBall.getX(), newBall.getX() - BALL_SIZE / 2);
            // 设置 squashAnim1 动画的持续时间
            squashAnim1.setDuration(duration / 4);
            // 设置 squashAnim1 动画重复 1 次
            squashAnim1.setRepeatCount(1);
            // 设置 squashAnim1 动画的重复方式
            squashAnim1.setRepeatMode(ValueAnimator.REVERSE);
```

```java
// 设置 squashAnim1 动画的插值方式：减速插值
squashAnim1.setInterpolator(new DecelerateInterpolator());
// 定义小球"压扁"的动画：该动画控制小球的宽度加倍
ObjectAnimator squashAnim2 = ObjectAnimator.ofFloat(newBall, "width",
        newBall.getWidth(), newBall.getWidth() + BALL_SIZE);
// 设置 squashAnim2 动画的持续时间
squashAnim2.setDuration(duration / 4);
// 设置 squashAnim2 动画重复 1 次
squashAnim2.setRepeatCount(1);
// 设置 squashAnim2 动画的重复方式
squashAnim2.setRepeatMode(ValueAnimator.REVERSE);
// 设置 squashAnim2 动画的插值方式：减速插值
squashAnim2.setInterpolator(new DecelerateInterpolator());
// 定义小球"拉伸"的动画：该动画控制小球的 y 坐标"下移"半个球
ObjectAnimator stretchAnim1 = ObjectAnimator.ofFloat(newBall,
        "y", endY, endY + BALL_SIZE / 2);
// 设置 stretchAnim1 动画的持续时间
stretchAnim1.setDuration(duration / 4);
// 设置 stretchAnim1 动画重复 1 次
stretchAnim1.setRepeatCount(1);
// 设置 stretchAnim1 动画的重复方式
stretchAnim1.setRepeatMode(ValueAnimator.REVERSE);
// 设置 stretchAnim1 动画的插值方式：减速插值
stretchAnim1.setInterpolator(new DecelerateInterpolator());
// 定义小球"拉伸"的动画：该动画控制小球的高度减半
ObjectAnimator stretchAnim2 = ObjectAnimator.ofFloat(newBall, "height",
        newBall.getHeight(), newBall.getHeight() - BALL_SIZE / 2);
// 设置 stretchAnim2 动画的持续时间
stretchAnim2.setDuration(duration / 4);
// 设置 squashAnim2 动画重复 1 次
stretchAnim2.setRepeatCount(1);
// 设置 squashAnim2 动画的重复方式
stretchAnim2.setRepeatMode(ValueAnimator.REVERSE);
// 设置 squashAnim2 动画的插值方式：减速插值
stretchAnim2.setInterpolator(new DecelerateInterpolator());
// 定义小球"弹起"的动画
ObjectAnimator bounceBackAnim = ObjectAnimator.ofFloat(newBall,
    "y", endY, startY);
// 设置持续时间
bounceBackAnim.setDuration(duration);
// 设置动画的插值方式：减速插值
bounceBackAnim.setInterpolator(new DecelerateInterpolator());
// 使用 AnimatorSet 按顺序播放"下落/压扁&拉伸/弹起动画
AnimatorSet bouncer = new AnimatorSet();
// 定义在 squashAnim1 动画之前播放 fallAnim 下落动画
bouncer.play(fallAnim).before(squashAnim1);
// 由于小球在"屏幕"下方弹起时，小球要被压扁
// 即：宽度加倍、x 坐标左移半个球，高度减半、y 坐标下移半个球
// 因此此处指定播放 squashAnim1 的同时
// 还播放 squashAnim2、stretchAnim1、stretchAnim2
bouncer.play(squashAnim1).with(squashAnim2);
bouncer.play(squashAnim1).with(stretchAnim1);
bouncer.play(squashAnim1).with(stretchAnim2);
// 指定播放 stretchAnim2 动画之后，播放 bounceBackAnim 弹起动画
bouncer.play(bounceBackAnim).after(stretchAnim2);
// 定义对 newBall 对象的 alpha 属性执行从 1 到 0 的动画（即定义渐隐动画）
ObjectAnimator fadeAnim = ObjectAnimator.ofFloat(newBall, "alpha", 1f, 0f);
// 设置动画持续时间
fadeAnim.setDuration(250);
```

```java
            // 为fadeAnim动画添加监听器
            fadeAnim.addListener(new AnimatorListenerAdapter()
            {
                // 当动画结束时
                @Override public void onAnimationEnd(Animator animation)
                {
                    // 动画结束时将该动画关联的ShapeHolder删除
                    balls.remove(((ObjectAnimator)animation).getTarget());
                }
            });
            // 再次定义一个AnimatorSet来组合动画
            AnimatorSet animatorSet = new AnimatorSet();
            // 指定在播放fadeAnim之前, 先播放bouncer动画
            animatorSet.play(bouncer).before(fadeAnim);
            // 开始播放动画
            animatorSet.start();
            return true;
    }
    private ShapeHolder addBall(float x, float y)
    {
        // 创建一个椭圆
        OvalShape circle = new OvalShape();
        // 设置该椭圆的宽、高
        circle.resize(BALL_SIZE, BALL_SIZE);
        // 将椭圆包装成Drawable对象
        ShapeDrawable drawable = new ShapeDrawable(circle);
        // 创建一个ShapeHolder对象
        ShapeHolder shapeHolder = new ShapeHolder(drawable);
        // 设置ShapeHolder的x、y坐标
        shapeHolder.setX(x - BALL_SIZE / 2);
        shapeHolder.setY(y - BALL_SIZE / 2);
        int red = (int) (Math.random() * 255);
        int green = (int) (Math.random() * 255);
        int blue = (int) (Math.random() * 255);
        // 将red、green、blue三个随机数组合成ARGB颜色
        int color = -0x1000000 + red << 16 | (green << 8) | blue;
        // 获取drawable上关联的画笔
        Paint paint = drawable.getPaint();
        // 将red、green、blue三个随机数除以4得到商值组合成ARGB颜色
        int darkColor = (-0x1000000 | (red / 4 << 16) | (green / 4 << 8) | blue / 4);
        // 创建圆形渐变
        RadialGradient gradient = new RadialGradient(37.5f, 12.5f, BALL_SIZE,
            color, darkColor, Shader.TileMode.CLAMP);
        paint.setShader(gradient);
        // 为shapeHolder设置paint画笔
        shapeHolder.setPaint(paint);
        balls.add(shapeHolder);
        return shapeHolder;
    }
    @Override
    public void onDraw(Canvas canvas)
    {
        // 遍历balls集合中的每个ShapeHolder对象
        for (ShapeHolder shapeHolder : balls)
        {
            // 保存canvas的当前坐标系统
            canvas.save();
            // 坐标变换: 将画布坐标系统平移到shapeHolder的X、Y坐标处
            canvas.translate(shapeHolder.getX(), shapeHolder.getY());
            // 将shapeHolder持有的圆形绘制在Canvas上
```

```
                shapeHolder.getShape().draw(canvas);
                // 恢复 Canvas 坐标系统
                canvas.restore();
            }
        }
    }
}
```

上面的实例对小球使用了更多的动画,因此小球下落后会再次弹起。

该实例的 ShapeHolder 需要对 width、height 增加动画,因此该 ShapeHolder 需要增加对 width、height 的 setter 和 getter 方法。下面是该实例中 ShapeHolder 的代码。

程序清单：codes\07\7.6\AnimatorTest\bouncingballs\src\main\java\org\crazyit\image\ShapeHolder.java

```java
public class ShapeHolder
{
    private float x = 0, y = 0;
    private ShapeDrawable shape;
    private int color;
    private RadialGradient gradient;
    private float alpha = 1f;
    private Paint paint;
    public ShapeHolder(ShapeDrawable s)
    {
        shape = s;
    }
    public float getWidth()
    {
        return shape.getShape().getWidth();
    }
    public void setWidth(float width)
    {
        Shape s = shape.getShape();
        s.resize(width, s.getHeight());
    }
    public float getHeight()
    {
        return shape.getShape().getHeight();
    }
    public void setHeight(float height)
    {
        Shape s = shape.getShape();
        s.resize(s.getWidth(), height);
    }
    // 省略其他 getter、setter 方法
    ...
}
```

运行该实例,可以看到小球在底端压扁并弹起的动画,如图 7.19 所示。

图 7.19 大珠小珠落玉盘

7.7 使用 SurfaceView 实现动画

虽然前面大量介绍了使用自定义 View 来进行绘图，但 View 的绘图机制存在如下缺陷。
- View 缺乏双缓冲机制。
- 当程序需要更新 View 上的图片时，程序必须重绘 View 上显示的整张图片。
- 新线程无法直接更新 View 组件。

由于 View 存在上述缺陷，所以通过自定义 View 来实现绘图，尤其是游戏中的绘图时性能并不好。Android 提供了一个 SurfaceView 来代替 View，在实现游戏绘图方面，SurfaceView 比 View 更加出色，因此一般推荐使用 SurfaceView。

7.7.1 SurfaceView 的绘图机制

SurfaceView 一般会与 SurfaceHolder 结合使用，SurfaceHolder 用于向与之关联的 SurfaceView 上绘图，调用 SurfaceView 的 getHolder()方法即可获取 SurfaceView 关联的 SurfaceHolder。

SurfaceHolder 提供了如下方法来获取 Canvas 对象。
- Canvas lockCanvas()：锁定整个 SurfaceView 对象，获取该 SurfaceView 上的 Canvas。
- Canvas lockCanvas(Rect dirty)：锁定 SurfaceView 上 Rect 划分的区域，获取该区域上的 Canvas。

当对同一个 SurfaceView 调用上面两个方法时，两个方法所返回的是同一个 Canvas 对象。但当程序调用第二个方法获取指定区域的 Canvas 时，SurfaceView 将只对 Rect 所"圈"出来的区域进行更新，通过这种方式可以提高画面的更新速度。

当通过 lockCanvas()获取了指定 SurfaceView 上的 Canvas 之后，接下来程序就可以调用 Canvas 进行绘图了，Canvas 绘图完成后通过 unlockCanvasAndPost(canvas)方法来释放绘图、提交所绘制的图形。

需要指出的是，当调用 SurfaceHolder 的 unlockCanvasAndPost()方法之后，该方法之前所绘制的图形还处于缓冲区中，下一次 lockCanvas()方法锁定的区域可能会"遮挡"它。

下面的程序示范了 SurfaceView 的绘图机制。该程序将会采用 SurfaceView 绘制一个游戏动画：程序通过继承 SurfaceView 来实现一个自定义 View。下面是该自定义 View 的代码。

程序清单：codes\07\7.7\SurfaceViewTest\fish\src\main\java\org\crazyit\image\FishView.java

```
public class FishView extends SurfaceView implements SurfaceHolder.Callback
{
    private UpdateViewThread updateThread;
    private boolean hasSurface;
    private Bitmap back;
    private Bitmap[] fishs = new Bitmap[10];
    private int fishIndex; // 定义变量记录绘制第几张鱼的图片
    // 下面定义两个变量，记录鱼的初始位置
    private float initX;
    private float initY = 500f;
    // 下面定义两个变量，记录鱼的当前位置
    private float fishX;
    private float fishY = initY;
    private float fishSpeed = 12f; // 鱼的游动速度
    // 定义鱼游动的角度
    private int fishAngle = new Random().nextInt(60);
    Matrix matrix = new Matrix();
    public FishView(Context ctx , AttributeSet set)
    {
        super(ctx, set);
        // 获取该SurfaceView对应的SurfaceHolder，并将该类的实例作为其Callback
```

```java
    getHolder().addCallback(this);
    back = BitmapFactory.decodeResource(ctx.getResources(), R.drawable.fishbg);
    // 初始化鱼游动动画的 10 张图片
    for (int i = 0; i <= 9; i++)
    {
        try {
            int fishId = (int) R.drawable.class.getField("fish" + i).get(null);
            fishs[i] = BitmapFactory.decodeResource(ctx.getResources(), fishId);
        }
        catch (Exception e)
        {
            e.printStackTrace();
        }
    }
}
private void resume()
{
    // 创建和启动图像更新线程
    if (updateThread == null)
    {
        updateThread = new UpdateViewThread();
        if (hasSurface) updateThread.start();
    }
}
private void pause()
{
    // 停止图像更新线程
    if (updateThread != null)
    {
        updateThread.requestExitAndWait();
        updateThread = null;
    }
}
// 当 SurfaceView 被创建时回调该方法
public void surfaceCreated(SurfaceHolder holder)
{
    initX = getWidth() + 50;
    fishX = initX;
    hasSurface = true;
    resume();
}
// 当 SurfaceView 将要被销毁时回调该方法
public void surfaceDestroyed(SurfaceHolder holder)
{
    hasSurface = false;
    pause();
}
// 当 SurfaceView 发生改变时回调该方法
@Override
public void surfaceChanged(SurfaceHolder holder, int format, int w, int h)
{
    if (updateThread != null) updateThread.onWindowResize(w, h);
}
class UpdateViewThread extends Thread
{
    // 定义一个记录图像是否更新完成的旗标
    private boolean done;
    @Override public void run()
    {
        SurfaceHolder surfaceHolder = FishView.this.getHolder();
        // 重复绘图循环，直到线程停止
        while (!done)
        {
            // 锁定 SurfaceView，并返回到要绘图的 Canvas
```

```java
                Canvas canvas = surfaceHolder.lockCanvas();   // ①
                // 绘制背景图片
                canvas.drawBitmap(back, 0f, 0f, null);
                // 如果鱼"游出"屏幕之外，重新初始化鱼的位置
                if (fishX < -100)
                {
                    fishX = initX;
                    fishY = initY;
                    fishAngle = new Random().nextInt(60);
                }
                if (fishY < -100)
                {
                    fishX = initX;
                    fishY = initY;
                    fishAngle = new Random().nextInt(60);
                }
                // 使用 Matrix 来控制鱼的旋转角度和位置
                matrix.reset();
                matrix.setRotate(fishAngle);
                fishX -= fishSpeed * Math.cos(Math.toRadians(fishAngle));
                fishY -= fishSpeed * Math.sin(Math.toRadians(fishAngle));
                matrix.postTranslate(fishX , fishY);
                canvas.drawBitmap(fishs[fishIndex++ % fishs.length], matrix, null);
                // 解锁 Canvas，并渲染当前图像
                surfaceHolder.unlockCanvasAndPost(canvas);    // ②
                try
                {
                    Thread.sleep(60);
                }
                catch (InterruptedException e){e.printStackTrace();}
            }
        }
        void requestExitAndWait()
        {
            // 把这个线程标记为完成，并合并到主程序线程中
            done = true;
            try
            {
                join();
            }
            catch (InterruptedException ex){ex.printStackTrace();}
        }
        void onWindowResize(int w, int h)
        {
            // 处理 SurfaceView 的大小改变事件
            System.out.println("w:" + w + "===h:" + h);
        }
    }
}
```

上面程序使用 FishView 自身作为 SurfaceHolder 的 Callback 实例，并实现了 Callback 中定义的如下三个方法。

- surfaceChanged(SurfaceHolder,Int, Int, Int)：当一个 SurfaceView 的格式或大小发生改变时回调该方法。
- surfaceCreated(SurfaceHolder)：当 SurfaceView 被创建时回调该方法。
- surfaceDestroyed(SurfaceHolder)：当 SurfaceView 将要被销毁时回调该方法。

上面 FishView 所实现的 surfaceCreated()方法中调用了该类的 resume()方法，该方法将会启动一个负责更新游戏图像的线程，这样即可保证 FishView 上的动画不停地改变。当 SurfaceView 被销毁时，程序会回调它的 surfaceDestroyed()方法，FishView 所实现的该方法则负责停止更新游戏图像

的线程，这样即可释放线程资源。

FishView 中定义了一个 UpdateViewThread 线程，这个线程可通过 SurfaceHolder 来绘制 SurfaceView 上绘制的图像（这也是 SurfaceView 与普通 View 的显著区别之一）。程序中①号粗体字代码用于锁定 SurfaceView，准备开始绘制，接下来程序即可在 SurfaceView 上执行任意绘制。程序对 SurfaceView 绘制完成之后，程序中②号粗体字代码解锁画布，并将绘制内容显示出来。

该程序的界面布局文件只是简单地显示该 FishView，主程序也很简单，此处不再给出。运行该程序，即可看到如图 7.20 所示的"小鱼游动"的界面。

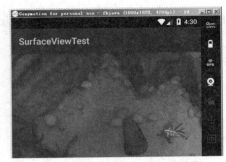

图 7.20　使用 SurfaceView 绘图

▶▶ 7.7.2 实例：基于 SurfaceView 开发示波器

SurfaceView 与普通 View 还有一个重要的区别：View 的绘图必须在当前 UI 线程中进行——这也是前面程序需要更新 View 组件时总要采用 Handler 处理的原因；但 SurfaceView 就不会存在这个问题，因为 SurfaceView 的绘图是由 SurfaceHolder 来完成的。

对于 View 组件，如果程序需要花较长的时间来更新绘图，那么主 UI 线程将会被阻塞，无法响应用户的任何动作；而 SurfaceHolder 则会启用新的线程去更新 SurfaceView 的绘制，因此不会阻塞主 UI 线程。

一般来说，如果程序或游戏界面的动画元素较多，而且很多动画元素的移动都需要通过定时器来控制，就可以考虑使用 SurfaceView，而不是 View。例如，下面我们使用 SurfaceView 开发一个示波器程序，该程序将会根据用户单击的按钮在屏幕上自动绘制正弦波或余弦波。

该程序的界面布局很简单，包含两个按钮和一个 SurfaceView，程序每次绘制时只需要绘制（更新）当前点的波形，前面已经绘制的波形无须更新，这就利用了 SurfaceHolder 的 lockCanvas(Rect) 方法。

该程序的代码如下。

程序清单：codes\07\7.7\SurfaceViewTest\showwave\app\src\main\java\org\crazyit\image\MainActivity.java

```java
public class MainActivity extends Activity
{
    private SurfaceHolder holder;
    private Paint paint = new Paint();
    int HEIGHT = 400;
    int screenWidth;
    int X_OFFSET = 5;
    int cx = X_OFFSET;
    // 实际的 Y 轴的位置
    int centerY = HEIGHT / 2;
    Timer timer = new Timer();
    TimerTask task;

    @Override
    protected void onCreate(Bundle savedInstanceState)
    {
        super.onCreate(savedInstanceState);
        setContentView(R.layout.activity_main);
        DisplayMetrics metrics = new DisplayMetrics();
        getWindowManager().getDefaultDisplay().getMetrics(metrics);
        screenWidth = metrics.widthPixels;
        SurfaceView surface = findViewById(R.id.show);
        // 初始化 SurfaceHolder 对象
```

```java
        holder = surface.getHolder();
        paint.setColor(Color.GREEN);
        paint.setStrokeWidth(getResources().getDimension(R.dimen.stroke_width));
        Button sin = findViewById(R.id.sin);
        Button cos = findViewById(R.id.cos);
        View.OnClickListener listener = source -> {
            drawBack(holder);
            cx = X_OFFSET;
            if (task != null)
            {
                task.cancel();
            }
            task = new TimerTask()
            {
                @Override
                public void run()
                {
                    paint.setColor(Color.GREEN);
                    int cy = source.getId() == R.id.sin ? centerY
                        - (int)(100 * Math.sin((cx - 5) * 2
                        * Math.PI / 150))
                        : centerY - (int)(100 * Math.cos ((cx - 5)
                        * 2 * Math.PI / 150));
                    Canvas canvas = holder.lockCanvas(new Rect(cx, cy,
                        cx + (int)paint.getStrokeWidth(), cy +
                        (int)paint.getStrokeWidth()));
                    canvas.drawPoint(cx, cy, paint);
                    cx += 2;
                    if (cx > screenWidth)
                    {
                        task.cancel();
                        task = null;
                    }
                    holder.unlockCanvasAndPost(canvas);
                }
            };
            timer.schedule(task, 0, 10);
        };
        sin.setOnClickListener(listener);
        cos.setOnClickListener(listener);
        holder.addCallback(new SurfaceHolder.Callback()
        {
            @Override
            public void surfaceChanged(SurfaceHolder holder, int format, int width,
int height)
            {
                drawBack(holder);
            }
            @Override
            public void surfaceCreated(SurfaceHolder myHolder)
            {
            }
            @Override
            public void surfaceDestroyed(SurfaceHolder holder)
            {
                timer.cancel();
            }
        });
    }
    private void drawBack(SurfaceHolder holder)
    {
        Canvas canvas = holder.lockCanvas();
        // 绘制白色背景
        canvas.drawColor(Color.WHITE);
        paint.setColor(Color.BLACK);
```

```
            // 绘制坐标轴
            canvas.drawLine(X_OFFSET, centerY,
                screenWidth, centerY, paint);
            canvas.drawLine(X_OFFSET, 40f, X_OFFSET, HEIGHT, paint);
            holder.unlockCanvasAndPost(canvas);
            holder.lockCanvas(new Rect(0, 0, 0, 0));
            holder.unlockCanvasAndPost(canvas);
        }
    }
```

从上面程序中的三行粗体字代码可以看出，当程序每次绘制正弦波、余弦波上的当前点时，程序都无须重绘整个画面，SurfaceHolder 只要锁定当前绘制点的小范围即可，系统更新画面时也只要更新这个范围即可，因此具有较好的画面性能。运行该程序，将看到如图 7.21 所示的结果。

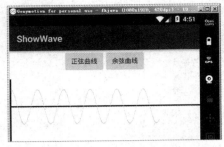

图 7.21　示波器

7.8　本章小结

本章主要介绍了 Android 的图形、图像处理，这种图形、图像处理不仅对 Android 界面开发十分重要，而且也是开发 Android 2D 游戏的基础。学习本章需要重点掌握 Android 丰富的绘图 API，包括 Canvas、Paint、Path 等类。除此之外，读者还需要掌握 Android 绘图的双缓冲机制，以及利用 Matrix 对图形进行几何变换等内容。除此之外，Android 提供了逐帧动画、补间动画、属性动画支持，尤其需要重点掌握属性动画。为了更好地开发游戏动画界面，Android 专门提供了 SurfaceView，本章详细介绍了 SurfaceView 的绘图机制，并讲解了如何继承 SurfaceView 来开发动画。

第 8 章
Android 数据存储与 IO

本章要点

- SharedPreferences 的概念和作用
- 使用 SharedPreferences 保存程序的参数、选项
- 读写其他应用的 SharedPreferences
- Android 的文件 IO
- 读写 SD 卡上的文件
- 了解 SQLite 数据库
- 使用 Android 的 API 操作 SQLite 数据库
- 使用 sqlite3 工具管理 SQLite 数据库
- SQLiteOpenHelper 类的功能与用法
- Android 的手势支持
- 手势检测
- 向手势库中添加手势
- 识别用户手势
- 让应用说话（TTS）

所有应用程序都必然涉及数据的输入、输出，Android 应用也不例外，应用程序的参数设置、程序运行状态数据这些都需要保存到外部存储器上，这样系统关机之后数据才不会丢失。Android 应用是使用 Java 或 Kotlin 语言来开发的，因此开发者在 Java IO 中的编程经验大部分都可"移植"到 Android 应用开发上。Android 系统还提供了一些专门的 IO API，通过这些 API 可以更有效地进行输入、输出。

如果应用程序只有少量数据需要保存，那么使用普通文件就可以了；但如果应用程序有大量数据需要存储、访问，就需要借助于数据库了。Android 系统内置了 SQLite 数据库，SQLite 数据库是一个真正轻量级的数据库，它没有后台进程，整个数据库就对应于一个文件，这样可以非常方便地在不同设备之间移植。Android 不仅内置了 SQLite 数据库，而且为访问 SQLite 数据库提供了大量便捷的 API。本章将会详细介绍如何在 Android 应用中使用 SQLite 数据库。

 ## 8.1　使用 SharedPreferences

有些时候，应用程序有少量的数据需要保存，而且这些数据的格式很简单，都是普通的字符串、标量类型的值等，比如应用程序的各种配置信息（如是否打开音效、是否使用振动效果等）、小游戏的玩家积分（如扫雷英雄榜之类的）等，对于这种数据，Android 提供了 SharedPreferences 进行保存。

▶▶ 8.1.1　SharedPreferences 与 Editor 简介

SharedPreferences 保存的数据主要是类似于配置信息格式的数据，因此它保存的数据主要是简单类型的 key-value 对。

SharedPreferences 接口主要负责读取应用程序的 Preferences 数据，它提供了如下常用方法来访问 SharedPreferences 中的 key-value 对。

- ➢ boolean contains(String key)：判断 SharedPreferences 是否包含特定 key 的数据。
- ➢ Map<String, ?> getAll()：获取 SharedPreferences 数据里全部的 key-value 对。
- ➢ getXxx(String key, xxx defValue)：获取 SharedPreferences 数据里指定 key 对应的 value。如果该 key 不存在，则返回默认值 defValue。其中 xxx 可以是 boolean、float、int、long、String 等各种基本类型的值。

SharedPreferences 接口并没有提供写入数据的能力，通过 SharedPreferences.Editor 才允许写入，SharedPreferences 调用 edit() 方法即可获取它所对应的 Editor 对象。Editor 提供了如下方法来向 SharedPreferences 写入数据。

- ➢ SharedPreferences.Editor clear()：清空 SharedPreferences 里所有数据。
- ➢ SharedPreferences.Editor putXxx(String key, xxx value)：向 SharedPreferences 存入指定 key 对应的数据。其中 xxx 可以是 boolean、float、int、long、String 等各种基本类型的值。
- ➢ SharedPreferences.Editor remove(String key)：删除 SharedPreferences 里指定 key 对应的数据项。
- ➢ boolean apply()：当 Editor 编辑完成后，调用该方法提交修改。与 apply() 功能类似的方法还有 commit()，区别是 commit() 会立即提交修改；而 apply() 在后台提交修改，不会阻塞前台线程，因此推荐使用 apply() 方法。

 提示：
> 从用法角度来看，SharedPreferences 和 SharedPreferences.Editor 组合起来非常像 Map，其中 SharedPreferences 负责根据 key 读取数据，而 SharedPreferences.Editor 则用于写入数据。

SharedPreferences 本身是一个接口，程序无法直接创建 SharedPreferences 实例，只能通过 Context 提供的 getSharedPreferences(String name , int mode)方法来获取 SharedPreferences 实例，该方法的第二个参数支持如下几个值。

➢ Context.MODE_PRIVATE：指定该 SharedPreferences 数据只能被本应用程序读写。
➢ Context.MODE_WORLD_READABLE：指定该 SharedPreferences 数据能被其他应用程序读，但不能写。
➢ Context.MODE_WORLD_WRITEABLE：指定该 SharedPreferences 数据能被其他应用程序读写。

> **提示：**
> 从 Android 4.2 开始，Android 不再推荐使用 MODE_WORLD_READABLE、MODE_WORLD_WRITEABLE 这两种模式，因为这两种模式允许其他应用程序来读或写本应用创建的数据，因此容易导致安全漏洞。如果应用程序确实需要把内部数据暴露出来供其他应用访问，则应该使用本书后面介绍的 ContentProvider。

下面介绍对 SharedPreferences 的简单读写。

▶▶ 8.1.2 SharedPreferences 的存储位置和格式

下面的程序示范了如何向 SharedPreferences 中写入、读取数据。该程序的界面很简单，它只是提供了两个按钮，其中一个用于写入数据；另一个用于读取数据，故此处不再给出界面布局文件。程序代码如下。

程序清单：codes\08\8.1\SharedPreferencesTest\qs\src\main\java\org\crazyit\io\MainActivity.java

```java
public class MainActivity extends Activity
{
    private SharedPreferences preferences;
    private SharedPreferences.Editor editor;
    @Override
    protected void onCreate(Bundle savedInstanceState)
    {
        super.onCreate(savedInstanceState);
        setContentView(R.layout.activity_main);
        // 获取只能被本应用程序读写的 SharedPreferences 对象
        preferences = getSharedPreferences("crazyit", Context.MODE_PRIVATE);
        editor = preferences.edit();
        Button read = findViewById(R.id.read);
        Button write = findViewById(R.id.write);
        read.setOnClickListener(view -> {
            // 读取字符串数据
            String time = preferences.getString("time", null);
            // 读取 int 类型的数据
            int randNum = preferences.getInt("random", 0);
            String result = time == null ? "您暂时还未写入数据" : "写入时间为：" +
                    time + "\n上次生成的随机数为：" + randNum;
            // 使用 Toast 提示信息
            Toast.makeText(MainActivity.this, result, Toast.LENGTH_SHORT).show();
        });
        write.setOnClickListener(view -> {
            SimpleDateFormat sdf = new SimpleDateFormat("yyyy年MM月dd日 " +
"hh:mm:ss");
            // 存入当前时间
            editor.putString("time", sdf.format(new Date()));
            // 存入一个随机数
            editor.putInt("random", (int) (Math.random() * 100));
```

```
            // 提交所有存入的数据
            editor.apply();
        });
    }
}
```

上面程序中的第一段粗体字代码用于读取 SharedPreferences 数据，当程序所读取的 SharedPreferences 数据文件根本不存在时，程序也返回默认值，并不会抛出异常；第二段粗体字代码用于写入 SharedPreferences 数据，由于 SharedPreferences 并不支持写入 Date 类型的值，故程序使用了 SimpleDateFormat 将 Date 格式化成字符串后写入。

运行上面的程序，单击程序界面上的"写入数据"按钮，程序将完成 SharedPreferences 的写入，写入完成后打开 Android Studio 的 File Explorer 面板，然后展开文件浏览树，将看到如图 8.1 所示的窗口。

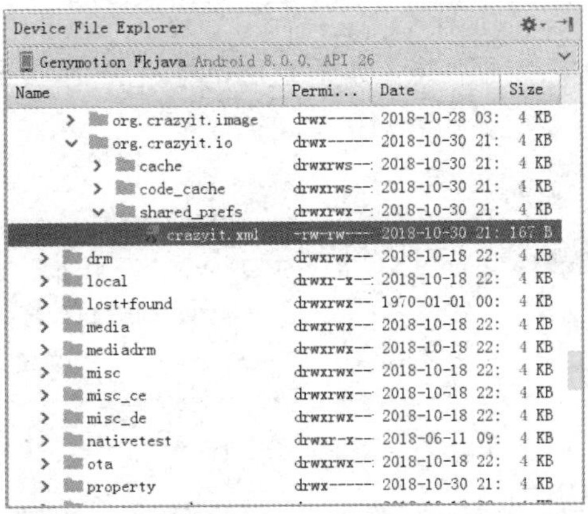

从图 8.1 可以看出，SharedPreferences 数据总是保存在/data/data/<package name>/shared_prefs 目录下，SharedPreferences 数据总是以 XML 格式保存。通过 File Explorer 面板的导出文件按钮导出该 XML 文档，打开该 XML 文档可以看到如下文件内容：

图 8.1 SharedPreferences 的存储路径

```xml
<?xml version='1.0' encoding='utf-8' standalone='yes' ?>
<map>
    <int name="random" value="40" />
    <string name="time">2018 年 10 月 30 日 03:44:10</string>
</map>
```

从上面的文件不难看出，SharedPreferences 数据文件的根元素是<map.../>元素，该元素里每个子元素代表一个 key-value 对，当 value 是整数类型时，使用<int.../>子元素；当 value 是字符串类型时，使用<string.../>子元素……依此类推。

单击程序界面上的"读取数据"按钮，程序弹出一个 Toast 对话框显示上次写入的数据。

实例：记录应用程序的使用次数

这个简单的实例可以记录应用程序的使用次数：当用户第一次启动该应用程序时，系统创建 SharedPreferences 来记录使用次数。用户以后启动应用程序时，系统先读取 SharedPreferences 中记录的使用次数，然后将使用次数加 1。

本实例与程序界面无关，直接使用 Android Studio 自动生成的界面布局文件即可，因此此处不再给出界面布局文件。本实例程序的代码如下。

程序清单：codes\08\8.1\SharedPreferencesTest\usecount\app\src\main\java\org\crazyit\io\MainActivity.java

```java
public class MainActivity extends Activity
{
    private SharedPreferences preferences;
    @Override
    protected void onCreate(Bundle savedInstanceState)
    {
        super.onCreate(savedInstanceState);
        setContentView(R.layout.activity_main);
        preferences = getSharedPreferences("count", Context.MODE_PRIVATE);
        // 读取 SharedPreferences 里的 count 数据
        int count = preferences.getInt("count", 0);
```

```
            // 显示程序以前使用的次数
            Toast.makeText(this, "程序以前被使用了"
                + count + "次。", Toast.LENGTH_LONG).show();
            SharedPreferences.Editor editor = preferences.edit();
            // 存入数据
            editor.putInt("count", ++count);
            // 提交修改
            editor.apply();
        }
    }
```

上面程序中的第一行粗体字代码用于读取 SharedPreferences 中记录的使用次数；第二行粗体字代码将使用次数增加 1，并再次将使用次数写入 SharedPreferences 中。

8.2 File 存储

读者学习 Java SE 的时候都知道 Java 提供了一套完整的 IO 流体系，包括 FileInputStream、FileOutputStream 等，通过这些 IO 流可以非常方便地访问磁盘上的文件内容。Android 同样支持以这种方式来访问手机存储器上的文件。

8.2.1 openFileOutput 和 openFileInput

Context 提供了如下两个方法来打开应用程序的数据文件夹里的文件 IO 流。

- FileInputStream openFileInput(String name)：打开应用程序的数据文件夹下的 name 文件对应的输入流。
- FileOutputStream openFileOutput(String name, int mode)：打开应用程序的数据文件夹下的 name 文件对应的输出流。

上面两个方法分别用于打开文件输入流、输出流，其中第二个方法的第二个参数指定打开文件的模式，该模式支持如下值。

- MODE_PRIVATE：该文件只能被当前程序读写。
- MODE_APPEND：以追加方式打开该文件，应用程序可以向该文件中追加内容。
- MODE_WORLD_READABLE：该文件的内容可以被其他程序读取。
- MODE_WORLD_WRITEABLE：该文件的内容可由其他程序读写。

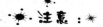

> 与前面介绍的类似，从 Android 4.2 开始，Android 不推荐使用 MODE_WORLD_READABLE 和 MODE_WORLD_WRITEABLE 两种模式。

除此之外，Context 还提供了如下几个方法来访问应用程序的数据文件夹。

- getDir(String name, int mode)：在应用程序的数据文件夹下获取或创建 name 对应的子目录。
- File getFilesDir()：获取应用程序的数据文件夹的绝对路径。
- String[] fileList()：返回应用程序的数据文件夹下的全部文件。
- deleteFile(String)：删除应用程序的数据文件夹下的指定文件。

下面的程序简单示范了如何读写应用程序数据文件夹内的文件。该程序的界面布局同样很简单，只包含两个文本框和两个按钮，其中第一组文本框和按钮用于处理写入，文本框用于接受用户输入，当用户单击"写入"按钮时，程序将会把数据写入文件；第二组文本框和按钮用于处理读取，当用户单击"读取"按钮时，该文本框显示文件中的数据。程序代码如下。

> **提示:**
> 由于本书主要介绍 Android 应用开发的相关知识,因此 Java IO 支持的相关内容则不在本书介绍的范围之内,如果读者对 Java IO 还不熟悉,建议先阅读疯狂 Java 体系的《疯狂 Java 讲义》。

程序清单:codes\08\8.2\FileTest\filetest\src\main\java\org\crazyit\io\MainActivity.java

```java
public class MainActivity extends Activity
{
    public static final String FILE_NAME = "crazyit.bin";
    @Override
    protected void onCreate(Bundle savedInstanceState)
    {
        super.onCreate(savedInstanceState);
        setContentView(R.layout.activity_main);
        // 获取两个按钮
        Button read = findViewById(R.id.read);
        Button write = findViewById(R.id.write);
        // 获取两个文本框
        EditText edit1 = findViewById(R.id.edit1);
        TextView edit2 = findViewById(R.id.edit2);
        // 为write按钮绑定事件监听器
        write.setOnClickListener(view -> {
            // 将edit1中的内容写入文件中
            write(edit1.getText().toString());
            edit1.setText("");
        });
        read.setOnClickListener(view ->
                edit2.setText(read())/* 读取指定文件中的内容,并显示出来 */);
    }
    private String read()
    {
        try(
            // 打开文件输入流
            FileInputStream fis = openFileInput(FILE_NAME))
        {
            byte[] buff = new byte[1024];
            int hasRead = 0;
            StringBuilder sb = new StringBuilder("");
            // 读取文件内容
            while ((hasRead = fis.read(buff)) > 0)
            {
                sb.append(new String(buff, 0, hasRead));
            }
            return sb.toString();
        }
        catch (Exception e)
        {
            e.printStackTrace();
        }
        return null;
    }
    private void write(String content)
    {
        try(
            // 以追加方式打开文件输出流
            FileOutputStream fos = openFileOutput(FILE_NAME, Context.MODE_APPEND);
            // 将FileOutputStream包装成PrintStream
            PrintStream ps = new PrintStream(fos))
        {
            // 输出文件内容
```

```
            ps.println(content);
        }
        catch (Exception e)
        {
            e.printStackTrace();
        }
    }
}
```

上面程序中的第一段粗体字代码用于读取应用程序的数据文件，第二段粗体字代码用于向应用程序的数据文件中追加内容。从上面的粗体字代码可以看出，当 Android 系统调用 Context 的 openFileInput()、openFileOutput()打开文件输入流或输出流之后，接下来 IO 流的用法与 Java SE 中 IO 流的用法完全一样：直接用节点流读写也行，用包装流包装之后再处理也没问题。

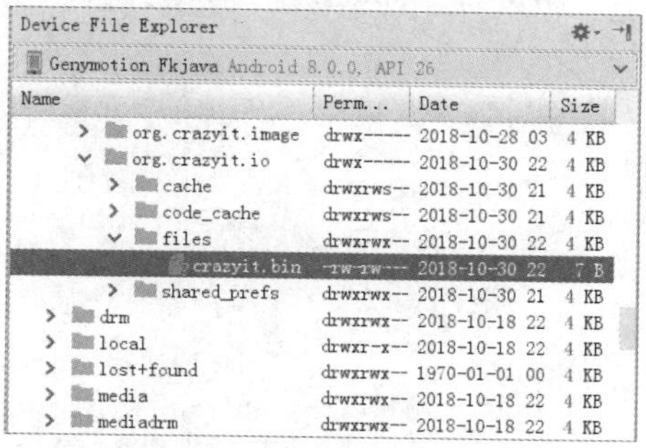

当单击程序界面中的"写入"按钮时，用户在第一个文本框中输入的内容将会被保存到应用程序的数据文件中，打开 File Explorer 面板，可以看到如图 8.2 所示的界面。

图 8.2　应用程序的数据文件

从图 8.2 可以看出，应用程序的数据文件默认保存在/data/data/<package name>/files 目录下。

▶▶ 8.2.2　读写 SD 卡上的文件

当程序通过 Context 的 openFileInput()或 openFileOutput()来打开文件输入流、输出流时，程序所打开的都是应用程序的数据文件夹里的文件,这样所存储的文件大小可能比较有限——毕竟手机内置的存储空间是有限的。

为了更好地存取应用程序的大文件数据，应用程序需要读写 SD 卡上的文件。SD 卡大大扩充了手机的存储能力。

读写 SD 上的文件请按如下步骤进行。

① 请求动态获取读写 SD 卡的权限，只有当用户授权读写 SD 卡时才执行读写。例如使用如下代码：

```
requestPermissions(new int[]{Manifest.permission.WRITE_EXTERNAL_STORAGE}, 0x123)
```

② 调用 Environment 的 getExternalStorageDirectory()方法来获取外部存储器，也就是 SD 卡的目录。

③ 使用 FileInputStream、FileOutputStream、FileReader 或 FileWriter 读写 SD 卡里的文件。

应用程序读写 SD 卡上的文件有如下两个注意点。

➢ 手机上应该已插入 SD 卡。对于模拟器来说，可通过 mksdcard 命令来创建虚拟存储卡。关于虚拟存储卡的管理请参考第 1 章。

➢ 为了读写 SD 卡上的数据，必须在应用程序的清单文件（AndroidManifest.xml）中添加读写 SD 卡的权限。例如如下配置：

```
<!-- 向 SD 卡写入数据的权限 -->
<uses-permission android:name="android.permission.WRITE_EXTERNAL_STORAGE"/>
```

下面的程序示范了如何读写 SD 卡上的文件。该程序的主界面与上一个程序的界面完全相同，只是该程序数据读写是基于 SD 卡的。该程序代码如下。

程序清单：codes\08\8.2\FileTest\sdtest\src\main\java\org\crazyit\io\MainActivity.java

```java
public class MainActivity extends Activity
{
    private static final String FILE_NAME = "/crazyit.bin";
    private EditText edit1;
    private TextView edit2;
    @Override
    protected void onCreate(Bundle savedInstanceState)
    {
        super.onCreate(savedInstanceState);
        setContentView(R.layout.activity_main);
        // 获取两个按钮
        Button read = findViewById(R.id.read);
        Button write = findViewById(R.id.write);
        // 获取两个文本框
        edit1 = findViewById(R.id.edit1);
        edit2 = findViewById(R.id.edit2);
        // 为write按钮绑定事件监听器
        write.setOnClickListener(view ->
            // 运行时请求获取写入SD卡的权限
            requestPermissions(new String[]
                {Manifest.permission.WRITE_EXTERNAL_STORAGE}, 0x123)); // ①
        read.setOnClickListener(view ->
            requestPermissions(new String[]
                {Manifest.permission.WRITE_EXTERNAL_STORAGE}, 0x456));
    }
    private String read()
    {
        // 如果手机插入了SD卡，而且应用程序具有访问SD卡的权限
        if (Environment.getExternalStorageState().equals(Environment.MEDIA_MOUNTED))
        {
            // 获取SD卡对应的存储目录
            File sdCardDir = Environment.getExternalStorageDirectory();
            try(
                // 获取指定文件对应的输入流
                FileInputStream fis = new FileInputStream(
                    sdCardDir.getCanonicalPath() + FILE_NAME);
                // 将指定输入流包装成BufferedReader
                BufferedReader br = new BufferedReader(new InputStreamReader(fis))
            ) {
                StringBuilder sb = new StringBuilder();
                String line = null;
                // 循环读取文件内容
                while ((line = br.readLine()) != null)
                {
                    sb.append(line);
                }
                return sb.toString();
            }
            catch(IOException e)
            {
                e.printStackTrace();
            }
        }
        return null;
    }
    private void write(String content)
    {
        // 获取SD卡的目录
        File sdCardDir = Environment.getExternalStorageDirectory();
        try
        {
```

```java
            File targetFile = new File(sdCardDir.getCanonicalPath() + FILE_NAME);
            // 以指定文件创建 RandomAccessFile 对象
            RandomAccessFile raf = new RandomAccessFile(targetFile, "rw");
            // 将文件记录指针移动到最后
            raf.seek(targetFile.length());
            // 输出文件内容
            raf.write(content.getBytes());
            // 关闭 RandomAccessFile
            raf.close();
        }
        catch(IOException e)
        {
            e.printStackTrace();
        }
    }
    @Override
    public void onRequestPermissionsResult(int requestCode,
        String[] permissions, int[] grantResults)
    {
        if (requestCode == 0x123)
        {
            // 如果用户同意授权访问
            if(grantResults != null &&  grantResults[0] ==
                PackageManager.PERMISSION_GRANTED )
            {
                write(edit1.getText().toString());
                edit1.setText("");
            }
            else
            {
                // 提示用户必须允许写入 SD 卡的权限
                Toast.makeText(this, R.string.writesd_tip, Toast.LENGTH_LONG)
                    .show();
            }
        }
        if (requestCode == 0x456)
        {
            // 如果用户同意授权访问
            if(grantResults != null &&  grantResults[0] ==
                PackageManager.PERMISSION_GRANTED )
            {
                // 读取指定文件中的内容,并显示出来
                edit2.setText(read());
            }
            else
            {
                // 提示用户必须允许写入 SD 卡的权限
                Toast.makeText(this, R.string.writesd_tip, Toast.LENGTH_LONG)
                    .show();
            }
        }
    }
}
```

  由于向 SD 卡中写入数据需要在运行时动态获取权限,因此该程序中的①号代码用于动态获取 WRITE_EXTERNAL_STORAGE 权限,当用户授权完成后会触发 onRequestPermissionsResult 方法,程序会在该方法中根据用户授权来决定是否向 SD 卡中写入数据。

  上面程序中的第一段粗体字代码用于读取 SD 卡中指定文件的内容;第二段粗体字代码则使用 RandomAccessFile 向 SD 卡中的指定文件追加内容——如果使用 FileOutputStream 向指定文件写入数据,FileOutputStream 会把原有的文件内容清空,那就不是追加文件内容了。由此可见,当程序直接使用 FileOutputStream 进行输出时,比使用 Context 的 openFileOutput() 方便。

运行上面的程序,在第一个文本框内输入一些字符串,然后单击"写入"按钮,即可将数据写入底层 SD 卡中。打开 File Explorer,即可看到如图 8.3 所示的界面。

对于 Genymotion 模拟器而言,它模拟的 SD 卡对应的路径为/storage/emulated/0。

实例:SD 卡文件浏览器

下面将会利用 File 类开发一个 SD 卡文件浏览器,该程序首先获取访问系统的 SD 卡目录的权限,然后通过 File 的 listFiles()方法来获取指定目录下的全部文件和文件夹。

图 8.3 存入 SD 卡中的数据

当程序启动时,系统启动获取 SD 卡根目录下的全部文件、文件夹,并使用 RecyclerView 将它们显示出来;当用户单击 RecyclerView 的指定列表项时,系统将会显示该列表项下的全部文件夹和文件。

该程序的界面布局文件如下。

程序清单:codes\08\8.2\FileTest\sdfileexplorer\src\main\res\layout\activity_main.xml

```xml
<?xml version="1.0" encoding="utf-8"?>
<android.support.constraint.ConstraintLayout
    xmlns:android="http://schemas.android.com/apk/res/android"
    xmlns:app="http://schemas.android.com/apk/res-auto"
    xmlns:tools="http://schemas.android.com/tools"
    android:layout_width="match_parent"
    android:layout_height="match_parent">
    <!-- 显示当前路径的文本框 -->
    <TextView
        android:id="@+id/path"
        android:layout_width="match_parent"
        android:layout_height="wrap_content"
        android:layout_gravity="center_horizontal"
        android:layout_marginStart="8dp"
        android:layout_marginEnd="8dp"
        app:layout_constraintEnd_toEndOf="parent"
        app:layout_constraintStart_toStartOf="parent"
        app:layout_constraintTop_toTopOf="parent" />
    <!-- 列出当前路径下所有文件的 RecyclerView -->
    <android.support.v7.widget.RecyclerView
        android:id="@+id/recycler"
        android:layout_width="match_parent"
        android:layout_height="0dp"
        android:layout_alignParentStart="true"
        android:layout_alignParentTop="true"
        android:layout_marginStart="8dp"
        android:layout_marginTop="4dp"
        android:layout_marginEnd="8dp"
        android:layout_marginBottom="2dp"
        app:layout_constraintBottom_toTopOf="@+id/parent"
        app:layout_constraintEnd_toEndOf="parent"
        app:layout_constraintStart_toStartOf="parent"
        app:layout_constraintTop_toBottomOf="@+id/path" />
    <!-- 返回上一级目录的按钮 -->
    <Button
        android:id="@+id/parent"
        android:layout_width="38dp"
        android:layout_height="34dp"
        android:layout_alignParentBottom="true"
```

```xml
            android:layout_centerHorizontal="true"
            android:layout_marginBottom="4dp"
            android:background="@drawable/home"
            app:layout_constraintBottom_toBottomOf="parent"
            app:layout_constraintEnd_toEndOf="parent"
            app:layout_constraintStart_toStartOf="parent" />
</android.support.constraint.ConstraintLayout>
```

该程序主要利用了 File 的 listFiles()来列出指定目录下的全部文件，程序代码如下。

程序清单：codes\08\8.2\FileTest\sdfileexplorer\src\main\java\org\crazyit\io\MainActivity.java

```java
public class MainActivity extends Activity
{
    private RecyclerView recyclerView;
    private TextView textView;
    // 记录当前的父文件夹
    private File currentParent;
    // 记录当前路径下的所有文件的文件数组
    private File[] currentFiles;
    @Override
    protected void onCreate(Bundle savedInstanceState)
    {
        super.onCreate(savedInstanceState);
        setContentView(R.layout.activity_main);
        // 获取列出全部文件的 RecyclerView
        recyclerView = findViewById(R.id.recycler);
        LinearLayoutManager layoutManager = new LinearLayoutManager(this);
        // 设置 RecyclerView 的滚动方向
        layoutManager.setOrientation(LinearLayoutManager.VERTICAL);
        // 为 RecyclerView 设置布局管理器
        recyclerView.setLayoutManager(layoutManager);
        textView = findViewById(R.id.path);
        // 运行时请求获取写入 SD 卡的权限
        requestPermissions(new String[]{Manifest.permission.WRITE_EXTERNAL_STORAGE},
            0x123);
    }
    @Override
    public void onRequestPermissionsResult(int requestCode,
        String[] permissions, int[] grantResults)
    {
        if(requestCode == 0x123)
        {
            // 如果用户同意授权访问
            if(grantResults != null && grantResults[0] ==
                PackageManager.PERMISSION_GRANTED )
            {
                // 获取系统的 SD 卡的目录
                File root = new File(Environment.getExternalStorageDirectory().getPath());
                // 如果 SD 卡存在
                if (root.exists())
                {
                    currentParent = root;
                    currentFiles = root.listFiles();
                    // 使用当前目录下的全部文件、文件夹来填充 inflateRecyclerView
                    inflateRecyclerView(currentFiles);
                }
                // 获取上一级目录的按钮
                Button parent = findViewById(R.id.parent);
                parent.setOnClickListener(view -> {
                    try {
                        if (currentParent.getCanonicalPath().equals(
                            Environment.getExternalStorageDirectory().getPath())) {
                            // 获取上一级目录
```

```java
                    currentParent = currentParent.getParentFile();
                    // 列出当前目录下的所有文件
                    currentFiles = currentParent.listFiles();
                    // 再次更新 RecyclerView
                    inflateRecyclerView(currentFiles);
                }
            }
            catch (IOException e)
            {
                e.printStackTrace();
            }
        });
    }
    else
    {
        // 提示用户必须允许写入 SD 卡的权限
        Toast.makeText(this, R.string.writesd_tip, Toast.LENGTH_LONG)
            .show();
    }
}
private void inflateRecyclerView(File[] files)   // ①
{
    RecyclerView.Adapter adapter = new RecyclerView.Adapter<LineViewHolder>()
    {
        @NonNull @Override
        public LineViewHolder onCreateViewHolder(@NonNull ViewGroup viewGroup, int i)
        {
            LinearLayout line = (LinearLayout) getLayoutInflater().inflate
(R.layout.line, null);
            return new LineViewHolder(line, this);
        }
        @Override
        public void onBindViewHolder(@NonNull LineViewHolder viewHolder, int i)
        {
            viewHolder.nameView.setText(files[i].getName());
            // 如果当前 File 是文件夹，则使用 folder 图标；否则使用 file 图标
            if (files[i].isDirectory())
            {
                viewHolder.iconView.setImageResource(R.drawable.folder);
            }
            else
            {
                viewHolder.iconView.setImageResource(R.drawable.file);
            }
        }
        @Override
        public int getItemCount()
        {
            return files.length;
        }
    };
    // 为 RecyclerView 设置 Adapter
    recyclerView.setAdapter(adapter);
    textView.setText(getResources().getString(R.string.cur_tip, currentParent.getPath()));
}
class LineViewHolder extends RecyclerView.ViewHolder
{
    ImageView iconView;
    TextView nameView;
    public LineViewHolder(LinearLayout itemView, RecyclerView.Adapter adapte) {
        super(itemView);
        // 为 RecyclerView 的列表项的单击事件绑定监听器
```

```java
            itemView.setOnClickListener(view -> {
                int position = getAdapterPosition();
                // 用户单击了文件，直接返回，不做任何处理
                if (currentFiles[position].isFile()) return;
                // 获取用户单击的文件夹下的所有文件
                File[] tmp = currentFiles[position].listFiles();
                if (tmp == null || tmp.length == 0)
                {
                    Toast.makeText(MainActivity.this, "当前路径不可访问或该路径下没有文件",
                        Toast.LENGTH_SHORT).show();
                }
                else
                {
                    // 获取用户单击的列表项对应的文件夹，设为当前的父文件夹
                    currentParent = currentFiles[position];  // ②
                    // 保存当前父文件夹内的全部文件和文件夹
                    currentFiles = tmp;
                    // 再次更新 RecyclerView
                    inflateRecyclerView(currentFiles);
                }
            });
            this.nameView = itemView.findViewById(R.id.file_name);
            this.iconView = itemView.findViewById(R.id.icon);
        }
    }
}
```

上面程序中的①号粗体字方法使用 File[]数组来填充 RecyclerView，填充时程序会根据 File[]数组里的数据元素（File 对象）代表的是文件还是文件夹来选择使用文件图标或文件夹图标，如该方法中粗体字代码所示。

当用户单击 RecyclerView 中的某个列表项时，程序会将用户单击的列表项所对应的文件夹当成 currentParent 处理，并再次调用 inflateRecyclerView (File[] files)方法来列出当前文件夹下的所有文件。

运行上面的程序，将看到如图 8.4 所示的界面。

正如图 8.4 所示，该程序就像 SD 卡资源管理器一样，可以非常方便地浏览 SD 卡里包含的全部文件。

图 8.4　SD 卡文件浏览器

> **提示：**
> 从图 8.4 所示界面中可以看到/storage/emulator/0/abc 目录下包含了 haha、hehe 两个目录和 color.jpg 文件。这就要求开发者的模拟器的 SD 卡里带有这些目录和文件，为了在 SD 卡里创建目录，可先运行 adb shell 命令来启动 Android 的 Shell 窗口——由于 Android 的内核就是 Linux，因此可在该 Shell 窗口里执行 ls、mkdir 等常见的 Linux 命令。

8.3　SQLite 数据库

Android 系统集成了一个轻量级的数据库：SQLite，SQLite 并不想成为像 Oracle、MySQL 那样的数据库。SQLite 只是一个嵌入式的数据库引擎，专门适用于资源有限的设备（如手机、PDA 等）上适量数据存取。

虽然 SQLite 支持绝大部分 SQL 92 语法，也允许开发者使用 SQL 语句操作数据库中的数据，

但 SQLite 并不像 Oracle、MySQL 数据库那样需要安装、启动服务器进程，SQLite 数据库只是一个文件。

> **提示：** 从本质上看，SQLite 的操作方式只是一种更为便捷的文件操作。后面我们会看到，当应用程序创建或打开一个 SQLite 数据库时，其实只是打开一个文件准备读写，因此有人说 SQLite 有点像 Microsoft 的 Access（实际上 SQLite 功能要强大得多）。可能有读者会问，如果实际项目中有大量数据需要读写，而且需要面临大量用户的并发存储怎么办呢？对于这种情况，本身就不应该把数据存放在手机的 SQLite 数据库里——毕竟手机还是手机，它的存储能力、计算能力都不足以让它充当服务器的角色。

▶▶ 8.3.1 SQLiteDatabase 简介

Android 提供了 SQLiteDatabase 代表一个数据库（底层就是一个数据库文件），一旦应用程序获得了代表指定数据库的 SQLiteDatabase 对象，接下来就可通过 SQLiteDatabase 对象来管理、操作数据库了。

SQLiteDatabase 提供了如下静态方法来打开一个文件对应的数据库。

- static SQLiteDatabase openDatabase(String path, SQLiteDatabase.CursorFactory factory, int flags)：打开 path 文件所代表的 SQLite 数据库。
- static SQLiteDatabase openOrCreateDatabase(File file, SQLiteDatabase.Cursor Factory factory)：打开或创建（如果不存在）file 文件所代表的 SQLite 数据库。
- static SQLiteDatabase openOrCreateDatabase(String path, SQLiteDatabase. Cursor Factory factory)：打开或创建（如果不存在）path 文件所代表的 SQLite 数据库。

在程序中获取 SQLiteDatabase 对象之后，接下来就可调用 SQLiteDatabase 的如下方法来操作数据库了。

- execSQL(String sql, Object[] bindArgs)：执行带占位符的 SQL 语句。
- execSQL(String sql)：执行 SQL 语句。
- insert(String table, String nullColumnHack, ContentValues values)：向指定表中插入数据。
- update(String table, ContentValues values, String whereClause, String[] whereArgs)：更新指定表中的特定数据。
- delete(String table, String whereClause, String[] whereArgs)：删除指定表中的特定数据。
- Cursor query(String table, String[] columns, String whereClause, String[] whereArgs, String groupBy, String having, String orderBy)：对指定数据表执行查询。
- Cursor query(String table, String[] columns, String whereClause, String[] whereArgs, String groupBy, String having, String orderBy, String limit)：对指定数据表执行查询。limit 参数控制最多查询几条记录（用于控制分页的参数）。
- Cursor query(boolean distinct, String table, String[] columns, String whereClause, String[]whereArgs, String groupBy, String having, String orderBy, String limit)：对指定数据表执行查询。其中第一个参数控制是否去除重复值。
- rawQuery(String sql, String[] selectionArgs)：执行带占位符的 SQL 查询。
- beginTransaction()：开始事务。
- endTransaction()：结束事务。

从上面的方法不难看出，其实 SQLiteDatabase 的作用有点类似于 JDBC 的 Connection 接口，但 SQLiteDatabase 提供的方法更多，比如 insert、update、delete、query 等方法，其实这些方法完全可通过执行 SQL 语句来完成，但 Android 考虑到部分开发者对 SQL 语法不熟悉，所以提供这些方法帮助开发者以更简单的方式来操作数据表中的数据。

上面的查询方法都是返回一个 Cursor 对象，Android 中的 Cursor 类似于 JDBC 的 ResultSet，Cursor 同样提供了如下方法来移动查询结果的记录指针。

- ➤ move(int offset)：将记录指针向上或向下移动指定的行数。offset 为正数就是向下移动；为负数就是向上移动。
- ➤ boolean moveToFirst()：将记录指针移动到第一行，如果移动成功则返回 true。
- ➤ boolean moveToLast()：将记录指针移动到最后一行，如果移动成功则返回 true。
- ➤ boolean moveToNext()：将记录指针移动到下一行，如果移动成功则返回 true。
- ➤ boolean moveToPosition(int position)：将记录指针移动到指定行，如果移动成功则返回 true。
- ➤ boolean moveToPrevious()：将记录指针移动到上一行，如果移动成功则返回 true。

一旦将记录指针移动到指定行之后，接下来就可以调用 Cursor 的 getXxx()方法获取该行的指定列的数据了。

提示：
其实如果读者具有 JDBC 编程的经验，则完全可以把 SQLiteDatabase 当成 JDBC 中 Connection 和 Statement 的混合体——因为 SQLiteDatabase 既代表了与数据库的连接，也可直接用于执行 SQL 操作；而 Android 中 Cursor 则可当成 ResultSet，而且 Cursor 提供了更多便捷的方法来操作结果集。实际上对于一个 Java 程序员来说，JDBC 几乎是必备的编程基础，如果读者需要详细学习 JDBC 的相关知识，可以参考疯狂 Java 体系的《疯狂 Java 讲义》。

▶▶ 8.3.2 创建数据库和表

前面已经讲到，使用 SQLiteDatabase 的 openOrCreateDatabase()静态方法即可打开或创建数据库，例如如下代码：

```
SQLiteDatabase.openOrCreateDatabase("/mnt/sdcard/temp.db3",null);
```

上面的代码就用于打开或创建一个 SQLite 数据库，如果/mnt/sdcard/目录下的 temp.db3 文件（该文件就是一个数据库）存在，那么程序就是打开该数据库；如果该文件不存在，则上面的代码将会在该目录下创建 temp.db3 文件（即对应于数据库）。

上面的代码中没有指定 SQLiteDatabase.CursorFactory 参数，该参数是一个用于返回 Cursor 的工厂，如果指定该参数为 null，则意味着使用默认的工厂。

上面的代码即可返回一个 SQLiteDatabase 对象，该对象的 execSQL()方法可执行任意的 SQL 语句，因此可通过如下代码在程序中创建数据表：

```
// 定义建表语句
sql = "create table user_inf(user_id integer primary key ,"
    + " user_name varchar(255),"
    + " user_pass varchar(255))";
// 执行SQL语句
db.execSQL(sql);
```

在程序中执行上面的代码即可在数据库中创建一个数据表。

▶▶ 8.3.3 SQLiteOpenHelper 类

在实际项目中很少使用 SQLiteDatabase 的 openOrCreateDatabase()静态方法来打开数据库，通常都会继承 SQLiteOpenHelper 开发子类，并通过该子类的 getReadableDatabase()、getWritableDatabase()

方法打开数据库。

SQLiteOpenHelper 是 Android 提供的一个管理数据库的工具类，可用于管理数据库的创建和版本更新。一般的用法是创建 SQLiteOpenHelper 的子类，并扩展它的 onCreate (SQLiteDatabase db) 和 onUpgrade(SQLiteDatabase db, int oldVersion, int newVersion)方法。

SQLiteOpenHelper 包含如下常用的方法。

- synchronized SQLiteDatabase getReadableDatabase()：以读写的方式打开数据库对应的 SQLiteDatabase 对象。
- synchronized SQLiteDatabase getWritableDatabase()：以写的方式打开数据库对应的 SQLiteDatabase 对象。
- abstract void onCreate(SQLiteDatabase db)：当第一次创建数据库时回调该方法。
- abstract void onUpgrade(SQLiteDatabase db, int oldVersion, int newVersion)：当数据库版本更新时回调该方法。
- synchronized void close()：关闭所有打开的 SQLiteDatabase 对象。

从上面的方法介绍中不难看出，SQLiteOpenHelper 提供了 getReadableDatabase()、getWritableDatabase()两个方法用于打开数据库连接，并提供了 close()方法来关闭数据库连接，而开发者需要做的就是重写它的两个抽象方法。

- onCreate(SQLiteDatabase db)：用于初次使用软件时生成数据库表。当调用 SQLiteOpenHelper 的 getWritableDatabase() 或 getReadableDatabase() 方法获取用于操作数据库的 SQLiteDatabase 实例时，如果数据库不存在，Android 系统会自动生成一个数据库，然后调用 onCreate()方法，该方法在初次生成数据库表时才会被调用。重写 onCreate()方法时，可以生成数据库表结构，也可以添加应用使用到的一些初始化数据。
- onUpgrade(SQLiteDatabase db, int oldVersion, int newVersion)：用于升级软件时更新数据库表结构，此方法在数据库的版本发生变化时会被调用，该方法被调用时 oldVersion 代表数据库之前的版本号，newVersion 代表数据库当前的版本号。那么在哪里指定数据库的版本号呢？当程序创建 SQLiteOpenHelper 对象时，必须指定一个 version 参数，该参数就决定了所使用的数据库的版本——也就是说，数据库的版本是由程序员控制的。只要某次创建 SQLiteOpenHelper 时指定的数据库版本号高于之前指定的版本号，系统就会自动触发 onUpgrade(SQLiteDatabase db, int oldVersion, int newVersion)方法，程序就可以在 onUpgrade()方法中根据源版本号和目标版本号进行判断，即可根据版本号进行必需的表结构更新。

提示：实际上，当应用程序升级表结构时，完全可能因为已有的数据导致升级失败。在这种时候程序可能需要先对数据进行转储，清空数据表中的记录，接着对数据表进行更新，当数据表更新完成后再将数据保存回来。

一旦得到了 SQLiteOpenHelper 对象之后，程序无须使用 SQLiteDatabase 的静态方法创建 SQLiteDatabase 实例，但是可以使用 getWritableDatabase()或 getReadableDatabase()方法来获取一个用于操作数据库的 SQLiteDatabase 实例。

其中 getWritableDatabase()方法以写的方式打开数据库，一旦数据库的磁盘空间满了，数据库就只能读而不能写，倘若使用 getWritableDatabase()打开数据库就会出错。getReadableDatabase()方法先以读写的方式打开数据库，如果数据库的磁盘空间满了，就会打开失败，当打开失败后会继续尝试以只读的方式打开数据库。

8.3.4 使用 SQL 语句操作 SQLite 数据库

正如前面提到的，SQLiteDatabase 的 execSQL()方法可执行任意的 SQL 语句，包括带占位符的 SQL 语句。但由于该方法没有返回值，因此一般用于执行 DDL 语句或 DML 语句；如果需要执行查询语句，则可调用 SQLiteDatabase 的 rawQuery(String sql, String[] selectionArgs)方法。

例如，如下代码可用于执行 DML 语句。

```
// 执行插入语句
db.execSQL("insert into news_inf values(null , ? , ?)"
    , new String[]{title , content});
```

下面的程序示范了如何在 Android 应用中操作 SQLite 数据库。该程序提供了两个文本框，用户可以在这两个文本框中输入内容，当用户单击"插入"按钮时这两个文本框的内容将会被插入数据库。

程序清单：codes\08\8.3\DBTest\app\src\main\java\org\crazyit\db\MainActivity.java

```java
public class MainActivity extends Activity
{
    private RecyclerView recyclerView;
    private MyDatabaseHelper dbHelper;
    @Override
    protected void onCreate(Bundle savedInstanceState)
    {
        super.onCreate(savedInstanceState);
        setContentView(R.layout.activity_main);
        recyclerView = findViewById(R.id.recycler);
        LinearLayoutManager layoutManager = new LinearLayoutManager(this);
        // 设置 RecyclerView 的滚动方向
        layoutManager.setOrientation(LinearLayoutManager.VERTICAL);
        // 为 RecyclerView 设置布局管理器
        recyclerView.setLayoutManager(layoutManager);
        Button bn = findViewById(R.id.ok);
        // 创建或打开数据库（此处需要使用绝对路径）
        dbHelper = new MyDatabaseHelper(this ,
            this.getFilesDir().toString() + "/my.db3" , 1); // ①
        loadData();
        EditText titleEt = findViewById(R.id.title);
        EditText contentEt = findViewById(R.id.content);
        bn.setOnClickListener(view -> {
            // 获取用户输入
            String title = titleEt.getText().toString().trim();
            String content = contentEt.getText().toString().trim();
            insertData(title, content);
            loadData();
        });
    }
    private void loadData()
    {
        Cursor cursor = dbHelper.getReadableDatabase().rawQuery(
            "select * from news_inf", null);
        inflateRecycler(cursor);
    }
    private void insertData(String title, String content)   // ②
    {
        // 执行插入语句
        dbHelper.getReadableDatabase().execSQL("insert into news_inf values(null , ? , ?)"
            , new String[]{title, content});
    }
    private void inflateRecycler(Cursor cursor)
    {
```

```java
            try
            {
                // 用 CursorRecyclerViewAdapter 封装 Cursor 中的数据
                CursorRecyclerViewAdapter<LineViewHolder> adapter =
                    new CursorRecyclerViewAdapter<>(this,
                    cursor, R.layout.line, new int[]{1, 2}, new String[]{"titleView",
"contentView"},
                    LineViewHolder.class.getConstructor(MainActivity.class,
View.class));  // ③
                // 显示数据
                recyclerView.setAdapter(adapter);
            }
            catch (NoSuchMethodException e)
            {
                e.printStackTrace();
            }
        }
        @Override public void onDestroy()
        {
            super.onDestroy();
            // 退出程序时关闭MyDatabaseHelper 里的 SQLiteDatabase
            dbHelper.close();
        }
        public class LineViewHolder extends RecyclerView.ViewHolder
        {
            TextView titleView;
            TextView contentView;
            public LineViewHolder(View itemView)
            {
                super(itemView);
                titleView = itemView.findViewById(R.id.my_title);
                contentView = itemView.findViewById(R.id.my_content);
            }
        }
    }
```

上面程序中的①号粗体字代码创建了 MyDatabaseHelper 对象，该对象负责打开数据库。当用户单击程序界面上的"插入"按钮时，程序会调用②号粗体字代码向底层数据表中插入一行记录，并执行查询语句，把底层数据表中的记录查询出来，而且使用 RecyclerView 将查询结果（Cursor）显示出来。

程序中③号粗体字代码用于将 Cursor 封装成 CursorRecyclerViewAdapter，这个 CursorRecyclerViewAdapter 是一个自定义的 Adapter 类，它继承了 RecyclerView.Adapter，因此它可以作为 RecyclerView 的内容适配器。

CursorRecyclerViewAdapter 是一个通用子类，专门用于将 Cursor 包含的数据封装成适合 RecyclerView 的 Adapter。CursorRecyclerViewAdapter 类的代码如下。

程序清单：codes\08\8.3\DBTest\app\src\main\java\org\crazyit\db\CursorRecyclerViewAdapter.java

```java
public class CursorRecyclerViewAdapter<T extends RecyclerView.ViewHolder>
    extends RecyclerView.Adapter<T>
{
    private final Context context;
    private final int resId;
    private final String[] viewFields;
    private final Constructor<T> constructor;
    private final int[] columnIndexes;
    private List<Map<Integer, String>> cursorValues = new ArrayList<>();
    public CursorRecyclerViewAdapter(Context context, Cursor cursor,
        @LayoutRes int resId, int[] columnIndexes, String[] viewFields,
        Constructor<T> constructor)
    {
```

```java
        this.context = context;
        this.resId = resId;
        this.columnIndexs = columnIndexs;
        this.viewFields = viewFields;
        this.constructor = constructor;
        // 遍历Cursor中的每条记录，将这些记录封装到List集合中
        while (cursor.moveToNext())
        {
            Map<Integer, String> row = new HashMap<>();
            for(int columnIndex : columnIndexs)
            {
                // 从Cursor中取出查询结果
                row.put(columnIndex, cursor.getString(columnIndex));
            }
            cursorValues.add(row);
        }
    }
    @NonNull @Override
    public T onCreateViewHolder(@NonNull ViewGroup viewGroup, int i)
    {
        // 加载列表项对应的布局文件
        View item = LayoutInflater.from(context).inflate(resId,
                new LinearLayout(context), false);
        try
        {
            // 将item封装成ViewHolder的子类后返回
            return constructor.newInstance(context, item);
        } catch (Exception e) {
            e.printStackTrace();
            return null;
        }
    }
    @Override
    public void onBindViewHolder(@NonNull T viewHolder, int position)
    {
        Class<?> clazz = viewHolder.getClass();
        // 遍历viewHolder包含的各Field，为这些Field设置所显示的值
        for(int i = 0; i < viewFields.length; i++)
        {
            try {
                Field f = clazz.getDeclaredField(viewFields[i]);
                f.setAccessible(true);
                if (f.getType() == TextView.class)
                {
                    TextView tv = (TextView) f.get(viewHolder);
                    tv.setText(cursorValues.get(position).get(columnIndexs[i]));
                }
            } catch (Exception e) {
                e.printStackTrace();
            }
        }
    }
    @Override
    public int getItemCount()
    {
        return cursorValues.size();
    }
}
```

使用 CursorRecyclerViewAdapter 比较方便，它是一个可复用的工具类，当程序需要将 Cursor 封装成 RecyclerView 的 Adapter 时，即可直接复用该 Adapter 工具类。

前面的 Activity 程序使用了 MyDatabaseHelper 类来管理数据库连接，该类是 SQLiteOpenHelper

的子类。该类的代码如下。

程序清单：codes\08\8.3\DBTest\app\src\main\java\org\crazyit\db\MyDatabaseHelper.java

```java
public class MyDatabaseHelper extends SQLiteOpenHelper
{
    MyDatabaseHelper(Context context, String name, int version)
    {
        super(context, name, null, version);
    }
    @Override
    public void onCreate(SQLiteDatabase db)
    {
        // 第一次使用数据库时自动建表
        db.execSQL("create table news_inf(_id integer" + " primary key autoincrement," +
            " news_title varchar(50)," + " news_content varchar(255))");
    }
    @Override
    public void onUpgrade(SQLiteDatabase db, int oldVersion, int newVersion)
    {
        System.out.println("--------onUpdate Called--------"
            + oldVersion + "--->" + newVersion);
        // 当数据库发生更新时，在此处更新数据库中的表
    }
}
```

当第一次使用该工具类打开 SQLiteDatabase 时，程序就会触发 onCreate()方法，MyDatabaseHelper 重写了 onCreate()方法，通过该方法来负责创建数据表。当本程序的数据库发生了升级（比如增加了表、修改了表）时，程序可以在通过 MyDatabaseHelper 打开 SQLiteDatabase 时传入一个更大的版本值，就会触发 onUpdate()方法，MyDatabaseHelper 可通过重写 onUpdate()方法来更新数据库表（包括增加表、修改表等）。

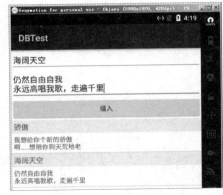

图 8.5　数据库访问示例

运行上面的程序，将看到如图 8.5 所示的界面。

正如从上面的程序中所看到的，当程序不断地向底层数据表中插入数据时，程序中的 RecyclerView 将可以把底层数据表中的数据显示出来。

在上面的程序中重写了 Activity 的 onDestroy()方法，当应用程序退出该 Activity 时将会回调该方法，程序在该方法中调用 SQLiteOpenHelper 的 close 关闭了 SQLiteDatabase——就像在 JDBC 编程中需要关闭 Statement 和 Connection 一样，这里也需要关闭 SQLiteDatabase；否则可能引发资源泄漏。总结起来，使用 SQLiteDatabase 进行数据库操作的步骤如下。

① 通过 SQLiteOpenHelper 的子类获取 SQLiteDatabase 对象，它代表了与数据库的连接。
② 调用 SQLiteDatabase 的方法来执行 SQL 语句。
③ 操作 SQL 语句的执行结果，比如用 CursorRecyclerViewAdapter 封装 Cursor。
④ 关闭 SQLiteDatabase，回收资源。

▶▶ 8.3.5　使用 sqlite3 工具

在 Android SDK 的 platform-tools 目录下提供了一个 sqlite3.exe 文件，它是一个简单的 SQLite 数据库管理工具，类似于 MySQL 提供的命令行窗口。有些时候，开发者利用该工具来查询、管理数据库。

例如，我们把上面的应用程序所生成的 my.db3 导出到本地计算机上的 F:\盘根目录下，接下来

396

可运行如下命令来启动 SQLite 数据库：

```
sqlite3 f:/my.db3
```

运行上面的命令，可以看到如图 8.6 所示的窗口。

从图 8.6 可以看出，sqlite3 中常用的命令如下。

- .databases：查看当前数据库。
- .tables：查看当前数据库里的数据表。
- .help：查看 sqlite3 支持的命令。

当然，sqlite3 还支持一些常用的命令，当开发者在图 8.6 所示窗口中输入 .help 之后，该工具将

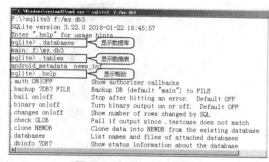

图 8.6 使用 sqlite3 工具

会列出这些命令。除此之外，SQLite 数据库还支持绝大部分常用的 SQL 语句，开发者可以在图 8.6 所示窗口中运行各种 DDL、DML、查询语句来测试它们。

> **提示：**
> SQLite 数据库所支持的 SQL 语句与 MySQL 大致相同，开发者完全可以把已有的 MySQL 经验"移植"到 SQLite 数据库上。如果开发者需要了解更多关于 SQL 语法、MySQL 数据库的知识，请参考疯狂 Java 体系的《疯狂 Java 讲义》。当然，当 Android 应用提示某条 SQL 语句有语法错误时，最好先利用 sqlite3 这个工具类测试这条语句，以保证这条 SQL 语句的语法正确。

需要指出的是，SQLite 内部只支持 NULL、INTEGER、REAL（浮点数）、TEXT（文本）和 BLOB（大二进制对象）这 5 种数据类型，但实际上 SQLite 完全可以接受 varchar(n)、char(n)、decimal(p,s) 等数据类型，只不过 SQLite 会在运算或保存时将它们转换为上面 5 种数据类型中相应的类型。

除此之外，SQLite 还有一个特点：它允许把各种类型的数据保存到任何类型字段中，开发者可以不用关心声明该字段所使用的数据类型。例如，程序可以把字符串类型的值存入 INTEGER 类型的字段中，也可以把数值类型的值存入布尔类型的字段中……但有一种情况例外：定义为 INTEGER PRIMARY KEY 的字段只能存储 64 位整数，当向这种字段中保存除整数以外的其他类型的数据时，SQLite 会产生错误。

由于 SQLite 允许存入数据时忽略底层数据列实际的数据类型，因此在编写建表语句时可以省略数据列后面的类型声明。例如，如下 SQL 语句对于 SQLite 也是正确的。

```
create table my_test
(
    _id integer primary key autoincrement,
    name ,
    pass ,
    gender
);
```

▶▶ 8.3.6 使用特定方法操作 SQLite 数据库

如果开发者对 SQL 语法不熟悉，甚至以前从未使用过任何数据库，Android 的 SQLiteDatabase 提供了 insert、upate、delete 或 query 语句来操作数据库。

虽然 Android 提供了这些所谓的"便捷"方法来操作 SQLite 数据库，但在笔者看来这些方法纯属"鸡肋"，对于一个程序员而言，SQL 语法可以说是基本功中的基本功——你见过不会 1+1=2 的数学工作者吗？

不过，既然 Android 提供了这些方法，那么这里也简单介绍一下。

1. 使用 insert 方法插入记录

SQLiteDatabase 的 insert 方法的签名为 long insert(String table, String nullColumnHack, ContentValues values)，这个插入方法的参数说明如下。

- table：代表想插入数据的表名。
- nullColumnHack：代表强行插入 null 值的数据列的列名。当 values 参数为 null 或不包含任何 key-value 对时该参数有效。
- values：代表一行记录的数据。

insert 方法插入的一行记录使用 ContentValues 存放，ContentValues 类似于 Map，它提供了 put(String key, Xxx value)（其中 key 为数据列的列名）方法用于存入数据，getAsXxx(String key)方法用于取出数据。

例如如下语句：

```
ContentValues values = new ContentValues();
values.put("name", "孙悟空");
values.put("age", 500);
// 返回新添记录的行号，该行号是一个内部值，与主键 id 无关，发生错误返回-1
long rowid = db.insert("person_inf", null, values);
```

不管第三个参数是否包含数据，执行 insert()方法总会添加一条记录，如果第三个参数为空，则会添加一条除主键之外其他字段值都为 null 的记录。

insert()方法的底层实际上依然是通过构造 insert SQL 语句来进行插入的，因此它生成的 SQL 语句总是形如下面的语句：

```
// ContentValues 里 key-value 对的数量决定了下面的 key-value 对
insert into <表名>(key1 , key 2 ...)
values(value1 , value2 ...)
```

此时如果第三个参数为 null 或其中 key-value 对的数量为 0，由于 insert()方法还会按此方式生成一条 insert 语句，此时的 insert 语句为：

```
insert into <表名>()
values()
```

上面的 SQL 语句显然有问题。为了满足 SQL 语法的需要，insert 语句必须给定一个列名，如：insert into person(name) values(null)，这个 name 列名就由第二个参数来指定。由此可见，当 ContentValues 为 null 或它包含的 key-value 对的数量为 0 时，第二个参数就会起作用了。

一般来说，第二个参数指定的列名不应该是主键列的列名，也不应该是非空列的列名；否则强行往这些数据列插入 null 会引发异常。

2. 使用 update 方法更新记录

SQLiteDatabase 的 update 方法的签名为 update(String table, ContentValues values, String whereClause, String[] whereArgs)，这个更新方法的参数说明如下。

- table：代表想更新数据的表名。
- values：代表想更新的数据。
- whereClause：满足该 whereClause 子句的记录将会被更新。
- whereArgs：用于为 whereClause 子句传入参数。

该方法返回受此 update 语句影响的记录的条数。

例如，想更新 person_inf 表中所有主键大于 20 的人的人名，可调用如下方法：

```
ContentValues values = new ContentValues();
// 存放更新后的人名
values.put("name", "新人名");
```

```
int result= db.update("person_inf", values , "_id>?" , intArrayOf(20));
```

实际上，update 方法底层对应的 SQL 语句如下：

```
update <table>
set key1=value1 , key2=value2 ...
where <whereClause>
```

其中 whereArgs 参数用于向 whereClause 中传入参数。

3. 使用 delete 方法删除记录

SQLiteDatabase 的 delete 方法的签名为 delete(String table , String whereClause, String[] whereArgs)，这个删除方法的参数说明如下：

- table：代表想删除数据的表名。
- whereClause：满足该 whereClause 子句的记录将会被删除。
- whereArgs：用于为 whereClause 子句传入参数。

该方法返回受此 delete 语句影响的记录的条数。

例如，想删除 person_inf 表中所有人名以"孙"开头的记录，可调用如下方法：

```
int result= db.delete("person_inf", "person_name like ?" , arrayOf("孙_"))
```

实际上，delete 方法底层对应的 SQL 语句如下：

```
delete <table>
where <whereClause>
```

4. 使用 query 方法查询记录

SQLiteDatabase 的 query 方法的签名为 Cursor query(boolean distinct, String table, String[] columns, String whereClause, String[] selectionArgs, String groupBy, String having, String orderBy, String limit)，这个 query 方法的参数说明如下。

- distinct：指定是否去除重复记录。
- table：执行查询数据的表名。
- columns：要查询出来的列名。相当于 select 语句 select 关键字后面的部分。
- whereClause：查询条件子句，相当于 select 语句 where 关键字后面的部分，在条件子句中允许使用占位符"?"。
- selectionArgs：用于为 whereClause 子句中的占位符传入参数值，值在数组中的位置与占位符在语句中的位置必须一致；否则就会有异常。
- groupBy：用于控制分组。相当于 select 语句 group by 关键字后面的部分
- having：用于对分组进行过滤。相当于 select 语句 having 关键字后面的部分
- orderBy：用于对记录进行排序。相当于 select 语句 order by 关键字后面的部分，如 personid desc, age asc。
- limit：用于进行分页。相当于 select 语句 limit 关键字后面的部分，如 5,10。

看到这个方法的设计，笔者忍不住想再次表达对这个方法的不满：如果读者完全不懂 SQL 语句，那么需要花多少时间才能理解这个方法中这么多参数的设置。如果读者愿意花时间去理解这个方法中各参数的设置，那么所花的时间已经足够去掌握这条 select 语句的语法格式了。

当然，这个 query() 方法也并非完全一无是处：当应用程序需要进行"条件不确定"的查询（即查询条件需要动态改变的查询）时，使用这个 query() 方法可以避免手动拼接 SQL 语句。

例如，想查询出 person_inf 表中人名以"孙"开头的记录，可使用如下语句：

```
Cursor cursor = db.query("person_inf", arrayOf("_id,name,age"),
    "name like ?", arrayOf("孙%"), null, null, "personid desc", "5,10");
// 处理结果集
```

```
...
cursor.close();
```

▶▶ 8.3.7 事务

SQLiteDatabase 中包含如下两个方法来控制事务。
- ➤ beginTransaction()：开始事务。
- ➤ endTransaction()：结束事务。

除此之外，SQLiteDatabase 还提供了如下方法来判断当前上下文是否处于事务环境中。
- ➤ inTransaction()：如果当前上下文处于事务中，则返回 true；否则返回 false。

当程序执行 endTransaction()方法时将会结束事务——那到底是提交事务，还是回滚事务呢？这取决于 SQLiteDatabase 是否调用了 setTransactionSuccessful()方法来设置事务标志，如果程序在事务执行中调用该方法设置了事务成功则提交事务；否则程序将会回滚事务。

示例代码如下：

```
// 开始事务
db.beginTransaction();
try
{
    // 执行 DML 语句
    ...
    // 调用该方法设置事务成功；否则 endTransaction()方法将回滚事务
    db.setTransactionSuccessful();
}
finally
{
    // 由事务的标志决定是提交事务还是回滚事务
    db.endTransaction();
}
```

▶▶ 8.3.8 SQLite 数据库最佳实践建议

1. 关于打开数据库的方式

通过前面的介绍我们知道，打开 SQLite 数据库有两种方式。
- ➤ 直接通过 SQLiteDatabase 的静态方法来打开数据库。
- ➤ 通过 SQLiteOpenHelper 类的子类来打开数据库。

本书没有介绍第一种方式，因为第一种方式存在开发者打开数据库时判断数据库是否存在、数据库是否需要更新等烦琐的问题；而使用 SQLiteOpenHelper 则不存在这些问题，因此强烈建议使用第二种方式。

2. 关于 SQLite 的用途

不要把 SQLite 数据库当成真正的数据库使用！记住 Android App 的运行环境是手机，因此不要把 SQLite 当成真正的数据库，不要把大量数据存入 SQLite 中。如果 App 真的有大量数据需要保存，则强烈建议使用后台服务端，将 App 数据保存到后台服务器的专业数据库中。

SQLite 是不是完全没用呢？那倒未必。SQLite 通常可用于缓存部分服务端数据，这样一方面可以降低网络通信的流量；另一方面可以让用户离线使用 App。此外，SQLite 也可用于存储少量重要性不高的数据。

3. 关于操作数据库的方式

从上面的介绍可以看出，使用 SQLiteDatabase 操作数据库有两种方式。

> 使用 execSQL、rawQuery 方法执行原生 SQL 语句。
> 使用 insert、update、delete、query 方法执行 CRUD。

对于有 SQL 编程经验的开发者，强烈建议直接使用第一种方式操作数据库，既简单又直观。

如果读者真的需要在 App 中频繁地操作 SQLite 数据库，则强烈建议使用 ORM 工具，比如 OrmLite、GreenDao、LitePal 等。这些工具都十分简单，如果读者有使用 Hibernate 的经验，相信可以立即上手这些工具。

8.4 手势（Gesture）

所谓手势，其实是指用户手指或触摸笔在触摸屏上的连续触碰行为，比如在屏幕上从左至右划出的一个动作，就是手势；再比如在屏幕上画出一个圆圈也是手势。手势这种连续的触碰会形成某个方向上的移动趋势，也会形成一个不规则的几何图形。Android 对两种手势行为都提供了支持。

> 对于第一种手势行为，Android 提供了手势检测，并为手势检测提供了相应的监听器。
> 对于第二种手势行为，Android 允许开发者添加手势，并提供了相应的 API 识别用户手势。

8.4.1 手势检测

Android 为手势检测提供了一个 GestureDetector 类，GestureDetector 实例代表了一个手势检测器，创建 GestureDetector 时需要传入一个 GestureDetector.OnGestureListener 实例，GestureDetector.OnGestureListener 就是一个监听器，负责对用户的手势行为提供响应。

GestureDetector.OnGestureListener 里包含的事件处理方法如下。

> boolean onDown(MotionEvent e)：当触碰事件按下时触发该方法。
> boolean onFling(MotionEvent e1, MotionEvent e2, float velocityX, float velocityY)：当用户手指在触摸屏上"拖过"时触发该方法。其中 velocityX、velocityY 代表"拖过"动作在横向、纵向上的速度。
> abstract void onLongPress(MotionEvent e)：当用户手指在屏幕上长按时触发该方法。
> boolean onScroll(MotionEvent e1, MotionEvent e2, float distanceX, float distanceY)：当用户手指在屏幕上"滚动"时触发该方法。
> void onShowPress(MotionEvent e)：当用户手指在触摸屏上按下，而且还未移动和松开时触发该方法。
> boolean onSingleTapUp(MotionEvent e)：用户手指在触摸屏上的轻击事件将会触发该方法。

关于 GestureDetector.OnGestureListener 监听器里各方法的触发时机，仅从文字上表述总显得比较抽象而且难于理解，下面将以一个最简单的例子来让读者理解各方法的触发时机。

使用 Android 的手势检测只需两个步骤。

① 创建一个 GestureDetector 对象。创建该对象时必须实现 GestureDetector.On GestureListener 监听器接口。

② 为应用程序的 Activity（偶尔也可为特定组件）的 TouchEvent 事件绑定监听器，在事件处理中指定把 Activity（或特定组件）上的 TouchEvent 事件交给 GestureDetector 处理。

经过上面两个步骤之后，Activity（或特定组件）上的 TouchEvent 事件就会交给 GestureDetector 处理，而 GestureDetector 就会检测是否触发了特定的手势动作。

下面的程序测试了用户的不同动作到底触发哪种手势动作。

程序清单：codes\08\8.4\GestureTest\gesturetest\src\main\java\org\crazyit\io\MainActivity.java

```
public class MainActivity extends Activity implements GestureDetector.OnGestureListener
{
```

```java
    // 定义手势检测器变量
    private GestureDetector detector;
    @Override
    protected void onCreate(Bundle savedInstanceState)
    {
        super.onCreate(savedInstanceState);
        setContentView(R.layout.activity_main);
        // 创建手势检测器
        detector = new GestureDetector(this, this);
    }
    // 将该Activity上的触碰事件交给GestureDetector处理
    @Override
    public boolean onTouchEvent(MotionEvent me)
    {
        return detector.onTouchEvent(me);
    }
    @Override
    public boolean onDown(MotionEvent e)
    {
        Toast.makeText(this, "onDown",
            Toast.LENGTH_SHORT).show();
        return false;
    }
    @Override
    public void onShowPress(MotionEvent e)
    {
        Toast.makeText(this, "onShowPress",
            Toast.LENGTH_SHORT).show();
    }
    @Override
    public boolean onSingleTapUp(MotionEvent e)
    {
        Toast.makeText(this, "onSingleTapUp",
            Toast.LENGTH_SHORT).show();
        return false;
    }
    @Override
    public boolean onScroll(MotionEvent e1, MotionEvent e2, float distanceX, float distanceY)
    {
        Toast.makeText(this, "onScroll",
            Toast.LENGTH_SHORT).show();
        return false;
    }
    @Override
    public void onLongPress(MotionEvent e)
    {
        Toast.makeText(this, "onLongPress",
            Toast.LENGTH_SHORT).show();
    }
    @Override
    public boolean onFling(MotionEvent e1, MotionEvent e2, float velocityX, float velocityY)
    {
        Toast.makeText(this, "onFling",
            Toast.LENGTH_SHORT).show();
        return false;
    }
}
```

上面程序中的第一行粗体字代码创建了一个GestureDetector对象，在创建该对象时传入了this作为参数，这表明该Activity本身将会作为GestureDetector.OnGestureListener监听器，所以该Activity实现了该接口，并实现了该接口里的全部方法。程序中第二行粗体字代码指定把Activity

上的 TouchEvent 交给 GestureDetector 处理。

运行上面的程序，当用户随意地在屏幕上触碰时，程序将会检测到用户到底执行了哪些手势，如图 8.7 所示。

掌握了用户在屏幕上的哪些动作对应于哪些手势之后，接下来再以两个实例来介绍 Android 手势检测在实际项目中的应用。

图 8.7　手势检测

实例：通过手势缩放图片

前面介绍过图片缩放的技术实现，通过 Matrix 即可实现图片缩放，但之前的图片缩放要么通过按钮控制，要么通过 SeekBar 来控制，这些缩放方式太"传统"了。而本实例所介绍的图片缩放则"炫"得多：用户只要在图片上随意地"挥动"手指，图片就可被缩放——从左向右挥动时图片被放大，从右向左挥动时图片被缩小；挥动速度越快，缩放比越大。

该实例的程序界面布局很简单，只在界面中间定义一个 ImageView 来显示图片即可。该程序的思路是使用一个 GestureDetector 来检测用户手势，并根据用户手势在横向的速度缩放图片。该程序代码如下。

程序清单：codes\08\8.4\GestureTest\gesturezoom\src\main\java\org\crazyit\io\MainActivity.java

```java
public class MainActivity extends Activity
{
    // 定义手势检测器变量
    private GestureDetector detector;
    private ImageView imageView;
    // 初始的图片资源
    private Bitmap bitmap;
    // 定义图片的宽、高
    private int width;
    private int height;
    // 记录当前的缩放比
    private float currentScale = 1.0f;
    // 控制图片缩放的 Matrix 对象
    private Matrix matrix;
    @Override
    protected void onCreate(Bundle savedInstanceState)
    {
        super.onCreate(savedInstanceState);
        setContentView(R.layout.activity_main);
        // 创建手势检测器
        detector = new GestureDetector(this,
            new GestureDetector.SimpleOnGestureListener() {
            @Override
            public boolean onFling(MotionEvent event1, MotionEvent event2,
                float velocityX, float velocityY)  // ②
            {
                float vx = velocityX > 4000 ? 4000f : velocityX;
                vx = velocityX < -4000 ? -4000f : velocityX;
                // 根据手势的速度来计算缩放比，如果 vx>0，则放大图片；否则缩小图片
                currentScale += currentScale * vx / 4000.0f;
                // 保证 currentScale 不会等于 0
                currentScale = currentScale > 0.01 ? currentScale : 0.01f;
                // 重置 Matrix
                matrix.reset();
                // 缩放 Matrix
                matrix.setScale(currentScale, currentScale, 160f, 200f);
                BitmapDrawable tmp = (BitmapDrawable) imageView.getDrawable();
```

```
                    // 如果图片还未回收，先强制回收该图片
                    if (!tmp.getBitmap().isRecycled()) // ①
                    {
                        tmp.getBitmap().recycle();
                    }
                    // 根据原始位图和Matrix创建新图片
                    Bitmap bitmap2 = Bitmap.createBitmap(bitmap, 0, 0, width, height,
matrix, true);
                    // 显示新的位图
                    imageView.setImageBitmap(bitmap2);
                    return true;
            }
        });
        imageView = findViewById(R.id.show);
        matrix = new Matrix();
        // 获取被缩放的源图片
        bitmap = BitmapFactory.decodeResource(getResources(), R.drawable.flower);
        // 获得位图宽
        width = bitmap.getWidth();
        // 获得位图高
        height = bitmap.getHeight();
        // 设置ImageView初始化时显示的图片
        imageView.setImageBitmap(BitmapFactory.decodeResource(getResources(),
R.drawable.flower));
    }
    @Override
    public boolean onTouchEvent(MotionEvent me)
    {
        // 将该Activity上的触碰事件交给GestureDetector处理
        return detector.onTouchEvent(me);
    }
}
```

上面程序的处理方式与前一个程序的处理方式如出一辙：第一行粗体字代码用于创建 GestureDetector 对象，最后一行粗体字代码指定把 Activity 的 OnTouch 事件交给 GestureDetector 处理。

该程序与前一个程序的不同之处在于：程序在实现 GestureDetector.OnGestureListener 监听器时，由于只需要实现②号粗体字代码所标出的 onFling(MotionEvent event1, MotionEvent event2, float velocityX, float velocityY)方法，因此程序不再直接实现 GestureDetector.OnGestureListener 接口（实现该接口必须实现该接口内的所有方法），而是改为继承 GestureDetector.SimpleOnGestureListener 类（继承该类想实现哪个方法就实现哪个方法）来实现手势检测器

当实现手势检测器的 onFling()方法时，程序在该方法内根据 velocityX 参数（横向上的拖动速度）来计算图片缩放比，这样该程序即可根据用户的"手势"来缩放图片了。

实例：通过多点触碰缩放 TextView

Android 也为多点触碰提供了支持，处理多点触碰也通过重写 onTouch 方法来实现，通过该方法的 MotionEvent 参数的 getPointerCount()方法可判断触碰点的数量。

在处理多点触碰事件时，程序要通过 MotionEvent 的 getActionMasked()方法来判断触碰事件的类型（按下、移动、松开等）。

该实例将会定义一个 TextView 的子类，程序会重写该子类的 onTouch 方法，根据两个手指的距离（捏合）来计算 TextView 中字号的缩放比，这样用户就可以通过手指捏合来控制 TextView 的字号大小了。

下面是该子类的实现代码。

程序清单：codes\08\8.4\GestureTest\multizoom\src\main\java\org\crazyit\io\TouchZoomView.java

```java
public class TouchZoomView extends TextView
{
    // 保存 TextView 当前的字号大小
    private float textSize;
    // 保存两个手指前一次的距离
    private float prevDist;
    public TouchZoomView(Context context, AttributeSet attrs, int defStyle)
    {
        super(context, attrs, defStyle);
    }
    public TouchZoomView(Context context, AttributeSet attrs)
    {
        super(context, attrs);
    }
    public TouchZoomView(Context context)
    {
        super(context);
    }
    @Override
    public boolean onTouchEvent(MotionEvent event)
    {
        // 只处理触碰点大于或等于 2（必须是多点触碰）的情形
        if (event.getPointerCount() >= 2) {
            // 获取该 TextView 默认的字号大小
            if (textSize == 0) {
                textSize = this.getTextSize();
            }
            // 对于多点触碰事件，需要使用 getActionMasked 来获取触摸事件类型
            switch (event.getActionMasked()) {
                // 处理手指按下的事件
                case MotionEvent.ACTION_POINTER_DOWN:
                    // 计算两个手指之间的距离
                    prevDist = calSpace(event);
                    break;
                // 处理手指移动的事件
                case MotionEvent.ACTION_MOVE:
                    // 实时计算两个手指之间的距离
                    float curVDist = calSpace(event);
                    // 根据两个手指之间的距离计算缩放比
                    zoom(curVDist / prevDist);
                    // 为下一次移动的缩放做准备
                    prevDist = curVDist;
                    break;
            }
        }
        return true;
    }
    // 缩放字号
    private void zoom(float f)
    {
        textSize *= f;
        this.setTextSize(px2sp(getContext(), textSize));
    }
    // 将 px 值转换为 sp 值，保证文字大小不变
    public static int px2sp(Context context, float pxValue)
    {
        float fontScale = context.getResources().getDisplayMetrics().scaledDensity;
        return (int) (pxValue / fontScale + 0.5f);
    }
    // 计算两个手指之间的距离
    private float calSpace(MotionEvent event)
```

```java
        {
            // 获取两个点之间 X 坐标的差值
            float x = event.getX(0) - event.getX(1);
            // 获取两个点之间 Y 坐标的差值
            float y = event.getY(0) - event.getY(1);
            // 计算两点距离
            return (float)Math.sqrt(x * x + y * y);
        }
    }
```

上面程序重写了 onTouch 方法，该方法只处理 event.getPointerCount()大于或等于 2 的情形，也就是只处理多点触碰的情形。

程序根据手指按下、手指移动时两个触碰点之间的距离来计算 TextView 中字号的缩放比，这样当用户手指在该组件上捏合时，该 TextView 的字号会随之放大、缩小。

在模拟器中运行该程序，可以通过按下 Ctrl 键来模拟多点触碰。

实例：通过多点触碰缩放图片

该实例将会定义一个 View 的子类，该子类用于显示图片，该图片可以通过手指捏合来实现缩放，也可以通过手指拖动来实现移动。在这样的要求下，程序既需要处理多点触碰事件，也需要通过 GestureDetector 来处理手指拖动的手势。

下面是该实例所使用的 View 子类的代码。

程序清单：codes\08\8.4\GestureTest\multiimagezoom\src\main\java\org\crazyit\io\TouchZoomImageView.java

```java
public class TouchZoomImageView extends View
{
    // 定义手势检测器变量
    private GestureDetector detector;
    // 保存该组件所绘制的位图的变量
    private Bitmap mBitmap;
    // 定义对位图进行变换的 Matrix
    private Matrix matrix = new Matrix();
    private float prevDist;
    private float totalScaleRadio = 1.0f;
    private float totalTranslateX = 0.0f;
    private float totalTranslateY = 0.0f;
    // 为 TouchZoomImageView 定义不同场景下的构造器
    public TouchZoomImageView(Context context, AttributeSet attrs, int defStyle)
    {
        super(context, attrs, defStyle);
        initDetector();
    }
    public TouchZoomImageView(Context context, AttributeSet attrs)
    {
        super(context, attrs);
        initDetector();
    }
    public TouchZoomImageView(Context context)
    {
        super(context);
        initDetector();
    }
    public void initDetector()
    {
        detector = new GestureDetector(getContext(), new
GestureDetector.SimpleOnGestureListener()
        {
            @Override public boolean onFling(MotionEvent event1, MotionEvent event2,
                float velocityX, float velocityY)
```

```java
                {
                    // 根据手势的滑动距离来计算图片的位移
                    float translateX = event2.getX() - event1.getX();
                    float translateY = event2.getY() - event1.getY();
                    totalTranslateX += translateX;
                    totalTranslateY += translateY;
                    postInvalidate();
                    return false;
                }
            });
    }
    // 根据传入的位图资源 ID 来设置位图
    public void setImage(int resourceId) {
        // 根据位图资源 ID 来解析图片
        Bitmap bm = BitmapFactory.decodeResource(getResources(),
            resourceId);
        setImage(bm);
    }
    public void setImage(Bitmap bm) {
        this.mBitmap = bm;
        // 当传递过来位图之后，对位图进行初始化操作
        postInvalidate();
    }
    @Override
    public boolean onTouchEvent(MotionEvent event)
    {
        // 获取当前触摸点的数量，如果触碰点的数量大于或等于 2，则说明是缩放行为
        if (event.getPointerCount() >= 2) {    // ①
            // 使用 getActionMasked 来处理多点触碰事件
            switch (event.getActionMasked()) {
                // 处理手指按下的事件
                case MotionEvent.ACTION_POINTER_DOWN:
                    // 计算两个手指之间的距离
                    prevDist = calSpace(event);
                    break;
                // 处理手指移动的事件
                case MotionEvent.ACTION_MOVE:
                    float curDist = calSpace(event);
                    // 计算出当前的缩放值
                    float scaleRatio = curDist / prevDist;
                    totalScaleRadio *= scaleRatio;
                    // 调用 onDraw 方法，重新绘制界面
                    postInvalidate();
                    // 准备处理下一次缩放行为
                    prevDist = curDist;
                    break;
            }
        }
        // 对于单点触碰，将触碰事件交给 GestureDetector 处理
        else
        {
            detector.onTouchEvent(event);    // ②
        }
        return true;
    }
    @Override
    public void onDraw(Canvas canvas)
    {
        matrix.reset();
        // 处理缩放
        matrix.postScale(totalScaleRadio, totalScaleRadio);
        // 处理位移
```

```
            matrix.postTranslate(totalTranslateX, totalTranslateY);
            canvas.drawBitmap(mBitmap, matrix, null);
    }
    // 计算两个手指之间的距离
    private float calSpace(MotionEvent event)
    {
        // 获取两个点之间 X 坐标的差值
        float x = event.getX(0) - event.getX(1);
        // 获取两个点之间 Y 坐标的差值
        float y = event.getY(0) - event.getY(1);
        // 计算两点距离
        return (float)Math.sqrt(x * x + y * y);
    }
}
```

上面程序重写了 View 的 onTouch 方法，其中①号粗体字代码的条件语句对触碰点的数量进行了判断：如果触碰点的数量大于或等于 2，程序调用 getActionMasked 方法来处理多点触碰事件；否则，程序将调用 GestureDetector 来处理用户的触碰事件，如上面程序中②号粗体字代码所示。

当触碰点的数量大于或等于 2 时，程序依然通过计算两个触碰点之间距离的改变来计算图片的缩放比，这点与前一个实例的方式基本相似；当触碰点的数量为 1 时，程序重写了 GestureDetector 的监听器的 onFling 方法，在方法中通过手势的滑动距离来计算图片的位移，如上面程序中第一段粗体字代码所示。

运行该程序（在模拟器中可以通过按住 Ctrl 键来模拟多点触碰），用户可以通过手指捏合来缩放图片，也可以通过手指拖动来移动图片，如图 8.8 所示。

图 8.8 通过多点触碰缩放图片

实例：通过手势实现翻页效果

本实例的手势检测思路还是一样的：把 Activity 的 TouchEvent 交给 GestureDetector 处理。这个程序的特殊之处在于：该程序使用了一个 ViewFlipper 组件，ViewFlipper 可使用动画控制多个组件之间的切换效果。

本程序通过 GestureDetector 来检测用户的手势动作，并根据手势动作来控制 ViewFlipper 包含的 View 组件的切换，从而实现翻页效果。

该程序的界面布局代码如下。

程序清单：codes\08\8.4\GestureTest\gestureflip\src\main\res\layout\activty_main.xml

```xml
<?xml version="1.0" encoding="utf-8"?>
<LinearLayout xmlns:android="http://schemas.android.com/apk/res/android"
    android:layout_width="match_parent"
    android:layout_height="match_parent"
    android:orientation="vertical">
    <!-- 定义 ViewFlipper 组件 -->
    <ViewFlipper
        android:id="@+id/flipper"
        android:layout_width="match_parent"
        android:layout_height="match_parent" />
</LinearLayout>
```

上面的界面布局文件中定义了一个 ViewFlipper 组件，该组件可控制多个 View 的动画切换。该实例的 Activity 代码如下。

程序清单：codes\08\8.4\GestureTest\gestureflip\src\main\java\org\crazyit\io\MainActivity.java

```java
public class MainActivity extends Activity
{
    // ViewFlipper 实例
    private ViewFlipper flipper;
    // 定义手势检测器变量
    private GestureDetector detector;
    // 定义一个动画数组，用于为 ViewFlipper 指定切换动画效果
    private Animation[] animations = new Animation[4];
    // 定义手势动作两点之间的最小距离
    private float flipDistance = 0f;
    @Override
    protected void onCreate(Bundle savedInstanceState)
    {
        super.onCreate(savedInstanceState);
        setContentView(R.layout.activity_main);
        flipDistance = getResources().getDimension(R.dimen.flip_distance);
        // 创建手势检测器
        detector = new GestureDetector(this, new GestureDetector.SimpleOnGestureListener()
        {
            @Override public boolean onFling(MotionEvent event1, MotionEvent event2,
                float velocityX, float velocityY)
            {
                // 如果第一个触点事件的 X 坐标大于第二个触点事件的 X 坐标超过 flipDistance
                // 也就是手势从右向左滑
                if (event1.getX() - event2.getX() > flipDistance)
                {
                    // 为 flipper 设置切换的动画效果
                    flipper.setInAnimation(animations[0]);
                    flipper.setOutAnimation(animations[1]);
                    flipper.showPrevious();
                    return true;
                }
                // 如果第二个触点事件的 X 坐标大于第一个触点事件的 X 坐标超过 flipDistance
                // 也就是手势从左向右滑
                else if (event2.getX() - event1.getX() > flipDistance)
                {
                    // 为 flipper 设置切换的动画效果
                    flipper.setInAnimation(animations[2]);
                    flipper.setOutAnimation(animations[3]);
                    flipper.showNext();
                    return true;
                }
                return false;
            }
        });
        // 获得 ViewFlipper 实例
        flipper = this.findViewById(R.id.flipper);
        // 为 ViewFlipper 添加 6 个 ImageView 组件
        flipper.addView(addImageView(R.drawable.java));
        flipper.addView(addImageView(R.drawable.javaee));
        flipper.addView(addImageView(R.drawable.ajax));
        flipper.addView(addImageView(R.drawable.android));
        flipper.addView(addImageView(R.drawable.html));
        flipper.addView(addImageView(R.drawable.swift));
        // 初始化 Animation 数组
        animations[0] = AnimationUtils.loadAnimation(this, R.anim.left_in);
        animations[1] = AnimationUtils.loadAnimation(this, R.anim.left_out);
        animations[2] = AnimationUtils.loadAnimation(this, R.anim.right_in);
        animations[3] = AnimationUtils.loadAnimation(this, R.anim.right_out);
    }
    // 定义添加 ImageView 的工具方法
```

```
    private View addImageView(int resId)
    {
        ImageView imageView = new ImageView(this);
        imageView.setImageResource(resId);
        imageView.setScaleType(ImageView.ScaleType.CENTER);
        return imageView;
    }
    @Override public boolean onTouchEvent(MotionEvent event)
    {
        // 将该Activity上的触碰事件交给GestureDetector处理
        return detector.onTouchEvent(event);
    }
}
```

该程序同样只是实现了 GestureDetector.SimpleOnGestureListener 的 onFling()方法。上面程序中的粗体字代码负责实现：当 event1.getX() - event2.getX()的距离大于特定距离时，即可判断用户手势为从右向左滑动，此时设置 ViewFlipper 采用动画方式切换为上一个 View；当 event2.getX() - event1.getX()的距离大于特定距离时，即可判断用户手势为从左向右滑动，此时设置 ViewFlipper 采用动画方式切换为下一个 View——这样就实现了所谓的"翻页"效果。

运行上面的程序，并在屏幕上执行"拖动"手势，即可看到 ViewFlipper 内组件切换的效果，如图 8.9 所示。

图 8.9 采用手势检测实现翻页效果

▶▶ 8.4.2 增加手势

Android 除提供手势检测之外，还允许应用程序把用户手势（多个持续的触摸事件在屏幕上形成特定的形状）添加到指定文件中，以备以后使用——如果程序需要，当用户下次再次画出该手势时，系统将可识别该手势。

Android 使用 GestureLibrary 来代表手势库，并提供了 GestureLibraries 工具类来创建手势库。GestureLibraries 提供了如下 4 个静态方法从不同位置加载手势库。

- ➢ static GestureLibrary fromFile(String path)：从 path 代表的文件中加载手势库。
- ➢ static GestureLibrary fromFile(File path)：从 path 代表的文件中加载手势库。
- ➢ static GestureLibrary fromPrivateFile(Context context, String name)：从指定应用程序的数据文件夹的 name 文件中加载手势库。
- ➢ static GestureLibrary fromRawResource(Context context, int resourceId)：从 resourceId 所代表的资源中加载手势库。

一旦在程序中获得了 GestureLibrary 对象之后，该对象提供了如下方法来添加手势、识别手势。

- ➢ void addGesture(String entryName, Gesture gesture)：添加一个名为 entryName 的手势。
- ➢ Set<String> getGestureEntries()：获取该手势库中的所有手势的名称。
- ➢ ArrayList<Gesture> getGestures(String entryName)：获取 entryName 名称对应的全部手势。
- ➢ ArrayList<Prediction> recognize(Gesture gesture)：从当前手势库中识别与 gesture 匹配的全部手势。
- ➢ void removeEntry(String entryName)：删除手势库中 entryName 对应的手势。
- ➢ void removeGesture(String entryName, Gesture gesture)：删除手势库中 entryName、gesture 对应的手势。

➢ boolean save()：当向手势库中添加手势或从中删除手势后调用该方法保存手势库。

Android 除提供 GestureLibraries、GestureLibrary 来管理手势之外，还提供了一个专门的手势编辑组件：GestureOverlayView，该组件就像一个"绘图组件"，只是用户在组件上绘制的不是图形，而是手势。

为了监听 GestureOverlayView 组件上的手势事件，Android 为 GestureOverlayView 提供了 OnGestureListener、OnGesturePerformedListener、OnGesturingListener 三个监听器接口，这些监听器所包含的方法分别用于响应手势开始、结束、完成、取消等事件，开发者可根据实际需要来选择不同的监听器。一般来说，OnGesturePerformedListener 是最常用的监听器，它可用于在手势事件完成时提供响应。

下面的应用程序在界面布局中使用了 GestureOverlayView。

程序清单：codes\08\8.4\GestureTest\addgesture\src\main\res\layout\activtiy_main.xml

```xml
<?xml version="1.0" encoding="utf-8"?>
<LinearLayout xmlns:android="http://schemas.android.com/apk/res/android"
    android:layout_width="match_parent"
    android:layout_height="match_parent"
    android:gravity="center_horizontal"
    android:orientation="vertical">
    <TextView
        android:layout_width="match_parent"
        android:layout_height="wrap_content"
        android:text="@string/gestureTip" />
    <!-- 使用手势绘制组件 -->
    <android.gesture.GestureOverlayView
        android:id="@+id/gesture"
        android:layout_width="match_parent"
        android:layout_height="match_parent"
        android:gestureStrokeType="multiple" />
</LinearLayout>
```

> **提示：** 由于 GestureOverlayView 并不是标准的视图组件，因此在界面布局中使用该组件时需要使用全限定类名。

上面的程序中使用 GestureOverlayView 组件时指定了一个 android:gestureStrokeType 参数，该参数控制手势是否需要多一笔完成。大部分时候，一个手势只要一笔就可以完成，此时可将该参数设为 single。如果该手势需要多笔来完成，则将该参数设为 multiple。

接下来程序将会为 GestureOverlayView 添加一个 OnGesturePerformedListener 监听器，当手势事件完成时，该监听器会打开一个对话框，让用户选择保存该手势。程序代码如下。

程序清单：codes\08\8.4\GestureTest\addgesture\src\main\java\org\crazyit\io\MainActivity.java

```java
public class MainActivity extends Activity
{
    private GestureOverlayView gestureView;
    private Gesture gesture;
    @Override
    protected void onCreate(Bundle savedInstanceState)
    {
        super.onCreate(savedInstanceState);
        setContentView(R.layout.activity_main);
        // 获取手势编辑视图
        gestureView = findViewById(R.id.gesture);
        // 设置手势的绘制颜色
        gestureView.setGestureColor(Color.RED);
```

```java
        // 设置手势的绘制宽度
        gestureView.setGestureStrokeWidth(4f);
        // 为 gesture 的手势完成事件绑定事件监听器
        gestureView.addOnGesturePerformedListener((source, gesture) -> {
            this.gesture = gesture;
            // 请求访问写入 SD 卡的权限
            requestPermissions(new String[]{Manifest.permission
                .WRITE_EXTERNAL_STORAGE}, 0x123);
        });
    }
    @Override
    public void onRequestPermissionsResult(int requestCode,
        String[] permissions, int[] grantResults)
    {
        // 如果确认允许访问
        if(requestCode == 0x123 && grantResults != null && grantResults[0] == 0)
        {
            // 加载 dialog_save.xml 界面布局代表的视图
            LinearLayout saveDialog = (LinearLayout) getLayoutInflater()
                .inflate(R.layout.dialog_save, null);
            // 获取 saveDialog 里的 show 组件
            ImageView imageView = saveDialog.findViewById(R.id.show);
            // 获取 saveDialog 里的 gesture_name 组件
            EditText gestureName = saveDialog.findViewById(R.id.gesture_name);
            // 根据 Gesture 包含的手势创建一个位图
            Bitmap bitmap = gesture.toBitmap(128, 128, 10, -0x10000);
            imageView.setImageBitmap(bitmap);
            // 使用对话框显示 saveDialog 组件
            new AlertDialog.Builder(MainActivity.this).setView(saveDialog)
                .setPositiveButton(R.string.bn_save, (dialog, which) -> {
                    // 获取指定文件对应的手势库
                    GestureLibrary gestureLib = GestureLibraries.fromFile(
                    Environment.getExternalStorageDirectory().getPath() + "/mygestures");
                    // 添加手势
                    gestureLib.addGesture(gestureName.getText().toString(), gesture);
                    // 保存手势库
                    gestureLib.save();
                }).setNegativeButton(R.string.bn_cancel, null).show();
        }
    }
}
```

上面程序中的第一行粗体字代码用于为 GestureOverlayView 绑定 OnGesturePerformedListener 监听器，该监听器用于在手势完成时提供响应——它的响应就是打开一个对话框。该对话框的界面布局代码如下。

程序清单：codes\08\8.4\GestureTest\addgesture\src\main\res\layout\dialog_save.xml

```xml
<?xml version="1.0" encoding="utf-8"?>
<LinearLayout xmlns:android="http://schemas.android.com/apk/res/android"
    android:layout_width="match_parent"
    android:layout_height="match_parent"
    android:orientation="vertical">
    <LinearLayout
        android:layout_width="match_parent"
        android:layout_height="wrap_content"
        android:orientation="horizontal">
        <TextView
            android:layout_width="wrap_content"
            android:layout_height="wrap_content"
            android:padding="4dp"
            android:text="@string/gesture_name" />
        <!-- 定义一个文本框来让用户输入手势名 -->
```

```xml
        <EditText
            android:id="@+id/gesture_name"
            android:padding="4dp"
            android:layout_width="match_parent"
            android:layout_height="wrap_content" />
    </LinearLayout>
    <!-- 定义一个图片框来显示手势 -->
    <ImageView
        android:id="@+id/show"
        android:layout_width="128dp"
        android:layout_height="128dp"
        android:layout_marginTop="10dp" />
</LinearLayout>
```

MainActivity 程序中的第二段粗体字代码是在对话框中完成的，这段粗体字代码用于从 SD 卡的指定文件中加载手势库，并添加用户刚刚输入的手势。

运行该程序，将看到如图 8.10 所示的界面。

用户可以在图 8.10 所示的界面中随意"绘制"手势，绘制完成后 OnGesturePerformedListener 监听器将会打开如图 8.11 所示的对话框。

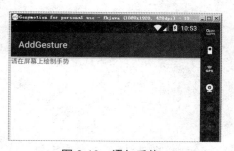

图 8.10　添加手势

图 8.11　保存手势

当用户单击"保存"按钮后，程序将会调用 GestureLibrary 的 addGesture()方法来添加手势，并调用 save()方法来保存手势。

一旦用户通过该程序建立了自己的手势库，接下来就可以在其他程序中使用该手势库了。

> 上面的程序需要将手势库保存在 SD 卡上，因此还需要授予该应用程序读写 SD 卡的权限。

▶▶ 8.4.3　识别用户手势

前面已经提到，GestureLibrary 提供了 recognize(Gesture ges)方法来识别手势，该方法将会返回该手势库中所有与 ges 匹配的手势——两个手势的图形越相似，相似度越高。

recognize(Gesture ges)方法的返回值为 ArrayList<Prediction>，其中 Prediction 封装了手势的匹配信息，Prediction 对象的 name 属性代表了匹配的手势名，score 属性代表了手势的相似度。

下面的程序将会利用前一个程序所创建的手势库来识别手势。该程序的界面很简单，只是在界面中定义了一个 GestureOverlayView 组件，允许用户在该组件上输入手势。程序为该组件绑定了

OnGesturePerformedListener 监听器，该监听器检测到用户手势完成时，就会调用手势库来识别用户输入的手势。

该 Activity 的代码如下。

程序清单：codes\08\8.4\GestureTest\recognizegesture\src\main\java\org\crazyit\io\MainActivity.java

```java
public class MainActivity extends Activity
{
    // 定义手势编辑组件
    private GestureOverlayView gestureView;
    // 记录手机上已有的手势库
    private GestureLibrary gestureLibrary;
    @Override
    protected void onCreate(Bundle savedInstanceState)
    {
        super.onCreate(savedInstanceState);
        setContentView(R.layout.activity_main);
        requestPermissions(new String[]{Manifest.permission
            .WRITE_EXTERNAL_STORAGE}, 0x123);
    }
    @Override
    public void onRequestPermissionsResult(int requestCode,
        String[] permissions, int[] grantResults)
    {
        // 如果用户授权访问 SD 卡
        if(requestCode == 0x123 && grantResults != null
            && grantResults[0] == 0)
        {
            // 读取上一个程序所创建的手势库
            gestureLibrary = GestureLibraries.fromFile(
                Environment.getExternalStorageDirectory().getPath() + "/mygestures");
            if (gestureLibrary.load())
            {
                Toast.makeText(MainActivity.this, "手势文件装载成功！",
                    Toast.LENGTH_SHORT).show();
            }
            else
            {
                Toast.makeText(MainActivity.this, "手势文件装载失败！",
                    Toast.LENGTH_SHORT).show();
            }
            // 获取手势编辑组件
            gestureView = findViewById(R.id.gesture);
            // 为手势编辑组件绑定事件监听器
            gestureView.addOnGesturePerformedListener((source, gesture) -> {
                // 识别用户刚刚所绘制的手势
                List<Prediction> predictions = gestureLibrary.recognize(gesture);
                List<String> result = new ArrayList<>();
                // 遍历所有找到的 Prediction 对象
                for (Prediction pred : predictions)
                {
                    // 只有相似度大于 2.0 的手势才会被输出
                    if (pred.score > 2.0)
                    {
                        result.add("与手势【" + pred.name + "】相似度为" + pred.score);
                    }
                }
                if (result.size() > 0)
                {
                    ArrayAdapter<String> adapter = new ArrayAdapter<>(MainActivity.this,
                        android.R.layout.simple_dropdown_item_1line, result);
                    // 使用一个带 List 的对话框来显示所有匹配的手势
```

```
                    new AlertDialog.Builder(MainActivity.this).setAdapter(adapter, null)
                        .setPositiveButton("确定", null).show();
                }
                else
                {
                    Toast.makeText(MainActivity.this, "无法找到能匹配的手势！",
                        Toast.LENGTH_SHORT).show();
                }
            });
        }
    }
}
```

上面程序中的粗体字代码就负责调用前一个程序的手势库来识别用户刚输入的手势，用户只要在屏幕上绘制一个大致与之前相似的手势，即可看到如图 8.12 所示的结果。

图 8.12　识别手势

> 该程序需要读取 SD 卡上的手势文件，因此该程序还需要授予读取 SD 卡的权限。

8.5　让应用说话（TTS）

Android 提供了自动朗读支持。自动朗读支持可以对指定文本内容进行朗读，从而发出声音；不仅如此，Android 的自动朗读支持还允许把文本对应的音频录制成音频文件，方便以后播放。这种自动朗读支持的英文名称为 TextToSpeech，简称 TTS。借助于 TTS 的支持，可以在应用程序中动态地增加音频输出，从而改善用户体验。

Android 的自动朗读支持主要通过 TextToSpeech 来完成，该类提供了如下一个构造器。

➢ TextToSpeech(Context context, TextToSpeech.OnInitListener listener)

从上面的构造器不难看出，当创建 TextToSpeech 对象时，必须先提供一个 OnInitListener 监听器，该监听器负责监听 TextToSpeech 的初始化结果。

一旦在程序中获得了 TextToSpeech 对象之后，接下来即可调用 TextToSpeech 的 setLanguage(Locale loc)方法来设置该 TTS 语音引擎应使用的语言、国家选项。

> 提示：由于不同的文字，在不同的语言、国家中的发音是不同的，尤其是欧美国家，他们所使用的都是字母文字，因此一段文本内容使用不同的语言、国家选项来朗读，发音效

> 果是截然不同的。目前 Android 的内置 TTS 引擎是 Pico TTS，这个语音引擎对中文支
> 持不好。国产语音引擎有科大讯飞的 TTS 引擎，对中文支持较好。

如果调用 setLanguage(Locale loc)的返回值是"TextToSpeech.LANG_COUNTRY_ AVAILABLE"，则说明当前 TTS 系统可以支持所设置的语言、国家选项。

对 TextToSpeech 设置完成后，就可调用它的方法来朗读文本了，具体方法可参考 TextToSpeech 的 API 文档。TextToSpeech 类中最常用的方法是如下两个。

- speak(CharSequence text, int queueMode, Bundle params, String utteranceId)
- synthesizeToFile (CharSequence text, Bundle params, File file, String utteranceId)

上面两个方法都用于把 text 文字内容转换为音频，区别只是 speak()方法是播放转换的音频，而 synthesizeToFile()方法是把转换得到的音频保存成声音文件。

上面两个方法中的 params 都用于指定声音转换时的参数。speak()方法中的 queueMode 参数指定 TTS 的发音队列模式，该参数支持如下两个常量。

- TextToSpeech.QUEUE_FLUSH：如果指定该模式，当 TTS 调用 speak()方法时，它会中断当前实例正在运行的任务（也可以理解为清除当前语音任务，转而执行新的语音任务）。
- TextToSpeech.QUEUE_ADD：如果指定为该模式，当 TTS 调用 speak()方法时，会把新的发音任务添加到当前发音任务列队之后——也就是等任务队列中的发音任务执行完成后再来执行 speak()方法指定的发音任务。

当程序用完了 TextToSpeech 对象之后，可以在 Activity 的 OnDestroy()方法中调用它的 shutdown()来关闭 TextToSpeech，释放它所占用的资源。

归纳起来，使用 TextToSpeech 的步骤如下。

① 创建 TextToSpeech 对象，创建时传入 OnInitListener 监听器监听创建是否成功。
② 设置 TextToSpeech 所使用的语言、国家选项，通过返回值判断 TTS 是否支持该语言、国家选项。
③ 调用 speak()或 synthesizeToFile()方法。
④ 关闭 TTS，回收资源。

下面的程序示范了如何利用 TTS 来朗读用户所输入的文本内容。

程序清单：codes\08\8.5\Speech\app\src\main\java\org\crazyit\io\MainActivity.java

```java
public class MainActivity extends Activity
{
    private TextToSpeech tts;
    private EditText editText;
    private Button speech;
    private Button record;
    @Override
    protected void onCreate(Bundle savedInstanceState)
    {
        super.onCreate(savedInstanceState);
        setContentView(R.layout.activity_main);
        // 初始化 TextToSpeech 对象
        tts = new TextToSpeech(this, status -> {
            // 如果装载 TTS 引擎成功
            if (status == TextToSpeech.SUCCESS)
            {
                // 设置使用美式英语朗读
                int result = tts.setLanguage(Locale.US);
                // 如果不支持所设置的语言
                if (result != TextToSpeech.LANG_COUNTRY_AVAILABLE &&
```

```java
                    result != TextToSpeech.LANG_AVAILABLE)
                {
                    Toast.makeText(MainActivity.this,
                        "TTS 暂时不支持这种语言的朗读。",
                        Toast.LENGTH_SHORT).show();
                }
                else
                {
                    editText = findViewById(R.id.txt);
                    speech = findViewById(R.id.speech);
                    record = findViewById(R.id.record);
                    speech.setOnClickListener(view ->
                    {
                        // 执行朗读
                        tts.speak(editText.getText().toString(),
                            TextToSpeech.QUEUE_ADD, null, "speech");
                    });
                    record.setOnClickListener(view ->
                    {
                        // 将朗读文本的音频记录到指定文件中
                        tts.synthesizeToFile(editText.getText().toString(), null,
                            new File(getFilesDir().toString() + "/sound.wav"), "record");
                        Toast.makeText(MainActivity.this, "声音记录成功！",
                            Toast.LENGTH_SHORT).show();
                    });
                }
            }
        });
    }
    @Override
    public void onDestroy()
    {
        super.onDestroy();
        // 关闭 TextToSpeech 对象
        tts.shutdown();
    }
}
```

上面程序中的第一行粗体字代码创建了一个 TextToSpeech 对象，第二行粗体字代码设置使用美式英语进行朗读。接下来程序分别提供了两个按钮，一个按钮用于执行朗读，一个按钮用于将文本内容的朗读音频保存成声音文件，分别通过调用 TextToSpeech 对象的 speek() 和 synthesizeToFile() 方法来完成——如上面程序中的后两行粗体字代码所示。

使用真机运行上面的程序（使用模拟器运行时绑定语音引擎失败），将可以看到如图 8.13 所示的界面。

在图 8.13 所示的界面中，当用户单击"朗读"按钮后，系统将会调用 TTS 的 speek() 方法来朗读文本框中的内容；当用户单击"记录声音"按钮后，系统将会调用 synthesizeToFile() 方法把文本框中的文本对应的朗读音频记录到 SD 卡的声音文件中——单击该按钮后将可以在应用的数据文件夹内生成一个 sound.wav 文件，该文件可以被导出，在其他音频播放软件中播放。

程序重写了 Activity 的 onDestroy() 方法，并在该方法中关闭了 TextToSpeech 对象，回收它的资源。

图 8.13 让应用说话

8.6 本章小结

本章主要介绍了 Android 的输入、输出支持，如果读者之前已有 Java IO 的编程经验，那么可以直接把 Java IO 的编程经验移植到 Android 上。当然 Android 为文件 IO 提供了 openFileOutput 和 openFileInput 两个便捷的方法，用起来十分方便；为记录、访问应用程序的参数、选项提供了 SharedPreferences 工具类，这样可以非常方便地读写应用程序的参数、选项。除此之外，学习本章需要重点掌握的内容就是 SQLite 数据库，Android 系统内置了 SQLite 数据库，而且为访问 SQLite 数据库提供了方便的工具类，这需要读者掌握并能熟练地使用它们。

本章后面还介绍了 Android 提供的"另类"IO：手势支持和自动朗读。Android 的手势支持体现在两方面：手势检测与手势识别，前者属于事件处理方面，后者属于系统 IO 方面。熟练运用 Android 系统的手势支持可以开发出一些更新奇的应用。自动朗读则用于把文本转换成声音。

CHAPTER 9

第 9 章
使用 ContentProvider 实现数据共享

本章要点

- 理解 ContentProvider 的功能与意义
- ContentProvider 类的作用和常用方法
- Uri 对 ContentProvider 的作用
- 理解 ContentProvider 与 ContentResolver 的关系
- 实现自己的 ContentProvider
- 配置 ContentProvider
- 使用 ContentResolver 操作数据
- 操作系统 ContentProvider 提供的数据
- 监听 ContentProvider 的数据改变
- ContentObserver 类的作用和常用方法
- 监听系统 ContentProvider 的数据改变

有时候不同的应用也需要共享数据。比如现在有一个短信接收应用，用户想把接收到的陌生短信的发信人添加到联系人管理应用中，就需要在不同应用之间共享数据。对于这种需要在不同应用之间共享数据的需求，当然可以让一个应用程序直接去操作另一个应用程序所记录的数据，比如操作它所记录的 SharedPreferences、文件或数据库等。这种方式不仅比较麻烦，而且存在严重的安全漏洞，因此 Android 不再推荐使用这种方式，而是推荐使用本章介绍的 ContentProvider。

为了在应用程序之间交换数据，Android 提供了 ContentProvider，它是不同应用程序之间进行数据交换的标准 API，当一个应用程序需要把自己的数据暴露给其他程序使用时，该应用程序就可通过提供 ContentProvider 来实现；其他应用程序就可通过 ContentResolver 来操作 ContentProvider 暴露的数据。

ContentProvider 也是 Android 应用的四大组件之一，与 Activity、Service、BroadcastReceiver 相似，它们都需要在 AndroidManifest.xml 文件中进行配置。

一旦某个应用程序通过 ContentProvider 暴露了自己的数据操作接口，那么不管该应用程序是否启动，其他应用程序都可通过该接口来操作该应用程序的内部数据，包括增加数据、删除数据、修改数据、查询数据等。

9.1 数据共享标准：ContentProvider

ContentProvider 是不同应用程序之间进行数据交换的标准 API，ContentProvider 以某种 Uri 的形式对外提供数据，允许其他应用访问或修改数据；其他应用程序使用 ContentResolver 根据 Uri 去访问操作指定数据。

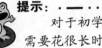

> **提示：** 对于初学者而言，对于 ContentProvider、ContentResolver 两个核心 API 的作用可能需要花很长时间去理解。但这里有一个简单的类比，可以把 ContentProvider 当成 Android 系统内部的"网站"，这个网站以固定的 Uri 对外提供服务；而 ContentResolver 则可当成 Android 系统内部的"HttpClient"，它可以向指定 Uri 发送"请求"（实际上是调用 ContentResolver 的方法），这种请求最后委托给 ContentProvider 处理，从而实现对"网站"（即 ContentProvider）内部数据进行操作。

▶▶ 9.1.1 ContentProvider 简介

如果把 ContentProvider 当成一个"网站"来看,那么如何对外提供数据呢？是否需要像 Java Web 开发一样编写 JSP、Servlet 之类呢？不需要。如果那样就太复杂了，毕竟 ContentProvider 只是提供数据的访问接口，并不是像一个网站一样对外提供完整的页面。

如果把 ContentProvider 当成一个"网站"来看，那么如何完整地开发一个 ContentProvider 呢？步骤其实很简单，如下所示。

① 定义自己的 ContentProvider 类，该类需要继承 Android 提供的 ContentProvider 基类。

② 向 Android 系统注册这个"网站"，也就是在 AndroidManifest.xml 文件中注册这个 ContentProvider，就像注册 Activity 一样。注册 ContentProvider 时需要为它绑定一个 Uri。

向 Android 系统中注册 ContentProvider 只要在<application.../>元素下添加如下子元素即可。

```
<!-- 下面配置中 name 属性指定 ContentProvider 类,
    authorities 就相当于为该 ContentProvider 指定域名 -->
<provider android:name=".DictProvider"
    android:authorities="org.crazyit.providers.dictprovider"
    android:exported="true"/>
```

> **提示：**
> 虽然我们可以把 ContentProvider 当成一个"网站"来看，但 Android 官方文档并没有这种提法。Android 要求注册 ContentProvider 时指定 authorities 属性，该属性的值就相当于该网站的域名。但需要提醒读者：面试时千万不要这么说，因为你的面试官可能由于自身技术层次看不到这个高度，而并不认同这个说法，从而导致面试失败。

通过配置文件注册了 DictProvider 之后，其他应用程序就可通过该 Uri 来访问 DictProvider 所暴露的数据了。

那么 DictProvider 到底如何暴露它所提供的数据呢？其实很简单，应用程序对数据的操作无非就是 CRUD 操作，因此 DictProvider 除需要继承 ContentProvider 之外，还需要提供如下几个方法。

- boolean onCreate()：该方法在 ContentProvider 创建后会被调用，当其他应用程序第一次访问 ContentProvider 时，该 ContentProvider 会被创建出来，并立即回调该 onCreate()方法。
- Uri insert(Uri uri, ContentValues values)：根据该 Uri 插入 values 对应的数据。
- int delete(Uri uri, String selection, String[] selectionArgs)：根据 Uri 删除 selection 条件所匹配的全部记录。
- int update(Uri uri, ContentValues values, String selection, String[] selectionArgs)：根据 Uri 修改 selection 条件所匹配的全部记录。
- Cursor query(Uri uri, String[] projection, String selection, String[] selectionArgs, String sortOrder)：根据 Uri 查询出 selection 条件所匹配的全部记录，其中 projection 就是一个列名列表，表明只选择出指定的数据列。
- String getType(Uri uri)：该方法用于返回当前 Uri 所代表的数据的 MIME 类型。如果该 Uri 对应的数据可能包括多条记录，那么 MIME 类型字符串应该以 vnd.android.cursor.dir/开头；如果该 Uri 对应的数据只包含一条记录，那么 MIME 类型字符串应该以 vnd.android.cursor.item/开头。

通过介绍不难发现，对于 ContentProvider 而言，Uri 是一个非常重要的概念，下面详细介绍 Uri 的相关知识。

▶▶ 9.1.2　Uri 简介

在介绍 Android 系统的 Uri 之前，先来看一个最常用的互联网 URL。例如，想访问疯狂 Java 联盟的某个页面，应该在浏览器中输入如下 Uri：

```
http://www.crazyit.org/index.php
```

对于上面这个 URL，可分为如下三个部分。

- http://：URL 的协议部分，只要通过 HTTP 协议来访问网站，这个部分就是固定的。
- www.crazyit.org：域名部分。只要访问指定的网站，这个部分就是固定的。
- index.php：网站资源部分。当访问者需要访问不同资源时，这个部分是动态改变的。

ContentProvider 要求的 Uri 与此类似，例如如下 Uri：

```
content://org.crazyit.providers.dictprovider/words
```

它也可分为如下三个部分。

- content://：这个部分是 Android 的 ContentProvider 规定的，就像上网的协议默认是 http:// 一样。暴露 ContentProvider、访问 ContentProvider 的协议默认是 content://。
- org.crazyit.providers.dictprovider：这个部分就是 ContentProvider 的 authorities。系统就是由

这个部分来找到操作哪个 ContentProvider 的。只要访问指定的 ContentProvider，这个部分就是固定的。
- words：资源部分（或者说数据部分）。当访问者需要访问不同资源时，这个部分是动态改变的。

需要指出的是，Android 的 Uri 所能表达的功能更丰富，它还可以支持如下 Uri：

```
content://org.crazyit.providers.dictprovider/word/2
```

此时它要访问的资源为 word/2，这意味着访问 word 数据中 ID 为 2 的记录。
还有如下形式：

```
content://org.crazyit.providers.dictprovider/word/2/word
```

此时它要访问的资源为 word/2/word，这意味着访问 word 数据中 ID 为 2 的记录的 word 字段。
如果想访问全部数据，即可使用下面所示的形式。

```
content://org.crazyit.providers.dictprovider/words
```

> **提示：**
> 如果读者有 RESTful 的开发经验，那么对上面 ContentProvider 的 Uri 会很熟悉，因为这些 Uri 基本遵循了 RESTful 风格。

虽然大部分使用 ContentProvider 所操作的数据都来自数据库，但有时候这些数据也可来自文件、XML 或网络等其他存储方式，此时支持的 Uri 也可以改为如下形式。

```
content://org.crazyit.providers.dictprovider/word/detail/
```

上面的 Uri 表示操作 word 节点下的 detail 节点。
为了将一个字符串转换成 Uri，Uri 工具类提供了 parse()静态方法。例如，如下代码即可将字符串转换为 Uri。

```
Uri uri = Uri.parse("content://org.crazyit.providers.dictprovider/word/2");
```

▶▶ 9.1.3 使用 ContentResolver 操作数据

前面已经提到，ContentProvider 相当于一个"网站"，它的作用是暴露可供操作的数据；其他应用程序则通过 ContentResolver 来操作 ContentProvider 所暴露的数据，ContentResolver 相当于 HttpClient。

Context 提供了如下方法来获取 ContentResolver 对象。
- getContentResolver()：获取该应用默认的 ContentResolver。

一旦在程序中获得了 ContentResolver 对象之后，接下来就可调用 ContentResolver 的如下方法来操作数据了。

- insert(Uri url, ContentValues values)：向 Uri 对应的 ContentProvider 中插入 values 对应的数据。
- delete(Uri url, String where, String[] selectionArgs)：删除 Uri 对应的 ContentProvider 中 where 条件匹配的数据。
- update(Uri uri, ContentValues values, String where, String[] selectionArgs)：更新 Uri 对应的 ContentProvider 中 where 条件匹配的数据。
- query(Uri uri, String[] projection, String selection, String[] selectionArgs, String sortOrder)：查询 Uri 对应的 ContentProvider 中 where 条件匹配的数据。

一般来说，ContentProvider 是单实例模式的，当多个应用程序通过 ContentResolver 来操作

ContentProvider 提供的数据时，ContentResolver 调用的数据操作将会委托给同一个 ContentProvider 处理。

9.2 开发 ContentProvider

对于许多初学者而言，理解 ContentProvider 暴露数据的方式是一个难点。ContentProvider 总是需要与 ContentResolver 结合使用，ContentProvider 负责暴露数据，因此 ContentProvider 需要与 ContentResolver 结合学习。

9.2.1 ContentProvider 与 ContentResolver 的关系

从 ContentResolver、ContentProvider 和 Uri 的关系来看，无论是 ContentResolver，还是 ContentProvider，它们所提供的 CRUD 方法的第一个参数都是 Uri。也就是说，Uri 是 ContentResolver 和 ContentProvider 进行数据交换的标识。ContentResolver 对指定 Uri 执行 CRUD 等数据操作，但 Uri 并不是真正的数据中心，因此这些 CRUD 操作会委托给该 Uri 对应的 ContentProvider 来实现。通常来说，假如 A 应用通过 ContentResolver 执行 CRUD 操作，这些 CRUD 操作都需要指定 Uri 参数，Android 系统就根据该 Uri 找到对应的 ContentProvider（该 ContentProvider 通常属于 B 应用），ContentProvider 则负责实现 CRUD 方法，完成对底层数据的增、删、改、查等操作，这样就可以让 A 应用访问、修改 B 应用的数据了。

ContentResolver、Uri、ContentProvider 三者之间的关系如图 9.1 所示。

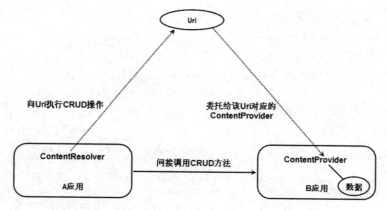

图 9.1 ContentRosolver、Uri 与 ContentProvider 的关系

从图 9.1 可以看出，以指定 Uri 为标识，ContentResolver 可以实现"间接调用"ContentProvider 的 CRUD 方法。

- 当 A 应用调用 ContentResolver 的 insert()方法时，实际上相当于调用了该 Uri 对应的 ContentProvider（该 ContentProvider 属于 B 应用）的 insert()方法。
- 当 A 应用调用 ContentResolver 的 update()方法时，实际上相当于调用了该 Uri 对应的 ContentProvider（该 ContentProvider 属于 B 应用）的 update()方法。
- 当 A 应用调用 ContentResolver 的 delete ()方法时，实际上相当于调用了该 Uri 对应的 ContentProvider（该 ContentProvider 属于 B 应用）的 delete()方法。
- 当 A 应用调用 ContentResolver 的 query ()方法时，实际上相当于调用了该 Uri 对应的 ContentProvider（该 ContentProvider 属于 B 应用）的 query()方法。

通过上面这种关系，即可实现让 A 应用访问、使用 B 应用底层的数据。

▶▶ 9.2.2 开发 ContentProvider 子类

开发 ContentProvider 只要如下两步。

① 开发一个 ContentProvider 子类，该子类需要实现 query()、insert()、update()和 delete()等方法。

② 在 AndroidManifest.xml 文件中注册该 ContentProvider，指定 android:authorities 属性。

在上面两步中，ContentProvider 子类实现的 query()、insert()、update()和 delete()方法，并不是给该应用本身调用的，而是供其他应用来调用的。正如前面提到的，当其他应用通过 ContentResolver 调用 query()、insert()、update()和 delete()方法执行数据访问时，实际上就是调用指定 Uri 对应的 ContentProvider 的 query()、insert()、update()和 delete()方法。

如何实现 ContentProvider 的 query()、insert()、update()和 delete()方法，完全由程序员决定——程序员想怎么暴露该应用数据，就怎么实现这 4 个方法。在极端情况下，开发者只对这些方法提供空实现也是可以的。

例如下面的示例 ContentProvider，该 ContentProvider 虽然实现了 query()、insert()、update()和 delete()方法，但并未真正对底层数据进行访问，只是输出了一行字符串。下面是该 ContentProvider 的代码。

程序清单：codes\09\9.2\First\provider\src\main\java\org\crazyit\content\FirstProvider.java

```java
public class FirstProvider extends ContentProvider
{
    // 第一次创建该ContentProvider时调用该方法
    @Override
    public boolean onCreate()
    {
        System.out.println("===onCreate方法被调用===");
        return true;
    }
    // 该方法的返回值代表了该ContentProvider所提供数据的MIME类型
    @Override
    public String getType(Uri uri)
    {
        return null;
    }
    // 实现查询方法，该方法应该返回查询得到的Cursor
    @Override
    public Cursor query(Uri uri, String[] projection, String where,
        String[] whereArgs, String sortOrder)
    {
        System.out.println(uri.toString() + "===query方法被调用===");
        System.out.println("where 参数为: " + where);
        return null;
    }
    // 实现插入方法，该方法应该返回新插入的记录的Uri
    @Override
    public Uri insert(Uri uri, ContentValues values)
    {
        System.out.println(uri.toString() + "===insert方法被调用===");
        System.out.println("values 参数为: " + values);
        return null;
    }
    // 实现更新方法，该方法应该返回被更新的记录条数
    @Override
    public int update(Uri uri, ContentValues values, String where,
        String[] whereArgs)
    {
        System.out.println(uri.toString() + "===update方法被调用===");
```

```
            System.out.println("where 参数为: " + where + ",values 参数为: " + values);
            return 0;
        }
        // 实现删除方法，该方法应该返回被删除的记录条数
        @Override
        public int delete(Uri uri, String where, String[] whereArgs)
        {
            System.out.println(uri.toString() + "===delete 方法被调用===");
            System.out.println("where 参数为: " + where);
            return 0;
        }
    }
```

上面 4 个粗体字方法实现了 query()、insert()、update()和 delete()方法，这 4 个方法用于供其他应用通过 ContentRosovler 调用。

在该 ContentProvider 供其他应用调用之前，还需要先配置该 ContentProvider。

▶▶ 9.2.3 配置 ContentProvider

Android 应用要求所有应用程序组件（Activity、Service、ContentProvider、BroadcastReceiver）都必须显式进行配置。

只要为<application.../>元素添加<provider.../>子元素即可配置 ContentProvider。在配置 ContentProvider 时通常指定如下属性。

- name：指定该 ContentProvider 的实现类的类名。
- authorities：指定该 ContentProvider 对应的 Uri（相当于为该 ContentProvider 分配一个域名）。
- android:exported：指定该 ContentProvider 是否允许其他应用调用。如果将该属性设为 false，那么该 ContentProvider 将不允许其他应用调用。
- readPermission：指定读取该 ContentProvider 所需要的权限。也就是调用 ContentProvider 的 query()方法所需要的权限。
- writePermission：指定写入该 ContentProvider 所需要的权限。也就是调用 ContentProvider 的 insert()、delete()、update()方法所需要的权限。
- permission：该属性相当于同时配置 readPermission 和 writePermission 两个权限。

如果不配置上面的 readPermission、writePermission、permission 权限，则表明没有权限限制，那意味着该 ContentProvider 可以被所有 App 访问。

为了配置上面的 ContentProvider，只要在<application.../>元素中添加如下子元素即可。

程序清单：codes\09\9.2\First\provider\app\src\main\AndroidManifest.xml

```
<application
    android:icon="@mipmap/ic_launcher">
    <!-- 注册一个 ContentProvider -->
    <provider
      android:name=".FirstProvider"
      android:authorities="org.crazyit.providers.firstprovider"
      android:exported="true" />
</application>
```

上面的配置指定了该 ContentProvider 被绑定到 "content://org.crazyit.providers.firstprovider" ——这意味着当其他应用的 ContentResolver 向该 Uri 执行 query()、insert()、update()和 delete()方法时，实际上是调用该 ContentProvider 的 query()、insert()、update()和 delete()方法。

- ContentResovler 调用方法时参数将会传给该 ContentProvider 的 query()、insert()、update()和 delete()方法。
- ContentResovler 调用方法的返回值，也就是 ContentProvider 执行 query()、insert()、update()

和 delete()方法的返回值。

> **提示：**
> 由于该应用并未提供 Activity，因此该应用没有任何界面。在 Android Studio 中运行该应用时，Android Studio 可能显示如图 9.2 所示的提示窗口，只要按图所示方式选择不加载任何 Activity 即可正常部署该应用。

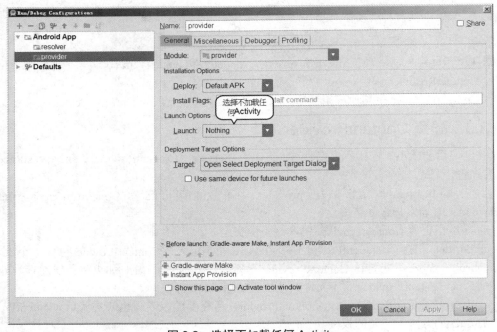

图 9.2　选择不加载任何 Activity

▶▶ 9.2.4　使用 ContentResolver 调用方法

Context 提供了 getContentResovler()方法，这表明 Activity、Service 等组件都可通过 getContentResovler()方法获取 ContentResolver 对象。

获取了 ContentResovler 对象之后，接下来就可调用 ContentResolver 的 query()、insert()、update() 和 delete()方法了——实际上是指定 Uri 对应的 ContentProvider 的 query()、insert()、update()和 delete()。

下面示例的界面布局文件中只包含了 4 个按钮，分别用于激发调用 ContentProvider 的 query()、insert()、update()和 delete()方法。由于该示例的界面布局文件很简单，故此处不再给出代码。

下面是该示例的 Activity 代码。

程序清单：codes\09\9.2\First\resolver\src\main\java\org\crazyit\resolver\MainActivity.java

```java
public class MainActivity extends Activity
{
    private Uri uri = Uri.parse("content://org.crazyit.providers.firstprovider/");
    @Override
    protected void onCreate(Bundle savedInstanceState)
    {
        super.onCreate(savedInstanceState);
        setContentView(R.layout.activity_main);
    }
    public void query(View source)
    {
```

```
        // 调用 ContentResolver 的 query() 方法
        // 实际返回的是该 Uri 对应的 ContentProvider 的 query() 的返回值
        Cursor c = getContentResolver().query(uri, null, "query_where", null, null);
        Toast.makeText(this, "远程 ContentProvider 返回的 Cursor 为: " +
            c, Toast.LENGTH_SHORT).show();
    }
    public void insert(View source)
    {
        ContentValues values = new ContentValues();
        values.put("name", "fkjava");
        // 调用 ContentResolver 的 insert()方法
        // 实际返回的是该 Uri 对应的 ContentProvider 的 insert()的返回值
        Uri newUri = getContentResolver().insert(uri, values);
        Toast.makeText(this, "远程 ContentProvider 新插入记录的 Uri 为: " +
            newUri, Toast.LENGTH_SHORT).show();
    }
    public void update(View source)
    {
        ContentValues values = new ContentValues();
        values.put("name", "fkjava");
        // 调用 ContentResolver 的 update()方法
        // 实际返回的是该 Uri 对应的 ContentProvider 的 update()的返回值
        int count = getContentResolver().update(uri, values, "update_where", null);
        Toast.makeText(this, "远程 ContentProvider 更新记录数为: " +
            count, Toast.LENGTH_SHORT).show();
    }
    public void delete(View source)
    {
        // 调用 ContentResolver 的 delete()方法
        // 实际返回的是该 Uri 对应的 ContentProvider 的 delete()的返回值
        int count = getContentResolver().delete(uri, "delete_where", null);
        Toast.makeText(this, "远程 ContentProvider 删除记录数为: " +
            count, Toast.LENGTH_SHORT).show();
    }
}
```

上面的 4 行粗体字代码通过 ContentResolver 调用 query()、insert()、update()和 delete()方法，实际上就是调用 uri 参数对应的 ContentProvider 的 query()、insert()、update()和 delete()方法，也就是前面的 FirstProvider 的 query()、insert()、update()和 delete()方法。

运行上面的程序，并依次单击该应用的 4 个按钮，将可以看到 Logcat 生成如图 9.3 所示的输出。

图 9.3　ContentProvider 的方法被调用

从图 9.3 所示的输出可以看出，当 Android 应用通过 ContentResolver 调用 query()、insert()、update()和 delete()方法时，实际上就是调用 FirstProvider（该 Uri 对应的 ContentProvider）的 query()、insert()、update()和 delete()方法。

当用户单击程序界面上的"插入"按钮时，将可以在程序界面中看到如图 9.4 所示的输出。

图 9.4 通过 ContentResolver 调用 ContentProvider 的方法

从图 9.4 可以看出,调用 ContentResovler 的 insert()方法的返回值为 null,这是因为 FirstProvider 实现 insert()方法时返回了 null。

▶▶ 9.2.5 创建 ContentProvider 的说明

通过上面的介绍可以看出,ContentProvider 不像 Activity 存在复杂的生命周期,ContentProvider 只有一个 onCreate()生命周期方法——当其他应用通过 ContentResolver 第一次访问该 ContentProvider 时,onCreate()方法将会被回调,onCreate()方法只会被调用一次;ContentProvider 提供的 query()、insert()、update()和 delete()方法则由其他应用通过 ContentResolver 调用。

开发 ContentProvider 时所实现的 query()、insert()、update()和 delete()方法的第一个参数为 Uri,该参数由 ContentResolver 调用这些方法时传入。

前面介绍的示例由于并未真正对数据进行操作,因此 ContenProvider 并未对 Uri 参数进行任何判断。实际上,为了确定该 ContentProvider 实际能处理的 Uri,以及确定每个方法中 Uri 参数所操作的数据,Android 系统提供了 UriMatcher 工具类。

UriMatcher 工具类主要提供了如下两个方法。

- ➢ void addURI(String authority, String path, int code):该方法用于向 UriMatcher 对象注册 Uri。其中 authority 和 path 组合成一个 Uri,而 code 则代表该 Uri 对应的标识码。
- ➢ int match(Uri uri):根据前面注册的 Uri 来判断指定 Uri 对应的标识码。如果找不到匹配的标识码,该方法将会返回-1。

例如,可以通过如下代码来创建 UriMatcher 对象。

```
UriMatcher matcher = new UriMatcher(UriMatcher.NO_MATCH);
matcher.addURI("org.crazyit.providers.dictprovider", "words", 1);
matcher.addURI("org.crazyit.providers.dictprovider", "word/#", 2);
```

上面创建的 UriMatcher 对象注册了两个 Uri,其中 org.crazyit.providers.dictprovider/words 对应的标识码为 1;org.crazyit.providers.dictprovider/word/#对应的标识码为 2,#为通配符。

这就意味着如下匹配结果:

```
matcher.match(Uri.parse("content://org.crazyit.providers.dictprovider/words"));
// 返回标识码 1
matcher.match(Uri.parse("content://org.crazyit.providers.dictprovider/word/2"));
// 返回标识码 2
matcher.match(Uri.parse("content://org.crazyit.providers.dictprovider/word/10"));
// 返回标识码 2
```

到底需要为 UriMatcher 对象注册多少个 Uri,则取决于系统的业务需求。

对于 content://org.crazyit.providers.dictprovider/words 这个 Uri,它的资源部分为 words,这种资

源通常代表了访问所有数据项；对于 content://org.crazyit.providers.dictprovider/word/2 这个 Uri，它的资源部分通常代表访问指定数据项，其中最后一个数值往往代表了该数据的 ID。

除此之外，Android 还提供了一个 ContentUris 工具类，它是一个操作 Uri 字符串的工具类，提供了如下两个工具方法。

➤ withAppendedId(uri, id)：用于为路径加上 ID 部分。例如：

```
Uri uri = Uri.parse("content://org.crazyit.providers.dictprovider/word");
Uri resultUri = ContentUris.withAppendedId(uri, 2);
// 生成后的 Uri 为："content://org.crazyit.providers.dictprovider/word/2"
```

➤ parseId(uri)：用于从指定 Uri 中解析出所包含的 ID 值。例如：

```
Uri uri = Uri.parse("content://org.crazyit.providers.dictprovider/word/2");
int wordId = ContentUris.parseId(uri); // 获取的结果为 2
```

掌握上面的知识之后，接下来模拟开发一个英文"单词本"应用，并通过 ContentProvider 暴露它的数据访问接口，这样即可允许其他应用程序通过 ContentResolver 来操作"单词本"应用的数据。

实例：使用 ContentProvider 共享单词数据

本实例将为一个"单词本"应用添加 ContentProvider，这样其他应用即可通过 ContentProvider 向该"单词本"添加单词、查询单词了。

该"单词本"应用的开发并不难，其实说穿了就是对本地 SQLite 数据库的 CRUD，读者可参考本书配套资源中的代码进行学习。

为了方便其他应用访问 ContentProvider，一般都会把 ContentProvider 的 Uri、数据列等信息以常量的形式公开出来。为此，我们为该 ContentProvider 定义一个 Words 命名对象（对应于 Java 的静态工具类），该类中只包含一些 public static 的常量。该工具类的代码如下。

程序清单：codes\09\9.2\Dict\provider\src\main\java\org\crazyit\content\Words.java

```java
public final class Words
{
    // 定义该 ContentProvider 的 Authorities
    public static final String AUTHORITY
            = "org.crazyit.providers.dictprovider";
    // 定义一个静态内部类，定义该 ContentProvider 所包含的数据列的列名
    public static final class Word implements BaseColumns
    {
        // 定义 Content 所允许操作的三个数据列
        public final static String _ID = "_id";
        public final static String WORD = "word";
        public final static String DETAIL = "detail";
        // 定义该 Content 提供服务的两个 Uri
        public final static Uri DICT_CONTENT_URI = Uri
                .parse("content://" + AUTHORITY + "/words");
        public final static Uri WORD_CONTENT_URI = Uri
                .parse("content://"   + AUTHORITY + "/word");
    }
}
```

上面的工具类只是定义了一些简单的常量，这个工具类的作用就是告诉其他应用程序，访问该 ContentProvider 的一些常用入口。

> **提示：** 实际上，我们也可以不提供 Words 工具类，而是在 ContentProvider 中直接使用字符串来定义提供服务的 Uri；接下来再采用文档去告诉其他应用程序访问该

> ContentProvider 的入口。但这种方式的可维护性并不好,因此在实际项目中(包括 Android 系统的 ContentProvider)都会通过采用工具类来定义各种常量的方式进行处理。

接下来开发一个 ContentProvider 子类,并重写其中的增、删、改、查等方法。类代码如下。

程序清单:codes\09\9.2\Dict\provider\src\main\java\org\crazyit\content\DictProvider.java

```java
public class DictProvider extends ContentProvider
{
    private static UriMatcher matcher
            = new UriMatcher(UriMatcher.NO_MATCH);
    private static final int WORDS = 1;
    private static final int WORD = 2;
    private MyDatabaseHelper dbOpenHelper;
    static
    {
        // 为 UriMatcher 注册两个 Uri
        matcher.addURI(Words.AUTHORITY, "words", WORDS);
        matcher.addURI(Words.AUTHORITY, "word/#", WORD);
    }
    // 第一次调用该 DictProvider 时,系统先创建 DictProvider 对象,并回调该方法
    @Override
    public boolean onCreate()
    {
        dbOpenHelper = new MyDatabaseHelper(this.getContext(),
            "myDict.db3", 1);
        return true;
    }
    // 返回指定 Uri 参数对应的数据的 MIME 类型
    @Override
    public String getType(@NonNull Uri uri)
    {
        switch (matcher.match(uri))
        {
            // 如果操作的数据是多项记录
            case WORDS:
                return "vnd.android.cursor.dir/org.crazyit.dict";
            // 如果操作的数据是单项记录
            case WORD:
                return "vnd.android.cursor.item/org.crazyit.dict";
            default:
                throw new IllegalArgumentException("未知Uri:" + uri);
        }
    }
    // 查询数据的方法
    @Override
    public Cursor query(@NonNull Uri uri, String[] projection, String where,
        String[] whereArgs, String sortOrder)
    {
        SQLiteDatabase db = dbOpenHelper.getReadableDatabase();
        switch (matcher.match(uri))
        {
            // 如果 Uri 参数代表操作全部数据项
            case WORDS:
                // 执行查询
                return db.query("dict", projection, where,
                        whereArgs, null, null, sortOrder);
            // 如果 Uri 参数代表操作指定数据项
            case WORD:
                // 解析出想查询的记录 ID
                long id = ContentUris.parseId(uri);
                String whereClause = Words.Word._ID + "=" + id;
```

```java
            // 如果原来的 where 子句存在，拼接 where 子句
            if (where != null && !"".equals(where))
            {
                whereClause = whereClause + " and " + where;
            }
            return db.query("dict", projection, whereClause, whereArgs,
                    null, null, sortOrder);
        default:
            throw new IllegalArgumentException("未知Uri:" + uri);
    }
}
// 插入数据的方法
@Override
public Uri insert(@NonNull Uri uri, ContentValues values)
{
    // 获得数据库实例
    SQLiteDatabase db = dbOpenHelper.getReadableDatabase();
    switch (matcher.match(uri))
    {
        // 如果 Uri 参数代表操作全部数据项
        case WORDS:
            // 插入数据，返回插入记录的 ID
            long rowId = db.insert("dict", Words.Word._ID, values);
            // 如果插入成功返回 uri
            if (rowId > 0)
            {
                // 在已有的 Uri 的后面追加 ID
                Uri wordUri = ContentUris.withAppendedId(uri, rowId);
                // 通知数据已经改变
                getContext().getContentResolver()
                        .notifyChange(wordUri, null);
                return wordUri;
            }
            break;
        default :
            throw new IllegalArgumentException("未知Uri:" + uri);
    }
    return null;
}
// 修改数据的方法
@Override
public int update(@NonNull Uri uri, ContentValues values, String where,
    String[] whereArgs)
{
    SQLiteDatabase db = dbOpenHelper.getWritableDatabase();
    // 记录所修改的记录数
    int num;
    switch (matcher.match(uri))
    {
        // 如果 Uri 参数代表操作全部数据项
        case WORDS:
            num = db.update("dict", values, where, whereArgs);
            break;
        // 如果 Uri 参数代表操作指定数据项
        case WORD:
            // 解析出想修改的记录 ID
            long id = ContentUris.parseId(uri);
            String whereClause = Words.Word._ID + "=" + id;
            // 如果原来的 where 子句存在，拼接 where 子句
            if (where != null && !where.equals(""))
            {
                whereClause = whereClause + " and " + where;
            }
```

```java
                num = db.update("dict", values, whereClause, whereArgs);
                break;
            default:
                throw new IllegalArgumentException("未知Uri:" + uri);
        }
        // 通知数据已经改变
        getContext().getContentResolver().notifyChange(uri, null);
        return num;
    }
    // 删除数据的方法
    @Override
    public int delete(@NonNull Uri uri, String where, String[] whereArgs)
    {
        SQLiteDatabase db = dbOpenHelper.getReadableDatabase();
        // 记录所删除的记录数
        int num;
        // 对uri进行匹配
        switch (matcher.match(uri))
        {
            // 如果Uri参数代表操作全部数据项
            case WORDS:
                num = db.delete("dict", where, whereArgs);
                break;
            // 如果Uri参数代表操作指定数据项
            case WORD:
                // 解析出所需要删除的记录ID
                long id = ContentUris.parseId(uri);
                String whereClause = Words.Word._ID + "=" + id;
                // 如果原来的where子句存在,拼接where子句
                if (where != null && !where.equals(""))
                {
                    whereClause = whereClause + " and " + where;
                }
                num = db.delete("dict", whereClause, whereArgs);
                break;
            default:
                throw new IllegalArgumentException("未知Uri:" + uri);
        }
        // 通知数据已经改变
        getContext().getContentResolver().notifyChange(uri, null);
        return num;
    }
}
```

上面的 DictProvider 类很简单，它除了继承系统的 ContentProvider，还实现了操作数据的增、删、改、查等方法，这样该 ContentProvider 就开发完成了。DictProvider 真正调用了 SQLiteDatabase 对底层数据执行增、删、改、查，当其他应用通过 ContentResolver 来调用该 DictProvider 的 query()、insert()、update()和 delete()方法时，就可以真正访问、操作该 ContentProvider 所在应用的底层数据了。

接下来需要在 AndroidManifest.xml 文件中注册该 ContentProvider，此处将会对该 ContentProvider 进行权限限制，因此在 AndroidManifest.xml 文件中增加如下配置片段。

```xml
<!-- 注册一个ContentProvider -->
<provider android:name=".DictProvider"
    android:authorities="org.crazyit.providers.dictprovider"
    android:exported="true"
    android:permission="org.crazyit.permission.USE_DICT"
/>
```

从上面的粗体字代码可以看出，其他应用访问该 ContentProvider 需要 org.crazyit.permission.

USE_DICT 权限，为了让 Android 系统知道该权限，还必须在 AndroidManifest.xml 文件的根元素下（与<application.../>元素同级）增加如下配置：

```xml
<!-- 指定该应用暴露了一个权限 -->
<permission android:name="org.crazyit.permission.USE_DICT" android:protectionLevel=
"normal" />
```

至此，暴露数据的 ContentProvider 开发完成。为了测试该 ContentProvider 的开发是否成功，接下来再开发一个应用程序，该应用程序将会通过 ContentResolver 来操作"单词本"中的数据。

该程序同样提供了添加单词、查询单词的功能，只是该程序自己并不保存数据，而是访问前面 DictProvider 所共享的数据。下面是使用 ContentResolver 的类的代码。

程序清单：codes\09\9.2\Dict\resolver\src\main\java\org\crazyit\resolver\MainActivity.java

```java
public class MainActivity extends Activity
{
    @Override
    protected void onCreate(Bundle savedInstanceState)
    {
        super.onCreate(savedInstanceState);
        setContentView(R.layout.activity_main);
        Button insertBn = findViewById(R.id.insert);
        Button searchBn = findViewById(R.id.search);
        EditText wordEt = findViewById(R.id.word);
        EditText detailEt = findViewById(R.id.detail);
        EditText keyEt = findViewById(R.id.key);
        // 为 insertBn 按钮的单击事件绑定事件监听器
        insertBn.setOnClickListener(view -> {
            // 获取用户输入
            String word = wordEt.getText().toString();
            String detail = detailEt.getText().toString();
            // 插入单词记录
            ContentValues values = new ContentValues();
            values.put(Words.Word.WORD, word);
            values.put(Words.Word.DETAIL, detail);
            getContentResolver().insert(Words.Word.DICT_CONTENT_URI, values);
            // 显示提示信息
            Toast.makeText(MainActivity.this, "添加单词成功！",
                    Toast.LENGTH_SHORT).show();
        });
        // 为 searchBn 按钮的单击事件绑定事件监听器
        searchBn.setOnClickListener(view ->{
            // 获取用户输入
            String key = keyEt.getText().toString();
            // 执行查询
            Cursor cursor = getContentResolver().query(
                    Words.Word.DICT_CONTENT_URI, null,
                    "word like ? or detail like ?", new String[] {
                    "%" + key + "%", "%" + key + "%" }, null);
            // 创建一个 Bundle 对象
            Bundle data = new Bundle();
            data.putSerializable("data", converCursorToList(cursor));
            // 创建一个 Intent
            Intent intent = new Intent(MainActivity.this, ResultActivity.class);
            intent.putExtras(data);
            // 启动 Activity
            startActivity(intent);
        });
    }
    private ArrayList<Map<String, String>> converCursorToList(Cursor cursor)
    {
        ArrayList<Map<String, String>> result = new ArrayList<>();
```

```
        // 遍历 Cursor 结果集
        while (cursor.moveToNext())
        {
            // 将结果集中的数据存入 ArrayList 中
            Map<String, String> map = new HashMap<>();
            // 取出查询记录中第 2 列、第 3 列的值
            map.put("word", cursor.getString(1));
            map.put("detail", cursor.getString(2));
            result.add(map);
        }
        return result;
    }
}
```

上面程序中的第一段粗体字代码用于向 DictProvider 所共享的数据中添加记录；第二段粗体字代码则用于查询 DictProvider 所共享的数据。

运行该程序需要先部署前面介绍的 DictProvider，因为该程序所操作的数据实际上来自 DictProvider。当用户通过该程序来添加单词时，实际上添加到了前面所介绍的 DictProvider 应用中；当用户通过该程序来查询单词时，实际上查询的是 DictProvider 应用中的单词。

由于前面 ContentProvider 声明了使用字典需要 org.crazyit.permission.USE_DICT 权限，因此该应用必须使用如下代码来声明本应用所需的权限。

`<uses-permission android:name="org.crazyit.permission.USE_DICT"/>`

9.3 操作系统的 ContentProvider

实际上，Android 系统本身提供了大量的 ContentProvider，例如联系人信息、系统的多媒体信息等，开发者自己开发的 Android 应用也可通过 ContentResolver 来调用系统 ContentProvider 提供的 query()、insert()、update()和 delete()方法，这样开发者即可通过这些 ContentProvider 来获取 Android 内部的数据了。

使用 ContentResolver 操作系统 ContentProvider 数据的步骤依然是两步。

① 调用 Context 的 getContentResolver()获取 ContentResolver 对象。
② 根据需要调用 ContentResolver 的 insert()、delete()、update()和 query 方法操作数据。

> 提示：
> 为了操作系统提供的 ContentResolver，需要了解该 ContentProvider 的 Uri，以及该 ContentProvider 所操作的数据列的列名，可以通过查阅 Android 官方文档来获取这些信息。

9.3.1 使用 ContentProvider 管理联系人

Android 系统提供了 Contacts 应用程序来管理联系人，而且 Android 系统还为联系人管理提供了 ContentProvider，这就允许其他应用程序以 ContentResolver 来管理联系人数据。

Android 系统用于管理联系人的 ContentProvider 的几个 Uri 如下。

➢ ContactsContract.Contacts.CONTENT_URI：管理联系人的 Uri。
➢ ContactsContract.CommonDataKinds.Phone.CONTENT_URI：管理联系人的电话的 Uri。
➢ ContactsContract.CommonDataKinds.Email.CONTENT_URI：管理联系人的 E-mail 的 Uri。

了解了联系人管理 ContentProvider 的 Uri 之后，接下来就可在应用程序中通过 ContentResolver 去操作系统的联系人数据了。

下面示例程序中包含两个按钮，其中一个按钮用于查询系统的联系人数据，该按钮所绑定的事件监听器代码如下。

程序清单：codes\09\9.3\SysProvider\contact\src\main\java\org\crazyit\content\MainActivity.java

```java
searchBn.setOnClickListener(view ->
    // 请求读取联系人信息的权限
    requestPermissions(new String[]{Manifest.permission.READ_CONTACTS}, 0x123));
```

上面事件监听器只是向用户请求获取读取联系人信息的权限，这是由于 Android 要求应用访问联系人信息时必须在运行时请求获取权限。

接下来程序即可在 onRequestPermissionsResult 方法中根据用户授权进行处理：当用户授权读取联系人信息时，程序就查询联系人信息。下面是在 onRequestPermissionsResult 方法中查询联系人信息的代码（程序清单同上）。

```java
// 定义两个 List 来封装系统的联系人信息、指定联系人的电话号码、E-mail 等详情
List<String> names = new ArrayList<>();
List<List<String>> details = new ArrayList<>();
// 使用 ContentResolver 查询联系人数据
Cursor cursor = getContentResolver().query(ContactsContract.Contacts.CONTENT_URI,
    null, null, null, null);
// 遍历查询结果，获取系统中所有联系人
while (cursor.moveToNext())
{
    // 获取联系人 ID
    String contactId = cursor.getString(cursor.getColumnIndex(ContactsContract.Contacts._ID));
    // 获取联系人的名字
    String name = cursor.getString(cursor.getColumnIndex(
        ContactsContract.Contacts.DISPLAY_NAME));
    names.add(name);
    // 使用 ContentResolver 查询联系人的电话号码
    Cursor phones = getContentResolver().query(
        ContactsContract.CommonDataKinds.Phone.CONTENT_URI, null,
        ContactsContract.CommonDataKinds.Phone.CONTACT_ID + " = " + contactId,
        null, null);
    List<String> detail = new ArrayList<>();
    // 遍历查询结果，获取该联系人的多个电话号码
    while (phones.moveToNext())
    {
        // 获取查询结果中电话号码列中的数据
        String phoneNumber = phones.getString(
            phones.getColumnIndex(ContactsContract.CommonDataKinds.Phone.NUMBER));
        detail.add("电话号码：" + phoneNumber);
    }
    phones.close();
    // 使用 ContentResolver 查询联系人的 E-mail 地址
    Cursor emails = getContentResolver().query(
        ContactsContract.CommonDataKinds.Email.CONTENT_URI,
        null, ContactsContract.CommonDataKinds.Email.CONTACT_ID
        + " = " + contactId, null, null);
    // 遍历查询结果，获取该联系人的多个 E-mail 地址
    while (emails.moveToNext())
    {
        // 获取查询结果中 E-mail 地址列中的数据
        String emailAddress = emails.getString(
            emails.getColumnIndex(ContactsContract.CommonDataKinds.Email.DATA));
        detail.add("邮件地址：" + emailAddress);
    }
    emails.close();
    details.add(detail);
}
cursor.close();
```

```java
// 加载result.xml界面布局代表的视图
View resultDialog = getLayoutInflater().inflate(R.layout.result, null);
// 获取resultDialog中ID为list的ExpandableListView
ExpandableListView list = resultDialog.findViewById(R.id.list);
// 创建一个ExpandableListAdapter对象
ExpandableListAdapter adapter = new BaseExpandableListAdapter()
{
    @Override
    public int getGroupCount()
    {
        return names.size();
    }
    @Override
    public int getChildrenCount(int groupPosition)
    {
        return details.get(groupPosition).size();
    }
    // 获取指定组位置处的组数据
    @Override
    public Object getGroup(int groupPosition)
    {
        return names.get(groupPosition);
    }
    // 获取指定组位置、指定子列表项处的子列表项数据
    @Override
    public Object getChild(int groupPosition, int childPosition)
    {
        return details.get(groupPosition).get(childPosition);
    }
    @Override
    public long getGroupId(int groupPosition)
    {
        return groupPosition;
    }
    @Override
    public long getChildId(int groupPosition, int childPosition)
    {
        return childPosition;
    }
    @Override
    public boolean hasStableIds()
    {
        return true;
    }
    // 该方法决定每个组选项的外观
    @Override
    public View getGroupView(int groupPosition, boolean isExpanded,
        View convertView, ViewGroup parent)
    {
        TextView textView;
        if (convertView == null)
        {
            textView = createTextView();
        }
        else
        {
            textView = (TextView) convertView;
        }
        textView.setTextSize(18f);
        textView.setPadding(90, 10, 0, 10);
        textView.setText(getGroup(groupPosition).toString());
        return textView;
```

```java
        // 该方法决定每个子选项的外观
        @Override
        public View getChildView(int groupPosition, int childPosition,
            boolean isLastChild, View convertView, ViewGroup parent)
        {
            TextView textView;
            if (convertView == null)
            {
                textView = createTextView();
            }
            else
            {
                textView = (TextView) convertView;
            }
            textView.setText(getChild(groupPosition, childPosition).toString());
            return textView;
        }
        @Override
        public boolean isChildSelectable(int groupPosition, int childPosition)
        {
            return true;
        }
        private TextView createTextView()
        {
            AbsListView.LayoutParams lp = new AbsListView.LayoutParams(
                    ViewGroup.LayoutParams.MATCH_PARENT,
                    ViewGroup.LayoutParams.WRAP_CONTENT);
            TextView textView = new TextView(MainActivity.this);
            textView.setLayoutParams(lp);
            textView.setGravity(Gravity.CENTER_VERTICAL|Gravity.START);
            textView.setPadding(40, 5, 0, 5);
            textView.setTextSize(15f);
            return textView;
        }
    };
    // 为ExpandableListView设置Adapter对象
    list.setAdapter(adapter);
    // 使用对话框来显示查询结果
    new AlertDialog.Builder(MainActivity.this)
            .setView(resultDialog)
            .setPositiveButton("确定", null).show();
```

上面程序中的第一行粗体字代码使用 ContentResolver 向 ContactsContract.Contacts.CONTENT_URI 查询数据，将可以把系统中所有联系人信息查询出来；第二行粗体字代码使用 ContentResolver 向 ContactsContract.CommonDataKinds.Phone.CONTENT_URI 查询数据，用于查询指定联系人的电话信息；第三行粗体字代码使用 ContentResolver 向 ContactsContract.CommonDataKinds.Email.CONTENT_URI 查询数据，用于查询指定联系人的 E-mail 信息。

上面的程序通过 ContentResolver 将联系人信息、电话信息、E-mail 信息查询出来之后，使用了一个 ExpandableListView 来显示所有联系人信息。

需要指出的是，上面的应用程序需要读取、添加联系人信息，因此要记得在 AndroidManifest.xml 文件中为该应用程序授权。也就是在该文件的根元素中添加如下元素：

```xml
<!-- 授予读联系人ContentProvider的权限 -->
<uses-permission android:name="android.permission.READ_CONTACTS"/>
<!-- 授予写联系人ContentProvider的权限 -->
<uses-permission android:name="android.permission.WRITE_CONTACTS"/>
```

运行该程序，单击"查询"按钮，程序将会使用 ExpandableListView 显示所有联系人信息，如图 9.5 所示。

图 9.5 查询联系人信息

该程序界面上提供了三个文本框,用户可以在这三个文本框中输入联系人名字、电话号码、E-mail 地址,然后单击"添加"按钮。该按钮绑定事件监听器的代码如下。

程序清单:codes\09\9.3\SysProvider\contact\src\main\java\org\crazyit\content\MainActivity.java

```
// 为 addBn 按钮的单击事件绑定监听器
addBn.setOnClickListener(view ->
// 请求写入联系人信息的权限
    requestPermissions(new String[]{Manifest.permission.WRITE_CONTACTS}, 0x456));
```

上面事件监听器只是向用户请求获取写入联系人信息的权限,接下来程序即可在 onRequestPermissionsResult 方法中根据用户授权进行处理:当用户授权写入联系人信息时,程序就添加联系人。下面是在 onRequestPermissionsResult 方法中添加联系人的代码(程序清单同上)。

```
// 获取程序界面中的三个文本框的内容
String name = ((EditText)findViewById(R.id.name)).getText().toString().trim();
String phone = ((EditText)findViewById(R.id.phone)).getText().toString().trim();
String email = ((EditText)findViewById(R.id.email)).getText().toString().trim();
if (name.equals(""))
{
    return;
}
// 创建一个空的 ContentValues
ContentValues values = new ContentValues();
// 向 RawContacts.CONTENT_URI 执行一个空值插入
// 目的是获取系统返回的 rawContactId
Uri rawContactUri = getContentResolver().insert(
    ContactsContract.RawContacts.CONTENT_URI, values);
long rawContactId = ContentUris.parseId(rawContactUri);
values.clear();
values.put(ContactsContract.RawContacts.Data.RAW_CONTACT_ID, rawContactId);
// 设置内容类型
values.put(ContactsContract.RawContacts.Data.MIMETYPE,
    ContactsContract.CommonDataKinds.StructuredName.CONTENT_ITEM_TYPE);
// 设置联系人名字
values.put(ContactsContract.CommonDataKinds.StructuredName.GIVEN_NAME, name);
// 向联系人 URI 添加联系人名字
getContentResolver().insert(android.provider.ContactsContract.Data.CONTENT_URI, values);
values.clear();
values.put(ContactsContract.RawContacts.Data.RAW_CONTACT_ID, rawContactId);
values.put(ContactsContract.RawContacts.Data.MIMETYPE,
    ContactsContract.CommonDataKinds.Phone.CONTENT_ITEM_TYPE);
// 设置联系人的电话号码
```

```
values.put(ContactsContract.CommonDataKinds.Phone.NUMBER, phone);
// 设置电话类型
values.put(ContactsContract.CommonDataKinds.Phone.TYPE,
    ContactsContract.CommonDataKinds.Phone.TYPE_MOBILE);
// 向联系人电话号码 URI 添加电话号码
getContentResolver().insert(android.provider.ContactsContract.Data.CONTENT_URI, values);
values.clear();
values.put(ContactsContract.RawContacts.Data.RAW_CONTACT_ID, rawContactId);
values.put(ContactsContract.RawContacts.Data.MIMETYPE,
    ContactsContract.CommonDataKinds.Email.CONTENT_ITEM_TYPE);
// 设置联系人的 E-mail 地址
values.put(ContactsContract.CommonDataKinds.Email.DATA, email);
// 设置该电子邮件的类型
values.put(ContactsContract.CommonDataKinds.Email.TYPE,
    ContactsContract.CommonDataKinds.Email.TYPE_WORK);
// 向联系人 E-mail URI 添加 E-mail 数据
getContentResolver().insert(android.provider.ContactsContract.Data.CONTENT_URI, values);
Toast.makeText(MainActivity.this, "联系人数据添加成功", Toast.LENGTH_SHORT).show();
```

上面程序中的第一行粗体字代码添加了一条空记录,用于获取新添加联系人的 URI;第二行粗体字代码通过 ContentResolver 添加一条联系人记录;第三行粗体字代码通过 ContentResolver 为指定联系人添加一个电话号码;第四行粗体字代码通过 ContentResolver 为指定联系人添加一个 E-mail 地址。

> **提示:** 从底层设计来看,Android 的联系人信息是一张表(主表),开发者需要先向该主表中插入记录;电话信息是一张从表(参照联系人表),E-mail 信息单独是一张从表(参照联系人表),因此开发者可以分别为一个联系人添加多个电话信息、多个 E-mail 信息。

如果用户在程序的三个文本框中分别输入联系人姓名、电话号码、E-mail 地址,并单击"添加"按钮,将可以看到该联系人信息被添加到系统中。启动 Android 系统的 Contacts 程序,可以看到如图 9.6 所示的界面。

单击图 9.6 所示界面中的"沙和尚"列表项,系统将打开该联系人的联系方式详情,如图 9.7 所示。

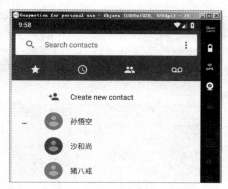

图 9.6　通过 ContentResolver 添加联系人

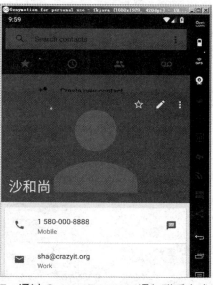

图 9.7　通过 ContentResolver 添加联系方式详情

从图 9.7 中可以看出，前面在程序中添加的 mobile 类型的电话号码、work 类型的 E-mail 地址都显示出来了，这就表明通过 ContentResolver 添加联系人成功。

可能有读者对 mobile 类型的电话号码、work 类型的 E-mail 地址感到迷惑，这是因为一个联系人可能有多个电话号码，比如移动电话（mobile 类型）、工作电话（work 类型）、家庭电话（home 类型）等，E-mail 地址也与此类似。实际上，好像只有早期手机上每个联系人只能添加一个电话，现在的手机应该都支持为一个联系人关联多个电话号码。

▶▶ 9.3.2 使用 ContentProvider 管理多媒体内容

Android 提供了 Camera 程序来支持拍照、拍摄视频，用户拍摄的照片、视频都将存放在固定的位置。有些时候，其他应用程序可能需要直接访问 Camera 所拍摄的照片、视频等，为了处理这种需求，Android 同样为这些多媒体内容提供了 ContentProvider。

Android 为多媒体提供的 ContentProvider 的 Uri 如下。

- MediaStore.Audio.Media.EXTERNAL_CONTENT_URI：存储在外部存储器（SD 卡）上的音频文件内容的 ContentProvider 的 Uri。
- MediaStore.Audio.Media.INTERNAL_CONTENT_URI：存储在手机内部存储器上的音频文件内容的 ContentProvider 的 Uri。
- MediaStore.Images.Media.EXTERNAL_CONTENT_URI：存储在外部存储器（SD 卡）上的图片文件内容的 ContentProvider 的 Uri。
- MediaStore.Images.Media.INTERNAL_CONTENT_URI：存储在手机内部存储器上的图片文件内容的 ContentProvider 的 Uri。
- MediaStore.Video.Media.EXTERNAL_CONTENT_URI：存储在外部存储器（SD 卡）上的视频文件内容的 ContentProvider 的 Uri。
- MediaStore.Video.Media.INTERNAL_CONTENT_URI：存储在手机内部存储器上的视频文件内容的 ContentProvider 的 Uri。

下面示例程序界面中包含两个按钮，一个"查看"按钮，用于查看多媒体数据中的所有图片；一个"添加"按钮，用于向多媒体数据中添加图片。

该程序中"查看"按钮所绑定的事件监听器的代码如下。

程序清单：codes\09\9.3\SysProviderTest\media\src\main\java\org\crazyit\content\MainActivity.java

```
// 为 viewBn 按钮的单击事件绑定监听器
viewBn.setOnClickListener(view ->
    // 请求读取外部存储器的权限
    requestPermissions(new  String[]{Manifest.permission.READ_EXTERNAL_STORAGE},
0x123));
```

上面事件监听器仅向用户请求读取外部存储器的权限，接下来程序即可在 onRequest-PermissionsResult 方法中根据用户授权进行处理：当用户授权读取外部存储器时，程序就读取外部存储器中的图片信息。下面是在 onRequestPermissionsResult 方法中读取图片信息的代码（程序清单同上）。

```
// 清空 names、descs、fileNames 集合里原有的数据
names.clear();
descs.clear();
fileNames.clear();
// 通过 ContentResolver 查询所有图片信息
Cursor cursor = getContentResolver().query(
    MediaStore.Images.Media.EXTERNAL_CONTENT_URI, null, null, null, null);
```

```java
        while (cursor.moveToNext())
        {
            // 获取图片的显示名
            String name = cursor.getString(cursor.getColumnIndex(MediaStore.Images.Media.
DISPLAY_NAME));
            // 获取图片的详细描述
            String desc = cursor.getString(cursor.getColumnIndex(MediaStore.Images.Media.
DESCRIPTION));
            // 获取图片的保存位置的数据
            byte[] data = cursor.getBlob(cursor.getColumnIndex(MediaStore.Audio.Media.DATA));
            // 将图片名添加到 names 集合中
            names.add(name);
            // 将图片描述添加到 descs 集合中
            descs.add(desc);
            // 将图片保存路径添加到 fileNames 集合中
            fileNames.add(new String(data, 0, data.length - 1));
        }
        cursor.close();
        RecyclerView.Adapter adapter = new RecyclerView.Adapter<LineViewHolder>(){
            @NonNull @Override
            public LineViewHolder onCreateViewHolder(@NonNull ViewGroup viewGroup, int i)
            {
                View itemView = getLayoutInflater().inflate(R.layout.line,
                    new LinearLayout(MainActivity.this), false);
                return new LineViewHolder(itemView);
            }
            @Override
            public void onBindViewHolder(@NonNull LineViewHolder lineViewHolder, int i)
            {
                lineViewHolder.nameView.setText(names.get(i) == null ? "null": names.get(i));
                lineViewHolder.descView.setText(descs.get(i) == null ? "null": descs.get(i));
            }
            @Override
            public int getItemCount()
            {
                return names.size();
            }
        };
        // 为 show RecyclerView 组件设置 Adapter
        show.setAdapter(adapter);
```

该程序中的粗体字代码使用 ContentResolver 向 MediaStore.Images.Media.EXTERNAL_CONTENT_URI 查询数据，这将查询出所有位于外部存储器上的图片信息。查询出图片信息之后，该程序使用了一个 RecyclerView 来显示这些图片信息。

本应用需要读取外部存储设备中的多媒体信息，因此必须为该应用增加读取外部存储设备的权限。而且该应用还需要向外部存储设备写入图片，因此也需要增加写入外部存储设备的权限。也就是在 AndroidManifest.xml 文件中增加如下配置：

```xml
<!-- 授予读取外部存储设备的访问权限 -->
<uses-permission android:name="android.permission.READ_EXTERNAL_STORAGE"/>
<!-- 授予写入外部存储设备的访问权限 -->
<uses-permission android:name="android.permission.WRITE_EXTERNAL_STORAGE"/>
```

当用户单击"查看"按钮之后，系统将会显示如图 9.8 所示的列表。

图 9.8 查看系统图片列表

注意图 9.8 所示列表中的列表项,程序在 LineViewHolder 内部类中为每个列表项单击事件绑定了事件监听器,代码如下。

程序清单:codes\09\9.3\SysProvider\media\src\main\java\org\crazyit\content\MainActivity.java

```
class LineViewHolder extends RecyclerView.ViewHolder
{
    TextView nameView, descView;
    public LineViewHolder(@NonNull View itemView)
    {
        super(itemView);
        nameView = itemView.findViewById(R.id.name);
        descView = itemView.findViewById(R.id.desc);
        itemView.setOnClickListener(view -> {
            // 加载 view.xml 界面布局代表的视图
            View viewDialog = getLayoutInflater().inflate(R.layout.view, null);
            // 获取 viewDialog 中 ID 为 image 的组件
            ImageView image = viewDialog.findViewById(R.id.image);
            // 设置 image 显示指定图片
            image.setImageBitmap(BitmapFactory.decodeFile(
                fileNames.get(getAdapterPosition())));
            // 使用对话框显示用户单击的图片
            new AlertDialog.Builder(MainActivity.this)
                .setView(viewDialog).setPositiveButton("确定", null).show();
        });
    }
}
```

正如上面程序中的粗体字代码所示,当用户单击指定列表项之后,程序会使用一个包含 ImageView 的对话框来显示该列表项所对应的图片。当用户单击指定列表项之后,系统将显示如图 9.9 所示的对话框。

通过该示例程序,可以非常方便地实现 Android 图片浏览器:Android 图片浏览器并不需要程序员去遍历 SD 卡上的图片文件,直接查询系统多媒体 ContentProvider 即可获取系统中所有的图片信息。

该程序中的"添加"按钮用于将本程序中的指定图片添加到多媒体数据中——实际上完全可以把任意图片添加到多媒体数据中。程序为"添加"按钮绑定事件监听器的代码如下。

图 9.9 查看图片

程序清单：codes\09\9.3\SysProvider\media\src\main\java\org\crazyit\content\MainActivity.java

```java
// 为addBn按钮的单击事件绑定监听器
addBn.setOnClickListener(view ->
    // 请求写入外部存储器的权限
    requestPermissions(new String[]{Manifest.permission.WRITE_EXTERNAL_STORAGE},
0x456));
```

上面事件监听器仅向用户请求写入外部存储器的权限，接下来程序即可在 onRequestPermissionsResult 方法中根据用户授权进行处理：当用户授权写入外部存储器时，程序就向外部存储器中添加图片。下面是在 onRequestPermissionsResult 方法中添加图片信息的代码（程序清单同上）。

```java
// 创建ContentValues对象，准备插入数据
ContentValues values = new ContentValues();
values.put(MediaStore.Images.Media.DISPLAY_NAME, "jinta");
values.put(MediaStore.Images.Media.DESCRIPTION, "金塔");
values.put(MediaStore.Images.Media.MIME_TYPE, "image/jpeg");
// 插入数据，返回所插入数据对应的Uri
Uri uri = getContentResolver().insert(
    MediaStore.Images.Media.EXTERNAL_CONTENT_URI, values);
// 加载应用程序下的jinta图片
Bitmap bitmap = BitmapFactory.decodeResource(getResources(),
    R.drawable.jinta);
try(
    // 获取刚插入的数据的Uri对应的输出流
    OutputStream os = getContentResolver().openOutputStream(uri)) // ①
{
    // 将bitmap图片保存到Uri对应的数据节点中
    bitmap.compress(Bitmap.CompressFormat.JPEG, 100, os);
} catch (IOException e)    {
    e.printStackTrace();
}
Toast.makeText(MainActivity.this,"图片添加成功", Toast.LENGTH_SHORT).show();
```

上面程序中的粗体字代码使用 ContentResolver 向 MediaStore.Images.Media.EXTERNAL_CONTENT_URI 插入了一条记录，但此时还未把真正的图片数据插入进去。程序中①号粗体字代码打开了刚插入的图片的 Uri 对应的 OutputStream，接下来程序调用 Bitmap 的 compress 方法把实际的图片内容保存到 OutputStream 中，这样就会把实际图片内容存入系统。

9.4 监听 ContentProvider 的数据改变

前面介绍的是当 ContentProvider 将数据共享出来之后，ContentResolver 会根据业务需要去主动查询 ContentProvider 所共享的数据。有些时候，应用程序需要实时监听 ContentProvider 所共享数据的改变，并随着 ContentProvider 的数据的改变而提供响应，这就需要利用 ContentObserver 了。

9.4.1 ContentObserver 简介

前面介绍开发 ContentProvider 时，不管实现 insert、delete、update 方法中的哪一个，只要该方法导致 ContentProvider 数据的改变，程序就调用如下代码：

```
context.getContentResolver().notifyChange(uri, null);
```

这行代码可用于通知所有注册在该 Uri 上的监听者：该 ContentProvider 所共享的数据发生了改变。

为了在应用程序中监听 ContentProvider 数据的改变，需要利用 Android 提供的 ContentObserver

基类。监听 ContentProvider 数据改变的监听器需要继承 ContentObserver 类，并重写该基类所定义的 onChange(boolean selfChange)方法——当它所监听的 ContentProvider 数据发生改变时，该 onChange()方法将会被触发。

为了监听指定 ContentProvider 的数据变化，需要通过 ContentResolver 向指定 Uri 注册 ContentObserver 监听器。ContentResolver 提供了如下方法来注册监听器。

➢ registerContentObserver (Uri uri, boolean notifyForDescendents, ContentObserver observer)
该方法中的三个参数说明如下。
➢ uri：该监听器所监听的 ContentProvider 的 Uri。
➢ notifyForDescendents：如果该参数设为 true，假如注册监听的 Uri 为 content://abc，那么 Uri 为 content://abc/xyz、content://abc/xyz/foo 的数据改变时也会触发该监听器；如果该参数设为 false，假如注册监听的 Uri 为 content://abc，那么只有 content://abc 的数据发生改变时才会触发该监听器。
➢ observer：监听器实例。

例如，如下代码片段可用于为指定 Uri 注册监听器。

```
contentResolver.registerContentObserver(Uri.parse("content://sms")
    , true, new SmsObserver(new Handler()));
```

上面代码中的 SmsObserver 就是 ContentObserver 的子类。

▶▶ 9.4.2 实例：监听用户发出的短信

本实例通过监听 Uri 为 Telephony.Sms.CONTENT_URI 的数据改变即可监听到用户短信的数据改变，并在监听器的 onChange()方法里查询 Uri 为 Telephony.Sms.Sent.CONTENT_URI 的数据，这样即可获取用户正在发送的短信（用户正在发送的短信保存在发件箱内）。

该程序代码如下。

程序清单：codes\09\9.4\MonitorSms\app\src\main\java\org\crazyit\content\MainActivity.java

```java
public class MainActivity extends Activity
{
    @Override
    protected void onCreate(Bundle savedInstanceState)
    {
        super.onCreate(savedInstanceState);
        setContentView(R.layout.activity_main);
        // 请求获取读取短信的权限
        requestPermissions(new String[]{Manifest.permission.READ_SMS}, 0x123);
    }
    @Override
    public void onRequestPermissionsResult(int requestCode,
        @NonNull String[] permissions, @NonNull int[] grantResults)
    {
        // 如果用户授权访问短信内容
        if (grantResults[0] == 0 && requestCode == 0x123)
        {
            // 为Telephony.Sms.CONTENT_URI 的数据改变注册监听器
            getContentResolver().registerContentObserver(Telephony.Sms.CONTENT_URI,
                true, new SmsObserver(new Handler()));
        } else {
            Toast.makeText(this, "您必须授权访问短信内容才能测试该应用",
                Toast.LENGTH_SHORT).show();
        }
    }
    // 提供自定义的ContentObserver 监听器类
    private class SmsObserver extends ContentObserver
```

```
    {
        SmsObserver(Handler handler)
        {
            super(handler);
        }
        private String prevMsg = "";
        @Override
        public void onChange(boolean selfChange)
        {
            // 查询发件箱中的短信（所有已发送的短信都位于发件箱中）
            Cursor cursor = getContentResolver().query(Telephony.Sms.Sent.
                CONTENT_URI, null, null, null, null);
            // 遍历查询得到的结果集，即可获取用户正在发送的短信
            while (cursor.moveToNext())
            {
                // 只显示最近 5 秒内发出的短信
                if (Math.abs(System.currentTimeMillis() - cursor.
                    getLong(cursor.getColumnIndex("date"))) < 5000)
                {
                    StringBuilder sb = new StringBuilder();
                    // 获取短信的发送地址
                    sb.append("address=").append(cursor.getString(cursor.
                        getColumnIndex("address")));
                    // 获取短信的标题
                    sb.append(";subject=").append(cursor.getString(cursor.
                        getColumnIndex("subject")));
                    // 获取短信的内容
                    sb.append(";body=").append(cursor.getString(cursor.
                        getColumnIndex("body")));
                    // 获取短信的发送时间
                    sb.append(";time=").append(cursor.getLong(cursor.
                        getColumnIndex("date")));
                    if (!prevMsg.equals(sb.toString()))
                    {
                        prevMsg = sb.toString();
                        System.out.println("发送短信: " + prevMsg);
                    }
                }
            }
            cursor.close();
        }
    }
}
```

上面程序中的第一行粗体字代码用于监听 Uri 为 Telephony.Sms.CONTENT_URI 的数据改变，就可以监听到用户短信数据的改变；第二行粗体字代码用于查询 Telephony.Sms.Sent.CONTENT_URI 的全部数据，也就是查询发件箱（所有已发送的短信都保存在发件箱内）内的全部短信，程序只取出最近 5 秒内发出的短信数据，这样避免将之前发送的短信提取出来。

运行该程序，该程序会向用户请求获取读取短信的权限，如果用户授予该应用读取短信的权限，该应用即可监听到用户发出的短信。在不关闭该程序的情况下，打开 Android 系统内置的 "Messaging" 程序发送短信——直接向本机号码发送即可。当用户发送短信时，可以在 Logcat 面板中看到如图 9.10 所示的输出。

图 9.10 监听用户发出的短信

本程序需要读取系统短信的内容，因此还需要为该应用增加读取短信的权限，也就是需要在 AndroidManifest.xml 文件中增加如下配置。

```
<!-- 授予本应用读取短信的权限 -->
<uses-permission android:name="android.permission.READ_SMS"/>
```

由于 Genymotion 模拟器并未提供模拟发送短信的功能，因此本实例需要使用 Android 自带的 AVD 模拟器进行测试。

这个监听用户发送短信的程序采用 Activity 来实现并不合适——因为用户必须先主动打开该 Activity，并在保持该 Activity 不关闭的情况下，用户所发送的短信才会被监听到。这显然不太符合实际需求场景，在实际情况下，可能更希望该程序以后台进程的方式"不知不觉"地运行，这就需要利用 Android 的 Service 组件，接下来的章节将介绍 Android 提供的 Service 组件。

9.5 本章小结

本章主要介绍了 Android 系统中 ContentProvider 组件的功能与用法，ContentProvider 的本质就像一个"小网站"，它可以把应用程序的数据按照"固定规范"暴露出来，其他应用程序就可通过 ContentProvider 暴露的接口来操作内部的数据了。可以这样说，ContentProvider 是 Android 系统内不同程序之间进行数据交换的标准接口。学习本章需要重点掌握三个 API 的用法：ContentResolver、ContentProvider 和 ContentObserver，其中 ContentResolver 用于操作 ContentProvider 提供的数据；ContentObserver 用于监听 ContentProvider 的数据改变；而 ContentProvider 则是所有 ContentProvider 组件的基类。

CHAPTER

10

第10章
Service 和 BroadcastReceiver

本章要点

- Service 组件的作用和意义
- 创建、配置 Service
- 启动、停止 Service
- 绑定本地 Service 并与之通信
- Service 的生命周期
- IntentService 的功能和用法
- 开发远程 AIDL Service
- 在客户端程序中调用远程 AIDL Service
- TelephonyManager 的功能和用法
- 监听手机电话
- SmsManager 的功能和用法
- 监听手机短信
- AudioManager 的功能和用法
- Vibrator 的功能和用法
- AlarmManager 的功能和用法
- BroadcastReceiver 组件的作用和意义
- 开发、配置 BroadcastReceiver 组件
- 发送广播、发送有序广播
- 使用 BroadcastReceiver 接收系统广播

Service 是 Android 四大组件中与 Activity 最相似的组件，它们都代表可执行的程序，Service 与 Activity 的区别在于：Service 一直在后台运行，它没有用户界面，所以绝不会到前台来。一旦 Service 被启动起来之后，它就与 Activity 一样，它完全具有自己的生命周期。关于程序中 Activity 与 Service 的选择标准是：如果某个程序组件需要在运行时向用户呈现某种界面，或者该程序需要与用户交互，就需要使用 Activity；否则就应该考虑使用 Service 了。

开发者开发 Service 的步骤与开发 Activity 的步骤很像，开发 Service 组件需要先开发一个 Service 子类，然后在 AndroidManifest.xml 文件中配置该 Service，配置时可通过<intent-filter.../>元素指定它可被哪些 Intent 启动。

Android 系统本身提供了大量的 Service 组件，开发者可通过这些系统 Service 来操作 Android 系统本身。

本章还将向读者介绍 BroadcastReceiver 组件。BroadcastReceiver 组件就像一个全局的事件监听器，只不过它用于监听系统发出的 Broadcast。通过使用 BroadcastReceiver，即可在不同应用程序之间通信。

 10.1 Service 简介

Service 组件也是可执行的程序，它也有自己的生命周期。创建、配置 Service 与创建、配置 Activity 的过程基本相似，下面详细介绍 Android Service 的开发。

▶▶ 10.1.1 创建、配置 Service

就像开发 Activity 需要两个步骤：①开发 Activity 子类；②在 AndroidManifest.xml 文件中配置 Activity。开发 Service 也需要两个步骤。

① 定义一个继承 Service 的子类。
② 在 AndroidManifest.xml 文件中配置该 Service。

Service 与 Activity 还有一点相似之处，它们都是从 Context 派生出来的，因此它们都可调用 Context 里定义的如 getResources()、getContentResolver()等方法。

与 Activity 相似的是，Service 中也定义了一系列生命周期方法，如下所示。

- IBinder onBind(Intent intent)：该方法是 Service 子类必须实现的方法。该方法返回一个 IBinder 对象，应用程序可通过该对象与 Service 组件通信。
- void onCreate()：在该 Service 第一次被创建后将立即回调该方法。
- void onDestroy()：在该 Service 被关闭之前将会回调该方法。
- void onStartCommand(Intent intent, int flags, int startId)：该方法的早期版本是 void onStart(Intent intent, Int startId)，每次客户端调用 startService(Intent)方法启动该 Service 时都会回调该方法。
- boolean onUnbind(Intent intent)：当该 Service 上绑定的所有客户端都断开连接时将会回调该方法。

下面的类定义了一个 Service 组件。

程序清单：codes\10\10.1\ServiceTest\first\src\main\java\org\crazyit\service\FirstService.java

```java
public class FirstService extends Service
{
    // Service 被绑定时回调该方法
    @Override
    public IBinder onBind(Intent intent)
    {
        return null;
```

```java
// Service 被创建时回调该方法
@Override
public void onCreate()
{
    super.onCreate();
    System.out.println("Service is Created");
}
// Service 被启动时回调该方法
@Override
public int onStartCommand(Intent intent, int flags, int startId)
{
    System.out.println("Service is Started");
    return START_STICKY;
}
// Service 被关闭之前回调该方法
@Override
public void onDestroy()
{
    super.onDestroy();
    System.out.println("Service is Destroyed");
}
}
```

上面这个Service什么也没干——它只是重写了Service组件的onCreate()、onStartCommand()、onDestroy()、onBind()等方法，重写这些方法时只是简单地输出了一个字符串。

提示：

> 虽然这个Service什么都没干，但实际上它是Service组件的框架，如果希望Service组件做某些事情，那么只要在onCreate()或onStartCommand()方法中定义相关业务代码即可。

在定义了上面的Service之后，接下来需要在AndroidManifest.xml文件中配置该Service，配置Service使用<service.../>元素。与配置Activity相似的是，配置Service时也可为<service.../>元素配置<intent-filter.../>子元素，用于说明该Service可被哪些Intent启动。

在配置<service.../>元素时也可指定如下常用属性。

- name：指定该Service的实现类类名。
- exported：指定该Service是否能被其他App启动。如果在配置该Service时指定了<intent-filter.../>子元素，则该属性默认为true。
- permission：指定启动该Service所需的权限。
- process：指定该Service所处的进程，该Service组件默认处于该App所在的进程中。实际上，Android的四大组件都可通过该属性指定进程。

在AndroidManifest.xml文件中增加如下配置片段来配置该Service。

```xml
<!-- 配置一个Service组件 -->
<service android:name=".FirstService">
</service>
```

上面的配置片段配置的Service组件没有配置<intent-filter.../>，这意味着该Service不能响应任何Intent，只能通过指定Component的Intent来启动。

从上面的配置片段不难看出，配置Service与配置Activity的差别并不大，只是配置Service使用<service.../>元素，而且无须指定android:label属性——因为Service没有界面，总是位于后台运行，为该Service指定标签没有太大的意义。

当该Service开发完成之后，接下来就可在程序中运行该Service了。在Android系统中运行

Service 有如下两种方式。

> 通过 Context 的 startService()方法：通过该方法启动 Service，访问者与 Service 之间没有关联，即使访问者退出了，Service 也仍然运行。
> 通过 Context 的 bindService()方法：使用该方法启动 Service，访问者与 Service 绑定在一起，访问者一旦退出，Service 也就终止了。

下面先示范第一种方式运行 Service。

▶▶ 10.1.2 启动和停止 Service

下面的程序使用 Activity 作为 Service 的访问者，该 Activity 的界面中包含两个按钮，其中一个按钮用于启动 Service；另一个按钮用于关闭 Service。

该 Activity 的代码如下。

程序清单：codes\10\10.1\ServiceTest\first\src\main\java\org\crazyit\service\MainActivity.kt

```java
public class MainActivity extends Activity
{
    @Override
    protected void onCreate(Bundle savedInstanceState)
    {
        super.onCreate(savedInstanceState);
        setContentView(R.layout.activity_main);
        // 获取程序界面中的 start 和 stop 两个按钮
        Button startBn = findViewById(R.id.start);
        Button stopBn = findViewById(R.id.stop);
        // 创建启动 Service 的 Intent
        Intent intent = new Intent(this, FirstService.class);
        startBn.setOnClickListener(view -> startService(intent)/*启动指定 Service*/);
        stopBn.setOnClickListener(view -> stopService(intent)/*停止指定 Service*/);
    }
}
```

从上面程序中的粗体字代码不难看出，启动、关闭 Service 十分简单，调用 Context 里定义的 startService()、stopService()方法即可启动、关闭 Service。

> **注意：** 从 Android 5.0 开始，Google 要求必须使用显式 Intent 启动 Service 组件。Android 要求的显式 Intent 必须要指定包名——既可通过 Context、目标 Service 类创建显式 Intent，也可通过包名、Action 属性来创建显式 Intent。

运行该程序，通过程序界面先启动 Service，再关闭 Service，将可以在 Android Studio 的 Logcat 面板中看到如图 10.1 所示的输出。

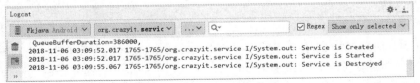

图 10.1 启动、关闭 Service

如果在不关闭 Service 的情况下，连续三次单击"启动 Service"按钮，程序将会连续三次启动 Service，此时在 Android Studio 的 Logcat 面板中可以看到如图 10.2 所示的输出。

图 10.2 连续启动 Service

从图 10.2 可以看出，每当 Service 被创建时会回调 onCreate()方法，每次 Service 被启动时都会回调 onStartCommand()方法——多次启动一个已有的 Service 组件将不会再回调 onCreate()方法，但每次启动时都会回调 onStartCommand()方法。

▶▶ 10.1.3 绑定本地 Service 并与之通信

当程序通过 startService()和 stopService()启动、关闭 Service 时，Service 与访问者之间基本上不存在太多的关联，因此 Service 和访问者之间也无法进行通信、交换数据。

如果 Service 和访问者之间需要进行方法调用或交换数据，则应该使用 bindService()和 unbindService()方法启动、关闭 Service。

Context 的 bindService()方法的完整方法签名为：bindService(Intent service, ServiceConnection conn, int flags)，该方法的三个参数解释如下。

- service：该参数通过 Intent 指定要启动的 Service。
- conn：该参数是一个 ServiceConnection 对象，该对象用于监听访问者与 Service 之间的连接情况。当访问者与 Service 之间连接成功时将回调该 ServiceConnection 对象的 onServiceConnected(ComponentName name, IBinder service)方法；当 Service 所在的宿主进程由于异常中止或其他原因终止，导致该 Service 与访问者之间断开连接时回调该 ServiceConnection 对象的 onServiceDisconnected(ComponentName)方法。

> **注意：** 当调用者主动通过 unBindService()方法断开与 Service 的连接时，ServiceConnection 对象的 onServiceDisconnected (ComponentName)方法并不会被调用。

- flags：指定绑定时是否自动创建 Service（如果 Service 还未创建）。该参数可指定为 0（不自动创建）或 BIND_AUTO_CREATE（自动创建）。

注意到 ServiceConnection 对象的 onServiceConnected()方法中有一个 IBinder 对象，该对象即可实现与被绑定 Service 之间的通信。

当开发 Service 类时，该 Service 类必须提供一个 IBinder onBind(Intent intent)方法，在绑定本地 Service 的情况下，onBind(Intent intent)方法所返回的 IBinder 对象将会传给 ServiceConnection 对象里 onServiceConnected(ComponentName name, IBinder service)方法的 service 参数，这样访问者就可通过该 IBinder 对象与 Service 进行通信了。

> **提示：** IBinder 对象相当于 Service 组件的内部钩子，该钩子关联到绑定的 Service 组件，当其他程序组件绑定该 Service 时，Service 将会把 IBinder 对象返回给其他程序组件，其他程序组件通过该 IBinder 对象即可与 Service 组件进行实时通信。

实际上，开发时通常会采用继承 Binder（IBinder 的实现类）的方式实现自己的 IBinder 对象。下面的程序示范了如何在 Acticity 中绑定本地 Service，并获取 Service 的运行状态。该程序的

Service 类需要"真正"实现 onBind()方法,并让该方法返回一个有效的 IBinder 对象。该 Service 类的代码如下。

程序清单:codes\10\10.1\ServiceTest\bind\src\main\java\org\crazyit\service\BindService.java

```java
public class BindService extends Service
{
    private int count;
    private boolean quit;
    // 定义 onBinder 方法所返回的对象
    private MyBinder binder = new MyBinder();
    // 通过继承 Binder 来实现 IBinder 类
    class MyBinder extends Binder    // ①
    {
        // 获取 Service 的运行状态: count
        public int getCount()
        {
            return BindService.this.count;
        }
    }
    // Service 被绑定时回调该方法
    @Override
    public IBinder onBind(Intent intent)
    {
        System.out.println("Service is Binded");
        // 返回 IBinder 对象
        return binder;
    }
    // Service 被创建时回调该方法
    @Override
    public void onCreate()
    {
        super.onCreate();
        System.out.println("Service is Created");
        // 启动一条线程,动态修改 count 状态值
        new Thread(() ->
        {
            while (!quit) {
                try {
                    Thread.sleep(1000);
                } catch (InterruptedException e) {
                    e.printStackTrace();
                }
                BindService.this.count++;
            }
        }).start();
    }
    // Service 被断开连接时回调该方法
    @Override
    public boolean onUnbind(Intent intent)
    {
        System.out.println("Service is Unbinded");
        return true;
    }
    // Service 被关闭之前回调该方法
    @Override
    public void onDestroy()
    {
        super.onDestroy();
        this.quit = true;
        System.out.println("Service is Destroyed");
    }
}
```

上面 Service 类的粗体字代码实现了 onBind() 方法，该方法返回了一个可访问该 Service 状态数据（count 值）的 IBinder 对象，该对象将被传给该 Service 的访问者。

上面程序中的①号代码通过继承 Binder 类实现了一个 IBinder 对象，这个 MyBinder 类是 Service 的内部类，这对于绑定本地 Service 并与之通信的场景是一种常见的情形。

接下来定义一个 Activity 来绑定该 Service，并在该 Activity 中通过 MyBinder 对象访问 Service 的内部状态。该 Activity 的界面上包含三个按钮，第一个按钮用于绑定 Service；第二个按钮用于解除绑定；第三个按钮则用于获取 Service 的运行状态。该 Activity 的代码如下。

程序清单：codes\10\10.1\ServiceTest\bind\src\main\java\org\crazyit\service\MainActivity.java

```java
public class MainActivity extends Activity
{
    // 保持所启动的 Service 的 IBinder 对象
    private BindService.MyBinder binder;
    // 定义一个 ServiceConnection 对象
    private ServiceConnection conn = new ServiceConnection()
    {
        // 当该 Activity 与 Service 连接成功时回调该方法
        @Override public void onServiceConnected(ComponentName name, IBinder service)
        {
            System.out.println("--Service Connected--");
            // 获取 Service 的 onBind 方法所返回的 MyBinder 对象
            binder = (BindService.MyBinder)service;    // ①
        }
        // 当该 Activity 与 Service 断开连接时回调该方法
        @Override public void onServiceDisconnected(ComponentName name)
        {
            System.out.println("--Service Disconnected--");
        }
    };
    @Override
    protected void onCreate(Bundle savedInstanceState)
    {
        super.onCreate(savedInstanceState);
        setContentView(R.layout.activity_main);
        // 获取程序界面中的 start、stop、getServiceStatus 按钮
        Button bindBn = findViewById(R.id.bind);
        Button unbindBn = findViewById(R.id.unbind);
        Button getServiceStatusBn = findViewById(R.id.getServiceStatus);
        // 创建启动 Service 的 Intent
        Intent intent = new Intent(this, BindService.class);
        bindBn.setOnClickListener(view ->
            // 绑定指定 Service
            bindService(intent, conn, Service.BIND_AUTO_CREATE));
        unbindBn.setOnClickListener(view ->
            // 解除绑定 Service
            unbindService(conn));
        getServiceStatusBn.setOnClickListener(view ->
            // 获取并显示 Service 的 count 值
            Toast.makeText(MainActivity.this, "Service 的 count 值为：" +
                binder.getCount(), Toast.LENGTH_SHORT).show());    // ②
    }
}
```

上面程序中的①号粗体字代码用于在该 Activity 与 Service 连接成功时获取 Service 的 onBind() 方法所返回的 MyBinder 对象；②号粗体字代码即可通过 MyBinder 对象来访问 Service 的运行状态了。

运行该程序，单击程序界面中的"绑定 Service"按钮，即可看到 Android Studio 的 Logcat 中

有如图 10.3 所示的输出。

图 10.3 绑定 Service

在该 Activity 中绑定 Service 之后，该 Activity 还可通过 MyBinder 对象来获取 Service 的运行状态，如果用户单击程序界面上的"获取 Service 状态"按钮，即可看到如图 10.4 所示的输出。

从图 10.4 所示的输出可以看到，该 Activity 可以非常方便地访问到 Service 的运行状态。虽然本程序只是一个简单的示例，该 Activity 只是访问了 Service 的一个简单 count 值，但实际上完全可以让 MyBinder 去操作 Service 中更多的数据——到底需要访问 Service 的多少数据，完全取决于实际业务的需要。

图 10.4 访问 Service 的运行状态

对于 Service 的 onBind()方法所返回的 IBinder 对象来说，它可被当成该 Service 组件所返回的代理对象，Service 允许客户端通过该 IBinder 对象来访问 Service 内部的数据，这样即可实现客户端与 Service 之间的通信。

如果单击程序界面上的"解除绑定"按钮，即可在 Android Studio 的 Logcat 中看到如图 10.5 所示的输出。

图 10.5 解除绑定

正如图 10.5 中所示，当程序调用 unbindService()方法解除对某个 Service 的绑定时，系统会先回调该 Service 的 onUnbind()方法，然后再回调 onDestroy()方法。

与多次调用 startService()方法启动 Service 不同的是，多次调用 bindService()方法并不会执行重复绑定。对于前一个示例程序，用户每单击"启动 Service"按钮一次，系统就会回调 Service 的 onStartCommand()方法一次；对于这个示例程序，不管用户单击"绑定 Service"按钮多少次，系统只会回调 Service 的 onBind()方法一次。

▶▶ 10.1.4 Service 的生命周期

通过前面两个示例，读者应该已经大致明白 Service 的生命周期了。随着应用程序启动 Service 方式的不同，Service 的生命周期也略有差异。

如果应用程序通过 startService()方法来启动 Service，Service 的生命周期如图 10.6 左边所示。
如果应用程序通过 bindService()方法来启动 Service，Service 的生命周期如图 10.6 右边所示。

Service 生命周期还有一种特殊的情形——如果 Service 已由某个客户端通过 startService()方法启动了，接下来其他客户端调用 bindService()方法绑定该 Service 后，再调用 unbindService()方法解除绑定，最后又调用 bindService()方法再次绑定到 Service，这个过程所触发的生命周期方法如下。

onCreate()→onStartCommand()→onBind()→onUnbind()（重写该方法时返回了 true）→onRebind()

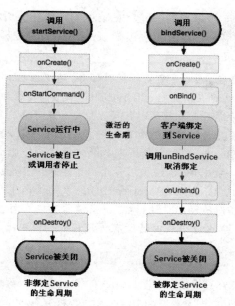

图 10.6 Service 的生命周期

在上面这个触发过程中，onCreate()是创建该 Service 后立即调用的，只有当该 Service 被创建时才会被调用；onStartCommand ()方法则是由客户端调用 startService()方法时触发的。如图 10.7 所示的 Logcat 显示了上面生命周期的输出。

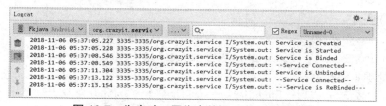

图 10.7 先启动、再绑定的 Service 生命周期

在图 10.7 所示的输出中，可以看到 Service 的 onRebind()方法被回调了。如果希望该方法被回调，除需要该 Service 是由 Activity 的 startService()方法启动之外，还需要 Service 子类重写 onUnbind()方法时返回 true。

在图 10.7 所示的输出中，并没有发现 Service 回调 onDestroy()方法，这是因为该 Service 并不是由 Activity 通过 bindService()方法启动的（该 Service 事先已由 Activity 通过 startService()方法启动了），因此当 Activity 调用 unBindService()方法取消与该 Service 的绑定时，该 Service 也不会终止。

由此可见，当 Activity 调用 bindService()绑定一个已启动的 Service 时，系统只是把 Service 内部 IBinder 对象传给 Activity，并不会把该 Service 生命周期完全"绑定"到该 Activity，因而当 Activity 调用 unBindService()方法取消与该 Service 的绑定时，也只是切断该 Activity 与 Service 之间的关联，并不能停止该 Service 组件。

▶▶ 10.1.5 使用 IntentService

IntentService 是 Service 的子类，因此它不是普通的 Service，它比普通的 Service 增加了额外的功能。

先看 Service 本身存在的两个问题。

- Service 不会专门启动一个单独的进程，Service 与它所在应用位于同一个进程中。
- Service 不是一条新的线程，因此不应该在 Service 中直接处理耗时的任务。

> **提示：**
> 如果开发者需要在 Service 中处理耗时任务，建议在 Service 中另外启动一条新线程来处理该耗时任务。就像在前面 BindService 中所看到的，程序在 BindService 的 onCreate() 方法中启动了一条新线程来处理耗时任务。可能有读者感到疑惑：直接在其他程序组件中启动子线程来处理耗时任务不行吗？这种方式也不可靠，由于 Activity 可能会被用户退出，而 BroadcastReceiver 的生命周期本身就很短。可能出现的情况是：在子线程还没有结束的情况下，Activity 已经被用户退出了，或者 BroadcastReceiver 已经结束了。在 Activity 已经退出、BroadcastReceiver 已经结束的情况下，此时它们所在的进程就变成了空进程（没有任何活动组件的进程），系统需要内存时可能会优先终止该进程。如果宿主进程被终止，那么该进程内的所有子线程也会被中止，这样就可能导致子线程无法执行完成。

而 IntentService 正好可以弥补 Service 的上述两个不足：IntentService 将会使用队列来管理请求 Intent，每当客户端代码通过 Intent 请求启动 IntentService 时，IntentService 会将该 Intent 加入队列中，然后开启一条新的 worker 线程来处理该 Intent。对于异步的 startService() 请求，IntentService 会按次序依次处理队列中的 Intent，该线程保证同一时刻只处理一个 Intent。由于 IntentService 使用新的 worker 线程处理 Intent 请求，因此 IntentService 不会阻塞主线程，所以 IntentService 自己就可以处理耗时任务。

归纳起来，IntentService 具有如下特征。
- IntentService 会创建单独的 worker 线程来处理所有的 Intent 请求。
- IntentService 会创建单独的 worker 线程来处理 onHandleIntent() 方法实现的代码，因此开发者无须处理多线程问题。
- 当所有请求处理完成后，IntentService 会自动停止，因此开发者无须调用 stopSelf() 方法来停止该 Service。
- 为 Service 的 onBind() 方法提供了默认实现，默认实现的 onBind() 方法返回 null。
- 为 Service 的 onStartCommand() 方法提供了默认实现，该实现会将请求 Intent 添加到队列中。

从上面的介绍可以看出，扩展 IntentService 实现 Service 无须重写 onBind()、onStartCommand() 方法，只要重写 onHandleIntent() 方法即可。

下面的示例程序界面中包含了两个按钮，分别用于启动普通 Service 和 IntentService，两个 Service 都需要处理耗时任务。该程序的界面布局代码很简单，这里不再给出。主程序 Activity 代码如下。

程序清单：codes\10\10.1\ServiceTest\intent\src\main\java\org\crazyit\service\MainActivity.java

```java
public class MainActivity extends Activity
{
    @Override
    protected void onCreate(Bundle savedInstanceState)
    {
        super.onCreate(savedInstanceState);
        setContentView(R.layout.activity_main);
    }
    public void startService(View source)
    {
        // 创建需要启动的 Service 的 Intent
        Intent intent = new Intent(this, MyService.class);
```

```
        // 启动 Service
        startService(intent);
    }
    public void startIntentService(View source)
    {
        // 创建需要启动的 IntentService 的 Intent
        Intent intent = new Intent(this, MyIntentService.class);
        // 启动 IntentService
        startService(intent);
    }
}
```

在上面 Activity 的两个事件处理方法中分别启动了 MyService 和 MyIntentService，其中 MyService 是继承 Service 的子类，而 MyIntentService 则是继承 IntentService 的子类。

下面是 MyService 类的代码。

程序清单：codes\10\10.1\ServiceTest\intent\src\main\java\org\crazyit\service\MyService.java

```
public class MyService extends Service
{
    @Override public IBinder onBind(Intent intent)
    {
        return null;
    }
    @Override public int onStartCommand(Intent intent, int flags, int startId)
    {
        // 该方法内执行耗时任务可能导致 ANR（Application Not Responding）异常
        long endTime = System.currentTimeMillis() + 20 * 1000;
        System.out.println("onStart");
        while (System.currentTimeMillis() < endTime)
        {
            synchronized(this) {
                try {
                    wait(endTime - System.currentTimeMillis());
                } catch (InterruptedException e) {
                    e.printStackTrace();
                }
            }
        }
        System.out.println("---耗时任务执行完成---");
        return START_STICKY;
    }
}
```

上面 MyService 在 onStartCommand()方法中使用线程暂停的方式模拟了耗时任务，该线程暂停了 20 秒，相当于该耗时任务需要执行 20 秒。由于普通 Service 的执行会阻塞主线程，因此启动该线程将会导致程序出现 ANR（Application Not Responding）异常。

下面是 MyIntentService 类的代码。

程序清单：codes\10\10.1\ServiceTest\intent\src\main\java\org\crazyit\service\MyIntentService.java

```
public class MyIntentService extends IntentService
{
    public MyIntentService()
    {
        super("MyIntentService");
    }
    @Override
    protected void onHandleIntent(@Nullable Intent intent)
    {
        // 在该方法内可以执行任何耗时任务，比如下载文件等，此处只是让线程暂停 20 秒
        long endTime = System.currentTimeMillis() + 20 * 1000;
        System.out.println("onStartCommand");
```

```
        while (System.currentTimeMillis() < endTime)
        {
            synchronized(this) {
                try {
                    wait(endTime - System.currentTimeMillis());
                } catch (InterruptedException e) {
                    e.printStackTrace();
                }
            }
        }
        System.out.println("---耗时任务执行完成---");
    }
}
```

从上面的代码可以看出，MyIntentService 继承了 IntentService，并不需要实现 onBind()、onStartCommand()方法，只要实现 onHandleIntent()方法即可，在该方法中定义该 Service 需要完成的任务。本示例的 onHandleIntent()方法也用线程暂停的方式模拟了耗时任务，线程同样暂停了 20 秒。但由于 IntentService 会使用单独的线程来完成该耗时任务，因此启动 MyIntentService 不会阻塞前台线程。

运行该示例，如果单击界面上的"启动普通 Service"按钮，将会激发 startService()方法，该方法将会启动 MyService 去执行耗时任务，此时将会导致程序 UI 线程被阻塞（程序界面失去响应），而且由于阻塞时间太长，因此将会看到如图 10.8 所示的 ANR 异常。

相反，如果调用"启动 IntentService"来启动 MyIntentService，虽然 MyIntentService 也需要执行耗时任务，但由于 MyIntentService 会使用单独的 worker 线程，因此 MyIntentService 不会阻塞前台的 UI 线程，所以程序界面不会失去响应。

图 10.8　使用普通 Service 执行耗时任务导致 ANR 异常

10.2　跨进程调用 Service（AIDL Service）

在 Android 系统中，各应用程序都运行在自己的进程中，进程之间一般无法直接进行数据交换。为了实现跨进程通信（Interprocess Communication，简称 IPC），Android 提供了 AIDL Service。

AIDL Service 与传统技术 Corba、Java 中的 RMI（远程方法调用）之间存在一定的相似之处。

▶▶ 10.2.1　AIDL Service 简介

Android 的远程 Service 调用与 Java 的 RMI 基本相似，都是先定义一个远程调用接口，然后为该接口提供一个实现类即可。

> **提示：**
> 如果读者需要了解与 Java RMI 相关的详细知识，则可以参考疯狂 Java 体系的《经典 Java EE 企业应用实战》。

与 RMI 不同的是，客户端访问 Service 时，Android 并不是直接返回 Service 对象给客户端的——这一点在绑定本地 Service 时已经看到，Service 只是将它的代理对象（IBinder 对象）通过

onBind()方法返回给客户端。因此，Android 的 AIDL 远程接口的实现类就是那个 IBinder 实现类。

与绑定本地 Service 不同的是，本地 Service 的 onBind()方法会直接把 IBinder 对象本身传给客户端的 ServiceConnection 的 onServiceConnected 方法的第二个参数；而远程 Service 的 onBind()方法只是将 IBinder 对象的代理传给客户端的 ServiceConnection 的 onServiceConnected 方法的第二个参数。

当客户端获取了远程 Service 的 IBinder 对象的代理之后，接下来就可以通过该 IBinder 对象来回调远程 Service 的属性或方法了。

▶▶ 10.2.2 创建 AIDL 文件

Android 需要 AIDL（Android Interface Definition Language，Android 接口定义语言）来定义远程接口。

不用担心，AIDL 的语法十分简单。这种接口定义语言并不是一种真正的编程语言，它只是定义两个进程之间的通信接口，因此语法非常简单。AIDL 接口的语法与 Java 接口很相似，但存在如下几点差异。

- AIDL 定义接口的源代码必须以.aidl 结尾。
- 在 AIDL 接口中用到的数据类型，除基本类型、String、List、Map、CharSequence 之外，其他类型全都需要导包，即使它们在同一个包中也需要导包。

开发人员定义的 AIDL 接口只是定义了进程之间的通信接口，Service 端、客户端都需要使用 Android SDK 安装目录下的 build-tools 子目录下的 aidl.exe 工具为该接口提供实现。如果开发人员使用 Android Studio 工具进行开发，那么 Android Studio 工具会自动为该 AIDL 接口生成实现。

例如，定义如下 AIDL 接口代码。

程序清单：codes\10\10.2\AidlService\basic\src\main\aidl\org\crazyit\service\ICat.aidl

```
package org.crazyit.service;
interface ICat
{
    String getColor();
    double getWeight();
}
```

上面的 AIDL 接口与 Java 接口的语法非常相似，因此读者无须把它想得过于复杂。

在定义好上面的 AIDL 接口之后，Android Studio 工具会自动在 build\generated\source\aidl\debug 目录下生成一个 ICat.java 接口，在该接口中包含了一个 Stub 内部类，该内部类实现了 IBinder、ICat 两个接口。这个 Stub 类将会作为远程 Service 的回调类——它实现了 IBinder 接口，因此可以作为 Service 的 onBind()方法的返回值。

> **提示：**
> 如果 Android Studio 没有自动为 AIDL 接口生成 Java 接口，则可按 "Ctrl+F9" 键来强制生成 Java 接口。

▶▶ 10.2.3 将接口暴露给客户端

上一步定义好 AIDL 接口之后，接下来就可以定义一个 Service 实现类了，该 Service 的 onBind()方法所返回的 IBinder 对象应该是 ADT 所生成的 ICat.Stub 的子类实例。至于其他部分，则与开发本地 Service 完全一样。

下面是本示例的 Service 类代码。

程序清单：codes\10\10.2\AidlService\basic\src\main\java\org\crazyit\service\AidlService.java

```java
public class AidlService extends Service
{
    private CatBinder catBinder;
    private Timer timer = new Timer();
    private String[] colors = new String[]{"红色", "黄色", "黑色"};
    private double[] weights = new double[]{2.3, 3.1, 1.58};
    private String color;
    private double weight;
    // 继承 Stub，也就是实现了 ICat 接口，并实现了 IBinder 接口
    class CatBinder extends ICat.Stub
    {
        @Override
        public String getColor()
        {
            return AidlService.this.color;
        }
        @Override
        public double getWeight()
        {
            return AidlService.this.weight;
        }
    }
    @Override public void onCreate()
    {
        super.onCreate();
        catBinder = new CatBinder();
        timer.schedule(new TimerTask()
        {
            @Override public void run()
            {
                // 随机改变 Service 组件内 color、weight 属性的值
                int rand = (int) (Math.random() * 3);
                color = colors[rand];
                weight = weights[rand];
            }
        }, 0, 800);
    }
    @Override public IBinder onBind(Intent intent)
    {
        /* 返回 catBinder 对象
         * 在绑定本地 Service 的情况下，该 catBinder 对象会直接
         * 传给客户端的 ServiceConnection 对象
         * 的 onServiceConnected 方法的第二个参数
         * 在绑定远程 Service 的情况下，只将 catBinder 对象的代理
         * 传给客户端的 ServiceConnection 对象
         * 的 onServiceConnected 方法的第二个参数
         */
        return catBinder; // ①
    }
    @Override public void onDestroy()
    {
        timer.cancel();
    }
}
```

上面程序中的粗体字代码定义了一个 CatBinder 类，这个 CatBinder 类继承了 ICat.Stub 类，就是实现了 ICat 接口和 IBinder 接口，所以程序重写 onBind() 方法时返回了该 CatBinder 的实例——如程序中①号粗体字代码所示。

通过上面的介绍不难看出，开发远程 Service 其实也很简单，只是需要比开发本地 Service 多定义一个 AIDL 接口而已。

该 Service 类开发完成之后，接下来还需要在 AndroidManifest.xml 文件中配置该 Service，也就是在 AndroidManifest.xml 文件中增加如下配置片段。

```xml
<!-- 定义一个 Service 组件 -->
<service android:name=".AidlService" >
    <intent-filter>
        <action android:name="org.crazyit.aidl.action.AIDL_SERVICE" />
    </intent-filter>
</service>
```

将该应用部署到手机（或模拟器）上，由于该应用没有 Activity，因此部署也需要按图 9.2 所示的方式进行配置。部署完成后，在系统的程序列表中看不到这个应用——这是因为该应用并未提供 Activity。但这没有关系，该应用所提供的 Service 可以供其他应用程序来调用。

▶▶ 10.2.4 客户端访问 AIDL Service

正如前面所提到的，AIDL 接口定义了两个进程之间的通信接口，因此，不仅服务器端需要 AIDL 接口，客户端也同样需要前面定义的 AIDL 接口。所以开发客户端的第一步就是将 Service 端的 AIDL 接口文件复制到客户端应用中，然后 ADT 工具会为 AIDL 接口生成相应的实现。

客户端绑定远程 Service 与绑定本地 Service 的区别并不大，同样只需要两步。

① 创建 ServiceConnection 对象。

② 以 ServiceConnection 对象作为参数，调用 Context 的 bindService()方法绑定远程 Service 即可。

与绑定本地 Service 不同的是，绑定远程 Service 的 ServiceConnection 并不能直接获取 Service 的 onBind()方法所返回的对象，它只能获取 onBind()方法所返回的对象的代理，因此在 ServiceConnection 的 onServiceConnected 方法中需要通过如下代码进行处理。

```
catService = ICat.Stub.asInterface(service)
```

该示例的程序界面上有一个按钮和两个文本框，当用户单击该按钮时将会访问远程 Service 的数据，两个文本框用于显示所获得的数据。该程序的代码如下。

程序清单：codes\10\10.2\AidlService\basicclient\src\main\java\org\crazyit\client\MainActivity.java

```java
public class MainActivity extends Activity
{
    private ICat catService;
    private ServiceConnection conn = new ServiceConnection()
    {
        @Override public void onServiceConnected(ComponentName name, IBinder service)
        {
            // 获取远程 Service 的 onBind 方法所返回的对象的代理
            catService = ICat.Stub.asInterface(service);
        }
        @Override public void onServiceDisconnected(ComponentName name)
        {
            catService = null;
        }
    };
    @Override
    protected void onCreate(Bundle savedInstanceState)
    {
        super.onCreate(savedInstanceState);
        setContentView(R.layout.activity_main);
        Button getBn = findViewById(R.id.get);
        TextView colorTv = findViewById(R.id.color);
        TextView weightTv = findViewById(R.id.weight);
        // 创建所需绑定的 Service 的 Intent
        Intent intent = new Intent();
```

```
            intent.setAction("org.crazyit.aidl.action.AIDL_SERVICE");
            // 设置要启动的 Service 所在包, 也就是将该 Intent 变成所谓的显式 Intent
            intent.setPackage("org.crazyit.service");
            // 绑定远程 Service
            bindService(intent, conn, Service.BIND_AUTO_CREATE);
            getBn.setOnClickListener(view -> {
                // 获取并显示远程 Service 的状态
                try {
                    colorTv.setText("名字:" + catService.getColor());
                    weightTv.setText("重量:" + catService.getWeight());
                } catch (RemoteException e) {
                    e.printStackTrace();
                }
            });
    }
    @Override public void onDestroy()
    {
        super.onDestroy();
        // 解除绑定
        this.unbindService(conn);
    }
}
```

将这个程序与前面绑定本地 Service 的程序进行对比,不难发现这两个程序的差别很小,只是获取 Service 回调对象(IBinder 实例)的方式有所区别而已:绑定本地 Service 时可以直接获取 onBind 方法的返回值;绑定远程 Service 时获取的是 onBind 方法所返回的对象的代理,因此需要进行一些处理,如上面程序中第一行粗体字代码所示。

该程序启动 Service 时所使用的 Intent 指定了 Package 属性, Android 认为指定 Package 属性的 Intent 也是显式 Intent, 它与第 5 章介绍的显式 Intent 类似。换而言之, Android 将指定 Component 属性, 以及指定 Package 属性的 Intent 都当成显式 Intent。

运行该程序, 单击程序界面中的 "获取远程 SERVICE 的状态" 按钮, 将可以看到如图 10.9 所示的输出。

图 10.9 访问远程 Service 数据

实例: 传递复杂数据的 AIDL Service

本实例也是一个调用 AIDL Service 的例子, 与前面的示例不同的是, 该实例所传输的数据类型是自定义类型。

本实例用到了两种自定义类型:Person 与 Pet, 其中 Person 对象作为调用远程 Service 的参数;而 Pet 将作为返回值。就像 RMI 要求远程调用的参数和返回值都必须实现 Serializable 接口一样, Android 要求调用远程 Service 的参数和返回值都必须实现 Parcelable 接口。

实现 Parcelable 接口不仅要求实现该接口中定义的方法, 而且要求在实现类中定义一个名为 CREATOR、类型为 Parcelable.Creator 的静态常量。除此之外, 还要求使用 AIDL 代码来定义这些自定义类型。

> 提示:
> 实现 Parcelable 接口相当于 Android 提供的一种自定义序列化机制。Java 序列化机制要求序列化类必须实现 Serializable 接口, 而 Android 序列化机制则要求自定义类必须实现 Parcelable 接口。

例如要定义 Person 类，先要使用 AIDL 来定义 Person 类，代码如下。

程序清单：codes\10\10.2\AidlService\parcelable\src\main\aidl\org\crazyit\service\Perosn.aidl

```
package org.crazyit.service;
parcelable Person;
```

正如从上面的代码所看到的，使用 AIDL 定义自定义类只要一行代码，并指定该类所在的包即可。接下来定义一个实现 Parcelable 接口的 Person 类，该类的代码如下。

程序清单：codes\10\10.2\AidlService\parcelable\src\main\java\org\crazyit\service\Perosn.java

```java
public class Person implements Parcelable
{
    private int id;
    private String name;
    private String pass;
    public Person() { }
    public Person(Integer id, String name, String pass)
    {
        super();
        this.id = id;
        this.name = name;
        this.pass = pass;
    }
    // 省略所有 getter 和 setter 方法
    ...
    @Override
    public boolean equals(Object o)
    {
        if (this == o) return true;
        if (o == null || getClass() != o.getClass()) return false;
        Person person = (Person) o;
        return Objects.equals(name, person.name) &&
                Objects.equals(pass, person.pass);
    }
    @Override
    public int hashCode()
    {
        return Objects.hash(name, pass);
    }
    // 实现 Parcelable 接口必须实现的方法
    @Override
    public int describeContents()
    {
        return 0;
    }
    // 实现 Parcelable 接口必须实现的方法
    @Override
    public void writeToParcel(Parcel dest, int flags)
    {
        // 把该对象所包含的数据写到 Parcel 中
        dest.writeInt(id);
        dest.writeString(name);
        dest.writeString(pass);
    }
    // 添加一个静态成员，名为 CREATOR，该对象实现了 Parcelable.Creator 接口
    public static final Creator<Person> CREATOR = new Creator<Person>() //①
    {
        @Override
        public Person createFromParcel(Parcel in)
        {
            return new Person(in.readInt(), in.readString(), in.readString());
        }
```

```
        @Override
        public Person[] newArray(int size)
        {
            return new Person[size];
        }
    };
}
```

上面程序定义了一个实现 Parcelable 接口的类，实现该接口主要就是实现 writeToParcel(Parcel dest, int flags)方法，该方法负责把 Person 对象的数据写入 Parcel 中。与此同时，该类必须定义一个类型为 Parcelable.Creator<Person>、名为 CREATOR 的静态常量，该静态常量的值负责从 Parcel 数据包中恢复 Person 对象，因此该对象定义的 createFromPerson()方法用于恢复 Person 对象。

> **提示：** 实际上，让 Person 类实现 Parcelable 接口也是一种序列化机制，只是 Android 没有直接使用 Java 提供的序列化机制，而是提供了 Parcelable 这种轻量级的序列化机制。

在定义了 Person 自定义类之后，接下来还需要定义一个 Pet 类。定义 Pet 类的方式与定义 Person 类的方式大致相似，故此处不再给出详细的代码，读者可以自行参考本书配套资源中的代码。

有了 Person、Pet 自定义类之后，接下来就可以使用 AIDL 来定义通信接口了。定义通信接口的代码如下。

程序清单：codes\10\10.2\AidlService\parcelable\src\main\aidl\org\crazyit\service\IPet.aidl

```
package org.crazyit.service;

import org.crazyit.service.Person;
import org.crazyit.service.Pet;
interface IPet
{
    // 定义一个 Person 对象作为传入参数
    List<Pet> getPets(in Person owner);
}
```

正如从上面的粗体字代码所看到的，在 AIDL 接口中定义方法时，需要指定形参的传递模式。对于 Java 或 Kotlin 来说，一般采用的都是传入参数的方式，因此上面指定为 in 模式。

与前面介绍类似的是，当定义好这个 AIDL 接口之后，Android Studio 工具会自动为它生成相应的 Java 实现（如果 Android Studio 没有自动生成，可以按"Ctrl+F9"键来生成）。接下来开发一个 Service 类，让 Service 类的 onBind 方法返回 IPet 实现类的实例。该 Service 类的代码如下。

程序清单：codes\10\10.2\AidlService\parcelable\src\main\java\org\crazyit\service\ParcelableService.java

```
public class ParcelableService extends Service
{
    private PetBinder petBinder;
    private static Map<Person , List<Pet>> pets = new HashMap<>();
    static
    {
        // 初始化 pets Map 集合
        List<Pet> list1 = new ArrayList<>();
        list1.add(new Pet("旺财" , 4.3));
        list1.add(new Pet("来福" , 5.1));
        pets.put(new Person(1, "sun" , "sun") , list1);
        ArrayList<Pet> list2 = new ArrayList<>();
        list2.add(new Pet("kitty" , 2.3));
        list2.add(new Pet("garfield" , 3.1));
        pets.put(new Person(2, "bai" , "bai") , list2);
    }
    // 继承 Stub，也就是实现了 IPet 接口，并实现了 IBinder 接口
```

```java
class PetBinder extends IPet.Stub
{
    @Override public List<Pet> getPets(Person owner)
    {
        // 返回 Service 内部的数据
        return pets.get(owner);
    }
}
@Override public void onCreate()
{
    super.onCreate();
    petBinder = new PetBinder();
}
public IBinder onBind(Intent intent)
{
    /* 返回 catBinder 对象
     * 在绑定本地 Service 的情况下，该 catBinder 对象会直接
     * 传给客户端的 ServiceConnection 对象
     * 的 onServiceConnected 方法的第二个参数
     * 在绑定远程 Service 的情况下，只将 catBinder 对象的代理
     * 传给客户端的 ServiceConnection 对象
     * 的 onServiceConnected 方法的第二个参数
     */
    return petBinder; // ①
}
@Override public void onDestroy()
{
}
}
```

与前面介绍的 AIDL Service 类一样，这个 Service 类也实现了 onBind()方法，并让该方法返回了 IPet.Stub 的子类，该 Service 类开发完成。

在 AndroidManifest.xml 文件中配置该 Service，配置 Service 的代码无须任何改变。配置代码如下：

```xml
<service android:name=".ParcelableService">
    <intent-filter>
        <action android:name="org.crazyit.aidl.action.PARCELABLE_SERVICE" />
    </intent-filter>
</service>
```

开发客户端的第一步不仅需要把 IPet.aidl 文件复制过去，还需要把定义 Person 类的 Java 文件、AIDL 文件和定义 Pet 类的 Java 文件、AIDL 文件也复制过去。

客户端依然按照之前的方式来绑定远程 Service，并在 ServiceConnection 实现类的 onServiceConnected()方法中获取远程 Service 的 onBind()方法所返回的对象的代理。该程序使用 ListView 来显示远程 Service 所返回的 Pet 集合，客户端程序代码如下：

程序清单：codes\10\10.2\AidlService\parcelclient\src\main\java\org\crazyit\client\MainActivity.java

```java
public class MainActivity extends Activity
{
    private IPet petService;
    private ServiceConnection conn = new ServiceConnection()
    {
        @Override
        public void onServiceConnected(ComponentName name, IBinder service)
        {
            // 获取远程 Service 的 onBind 方法所返回的对象的代理
            petService = IPet.Stub.asInterface(service);
        }
        @Override
```

```java
        public void onServiceDisconnected(ComponentName name)
        {
            petService = null;
        }
    };
    @Override
    protected void onCreate(Bundle savedInstanceState)
    {
        super.onCreate(savedInstanceState);
        setContentView(R.layout.activity_main);
        EditText personView = findViewById(R.id.person);
        ListView showView = findViewById(R.id.show);
        Button getBn = findViewById(R.id.get);
        // 创建所需绑定的 Service 的 Intent
        Intent intent = new Intent();
        intent.setAction("org.crazyit.aidl.action.PARCELABLE_SERVICE");
        intent.setPackage("org.crazyit.service");
        // 绑定远程 Service
        bindService(intent, conn, Service.BIND_AUTO_CREATE);
        getBn.setOnClickListener(view ->
        {
            String personName = personView.getText().toString();
            try {
                // 调用远程 Service 的方法
                List<Pet> pets = petService.getPets(
                    new Person(1, personName, personName)); // ①
                // 将程序返回的 List 包装成 ArrayAdapter
                ArrayAdapter<Pet> adapter = new ArrayAdapter<>(MainActivity.this,
                    android.R.layout.simple_list_item_1, pets);
                showView.setAdapter(adapter);
            } catch (RemoteException e) {
                e.printStackTrace();
            }
        });
    }
    @Override
    public void onDestroy()
    {
        super.onDestroy();
        // 解除绑定
        this.unbindService(conn);
    }
}
```

与前面介绍的绑定远程 Service 一样，本程序同样也是先定义一个 ServiceConnection 对象，并在该对象的 onServiceConnected 方法中获取远程 Service 的 onBind 方法所返回的对象的代理。

当用户单击程序界面中的按钮时，程序将以用户在文本框中输入的字符串来构建 Person 对象，并作为参数调用 petService 对象（远程 Service 的回调对象）的方法，从而可以获取远程 Service 的内部状态。运行该程序，将看到如图 10.10 所示的界面。

图 10.10　传递复合类型数据的远程 Service

除这些由用户自行开发、启动的 Service 之外，Android 系统本身提供了大量的系统 Service，开发者只要在程序中调用 Context 的如下方法即可获取这些系统 Service。

➢ getSystemService(String name)：根据 Service 名称来获取系统 Service。

一旦获取了这些 Service, 接下来就可以在程序中进行相应的操作了。下面将详细介绍 Android 所提供的这些常见的相关操作。

10.3 电话管理器（TelephonyManager）

TelephonyManager 是一个管理手机通话状态、电话网络信息的服务类，该类提供了大量的 getXxx() 方法来获取电话网络的相关信息。

在程序中获取 TelephonyManager 十分简单，只要调用如下代码即可：

```
TelephonyManager tManager = (TelephonyManager)getSystemService(
    Context.TELEPHONY_SERVICE);
```

接下来就可以通过 TelephonyManager 获取相关信息或者进行相关操作了。

实例：获取网络和 SIM 卡信息

通过 TelephonyManager 提供的一系列方法即可获取手机网络、SIM 卡的相关信息，该程序使用了一个 ListView 来显示网络和 SIM 卡的相关信息。

该程序代码如下。

程序清单：codes\10\10.3\TelephonyTest\status\src\main\java\org\crazyit\service\MainActivity.java

```java
public class MainActivity extends ListActivity
{
    // 声明代表手机状态的集合
    private List<String> statusValues = new ArrayList<>();
    @Override
    protected void onCreate(Bundle savedInstanceState)
    {
        super.onCreate(savedInstanceState);
        requestPermissions(new String[]{Manifest.permission.ACCESS_COARSE_LOCATION,
            Manifest.permission.READ_PHONE_STATE}, 0x123);
    }
    @Override @SuppressLint("MissingPermission")
    public void onRequestPermissionsResult(int requestCode,
        @NonNull String[] permissions, @NonNull int[] grantResults)
    {
        if (requestCode == 0x123 && grantResults[0] == PackageManager.PERMISSION_GRANTED
            && grantResults[1] == PackageManager.PERMISSION_GRANTED) {
            // 获取系统的 TelephonyManager 对象
            TelephonyManager tManager = (TelephonyManager)
                getSystemService(Context.TELEPHONY_SERVICE);
            // 获取代表状态名称的数组
            String[] statusNames = getResources().getStringArray(R.array.statusNames);
            // 获取代表 SIM 卡状态的数组
            String[] simState = getResources().getStringArray(R.array.simState);
            // 获取代表电话网络类型的数组
            String[] phoneType = getResources().getStringArray(R.array.phoneType);
            // 获取设备编号
            statusValues.add(tManager.getImei());
            // 获取系统平台的版本
            statusValues.add(tManager.getDeviceSoftwareVersion() != null ?
                tManager.getDeviceSoftwareVersion() : "未知");
            // 获取网络运营商代号
            statusValues.add(tManager.getNetworkOperator());
            // 获取网络运营商名称
            statusValues.add(tManager.getNetworkOperatorName());
            // 获取手机网络类型
            statusValues.add(phoneType[tManager.getPhoneType()]);
```

```
        // 获取设备的蜂窝状态信息（包括位置）
        statusValues.add(tManager.getAllCellInfo() != null ?
            tManager.getAllCellInfo().toString() : "未知信息");
        // 获取 SIM 卡的国别
        statusValues.add(tManager.getSimCountryIso());
        // 获取 SIM 卡序列号
        statusValues.add(tManager.getSimSerialNumber());
        // 获取 SIM 卡状态
        statusValues.add(simState[tManager.getSimState()]);
        // 获得 ListView 对象
        List<Map<String, String>> status = new ArrayList<>();
        // 遍历 statusValues 集合，将 statusNames、statusValues
        // 的数据封装到 List<Map<String , String>>集合中
        for (int i = 0; i < statusValues.size(); i++) {
            Map<String, String> map = new HashMap<>();
            map.put("name", statusNames[i]);
            map.put("value", statusValues.get(i));
            status.add(map);
        }
        // 使用 SimpleAdapter 封装 List 数据
        SimpleAdapter adapter = new SimpleAdapter(this, status, R.layout.line,
            new String[]{"name", "value"}, new int[]{R.id.name, R.id.value});
        // 为 ListActivity 设置 Adapter
        setListAdapter(adapter);
    } else {
        Toast.makeText(this, R.string.permission_tip,
            Toast.LENGTH_SHORT).show();
    }
}
}
```

由于该应用需要获取手机位置和手机状态，因此程序还需要在 AndroidManifest.xml 文件中增加如下配置片段。

```
<!-- 添加访问手机位置的权限 -->
<uses-permission android:name="android.permission.ACCESS_COARSE_LOCATION"/>
<!-- 添加访问手机状态的权限 -->
<uses-permission android:name="android.permission.READ_PHONE_STATE"/>
```

运行该程序，将可以看到如图 10.11 所示的输出。

图 10.11 获取 SIM 卡信息和网络状态

TelephonyManager 除提供一系列的 getXxx()方法来获取网络状态和 SIM 卡信息之外，还提供了一个 listen(PhoneStateListener listener, int events)方法来监听通话状态。下面通过该方法来监听手机来电信息。

实例：监听手机来电

本实例程序通过监听 TelephonyManager 的通话状态来监听手机的所有来电。该程序代码如下。

程序清单：codes\10\10.3\TelephonyTest\monitor\src\main\java\org\crazyit\service\MainActivity.java

```java
public class MainActivity extends Activity
{
    @Override
    protected void onCreate(Bundle savedInstanceState)
    {
        super.onCreate(savedInstanceState);
        setContentView(R.layout.activity_main);
        requestPermissions(new String[]{Manifest.permission.READ_PHONE_STATE}, 0x123);
    }
    @Override
    public void onRequestPermissionsResult(int requestCode,
        @NonNull String[] permissions, @NonNull int[] grantResults)
    {
        // 如果用户授权访问读取通话信息
        if (requestCode == 0x123 && grantResults[0] ==
            PackageManager.PERMISSION_GRANTED) {
            // 取得 TelephonyManager 对象
            TelephonyManager tManager = (TelephonyManager)
                getSystemService(Context.TELEPHONY_SERVICE);
            // 创建一个通话状态监听器
            PhoneStateListener listener = new PhoneStateListener()
            {
                @Override
                public void onCallStateChanged(int state, String number)
                {
                    switch (state) {
                        // 无任何状态
                        case TelephonyManager.CALL_STATE_IDLE:
                            break;
                        // 挂断电话时
                        case TelephonyManager.CALL_STATE_OFFHOOK:
                            break;
                        // 来电铃响时
                        case TelephonyManager.CALL_STATE_RINGING: {
                            try(
                                OutputStream os = openFileOutput(
                                    "phoneList", Context.MODE_APPEND);
                                PrintStream ps = new PrintStream(os))
                            {
                                // 将来电号码记录到文件中
                                ps.println(new Date().toString() + " 来电：" + number);
                            }
                            catch (IOException e)
                            {
                                e.printStackTrace();
                            }
                        }
                    }
                    super.onCallStateChanged(state, number);
                }
            };
            // 监听电话通话状态的改变
            tManager.listen(listener, PhoneStateListener.LISTEN_CALL_STATE);
        }
    }
}
```

在上面的程序中首先创建了一个 PhoneStateListener，它是一个通话状态监听器，该监听器可用于对 TelephonyManager 进行监听。当手机来电铃响时，程序将会把来电号码记录到文件中，如上面的粗体字代码所示。

运行上面的程序，在保证该程序运行的状态下，启动另一个模拟器呼叫该电话（或者直接用真机测试该 App）。接下来就可以在 Monitor 的 File Explorer 面板的 data/data/org.crazyit.manager/files 目录下看到一个 phoneList 文件，将该文件导出到计算机上，查看该文件内容即可看到如下信息。

```
Tue Nov 06 12:38:55 GMT 2018 来电: 15555215556
```

从上面的文件内容可以看出，该程序记录了来自另一个模拟器的电话呼入信息。

如果把这段代码放在后台执行的 Service 中运行，并且设置 Service 组件随着系统开机自动运行，那么这种监听就可以"神不知鬼不觉"了（当然，该程序依然需要获取用户授权，这也是 Android 为了系统安全做出的改进）。本章后面会介绍如何让 Service 随系统开机自动运行。

需要指出的是，由于该程序需要获取手机的通话状态，因此必须在 AndroidManifest.xml 文件中增加如下权限配置代码。

```xml
<!-- 授予该应用读取通话状态的权限 -->
<uses-permission android:name="android.permission.READ_PHONE_STATE"/>
```

10.4 短信管理器（SmsManager）

SmsManager 是 Android 提供的另一个非常常见的服务，SmsManager 提供了一系列 sendXxxMessage()方法用于发送短信，不过就现在实际应用来看，短信通常都是普通的文本内容，也就是调用 sendTextMessage()方法进行发送即可。

实例：发送短信

本实例程序十分简单，程序提供一个文本框让用户输入收件人号码，一个文本框让用户输入短信内容，接下来单击"发送"按钮即可将短信发送出去。

程序代码如下。

程序清单：codes\10\10.4\SmsTest\send\src\main\java\org\crazyit\service\MainActivity.java

```java
public class MainActivity extends Activity
{
    private EditText numberEt;
    private EditText contentEt;
    private Button sendBn;
    @Override
    protected void onCreate(Bundle savedInstanceState)
    {
        super.onCreate(savedInstanceState);
        setContentView(R.layout.activity_main);
        // 获取程序界面上的两个文本框和按钮
        numberEt = findViewById(R.id.number);
        contentEt = findViewById(R.id.content);
        sendBn = findViewById(R.id.send);
        requestPermissions(new String[]{Manifest.permission.SEND_SMS}, 0x123);
    }
    @Override
    public void onRequestPermissionsResult(int requestCode,
        @NonNull String[] permissions, @NonNull int[] grantResults)
    {
        // 如果用户允许发送短信
        if (requestCode == 0x123 &&
            grantResults[0] == PackageManager.PERMISSION_GRANTED) {
```

```
            // 获取 SmsManager
            SmsManager sManager = SmsManager.getDefault();
            // 为 sendBn 按钮的单击事件绑定监听器
            sendBn.setOnClickListener(view ->
            {
                // 创建一个 PendingIntent 对象
                PendingIntent pi = PendingIntent.getActivity(MainActivity.this,
                    0, new Intent(), 0);
                // 发送短信
                sManager.sendTextMessage(numberEt.getText().toString(),
                    null, contentEt.getText().toString(), pi, null);
                // 提示短信发送完成
                Toast.makeText(MainActivity.this, "短信发送完成",
                    Toast.LENGTH_SHORT).show();
            });
        } else {
            Toast.makeText(this, R.string.permission_tip,
                Toast.LENGTH_SHORT).show();
        }
    }
}
```

从上面程序的粗体字代码可以看出，使用 SmsManager 发送短信十分简单，简单地调用 sendTextMessage() 方法即可发送。

上面的程序中用到了一个 PendingIntent 对象，PendingIntent 是对 Intent 的包装，一般通过调用 PendingIntent 的 getActivity()、getService()、getBroadcastReceiver() 静态方法来获取 PendingIntent 对象。与 Intent 对象不同的是，PendingIntent 通常会传给其他应用组件，从而由其他应用程序来执行 PendingIntent 所包装的 "Intent"。

该程序需要调用 SmsManager 来发送短信，因此还需要授予该程序发送短信的权限，也就是在 AndroidManifest.xml 文件中增加如下代码：

```
<!-- 授予发送短信的权限 -->
<uses-permission android:name="android.permission.SEND_SMS"/>
```

实例：短信群发

短信群发也是一个十分实用的功能，逢年过节，很多人都喜欢通过短信群发向自己的朋友表示祝福。短信群发可以将一条短信同时向多个人发送。短信群发的实现十分简单，只要让程序遍历每个收件人号码并依次向每个收件人发送短信即可。

该程序提供了一个带列表框的对话框供用户选择收件人号码，代码如下。

程序清单：codes\10\10.4\SmsTest\groupsend\src\main\java\org\crazyit\service\MainActivity.java

```
public class MainActivity extends Activity
{
    private TextView numbersTv;
    private EditText contentEt;
    private Button selectBn;
    private Button sendBn;
    // 记录需要群发的号码列表
    private List<String> sendList = new ArrayList<>();
    @Override
    protected void onCreate(Bundle savedInstanceState)
    {
        super.onCreate(savedInstanceState);
        setContentView(R.layout.activity_main);
        // 获取程序界面上的文本框、按钮组件
        numbersTv = findViewById(R.id.numbers);
        contentEt = findViewById(R.id.content);
```

```java
        selectBn = findViewById(R.id.select);
        sendBn = findViewById(R.id.send);
        requestPermissions(new String[]{Manifest.permission.SEND_SMS,
            Manifest.permission.READ_CONTACTS}, 0x123);
}
@Override
public void onRequestPermissionsResult(int requestCode,
    @NonNull String[] permissions, @NonNull int[] grantResults)
{
    if (requestCode == 0x123
            && grantResults[0] == PackageManager.PERMISSION_GRANTED
            && grantResults[1] == PackageManager.PERMISSION_GRANTED) {
        SmsManager sManager = SmsManager.getDefault();
        // 为 sendBn 按钮的单击事件绑定监听器
        sendBn.setOnClickListener(view ->
        {
            for (String number : sendList) {
                // 创建一个 PendingIntent 对象
                PendingIntent pi = PendingIntent.getActivity(
                    MainActivity.this, 0, new Intent(), 0);
                // 发送短信
                sManager.sendTextMessage(number, null,
                    contentEt.getText().toString(), pi, null);
            }
            // 提示短信群发完成
            Toast.makeText(MainActivity.this, "短信群发完成",
                Toast.LENGTH_SHORT).show();
        });
        // 为 selectBn 按钮的单击事件绑定监听器
        selectBn.setOnClickListener(view ->
        {
            // 查询联系人的电话号码
            Cursor cursor = getContentResolver().query(ContactsContract.
                CommonDataKinds.Phone.CONTENT_URI, null, null, null, null);
            List<String> numberList = new ArrayList<>();
            while (cursor.moveToNext()) {
                numberList.add(cursor.getString(cursor.getColumnIndex(
                    ContactsContract.CommonDataKinds.Phone.NUMBER))
                    .replace("-", "").replace(" ", ""));
            }
            cursor.close();
            BaseAdapter adapter = new BaseAdapter()
            {
                @Override
                public int getCount()
                {
                    return numberList.size();
                }
                @Override
                public Object getItem(int position)
                {
                    return position;
                }
                @Override
                public long getItemId(int position)
                {
                    return position;
                }
                @Override
                public View getView(int position, View convertView, ViewGroup parent)
                {
                    CheckBox rb;
                    if(convertView == null)
                    {
```

```java
                rb = new CheckBox(MainActivity.this);
            } else {
                rb = (CheckBox) convertView;
            }
            // 获取联系人的电话号码
            String number = numberList.get(position);
            rb.setText(number);
            // 如果该号码已经被加入发送人名单中,则默认勾选该号码
            if (sendList.contains(number)) {
                rb.setChecked(true);
            }
            return rb;
        }
    };
    // 加载 list.xml 布局文件对应的 View
    View selectView = getLayoutInflater().inflate(R.layout.list, null);
    // 获取 selectView 中名为 list 的 ListView 组件
    ListView listView = selectView.findViewById(R.id.list);
    listView.setAdapter(adapter);
    new AlertDialog.Builder(MainActivity.this).setView(selectView)
        .setPositiveButton("确定", (v, which) ->{
            // 清空 sendList 集合
            sendList.clear();
            // 遍历 listView 组件的每个列表项
            for (int i = 0; i < listView.getCount(); i++)
            {
                CheckBox checkBox = (CheckBox) listView.getChildAt(i);
                // 如果该列表项被勾选
                if (checkBox.isChecked())
                {
                    // 添加该列表项的电话号码
                    sendList.add(checkBox.getText().toString());
                }
            }
            numbersTv.setText(sendList.toString());
        }).show();
    });
} else {
    Toast.makeText(this, R.string.permission_tip,
        Toast.LENGTH_SHORT).show();
}
```

该程序的实现也很简单,程序提供了一个带列表框的对话框供用户选择群发短信的收件人号码,并使用了一个 ArrayLsit<String>集合来保存所有的收件人号码。为了实现群发功能,程序使用循环遍历 ArrayList<String>中的每个号码,并使用 SmsManager 依次向每个号码发送短信即可,如上面的粗体字代码所示。

上面的程序不仅需要调用 SmsManager 发送短信,也需要访问系统的联系人信息,因此不要忘记在 AndroidManifest.xml 文件中给该程序授予相应的权限,即在该文件中增加如下配置。

```xml
<!-- 授予读取联系人 ContentProvider 的权限 -->
<uses-permission android:name="android.permission.READ_CONTACTS"/>
<!-- 授予发送短信的权限 -->
<uses-permission android:name="android.permission.SEND_SMS"/>
```

还有一点需要指出,该程序有一个潜在的风险:该程序直接在主线程中采用循环向多个人发送短信,如果需要发送短信的人太多且网络延迟严重,群发短信就会变成一个耗时任务,此时可以考虑使用 IntentService 来群发短信,群发完成后通过广播通知前台 Activity。

10.5 音频管理器（AudioManager）

在某些时候，程序需要管理系统音量，或者直接让系统静音，这就可借助于 Android 提供的 AudioManager 来实现。程序一样是调用 getSystemService()方法来获取系统的音频管理器，接下来就可调用 AudioManager 的方法来控制手机音频了。

10.5.1 AudioManager 简介

程序获取了 AudioManager 对象之后，接下来就可调用 AudioManager 的如下常用方法来控制手机音频了。

- adjustStreamVolume(int streamType, int direction, int flags)：调整手机指定类型的声音。其中第一个参数 streamType 指定声音类型，该参数可接受如下几个值。
  - STREAM_ALARM：手机闹铃的声音。
  - STREAM_DTMF：DTMF 音调的声音。
  - STREAM_MUSIC：手机音乐的声音。
  - STREAM_NOTIFICATION：系统提示的声音。
  - STREAM_RING：电话铃声的声音。
  - STREAM_SYSTEM：手机系统的声音。
  - STREAM_VOICE_CALL：语音电话的声音。

  第二个参数指定对声音进行增大、减小还是静音等；第三个参数是调整声音时的标志，例如指定 FLAG_SHOW_UI，则调整声音时显示音量进度条。
- setMicrophoneMute(boolean on)：设置是否让麦克风静音。
- setMode(int mode)：设置声音模式，可设置的值有 NORMAL、RINGTONE 和 IN_CALL。
- setRingerMode(int ringerMode)：设置手机的电话铃声模式。可支持如下几个属性值。
  - RINGER_MODE_NORMAL：正常的手机铃声。
  - RINGER_MODE_SILENT：手机铃声静音。
  - RINGER_MODE_VIBRATE：手机振动。
- setSpeakerphoneOn(boolean on)：设置是否打开扩音器。
- setStreamVolume(int streamType, int index, int flags)：直接设置手机的指定类型的音量值。其中 streamType 参数与 adjustStreamVolume()方法中第一个参数的意义相同。

下面将通过一个简单的实例来示范 AudioManager 控制手机音频。

10.5.2 实例：使用 AudioManager 控制手机音频

本程序提供了一个按钮用于播放音乐，系统使用 MediaPlayer 播放音乐。程序还提供了两个按钮用于控制音乐声音量的提高、降低，并使用一个 ToggleButton 来控制是否静音。

该程序的界面比较简单，只是包含几个简单的按钮。该程序代码如下。

程序清单：codes\10\10.5\AudioTest\app\src\main\java\org\crazyit\service\MainActivity.java

```
public class MainActivity extends Activity
{
    private AudioManager aManager;
    @Override
    protected void onCreate(Bundle savedInstanceState)
    {
        super.onCreate(savedInstanceState);
        setContentView(R.layout.activity_main);
```

```java
// 获取系统的音频服务
aManager = (AudioManager) getSystemService(Service.AUDIO_SERVICE);
// 获取程序界面上的三个按钮和一个ToggleButton控件
Button playBn = findViewById(R.id.play);
Button upBn = findViewById(R.id.up);
Button downBn = findViewById(R.id.down);
ToggleButton muteTb = findViewById(R.id.mute);
// 为playBn按钮的单击事件绑定监听器
playBn.setOnClickListener(view -> {
    // 初始化MediaPlayer对象，准备播放音乐
    MediaPlayer mPlayer = MediaPlayer.create(MainActivity.this, R.raw.earth);
    // 设置循环播放
    mPlayer.setLooping(true);
    // 开始播放
    mPlayer.start();
});
upBn.setOnClickListener(view ->
    // 指定调节音乐的音频，增大音量，而且显示音量图形示意
    aManager.adjustStreamVolume(AudioManager.STREAM_MUSIC,
        AudioManager.ADJUST_RAISE, AudioManager.FLAG_SHOW_UI));
downBn.setOnClickListener(view ->
    // 指定调节音乐的音频，降低音量，而且显示音量图形示意
    aManager.adjustStreamVolume(AudioManager.STREAM_MUSIC,
        AudioManager.ADJUST_LOWER, AudioManager.FLAG_SHOW_UI));
muteTb.setOnCheckedChangeListener((source, isChecked) -> {
    // 指定调节音乐的音频，根据isChecked确定是否需要静音
    aManager.adjustStreamVolume(AudioManager.STREAM_MUSIC,
        isChecked ? AudioManager.ADJUST_MUTE
        : AudioManager.ADJUST_UNMUTE,
            AudioManager.FLAG_SHOW_UI);
});
}
}
```

上面程序中的第一段粗体字代码使用AudioManager的adjustStreamVolume()方法提高播放音乐的音量；第二段粗体字代码使用AudioManager的adjustStreamVolume()方法降低播放音乐的音量；第三段粗体字代码则调用AudioManager的adjustStreamVolume()方法将音乐设为静音。运行该程序，单击程序界面上的"增大音量"或"降低音量"按钮，系统播放音乐的音量将会随之改变，如图10.12所示。

图10.12　使用AudioManager管理音频

10.6 振动器（Vibrator）

在某些时候，程序需要启动系统振动器，比如手机静音时使用振动提示用户；再比如玩游戏时，当系统碰撞、爆炸时使用振动带给用户更逼真的体验等。总之，振动是除视频、声音之外的另一种"多媒体"，充分利用系统的振动器会带给用户更好的体验。

系统获取 Vibrator 也是调用 Context 的 getSystemService()方法即可，接下来就可调用 Vibrator 的方法来控制手机振动了。

▶▶ 10.6.1 Vibrator 简介

Vibrator 的使用比较简单，它只有三个简单的方法来控制手机振动。

- vibrate(VibrationEffect vibe)：控制手机按 VibrationEffect 效果执行振动。
- vibrate(VibrationEffect vibe, AudioAttributes attributes)：控制手机按 VibrationEffect 效果执行振动，并执行 AudioAttributes 指定的声音效果。
- cancel()：关闭手机振动。

上面的前两个方法控制振动时都需要传入 VibrationEffect 参数，该参数用于控制手机的振动效果。Vibrator 提供了如下三个方法来创建振动效果。

- createOneShot(long milliseconds, int amplitude)：创建只振动一次的振动效果。其中 milliseconds 指定振动时间，amplitude 指定振动幅度，该值可以是 0~255 之间的幅度。
- createWaveform(long[] timings, int[] amplitudes, int repeat)：创建波形振动的振动效果。其中 timings 依次指定各振动的时间，amplitudes 依次指定各振动的幅度。比如 timings 传入[400, 800, 1200]，amplitudes 传入[80, 240, 80]，这样将会创建一个开始振幅小、中间振幅大、后来振幅小的振动效果。
- createWaveform(long[] timings, int repeat)：创建波形振动的振动效果。其中 timings 指定振动停止、开始的时间，比如[400, 800, 1200]，就是指定在 400ms、800ms、1200ms 这些时间点交替关闭、启动振动。

掌握了这些方法的用法之后，接下来就可以在程序中通过 Vibrator 来控制手机振动了。

▶▶ 10.6.2 使用 Vibrator 控制手机振动

下面这个程序十分简单，程序几乎不需要界面，重写了 Activity 的 onTouchEvent(MotionEvent event)方法，这样使得用户触碰手机触摸屏时将会启动手机振动。

程序清单：codes\10\10.6\VibratorTest\app\src\main\java\org\crazyit\service\MainActivity.java

```java
public class MainActivity extends Activity
{
    private Vibrator vibrator;
    private GestureDetector detector;
    @Override
    protected void onCreate(Bundle savedInstanceState)
    {
        super.onCreate(savedInstanceState);
        setContentView(R.layout.activity_main);
        // 获取系统的 Vibrator 服务
        vibrator = (Vibrator) getSystemService(Service.VIBRATOR_SERVICE);
        detector = new GestureDetector(this, new GestureDetector.SimpleOnGestureListener()
        {
            @Override
            public void onLongPress(MotionEvent e)
            {
                Toast.makeText(MainActivity.this, "手机振动",
```

```
            Toast.LENGTH_SHORT).show();
        // 控制手机振动2秒，振动幅度为180
        vibrator.vibrate(VibrationEffect.createOneShot(2000, 180));
        }
    });
}
// 重写onTouchEvent方法，当用户触碰触摸屏时触发该方法
@Override
public boolean onTouchEvent(MotionEvent event)
{
    return detector.onTouchEvent(event);
}
}
```

上面程序中的第一行粗体字代码用于获取系统的 Vibrator 对象，第二行粗体字代码用于控制手机振动2秒。

需要指出的是，程序控制手机振动需要得到相应的权限，因此不要忘了在 AndroidManifest.xml 文件中增加如下授权配置代码。

```xml
<!-- 授予程序访问振动器的权限 -->
<uses-permission android:name="android.permission.VIBRATE"/>
```

在模拟器中运行该程序看不出振动效果，建议读者将该程序部署到真机上运行。

10.7 手机闹钟服务（AlarmManager）

AlarmManager 通常的用途就是用来开发手机闹钟，但实际上它的作用不止于此。它的本质是一个全局定时器，AlarmManager 可在指定时间或指定周期启动其他组件（包括 Activity、Service、BroadcastReceiver）。

10.7.1 AlarmManager 简介

AlarmManager 不仅可用于开发闹钟应用，还可作为一个全局定时器使用，在 Android 应用程序中也是通过 Context 的 getSystemService()方法来获取 AlarmManager 对象的。一旦程序获取了 AlarmManager 对象之后，就可调用它的如下方法来设置定时启动指定组件了。

- set(int type, long triggerAtTime, PendingIntent operation)：设置在 triggerAtTime 时间启动由 operation 参数指定的组件。其中第一个参数指定定时服务的类型，该参数可接受如下值。
  - ELAPSED_REALTIME：指定从现在开始时间过了一定时间后启动 operation 所对应的组件。
  - ELAPSED_REALTIME_WAKEUP：指定从现在开始时间过了一定时间后启动 operation 所对应的组件。即使系统处于休眠状态也会执行 operation 所对应的组件。
  - RTC：指定当系统调用 System.currentTimeMillis()方法的返回值与 triggerAtTime 相等时启动 operation 所对应的组件。
  - RTC_WAKEUP：指定当系统调用 System.currentTimeMillis() 方法的返回值与 triggerAtTime 相等时启动 operation 所对应的组件。即使系统处于休眠状态也会执行 operation 所对应的组件。
- setInexactRepeating(int type, long triggerAtTime, long interval, PendingIntent operation)：设置一个非精确的周期性任务。例如，我们设置 Alarm 每个小时启动一次，但系统并不一定总在每个小时的开始启动 Alarm 服务。
- setRepeating(int type, long triggerAtTime, long interval, PendingIntent operation)：设置一个周期性执行的定时服务。

- cancel(PendingIntent operation)：取消 AlarmManager 的定时服务。

从 Android 4.4（API 19）开始，AlarmManager 的机制是非精确激发的，操作系统会偏移（shift）闹钟来最小化唤醒和电池消耗。不过，AlarmManager 新增了如下两个方法来支持精确激发。

- setExact(int type, long triggerAtMillis, PendingIntent operation)：设置闹钟将在精确的时间被激发。
- setWindow(int type, long windowStartMillis, long windowLengthMillis, PendingIntent operation)：设置闹钟将在精确的时间段内被激发。

对于 targetSdkVersion 在 API 19 之前的应用仍将继续使用以前的行为，所有闹钟都会使用精确激发。

从 Android 6.0（API 23）开始，AlarmManager 又增加了如下两个方法。

- setAndAllowWhileIdle(int type, long triggerAtMillis, PendingIntent operation)：与普通的 set() 方法类似，但该方法所设置的闹钟，即使在低功耗空闲状态也会激发。
- setExactAndAllowWhileIdle(int type, long triggerAtMillis, PendingIntent operation)：与 setExact() 方法类似，但该方法所设置的闹钟，即使在低功耗空闲状态也会激发。

对于 API 23 之前的应用，程序使用普通的 setExact() 或 setWindow() 即可精确激发闹钟；但对于 API 23 之后的应用，如果希望闹钟可精确激发，则建议使用 setExactAndAllowWhileIdle() 方法设置闹钟。

掌握了 AlarmManager 的如上功能之后，接下来我们通过两个示例来示范 AlarmManager 在实际开发中的用途。

▶▶ 10.7.2 设置闹钟

这个程序比较简单，程序提供一个按钮让用户来设置闹铃时间（单击该按钮将会打开一个时间设置对话框），当用户设置好闹铃时间之后，即使退出该程序，到了预设时间 AlarmManager 也一样会启动指定组件——这是因为 AlarmManager 是一个全局定时器的缘故。

该程序的界面布局很简单，程序界面上只有一个简单的按钮。程序代码如下。

程序清单：codes\10\10.7\AlarmTest\alarm\src\main\java\org\crazyit\service\MainActivity.java

```java
public class MainActivity extends Activity
{
    private AlarmManager aManager;
    @Override
    protected void onCreate(Bundle savedInstanceState)
    {
        super.onCreate(savedInstanceState);
        setContentView(R.layout.activity_main);
        // 获取 AlarmManager 对象
        aManager = (AlarmManager) getSystemService(Context.ALARM_SERVICE);
        // 获取程序界面上的按钮
        Button setTimeBn = findViewById(R.id.setTime);
        // 为"设置闹铃"按钮绑定监听器
        setTimeBn.setOnClickListener(view -> {
            Calendar currentTime = Calendar.getInstance();
            // 创建一个 TimePickerDialog 实例，并把它显示出来
            new TimePickerDialog(MainActivity.this, 0,  // 绑定监听器
                (dialog, hourOfDay, minute) -> {
                    // 指定启动 AlarmActivity 组件
                    Intent intent = new Intent(MainActivity.this, AlarmActivity.class);
                    // 创建 PendingIntent 对象
                    PendingIntent pi = PendingIntent.getActivity(MainActivity.this, 0, intent, 0);
                    Calendar c = Calendar.getInstance();
```

```java
            // 根据用户选择时间来设置Calendar对象
            c.set(Calendar.HOUR_OF_DAY, hourOfDay);
            c.set(Calendar.MINUTE, minute);
            // 设置AlarmManager将在Calendar对应的时间启动指定组件
            if (Build.VERSION.SDK_INT >= Build.VERSION_CODES.M) { // 6.0及以上
                aManager.setExactAndAllowWhileIdle(AlarmManager.RTC_WAKEUP,
                    c.getTimeInMillis(), pi);
            } else if (Build.VERSION.SDK_INT >= Build.VERSION_CODES.KITKAT) {
                // 4.4及以上
                aManager.setExact(AlarmManager.RTC_WAKEUP, c.getTimeInMillis(), pi);
            }
            else {
                aManager.set(AlarmManager.RTC_WAKEUP, c.getTimeInMillis(), pi);
            }
            // 显示闹铃设置成功的提示信息
            Toast.makeText(MainActivity.this, "闹铃设置成功啦",
                Toast.LENGTH_SHORT).show();
        },currentTime.get(Calendar.HOUR_OF_DAY),
            currentTime.get(Calendar.MINUTE), false).show();
    });
}
```

上面程序中的粗体字代码控制 AlarmManager 将会在 Calendar 对应的时间启动 pi 对应的 Activity 组件，而且程序设置了 AlarmManager.RTC_WAKEUP 选项，这意味着即使系统处于休眠状态，到了系统预设时间，AlarmManager 也会控制系统去执行 pi 对应的 Activity 组件。

上面程序中的粗体字代码在设置闹钟时对程序运行平台进行了判断，如果运行平台的版本高于 6.0（API 23），则调用 setExactAndAllowWhileIdle() 方法来设置闹钟；如果运行平台的版本高于 4.4（API 19），则调用 setExact() 方法设置闹钟；对于更低的平台版本，则使用传统的 set() 方法设置闹钟。

上面程序中的 AlarmManager 需要启动的 Activity 为 AlarmActivity，它是一个非常简单的 Activity，甚至不需要程序界面，当该 Activity 加载时打开一个对话框提示闹钟时间到，并播放一段"激昂"的音乐提醒用户。AlarmActivity 代码如下。

程序清单：codes\10\10.7\AlarmTest\alarm\src\main\java\org\crazyit\service\AlarmActivity.java

```java
public class AlarmActivity extends Activity
{
    @Override
    public void onCreate(Bundle savedInstanceState)
    {
        super.onCreate(savedInstanceState);
        // 加载指定音乐，并为之创建MediaPlayer对象
        MediaPlayer alarmMusic = MediaPlayer.create(this, R.raw.alarm);
        alarmMusic.setLooping(true);
        // 播放音乐
        alarmMusic.start();
        // 创建一个对话框
        new AlertDialog.Builder(AlarmActivity.this).setTitle("闹钟")
            .setMessage("闹钟响了,Go! Go! Go! ")
            .setPositiveButton("确定", (dialog, which) -> {
                // 停止音乐
                alarmMusic.stop();
                // 结束该Activity
                AlarmActivity.this.finish();
            }).show();
    }
}
```

上面 Activity 的作用只是通过一个对话框、一段音乐来提醒用户：闹钟时间到了。

不要忘记在 AndroidManifest.xml 文件中配置 AlarmActivity，如果用户忘记配置该 Activity，系统甚至不会提示用户：该 Activity 不存在！只是到了系统预设时间之后，程序将什么也不干。

运行该程序，简单地把闹钟时间设为下一分钟，即使退出该程序，过一分钟之后也将看到如图 10.13 所示的闹钟提示。

图 10.13 闹钟应用

10.8 广播接收器

Android 系统的四大组件还有一种 BroadcastReceiver（广播接收器），这种组件本质上就是一个全局监听器，用于监听系统全局的广播消息。由于 BroadcastReceiver 是一个全局监听器，因此它可以非常方便地实现系统中不同组件之间的通信。

Android 8 对 BroadcastReceiver 进行了改进，Android 8 要求启动 BroadcastReceiver 的 Intent 必须是显式 Intent——就像启动 Service 的 Intent 一样，要么直接设置 BroadcastReceiver 类名；要么通过 Action 和 package 来设置显式 Intent。

▶▶ 10.8.1 BroadcastReceiver 简介

BroadcastReceiver 用于接收程序（包括用户开发的程序和系统内建的程序）所发出的 Broadcast Intent，与应用程序启动 Activity、Service 相同的是，程序启动 BroadcastReceiver 也只需要两步。

① 创建需要启动的 BroadcastReceiver 的 Intent。

② 调用 Context 的 sendBroadcast() 或 sendOrderedBroadcast() 方法来启动指定的 BroadcastReceiver。

当应用程序发出一个 Broadcast Intent 之后，所有匹配该 Intent 的 BroadcastReceiver 都有可能被启动。

与 Activity、Service 具有完整的生命周期不同，BroadcastReceiver 本质上只是一个系统级的监听器——它专门负责监听各程序所发出的 Broadcast。

提示:
前面介绍的各种 OnXxxListener 只是程序级别的监听器，这些监听器运行在指定程序所在进程中，当程序退出时，OnXxxListener 监听器也就随之关闭了。但 BroadcastReceiver 属于系统级的监听器，它拥有自己的进程，只要存在与之匹配的 Intent 被广播出来，BroadcastReceiver 就会被激发。

由于 BroadcastReceiver 本质上属于一个监听器，因此实现 BroadcastReceiver 的方法也十分简单，只要重写 BroadcastReceiver 的 onReceive(Context context, Intent intent)方法即可。

一旦实现了 BroadcastReceiver，接下来就应该指定该 BroadcastReceiver 能匹配的 Intent，此时有两种方式。

> 使用代码进行指定，调用 BroadcastReceiver 的 Context 的 registerReceiver (BroadcastReceiver receiver, IntentFilter filter)方法指定。例如如下代码：

```
IntentFilter filter = new IntentFilter("android.provider.Telephony.SMS_RECEIVED")
IncomingSMSReceiver receiver = new IncomingSMSReceiver()
```

```
registerReceiver(receiver, filter)
```

- 在 AndroidManifest.xml 文件中配置。例如如下代码：

```xml
<receiver android:name=".IncomingSMSReceiver">
    <intent-filter>
        <action android:name="android.provider.Telephony.SMS_RECEIVED"/>
    </intent-filter>
</receiver>
```

在配置<receiver.../>元素时可指定如下常用属性。
- name：指定该 BroadcastReceiver 的实现类类名。
- exported：指定该 BroadcastReceiver 是否能接收其他 App 发出的广播。如果在配置该组件时配置了<intent-filter.../>子元素，那么该属性默认为 true。
- label：指定该 BroadcastReceiver 的标签。
- permission：指定激发该 BroadcastReceiver 所需要的权限。
- process：指定该 BroadcastReceiver 所处的进程，该广播接收器默认处于该 App 所在的进程中。实际上，Android 的四大组件都可通过该属性指定进程。

每次系统 Broadcast 事件发生后，系统都会创建对应的 BroadcastReceiver 实例，并自动触发它的 onReceive() 方法，onReceive()方法执行完后，BroadcastReceiver 实例就会被销毁。

> **提示：** 与 Activity 组件不同的是，当系统通过 Intent 启动指定了 Activity 组件时，如果系统没有找到合适的 Activity 组件，则会导致程序异常中止；但系统通过 Intent 激发 BroadcastReceiver 时，如果找不到合适的 BroadcastReceiver 组件，应用不会有任何问题。

如果 BroadcastReceiver 的 onReceive()方法不能在 10 秒内执行完成，Android 会认为该程序无响应。所以不要在 BroadcastReceiver 的 onReceive()方法里执行一些耗时的操作；否则会弹出 ANR（Application No Response）对话框。

如果确实需要根据 Broadcast 来完成一项比较耗时的操作，则可以考虑通过 Intent 启动一个 Service 来完成该操作。不应考虑使用新线程去完成耗时的操作，因为 BroadcastReceiver 本身的生命周期很短，可能出现的情况是子线程可能还没有结束，BroadcastReceiver 就已经退出了。

如果 BroadcastReceiver 所在的进程结束了，虽然该进程内还有用户启动的新线程，但由于该进程内不包含任何活动组件，因此系统可能在内存紧张时优先结束该进程。这样就可能导致 BroadcastReceiver 启动的子线程不能执行完成。

▶▶ 10.8.2 发送广播

在程序中发送广播十分简单，只要调用 Context 的 sendBroadcast(Intent intent)方法即可，这条广播将会启动 intent 参数所对应的 BroadcastReceiver。

下面简单的程序示范了如何发送 Broadcast、使用 BroadcastReceiver 接收广播。该程序的 Activity 界面中包含一个按钮，当用户单击该按钮时程序会向外发送一条广播。该程序的代码如下。

程序清单：codes\10\10.8\Broadcast\basic\src\main\java\org\crazyit\broadcast\MainActivity.java

```java
public class MainActivity extends Activity
{
    @Override
    protected void onCreate(Bundle savedInstanceState)
    {
        super.onCreate(savedInstanceState);
        setContentView(R.layout.activity_main);
        // 获取程序界面上的按钮
```

```
        Button sendBbn = findViewById(R.id.send);
        sendBbn.setOnClickListener(view -> {
            // 创建 Intent 对象
            Intent intent = new Intent();
            // 设置 Intent 的 Action 属性
            intent.setAction("org.crazyit.action.CRAZY_BROADCAST");
            intent.setPackage("org.crazyit.broadcast");
            intent.putExtra("msg", "简单的消息");
            // 发送广播
            sendBroadcast(intent);
        });
    }
}
```

上面程序中的粗体字代码用于创建一个 Intent 对象，该 Intent 设置了 Action 和 package，这样就相当于一个显式 Intent（如果不设置 package 属性，将无法启动 BroadcastReceiver），并使用该 Intent 对象对外发送一条广播。该程序所使用的 BroadcastReceiver 代码如下。

程序清单：codes\10\10.8\Broadcast\app\src\main\java\org\crazyit\broadcast\MyReceiver.java

```
public class MyReceiver extends BroadcastReceiver
{
    @Override
    public void onReceive(Context context, Intent intent)
    {
        Toast.makeText(context, "接收到的 Intent 的 Action 为: " + intent.getAction()
            + "\n 消息内容是: " + intent.getStringExtra("msg"),
            Toast.LENGTH_LONG).show();
    }
}
```

正如在上面的程序中所看到的，当符合该 MyReceiver 的广播出现时，该 MyReceiver 的 onReceive()方法将会被触发，从而在该方法中显示广播所携带的消息。

上面发送广播的程序中指定发送广播时所用的 Intent 的 Action 为 org.crazyit.action.CRAZY_BROADCAST，这就需要配置上面的 BroadcastReceiver 应监听 Action 为该字符串的 Intent，在 AndroidManifest.xml 文件中增加如下配置即可。

```
<receiver android:name=".MyReceiver" android:enabled="true"
    android:exported="false">
    <intent-filter>
        <!-- 指定该 BroadcastReceiver 所响应的 Intent 的 Action -->
        <action android:name="org.crazyit.action.CRAZY_BROADCAST" />
    </intent-filter>
</receiver>
```

运行该程序，并单击程序界面中的"发送广播"按钮，将看到程序有如图 10.14 所示的提示。

图 10.14 响应广播

10.8.3 有序广播

Broadcast 被分为如下两种。
- Normal Broadcast（普通广播）：Normal Broadcast 是完全异步的，可以在同一时刻（逻辑上）被所有接收者接收到，消息传递的效率比较高。但缺点是接收者不能将处理结果传递给下一个接收者，并且无法终止 Broadcast Intent 的传播。
- Ordered Broadcast（有序广播）：Ordered Broadcast 的接收者将按预先声明的优先级依次接收 Broadcast。比如 A 的级别高于 B、B 的级别高于 C，那么 Broadcast 先传给 A，再传给 B，最后传给 C。优先级别声明在<intent-filter.../>元素的 android:priority 属性中，数越大优先级别越高，取值范围为-1000~1000，也可以调用 IntentFilter 对象的 setPriority()设置优先级别。Ordered Broadcast 接收者可以终止 Broadcast Intent 的传播，Broadcast Intent 的传播一旦终止，后面的接收者就无法接收到 Broadcast。另外，Ordered Broadcast 的接收者可以将数据传递给下一个接收者，比如 A 得到 Broadcast 后，可以往它的结果对象中存入数据，当 Broadcast 传给 B 时，B 可以从 A 的结果对象中得到 A 存入的数据。

Context 提供的如下两个方法用于发送广播。
- sendBroadcast()：发送 Normal Broadcast。
- sendOrderedBroadcast()：发送 Ordered Broadcast。

对于 Ordered Broadcast 而言，系统会根据接收者声明的优先级别按顺序逐个执行接收者，优先接收到 Broadcast 的接收者可以终止 Broadcast，调用 BroadcastReceiver 的 abortBroadcast()方法即可终止 Broadcast。如果 Broadcast 被前面的接收者终止，后面的广播接收者就再也无法获取到 Broadcast 了。

不仅如此，对于 Ordered Broadcast 而言，优先接收到 Broadcast 的接收者可以通过 setResultExtras(Bundle)方法将处理结果存入 Broadcast 中，然后传给下一个接收者，下一个接收者通过代码 Bundle bundle = getResultExtras(true)可以获取上一个接收者存入的数据。

系统收到短信，发出的 Broadcast 属于 Ordered Broadcast。如果想阻止用户收到短信，可以通过设置优先级，让自定义的 BroadcastReceiver 先获取到 Broadcast，然后终止 Broadcast。

接下来介绍一个发送有序广播的示例，该程序的 Activity 界面上只有一个普通按钮，用于发送一条有序广播。该程序代码如下。

程序清单：codes\10\10.8\Broadcast\sorted\src\main\java\org\crazyit\broadcast\MainActivity.java

```java
public class MainActivity extends Activity
{
    @Override
    protected void onCreate(Bundle savedInstanceState)
    {
        super.onCreate(savedInstanceState);
        setContentView(R.layout.activity_main);
        // 获取程序中的 send 按钮
        Button sendBn = findViewById(R.id.send);
        sendBn.setOnClickListener(view -> {
            // 创建 Intent 对象
            Intent intent = new Intent();
            intent.setAction("org.crazyit.action.CRAZY_BROADCAST");
            intent.setPackage("org.crazyit.broadcast");
            intent.putExtra("msg", "简单的消息");
            // 发送有序广播
            sendOrderedBroadcast(intent, null);
        });
    }
}
```

上面程序中的粗体字代码指定了 Intent 的 Action 和 package 属性,再调用 sendOrderedBroadcast() 方法来发送有序广播。对于有序广播而言,它会按优先级依次触发每个 BroadcastReceiver 的 onReceive()方法。

下面的程序先定义了第一个 BroadcastReceiver。

程序清单:codes\10\10.8\Broadcast\sorted\src\main\java\org\crazyit\broadcast\MyReceiver1.java

```java
public class MyReceiver1 extends BroadcastReceiver
{
    @Override
    public void onReceive(Context context, Intent intent)
    {
        Toast.makeText(context, "接收到的 Intent 的 Action 为: " +
            intent.getAction() + "\n 消息内容是: " + intent.getStringExtra("msg"),
            Toast.LENGTH_SHORT).show();
        // 创建一个 Bundle 对象,并存入数据
        Bundle bundle = new Bundle();
        bundle.putString("first", "第一个 BroadcastReceiver 存入的消息");
        // 将 bundle 放入结果中
        setResultExtras(bundle);
        // 取消 Broadcast 的继续传播
        abortBroadcast(); // ①
    }
}
```

上面的 BroadcastReceiver 不仅处理了它所接收到的消息,而且向处理结果中存入了 key 为 first 的消息,这个消息将可以被第二个 BroadcastReceiver 解析出来。

上面程序中的①号粗体字代码用于取消广播,如果保持这条代码生效,那么优先级比 MyReceiver1 低的 BroadcastReceiver 都不会被触发。

在 AndroidManifest.xml 文件中部署该 BroadcastReceiver,并指定其优先级为 20,配置片段如下:

```xml
<receiver android:name=".MyReceiver1">
    <intent-filter android:priority="20">
        <action android:name="org.crazyit.action.CRAZY_BROADCAST" />
    </intent-filter>
</receiver>
```

接下来为程序提供第二个 BroadcastReceiver,这个 BroadcastReceiver 将会解析前一个 BroadcastReceiver 所存入的 key 为 first 的消息。该 BroadcastReceiver 的代码如下。

程序清单:codes\10\10.8\Broadcast\sorted\src\main\java\org\crazyit\broadcast\MyReceiver2.java

```java
public class MyReceiver2 extends BroadcastReceiver
{
    @Override
    public void onReceive(Context context, Intent intent)
    {
        Bundle bundle = getResultExtras(true);
        // 解析前一个 BroadcastReceiver 所存入的 key 为 first 的消息
        String first = bundle.getString("first");
        Toast.makeText(context, "第一个 Broadcast 存入的消息为: "
            + first, Toast.LENGTH_LONG).show();
    }
}
```

上面程序中的粗体字代码用于解析前一个 BroadcastReceiver 存入结果中的 key 为 first 的消息,在 AndroidManifest.xml 文件中配置该 BroadcastReceiver,并指定其优先级为 0。配置片段如下:

```xml
<receiver android:name=".MyReceiver2">
```

```
<intent-filter android:priority="0">
    <action android:name="org.crazyit.action.CRAZY_BROADCAST" />
</intent-filter>
</receiver>
```

根据上面的配置可以看出，该程序中包含两个 BroadcastReceiver，其中 MyReceiver1 的优先级更高，MyReceiver2 的优先级略低。如果将程序中①号粗体字代码注释掉，那么程序中 MyReceiver2 将可以被触发，并解析得到 MyReceiver1 存入结果中的 key 为 first 的消息，因此可以看到如图 10.15 所示的输出。

如果不注释掉程序中的①号粗体字代码，这行代码将会阻止消息广播，这样消息将传不到 MyReceiver2 了。

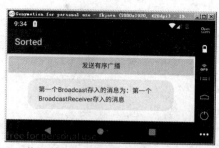

图 10.15　获取前一个 BroadcastReceiver 存入的消息

实例：基于 Service 的音乐播放器

前面已经提到 BroadcastReceiver 是一个全局监听器，因此 BroadcastReceiver 也就提供了让不同组件之间进行通信的新思路。比如程序有一个 Activity、一个 Service，而且该 Service 是通过 startService() 方法启动起来的，在正常情况下，这个 Activity 与通过 startService() 方法启动的 Service 之间无法通信，但借助于 BroadcastReceiver 的帮助，程序就可以实现两者之间的通信了。

本实例程序开发了一个基于 Service 组件的音乐盒，程序的音乐将会由后台运行的 Service 组件负责播放，当后台的播放状态发生改变时，程序将会通过发送广播通知前台 Activity 更新界面；当用户单击前台 Activity 的界面按钮时，系统将通过发送广播通知后台 Service 来改变播放状态。

前台 Activity 的界面很简单，它只有两个按钮，分别用于控制播放/暂停、停止；另外还有两个文本框，用于显示正在播放的歌曲名、歌手名。前台 Activity 的代码如下。

程序清单：codes\10\10.8\Broadcast\musicbox\src\main\java\org\crazyit\broadcast\MainActivity.java

```java
public class MainActivity extends Activity
{
    public static final String CTL_ACTION = "org.crazyit.action.CTL_ACTION";
    public static final String UPDATE_ACTION = "org.crazyit.action.UPDATE_ACTION";
    // 获取界面上的显示歌曲标题、作者文本框
    private TextView titleTv;
    private TextView authorTv;
    // 播放/暂停、停止按钮
    private ImageButton playBn;
    private ImageButton stopBn;
    private ActivityReceiver activityReceiver;
    // 定义音乐的播放状态，0x11代表没有播放，0x12代表正在播放；0x13代表暂停
    int status = 0x11;
    String[] titleStrs = new String[]{"心愿", "约定", "美丽新世界"};
    String[] authorStrs = new String[]{"未知艺术家", "周蕙", "伍佰"};
    @Override
    protected void onCreate(Bundle savedInstanceState)
    {
        super.onCreate(savedInstanceState);
        setContentView(R.layout.activity_main);
        // 获取程序界面上的两个按钮
        playBn = this.findViewById(R.id.play);
        stopBn = this.findViewById(R.id.stop);
```

```java
titleTv = findViewById(R.id.title);
authorTv = findViewById(R.id.author);
View.OnClickListener listener = source ->
{
    // 创建 Intent
    Intent intent = new Intent("org.crazyit.action.CTL_ACTION");
    intent.setPackage("org.crazyit.broadcast");
    switch (source.getId()) {
        // 单击播放/暂停按钮
        case R.id.play:
            intent.putExtra("control", 1);
            break;
        // 单击停止按钮
        case R.id.stop:
            intent.putExtra("control", 2);
            break;
    }
    // 发送广播，将被 Service 组件中的 BroadcastReceiver 接收到
    sendBroadcast(intent);
};
// 为两个按钮的单击事件添加监听器
playBn.setOnClickListener(listener);
stopBn.setOnClickListener(listener);
activityReceiver = new ActivityReceiver();
// 创建 IntentFilter
IntentFilter filter = new IntentFilter();
// 指定 BroadcastReceiver 监听的 Action
filter.addAction(UPDATE_ACTION);
// 注册 BroadcastReceiver
registerReceiver(activityReceiver, filter);
Intent intent = new Intent(this, MusicService.class);
// 启动后台 Service
startService(intent);
}
// 自定义的 BroadcastReceiver，负责监听从 Service 传回来的广播
class ActivityReceiver extends BroadcastReceiver
{
    @Override
    public void onReceive(Context context, Intent intent)
    {
        // 获取 Intent 中的 update 消息，update 代表播放状态
        int update = intent.getIntExtra("update", -1);
        // 获取 Intent 中的 current 消息，current 代表当前正在播放的歌曲
        int current = intent.getIntExtra("current", -1);
        if (current >= 0) {
            titleTv.setText(titleStrs[current]);
            authorTv.setText(authorStrs[current]);
        }
        switch (update)
        {
            case 0x11:
                playBn.setImageResource(R.drawable.play);
                status = 0x11;
                break;
            // 控制系统进入播放状态
            case 0x12:
                // 在播放状态下设置使用暂停图标
                playBn.setImageResource(R.drawable.pause);
                // 设置当前状态
                status = 0x12;
                break;
            // 控制系统进入暂停状态
            case 0x13:
```

```
                // 在暂停状态下设置使用播放图标
                playBn.setImageResource(R.drawable.play);
                // 设置当前状态
                status = 0x13;
                break;
            }
        }
    }
}
```

上面程序的关键代码就是两段粗体字代码。

➢ 第一段粗体字代码根据用户单击的按钮发送广播,在发送广播时会把所单击按钮的标识发送出去。发送的广播将激发后台 Service 的 BroadcastReceiver,该 BroadcastReceiver 将会根据广播消息来改变播放状态。

第二段粗体字代码用于响应后台 Service 所发出的广播,该程序将会根据广播 Intent 里的消息来改变播放状态,并更新程序界面上按钮的图标:当正在播放时,显示暂停图标;当暂停时,显示播放图标。并根据传回来的 current 数据来更新 title、author 两个文本框所显示的文本,用于显示当前正在播放的歌曲的歌名和歌手。

与之对应的是,该程序的后台 Service 也一样,它会在播放状态发生改变时对外发送广播(广播将会激发前台 Activity 的 BroadcastReceiver);它也会采用 BroadcastReceiver 监听来自前台 Activity 所发出的广播。后台 Service 的代码如下。

程序清单:codes\10\10.8\Broadcast\musicbox\src\main\java\org\crazyit\broadcast\MusicService.java

```java
public class MusicService extends Service
{
    private MyReceiver serviceReceiver;
    private AssetManager am;
    private String[] musics = new String[]{"wish.mp3", "promise.mp3", "beautiful.mp3"};
    private MediaPlayer mPlayer;
    // 当前的状态,0x11 代表没有播放;0x12 代表正在播放;0x13 代表暂停
    private int status = 0x11;
    // 记录当前正在播放的音乐
    private int current = 0;
    @Override
    public IBinder onBind(Intent intent)
    {
        return null;
    }
    @Override
    public void onCreate()
    {
        super.onCreate();
        am = getAssets();
        // 创建 BroadcastReceiver
        serviceReceiver = new MyReceiver();
        // 创建 IntentFilter
        IntentFilter filter = new IntentFilter();
        filter.addAction(MainActivity.CTL_ACTION);
        registerReceiver(serviceReceiver, filter);
        // 创建 MediaPlayer
        mPlayer = new MediaPlayer();
        // 为 MediaPlayer 播放完成事件绑定监听器
        mPlayer.setOnCompletionListener(view -> {   // ①
            current++;
            if (current >= 3) {
                current = 0;
            }
            // 发送广播通知 Activity 更改文本框
```

```java
            Intent sendIntent = new Intent(MainActivity.UPDATE_ACTION);
            sendIntent.setPackage("org.crazyit.broadcast");
            sendIntent.putExtra("current", current);
            // 发送广播，将被Activity组件中的BroadcastReceiver接收到
            sendBroadcast(sendIntent);
            // 准备并播放音乐
            prepareAndPlay(musics[current]);
        });
}
class MyReceiver extends BroadcastReceiver
{
    @Override
    public void onReceive(Context context, Intent intent)
    {
        int control = intent.getIntExtra("control", -1);
        switch (control) {
            // 播放或暂停
            case 1:
                switch (status) {
                    // 原来处于没有播放状态
                    case 0x11:
                        // 准备并播放音乐
                        prepareAndPlay(musics[current]);
                        status = 0x12;
                        break;
                    // 原来处于播放状态
                    case 0x12:
                        // 暂停
                        mPlayer.pause();
                        // 改变为暂停状态
                        status = 0x13;
                        break;
                    // 原来处于暂停状态
                    case 0x13:
                        // 播放
                        mPlayer.start();
                        // 改变状态
                        status = 0x12;
                        break;
                }
                break;
            // 停止声音
            case 2:
                // 如果原来正在播放或暂停
                if (status == 0x12 || status == 0x13) {
                    // 停止播放
                    mPlayer.stop();
                    status = 0x11;
                }
                break;
        }
        // 广播通知Activity更改图标、文本框
        Intent sendIntent = new Intent(MainActivity.UPDATE_ACTION);
        sendIntent.setPackage("org.crazyit.broadcast");
        sendIntent.putExtra("update", status);
        sendIntent.putExtra("current", current);
        // 发送广播，将被Activity组件中的BroadcastReceiver接收到
        sendBroadcast(sendIntent);
    }
}
private void prepareAndPlay(String music)
{
    try {
```

```
                // 打开指定音乐文件
                AssetFileDescriptor afd = am.openFd(music);
                mPlayer.reset();
                // 使用 MediaPlayer 加载指定的声音文件
                mPlayer.setDataSource(afd.getFileDescriptor(),
                    afd.getStartOffset(), afd.getLength());
                // 准备声音
                mPlayer.prepare();
                // 播放
                mPlayer.start();
            } catch (IOException e) {
                e.printStackTrace();
            }
        }
    }
```

上面程序中的粗体字代码用于接收来自前台 Activity 所发出的广播，并根据广播的消息内容改变 Service 的播放状态，当播放状态改变时，该 Service 对外发送一条广播，广播消息将会被前台 Activity 接收，前台 Activity 将会根据广播消息去更新程序界面。

除此之外，为了让该音乐播放器能按顺序依次播放每首歌曲，程序为 MediaPlayer 增加了 OnCompletionListener 监听器，当 MediaPlayer 播放完成后将让它自动播放下一首歌曲，如程序中①号代码所示。

图 10.16　音乐播放器

运行该程序，将看到如图 10.16 示的界面。

由于该程序采用了后台 Service 来播放音乐，因此即使用户退出该程序，后台也依然会播放音乐，这就是该程序的独特之处。如果用户希望停止播放，只要单击图 10.16 所示界面中的"停止"按钮，前台 Activity 就会发送广播通知后台 Service 停止播放。

该程序用到了两个 BroadcastReceiver，但已经在程序中注册了两个 BroadcastReceiver 所监听的 IntentFilter，因此无须在 AndroidManifest.xml 文件中注册这两个 BroadcastReceiver，只要注册该程序所用的前台 Activity、后台 Service 即可。

10.9　接收系统广播消息

除接收用户发送的广播之外，BroadcastReceiver 还有一个重要的用途：接收系统广播。如果应用需要在系统特定时刻执行某些操作，就可以通过监听系统广播来实现。Android 的大量系统事件都会对外发送标准广播。下面是 Android 常见的广播 Action 常量（具体请参考 Android API 文档中关于 Intent 的说明）。

- ➢ ACTION_TIME_CHANGED：系统时间被改变。
- ➢ ACTION_DATE_CHANGED：系统日期被改变。
- ➢ ACTION_TIMEZONE_CHANGED：系统时区被改变。
- ➢ ACTION_BOOT_COMPLETED：系统启动完成。
- ➢ ACTION_PACKAGE_ADDED：系统添加包。
- ➢ ACTION_PACKAGE_CHANGED：系统的包改变。
- ➢ ACTION_PACKAGE_REMOVED：系统的包被删除。
- ➢ ACTION_PACKAGE_RESTARTED：系统的包被重启。
- ➢ ACTION_PACKAGE_DATA_CLEARED：系统的包数据被清空。
- ➢ ACTION_BATTERY_CHANGED：电池电量改变。

- ACTION_BATTERY_LOW：电池电量低。
- ACTION_POWER_CONNECTED：系统连接电源。
- ACTION_POWER_DISCONNECTED：系统与电源断开。
- ACTION_SHUTDOWN：系统被关闭。

通过使用 BroadcastReceiver 来监听特殊的广播，即可让应用随系统执行特定的操作。

实例：开机自动运行的 Activity

前面已经介绍了多个程序，需要使用开机自动运行的 Service，例如监听用户来电、监听用户短信、拦截黑名单电话……为了让 Service 随系统启动自动运行，可以让 BroadcastReceiver 监听 Action 为 ACTION_BOOT_COMPLETED 常量的 Intent，然后在 BroadcastReceiver 中启动特定 Service 即可。

该程序所用的 BroadcastReceiver 代码如下。

程序清单：codes\10\10.9\SysBroadcast\launch\src\main\java\org\crazyit\broadcast\LaunchReceiver.java

```java
public class LaunchReceiver extends BroadcastReceiver
{
    @Override
    public void onReceive(Context context, Intent intent)
    {
        Intent tIntent = new Intent(context
            , MainActivity.class);
        tIntent.setFlags(Intent.FLAG_ACTIVITY_NEW_TASK);
        // 启动指定Activity
        context.startActivity(tIntent);
    }
}
```

该 LaunchReceiver 的代码十分简单，只要在 onReceive()方法中启动指定 Activity 即可。从 Android 8 开始，开机启动的 BroadcastReceiver 不允许在后台启动 Service，这也是出于保护用户安全的考虑，因为这种开机启动、在后台运行的 Service 一方面会带来安全隐患；另一方面会影响 Android 系统的性能，降低用户体验。

为了让 LaunchReceiver 监听系统开机发出的广播，因此需要在 AndroidManifest.xml 文件中采用如下代码配置该 BroadcastReceiver。

```xml
<!-- 定义一个BroadcastReceiver，监听系统开机广播 -->
<receiver android:name=".LaunchReceiver">
    <intent-filter>
        <action android:name="android.intent.action.BOOT_COMPLETED" />
    </intent-filter>
</receiver>
```

除此之外，为了让程序能访问系统开机事件，还需要为应用程序增加如下权限。

```xml
<!-- 授予应用程序访问系统开机事件的权限 -->
<uses-permission android:name="android.permission.RECEIVE_BOOT_COMPLETED"/>
```

该应用只要运行过一次，那么以后每次重启手机，该应用都会自动运行。

实例：手机电量提示

当手机电量发生改变时，系统会对外发送 Intent 的 Action 为 ACTION_BATTERY_CHANGED 常量的广播；当手机电量过低时，系统会对外发送 Intent 的 Action 为 ACTION_BATTERY_LOW 常量的广播。通过开发监听对应 Intent 的 BroadcastReceiver，即可让系统对手机电量进行提示。

下面的程序即可对手机电量过低进行提示。

程序清单：codes\10\10.9\SysBroadcast\monitorbattery\src\main\java\org\crazyit\broadcast\BatteryReceiver.java

```java
public class BatteryReceiver extends BroadcastReceiver
{
    @Override
    public void onReceive(Context context, Intent intent)
    {
        Bundle bundle = intent.getExtras();
        // 获取当前电量
        int current = bundle.getInt("level");
        // 获取总电量
        int total = bundle.getInt("scale");
        // 如果当前电量小于总电量的 15%
        if (current * 1.0 / total < 0.15)
        {
            Toast.makeText(context, "电量过低，请尽快充电！", Toast.LENGTH_LONG).show();
        }
    }
}
```

上面程序中的粗体字代码即可通过接收到的广播消息获取系统总电量、当前电量，如果当前电量小于总电量的 15%，则程序会显示电量过低的提示信息。

出于安全考虑，现在 Android 要求使用代码来注册监听 android.intent.action.BATTERY_CHANGED 的 BroadcastReceiver，因此该程序定义了如下 Activity 来注册它。

程序清单：codes\10\10.9\SysBroadcast\monitorbattery\src\main\java\org\crazyit\broadcast\MainActivity.java

```java
public class MainActivity extends Activity
{
    @Override
    protected void onCreate(Bundle savedInstanceState)
    {
        super.onCreate(savedInstanceState);
        setContentView(R.layout.activity_main);
        IntentFilter batteryfilter = new IntentFilter();
        // 设置该 Intent 的 Action 属性
        batteryfilter.addAction(Intent.ACTION_BATTERY_CHANGED);
        // 注册 BatteryReceiver
        registerReceiver(new BatteryReceiver(), batteryfilter);
    }
}
```

另外，还需要增加授权该应用读取电量信息的权限，因此在 AndroidManifest.xml 文件中增加如下授权配置。

```xml
<!-- 授权应用读取电量信息 -->
<uses-permission android:name="android.permission.BATTERY_STATS" />
```

运行该 App，通过 Genymotion 模拟器右边的电池按钮（图标）可改变模拟器的电量，从而激发该手机电量改变的广播，从而看到该应用显示如图 10.17 所示的提示信息。

图 10.17　手机低电量提示

此外，Android 为电池提供了一个 BatteryManager，就像前面介绍的 AudioManager、Vibrator

一样，如果 App 只是简单地读取设备的电池信息，那么程序只要通过 Context 获取 BatteryManager 对象，然后通过该对象来获取电池相关信息即可。例如如下代码：

```
// 获取电池的状态
int st = bm.getIntProperty(BatteryManager.BATTERY_PROPERTY_STATUS);
// 获取电池的剩下电量（剩下的百分比）
int a = bm.getIntProperty(BatteryManager.BATTERY_PROPERTY_CAPACITY);
// 获取电池的剩下电量（以纳瓦时为单位）
int a = bm.getIntProperty(BatteryManager.BATTERY_PROPERTY_ENERGY_COUNTER);
// 获取电池的平均电流（以毫安为单位），正值表示正在充电，负值表示正在放电
int b = bm.getIntProperty(BatteryManager.BATTERY_PROPERTY_CURRENT_AVERAGE);
// 获取电池的瞬时电流（以毫安为单位），正值表示正在充电，负值表示正在放电
int c = bm.getIntProperty(BatteryManager.BATTERY_PROPERTY_CURRENT_NOW);
```

10.10 本章小结

前面已经介绍了 Activity 和 ContentProvider 两个组件，再加上本章所介绍的 Service、BroadcastReceiver 两个组件，这就是 Android 系统的四大组件了。学习 Service 需要重点掌握创建、配置 Service 组件，以及如何启动、停止 Service；不仅如此，如何开发 IntentService、远程 AIDL Service、调用远程 AIDL Service 也是需要重点掌握的内容。学习 BroadcastReceiver 需要掌握创建、配置 BroadcastReceiver 组件，还需要掌握在程序中发送 Broadcast 的方法。除此之外，本章还介绍了大量系统 Service 的功能和用法，包括 TelephonyManager、SmsManager、AudioManager、Vibrator、AlarmManager 等，需要读者熟练掌握并能熟练使用。

CHAPTER 11

第 11 章
多媒体应用开发

本章要点

- 音频和视频
- 使用 MediaPlayer 播放音频
- 使用 VolumeShaper 控制声音效果
- 使用 SoundPool 播放音频
- 使用 VideoView 播放视频
- 使用 MediaPlayer 与 SurfaceView 播放视频
- 使用 MediaRecorder 录制音频
- 控制摄像头拍照
- 控制摄像头录制视频短片
- 屏幕捕捉

Android 应用面向的是普通个人用户，这些用户往往会更加关注用户体验，因此为 Android 应用增加动画、视频、音乐等多媒体功能十分必要。就目前的手机发展趋势来看，手机已经不再是单一的通信工具，已经发展成集照相机、音乐播放器、视频播放器、个人小型终端于一体的智能设备，因此为手机提供音频录制、播放，视频录制、播放的功能十分重要。

Android 提供了常见音频、视频的编码、解码机制，就像之前所用过的 MediaPlayer 类，Android 支持的音频格式有 MP3、WAV 和 3GP 等，支持的视频格式有 MP4 和 3GP 等。

借助于这些多媒体支持类，我们可以非常方便地在手机应用中播放音频、视频等，这些多媒体数据既可是来自 Android 应用的资源文件，也可是来自外部存储器上的文件，甚至可以是来自网络的文件流。不仅如此，Android 也提供了对摄像头、麦克风的支持，因此也可以十分方便地从外部采集照片、视频、音频等多媒体信息。

11.1 音频和视频的播放

Android 提供了简单的 API 来播放音频、视频，下面将会详细介绍如何使用它们。

▶▶ 11.1.1 Android 9 增强的 MediaPlayer

前面已经提及如何使用 MediaPlayer 播放音频的例子，使用 MediaPlayer 播放音频十分简单，当程序控制 MediaPlayer 对象装载音频完成之后，程序可以调用 MediaPlayer 的如下三个方法进行播放控制。

- ➢ start()：开始或恢复播放。
- ➢ stop()：停止播放。
- ➢ pause()：暂停播放。

为了让 MediaPlayer 来装载指定音频文件，MediaPlayer 提供了如下简单的静态方法。

- ➢ static MediaPlayer create(Context context, Uri uri)：从指定 Uri 来装载音频文件，并返回新创建的 MediaPlayer 对象。
- ➢ static MediaPlayer create(Context context, int resid)：从 resid 资源 ID 对应的资源文件中装载音频文件，并返回新创建的 MediaPlayer 对象。

上面两个方法用起来非常方便，但这两个方法每次都会返回新创建的 MediaPlayer 对象，如果程序需要使用 MediaPlayer 循环播放多个音频文件，使用 MediaPlayer 的静态 create()方法就不太合适了，此时可通过 MediaPlayer 的 setDataSource()方法来装载指定的音频文件。MediaPlayer 提供了如下方法来指定装载相应的音频文件。

- ➢ setDataSource(String path)：指定装载 path 路径所代表的文件。
- ➢ setDataSource(FileDescriptor fd, long offset, long length)：指定装载 fd 所代表的文件中从 offset 开始、长度为 length 的文件内容。
- ➢ setDataSource(FileDescriptor fd)：指定装载 fd 所代表的文件。
- ➢ setDataSource(Context context, Uri uri)：指定装载 uri 所代表的文件。

执行上面所示的 setDataSource()方法之后，MediaPlayer 并未真正去装载那些音频文件，还需要调用 MediaPlayer 的 prepare()方法去准备音频，所谓"准备"，就是让 MediaPlayer 真正去装载音频文件。

因此使用已有的 MediaPlayer 对象装载"下一首"歌曲的代码模板为：

```
try
{
    mPlayer.reset();
    // 装载下一首歌曲
```

```
    mPlayer.setDataSource("/mnt/sdcard/next.mp3");
    // 准备声音
    mPlayer.prepare();
    // 播放
    mPlayer.start();
}
catch (IOException e)
{
    e.printStackTrace();
}
```

除此之外，MediaPlayer 还提供了一些绑定事件监听器的方法，用于监听 MediaPlayer 播放过程中所发生的特定事件。绑定事件监听器的方法如下。

> setOnCompletionListener(MediaPlayer.OnCompletionListener listener)：为 MediaPlayer 的播放完成事件绑定事件监听器。
> setOnErrorListener(MediaPlayer.OnErrorListener listener)：为 MediaPlayer 的播放错误事件绑定事件监听器。
> setOnPreparedListener(MediaPlayer.OnPreparedListener listener)：当 MediaPlayer 调用 prepare() 方法时触发该监听器。
> setOnSeekCompleteListener(MediaPlayer.OnSeekCompleteListener listener)：当 MediaPlayer 调用 seek() 或 seekTo() 方法时触发该监听器。

因此可以在创建一个 MediaPlayer 对象之后，通过为该 MediaPlayer 绑定监听器来监听相应的事件。例如如下代码：

```
// 为MediaPlayer的播放错误事件绑定事件监听器
mPlayer.setOnErrorListener((mp, what, extra) -> {
    // 针对错误进行相应的处理
    ...
});
// 为MediaPlayer的播放完成事件绑定事件监听器
mPlayer.setOnCompletionListener(mp -> {
    current++;
    if (current >= 3)
    {
        current = 0;
    }
    prepareAndPlay(musics[current]);
});
```

下面简单归纳一下使用 MediaPlayer 播放不同来源的音频文件。

1．播放应用的资源文件

播放应用的资源文件需要两步即可。

① 调用 MediaPlayer 的 create(Context context, int resid)方法装载指定的资源文件。
② 调用 MediaPlayer 的 start()、pause()、stop()等方法控制播放即可。
例如如下代码：

```
MediaPlayer mPlayer = MediaPlayer.create(this, R.raw.song);
mPlayer.start();
```

音频资源文件一般放在 Android 应用的/res/raw 目录下。

2．播放应用的原始资源文件

播放应用的原始资源文件按如下步骤执行。

① 调用 Context 的 getAssets()方法获取应用的 AssetManager。

② 调用 AssetManager 对象的 openFd(String name)方法打开指定的原始资源，该方法返回一个 AssetFileDescriptor 对象。

③ 调用 AssetFileDescriptor 的 getFileDescriptor()、getStartOffset()和 getLength()方法来获取音频文件的 FileDescriptor、开始位置、长度等。

④ 创建 MediaPlayer 对象（或利用已有的 MediaPlayer 对象），并调用 MediaPlayer 对象的 setDataSource(FileDescriptor fd, long offset, long length)方法来装载音频资源。

⑤ 调用 MediaPlayer 对象的 prepare()方法准备音频。

⑥ 调用 MediaPlayer 的 start()、pause()、stop()等方法控制播放即可。

> **注意：** 虽然 MediaPlayer 提供了 setDataSource(FileDescriptor fd)方法来装载指定的音频资源，但实际使用时这个方法似乎有问题：不管程序调用 openFd(String name)方法时指定打开哪个原始资源，MediaPlayer 将总是播放第一个原始音频资源。

例如如下代码片段：

```
AssetManager am = getAssets();
// 打开指定音乐文件
AssetFileDescriptor afd = am.openFd(music);
MediaPlayer mPlayer = new MediaPlayer();
// 使用MediaPlayer装载指定的声音文件
mPlayer.setDataSource(afd.getFileDescriptor()
    , afd.getStartOffset()
    , afd.getLength());
// 准备声音
mPlayer.prepare();
// 播放
mPlayer.start();
```

3. 播放外部存储器上的音频文件

播放外部存储器上的音频文件按如下步骤执行。

① 创建 MediaPlayer 对象（或利用已有的 MediaPlayer 对象），并调用 MediaPlayer 对象的 setDateSource(String path)方法装载指定的音频文件。

② 调用 MediaPlayer 对象的 prepare()方法准备音频。

③ 调用 MediaPlayer 的 start()、pause()、stop()等方法控制播放即可。

例如如下代码：

```
MediaPlayer mPlayer = MediaPlayer();
// 使用MediaPlayer装载指定的声音文件
mPlayer.setDataSource("/mnt/sdcard/mysong.mp3");
// 准备声音
mPlayer.prepare();
// 播放
mPlayer.start();
```

4. 播放来自网络的音频文件

播放来自网络的音频文件有两种方式：①直接使用 MediaPlayer 的静态 create(Context context, Uri uri)方法；②调用 MediaPlayer 的 setDataSource(Context context, Uri uri)方法装载指定 Uri 对应的音频文件。

由于第一种方式非常简单，故不再赘述；以第二种方式播放来自网络的音频文件的步骤如下。

① 根据网络上的音频文件所在的位置创建 Uri 对象。

② 创建 MediaPlayer 对象（或利用已有的 MediaPlayer 对象），并调用 MediaPlayer 对象的 setDateSource(Context context, Uri uri)方法装载 Uri 对应的音频文件。

③ 调用 MediaPlayer 对象的 prepare()方法准备音频。

④ 调用 MediaPlayer 的 start()、pause()、stop()等方法控制播放即可。

例如如下代码片段：

```
Uri uri = Uri.parse("http://www.crazyit.org/abc.mp3");
MediaPlayer mPlayer = new MediaPlayer();
// 使用MediaPlayer根据Uri来装载指定的声音文件
mPlayer.setDataSource(this, uri);
// 准备声音
mPlayer.prepare();
// 播放
mPlayer.start();
```

MediaPlayer 除可以调用 prepare()方法来准备声音之外，还可以调用 prepareAsync()来准备声音。prepareAsync()与普通 prepare()方法的区别在于，prepareAsync()是异步的，它不会阻塞当前的 UI 线程。

5. 播放带数字版权保护（DRP）的媒体文件

Android 8 对 MediaPlayer 的功能进行了增强——从 Android 8 开始，MediaPlayer 提供了方法来支持播放带数字版权保护的媒体文件。MediaPlayer 并没有提供 MediaDrm 的全部功能，但对于大部分通用场景，MediaPlayer 的功能已经足够。

归纳起来，MediaPlayer 支持处理如下内容类型。

➢ Widevine 保护的本地媒体文件。

➢ Widevine 保护的远程流媒体文件。

为了处理有数字版权保护的媒体文件，程序应该在 MediaPlayer 执行 prepare()方法之后调用 getDrmInfo()方法来获取该媒体文件的数字版权信息，如果该方法返回的数字版权信息不为 null，则说明该文件存在数字版权保护，接下来程序就需要处理媒体文件的数字版权信息了。

例如如下代码片段：

```
Uri uri = Uri.parse("http://www.crazyit.org/abc.mp3");
MediaPlayer mPlayer = new MediaPlayer();
// 使用MediaPlayer根据URI来装载指定的声音文件
mPlayer.setDataSource(this, uri);
// 准备声音
mPlayer.prepare();
if (mPlayer.drmInfo() != null)
{
    mPlayer.prepareDrm();
    mPlayer.getKeyRequest();
    mPlayer.provideKeyResponse();
}
// 播放
mPlayer.start();
```

此外，如果程序需要以异步方式来处理数字版权信息，MediaPlayer 提供了 setOnDrmInfoListener() 方法，为该方法传入的 MediaPlayer.OnDrmInfoListener 参数负责监听该媒体文件的数字版权信息。

归纳起来，MediaPlayer 的状态图如图 11.1 所示。

由于前面已经提供了大量使用 MediaPlayer 播放声音的例子，故此处不再介绍使用 MediaPlayer 的简单方法。

Android 9 对 MediaPlayer 进行了增强，它内置了 HDR VP9 视频的本地解码器，因此开发者可以直接使用 Android 本地解码器来播放 HDR 视频。

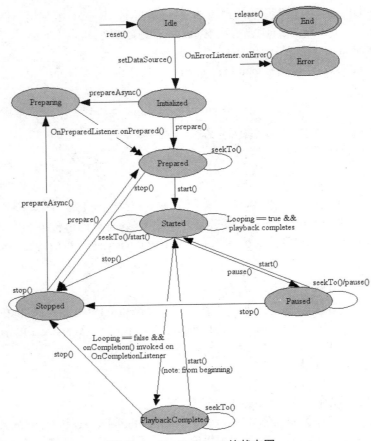

图 11.1 MediaPlayer 的状态图

▶▶ 11.1.2 音乐特效控制

Android 可以控制播放音乐时的均衡器、重低音、音场及显示音乐波形等，这些都是靠 AudioEffect 及其子类来完成的，它包含如下常用子类。

- ➢ AcousticEchoCanceler：取消回声控制器。
- ➢ AutomaticGainControl：自动增益控制器。
- ➢ NoiseSuppressor：噪音压制控制器。
- ➢ BassBoost：重低音控制器。
- ➢ Equalizer：均衡控制器。
- ➢ PresetReverb：预设音场控制器。
- ➢ Visualizer：示波器。

在上面的子类中前三个子类的用法很简单，只要调用它们的静态 create()方法创建相应的实例，然后调用它们的 isAvailable()方法判断是否可用，再调用 setEnabled(boolean enabled)方法启用相应效果即可。

下面是启用取消回声功能的示意代码。

```
// 获取取消回声控制器
AcousticEchoCanceler canceler = AcousticEchoCanceler.create(0
    , mPlayer.getAudioSessionId());
if(canceler.isAvailable())
{
```

```
        // 启用取消回声功能
        canceler.setEnabled(true);
}
```

下面是启用自动增益功能的示意代码。

```
// 获取自动增益控制器
AutomaticGainControl ctrl = AutomaticGainControl.create(0
    , mPlayer.getAudioSessionId());
if(ctrl.isAvailable())
{
    // 启用自动增益功能
    ctrl.setEnabled(true);
}
```

下面是启用噪音压制功能的示意代码。

```
// 获取噪音压制控制器
NoiseSuppressor suppressor = NoiseSuppressor.create(0
    , mPlayer.getAudioSessionId());
if(suppressor.isAvailable())
{
    // 启用噪音压制功能
    suppressor.setEnabled(true);
}
```

BassBoost、Equalizer、PresetReverb、Visualizer 这4个类都需要调用构造器来创建实例。创建实例时，同样需要传入一个 audioSession 参数，为了启用它们，同样需要调用 AudioEffect 基类的 setEnabled(true)方法。

获取 BassBoost 对象之后，可调用它的 setStrength(short strength)方法来设置重低音的强度。

获取 PresetReverb 对象之后，可调用它的 setPreset(short preset)方法设置使用预设置的音场。Equalizer 提供了 getNumberOfPresets()方法获取系统所有预设的音场，并提供了 getPresetName()方法获取预设音场名称。

获取 Equalizer 对象之后，可调用它的 getNumberOfBands()方法获取该均衡器支持的总频率数，再调用 getCenterFreq(short band)方法根据索引来获取频率。当用户想为某个频率的均衡器设置参数值时，可调用 setBandLevel(short band, short level)方法进行设置。

Visualizer 对象并不用于控制音乐播放效果，它只是显示音乐的播放波形。为了实时显示该示波器的数据，需要为该组件设置一个 OnDataCaptureListener 监听器，该监听器将负责更新波形显示组件的界面。

下面用一个实例来示范上面4个特效类的用法。

实例：音乐的示波器、均衡、重低音和音场

本实例无须界面布局文件，使用一个 LinearLayout 容器来盛装一个示波器 View 组件，该示波器 View 组件将负责绘制 Visualizer 传过来的数据；LinearLayout 添加多个 SeekBar 来控制 Equalizer 支持的所有频率的均衡值；LinearLayout 还添加一个 SeekBar 来控制重低音的强度；LinearLayout 还添加一个 Spinner 让用户选择预设音场。

下面是该实例的 Activity 代码。

程序清单：codes\11\11.1\MediaPlay\mediaplayertest\src\main\java\org\crazyit\media\MainActivity.java

```
public class MainActivity extends Activity
{
    // 定义播放声音的MediaPlayer
    private MediaPlayer mPlayer;
    // 定义系统的示波器
    private Visualizer mVisualizer;
```

```java
        // 定义系统的均衡器
        private Equalizer mEqualizer;
        // 定义系统的重低音控制器
        private BassBoost mBass;
        // 定义系统的预设音场控制器
        private PresetReverb mPresetReverb;
        private LinearLayout layout;
        private List<Short> reverbNames = new ArrayList<>();
        private List<String> reverbVals = new ArrayList<>();
        @Override
        protected void onCreate(Bundle savedInstanceState)
        {
            super.onCreate(savedInstanceState);
            // 设置控制音乐声音
            setVolumeControlStream(AudioManager.STREAM_MUSIC);
            layout = new LinearLayout(this);
            layout.setOrientation(LinearLayout.VERTICAL);
            setContentView(layout);
            requestPermissions(new String[]{Manifest.permission.RECORD_AUDIO}, 0x123);
        }
        @Override
        public void onRequestPermissionsResult(int requestCode,
            @NonNull String[] permissions, @NonNull int[] grantResults)
        {
            if(requestCode == 0x123    &&
                grantResults[0] == PackageManager.PERMISSION_GRANTED)
            {
                // 创建 MediaPlayer 对象
                mPlayer = MediaPlayer.create(this, R.raw.beautiful);
                // 初始化示波器
                setupVisualizer();
                // 初始化均衡控制器
                setupEqualizer();
                // 初始化重低音控制器
                setupBassBoost();
                // 初始化预设音场控制器
                setupPresetReverb();
                // 开始播放音乐
                mPlayer.start();
            }
        }
        private void setupVisualizer()
        {
            // 创建 MyVisualizerView 组件，用于显示波形图
            final MyVisualizerView mVisualizerView = new MyVisualizerView(this);
            mVisualizerView.setLayoutParams(new ViewGroup.LayoutParams(
                ViewGroup.LayoutParams.MATCH_PARENT,
                (int)(120f * getResources().getDisplayMetrics().density)));
            // 将 MyVisualizerView 组件添加到 layout 容器中
            layout.addView(mVisualizerView);
            // 以 MediaPlayer 的 AudioSessionId 创建 Visualizer
            // 相当于设置 Visualizer 负责显示该 MediaPlayer 的音频数据
            mVisualizer = new Visualizer(mPlayer.getAudioSessionId());
            mVisualizer.setCaptureSize(Visualizer.getCaptureSizeRange()[1]);
            // 为 mVisualizer 设置监听器
            mVisualizer.setDataCaptureListener(new Visualizer.OnDataCaptureListener()
            {
                @Override
                public void onWaveFormDataCapture(Visualizer visualizer,
                    byte[] waveform, int samplingRate)
                {
                    // 用 waveform 波形数据更新 mVisualizerView 组件
                    mVisualizerView.updateVisualizer(waveform);
```

```java
            }
            @Override
            public void onFftDataCapture(Visualizer visualizer, byte[] fft, int
samplingRate)
            { }
        }, Visualizer.getMaxCaptureRate() / 2, true, false);
        mVisualizer.setEnabled(true);
    }
    // 初始化均衡控制器的方法
    private void setupEqualizer()
    {
        // 以 MediaPlayer 的 AudioSessionId 创建 Equalizer
        // 相当于设置 Equalizer 负责控制该 MediaPlayer
        mEqualizer = new Equalizer(0, mPlayer.getAudioSessionId());
        // 启用均衡控制效果
        mEqualizer.setEnabled(true);
        TextView eqTitle = new TextView(this);
        eqTitle.setText("均衡器: ");
        layout.addView(eqTitle);
        // 获取均衡控制器支持的最小值和最大值
        final short minEQLevel = mEqualizer.getBandLevelRange()[0];
        short maxEQLevel = mEqualizer.getBandLevelRange()[1];
        // 获取均衡控制器支持的所有频率
        short brands = mEqualizer.getNumberOfBands();
        for (short i = 0; i < brands; i++)
        {
            TextView eqTextView = new TextView(this);
            // 创建一个 TextView, 用于显示频率
            eqTextView.setLayoutParams(new ViewGroup.LayoutParams(
                ViewGroup.LayoutParams.MATCH_PARENT,
                ViewGroup.LayoutParams.WRAP_CONTENT));
            eqTextView.setGravity(Gravity.CENTER_HORIZONTAL);
            // 设置该均衡控制器的频率
            eqTextView.setText(mEqualizer.getCenterFreq(i) / 1000 + " Hz");
            layout.addView(eqTextView);
            // 创建一个水平排列组件的 LinearLayout
            LinearLayout tmpLayout = new LinearLayout(this);
            tmpLayout.setOrientation(LinearLayout.HORIZONTAL);
            // 创建显示均衡控制器最小值的 TextView
            TextView minDbTextView = new TextView(this);
            minDbTextView.setLayoutParams(new ViewGroup.LayoutParams(
                ViewGroup.LayoutParams.WRAP_CONTENT,
                ViewGroup.LayoutParams.WRAP_CONTENT));
            // 显示均衡控制器的最小值
            minDbTextView.setText(minEQLevel / 100 + " dB");
            // 创建显示均衡控制器最大值的 TextView
            TextView maxDbTextView = new TextView(this);
            maxDbTextView.setLayoutParams(new ViewGroup.LayoutParams(
                ViewGroup.LayoutParams.WRAP_CONTENT,
                ViewGroup.LayoutParams.WRAP_CONTENT));
            // 显示均衡控制器的最大值
            maxDbTextView.setText(maxEQLevel / 100 + " dB");
            LinearLayout.LayoutParams layoutParams = new LinearLayout.LayoutParams(
                ViewGroup.LayoutParams.MATCH_PARENT,
                ViewGroup.LayoutParams.WRAP_CONTENT);
            layoutParams.weight = 1f;
            // 定义 SeekBar 作为调整工具
            SeekBar bar = new SeekBar(this);
            bar.setLayoutParams(layoutParams);
            bar.setMax(maxEQLevel - minEQLevel);
            bar.setProgress(mEqualizer.getBandLevel(i));
            final short brand = i;
            // 为 SeekBar 的拖动事件设置事件监听器
```

```java
        bar.setOnSeekBarChangeListener(new SeekBar.OnSeekBarChangeListener()
        {
            @Override
            public void onProgressChanged(SeekBar seekBar, int progress, boolean fromUser)
            {
                // 设置该频率的均衡值
                mEqualizer.setBandLevel(brand, (short)(progress + minEQLevel));
            }
            @Override
            public void onStartTrackingTouch(SeekBar seekBar)
            { }
            @Override
            public void onStopTrackingTouch(SeekBar seekBar)
            { }
        });
        // 使用水平排列组件的 LinearLayout 盛装三个组件
        tmpLayout.addView(minDbTextView);
        tmpLayout.addView(bar);
        tmpLayout.addView(maxDbTextView);
        // 将水平排列组件的 LinearLayout 添加到 myLayout 容器中
        layout.addView(tmpLayout);
    }
}
// 初始化重低音控制器
private void setupBassBoost()
{
    // 以 MediaPlayer 的 AudioSessionId 创建 BassBoost
    // 相当于设置 BassBoost 负责控制该 MediaPlayer
    mBass = new BassBoost(0, mPlayer.getAudioSessionId());
    // 设置启用重低音效果
    mBass.setEnabled(true);
    TextView bbTitle = new TextView(this);
    bbTitle.setText("重低音: ");
    layout.addView(bbTitle);
    // 使用 SeekBar 作为重低音的调整工具
    SeekBar bar = new SeekBar(this);
    // 重低音的范围为 0~1000
    bar.setMax(1000);
    bar.setProgress(0);
    // 为 SeekBar 的拖动事件设置事件监听器
    bar.setOnSeekBarChangeListener(new SeekBar.OnSeekBarChangeListener()
    {
        @Override
        public void onProgressChanged(SeekBar seekBar, int progress, boolean fromUser)
        {
            // 设置重低音的强度
            mBass.setStrength((short)progress);
        }
        @Override
        public void onStartTrackingTouch(SeekBar seekBar)
        { }
        @Override
        public void onStopTrackingTouch(SeekBar seekBar)
        { }
    });
    layout.addView(bar);
}
// 初始化预设音场控制器
private void setupPresetReverb()
{
    // 以 MediaPlayer 的 AudioSessionId 创建 PresetReverb
    // 相当于设置 PresetReverb 负责控制该 MediaPlayer
```

```java
            mPresetReverb = new PresetReverb(0, mPlayer.getAudioSessionId());
            // 设置启用预设音场控制
            mPresetReverb.setEnabled(true);
            TextView prTitle = new TextView(this);
            prTitle.setText("音场");
            layout.addView(prTitle);
            // 获取系统支持的所有预设音场
            for (short i = 0; i < mEqualizer.getNumberOfPresets(); i++)
            {
                reverbNames.add(i);
                reverbVals.add(mEqualizer.getPresetName(i));
            }
            // 使用 Spinner 作为音场选择工具
            Spinner sp = new Spinner(this);
            sp.setAdapter(new ArrayAdapter<>(MainActivity.this,
                    android.R.layout.simple_spinner_item, reverbVals));
            // 为 Spinner 的列表项选中事件设置监听器
            sp.setOnItemSelectedListener(new AdapterView.OnItemSelectedListener()
            {
                @Override
                public void onItemSelected(AdapterView<?> parent, View view, int position, long id)
                {
                    // 设定音场
                    mEqualizer.usePreset(reverbNames.get(position));
                }
                @Override
                public void onNothingSelected(AdapterView<?> parent)
                { }
            });
            layout.addView(sp);
        }
        @Override public void onPause()
        {
            super.onPause();
            if (isFinishing() && mPlayer != null)
            {
                // 释放所有对象
                mVisualizer.release();
                mEqualizer.release();
                mPresetReverb.release();
                mBass.release();
                mPlayer.release();
                mPlayer = null;
            }
        }
        private static class MyVisualizerView extends View
        {
            // bytes 数组保存了波形抽样点的值
            private byte[] bytes;
            private float[] points;
            private Paint paint = new Paint();
            private Rect rect = new Rect();
            private byte type = 0;
            public MyVisualizerView(Context context)
            {
                super(context);
                // 设置画笔的属性
                paint.setStrokeWidth(1f);
                paint.setAntiAlias(true);
                paint.setColor(Color.GREEN);
                paint.setStyle(Paint.Style.FILL);
            }
            public void updateVisualizer(byte[] ftt)
```

```java
        {
            bytes = ftt;
            // 通知该组件重绘自己
            invalidate();
        }
        @Override
        public boolean onTouchEvent(MotionEvent me)
        {
            // 当用户触碰该组件时，切换波形类型
            if (me.getAction() != MotionEvent.ACTION_DOWN) {
                return false;
            }
            type++;
            if (type >= 3) {
                type = 0;
            }
            return true;
        }
        @Override
        protected void onDraw(Canvas canvas)
        {
            super.onDraw(canvas);
            if (bytes == null) {
                return;
            }
            // 绘制白色背景（主要为了印刷时好看）
            canvas.drawColor(Color.WHITE);
            // 使用 rect 对象记录该组件的宽度和高度
            rect.set(0, 0, getWidth(), getHeight());
            switch (type) {
                // -------绘制块状的波形图-------
                case 0:
                    for (int i = 0; i < bytes.length - 1; i++) {
                        float left = (getWidth() * i / (bytes.length - 1));
                        // 根据波形值计算该矩形的高度
                        float top = rect.height() - (byte) (bytes[i + 1] + 128) * rect.height() / 128;
                        float right = left + 1;
                        float bottom = rect.height();
                        canvas.drawRect(left, top, right, bottom, paint);
                    }
                    break;
                // -------绘制柱状的波形图（每隔18个抽样点绘制一个矩形）-------
                case 1:
                    for (int i = 0; i < bytes.length - 1; i += 18) {
                        float left = rect.width() * i / (bytes.length - 1);
                        // 根据波形值计算该矩形的高度
                        float top = rect.height() - (byte) (bytes[i + 1] + 128)
                                * rect.height() / 128;
                        float right = left + 6;
                        float bottom = rect.height();
                        canvas.drawRect(left, top, right, bottom, paint);
                        i += 18;
                    }
                    break;
                // -------绘制曲线波形图-------
                case 2:
                    // 如果 points 数组还未初始化
                    if (points == null || points.length < bytes.length * 4) {
                        points = new float[bytes.length * 4];
                    }
                    for (int i = 0; i < bytes.length - 1; i++)
                    {
```

```
                // 计算第 i 个点的 x 坐标
                points[i * 4] = rect.width()*i/(bytes.length - 1);
                // 根据 bytes[i]的值（波形点的值）计算第 i 个点的 y 坐标
                points[i * 4 + 1] = (rect.height() / 2)
                    + ((byte) (bytes[i] + 128)) * 128
                    / (rect.height() / 2);
                // 计算第 i+1 个点的 x 坐标
                points[i * 4 + 2] = rect.width() * (i + 1)
                    / (bytes.length - 1);
                // 根据 bytes[i+1]的值（波形点的值）计算第 i+1 个点的 y 坐标
                points[i * 4 + 3] = (rect.height() / 2)
                    + ((byte) (bytes[i + 1] + 128)) * 128
                    / (rect.height() / 2);
            }
            // 绘制波形曲线
            canvas.drawLines(points, paint);
            break;
        }
    }
}
```

上面程序中定义了 4 个方法：setupVisualizer()、setupEqualizer()、setupBassBoost() 和 setupPresetReverb()，这 4 个方法分别创建 Visualizer、Equalizer、BassBoost 和 PresetReverb 对象，并调用它们的方法控制音乐特效。

该程序要用到 RECORD_AUDIO 权限，因此需要在 AndroidManifest.xml 文件中增加如下一行：

```
<!-- 使用音场效果必需的权限 -->
<uses-permission android:name="android.permission.RECORD_AUDIO" />
```

上面的实例中包含了一个 MyVisualizerView 内部类，该内部类会根据 Visualizer 传过来的数据动态绘制波形效果。本例提供了三种波形：块状波形、柱状波形和曲线波形——当用户单击 MyVisualizerView 组件时将会切换波形。

运行该实例，可以看到如图 11.2 所示的效果。

如果用户单击该程序界面最上方的示波器组件，该组件将会切换一种波形显示。单击下方的音场，将可以看到系统支持的所有预设音场，如图 11.3 所示。

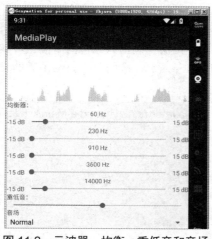

图 11.2 示波器、均衡、重低音和音场

图 11.3 曲线示波器和全部预设音场

11.1.3 使用 VolumeShaper 控制声音效果

Android 8 新增了 VolumeShaper 来控制声音效果，VolumeShaper 可实现音量的淡入、淡出等自

动音量转换效果。

使用 VolumeShaper 进行音量控制实际上是通过 VolumeShaper.Configuration 来实现的，创建该对象时主要通过三个方法来指定三个参数。

> 持续时间（duration）：指定该声音效果的持续时间，以毫秒为单位。
> 插值方式（interpolator type）：指定声音变化的插值方式。
> 音量曲线（volume curve）：指定音量变化的曲线。该参数需要两个长度相同的数组，第一个数组表示各时间点，第二个数组表示各时间点对应的音量。比如指定[0f, 0.5f, 1.0f]和[0f, 1.0f, 0f]两个数组，表示在声音效果的开始处音量为 0，中间处音量为 1，结尾处音量为 0。从上面的介绍可以看出，第一个数组表示声音效果的时间线，因此第一个数组元素必须是 0f，最后一个数组元素必须是 1.0f；第二个数组各元素的值表示音量的比例，因此这些数组元素值必须在 0f~1f 之间。

上面第二个参数指定的插值方式支持如下几个属性值。

> VolumeShaper.Configuration.INTERPOLATOR_TYPE_STEP：使用分段曲线的方式控制音量变化。
> VolumeShaper.Configuration.INTERPOLATOR_TYPE_LINEAR：使用线性的插值方式控制音量变化。
> VolumeShaper.Configuration.INTERPOLATOR_TYPE_CUBIC：使用三次曲线的插值方式控制音量变化。
> VolumeShaper.Configuration.INTERPOLATOR_TYPE_CUBIC_MONOTONIC：使用保持局部单调的三次曲线的插值方式控制音量变化。

在创建了 VolumeShaper.Configuration 对象之后，接下来调用支持 VolumeShaper 的声音播放器（如 MediaPlayer 或 AudioTrack）的 createVolumeShaper()方法创建 VolumeShaper 即可。

在使用声音播放器创建 VolumeShaper 之后，还必须调用 VolumeShaper 的 play()方法；否则，只有第一个音量控制点指定的音量会作用于该声音效果。

归纳起来，使用 VolumeShaper 控制声音效果的步骤如下。

① 创建 VolumeShaper.Configuration 对象，在创建该对象时需要指定持续时间、音量曲线、插值方式这三个参数。

② 调用声音播放器的 createVolumeShaper()方法创建 VolumeShaper 对象。

③ 调用 VolumeShaper 对象的 play()方法。

下面示例示范了使用 VolumeShaper 控制声音效果。该示例的界面上只包含两个按钮，其中一个是"播放"按钮；另一个是"应用效果"按钮。该界面文件比较简单，故此处不再给出界面文件。下面是该示例的 Activity 的代码。

程序清单：codes\11\11.1\MediaPlay\volumeshapertest\src\main\java\org\crazyit\media\MainActivity.java

```java
public class MainActivity extends Activity
{
    // 定义播放声音的 MediaPlayer
    private MediaPlayer mPlayer;
    @Override
    protected void onCreate(Bundle savedInstanceState)
    {
        super.onCreate(savedInstanceState);
        setContentView(R.layout.activity_main);
        // 创建 MediaPlayer 对象
        mPlayer = MediaPlayer.create(this, R.raw.beautiful);
        Button bnBn = findViewById(R.id.play);
        // 为"播放"按钮绑定事件处理函数
        bnBn.setOnClickListener(view -> mPlayer.start());
```

```
        Button shaperBn = findViewById(R.id.shaper);
            // 为"应用效果"按钮绑定事件处理函数
        shaperBn.setOnClickListener(view -> {
            VolumeShaper.Configuration config = new VolumeShaper.Configuration.Builder()
                //   设置插值方式
                .setInterpolatorType(VolumeShaper.
                    Configuration.INTERPOLATOR_TYPE_LINEAR)
                // 设置音量曲线
                .setCurve(new float[]{0f, 0.5f, 1f}, // 时间点
                    new float[]{0f, 1f, 0f}) // 各时间点对应的音量
                // 设置持续时间
                .setDuration(1000 * 60 * 2)
                .build();
            VolumeShaper volumeShaper = mPlayer.createVolumeShaper(config);
            volumeShaper.apply(VolumeShaper.Operation.PLAY);
        });
    }
```

上面程序中的第一行粗体字代码设置了 VolumeShaper 的插值方式；第二行粗体字代码设置了该对象的音量曲线；第三行粗体字代码则设置了该效果的持续时间。在生成 VolumeShaper.Configuration 对象之后，接下来调用 MediaPlayer 的 createVolumeShaper()方法创建了 VolumeShaper 对象，然后调用该对象的 play()方法让 VolumeShaper 发挥作用。

编译、运行该程序，单击界面上的"应用效果"按钮，即可听到声音先逐渐变大（淡入）、再逐渐变小（淡出）的效果。

▶▶ 11.1.4 使用 SoundPool 播放音效

如果应用程序经常需要播放密集、短促的音效，这时还用 MediaPlayer 就显得有些不合适了。MediaPlayer 存在如下缺点：

- 资源占用量较高，延迟时间较长。
- 不支持多个音频同时播放。

除前面介绍的使用 MediaPlayer 播放音频之外，Android 还提供了 SoundPool 来播放音效，SoundPool 使用音效池的概念来管理多个短促的音效，例如它可以开始就加载 20 个音效，以后在程序中按音效的 ID 进行播放。

SoundPool 主要用于播放一些较短的声音片段，与 MediaPlayer 相比，SoundPool 的优势在于 CPU 资源占用量低和反应延迟小。另外，SoundPool 还支持自行设置声音的品质、音量、播放比率等参数。

Android 系统 SoundPool 提供了一个 Builder 内部类，该内部类专门用于创建 SoundPool。

一旦得到了 SoundPool 对象之后，接下来就可调用 SoundPool 的多个重载的 load()方法来加载声音了。SoundPool 提供了如下 4 个 load()方法。

- int load(Context context, int resId, int priority)：从 resId 所对应的资源加载声音。
- int load(FileDescriptor fd, long offset, long length, int priority)：加载 fd 所对应的文件中从 offset 开始、长度为 length 的声音。
- int load(AssetFileDescriptor afd, int priority)：从 afd 所对应的文件中加载声音。
- int load(String path, int priority)：从 path 对应的文件去加载声音。

上面 4 个方法中都有一个 priority 参数，该参数目前还没有任何作用，Android 建议将该参数设为 1，保持和未来的兼容性。

上面 4 个方法加载声音之后，都会返回该声音的 ID，以后程序就可以通过该声音的 ID 来播放指定声音了。SoundPool 提供的播放指定声音的方法如下。

➢ int play(int soundID, float leftVolume, float rightVolume, int priority, int loop, float rate): 该方法的第一个参数指定播放哪个声音；leftVolume、rightVolume 指定左、右的音量；priority 指定播放声音的优先级，数值越大，优先级越高；loop 指定是否循环，0 为不循环，-1 为循环；rate 指定播放的比率，数值可从 0.5 到 2，1 为正常比率。

> **提示:** 为了更好地管理 SoundPool 所加载的每个声音的 ID，程序一般会使用一个 HashMap<Integer,Integer>对象来管理声音。

归纳起来，使用 SoundPool 播放声音的步骤如下。

① 调用 SoundPool.Builder 的构造器创建 SoundPool.Builder 对象，并可通过该 Builder 对象为 SoundPool 设置属性。

② 调用 SoundPool 的构造器创建 SoundPool 对象。

③ 调用 SoundPool 对象的 load()方法从指定资源、文件中加载声音。最好使用 HashMap<Integer,Integer>来管理所加载的声音。

④ 调用 SoundPool 的 play()方法播放声音。

下面的程序示范了如何使用 SoundPool 来播放音效。该程序提供了三个按钮，分别用于播放不同的声音。该程序的界面十分简单，故此处不再给出界面布局代码。程序代码如下。

程序清单：codes\11\11.1\MediaPlay\pooltest\src\main\java\org\crazyit\media\MainActivity.java

```java
public class MainActivity extends Activity
{
    // 定义一个 SoundPool
    private SoundPool soundPool;
    private HashMap<Integer, Integer> soundMap = new HashMap<>();
    @Override
    protected void onCreate(Bundle savedInstanceState)
    {
        super.onCreate(savedInstanceState);
        setContentView(R.layout.activity_main);
        Button bombBn = findViewById(R.id.bomb);
        Button shotBn = findViewById(R.id.shot);
        Button arrowBn = findViewById(R.id.arrow);
        AudioAttributes attr = new AudioAttributes.Builder().setUsage(
            AudioAttributes.USAGE_GAME) // 设置音效使用场景
            // 设置音效的类型
            .setContentType(AudioAttributes.CONTENT_TYPE_MUSIC).build();
        soundPool = new SoundPool.Builder().setAudioAttributes(attr) // 设置音效池的属性
            .setMaxStreams(10) // 设置最多可容纳 10 个音频流
            .build();  // ①
        // 使用 load 方法加载指定的音频文件，并返回所加载的音频 ID
        // 此处使用 HashMap 来管理这些音频流
        soundMap.put(1, soundPool.load(this, R.raw.bomb, 1));  // ②
        soundMap.put(2, soundPool.load(this, R.raw.shot, 1));
        soundMap.put(3, soundPool.load(this, R.raw.arrow, 1));
        // 定义一个按钮的单击监听器
        View.OnClickListener listener = source -> {
            // 判断哪个按钮被单击
            switch (source.getId())
            {
                case R.id.bomb:
                    soundPool.play(soundMap.get(1), 1f, 1f, 0, 0, 1f);  // ③
                    break;
                case R.id.shot:
```

```
                    soundPool.play(soundMap.get(2), 1f, 1f, 0, 0, 1f);
                    break;
                case R.id.arrow:
                    soundPool.play(soundMap.get(3), 1f, 1f, 0, 0, 1f);
                    break;
            }
        };
        bombBn.setOnClickListener(listener);
        shotBn.setOnClickListener(listener);
        arrowBn.setOnClickListener(listener);
    }
}
```

上面程序中的①号粗体字代码用于创建 SoundPool 对象；②号粗体字代码用于使用 SoundPool 加载多个不同的声音；③号粗体字代码则用于根据声音 ID 来播放指定声音。这就是使用 SoundPool 播放声音的标准过程。

实际使用 SoundPool 播放声音时有如下几点需要注意：SoundPool 虽然可以一次性加载多个声音，但由于内存限制，因此应该避免使用 SoundPool 来播放歌曲或者做游戏背景音乐，只有那些短促、密集的声音才考虑使用 SoundPool 进行播放。

虽然 SoundPool 比 MediaPlayer 的效率好，但也不是绝对不存在延迟问题，尤其在那些性能不太好的手机中，SoundPool 的延迟问题会更严重。

▶▶ 11.1.5 使用 VideoView 播放视频

为了在 Android 应用中播放视频，Android 提供了 VideoView 组件，它就是一个位于 android.widget 包下的组件，它的作用与 ImageView 类似，只是 ImageView 用于显示图片，而 VideoView 用于播放视频。

使用 VideoView 播放视频的步骤如下。

① 在界面布局文件中定义 VideoView 组件，或在程序中创建 VideoView 组件。
② 调用 VideoView 的如下两个方法来加载指定视频。
> setVideoPath(String path)：加载 path 文件所代表的视频。
> setVideoURI(Uri uri)：加载 uri 所对应的视频。
③ 调用 VideoView 的 start()、stop()、pause()方法来控制视频播放。

实际上，与 VideoView 一起结合使用的还有一个 MediaController 类，它的作用是提供一个友好的图形控制界面，通过该控制界面来控制视频的播放。

下面的程序示范了如何使用 VideoView 来播放视频。该程序提供了一个简单的界面，界面布局代码如下。

程序清单：codes\11\11.1\MediaPlay\videoviewtest\src\main\res\layout\activity_main.xml

```xml
<?xml version="1.0" encoding="utf-8"?>
<LinearLayout xmlns:android="http://schemas.android.com/apk/res/android"
    android:layout_width="match_parent"
    android:layout_height="match_parent"
    android:orientation="vertical">
    <!-- 定义 VideoView 播放视频 -->
    <VideoView
        android:id="@+id/video"
        android:layout_gravity="center"
        android:layout_width="match_parent"
        android:layout_height="match_parent" />
</LinearLayout>
```

上面的界面布局中定义了一个 VideoView 组件，接下来就可以在程序中使用该组件来播放视频了。播放视频时还结合了 MediaController 来控制视频的播放，该程序代码如下。

程序清单：codes\11\11.1\MediaPlay\videoviewtest\src\main\java\org\crazyit\media\MainActivity.java

```java
public class MainActivity extends Activity
{
    private VideoView videoView;
    private MediaController mController;
    @Override
    protected void onCreate(Bundle savedInstanceState)
    {
        super.onCreate(savedInstanceState);
        setContentView(R.layout.activity_main);
        // 获取界面上的 VideoView 组件
        videoView = findViewById(R.id.video);
        // 创建 MediaController 对象
        mController = new MediaController(this);
        requestPermissions(new String[]{Manifest.permission.READ_EXTERNAL_STORAGE},
            0x123);
    }
    @Override public void onRequestPermissionsResult(int requestCode,
        @NonNull String[] permissions, @NonNull int[] grantResults)
    {
        if (requestCode == 0x123
                && grantResults[0] == PackageManager.PERMISSION_GRANTED) {
            // 设为横屏
            setRequestedOrientation(ActivityInfo.SCREEN_ORIENTATION_LANDSCAPE);
            File video = new File("/mnt/sdcard/movie.mp4");
            if (video.exists()) {
                videoView.setVideoPath(video.getAbsolutePath()); // ①
                // 设置 videoView 与 mController 建立关联
                videoView.setMediaController(mController);  // ②
                // 设置 mController 与 videoView 建立关联
                mController.setMediaPlayer(videoView);  // ③
                // 让 VideoView 获取焦点
                videoView.requestFocus();
                videoView.start(); // 开始播放
            }
        }
    }
}
```

上面程序中的①号粗体字代码用于让 VideoView 加载指定的视频文件，接下来该 VideoView 就可以用于播放该视频了；接下来②、③号粗体字代码用于建立 VideoView 与 MediaController 之间的关联，这样就不需要开发者自己去控制视频的播放、暂停等了，让 MediaController 进行控制即可。

上面代码直接使用了/mnt/sdcard/路径来访问 SD 卡，这种写法简单、方便，但通用性不如调用 Environment 的 getExternalStorageDirectory()方法，下一节将示范使用 Environment 类访问 SD 卡。由于该程序需要读取 SD 卡上的视频文件，因此还需要在 AndroidManifest.xml 文件中增加如下代码片段：

```xml
<!-- 授予该程序读取外部存储器的权限 -->
<uses-permission android:name="android.permission.READ_EXTERNAL_STORAGE"/>
```

运行该程序，在保证/mnt/sdcard/movie.mp4 视频文件存在的前提下，将可以看到如图 11.4 所示的界面。

图 11.4 所示界面中的快进键、暂停键、后退键以及播放进度条就是由 MediaController 所提供的。

图 11.4 使用 VedioPlayer 播放视频

提示：
运行该程序可能会遇到一些问题，如果读者使用了一些非标准的 MP4、3GP 文件，那么该应用程序将无法播放，因此建议读者自行使用手机录制一段兼容各种手机的标准的 MP4、3GP 视频文件。

▶▶ 11.1.6 使用 MediaPlayer 和 SurfaceView 播放视频

使用 VideoView 播放视频简单、方便，但有些早期的开发者还是更喜欢使用 MediaPlayer 来播放视频，但由于 MediaPlayer 主要用于播放音频，因此它没有提供图像输出界面，此时就需要借助于 SurfaceView 来显示 MediaPlayer 播放的图像输出。

使用 MediaPlayer 和 SurfaceView 播放视频的步骤如下。

① 创建 MediaPlayer 对象，并让它加载指定的视频文件。

② 在界面布局文件中定义 SurfaceView 组件，或在程序中创建 SurfaceView 组件，并为 SurfaceView 的 SurfaceHolder 添加 Callback 监听器。

③ 调用 MediaPlayer 对象的 setDisplay(SurfaceHolder sh)方法将所播放的视频图像输出到指定的 SurfaceView 组件。

④ 调用 MediaPlayer 对象的 start()、stop()和 pause()方法控制视频的播放。

下面的程序使用了 MediaPlayer 和 SurfaceView 来播放视频，并为该程序提供了三个按钮来控制视频的播放、暂停和停止。该程序的界面布局比较简单，故此处不再给出界面布局文件。该程序的代码如下。

程序清单：codes\11\11.1\MediaPlay\surfaceview\src\main\java\org\crazyit\media\MainActivity.java

```java
public class MainActivity extends Activity
{
    private SurfaceView surfaceView;
    private MediaPlayer mPlayer;
    private ImageButton playBn, pauseBn, stopBn;
    // 记录当前视频的播放位置
    int position = 0;
    @Override
    protected void onCreate(Bundle savedInstanceState)
    {
        super.onCreate(savedInstanceState);
        setContentView(R.layout.activity_main);
        // 创建 MediaPlayer
        mPlayer = new MediaPlayer();
        surfaceView = this.findViewById(R.id.surfaceView);
        // 设置播放时打开屏幕
        surfaceView.getHolder().setKeepScreenOn(true);
```

```java
        surfaceView.getHolder().addCallback(new SurfaceListener());
        // 获取界面上的三个按钮
        playBn = findViewById(R.id.play);
        pauseBn = findViewById(R.id.pause);
        stopBn = findViewById(R.id.stop);
        requestPermissions(new String[]{Manifest.permission.READ_EXTERNAL_STORAGE}
            , 0x123);
    }
    @Override
    public void onRequestPermissionsResult(int requestCode,
        @NonNull String[] permissions, @NonNull int[] grantResults)
    {
        if (requestCode == 0x123 && grantResults[0] ==
            PackageManager.PERMISSION_GRANTED) {
            setRequestedOrientation(ActivityInfo.SCREEN_ORIENTATION_LANDSCAPE);
            View.OnClickListener listener = source -> {
                switch (source.getId())
                {
                    // "播放"按钮被单击
                    case R.id.play:
                        play();
                        break;
                    // "暂停"按钮被单击
                    case R.id.pause:
                        if (mPlayer.isPlaying()) {
                            mPlayer.pause();
                        } else {
                            mPlayer.start();
                        }
                        break;
                    // "停止"按钮被单击
                    case R.id.stop:
                        if (mPlayer.isPlaying())
                            mPlayer.stop();
                }
            };
            // 为三个按钮的单击事件绑定事件监听器
            playBn.setOnClickListener(listener);
            pauseBn.setOnClickListener(listener);
            stopBn.setOnClickListener(listener);
        }
    }
    private void play()
    {
        mPlayer.reset();
        AudioAttributes audioAttributes = new AudioAttributes.Builder()
            .setUsage(AudioAttributes.USAGE_MEDIA)
            .setContentType(AudioAttributes.CONTENT_TYPE_MUSIC)
            .build();
        mPlayer.setAudioAttributes(audioAttributes);
        try {
            // 设置需要播放的视频
            mPlayer.setDataSource(Environment
                .getExternalStorageDirectory().toString() + "/movie.3gp");
            // 把视频画面输出到SurfaceView
            mPlayer.setDisplay(surfaceView.getHolder());   // ①
            mPlayer.prepare();
        }
        catch(IOException e)
        { e.printStackTrace(); }
        // 获取窗口管理器
        WindowManager wManager = getWindowManager();
        DisplayMetrics metrics = new DisplayMetrics();
```

```java
        // 获取屏幕大小
        wManager.getDefaultDisplay().getMetrics(metrics);
        // 设置视频保持纵横比缩放到占满整个屏幕
        surfaceView.setLayoutParams(new RelativeLayout.LayoutParams(metrics.widthPixels,
            mPlayer.getVideoHeight() * metrics.widthPixels / mPlayer.getVideoWidth()));
        mPlayer.start();
    }
    private class SurfaceListener implements SurfaceHolder.Callback
    {
        @Override
        public void surfaceCreated(SurfaceHolder holder)
        {
            if (position > 0) {
                // 开始播放
                play();
                // 并直接从指定位置开始播放
                mPlayer.seekTo(position);
                position = 0;
            }
        }
        @Override
        public void surfaceChanged(SurfaceHolder holder, int format, int width, int height)
        { }
        @Override
        public void surfaceDestroyed(SurfaceHolder holder)
        { }
    }
    // 当其他Activity被打开时,暂停播放
    @Override
    public void onPause()
    {
        super.onPause();
        if (mPlayer.isPlaying()) {
            // 保存当前的播放位置
            position = mPlayer.getCurrentPosition();
            mPlayer.stop();
        }
    }
    @Override
    public void onDestroy()
    {
        super.onDestroy();
        // 停止播放
        if (mPlayer.isPlaying()) mPlayer.stop();
        // 释放资源
        mPlayer.release();
    }
}
```

从上面的代码不难看出,使用 MediaPlayer 播放视频与播放音频的步骤大同小异,关键的区别在于①号粗体字代码,设置使用 SurfaceView 来显示 MediaPlayer 播放时的图像输出。当然,由于程序需要使用 SurfaceView 来显示 MediaPlayer 的图像输出,因此程序需要一些代码来维护 SurfaceView、SurfaceHolder 对象。

该程序使用 Environment 类访问 SD 卡,由于该程序同样需要访问 SD 卡上的视频文件,因此也需要在 AndroidManifest.xml 文件中增加如下配置:

```xml
<!-- 授予该程序读取外部存储器的权限 -->
<uses-permission android:name="android.permission.READ_EXTERNAL_STORAGE"/>
```

运行上面的程序,将可以看到如图 11.5 所示的播放界面。

图 11.5 使用 MediaPlayer 和 SurfaceView 播放视频

从上面的开发过程不难看出，使用 MediaPlayer 播放视频要复杂一些，而且需要自己开发控制按钮来控制视频播放，因此一般推荐使用 VideoView 来播放视频。

11.2 使用 MediaRecorder 录制音频

手机一般都提供了麦克风硬件，而 Android 系统就可以利用该硬件来录制音频了。

为了在 Android 应用中录制音频，Android 提供了 MediaRecorder 类。使用 MediaRecorder 录制音频的过程很简单，按如下步骤进行即可。

① 创建 MediaRecorder 对象。

② 调用 MediaRecorder 对象的 setAudioSource()方法设置声音来源，一般传入 MediaRecorder.AudioSource.MIC 参数指定录制来自麦克风的声音。

③ 调用 MediaRecorder 对象的 setOutputFormat()方法设置所录制的音频文件格式。

④ 调用 MediaRecorder 对象的 setAudioEncoder()、setAudioEncodingBitRate(int bitRate)、setAudioSamplingRate(int samplingRate)方法设置所录制的声音编码格式、编码位率、采样率等，这些参数将可以控制所录制的声音品质、文件大小。一般来说，声音品质越好，声音文件越大。

⑤ 调用 MediaRecorder 的 setOutputFile(String path)方法设置所录制的音频文件的保存位置。

⑥ 调用 MediaRecorder 的 prepare()方法准备录制。

⑦ 调用 MediaRecorder 对象的 start()方法开始录制。

⑧ 录制完成，调用 MediaRecorder 对象的 stop()方法停止录制，并调用 release()方法释放资源。

注意：

上面的步骤中第 3 步和第 4 步两个步骤千万不能搞反；否则，程序将会抛出 IllegalStateException 异常。

图 11.6 显示了 MediaRecorder 的状态图。

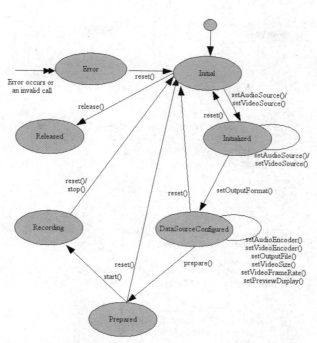

图 11.6 MediaRecorder 的状态图

实例：录制音乐

本实例程序示范了如何使用 MediaRecorder 来录制声音。该程序的界面布局很简单，只提供了两个简单的按钮来控制录音开始、停止，故此处不再给出界面布局文件。程序代码如下。

程序清单：codes\11\11.2\SoundRecord\app\src\main\java\org\crazyit\media\MainActivity.java

```java
public class MainActivity extends Activity
{
    // 定义界面上的两个按钮
    private ImageButton recordBn;
    private ImageButton stopBn;
    // 系统的音频文件
    private File soundFile;
    private MediaRecorder mRecorder;
    @Override
    protected void onCreate(Bundle savedInstanceState)
    {
        super.onCreate(savedInstanceState);
        setContentView(R.layout.activity_main);
        // 获取程序界面上的两个按钮
        recordBn = findViewById(R.id.record);
        stopBn = findViewById(R.id.stop);
        stopBn.setEnabled(false);
        requestPermissions(new String[]{Manifest.permission.RECORD_AUDIO,
            Manifest.permission.WRITE_EXTERNAL_STORAGE}, 0x123);
    }
    @Override
    public void onRequestPermissionsResult(int requestCode,
        @NonNull String[] permissions, @NonNull int[] grantResults)
    {
        if (requestCode == 0x123 && grantResults.length == 2
            && grantResults[0] == PackageManager.PERMISSION_GRANTED
            && grantResults[1] == PackageManager.PERMISSION_GRANTED) {
            View.OnClickListener listener = source ->
            {
```

```java
            switch (source.getId()) {
                // 单击录音按钮
                case R.id.record:
                    if (!Environment.getExternalStorageState()
                            .equals(Environment.MEDIA_MOUNTED)) {
                        Toast.makeText(MainActivity.this,
                            "SD 卡不存在,请插入 SD 卡!",
                            Toast.LENGTH_SHORT).show();
                        return;
                    }
                    // 创建保存录音的音频文件
                    soundFile = new File(Environment.getExternalStorageDirectory()
                            .toString() + "/sound.amr");
                    mRecorder = new MediaRecorder();
                    // 设置录音的声音来源
                    mRecorder.setAudioSource(MediaRecorder.AudioSource.MIC);
                    // 设置录制的声音的输出格式(必须在设置声音编码格式之前设置)
                    mRecorder.setOutputFormat(MediaRecorder.OutputFormat.THREE_GPP);
                    // 设置声音编码格式
                    mRecorder.setAudioEncoder(MediaRecorder.AudioEncoder.AMR_NB);
                    mRecorder.setOutputFile(soundFile.getAbsolutePath());
                    try {
                        mRecorder.prepare();
                    } catch (IOException e) {
                        e.printStackTrace();
                    }
                    // 开始录音
                    mRecorder.start();    // ①
                    recordBn.setEnabled(false);
                    stopBn.setEnabled(true);
                    break;
                // 单击停止录制按钮
                case R.id.stop:
                    if (soundFile != null && soundFile.exists()) {
                        // 停止录音
                        mRecorder.stop();    // ②
                        // 释放资源
                        mRecorder.release();    // ③
                        mRecorder = null;
                        recordBn.setEnabled(true);
                        stopBn.setEnabled(false);
                    }
                    break;
            }
        };
        // 为两个按钮的单击事件绑定监听器
        recordBn.setOnClickListener(listener);
        stopBn.setOnClickListener(listener);
    }
}
@Override
public void onDestroy()
{
    if (soundFile != null && soundFile.exists()) {
        // 停止录音
        mRecorder.stop();
        // 释放资源
        mRecorder.release();
        mRecorder = null;
    }
    super.onDestroy();
}
```

上面程序中的大段粗体字代码用于设置录音的相关参数,比如输出文件的格式、声音来源等。程序中①号粗体字代码控制 MediaRecorder 开始录音;当用户单击"停止录制"按钮时,②号粗体字代码控制 MediaRecorder 停止录音;③号粗体字代码用于释放资源。

上面的程序需要使用系统的麦克风进行录音,因此需要向该程序授予录音的权限。除此之外,还需要授予该程序向外部存储设备写入数据的权限,也就是在 AndroidManifest.xml 文件中增加如下配置:

```
<!-- 授予该程序录制声音的权限 -->
<uses-permission android:name="android.permission.RECORD_AUDIO" />
<!-- 授予该程序向外部存储器写入数据的权限 -->
<uses-permission android:name="android.permission.WRITE_EXTERNAL_STORAGE" />
```

注意:

Android 官方 API 已经指出,最新版的 MediaRecorder 目前不能在模拟器上运行,必须在真机上运行,因此读者需要在真机上测试该应用。

在真机上运行该程序,将看到如图 11.7 所示的界面。

单击图 11.7 所示界面中的第一个按钮开始录音,单击第二个按钮则可结束录音。录音完成后,可以看到在 SD 卡的根目录下生成一个 sound.amr 文件,这就是刚刚录制的音频文件。

图 11.7 录音界面

11.3 控制摄像头拍照

现在的手机一般都会提供相机功能,有些相机的镜头甚至支持 1000 万以上像素,有些甚至支持光学变焦,这些手机已经变成了专业数码相机。为了充分利用手机上的相机功能,Android 应用可以控制拍照和录制视频。

▶▶ 11.3.1 Android 9 改进的 Camera v2

Android 全新设计的 Camera v2 API 不仅大幅提高了 Android 系统拍照的功能,还支持 RAW 照片输出,甚至允许程序调整相机的对焦模式、曝光模式、快门等。

Android 的 Camera v2 主要涉及如下 API。

- ➤ CameraManager:摄像头管理器。这是一个全新的系统管理器,专门用于检测系统摄像头、打开系统摄像头。除此之外,调用 CameraManager 的 getCameraCharacteristics (String)方法即可获取指定摄像头的相关特性。
- ➤ CameraCharacteristics:摄像头特性。该对象通过 CameraManager 来获取,用于描述特定摄像头所支持的各种特性。
- ➤ CameraDevice:代表系统摄像头。该类的功能类似于早期的 Camera 类。
- ➤ CameraCaptureSession:这是一个非常重要的 API,当程序需要预览、拍照时,都需要先通过该类的实例创建 Session。而且不管预览还是拍照,也都是由该对象的方法进行控制的,其中控制预览的方法为 setRepeatingRequest();控制拍照的方法为 capture()。

为了监听 CameraCaptureSession 的创建过程,以及监听 CameraCaptureSession 的拍照过程,Camera v2 API 为 CameraCaptureSession 提供了 StateCallback、CaptureCallback 等内部类。

- ➤ CameraRequest 和 CameraRequest.Builder:当程序调用 setRepeatingRequest()方法进行预览时,或调用 capture()方法进行拍照时,都需要传入 CameraRequest 参数。CameraRequest

代表了一次捕获请求,用于描述捕获图片的各种参数设置,比如对焦模式、曝光模式等。
总之,程序需要对照片所做的各种控制,都通过 CameraRequest 参数进行设置。CameraRequest.Builder 则负责生成 CameraRequest 对象。

Android 9 对相机 API 做了进一步增强,它可以同时从两个或更多的物理摄像头来获得数据流(对目前的双摄像头、多摄像头提供支持)。在支持双摄像头或多摄像头的设备上,增强的相机 API 可以实现单个摄像头无法实现的功能,例如无缝缩放、散景和立体效果等。

增强后的相机 API 还允许调用合适或融合的相机数据流,以便在不同的摄像头之间切换自如。

在理解了上面 API 的功能和作用之后,接下来即可使用 Camera v2 API 来控制摄像头拍照了。控制拍照的步骤大致如下。

① 调用 CameraManager 的 openCamera(String cameraId, CameraDevice.StateCallback callback, Handler handler)方法打开指定摄像头。该方法的第一个参数代表要打开的摄像头 ID;第二个参数用于监听摄像头的状态;第三个参数代表执行 callback 的 Handler,如果程序希望直接在当前线程中执行 callback,则可将 handler 参数设为 null。

② 当摄像头被打开之后,程序即可获取 CameraDevice——即根据摄像头 ID 获取了指定摄像头设备,然后调用 CameraDevice 的 createCaptureSession(List<Surface> outputs, CameraCaptureSession.StateCallback callback,Handler handler)方法来创建 CameraCaptureSession。该方法的第一个参数是一个 List 集合,封装了所有需要从该摄像头获取图片的 Surface,第二个参数用于监听 CameraCaptureSession 的创建过程;第三个参数代表执行 callback 的 Handler,如果程序希望直接在当前线程中执行 callback,则可将 handler 参数设为 null。

③ 不管预览还是拍照,程序都调用 CameraDevice 的 createCaptureRequest(int templateType)方法创建 CaptureRequest.Builder,该方法支持 TEMPLATE_PREVIEW(预览)、TEMPLATE_RECORD(拍摄视频)、TEMPLATE_STILL_CAPTURE(拍照)等参数。

④ 通过第 3 步所调用方法返回的 CaptureRequest.Builder 设置拍照的各种参数,比如对焦模式、曝光模式等。

⑤ 调用 CaptureRequest.Builder 的 build()方法即可得到 CaptureRequest 对象,接下来程序可通过 CameraCaptureSession 的 setRepeatingRequest()方法开始预览,或调用 capture()方法拍照。

实例:拍照时自动对焦

本实例示范了使用 Camera v2 来进行拍照。当用户按下拍照键时,该应用会自动对焦,当对焦成功时拍下照片。在该程序的界面中使用一个自定义 TextureView 来显示预览取景,该自定义 TextureView 类的代码如下。

程序清单:codes\11\11.3\Capture\camerav2\src\main\java\org\crazyit\media\AutoFitTextureView.java

```
public class AutoFitTextureView extends TextureView
{
    private int mRatioWidth = 0;
    private int mRatioHeight = 0;
    public AutoFitTextureView(Context context, AttributeSet attrs)
    {
        super(context, attrs);
    }
    void setAspectRatio(int width, int height)
    {
        mRatioWidth = width;
        mRatioHeight = height;
        requestLayout();
    }
    @Override
    public void onMeasure(int widthMeasureSpec, int heightMeasureSpec)
```

```java
        {
            super.onMeasure(widthMeasureSpec, heightMeasureSpec);
            int width = MeasureSpec.getSize(widthMeasureSpec);
            int height = MeasureSpec.getSize(heightMeasureSpec);
            if (0 == mRatioWidth || 0 == mRatioHeight)
            {
                setMeasuredDimension(width, height);
            }
            else
            {
                if (width < height * mRatioWidth / mRatioHeight)
                {
                    setMeasuredDimension(width, width * mRatioHeight / mRatioWidth);
                }
                else
                {
                    setMeasuredDimension(height * mRatioWidth / mRatioHeight, height);
                }
            }
        }
    }
}
```

接下来的 MainActivity 将会使用 CameraManager 来打开 CameraDevice，并通过 CameraDevice 创建 CameraCaptureSession，然后即可通过 CameraCaptureSession 进行预览或拍照了。该 Activity 的代码如下。

程序清单：codes\11\11.3\Capture\camerav2\src\main\java\org\crazyit\media\MainActivity.java

```java
public class MainActivity extends Activity
{
    private static final SparseIntArray ORIENTATIONS = new SparseIntArray();
    static {
        ORIENTATIONS.append(Surface.ROTATION_0, 90);
        ORIENTATIONS.append(Surface.ROTATION_90, 0);
        ORIENTATIONS.append(Surface.ROTATION_180, 270);
        ORIENTATIONS.append(Surface.ROTATION_270, 180);
    }
    // 定义界面上的根布局管理器
    private FrameLayout rootLayout;
    // 定义自定义的 AutoFitTextureView 组件，用于预览摄像头照片
    private AutoFitTextureView textureView;
    // 摄像头 ID（通常 0 代表后置摄像头，1 代表前置摄像头）
    private String mCameraId = "0";
    // 定义代表摄像头的成员变量
    private CameraDevice cameraDevice;
    // 预览尺寸
    private Size previewSize;
    private CaptureRequest.Builder previewRequestBuilder;
    // 定义用于预览照片的捕获请求
    private CaptureRequest previewRequest;
    // 定义 CameraCaptureSession 成员变量
    private CameraCaptureSession captureSession;
    private ImageReader imageReader;
    private final TextureView.SurfaceTextureListener mSurfaceTextureListener
            = new TextureView.SurfaceTextureListener()
    {
        @Override
        public void onSurfaceTextureAvailable(SurfaceTexture texture
                , int width, int height)
        {
            // 当 TextureView 可用时，打开摄像头
            openCamera(width, height);
        }
```

```java
        @Override
        public void onSurfaceTextureSizeChanged(SurfaceTexture texture
                , int width, int height)
        {
            configureTransform(width, height);
        }
        @Override
        public boolean onSurfaceTextureDestroyed(SurfaceTexture texture)
        {
            return true;
        }
        @Override
        public void onSurfaceTextureUpdated(SurfaceTexture texture)
        {
        }
    };
    private final CameraDevice.StateCallback stateCallback = new CameraDevice.StateCallback()
    {
        // 摄像头被打开时激发该方法
        @Override
        public void onOpened(@NonNull CameraDevice cameraDevice)
        {
            MainActivity.this.cameraDevice = cameraDevice;
            // 开始预览
            createCameraPreviewSession();   // ②
        }
        // 摄像头断开连接时激发该方法
        @Override
        public void onDisconnected(CameraDevice cameraDevice)
        {
            cameraDevice.close();
            MainActivity.this.cameraDevice = null;
        }
        // 打开摄像头出现错误时激发该方法
        @Override
        public void onError(CameraDevice cameraDevice, int error)
        {
            cameraDevice.close();
            MainActivity.this.cameraDevice = null;
            MainActivity.this.finish();
        }
    };
    @Override
    protected void onCreate(Bundle savedInstanceState)
    {
        super.onCreate(savedInstanceState);
        setContentView(R.layout.activity_main);
        rootLayout = findViewById(R.id.root);
        requestPermissions(new String[]{Manifest.permission.CAMERA}, 0x123);
    }
    @Override
    public void onRequestPermissionsResult(int requestCode,
        @NonNull String[] permissions, @NonNull int[] grantResults)
    {
        if (requestCode == 0x123 && grantResults.length == 1
                && grantResults[0] == PackageManager.PERMISSION_GRANTED) {
            // 创建预览摄像头照片的 TextureView 组件
            textureView = new AutoFitTextureView(MainActivity.this, null);
            // 为 TextureView 组件设置监听器
            textureView.setSurfaceTextureListener(mSurfaceTextureListener);
            rootLayout.addView(textureView);
            findViewById(R.id.capture).setOnClickListener(view -> captureStillPicture());
        }
    }
```

```java
    private void captureStillPicture()
    {
        try {
            if (cameraDevice == null) {
                return;
            }
            // 创建作为拍照的 CaptureRequest.Builder
            CaptureRequest.Builder captureRequestBuilder = cameraDevice
                .createCaptureRequest(CameraDevice.TEMPLATE_STILL_CAPTURE);
            // 将 imageReader 的 surface 作为 CaptureRequest.Builder 的目标
            captureRequestBuilder.addTarget(imageReader.getSurface());
            // 设置自动对焦模式
            captureRequestBuilder.set(CaptureRequest.CONTROL_AF_MODE,
                CaptureRequest.CONTROL_AF_MODE_CONTINUOUS_PICTURE);
            // 设置自动曝光模式
            captureRequestBuilder.set(CaptureRequest.CONTROL_AE_MODE,
                CaptureRequest.CONTROL_AE_MODE_ON_AUTO_FLASH);
            // 获取设备方向
            int rotation = getWindowManager().getDefaultDisplay().getRotation();
            // 根据设备方向计算设置照片的方向
            captureRequestBuilder.set(CaptureRequest.JPEG_ORIENTATION,
                ORIENTATIONS.get(rotation));
            // 停止连续取景
            captureSession.stopRepeating();
            // 捕获静态图像
            captureSession.capture(captureRequestBuilder.build(),
                new CameraCaptureSession.CaptureCallback()   // ⑤
                {
                    // 拍照完成时激发该方法
                    @Override
                    public void onCaptureCompleted(@NonNull CameraCaptureSession session,
                        @NonNull CaptureRequest request, @NonNull TotalCaptureResult result)
                    {
                        try {
                            // 重设自动对焦模式
                            previewRequestBuilder.set(CaptureRequest
                                .CONTROL_AF_TRIGGER,
                                CameraMetadata.CONTROL_AF_TRIGGER_CANCEL);
                            // 设置自动曝光模式
                            previewRequestBuilder.set(CaptureRequest
                                .CONTROL_AE_MODE,
                                CaptureRequest.CONTROL_AE_MODE_ON_AUTO_FLASH);
                            // 打开连续取景模式
                            captureSession.setRepeatingRequest(previewRequest, null, null);
                        } catch (CameraAccessException e) {
                            e.printStackTrace();
                        }
                    }
                }, null);
        } catch (CameraAccessException e) {
            e.printStackTrace();
        }
    }
    // 根据手机的旋转方向确定预览图像的方向
    private void configureTransform(int viewWidth, int viewHeight) {
        if (null == previewSize) {
            return;
        }
        // 获取手机的旋转方向
        int rotation = getWindowManager().getDefaultDisplay().getRotation();
        Matrix matrix = new Matrix();
        RectF viewRect = new RectF(0, 0, viewWidth, viewHeight);
        RectF bufferRect = new RectF(0, 0, previewSize.getHeight(), previewSize.
```

```
getWidth());
        float centerX = viewRect.centerX();
        float centerY = viewRect.centerY();
        // 处理手机横屏的情况
        if (Surface.ROTATION_90 == rotation || Surface.ROTATION_270 == rotation) {
            bufferRect.offset(centerX - bufferRect.centerX(), centerY - bufferRect.
centerY());
            matrix.setRectToRect(viewRect, bufferRect, Matrix.ScaleToFit.FILL);
            float scale = Math.max(
                (float) viewHeight / previewSize.getHeight(),
                (float) viewWidth / previewSize.getWidth());
            matrix.postScale(scale, scale, centerX, centerY);
            matrix.postRotate(90 * (rotation - 2), centerX, centerY);
        }
        // 处理手机倒置的情况
        else if (Surface.ROTATION_180 == rotation)
        {
            matrix.postRotate(180, centerX, centerY);
        }
        textureView.setTransform(matrix);
    }
    // 打开摄像头
    private void openCamera(int width, int height)
    {
        setUpCameraOutputs(width, height);
        configureTransform(width, height);
        CameraManager manager = (CameraManager) getSystemService(
            Context.CAMERA_SERVICE);
        try {
            // 如果用户没有授权使用摄像头，则直接返回
            if (checkSelfPermission(Manifest.permission.CAMERA) !=
                PackageManager.PERMISSION_GRANTED) {
                return;
            }
            // 打开摄像头
            manager.openCamera(mCameraId, stateCallback, null); // ①
        }
        catch (CameraAccessException e)
        {
            e.printStackTrace();
        }
    }
    private void createCameraPreviewSession()
    {
        try
        {
            SurfaceTexture texture = textureView.getSurfaceTexture();
            texture.setDefaultBufferSize(previewSize.getWidth(), previewSize.getHeight());
            Surface surface = new Surface(texture);
            // 创建作为预览的 CaptureRequest.Builder
            previewRequestBuilder = cameraDevice
                .createCaptureRequest(CameraDevice.TEMPLATE_PREVIEW);
            // 将 textureView 的 surface 作为 CaptureRequest.Builder 的目标
            previewRequestBuilder.addTarget(new Surface(texture));
            // 创建 CameraCaptureSession，该对象负责管理处理预览请求和拍照请求
            cameraDevice.createCaptureSession(Arrays.asList(surface,
                imageReader.getSurface()),new CameraCaptureSession.StateCallback() // ③
                {
                    @Override
                    public void onConfigured(@NonNull CameraCaptureSession
                        cameraCaptureSession)
                    {
                        // 如果摄像头为 null，直接结束方法
```

```java
            if (null == cameraDevice)
            {
                return;
            }
            // 当摄像头已经准备好时，开始显示预览
            captureSession = cameraCaptureSession;
            // 设置自动对焦模式
            previewRequestBuilder.set(CaptureRequest.CONTROL_AF_MODE,
                CaptureRequest.CONTROL_AF_MODE_CONTINUOUS_PICTURE);
            // 设置自动曝光模式
            previewRequestBuilder.set(CaptureRequest.CONTROL_AE_MODE,
                CaptureRequest.CONTROL_AE_MODE_ON_AUTO_FLASH);
            // 开始显示相机预览
            previewRequest = previewRequestBuilder.build();
            try {
                // 设置预览时连续捕获图像数据
                captureSession.setRepeatingRequest(
                    previewRequest, null, null);   // ④
            }
            catch (CameraAccessException e)
            {
                e.printStackTrace();
            }
        }
        @Override public void onConfigureFailed(@NonNull
            CameraCaptureSession cameraCaptureSession)
        {
            Toast.makeText(MainActivity.this, "配置失败！",
                Toast.LENGTH_SHORT).show();
        }
    }, null);
    }
    catch (CameraAccessException e)
    {
        e.printStackTrace();
    }
}
private void setUpCameraOutputs(int width, int height)
{
    CameraManager manager = (CameraManager) getSystemService(
        Context.CAMERA_SERVICE);
    try {
        // 获取指定摄像头的特性
        CameraCharacteristics characteristics =
manager.getCameraCharacteristics(mCameraId);
        // 获取摄像头支持的配置属性
        StreamConfigurationMap map = characteristics.get(CameraCharacteristics.
            SCALER_STREAM_CONFIGURATION_MAP);
        // 获取摄像头支持的最大尺寸
        Size largest = Collections.max(
            Arrays.asList(map.getOutputSizes(ImageFormat.JPEG)),
            new CompareSizesByArea());
        // 创建一个 ImageReader 对象，用于获取摄像头的图像数据
        imageReader = ImageReader.newInstance(largest.getWidth(),
            largest.getHeight(), ImageFormat.JPEG, 2);
        imageReader.setOnImageAvailableListener(reader -> {
            // 当照片数据可用时激发该方法
            // 获取捕获的照片数据
            Image image = reader.acquireNextImage();
            ByteBuffer buffer = image.getPlanes()[0].getBuffer();
            byte[] bytes = new byte[buffer.remaining()];
            // 使用 IO 流将照片写入指定文件
            File file = new File(getExternalFilesDir(null), "pic.jpg");
```

```java
                    buffer.get(bytes);
                    try
                    {
                        FileOutputStream output = new FileOutputStream(file))
                    {
                        output.write(bytes);
                        Toast.makeText(MainActivity.this, "保存: "
                            + file, Toast.LENGTH_SHORT).show();
                    }
                    catch (Exception e)
                    {
                        e.printStackTrace();
                    }
                    finally
                    {
                        image.close();
                    }
            }, null);
            // 获取最佳的预览尺寸
            previewSize = chooseOptimalSize(map.getOutputSizes(SurfaceTexture.class),
                width, height, largest);
            // 根据选中的预览尺寸来调整预览组件(TextureView)的长宽比
            int orientation = getResources().getConfiguration().orientation;
            if (orientation == Configuration.ORIENTATION_LANDSCAPE) {
                textureView.setAspectRatio(previewSize.getWidth(),
                    previewSize.getHeight());
            } else {
                textureView.setAspectRatio(previewSize.getHeight(),
                    previewSize.getWidth());
            }
        }
        catch (CameraAccessException e)
        {
            e.printStackTrace();
        }
        catch (NullPointerException e)
        {
            System.out.println("出现错误。");
        }
    }
    private static Size chooseOptimalSize(Size[] choices
        , int width, int height, Size aspectRatio)
    {
        // 收集摄像头支持的大过预览Surface的分辨率
        List<Size> bigEnough = new ArrayList<>();
        int w = aspectRatio.getWidth();
        int h = aspectRatio.getHeight();
        for (Size option : choices)
        {
            if (option.getHeight() == option.getWidth() * h / w &&
                option.getWidth() >= width && option.getHeight() >= height)
            {
                bigEnough.add(option);
            }
        }
        // 如果找到多个预览尺寸，获取其中面积最小的
        if (bigEnough.size() > 0)
        {
            return Collections.min(bigEnough, new CompareSizesByArea());
        }
        else
        {
            System.out.println("找不到合适的预览尺寸！！！");
            return choices[0];
        }
```

```
    }
    // 为 Size 定义一个比较器 Comparator
    static class CompareSizesByArea implements Comparator<Size>
    {
        @Override
        public int compare(Size lhs, Size rhs)
        {
            // 强转为 long 保证不会发生溢出
            return Long.signum((long) lhs.getWidth() * lhs.getHeight() -
                (long) rhs.getWidth() * rhs.getHeight());
        }
    }
}
```

上面程序中的①号粗体字代码用于打开系统摄像头，openCamera()方法的第一个参数代表请求打开的摄像头 ID，此处传入的摄像头 ID 为"0"，这代表打开设备后置摄像头；如果需要打开设备指定摄像头（比如前置摄像头），可以在调用 openCamera()方法时传入相应的摄像头 ID。

> **提示：**
> CameraManager 提供了 getCameraIdList()方法来获取设备的摄像头列表，还提供了 getCameraCharacteristics(String cameraId)方法来获取指定摄像头的特性。例如如下代码：
> ```
> // 获取设备上摄像头列表
> String[] ids = CameraManager.getCameraIdList();
> // 创建一个空的 CameraInfo 对象，用于获取摄像头信息
> Camera.CameraInfo cameraInfo = new Camera.CameraInfo();
> for ( String id : ids
> {
>     val cc = getCameraCharacteristics(id);
>     // 接下来的代码就可以通过 cc 来获取该摄像头的特性了
>     ...
> }
> ```

上面程序中的①号粗体字代码打开后置摄像头时传入了一个 stateCallback 参数，该参数代表的对象可检测摄像头的状态改变，当摄像头的状态发生改变时，程序将会自动回调该对象的相应方法。该程序的关键是重写了 stateCallback 的 onOpened(CameraDevice cameraDevice)方法——当摄像头被打开时将会自动激发该方法，通过该方法的参数即可让程序获取被打开的摄像头设备。除此之外，程序在 onOpened()方法的②号粗体字代码处调用 createCameraPreviewSession()方法创建了 CameraCaptureSession，并开始预览取景。

createCameraPreviewSession()方法中的③号粗体字代码调用了 CameraDevice 的 createCaptureSession()方法来创建 CameraCaptureSession，调用该方法时也传入了一个 CameraCaptureSession.StateCallback 参数，这样即可保证当 CameraCaptureSession 被创建成功之后立即开始预览。

createCameraPreviewSession()方法的第一行粗体字代码将 texture 组件添加为 previewRequestBuilder 的 target，这意味着程序通过 previewRequestBuilder 获取的图像数据将会被显示在 texture 组件上。

程序重写了 CameraCaptureSession.StateCallback 的 onConfigured()方法——当 CameraCaptureSession 创建成功时将会自动回调该方法，该方法先通过 previewRequestBuilder 设置了预览参数，然后调用 CameraCaptureSession 对象的 setRepeatingRequest()方法开始预览。

当单击程序界面上的拍照按钮时，程序将会激发该 Activity 的 captureStillPicture()方法。该方法的实现逻辑同样很简单：程序先创建一个 CaptureRequest.Builder 对象，该方法中第一行粗体字代码将 ImageReader 添加成 CaptureRequest.Builder 的 target——这意味着当程序拍照时，图像数据将会被传给此 ImageReader。接下来程序通过 CaptureRequest.Builder 设置了拍照参数，然后通过⑤号粗体字代码调用 CameraCaptureSession 的 capture()方法拍照即可，调用该方法时也传入了

CaptureCallback 参数，这样可以保证拍照完成之后会重新开始预览。

> **注意：**
> 该应用打开摄像头、创建 CameraCaptureSession、预览、拍照时都没有传入 Handler 参数，这意味着程序直接在主线程中完成相应的 Callback 任务，这样可能导致程序响应变慢。对于实际的应用，我们建议传入 Handler 参数，这样即可让 Handler 使用新线程来执行 Callback 任务，这样才可提高应用的响应速度。

由于该程序需要使用手机的摄像头，因此还需要在 AndroidManifest.xml 文件中增加如下配置：

```
<!-- 授予该程序使用摄像头的权限 -->
<uses-permission android:name="android.permission.CAMERA" />
```

在 Genymotion 模拟器上运行该程序可能看到如图 11.8 所示的预览界面——这是因为 Genymotion 模拟器可以使用宿主电脑的摄像头作为相机镜头。

为了让模拟器能显示图 11.8 所示的预览界面，建议读者启用 Genymotion 模拟器的摄像头支持，添加摄像头支持：单击 Genymotion 模拟器右边的摄像头图标，即可看到如图 11.9 所示的对话框。

图 11.8 预览界面

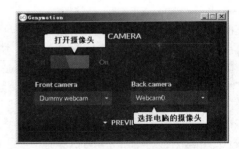

图 11.9 打开 Genymotion 模拟器的摄像头

运行该程序，按下右下角的"拍照"键，程序将会把拍得的照片保存下来，在界面上也会显示该照片的存储目录。

▶▶ 11.3.2 录制视频短片

MediaRecorder 除可用于录制音频之外，还可用于录制视频。使用 MediaRecorder 录制视频与录制音频的步骤基本相同。只是录制视频时不仅需要采集声音，还需要采集图像。为了让 MediaRecorder 录制时采集图像，应该在调用 setAudioSource(int audio_source)方法时再调用 setVideoSource(int videoSource)方法来设置图像来源。

除此之外，还需要在调用 setOutputFormat()方法设置输出文件格式之后执行如下步骤。

① 调用 MediaRecorder 对象的 setVideoEncoder()、setVideoEncodingBitRate(int bitRate)、setVideoFrameRate()方法设置所录制的视频编码格式、编码位率、每秒多少帧等，这些参数可以控

制所录制的视频品质、文件大小。一般来说,视频品质越好,视频文件越大。

② 调用 MediaRecorder 的 setPreviewDisplay(Surface sv)方法设置使用哪个 SurfaceView 来显示视频预览。

剩下的代码则与录制音频的代码基本相同。

实例:录制生活短片

本实例示范了如何录制视频。该程序的界面中提供了两个按钮用于控制开始、结束录制;除此之外,程序界面中还提供了一个 SurfaceView 来显示视频预览。该程序的界面布局文件如下。

程序清单:codes\11\11.3\Capture\recordvideo\src\main\res\layout\activity_main.xml

```xml
<?xml version="1.0" encoding="utf-8"?>
<FrameLayout xmlns:android="http://schemas.android.com/apk/res/android"
    android:layout_width="match_parent"
    android:layout_height="match_parent">
    <!-- 显示视频预览的 SurfaceView -->
    <SurfaceView
        android:id="@+id/sView"
        android:layout_width="match_parent"
        android:layout_height="match_parent" />
    <LinearLayout
        android:layout_width="wrap_content"
        android:layout_height="wrap_content"
        android:layout_gravity="center|bottom"
        android:gravity="center_horizontal"
        android:orientation="horizontal">
        <ImageButton
            android:id="@+id/record"
            android:layout_width="wrap_content"
            android:layout_height="wrap_content"
            android:src="@drawable/record" />
        <ImageButton
            android:id="@+id/stop"
            android:layout_width="wrap_content"
            android:layout_height="wrap_content"
            android:src="@drawable/stop" />
    </LinearLayout>
</FrameLayout>
```

在提供了上面所示的界面布局文件之后,接下来就可以在程序中使用 MediaRecorder 来录制视频了。录制视频与录制音频的步骤基本相似,只是需要额外设置视频的图像来源、视频格式等。除此之外,还需要设置使用 SurfaceView 显示视频预览。录制视频的程序代码如下。

程序清单:codes\11\11.3\Capture\recordvideo\src\main\java\org\crazyit\media\MainActivity.java

```java
public class MainActivity extends Activity
{
    private ImageButton recordBn;
    private ImageButton stopBn;
    // 系统的视频文件
    private File videoFile;
    private MediaRecorder mRecorder;
    // 显示视频预览的 SurfaceView
    private SurfaceView sView;
    // 记录是否正在进行录制
    private boolean isRecording;
    @Override
    protected void onCreate(Bundle savedInstanceState)
    {
        super.onCreate(savedInstanceState);
        setContentView(R.layout.activity_main);
```

```java
        // 获取程序界面上的两个按钮
        recordBn = findViewById(R.id.record);
        stopBn = findViewById(R.id.stop);
        // 让 stopBn 按钮不可用
        stopBn.setEnabled(false);
        requestPermissions(new String[]{Manifest.permission.CAMERA,
            Manifest.permission.RECORD_AUDIO,
            Manifest.permission.WRITE_EXTERNAL_STORAGE}, 0x123);
    }
    @Override
    public void onRequestPermissionsResult(int requestCode,
        @NonNull String[] permissions, @NonNull int[] grantResults)
    {
        if (requestCode == 0x123 && grantResults.length == 3
            && grantResults[0] == PackageManager.PERMISSION_GRANTED
            && grantResults[1] == PackageManager.PERMISSION_GRANTED
            && grantResults[2] == PackageManager.PERMISSION_GRANTED) {
            View.OnClickListener listener = source ->
            {
                switch (source.getId()) {
                    // 单击录制按钮
                    case R.id.record:
                        if (!Environment.getExternalStorageState().equals(
                            android.os.Environment.MEDIA_MOUNTED)) {
                            Toast.makeText(MainActivity.this,"SD卡不存在，请插入SD卡！",
                                Toast.LENGTH_SHORT).show();
                            return;
                        }
                        // 创建保存录制视频的视频文件
                        videoFile = new File(Environment.getExternalStorageDirectory()
                            .toString() + "/myvideo.mp4");
                        // 创建 MediaRecorder 对象
                        mRecorder = new MediaRecorder();
                        mRecorder.reset();
                        // 设置从麦克风采集声音
                        mRecorder.setAudioSource(MediaRecorder.AudioSource.MIC);
                        // 设置从摄像头采集图像
                        mRecorder.setVideoSource(MediaRecorder.VideoSource.CAMERA);
                        // 设置视频文件的输出格式
                        // 必须在设置声音编码格式、图像编码格式之前设置
                        mRecorder.setOutputFormat(MediaRecorder.OutputFormat.MPEG_4);
                        // 设置声音编码格式
                        mRecorder.setAudioEncoder(MediaRecorder.AudioEncoder.DEFAULT);
                        // 设置图像编码格式
                        mRecorder.setVideoEncoder(MediaRecorder.VideoEncoder.MPEG_4_SP);
                        // 设置视频尺寸，此处要求摄像头本身支持该尺寸
                        // 否则会在调用 MediaRecorder 的 play 方法时出现异常
                        // mRecorder.setVideoSize(640, 560);
                        mRecorder.setVideoSize(1920, 1080);
                        // 每秒 12 帧
                        mRecorder.setVideoFrameRate(12);
                        mRecorder.setOutputFile(videoFile.getAbsolutePath());
                        // 指定使用 SurfaceView 来预览视频
                        mRecorder.setPreviewDisplay(sView.getHolder().getSurface()); // ①
                        try {
                            mRecorder.prepare();
                        } catch (IOException e) {
                            e.printStackTrace();
                        }
                        // 开始录制
                        mRecorder.start();
                        System.out.println("---recording---");
```

```
                    // 让 recordBn 按钮不可用
                    recordBn.setEnabled(false);
                    // 让 stopBn 按钮可用
                    stopBn.setEnabled(true);
                    isRecording = true;
                    break;
                // 单击停止按钮
                case R.id.stop:
                    // 如果正在进行录制
                    if (isRecording) {
                        // 停止录制
                        mRecorder.stop();
                        // 释放资源
                        mRecorder.release();
                        mRecorder = null;
                        // 让 recordBn 按钮可用
                        recordBn.setEnabled(true);
                        // 让 stopBn 按钮不可用
                        stopBn.setEnabled(false);
                    }
                    break;
            }
        };
        // 为两个按钮的单击事件绑定监听器
        recordBn.setOnClickListener(listener);
        stopBn.setOnClickListener(listener);
        // 获取程序界面上的 SurfaceView
        sView = findViewById(R.id.sView);
        // 设置分辨率
        sView.getHolder().setFixedSize(320, 280);
        // 设置该组件让屏幕不会自动关闭
        sView.getHolder().setKeepScreenOn(true);
    }
}
```

上面程序中的粗体字代码设置了视频所采集的图像来源，以及视频的压缩格式、视频分辨率等属性，程序的①号粗体字代码则用于设置使用指定 SurfaceView 显示视频预览。

程序在调用 MediaRecorder 的 setVideoSize() 方法设置视频尺寸时，该方法所设置的宽、高必须是摄像头支持的尺寸；否则，将会在调用 MediaRecorder 的 start() 方法时引发异常。上面分别设置了两种不同的尺寸：当程序在真机上运行时，现在真机基本不再支持 640×560 这种尺寸，因此建议使用第二行的视频尺寸；当程序在模拟器上运行时，现在模拟器使用宿主电脑的摄像头往往像素较低，因此建议使用 640×560 这种小尺寸。

运行该程序需要使用麦克风录制声音，需要使用摄像头采集图像，这些都需要授予相应的权限；不仅如此，由于录制视频时视频文件增大得较快，可能需要使用外部存储器，因此需要对应用程序授予相应的权限，也就是需要在 AndroidManifest.xml 文件中增加如下授权配置：

```
<!-- 授予该程序录制声音的权限 -->
<uses-permission android:name="android.permission.RECORD_AUDIO"/>
<!-- 授予该程序使用摄像头的权限 -->
<uses-permission android:name="android.permission.CAMERA"/>
<!-- 授予使用外部存储器的权限 -->
<uses-permission android:name="android.permission.WRITE_EXTERNAL_STORAGE"/>
```

当在 Genymotion 模拟器上运行该程序时，由于 Genymotion 模拟器可以直接使用宿主电脑的摄像头作为相机镜头，因此在该模拟器上运行该程序可以看到如图 11.10 所示的界面。

图 11.10　录制视频短片

  11.4　屏幕捕捉

如果开发者要对 Android 屏幕进行实时截图，则可以使用 Android 提供的 MediaProjectionManager 管理器，该管理器可以非常方便地实现屏幕捕捉功能。

使用 MediaProjectionManager 实现屏幕捕捉的步骤如下。

① 以 MEDIA_PROJECTION_SERVICE 为参数，调用 Context.getSystemService()方法即可获取 MediaProjectionManager 实例。

② 调用 MediaProjectionManager 对象的 createScreenCaptureIntent()方法创建一个屏幕捕捉的 Intent。

③ 调用 startActivityForResult()方法启动第 2 步得到的 Intent，这样即可启动屏幕捕捉的 Intent。

④ 重写 onActivityResult()方法，在该方法中通过 MediaProjectionManager 对象来获取 MediaProjection 对象，在该对象中即可获取被捕获的屏幕。

下面示例示范了 Android 的屏幕捕捉功能。该应用界面上只包含一个 ToggleButton 和一个 SurfaceView，其中 ToggleButton 用于打开屏幕捕捉功能，而 SurfaceView 则用于显示屏幕捕捉的图像。由于程序界面非常简单，故此处不再给出界面设计文件。

下面是该应用的 Activity 代码：

程序清单：codes\11\11.4\CaptureScreen\app\src\main\java\org\crazyit\media\MainActivity.java

```
public class MainActivity extends Activity
{
    public static final int CAPTURE_CODE = 0x123;
    private MediaProjectionManager projectionManager;
    private int screenDensity;
    private int displayWidth = 720;
    private int displayHeight = 1080;
    private boolean screenSharing;
    private MediaProjection mediaProjection;
    private VirtualDisplay virtualDisplay;
    private Surface surface;
    private SurfaceView surfaceView;
    @Override
    protected void onCreate(Bundle savedInstanceState)
    {
```

```java
        super.onCreate(savedInstanceState);
        setContentView(R.layout.activity_main);
        // 获取屏幕分辨率
        DisplayMetrics metrics = new DisplayMetrics();
        getWindowManager().getDefaultDisplay().getMetrics(metrics);
        screenDensity = metrics.densityDpi;
        // 获取应用界面上的 SurfaceView 组件
        surfaceView = findViewById(R.id.surface);
        surface = surfaceView.getHolder().getSurface();
        // 控制界面上的 SurfaceView 组件的宽度和高度
        ViewGroup.LayoutParams lp = surfaceView.getLayoutParams();
        lp.height = displayHeight;
        lp.width = displayWidth;
        surfaceView.setLayoutParams(lp);
        // 获取 MediaProjectionManager 管理器
        projectionManager = (MediaProjectionManager) getSystemService(
            Context.MEDIA_PROJECTION_SERVICE); // ①
    }
    @Override
    public void onDestroy()
    {
        super.onDestroy();
        if (mediaProjection != null) {
            mediaProjection.stop();
            mediaProjection = null;
        }
    }
    // 当用户单击开关按钮时激发该方法
    public void onToggleScreenShare(View view)
    {
        if (((ToggleButton)view).isChecked())
        {
            shareScreen();
        }
        else
        {
            stopScreenSharing();
        }
    }
    private void shareScreen()
    {
        screenSharing = true;
        if (surface == null) {
            return;
        }
        if (mediaProjection == null) {
            Intent intent = projectionManager.createScreenCaptureIntent();  // ②
            startActivityForResult(intent, CAPTURE_CODE);   // ③
        }
    }
    private void stopScreenSharing()
    {
        screenSharing = false;
        if (virtualDisplay == null) {
            return;
        }
        virtualDisplay.release();
    }
    @Override
    public void onActivityResult(int requestCode, int resultCode, Intent data)
    {
        if (requestCode == CAPTURE_CODE) {
            // 如果 resultCode 不等于 RESULT_OK，表明用户拒绝了屏幕捕捉
            if (resultCode != Activity.RESULT_OK) {
```

```
                Toast.makeText(this, "用户取消了屏幕捕捉",
                    Toast.LENGTH_SHORT).show();
                return;
            }
            mediaProjection = projectionManager.getMediaProjection(resultCode,
data);  // ④
            virtualDisplay = mediaProjection.createVirtualDisplay("屏幕捕捉",
                    displayWidth, displayHeight, screenDensity,
                    DisplayManager.VIRTUAL_DISPLAY_FLAG_AUTO_MIRROR,
                    surface, null /* Callback */, null /*Handler*/);
        }
    }
}
```

上面程序中的①号粗体字代码获取了屏幕捕捉的核心 API：MediaProjectionManager，接下来程序即可通过该 API 来执行屏幕捕捉了。程序中②号粗体字代码调用 MediaProjectionManager 的 createScreenCaptureIntent()方法创建了一个屏幕捕捉的 Intent，接下来③号粗体字代码启动该 Intent 即可开始屏幕捕捉。

当程序通过启动 Activity 开始屏幕捕捉之后，接下来程序重写了 Activity 的 onActivityResult()方法，并在该方法中通过④号粗体字代码获取了 MediaProjection 对象，程序调用 MediaProjection 的方法就可以将捕捉的图像显示到指定 Surface 中——如上面程序中最后一行代码所示。

编译、运行该程序，并打开程序界面上的 ToggleButton，即可看到如图 11.11 所示的效果。

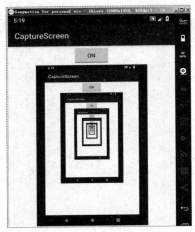

图 11.11　屏幕捕捉

11.5　本章小结

音频和视频都是非常重要的多媒体形式，Android 系统为音频、视频等多媒体的播放、录制提供了强大的支持。学习本章需要重点掌握如何使用 MediaPlayer、SoundPool 播放音频，如何使用 VideoView、MediaPlayer 播放视频，如何使用 VolumeShaper 控制声音效果。除此之外，还需要掌握通过 MediaRecorder 录制音频的方法，以及通过 Camera v2 控制摄像头拍照、录制视频的方法。此外，本章还介绍了屏幕捕捉的 API 及详细的用法示例。

CHAPTER 12

第 12 章
OpenGL 与 3D 开发

本章要点

- 3D 编程的概念和基本理论
- OpenGL 与 OpenGL ES
- Android 的 OpenGL ES 支持
- 在 Android 环境中使用 OpenGL ES
- 利用 OpenGL ES 绘制 2D 图形
- 旋转图形
- 从 2D 到 3D 的转换
- 利用 OpenGL ES 绘制 3D 图形
- 通过 OpenGL ES 对 3D 图形应用贴图

前面介绍过 Android 系统的图形、图像处理。通过 Android 提供的图形、图形处理 API，开发者可以非常方便地处理二维图形的处理、开发 2D 游戏等。但现在这个时代的用户显然并不满足于 2D 操作界面和 2D 游戏，3D 技术已经被广泛应用于 PC 游戏上，3D 技术下一步将要占领的肯定是手机平台。而 Android 系统已经为 3D 技术准备好了，Android 系统完全内置了 OpenGL ES（OpenGL for Embedded System）支持，也就是说，开发者可以在 Android 平台上使用 OpenGL ES API 来开发 3D 应用。

OpenGL 本身是高效、简洁的开放图形库接口，它定义了一个跨编程语言、跨平台的编程接口规范，主要用于三维图形编程。但在手机等手持终端上运行 OpenGL 有些不太合适，所以 Android 系统内置的是 OpenGL ES 支持。本章将会向读者介绍 3D 开发的基本知识，并介绍 OpenGL ES 编程的入门知识。但由于 OpenGL ES 的内容本身很多，而本书并不是一本专门介绍 OpenGL ES 编程的专著，所以并未过多地深入 OpenGL ES 编程，即使读者没有任何 3D 编程的知识，阅读本章也不会有任何障碍。

12.1 3D 图形与 3D 开发的基本知识

现在的互联网上，虽然还有一些 2D 游戏存在，但 3D 游戏已经逐渐成为主流。毕竟 3D 游戏具有更逼真的界面，能带给玩家更好的用户体验。就目前的技术来看，开发 3D 界面的各种技术已经非常成熟，为开发 3D 界面、3D 游戏提供了基础。

初学者可能会把 3D 开发想象得十分复杂。当然，3D 游戏开发肯定要比 2D 游戏开发更加复杂，毕竟开发 3D 界面需要的数据更多。

在介绍 3D 图形开发之前，先从 2D 图形开发入手。

先来看如何定义一个 2D 的三角形。对于 2D 的三角形来说，它只需要三个点，而且这三个点位于同一个平面上，因此程序只要为每个点指定 X、Y 两个坐标值即可。

接下来看如何定义一个 3D 的三棱锥。一个三棱锥需要 4 个点，而且这 4 个点都不是位于同一个平面上，因此程序需要为每个点指定 X、Y、Z 三个坐标值。

从图 12.1 可以看出，3D 图形需要处理的数据比 2D 图形要多得多。

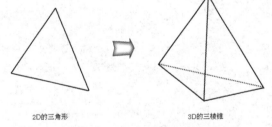

图 12.1 2D 到 3D 的转换

从图 12.1 看到的只是最简单的 2D 图形——三角形和最简单的 3D 图形——三棱锥，但在实际应用中，应用程序需要呈现出来的 2D 图形可能由很多曲线组成；类似地，应用程序需要呈现的 3D 图形也可能是由很多曲面组成的。

前面介绍 2D 绘图时，介绍了开发随手画图的程序，当程序希望在 2D 界面上绘制一条任意曲线时，如果把这条曲线放大了来看（放得足够大），用户将会发现这条曲线其实是由许多足够短的直线连接起来的。

对于一个 3D 图形来说，即使用户眼中看到的是一个"圆滑曲面"的 3D 图形，实际上它也依然是由多个足够小的平面组成的，图 12.2 所示的就是从 3d max 里截取出来的一个 3D 图形。

正如图 12.2 所示，左边是用户希望看到的 3D 图形，但这个 3D 图形并不是程序员希望控制的。实际上程序员要控制的是右边的"网格图"，为了实现这个 3D 图形，程序员需要定义两方面的数据。

➢ 3D 图形的每个顶点（Vertex）的位置，每个顶点的位置都需要 X、Y、Z 三个坐标值。

➢ 3D 图形每个面由哪些顶点组成。

当程序给出了上面两方面的数据之后，接下来就可通知 3D 绘制接口来绘制这个 3D 图形了

——就像绘制 2D 图形一样，程序员需要做的就是给出 2D 图形中各顶点的坐标。

为了定义 3D 图形每个顶点的位置，程序员需要给出 X、Y、Z 三个坐标值。为此，我们先要简单介绍一下 Android 的 3D 支持的三维坐标系统。

Android 的 3D 坐标系统与 2D 坐标系统完全不同，图 12.3 显示了 Android 的三维坐标系统。

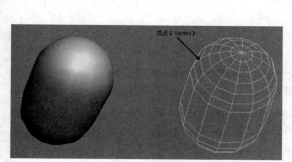

图 12.2　3D 图形的组成

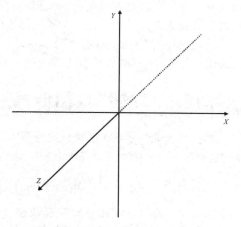

图 12.3　三维坐标系统

从图 12.3 可以看出，在 Android 的三维坐标系统中，坐标原点位于中央，X 轴从左向右延伸，原点左边的值为负数，右边为正数；Y 轴从下向上延伸，原点下边的值为负数，上边为正数；Z 轴从屏幕里面向外面延伸，屏幕里面为负数，外面为正数。

了解了这个三维坐标系统，我们就可以根据该三维坐标系统来定义 3D 图形每个顶点的位置了。

12.2　OpenGL 和 OpenGL ES 简介

OpenGL 的全称是 Open Graphics Library，即开放的图形库接口，它定义了一个跨编程语言、跨平台的编程接口规范，它主要用于三维图形（实际上二维图形也可以）编程。OpenGL 的前身是 SGI 公司为其图形工作站开发的 IRIS GL。IRIS GL 是一个工业标准的 3D 图形软件接口，虽然功能强大，但是移植性不好，于是 SGI 公司便在 IRIS GL 的基础上开发了 OpenGL。

OpenGL 体系简单，而且具有跨平台的特性，它不像 Direct3D（Microsoft 开发的 3D 图形库接口，OpenGL 的最有力的竞争对手）只能在 Windows 系统上运行，因此 OpenGL 具有很广泛的适应性——它不仅适用于大型图形工作站，也适用于 PC。

在图形工作站、PC 上，OpenGL 都可以工作良好，但三维图形计算必须需要处理大量数据，因此在一些如手机之类的小型设备上，如果希望使用 OpenGL 就比较困难了。为此，Khronos 集团为 OpenGL 提供了一个子集：OpenGL ES（OpenGL for Embedded System）。

Khronos 是一个图形软硬件行业协会，该协会主要关注图形和多媒体方面的开放标准，Khronos 协会针对手机、PDA 和游戏主机等嵌入式设备设置了 OpenGL ES。

OpenGL ES 是免费的、跨平台的、功能完善的 2D/3D 图形库接口 API，它针对多种嵌入式系统（包括控制台、移动电话、手持设备、家电设备和汽车）专门设计，它是一个精心提取出来的 OpenGL 的子集。

OpenGL ES 剔除了 OpenGl 中 glBegin/glEnd、四边形（GL_QUADS）、多边形（GL_POLYGONS）等许多非绝对必要的特性。经过多年发展，目前的 OpenGL ES 主要有两个版本：OpenGL ES 1.x 针对固定管线硬件；OpenGL ES 2.x 针对可编程管线硬件。

OpenGL ES 1.0 是以 OpenGL 1.3 规范为基础的，OpenGL ES 1.1 是以 OpenGL 1.5 规范为基础

的，它们分别支持 common 和 common lite 两种 profile。common lite profile 只支持定点实数，而 common profile 既支持定点数又支持浮点数，common profile 发布于 2005 年 8 月，引入了对可编程管线的支持。

Android 扩展包为开发者提供了高性能的 2D 和 3D 图形 API，包括计算着色器、模板纹理、加速视觉效果、高级纹理渲染、Tessellation 着色器、几何着色器、ASTC 纹理压缩、样本缺失值插补和着色等强大功能，能够适用于不同品牌的图形处理器。

Android 专门为 OpenGL 支持提供了 android.opengl 包，在该包下提供了 GLSurfaceView、GLU、GLUtils 等工具类，通过这些工具类在 Android 应用中使用 OpenGL ES 更加方便。

12.3 绘制 2D 图形

掌握了上面关于 3D 图形开发的基本知识之后，下面可以利用 Android 的 OpenGL ES 支持来进行 3D 开发了。在真正 3D 图形之前，还需要先学习 2D 开发。

▶▶ 12.3.1 在 Android 应用中使用 OpenGL ES

Android 为 OpenGL ES 支持提供了 GLSurfaceView 组件，这个组件用于显示 3D 图形。GLSurfaceView 本身并不提供绘制 3D 图形的功能，而是由 GLSurfaceView.Renderer 来完成 SurfaceView 中 3D 图形的绘制。

归纳起来，在 Android 中使用 OpenGL ES 需要三个步骤。

① 创建 GLSurfaceView 组件，使用 Activity 来显示 GLSurfaceView 组件。

② 为 GLSurfaceView 组件创建 GLSurfaceView.Renderer 实例，实现 GLSurfaceView.Renderer 类时需要实现该接口里的三个方法。

- abstract void onDrawFrame(GL10 gl)：Renderer 对象调用该方法绘制 GLSurfaceView 的当前帧。
- abstract void onSurfaceChanged(GL10 gl, int width, int height)：当 GLSurfaceView 的大小改变时回调该方法。
- abstract void onSurfaceCreated(GL10 gl, EGLConfig config)：当 GLSurfaceView 被创建时回调该方法。

③ 调用 GLSurfaceView 组件的 setRenderer()方法指定 Renderer 对象，该 Renderer 对象将会完成 GLSurfaceView 里 3D 图形的绘制。

从上面的介绍不难看出，实际上绘制 3D 图形的难点不是如何使用 GLSurface 组件，而是如何实现 Renderer 类。实现 Renderer 类时需要实现三个方法，这三个方法都有一个 GL10 形参，它就代表了 OpenGL ES 的"绘制画笔"，读者可以把它想象成 Swing 2D 绘图中的 Graphics，也可以想象成 Android 2D 绘图中的 Canvas 组件——当我们希望 Renderer 绘制 3D 图形时，实际上是调用 GL10 的方法来进行绘制的。

当 SurfaceView 被创建时，系统会回调 Renderer 对象的 onSurfaceCreated()方法，该方法可以对 OpenGL ES 执行一些无须任何改变的初始化。例如如下初始化代码：

```
@Override
public void onSurfaceCreated(GL10 gl, EGLConfig config)
{
    // 关闭抗抖动
    gl.glDisable(GL10.GL_DITHER);
    // 设置系统对透视进行修正
    gl.glHint(GL10.GL_PERSPECTIVE_CORRECTION_HINT, GL10.GL_FASTEST);
    gl.glClearColor(0, 0 , 0 , 0);
```

```
        // 设置阴影平滑模式
        gl.glShadeModel(GL10.GL_SMOOTH);
        // 启用深度测试
        gl.glEnable(GL10.GL_DEPTH_TEST);
        // 设置深度测试的类型
        gl.glDepthFunc(GL10.GL_LEQUAL);
}
```

GL10 就是 OpenGL ES 的绘图接口,虽然这里看到的是一个 GL10,但实际上它也是 GLES31 的实例,读者可通过 gl instanceof GL11 判断它是否为 GL11 接口的实例。

上面的方法中用到了 GL10 的一些初始化方法,关于这些方法说明如下。

- **glDisable(int cap)**:用于禁用 OpenGL ES 某个方面的特性。该方法中第一行代码用于关闭抗抖动,这样可以提高性能。
- **glHint (int target, int mode)**:用于对 OpenGL ES 某方面进行修正。
- **glclearColor(float red, float green, float blue, float alpha)**:用于设置 OpenGL ES "清屏"所用的颜色,4 个参数分别设置红、绿、蓝、透明度值——0 为最小值,1 为最大值。例如设置 gl.glClearColor(0, 0, 0, 0),就是用黑色 "清屏"。
- **glShadeModel(int mode)**:用于设置 OpenGL ES 的阴影模式。此处设为阴影平滑模式。
- **glEnable (int cap)**:该方法与 glDisable(int cap)方法相对,用于启用 OpenGL ES 某方面的特性,此处用于启动 OpenGL ES 的深度测试。所谓深度测试,就是让 OpenGL ES 负责跟踪每个物体在 Z 轴上的深度,这样就可避免后面的物体遮挡前面的物体。

当 SurfaceView 组件的大小发生改变时,系统会回调 Renderer 对象的 onSurfaceChanged()方法,因此该方法通常用于初始化 3D 场景。例如如下初始化代码:

```
@Override
public void onSurfaceChanged(GL10 gl, int width, int height)
{
    // 设置 3D 视窗的大小及位置
    gl.glViewport(0, 0, width, height);
    // 将当前矩阵模式设为投影矩阵
    gl.glMatrixMode(GL10.GL_PROJECTION);
    // 初始化单位矩阵
    gl.glLoadIdentity();
    // 计算透视视窗的宽度、高度比
    float ratio = (float)width/height;
    // 调用此方法设置透视视窗的空间大小
    gl.glFrustumf(-ratio, ratio, -1, 1, 1, 10);
}
```

上面的方法中用到了 GL10 的一些初始化方法,关于这些方法说明如下。

- **glViewport(int x, int y, int width, int height)**:用于设置 3D 视窗的位置与大小。其中前两个参数指定该视窗的位置;后两个参数指定该视窗的宽、高。
- **glMatrixMode(int mode)**:用于设置视图的矩阵模型。通常可接受 GL10.GL_PROJECTION、GL10.GL_MODELVIEW 两个常量值。
- 当调用 gl.glMatrixMode(GL10.GL_PROJECTION);代码后,指定将屏幕设为透视图(要想看到逼真的三维物体,这是必要的),这意味着越远的东西看起来越小;当调用 gl.glMatrixMode(GL10.GL_MODELVIEW);代码后,即将当前矩阵模式设为模型视图矩阵,这意味着任何新的变换都会影响该矩阵中的所有物体。
- **glLoadIdentity()**:相当于 reset()方法,用于初始化单位矩阵。
- **glFrustumf (float left, float right, float bottom, float top, float zNear, float zFar)**:用于设置透视投影的空间大小。前两个参数用于设置 X 轴上的最小坐标值、最大坐标值;中间两个

参数用于设置 Y 轴上的最小坐标值、最大坐标值；后两个参数用于设置 Z 轴上所能绘制的场景深度的最小值、最大值。

例如我们调用如下代码：

```
gl.glFrustumf(-0.8, 0.8, -1, 1, 1, 10);
```

这意味着如果有一个二维矩形，它的 4 个顶点的坐标分别为(-0.8, 1)、(0.8,1)、(0.8,-1)(-0.8,-1)，这个矩形将会占满整个视窗。

> **提示：**
> 前面已经指出，三维坐标系统与二维坐标系统并不相同，二维坐标系统上的坐标值通常就直接使用系统的像素数量；但三维坐标系统的坐标值则取决于 glFrustumf()方法的设置，当我们调用 gl.glFrustumf(-0.8, 0.8, -1, 1, 1, 10);方法时，意味着该三维坐标系统的 X 轴最左边的坐标值为-0.8，最右边的坐标值为 0.8；Y 轴最上面的坐标值为 1.0，最下面的坐标值为-1.0。

GLSurfaceView 上的所有 3D 图形都是由 Renderer 的 onDrawFrame(GL10 gl)方法绘制出来的，重写该方法时就要把所有 3D 图形都绘制出来，该方法通常以如下形式开始。

```
@Override
public void onDrawFrame(GL10 gl)
{
    // 清除屏幕缓存和深度缓存
    gl.glClear(GL10.GL_COLOR_BUFFER_BIT|GL10.GL_DEPTH_BUFFER_BIT);
    ...
}
```

接下来在 onDrawFrame()方法中就可以调用 GL10 的方法开始绘制了。下面会介绍 GL10 所提供的常见的绘制方法。

▶▶ 12.3.2 绘制平面上的多边形

前面已经说过，计算机里的 3D 图形其实是由许多个平面组合而成的。所谓"绘制 3D 图形"，其实就是通过多个平面图形形成的。下面先从绘制平面图形开始。

调用 GL10 图形绘制 2D 图形的步骤如下。

① 调用 GL10 的 glEnableClientState(GL10.GL_VERTEX_ARRAY)方法启用顶点坐标数组。

② 调用 GL10 的 glEnableClientState(GL10.GL_COLOR_ARRAY)方法启用顶点颜色数组。

③ 调用 GL10 的 glVertexPointer(int size, int type, int stride, Buffer pointer)方法设置顶点的位置数据。这个方法中 pointer 参数用于指定顶点坐标值，但这里并未使用三维数组来指定每个顶点 X、Y、Z 坐标的值，pointer 依然是一个一维数组，其格式为(x1,y1,z1,x2,y2,z2,x3,y3,z3,…,xN,yN,zN)；也就是该数组里将会包含 3N 个数值，每 3 个值指定一个顶点的 X、Y、Z 坐标值。第一个参数 size 指定多少个元素指定一个顶点位置，该 size 参数通常总是 3；type 参数指定顶点坐标值的类型，如果顶点坐标值为 float 类型，则指定为 GL10.GL_FLOAT；如果顶点坐标值为整数，则指定为 GL10.GL_FIXED。

④ 调用 GL10 的 glColorPointer (int size, int type, int stride, Buffer pointer)方法设置顶点的颜色数据。这个方法中 pointer 参数用于指定顶点的颜色值，pointer 依然是一个一维数组，其格式为(r1,g1,b1,a1,r2,g2,b2,a2,r3,g3,b3,a3,…,rN,gN,bN,aN)；也就是该数组里将会包含 4N 个数值，每 4 个值指定一个顶点颜色的红、绿、蓝、透明度的值。第一个参数 size 指定多少个元素指定一个顶点位置，该 size 参数通常总是 4；type 参数指定顶点坐标值的类型，如果顶点坐标值为 float 类型，则指定为 GL10.GL_FLOAT；如果顶点坐标值为整数，则指定为 GL10.GL_FIXED。

⑤ 调用 GL10 的 glDrawArrays (int mode, int first, int count)方法绘制平面。该方法的第一个参数指定绘制图形类型，第二个参数指定从哪个顶点开始绘制，第三个参数指定总共绘制的顶点数量。

⑥ 绘制完成后，调用 GL10 的 glFinish()方法结束绘制，并调用 glDisableClientState(int)方法来停用顶点坐标数据、顶点颜色数据。

掌握上面的步骤之后，接下来通过示例程序来绘制几个简单的图形。

先为该程序提供一个 Renderer 实现类，该实现类的代码如下。

程序清单：codes\12\12.3\Polygon\basic\src\main\java\org\crazyit\opengl\MyRenderer.java

```java
public class MyRenderer implements Renderer
{
    float[] triangleData = new float[] {
        0.1f, 0.6f , 0.0f ,  // 上顶点
        -0.3f, 0.0f , 0.0f , // 左顶点
        0.3f, 0.1f , 0.0f    // 右顶点
    };
    int[] triangleColor = new int[] {
        65535, 0, 0, 0,      // 上顶点红色
        0, 65535, 0, 0,      // 左顶点绿色
        0, 0, 65535, 0       // 右顶点蓝色
    };
    float[] rectData = new float[] {
        0.4f, 0.4f , 0.0f,   // 右上顶点
        0.4f, -0.4f , 0.0f,  // 右下顶点
        -0.4f, 0.4f , 0.0f,  // 左上顶点
        -0.4f, -0.4f , 0.0f  // 左下顶点
    };
    int[] rectColor = new int[] {
        0, 65535, 0, 0,      // 右上顶点绿色
        0, 0, 65535, 0,      // 右下顶点蓝色
        65535, 0, 0, 0,      // 左上顶点红色
        65535, 65535, 0, 0   // 左下顶点黄色
    };
    // 依然是正方形的 4 个顶点，只是顺序交换一下
    float[] rectData2 = new float[] {
        -0.4f, 0.4f , 0.0f,  // 左上顶点
        0.4f, 0.4f , 0.0f,   // 右上顶点
        0.4f, -0.4f , 0.0f,  // 右下顶点
        -0.4f, -0.4f , 0.0f  // 左下顶点
    };
    float[] pentacle = new float[]{
        0.4f , 0.4f , 0.0f,
        -0.2f , 0.3f , 0.0f,
        0.5f , 0.0f , 0f,
        -0.4f , 0.0f , 0f,
        -0.1f , -0.3f , 0f
    };
    FloatBuffer triangleDataBuffer;
    IntBuffer triangleColorBuffer;
    FloatBuffer rectDataBuffer;
    IntBuffer rectColorBuffer;
    FloatBuffer rectDataBuffer2;
    FloatBuffer pentacleBuffer;
    public MyRenderer()
    {
        // 将顶点位置数据数组转换成 FloatBuffer
        triangleDataBuffer = floatBufferUtil(triangleData);
        rectDataBuffer = floatBufferUtil(rectData);
        rectDataBuffer2 = floatBufferUtil(rectData2);
```

```java
        pentacleBuffer = floatBufferUtil(pentacle);
        // 将顶点颜色数据数组转换成 IntBuffer
        triangleColorBuffer = intBufferUtil(triangleColor);
        rectColorBuffer = intBufferUtil(rectColor);
    }
    @Override
    public void onSurfaceCreated(GL10 gl, EGLConfig config)
    {
        // 关闭抗抖动
        gl.glDisable(GL10.GL_DITHER);
        // 设置系统对透视进行修正
        gl.glHint(GL10.GL_PERSPECTIVE_CORRECTION_HINT
            , GL10.GL_FASTEST);
        gl.glClearColor(0, 0, 0, 0);
        // 设置阴影平滑模式
        gl.glShadeModel(GL10.GL_SMOOTH);
        // 启用深度测试
        gl.glEnable(GL10.GL_DEPTH_TEST);
        // 设置深度测试的类型
        gl.glDepthFunc(GL10.GL_LEQUAL);
    }
    @Override
    public void onSurfaceChanged(GL10 gl, int width, int height)
    {
        // 设置 3D 视窗的大小及位置
        gl.glViewport(0, 0, width, height);
        // 将当前矩阵模式设为投影矩阵
        gl.glMatrixMode(GL10.GL_PROJECTION);
        // 初始化单位矩阵
        gl.glLoadIdentity();
        // 计算透视视窗的宽度、高度比
        float ratio = (float) width / height;
        // 调用此方法设置透视视窗的空间大小
        gl.glFrustumf(-ratio, ratio, -1, 1, 1, 10);
    }
    // 绘制图形的方法
    @Override
    public void onDrawFrame(GL10 gl)
    {
        // 清除屏幕缓存和深度缓存
        gl.glClear(GL10.GL_COLOR_BUFFER_BIT | GL10.GL_DEPTH_BUFFER_BIT);
        // 启用顶点坐标数据
        gl.glEnableClientState(GL10.GL_VERTEX_ARRAY);
        // 启用顶点颜色数据
        gl.glEnableClientState(GL10.GL_COLOR_ARRAY);
        // 设置当前矩阵堆栈为模型堆栈
        gl.glMatrixMode(GL10.GL_MODELVIEW);
        // --------------------绘制第一个图形---------------------
        // 重置当前的模型视图矩阵
        gl.glLoadIdentity();
        gl.glTranslatef(-0.32f, 0.35f, -1.2f);   // ①
        // 设置顶点的位置数据
        gl.glVertexPointer(3, GL10.GL_FLOAT, 0, triangleDataBuffer);
        // 设置顶点的颜色数据
        gl.glColorPointer(4, GL10.GL_FIXED, 0, triangleColorBuffer);
        // 根据顶点数据绘制平面图形
        gl.glDrawArrays(GL10.GL_TRIANGLES, 0, 3);
        // --------------------绘制第二个图形---------------------
        // 重置当前的模型视图矩阵
        gl.glLoadIdentity();
        gl.glTranslatef(0.6f, 0.8f, -1.5f);
```

```
    // 设置顶点的位置数据
    gl.glVertexPointer(3, GL10.GL_FLOAT, 0, rectDataBuffer);
    // 设置顶点的颜色数据
    gl.glColorPointer(4, GL10.GL_FIXED, 0, rectColorBuffer);
    // 根据顶点数据绘制平面图形
    gl.glDrawArrays(GL10.GL_TRIANGLE_STRIP, 0, 4);
    // --------------------绘制第三个图形--------------------
    // 重置当前的模型视图矩阵
    gl.glLoadIdentity();
    gl.glTranslatef(-0.4f, -0.5f, -1.5f);
    // 设置顶点的位置数据(依然使用之前的顶点颜色)
    gl.glVertexPointer(3, GL10.GL_FLOAT, 0, rectDataBuffer2);
    // 根据顶点数据绘制平面图形
    gl.glDrawArrays(GL10.GL_TRIANGLE_STRIP, 0, 4);
    // --------------------绘制第四个图形--------------------
    // 重置当前的模型视图矩阵
    gl.glLoadIdentity();
    gl.glTranslatef(0.4f, -0.5f, -1.5f);
    // 设置使用纯色填充
    gl.glColor4f(1.0f, 0.2f, 0.2f, 0.0f);    // ②
    gl.glDisableClientState(GL10.GL_COLOR_ARRAY);
    // 设置顶点的位置数据
    gl.glVertexPointer(3, GL10.GL_FLOAT, 0, pentacleBuffer);
    // 根据顶点数据绘制平面图形
    gl.glDrawArrays(GL10.GL_TRIANGLE_STRIP, 0, 5);
    // 绘制结束
    gl.glFinish();
    gl.glDisableClientState(GL10.GL_VERTEX_ARRAY);
}
// 定义一个工具方法,将int[]数组转换为OpenGL ES所需的IntBuffer
private IntBuffer intBufferUtil(int[] arr)
{
    IntBuffer mBuffer;
    // 初始化ByteBuffer,长度为arr数组的长度*4,因为一个int占4字节
    ByteBuffer qbb = ByteBuffer.allocateDirect(arr.length * 4);
    // 数组排列用nativeOrder
    qbb.order(ByteOrder.nativeOrder());
    mBuffer = qbb.asIntBuffer();
    mBuffer.put(arr);
    mBuffer.position(0);
    return mBuffer;
}
// 定义一个工具方法,将float[]数组转换为OpenGL ES所需的FloatBuffer
private FloatBuffer floatBufferUtil(float[] arr)
{
    FloatBuffer mBuffer;
    // 初始化ByteBuffer,长度为arr数组的长度*4,因为一个int占4字节
    ByteBuffer qbb = ByteBuffer.allocateDirect(arr.length * 4);
    // 数组排列用nativeOrder
    qbb.order(ByteOrder.nativeOrder());
    mBuffer = qbb.asFloatBuffer();
    mBuffer.put(arr);
    mBuffer.position(0);
    return mBuffer;
}
```

　　在本书的第 1 版中,为了将 int[]数组转换为 Open GL ES 所需的 IntBuffer,只要调用 IntBuffer 的 wrap()方法进行包装即可,但现在 Android 平台的要求更加严格,要求该 Buffer 必须是 native Buffer(因此使用 ByteBuffer 的 allocateDirect()方法进行创建),并且该 Buffer 必须是排序的(因此

调用了 ByteBuffer 的 order()方法进行排序）。

上面程序中的粗体字代码就是使用 GL10 绘制图形的关键代码：加载顶点位置数据；加载顶点颜色数据；调用 GL10 的 glDrawArrays()方法绘制即可。由于加载顶点位置数据、顶点颜色数据时都需要 Buffer 对象，因此程序在 MyRenderer 类的构造器中把这些顶点位置数据、顶点颜色数据都包装成了相应的 FloatBuffer、IntBuffer。

上面的程序中①号代码调用了 GL10 的 glTranslatef(-0.32f, 0.35f, -1f)方法，这个 glTranslatef()方法的作用就类似于 Android 2D 绘图中 Matrix 的 setTranslate(float dx, float dy)方法，它们都用于移动绘图中心，区别只是 2D 绘图中 Matrix 的 setTranslate()方法只要指定在 X、Y 轴上的移动距离，而 GL10 的 glTranslatef()方法需要指定在 X、Y、Z 轴上的移动距离。在绘制图形之前，先调用 GL10 的 glTranslatef(float,float,float)方法即可保证把图形绘制在指定的中心点。

上面的程序中②号代码还调用了 glColor4f(1.0f, 0.2f, 0.2f, 0.0f)方法设置使用纯色填充。设置使用纯色填充时需要禁用顶点颜色数组，如②号代码后的一行代码。

在 Activity 中定义一个 GLSurfaceView，并使用上面的 Renderer 进行绘制，程序如下。

程序清单：codes\12\12.3\polygon\basic\src\main\java\org\crazyit\opengl\MainActivity.java

```java
public class MainActivity extends Activity
{
    @Override
    public void onCreate(Bundle savedInstanceState)
    {
        super.onCreate(savedInstanceState);
        // 创建一个 GLSurfaceView，用于显示 OpenGL 绘制的图形
        GLSurfaceView glView = new GLSurfaceView(this);
        // 创建 GLSurfaceView 的内容绘制器
        MyRenderer myRender = new MyRenderer();
        // 为 GLSurfaceView 设置绘制器
        glView.setRenderer(myRender);
        setContentView(glView);
    }
}
```

运行上面的程序，可以看到如图 12.4 所示的输出。

很多读者会对图 12.4 所示绘制的图形感到奇怪：第二个图形（右上角的正方形）和第三个图形（左下角的图形）都有完全相同的 4 个坐标点，只是定义 4 个坐标点的顺序略有不同，为何绘制的图形存在这么大区别呢？

再来看 GL10 提供的 glDrawArrays(int mode, int first, int count)方法，该方法的第一个参数指定绘制模式，可指定为如下两个值。

➢ GL10.GL_TRIANGLES：绘制三角形。
➢ GL10.GL_TRIANGLE_STRIP：用多个三角形来绘制多边形。

> **提示：**
> 前面介绍 OpenGL 与 OpenGL ES 的区别时已经指出，OpenGL ES 剔除了 OpenGl 中的四边形（GL_QUADS）、多边形（GL_POLYGONS）支持，也就是 OpenGL ES 只能绘制三角形组成 3D 图形。

图 12.4　使用 OpenGL ES 绘制 2D 图形

当调用 glDrawArrays()方法时，如果将 mode 参数指定为 GL10.GL_TRIANGLES，则绘制简单的三角形；如果将 mode 参数指定为 GL10.GL_TRIANGLE_STRIP，那么系统将会沿着给出的顶点数据来绘制三角形。

对于上面程序中的第二个图形，程序给出 4 个顶点的顺序，如图 12.5 所示。

当指定了 glDrawArrays(int mode, int first, int count)方法的第一个参数为 GL10.GL_TRIANGLE_STRIP 时，系统总会从 first 顶点开始，每 3 个顶点绘制一个三角形。例如调用代码：gl.glDrawArrays(GL10.GL_TRIANGLE_STRIP, 0, 4);，这意味着将会绘制两个三角形，分别由 0、1、2 三个顶点组成的三角形和由 1、2、3 三个顶点组成的三角形。因此，对于第二个图形而言，gl.glDrawArrays(GL10.GL_TRIANGLE_STRIP, 0, 4);所绘制的图形如图 12.6 所示。

图 12.5　第二个图形的顶点数据　　　　图 12.6　OpenGL ES 使用三角形绘制正方形

对于第三个图形而言，虽然它的 4 个顶点的位置与第二个图形顶点的位置完全相同，但由于 4 个顶点的顺序有所不同，所以它也是绘制两个三角形（由 0、1、2 顶点组成第一个三角形和由 1、2、3 顶点组成第二个三角形），如图 12.7 所示（浅色边界为第二个三角形的边界）。

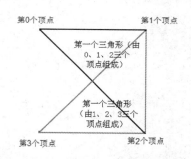

图 12.7　OpenGL ES 使用三角形绘制正方形

如图 12.7 所示的图形就与上面程序所绘制的第三个图形相同了。

讲到这里，可能有读者对 3D 开发感到害怕了——现在还只是绘制了几个简单的图形，程序员不仅要给出图形每个顶点的位置信息，还要按指定顺序来排列这些顶点，这也太复杂了吧！不要担心，现在所使用的 glDrawArrays()方法是有点复杂，实际上 3D 图形中每个顶点的坐标值不需要由程序员计算、给出；顶点的排列顺序也无须由程序员排列。

> 提示：
> 可以想象，如果 3D 场景中每个物体的所有顶点都由程序员来计算、定义，那几乎是不可想象的——如果让我们定义一个怪兽的头部，需要多少个顶点？每个顶点的位置到底应该在哪里？把一个程序员算到死都有可能！这时候通常会借助于 3d max、Maya 等三维建模工具，当我们把一个怪兽头部的模型建出来后，这个物体的所有顶点坐标值及顶点的排列顺序都可以导出来。OpenGL 可以直接导入这些三维建模工具所建立的模型。

▶▶ 12.3.3　旋转

GL10 提供了一个 glRotatef(float angle, float x, float y, float z)方法，用于控制旋转。该方法中 angle 控制旋转角度；而 x、y、z 参数则共同决定了旋转轴的方向。

本质上，glRotatef(float angle, float x, float y, float z)方法的作用与 glTranslatef(float x, float y, float z)方法相似，只是 glTranslatef(float x, float y, float z)方法控制图形中心移动；而 glRotatef(float angle, float x, float y, float z)方法控制图形沿着指定旋转轴转动指定角度。

因此，只要在调用 glTranslatef()方法控制图形移动之后，再调用 glRotatef()控制图形旋转即可，如果希望看到指定图形不断旋转，则只要在 onDrawFrame(GL10 gl)方法中不断增加旋转角度即可。

下面是该程序所用的 Renderer 实现类。

程序清单：codes\12\12.3\Polygon\rotate\src\main\java\org\crazyit\opengl\MyRenderer.java

```java
public class MyRenderer implements Renderer
{
    // 省略定义顶点坐标的代码
    ...
    FloatBuffer triangleDataBuffer;
    IntBuffer triangleColorBuffer;
    FloatBuffer rectDataBuffer;
    IntBuffer rectColorBuffer;
    FloatBuffer rectDataBuffer2;
    FloatBuffer pentacleBuffer;
    // 控制旋转的角度
    private float rotate;
    public MyRenderer()
    {
        // 将顶点位置数据数组包装成 FloatBuffer
        triangleDataBuffer = floatBufferUtil(triangleData);
        rectDataBuffer = floatBufferUtil(rectData);
        rectDataBuffer2 = floatBufferUtil(rectData2);
        pentacleBuffer = floatBufferUtil(pentacle);
        // 将顶点颜色数据数组包装成 IntBuffer
        triangleColorBuffer = intBufferUtil(triangleColor);
        rectColorBuffer = intBufferUtil(rectColor);
    }
    @Override
    public void onSurfaceCreated(GL10 gl, EGLConfig config)
    {
        //省略该方法的代码
        ...
    }
    @Override
    public void onSurfaceChanged(GL10 gl, int width, int height)
    {
        // 省略该方法的代码
        ...
    }
    // 绘制图形的方法
    @Override
    public void onDrawFrame(GL10 gl)
    {
        // 清除屏幕缓存和深度缓存
        gl.glClear(GL10.GL_COLOR_BUFFER_BIT | GL10.GL_DEPTH_BUFFER_BIT);
        // 启用顶点坐标数据
        gl.glEnableClientState(GL10.GL_VERTEX_ARRAY);
        // 启用顶点颜色数据
        gl.glEnableClientState(GL10.GL_COLOR_ARRAY);
        // 设置当前矩阵堆栈为模型堆栈
        gl.glMatrixMode(GL10.GL_MODELVIEW);
        // ----------------------绘制第一个图形---------------------
        // 重置当前的模型视图矩阵
        gl.glLoadIdentity();
        gl.glTranslatef(-0.32f, 0.35f, -1.2f);
```

```
        // 设置顶点的位置数据
        gl.glVertexPointer(3, GL10.GL_FLOAT, 0, triangleDataBuffer);
        // 设置顶点的颜色数据
        gl.glColorPointer(4, GL10.GL_FIXED, 0, triangleColorBuffer);
        // 根据顶点数据绘制平面图形
        gl.glDrawArrays(GL10.GL_TRIANGLES, 0, 3);
        // --------------------绘制第二个图形--------------------
        // 重置当前的模型视图矩阵
        gl.glLoadIdentity();
        gl.glTranslatef(0.6f, 0.8f, -1.5f);
        gl.glRotatef(rotate, 0f, 0f, 0.1f);
        // 设置顶点的位置数据
        gl.glVertexPointer(3, GL10.GL_FLOAT, 0, rectDataBuffer);
        // 设置顶点的颜色数据
        gl.glColorPointer(4, GL10.GL_FIXED, 0, rectColorBuffer);
        // 根据顶点数据绘制平面图形
        gl.glDrawArrays(GL10.GL_TRIANGLE_STRIP, 0, 4);
        // --------------------绘制第三个图形--------------------
        // 重置当前的模型视图矩阵
        gl.glLoadIdentity();
        gl.glTranslatef(-0.4f, -0.5f, -1.5f);
        gl.glRotatef(rotate, 0f, 0.2f, 0f);
        // 设置顶点的位置数据（依然使用之前的顶点颜色）
        gl.glVertexPointer(3, GL10.GL_FLOAT, 0, rectDataBuffer2);
        // 根据顶点数据绘制平面图形
        gl.glDrawArrays(GL10.GL_TRIANGLE_STRIP, 0, 4);
        // --------------------绘制第四个图形--------------------
        // 重置当前的模型视图矩阵
        gl.glLoadIdentity();
        gl.glTranslatef(0.4f, -0.5f, -1.5f);
        // 设置使用纯色填充
        gl.glColor4f(1.0f, 0.2f, 0.2f, 0.0f);
        gl.glDisableClientState(GL10.GL_COLOR_ARRAY);
        // 设置顶点的位置数据
        gl.glVertexPointer(3, GL10.GL_FLOAT, 0, pentacleBuffer);
        // 根据顶点数据绘制平面图形
        gl.glDrawArrays(GL10.GL_TRIANGLE_STRIP, 0, 5);
        // 绘制结束
        gl.glFinish();
        gl.glDisableClientState(GL10.GL_VERTEX_ARRAY);
        // 旋转角度增加 1
        rotate += 1;
    }
    // 省略 intBufferUtil 和 floatBufferUtil 两个工具
方法的代码
        ...
    }
```

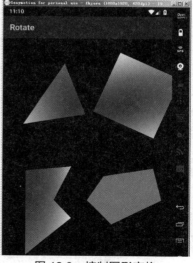

图 12.8 控制图形变换

上面程序中的粗体字代码定义了一个 rotate 变量，该变量用于控制程序中两个图形的旋转角度，其中第二个图形沿着 Z 轴旋转，第三个图形则沿着 Y 轴旋转。运行该程序，将可以看到第二个图形、第三个图形不断旋转的效果，如图 12.8 所示。

掌握了使用 OpenGL ES 通过三角形绘制平面图形之后，接下来就可以调用 OpenGL ES 来绘制 3D 图形了——绘制 3D 图形需要定义更多的顶点数据，而且需要更好地控制哪些顶点需要组成三角形。

12.4 绘制 3D 图形

如果定义的顶点不在同一个平面上，并且使用三角形把合适的顶点连接起来，就可以绘制出 3D 图形了。

▶▶ 12.4.1 构建 3D 图形

正如前面所介绍的，使用 OpenGL ES 绘制 3D 图形的步骤与绘制 2D 图形的步骤大致相同，只是绘制 3D 图形需要定义更多的顶点数据，而且 3D 图形需要绘制更多的三角形。

如果还使用前面介绍的 glDrawArrays(int mode, int first, int count)进行绘制，我们将会面临巨大的考验：到底要按怎样的顺序来组织三维空间上的多个顶点，才能绘制出我们需要的三角形？为了解决这个问题，GL10 提供了如下方法。

➢ glDrawElements(int mode, int count, int type, Buffer indices)：根据 indices 指定的索引点来绘制三角形。该方法的第一个参数指定绘制的图形类型，可设为 GL10.GL_TRIANGLES 或 GL10.GL_TRIANGLE_STRIP；第二个参数指定一共包含多少个顶点。indices 参数最重要，它包装了一个长度为 3N 的数组，比如让该参数包装{0,2,3,1,4,5}数组，这意味着告诉 OpenGL ES 要绘制两个三角形，第一个三角形的三个顶点为 0、2、3 顶点，第二个三角形的三个顶点为 1、4、5 顶点。

由此可见，如果希望在程序中使用 glDrawElements(int mode, int count, int type, Buffer indices) 方法来绘制 3D 图形，不仅需要指定每个 3D 图形的顶点位置信息，也需要指定 3D 图形的每个面由哪三个顶点组成。

下面的程序使用 glDrawElements(int mode, int count, int type, Buffer indices)方法绘制了两个简单的 3D 图形：三棱锥和立方体。该程序的 Activity 依然没有变化，故下面只给出 Renderer 实现类的代码。

程序清单：codes\12\12.4\3D\simple\src\main\java\org\crazyit\opengl\MyRenderer.java

```java
public class MyRenderer implements Renderer
{
    // 定义三棱椎的 4 个顶点
    float[] taperVertices = new float[] {
        0.0f, 0.5f, 0.0f,
        -0.5f, -0.5f, -0.2f,
        0.5f, -0.5f, -0.2f,
        0.0f, -0.2f, 0.2f
    };
    // 定义三棱椎的 4 个顶点的颜色
    int[] taperColors = new int[]{
        65535, 0, 0, 0,        // 红色
        0, 65535, 0, 0,        // 绿色
        0, 0, 65535, 0,        // 蓝色
        65535, 65535, 0, 0     //黄色
    };
    // 定义三棱椎的 4 个三角面
    private byte[] taperFacets = new byte[]{
        0, 1, 2, // 0、1、2 三个顶点组成一个面
        0, 1, 3, // 0、1、3 三个顶点组成一个面
        1, 2, 3, // 1、2、3 三个顶点组成一个面
        0, 2, 3  // 0、2、3 三个顶点组成一个面
    };
    // 定义立方体的 8 个顶点
    float[] cubeVertices = new float[] {
```

```java
    // 上顶面正方形的 4 个顶点
    0.5f, 0.5f, 0.5f,
    0.5f, -0.5f, 0.5f,
    -0.5f, -0.5f, 0.5f,
    -0.5f, 0.5f, 0.5f,
    // 下底面正方形的 4 个顶点
    0.5f, 0.5f, -0.5f,
    0.5f, -0.5f, -0.5f,
    -0.5f, -0.5f, -0.5f,
    -0.5f, 0.5f, -0.5f
};
// 定义立方体所需要的 6 个面（一共是 12 个三角形所需的顶点）
private byte[] cubeFacets = new byte[]{
    0, 1, 2,
    0, 2, 3,
    2, 3, 7,
    2, 6, 7,
    0, 3, 7,
    0, 4, 7,
    4, 5, 6,
    4, 6, 7,
    0, 1, 4,
    1, 4, 5,
    1, 2, 6,
    1, 5, 6
};
// 定义 OpenGL ES 绘制所需要的 Buffer 对象
FloatBuffer taperVerticesBuffer;
IntBuffer taperColorsBuffer;
ByteBuffer taperFacetsBuffer;
FloatBuffer cubeVerticesBuffer;
ByteBuffer cubeFacetsBuffer;
// 控制旋转的角度
private float rotate;
public MyRenderer()
{
    // 将三棱椎的顶点位置数据数组包装成 FloatBuffer
    taperVerticesBuffer = floatBufferUtil(taperVertices);
    // 将三棱椎的 4 个面的数组包装成 ByteBuffer
    taperFacetsBuffer = ByteBuffer.wrap(taperFacets);
    // 将三棱椎的 4 个顶点的颜色数组包装成 IntBuffer
    taperColorsBuffer = intBufferUtil(taperColors);
    // 将立方体的顶点位置数据数组包装成 FloatBuffer
    cubeVerticesBuffer = floatBufferUtil(cubeVertices);
    // 将立方体的 6 个面（12 个三角形）的数组包装成 ByteBuffer
    cubeFacetsBuffer = ByteBuffer.wrap(cubeFacets);
}
@Override
public void onSurfaceCreated(GL10 gl, EGLConfig config)
{
    // 关闭抗抖动
    gl.glDisable(GL10.GL_DITHER);
    // 设置系统对透视进行修正
    gl.glHint(GL10.GL_PERSPECTIVE_CORRECTION_HINT, GL10.GL_FASTEST);
    gl.glClearColor(0, 0, 0, 0);
    // 设置阴影平滑模式
    gl.glShadeModel(GL10.GL_SMOOTH);
    // 启用深度测试
    gl.glEnable(GL10.GL_DEPTH_TEST);
    // 设置深度测试的类型
    gl.glDepthFunc(GL10.GL_LEQUAL);
}
@Override
```

```java
public void onSurfaceChanged(GL10 gl, int width, int height)
{
    // 设置3D视窗的大小及位置
    gl.glViewport(0, 0, width, height);
    // 将当前矩阵模式设为投影矩阵
    gl.glMatrixMode(GL10.GL_PROJECTION);
    // 初始化单位矩阵
    gl.glLoadIdentity();
    // 计算透视视窗的宽度、高度比
    float ratio = (float) width / height;
    // 调用此方法设置透视视窗的空间大小
    gl.glFrustumf(-ratio, ratio, -1, 1, 1, 10);
}
// 绘制图形的方法
@Override
public void onDrawFrame(GL10 gl)
{
    // 清除屏幕缓存和深度缓存
    gl.glClear(GL10.GL_COLOR_BUFFER_BIT | GL10.GL_DEPTH_BUFFER_BIT);
    // 启用顶点坐标数据
    gl.glEnableClientState(GL10.GL_VERTEX_ARRAY);
    // 启用顶点颜色数据
    gl.glEnableClientState(GL10.GL_COLOR_ARRAY);
    // 设置当前矩阵模式为模型视图
    gl.glMatrixMode(GL10.GL_MODELVIEW);
    // ---------------------绘制第一个图形---------------------
    // 重置当前的模型视图矩阵
    gl.glLoadIdentity();
    gl.glTranslatef(-0.6f, 0.0f, -1.5f);
    // 沿着Y轴旋转
    gl.glRotatef(rotate, 0f, 0.2f, 0f);
    // 设置顶点的位置数据
    gl.glVertexPointer(3, GL10.GL_FLOAT, 0, taperVerticesBuffer);
    // 设置顶点的颜色数据
    gl.glColorPointer(4, GL10.GL_FIXED, 0, taperColorsBuffer);
    // 按taperFacetsBuffer指定的面绘制三角形
    gl.glDrawElements(GL10.GL_TRIANGLE_STRIP
        , taperFacetsBuffer.remaining(),
        GL10.GL_UNSIGNED_BYTE, taperFacetsBuffer);
    // ---------------------绘制第二个图形---------------------
    // 重置当前的模型视图矩阵
    gl.glLoadIdentity();
    gl.glTranslatef(0.7f, 0.0f, -2.2f);
    // 沿着Y轴旋转
    gl.glRotatef(rotate, 0f, 0.2f, 0f);
    // 沿着X轴旋转
    gl.glRotatef(rotate, 1f, 0f, 0f);
    // 设置顶点的位置数据
    gl.glVertexPointer(3, GL10.GL_FLOAT, 0, cubeVerticesBuffer);
    // 不设置顶点的颜色数据,还用以前的颜色数据
    // 按cubeFacetsBuffer指定的面绘制三角形
    gl.glDrawElements(GL10.GL_TRIANGLE_STRIP
        , cubeFacetsBuffer.remaining(),
        GL10.GL_UNSIGNED_BYTE, cubeFacetsBuffer);
    // 绘制结束
    gl.glFinish();
    gl.glDisableClientState(GL10.GL_VERTEX_ARRAY);
    // 旋转角度增加1
    rotate += 1;
}
```

```
// 定义一个工具方法,将int[]数组转换为OpenGL ES所需的IntBuffer
private IntBuffer intBufferUtil(int[] arr)
{
    IntBuffer mBuffer;
    // 初始化ByteBuffer,长度为arr数组的长度*4,因为一个int占4字节
    ByteBuffer qbb = ByteBuffer.allocateDirect(arr.length * 4);
    // 数组排列用nativeOrder
    qbb.order(ByteOrder.nativeOrder());
    mBuffer = qbb.asIntBuffer();
    mBuffer.put(arr);
    mBuffer.position(0);
    return mBuffer;
}
// 定义一个工具方法,将float[]数组转换为OpenGL ES所需的FloatBuffer
private FloatBuffer floatBufferUtil(float[] arr)
{
    FloatBuffer mBuffer;
    // 初始化ByteBuffer,长度为arr数组的长度*4,因为一个int占4字节
    ByteBuffer qbb = ByteBuffer.allocateDirect(arr.length * 4);
    // 数组排列用nativeOrder
    qbb.order(ByteOrder.nativeOrder());
    mBuffer = qbb.asFloatBuffer();
    mBuffer.put(arr);
    mBuffer.position(0);
    return mBuffer;
}
```

从上面的程序不难看出,绘制3D图形的步骤与绘制2D图形的步骤基本相似,区别只是绘制3D图形不仅需要定义各顶点位置的坐标,还需要定义3D图形的各个三角面由哪些顶点组成,例如上面的程序中粗体字代码所示——为了定义一个立方体,除给出这个立方体的8个顶点位置坐标之外,还需要定义组成该立方体的12个三角形。图12.9显示了该立方体上8个顶点的位置。

接下来程序需要把图12.9所示正方形的6个面(由12个三角形组成)定义出来,依次指定每个三角形包括哪三个顶点,也就是程序中粗体字代码所定义的数组。

运行上面的程序,将可以看到如图12.10所示的3D图形。

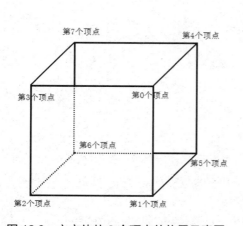

图12.9 立方体的8个顶点的位置示意图

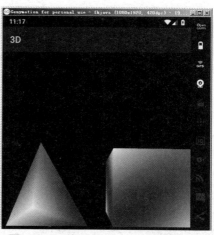

图12.10 使用OpenGL绘制3D图形

从上面的程序可以看出,为了在程序中绘制一个简单的3D立方体,程序需要定义12个三角面,这种规则的立方体还可以由程序员计算并指定,但如果遇到更复杂的3D物体,就必须借助于三维建模软件了。

▶▶ 12.4.2 应用纹理贴图

为了让 3D 图形更加逼真，我们需要为这些 3D 图形应用纹理贴图。比如开发一个怪兽头部，如果只是为这个头部绘制五颜六色的"皮肤"，那也太假了吧。如果考虑为这个怪兽应用"鳄鱼皮肤"的纹理贴图，或者应用"蟒蛇皮肤"的纹理贴图，这个怪兽头部就逼真多了，甚至会带给人一种恐怖的感觉。

为了在 OpenGL ES 中启用纹理贴图功能，可以在 Renderer 实现类的 onSurfaceCreated(GL10 gl, EGLConfig config)方法中启用纹理贴图。例如如下代码：

```
// 启用 2D 纹理贴图
gl.glEnable(GL10.GL_TEXTURE_2D);
```

然后需要准备一张图片来作为纹理贴图了，建议该图片的长、宽是 2 的 N 次方，比如长、宽为 256、512 等。把这张准备贴图的位图放在 Android 项目的 res/drawable/目录下，以方便应用程序加载该图片资源。

接下来程序开始加载该图片并生成对应的纹理贴图。例如如下方法：

```
// 加载位图
bitmap = BitmapFactory.decodeResource(context.getResources(),
    R.drawable.sand);
int[] textures = new int[1];
// 指定生成 n 个纹理（第一个参数指定生成一个纹理）
// textures 数组将负责存储所有纹理的代号
gl.glGenTextures(1, textures, 0);
// 获取 textures 纹理数组中的第一个纹理
texture = textures[0];
// 通知 OpenGL 将 texture 纹理绑定到 GL10.GL_TEXTURE_2D 目标中
gl.glBindTexture(GL10.GL_TEXTURE_2D, texture);
// 设置纹理被缩小（距离视点很远时被缩小）时的滤波方式
gl.glTexParameterf(GL10.GL_TEXTURE_2D,
    GL10.GL_TEXTURE_MIN_FILTER, GL10.GL_NEAREST);
// 设置纹理被放大（距离视点很近时被放大）时的滤波方式
gl.glTexParameterf(GL10.GL_TEXTURE_2D,
    GL10.GL_TEXTURE_MAG_FILTER, GL10.GL_LINEAR);
// 设置在横向、纵向上都是平铺纹理
gl.glTexParameterf(GL10.GL_TEXTURE_2D, GL10.GL_TEXTURE_WRAP_S,
    GL10.GL_REPEAT);
gl.glTexParameterf(GL10.GL_TEXTURE_2D, GL10.GL_TEXTURE_WRAP_T,
    GL10.GL_REPEAT);
// 加载位图生成纹理
GLUtils.texImage2D(GL10.GL_TEXTURE_2D, 0, bitmap, 0);
```

上面的程序中用到了 GL10 的如下方法。

- ➤ **glGenTextures(int n, int[] textures, int offset)**：该方法指定一次性生成 n 个纹理。该方法所生成的纹理代号放入其中的 textures 数组中，offset 指定从第几个数组元素开始存放纹理代号。
- ➤ **glBindTexture(int target, int texture)**：该方法用于将 texture 纹理绑定到 target 目标上。
- ➤ **glTexParameterf(int target, int pname, float param)**：该方法用于为 target 纹理目标设置属性，其中第二个参数是属性名，第三个参数是属性值。

上面的程序中有 4 行代码调用了 glTexParameterf(int target, int pname, float param)方法，程序设置了当纹理被放大时使用 GL10.GL_LINEAR 滤波方式；当纹理被缩小时使用 GL10.GL_NEAREST 滤波方式。一般来说，使用 GL10.GL_LINEAR 滤波方式有较好的效果，但系统开销略微大了一些，具体采用哪种滤波方式则取决于目标机器本身的性能。

上面程序的最后一行调用了 GLUtils 工具类的方法来加载指定位图，并根据位图来生成纹理，通过上面的代码即可得到一个用于贴图的纹理了。

在 3D 绘制中进行纹理贴图也很简单，与设置顶点颜色的步骤相似，只要三步。

① 设置启用贴图坐标数组。
② 设置贴图坐标的数组信息。
③ 调用 GL10 的 glBindTexture(int target, int texture)方法执行贴图。

下面的程序示范了如何为一个立方体进行贴图，而且这个程序还提供了手势检测器，允许用户通过手势来改变该立方体的角度。

程序清单：codes\12\12.4\3D\texture\src\main\java\org\crazyit\opengl\MainActivity.java

```java
public class MainActivity extends Activity
    implements OnGestureListener
{
    // 定义旋转角度
    private float anglex = 0f;
    private float angley = 0f;
    static final float ROTATE_FACTOR = 60;
    // 定义手势检测器实例
    GestureDetector detector;
    @Override
    public void onCreate(Bundle savedInstanceState)
    {
        super.onCreate(savedInstanceState);
        // 创建一个 GLSurfaceView，用于显示 OpenGL 绘制的图形
        GLSurfaceView glView = new GLSurfaceView(this);
        // 创建 GLSurfaceView 的内容绘制器
        MyRenderer myRender = new MyRenderer(this);
        // 为 GLSurfaceView 设置绘制器
        glView.setRenderer(myRender);
        setContentView(glView);
        // 创建手势检测器
        detector = new GestureDetector(this, this);
    }
    @Override
    public boolean onTouchEvent(MotionEvent me)
    {
        // 将该 Activity 上的触碰事件交给 GestureDetector 处理
        return detector.onTouchEvent(me);
    }
    @Override
    public boolean onFling(MotionEvent event1, MotionEvent event2,
        float velocityX, float velocityY)
    {
        velocityX = velocityX > 2000 ? 2000 : velocityX;
        velocityX = velocityX < -2000 ? -2000 : velocityX;
        velocityY = velocityY > 2000 ? 2000 : velocityY;
        velocityY = velocityY < -2000 ? -2000 : velocityY;
        // 根据横向上的速度计算沿 Y 轴旋转的角度
        angley += velocityX * ROTATE_FACTOR / 4000;
        // 根据纵向上的速度计算沿 X 轴旋转的角度
        anglex += velocityY * ROTATE_FACTOR / 4000;
        return true;
    }
    @Override
    public boolean onDown(MotionEvent arg0)
    {
        return false;
    }
    @Override
    public void onLongPress(MotionEvent event)
    {
```

```java
}
@Override
public boolean onScroll(MotionEvent event1, MotionEvent event2,
    float distanceX, float distanceY)
{
    return false;
}
@Override
public void onShowPress(MotionEvent event)
{
}
@Override
public boolean onSingleTapUp(MotionEvent event)
{
    return false;
}
public class MyRenderer implements Renderer
{
    // 立方体的顶点坐标（一共是36个顶点，组成12个三角形）
    private float[] cubeVertices = { -0.6f, -0.6f, -0.6f, -0.6f, 0.6f,
        -0.6f, 0.6f, 0.6f, -0.6f, 0.6f, 0.6f, -0.6f, 0.6f, -0.6f, -0.6f,
        -0.6f, -0.6f, -0.6f, -0.6f, -0.6f, 0.6f, 0.6f, -0.6f, 0.6f, 0.6f,
        0.6f, 0.6f, 0.6f, 0.6f, 0.6f, -0.6f, 0.6f, 0.6f, -0.6f, -0.6f,
        0.6f, -0.6f, -0.6f, -0.6f, 0.6f, -0.6f, -0.6f, 0.6f, 0.6f, -0.6f,
        0.6f, -0.6f, -0.6f, 0.6f, 0.6f, 0.6f, 0.6f, 0.6f, 0.6f, 0.6f,
        -0.6f, -0.6f, 0.6f, 0.6f, 0.6f, 0.6f, 0.6f, 0.6f, 0.6f, -0.6f,
        0.6f, 0.6f, -0.6f, 0.6f, 0.6f, -0.6f, -0.6f, 0.6f, -0.6f, -0.6f,
        -0.6f, 0.6f, -0.6f, -0.6f, -0.6f, -0.6f, -0.6f, 0.6f, -0.6f, 0.6f,
        0.6f, 0.6f, 0.6f, 0.6f, -0.6f, 0.6f, 0.6f, -0.6f, -0.6f, -0.6f,
        -0.6f, -0.6f, 0.6f, -0.6f, -0.6f, -0.6f, 0.6f, -0.6f, 0.6f, 0.6f,
        -0.6f, 0.6f, -0.6f, };
    // 定义立方体所需要的6个面（一共是12个三角形所需的顶点）
    private byte[] cubeFacets = { 0, 1, 2, 3, 4, 5, 6, 7, 8, 9, 10, 11, 12,
        13, 14, 15, 16, 17, 18, 19, 20, 21, 22, 23, 24, 25, 26, 27, 28, 29,
        30, 31, 32, 33, 34, 35, };
    // 定义纹理贴图的坐标数据
    private float[] cubeTextures = { 1.0000f, 1.0000f, 1.0000f, 0.0000f,
        0.0000f, 0.0000f, 0.0000f, 0.0000f, 0.0000f, 1.0000f, 1.0000f,
        1.0000f, 0.0000f, 1.0000f, 1.0000f, 1.0000f, 1.0000f, 0.0000f,
        1.0000f, 0.0000f, 0.0000f, 0.0000f, 0.0000f, 1.0000f, 0.0000f,
        1.0000f, 1.0000f, 1.0000f, 1.0000f, 1.0000f, 1.0000f, 0.0000f,
        0.0000f, 0.0000f, 0.0000f, 0.0000f, 0.0000f, 1.0000f, 1.0000f,
        1.0000f, 1.0000f, 1.0000f, 1.0000f, 0.0000f, 0.0000f, 0.0000f,
        0.0000f, 1.0000f, 0.0000f, 1.0000f, 1.0000f, 0.0000f, 0.0000f,
        0.0000f, 0.0000f, 0.0000f, 0.0000f, 0.0000f, 1.0000f, 1.0000f,
        0.0000f, 1.0000f, 1.0000f, 1.0000f, 1.0000f, 1.0000f, 1.0000f,
        0.0000f, 0.0000f, 0.0000f, 0.0000f, 1.0000f };
    private Context context;
    private FloatBuffer cubeVerticesBuffer;
    private ByteBuffer cubeFacetsBuffer;
    private FloatBuffer cubeTexturesBuffer;
    // 定义本程序所使用的纹理
    private int texture;
    public MyRenderer(Context main)
    {
        this.context = main;
        // 将立方体的顶点位置数据数组包装成FloatBuffer
        cubeVerticesBuffer = floatBufferUtil(cubeVertices);
        // 将立方体的6个面（12个三角形）的数组包装成ByteBuffer
        cubeFacetsBuffer = ByteBuffer.wrap(cubeFacets);
        // 将立方体的纹理贴图的坐标数据包装成FloatBuffer
        cubeTexturesBuffer = floatBufferUtil(cubeTextures);
    }
    @Override
```

```java
public void onSurfaceCreated(GL10 gl, EGLConfig config)
{
    // 该方法的大部分代码与前面的示例相同，故省略
    ...
    // 启用 2D 纹理贴图
    gl.glEnable(GL10.GL_TEXTURE_2D);
    // 加载纹理
    loadTexture(gl);
}
@Override
public void onSurfaceChanged(GL10 gl, int width, int height)
{
    // 该方法的大部分代码与前面的示例相同，故省略
    ...
}
public void onDrawFrame(GL10 gl)
{
    // 清除屏幕缓存和深度缓存
    gl.glClear(GL10.GL_COLOR_BUFFER_BIT | GL10.GL_DEPTH_BUFFER_BIT);
    // 启用顶点坐标数据
    gl.glEnableClientState(GL10.GL_VERTEX_ARRAY);
    // 启用贴图坐标数组数据
    gl.glEnableClientState(GL10.GL_TEXTURE_COORD_ARRAY);    // ①
    // 设置当前矩阵模式为模型视图。
    gl.glMatrixMode(GL10.GL_MODELVIEW);
    gl.glLoadIdentity();
    // 把绘图中心移入屏幕 2 个单位
    gl.glTranslatef(0f, 0.0f, -2.0f);
    // 旋转图形
    gl.glRotatef(angley, 0, 1, 0);
    gl.glRotatef(anglex, 1, 0, 0);
    // 设置顶点的位置数据
    gl.glVertexPointer(3, GL10.GL_FLOAT, 0, cubeVerticesBuffer);
    // 设置贴图的坐标数据
    gl.glTexCoordPointer(2, GL10.GL_FLOAT, 0, cubeTexturesBuffer);    // ②
    // 执行纹理贴图
    gl.glBindTexture(GL10.GL_TEXTURE_2D, texture);    // ③
    // 按 cubeFacetsBuffer 指定的面绘制三角形
    gl.glDrawElements(GL10.GL_TRIANGLES, cubeFacetsBuffer.
    remaining(),
        GL10.GL_UNSIGNED_BYTE, cubeFacetsBuffer);
    // 绘制结束
    gl.glFinish();
    // 禁用顶点、纹理坐标数组
    gl.glDisableClientState(GL10.GL_VERTEX_ARRAY);
    gl.glDisableClientState(GL10.GL_TEXTURE_COORD_ARRAY);
    // 递增角度值以便每次以不同角度绘制
}
private void loadTexture(GL10 gl)
{
    Bitmap bitmap = null;
    try
    {
        // 加载位图
        bitmap = BitmapFactory.decodeResource(context.getResources(),
            R.drawable.sand);
        int[] textures = new int[1];
        // 指定生成 n 个纹理（第一个参数指定生成一个纹理）
        // textures 数组将负责存储所有纹理代号
        gl.glGenTextures(1, textures, 0);
        // 获取 textures 纹理数组中的第一个纹理
```

```
            texture = textures[0];
            // 通知 OpenGL 将 texture 纹理绑定到 GL10.GL_TEXTURE_2D 目标中
            gl.glBindTexture(GL10.GL_TEXTURE_2D, texture);
            // 设置纹理被缩小（距离视点很远时被缩小）时的滤波方式
            gl.glTexParameterf(GL10.GL_TEXTURE_2D,
                GL10.GL_TEXTURE_MIN_FILTER, GL10.GL_NEAREST);
            // 设置纹理被放大（距离视点很近时被放大）时的滤波方式
            gl.glTexParameterf(GL10.GL_TEXTURE_2D,
                GL10.GL_TEXTURE_MAG_FILTER, GL10.GL_LINEAR);
            // 设置在横向、纵向上都是平铺纹理
            gl.glTexParameterf(GL10.GL_TEXTURE_2D, GL10.GL_TEXTURE_
WRAP_S,
                GL10.GL_REPEAT);
            gl.glTexParameterf(GL10.GL_TEXTURE_2D, GL10.GL_TEXTURE_
WRAP_T,
                GL10.GL_REPEAT);
            // 加载位图生成纹理
            GLUtils.texImage2D(GL10.GL_TEXTURE_2D, 0, bitmap, 0);
        }
        finally
        {
            // 生成纹理之后，回收位图
            if (bitmap != null)
                bitmap.recycle();
        }
    }
    // 省略 floatBufferUtil 工具方法
    ...
}
```

上面的程序中①、②、③号代码就完成了纹理贴图的三个步骤。

程序中粗体字代码用于计算用户手势在 X 方向、Y 方向上的速度，并根据 X 方向、Y 方向上的速度来改变立方体的旋转角度，这样就可以让该立方体随用户的手势而转动了。

可能有读者会发现上面这个立方体的顶点坐标看上去很"可怕"，怎么一个立方体需要这么多顶点呢？实际上是因为笔者实在不想在纸上先画出这个立方体，然后数立方体的每个三角面由哪些顶点组成，再计算每个三角面的贴图坐标——这太耗时间了。笔者直接使用 3d max 建了一个立方体模型，并从中导出了模型的每个顶点的位置信息、每个三角面由哪些顶点组成，以及贴图的坐标信息。

3d max 就不会像我们之前那样"复用"立方体的顶点——它直接计算该立方体需要 12 个三角面，每个三角面需要 3 个顶点，这样一共是 36 个顶点——其实有大量顶点的位置是相同，但 3d max 不管这些。它认为这个立方体需要 36 个顶点，每个顶点的位置需要 X、Y、Z 三个坐标值，因此导出这个立方体的顶点坐标信息的数组就是一个长度为 108 的数组。

提示：
> 由于本书只是介绍简单的 OpenGL ES 编程，因此涉及 3d max 的内容就此打住，如果读者还有更多兴趣，则可以参考 3d max 的相关资料。

运行上面的程序，用户将可以看到一个具有纹理贴图的三维立方体，用户可以通过拖动手势来旋转该立方体，程序效果如图 12.11 所示。

需要指出的是，OpenGL ES 虽然只是 OpenGL 的一个子集，但其实它所包含的功能也很多，而本书的重点是介绍 Android 所支持的 3D 开发，限于篇幅，不可能深入介绍 OpenGL ES 编程的全部内容，如果读者希望深入了解 OpenGL ES 编程的内容，可以自行参考相关书籍和资料。

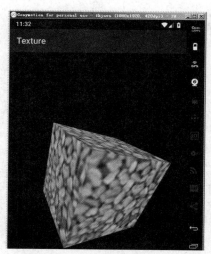

图 12.11　具有纹理贴图的立方体

12.5　本章小结

本章主要介绍了 Android 3D 编程的入门知识，简要介绍了 2D 绘图和 3D 绘图的联系与区别，也简要介绍了 OpenGL 与 OpenGL ES。Android 系统内置了对 OpenGL ES 的支持，开发者可以在 Android 应用中通过 OpenGL ES 来绘制 3D 图形。学习本章需要掌握 3D 绘图的基本理论、三维坐标系统等。除此之外，还需要重点掌握如何在 Android 环境中使用 OpenGL ES，以及通过 OpenGL ES 绘制 2D 图形、3D 图形的方法。

CHAPTER

13

第13章
Android 网络应用

本章要点

- TCP 协议的基础
- 使用 ServerSocket 建立服务器
- 使用 Socket 进行网络通信
- 在网络通信中加入多线程支持
- 使用 URL 读取网络资源
- 使用 URLConnection 提交请求
- 使用 HttpURLConnection
- OkHttp 的基础知识
- 使用 OkHttp 维护用户状态、发送请求、获取响应
- 使用 WebView 浏览网页
- 使用 WebView 加载、显示 HTML 代码
- 使用 WebView 中的 JavaScript 脚本调用 Android 方法

手机本身是作为手持终端来使用的，因此它的计算能力、存储能力都是有限的。它的主要优势是携带方便，可以随时打开，而且手机通常总是处于联网状态，因此网络支持对于手机应用的重要性不言而喻。

Android 完全支持 JDK 本身的 TCP、UDP 网络通信 API，也可以使用 ServerSocket、Socket 来建立基于 TCP/IP 协议的网络通信还可以使用 DatagramSocket、Datagrampacket、MulticastSocket 来建立基于 UDP 协议的网络通信。如果读者有 Java 网络编程的经验，这些经验完全适用于 Android 应用的网络编程。Android 也支持 JDK 提供的 URL、URLConnection 等网络通信 API。

> **提示：** 限于篇幅，本章并未涉及 UDP 协议编程的相关内容，如果读者需要掌握基于 UDP 协议，使用 DatagramSocket、Datagrampacket、MulticastSocket 进行网络编程的内容，可以参考疯狂 Java 体系的《疯狂 Java 讲义》。

由于 Android 删除了 Apache HttpClient 支持，因此本章还会介绍一个在企业开发中非常实用的网络通信框架：OkHttp。使用 OkHttp 取代原来的 Apache HttpClient，依然可以非常方便地发送 HTTP 请求，并获取 HTTP 响应，从而简化网络编程。

13.1 基于 TCP 协议的网络通信

TCP/IP 通信协议是一种可靠的网络协议，它在通信的两端各建立一个 Socket，从而在通信的两端之间形成网络虚拟链路。一旦建立了虚拟的网络链路，两端的程序就可以通过虚拟链路进行通信了。Java 对基于 TCP 协议的网络通信提供了良好的封装，程序使用 Socket 对象来代表两端的通信接口，并通过 Socket 产生 IO 流来进行网络通信。

13.1.1 TCP 协议基础

IP 协议是 Internet 上使用的一个关键协议，它的全称是 Internet Protocol，即 Internet 协议，通常简称 IP 协议。通过使用 IP 协议，使 Internet 成为一个允许连接不同类型的计算机和不同操作系统的网络。

要使两台计算机彼此之间进行通信，两台计算机必须使用同一种"语言"，IP 协议只保证计算机能发送和接收分组数据。IP 协议负责将消息从一个主机传送到另一个主机，消息在传送的过程中被分割成一个个小包。

尽管计算机通过安装 IP 软件，保证了计算机之间可以发送和接收数据，但 IP 协议还不能解决数据分组在传输过程中可能出现的问题。因此，若要解决可能出现的问题，连接上 Internet 的计算机还需要安装 TCP 协议来提供可靠并且无差错的通信服务。

TCP 协议被称为一种端对端协议。这是因为它为两台计算机之间的连接起了重要作用：当一台计算机需要与另一台远程计算机连接时，TCP 协议会让它们建立一个连接——用于发送和接收数据的虚拟链路。

TCP 协议负责收集这些信息包，并将其按适当的次序放好传送，在接收端收到后再将其正确地还原。TCP 协议保证了数据包在传送中准确无误。TCP 协议使用重发机制：当一个通信实体发送一个消息给另一个通信实体后，需要收到另一个通信实体的确认信息，如果没有收到另一个通信实体的确认信息，则会再次重发刚才发送的消息。

通过这种重发机制，TCP 协议向应用程序提供可靠的通信连接，使它能够自动适应网上的各种变化。即使在 Internet 暂时出现堵塞的情况下，TCP 也能够保证通信的可靠。

图 13.1 显示了 TCP 协议控制两个通信实体互相通信的示意图。

综上所述，虽然 IP 和 TCP 这两个协议的功能不尽相同，也可以分开单独使用，但它们是在同一时期作为一个协议来设计的，并且在功能上也是互补的。只有两者结合，才能保证 Internet 在复杂的环境下正常运行。凡是要连接到 Internet 的计算机，都必须同时安装和使用这两个协议，因此在实际中常把这两个协议统称为 TCP/IP 协议。

13.1.2 使用 ServerSocket 创建 TCP 服务器端

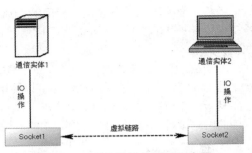

图 13.1　TCP 协议的通信示意图

从图 13.1 中看上去 TCP 通信的两个通信实体之间并没有服务器端、客户端之分，但那是两个通信实体已经建立虚拟链路之后的示意图。在两个通信实体没有建立虚拟链路之前，必须有一个通信实体先做出"主动姿态"，主动接收来自其他通信实体的连接请求。

能接收其他通信实体连接请求的类是 ServerSocket，ServerSocket 对象用于监听来自客户端的 Socket 连接，如果没有连接，它将一直处于等待状态。ServerSocket 包含一个监听来自客户端连接请求的方法。

➢ Socket accept()：如果接收到一个客户端 Socket 的连接请求，该方法将返回一个与连接客户端 Socket 对应的 Socket（如图 13.1 所示，每个 TCP 连接有两个 Socket）；否则该方法将一直处于等待状态，线程也被阻塞。

为了创建 ServerSocket 对象，ServerSocket 类提供了如下几个构造器。

➢ ServerSocket(int port)：用指定的端口 port 来创建一个 ServerSocket。该端口应该有一个有效的端口整数值 0~65535。

➢ ServerSocket(int port,int backlog)：增加一个用来改变连接队列长度的参数 backlog。

➢ ServerSocket(int port,int backlog,InetAddress localAddr)：在机器存在多个 IP 地址的情况下，允许通过 localAddr 这个参数来指定将 ServerSocket 绑定到指定的 IP 地址。

当 ServerSocket 使用完毕后，应使用 ServerSocket 的 close()方法来关闭该 ServerSocket。在通常情况下，服务器不应该只接收一个客户端请求，而应该不断地接收来自客户端的所有请求，所以程序通常会通过循环不断地调用 ServerSocket 的 accept()方法，如以下代码片段所示。

```
// 创建一个 ServerSocket, 用于监听客户端 Socket 的连接请求
ServerSocket ss = new ServerSocket(30000);
// 采用循环不断接收来自客户端的请求
while (true)
{
    // 每当接收到客户端 Socket 的请求时，服务器端也对应产生一个 Socket
    Socket s = ss.accept();
    // 下面就可以使用 Socket 进行通信了
    ...
}
```

在上面的程序中创建 ServerSocket 时没有指定 IP 地址，则该 ServerSocket 将会绑定到本机默认的 IP 地址。程序中使用 30000 作为该 ServerSocket 的端口号，通常推荐使用 1024 以上的端口，主要是为了避免与其他应用程序的通用端口冲突。

> 提示：由于手机无线上网的 IP 地址通常都是由移动运营公司动态分配的，一般不会有自己固定的 IP 地址，因此很少在手机上运行服务器端，服务器端通常运行在有固定 IP 地址的服务器上。本节所介绍的应用程序的服务器端也是运行在 PC 上的。

13.1.3 使用 Socket 进行通信

客户端通常可以使用 Socket 的构造器来连接到指定服务器，Socket 通常可提供如下两个构造器。

- Socket(InetAddress/String remoteAddress, int port)：创建连接到指定远程主机、远程端口的 Socket，该构造器没有指定本地地址、本地端口，默认使用本地主机的默认 IP 地址，默认使用系统动态分配的端口。
- Socket(InetAddress/String remoteAddress, int port, InetAddress localAddr, int localPort)：创建连接到指定远程主机、远程端口的 Socket，并指定本地 IP 地址和本地端口，适用于本地主机有多个 IP 地址的情形。

上面两个构造器中指定远程主机时既可使用 InetAddress 来指定，也可直接使用 String 对象来指定，但程序通常使用 String 对象（如 192.168.2.23）来指定远程 IP 地址。当本地主机只有一个 IP 地址时，使用第一个方法更为简单，如以下代码所示。

```
// 创建连接到 192.168.1.88、30000 端口的 Socket
Socket s = new Socket("192.168.1.88" , 30000);
// 下面就可以使用 Socket 进行通信了
...
```

当程序执行上面的粗体字代码时，该代码将会连接到指定服务器，让服务器端的 ServerSocket 的 accept() 方法向下执行，于是服务器端和客户端就产生一对互相连接的 Socket。

> **提示：**
> 上面的程序连接到"远程主机"的 IP 地址使用的是 192.168.1.88，这个 IP 地址就是笔者运行服务器端程序的 IP 地址。

当客户端、服务器端产生了对应的 Socket 之后，此时就到了如图 13.1 所示的通信示意图，程序无须再区分服务器、客户端，而是通过各自的 Socket 进行通信。Socket 提供了如下两个方法来获取输入流和输出流。

- InputStream getInputStream()：返回该 Socket 对象对应的输入流，让程序通过该输入流从 Socket 中取出数据。
- OutputStream getOutputStream()：返回该 Socket 对象对应的输出流，让程序通过该输出流向 Socket 中输出数据。

下面以一个最简单的网络通信程序为例来介绍基于 TCP 协议的网络通信。

> **提示：**
> 如果读者朋友阅读过疯狂 Java 体系的《疯狂 Java 讲义》，可能会发现本节的示例程序、文字内容与《疯狂 Java 讲义》介绍网络编程的一章有较多相同的内容。实际上也是这样的，因为 Android 网络通信还是依赖 JDK 在 java.net、java.io 两个包下的 API 的。

下面的服务器端程序需要在 PC 上运行，该程序非常简单，因此不需要建立 Android 项目，直接定义一个 Java 类，并运行该 Java 类即可。它仅仅建立 ServerSocket 监听，并使用 Socket 获取输出流输出。

程序清单：codes\13\13.1\SimpleServer\SimpleServer.java

```java
public class SimpleServer
{
    public static void main(String[] args)
        throws IOException
    {
        // 创建一个 ServerSocket，用于监听客户端 Socket 的连接请求
```

```java
        ServerSocket ss = new ServerSocket(30000);   // ①
        // 采用循环不断接收来自客户端的请求
        while (true)
        {
            // 每当接收到客户端 Socket 的请求，服务器端也对应产生一个 Socket
            Socket s = ss.accept();
            OutputStream os = s.getOutputStream();
            os.write("您好，您收到了服务器的新年祝福！\n"
                .getBytes("utf-8"));
            // 关闭输出流，关闭 Socket
            os.close();
            s.close();
        }
    }
}
```

上面程序中的①号粗体字代码建立了一个 ServerSocket，该 ServerSocket 在 30000 端口监听，该 ServerSocket 将会一直监听，等待客户端程序的连接。程序接下来的 4 行粗体字代码用于打开 Socket 对应的输出流，并向输出流中写入一段字符串数据。

> **提示：** 上面的程序并未把 OutputStream 流包装成 PrintStream，然后使用 PrintStream 直接输出整个字符串，这是因为该服务器端程序运行于 Windows 主机上，当直接使用 PrintStream 输出字符串时默认使用系统平台的字符串（即 GBK）进行编码；但该程序的客户端是 Android 应用，运行于 Linux 平台（Android 是 Linux 内核的）上，因此当客户端读取网络数据时默认使用 UTF-8 字符集进行解码，这样势必引起乱码。为了保证客户端能正常解析到数据，此处手动控制字符串的编码，强行指定使用 UTF-8 字符集进行编码，这样就可以避免乱码问题了。

接下来的客户端程序也非常简单，它仅仅使用 Socket 建立与指定 IP 地址、指定端口的连接，并使用 Socket 获取输入流读取数据。该客户端程序是一个 Android 应用，因此还是需要先建立 Android 项目，该程序的界面中包含一个文本框，用于显示从服务器端读取的字符串数据。

程序清单：codes\13\13.1\Client\simple\src\main\java\org\crazyit\net\MainActivity.java

```java
public class MainActivity extends Activity
{
    private TextView show;
    @Override
    protected void onCreate(Bundle savedInstanceState)
    {
        super.onCreate(savedInstanceState);
        setContentView(R.layout.activity_main);
        show = findViewById(R.id.show);
        new Thread()
        {
            @Override
            public void run()
            {
                try(
                    // 建立连接到远程服务器的 Socket
                    Socket socket = new Socket("192.168.1.88", 30000);   // ①
                    // 将 Socket 对应的输入流包装成 BufferedReader
                    BufferedReader br = new BufferedReader(
                        new InputStreamReader(socket.getInputStream())))
                {
                    // 进行普通 IO 操作
                    String line = br.readLine();
```

```
                    show.setText("来自服务器的数据: " + line);
                }
                catch (IOException e)
                {
                    e.printStackTrace();
                }
            }
        }.start();
    }
}
```

上面程序中的①号粗体字代码是使用 ServerSocket 和 Socket 建立网络连接的代码,接下来的几行粗体字代码是通过 Socket 获取输入流、输出流进行通信的代码。通过程序不难看出,一旦使用 ServerSocket、Socket 建立网络连接之后,程序通过网络通信与普通 IO 就没有太大的区别了。

由于建立网络连接、网络通信是不稳定的,它所需要的时间也不确定,因此直接在 UI 线程中建立网络连接、通过网络读取数据可能阻塞 UI 线程,导致 Android 应用失去响应。因此,最新的 Android 平台不允许在 UI 线程中建立网络连接,所以上面的示例启动了一条新线程来建立网络连接,并读取网络数据。

该 Android 应用需要访问互联网,因此还需要为该应用赋予访问互联网的权限,也就是在 AndroidManifest.xml 文件中增加如下配置片段:

```
<!--授权访问互联网-->
<uses-permission android:name="android.permission.INTERNET"/>
```

先运行上面程序中的 SimpleServer 类,将看到服务器一直处于等待状态,因为服务器使用了死循环来接收来自客户端的请求;再运行客户端 AndroidClient 类,将可看到程序输出:"来自服务器的数据:您好,您收到了服务器的新年祝福!",如图 13.2 所示,这表明客户端和服务器端通信成功。

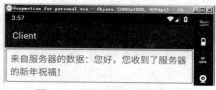

图 13.2 与远程服务器通信

上面的程序为了突出通过 ServerSocket 和 Socket 建立连接并通过底层 IO 流进行通信的主题,程序没有进行异常处理,也没有使用 finally 块来关闭资源。

在实际应用中,程序可能不想让执行网络连接、读取服务器数据的进程一直阻塞,而是希望当网络连接、读取操作超过合理时间之后,系统自动认为该操作失败,这个合理时间就是超时时长。Socket 对象提供了一个 setSoTimeout(int timeout)方法来设置超时时长,如下面的代码片段所示。

```
Socket s = new Socket("127.0.0.1" , 30000);
// 设置 10 秒之后即认为超时
s.setSoTimeout(10000);
```

为 Socket 对象指定了超时时长之后,如果使用 Socket 进行读写操作完成之前已经超出了该时间限制,那么这个方法就会抛出 SocketTimeoutException 异常,程序可以对该异常进行捕获,并进行适当处理,如以下代码所示。

```
try
{
    // 使用 Scanner 来读取网络输入流中的数据
    Scanner scan = new Scanner(s.getInputStream());
    // 读取一行字符
    String line = scan.nextLine();
    ...
}
// 捕获 SocketTimeoutException 异常
catch(SocketTimeoutException ex)
{
```

```
        // 对异常进行处理
        ...
    }
```

假设程序需要为 Socket 连接服务器时指定超时时长，即经过指定时间后，如果该 Socket 还未连接到远程服务器，则系统认为该 Socket 连接超时。但 Socket 的所有构造器里都没有提供指定超时时长的参数，所以程序应该先创建一个无连接的 Socket，再调用 Socket 的 connect() 方法来连接远程服务器，而 connect() 方法就可以接受一个超时时长参数，如以下代码所示。

```
// 创建一个无连接的 Socket
Socket s = new Socket();
// 让该 Socket 连接到远程服务器，如果经过 10 秒还没有连接到，则认为连接超时
s.connect(new InetSocketAddress(host, port) ,10000);
```

13.1.4 加入多线程

前面服务器端和客户端只是进行了简单的通信操作：服务器接收到客户端连接之后，服务器向客户端输出一个字符串，而客户端也只是读取服务器的字符串后就退出了。在实际应用中的客户端则可能需要和服务器端保持长时间通信，即服务器需要不断地读取客户端数据，并向客户端写入数据；客户端也需要不断地读取服务器数据，并向服务器写入数据。

当使用传统 BufferedReader 的 readLine() 方法读取数据时，在该方法成功返回之前，线程被阻塞，程序无法继续执行。考虑到这个原因，服务器应该为每个 Socket 单独启动一条线程，每条线程负责与一个客户端进行通信。

客户端读取服务器数据的线程同样会被阻塞，所以系统应该单独启动一条线程，该线程专门负责读取服务器数据。

下面考虑实现一个简单的 C/S 聊天室应用。服务器端应该包含多条线程，每个 Socket 对应一条线程，该线程负责读取 Socket 对应输入流的数据（从客户端发送过来的数据），并将读到的数据向每个 Socket 输出流发送一遍（将一个客户端发送的数据"广播"给其他客户端），因此需要在服务器端使用 List 来保存所有的 Socket。

下面是服务器端的实现代码。程序为服务器提供了两个类：一个是创建 ServerSocket 监听的主类；另一个是负责处理每个 Socket 通信的线程类。

程序清单：codes\13\13.1\MultiThreadServer\MyServer.java

```java
public class MyServer
{
    // 定义保存所有 Socket 的 ArrayList
    public static ArrayList<Socket> socketList
        = new ArrayList<Socket>();
    public static void main(String[] args)
        throws IOException
    {
        ServerSocket ss = new ServerSocket(30000);
        while(true)
        {
            // 此行代码会阻塞，将一直等待别人的连接
            Socket s = ss.accept();
            socketList.add(s);
            // 每当客户端连接后启动一条 ServerThread 线程为该客户端服务
            new Thread(new ServerThread(s)).start();
        }
    }
}
```

上面的程序是服务器端只负责接收客户端 Socket 的连接请求，每当客户端 Socket 连接到该 ServerSocket 之后，程序将对应 Socket 加入 socketList 集合中保存，并为该 Socket 启动一条线程，

该线程负责处理该 Socket 所有的通信任务，如程序中 4 行粗体字代码所示。服务器端线程类的代码如下。

程序清单：codes\13\13.1\MultiThreadServer\ServerThread.java

```java
// 负责处理每条线程通信的线程类
public class ServerThread implements Runnable
{
    // 定义当前线程所处理的Socket
    Socket s = null;
    // 该线程所处理的Socket所对应的输入流
    BufferedReader br = null;
    public ServerThread(Socket s)
        throws IOException
    {
        this.s = s;
        // 初始化该Socket对应的输入流
        br = new BufferedReader(new InputStreamReader(
            s.getInputStream() , "utf-8"));    // ②
    }
    public void run()
    {
        try
        {
            String content = null;
            // 采用循环不断从Socket中读取客户端发送过来的数据
            while ((content = readFromClient()) != null)
            {
                // 遍历socketList中的每个Socket，
                // 将读到的内容向每个Socket发送一次
                for (Iterator<Socket> it = MyServer.socketList.iterator(); it.hasNext(); )
                {
                    Socket s = it.next();
                    try{

                        OutputStream os = s.getOutputStream();
                        os.write((content + "\n").getBytes("utf-8"));
                    }
                    catch(SocketException e)
                    {
                        e.printStackTrace();
                        // 删除该Socket。
                        it.remove();
                        System.out.println(MyServer.socketList);
                    }
                }
            }
        }
        catch (IOException e)
        {
            e.printStackTrace();
        }
    }
    // 定义读取客户端数据的方法
    private String readFromClient()
    {
        try
        {
            return br.readLine();
        }
        // 如果捕获到异常，表明该Socket对应的客户端已经关闭
        catch (IOException e)
        {
```

```
            e.printStackTrace();
            // 删除该 Socket。
            MyServer.socketList.remove(s);    // ①
        }
        return null;
    }
}
```

上面的服务器端线程类不断读取客户端数据，程序使用 readFromClient()方法来读取客户端数据，如果在读取数据过程中捕获到 IOException 异常，则表明该 Socket 对应的客户端 Socket 出现了问题（到底什么问题我们不管，反正不正常），程序就将该 Socket 从 socketList 中删除，如 readFromClient()方法中①号粗体字代码所示。

当服务器端线程读到客户端数据之后，程序遍历 socketList 集合，并将该数据向 socketList 集合中的每个 Socket 发送一次——该服务器端线程将把从 Socket 中读到的数据向 socketList 中的每个 Socket 转发一次，如 run()线程执行体中的粗体字代码所示。

> **提示：**
> 上面程序中的②号粗体字代码将网络的字节输入流转换为字符输入流时，指定了转换所用的字符串：UTF-8，这也是由于客户端写过来的数据是采用 UTF-8 字符集进行编码的，所以此处的服务器端也要使用 UTF-8 字符集进行解码。当需要编写跨平台的网络通信程序时，使用 UTF-8 字符集进行编码、解码是一种较好的解决方案。

每个客户端应该包含两条线程：一条负责生成主界面，响应用户动作，并将用户输入的数据写入 Socket 对应的输出流中；另一条负责读取 Socket 对应输入流中的数据（从服务器发送过来的数据），并负责将这些数据在程序界面上显示出来。

客户端程序同样是一个 Android 应用，因此需要创建一个 Android 项目，这个 Android 应用的界面中包含两个文本框：一个用于接收用户的输入；另一个用于显示聊天信息。界面中还有一个按钮，当用户单击该按钮时，程序向服务器发送聊天信息。该程序的界面布局代码如下。

程序清单：codes\13\13.1\Client\multithread\src\main\res\layout\activity_main.xml

```xml
<?xml version="1.0" encoding="utf-8"?>
<LinearLayout xmlns:android="http://schemas.android.com/apk/res/android"
    android:layout_width="match_parent"
    android:layout_height="match_parent"
    android:orientation="vertical">
    <LinearLayout
        android:layout_width="match_parent"
        android:layout_height="wrap_content"
        android:orientation="horizontal">
        <!-- 定义一个文本框，用于接收用户的输入 -->
        <EditText
            android:id="@+id/input"
            android:layout_width="280dp"
            android:layout_height="wrap_content" />
        <Button
            android:id="@+id/send"
            android:layout_width="match_parent"
            android:layout_height="wrap_content"
            android:paddingLeft="8dp"
            android:text="@string/send" />
    </LinearLayout>
    <!-- 定义一个文本框，用于显示来自服务器的信息 -->
    <TextView
        android:id="@+id/show"
        android:layout_width="match_parent"
        android:layout_height="match_parent"
```

```xml
        android:background="@drawable/my_border"
        android:gravity="top"
        android:textColor="#f000"
        android:textSize="14dp" />
</LinearLayout>
```

客户端的 Activity 负责生成程序界面，并为程序的按钮单击事件绑定事件监听器，当用户单击按钮时向服务器发送信息。客户端的 Activity 代码如下。

程序清单：codes\13\13.1\Client\multithread\src\main\java\org\crazyit\net\MainActivity.java

```java
public class MainActivity extends Activity
{
    private TextView show;
    // 定义与服务器通信的子线程
    private ClientThread clientThread;
    static class MyHandler extends Handler  // ②
    {
        private WeakReference<MainActivity> mainActivity;
        MyHandler(WeakReference<MainActivity> mainActivity)
        {
            this.mainActivity = mainActivity;
        }
        @Override
        public void handleMessage(Message msg)
        {
            // 如果消息来自子线程
            if (msg.what == 0x123)
            {
                // 将读取的内容追加显示在文本框中
                mainActivity.get().show.append("\n" + msg.obj.toString());
            }
        }
    }
    @Override
    protected void onCreate(Bundle savedInstanceState)
    {
        super.onCreate(savedInstanceState);
        setContentView(R.layout.activity_main);
        // 定义界面上的两个文本框
        EditText input = findViewById(R.id.input);
        show = findViewById(R.id.show);
        // 定义界面上的一个按钮
        Button send = findViewById(R.id.send);
        MyHandler handler = new MyHandler(new WeakReference<>(this));
        clientThread = new ClientThread(handler);
        // 客户端启动 ClientThread 线程创建网络连接、读取来自服务器的数据
        new Thread(clientThread).start();   // ①
        send.setOnClickListener(view -> {
            // 当用户单击"发送"按钮后，将用户输入的数据封装成 Message
            // 然后发送给子线程的 Handler
            Message msg = new Message();
            msg.what = 0x345;
            msg.obj = input.getText().toString();
            clientThread.revHandler.sendMessage(msg);
            // 清空 input 文本框
            input.setText("");
        });
    }
}
```

当用户单击该程序界面上的"发送"按钮后，程序将会把 input 输入框中的内容发送给 clientThread 的 revHandler 对象，clientThread 负责将用户输入的内容发送给服务器。

为了避免 UI 线程被阻塞，该程序将建立网络连接、与网络服务器通信等工作都交给 ClientThread 线程完成，因此该程序在①号粗体字代码处启动 ClientThread 线程。

由于 Android 不允许子线程访问界面组件，因此上面的程序定义了一个 Handler 来处理来自子线程的消息，如程序中②号粗体字代码所示。

ClientThread 子线程负责建立与远程服务器的连接，并负责与远程服务器通信，读到数据之后便通过 Handler 对象发送一条消息；当 ClientThread 子线程收到 UI 线程发送过来的消息（消息携带了用户输入的内容）后，还负责将用户输入的内容发送给远程服务器。该子线程的代码如下。

程序清单：codes\13\13.1\Client\multithread\src\main\java\org\crazyit\net\ClientThread.java

```java
public class ClientThread implements Runnable
{
    // 定义向 UI 线程发送消息的 Handler 对象
    private Handler handler;
    // 该线程所处理的 Socket 所对应的输入流
    private BufferedReader br;
    private OutputStream os;
    // 定义接收 UI 线程的消息的 Handler 对象
    Handler revHandler;
    ClientThread(Handler handler)
    {
        this.handler = handler;
    }
    @Override
    public void run()
    {
        try {
            Socket s = new Socket("192.168.1.88", 30000);
            br = new BufferedReader(new InputStreamReader(s.getInputStream()));
            os = s.getOutputStream();
            // 启动一条子线程来读取服务器响应的数据
            new Thread(() ->
            {
                String content;
                // 不断读取 Socket 输入流中的内容
                try
                {
                    while ((content = br.readLine()) != null) {
                        // 每当读到来自服务器的数据之后，发送消息通知
                        // 程序界面显示该数据
                        Message msg = new Message();
                        msg.what = 0x123;
                        msg.obj = content;
                        handler.sendMessage(msg);
                    }
                }
                catch (IOException e)
                {
                    e.printStackTrace();
                }
            }).start();
            // 为当前线程初始化 Looper
            Looper.prepare();
            // 创建 revHandler 对象
            revHandler = new Handler()
            {
                @Override
                public void handleMessage(Message msg)
                {
                    // 接收到 UI 线程中用户输入的数据
```

```
                    if (msg.what == 0x345) {
                        // 将用户在文本框内输入的内容写入网络
                        try {
                            os.write((msg.obj.toString() + "\r\n")
                                .getBytes("utf-8"));
                        } catch (IOException e) {
                            e.printStackTrace();
                        }
                    }
                }
            };
            // 启动 Looper
            Looper.loop();
        }
        catch (SocketTimeoutException e1)
        {
            System.out.println("网络连接超时！！");
        }
        catch (Exception e)
        {
            e.printStackTrace();
        }
    }
}
```

上面线程的功能也非常简单，它只是不断地获取 Socket 输入流中的内容，当读到 Socket 输入流中的内容后，便通过 Handler 对象发送一条消息，消息负责携带读到的数据，如上面程序中第一段粗体字代码所示。除此之外，该子线程还负责读取 UI 线程发送的消息，接收到消息之后，该子线程负责将消息中携带的数据发送给远程服务器，如上面程序中第二段粗体字代码所示。

先运行上面程序中的 MyServer 类，该类运行后只是作为服务器，看不到任何输出。接着可以运行 Android 客户端——相当于启动聊天室客户端登录该服务器，接下来在任何一个 Android 客户端输入一些内容后单击"发送"按钮，将可以看到所有客户端（包括自己）都会收到刚刚输入的内容，如图 13.3 所示，这就粗略实现了一个 C/S 结构聊天室的功能。

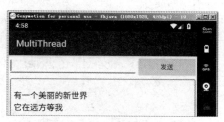

图 13.3　支持多线程的 TCP 客户端

借助于此处介绍的网络通信机制，我们可以在 Android 平台上开发大量功能强大的网络通信程序，比如《疯狂 Java 讲义》中所介绍的网络五子棋、网络斗地主等，这些程序的网络通信部分都可按上面介绍的方式来实现，只是不同游戏可能需要在网络上交换不同类型的数据，这可能需要封装自己的网络协议。关于基于 Socket 通信的更详细介绍，读者可以对照《疯狂 Java 讲义》中网络编程的相关知识，这些知识是完全相通的。

13.2　使用 URL 访问网络资源

URL（Uniform Resource Locator）对象代表统一资源定位器，它是指向互联网"资源"的指针。资源可以是简单的文件或目录，也可以是对更复杂的对象的引用，例如对数据库或搜索引擎的查询。就通常情况而言，URL 可以由协议名、主机、端口和资源组成，即满足如下格式：

```
protocol://host:port/resourceName
```

例如如下的 URL 地址：

```
http://www.crazyit.org/index.php
```

> **提示:** JDK 中还提供了一个 URI（Uniform Resource Identifiers）类，其实例代表一个统一资源标识符，Java 的 URI 不能用于定位任何资源，它的唯一作用就是解析。与此对应的是，URL 则包含一个可打开到达该资源的输入流，因此我们可以将 URL 理解成 URI 的特例。

URL 类提供了多个构造器用于创建 URL 对象，一旦获得了 URL 对象之后，就可以调用如下常用方法来访问该 URL 对应的资源了。

- String getFile()：获取此 URL 的资源名。
- String getHost()：获取此 URL 的主机名。
- String getPath()：获取此 URL 的路径部分。
- int getPort()：获取此 URL 的端口号。
- String getProtocol()：获取此 URL 的协议名称。
- String getQuery()：获取此 URL 的查询字符串部分。
- URLConnection openConnection()：返回一个 URLConnection 对象，它表示到 URL 所引用的远程对象的连接。
- InputStream openStream()：打开与此 URL 的连接，并返回一个用于读取该 URL 资源的 InputStream。

13.2.1 Android 9 安全增强的 URL

URL 对象中的前面几个方法都非常容易理解，而该对象提供的 openStream()可以读取该 URL 资源的 InputStream，通过该方法可以非常方便地读取远程资源。

下面的程序示范了如何通过 URL 类读取远程资源。

程序清单：codes\13\13.2\URLTest\basic\src\main\java\org\crazyit\net\MainActivity.java

```java
public class MainActivity extends Activity
{
    private ImageView show;
    // 代表从网络下载得到的图片
    private Bitmap bitmap;
    static class MyHandler extends Handler
    {
        private WeakReference<MainActivity> mainActivity;
        MyHandler(WeakReference<MainActivity> mainActivity)
        {
            this.mainActivity = mainActivity;
        }
        @Override public void handleMessage(Message msg)
        {
            if (msg.what == 0x123)
            {
                // 使用 ImageView 显示该图片
                mainActivity.get().show.setImageBitmap(mainActivity.get().bitmap);
            }
        }
    }
    private MyHandler handler = new MyHandler(new WeakReference<>(this));
    @Override
    protected void onCreate(Bundle savedInstanceState)
    {
        super.onCreate(savedInstanceState);
        setContentView(R.layout.activity_main);
```

```
        show = findViewById(R.id.show);
        new Thread()
        {
            @Override
            public void run()
            {
                try {
                    // 定义一个URL对象
                    URL url = new URL("http://img10.360buyimg.com/n0"
                            + "/jfs/t15760/240/1818365159/368378/350e622b/"
                            + "5a60cbaeN0ecb487a.jpg"
                    );
                    // 打开该URL对应的资源的输入流
                    InputStream is = url.openStream();
                    // 从InputStream中解析出图片
                    bitmap = BitmapFactory.decodeStream(is);
                    // 发送消息，通知UI组件显示该图片
                    handler.sendEmptyMessage(0x123);
                    is.close();
                    // 再次打开URL对应的资源的输入流
                    is = url.openStream();
                    // 打开手机文件对应的输出流
                    OutputStream os = openFileOutput("crazyit.png", Context.MODE_PRIVATE);
                    byte[] buff = new byte[1024];
                    int hasRead = -1;
                    // 将URL对应的资源下载到本地
                    while ((hasRead = is.read(buff)) > 0) {
                        os.write(buff, 0, hasRead);
                    }
                    is.close();
                    os.close();
                }
                catch(Exception e)
                {
                    e.printStackTrace();
                }
            }
        }.start();
    }
}
```

上面的程序两次调用了 URL 对象的 openStream()方法打开 URL 对应的资源的输入流，程序第一次使用 BitmapFactory 的 decodeStream(InputStream)方法来解析该输入流中的图片；第二次则使用 IO 将输入流中的图片下载到本地。

该程序同样需要访问互联网，因此需要授予该程序访问网络的权限，也就是需要在 AndroidManifest.xml 文件中增加如下授权代码：

```
<!-- 授权访问网络 -->
<uses-permission android:name="android.permission.INTERNET"/>
```

从 Android 9 开始，Android 默认要求使用加密连接，因此不推荐使用 HTTP 协议发送或接收数据（这种方式会采用明码传送数据，因此可能导致安全问题），需要使用传输层安全协议（Transport Layer Security）。但如果目标网站就是使用 HTTP 协议，那么 App 确实需要使用 HTTP 协议与目标网站通信，在 AndroidManifest.xml 文件中有两种配置方式。

➢ 在<application.../>元素中通过 android:networkSecurityConfig 属性指定网络安全配置，通过该配置文件将目标网站加入白名单中。

➢ 将<application.../>元素的 android:usesCleartextTraffic 属性指定为 true，该 App 将完全不受加密连接的限制。

下面先介绍第一种方式，首先在 AndroidManifest.xml 文件的<application.../>元素中增加如下配置。

```xml
<?xml version="1.0" encoding="utf-8"?>
<manifest xmlns:android="http://schemas.android.com/apk/res/android"
    package="org.crazyit.net">
    <!-- 授权访问网络 -->
    <uses-permission android:name="android.permission.INTERNET"/>
    <application
        android:allowBackup="true"
        android:networkSecurityConfig="@xml/network_security_config"
        ...
    </application>
</manifest>
```

上面的粗体字配置代码指定了该 App 使用/res/xml/目录下的 network_security_config.xml 文件作为网络安全配置文件，该文件代码如下：

```xml
<?xml version="1.0" encoding="utf-8"?>
<network-security-config>
    <!-- 使用该元素列出所有不需要加密协议即可访问的站点 -->
    <domain-config cleartextTrafficPermitted="true">
        <domain includeSubdomains="true">img10.360buyimg.com</domain>
    </domain-config>
</network-security-config>
```

上面的配置文件使用白名单方式列出了所有不需要加密协议即可访问的站点，这样 App 即可照常使用 HTTP 协议访问这些站点。

运行该程序，将可以看到如图 13.4 所示的输出。

图 13.4 所显示的图片就是程序中 URL 对象所对应的图片，运行该程序不仅可以显示该 URL 对象所对应的图片，而且还会在手机文件系统的/data/data/org.crazyit.net/files/目录下生成 crazyit.png 图片，该图片就是通过 URL 从网络上下载的图片。

图 13.4 使用 URL 读取网络图片

13.2.2 使用 URLConnection 提交请求

URL 的 openConnection()方法将返回一个 URLConnection 对象，该对象表示应用程序和 URL 之间的通信连接。程序可以通过 URLConnection 实例向该 URL 发送请求，读取 URL 引用的资源。

通常创建一个和 URL 的连接，并发送请求、读取此 URL 引用的资源需要如下几个步骤。

① 通过调用 URL 对象的 openConnection()方法来创建 URLConnection 对象。
② 设置 URLConnection 的参数和普通请求属性。
③ 如果只是发送 GET 方式的请求，那么使用 connect 方法建立和远程资源之间的实际连接即可；如果需要发送 POST 方式的请求，则需要获取 URLConnection 实例对应的输出流来发送请求参数。
④ 远程资源变为可用，程序可以访问远程资源的头字段，或通过输入流读取远程资源的数据。

在建立和远程资源的实际连接之前，程序可以通过如下方法来设置请求头字段。

- setAllowUserInteraction：设置该 URLConnection 的 allowUserInteraction 请求头字段的值。
- setDoInput：设置该 URLConnection 的 doInput 请求头字段的值。
- setDoOutput：设置该 URLConnection 的 doOutput 请求头字段的值。
- setIfModifiedSince：设置该 URLConnection 的 ifModifiedSince 请求头字段的值。

➢ setUseCaches：设置该 URLConnection 的 useCaches 请求头字段的值。

除此之外，还可以使用如下方法来设置或增加通用的头字段。

➢ setRequestProperty(String key, String value)：设置该 URLConnection 的 key 请求头字段的值为 value，如以下代码所示。

```
conn.setRequestProperty("accept" , "*/*")
```

➢ addRequestProperty(String key, String value)：为该 URLConnection 的 key 请求头字段增加 value 值，该方法并不会覆盖原请求头字段的值，而是将新值追加到原请求头字段中。

当远程资源可用之后，程序可以使用以下方法来访问头字段和内容。

➢ Object getContent()：获取该 URLConnection 的内容。
➢ String getHeaderField(String name)：获取指定响应头字段的值。
➢ getInputStream()：返回该 URLConnection 对应的输入流，用于获取 URLConnection 响应的内容。
➢ getOutputStream()：返回该 URLConnection 对应的输出流，用于向 URLConnection 发送请求参数。

> **注意：** 如果既要使用输入流读取 URLConnection 响应的内容，也要使用输出流发送请求参数，一定要先使用输出流，再使用输入流。

getHeaderField()方法用于根据响应头字段来返回对应的值。而某些头字段由于经常需要访问，所以 JDK 提供了以下方法来访问特定响应头字段的值。

➢ getContentEncoding()：获取 content-encoding 响应头字段的值。
➢ getContentLength()：获取 content-length 响应头字段的值。
➢ getContentType()：获取 content-type 响应头字段的值。
➢ getDate()：获取 date 响应头字段的值。
➢ getExpiration()：获取 expires 响应头字段的值。
➢ getLastModified()：获取 last-modified 响应头字段的值。

下面的程序示范了如何向 Web 站点发送 GET 请求、POST 请求，并从 Web 站点取得响应。该程序中用到一个发送 GET、POST 请求的工具类，该工具类的代码如下。

程序清单：codes\13\13.2\URLTest\connection\src\main\java\org\crazyit\net\GetPostUtil.java

```java
public class GetPostUtil
{
    /**
     * 向指定 URL 发送 GET 方式的请求
     * @param url 发送请求的 URL
     * @param params 请求参数，请求参数应该是 name1=value1&name2=value2 的形式
     * @return URL 所代表远程资源的响应
     */
    public static String sendGet(String url, String params)
    {
        StringBuilder result = new StringBuilder();
        BufferedReader in = null;
        try
        {
            String urlName = url + "?" + params;
            URL realUrl = new URL(urlName);
            // 打开和 URL 之间的连接
            URLConnection conn = realUrl.openConnection();
```

```java
            // 设置通用的请求属性
            conn.setRequestProperty("accept", "*/*");
            conn.setRequestProperty("connection", "Keep-Alive");
            conn.setRequestProperty("user-agent",
                    "Mozilla/4.0 (compatible; MSIE 6.0; Windows NT 5.1; SV1)");
            // 建立实际的连接
            conn.connect();    // ①
            // 获取所有的响应头字段
            Map<String, List<String>> map = conn.getHeaderFields();
            // 遍历所有的响应头字段
            for (String key : map.keySet())
            {
                System.out.println(key + "--->" + map.get(key));
            }
            // 定义 BufferedReader 输入流来读取 URL 的响应
            in = new BufferedReader(
                    new InputStreamReader(conn.getInputStream()));
            String line;
            while ((line = in.readLine()) != null)
            {
                result.append(line).append("\n");
            }
        }
        catch (Exception e)
        {
            System.out.println("发送 GET 请求出现异常！" + e);
            e.printStackTrace();
        }
        // 使用 finally 块来关闭输入流
        finally
        {
            try
            {
                if (in != null)
                {
                    in.close();
                }
            }
            catch (IOException ex)
            {
                ex.printStackTrace();
            }
        }
        return result.toString();
    }
    /**
     * 向指定 URL 发送 POST 方式的请求
     * @param url 发送请求的 URL
     * @param params 请求参数，请求参数应该是 name1=value1&name2=value2 的形式
     * @return URL 所代表远程资源的响应
     */
    public static String sendPost(String url, String params)
    {
        PrintWriter out = null;
        BufferedReader in = null;
        StringBuilder result = new StringBuilder();
        try
        {
            URL realUrl = new URL(url);
            // 打开和 URL 之间的连接
            URLConnection conn = realUrl.openConnection();
            // 设置通用的请求属性
            conn.setRequestProperty("accept", "*/*");
```

```
            conn.setRequestProperty("connection", "Keep-Alive");
            conn.setRequestProperty("user-agent",
                "Mozilla/4.0 (compatible; MSIE 6.0; Windows NT 5.1; SV1)");
            // 发送 POST 请求必须设置如下两行
            conn.setDoOutput(true);
            conn.setDoInput(true);
            // 获取 URLConnection 对象对应的输出流
            out = new PrintWriter(conn.getOutputStream());
            // 发送请求参数
            out.print(params);    // ②
            // flush 输出流的缓冲
            out.flush();
            // 定义 BufferedReader 输入流来读取 URL 的响应
            in = new BufferedReader(
                new InputStreamReader(conn.getInputStream()));
            String line;
            while ((line = in.readLine()) != null)
            {
                result.append(line).append("\n");
            }
        }
        catch (Exception e)
        {
            System.out.println("发送 POST 请求出现异常！" + e);
            e.printStackTrace();
        }
        // 使用 finally 块来关闭输出流、输入流
        finally
        {
            try
            {
                if (out != null)
                {
                    out.close();
                }
                if (in != null)
                {
                    in.close();
                }
            }
            catch (IOException ex)
            {
                ex.printStackTrace();
            }
        }
        return result.toString();
    }
}
```

从上面的程序可以看出，如果需要发送 GET 请求，只要调用 URLConnection 的 connect()方法建立实际的连接即可，如以上程序中①号粗体字代码所示。如果需要发送 POST 请求，则需要获取 URLConnection 的 OutputStream，然后再向网络中输出请求参数，如以上程序中②号粗体字代码所示。

提供了上面发送 GET 请求、POST 请求的工具类之后，接下来就可以在 Activity 类中通过该工具类来发送请求了。该程序的界面中包含两个按钮，一个按钮用于发送 GET 请求，一个按钮用于发送 POST 请求。程序还提供了一个 EditText 来显示远程服务器的响应。该程序的界面布局很简单，故此处不再给出界面布局文件。该程序的 Activity 代码如下。

程序清单：codes\13\13.2\URLTest\connection\src\main\java\org\crazyit\net\MainActivity.java

```
public class MainActivity extends Activity
```

```
{
    private TextView show;
    static class MyHandler extends Handler
    {
        private WeakReference<MainActivity> mainActivity;
        MyHandler(WeakReference<MainActivity> mainActivity)
        {
            this.mainActivity = mainActivity;
        }
        @Override
        public void handleMessage(Message msg)
        {
            if (msg.what == 0x123)
            {
                // 设置show组件显示服务器响应
                mainActivity.get().show.setText(msg.obj.toString());
            }
        }
    }
    private Handler handler = new MyHandler(new WeakReference<>(this));
    @Override
    protected void onCreate(Bundle savedInstanceState)
    {
        super.onCreate(savedInstanceState);
        setContentView(R.layout.activity_main);
        Button getBn = findViewById(R.id.get);
        Button postBn = findViewById(R.id.post);
        show = findViewById(R.id.show);
        getBn.setOnClickListener(view -> new Thread(() ->
            {
                String str = GetPostUtil.sendGet(
                    "http://192.168.1.88:8888/abc/a.jsp", null);
                // 发送消息通知UI线程更新UI组件
                Message msg = new Message();
                msg.what = 0x123;
                msg.obj = str;
                handler.sendMessage(msg);
            }).start());
        postBn.setOnClickListener(view -> new Thread(() ->
            {
                String str = GetPostUtil.sendPost(
                    "http://192.168.1.88:8888/abc/login.jsp",
                    "name=crazyit.org&pass=leegang");
                // 发送消息通知UI线程更新UI组件
                Message msg = new Message();
                msg.what = 0x123;
                msg.obj = str;
                handler.sendMessage(msg);
            }).start());
    }
}
```

上面程序中的两行粗体字代码分别用于发送 GET 请求、POST 请求，该程序所发送的 GET 请求、POST 请求都是向本地局域网内 http://192.168.1.88:8888/abc 应用下的两个页面发送的，这个应用实际上是部署在笔者本机上的 Web 应用。

该 App 需要通过网络发送 GET、POST 请求，因此也需要在 AndroidManifest.xml 文件中为该 App 声明访问网络的权限，即在该文件中增加如下一行：

```xml
<!-- 授权访问网络 -->
<uses-permission android:name="android.permission.INTERNET"/>
```

此外，由于该 App 使用 HTTP 协议与目标站点通信，因此还需要配置该 App 允许使用 HTTP

协议，此处在 AndroidManifest.xml 文件的<application.../>元素中增加 android:usesCleartextTraffic="true"，这意味着该 App 完全不受安全协议的影响，可直接使用 HTTP 协议访问任意站点。

> **提示：** abc 这个 Web 应用的代码在本书配套资源中的 codes\13\13.2 路径下，这个 Web 应用需要部署在 Web 服务器（比如 Tomcat 9.0）中才可使用。关于如何开发 Web 应用，如何安装、部署 Web 应用，可参考疯狂 Java 体系的《轻量级 Java EE 企业应用实战》。

在 Web 服务器中成功部署 abc 应用之后，运行上面的 Android 应用，单击"发送 GET 请求"按钮，将可以看到如图 13.5 所示的输出。

如果单击"发送 POST 请求"按钮，程序将会向 abc 应用下的 login.jsp 页面发送请求，并提交 name=crazyit.org&pass=leegang 请求参数，此时将可以看到如图 13.6 所示的输出。

图 13.5　使用 URLConnection 对外发送 GET 请求　　图 13.6　使用 URLConnection 对外发送 POST 请求

从上面的介绍可以发现，借助于 URLConnection 类的帮助，应用程序可以非常方便地与指定站点交换信息，包括发送 GET 请求、POST 请求，并获取网站的响应等。

13.3　使用 HTTP 访问网络

前面介绍了 URLConnection 可以非常方便地与指定站点交换信息，URLConnection 还有一个子类：HttpURLConnection，HttpURLConnection 在 URLConnection 的基础上做了进一步改进，增加了一些用于操作 HTTP 资源的便捷方法。

13.3.1　使用 HttpURLConnection

HttpURLConnection 继承了 URLConnection，因此也可用于向指定网站发送 GET 请求、POST 请求。它在 URLConnection 的基础上提供了如下便捷的方法。

➢ int getResponseCode()：获取服务器的响应代码。
➢ String getResponseMessage()：获取服务器的响应消息。
➢ String getRequestMethod()：获取发送请求的方法。
➢ setRequestMethod(String method)：设置发送请求的方法。

下面通过一个实用的示例来示范使用 HttpURLConnection 实现多线程下载。

实例：多线程下载

使用多线程下载文件可以更快地完成文件的下载，因为客户端启动多条线程进行下载就意味着服务器也需要为该客户端提供相应的服务。假设服务器同时最多服务 100 个用户，在服务器中一条线程对应一个用户，100 条线程在计算机内并发执行，也就是由 CPU 划分时间片轮流执行，如果 A 应用使用了 99 条线程下载文件，那么相当于占用了 99 个用户的资源，自然就拥有了较快的下载速度。

> **注意**：实际上，并不是客户端并发的下载线程越多，程序的下载速度就越快，因为当客户端开启太多的并发线程之后，应用程序需要维护每条线程的开销、线程同步的开销，这些开销反而会导致下载速度降低。

为了实现多线程下载，程序可按如下步骤进行。

① 创建 URL 对象。
② 获取指定 URL 对象所指向资源的大小（由 getContentLength()方法实现），此处用到了 HttpURLConnection 类。
③ 在本地磁盘上创建一个与网络资源相同大小的空文件。
④ 计算每条线程应该下载网络资源的哪个部分（从哪个字节开始，到哪个字节结束）。
⑤ 依次创建、启动多条线程来下载网络资源的指定部分。

该程序提供的下载工具类的代码如下。

程序清单：codes\13\13.3\Http\multithreaddown\src\main\java\org\crazyit\net\DownUtil.java

```java
public class DownUtil
{
    // 定义下载资源的路径
    private String path;
    // 指定所下载的文件的保存位置
    private String targetFile;
    // 定义需要使用多少条线程下载资源
    private int threadNum;
    // 定义下载的线程对象
    private DownThread[] threads;
    // 定义下载的文件的总大小
    private int fileSize;
    public DownUtil(String path, String targetFile, int threadNum)
    {
        this.path = path;
        this.threadNum = threadNum;
        // 初始化 threads 数组
        threads = new DownThread[threadNum];
        this.targetFile = targetFile;
    }
    public void download() throws Exception
    {
        URL url = new URL(path);
        HttpURLConnection conn = (HttpURLConnection) url.openConnection();
        conn.setConnectTimeout(5 * 1000);
        conn.setRequestMethod("GET");
        conn.setRequestProperty(   "Accept",
            "image/gif, image/jpeg, image/pjpeg, image/pjpeg, "
                + "application/x-shockwave-flash, application/xaml+xml, "
                + "application/vnd.ms-xpsdocument, application/x-ms-xbap, "
                + "application/x-ms-application, application/vnd.ms-excel, "
```

```java
                + "application/vnd.ms-powerpoint, application/msword, */*");
        conn.setRequestProperty("Accept-Language", "zh-CN");
        conn.setRequestProperty("Charset", "UTF-8");
        conn.setRequestProperty("Connection", "Keep-Alive");
        // 得到文件大小
        fileSize = conn.getContentLength();
        conn.disconnect();
        int currentPartSize = fileSize / threadNum + 1;
        RandomAccessFile file = new RandomAccessFile(targetFile, "rw");
        // 设置本地文件的大小
        file.setLength(fileSize);
        file.close();
        for (int i = 0; i < threadNum; i++)
        {
            // 计算每条线程下载的开始位置
            int startPos = i * currentPartSize;
            // 每条线程使用一个 RandomAccessFile 进行下载
            RandomAccessFile currentPart = new RandomAccessFile(targetFile,
                "rw");
            // 定位该线程的下载位置
            currentPart.seek(startPos);
            // 创建下载线程
            threads[i] = new DownThread(startPos, currentPartSize,
                    currentPart);
            // 启动下载线程
            threads[i].start();
        }
    }
    // 获取下载的完成百分比
    public double getCompleteRate()
    {
        // 统计多条线程已经下载的总大小
        int sumSize = 0;
        for (int i = 0; i < threadNum; i++)
        {
            sumSize += threads[i].length;
        }
        // 返回已经完成的百分比
        return sumSize * 1.0 / fileSize;
    }
    private class DownThread extends Thread
    {
        // 当前线程的下载位置
        private int startPos;
        // 定义当前线程负责下载的文件大小
        private int currentPartSize;
        // 当前线程需要下载的文件块
        private RandomAccessFile currentPart;
        // 定义该线程已下载的字节数
        int length;
        DownThread(int startPos, int currentPartSize,
                RandomAccessFile currentPart)
        {
            this.startPos = startPos;
            this.currentPartSize = currentPartSize;
            this.currentPart = currentPart;
        }
        @Override
        public void run()
        {
            try
            {
                URL url = new URL(path);
```

```
            HttpURLConnection conn = (HttpURLConnection)url
                    .openConnection();
            conn.setConnectTimeout(5 * 1000);
            conn.setRequestMethod("GET");
            conn.setRequestProperty(    "Accept",
                "image/gif, image/jpeg, image/pjpeg, image/pjpeg, "
                    + "application/x-shockwave-flash, application/xaml+xml, "
                    + "application/vnd.ms-xpsdocument, application/x-ms-xbap, "
                    + "application/x-ms-application, application/vnd.ms-excel, "
                    + "application/vnd.ms-powerpoint, application/msword, */*");
            conn.setRequestProperty("Accept-Language", "zh-CN");
            conn.setRequestProperty("Charset", "UTF-8");
            InputStream inStream = conn.getInputStream();
            // 跳过 startPos 个字节，表明该线程只下载自己负责的那部分文件
            inStream.skip(this.startPos);
            byte[] buffer = new byte[1024];
            int hasRead = 0;
            // 读取网络数据，并写入本地文件中
            while (length < currentPartSize
                    && (hasRead = inStream.read(buffer)) > 0)
            {
                currentPart.write(buffer, 0, hasRead);
                // 累计该线程下载的总大小
                length += hasRead;
            }
            currentPart.close();
            inStream.close();
        }
        catch (Exception e)
        {
            e.printStackTrace();
        }
    }
}
// 定义一个为 InputStream 跳过 bytes 字节的方法
private static void skipFully(InputStream in, long bytes) throws IOException
{
    long remainning = bytes;
    long len = 0;
    while (remainning > 0)
    {
        len = in.skip(remainning);
        remainning -= len;
    }
}
```

上面的 DownUtil 工具类中包含一个 DownloadThread 内部类，该内部类的 run()方法负责打开远程资源的输入流，并调用 InputStream 的 skip(int)方法跳过指定数量的字节，这样就让该线程读取由它自己负责下载的部分了。

> **注意：** 由于以前在 Android 平台上调用 InputStream 的 skip()方法时，并不能总是准确地跳过对应的字节数，因此程序专门实现了一个 skipFully()方法来跳过 InputStream 的指定字节数。目前 Android 8 不存在这个问题，因此第二行粗体字代码依然使用 InputStream 的 skip()方法。也就是说，skipFully()在 Android 8 中没有用处。

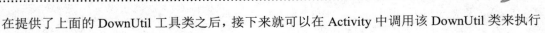

在提供了上面的 DownUtil 工具类之后，接下来就可以在 Activity 中调用该 DownUtil 类来执行

下载任务了。该程序界面中包含两个文本框：一个用于输入网络文件的源路径；另一个用于指定下载到本地的文件的文件名。该程序的界面比较简单，故此处不再给出界面布局代码。该程序的Activity代码如下。

程序清单：codes\13\13.3\Http\multithreaddown\src\main\java\org\crazyit\net\MainActivity.java

```java
public class MainActivity extends Activity
{
    private EditText url;
    private EditText target;
    private Button downBn;
    private ProgressBar bar;
    private DownUtil downUtil;
    static class MyHandler extends Handler
    {
        private WeakReference<MainActivity> mainActivity;
        MyHandler(WeakReference<MainActivity> mainActivity)
        {
            this.mainActivity = mainActivity;
        }
        @Override
        public void handleMessage(Message msg)
        {
            if (msg.what == 0x123)
            {
                mainActivity.get().bar.setProgress(msg.arg1);
            }
        }
    }
    // 创建一个 Handler 对象
    private MyHandler handler = new MyHandler(new WeakReference<>(this));
    @Override
    protected void onCreate(Bundle savedInstanceState)
    {
        super.onCreate(savedInstanceState);
        setContentView(R.layout.activity_main);
        // 获取程序界面上的三个界面控件
        url = findViewById(R.id.url);
        target = findViewById(R.id.target);
        downBn = findViewById(R.id.down);
        bar = findViewById(R.id.bar);
        requestPermissions(new String[]{Manifest.permission.WRITE_EXTERNAL_STORAGE},
            0x456);
    }
    @Override
    public void onRequestPermissionsResult(int requestCode,
        @NonNull String[] permissions, @NonNull int[] grantResults)
    {
        if (requestCode == 0x456 && grantResults.length == 1
            && grantResults[0] == PackageManager.PERMISSION_GRANTED)
        {
            downBn.setOnClickListener(view ->
            {
                // 初始化 DownUtil 对象（最后一个参数指定线程数）
                downUtil = new DownUtil(url.getText().toString(), target.getText().toString(), 6);
                new Thread(() ->
                {
                    try
                    {
                        // 开始下载
                        downUtil.download();
                    }
```

```
            catch (Exception e)
            {
                e.printStackTrace();
            }
            // 定义每秒调度获取一次系统的完成进度
            final Timer timer = new Timer();
            timer.schedule(new TimerTask()
            {
                @Override
                public void run()
                {
                    // 获取下载任务的完成比例
                    double completeRate = downUtil.getCompleteRate();
                    System.out.println(completeRate);
                    Message msg = new Message();
                    msg.what = 0x123;
                    msg.arg1 = (int) (completeRate * 100);
                    // 发送消息通知界面更新进度条
                    handler.sendMessage(msg);
                    // 下载完全后取消任务调度
                    if (completeRate >= 1)
                    {
                        timer.cancel();
                    }
                }
            }, 0, 100);
        }).start();
    });
}
}
```

上面的 Activity 不仅使用了 DownUtil 来控制程序下载，而且程序还启动了一个定时器，该定时器控制每隔 0.1 秒查询一次下载进度，并通过程序中的进度条来显示任务的下载进度。

该程序不仅需要访问网络，还需要访问系统 SD 卡，在 SD 卡中创建文件，因此必须授予该程序访问网络、访问 SD 卡文件的权限，也就是在 AndroidManifest.xml 文件中增加如下配置：

```
<!-- 配置向 SD 卡写入数据权限 -->
<uses-permission android:name="android.permission.WRITE_EXTERNAL_STORAGE"/>
<!-- 授权访问网络 -->
<uses-permission android:name="android.permission.INTERNET"/>
```

为了让该 App 使用 HTTP 协议执行下载，还为 AndroidManifest.xml 文件的<application.../>元素增加了如下属性。

```
android:usesCleartextTraffic="true"
```

运行该程序，将看到如图 13.7 所示的下载界面。

上面的程序已经实现了多线程下载的核心代码，如果要实现断点下载，则还需要额外增加一个配置文件（读者可以发现所有的断点下载工具都会在下载开始时生成两个文件：一个是与网络资源具有相同大小的空文件；一个是配置文件），该配置文件分别记录每条线程已经下载到了哪个字节，当网络断开后再次开始下载时，每条线程根据配置文件里记录的位置向后下载即可。

图 13.7　多线程下载

13.3.2　使用 OkHttp

一般情况下，如果只是需要向 Web 站点的某个简单页面提交请求并获取服务器响应，则完全可以使用前面所介绍的 HttpURLConnection 来完成。但在绝大部分情况下，Web 站点的网页可能没这么简单，这些页面并不是通过一个简单的 URL 就可访问的，可能需要用户登录而且具有相应的权限才可访问该页面。在这种情况下，就需要涉及 Session、Cookie 的处理了，如果打算使用 HttpURLConnection 来处理这些细节，当然也是可能实现的，只是处理起来难度就大了。

为了更好地处理向 Web 站点请求，包括处理 Session、Cookie 等细节问题，Apache 开源组织提供了一个 HttpClient 项目，看它的名称就知道，它是一个简单的 HTTP 客户端（并不是浏览器），可以用于发送 HTTP 请求，接收 HTTP 响应。但不能执行 HTML 页面中嵌入的 JavaScript 代码，也不会对页面内容进行任何解析、处理。

Apache HttpClient 本来是一个很好的东西，早期 Android 默认也集成了 HttpClient；但后来随着 HttpClient 的升级，Android 不愿意继续升级它，于是就删除了 HttpClient（但又没有删干净，可以通过 legacy 库继续使用老版本的 HttpClient）。总之一句话：HttpClient 是一个好东西，但被 Android 玩坏了。

OkHttp 可被视为 Apache HttpClient 的替代品，二者的用法也很相似，虽然 OkHttp 听上去没有 Apache HttpClient 有名，但实际上 OkHttp 在 Android 开发中拥有很高的使用率。

提示：
> 在 Android 开发中另一个常用的网络框架 Retrofit 就是基于 OkHttp 做的封装，Retrofit 封装之后更符合 RESTful 风格，但 Retrofit 也丢失了部分灵活性。

在 Android 应用中使用 OkHttp 发送请求、接收响应很简单，只要如下几步即可。

① 创建 OkHttpClient 对象，如果只是发送简单的请求，则使用默认构造器创建即可；如果需要更有效地设置 OkHttpClient，则应通过 OkHttpClient.Builder 对象。

② 通过 Request.Builder 构建 Request 对象。Request 代表一次请求，所有和请求有关的信息都通过 Request.Builder 进行设置。该对象提供了如下常用的方法。

- url(String url)：设置请求的 URL。该方法有三个重载版本，该方法的参数可以是 String、URL、HttpUrl。
- addHeader(String name, String value)：设置请求头。
- removeHeader(String name)：删除请求头。
- cacheControl(CacheControl cacheControl)：设置 Cache-Control 请求头，用于控制缓存。
- method(String method, RequestBody body)：设置请求方法和请求参数。其中 RequestBody 代表请求参数。
- get()：method(method, body)方法的简化版本，用来发送 GET 请求。默认就是发送 GET 请求的，所以这个方法通常无须执行。
- delete|post|put|patch(RequestBody body)：这几个方法都是 method(method, body)方法的简化版本，分别代表发送 DELETE、POST、PUT、PATCH 请求，这些请求对于 RESTful 服务很常用。

③ 调用 OkHttpClient 的 newCall()方法，以 Request 为参数创建 Call 对象。

④ 如果要发送同步请求，则直接调用 Call 对象的 execute()方法即可；如果要发送异步请求，则调用 Call 对象的 enqueue()方法，在调用该方法时要传入一个 Callback 回调对象，该回调对象将会负责处理服务器响应成功和响应出错的情况。

实例：访问被保护资源

下面的 Android 应用需要向指定页面发送请求，但该页面并不是一个简单的页面，只有当用户已经登录，而且登录用户的用户名是 crazyit.org 时才可访问该页面。如果使用 HttpUrlConnection

来访问该页面,那么需要处理的细节就比较复杂了。下面将会借助于 OkHttp 来访问被保护页面。

访问 Web 应用中被保护页面,如果使用浏览器则十分简单,用户通过系统提供的登录页面登录系统,浏览器会负责维护与服务器之间的 Session,如果用户登录的用户名、密码符合要求,就可以访问被保护资源了。

为了通过 OkHttp 访问被保护页面,程序同样需要使用 OkHttpClient 来登录系统,只要应用程序使用同一个 OkHttpClient 发送请求,并让 OkHttpClient 管理 Cookie,OkHttpClient 就会自动维护与服务器之间的 Session 状态。也就是说,程序第一次使用 OkHttpClient 登录系统后,接下来使用 OkHttpClient 即可访问被保护页面了。

OkHttp 推荐整个应用使用单一的 OkHttpClient 实例即可,这是因为 OkHttpClient 拥有自己的连接池和线程池,因此复用这些连接和线程可以减少延迟并节省内存。

> **提示:** 虽然此处给出的实例只是访问被保护页面,但访问其他被保护资源也与此类似。程序只要第一次通过 OkHttpClient 登录系统,接下来即可通过该 OkHttpClient 访问被保护资源了。

为了在 Android 项目中使用 OkHttp,首先需要登录 http://square.github.io/okhttp/ 站点下载 OkHttp 的两个 JAR 包(OkHttp 依赖 Okio)。登录该页面后,单击页面右边的 "Download" 菜单,即可看到如图 13.8 所示的下载页面。

图 13.8 下载 OkHttp

通过图 13.8 所示的两个链接即可下载得到 okhttp-3.10.0.jar 和 okio-1.14.0.jar(版本号可能更新)两个 JAR 包(不要下载 okhttp-3.11.0,该版本的 OkHttp 需要依赖 Kotlin 库)。

在 Android Studio 中添加第三方 JAR 包只需如下两步。

① 拷贝 JAR 包:将 okhttp-3.10.0.jar 和 okio-1.14.0.jar 添加到 Android 项目的 libs 目录下。

② 添加库:在 Android Studio 左上角的项目管理界面中切换为 Project 视图,在该视图下选中 okhttp-3.10.0.jar 和 okio-1.14.0.jar 两个 JAR 包,单击鼠标右键,在弹出的快捷菜单中单击 "Add As Library" 即可。

> **提示:** 上面第 2 步就是修改了该项目的 build.gradle 文件,为该项目添加了依赖 JAR 包而已。事实上,如果网络畅通的话,则完全可以不用自己从网络上下载 OkHttp,因为 Gradle 可以自动下载依赖包。我们只要在 build.gradle 的 dependencies 部分添加如下一行即可。
>
> ```
> implementation 'com.squareup.okhttp3:okhttp:3.10.0'
> ```

为 Android 项目添加了 OkHttp 之后，接下来即可使用 OkHttp 来实现网络通信了。下面是该 Activity 的代码。

程序清单：codes\13\13.3\Http\okhttptest\src\main\java\org\crazyit\net\MainActivity.java

```java
public class MainActivity extends Activity
{
    private TextView response;
    private OkHttpClient okHttpClient;
    static class MyHandler extends Handler
    {
        private WeakReference<MainActivity> mainActivity;
        MyHandler(WeakReference<MainActivity> mainActivity)
        {
            this.mainActivity = mainActivity;
        }
        @Override
        public void handleMessage(Message msg)
        {
            if (msg.what == 0x123)
            {
                // 使用 response 文本框显示服务器响应信息
                mainActivity.get().response.setText(msg.obj.toString());
            }
        }
    }
    private Handler handler = new MyHandler(new WeakReference<>(this));
    @Override
    protected void onCreate(Bundle savedInstanceState)
    {
        super.onCreate(savedInstanceState);
        setContentView(R.layout.activity_main);
        response = findViewById(R.id.response);
        // 创建默认的 OkHttpClient 对象
//      okHttpClient = OkHttpClient()
        final Map<String, List<Cookie>> cookieStore = new HashMap<>();
        okHttpClient = new OkHttpClient.Builder()
            .cookieJar(new CookieJar()
            {
                @Override
                public void saveFromResponse(@NonNull HttpUrl httpUrl,
                    @NonNull List<Cookie> list)
                {
                    cookieStore.put(httpUrl.host(), list);
                }
                @Override
                public List<Cookie> loadForRequest(@NonNull HttpUrl httpUrl)
                {
                    List<Cookie> cookies = cookieStore.get(httpUrl.host());
                    return cookies == null ? new ArrayList<>() : cookies;
                }
            }).build();
    }
    public void accessSecret(View source)
    {
        new Thread(() ->
        {
            String url = "http://192.168.1.88:8888/foo/secret.jsp";
            // 创建请求
            Request request = new Request.Builder().url(url).build();   // ①
            Call call = okHttpClient.newCall(request);
            try
```

```java
            {
                Response response = call.execute();  // ②
                Message msg = new Message();
                msg.what = 0x123;
                msg.obj = response.body().string().trim();
                handler.sendMessage(msg);
            }
            catch (IOException e)
            {
                e.printStackTrace();
            }
        }).start();
    }
    public void showLogin(View source)
    {
        // 加载登录界面
        View loginDialog = getLayoutInflater().inflate(R.layout.login, null);
        // 使用对话框供用户登录系统
        new AlertDialog.Builder(MainActivity.this)
            .setTitle("登录系统").setView(loginDialog)
            .setPositiveButton("登录", (dialog, which) ->
            {
                // 获取用户输入的用户名、密码
                String name = ((EditText) loginDialog.findViewById(R.id.name))
                    .getText().toString();
                String pass = ((EditText) loginDialog.findViewById(R.id.pass))
                    .getText().toString();
                String url = "http://192.168.1.88:8888/foo/login.jsp";
                FormBody body = new FormBody.Builder().add("name", name)
                    .add("pass", pass).build();  // ③
                Request request = new Request.Builder().url(url)
                    .post(body).build();  // ④
                Call call = okHttpClient.newCall(request);
                call.enqueue(new Callback()  // ⑤
                {
                    @Override
                    public void onFailure(@NonNull Call call, @NonNull IOException e)
                    {
                        e.printStackTrace();
                    }
                    @Override
                    public void onResponse(@NonNull Call call,
                        @NonNull Response response) throws IOException
                    {
                        Looper.prepare();
                        Toast.makeText(MainActivity.this,
                            response.body().string().trim(),
Toast.LENGTH_SHORT).show();
                        Looper.loop();
                    }
                });
            }).setNegativeButton("取消", null).show();
    }
}
```

上面程序中第一段粗体字代码创建了一个 OkHttpClient 对象，由于程序需要它来维护与服务器之间的 Session 状态，因此程序设置了 OkHttpClient 来管理 Cookie 状态。

上面程序中第二段粗体字代码用于发送同步的 GET 请求，其中①号粗体字代码创建了一个简单的 Request 对象，只是设置了请求的 URL，并未设置请求方法、请求参数等信息，这说明它是一个不带请求参数的 GET 请求；②号粗体字代码调用了 Call 对象的 execute()方法来发送请求，这表明此处使用同步方式来发送 GET 请求。

上面程序中第三段粗体字代码用于发送异步的 POST 请求,其中③号粗体字代码创建了 FormBody,该对象用于封装请求参数;④号粗体字代码同样创建了一个 Request 对象,但该 Request 对象调用了 post()方法设置请求参数,这表明该 Request 对象用于发送 POST 请求;⑤号粗体字代码则调用了 Call 对象的 enqueue()方法来发送请求,这表明此处使用异步方式来发送 POST 请求。

运行该程序,单击"访问页面"按钮,将可以看到如图 13.9 所示的页面。

运行该程序需要 Web 应用的支持,读者应该先将 codes/13/13.3 目录下的 foo 应用部署到 Web 服务器(如 Tomcat 9.0)中,然后再运行该应用。

从图 13.9 可以看出,程序直接向指定 Web 应用的被保护页面 secret.jsp 发送请求,程序将无法访问被保护页面,于是看到如图 13.9 所示的页面。单击图 13.9 所示页面中的"登录系统"按钮,系统将会显示如图 13.10 所示的登录对话框。

图 13.9　访问被保护页面

图 13.10　登录对话框

在图 13.10 所示对话框的两个输入框中分别输入"crazyit.org"和"leegang",然后单击"登录"按钮,系统将会向 Web 站点的 login.jsp 页面发送 POST 请求,并将用户输入的用户名、密码作为请求参数。如果用户名、密码正确,则可看到登录成功的提示。

登录成功后,OkHttpClient 将会自动维护与服务器之间的连接,并维护与服务器之间的 Session 状态,再次单击程序中的"访问页面"按钮,即可看到如图 13.11 所示的输出。

从图 13.11 可以看出,此时使用 OkHttpClient 发送 GET 请求即可正常访问被保护资源,这就是因为前面使用 OkHttpClient 登录了系统,而且 OkHttpClient 可以维护与服务器之间的 Session 连接。

图 13.11　访问被保护资源

从上面的编程过程不难看出,使用 OkHttp 也很简单,而且它比 HttpURLConnection 提供了更多的功能。

13.4　使用 WebView 进行混合开发

Android 提供了 WebView 组件,从表面上看,这个组件与普通 ImageView 差不多,但实际上这个组件的功能要强大得多,WebView 组件本身就是一个浏览器实现,WebView 基于 Chromium

内核实现，直接支持 WebRTC、WebAudio 和 WebGL 等。

Chromium 也包括对 Web 组件规范的原生支持，如自定义元素、阴影 DOM、HTML 导入和模板等，这意味着开发者可以直接在 WebView 中使用聚合（Polymer）和 Material 设计。

在 Android 开发中还流行一种混合开发方式：Android + HTML 5 混合开发。对于一些偏重展示、广告，尤其是需要经常更新的页面内容，用 WebView 嵌入一个 HTML 5 页面是比较常用的做法，这样 Android App 不需要更新，运营商只要更新服务器端的网页，WebView 中显示的内容就会改变。

使用 WebView 的另一个好处是，服务器端通过更新网页来更新 WebView 内容时，App 并没有任何改变，因此不需要受制于应用商店的审核，可以快速上线。也可以同步更新 Android 和 iOS App 的应用界面。

而且 WebView 不仅可作为展示窗口，它也允许执行 JavaScript，因此 WebView 加载的内容也可与用户进行适当的交互。所示，这种混合开发在企业中占有一定的地位。

当然，对于一些用户交互强、响应较高的 App，HTML 5 很难媲美原生的 Android API，因此不应该过度依赖 WebView 所装载的 HTML 5 页面。

13.4.1 使用 WebView 浏览网页

WebView 的用法与普通 ImageView 组件的用法基本相似，它提供了大量方法来执行浏览器操作，例如如下常用方法。

➢ goBack()：后退。
➢ goForward()：前进。
➢ loadUrl(String url)：加载指定 URL 对应的网页。
➢ boolean zoomIn()：放大网页。
➢ boolean zoomOut()：缩小网页。

当然，WebView 组件还包含了大量方法，具体以 Android API 文档为准。

下面的程序将基于 WebView 来开发一个简单的浏览器。

实例：迷你浏览器

该程序的界面中包含两个组件：一个文本框用于接收用户输入的 URL；一个 WebView 用于加载并显示该 URL 对应的页面。该程序的界面布局代码如下。

程序清单：codes\13\13.4\WebViewTest\minibrowser\src\main\res\layout\activity_main.xml

```xml
<?xml version="1.0" encoding="utf-8"?>
<LinearLayout xmlns:android="http://schemas.android.com/apk/res/android"
    android:layout_width="match_parent"
    android:layout_height="match_parent"
    android:orientation="vertical">
    <EditText
        android:id="@+id/url"
        android:layout_width="match_parent"
        android:layout_height="wrap_content"
        android:imeOptions="actionGo"
        android:inputType="textUri" />
    <!-- 显示页面的 WebView 组件 -->
    <WebView
        android:id="@+id/show"
        android:layout_width="match_parent"
        android:layout_height="match_parent" />
</LinearLayout>
```

上面的粗体字代码在界面布局文件中添加了一个 WebView，从该粗体字代码可以看出，在界面布局文件中使用 WebView, 与使用其他 UI 组件并没有太大的区别。

下面程序则主要通过 WebView 的 loadUrl(String url)来加载、显示指定 URL 对应的页面。

程序清单: codes\13\13.4\WebViewTest\minibrowser\src\main\java\org\crazyit\net\MainActivity.java

```java
public class MainActivity extends Activity
{
    private EditText urlEt;
    private WebView showWv;
    @Override
    protected void onCreate(Bundle savedInstanceState)
    {
        super.onCreate(savedInstanceState);
        setContentView(R.layout.activity_main);
        // 获取页面中的文本框、WebView 组件
        urlEt = this.findViewById(R.id.url);
        showWv = findViewById(R.id.show);
        // 为键盘的软键盘绑定事件监听器
        urlEt.setOnEditorActionListener((view, actionId, event) -> {
            if (actionId == EditorInfo.IME_ACTION_GO)
            {
                String urlStr = urlEt.getText().toString();
                // 加载并显示 urlStr 对应的网页
                showWv.loadUrl(urlStr);
            }
            return true;
        });
    }
}
```

上面程序中的粗体字代码是该程序的关键,程序调用 WebView 的 loadUrl(String url)方法加载、显示该 URL 对应的网页——至于该 WebView 如何发送请求、如何解析服务器响应,这些细节对用户来说是透明的。

该应用需要访问互联网,同样需要在 AndroidManifest.xml 文件中增加如下配置:

```xml
<uses-permission android:name="android.permission.INTERNET"/>
```

同样在 AndroidManifest.xml 文件的<application.../>元素中指定 android:usesCleartextTraffic="true",然后运行该程序,在文本框中输入想访问的站点,并单击虚拟键盘上的"Go"按钮,将可以看到如图 13.12 所示的输出。

正如从图 13.12 所看到的,使用 WebView 开发浏览器十分简单,如果读者愿意多花时间对该程序界面进行美化,并为程序提供前进、后退、刷新等按钮,即可开发出一个实用的浏览器来代替 Android 系统自带的浏览器。

图 13.12　使用 WebView 浏览指定网页

13.4.2　使用 WebView 加载 HTML 代码

前面看到使用 EditText 显示 HTML 字符串时十分别扭,EditText 不会对 HTML 标签进行任何解析,而是直接把所有 HTML 标签都显示出来——就像用普通记事本显示一样;如果应用程序想重新对 HTML 字符串进行解析,当成 HTML 页面来显示,也是可以的。

WebView 提供了一个 loadData(String data, String mimeType, String encoding)方法,该方法可用于加载并显示 HTML 代码。早期版本的 Android 使用该方法时有一个小问题:当它加载包含中文的 HTML 内容时,WebView 将会显示乱码,但最新的 Android 9 已经解决了这个问题。

WebView 还提供了一个 loadDataWithBaseURL(String baseUrl, String data, String mimeType,

String encoding, String historyUrl)方法，该方法是 loadData(String data, String mimeType, String encoding)方法的增强版，它不会产生乱码。关于该方法的几个参数简单说明一下。

- data：指定需要加载的 HTML 代码。
- mimeType：指定 HTML 代码的 MIME 类型，对于 HTML 代码可指定为 text/html。
- encoding：指定 HTML 代码编码所用的字符集。比如指定为 GBK。

下面的程序简单示范了如何使用 WebView 来加载 HTML 代码。

程序清单：codes\13\13.4\WebViewTest\viewhtml\src\main\java\org\crazyit\net\MainActivity.java

```java
public class MainActivity extends Activity
{
    private WebView showWv;
    @Override
    protected void onCreate(Bundle savedInstanceState)
    {
        super.onCreate(savedInstanceState);
        setContentView(R.layout.activity_main);
        // 获取程序中的 WebView 组件
        showWv = this.findViewById(R.id.show);
        StringBuilder sb = new StringBuilder();
        // 拼接一段 HTML 代码
        sb.append("<html>");
        sb.append("<head>");
        sb.append("<title> 欢迎您 </title>");
        sb.append("</head>");
        sb.append("<body>");
        sb.append("<h2> 欢迎您访问<a href=\"http://www.crazyit.org\">" + "疯狂 Java 联盟</a></h2>");
        sb.append("</body>");
        sb.append("</html>");
        // 下面两个方法都可正常加载、显示 HTML 代码
        showWv.loadData(sb.toString() , "text/html" , "utf-8");
        // 加载并显示 HTML 代码
//        showWv.loadDataWithBaseURL(null, sb.toString(),"text/html","utf-8",null);
    }
}
```

上面程序中的粗体字代码就是该程序的关键，这行代码负责加载指定的 HTML 页面，并将它显示出来。运行该程序，将可以看到如图 13.13 所示的输出。

图 13.13　使用 WebView 加载、显示 HTML 代码

13.4.3　使用 WebView 中的 JavaScript 调用 Android 方法

很多时候，WebView 加载的页面上是带 JavaScript 脚本的，比如页面上有一个按钮，用户单击按钮时将会弹出一个提示框，或打开一个列表框等。由于该按钮是 HTML 页面上的按钮，它只能激发一段 JavaScript 脚本，这就需要让 JavaScript 脚本来调用 Android 方法了。

为了让 WebView 中的 JavaScript 脚本调用 Android 方法，WebView 提供了一个配套的 WebSettings 工具类，该工具类提供了大量方法来管理 WebView 的选项设置，其中它的 setJavaScriptEnabled(true)即可让 WebView 中的 JavaScript 脚本来调用 Android 方法。除此之外，为了把 Android 对象暴露给 WebView 中的 JavaScript 代码，WebView 提供了 addJavascriptInterface(Object

object, String name)方法,该方法负责把 object 对象暴露成 JavaScript 中的 name 对象。

从上面的介绍可以看出,在 WebView 的 JavaScript 中调用 Android 方法只要如下三个步骤。

① 调用 WebView 关联的 WebSettings 的 setJavaScriptEnabled(true)启用 JavaScript 调用功能。

② 调用 WebView 的 addJavascriptInterface(Object object, String name)方法将 object 对象暴露给 JavaScript 脚本。

③ 在 JavaScript 脚本中通过刚才暴露的 name 对象调用 Android 方法。

> **提示:**
> 如果读者有 DWR 开发经验,应该很好理解 Android 此处的设计,DWR 通过使用配置,可以让服务器端的 Java 对象暴露给 JavaScript 脚本;Android 则通过 WebView 的 addJavascriptInterface()方法把 Android 应用中的对象暴露给 JavaScript 脚本——最后实现的效果是相同的:JavaScript 脚本可以直接调用 Java 对象的方法。

下面的示例示范了如何在 JavaScript 中调用 Android 方法。该示例的界面布局很简单,它包含了一个普通的 WebView 组件,用于显示 HTML 页面。该示例的 Activity 代码如下。

程序清单:codes\13\13.4\WebViewTest\jscallandroid\src\main\java\org\crazyit\net\MainActivity.java

```java
public class MainActivity extends Activity
{
    private WebView myWebView;
    @Override
    protected void onCreate(Bundle savedInstanceState)
    {
        super.onCreate(savedInstanceState);
        setContentView(R.layout.activity_main);
        myWebView = findViewById(R.id.webview);
        // 此处为了简化编程,使用 file 协议加载本地 assets 目录下的 HTML 页面
        // 如果有需要,也可使用 HTTP 协议加载远程网站的 HTML 页面
        myWebView.loadUrl("file:///android_asset/test.html");
        // 获取 WebView 的设置对象
        WebSettings webSettings = myWebView.getSettings();
        // 开启 JavaScript 调用
        webSettings.setJavaScriptEnabled(true);
        // 将 MyObject 对象暴露给 JavaScript 脚本
        // 这样 test.html 页面中的 JavaScript 可以通过 myObj 来调用 MyObject 的方法
        myWebView.addJavascriptInterface(new MyObject(this), "myObj");
    }
}
```

上面程序中的第一行粗体字代码开启了 JavaScript 调用 Android 方法的功能,第二行粗体字代码则负责将 Androd 应用中的 MyObject 对象暴露给 JavaScript 脚本,暴露成 JavaScript 脚本中名为 myObj 的对象。

MyObject 是一个自定义的 Java 类,开发者可以根据业务需要提供任意多的方法,本示例只为 MyObject 定义了两个方法。下面是 MyObject 类的代码。

程序清单:codes\13\13.4\WebViewTest\jscallandroid\src\main\java\org\crazyit\net\MyObject.java

```java
public class MyObject
{
    private Context mContext;
    MyObject(Context c)
    {
        mContext = c;
    }
    // 该方法将会暴露给 JavaScript 脚本调用
    @JavascriptInterface
```

```java
public void showToast(String name)
{
    Toast.makeText(mContext, name + ", 您好!",
        Toast.LENGTH_LONG).show();
}
// 该方法将会暴露给 JavaScript 脚本调用
@JavascriptInterface
public void showList()
{
    // 显示一个普通的列表对话框
    new AlertDialog.Builder(mContext)
        .setTitle("图书列表")
        .setIcon(R.mipmap.ic_launcher)
        .setItems(new String[]{"疯狂 Java 讲义", "疯狂 Android 讲义",
            "轻量级 Java EE 企业应用实战"}, null)
        .setPositiveButton("确定", null)
        .create()
        .show();
}
```

正如上面的代码所示，MyObject 中包含了两个方法——showToast()和 showList()方法，且这两个方法使用了@JavascriptInterface 修饰，因此这两个方法将会暴露给 JavaScript 脚本，从而允许 JavaScript 脚本通过 myObj 来调用这两个方法。下面是 HTML 页面的代码。

程序清单：codes\13\13.4\WebViewTest\jscallandroid\src\main\assets\test.html

```html
<!DOCTYPE html>
<html>
<head>
    <meta http-equiv="Content-Type" content="text/html; charset=utf-8" />
    <title> JS 调用 Android </title>
</head>
<body>
<!-- 注意此处的 myObj 是 Android 暴露出来的对象 -->
<input type="button" value="打招呼"
    onclick="myObj.showToast('孙悟空');" />
<input type="button" value="图书列表"
    onclick="myObj.showList();" />
</body>
</html>
```

正如上面的两行粗体字代码所示，当用户单击该页面上的两个按钮时，该页面的 JavaScript 脚本会通过 myObj 调用 Android 方法。运行该示例，单击第一个按钮，可以看到如图 13.14 所示的界面。

如果用户单击第二个按钮，该页面的 JavaScript 脚本将会通过 myObj 调用 Android 的 showList()方法，此时将看到如图 13.15 所示的对话框。

通过这种方式，Android App 既可使用 WebView 展示 HTML 5 页面内容，也可解释、执行 JS 来实现简单的动态交互；反过来，JS 又可调用原生 Android API 的功能，如图 13.14、图 13.15 所示的执行效果。这种方式就是典型的 Hybird（混合）开发方式。

Hybird 开发方式的优势在于：App 的大量开发工作实际上由 HTML 5 和 JS 完成，而 HTML 5 与 JS 实现的功能具有跨平台的优势，因此通过这种方式开发的 App 可以迅速移植到 iOS 平台上。此外，由于 WebView 所显示的内容只是一个 HTML 页面，而这个 HTML 页面可能保存在远程服务器端，因此开发者只要更新远程 HTML 页面，该 WebView 所显示的内容就会即时更新，所以具有很高的实效性。

图 13.14 JS 调用 Android 方法（一）

图 13.15 JS 调用 Android 方法（二）

13.5 本章小结

本章主要介绍了 Android 网络编程的相关知识。由于 Android 完全支持 JDK 网络编程中的 ServerSocket、Socket、DatagramSocket、Datagrampacket、MulticastSocket 等 API，也支持 JDK 内置的 URL、URLConnection、HttpURLConnection 等工具类，因此如果读者已经具有网络编程的经验，这些经验完全适用于 Android 网络编程。由于 Android 删除了 Apache HttpClient 支持，因此本章额外补充介绍了另一个非常主流的网络通信框架：OkHttp，通过 OkHttp 可以非常方便地维持与服务器的会话状态、发送请求、获取响应等，建议读者也应该认真掌握该框架的用法。

CHAPTER
14

第14章
管理 Android 系统桌面

本章要点

- Android 桌面的概念
- 改变壁纸的 API
- 动态壁纸的 API
- 开发动态壁纸
- 添加快捷方式的三种方式
- 向 Android 桌面添加快捷方式
- 桌面控件的概念
- 添加桌面控件
- 带数据集的桌面控件
- RemoteViewsService 和 RemoteViewsFactory

Android 系统提供了一个桌面——也就是用户启动后第一次看到的界面，如图 14.1 所示。从图 14.1 可以看出，桌面的作用类似于 PC 的桌面，桌面上通常用于放置一些常用的程序和功能。

在 Android 桌面上首先看到的壁纸，也就是桌面上的那张图片，接着可以看到桌面上规则排列的多个图标，这些图标就是 Android 桌面控件，分别代表快捷方式与桌面控件；每个快捷方式只占用桌面的一个摆放位置；桌面控件则可以很大，一个桌面控件就可以占据多个摆放位置。

Android 系统提供了很好的可扩展性，开发者完全可以在程序中管理 Android 桌面，包括改变系统壁纸、管理快捷方式与创建桌面控件等。

14.1 改变壁纸

图 14.1　Android 桌面

Android 允许使用 WallpaperManager 来改变壁纸，在该对象中改变壁纸的方法如下。

➢ setBitmap(Bitmap bitmap)：将壁纸设置为 bitmap 所代表的位图。
➢ setResource(int resid)：将壁纸设置为 resid 资源所代表的图片。
➢ setStream(InputStream data)：将壁纸设置为 data 数据所代表的图片。

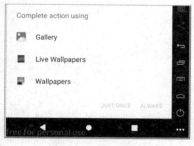

图 14.2　更改壁纸

这种改变壁纸的方式只是动态地设置不同的图片作为壁纸，因此这种方式非常简单，故此处不再详述。

除此之外，Android 系统还提供了一种动态壁纸的功能，例如用户在 Android 桌面上长按，然后选择"WALLPAPERS"项，系统将会显示如图 14.2 所示的更改壁纸的方式。

在 Android 屏幕下方会看到系统内置的壁纸，其中第二项"Live Wallpapers"就代表了动态壁纸，这里面包含了 Android 系统默认提供的几种动态壁纸。除此之外，开发者还可以开发任意的动态壁纸。

▶▶ 14.1.1　开发动态壁纸（Live Wallpapers）

所谓动态壁纸，就是指 Android 桌面不再是简单的图片，而是运行中的动画，这个动画是由程序实时绘制的，因此被称为动态壁纸。

为了开发动态壁纸，Android 提供了 WallpaperService 基类，动态壁纸的实现类需要继承该基类。在 Android 应用中开发动态壁纸的步骤如下。

① 开发一个子类继承 WallpaperService 基类。
② 继承 WallpaperService 基类时必须重写 onCreateEngine()方法，该方法返回 WallpaperService.Engine 子类对象。
③ 开发者需要实现 WallpaperService.Engine 子类，并重写其中的 onVisibilityChanged (boolean visible)、onOffsetsChanged()方法。不仅如此，由于 WallpaperService.Engine 子类采用了与 SurfaceView 相同的绘图机制，因此还可有选择性地重写 SurfaceHolder.Callback 中的三个方法。重写这些方法时可通过 SurfaceHolder 动态地绘制图形。

>> 14.1.2 实例：蜻蜓壁纸

本实例将通过一个不断变换的矩形在桌面上绘制动态壁纸。下面的 LiveWallpaper 类就代表了动态壁纸服务，程序代码如下。

程序清单：codes\14\14.1\LiveWallPaper\app\src\main\java\org\crazyit\desktop\LiveWallpaper.java

```java
public class LiveWallpaper extends WallpaperService
{
    // 记录用户触碰点的位图
    private Bitmap heart;
    // 实现 WallpaperService 必须实现的抽象方法
    @Override
    public WallpaperService.Engine onCreateEngine()
    {
        // 加载心形图片
        heart = BitmapFactory.decodeResource(getResources(), R.drawable.heart);
        // 返回自定义的 Engine
        return new MyEngine();
    }
    class MyEngine extends WallpaperService.Engine
    {
        // 记录程序界面是否可见
        private boolean mVisible;
        // 记录当前用户动作事件的发生位置
        private float mTouchX = -1f;
        private float mTouchY = -1f;
        // 记录当前需要绘制的矩形的数量
        private int count = 1;
        // 记录绘制第一个矩形所需坐标变换的X、Y坐标的偏移
        private float originX = 0f;
        private float originY = 100f;
        private float cubeHeight = 0f;
        private float cubeWidth = 0f;
        // 定义画笔
        private Paint mPaint = new Paint();
        // 定义一个 Handler
        private Handler mHandler = new Handler();
        // 用于记录屏幕大小
        private DisplayMetrics dis = new DisplayMetrics();
        // 定义一个周期性执行的任务
        private Runnable drawTarget = this::drawFrame;
        @Override
        public void onCreate(SurfaceHolder surfaceHolder)
        {
            super.onCreate(surfaceHolder);
            // 初始化画笔
            mPaint.setARGB(76, 0, 0, 255);
            mPaint.setAntiAlias(true);
            mPaint.setStyle(Paint.Style.FILL);
            // 根据屏幕宽度设置动态壁纸的起点位置的X坐标
            WindowManager wm = (WindowManager)
                getSystemService(Context.WINDOW_SERVICE);
            wm.getDefaultDisplay().getMetrics(dis);
            originX = dis.widthPixels / 3;
            originY = dis.heightPixels / 10;
            cubeHeight = dis.widthPixels / 4;
            cubeWidth = dis.widthPixels / 8;
            // 设置处理触摸事件
            setTouchEventsEnabled(true);
        }
        @Override
```

```java
public void onDestroy()
{
    super.onDestroy();
    // 删除回调
    mHandler.removeCallbacks(drawTarget);
}
@Override
public void onVisibilityChanged(boolean visible)
{
    mVisible = visible;
    // 当界面可见时，执行 drawFrame()方法
    if (visible)
    {
        // 动态绘制图形
        drawFrame();
    }
    else
    {
        // 如果界面不可见，则删除回调
        mHandler.removeCallbacks(drawTarget);
    }
}
@Override
public void onOffsetsChanged(float xOffset, float yOffset,
    float xStep, float yStep, int xPixels, int yPixels)
{
    drawFrame();
}
@Override
public void onTouchEvent(MotionEvent event)
{
    // 如果检测到滑动操作
    if (event.getAction() == MotionEvent.ACTION_MOVE)
    {
        mTouchX = event.getX();
        mTouchY = event.getY();
    }
    else
    {
        mTouchX = -1f;
        mTouchY = -1f;
    }
    super.onTouchEvent(event);
}
// 定义绘制图形的工具方法
private void drawFrame()
{
    // 获取该壁纸的 SurfaceHolder
    SurfaceHolder holder = getSurfaceHolder();
    Canvas c = null;
    try
    {
        // 对画布加锁
        c = holder.lockCanvas();
        if (c != null)
        {
            // 绘制背景色
            c.drawColor(-0x1);
            // 在触碰点绘制心形
            drawTouchPoint(c);
            // 设置画笔的透明度
            mPaint.setAlpha(76);
            c.translate(originX, originY);
```

```
            // 采用循环绘制 count 个矩形
            for (int i = 0; i < count; i++)  // ①
            {
                c.translate((cubeHeight * 2 / 3), 0f);
                c.scale(0.95f, 0.95f);
                c.rotate(20f);
                c.drawRect(0f, 0f, cubeHeight, cubeWidth, mPaint);
            }
        }
        finally
        {
            if (c != null) holder.unlockCanvasAndPost(c);
        }
        mHandler.removeCallbacks(drawTarget);
        // 调度下一次重绘
        if (mVisible)
        {
            count++;
            if (count > 50)
            {
                originX = new Random().nextInt(dis.heightPixels * 2 / 3);
                originY = new Random().nextInt(dis.heightPixels / 5);
                count = 1;
                try
                {
                    Thread.sleep(500);
                }
                catch (InterruptedException e)
                {
                    e.printStackTrace();
                }
            }
            // 指定 0.1 秒后重新执行 drawTarget 一次
            mHandler.postDelayed(drawTarget, 100);  // ②
        }
    }
    // 在屏幕触碰点绘制位图
    private void drawTouchPoint(Canvas c)
    {
        if (mTouchX >= 0 && mTouchY >= 0)
        {
            // 设置画笔的透明度
            mPaint.setAlpha(255);
            c.drawBitmap(heart, mTouchX, mTouchY, mPaint);
        }
    }
}
```

上面程序中的粗体字代码就是实现动态壁纸 Service 的关键代码。中间两段粗体字代码重写了 WallpaperService.Engine 的 onVisibilityChanged()、onOffsetsChanged()方法,并指定当桌面显示时调用 drawFrame()方法进行绘制,drawFrame()方法绘制完成后通过 Handler 对象指定 0.1 秒后重绘,如②号粗体字代码所示。

上面的程序为了实现"蜿蜒前行"的效果,使用循环控制绘制了 count 个矩形,每绘制一次,count 的值将会加 1;而且程序控制对 Canvas 进行位移、旋转两种坐标变换,通过这种方式即可实现"蜿蜒前行"的动画效果。

在定义了该 Service 类之后,接下来还需要在 AndroidManifest.xml 文件中配置该 Service。配置动态壁纸 Service 与配置普通 Service 存在小小的区别,它需要指定如下两项:

➢ 指定运行动态壁纸，需要 android.permission.BIND_WALLPAPER 权限。
➢ 为动态壁纸指定 meta-data 配置。

在 AndroidManifest.xml 文件中配置动态壁纸，也就是需要增加如下配置片段。

程序清单：codes\14\14.1\LiveWallPaper\app\src\main\AndroidManifest.xml

```xml
<!-- 配置动态壁纸 Service -->
<service android:label="@string/app_name"
    android:name=".LiveWallpaper"
    android:permission="android.permission.BIND_WALLPAPER">
    <!-- 为动态壁纸配置 intent-filter -->
    <intent-filter>
        <action android:name="android.service.wallpaper.WallpaperService" />
    </intent-filter>
    <!-- 为动态壁纸配置 meta-data -->
    <meta-data android:name="android.service.wallpaper"
        android:resource="@xml/livewallpaper" />
</service>
```

上面配置文件中的粗体字代码就是配置动态壁纸的关键代码。在上面的配置文件中指定了将动态壁纸的 meta-data 放在@xml/livewallpaper 中定义，因此程序还需要在 res\xml\目录下增加一个 livewallpaper.xml 文件，该文件内容如下。

程序清单：codes\14\14.1\LiveWallPaper\app\src\main\res\xml\livewallpaper.xml

```xml
<?xml version="1.0" encoding="utf-8"?>
<wallpaper xmlns:android="http://schemas.android.com/apk/res/android"/>
```

把上面的程序部署到模拟器上，该程序不能直接运行，需要按前面介绍的步骤来设置动态壁纸。用户也可通过前面介绍的方式来改变动态壁纸，在图 14.2 所示的界面中选择"Live Wallpapers"项，即可看到如图 14.3 所示的列表项。

单击"蜿蜒壁纸"项，系统进入预览该动态壁纸的界面，如图 14.4 所示。

在图 14.4 所示的界面中可以看到"蜿蜒前行"的动画不停地执行，单击"SET WALLPAPER"按钮，即可应用我们刚刚所开发的动态壁纸程序。再次切换到 Android 系统桌面，将可看到桌面上显示如图 14.5 所示的效果。

图 14.3　选择动态壁纸

图 14.4　预览动态壁纸

图 14..5　动态壁纸效果

虽然上面的程序介绍的动态壁纸只是在桌面上绘制蜿蜒前行的矩形，但是这种动态壁纸可以提供开发者在桌面上自由绘图的能力，因此到底要在系统桌面上绘制什么，完全取决于用户自己的选择。

14.2　快捷方式

最新的 Android 允许为应用添加快捷方式：当用户长按应用图标时，系统会显示该应用的某几个功能的快速链接，用户可通过快捷方式迅速打开应用的某个功能。

此外，Android 8 还提供了 Pinned 快捷方式代替原有的桌面快捷方式，Android 8 为管理快捷方式统一提供了 ShortcutManager 管理类。

归纳起来，Android 提供了如下方式来添加快捷方式。

> 静态方式：只需要通过 AndroidManifest.xml 文件配置即可添加快捷方式。
> 动态方式：通过 ShortcutManager 可为应用动态添加、删除、更新快捷方式。
> 桌面快捷方式：也需要通过 ShortcutManager 进行动态添加。

下面详细介绍这几种方式。

▶▶ 14.2.1 静态快捷方式

为了使用静态方式配置快捷方式，开发者只需要进行两步操作。

① 在主 Activity（action 是 android.intent.action.MAIN 且 category 是 android.intent.category.LAUNCHER 的 Activity）中添加 name 为 android.app.shortcuts 的<meta-data.../>元素，该元素指定静态快捷方式的配置文件。

② 为静态快捷方式添加配置文件。

下面程序示范了通过静态方式来添加快捷方式。

首先按第 1 步在 AndroidManifest.xml 文件中添加 name 为 android.app.shortcuts 的<meta-data.../>元素，该元素用于指定快捷方式的配置文件。下面是 AndroidManifest.xml 文件的配置片段。

```xml
<activity android:name=".MainActivity">
    <intent-filter>
        <action android:name="android.intent.action.MAIN" />
        <category android:name="android.intent.category.LAUNCHER" />
    </intent-filter>
    <!-- 指定快捷方式的资源文件 -->
    <meta-data android:name="android.app.shortcuts"
        android:resource="@xml/fk_shortcuts" />
</activity>
<!-- 额外配置一个 Activity -->
<activity android:name=".StaticActivity"/>
```

上面配置片段中的粗体字代码配置了一个<meta-data.../>元素，其 name 为 android.app.shortcuts，表明该元素用于指定快捷方式的配置文件。此处指定其配置文件是 /res/xml/ 目录下的 fk_shortcuts.xml。

下面在 /res/xml 目录下添加如下配置文件。

程序清单：codes\14\14.2\AddShortcut\static\src\main\res\xml\fk_shortcuts.xml

```xml
<?xml version="1.0" encoding="utf-8"?>
<shortcuts xmlns:android="http://schemas.android.com/apk/res/android">
    <shortcut
        android:enabled="true"
        android:icon="@drawable/fklogo"
        android:shortcutDisabledMessage="@string/disable_message"
        android:shortcutId="fk_shortcut"
        android:shortcutLongLabel="@string/long_label"
        android:shortcutShortLabel="@string/short_label">
        <intent
            android:action="android.intent.action.VIEW"
            android:targetClass="org.crazyit.desktop.StaticActivity"
            android:targetPackage="org.crazyit.desktop" />
        <!-- 目前 categories 只能指定 android.shortcut.conversation -->
        <categories android:name="android.shortcut.conversation" />
    </shortcut>
    <!-- 下面可根据需要列出多个 shortcut 元素 -->
</shortcuts>
```

从上面的配置文件可以看出，快捷方式配置文件的根元素是<shortcuts.../>，在该元素下可包含 N 个<shortcut.../>子元素，每个<shortcut.../>子元素都配置一个快捷项。

<shortcut.../>子元素支持指定如下属性。
- enabled：设置该快捷项是否可用。
- icon：设置该快捷项的图标。
- shortcutDisabledMessage：设置禁用该快捷项时所显示的文本。
- shortcutId：设置该快捷项的 ID。
- shortcutLongLabel：设置该快捷项的长标题。
- shortcutShortLabel：设置该快捷项的短标题。

<shortcut.../>对应的快捷项所启动的 Activity 则通过<intent.../>子元素指定，该<intent.../>子元素就是配置一个 Intent 对象，因此该子元素支持的属性与 Intent 对象支持的属性大致相似。需要指出的是，Android 要求必须为<intent.../>元素指定 action 属性——即使像上面代码使用显式 Intent，已经明确指定了要启动 StaticActivity。

编译、运行该应用，在 Android 程序列表中长按该应用图标，将可以看到如图 14.6 所示的快捷方式。

如果用户直接单击 StaticShort 应用图标，系统将运行该应用默认加载的主 Activity（action 是 android.intent.action.MAIN 且 category 是 android.intent.category.LAUNCHER 的 Activity）；如果用户单击图 14.6 所示的快捷方式，系统将会加载该快捷方式的 Intent 所对应的 Activity——此处将会运行 StaticActivity。

图 14.6　静态快捷方式

由此可见，Android 的快捷方式确实是一种非常"酷"的功能，用户可通过快捷方式直接进入应用的某个特定功能的 Activity（用户最关心、最感兴趣的部分）中，甚至可通过该应用的快捷方式进入其他应用中——只要为快捷方式配置对应的 Intent 即可。

> **提示：**
> 有些应用可能希望另外在功能上存在一定关联的应用，比如开发一个社交软件，用户可能想通过该社交软件的快捷项来启动联系人应用，此时即可通过该快捷方式来实现。

▶▶ 14.2.2　动态快捷方式

动态快捷方式与静态快捷方式的本质是一样的，只不过这种方式允许开发者通过编程 API 来动态添加、删除、修改快捷方式。

Android 为动态操作快捷方式提供了 ShortcutManager 管理类，使用该 API 管理快捷方式的方法如下。

- 添加快捷方式：使用 setDynamicShortcuts()或 addDynamicShortcuts()方法来添加快捷方式。
- 更新快捷方式：使用 updateShortcuts()方法来更新快捷方式。
- 删除快捷方式：使用 emoveDynamicShortcuts()方法删除指定的快捷方式，或者使用 removeAllDynamicShortcuts()方法删除所有的快捷方式。

下面的程序将会使用代码为应用添加多个快捷方式和删除所有的快捷方式。该应用界面上定义了两个按钮，其中一个按钮用于添加多个快捷方式；另一个按钮用于删除所有的快捷方式。由于该应用的界面比较简单，故此处不再给出界面布局文件。

下面是该应用的 Activity 代码。

程序清单：codes\14\14.2\AddShortcut\dynaic\src\main\java\org\crazyit\desktop\MainActivity.java

```java
public class MainActivity extends Activity
{
    public static final String ID_PREFIX = "FK";
    @Override
    protected void onCreate(Bundle savedInstanceState)
    {
        super.onCreate(savedInstanceState);
        setContentView(R.layout.activity_main);
        Button addBn = findViewById(R.id.add);
        Button deleteBn = findViewById(R.id.delete);
        // 获取快捷方式管理器：ShortcutManager
        ShortcutManager shortcutManager = getSystemService(ShortcutManager.class);
        // 为按钮的单击事件添加监听器
        addBn.setOnClickListener(view -> {
            // 获取所有动态添加的快捷方式
            List<ShortcutInfo> infList = shortcutManager.getDynamicShortcuts();
            // 如果还没有添加动态的快捷方式
            if (infList == null || infList.isEmpty())
            {
                List<ShortcutInfo> addList = new ArrayList<>();
                // 采用循环添加 4 个动态快捷方式
                for (int i = 1; i < 5; i++)
                {
                    // 为快捷方式创建 Intent
                    Intent intent = new Intent(MainActivity.this, DynamicActivity.class);
                    // 必须设置 action 属性
                    intent.setAction(Intent.ACTION_VIEW);
                    intent.putExtra("msg", "第" + i + "条消息");
                    ShortcutInfo shortcut = new ShortcutInfo.Builder(this, ID_PREFIX + i)
                        .setShortLabel("快捷方式" + i)
                        .setLongLabel("详细描述" + i)
                        .setIcon(Icon.createWithResource(this, R.mipmap.ic_launcher))
                        .setIntent(intent).build();
                    addList.add(shortcut);
                }
                // 添加多个快捷方式
                shortcutManager.addDynamicShortcuts(addList);
                Toast.makeText(this, "快捷方式添加成功",
                    Toast.LENGTH_SHORT).show();
            }
            else
            {
                Toast.makeText(this, "快捷方式已经存在",
                    Toast.LENGTH_SHORT).show();
            }
        });
        // 为按钮的单击事件添加监听器
        deleteBn.setOnClickListener(view -> {
            // 获取所有动态添加的快捷方式
            List<ShortcutInfo> infList = shortcutManager.getDynamicShortcuts();
            // 如果还没有添加动态的快捷方式
            if (infList == null || infList.isEmpty())
            {
                Toast.makeText(this, "还没有添加快捷方式",
                    Toast.LENGTH_SHORT).show();
            }
            else
            {
                // 删除所有的快捷方式
                shortcutManager.removeAllDynamicShortcuts();
```

```
            Toast.makeText(this, "删除快捷方式成功",
                Toast.LENGTH_SHORT).show();
        }
    });
}
```

上面程序中 addBn 按钮的事件处理代码中的粗体字代码采用循环为该应用添加了 4 个快捷方式。从上面代码可以看出，使用代码添加快捷方式时，程序使用 ShortcutInfo 代表快捷项，程序同样需要为该快捷项设置 ID、图标、长标题、短标题，而且同样需要为 ShortcutInfo 设置 Intent。

通过静态方式添加快捷方式和通过动态方式添加快捷方式的本质是一样的，其区别只是提供信息的载体不同：静态方式通过 XML 配置文件指定快捷项的信息；而动态方式则通过 Java 或 Kotlin 代码指定快捷项的信息。

运行该应用，然后单击程序界面上的"添加快捷方式"按钮，程序会提示"快捷方式添加成功"。在 Android 程序列表中长按该应用图标，将可以看到如图 14.7 所示的快捷方式。

由于上面程序使用循环方式动态添加了 4 个快捷项，因此可以看到如图 14.7 所示的 4 个快捷项。用户单击不同的快捷项其实都会启动 DynamicActivity，这是由于前面在定义 4 个快捷项的 Intent 时指定了相同的 Activity 类名。在实际应用中，通常不同的快捷项会启动不同的 Activity。

图 14.7　动态添加的快捷方式

▶▶ 14.2.3 桌面快捷方式（Pinned Shortcut）

对于一个希望拥有更多用户的应用来说，用户桌面可以说是所有软件的必争之地，如果用户在桌面上建立了该软件的快捷方式，用户将会更频繁地使用该软件。因此，所有的 Android 程序都应该允许用户把软件的快捷方式添加到桌面上。

在程序中把一个软件的快捷方式添加到桌面上，只需要如下三步。

① 使用 ShortcutManager 的 isRequestPinShortcutSupported() 方法判断当前 Android 版本是否支持 Pinned 快捷方式（Android 8 才支持）。

② 为 Pinned 快捷方式创建 ShortcutInfo，该对象同样需要包含 ID、图标、长标题、短标题、Intent 等。这一步可分为两种情况。

> 如果要创建的 ShortcutInfo 在该应用的快捷项列表中已经存在（根据 ID 判断），系统将可直接使用已有 ShortcutInfo 对象的 ID、图标、长标题、短标题、Intent 信息。
> 如果要创建的 ShortcutInfo 在该应用的快捷项列表中不存在，则系统必须为 ShortcutInfo 对象设置 ID、图标、长标题、短标题、Intent 信息。

③ 使用 ShortcutManager 的 requestPinShortcut() 方法请求添加 Pinned 快捷方式。

下面实例示范了为应用添加 Pinned 快捷方式，将应用程序图标添加到用户桌面上。

实例：让程序占领桌面

该应用界面上只提供了一个按钮，用户单击该按钮即可在桌面上建立该程序的快捷方式。程序代码如下。

程序清单：codes\14\14.2\AddShortcut\pinned\src\main\java\org\crazyit\desktop\MainActivity.java
```
public class MainActivity extends Activity
{
```

```java
@Override
protected void onCreate(Bundle savedInstanceState)
{
    super.onCreate(savedInstanceState);
    setContentView(R.layout.activity_main);
    Button addBn = findViewById(R.id.add);
    ShortcutManager shortcutManager = getSystemService(ShortcutManager.class);
    addBn.setOnClickListener(view -> {
        if (shortcutManager.isRequestPinShortcutSupported())
        {
            // 设置该快捷方式启动的 Intent
            Intent myIntent = new Intent(MainActivity.this, MainActivity.class);
            myIntent.setAction("android.intent.action.VIEW");
            // 如果 ID 为 my-shortcut 的快捷方式已经存在，则可省略设置 Intent、Icon 等属性
            ShortcutInfo pinShortcutInfo = new ShortcutInfo.Builder(
                MainActivity.this, "my-shortcut")
                .setShortLabel("Pinned 快捷")
                .setIcon(Icon.createWithResource(this, R.mipmap.ic_launcher))
                .setIntent(myIntent).build();   // ①
            // 请求添加 Pinned 快捷方式
            shortcutManager.requestPinShortcut(pinShortcutInfo, null);   // ②
        }
    });
}
```

上面程序中的①号粗体字代码先创建了一个 ShortcutInfo 对象，该对象封装了 Pinned 快捷方式的信息；接下来②号粗体字代码用于请求添加 Pinned 快捷方式。

上面程序中的②号粗体字代码调用 requestPinShortcut() 方法时第二个参数为 null。如果有需要，第二个参数可传入一个 IntentSender 对象，代表当 Pinned 快捷方式创建成功后的回调。

运行该应用，单击该界面上的"添加快捷方式"按钮，系统显示如图 14.8 所示的界面。

从运行效果可以看出，用户可以通过按住该图标将该快捷方式添加到桌面的指定位置，也可以通过单击"CANCEL"按钮取消添加快捷方式，还可以通过单击"ADD AUTOMATICALLY"按钮完成自动添加。添加完成后，即可在桌面上看到该快捷方式。

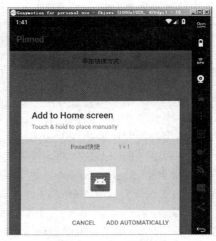

图 14.8 添加快捷方式

14.3 管理桌面控件

所谓桌面控件，就是指能直接显示在 Android 系统桌面上的小程序，比如在图 14.1 中所看到的直接显示在桌面上的模拟时钟。一般来说，开发者可以把一些用户使用十分频繁的程序，比如时钟、指南针、日历等程序做成桌面控件，这样用户就可以直接在桌面上看到程序的运行界面了。

▶▶ 14.3.1 开发桌面控件

桌面控件是通过 BroadcastReceiver 的形式来进行控制的，因此每个桌面控件都对应于一个 BroadcastReceiver。为了简化桌面控件的开发，Android 系统提供了一个 AppWidgetProvider 类，它就是 BroadcastReceiver 的子类。也就是说，开发者开发桌面控件只要继承 AppWidgetProvider 类即可。

为了开发桌面控件，开发者只要开发一个继承 AppWidgetProvider 的子类，并重写 AppWidgetProvider 不同状态的生命周期方法即可。AppWidgetProvider 里提供了如下 4 个不同的生命周期方法。

- onUpdate()：负责更新桌面控件的方法；实现桌面控件通常会考虑重写该方法。
- onDeleted()：当一个或多个桌面控件被删除时回调该方法。
- onEnabled()：当接收到 ACTION_APPWIDGET_ENABLED Broadcast 时回调该方法。
- onDisabled()：当接收到 ACTION_APPWIDGET_DISABLED Broadcast 时回调该方法。

一般来说，开发桌面控件只需要定义一个 AppWidgetProvider 的子类，并重写它的 onUpdate() 方法即可。重写该方法按如下步骤进行。

① 创建一个 RemoteViews 对象，创建该对象时可以指定加载指定的界面布局文件。
② 如果需要改变上一步所加载的界面布局文件的内容，则可通过 RemoteViews 对象进行修改。

> **提示：**
> 一般来说，RemoteViews 所加载的界面中主要包含 ImageView 和 TextView 两种组件，RemoteViews 提供了修改这两种组件的内容的方法。

③ 创建一个 ComponentName 对象。
④ 调用 AppWidgetManager 更新桌面控件。

将上面 4 个步骤归纳起来，其核心代码就是使用 AppWidgetManager 通过 RemteViews 来更新 AppWidgetProvider 的子类实例（需将它包装成 ComponentName 对象）。

下面的示例程序中的桌面控件十分简单，该控件中只是包含了一张简单的图片，此处不再给出界面布局文件。添加桌面控件的代码如下。

程序清单：codes\14\14.3\Desktop\simple\src\main\java\org\crazyit\desktop\DesktopApp.java

```java
public class DesktopApp extends AppWidgetProvider
{
    @Override
    public void onUpdate(Context context,
        AppWidgetManager appWidgetManager, int[] appWidgetIds)
    {
        // 加载指定界面布局文件，创建 RemoteViews 对象
        RemoteViews remoteViews = new RemoteViews(context.getPackageName(),
            R.layout.my_widget);   // ①
        // 为 show ImageView 设置图片
        remoteViews.setImageViewResource(R.id.show, R.drawable.logo);   // ②
        // 将 AppWidgetProvider 的子类实例包装成 ComponentName 对象
        ComponentName componentName = new ComponentName(context,
            DesktopApp.class);   // ③
        // 调用 AppWidgetManager 将 remoteViews 添加到 ComponentName 中
        appWidgetManager.updateAppWidget(componentName, remoteViews);   // ④
    }
}
```

在上面的程序中重写了 AppWidgetProvider 的 onUpdate() 方法，程序中①、②、③、④号粗体字代码正好对应于上面所介绍的 4 个步骤。

由于 AppWidgetProvider 继承了 BroadcastReceiver，因此 AppWidgetProvider 的本质还是一个 BroadcastReceiver，为此需要在 AndroidManifest.xml 文件中使用<receiver.../>元素来配置它，配置该元素时需要为它指定相应的<intent-filter.../>和<meta-data.../>。

为了在系统中添加该桌面控件，还需要在 AndroidManifest.xml 文件中添加如下配置片段：

```xml
<receiver android:name="DesktopApp"
    android:label="@string/app_name">
```

```xml
    <!-- 将该BroadcastReceiver当成桌面控件 -->
    <intent-filter>
        <action android:name="android.appwidget.action.APPWIDGET_UPDATE" />
    </intent-filter>
    <!-- 指定桌面控件的meta-data -->
    <meta-data android:name="android.appwidget.provider"
        android:resource="@xml/appwidget_provider"/>
</receiver>
```

上面配置文件中的粗体字代码指定该桌面控件使用@xml/appwidget_provider 作为 meta-data，因此还需要在应用的/res/xml 目录下添加 appwidget_provider.xml 文件。该文件的内容如下。

程序清单：codes\14\14.3\DesktopApp\simple\src\main\res\xml\appwidget_provider.xml

```xml
<?xml version="1.0" encoding="utf-8"?>
<!-- 指定该桌面控件的基本配置信息：
    minWidth: 桌面控件的最小宽度
    minWidth: 桌面控件的最小高度
    updatePeriodMillis: 更新频率
    initialLayout: 初始时显示的布局 -->
<appwidget-provider xmlns:android="http://schemas.android.com/apk/res/android"
    android:initialLayout="@layout/my_widget"
    android:minHeight="70dip"
    android:minWidth="150dip"
    android:updatePeriodMillis="1000" />
```

在上面的 XML 配置文件中使用了<appwidget-provider.../>元素来描述桌面控件的基本信息，其中的注释已经详细说明了各属性的作用。

把该应用安装到 Android 系统上，然后在 Android 桌面上长按，选择"WIDGETS"项，系统将会显示如图 14.9 所示的添加桌面控件的界面。

正如图 14.9 所示，刚才开发的桌面控件已经显示出来了，长按该列表项就会把该小控件添加到桌面上。再次返回桌面，将会看到如图 14.10 所示的桌面控件。

图 14.9　添加桌面控件

图 14.10　桌面控件

从图 14.10 可以看出，通过使用桌面控件，开发者可以把应用程序的运行界面直接放到桌面上，至于如何控制程序界面上显示的内容，完全取决于项目的业务需求。下面以开发一个液晶时钟为例，来介绍桌面控件的用法。

实例：液晶时钟

为了实现一个液晶时钟的桌面控件，开发者需要在程序界面上定义 8 个 ImageView，其中 6 个 ImageView 用于显示小时、分钟、秒钟的数字，另外两个 ImageView 用于显示小时、分钟、秒钟之间的冒号。

为了让桌面控件实时显示当前时间，程序需要每隔 1 秒更新一次程序界面上的 6 个 ImageView，让它们显示当前小时、分钟、秒钟的数字即可。

液晶时钟的代码如下。

程序清单：codes\14\14.3\Desktop\ledclock\src\main\java\org\crazyit\desktop\LedClock.java

```java
public class LedClock extends AppWidgetProvider
{
    private Timer timer = new Timer();
    private AppWidgetManager appWidgetManager;
    private Context context;
    // 将0~9的液晶数字图片定义成数组
    private int[] digits = new int[]{R.drawable.su01, R.drawable.su02,
        R.drawable.su03, R.drawable.su04, R.drawable.su05,
        R.drawable.su06, R.drawable.su07, R.drawable.su08,
        R.drawable.su09, R.drawable.su10};
    // 将显示小时、分钟、秒钟的ImageView定义成数组
    private int[] digitViews = new int[]{R.id.img01, R.id.img02, R.id.img04,
        R.id.img05, R.id.img07, R.id.img08};
    static class MyHandler extends Handler
    {
        private WeakReference<LedClock> ledClock;
        public MyHandler(WeakReference<LedClock> ledClock)
        {
            this.ledClock = ledClock;
        }
        @Override
        public void handleMessage(Message msg)
        {
            if (msg.what == 0x123)
            {
                RemoteViews views = new RemoteViews(ledClock.get().context
                    .getPackageName(), R.layout.clock);
                // 定义SimpleDateFormat对象
                SimpleDateFormat df = new SimpleDateFormat("HHmmss");
                // 将当前时间格式化成HHmmss的形式
                String timeStr = df.format(new Date());
                for (int i = 0; i < timeStr.length(); i++)
                {
                    // 将第i个数字字符转换为对应的数字
                    int num = timeStr.charAt(i) - 48;
                    // 将第i个图片设为对应的液晶数字图片
                    views.setImageViewResource(ledClock.get().digitViews[i],
                        ledClock.get().digits[num]);
                }
                // 将AppWidgetProvider子类实例包装成ComponentName对象
                ComponentName componentName = new ComponentName(ledClock
                    .get().context, LedClock.class);
                // 调用AppWidgetManager将remoteViews添加到ComponentName中
                ledClock.get().appWidgetManager.updateAppWidget(
                    componentName, views);
            }
            super.handleMessage(msg);
        }
    }
    private Handler handler = new MyHandler(new WeakReference<>(this));
    @Override
    public void onUpdate(Context context,
        AppWidgetManager appWidgetManager, int[] appWidgetIds)
    {
        System.out.println("--onUpdate--");
        this.appWidgetManager = appWidgetManager;
        this.context = context;
        // 定义计时器
        timer = new Timer();
        // 启动周期性调度
```

```
        timer.schedule(new TimerTask()
        {
            @Override
            public void run()
            {
                // 发送空消息，通知界面更新
                handler.sendEmptyMessage(0x123);
            }
        },0, 1000);
    }
}
```

上面程序中的粗体字代码将会根据程序的时间字符串动态更新 6 个 ImageView 所显示的液晶数字图片，这样即可通过液晶数字来显示当前时间了。

在 AndroidManifest.xml 文件中添加如下代码片段来定义该桌面控件。

```
<receiver android:name=".LedClock"
    android:label="@string/app_name">
    <!-- 将该BroadcastReceiver当成桌面控件 -->
    <intent-filter>
        <action android:name="android.appwidget.action.APPWIDGET_UPDATE" />
    </intent-filter>
    <!-- 指定桌面控件的meta-data -->
    <meta-data android:name="android.appwidget.provider"
        android:resource="@xml/my_clock"/>
</receiver>
```

上面配置文件中的粗体字代码指定了该液晶时钟的 meta-data 为@xml/my_clock，还需要在/res/xml 路径下增加一个 my_clock.xml 文件，该文件的内容与前一个桌面控件的 meta-data 文件大致相同，此处不再给出。

通过 Android 系统把该液晶时钟小控件添加到桌面上，将可以看到 Android 桌面显示如图 14.11 所示的液晶时钟。

图 14.11　液晶时钟控件

正如图 14.11 中的液晶时钟所示，这种桌面控件显示了程序的运行状态，它的运行界面可以是动态改变的。因此还可以通过桌面控件把股票走势图之类添加到桌面上，让用户可以一眼看到。总之，这种桌面控件给了开发者更多的想象空间。

▶▶ 14.3.2　显示带数据集的桌面控件

Android 为 RemoteViews 提供了如下方法。

- setRemoteAdapter(int viewId, Intent intent)：该方法可以使用 Intent 更新 RemoteViews 中 viewId 对应的组件。

上面方法的 Intent 参数应该封装一个 RemoteViewsService 参数，该参数虽然继承了 Service 组件，但它的主要作用是为 RemoteViews 中 viewId 对应的组件提供列表项。

由于 Intent 参数负责提供列表项，因此 viewId 参数对应的组件可以是 ListView、GridView、StackView 和 AdapterViewFlipper 等，这些组件都是 AdapterView 的子类，由此可见，RemoteViewsService 负责提供的对象，应该是一个类似于 Adapter 的对象。

RemoteViewsService 通常用于被继承，继承该基类时需要重写它的 onGetViewFactory()方法，该方法需要返回一个类似于 Adapter 的对象——但不是 Adapter，而是 RemoteViewsFactory 对象，RemoteViewsFactory 的功能完全类似于 Adapter。

下面是本示例提供的 RemoteViewsService 类。

程序清单：codes\14\14.3\Desktop\datacollection\src\main\java\org\crazyit\
desktop\StackWidgetService.java

```java
public class StackWidgetService extends RemoteViewsService
{
    // 重写该方法，该方法返回一个 RemoteViewsFactory 对象
    // RemoteViewsFactory 对象的作用类似于 Adapter
    // 它负责为 RemoteView 中的指定组件提供多个列表项
    @Override
    public RemoteViewsService.RemoteViewsFactory onGetViewFactory(Intent intent)
    {
        return new StackRemoteViewsFactory(this.getApplicationContext(), intent);  // ①
    }
    class StackRemoteViewsFactory implements RemoteViewsService.RemoteViewsFactory
    {
        private Context mContext;
        private Intent intent;
        StackRemoteViewsFactory(Context mContext, Intent intent)
        {
            this.mContext = mContext;
            this.intent = intent;
        }
        // 定义一个数组来保存该组件生成的多个列表项
        private int[] items;
        @Override
        public void onCreate()
        {
            // 初始化 items 数组
            items = new int[]{R.drawable.bomb5, R.drawable.bomb6,
                R.drawable.bomb7, R.drawable.bomb8, R.drawable.bomb9,
                R.drawable.bomb10, R.drawable.bomb11, R.drawable.bomb12,
                R.drawable.bomb13, R.drawable.bomb14, R.drawable.bomb15,
                R.drawable.bomb16};
        }
        @Override
        public void onDestroy()
        {
            items = null;
        }
        // 该方法的返回值控制该对象包含多少个列表项
        @Override
        public int getCount()
        {
            return items.length;
        }
        // 该方法的返回值控制各位置所显示的 RemoteViews
        @Override
        public RemoteViews getViewAt(int position)
        {
            // 创建 RemoteViews 对象，加载/res/layout 目录下的 widget_item.xml 文件
            RemoteViews rv = new RemoteViews(mContext.getPackageName()
                , R.layout.widget_item);
            // 更新 widget_item.xml 布局文件中的 widget_item 组件
            rv.setImageViewResource(R.id.widget_item, items[position]);
            // 创建 Intent，用于传递数据
            Intent fillInIntent = new Intent();
            fillInIntent.putExtra(StackWidgetProvider.EXTRA_ITEM, position);
            // 设置当单击该 RemoteViews 时传递 fillInIntent 包含的数据
            rv.setOnClickFillInIntent(R.id.widget_item, fillInIntent);
            // 此处让线程暂停 0.2 秒来模拟加载该组件
            System.out.println("加载【" + position + "】位置的组件");
            try
            {
```

```java
            Thread.sleep(200);
        }
        catch (InterruptedException e)
        {
            e.printStackTrace();
        }
        return rv;
    }
    @Override
    public RemoteViews getLoadingView()
    {
        return null;
    }
    @Override
    public int getViewTypeCount()
    {
        return 1;
    }
    @Override
    public long getItemId(int position)
    {
        return position;
    }
    @Override
    public boolean hasStableIds()
    {
        return true;
    }
    @Override
    public void onDataSetChanged()
    {}
}
```

上面程序中的①号粗体字代码返回了一个 StackRemoteViewsFactory 对象，该对象的作用类似于 Adapter 对象，就是负责返回多个列表项。与普通 Adapter 不同的是，Adapter 返回的多个列表项只要是 View 组件即可；但 StackRemoteViewsFactory 对象返回的列表项必须是 RemoteViews 组件，因此上面程序中的粗体字代码重写 getViewAt(int position)方法时需要创建并返回一个 RemoteViews 对象。

上面程序加载的布局文件是位于/res/layout/目录下的 widget_item.xml，该文件只包含一个简单的 ImageView 组件。该布局文件代码如下。

程序清单：codes\14\14.3\Desktop\datacollection\src\main\res\layout\widget_item.xml

```xml
<?xml version="1.0" encoding="utf-8"?>
<ImageView xmlns:android="http://schemas.android.com/apk/res/android"
    android:id="@+id/widget_item"
    android:layout_width="120dp"
    android:layout_height="120dp"
    android:gravity="center" />
```

提供了 StackWidgetService 之后，接下来开发 AppWidgetProvider 子类与开发普通 AppWidgetProvider 子类的步骤基本相同，只是此时不再调用 RemoteViews 的 setImageViewResource()或 setTextViewText()，而是调用 setRemoteAdapter(int viewId, Intent intent)方法。

下面是本示例中 AppWidgetProvider 子类的代码。

程序清单：codes\14\14.3\Desktop\datacollection\app\src\main\java\org\crazyit
\desktop\StackWidgetProvider.java

```java
public class StackWidgetProvider extends AppWidgetProvider
{
```

```java
    public static final String TOAST_ACTION = "org.crazyit.desktop.TOAST_ACTION";
    public static final String EXTRA_ITEM = "org.crazyit.desktop.EXTRA_ITEM";
    @Override
    public void onUpdate(Context context,
        AppWidgetManager appWidgetManager, int[] appWidgetIds)
    {
        // 创建 RemoteViews 对象,加载/res/layout 目录下的 widget_layout.xml 文件
        RemoteViews rv = new RemoteViews(context.getPackageName()
            , R.layout.widget_layout);
        Intent intent = new Intent(context, StackWidgetService.class);
        // 使用 intent 更新 rv 中的 stack_view 组件 (StackView)
        rv.setRemoteAdapter(R.id.stack_view, intent);  // ①
        // 设置当 StackWidgetService 提供的列表项为空时,直接显示 empty_view 组件
        rv.setEmptyView(R.id.stack_view, R.id.empty_view);
        // 创建启动 StackWidgetProvider 组件(作为 BroadcastReceiver)的 Intent
        Intent toastIntent = new Intent(context, StackWidgetProvider.class);
        // 为该 Intent 设置 Action 属性
        toastIntent.setAction(StackWidgetProvider.TOAST_ACTION);
        // 将 Intent 包装成 PendingIntent
        PendingIntent toastPendingIntent = PendingIntent.getBroadcast(context,
            0, toastIntent, PendingIntent.FLAG_UPDATE_CURRENT);
        // 将 PendingIntent 与 stack_view 进行关联
        rv.setPendingIntentTemplate(R.id.stack_view, toastPendingIntent);
        // 使用 AppWidgetManager 通过 RemoteViews 更新 AppWidgetProvider
        appWidgetManager.updateAppWidget(new ComponentName(context,
            StackWidgetProvider.class), rv);  // ②
        super.onUpdate(context, appWidgetManager, appWidgetIds);
    }
    // 重写该方法,将该组件当成 BroadcastReceiver 使用
    @Override
    public void onReceive(Context context, Intent intent)
    {
        if (TOAST_ACTION.equals(intent.getAction()))
        {
            // 获取 Intent 中的数据
            int viewIndex = intent.getIntExtra(EXTRA_ITEM, 0);
            // 显示 Toast 提示
            Toast.makeText(context, "点击第" + viewIndex + "个列表项",
                Toast.LENGTH_SHORT).show();
        }
        super.onReceive(context, intent);
    }
}
```

上面的①号粗体字代码调用 RemoteViews 的 setRemoteAdapter()方法进行设置,该方法负责为 RemoteViews 中的 StackView 设置 RemoteViewsFactory 对象——该 RemoteViewsFactory 对象负责提供多个列表项。接下来②号粗体字代码调用 AppWidgetManager 的 updateAppWidget()进行更新,这行代码与开发普通的 AppWidgetProvider 基本相同。

由于这种带数据集的桌面控件同时需要 AppWidgetProvider 和 RemoteViewsService,因此在 AndroidManifest.xml 文件中需要同时配置<receiver.../>元素和<service.../>元素。本示例的配置片段如下。

程序清单:codes\14\14.3\Desktop\datacollection\app\src\main\AndroidManifest.xml

```xml
<application
    android:allowBackup="true"
    android:icon="@mipmap/ic_launcher"
    android:label="@string/app_name"
    android:roundIcon="@mipmap/ic_launcher_round"
    android:supportsRtl="true"
```

```xml
    android:theme="@style/AppTheme">
    <!-- 配置 AppWidgetProvider，即配置桌面控件 -->
    <receiver android:name=".StackWidgetProvider">
        <!-- 通过该 intent-filter 指定该 Receiver 作为桌面控件 -->
        <intent-filter>
            <action android:name="android.appwidget.action.APPWIDGET_UPDATE" />
        </intent-filter>
        <!-- 为桌面控件指定 meta-data -->
        <meta-data
            android:name="android.appwidget.provider"
            android:resource="@xml/stackwidgetinfo" />
    </receiver>
    <!-- 配置 RemoteViewsService
    必须指定权限为 android.permission.BIND_REMOTEVIEWS
    -->
    <service
        android:name=".StackWidgetService"
        android:exported="false"
        android:permission="android.permission.BIND_REMOTEVIEWS" />
</application>
```

该示例同样需要在 /res/xml 目录下添加一个 stackwidgetinfo.xml 元数据配置文件，该文件与前面开发普通 AppWidgetProvider 时的文件基本相似，此处不再给出。

将该应用部署到模拟器上，并将该桌面控件添加到桌面上，将可以看到如图 14.12 所示的桌面控件。

图 14.12　带数据集的桌面控件

 14.4　本章小结

Android 系统的桌面是用户每天接触最多的界面，如果用户把我们开发的应用添加到系统桌面上，则可以大大增加该应用对用户的影响力。本章主要介绍了如何管理 Android 系统桌面，包括开发动态壁纸、管理桌面上的快捷方式、管理桌面控件、显示带数据集的桌面控件等，这些内容是读者需要重点掌握的。

CHAPTER 15

第 15 章
传感器应用开发

本章要点

- 手机传感器的概念和作用
- 定义监听器监听传感器的数据
- 加速度传感器
- 方向传感器
- 陀螺仪传感器
- 磁场传感器
- 重力传感器
- 线性加速度传感器
- 温度传感器
- 光传感器
- 湿度传感器
- 压力传感器
- 心率传感器
- 离身检查传感器
- 使用方向传感器开发指南针
- 使用方向传感器开发水平仪

Android 系统提供了对传感器的支持，如果手机设备的硬件提供了这些传感器，Android 应用可以通过传感器来获取设备的外界条件，包括手机设备的运行状态、当前摆放方向、外界的磁场、温度和压力等。Android 系统提供了驱动程序去管理这些传感器硬件，当传感器硬件感知到外部环境发生改变时，Android 系统负责管理这些传感器数据。

对于 Android 应用开发者来说，开发传感器应用十分简单，开发者只要为指定传感器注册一个监听器即可，当外部环境发生改变时，Android 系统会通过传感器获取外部环境的数据，并将数据传给监听器的监听方法。

通过在 Android 应用中添加传感器，可以充分激发开发者、用户的想象力，可以开发出各种新奇的程序，比如电子罗盘、水平仪等。除此之外，还可以利用传感器开发各种游戏，必须通过传感器来感知用户动作，从而在游戏中提供对应的响应。

15.1 利用 Android 的传感器

在 Android 系统中开发传感器应用十分简单，因为 Android 系统为传感器支持提供了强大的管理服务。

开发传感器应用的步骤如下。

① 调用 Context 的 getSystemService(Context.SENSOR_SERVICE)方法获取 SensorManager 对象，SensorManager 对象代表系统的传感器管理服务。

② 调用 SensorManager 的 getDefaultSensor(int type)方法来获取指定类型的传感器。

③ 通常选择在 Activity 的 onResume()方法中调用 SensorManager 的 registerListener()方法为指定传感器注册监听器，程序通过实现监听器即可获取传感器传回来的数据。

SensorManager 提供的注册传感器的方法为 registerListener(SensorEventListener listener, Sensor sensor, int samplingPeriodUs)，该方法中三个参数说明如下。

➢ listener：监听传感器事件的监听器。该监听器需要实现 SensorEventListener 接口。
➢ sensor：传感器对象。
➢ samplingPeriodUs：指定获取传感器数据的频率。

该方法中 samplingPeriodUs 可以获取传感器数据的频率，它支持如下几个频率值。

➢ SensorManager.SENSOR_DELAY_FASTEST：最快。延迟最小，只有特别依赖于传感器数据的应用推荐采用这种频率，该种模式可能造成手机电量大量消耗。由于传递的为原始数据，算法处理不好将会影响应用的性能。
➢ SensorManager.SENSOR_DELAY_GAME：适合游戏的频率。一般有实时性要求的应用适合使用这种频率。
➢ SensorManager.SENSOR_DELAY_NORMAL：正常频率。一般对实时性要求不是特别高的应用适合使用这种频率。
➢ SensorManager.SENSOR_DELAY_UI：适合普通用户界面的频率。这种模式比较省电，而且系统开销也很小，但延迟较大，因此只适合在普通小程序中使用。

下面将会按照上面的步骤来开发一个加速度传感器应用。该程序的界面很简单，提供一个文本框来显示加速度值即可，此处不再给出界面布局代码。该应用的 Activity 代码如下。

程序清单：codes\15\15.1\AccelerometerTest\app\src\main\java\org\crazyit\sensor\MainActivity.java

```
public class MainActivity extends Activity implements SensorEventListener
{
    // 定义系统的 Sensor 管理器
    private SensorManager sensorManager;
    private TextView etTxt1;
```

```java
@Override
protected void onCreate(Bundle savedInstanceState)
{
    super.onCreate(savedInstanceState);
    setContentView(R.layout.activity_main);
    // 获取程序界面上的文本框组件
    etTxt1 = findViewById(R.id.txt1);
    // 获取系统的传感器管理服务
    sensorManager = (SensorManager) getSystemService(
        Context.SENSOR_SERVICE);   // ①
}
@Override
public void onResume()
{
    super.onResume();
    // 为系统的加速度传感器注册监听器
    sensorManager.registerListener(this, sensorManager.getDefaultSensor(
        Sensor.TYPE_ACCELEROMETER),
        SensorManager.SENSOR_DELAY_GAME);   // ②
}
@Override
public void onPause()
{
    super.onPause();
    // 取消注册
    sensorManager.unregisterListener(this);
}
// 以下是实现 SensorEventListener 接口必须实现的方法
// 当传感器的值发生改变时回调该方法
@Override
public void onSensorChanged(SensorEvent event)
{
    float[] values = event.values;
    String sb = "X 方向上的加速度: " +
        values[0] +
        "\nY 方向上的加速度: " +
        values[1] +
        "\nZ 方向上的加速度: " +
        values[2];
    etTxt1.setText(sb);
}
// 当传感器精度改变时回调该方法
@Override
public void onAccuracyChanged(Sensor sensor, int accuracy)
{ }
}
```

上面程序中的①号粗体字代码用于获取系统的传感器管理服务，②号粗体字代码则用于获取加速度传感器，并为该传感器注册监听器。本程序直接使用了 Activity 充当传感器监听器，因此该 Activity 实现了 SensorEventListener 接口，并实现了该接口中的两个方法。

> onSensorChanged()：当传感器的值发生改变时触发该方法。
> onAccuracyChanged()：当传感器的精度发生改变时触发该方法。

上面的程序实现 onSensorChanged() 方法时通过 SensorEvent 对象的 values() 方法来获取传感器的值，不同传感器所返回的值的个数是不等的。对于加速度传感器来说，它将返回三个值，分别代表手机设备在 X、Y、Z 三个方向上的加速度。

需要指出的是，传感器的坐标系统与屏幕坐标系统不同，传感器坐标系统的 X 轴沿屏幕向右；Y 轴则沿屏幕向上，Z 轴则垂直于屏幕向外。图 15.1 显示了传感器的坐标系统。

从图 15.1 所示的坐标系统大致可以看出，当拿着手机横向左右移动时，可能产生 X 轴上的加速度；拿着手机前后移动时，可能产生 Z 轴上的加速度；当拿着手机竖向上下移动时，可能产生 Y 轴上的加速度。

运行上面的程序，将会看到如图 15.2 所示的输出。

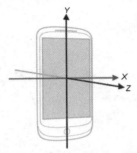

图 15.1　传感器的坐标系统

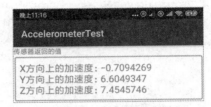

图 15.2　加速度传感器

从图 15.2 可以看出，当用户拿着手机"晃动"时，即可看到程序能检测到传感器返回的加速度值。

> 
> Android 模拟器默认并没有提供传感器支持，因此本章的所有示例程序都应使用真机进行测试，才可看到正确的运行效果。

15.2　Android 的常用传感器

上一节介绍了如何监听 Android 设备的加速度，只要通过 SensorManager 为加速度传感器注册监听器即可。实际上 Android 系统对所有类型的传感器的处理都完全一样，只是传感器的类型有所区别而已。

▶▶ 15.2.1　方向传感器

方向传感器用于感应手机设备的摆放状态。方向传感器可以返回三个角度，这三个角度即可确定手机的摆放状态。

关于方向传感器返回的三个角度说明如下。

➢ 第一个角度：表示手机顶部朝向与正北方的夹角。当手机绕着 Z 轴旋转时，该角度值发生改变。例如当该角度为 0 度时，表明手机顶部朝向正北；该角度为 90 度时，代表手机顶部朝向正东；该角度为 180 度时，代表手机顶部朝向正南；该角度为 270 度时，代表手机顶部朝向正西。

➢ 第二个角度：表示手机顶部或尾部翘起的角度。当手机绕着 X 轴倾斜时，该角度值发生变化，该角度的取值范围是 -180~180 度。假设将手机屏幕朝上水平放在桌子上，如果桌子是完全水平的，该角度值应该是 0 度。假如从手机顶部开始抬起，直到将手机沿 X 轴旋转 180 度（屏幕向下水平放在桌面上），在这个旋转过程中，该角度值会从 0 度变化到 -180 度。也就是说，从手机顶部抬起时，该角度的值会逐渐减小，直到等于 -180 度；如果从手机底部开始抬起，直到将手机沿 X 轴旋转 180 度（屏幕向下水平放在桌面上），该角度的值会从 0 度变化到 180 度。也就是说，从手机底部抬起时，该角度的值会逐渐增大，直到等于 180 度。

➢ 第三个角度：表示手机左侧或右侧翘起的角度。当手机绕着 Y 轴倾斜时，该角度值发生变化。该角度的取值范围是-90～90 度。假设将手机屏幕朝上水平放在桌面上，如果桌面是完全水平的，该角度值应为 0 度。假如将手机左侧逐渐抬起，直到将手机沿 Y 轴旋转 90 度（手机与桌面垂直），在这个旋转过程中，该角度值会从 0 度变化到-90 度。也就是说，从手机左侧抬起时，该角度的值会逐渐减小，直到等于-90 度；如果从手机右侧开始抬起，直到将手机沿 Y 轴旋转 90 度（手机与桌面垂直），该角度的值会从 0 度变化到 90 度。也就是说，从手机右侧抬起时，该角度的值会逐渐增大，直到等于 90 度。

通过在应用程序中使用方向传感器，应用程序就可检测到手机设备的摆放状态，比如手机顶部的朝向，手机目前的倾斜角度等。借助于方向传感器，可以开发出指南针、水平仪等有趣的应用。此处不单独介绍方向传感器的应用，后面会通过一个示例来集中介绍所有传感器的用法。

15.2.2 陀螺仪传感器

陀螺仪传感器用于感应手机设备的旋转速度。陀螺仪传感器可以返回设备绕 X、Y、Z 这三个坐标轴（陀螺仪传感器的坐标系统与加速度传感器的坐标系统完全相同）的旋转速度。旋转速度的单位是弧度/秒，旋转速度为正值代表逆时针旋转，负值代表顺时针旋转。

关于陀螺仪传感器返回的三个角速度说明如下。
➢ 第 1 个值：代表该设备绕 X 轴旋转的角速度。
➢ 第 2 个值：代表该设备绕 Y 轴旋转的角速度。
➢ 第 3 个值：代表该设备绕 Z 轴旋转的角速度。

此处不单独介绍陀螺仪传感器的应用，后面会通过一个示例来集中介绍所有传感器的用法。

15.2.3 磁场传感器

磁场传感器主要用于读取手机设备外部的磁场强度。即使周围没有任何直接的磁场，手机设备也始终会处于地球磁场中。随着手机设备摆放状态的改变，周围磁场在手机的 X、Y、Z 方向上的影响会发生改变。

磁场传感器会返回三个数据，分别代表周围磁场分解到 X、Y、Z 三个方向上的磁场分量，磁场数据的单位是微特斯拉（μT）。

此处不单独介绍磁场传感器的应用，后面会通过一个示例来集中介绍所有传感器的用法。

15.2.4 重力传感器

重力传感器会返回一个三维向量，这个三维向量可显示重力的方向和强度。重力传感器的坐标系统与加速度传感器的坐标系统是相同的。

当设备处于静止状态时，重力传感器的输出与加速度传感器的输出应该是相同的。

15.2.5 线性加速度传感器

线性加速度传感器返回一个三维向量显示设备在各方向上的加速度（不包含重力加速度）。线性加速度传感器的坐标系统与加速度传感器的坐标系统相同。

线性加速度传感器、重力传感器、加速度传感器这三者输出值的关系如下：

加速度传感器 = 重力传感器 + 线性加速度传感器

15.2.6 温度传感器

温度传感器用于获取手机设备所处环境的温度。温度传感器会返回一个数据,代表手机设备周围的温度,单位是摄氏度。

此处不单独介绍温度传感器的应用,后面会通过一个示例来集中介绍所有传感器的用法。

15.2.7 光传感器

光传感器用于获取手机设备所处环境的光的强度。光传感器会返回一个数据,代表手机设备周围的光的强度,该数据的单位是勒克斯(lux)。

此处不单独介绍光传感器的应用,后面会通过一个示例来集中介绍所有传感器的用法。

15.2.8 湿度传感器

湿度传感器用于获取手机设备所处环境的湿度。湿度传感器会返回一个数据,代表相对环境的空气湿度百分比。

此处不单独介绍湿度传感器的应用,后面会通过一个示例来集中介绍所有传感器的用法。

15.2.9 压力传感器

压力传感器用于获取手机设备所处环境的压力的大小。压力传感器会返回一个数据,代表手机设备周围的压力的大小。

此处不单独介绍压力传感器的应用,后面将通过一个示例来集中介绍所有传感器的用法。

15.2.10 心率传感器

心率传感器可以返回佩戴该设备的人每分钟的心跳次数。该传感器返回的数据的准确性可通过 SensorEvent 的 accuracy 进行判断,如果该属性值为 SENSOR_STATUS_UNRELIABLE 或 SENSOR_STATUS_NO_CONTACT,则表明传感器返回的心率值是不太可靠的,应该被丢弃。

心率传感器需要 android.permission.BODY_SENSORS 权限,如果程序没有获取这种权限,SensorManager.getSensorsList()、SensorManager.getDefaultSensor()都不能返回这种传感器。

15.2.11 离身检查传感器

离身检查传感器用于感知设备的佩戴状态(适合处理手表等可穿戴设备),每当该设备的佩戴状态发生改变时,该传感器都会产生一个事件,用于表示该设备是否处于被穿戴中。

正如前面所介绍的,Android 系统对所有传感器的处理方式完全相同,接下来通过一个示例程序来介绍上面这些传感器的用法。该程序界面只是提供了几个文本框,分别用于显示不同的传感器数据。该程序代码如下。

程序清单:codes\15\15.2\SensorTest\app\src\main\java\org\crazyit\sensor\MainActivity.java

```java
public class MainActivity extends Activity implements SensorEventListener
{
    // 定义Sensor管理器
    private SensorManager mSensorManager;
    private TextView etOrientation;
    private TextView etGyro;
    private TextView etMagnetic;
    private TextView etGravity;
    private TextView etLinearAcc;
    private TextView etTemerature;
    private TextView etHumidity;
    private TextView etLight;
```

```java
    private TextView etPressure;
    @Override
    protected void onCreate(Bundle savedInstanceState)
    {
        super.onCreate(savedInstanceState);
        setContentView(R.layout.activity_main);
        // 获取界面上的TextView组件
        etOrientation = findViewById(R.id.etOrientation);
        etGyro = findViewById(R.id.etGyro);
        etMagnetic = findViewById(R.id.etMagnetic);
        etGravity = findViewById(R.id.etGravity);
        etLinearAcc = findViewById(R.id.etLinearAcc);
        etTemerature = findViewById(R.id.etTemerature);
        etHumidity = findViewById(R.id.etHumidity);
        etLight = findViewById(R.id.etLight);
        etPressure = findViewById(R.id.etPressure);
        // 获取传感器管理服务
        mSensorManager = (SensorManager)
            getSystemService(Context.SENSOR_SERVICE);    // ①
    }
    @Override
    public void onResume()
    {
        super.onResume();
        // 为系统的方向传感器注册监听器
        mSensorManager.registerListener(this,
                mSensorManager.getDefaultSensor(Sensor.TYPE_ORIENTATION),
                SensorManager.SENSOR_DELAY_GAME);
        // 为系统的陀螺仪传感器注册监听器
        mSensorManager.registerListener(this,
                mSensorManager.getDefaultSensor(Sensor.TYPE_GYROSCOPE),
                SensorManager.SENSOR_DELAY_GAME);
        // 为系统的磁场传感器注册监听器
        mSensorManager.registerListener(this,
                mSensorManager.getDefaultSensor(Sensor.TYPE_MAGNETIC_FIELD),
                SensorManager.SENSOR_DELAY_GAME);
        // 为系统的重力传感器注册监听器
        mSensorManager.registerListener(this,
                mSensorManager.getDefaultSensor(Sensor.TYPE_GRAVITY),
                SensorManager.SENSOR_DELAY_GAME);
        // 为系统的线性加速度传感器注册监听器
        mSensorManager.registerListener(this,
                mSensorManager.getDefaultSensor(Sensor.TYPE_LINEAR_ACCELERATION),
                SensorManager.SENSOR_DELAY_GAME);
        // 为系统的温度传感器注册监听器
        mSensorManager.registerListener(this,
                mSensorManager.getDefaultSensor(Sensor.TYPE_AMBIENT_TEMPERATURE),
                SensorManager.SENSOR_DELAY_GAME);
        // 为系统的湿度传感器注册监听器
        mSensorManager.registerListener(this,
                mSensorManager.getDefaultSensor(Sensor.TYPE_RELATIVE_HUMIDITY),
                SensorManager.SENSOR_DELAY_GAME);
        // 为系统的光传感器注册监听器
        mSensorManager.registerListener(this,
                mSensorManager.getDefaultSensor(Sensor.TYPE_LIGHT),
                SensorManager.SENSOR_DELAY_GAME);
        // 为系统的压力传感器注册监听器
        mSensorManager.registerListener(this,
                mSensorManager.getDefaultSensor(Sensor.TYPE_PRESSURE),
                SensorManager.SENSOR_DELAY_GAME);
    }
    @Override
    public void onPause()
```

```java
{
    // 程序暂停时取消注册传感器监听器
    mSensorManager.unregisterListener(this);
    super.onPause();
}
// 以下是实现 SensorEventListener 接口必须实现的方法
// 当传感器精度改变时回调该方法
@Override
public void onAccuracyChanged(Sensor sensor, int accuracy)
{
}
@Override
public void onSensorChanged(SensorEvent event)
{
    float[] values = event.values;
    // 获取触发 event 的传感器类型
    int sensorType = event.sensor.getType();
    StringBuilder sb;
    // 判断是哪个传感器发生改变
    switch (sensorType)
    {
        // 方向传感器
        case Sensor.TYPE_ORIENTATION:
            sb = new StringBuilder();
            sb.append("绕 Z 轴转过的角度：");
            sb.append(values[0]);
            sb.append("\n 绕 X 轴转过的角度：");
            sb.append(values[1]);
            sb.append("\n 绕 Y 轴转过的角度：");
            sb.append(values[2]);
            etOrientation.setText(sb.toString());
            break;
        // 陀螺仪传感器
        case Sensor.TYPE_GYROSCOPE:
            sb = new StringBuilder();
            sb.append("绕 X 轴旋转的角速度：");
            sb.append(values[0]);
            sb.append("\n 绕 Y 轴旋转的角速度：");
            sb.append(values[1]);
            sb.append("\n 绕 Z 轴旋转的角速度：");
            sb.append(values[2]);
            etGyro.setText(sb.toString());
            break;
        // 磁场传感器
        case Sensor.TYPE_MAGNETIC_FIELD:
            sb = new StringBuilder();
            sb.append("X 轴方向上的磁场强度：");
            sb.append(values[0]);
            sb.append("\nY 轴方向上的磁场强度：");
            sb.append(values[1]);
            sb.append("\nZ 轴方向上的磁场强度：");
            sb.append(values[2]);
            etMagnetic.setText(sb.toString());
            break;
        // 重力传感器
        case Sensor.TYPE_GRAVITY:
            sb = new StringBuilder();
            sb.append("X 轴方向上的重力：");
            sb.append(values[0]);
            sb.append("\nY 轴方向上的重力：");
            sb.append(values[1]);
            sb.append("\nZ 轴方向上的重力：");
```

```
                sb.append(values[2]);
                etGravity.setText(sb.toString());
                break;
            // 线性加速度传感器
            case Sensor.TYPE_LINEAR_ACCELERATION:
                sb = new StringBuilder();
                sb.append("X轴方向上的线性加速度：");
                sb.append(values[0]);
                sb.append("\nY轴方向上的线性加速度：");
                sb.append(values[1]);
                sb.append("\nZ轴方向上的线性加速度：");
                sb.append(values[2]);
                etLinearAcc.setText(sb.toString());
                break;
            // 温度传感器
            case Sensor.TYPE_AMBIENT_TEMPERATURE:
                sb = new StringBuilder();
                sb.append("当前温度为：");
                sb.append(values[0]);
                etTemerature.setText(sb.toString());
                break;
            // 湿度传感器
            case Sensor.TYPE_RELATIVE_HUMIDITY:
                sb = new StringBuilder();
                sb.append("当前湿度为：");
                sb.append(values[0]);
                etHumidity.setText(sb.toString());
                break;
            // 光传感器
            case Sensor.TYPE_LIGHT:
                sb = new StringBuilder();
                sb.append("当前光的强度为：");
                sb.append(values[0]);
                etLight.setText(sb.toString());
                break;
            // 压力传感器
            case Sensor.TYPE_PRESSURE:
                sb = new StringBuilder();
                sb.append("当前压力为：");
                sb.append(values[0]);
                etPressure.setText(sb.toString());
                break;
        }
    }
}
```

上面的程序一样遵守前面介绍的传感器编程步骤：①号粗体字代码在 Activity 的 onCreate()方法中获取 SensorManager 对象。程序中大段的粗体字代码在 Activity 的 onResume()方法中为指定类型的传感器注册监听器，本程序为 9 种类型的传感器注册了监听器；实现 onSensorChanged(SensorEvent event)方法就实现了传感器监听器，实现监听器方法时即可获取传感器所传回来的数据。

在真机中调试该程序，运行该程序，即可看到如图 15.3 所示的结果。

从图 15.3 可以看出，该程序并不能获取温度传感器和压力传感器的值，这是因为笔者的手机不支持温度传感器与压力传感器的缘故。

图 15.3　传感器应用

15.3 传感器应用案例

对传感器的支持是 Android 系统的特性之一，通过使用传感器可以轻易开发出各种有趣的应用。下面将会通过使用方向传感器来开发指南针和水平仪两个有趣的应用。

实例：指南针

前面介绍方向传感器时已经指出，方向传感器传回来的第一个参数值就是代表手机绕 Z 轴转过的角度，也就是手机顶部与正北的夹角，通过在程序中检测该夹角就可以开发出指南针。

开发指南针的思路很简单：先准备一张指南针图片，该图片上方向指针指向北方。接下来开发一个检测方向的传感器，程序检测到手机顶部绕 Z 轴转过多少度，让指南针图片反向转过多少度即可。由此可见，指南针应用只要在界面中添加一张图片，并让图片总是反向转过方向传感器返回的第一个角度值即可。下面是该程序的代码。

程序清单：codes\15\15.3\Example\compass\src\main\java\org\crazyit\compass\MainActivity.kt

```kotlin
public class MainActivity extends Activity implements SensorEventListener
{
    // 定义显示指南针的图片
    private ImageView znzIV;
    // 记录指南针图片转过的角度
    private float currentDegree = 0f;
    // 定义 Sensor 管理器
    private SensorManager mSensorManager;
    @Override
    protected void onCreate(Bundle savedInstanceState)
    {
        super.onCreate(savedInstanceState);
        setContentView(R.layout.activity_main);
        znzIV = findViewById(R.id.znzImage);
        // 获取传感器管理服务
        mSensorManager = (SensorManager)
            getSystemService(Context.SENSOR_SERVICE);
    }
    @Override
    public void onResume()
    {
        super.onResume();
        // 为系统的方向传感器注册监听器
        mSensorManager.registerListener(this,
            mSensorManager.getDefaultSensor(Sensor.TYPE_ORIENTATION),
            SensorManager.SENSOR_DELAY_GAME);
    }
    @Override
    public void onPause()
    {
        // 取消注册
        mSensorManager.unregisterListener(this);
        super.onPause();
    }
    @Override
    public void onSensorChanged(SensorEvent event)
    {
        // 获取触发 event 的传感器类型
        int sensorType = event.sensor.getType();
        switch (sensorType)
        {
            case Sensor.TYPE_ORIENTATION:
                // 获取绕 Z 轴转过的角度
```

```
            float degree = event.values[0];
            // 创建旋转动画（反向转过 degree 度）
            RotateAnimation ra = new RotateAnimation(currentDegree, -degree,
                    Animation.RELATIVE_TO_SELF, 0.5f,
                    Animation.RELATIVE_TO_SELF, 0.5f);
            // 设置动画的持续时间
            ra.setDuration(200);
            // 运行动画
            znzIV.startAnimation(ra);
            currentDegree = -degree;
            break;
        }
    }
    @Override
    public void onAccuracyChanged(Sensor sensor, int accuracy)
    { }
}
```

指南针程序的关键代码就是程序中的粗体字代码，该程序检测到手机绕 Z 轴转过的角度，也就是手机 Y 轴与正北方向的夹角，然后让指南针图片反向转过相应的角度即可。

在真机中调试该程序，运行该程序，即可看到如图 15.4 所示的结果。

实例：水平仪

这里介绍的水平仪就是那种比较传统的水平仪，在一个透明的圆盘中充满某种液体，液体中留有一个气泡，当一端翘起时，该气泡将会浮向翘起的一端。

前面介绍方向传感器时已经指出，方向传感器会返回三个角度值，其中第二个角度值代表底部翘起的角度（当顶部翘起时为负值）；第

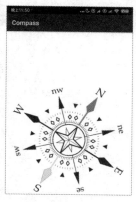

图 15.4 指南针

三个角度值代表右侧翘起的角度（当左侧翘起时为负值）；根据这两个角度值就可开发出水平仪了。

假设我们以大透明圆盘的中心为原点，当手机顶部翘起时，气泡应该向顶部移动，也就是气泡位置的 Y 坐标（2D 绘图坐标系，屏幕左上角为原点）应减小；当手机底部翘起时，气泡应该向底部移动，也就是气泡位置的 Y 坐标应增大。假设气泡开始位于大透明圆盘的中心，气泡的 Y 坐标的改变正好与方向传感器返回的第二个参数代表的角度的正负相符，因此根据方向传感器返回的第二个参数来计算气泡的 Y 坐标即可；与此类似，当手机左侧翘起时，气泡应该向左侧移动，也就是气泡位置的 X 坐标（2D 绘图坐标系，屏幕左上角为原点）应减小；当手机右侧翘起时，气泡应该向右侧移动，也就是气泡位置的 X 坐标应增大—假设气泡开始位于大透明圆盘的中心，气泡的 X 坐标的改变正好与方向传感器返回的第三个参数代表的角度的正负相符,因此根据方向传感器返回的第三个参数来计算气泡的 X 坐标即可。

通过上面介绍的方式来动态改变程序界面中气泡的位置：手机哪端翘起，水平仪中的气泡就浮向哪端，这就是水平仪的实现思想。

该程序用了一个自定义 View，该自定义 View 很简单，就是绘制透明圆盘和气泡—其中气泡的位置会动态改变。该自定义 View 的代码如下。

程序清单：codes\15\15.3\Example\gradienter\src\main\java\org\crazyit\sensor\MyView.java
```
public class MyView extends View
{
    // 定义水平仪仪表盘图片
    Bitmap back;
    // 定义水平仪中的气泡图标
```

```java
    Bitmap bubble;
    // 定义水平仪中气泡的 X、Y 坐标
    float bubbleX = 0f;
    float bubbleY = 0f;
    public MyView(Context context, AttributeSet attrs)
    {
        super(context, attrs);
        // 获取窗口管理器
        WindowManager wm = (WindowManager) context
            .getSystemService(Context.WINDOW_SERVICE);
        // 获取屏幕的宽度和高度
        Display display = wm.getDefaultDisplay();
        DisplayMetrics metrics = new DisplayMetrics();
        display.getMetrics(metrics);
        int screenWidth = metrics.widthPixels;
        // 创建位图
        back = Bitmap.createBitmap(screenWidth, screenWidth,
            Bitmap.Config.ARGB_8888);
        Canvas canvas = new Canvas(back);
        Paint paint = new Paint();
        paint.setAntiAlias(true);
        // 设置绘制风格：仅填充
        paint.setStyle(Paint.Style.FILL);
        // 创建一个线性渐变来绘制线性渐变
        LinearGradient shader = new LinearGradient(0f, screenWidth, screenWidth * 0.8f,
            screenWidth * 0.2f, Color.YELLOW, Color.WHITE, Shader.TileMode.MIRROR);
        paint.setShader(shader);
        // 绘制圆形
        canvas.drawCircle(screenWidth / 2, screenWidth / 2, screenWidth / 2, paint);
        Paint paint2 = new Paint();
        paint2.setAntiAlias(true);
        // 设置绘制风格：仅绘制边框
        paint2.setStyle(Paint.Style.STROKE);
        paint2.setStrokeWidth(5f);   // 设置画笔宽度
        paint2.setColor(Color.BLACK);  // 设置画笔颜色
        // 绘制圆形边框
        canvas.drawCircle(screenWidth / 2, screenWidth / 2, screenWidth / 2, paint2);
        // 绘制水平横线
        canvas.drawLine(0f, screenWidth / 2, screenWidth, screenWidth / 2, paint2);
        // 绘制垂直横线
        canvas.drawLine(screenWidth / 2, 0f, screenWidth / 2, screenWidth, paint2);
        paint2.setStrokeWidth(10f);   // 设置画笔宽度
        // 设置画笔颜色
        paint2.setColor(Color.RED);
        // 绘制中心的红色"十"字
        canvas.drawLine(screenWidth / 2 - 30, screenWidth / 2,
            screenWidth / 2 + 30, screenWidth / 2, paint2);
        canvas.drawLine(screenWidth / 2, screenWidth / 2 - 30,
            screenWidth / 2, screenWidth / 2 + 30, paint2);
        // 加载气泡图片
        bubble = BitmapFactory.decodeResource(getResources(), R.drawable.bubble);
    }
    @Override public void onDraw(Canvas canvas)
    {
        super.onDraw(canvas);
        // 绘制水平仪仪表盘图片
        canvas.drawBitmap(back, 0f, 0f, null);
        // 根据气泡坐标绘制气泡
        canvas.drawBitmap(bubble, bubbleX, bubbleY, null);
    }
}
```

正如上面程序中的粗体字代码所示，该自定义 View 会根据 bubbleX、bubbleY 动态地绘制气泡的位置，而这个 bubbleX、bubbleY 就需要根据方向传感器返回的第三个角度、第二个角度来动态计算。

下面是该程序中 Activity 的代码。

程序清单：codes\15\15.3\Example\gradienter\src\main\java\org\crazyit\sensor\MainActivity.java

```java
public class MainActivity extends Activity implements SensorEventListener
{
    public final static int MAX_ANGLE = 30;
    // 定义水平仪的仪表盘
    private MyView show;
    // 定义 Sensor 管理器
    private SensorManager mSensorManager;
    @Override
    protected void onCreate(Bundle savedInstanceState)
    {
        super.onCreate(savedInstanceState);
        setContentView(R.layout.activity_main);
        // 获取水平仪的主组件
        show = findViewById(R.id.show);
        // 获取传感器管理服务
        mSensorManager = (SensorManager) getSystemService(Context.SENSOR_SERVICE);
    }
    @Override
    public void onResume()
    {
        super.onResume();
        // 为系统的方向传感器注册监听器
        mSensorManager.registerListener(this,
            mSensorManager.getDefaultSensor(Sensor.TYPE_ORIENTATION),
            SensorManager.SENSOR_DELAY_GAME);
    }
    @Override
    public void onPause()
    {
        // 取消注册
        mSensorManager.unregisterListener(this);
        super.onPause();
    }
    @Override
    public void onAccuracyChanged(Sensor sensor, int accuracy)
    { }
    @Override
    public void onSensorChanged(SensorEvent event)
    {
        float[] values = event.values;
        // 获取触发 event 的传感器类型
        int sensorType = event.sensor.getType();
        switch (sensorType)
        {
            case Sensor.TYPE_ORIENTATION:
                // 获取与 Y 轴的夹角
                float yAngle = values[1];
                // 获取与 Z 轴的夹角
                float zAngle = values[2];
                // 气泡位于中间时（水平仪完全水平），气泡的 X、Y 坐标
                float x = (show.back.getWidth() - show.bubble.getWidth()) / 2;
                float y = (show.back.getHeight() - show.bubble.getHeight()) / 2;
                // 如果与 Z 轴的倾斜角还在最大角度之内
                if (Math.abs(zAngle) <= MAX_ANGLE)
                {
```

```java
                // 根据与Z轴的倾斜角度计算X坐标的变化值
                // (倾斜角度越大,X坐标变化越大)
                int deltaX = (int) ((show.back.getWidth() - show.bubble
                    .getWidth()) / 2 * zAngle / MAX_ANGLE);
                x += deltaX;
            }
            // 如果与Z轴的倾斜角已经大于MAX_ANGLE,气泡应到最左边
            else if (zAngle > MAX_ANGLE)
            {
                x = 0;
            }
            // 如果与Z轴的倾斜角已经小于负的MAX_ANGLE,气泡应到最右边
            else
            {
                x = show.back.getWidth() - show.bubble.getWidth();
            }
            // 如果与Y轴的倾斜角还在最大角度之内
            if (Math.abs(yAngle) <= MAX_ANGLE)
            {
                // 根据与Y轴的倾斜角度计算Y坐标的变化值
                // (倾斜角度越大,Y坐标变化越大)
                int deltaY = (int) ((show.back.getHeight() - show.bubble
                    .getHeight()) / 2 * yAngle / MAX_ANGLE);
                y += deltaY;
            }
            // 如果与Y轴的倾斜角已经大于MAX_ANGLE,气泡应到最下边
            else if (yAngle > MAX_ANGLE)
            {
                y = show.back.getHeight() - show.bubble.getHeight();
            }
            // 如果与Y轴的倾斜角已经小于负的MAX_ANGLE,气泡应到最上边
            else
            {
                y = 0;
            }
            // 如果计算出来的X、Y坐标还位于水平仪的仪表盘内,则更新水平仪的气泡坐标
            if (isContain(x, y))
            {
                show.bubbleX = x;
                show.bubbleY = y;
            }
            // 通知系统重绘MyView组件
            show.postInvalidate();
            break;
        }
    }
    // 计算x、y点的气泡是否处于水平仪的仪表盘内
    private boolean isContain(float x, float y)
    {
        // 计算气泡的圆心坐标X、Y
        float bubbleCx = x + show.bubble.getWidth() / 2;
        float bubbleCy = y + show.bubble.getHeight() / 2;
        // 计算水平仪仪表盘的圆心坐标X、Y
        float backCx = show.back.getWidth() / 2;
        float backCy = show.back.getHeight() / 2;
        // 计算气泡的圆心与水平仪仪表盘的圆心之间的距离
        double distance = Math.sqrt((bubbleCx - backCx) * (bubbleCx - backCx) +
            (bubbleCy - backCy) * (bubbleCy - backCy));
        // 若两个圆心的距离小于它们的半径差,即可认为处于该点的气泡依然位于仪表盘内
        return distance < (show.back.getWidth() - show.bubble.getWidth()) / 2;
    }
}
```

该程序的关键代码就是程序中粗体字代码部分，这些代码实现了前面介绍的设计：程序检测方向传感器返回的第二个、第三个角度值，并根据第二个角度值来计算气泡的 Y 坐标，根据第三个角度值来计算 X 坐标；计算完成后通知系统重绘 MyView 组件即可。

在真机中测试该应用，运行该程序，即可看到如图 15.5 所示的结果。

从图 15.5 可以看到水平仪中间的气泡，通过该气泡所在的位置即可大致确定手机底下的支撑是否水平。当气泡位于仪表盘中的红色"十"标识处时，即可认为手机底下的支撑完全水平。

图 15.5 水平仪

15.4 本章小结

Android 系统的特色之一就是支持传感器，通过传感器可以获取手机设备运行的外界信息，包括手机运动的加速度、手机摆放方向等。学习本章需要重点掌握 Android 传感器支持的 API，包括如何通过 SensorManager 注册传感器监听器，如何使用 SensorEventListener 监听传感器数据等。除此之外，读者还需要掌握 Android 的加速度传感器、方向传感器、陀螺仪传感器、磁场传感器、重力传感器、线性加速度传感器、温度传感器、光传感器、湿度传感器、压力传感器和心率传感器等常见传感器的功能与用法。

CHAPTER

16

第 16 章
GPS 应用开发

本章要点

- GPS 的概念和用途
- Android 提供的 GPS 支持
- LocationManager 和 LocationProvider
- 获取系统的 LocationProvider 列表
- 根据名字获取指定的 LocationProvider
- 根据 Criteria 获取满足条件的 LocationProvider
- 通过模拟器发送 GPS 定位信息
- 通过 LocationListener 监听 GPS 定位信息
- 临近警告支持

GPS 是英文 Global Positioning System（全球定位系统）的简称，GPS 是 20 世纪 70 年代由美国陆海空三军联合研制的新一代空间卫星导航定位系统。从这个介绍不难发现，GPS 的作用就是为全球的物体提供定位功能。

GPS 定位系统由三部分组成，即 GPS 卫星组成的空间部分、若干地球站组成的控制部分和普通用户手中的接收机这三个部分。对于手机用户来说，手机就是 GPS 定位系统的接收机，也就是说，GPS 定位需要手机的硬件支持 GPS 功能。

GPS 的空间部分由 GPS 卫星组成，覆盖于全球上空的 GPS 卫星星座，必须保证在各处能时时观测到高度角为 15°以上的 4 颗卫星，这样才能保证 GPS 系统的准确定位。目前，GPS 卫星星座共有 24 颗 GPS 卫星，均匀分布在倾角为 55°的 6 个轨道上，保证在地面的任意一点都可同时观测到 24 颗卫星。

GPS 定位系统听上去专业、高深，实际上也是一门高新技术，但对于 Android 应用开发的程序员来说，开发提供 GPS 功能的应用程序十分简单。就像 Android 为电话管理支持提供了 TelephonyManager 类、为音频管理支持提供了 AudioManager 类，Android 为支持 GPS 则提供了 LocationManager 类，通过 LocationManager 类及其他几个辅助类，开发人员可以非常方便地开发出 GPS 应用。

16.1 支持 GPS 的核心 API

Android 为 GPS 功能支持专门提供了一个 LocationManager 类，它的作用与 TelephonyManager、AudioManager 等服务类的作用相似，所有 GPS 定位相关的服务、对象都将由该对象来产生。

与程序中获取 TelephonyManager、AudioManager 的方法相似，程序并不能直接创建 LocationManager 的实例，而是通过调用 Context 的 getSystemService()方法来获取，例如如下代码：

```
LocationManager lm = (LocationManager)getSystemService(Context.LOCATION_SERVICE);
```

一旦在程序中获得了 LocationManager 对象之后，接下来即可调用 LocationManager 的方法来获取 GPS 定位的相关服务和对象了。LocationManager 提供了如下常用的方法。

- boolean addGpsStatusListener(GpsStatus.Listener listener)：添加一个监听 GPS 状态的监听器。
- addProximityAlert(double latitude, double longitude, float radius, long expiration, PendingIntent intent)：添加一个临近警告。
- List<String> getAllProviders()：获取所有的 LocationProvider 列表。
- String getBestProvider(Criteria criteria, boolean enabledOnly)：根据指定条件返回最优的 LocationProvider 对象。
- GpsStatus getGpsStatus(GpsStatus status)：获取 GPS 状态。
- Location getLastKnownLocation(String provider)：根据 LocationProvider 获取最近一次已知的 Location。
- LocationProvider getProvider(String name)：根据名称来获取 LocationProvider。
- List<String> getProviders(Criteria criteria, boolean enabledOnly)：根据指定条件获取满足该条件的全部 LocationProvider 的名称。
- List<String> getProviders(boolean enabledOnly)：获取所有可用的 LocationProvider。
- boolean isProviderEnabled(String provider)：判断指定名称的 LocationProvider 是否可用。
- removeGpsStatusListener(GpsStatus.Listener listener)：删除 GPS 状态监听器。
- removeProximityAlert(PendingIntent intent)：删除一个临近警告。
- requestLocationUpdates(String provider, long minTime, float minDistance, PendingIntent intent)：通过指定的 LocationProvider 周期性地获取定位信息，并通过 intent 启动相应的组件。

➢ requestLocationUpdates(String provider, long minTime, float minDistance, LocationListener listener)：通过指定的 LocationProvider 周期性地获取定位信息，并触发 listener 所对应的触发器。

在上面的方法列表中涉及 GPS 定位支持的另一个重要的 API：LocationProvider（定位提供者），LocationProvider 对象就是定位组件的抽象表示，通过 LocationProvider 可以获取该定位组件的相关信息。LocationProvider 提供了如下常用方法。

➢ int getAccuracy()：返回该 LocationProvider 的精度。
➢ String getName()：返回该 LocationProvider 的名称。
➢ int getPowerRequirement()：获取该 LocationProvider 的电源需求。
➢ boolean hasMonetaryCost()：返回该 LocationProvider 是收费的还是免费的。
➢ boolean meetsCriteria(Criteria criteria)：判断该 LocationProvider 是否满足 Criteria 条件。
➢ boolean requiresCell()：判断该 LocationProvider 是否需要访问网络基站。
➢ boolean requiresNetwork()：判断该 LocationProvider 是否需要网络数据。
➢ boolean requiresSatellite()：判断该 LocationProvider 是否需要访问基于卫星的定位系统。
➢ boolean supportsAltitude()：判断该 LocationProvider 是否支持高度信息。
➢ boolean supportsBearing()：判断该 LocationProvider 是否支持方向信息。
➢ boolean supportsSpeed()：判断该 LocationProvider 是否支持速度信息。

除此之外，GPS 定位支持还有一个 API：Location，它就是一个代表位置信息的抽象类，提供了如下方法来获取定位信息。

➢ float getAccuracy()：获取定位信息的精度。
➢ double getAltitude()：获取定位信息的高度。
➢ float getBearing()：获取定位信息的方向。
➢ double getLatitude()：获取定位信息的纬度。
➢ double getLongitude()：获取定位信息的经度。
➢ String getProvider()：获取提供该定位信息的 LocationProvider。
➢ float getSpeed()：获取定位信息的速度。
➢ boolean hasAccuracy()：判断该定位信息是否有精度信息。
➢ boolean hasAltitude()：判断该定位信息是否有高度信息。
➢ boolean hasBearing()：判断该定位信息是否有方向信息。
➢ boolean hasSpeed()：判断该定位信息是否有速度信息。

上面三个 API 就是 Android GPS 定位支持的三个核心 API，使用它们来获取 GPS 定位信息的通用步骤如下。

① 获取系统的 LocationManager 对象。
② 使用 LocationManager，通过指定 LocationProvider 来获取定位信息，定位信息由 Location 对象来表示。
③ 从 Location 对象中获取定位信息。

下面将会使用这三个核心 API 进行系统定位。

16.2 获取 LocationProvider

通过前面的介绍可以看出，Android 的定位信息由 LocationProvider 对象来提供，该对象代表一个抽象的定位组件。在开始编程之前，需要先获得 LocationProvider 对象。

16.2.1 获取所有可用的 LocationProvider

LocationManager 提供了一个 getAllProviders()方法来获取系统所有可用的 LocationProvider，下面的示例程序将可以列出系统所有的 LocationProvider。该程序界面很简单，界面中只提供一个 ListView 来显示所有的 LocationProvider 即可，故不再给出界面布局代码。该程序的代码如下。

程序清单：codes\16\16.2\ProvidersTest\all\src\main\java\org\crazyit\gps\MainActivity.java

```
public class MainActivity extends Activity
{
    private ListView providersLv;
    private LocationManager lm;
    @Override
    protected void onCreate(Bundle savedInstanceState)
    {
        super.onCreate(savedInstanceState);
        setContentView(R.layout.activity_main);
        providersLv = findViewById(R.id.providers);
        // 获取系统的 LocationManager 对象
        lm = (LocationManager) getSystemService(Context.LOCATION_SERVICE);
        // 获取系统所有的 LocationProvider 的名称
        List<String> providerNames = lm.getAllProviders();
        ArrayAdapter adapter = new ArrayAdapter(this,
                android.R.layout.simple_list_item_1, providerNames);
        // 使用 ListView 来显示所有可用的 LocationProvider
        providersLv.setAdapter(adapter);
    }
}
```

上面程序中的粗体字代码就可获取系统中所有 LocationProvider 的名称。运行上面的程序，可以看到如图 16.1 所示的输出。

从图 16.1 所示的运行结果可以看出，当前模拟器所有可用的 LocationProvider 有如下两个。

- passive：由 LocationManager.PASSIVE_PROVIDER 常量表示。
- gps：由 LocationManager.GPS_PROVIDER 常量表示，代表通过 GPS 获取定位信息的 LocationProvider 对象。

图 16.1　获取系统所有的 LocationProvider

上面列出的 LocationProvider 中最常用的是 LocationProviderGPS_PROVIDER。

除上面列出的 passive 和 gps 两个 LocationProvider 之外，还有一个名为 network 的 LocationProvider（如果用真机运行就会看到这个名为 network 的 LocationProvider），由 LocationManager.NETWORK_PROVIDER 常量表示，代表通过移动通信网络获取定位信息的 LocationProvider 对象。

16.2.2　通过名称获得指定 LocationProvider

程序调用 LocationManager 的 getAllProviders()方法获取所有 LocationProvider 时返回的是 List<String>集合，集合元素为 LocationProvider 的名称，为了获取实际的 LocationProvider 对象，可借助于 LocationManager 的 LocationProvider getProvider(String name)方法。

例如以下代码：

```
// 获取基于 GPS 的 LocationProvider
LocationProvider locProvider = lm.getProvider(LocationManager.GPS_PROVIDER);
```

16.3 获取定位信息

在获取了 LocationManager 对象之后,接下来就可通过指定 LocationProvider 来获取定位信息了。

16.3.1 通过模拟器发送 GPS 信息

Android 模拟器本身并不能作为 GPS 接收机,因此无法得到 GPS 定位信息,但为了方便程序员测试 GPS 应用,Genymotion 模拟器可以发送模拟的 GPS 定位信息。

启动 Genymotion 模拟器之后,打开 Genymotion 模拟器右边栏的 GPS 图标即可向模拟器发送 GPS 定位信息,如图 16.2 所示。

在图 16.2 所示的"GPS"面板中输入经度值、纬度值,即可向模拟器发送 GPS 定位信息。

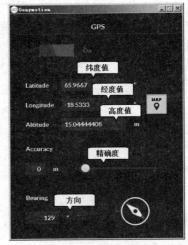

图 16.2 向模拟器发送 GPS 定位信息

16.3.2 获取定位数据

下面程序示范了如何通过手机实时地获取定位信息,包括用户所在的经度、纬度、高度、方向、移动速度等。该程序的界面很简单,只提供一个文本框来显示用户的定位信息即可,故此处不再给出程序界面代码。该程序代码如下。

程序清单:codes\16\16.3\LocationTest\location\src\main\java\org\crazyit\gps\MainActivity.java

```java
public class MainActivity extends Activity
{
    // 定义 LocationManager 对象
    private LocationManager locManager;
    // 定义程序界面中的 TextView 组件
    private TextView show;
    @Override
    protected void onCreate(Bundle savedInstanceState)
    {
        super.onCreate(savedInstanceState);
        setContentView(R.layout.activity_main);
        // 获取程序界面上的 EditText 组件
        show = findViewById(R.id.show);
        requestPermissions(new String[]
            {Manifest.permission.ACCESS_FINE_LOCATION}, 0x123);
    }
    @SuppressLint("MissingPermission")
    @Override
    public void onRequestPermissionsResult(int requestCode,
        @NonNull String[] permissions, @NonNull int[] grantResults)
    {
        // 如果用户允许使用 GPS 定位信息
        if(requestCode == 0x123   && grantResults.length == 1
            && grantResults[0] == PackageManager.PERMISSION_GRANTED)
        {
            // 创建 LocationManager 对象
            locManager = (LocationManager) getSystemService(Context.LOCATION_SERVICE);
            // 从 GPS 获取最近的定位信息
            Location location =
                locManager.getLastKnownLocation(LocationManager.GPS_PROVIDER);
            // 使用 location 来更新 EditText 的显示
            updateView(location);
```

```java
        // 设置每 3 秒获取一次 GPS 定位信息
        locManager.requestLocationUpdates(LocationManager.GPS_PROVIDER,
            3000, 8f, new LocationListener() // ①
        {
            @Override
            public void onLocationChanged(Location location)
            {
                // 当 GPS 定位信息发生改变时，更新位置
                updateView(location);
            }
            @Override
            public void onStatusChanged(String provider, int status, Bundle extras)
            {}
            @Override
            public void onProviderEnabled(String provider)
            {
                // 当 GPS LocationProvider 可用时，更新位置
                updateView(locManager.getLastKnownLocation(provider));
            }
            @Override
            public void onProviderDisabled(String provider)
            {
                updateView(null);
            }
        });
    }
    // 更新 EditText 中显示的内容
    public void updateView(Location newLocation)
    {
        if (newLocation != null)
        {
            String sb = "实时的位置信息：\n" +
                "经度： " +
                newLocation.getLongitude() +
                "\n 纬度： " +
                newLocation.getLatitude() +
                "\n 高度： " +
                newLocation.getAltitude() +
                "\n 速度： " +
                newLocation.getSpeed() +
                "\n 方向： " +
                newLocation.getBearing();
            show.setText(sb);
        }
        else
        {
            // 如果传入的 Location 对象为空，则清空 EditText
            show.setText("");
        }
    }
}
```

上面程序中的粗体字代码用于从 Location 中获取定位信息，包括用户的经度、纬度、高度、方向和移动速度等信息。程序中①号粗体字代码通过 LocationManager 设置了一个监听器，该监听器负责每隔 3 秒向 LocationProvider 请求一次定位信息，当 LocationProvider 可用时、不可用时或提供的定位信息发生改变时，系统会回调 updateView(Location newLocation)来更新 EditText 中显示的定位信息。

该程序需要有访问 GPS 信号的权限，因此需要在 AndroidManifest.xml 文件中增加如下授权代码片段：

```xml
<!-- 授权获取定位信息 -->
<uses-permission android:name="android.permission.ACCESS_FINE_LOCATION" />
```

运行该程序，然后通过模拟器的 GPS 模拟信息面板向模拟器发送 GPS 定位信息，即可看到该程序显示如图 16.3 所示的输出（当然也可使用真机测试，这样即可获得设备所在位置的真实定位信息）。

由于该程序每隔 3 秒就会向 GPS LocationProvider 获取一次定位信息，这样上面的程序界面上总可以实时显示该用户的定位信息。

如果把该程序与 Google Map 结合，让该程序根据 GPS 提供的信息实时地显示用户在地图上的位置，即可开发出 GPS 导航系统。下一章会介绍相关内容。

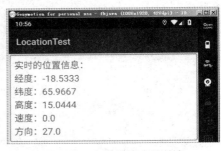

图 16.3　实时获取定位信息

▶▶ 16.3.3　Android 9 新增的室内 Wi-Fi 定位

Android 9 新增了对 RTT Wi-Fi 协议的支持，因此运行 Android 9 的设备可支持室内 Wi-Fi 定位。如果设备要测量与 3 个或更多 Wi-Fi 接入点的距离，则可以使用多点定位算法来对该设备进行定位。

室内 Wi-Fi 定位的管理器是 WifiRttManager，与其他管理器一样，程序可通过 Context 来获取该类的实例。例如，如下代码即可获取 WifiRttManager 对象。

```
WifiRttManager mWifiRttManager = (WifiRttManager)
    getSystemService(Context.WIFI_RTT_RANGING_SERVICE);
```

在获取了 WifiRttManager 对象之后，程序可调用该对象的 startRanging()方法开始定位。该方法需要 3 个参数。

➢ 第 1 个参数是 RangingRequest，该参数代表一个定位请求。该参数管理本次定位是基于哪些 Wi-Fi 访问点（AP）进行的。

➢ 第 2 个参数是一个 Executor 对象，该对象负责使用新线程来执行室内 Wi-Fi 定位，避免阻塞 UI 线程。

➢ 第 3 个参数是一个 RangingResultCallback 对象，当室内 Wi-Fi 定位成功或出错时，将触发该对象内特定的方法。

通过该 API 的介绍不难发现，Android 9 的室内 Wi-Fi 定位用起来还是比较简单的，只要按如下步骤进行即可。

① 获取 WifiRttManager 对象。

② 通过 RangingRequest.Builder 创建 RangingRequest 对象，在创建该对象之前先添加 Wi-Fi 扫描得到的 Wi-Fi 访问点信息。

③ 调用 WifiRttManager 对象的 startRanging()方法开始定位，通过传给该方法的第三个参数 RangingResultCallback 来获取室内定位信息。

下面示例示范了如何通过 WifiRttManager 来实现室内 Wi-Fi 定位。该示例并不需要在界面上显示定位信息，因此程序使用默认的界面布局文件即可。下面是该示例的 Activity 代码。

程序清单：codes\16\16.3\LocationTest\wifiloc\src\main\java\org\crazyit\gps\MainActivity.java

```java
public class MainActivity extends Activity
{
    WifiRttManager mWifiRttManager;
    // 定义监听 Wi-Fi 状态改变的 BroadcastReceiver
    public class WifiChangeReceiver extends BroadcastReceiver
    {
        @Override
```

```java
        public void onReceive(Context context, Intent intent)
        {
            if (WifiManager.SCAN_RESULTS_AVAILABLE_ACTION.equals(intent.getAction()))
            {
                // 开始执行 Wi-Fi 定位
                startWifiLoc();
            }
        }
    }
    @Override
    protected void onCreate(Bundle savedInstanceState)
    {
        super.onCreate(savedInstanceState);
        setContentView(R.layout.activity_main);
        // 定义一个监听网络状态改变、Wi-Fi 状态改变的 IntentFilter
        IntentFilter wifiFilter = new IntentFilter();
        wifiFilter.addAction(WifiManager.NETWORK_STATE_CHANGED_ACTION);
        wifiFilter.addAction(WifiManager.WIFI_STATE_CHANGED_ACTION);
        wifiFilter.addAction(WifiManager.SCAN_RESULTS_AVAILABLE_ACTION);
        // 为 IntentFilter 注册 BroadcastReceiver
        registerReceiver(new WifiChangeReceiver(), wifiFilter);
    }
    // 定义执行 Wi-Fi 定位的方法
    @SuppressLint("MissingPermission")
    private void startWifiLoc()
    {
        // 获取 Wi-Fi 管理器
        WifiManager wifiManager = (WifiManager) getSystemService(Context.WIFI_SERVICE);
        // 判断是否支持室内 Wi-Fi 定位功能
        boolean hasRtt = getPackageManager().hasSystemFeature(
            PackageManager.FEATURE_WIFI_RTT);
        System.out.println("是否具有室内 Wi-Fi 定位功能: " + hasRtt);
        // 只有当版本大于 Android 9 时才能使用室内 Wi-Fi 定位功能
        if (android.os.Build.VERSION.SDK_INT >= android.os.Build.VERSION_CODES.P)
        {
            // 获取室内 Wi-Fi 定位管理器
            mWifiRttManager = (WifiRttManager)
                getSystemService(Context.WIFI_RTT_RANGING_SERVICE);   // ①
            RangingRequest request = new RangingRequest.Builder()
                    // 添加 Wi-Fi 的扫描结果（即添加 Wi-Fi 访问点）
                    .addAccessPoints(wifiManager.getScanResults())
                    // 创建 RangingRequest 对象
                    .build();   // ②
            // 开始请求执行室内 Wi-Fi 定位
            mWifiRttManager.startRanging(request, Executors.newCachedThreadPool(),
                new RangingResultCallback()   // ③
                {
                    // 当 Wi-Fi 定位出错时触发该方法
                    @Override
                    public void onRangingFailure(int code)
                    { }
                    // 当室内 Wi-Fi 定位返回结果时触发该方法
                    @Override
                    public void onRangingResults(@NonNull List<RangingResult> results)
                    {
                        // 通过 RangingResult 集合可获取与特定 Wi-Fi 接入点之间的距离
                        for(RangingResult rr : results)
                        {
```

```
                System.out.println("与" + rr.getMacAddress()
                    + "Wi-Fi 的距离是:" + rr.getDistanceMm());
            }
        }
    });
    }
}
```

上面程序首先使用一个 BroadcastReceiver 来监听系统的网络状态、Wi-Fi 状态的改变——每当这些状态发生改变时，系统都会发出一个系统广播，而程序中的 BroadcastReceiver 则负责监听这些系统广播。当监听到这些系统广播之后，程序就开始执行室内 Wi-Fi 定位（由 startWifiLoc()方法实现）。这意味着每当设备的网络状态、Wi-Fi 状态发生改变时，设备都会重新执行室内 Wi-Fi 定位。

在 startWifiLoc()方法中第一行粗体字代码用于获取系统的 WifiRttManager 管理器；第二行粗体字代码用于创建 RangingRequest 对象，在创建该对象之前添加了系统扫描得到的 Wi-Fi 访问点列表；第三行粗体字代码用于启动室内 Wi-Fi 定位，每当定位结果返回时，程序都会自动触发 RangingResultCallback 对象的 onRangingResults()方法，程序可在该方法中利用这些室内 Wi-Fi 定位信息做进一步的计算。

在模拟器中运行该程序看不到任何效果，该程序必须在运行 Android 9 的真机上执行测试。

16.4 临近警告

前面在介绍 LocationManager 时已经提到，该 API 提供了一个 addProximityAlert(double latitude, double longitude, float radius, long expiration, PendingIntent intent)方法，该方法用于添加一个临近警告。

所谓临近警告的示意图如图 16.4 所示。

也就是当用户手机不断地临近指定固定点，与该固定点的距离小于指定范围时，系统可以触发相应的处理。

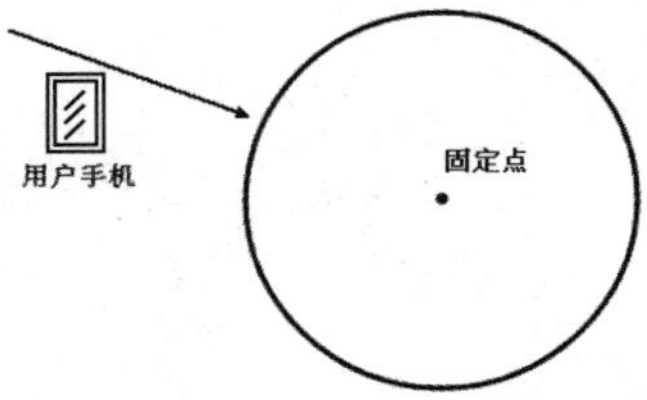

添加临近警告的方法的参数说明如下。

➢ latitude：指定固定点的经度。
➢ longitude：指定固定点的纬度。
➢ radius：指定一个半径长度。

图 16.4 临近警告示意图

➢ expiration：指定经过多少毫秒后该临近警告就会过期失效。-1 指定永不过期。
➢ intent：指定临近该固定点时触发该 intent 对应的组件。

下面的程序示范了如何检测手机是否进入"疯狂软件教育中心"附近，该程序几乎没有界面。当程序启动后，程序就会添加一个临近警告，当用户临近"疯狂软件教育中心"所在经度、纬度时，系统会显示提示。该程序代码如下。

程序清单：codes\16\16.4\ProximityTest\app\src\main\java\org\crazyit\gps\MainActivity.java

```java
public class MainActivity extends Activity
{
    private LocationManager locationManager;
    @Override
    protected void onCreate(Bundle savedInstanceState)
    {
        super.onCreate(savedInstanceState);
        setContentView(R.layout.activity_main);
        // 通过getSystemService方法获得LocationManager实例
        locationManager = (LocationManager) getSystemService(Context.LOCATION_SERVICE);
        requestPermissions(new String[]{Manifest.permission.ACCESS_FINE_LOCATION},
            0x123);
```

```
    }
    @SuppressLint("MissingPermission")
    @Override
    public void onRequestPermissionsResult(int requestCode,
        @NonNull String[] permissions, @NonNull int[] grantResults)
    {
        // 如果用户允许使用 GPS 定位信息
        if(requestCode == 0x123    && grantResults.length == 1
            && grantResults[0] == PackageManager.PERMISSION_GRANTED)
        {
            // 定义"疯狂软件教育中心"的经度、纬度
            double longitude = 113.401863;
            double latitude = 23.132636;
            // 定义半径（5 公里）
            float radius = 5000f;
            // 定义 Intent
            Intent intent = new Intent(this, ProximityAlertReciever.class);
            // 将 Intent 包装成 PendingIntent
            PendingIntent pi = PendingIntent.getBroadcast(this, -1, intent, 0);
            // 添加临近警告
            locationManager.addProximityAlert(latitude, longitude, radius, -1, pi);
        }
    }
}
```

上面程序中的粗体字代码用于添加临近警告，当用户手机临近指定经度、纬度确定的点时，系统会启动 pi 所对应的组件。pi 对应的组件是一个 BroadcastReceiver，它的代码如下。

程序清单：codes\16\16.4\ProximityTest\app\src\main\java\org\crazyit\gps\ProximityAlertReciever.java

```
public class ProximityAlertReciever extends BroadcastReceiver
{
    @Override
    public void onReceive(Context context, Intent intent)
    {
        // 获取是否进入指定区域
        boolean isEnter = intent.getBooleanExtra(
            LocationManager.KEY_PROXIMITY_ENTERING, false);
        if (isEnter)
        {
            // 显示提示信息
            Toast.makeText(context, "您已经进入疯狂软件教育中心附近",
                Toast.LENGTH_LONG).show();
        }
        else
        {
            // 显示提示信息
            Toast.makeText(context, "您已经离开疯狂软件教育中心附近",
                Toast.LENGTH_LONG).show();
        }
    }
}
```

该 BroadcastReceiver 被激发后的处理非常简单，程序通过 Intent 传递过来的消息判断设备是进入指定区域还是离开指定区域，并根据不同的状态提示不同的信息。

运行该程序，并通过 GPS 模拟信息面板输入定位信息控制设备慢慢进入疯狂软件教育中心的范围内（113.39、23.13），将可看到如图 16.5 所示的提示。

需要说明的是，正如官方文档中关于 addProximityAlert()方法的介绍：如果设备只是简单地通过被检测区域，系统可能不会激发 Intent，所以在模拟器中测试时，如果直接输入目标点的经纬度，由于这不是真实地模拟设备的位置改变行为，因此可能不会看到如图 16.5 所示的输出。

如果通过 GPS 模拟信息面板控制设备慢慢离开疯狂软件教育中心所在的区域，将可看到如图 16.6 所示的提示。

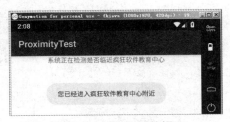
图 16.5　进入区域的提示

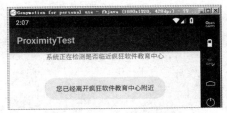
图 16.6　离开区域的提示

16.5　本章小结

本章主要介绍了 Android 提供的 GPS 定位支持，目前的绝大部分 Android 手机都提供了 GPS 硬件支持，都可以作为 GPS 定位系统的接收机，而开发者要做的就是从 Android 系统中获取 GPS 定位信息。学习本章的重点是掌握 LocationManager、LocationProvider 与 LocationListener 等 API 的功能和用法，并可以通过它们来监听、获取 GPS 定位信息。

一旦在应用程序中获取了 GPS 定位信息之后，接下来就可以通过这种定位信息在 Google Map 上进行定位、跟踪等，这就需要结合下一章所介绍的 Map 服务了。

第17章
整合高德 Map 服务

本章要点

- 了解 Map 服务
- 掌握调用第三方 Map 服务的方法
- 获取第三方 Map 服务的 API Key
- 添加第三方 Map 服务的 SDK
- 根据 GPS 信息在地图上定位
- 根据 GPS 信息在地图上跟踪用户轨迹
- 调用地址解析服务
- 根据地址在地图上定位
- 调用第三方的导航服务

上一章介绍了如何使用 Android 的 GPS 来获取设备的定位信息，但这种方式得到的定位信息只不过是一些数字的经度、纬度值，如果这些经度、纬度值不能以更形象、直观的方式显示出来，对于大部分普通用户而言，这些经度、纬度数据几乎没有任何价值。

为了让上一章介绍的 GPS 信息"派上"用场，本章将会详细介绍 Android 调用第三方的 Map 服务，本书将以高德 Map 服务为例来介绍如何在 Android 应用中嵌入高德地图。如果把上一章获得的 GPS 信息与本章的 Map 应用结合起来，就可以非常方便地开发出定位、导航等应用程序。

17.1 调用高德 Map 服务

国内比较常用的地图服务有高德地图服务、百度地图服务等，不管使用哪一家的地图服务，大致的调用步骤都基本相似，读者只要熟练掌握其中一种即可。

17.1.1 获取 Map API Key

为了在应用程序中调用第三方 Map 服务，必须先获取第三方 Map 服务的 API Key。此处以获取高德地图服务的 API Key 为例进行介绍，获取步骤如下：

① 首先找到该 App 的数字证书的 keystore 的存储路径，此时可分为两种情况。
➢ 如果是作为实际产品发布的签名 App，该 App 的数字证书的 keystore 将保存在用户自定义的路径中，该自定义路径也就是第 1 章中图 1.43 创建数字证书时所指定的存储路径。
➢ 如果是作为调试阶段的调试 App，该 App 的数字证书的 keystore 通常保存在 ANDROID_SDK_HOME 环境变量对应的路径的 .android/ 目录下，在该目录下可以找到一个 debug.keystore 文件，该文件就是调试 App 的数字证书的 keystore 的存储路径。比如笔者的 ANDROID_SDK_HOME 环境变量值为 D:\AVD，那么对应的 keystore 的存储路径为 D:\AVD\.android\debug.keystore。

② 为了获取第三方 Map 服务的 API Key，需要先用 JDK 提供的 keytool 工具查看 keystore 的认证指纹。启动命令行窗口，输入如下命令：

```
keytool -list -v -keystore <Android keystore 的存储位置>
```

将上面命令中的<Android keystore 的存储位置>替换成 App 的数字证书的 keystore 的存储位置（如果发布 Android 应用，则应该使用本公司的 keystore 的存储路径）。

运行上面的命令，系统将会提示"输入 keystore 密码"，输入 Android 模拟器的 keystore 的默认密码：android，系统将会显示该 keystore 对应的认证指纹。图 17.1 显示了查看 keystore 的认证指纹的详细过程。

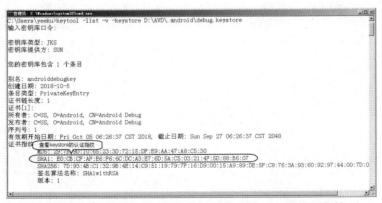

图 17.1 查看调试 App 的数字证书的 keystore 的认证指纹

提示： 如果运行 keytool 工具时系统提示"找不到该命令"，则说明还未在 PATH 环境变量中增加%JAVA_HOME%/bin 路径，其中%JAVA_HOME%代表 JDK 的安装路径——JDK 的安装路径的 bin 子目录下应该包含 java.exe、javac.exe 和 keytool.exe 工具。

③ 记住图 17.1 所显示的 SHA1 对应的认证指纹，登录 http://id.amap.com/站点，系统显示如图 17.2 所示的登录高德地图的页面。

图 17.2　登录高德地图

④ 如果读者已有高德地图的账号、密码，那么输入账号、密码登录即可。如果读者还没有高德地图的账号、密码，则需要通过该页面下面的"免费注册"链接注册一个新的账号。

⑤ 注册完成后系统会提示用户还没有"成为开发者"，读者可通过页面中间的链接申请"成为开发者"，在申请成为开发者时，页面会提示用户输入邮箱和手机号码（请输入真实的邮箱和手机号码，因为高德会采用短信+邮箱的方式进行验证），提交请求，并通过邮件激活之后，此时就拥有了一个高德的开发者账号。

⑥ 登录 http://lbs.amap.com/dev/key/app/页面，即可看到如图 17.3 所示的页面。

图 17.3　申请 Key

 提示： 如果读者第一次注册、登录高德地图的网站，则可能看不到上面列出的 maptest 那条记录，这条记录是本书为测试 Map 应用所获取的 Key。

⑦ 首先单击该页面上的"创建新应用"按钮创建一个应用，在创建新应用时只要填写应用的名称并选择应用类型即可。然后单击"添加新 Key"按钮（该按钮的作用就是为该应用获取不同的 Key），将显示如图 17.4 所示的输入页面。

图 17.4　填写申请 Key 的信息

⑧ 在文本框中输入 keytool 工具查看到的 SHA1 指纹，单击"提交"按钮，系统返回如图 17.3 所示的页面，即可在该页面中看到该应用（包名+SHA1 签名即可唯一确定一个应用）对应的 API Key。

17.1.2　高德地图入门

一旦为指定应用申请了 API Key，接下来即可非常简单地在应用中使用高德地图了。高德地图提供了一个 MapView 组件，这个 MapView 继承了 FrameLayout，因此它的本质就是一个普通的容器控件，所以开发者可以直接将该 MapView 添加到应用界面上。

MapView 只是一个容器，真正为 MapView 提供地图支持的是 AMap 类，MapView 可通过 getMap() 方法来获取它所封装的 AMap 对象，AMap 对象则提供了大量的方法来控制地图。

> 前面在申请 API Key 时填写的应用包名是什么，那么此处新建项目的包名也必须与之相同。

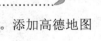

为了给 Android 应用添加高德地图支持，必须为该应用添加高德地图的 SDK。添加高德地图的 SDK 请按如下步骤进行。

① 登录 http://lbs.amap.com/api/android-sdk/download/?站点，即可看到如图 17.5 所示的页面。
② 由于本书将以高德 3D 地图为例，因此读者应该下载图 17.5 所示列表中的 3D 地图和搜索功能（支持地址解析和反向地址解析等功能）。此外，为了使用高德地图的导航服务，也应该勾选"导航 SDK"。下载完成后得到 AMap3DMap_AMapNavi_AMapSearch.zip 压缩包。
③ 将下载得到的压缩包解压缩，解压缩之后得到 1 个 JAR 包，以及 arm64-v8a、armeabi、armeabi-v7a、x86、x86_64 这 5 个文件夹。

图 17.5　下载高德地图的 SDK

④ 将第 3 步解压缩得到的 JAR 包复制到 Android 应用的 app/libs/目录下，再将 Android Studio 左边面板切换成 Project 面板，然后选中这个 JAR 包并单击右键，通过右键菜单中的 "Add As Library..." 菜单项将这个 JAR 包添加到该应用中（这一步其实就是修改 App 应用下的 build.gradle 文件，添加了一个依赖 JAR 包。

⑤ 在 Android 应用的 app/src/main/目录下新建一个 jniLibs 子目录，并将第 3 步解压缩得到的 arm64-v8a、armeabi、armeabi-v7a、x86、x86_64 这 5 个文件夹复制到该目录下。

> **提示：** 实际上，第 4 步是通过 Android Studio 为 App 添加第三方 JAR 包的方法；第 5 步则是通过 Android Studio 为 App 添加第三方*.so 包（*.so 文件是 Linux 平台的动态链接库文件，类似于 Windows 平台的*.dll 文件）的方法。此外，也可以将这些*.so 包直接复制到 libs 目录下，然后在 build.gradle 文件中配置 jniLibs 目录指向 libs 目录。如果读者使用的是 Eclipse+ADT 开发平台，那就更简单了，直接将 JAR 包和 arm64-v8a、armeabi、armeabi-v7a、x86、x86_64 这 5 个文件夹复制到 Android 应用的 libs 目录下即可，Eclipse 会自动加载它们。

⑥ 打开 Android 应用的 AndroidManifest.xml 文件，在该文件的<application.../>元素内添加如下<meta-data.../>子元素。

```
<!-- 启用高德地图服务 -->
<meta-data
    android:name="com.amap.api.v2.apikey"
    android:value=" 4762798124b04fba63c695f16a37c4ab"/>
```

> **注意：** 千万不要直接照着书上输入，因为上面<meta-data.../>元素用于启用高德地图支持，而其中的 android:value 属性值应该填写前面申请得到的 API Key。

⑦ 在 Android 应用的 AndroidManifest.xml 文件中添加如下权限。

```
<uses-permission android:name="android.permission.INTERNET" />
<uses-permission android:name="android.permission.WRITE_EXTERNAL_STORAGE" />
<uses-permission android:name="android.permission.ACCESS_NETWORK_STATE" />
<uses-permission android:name="android.permission.ACCESS_WIFI_STATE" />
<uses-permission android:name="android.permission.READ_PHONE_STATE" />
<uses-permission android:name="android.permission.ACCESS_COARSE_LOCATION" />
```

经过上面步骤，高德地图 SDK 添加完成，剩下的事情就是使用 MapView 组件了，而 MapView 组件与普通 Android 组件的区别并不大。本应用的界面设计文件如下。

程序清单：codes\17\17.1\AMapTest\app\src\main\res\activity_main.xml

```xml
<?xml version="1.0" encoding="utf-8"?>
<FrameLayout xmlns:android="http://schemas.android.com/apk/res/android"
    android:layout_width="match_parent"
    android:layout_height="match_parent">
    <!-- 使用高德地图提供的 MapView -->
    <com.amap.api.maps.MapView
        android:id="@+id/map"
        android:layout_width="match_parent"
        android:layout_height="match_parent" />
    <ToggleButton
        android:id="@+id/tb"
        android:layout_width="wrap_content"
        android:layout_height="wrap_content"
        android:layout_gravity="top|right"
        android:checked="false"
        android:textOff="普通地图"
        android:textOn="卫星地图" />
</FrameLayout>
```

正如从上面粗体字代码所看到的，程序使用 MapView 的方式与使用普通 Android View 并没有太大的区别。需要指出的是，MapView 要求在其所在的 Activity 的生命周期方法中回调该 MapView 的生命周期方法。下面是该应用的 Activity 代码。

程序清单：codes\17\17.1\AMapTest\app\src\main\java\org\crazyit\map\MainActivity.java

```java
public class MainActivity extends Activity
{
    private MapView mapView;
    private AMap aMap;
    @Override
    protected void onCreate(Bundle savedInstanceState)
    {
        super.onCreate(savedInstanceState);
        setContentView(R.layout.activity_main);
        mapView = findViewById(R.id.map);
        // 必须回调 MapView 的 onCreate()方法
        mapView.onCreate(savedInstanceState);
        init();
        ToggleButton tb = findViewById(R.id.tb);
        tb.setOnCheckedChangeListener((buttonView, isChecked) -> {
            if (isChecked)
            {
                // 设置使用卫星地图
                aMap.setMapType(AMap.MAP_TYPE_SATELLITE);
            }
            else
            {
                // 设置使用普通地图
                aMap.setMapType(AMap.MAP_TYPE_NORMAL);
            }
        });
    }
    // 初始化 AMap 对象
    private void init()
    {
        if (aMap == null)
        {
            aMap = mapView.getMap();
```

```
    }
    @Override
    public void onResume()
    {
        super.onResume();
        // 必须回调 MapView 的 onResume()方法
        mapView.onResume();
    }
    @Override
    public void onPause()
    {
        super.onPause();
        // 必须回调 MapView 的 onPause()方法
        mapView.onPause();
    }
    @Override
    public void onSaveInstanceState(Bundle outState)
    {
        super.onSaveInstanceState(outState);
        // 必须回调 MapView 的 onSaveInstanceState()方法
        mapView.onSaveInstanceState(outState);
    }
    @Override
    public void onDestroy()
    {
        super.onDestroy();
        // 必须回调 MapView 的 onDestroy()方法
        mapView.onDestroy();
    }
}
```

正如从上面粗体字代码所看到的，程序只是简单地获取了界面上的 MapView 组件，并在该 Activity 的生命周期方法内回调了 MapView 的生命周期方法，整个应用就完成了。本应用为了简单示范 AMap 的功能，程序为界面上的 ToggleButton 添加了事件监听器，用于切换地图的显示方式。

使用真机运行该程序（不要使用 Genymotion 模拟器运行该程序，Genymotion 模拟器在这个地方有点小问题，它会报一个 createContext failed: EGL_SUCCESS 的异常），切换到卫星地图，即可看到如图 17.6 所示的地图界面。

17.2 根据 GPS 信息在地图上定位

通过 MapView 获取 AMap 对象之后，接下来即可通过 AMap 来控制地图的显示形式和显示外观了。AMap 提供了如下常用方法来控制地图。

图 17.6 地图

- setLocationSource(LocationSource locationSource)：设置定位数据源。
- setMapType(int type)：设置地图显示的类型。
- setMyLocationEnabled(boolean paramBoolean)：设置定位层是否显示。
- setMyLocationStyle(MyLocationStyle style)：设置定位（当前位置）的绘制样式。
- setPointToCenter(int x, int y)：设置屏幕上的某个点为地图中心点。
- setTrafficEnabled(boolean enabled)：设置是否显示交通状况。

除此之外，AMap 还提供了大量的 setOnXxxListener()方法，这些方法都需要传入相应的监听器实现类，通过这些监听器可以让地图响应用户操作。

如果用户希望向地图上添加自定义的图片或形状，AMap 提供了如下常用方法。

- addArc(ArcOptions options)：在地图上添加一段扇形覆盖物（Arc）。
- addCircle(CircleOptions options)：在地图上添加圆形（Circle）覆盖物。
- addGroundOverlay(GroundOverlayOptions options)：在地图上添加图片。
- addMarker(MarkerOptions options)：在地图上添加标记（Marker）。
- addMarkers(java.util.ArrayList<MarkerOptions> list, boolean moveToCenter)：在地图上添加多个标记，并设置是否移动到屏幕中间。
- Polygon addPolygon(PolygonOptions options)：在地图上添加一个多边形（Polygon）。
- Polyline addPolyline(PolylineOptions options)：在地图上添加多条线段（Polyline）。
- addTileOverlay(TileOverlayOptions options)：在地图上添加 tile overlay 图层。

不管程序需要向地图上添加哪种东西，程序的操作步骤都大致相同，都可按如下步骤进行。

① 创建一个 XxxOptions，比如要添加 Marker 对象，程序就需要先创建一个 MarkerOptions；比如添加 Polyline，就需要创建 PolylineOptions。

② 调用 XxxOptions 的各种 setter 方法来设置属性。

③ 调用 AMap 对象的 addXxx()方法添加即可。

> **提示：**
> 高德地图的 API 文档本来就是用中文写成的，因此读者可以直接通过高德官网来了解 AMap 的各方法的功能和用法。

为了表示 Map 上的指定点，高德地图提供了 LatLng 类。LatLng 十分简单，它就是对纬度、经度的封装。除此之外，高德地图还提供了一个 CameraUpdate 类（该类并未提供构造器，程序应该通过 CameraUpdateFactory 来创建该类的实例），CameraUpdate 可控制地图的缩放级别、定位、倾斜角度等信息，程序调用 AMap 的 moveCamera(CameraUpdate update)方法根据 CameraUpdate 对地图进行缩放、定位和倾斜。

掌握了高德地图的上面常用的 API 之后，接下来就可以开发 Android 的 Map 应用了。

下面的程序示范了如何根据经度、纬度在地图上定位。该程序的界面提供了文本框让用户输入经度、纬度，也允许用户设置通过 GPS 信号在地图上定位。该程序的界面布局代码如下。

程序清单：codes\17\17.2\LocationMap\app\src\main\res\layout\activity_main.xml

```xml
<?xml version="1.0" encoding="utf-8"?>
<LinearLayout xmlns:android="http://schemas.android.com/apk/res/android"
    android:layout_width="match_parent"
    android:layout_height="match_parent"
    android:orientation="vertical">
    <LinearLayout
        android:layout_width="match_parent"
        android:layout_height="wrap_content"
        android:gravity="center_horizontal"
        android:orientation="horizontal">
        <TextView
            android:layout_width="wrap_content"
            android:layout_height="wrap_content"
            android:text="@string/txtLong" />
    <!-- 定义输入经度值的文本框 -->
    <EditText
        android:id="@+id/lng"
        android:layout_width="85dp"
```

```xml
            android:layout_height="wrap_content"
            android:inputType="numberDecimal"
            android:text="@string/lng" />
        <TextView
            android:layout_width="wrap_content"
            android:layout_height="wrap_content"
            android:paddingLeft="8dp"
            android:text="@string/txtLat" />
        <!-- 定义输入纬度值的文本框 -->
        <EditText
            android:id="@+id/lat"
            android:layout_width="85dp"
            android:layout_height="wrap_content"
            android:inputType="numberDecimal"
            android:text="@string/lat" />
        <Button
            android:id="@+id/loc"
            android:layout_width="0dp"
            android:layout_height="wrap_content"
            android:layout_weight="4"
            android:text="@string/loc" />
    </LinearLayout>
    <LinearLayout
        android:layout_width="match_parent"
        android:layout_height="wrap_content"
        android:gravity="center_horizontal"
        android:orientation="horizontal">
        <!-- 定义选择定位方式的单选钮组 -->
        <RadioGroup
            android:id="@+id/rg"
            android:layout_width="match_parent"
            android:layout_height="match_parent"
            android:layout_weight="1"
            android:orientation="horizontal">
            <RadioButton
                android:id="@+id/manual"
                android:layout_width="wrap_content"
                android:layout_height="wrap_content"
                android:checked="true"
                android:text="@string/manul" />
            <RadioButton
                android:id="@+id/gps"
                android:layout_width="wrap_content"
                android:layout_height="wrap_content"
                android:text="@string/gps" />
        </RadioGroup>
    </LinearLayout>
    <!-- 使用高德地图提供的 MapView -->
    <com.amap.api.maps.MapView xmlns:android="http://schemas.android.com/apk/res/android"
        android:id="@+id/map"
        android:layout_width="match_parent"
        android:layout_height="match_parent" />
</LinearLayout>
```

在提供了上面介绍的布局之后,接下来就可以在程序中根据用户输入的经度、纬度来进行定位,也可以根据 GPS 传入的信号进行定位。根据经度、纬度在 AMap 上定位的步骤如下。

① 根据程序获取的经度、纬度值创建 LatLng 对象。
② 调用 CameraUpdateFactory 的 changeLatLng()方法创建改变地图中心的 Camera 对象。
③ 调用 AMap 的 moveCamera(CameraUpdate update)即可控制地图定位到指定位置。

该示例程序的代码如下。

程序清单：codes\17\17.2\LocationMap\app\src\main\java\org\crazyit\map\MainActivity.java

```java
public class MainActivity extends Activity
{
    private MapView mapView;
    private AMap aMap;
    private LocationManager locationManager;
    @Override
    protected void onCreate(Bundle savedInstanceState)
    {
        super.onCreate(savedInstanceState);
        setContentView(R.layout.activity_main);
        locationManager = (LocationManager) getSystemService(Context.LOCATION_SERVICE);
        mapView = findViewById(R.id.map);
        // 必须回调 MapView 的 onCreate()方法
        mapView.onCreate(savedInstanceState);
        init();
        requestPermissions(new String[]{Manifest.permission.ACCESS_FINE_LOCATION}, 0x123);
        Button bn = findViewById(R.id.loc);
        TextView latTv = findViewById(R.id.lat);
        TextView lngTv = findViewById(R.id.lng);
        bn.setOnClickListener(view ->
        {
            // 获取用户输入的经度、纬度值
            String lng = lngTv.getEditableText().toString().trim();
            String lat = latTv.getEditableText().toString().trim();
            if (lng.equals("") || lat.equals(""))
            {
                Toast.makeText(MainActivity.this, "请输入有效的经度、纬度!",
                    Toast.LENGTH_SHORT).show();
            }
            else
            {
                // 设置根据用户输入的地址定位
                ((RadioButton) findViewById(R.id.manual)).setChecked(true);
                double dLng = Double.parseDouble(lng);
                double dLat = Double.parseDouble(lat);
                // 将用户输入的经度、纬度封装成 LatLng
                LatLng pos = new LatLng(dLat, dLng);    // ①
                // 创建一个设置经纬度的 CameraUpdate
                CameraUpdate cu = CameraUpdateFactory.changeLatLng(pos);    // ②
                // 更新地图的显示区域
                aMap.moveCamera(cu);    // ③
                // 创建 MarkerOptions 对象
                MarkerOptions markerOptions = new MarkerOptions();
                // 设置 MarkerOptions 的添加位置
                markerOptions.position(pos);
                // 设置 MarkerOptions 的标题
                markerOptions.title("疯狂软件教育中心");
                // 设置 MarkerOptions 的摘录信息
                markerOptions.snippet("专业的 Java、iOS 培训中心");
                // 设置 MarkerOptions 的图标
                markerOptions.icon(BitmapDescriptorFactory.
                    defaultMarker(BitmapDescriptorFactory.HUE_RED));
                markerOptions.draggable(true);
                // 添加 MarkerOptions（实际上就是添加 Marker）
                Marker marker = aMap.addMarker(markerOptions);
                marker.showInfoWindow();    // 设置默认显示信息窗
                // 创建 MarkerOptions，并设置它的各种属性
                MarkerOptions markerOptions1 = new MarkerOptions();
                markerOptions1.position(new LatLng(dLat + 0.001, dLng))
```

```java
                    // 设置标题
                    .title("疯狂软件教育中心学生食堂")
                    .icon(BitmapDescriptorFactory
                        .defaultMarker(BitmapDescriptorFactory.HUE_MAGENTA))
                    .draggable(true);
            // 使用集合封装多个图标，这样可为 MarkerOptions 设置多个图标
            ArrayList<BitmapDescriptor> giflist = new ArrayList<>();
            giflist.add(BitmapDescriptorFactory.defaultMarker(
                BitmapDescriptorFactory.HUE_BLUE));
            giflist.add(BitmapDescriptorFactory.defaultMarker(
                BitmapDescriptorFactory.HUE_GREEN));
            giflist.add(BitmapDescriptorFactory.defaultMarker(
                BitmapDescriptorFactory.HUE_YELLOW));
            // 再创建一个 MarkerOptions，并设置它的各种属性
            MarkerOptions markerOptions2 = new MarkerOptions()
                .position(new LatLng(dLat - 0.001, dLng))
                // 为 MarkerOptions 设置多个图标
                .icons(giflist).title("疯狂软件教育中心学生宿舍").draggable(true)
                // 设置图标的切换频率
                .period(10);
            // 使用 ArrayList 封装多个 MarkerOptions，即可一次添加多个 Marker
            ArrayList<MarkerOptions> optionList = new ArrayList<>();
            optionList.add(markerOptions1);
            optionList.add(markerOptions2);
            // 批量添加多个 Marker
            aMap.addMarkers(optionList, true);
        }
    });
}
@SuppressLint("MissingPermission")
@Override public void onRequestPermissionsResult(int requestCode,
        @NonNull String[] permissions, @NonNull int[] grantResults)
{
    RadioButton rb = findViewById(R.id.gps);
    // 为 GPS 单选钮设置监听器
    rb.setOnCheckedChangeListener((buttonView, isChecked) ->
    {
        // 如果该单选钮已经被选中
        if (isChecked)
        {
            // 通过监听器监听 GPS 提供的定位信息的改变
            locationManager.requestLocationUpdates(LocationManager.
                GPS_PROVIDER, 300, 8f, new LocationListener()
            {
                @Override
                public void onLocationChanged(Location location)
                {
                    // 使用 GPS 提供的定位信息来更新位置
                    updatePosition(location);
                }
                @Override
                public void onStatusChanged(String provider, int status, Bundle extras)
                { }
                @SuppressLint("MissingPermission")
                @Override
                public void onProviderEnabled(String provider)
                {
                    // 使用 GPS 提供的定位信息来更新位置
                    updatePosition(locationManager.getLastKnownLocation(provider));
                }
                @Override
```

```java
                    public void onProviderDisabled(String provider)
                    { }
                });
            }
        });
    }
    private void updatePosition(Location location)
    {
        LatLng pos = new LatLng(location.getLatitude(), location.getLongitude());
        // 创建一个设置经纬度的 CameraUpdate
        CameraUpdate cu = CameraUpdateFactory.changeLatLng(pos);
        // 更新地图的显示区域
        aMap.moveCamera(cu);
        // 清除所有 Marker 等覆盖物
        aMap.clear();
        // 创建一个 MarkerOptions 对象
        MarkerOptions markerOptions = new MarkerOptions();
        markerOptions.position(pos);
        // 设置 MarkerOptions 使用自定义图标
        markerOptions.icon(BitmapDescriptorFactory.fromResource(R.drawable.car));
        markerOptions.draggable(true);
        aMap.addMarker(markerOptions);
    }
    // 初始化 AMap 对象
    private void init()
    {
        if (aMap == null)
        {
            aMap = mapView.getMap();
            // 创建一个设置放大级别的 CameraUpdate
            CameraUpdate cu = CameraUpdateFactory.zoomTo(15f);
            // 设置地图的默认放大级别
            aMap.moveCamera(cu);
            // 创建一个更改地图倾斜度的 CameraUpdate
            CameraUpdate tiltUpdate = CameraUpdateFactory.changeTilt(30f);
            // 改变地图的倾斜度
            aMap.moveCamera(tiltUpdate);
        }
    }
    @Override
    public void onResume()
    {
        super.onResume();
        // 必须回调 MapView 的 onResume()方法
        mapView.onResume();
    }
    @Override
    public void onPause()
    {
        super.onPause();
        // 必须回调 MapView 的 onPause()方法
        mapView.onPause();
    }
    @Override
    public void onSaveInstanceState(Bundle outState)
    {
        super.onSaveInstanceState(outState);
        // 必须回调 MapView 的 onSaveInstanceState()方法
        mapView.onSaveInstanceState(outState);
    }
    @Override public void onDestroy()
    {
        super.onDestroy();
```

```
        // 必须回调 MapView 的 onDestroy()方法
        mapView.onDestroy();
    }
}
```

上面程序中的①、②、③号粗体字代码分别用于创建 LatLng 对象,并根据 LatLng 对象创建改变地图中心点的 CameraUpdate 对象,将地图定位到指定位置点。

程序中第二段粗体字代码示范了如何向地图上添加 MarkerOptions——实际上是向地图上添加一个 Marker。

运行上面的程序,将看到如图 17.7 所示的结果。

如果读者开发该程序时一切正常,将可以看到如图 17.7 所示的地图,在应用界面上方的文本框中输入合适的经度、纬度,地图将会定位到指定的位置。

图 17.7 所示的地图界面上有 3 个 Marker,其中最下面一个 Marker 会不停地闪烁,这是因为程序给最下面一个 Marker 设置了 3 个不同颜色图标。

如果用户选中界面上的"GPS 定位"单选钮,程序将会使用 LocationManager 不断地获取 GPS 信号,并根据 GPS 信号来调整地图中心,而且程序还在地图定位点添加了一个汽车图标。运行程序,可以看到如图 17.8 所示的界面。

图 17.7 根据经纬度定位

图 17.8 根据 GPS 定位

17.3 实际定位

前面介绍的在地图上定位的例子需要用户输入定位点的经度、纬度才能进行定位,这种方式显然不太现实:普通用户不太可能记住某个位置的经度、纬度。对于普通用户来说,根据地址进行定位才是更有实用价值的地图。本节将会介绍如何根据地址在地图上定位。

17.3.1 地址解析与反向地址解析

通常来说,地图定位必须根据经度、纬度来完成,因此,如果需要让程序根据地址进行定位,则需要先把地址解析成经度、纬度。这里涉及如下两个基本概念。

➢ 地址解析:把普通用户能看懂的字符串地址转换为经度、纬度。

> 反向地址解析：把经度、纬度值转换成普通的字符串地址。

高德地图搜索服务为地址解析提供了 GeocodeSearch 工具类，该工具类提供了如下方法来进行地址解析和反向地址解析。

> RegeocodeAddress getFromLocation(RegeocodeQuery query)：根据给定的经纬度和最大结果数返回反向地址解析的结果。

> getFromLocationAsyn(RegeocodeQuery query)：该方法与前一个方法类似，只是该方法以异步方式进行。

> java.util.List<GeocodeAddress> getFromLocationName(GeocodeQuery query)：根据给定的地理名称、城市来返回地址解析的结果列表。

> getFromLocationNameAsyn(GeocodeQuery query)：该方法与前一个方法类似，只是该方法以异步方式进行。

虽然 GeocodeSearch 工具类提供了上面方法来进行地址解析和反向地址解析，但实际上这个类还是需要调用网络上高德的查询服务。很明显，Android 平台不大可能把地球上的所有地名与经度、纬度之间的映射关系都存储在手机系统中。

由于 Android 平台要求所有的网络访问都不能直接放在 UI 线程中进行，因此 Android 应用进行地址解析或反向地址解析时都应该采用异步方式进行。当程序采用异步方式进行地址解析或反向地址解析时，程序还必须为 GeocodeSearch 设置一个监听器，当解析完成时，该监听器所包含的方法将会被触发。

借助于 GeocodeSearch 提供的地址解析、反向地址解析的功能，接下来只要按如下步骤操作即可完成地址解析和反向地址解析。

① 创建 GeocodeSearch 对象，并为该对象设置解析监听器。

② 如果要进行地址解析，程序先创建 GeocodeQuery 对象，该对象封装了要解析的地理名称、城市等信息；如果要进行反向地址解析，程序先创建 LatLonPoint 对象，该对象封装了经度、纬度信息。

③ 调用 GeocodeSearch 对象的方法执行地址解析或反向地址解析。

下面的示例示范了如何使用 GeocodeSearch 来进行地址解析、反向地址解析。该应用程序的 Activity 代码如下。

程序清单：codes\17\17.3\AddrLoc\geocoder\src\main\java\org\crazyit\map\MainActivity.java

```java
public class MainActivity extends Activity
{
    private GeocodeSearch search;
    @Override
    protected void onCreate(Bundle savedInstanceState)
    {
        super.onCreate(savedInstanceState);
        setContentView(R.layout.activity_main);
        // 获取界面上的可视化组件
        Button parseBn = findViewById(R.id.parse);
        Button reverseBn = findViewById(R.id.reverse);
        final EditText etLng = findViewById(R.id.lng);
        final EditText etLat = findViewById(R.id.lat);
        final EditText etAddress = findViewById(R.id.address);
        final TextView etResult = findViewById(R.id.result);
        View.OnClickListener listener = source -> {
            switch (source.getId())
            {
                // 单击了"解析"按钮
                case R.id.parse:
                    String address = etAddress.getText().toString().trim();
                    if (address.equals(""))
```

```
                {
                    Toast.makeText(this, "请输入有效的地址",
                        Toast.LENGTH_LONG).show();
                }
                else
                {
                    GeocodeQuery query = new GeocodeQuery(address, "广州");
                    // 根据地理名称执行异步解析
                    search.getFromLocationNameAsyn(query);    // ②
                }
                break;
            // 单击了"反向解析"按钮
            case R.id.reverse:
                String lng = etLng.getText().toString().trim();
                String lat = etLat.getText().toString().trim();
                if (lng.equals("") || lat.equals(""))
                {
                    Toast.makeText(this, "请输入有效的经度、纬度!",
                        Toast.LENGTH_LONG).show();
                }
                else
                {
                    // 根据经纬度执行异步查询
                    search.getFromLocationAsyn(new RegeocodeQuery(
                        new LatLonPoint(Double.parseDouble(lat)
                        , Double.parseDouble(lng)), 20f    // 区域半径
                        , GeocodeSearch.GPS));    // ③
                }
                break;
        }
    };
    parseBn.setOnClickListener(listener);
    reverseBn.setOnClickListener(listener);
    // 创建 GeocodeSearch 对象
    search = new GeocodeSearch(this);
    // 设置解析监听器
    search.setOnGeocodeSearchListener(
        new GeocodeSearch.OnGeocodeSearchListener()    // ①
    {
        @Override
        public void onRegeocodeSearched(RegeocodeResult regeocodeResult, int i)
        {
            RegeocodeAddress addr = regeocodeResult.getRegeocodeAddress();
            etResult.setText("经度:" + etLng.getText() + "、纬度:" +
                etLat.getText() + "的地址为: \n" + addr.getFormatAddress());
        }
        @Override
        public void onGeocodeSearched(GeocodeResult geocodeResult, int i)
        {
            GeocodeAddress addr = geocodeResult.getGeocodeAddressList().get(0);
            LatLonPoint latlng = addr.getLatLonPoint();
            etResult.setText(etAddress.getText().toString() + "的经度是:" +
                latlng.getLongitude() + "、纬度是:" + latlng.getLatitude());
        }
    });
}
```

上面程序中的①号粗体字代码为 GeocodeSearch 对象设置了一个解析监听器,当程序调用该对象的方法执行异步解析完成后,程序将会自动触发该监听器包含的方法。

程序中②号粗体字代码以异步方式执行地址解析,在②号代码之前先创建了一个 GeocodeQuery

对象，该对象包含要解析的地理名称、城市等信息。

程序中③号粗体字代码以异步方式执行反向地址解析，执行③号代码时传入了一个 LatLonPoint 对象，该对象就包装了要进行反向地址解析的经度、纬度。

运行上面的程序，在文本框中输入某个地名，单击"解析"按钮，将可看到如图 17.9 所示的结果。

在图 17.9 所示的"经度"和"纬度"文本框中分别输入经度和纬度值，然后单击"反向解析"按钮，即可看到程序有如图 17.10 所示的输出。

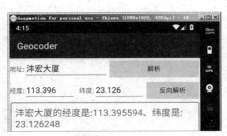

图 17.9　地址解析

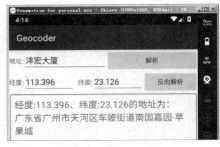

图 17.10　反向地址解析

▶▶ 17.3.2　根据地址执行定位

下面的应用程序是对 17.2 节示例程序的改进，该应用程序不需要用户输入经度、纬度值，只要用户输入目标地址，程序就会调用 GeocodeSearch 对目标地址执行地址解析，将其转换为经度、纬度值，再控制地图定位到指定地址点即可。

该程序代码如下。

程序清单：codes\17\17.3\AddrLoc\locmap\src\main\java\org\crazyit\map\MainActivity.java

```java
public class MainActivity extends Activity
        implements GeocodeSearch.OnGeocodeSearchListener
{
    private MapView mapView;
    private AMap aMap;
    @Override
    protected void onCreate(Bundle savedInstanceState)
    {
        super.onCreate(savedInstanceState);
        setContentView(R.layout.activity_main);
        mapView = findViewById(R.id.map);
        // 必须回调 MapView 的 onCreate()方法
        mapView.onCreate(savedInstanceState);
        init();
        Button bn = findViewById(R.id.loc);
        TextView addrTv = findViewById(R.id.address);
        bn.setOnClickListener(view ->
        {
            String addr = addrTv.getText().toString();
            if (addr.equals(""))
            {
                Toast.makeText(MainActivity.this, "请输入有效的地址",
                    Toast.LENGTH_LONG).show();
            }
            else
            {
                GeocodeSearch search = new GeocodeSearch(MainActivity.this);
                search.setOnGeocodeSearchListener(MainActivity.this);
                GeocodeQuery query = new GeocodeQuery(addr, "广州");
```

```java
            // 根据地址执行异步地址解析
            search.getFromLocationNameAsyn(query);    // ①
        }
    });
}
// 初始化 AMap 对象
private void init()
{
    if (aMap == null)
    {
        aMap = mapView.getMap();
        // 创建一个设置放大级别的 CameraUpdate
        CameraUpdate cu = CameraUpdateFactory.zoomTo(16f);
        // 设置地图的默认放大级别
        aMap.moveCamera(cu);
    }
}
@Override
public void onResume()
{
    super.onResume();
    // 必须回调 MapView 的 onResume()方法
    mapView.onResume();
}
@Override
public void onPause()
{
    super.onPause();
    // 必须回调 MapView 的 onPause()方法
    mapView.onPause();
}
@Override
public void onSaveInstanceState(Bundle outState)
{
    super.onSaveInstanceState(outState);
    // 必须回调 MapView 的 onSaveInstanceState()方法
    mapView.onSaveInstanceState(outState);
}
@Override
public void onDestroy()
{
    super.onDestroy();
    // 必须回调 MapView 的 onDestroy()方法
    mapView.onDestroy();
}
@Override
public void onRegeocodeSearched(RegeocodeResult regeocodeResult, int i)
{ }
@Override
public void onGeocodeSearched(GeocodeResult geocodeResult, int i)
{
    // 获取解析得到的第一个地址
    GeocodeAddress geo = geocodeResult.getGeocodeAddressList().get(0);
    // 获取解析得到的经纬度
    LatLonPoint pos = geo.getLatLonPoint();
    LatLng targetPos = new LatLng(pos.getLatitude(), pos.getLongitude());
    // 创建一个设置经纬度的 CameraUpdate
    CameraUpdate cu = CameraUpdateFactory.changeLatLng(targetPos);
    // 更新地图的显示区域
    aMap.moveCamera(cu);
    // 创建一个 GroundOverlayOptions（用于向地图上添加图片）
    GroundOverlayOptions options = new GroundOverlayOptions()
            // 设置 GroundOverlayOptions 包装的图片
```

```
                .image(BitmapDescriptorFactory.fromResource(
                        R.drawable.fklogo)).position(targetPos, 64f);
        // 添加图片
        aMap.addGroundOverlay(options);
        // 创建一个CircleOptions（用于向地图上添加圆形）
        CircleOptions cOptions = new CircleOptions()
                .center(targetPos)  // 设置圆心
                .fillColor(-0x7f000100)  // 设置圆形的填充颜色
                .radius(80.0)  // 设置圆形的半径
                .strokeWidth(1f)  // 设置圆形的线条宽度
                .strokeColor(-0x1000000);  // 设置圆形的线条颜色
        aMap.addCircle(cOptions);
    }
}
```

上面程序中的①号粗体字代码调用 GeocodeSearch 对象执行异步的地址解析，getFromLocationNameAsy()方法解析完成后将会触发解析监听器的 onGeocodeSearched()方法。上面程序的重点就是重写监听器的这个方法，程序在该方法中完成了如下三件事情。

图 17.11　根据地址定位

➤ 根据地址解析得到的经度、纬度创建一个 CameraUpdate，并将地图中心改变到此处。
➤ 根据地址解析得到的经度、纬度添加一个 GroundOverlay（自定义图片）。
➤ 根据地址解析得到的经度、纬度添加一个 Circle（圆形区域）。

上面三件事情的后两件事情的本质是一样的，因此程序的添加步骤也大同小异。编译、运行该程序，并在程序界面上的文本框中输入某个地址，然后单击"定位"按钮，即可看到如图 17.11 所示的结果。

经过前面的介绍不难发现，在 Android 应用中整合第三方 Map 服务其实比较简单，通过为 Android 应用整合第三方 Map 服务，可以开发出功能更强大的 Android 应用，比如为 SNS 系统增加地图支持，即可让用户实时查询好友的位置等。总之，通过在 Android 应用中整合第三方 Map 服务功能，就给开发 Android 应用提供了更多的可能性。

17.4　GPS 导航

高德查询服务还可让开发者查询、规划路线。高德查询服务提供了 RouteSearch 查询类，专门用于查询各种路线。该查询类支持的查询功能由如下方法实现：

➤ BusRouteResult calculateBusRoute(BusRouteQuery query)：根据指定参数来查询公交路线。
➤ calculateBusRouteAsyn(BusRouteQuery query)：该方法与前一个方法功能类似，只是该方法以异步方式执行查询。
➤ DriveRouteResult calculateDriveRoute(DriveRouteQuery query)：根据指定参数来查询驾车路线。
➤ calculateDriveRouteAsyn(DriveRouteQuery query)：该方法与前一个方法功能类似，只是该方法以异步方式执行查询。
➤ RideRouteResult calculateRideRoute(RideRouteQuery rideQuery)：根据指定参数来查询骑行

- calculateRideRouteAsyn(RideRouteQuery rideQuery)：该方法与前一个方法功能类似，只是该方法以异步方式执行查询。
- WalkRouteResult calculateWalkRoute(WalkRouteQuery query)：根据指定参数来查询步行路线。
- calculateWalkRouteAsyn(WalkRouteQuery query)：该方法与前一个方法功能类似，只是该方法以异步方式执行查询。

与前面各种 XxxSearch 类相似的是，RouteSearch 查询的数据同样来自网络，因此在 Android 应用中调用这些查询方法，需要使用异步方式进行查询。为了使用 RouteSearch 执行异步查询，程序还需要为 RouteSearch 指定一个查询监听器（实现了 RouteSearch.OnRouteSearchListener 接口的对象）。

在最简单的情况下，程序只要通过 RouteSearch 查询、规划路线，然后实时地显示用户的当前位置，并提示用户是否正在规划路线上行驶，这样就可以实现一个最简单的导航软件了。

使用 RouteSearch 获取导航路线只要如下 3 步。

① 创建 RouteSearch 对象，并为该对象设置对应的监听器。

② 根据要查询路线类型的不同，分别创建对应的 XxxQuery 对象（比如查询公交路线，需要创建 BusRouteQuery；查询步行路线，创建 WalkRouteQuery；查询驾车路线，创建 DriveRouteQuery），这些 XxxQuery 中封装了相应的路线信息，比如起点、终点、途经点、绕行区域等。

③ 调用 RouteSearch 对象的方法执行查询。

当程序通过重写 RouteSearch 监听器的方法获取查询返回的路线之后，该规划路线的本质其实就是地图上的多条线段，因此程序只要通过 AMap 的 addPolyline()把这些规划路线绘制上去即可。

下面的示例示范了如何开发一个简单的 GPS 导航软件，该导航软件主要实现了两个功能：①通过 RouteSearch 查询、规划行车路线；②根据 GPS 信号显示用户的当前行驶位置。

该程序的界面设计文件比较简单，只是包含一个用于输入目的地的文本框和高德的 MapView，此处不再给出界面设计文件。下面是该程序的 Activity 类代码。

程序清单：codes\17\17.4\Navigation\app\src\main\java\org\crazyit\map\MainActivity.java

```java
public class MainActivity extends Activity
    implements GeocodeSearch.OnGeocodeSearchListener, RouteSearch.OnRouteSearchListener
{
    private MapView mapView;
    private AMap aMap;
    private LocationManager locMgr;
    private GeocodeSearch search;
    private RouteSearch routeSearch;
    private EditText targetAddressEt;
    @Override
    protected void onCreate(Bundle savedInstanceState)
    {
        super.onCreate(savedInstanceState);
        setContentView(R.layout.activity_main);
        targetAddressEt = findViewById(R.id.address);
        mapView = findViewById(R.id.map);
        // 必须回调 MapView 的 onCreate()方法
        mapView.onCreate(savedInstanceState);
        Button navBn = findViewById(R.id.nav);
        navBn.setOnClickListener(view -> {
            String address = targetAddressEt.getText().toString().trim();
            if (address.equals(""))
            {
                Toast.makeText(this, "请输入有效的地址",
                    Toast.LENGTH_LONG).show();
```

```java
            }
            else
            {
                GeocodeQuery query = new GeocodeQuery(address, "广州");
                // 根据地址执行异步查询
                search.getFromLocationNameAsyn(query);
            }
        });
        init();
        // 创建 GeocodeSearch 对象，并为之绑定监听器
        search = new GeocodeSearch(this);
        search.setOnGeocodeSearchListener(this);
        // 创建 RouteSearch 对象，并为之绑定监听器
        routeSearch = new RouteSearch(this);
        routeSearch.setRouteSearchListener(this);
        requestPermissions(new String[]{Manifest.permission.ACCESS_FINE_LOCATION},
            0x123);
        locMgr = (LocationManager) getSystemService(Context.LOCATION_SERVICE);
    }
    @SuppressLint("MissingPermission")
    @Override
    public void onRequestPermissionsResult(int requestCode,
        @NonNull String[] permissions, @NonNull int[] grantResults)
    {
        if (requestCode == 0x123 && grantResults.length == 1 &&
            grantResults[0] == PackageManager.PERMISSION_GRANTED)
        {
            // 通过监听器监听 GPS 提供的定位信息的改变
            locMgr.requestLocationUpdates(LocationManager.GPS_PROVIDER,
                300, 8f, new LocationListener()
            {
                @Override
                public void onLocationChanged(Location location)
                {
                    // 使用 GPS 提供的定位信息来更新位置
                    updatePosition(location);
                }
                @Override
                public void onStatusChanged(String provider, int status, Bundle extras)
                { }
                @Override
                public void onProviderEnabled(String provider)
                {
                    // 使用 GPS 提供的定位信息来更新位置
                    updatePosition(locMgr.getLastKnownLocation(provider));
                }
                @Override
                public void onProviderDisabled(String provider)
                { }
            });
        }
    }
    // 初始化 AMap 对象
    private void init()
    {
        if (aMap == null
            )
        {
            aMap = mapView.getMap();
            // 创建一个设置放大级别的 CameraUpdate
            CameraUpdate cu = CameraUpdateFactory.zoomTo(16f);
            // 设置地图的默认放大级别
            aMap.moveCamera(cu);
```

```java
    }
    private void updatePosition(Location location)   // ①
    {
        LatLng pos = new LatLng(location.getLatitude(), location.getLongitude());
        // 创建一个设置经纬度的 CameraUpdate
        CameraUpdate cu = CameraUpdateFactory.changeLatLng(pos);
        // 更新地图的显示区域
        aMap.moveCamera(cu);
        // 清除所有 Marker 等覆盖物
        aMap.clear();
        MarkerOptions markerOptions = new MarkerOptions().position(pos)
            // 设置使用自定义图标
            .icon(BitmapDescriptorFactory.fromResource(R.drawable.car))
            .draggable(true);
        // 添加 Marker
        aMap.addMarker(markerOptions);
    }
    @Override
    public void onResume()
    {
        super.onResume();
        // 必须回调 MapView 的 onResume()方法
        mapView.onResume();
    }
    @Override
    public void onPause()
    {
        super.onPause();
        // 必须回调 MapView 的 onPause()方法
        mapView.onPause();
    }
    @Override
    public void onSaveInstanceState(Bundle outState)
    {
        super.onSaveInstanceState(outState);
        // 必须回调 MapView 的 onSaveInstanceState()方法
        mapView.onSaveInstanceState(outState);
    }
    @Override
    public void onDestroy()
    {
        super.onDestroy();
        // 必须回调 MapView 的 onDestroy()方法
        mapView.onDestroy();
    }
    @Override
    public void onRegeocodeSearched(RegeocodeResult regeocodeResult, int i)
    {}
    @SuppressLint("MissingPermission")
    @Override
    public void onGeocodeSearched(GeocodeResult geocodeResult, int i)   // ②
    {
        GeocodeAddress addr = geocodeResult.getGeocodeAddressList().get(0);
        // 获取目前的经纬度
        LatLonPoint latlng = addr.getLatLonPoint();
        // 获取用户当前的位置
        Location loc = locMgr.getLastKnownLocation(LocationManager.GPS_PROVIDER);
        // 创建路线规划的起始点
        RouteSearch.FromAndTo ft = new RouteSearch.FromAndTo(new LatLonPoint(
            loc.getLatitude(), loc.getLongitude()), latlng);
        // 创建自驾车的查询条件
        RouteSearch.DriveRouteQuery driveRouteQuery =
```

```
            new RouteSearch.DriveRouteQuery(ft, // 定义道路规划的起始点
            RouteSearch.DRIVING_SINGLE_DEFAULT,
            null, // 该参数指定必须经过的多个点
            null, // 该参数指定必须避开的多个区域
            null); // 该参数指定必须避开的道路
        routeSearch.calculateDriveRouteAsyn(driveRouteQuery);
    }
    @Override
    public void onDriveRouteSearched(DriveRouteResult driveRouteResult, int i)  // ③
    {
        // 获取系统规划的第一条路线（在实际应用中可提供多条路线供用户选择）
        DrivePath drivePath = driveRouteResult.getPaths().get(0);
        // 获取该规划路线所包含的多条路段
        List<DriveStep> steps = drivePath.getSteps();
        for(DriveStep step : steps)
        {
            // 获取组成该路段的多个点
            List<LatLonPoint> points = step.getPolyline();
            List<LatLng> latLngs = new ArrayList<>();
            for(LatLonPoint point : points)
            {
                latLngs.add(new LatLng(point.getLatitude()
                    , point.getLongitude()));
            }
            // 创建一个 PolylineOptions（用于向地图添加多线段）
            PolylineOptions ployOptions = new PolylineOptions()
                // 添加多个点
                .addAll(latLngs)
                .color(-0x10000)
                .width(8f);
            aMap.addPolyline(ployOptions);
        }
    }
    @Override
    public void onBusRouteSearched(BusRouteResult busRouteResult, int i)
    { }
    @Override
    public void onWalkRouteSearched(WalkRouteResult walkRouteResult, int i)
    { }
    @Override
    public void onRideRouteSearched(RideRouteResult rideRouteResult, int i)
    { }
}
```

上面程序中的第一段粗体字代码分别创建了 GeocodeSearch 和 RouteSearch 对象，并为这两个对象设置了查询监听器。其中 GeocodeSearch 用于对用户输入的目的地执行地址解析；而 RouteSearch 则用于查询、规划行车路线。

当该 Activity 加载完成后，程序将会通过 LocationManager 的方法不间断地获取 GPS 信息，获取 GPS 信息之后，程序调用①号方法将用户的实时位置绘制在地图上。

当用户按下应用界面上的"规划路线"按钮时，程序将会通过 GeocodeSearch 的 getFromLocationNameAsyn()方法执行异步地址解析，因此当解析完成后程序将会自动激发②号方法，该方法中先获取了地址解析所获得的经度、纬度，然后创建了一个 DriveRouteQuery 对象（代表驾车路线查询），最后调用 RouteSearch 的方法执行异步查询即可，如该方法中的粗体字代码所示。

当 RouteSearch 查询、规划路线完成时，程序将会自动激发③号方法，通过该方法的参数即可获取 RouteSearch 查询返回的多条规划路线。但此处为了简化程序，直接使用了第一条规划路线，然后程序通过 AMap 的 addPolyline()方法将规划路线底层封装的多条线段绘制在地图上，这样就可

向用户显示规划路线了。

运行该程序，在"目标地"文本框中输入广州的某个地名，按下"规划路线"按钮即可看到如图 17.12 所示的效果。

图 17.12　GPS 导航

：

运行该程序时一定要打开设备的 GPS 支持；否则程序将会因为无法获取 GPS 信号而出错。

17.5　本章小结

本章主要介绍了在 Android 系统中调用第三方 Map 的方法。学习本章需要掌握在 Android 应用中整合第三方各种服务的方法，包括如何获取第三方服务的 API Key、添加第三方服务的 SDK 等。除此之外，读者需要重点掌握根据 GPS 信息在地图上定位、跟踪的方法。不仅如此，本章还介绍了第三方的地址解析服务，结合这种地址解析服务，Android 应用还可以根据地址信息在地图上定位，这也是读者需要掌握的内容。本章也介绍了高德查询服务提供的导航支持。

CHAPTER 18

第18章
合金弹头

本章要点

- 开发射击类游戏的基本方法
- 游戏的界面分解和分析
- 游戏界面组件的分析和实现
- 怪物的移动和发射子弹
- 实现角色移动、跳跃、发射子弹等行为
- 检测子弹是否命中目标
- 实现游戏的绘图工具类
- 管理游戏资源
- 继承 SurfaceView 实现游戏主组件
- 掌握 SurfaceView 的绘图机制
- 使用多线程实现游戏动画
- 实现游戏的 Activity

第 18 章 合金弹头

本章将会介绍一款经典的射击类游戏：合金弹头，合金弹头游戏要求玩家控制自己的角色不断前行，并发射子弹去射击沿途遇到的各种怪物，同时还要躲避怪物发射的子弹。当然，由于完整的合金弹头游戏涉及的地图场景很多，而且怪物种类也很多，因此本章对该游戏进行了适当的简化。本游戏只实现了一个地图场景，并将之设置为无限地图，并且只实现了 3 种类型的怪物，但只要读者真正掌握了本章的内容，当然也就能从一个地图扩展为多个地图；也可以从 3 种类型的怪物扩展出多种类型的怪物了。

对于 Android 学习者来说，学习开发这个小程序难度适中，而且能很好地培养学习者的学习乐趣。开发者需要从程序员的角度来看待玩家面对的游戏界面，游戏界面上的每个怪物、每个角色、每颗子弹、每个能与玩家交互的东西，都应该在程序中通过类的形式来定义它们，这样才能更好地用面向对象的方式来解决问题。

📁 18.1 合金弹头游戏简介

合金弹头是一款早期风靡一时的射击类游戏，这款游戏的节奏感非常强，让大部分男同胞充满童年回忆。实际上，现在也非常流行将一些早期游戏移植到手机平台上，以充分满足广大玩家的怀旧情怀。

图 18.1 显示了合金弹头的游戏界面。

图 18.1 合金弹头

这款游戏的玩法很简单，玩家控制角色不断地向右前进，角色可通过跳跃来躲避敌人（也可统称为怪物）发射的子弹和地上的炸弹，玩家也可控制角色发射子弹来打死右边的各种敌人。对于完整的合金弹头游戏，它会包含很多 "关卡"，每个关卡都是一种地图，每个关卡都包含了大量不同的怪物。但本章由于篇幅关系，只做了一种地图，而且这种地图是 "无限循环" 的——也就是说，玩家只能一直向前去消灭不同的怪物，无法实现 "通关"。

 提示：
> 如果读者有兴趣把这款游戏改成包含很多关卡的游戏，那就需要准备大量的背景图片。然后为不同的地图加载不同的背景图片，让地图不要无限循环即可，并为不同地图使用不同的怪物。

📁 18.2 开发游戏界面组件

在开发游戏之前，首先需要从程序员的角度来分析游戏界面，并逐步实现游戏界面上的各种组件。

18.2.1 游戏界面分析

对于图 18.1 所示的游戏界面，从普通玩家的角度来看，他会看到游戏界面上有受玩家控制移动、跳跃、发射子弹的角色，还有不断发射子弹的敌人、地上有炸弹、天空中有正在爆炸的飞机……乍看上去会给人眼花缭乱的感觉。

如果从程序员的角度来看，游戏界面大致可分为如下组件。

- 游戏背景：只是一张静止的图片。
- 角色：该角色可以站立、走动、跳跃、射击。
- 怪物：怪物类代表了游戏界面上所有的敌人，包括拿枪的敌人、地上的炸弹、天空中的飞机……虽然这些怪物的图片不同、发射的子弹不同，攻击力也可能不同，但这些只是实例与实例之间的差异，因此程序只要为怪物定义一个类即可。
- 子弹：不管是角色发射的子弹还是怪物发射的子弹，都可归纳为子弹类。虽然不同子弹的图片不同，攻击力不同，但这些只是实例与实例之间的差异，因此程序只要为子弹定义一个类即可。

从上面介绍不难看出，开发这款游戏，主要就是实现上面的角色、怪物和子弹 3 个类。

18.2.2 实现"怪物"类

由于不同怪物之间会存在各种差异，那么此处就需要为怪物类定义相应的实例变量来记录这些差异。不同怪物之间可能存在如下差异。

- 怪物的类型。
- 代表怪物位置的 X、Y 坐标。
- 标识怪物是否已经死亡的旗标。
- 绘制怪物图片左上角的 X、Y 坐标。
- 绘制怪物图片右下角的 X、Y 坐标。
- 怪物发射的所有子弹。（有的怪物不会发射子弹）
- 怪物未死亡时所有的动画帧图片和怪物死亡时所有的动画帧图片。

提示： 本程序并未把怪物的所有动画帧图片直接保存在怪物实例中，本程序将会专门使用一个工具类来保存所有角色、怪物的所有动画帧图片。

为了让游戏界面的角色、怪物都能"动起来"，程序的实现思路是这样的：程序会专门启动一条独立的线程，这条线程负责控制角色、怪物不断地更换新的动画帧图片——因此程序需要为怪物增加一个成员变量来记录当前游戏界面正在绘制怪物动画的第几帧，而负责动画的独立线程只要不断地调用怪物的绘制方法即可——实际上该绘制方法每次只是绘制一张静态图片（这张静态图片是怪物动画的其中一帧）。

下面是怪物类的成员变量部分。

程序清单：codes\18\MetalSlug\app\src\main\java\org\crazyit\metalslug\comp\Monster.java

```java
// 定义代表怪物类型的常量（如果程序还需要增加更多怪物，只需在此处添加常量即可）
public static final int TYPE_BOMB = 1;
public static final int TYPE_FLY = 2;
public static final int TYPE_MAN = 3;
// 定义怪物类型的成员变量
private int type = TYPE_BOMB;
// 定义怪物 X、Y 坐标的成员变量
private int x = 0;
```

```java
    private int y = 0;
    // 定义怪物是否已经死亡的旗标
    private boolean isDie = false;
    // 绘制怪物图片左上角的X坐标
    private int startX = 0;
    // 绘制怪物图片左上角的Y坐标
    private int startY = 0;
    // 绘制怪物图片右下角的X坐标
    private int endX = 0;
    // 绘制怪物图片右下角的Y坐标
    private int endY = 0;
    // 该变量用于控制动画刷新的速度
    int drawCount = 0;
    // 定义当前正在绘制怪物动画的第几帧的变量
    private int drawIndex = 0;
    // 用于记录死亡动画只绘制一次,不需要重复绘制
    // 每当怪物死亡时,该变量会被初始化为等于死亡动画的总帧数
    // 当怪物的死亡动画帧播放完成时,该变量的值变为0
    private int dieMaxDrawCount = Integer.MAX_VALUE;
    // 定义怪物射出的子弹
    private List<Bullet> bulletList = new ArrayList<>();
```

上面的成员变量即可记录该怪物实例的各种状态。实际上以后程序要升级,比如为怪物增加更多的特征,如怪物可以拿不同的武器,怪物可以穿不同的衣服,怪物可以具有不同的攻击力……这些都可考虑定义成怪物的成员变量。

下面是怪物类的构造器,该构造器只要传入一个 type 参数即可,该 type 参数告诉系统,该怪物是哪种类型的怪物。

程序清单：codes\18\MetalSlug\app\src\main\java\org\crazyit\metalslug\comp\Monster.java

```java
public Monster(int type)
{
    this.type = type;
    // -------下面代码根据怪物类型来初始化怪物X、Y坐标------
    // 如果怪物是炸弹(TYPE_BOMB)或敌人(TYPE_MAN)
    // 怪物的Y坐标与玩家控制的角色的Y坐标相同
    if (type == TYPE_BOMB || type == TYPE_MAN)
    {
        y = Player.Y_DEFALUT;
    }
    // 如果怪物是飞机,根据屏幕高度随机生成怪物的Y坐标
    else if (type == TYPE_FLY)
    {
        y = ViewManager.SCREEN_HEIGHT * 50 / 100
            - Util.rand((int) (ViewManager.scale * 100));
    }
    // 随机计算怪物的X坐标。
    x = ViewManager.SCREEN_WIDTH + Util.rand(ViewManager.SCREEN_WIDTH >> 1)
        - (ViewManager.SCREEN_WIDTH >> 2);
}
```

从上面的粗体字代码可以看出,程序在创建怪物实例时,不仅负责初始化怪物的 type 成员变量,还会根据怪物类型来设置怪物的 X、Y 坐标。

> 如果怪物是炸弹和拿枪的人(都在地面上),那么它们的 Y 坐标与角色默认的 Y 坐标(在地面上)相同。如果怪物是飞机,那么怪物的 Y 坐标是随机计算的。
> 不管什么怪物,它的 X 坐标都是随机计算的。

上面程序中还用到了一个 Util 工具类,该工具类仅仅包含一个计算随机数的方法。下面是该工具类的代码。

程序清单：codes\18\MetalSlug\app\src\main\java\org\crazyit\metalslug\comp\Util.java

```java
public class Util
{
    public static Random random = new Random();
    // 返回一个0~range 的随机数
    public static int rand(int range)
    {
        // 如果range 为0，直接返回0
        if (range == 0)
            return 0;
        // 获取一个0~range 之间的随机数
        return Math.abs(random.nextInt() % range);
    }
}
```

前面已经介绍了绘制怪物动画的思路：程序将会采用后台线程来控制不断地绘制怪物动画的下一帧，但实际上每次绘制的只是怪物动画的某一帧。下面是绘制怪物的方法。

程序清单：codes\18\MetalSlug\app\src\main\java\org\crazyit\metalslug\comp\Monster.java

```java
// 绘制怪物的方法
public void draw(Canvas canvas)
{
    if (canvas == null)
    {
        return;
    }
    switch (type)
    {
        case TYPE_BOMB:
            // 死亡的怪物用死亡图片
            drawAni(canvas, isDie ? ViewManager.bomb2Image : ViewManager.bombImage);
            break;
        case TYPE_FLY:
            // 死亡的怪物用死亡图片
            drawAni(canvas, isDie ? ViewManager.flyDieImage : ViewManager.flyImage);
            break;
        case TYPE_MAN:
            // 死亡的怪物用死亡图片
            drawAni(canvas, isDie ? ViewManager.manDieImage : ViewManager.manImgae);
            break;
        default:
            break;
    }
}
// 根据怪物的动画帧图片来绘制怪物动画
public void drawAni(Canvas canvas, Bitmap[] bitmapArr)
{
    if (canvas == null)
    {
        return;
    }
    if (bitmapArr == null)
    {
        return;
    }
    // 如果怪物已经死亡，且没有播放过死亡动画
    // (dieMaxDrawCount 等于初始值表明未播放过死亡动画)
    if (isDie && dieMaxDrawCount == Integer.MAX_VALUE)
    {
        // 将dieMaxDrawCount 设置为与死亡动画的总帧数相等
        dieMaxDrawCount = bitmapArr.length;    // ⑤
    }
```

```
        drawIndex = drawIndex % bitmapArr.length;
        // 获取当前绘制的动画帧对应的位图
        Bitmap bitmap = bitmapArr[drawIndex];   // ①
        if (bitmap == null || bitmap.isRecycled())
        {
            return;
        }
        int drawX = x;
        // 对绘制怪物动画帧位图的 X 坐标进行微调
        if (isDie)
        {
            if (type == TYPE_BOMB)
            {
                drawX = x - (int) (ViewManager.scale * 50);
            }
            else if (type == TYPE_MAN)
            {
                drawX = x + (int) (ViewManager.scale * 50);
            }
        }
        // 对绘制怪物动画帧位图的 Y 坐标进行微调
        int drawY = y - bitmap.getHeight();
        // 绘制怪物动画帧的位图
        Graphics.drawMatrixImage(canvas, bitmap, 0, 0, bitmap.getWidth(),
            bitmap.getHeight(), Graphics.TRANS_NONE, drawX, drawY, 0,
                Graphics.TIMES_SCALE);
        startX = drawX;
        startY = drawY;
        endX = startX + bitmap.getWidth();
        endY = startY + bitmap.getHeight();
        drawCount++;
        // 后面的 6、4 用于控制人、飞机发射子弹的速度
        if (drawCount >= (type == TYPE_MAN ? 6 : 4))   // ③
        {
            // 如果怪物是人，只在第 3 帧才发射子弹
            if (type == TYPE_MAN && drawIndex == 2)
            {
                addBullet();
            }
            // 如果怪物是飞机，只在最后一帧才发射子弹
            if (type == TYPE_FLY && drawIndex == bitmapArr.length - 1)
            {
                addBullet();
            }
            drawIndex++;   // ②
            drawCount = 0;   // ④
        }
        // 每播放死亡动画的一帧，dieMaxDrawCount 减 1
        // 当 dieMaxDrawCount 等于 0 时，表明死亡动画播放完成，MonsterManger 会删除该怪物
        if (isDie)
        {
            dieMaxDrawCount--;   // ⑥
        }
        // 绘制子弹
        drawBullet(canvas);
    }
```

上面代码包含两个方法，其中 draw(Canvas canvas)方法只是简单地对怪物类型进行了判断，并针对不同怪物类型使用不同的怪物动画。

draw(Canvas canvas)方法总是调用 drawAni(Canvas canvas, Bitmap[] bitmapArr)方法来绘制怪物，调用后者时根据怪物类型的不同、怪物是否死亡将会传入不同的位图数组——每个位图数组就代表

一组动画帧的所有位图。

　　drawAni()方法中的①号粗体字代码就是根据 drawIndex 来获取当前帧对应的位图，而程序执行 drawAni()方法时，②号粗体字代码可以控制 drawIndex 自加一次，这样即可保证下次调用 drawAni()方法时就会绘制动画的下一帧。

　　drawAni()方法还涉及一个 drawCount 变量，这个变量是控制动画刷新速度的计数器——程序在③号粗体字代码处进行了控制：只有当 drawCount 计数器的值大于 6（对于其他类型的怪物，该值为 4）时才会调用 drawIndex++，这意味着当怪物类型是 TYPE_MAN 时，drawAni()方法至少调用 6 次之后才会将 drawIndex 加 1（即绘制下一帧位图）；当怪物是其他类型时，drawAni()方法至少调用 4 次之后才会将 drawIndex 加 1（即绘制下一帧位图）——这是因为程序中控制动画刷新的线程的刷新频率是固定的，即如后台线程控制每隔 40ms 调用一次怪物的 drawAni()方法，但如果每隔 40ms 就更新一次动画帧的话，那么游戏界面上的所有怪物"动"的速度都是一样的（每隔 40ms 刷新一次），而且它们都动得非常快。为了解决这个问题，程序就需要使用 drawCount 来控制不同怪物实际每隔多少毫秒更新一次动画帧。对于上面代码来说，如果怪物类型是 TYPE_MAN，则只有当 drawCount 计数器大于 6 时，才会更新一次动画帧，这意味着实际上每隔 240ms 才会更新一次动画帧；如果是其他类型的怪物，那么只有当 drawCount 计数器大于 4 时，才会更新一次动画帧，这意味着实际上每隔 160ms 才会更新一次动画帧。

> **提示：** 如果游戏中还有更多类型的怪物，且这些怪物的动画帧具有不同的更新速度，那么程序还需要进行更细致的判断。

　　drawAni()方法还涉及一个 dieMaxDrawCount 变量，这个变量用于控制怪物的死亡动画只会被绘制一次——在怪物临死之前，程序都必须播放怪物的死亡动画，该动画播放完成，该怪物就应该从地图上删除。当怪物已经死亡（isDie 为真）且还未绘制死亡动画的任何帧时（dieMaxDrawCount 等于初始值），程序在⑤号粗体字代码处将 dieMaxDrawCount 设置为与死亡动画的总帧数相等，程序每次调用 drawAni()方法时，⑥号粗体字代码都会把 dieMaxDrawCount 减 1，当 dieMaxDrawCount 变为 0 时，表明该怪物的死亡动画的所有帧都绘制完成，接下来程序即可将该怪物从地图上删除了——在后面的 MonsterManager 类中将会看到程序根据怪物的 dieMaxDrawCount 为 0 来从地图上删除怪物的代码。

　　Monster 还包含了 startX、startY、endX、endY 四个变量，这四个变量就代表了怪物当前帧所覆盖的矩形区域，因此，如果程序需要判断该怪物是否被子弹打中，只要子弹出现在该矩形区域内，即可判断怪物被子弹打中了。下面是判断怪物是否被子弹打中的方法。

　　程序清单：codes\18\MetalSlug\app\src\main\java\org\crazyit\metalslug\comp\Monster.java

```java
// 判断怪物是否被子弹打中的方法
public boolean isHurt(int x, int y)
{
    return x >= startX && x <= endX
        && y >= startY && y <= endY;
}
```

接下来为怪物实现发射子弹的方法。

　　程序清单：codes\18\MetalSlug\app\src\main\java\org\crazyit\metalslug\comp\Monster.java

```java
// 根据怪物类型获取子弹类型，不同怪物发射不同的子弹
// return 0 代表这种怪物不发射子弹
public int getBulletType()
{
    switch (type)
```

```java
        {
            case TYPE_BOMB:
                return 0;
            case TYPE_FLY:
                return Bullet.BULLET_TYPE_3;
            case TYPE_MAN:
                return Bullet.BULLET_TYPE_2;
            default:
                return 0;
        }
    }
    // 定义发射子弹的方法
    public void addBullet()
    {
        int bulletType = getBulletType();
        // 如果没有子弹
        if (bulletType <= 0)
        {
            return;
        }
        // 计算子弹的 X、Y 坐标
        int drawX = x;
        int drawY = y - (int) (ViewManager.scale * 60);
        // 如果怪物是飞机, 重新计算飞机发射的子弹的 Y 坐标
        if (type == TYPE_FLY)
        {
            drawY = y - (int) (ViewManager.scale * 30);
        }
        // 创建子弹对象
        Bullet bullet = new Bullet(bulletType, drawX, drawY, Player.DIR_LEFT);
        // 将子弹添加到该怪物发射的子弹集合中
        bulletList.add(bullet);
    }
```

怪物发射子弹的方法是 addBullet(), 该方法需要调用 getBulletType()方法来判断该怪物所发射的子弹类型（不同怪物可能需要发射不同的子弹）, 如果 getBulletType()方法返回 0, 即代表这种怪物不发射子弹。

一旦确定了这种怪物发射子弹的类型, 程序就可根据不同怪物计算子弹的初始 X、Y 坐标——基本上, 子弹的 X、Y 坐标保持与怪物当前的 X、Y 坐标相同, 再进行适当微调即可。程序最后两行粗体字代码创建了一个 Bullet 对象（子弹实例）, 并将新的 Bullet 对象添加到 bulletList 集合中。

当怪物发射了子弹之后, 程序还需要绘制该怪物的所有子弹。下面是绘制怪物发射的所有子弹的方法。

程序清单: codes\18\MetalSlug\app\src\main\java\org\crazyit\metalslug\comp\Monster.java

```java
    // 更新角色的位置: 将角色的 X 坐标减少 shift 距离（角色左移）
    // 更新所有子弹的位置: 将所有子弹的 X 坐标减少 shift 距离（子弹左移）
    public void updateShift(int shift)
    {
        x -= shift;
        for (Bullet bullet : bulletList)
        {
            if (bullet == null)
            {
                continue;
            }
            bullet.setX(bullet.getX() - shift);
        }
    }
    // 绘制子弹的方法
    public void drawBullet(Canvas canvas)
```

```java
{
    // 定义一个deleteList集合，该集合保存所有需要删除的子弹
    List<Bullet> deleteList = new ArrayList<>();
    Bullet bullet = null;
    for (int i = 0; i < bulletList.size(); i++)
    {
        bullet = bulletList.get(i);
        if (bullet == null)
        {
            continue;
        }
        // 如果子弹已经越过屏幕
        if (bullet.getX() < 0 || bullet.getX() > ViewManager.SCREEN_WIDTH)
        {
            // 将需要清除的子弹添加到deleteList集合中
            deleteList.add(bullet);
        }
    }
    // 删除所有需要清除的子弹
    bulletList.removeAll(deleteList);   // ⑦
    // 定义代表子弹的位图
    Bitmap bitmap;
    // 遍历该怪物发射的所有子弹
    for (int i = 0; i < bulletList.size(); i++)
    {
        bullet = bulletList.get(i);
        if (bullet == null)
        {
            continue;
        }
        // 获取子弹对应的位图
        bitmap = bullet.getBitmap();
        if (bitmap == null)
        {
            continue;
        }
        // 子弹移动
        bullet.move();
        // 绘制子弹的位图
        Graphics.drawMatrixImage(canvas, bitmap, 0, 0, bitmap.getWidth(),
                bitmap.getHeight(), bullet.getDir() == Player.DIR_RIGHT ?
                Graphics.TRANS_MIRROR : Graphics.TRANS_NONE,
                bullet.getX(), bullet.getY(), 0, Graphics.TIMES_SCALE);
    }
}
```

上面程序中的 updateShift(int shift)方法负责将怪物所有的子弹全部左移 shift 距离，这是因为界面上角色会不断地向右移动，角色会产生一个 shift 偏移，所以程序就需要将怪物（包括它的所有子弹）全部左移 shift 距离，这样才会产生逼真的效果。

上面程序中的第一段粗体字代码使用 deleteList 集合收集所有越过屏幕的子弹，然后⑦号粗体字代码负责删除 deleteList 集合包含的所有子弹——这样即可把所有越过屏幕的子弹删除掉。

接下来程序采用循环遍历了该怪物发射的所有子弹，先获取子弹对应的位图，然后调用子弹的 move()方法控制子弹移动。上面方法中的最后一行粗体字代码负责绘制子弹位图。

Monster 类还需要定义一个方法，用于判断怪物的子弹是否打中角色，如果打中角色，则删除该子弹。下面是该方法的代码。

程序清单：codes\18\MetalSlug\app\src\main\java\org\crazyit\metalslug\comp\Monster.java

```java
// 判断子弹是否与玩家控制的角色碰撞（判断子弹是否打中角色）
public void checkBullet()
```

```java
{
    // 定义一个 delBulletList 集合,该集合保存打中角色的子弹,它们将要被删除
    List<Bullet> delBulletList = new ArrayList<>();
    // 遍历所有子弹
    for (Bullet bullet : bulletList)
    {
        if (bullet == null || !bullet.isEffect())
        {
            continue;
        }
        // 如果玩家控制的角色被子弹打到
        if (GameView.player.isHurt(bullet.getX(), bullet.getX()
            , bullet.getY(), bullet.getY()))
        {
            // 子弹设为无效
            bullet.setEffect(false);
            // 将玩家的生命值减 5
            GameView.player.setHp(GameView.player.getHp() - 5);
            // 将子弹添加到 delBulletList 集合中
            delBulletList.add(bullet);
        }
    }
    // 删除所有打中角色的子弹
    bulletList.removeAll(delBulletList);
}
```

▶▶ 18.2.3 实现怪物管理类

由于游戏界面上会出现很多个怪物,因此程序需要额外定义一个怪物管理类来专门负责管理怪物的随机产生、死亡等行为。

为了有效地管理游戏界面上所有活着的怪物和已死的怪物(保存已死的怪物是为了绘制死亡动画),为怪物管理类定义如下成员变量。

程序清单:codes\18\MetalSlug\app\src\main\java\org\crazyit\metalslug\comp\MonsterManager.java

```java
// 保存所有死掉的怪物,保存它们是为了绘制死亡动画,绘制完后清除这些怪物
public static final List<Monster> dieMonsterList = new ArrayList<>();
// 保存所有活着的怪物
public static final List<Monster> monsterList = new ArrayList<>();
```

接下来在怪物管理类中定义一个随机生成怪物的工具方法。

程序清单:codes\18\MetalSlug\app\src\main\java\org\crazyit\metalslug\comp\MonsterManager.java

```java
// 随机生成并添加怪物的方法
public static void generateMonster()
{
    if (monsterList.size() < 3 + Util.rand(3))
    {
        // 创建新怪物
        Monster monster = new Monster(1 + Util.rand(3));
        monsterList.add(monster);
    }
}
```

前面已经指出,当玩家控制游戏界面的角色不断地向右移动时,程序界面上的所有怪物、怪物的子弹都必须不断地左移,因此程序需要在 MonsterManager 类中定义一个控制所有怪物及其子弹不断左移的方法。

程序清单:codes\18\MetalSlug\app\src\main\java\org\crazyit\metalslug\comp\MonsterManager.java

```java
// 更新怪物与子弹的坐标的方法
```

```
public static void updatePosistion(int shift)
{
    Monster monster = null;
    // 定义一个集合,保存所有将要被删除的怪物
    List<Monster> delList = new ArrayList<>();
    // 遍历怪物集合
    for (int i = 0; i < monsterList.size(); i++)
    {
        monster = monsterList.get(i);
        if (monster == null)
        {
            continue;
        }
        // 更新怪物、怪物所有子弹的位置
        monster.updateShift(shift);    // ①
        // 如果怪物的 X 坐标越界,将怪物添加到 delList 集合中
        if (monster.getX() < 0)
        {
            delList.add(monster);
        }
    }
    // 删除 delList 集合中的所有怪物
    monsterList.removeAll(delList);
    delList.clear();
    // 遍历所有已死的怪物的集合
    for (int i = 0; i < dieMonsterList.size(); i++)
    {
        monster = dieMonsterList.get(i);
        if (monster == null)
        {
            continue;
        }
        // 更新怪物、怪物所有子弹的位置
        monster.updateShift(shift);    // ②
        // 如果怪物的 X 坐标越界,将怪物添加到 delList 集合中
        if (monster.getX() < 0)
        {
            delList.add(monster);
        }
    }
    // 删除 delList 集合中的所有怪物
    dieMonsterList.removeAll(delList);
    // 更新玩家控制的角色的子弹坐标
    GameView.player.updateBulletShift(shift);
}
```

上面程序中的①号粗体字代码处于循环体之内,该循环将会控制把所有活着的怪物及其子弹全部都左移 shift 距离,如果移动之后的怪物的 X 坐标超出了屏幕范围,程序就会清除该怪物;②号粗体字代码同样处于循环体之内,②号代码的处理方式与①号代码的处理方式几乎是一样的,只是②号代码负责处理的是界面上已死的怪物。

上面程序中的最后一行粗体字代码则负责将玩家发射的所有子弹都左移 shift 距离——这也是必要的,原因与怪物发射的子弹都需要左移 shift 距离一样。

接下来要为 MonsterManager 实现一个新的方法,该方法可用于检查界面上的怪物是否将要死亡,将要死亡的怪物将会从 monsterList 集合中删除,并添加到 dieMonsterList 集合中,然后程序将会负责绘制它们的死亡动画。

下面为 MonsterManager 类增加一个 checkMonster()方法。

程序清单：codes\18\MetalSlug\app\src\main\java\org\crazyit\metalslug\comp\MonsterManager.java

```java
// 检查怪物是否将要死亡的方法
public static void checkMonster()
{
    // 获取玩家发射的所有子弹
    List<Bullet> bulletList = GameView.player.getBulletList();
    if (bulletList == null)
    {
        bulletList = new ArrayList<>();
    }
    Monster monster;
    // 定义一个delList集合，用于保存将要死亡的怪物
    List<Monster> delList = new ArrayList<>();
    // 定义一个delBulletList集合，用于保存所有将要被删除的子弹
    List<Bullet> delBulletList = new ArrayList<>();
    // 遍历所有怪物
    for (int i = 0; i < monsterList.size(); i++)
    {
        monster = monsterList.get(i);
        if (monster == null)
        {
            continue;
        }
        // 如果怪物是炸弹
        if (monster.getType() == Monster.TYPE_BOMB)
        {
            // 角色被炸弹炸到
            if (GameView.player.isHurt(monster.getStartX()
                , monster.getEndX(), monster.getStartY(), monster.getEndY()))
            {
                // 将怪物设置为死亡状态
                monster.setDie(true);
                // 播放爆炸音效
                ViewManager.soundPool.play(
                    ViewManager.soundMap.get(2), 1, 1, 0, 0, 1);
                // 将怪物（爆炸的炸弹）添加到delList集合中
                delList.add(monster);
                // 玩家控制的角色的生命值减10
                GameView.player.setHp(GameView.player.getHp() - 10);
            }
            continue;
        }
        // 对于其他类型的怪物，则需要遍历角色发射的所有子弹
        // 只要任何一个子弹打中怪物，即可判断怪物即将死亡
        for (Bullet bullet : bulletList)
        {
            if (bullet == null || !bullet.isEffect())
            {
                continue;
            }
            // 如果怪物被角色的子弹打到
            if (monster.isHurt(bullet.getX(), bullet.getY()))
            {
                // 将子弹设为无效
                bullet.setEffect(false);
                // 将怪物设为死亡状态
                monster.setDie(true);
                // 如果怪物是飞机
                if(monster.getType() == Monster.TYPE_FLY)
                {
                    // 播放爆炸音效
```

```
                    ViewManager.soundPool.play(
                        ViewManager.soundMap.get(2), 1, 1, 0, 0, 1);
                }
                // 如果怪物是人
                if(monster.getType() == Monster.TYPE_MAN)
                {
                    // 播放惨叫音效
                    ViewManager.soundPool.play(
                        ViewManager.soundMap.get(3), 1, 1, 0, 0, 1);
                }
                // 将怪物（被子弹打中的怪物）添加到 delList 集合中
                delList.add(monster);
                // 将打中怪物的子弹添加到 delBulletList 集合中
                delBulletList.add(bullet);
            }
        }
        // 将 delBulletList 包含的所有子弹从 bulletList 集合中删除
        bulletList.removeAll(delBulletList);
        // 检查怪物子弹是否打到角色
        monster.checkBullet();
    }
    // 将已死亡的怪物（保存在 delList 集合中）添加到 dieMonsterList 集合中
    dieMonsterList.addAll(delList);
    // 将已死亡的怪物（保存在 delList 集合中）从 monsterList 集合中删除
    monsterList.removeAll(delList);
}
```

上面这个方法的判断逻辑非常简单，程序把怪物分为两类进行处理。

- 如果怪物是地上的炸弹，只要炸弹炸到角色，炸弹也就即将死亡。上面程序中第一行粗体字代码处理了怪物是炸弹的情形。
- 对于其他类型的怪物，程序则需要遍历角色发射的子弹，只要任意一颗子弹打中了怪物，即可判断怪物即将死亡。上面程序中第二行粗体字代码正是遍历玩家所发射的子弹的代码。

最后 MonsterManager 还需要定义一个绘制所有怪物的方法。该方法的实现逻辑也非常简单，程序只要分别遍历该类的 dieMonsterList 和 monsterList 集合，并将集合中所有怪物绘制出来即可。对于 dieMonsterList 集合中的怪物，它们都是将要死亡的怪物，因此只要将它们所有的死亡动画帧都绘制一次，接下来就应该清除这些怪物了——Monster 实例的 dieMaxDrawCount 成员变量为 0 时就代表所有死亡动画帧都绘制了一次。

下面是该 drawMonster()方法的代码，该方法就负责绘制所有怪物。

程序清单：codes\18\MetalSlug\app\src\main\java\org\crazyit\metalslug\comp\MonsterManager.java

```java
// 绘制所有怪物的方法
public static void drawMonster(Canvas canvas)
{
    Monster monster;
    // 遍历所有活着的怪物，绘制活着的怪物
    for (int i = 0; i < monsterList.size(); i++)
    {
        monster = monsterList.get(i);
        if (monster == null)
        {
            continue;
        }
        // 绘制怪物
        monster.draw(canvas);
    }
    List<Monster> delList = new ArrayList<>();
    // 遍历所有已死亡的怪物，绘制已死亡的怪物
    for (int i = 0; i < dieMonsterList.size(); i++)
```

```
        {
            monster = dieMonsterList.get(i);
            if (monster == null)
            {
                continue;
            }
            // 绘制怪物
            monster.draw(canvas);
            // 当怪物的getDieMaxDrawCount()返回0时,表明该怪物已经死亡
            // 且该怪物的死亡动画所有帧都播放完成,将它们彻底删除
            if (monster.getDieMaxDrawCount() <= 0)    // ③
            {
                delList.add(monster);
            }
        }
        dieMonsterList.removeAll(delList);
    }
```

上面程序中的第一行粗体字代码负责遍历所有活着的怪物,并将它们绘制出来;第二行粗体字代码则负责遍历所有将要死亡的怪物,并将它们绘制出来。程序中③号粗体字代码检查该怪物的 dieMaxDrawCount 是否为 0,如果为 0,则表明该怪物已死亡、且该怪物的死亡动画所有帧都播放完成,应该将它们彻底删除。

18.2.4 实现"子弹"类

本游戏的子弹类比较简单,本游戏中的子弹不会产生爆炸效果。对子弹的处理思路是:只要子弹打中目标,子弹就会自动消失。正因为本游戏的子弹类比较简单,因此子弹类只需要定义如下属性即可。

➢ 子弹的类型。
➢ 子类的 X、Y 坐标。
➢ 子弹的射击方向(向左或向右)。
➢ 子弹在垂直方向(Y 方向)上的加速度。

基于上面分析,程序为 Bullet 类定义了如下成员变量。

程序清单:codes\18\MetalSlug\app\src\main\java\org\crazyit\metalslug\comp\Bullet.java

```
public class Bullet    // 子弹类
{
    // 定义代表子弹类型的常量(如果程序还需要增加更多子弹,只需在此处添加常量即可)
    public static final int BULLET_TYPE_1 = 1;
    public static final int BULLET_TYPE_2 = 2;
    public static final int BULLET_TYPE_3 = 3;
    public static final int BULLET_TYPE_4 = 4;
    // 定义子弹的类型
    private int type;
    // 子弹的X、Y坐标
    private int x;
    private int y;
    // 定义子弹射击的方向
    private int dir;
    // 定义子弹在Y方向上的加速度
    private int yAccelate = 0;
    // 子弹是否有效
    private boolean isEffect = true;
    // 定义子弹的构造器
    public Bullet(int type, int x, int y, int dir)
    {
        this.type = type;
```

```
            this.x = x;
            this.y = y;
            this.dir = dir;
        }
        ...
}
```

上面 Bullet 类还定义了一个有参数的构造器，该构造器用于对子弹的类型、X、Y 坐标、方向执行初始化。

本游戏中不同怪物、角色发射的子弹都各不相同，因此不同类型的子弹将会采用不同的位图，这样玩家就会觉得不同怪物、角色发射的子弹都各不相同了。下面是 Bullet 类根据子弹类型来获取对应位图的方法。

程序清单：codes\18\MetalSlug\app\src\main\java\org\crazyit\metalslug\comp\Bullet.java

```java
// 根据子弹类型获取子弹对应的图片
public Bitmap getBitmap()
{
    switch (type)
    {
        case BULLET_TYPE_1:
            return ViewManager.bulletImage[0];
        case BULLET_TYPE_2:
            return ViewManager.bulletImage[1];
        case BULLET_TYPE_3:
            return ViewManager.bulletImage[2];
        case BULLET_TYPE_4:
            return ViewManager.bulletImage[3];
        default:
            return null;
    }
}
```

从上面程序可以看出，根据子弹类型来获取对应位图的处理方式非常简单，程序只是用一个 switch 分支语句对子弹类型进行判断，然后根据不同的子弹类型取得相应的位图即可——实际上这里只是开发者的一种约定，并没有规定哪种怪物必须发射怎样的子弹，因此读者可以修改此处的代码，从而改变角色、怪物发射子弹的外观。

接下来程序还可以计算子弹在水平方向、垂直方向上的移动速度。下面是这两个方法的代码实现。

程序清单：codes\18\MetalSlug\app\src\main\java\org\crazyit\metalslug\comp\Bullet.java

```java
// 根据子弹类型来计算子弹在 X 方向上的速度
public int getSpeedX()
{
    // 根据玩家的方向来计算子弹方向和移动方向
    int sign = dir == Player.DIR_RIGHT ? 1 : -1;
    switch (type)
    {
        // 对于第 1 种子弹，以 12 为基数来计算它的速度
        case BULLET_TYPE_1:
            return (int) (ViewManager.scale * 12) * sign;
        // 对于第 2 种子弹，以 8 为基数来计算它的速度
        case BULLET_TYPE_2:
            return (int) (ViewManager.scale * 8) * sign;
        // 对于第 3 种子弹，以 8 为基数来计算它的速度
        case BULLET_TYPE_3:
            return (int) (ViewManager.scale * 8) * sign;
        // 对于第 4 种子弹，以 8 为基数来计算它的速度
        case BULLET_TYPE_4:
            return (int) (ViewManager.scale * 8) * sign;
```

```java
        default:
            return (int) (ViewManager.scale * 8) * sign;
    }
}
// 根据子弹类型来计算子弹在 Y 方向上的速度
public int getSpeedY()
{
    // 如果 yAccelate 不为 0，则以 yAccelate 作为 Y 方向上的速度
    if (yAccelate != 0)
    {
        return yAccelate;
    }
    // 此处控制只有第 3 种子弹才有 Y 方向上的速度（子弹会斜着向下移动）
    switch (type)
    {
        case BULLET_TYPE_1:
            return 0;
        case BULLET_TYPE_2:
            return 0;
        case BULLET_TYPE_3:
            return (int) (ViewManager.scale * 6);
        case BULLET_TYPE_4:
            return 0;
        default:
            return 0;
    }
}
```

从上面代码可以看出，当程序要计算子弹在 X 方向上的速度时，程序首先判断该子弹的射击方向是否向右，如果子弹的射击方向为向右，那么子弹在 X 方向上的速度为正值（保证子弹不断地向右移动）；如果子弹的射击方向为向左，那么子弹在 X 方向上的速度为负值（保证子弹不断地向左移动）。

接下来程序计算子弹在 X 方向上的速度时就非常简单了，除第 1 种子弹以 12 为基数来计算 X 方向上的速度之外，其他子弹都是以 8 为基数来计算 X 方向上的速度的，这意味着只有第 1 种子弹的速度是最快的。

提示:
计算子弹速度时还乘以了 ViewManager.scale 缩放因子，其中 ViewManager.scale 缩放因子代表了整个界面与屏幕之间的缩放比。

计算 Y 方向上的速度时，程序的计算逻辑也非常简单。如果该子弹的 yAccelate 不为 0（Y 方向上的加速度不为 0），则直接以 yAccelate 作为子弹在 Y 方向上的速度，这是因为程序设定：当玩家在跳起过程中，玩家射出的子弹应该斜向上发射；当玩家在降落的过程中，玩家射出的子弹应该斜向下发射。除此之外，程序还使用 switch 语句对子弹的类型进行了判断：当子弹为第 3 种子弹时，子弹将会具有 Y 方向上的速度（这意味着子弹会不断地向下移动）——这是因为本程序设定飞机发射的炮弹是第 3 种子弹，这种子弹会模拟飞机投弹斜向下移动。

程序计算出了子弹在 X 方向、Y 方向上的移动速度之后，接下来计算该子弹的移动就非常简单了，用 X 坐标加上 X 方向上的速度，Y 坐标加上 Y 方向上的速度即可。下面是控制子弹移动的方法。

程序清单： codes\18\MetalSlug\app\src\main\java\org\crazyit\metalslug\comp\Bullet.java

```java
// 定义控制子弹移动的方法
public void move()
{
    x += getSpeedX();
```

```
        y += getSpeedY();
}
```

▶▶ 18.2.5 实现"角色"类

游戏的角色类（也就是受玩家控制的那个人）和怪物类其实差不多，它们具有很多相似的地方，因此它们在类实现上有很多相似之处。不过由于角色需要受玩家控制，它的动作比较多，因此程序需要额外为角色定义一个成员变量，用于记录该角色正在执行的动作，并且需要将角色的头部、腿部分开进行处理。

下面是 Player 类的成员变量。

程序清单：codes\18\MetalSlug\app\src\main\java\org\crazyit\metalslug\comp\Player.java

```java
public class Player
{
    // 定义角色的最高生命值
    public static final int MAX_HP = 500;
    // 定义控制角色动作的常量
    // 此处控制该角色只包含站立、跑、跳等动作
    public static final int ACTION_STAND_RIGHT = 1;
    public static final int ACTION_STAND_LEFT = 2;
    public static final int ACTION_RUN_RIGHT = 3;
    public static final int ACTION_RUN_LEFT = 4;
    public static final int ACTION_JUMP_RIGHT = 5;
    public static final int ACTION_JUMP_LEFT = 6;
    // 定义角色向右移动的常量
    public static final int DIR_RIGHT = 1;
    // 定义角色向左移动的常量
    public static final int DIR_LEFT = 2;
    // 控制角色的默认坐标
    public static int X_DEFAULT = 0;
    public static int Y_DEFALUT = 0;
    public static int Y_JUMP_MAX = 0;
    // 保存角色名字的成员变量
    private String name;
    // 保存角色生命值的成员变量
    private int hp;
    // 保存角色所使用枪的类型（以后可考虑让角色能更换不同的枪）
    private int gun;
    // 保存角色当前动作的成员变量（默认向右站立）
    private int action = ACTION_STAND_RIGHT;
    // 代表角色 X 坐标的成员变量
    private int x = -1;
    // 代表角色 Y 坐标的成员变量
    private int y = -1;
    // 保存角色射出的所有子弹
    private final List<Bullet> bulletList = new ArrayList<>();
    // 定义控制角色移动的常量
    // 此处控制该角色只包含站立、向右移动、向左移动三种移动方式
    public static final int MOVE_STAND = 0;
    public static final int MOVE_RIGHT = 1;
    public static final int MOVE_LEFT = 2;
    // 保存角色移动方式的成员变量
    public int move = MOVE_STAND;
    public static final int MAX_LEFT_SHOOT_TIME = 6;
    // 控制射击状态的保留计数器
    // 每当用户发射一枪时，leftShootTime 会被设为 MAX_LEFT_SHOOT_TIME。
    // 只有当 leftShootTime 变为 0 时，用户才能发射下一枪
    private int leftShootTime = 0;
    // 保存角色是否跳动的成员变量
```

```
        public boolean isJump = false;
        // 保存角色是否跳到最高处的成员变量
        public boolean isJumpMax = false;
        // 控制跳到最高处的停留时间
        public int jumpStopCount = 0;
        // 当前正在绘制角色腿部动画的第几帧
        private int indexLeg = 0;
        // 当前正在绘制角色头部动画的第几帧
        private int indexHead = 0;
        // 当前绘制头部图片的 X 坐标
        private int currentHeadDrawX = 0;
        // 当前绘制头部图片的 Y 坐标
        private int currentHeadDrawY = 0;
        // 当前正在绘制的腿部动画帧的图片
        private Bitmap currentLegBitmap = null;
        // 当前正在绘制的头部动画帧的图片
        private Bitmap currentHeadBitmap = null;
        // 该变量用于控制动画刷新的速度
        private int drawCount = 0;
        ...
}
```

上面程序中的粗体字代码成员变量正是角色类与怪物类的差别所在，由于角色有名字、生命值（hp）、动作、移动方式这些特殊的状态，因此程序为角色定义了 name、hp、action、move 这些成员变量。

上面程序还为 Player 类定义了一个 leftShootTime 变量，该变量的作用有两个。

➢ 当角色的 leftShootTime 不为 0 时，表明角色当前正处于射击状态，因此此时角色的头部动画必须使用射击的动画帧。

➢ 当角色的 leftShootTime 不为 0 时，表明角色当前正处于射击状态，因此角色不能立即发射下一枪——必须等到 leftShootTime 为 0 时，角色才能发射下一枪。这意味着：即使用户按下界面上的"射击"按钮，也必须等到角色上一枪发射完成才会发射下一枪。

上面程序中的最后 6 行粗体字代码是绘制角色位图相关的成员变量，从这些成员变量可以看出，程序把角色按头部、腿部分开处理，因此程序需要为头部、腿部分开定义相应的成员变量。

为了计算角色的方向（程序需要根据角色的方向来绘制角色），程序为 Player 提供了如下方法。

程序清单：codes\18\MetalSlug\app\src\main\java\org\crazyit\metalslug\comp\Player.java

```
// 获取该角色当前方向：action 成员变量为奇数代表向右
public int getDir()
{
    if (action % 2 == 1)
    {
        return DIR_RIGHT;
    }
    return DIR_LEFT;
}
```

从上面代码可以看出，程序可根据角色的 action 来计算角色的方向，只要 action 变量的值为奇数，即可判断该角色的方向为向右。

在介绍 Monster 类时已经提出，为了更好地在屏幕上绘制 Monster 对象以及所有子弹，程序需要根据角色在游戏界面上的位移来进行偏移，因此程序需要为 Player 方法来计算角色在游戏界面上的位移。下面是 Player 类中计算位移的方法。

程序清单：codes\18\MetalSlug\app\src\main\java\org\crazyit\metalslug\comp\Player.java

```
// 返回该角色在游戏界面上的位移
public int getShift()
```

```
    {
        if (x <= 0 || y <= 0)
        {
            initPosition();
        }
        return X_DEFAULT - x;
```

从上面粗体字代码可以看出,程序计算角色位移的方法非常简单,只要用角色的初始 X 坐标减去角色当前 X 坐标即可。

游戏绘制角色、绘制角色动画的方法,与绘制怪物、绘制怪物动画的方法基本相似,只是程序需要分开绘制角色头部、腿部,读者可参考本书配套资源中的代码来理解绘制角色、绘制角色动画的方法。

为了在游戏界面左上角绘制角色的名字、头像、生命值,Player 类提供了如下方法。

程序清单:codes\18\MetalSlug\app\src\main\java\org\crazyit\metalslug\comp\Player.java

```java
// 绘制左上角的角色头像、名字、生命值的方法
public void drawHead(Canvas canvas)
{
    if (ViewManager.head == null)
    {
        return;
    }
    // 画头像
    Graphics.drawMatrixImage(canvas, ViewManager.head, 0, 0,
        ViewManager.head.getWidth(),ViewManager.head.getHeight(),
        Graphics.TRANS_MIRROR, 0, 0, 0, Graphics.TIMES_SCALE);
    Paint p = new Paint();
    p.setTextSize(30);
    // 画名字
    Graphics.drawBorderString(canvas, 0xa33e11, 0xffde00, name,
        ViewManager.head.getWidth(), (int) (ViewManager.scale * 20), 3, p);
    // 画生命值
    Graphics.drawBorderString(canvas, 0x066a14, 0x91ff1d, "HP: " + hp,
        ViewManager.head.getWidth(), (int) (ViewManager.scale * 40), 3, p);
}
```

上面方法的实现非常简单,第一段粗体字代码调用 Graphics 绘制头像位图,第二段、第三段粗体字代码分别调用 drawBorderString()方法来绘制包边字,包边字的内容显示了角色的名字和生命值。

角色是否被子弹打中的方法与怪物是否被子弹打中的方法基本相似:只要判断子弹出现在角色图片覆盖的区域中,即可判断子弹打中了角色。

与怪物类相似的是,Player 类同样也需要提供绘制子弹的方法,该方法负责绘制该角色发射的所有子弹,而且在绘制子弹之前,应该先判断子弹是否已越过屏幕边界,如果子弹越过屏幕边界,就应该将其清除。由于绘制子弹的方法与 Monster 类中绘制子弹的方法大致相似,此处不再赘述。

由于角色发射子弹是受玩家单击按钮控制的,但本游戏的设定是角色发射子弹之后,必须等待一定时间才能发射下一发子弹,因此程序为 Player 定义了一个 leftShootTime 计数器,只要该计数器不等于 0,角色就处于发射子弹的状态,角色不能发射下一发子弹。

下面是发射子弹的方法代码。

程序清单:codes\18\MetalSlug\app\src\main\java\org\crazyit\metalslug\comp\Player.java

```java
public int getLeftShootTime()
{
    return leftShootTime;
}
// 发射子弹的方法
```

```java
public void addBullet()
{
    // 计算子弹的初始 X 坐标
    int bulletX = getDir() == DIR_RIGHT ? X_DEFAULT +(int)
        (ViewManager.scale * 50) : X_DEFAULT - (int)(ViewManager.scale * 50);
    // 创建子弹对象
    Bullet bullet = new Bullet(Bullet.BULLET_TYPE_1, bulletX,
        y - (int) (ViewManager.scale * 60), getDir());
    // 将子弹添加到用户发射的子弹集合中
    bulletList.add(bullet);
    // 发射子弹时，将 leftShootTime 设置为射击状态最大值
    leftShootTime = MAX_LEFT_SHOOT_TIME;
    // 播放射击音效
    ViewManager.soundPool.play(ViewManager.soundMap.get(1), 1, 1, 0, 0, 1);
}
```

正如从上面第二行粗体字代码所看到的，程序每次发射子弹时都会将 leftShootTime 设置为最大值，而 leftShootTime 会随着动画帧的绘制不断地自减，只有当 leftShootTime 为 0 时才可判断角色已结束射击状态。这样后面程序控制角色发射子弹时，也需要先判断 leftShootTime 的值：只有当 leftShootTime 的值小于、等于 0 时（角色不处于发射状态），角色才可以发射子弹。

由于玩家还可以控制界面上的角色移动、跳动，因此程序还需要实现角色移动、角色移动与跳跃之间的关系。程序为 Player 提供了如下两个方法。

程序清单：codes\18\MetalSlug\app\src\main\java\org\crazyit\metalslug\comp\Player.java

```java
// 处理角色移动的方法
private void move()
{
    if (move == MOVE_RIGHT)
    {
        // 更新怪物的位置
        MonsterManager.updatePosistion((int) (6 * ViewManager.scale));
        // 更新角色的位置
        setX(getX() + (int) (6 * ViewManager.scale));
        if (!isJump())
        {
            // 不跳的时候，需要设置动作
            setAction(Player.ACTION_RUN_RIGHT);
        }
    }
    else if (move == MOVE_LEFT)
    {
        if (getX() - (int) (6 * ViewManager.scale) < Player.X_DEFAULT)
        {
            // 更新怪物的位置
            MonsterManager.updatePosistion(-(getX() - Player.X_DEFAULT));
        }
        else
        {
            // 更新怪物的位置
            MonsterManager.updatePosistion(-(int) (6 * ViewManager.scale));
        }
        // 更新角色的位置
        setX(getX() - (int) (6 * ViewManager.scale));
        if (!isJump())
        {
            // 不跳的时候，需要设置动作
            setAction(Player.ACTION_RUN_LEFT);
        }
    }
    else if (getAction() != Player.ACTION_JUMP_RIGHT
```

```java
            && getAction() != Player.ACTION_JUMP_LEFT)
        {
            if (!isJump())
            {
                // 不跳的时候，需要设置动作
                setAction(Player.ACTION_STAND_RIGHT);
            }
        }
    }
    // 处理角色移动与跳跃的逻辑关系
    public void logic()
    {
        if (!isJump())
        {
            move();
            return;
        }
        // 如果还没有跳到最高点
        if (!isJumpMax)
        {
            setAction(getDir() == Player.DIR_RIGHT ?
                Player.ACTION_JUMP_RIGHT : Player.ACTION_JUMP_LEFT);
            // 更新Y坐标
            setY(getY() - (int) (8 * ViewManager.scale));
            // 设置子弹在Y方向上具有向上的加速度
            setBulletYAccelate(-(int) (2 * ViewManager.scale));
            // 已经达到最高点
            if (getY() <= Player.Y_JUMP_MAX)
            {
                isJumpMax = true;
            }
        }
        else
        {
            jumpStopCount--;
            // 如果在最高点停留次数已经使用完
            if (jumpStopCount <= 0)
            {
                // 更新Y坐标
                setY(getY() + (int) (8 * ViewManager.scale));
                // 设置子弹在Y方向上具有向下的加速度
                setBulletYAccelate((int) (2 * ViewManager.scale));
                // 已经掉落到最低点
                if (getY() >= Player.Y_DEFALUT)
                {
                    // 恢复Y坐标
                    setY(Player.Y_DEFALUT);
                    isJump = false;
                    isJumpMax = false;
                    setAction(Player.ACTION_STAND_RIGHT);
                }
                else
                {
                    // 未掉落到最低点，继续使用跳跃的动作
                    setAction(getDir() == Player.DIR_RIGHT ?
                        Player.ACTION_JUMP_RIGHT : Player.ACTION_JUMP_LEFT);
                }
            }
        }
        // 控制角色移动
        move();
    }
```

18.3 实现绘图工具类

上面程序中大量使用了 Graphics 绘图工具类，这是本游戏对 Android 绘图的 Canvas 提供的一个封装，Graphics 类包含了各种常见的绘制几何图形、绘制位图的方法。该工具类中用于绘制几何图形的方法如下。

程序清单：codes\18\MetalSlug\app\src\main\java\org\crazyit\game\Graphics.java

```java
// 定义绘制直线的方法
public static void drawLine(Canvas canvas, float startX,
    float startY, float endX, float endY, Paint paint)
{
    paint.setStyle(Style.STROKE);
    canvas.drawLine(startX, startY, endX, endY, paint);
}
// 定义绘制矩形的方法
public static void drawRect(Canvas canvas, float x,
    float y, float w, float h, Paint paint)
{
    paint.setStyle(Style.STROKE);
    RectF rect = new RectF(x, y, x + w, y + h);
    canvas.drawRect(rect, paint);
}
// 定义绘制弧的方法
public static void drawArc(Canvas canvas, float x,
    float y, float width, float height,
    float startAngle, float sweepAngle, Paint paint)
{
    paint.setStyle(Style.STROKE);
    RectF rect = new RectF(x, y, x + width, y + height);
    canvas.drawArc(rect, startAngle, sweepAngle, true, paint);
}
```

需要说明的是，由于本游戏暂时并未需要绘制直线、矩形、弧等功能，因此上面 3 个方法其实在本游戏中并未用到，这 3 个方法只是为后续开发打下基础。

Graphics 类中用于绘制字符串和包边字符串的方法如下。

程序清单：codes\18\MetalSlug\app\src\main\java\org\crazyit\game\Graphics.java

```java
// 定义绘制字符串的方法
public static void drawString(Canvas canvas, String text,
    float textSize, float x, float y, int anchor, Paint paint)
{
    // 动态计算字符串的对齐方式
    if ((anchor & LEFT) != 0)
    {
        paint.setTextAlign(Align.LEFT);
    }
    else if ((anchor & RIGHT) != 0)
    {
        paint.setTextAlign(Align.RIGHT);
    }
    else if ((anchor & HCENTER) != 0)
    {
        paint.setTextAlign(Align.CENTER);
    }
    else
    {
        paint.setTextAlign(Align.CENTER);
    }
    paint.setTextSize(textSize);
```

```java
    // 绘制字符串
    canvas.drawText(text, x, y, paint);
    // 将文本对齐方式恢复到默认情况
    paint.setTextAlign(Align.CENTER);
}

/**
 * 绘制包边字符串的方法
 *
 * @param c              绘制包边字符串的画布
 * @param borderColor    绘制包边字符串的边框颜色
 * @param textColor      绘制包边字符串的文本颜色
 * @param text           指定要绘制的字符串
 * @param x              绘制字符串的X坐标
 * @param y              绘制字符串的Y坐标
 * @param borderWidth    绘制包边字符串的边框宽度
 * @param mPaint         绘制包边字符串的画笔
 */
public static void drawBorderString(Canvas c, int borderColor,
    int textColor, String text, int x, int y, int borderWidth, Paint mPaint)
{
    mPaint.setAntiAlias(true);
    // 先使用 STROKE 风格绘制字符串的边框
    mPaint.setStyle(Paint.Style.STROKE);
    mPaint.setStrokeWidth(borderWidth);
    // 设置绘制边框的颜色
    mPaint.setColor(Color.rgb((borderColor & 0xFF0000) >> 16,
         (borderColor & 0x00ff00) >> 8, (borderColor & 0x0000ff)));
    c.drawText(text, x, y, mPaint);
    // 先使用 FILL 风格绘制字符串
    mPaint.setStyle(Paint.Style.FILL);
    // 设置绘制文本的颜色
    mPaint.setColor(Color.rgb((textColor & 0xFF0000) >> 16,
         (textColor & 0x00ff00) >> 8, (textColor & 0x0000ff)));
    c.drawText(text, x, y, mPaint);
}
```

关于绘制包边字符串的逻辑其实也很简单，从程序中两行粗体字代码可以看出，其实就是先采用描边方式绘制字符串，再采用填充方式绘制字符串，这样即可形成包边字符串。

除此之外，Graphics 还涉及如下绘制位图、处理位图的方法。

程序清单：codes\18\MetalSlug\app\src\main\java\org\crazyit\game\Graphics.java

```java
private static final Rect src = new Rect();
private static final Rect dst = new Rect();

// 定义 Android 翻转参数的常量
public static final int TRANS_MIRROR = 2;
public static final int TRANS_MIRROR_ROT180 = 1;
public static final int TRANS_MIRROR_ROT270 = 4;
public static final int TRANS_MIRROR_ROT90 = 7;
public static final int TRANS_NONE = 0;
public static final int TRANS_ROT180 = 3;
public static final int TRANS_ROT270 = 6;
public static final int TRANS_ROT90 = 5;

public static final float INTERVAL_SCALE = 0.05f; // 每次缩放的梯度
// 每次缩放的梯度是 0.05，所以这里乘 20 以后转成整数
public static final int TIMES_SCALE = 20;
private static final float[] pts = new float[8];
private static final Path path = new Path();
private static final RectF srcRect = new RectF();
```

```java
// 用于从源位图中的 srcX、srcY 点开始，挖取宽 width、高 height 的区域，并对该图片进行 trans 变换
// 缩放 scale（当 scale 为 20 时表示不缩放），并旋转 degree 角度后绘制到 Canvas 的 drawX、drawY 处
public synchronized static void drawMatrixImage(Canvas canvas, Bitmap src,
    int srcX, int srcY, int width, int height, int trans, int drawX,
    int drawY, int degree, int scale)
{
    if (canvas == null)
    {
        return;
    }
    if (src == null || src.isRecycled())
    {
        return;
    }
    int srcWidth = src.getWidth();
    int srcHeight = src.getHeight();
    if (srcX + width > srcWidth)
    {
        width = srcWidth - srcX;
    }
    if (srcY + height > srcHeight)
    {
        height = srcHeight - srcY;
    }
    if (width <= 0 || height <= 0)
    {
        return;
    }
    // 设置图片在横向、纵向上缩放因子
    int scaleX = scale;
    int scaleY = scale;
    int rotate = 0;
    // 根据程序所要进行的图像变换来计算 scaleX、scaleY 以及 rotate 旋转角
    switch (trans)
    {
        case TRANS_MIRROR_ROT180:
            scaleX = -scale;
            rotate = 180;
            break;
        case TRANS_MIRROR:
            scaleX = -scale;
            break;
        case TRANS_ROT180:
            rotate = 180;
            break;
        case TRANS_MIRROR_ROT270:
            scaleX = -scale;
            rotate = 270;
            break;
        case TRANS_ROT90:
            rotate = 90;
            break;
        case TRANS_ROT270:
            rotate = 270;
            break;
        case TRANS_MIRROR_ROT90:
            scaleX = -scale;
            rotate = 90;
            break;
        default:
            break;
    }
    // 如果 rotate、degree 为 0，则表明不涉及旋转
```

```java
        // 如果 scaleX 等于 TIMES_SCALE,则表明不涉及缩放
        if (rotate == 0 && degree == 0
            && scaleX == TIMES_SCALE)
        {    // 即 scale=1 无缩放, rotate=0 无旋转
            drawImage(canvas, src, drawX, drawY, srcX, srcY, width, height);
        }
        else
        {
            Matrix matrix = new Matrix();
            matrix.postScale(scaleX * INTERVAL_SCALE, scaleY * INTERVAL_SCALE);
            matrix.postRotate(rotate);  // 对 Matrix 旋转 rotate
            matrix.postRotate(degree);  // 对 Matrix 旋转 degree
            srcRect.set(srcX, srcY, srcX + width, srcY + height);
            matrix.mapRect(srcRect);
            matrix.postTranslate(drawX - srcRect.left, drawY - srcRect.top);
            pts[0] = srcX;
            pts[1] = srcY;
            pts[2] = srcX + width;
            pts[3] = srcY;
            pts[4] = srcX + width;
            pts[5] = srcY + height;
            pts[6] = srcX;
            pts[7] = srcY + height;
            matrix.mapPoints(pts);
            canvas.save();
            path.reset();
            path.moveTo(pts[0], pts[1]);
            path.lineTo(pts[2], pts[3]);
            path.lineTo(pts[4], pts[5]);
            path.lineTo(pts[6], pts[7]);
            path.close();
            canvas.clipPath(path);
            // 使用 matrix 变换矩阵绘制位图
            canvas.drawBitmap(src, matrix, null);
            canvas.restore();
        }
}
// 工具方法:绘制位图
// 作用是将源位图 image 中左上角为 srcX、srcY、宽 width、高 height 的区域绘制到 canvas 上
public synchronized static void drawImage(Canvas canvas, Bitmap image,
    int destX, int destY, int srcX, int srcY, int width, int height)
{
    if (canvas == null)
    {
        return;
    }
    if (image == null || image.isRecycled())
    {
        return;
    }
    // 如果源位图的区域比需要绘制的目标区域更小
    if (srcX == 0 && srcY == 0 && image.getWidth() <= width
        && image.getHeight() <= height)
    {
        canvas.drawBitmap(image, destX, destY, null);
        return;
    }
    src.left = srcX;
    src.right = srcX + width;
    src.top = srcY;
    src.bottom = srcY + height;
    dst.left = destX;
    dst.right = destX + width;
    dst.top = destY;
```

```java
        dst.bottom = destY + height;
        // 将 image 的 src 区域挖取出来，绘制在 canvas 的 dst 区域上
        canvas.drawBitmap(image, src, dst, null);
    }
    // 缩放图片，得到指定宽高的新图片
    // 使用浮点数运算，减少除法计算时的误差
    public static Bitmap scale(Bitmap img, float newWidth, float newHeight)
    {
        if (img == null || img.isRecycled())
        {
            return null;
        }
        float height = img.getHeight();
        float width = img.getWidth();
        if (height == 0 || width == 0 || newWidth == 0 || newHeight == 0)
        {
            return null;
        }
        // 创建缩放图片所需的 Matrix
        Matrix matrix = new Matrix();
        matrix.postScale(newWidth / width, newHeight / height);
        try
        {
            // 生成对 img 缩放之后的图片
            return Bitmap.createBitmap(img, 0, 0,
                (int) width, (int) height, matrix, true);
        }
        catch (Exception e)
        {
            return null;
        }
    }
    // 对原有位图执行镜像变换
    public static Bitmap mirror(Bitmap img)
    {
        if (img == null || img.isRecycled())
        {
            return null;
        }
        // 创建对图片执行镜像变换的 Matrix
        Matrix matrix = new Matrix();
        matrix.postScale(-1f, 1f);
        try
        {
            // 生成对 img 执行镜像变换之后的图片
            return Bitmap.createBitmap(img, 0, 0, img.getWidth(),
                img.getHeight(), matrix, true);
        }
        catch (Exception e)
        {
            return null;
        }
    }
```

上面程序一共定义了 4 个绘制位图和处理位图的方法。

➢ drawMatrixImage：该方法用于从源位图中的 srcX、srcY 点开始，挖取宽 width、高 height 的区域，并对该图片进行 trans 变换、缩放 scale（当 scale 为 20 时表示不缩放）、旋转 degree 角度后绘制到 Canvas 的 drawX、drawY 处。

➢ drawImage：该方法用于从源位图中的 srcX、srcY 点开始，挖取宽 width、高 height 的区域，并将这块区域的图片绘制到 Canvas 的 destX、destY 处。

➢ scale：该方法用于对图片进行缩放。

➢ mirror：该方法用于对图片进行镜像变换。

上面 4 个方法的代码实现，读者可参考本书前面介绍 Canvas、Matrix 的部分进行理解。需要说明的是，本游戏并未用到上面的 mirror 方法，这个方法只是为游戏的后续开发做准备。

 ## 18.4　加载、管理游戏图片

为了统一管理游戏中所有的图片、声音资源，本游戏开发了一个 ViewManager 工具类，该工具类除加载、管理游戏的图片、声音资源之外，还负责绘制游戏主界面。

ViewManager 定义了如下成员变量来管理游戏涉及的图片、声音资源。

程序清单：codes\18\MetalSlug\app\src\main\java\org\crazyit\metalslug\ViewManager.java

```java
// 定义一个 SoundPool
public static SoundPool soundPool;
public static SparseIntArray soundMap = new SparseIntArray();
// 地图图片
public static Bitmap map = null;
// 保存角色站立时腿部动画帧的图片数组
public static Bitmap[] legStandImage = null;
// 保存角色站立时头部动画帧的图片数组
public static Bitmap[] headStandImage = null;
// 保存角色跑动时腿部动画帧的图片数组
public static Bitmap[] legRunImage = null;
// 保存角色跑动时头部动画帧的图片数组
public static Bitmap[] headRunImage = null;
// 保存角色跳动时腿部动画帧的图片数组
public static Bitmap[] legJumpImage = null;
// 保存角色跳动时头部动画帧的图片数组
public static Bitmap[] headJumpImage = null;
// 保存角色射击时头部动画帧的图片数组
public static Bitmap[] headShootImage = null;
// 加载所有子弹的图片
public static Bitmap[] bulletImage = null;
// 绘制角色的图片
public static Bitmap head = null;
// 保存第一种怪物（炸弹）未爆炸时动画帧的图片
public static Bitmap[] bombImage = null;
// 保存第一种怪物（炸弹）爆炸时动画帧的图片
public static Bitmap[] bomb2Image = null;
// 保存第二种怪物（飞机）的动画帧的图片
public static Bitmap[] flyImage = null;
// 保存第二种怪物（飞机）爆炸的动画帧的图片
public static Bitmap[] flyDieImage = null;
// 保存第三种怪物（人）的动画帧的图片
public static Bitmap[] manImgae = null;
// 保存第三种怪物（人）死亡时动画帧的图片
public static Bitmap[] manDieImage = null;
// 定义游戏对图片的缩放比例
public static float scale = 1f;

public static int SCREEN_WIDTH;
public static int SCREEN_HEIGHT;
```

正如从上面程序中前两行粗体字代码所看到的，程序使用了 SoundPool 来管理游戏中的各种音效，比如角色发射子弹的声音、怪物被打中、爆炸的声音等。

除此之外，该类大量使用了位图数组来存储游戏需要使用的动画帧。

该类定义了一个 loadResource()方法来加载所有的图片、声音资源。该方法的代码如下。

程序清单：codes\18\MetalSlug\app\src\main\java\org\crazyit\metalslug\ViewManager.java

```java
public static void loadResource()
{
    AudioAttributes attr = new AudioAttributes.Builder()
            // 设置音效使用场景
            .setUsage(AudioAttributes.USAGE_GAME)
            // 设置音效的类型
            .setContentType(AudioAttributes.CONTENT_TYPE_MUSIC)
            .build();
    soundPool = new SoundPool.Builder()
            // 设置音效池的属性
            .setAudioAttributes(attr)
            .setMaxStreams(10)  // 设置最多可容纳10个音频流
            .build();
    // load方法加载指定音频文件，并返回所加载的音频ID
    // 此处使用HashMap来管理这些音频流
    soundMap.put(1, soundPool.load(MainActivity.mainActivity, R.raw.shot, 1));
    soundMap.put(2, soundPool.load(MainActivity.mainActivity, R.raw.bomb, 1));
    soundMap.put(3, soundPool.load(MainActivity.mainActivity, R.raw.oh, 1));

    Bitmap temp = createBitmapByID(MainActivity.res, R.drawable.map);
    if (temp != null && !temp.isRecycled())
    {
        int height = temp.getHeight();
        if (height != SCREEN_HEIGHT && SCREEN_HEIGHT != 0)
        {
            scale = (float) SCREEN_HEIGHT / (float) height;
            map = Graphics.scale(temp, temp.getWidth() * scale, height * scale);
            temp.recycle();
        }
        else
        {
            map = temp;
        }
    }
    // 加载角色站立时腿部动画帧的图片
    legStandImage = new Bitmap[1];
    legStandImage[0] = createBitmapByID(MainActivity.res, R.drawable.leg_stand, scale);
    // 加载角色站立时头部动画帧的图片
    headStandImage = new Bitmap[3];
    headStandImage[0] = createBitmapByID(MainActivity.res, R.drawable.head_stand_1, scale);
    headStandImage[1] = createBitmapByID(MainActivity.res, R.drawable.head_stand_2, scale);
    headStandImage[2] = createBitmapByID(MainActivity.res, R.drawable.head_stand_3, scale);
    ...
}
```

上面程序中第一段粗体字代码创建了 SoundPool 对象，这样即可使用 SoundPool 来管理短促的游戏音效。接下来第二段粗体字代码大量调用 createBitmapByID() 工具方法来加载位图，这些代码就是根据需要为游戏中角色、怪物的动画帧加载位图。实际上，上面程序中还包含大量类似的代码，这些代码都用于加载游戏中其他动画帧的位图。

> 提示：
> 随着游戏规模的增大，游戏可能需要添加更多的怪物、更多的角色，那么此处加载动画帧的代码将会更多。

上面程序代码中加载动画帧的位图时用到一个 createBitmapByID() 工具方法，该方法的代码如下：

程序清单：codes\18\MetalSlug\app\src\main\java\org\crazyit\metalslug\ViewManager.java

```java
// 工具方法：根据图片ID来获取实际的位图，并按 scale 进行缩放
private static Bitmap createBitmapByID(Resources res, int resID, float scale)
{
    try
    {
        InputStream is = res.openRawResource(resID);
        Bitmap bitmap = BitmapFactory.decodeStream(is, null, null);
        if (bitmap == null || bitmap.isRecycled())
        {
            return null;
        }
        if (scale <= 0 || scale == 1f)
        {
            return bitmap;
        }
        int wdith = (int) (bitmap.getWidth() * scale);
        int height = (int) (bitmap.getHeight() * scale);
        Bitmap newBitmap = Graphics.scale(bitmap, wdith, height);
        if (!bitmap.isRecycled() && !bitmap.equals(newBitmap))
        {
            bitmap.recycle();
        }
        return newBitmap;
    }
    catch (Exception e)
    {
        return null;
    }
}
```

除此之外，ViewManager 还定义了一个 drawGame()方法，该方法负责整个游戏场景。该方法的实现思路就是先绘制游戏地图，然后绘制游戏角色，最后绘制所有的怪物即可。下面是 drawGame()方法的代码。

程序清单：codes\18\MetalSlug\app\src\main\java\org\crazyit\metalslug\ViewManager.java

```java
// 绘制游戏界面的方法，该方法先绘制游戏背景地图，再绘制游戏角色，最后绘制所有怪物
public static void drawGame(Canvas canvas)
{
    if (canvas == null)
    {
        return;
    }
    // 画地图
    if (map != null && !map.isRecycled())
    {
        int width = map.getWidth() + GameView.player.getShift();
        // 绘制 map 图片，也就是绘制地图
        Graphics.drawImage(canvas, map, 0, 0, -GameView.player.getShift()
            , 0 ,width, map.getHeight());
        int totalWidth = width;
        // 采用循环，保证地图前后可以拼接起来
        while (totalWidth < ViewManager.SCREEN_WIDTH)
        {
            int mapWidth = map.getWidth();
            int drawWidth = ViewManager.SCREEN_WIDTH - totalWidth;
            if (mapWidth < drawWidth)
            {
                drawWidth = mapWidth;
            }
            Graphics.drawImage(canvas, map, totalWidth, 0, 0, 0,
                drawWidth, map.getHeight());
```

```
            totalWidth += drawWidth;
        }
    }
    // 画角色
    GameView.player.draw(canvas);
    // 画怪物
    MonsterManager.drawMonster(canvas);
}
```

上面方法中第一行粗体字代码使用 drawImage()方法来绘制背景位图，第二行粗体字代码依然使用了 drawImage()方法来绘制背景位图——这是因为当角色在地图上不断地向右移动时，随着地图不断地向左拖动，地图就会不能完全覆盖屏幕右边，此时需要再绘制一张背景位图，这样才可以拼成完成的地图——这样就形成了无限循环的游戏地图。

18.5 实现游戏界面

至此，合金弹头游戏所需要的各种游戏元素准备完成，游戏所需的各种资源也准备完成了，接下来只要在程序界面上将这些游戏元素显示出来即可。

18.5.1 实现游戏 Activity

先看本游戏的 Activity。本游戏的 Activity 一样需要继承 Android 的 Activity 基类，并重写其生命周期方法。该 Activity 的代码如下。

程序清单：codes\18\MetalSlug\app\src\main\java\org\crazyit\metalslug\MainActivity.java

```java
public class MainActivity extends Activity
{
    // 定义主布局内的容器：FrameLayout
    public static FrameLayout mainLayout = null;
    // 主布局的布局参数
    public static FrameLayout.LayoutParams mainLP = null;
    // 定义资源管理的核心类
    public static Resources res = null;
    public static MainActivity mainActivity = null;
    // 定义成员变量记录游戏窗口的宽度、高度
    public static int windowWidth;
    public static int windowHeight;
    // 游戏窗口的主游戏界面
    public static GameView mainView = null;
    // 播放背景音乐的 MediaPlayer
    private MediaPlayer player;
    @Override
    protected void onCreate(Bundle savedInstanceState)
    {
        super.onCreate(savedInstanceState);
        mainActivity = this;
        requestWindowFeature(Window.FEATURE_NO_TITLE);
        // 设置全屏
        getWindow().setFlags(WindowManager.LayoutParams.FLAG_FULLSCREEN,
            WindowManager.LayoutParams.FLAG_FULLSCREEN);
        DisplayMetrics metric = new DisplayMetrics();
        // 获取屏幕高度、宽度
        getWindowManager().getDefaultDisplay().getMetrics(metric);
        windowHeight = metric.heightPixels;  // 屏幕高度
        windowWidth = metric.widthPixels;  // 屏幕宽度
        getWindow().setSoftInputMode(
            WindowManager.LayoutParams.SOFT_INPUT_ADJUST_PAN);
        res = getResources();
```

```java
    // 加载 activity_main.xml 界面设计文件
    setContentView(R.layout.activity_main);
    // 获取 activity_main.xml 界面设计文件中 ID 为 mainLayout 的组件
    mainLayout = (FrameLayout) findViewById(R.id.mainLayout);
    // 创建 GameView 组件
    mainView = new GameView(this.getApplicationContext()
        , GameView.STAGE_INIT);
    mainLP = new FrameLayout.LayoutParams(MATCH_PARENT, MATCH_PARENT);
    mainLayout.addView(mainView, mainLP);
    // 播放背景音乐
    player = MediaPlayer.create(this, R.raw.background);
    player.setLooping(true);
    player.start();
}
@Override
public void onResume()
{
    super.onResume();
    // 当游戏暂停时，暂停播放背景音乐
    if(player != null && !player.isPlaying())
    {
        player.start();
    }
}
@Override
public void onPause()
{
    super.onPause();
    // 当游戏恢复时，如果没有播放背景音乐，开始播放背景音乐
    if(player != null && player.isPlaying())
    {
        player.pause();
    }
}
```

从上面 Activity 的 3 行粗体字代码可以看出，该游戏的 Activity 非常简单，程序只是加载 activity_main.xml 界面设计文件作为游戏界面，然后程序创建了一个自定义组件：GameView 实例，并将该实例添加到 FrameLayout 容器中，其中 FrameLayout 是 activity_main.xml 界面设计文件包含的根 UI 组件。

上面的 MainActivity 重写了 onResume()、onPause()两个生命周期方法，这样可以实现当游戏暂停时暂停播放背景音乐，当游戏恢复时继续播放背景音乐。

除此之外，上面 Activity 还设置了窗口的软键盘输入方式，而且本游戏只支持横屏方式，因此应该在 AndroidManifest.xml 文件中对该 Activity 进行如下配置。

程序清单：codes\18\MetalSlug\app\src\main\AndroidManifest.xml

```xml
<!-- 设置 Activity 所需的屏幕方向、软键盘输入方式 -->
<activity android:name=".MainActivity"
    android:label="@string/app_name"
    android:keepScreenOn="true"
    android:screenOrientation="landscape"
    android:configChanges="orientation|keyboardHidden|screenSize"
    android:windowSoftInputMode="adjustPan">
    <intent-filter>
        <action android:name="android.intent.action.MAIN" />
        <category android:name="android.intent.category.LAUNCHER" />
    </intent-filter>
</activity>
```

从上面代码可以看出，该游戏的主界面主要由 GameView 这个自定义组件来负责提供。下面详

细介绍 GameView 组件的实现。

▶▶ 18.5.2 实现主视图

本 GameView 为了获取更好的游戏性能，程序让 GameView 继承 SurfaceView，而不是继承普通的 View，这是因为 SurfaceView 在游戏绘图方面比普通的 View 更出色。

GameView 主要负责管理界面上的角色、当前游戏场景，以及绘图相关的 API。GameView 所需的成员变量如下。

程序清单：codes\18\MetalSlug\app\src\main\java\org\crazyit\metalslug\GameView.java

```java
public static final Player player = new Player("孙悟空", Player.MAX_HP);
// 保存当前 Android 应用的主 Context
private Context mainContext = null;
// 画图所需要的 Paint 和 Canvas 对象
private Paint paint = null;
private Canvas canvas = null;
// SurfaceHolder 负责维护 SurfaceView 上绘制的内容
private SurfaceHolder surfaceHolder;
// 代表场景不改变的常量
public static final int STAGE_NO_CHANGE = 0;
// 代表初始化场景的常量
public static final int STAGE_INIT = 1;
// 代表登录场景的常量
public static final int STAGE_LOGIN = 2;
// 代表游戏场景的常量
public static final int STAGE_GAME = 3;
// 代表失败场景的常量
public static final int STAGE_LOSE = 4;
// 代表退出场景的常量
public static final int STAGE_QUIT = 99;
// 代表错误场景的常量
public static final int STAGE_ERROR = 255;
// 定义该游戏当前处于何种场景的变量
private int gStage = 0;
// 定义一个集合来保存该游戏已经加载的所有场景
public static final List<Integer> stageList =
    Collections.synchronizedList(new ArrayList<Integer>());
```

上面程序中第一行粗体字代码定义了该 GameView 要维护的角色，接下来三行粗体字代码定义的 Canvas、Paint、SurfaceHolder 都是绘图相关的 API，最后一行粗体字代码定义的 gStage 则用于记录当前游戏处于何种场景：这是因为本 GameView 将会负责绘制所有的游戏场景，包括游戏开始时的登录场景、游戏失败的场景、正在游戏的场景。

除此之外，GameView 还定义了一个 stageList 来保存游戏已经加载的所有场景。

由于 GameView 会负责绘制游戏的所有场景，因此程序为 GameView 提供了如下方法来处理各种场景。

程序清单：codes\18\MetalSlug\app\src\main\java\org\crazyit\metalslug\GameView.java

```java
// 处理游戏场景
public int doStage(int stage, int step)
{
    int nextStage;
    switch (stage)
    {
        case STAGE_INIT:
            nextStage = doInit(step);
            break;
        case STAGE_LOGIN:
```

```
                nextStage = doLogin(step);
                break;
            case STAGE_GAME:
                nextStage = doGame(step);
                break;
            case STAGE_LOSE:
                nextStage = doLose(step);
                break;
            default:
                nextStage = STAGE_ERROR;
                break;
        }
        return nextStage;
}
```

从上面的粗体字代码可以看出，doStage()方法的处理逻辑非常简单，该程序根据 GameView 所处的场景来执行相应的方法，而这些方法则分别负责绘制游戏的不同场景。

- doInit：该方法负责执行初始化。
- doLogin：该方法负责绘制游戏登录界面。
- doGame：该方法负责绘制游戏界面。
- doLose：该方法负责绘制游戏失败界面。

GameView 的 doStage()方法则由游戏线程负责调度，该线程会不断地执行 doStage()方法，这样程序只要改变 GameView 的 stage 变量，即可让 GameView 绘制不同的场景。

上面方法还涉及一个 step 参数，该参数用于控制当前场景处于哪个步骤。为了更好地管理这些步骤，GameView 还提供了如下常量：

```
// 步骤：初始化
private const val INIT = 1
// 步骤：逻辑
private const val LOGIC = 2
// 步骤：清除
private const val CLEAN = 3
// 步骤：绘图
private const val PAINT = 4
```

下面是 doInit()方法的代码。

程序清单：codes\18\MetalSlug\app\src\main\java\org\crazyit\metalslug\GameView.java

```
// 执行初始化的方法
public int doInit(int step)
{
    // 初始化游戏图片
    ViewManager.loadResource();
    // 跳转到登录界面
    return STAGE_LOGIN;
}
```

从上面最后一行代码可以看出，doInit()方法执行完成后，将会进入登录场景。下面是 GameView 的 doLogin()方法的代码。

程序清单：codes\18\MetalSlug\app\src\main\java\org\crazyit\metalslug\GameView.java

```
// 定义登录界面
private RelativeLayout loginView;
public int doLogin(int step)
{
    switch (step)
    {
        case INIT:
```

```
            // 初始化角色血量
            player.setHp(Player.MAX_HP);
            // 初始化登录界面
            if (loginView == null)
            {
                loginView = new RelativeLayout(mainContext);
                loginView.setBackgroundResource(R.drawable.game_back);
                // 创建按钮
                Button button = new Button(mainContext);
                // 设置按钮的背景图片
                button.setBackgroundResource(R.drawable.button_selector);
                RelativeLayout.LayoutParams params = new RelativeLayout.LayoutParams(
                    LayoutParams.WRAP_CONTENT, LayoutParams.WRAP_CONTENT);
                params.addRule(RelativeLayout.CENTER_IN_PARENT);
                // 添加按钮
                loginView.addView(button, params);
                button.setOnClickListener(view ->
                    stageList.add(STAGE_GAME) /*将游戏场景的常量添加到stageList集合中*/);
                // 通过 Handler 通知主界面加载 loginView 组件
                setViewHandler.sendMessage(setViewHandler
                    .obtainMessage(0, loginView));   // ①
            }
            break;
        case LOGIC:
            break;
        case CLEAN:
            // 清除登录界面
            if (loginView != null)
            {
                // 通过 Handler 通知主界面删除 loginView 组件
                delViewHandler.sendMessage(delViewHandler
                    .obtainMessage(0, loginView));   // ②
                loginView = null;
            }
            break;
        case PAINT:
            break;
    }
    return STAGE_NO_CHANGE;
}
```

doLogin()方法的处理逻辑比较清晰，如果登录场景当前处于 INIT 步骤，程序将会创建一个 loginView，并向 loginView 中添加一个按钮。接下来程序在①号粗体字代码处通过 Handler 将 loginView 添加到主界面中；如果游戏场景当前处于 CLEAN 步骤，程序将会在②号粗体字代码处通过 Handler 将 loginView 从界面上删除。

下面是 setViewHandler 的创建代码。

程序清单：codes\18\MetalSlug\app\src\main\java\org\crazyit\metalslug\GameView.java

```
static class SetViewHandler extends Handler
{
    @Override
    public void handleMessage(Message msg)
    {
        RelativeLayout layout = (RelativeLayout) msg.obj;
        if (layout != null)
        {
            RelativeLayout.LayoutParams params = new RelativeLayout
                .LayoutParams(LayoutParams.MATCH_PARENT
                , LayoutParams.MATCH_PARENT);
            MainActivity.mainLayout.addView(layout, params);
        }
```

```
        }
    }
    public Handler setViewHandler = new SetViewHandler();
```

从上面的粗体字代码即可看出，setViewHandler 的功能就是将接收到的消息携带的组件添加到主界面上。delViewHandler 的实现代码与此相似，只是该 Handler 负责从界面上删除组件而已。

当游戏开始之后，游戏登录界面如图 18.2 所示。

图 18.2 游戏登录界面

从登录场景上按钮的事件监听器代码可以看出，当玩家按下图 18.2 所示界面上的"start"按钮时，程序将会进入游戏场景，游戏场景由 doGame() 负责提供。下面是 doGame() 方法的代码。

程序清单：codes\18\MetalSlug\app\src\main\java\org\crazyit\metalslug\GameView.java

```
public int doGame(int step)
{
    switch (step)
    {
        case INIT:
            // 初始化游戏界面
            if (gameLayout == null)
            {
                gameLayout = new RelativeLayout(mainContext);
                // 添加向左移动的按钮
                Button button = new Button(mainContext);
                button.setId(ID_LEFT);
                // 设置按钮的背景图片
                button.setBackground(getResources().getDrawable(R.drawable.left));
                RelativeLayout.LayoutParams params = new RelativeLayout
                    .LayoutParams(LayoutParams.WRAP_CONTENT,
                    LayoutParams.WRAP_CONTENT);
                params.addRule(RelativeLayout.ALIGN_PARENT_LEFT);
                params.addRule(RelativeLayout.ALIGN_PARENT_BOTTOM);
                params.setMargins((int) (ViewManager.scale * 20),
                    0, 0, (int) (ViewManager.scale * 10));
                // 向游戏界面上添加向左的按钮
                gameLayout.addView(button, params);
                // 为按钮添加事件监听器
                button.setOnTouchListener((view, event) -> {
                    switch (event.getAction())
                    {
                        case MotionEvent.ACTION_DOWN:
                            player.setMove(Player.MOVE_LEFT);
                            break;
                        case MotionEvent.ACTION_UP:
                            player.setMove(Player.MOVE_STAND);
                            break;
                        case MotionEvent.ACTION_MOVE:
                            break;
```

```java
        }
        return false;
    });
    // 添加向右移动的按钮
    button = new Button(mainContext);
    // 设置按钮的背景图片
    button.setBackground(getResources().getDrawable(R.drawable.right));
    params = new RelativeLayout.LayoutParams(
        LayoutParams.WRAP_CONTENT, LayoutParams.WRAP_CONTENT);
    params.addRule(RelativeLayout.RIGHT_OF, ID_LEFT);
    params.addRule(RelativeLayout.ALIGN_PARENT_BOTTOM);
    params.setMargins((int) (ViewManager.scale * 20),
        0, 0, (int) (ViewManager.scale * 10));
    // 向游戏界面上添加向右的按钮
    gameLayout.addView(button, params);
    // 为按钮添加事件监听器
    button.setOnTouchListener((view, event) -> {
        switch (event.getAction())
        {
            case MotionEvent.ACTION_DOWN:
                player.setMove(Player.MOVE_RIGHT);
                break;
            case MotionEvent.ACTION_UP:
                player.setMove(Player.MOVE_STAND);
                break;
            case MotionEvent.ACTION_MOVE:
                break;
        }
        return false;
    });
    // 添加射击按钮
    button = new Button(mainContext);
    button.setId(ID_FIRE);
    // 设置按钮的背景图片
    button.setBackgroundResource(R.drawable.fire);
    params = new RelativeLayout.LayoutParams(
        LayoutParams.WRAP_CONTENT, LayoutParams.WRAP_CONTENT);
    params.addRule(RelativeLayout.ALIGN_PARENT_RIGHT);
    params.addRule(RelativeLayout.ALIGN_PARENT_BOTTOM);
    params.setMargins(0, 0, (int) (ViewManager.scale * 20),
        (int) (ViewManager.scale * 10));
    // 向游戏界面上添加射击的按钮
    gameLayout.addView(button, params);
    // 为按钮添加事件监听器
    button.setOnClickListener(view -> {
        // 当角色的leftShootTime为0时（上一枪发射结束），角色才能发射下一枪
        if(player.getLeftShootTime() <= 0)
        {
            player.addBullet();
        }
    });
    // 添加跳跃的按钮
    button = new Button(mainContext);
    // 设置按钮的背景图片
    button.setBackgroundResource(R.drawable.jump);
    params = new RelativeLayout.LayoutParams(
        LayoutParams.WRAP_CONTENT, LayoutParams.WRAP_CONTENT);
    params.addRule(RelativeLayout.LEFT_OF, ID_FIRE);
    params.addRule(RelativeLayout.ALIGN_PARENT_BOTTOM);
    params.setMargins(0, 0, (int) (ViewManager.scale * 20),
        (int) (ViewManager.scale * 10));
```

```
                    // 向游戏界面上添加跳跃的按钮
                    gameLayout.addView(button, params);
                    // 为按钮添加事件监听器
                    button.setOnClickListener(view -> player.setJump(true));
                    setViewHandler.sendMessage(setViewHandler
                        .obtainMessage(0, gameLayout));    // ③
                }
                break;
            case LOGIC:
                // 随机生成怪物
                MonsterManager.generateMonster();
                // 检查碰撞
                MonsterManager.checkMonster();
                // 角色跳跃与移动
                player.logic();
                // 角色死亡
                if (player.isDie())
                {
                    stageList.add(STAGE_LOSE);
                }
                break;
            case CLEAN:
                // 清除游戏界面
                if (gameLayout != null)
                {
                    delViewHandler.sendMessage(delViewHandler
                        .obtainMessage(0, gameLayout));    // ④
                    gameLayout = null;
                }
                break;
            case PAINT:
                // 画游戏元素
                ViewManager.clearScreen(canvas);
                ViewManager.drawGame(canvas);
                break;
        }
        return STAGE_NO_CHANGE;
    }
```

doGame()方法稍微复杂一些，doGame()方法可分为如下几种情况。

➢ 当游戏处于初始化步骤时，doGame()方法会创建一个 RelativeLayout 容器，并向该容器中添加 4 个按钮（这 4 个按钮将会放在界面最下方）。最后由程序中③号粗体字代码将该 RelativeLayout 容器添加到主界面上。

➢ 当游戏处于逻辑步骤（LOGIC）时，doGame()方法会调用 MonsterManager、Player 的方法来管理怪物、处理角色跳跃和移动、角色死亡等事件。

➢ 当游戏处于清除步骤时，doGame()方法将会使用④号粗体字代码将该 RelativeLayout 容器从主界面上清除。

➢ 当游戏处于绘图步骤（PAINT）时，doGame()方法将会调用 ViewManager 的 drawGame()方法来绘制整个游戏界面。

从上面代码可以看出，虽然 doGame()方法的代码比较多，但其实这些代码主要就是创建了 RelativeLayout 容器，并为之添加了 4 个按钮。当游戏处于初始化步骤时，doGame()方法添加的 4 个按钮按如图 18.3 所示的方式分布。

图 18.3　游戏界面上的 4 个按钮

当游戏失败时，GameView 将会使用 doLose()方法来显示失败界面。doLose()方法的代码如下。

程序清单：codes\18\MetalSlug\app\src\main\java\org\crazyit\metalslug\GameView.java

```java
// 定义游戏失败界面
private RelativeLayout loseView;
public int doLose(int step)
{
    switch (step)
    {
        case INIT:
            // 初始化失败界面
            if (loseView == null)
            {
                // 创建失败界面
                loseView = new RelativeLayout(mainContext);
                loseView.setBackgroundResource(R.drawable.game_back);
                Button button = new Button(mainContext);
                button.setBackgroundResource(R.drawable.again);
                RelativeLayout.LayoutParams params = new RelativeLayout
                    .LayoutParams(LayoutParams.WRAP_CONTENT,
                    LayoutParams.WRAP_CONTENT);
                params.addRule(RelativeLayout.CENTER_IN_PARENT);
                loseView.addView(button, params);
                button.setOnClickListener(view -> {
                    // 跳转到继续游戏的界面
                    stageList.add(STAGE_GAME);
                    // 让角色的生命值回到最大值
                    player.setHp(Player.MAX_HP);
                });
                setViewHandler.sendMessage(setViewHandler
                    .obtainMessage(0, loseView));
            }
            break;
        case LOGIC:
            break;
        case CLEAN:
            // 清除界面
            if (loseView != null)
            {
                delViewHandler.sendMessage(delViewHandler
                    .obtainMessage(0, loseView));
                loseView = null;
            }
            break;
        case PAINT:
            break;
    }
    return STAGE_NO_CHANGE;
}
```

从上面代码可以看出，doLose()与 doLogin() 的实现逻辑基本相似，同样只是在界面上显示一个按钮，用于"原地复活"游戏。如图 18.4 所示是游戏失败时显示的界面。

程序最后还需要定义一条线程，该线程负责让游戏界面上的所有角色和怪物"动"起来。下面是游戏线程的代码。

图 18.4 游戏失败界面

程序清单：codes\18\MetalSlug\app\src\main\java\org\crazyit\metalslug\GameView.java

```java
// 两次调度之间默认的暂停时间
public static final int SLEEP_TIME = 40;
// 最小的暂停时间
public static final int MIN_SLEEP = 5;
class GameThread extends Thread
{
    public SurfaceHolder surfaceHolder = null;
    public boolean needStop = false;
    public GameThread(SurfaceHolder holder)
    {
        this.surfaceHolder = holder;
    }
    public void run()
    {
        long t1, t2;
        Looper.prepare();
        synchronized (surfaceHolder)
        {
            // 游戏未退出
            while (gStage != STAGE_QUIT && !needStop)
            {
                try
                {
                    // 处理游戏的场景逻辑
                    stageLogic();
                    t1 = System.currentTimeMillis();
                    canvas = surfaceHolder.lockCanvas();
                    if (canvas != null)
                    {
                        // 处理游戏场景
                        doStage(gStage, PAINT);
                    }
                    t2 = System.currentTimeMillis();
                    int paintTime = (int) (t2 - t1);
                    long millis = SLEEP_TIME - paintTime;
                    if (millis < MIN_SLEEP)
                    {
                        millis = MIN_SLEEP;
                    }
                    // 该线程暂停millis毫秒后再次调用doStage()方法
                    sleep(millis);
                }
                catch (Exception e)
                {
                    e.printStackTrace();
                }
                finally
                {
                    try
                    {
                        if (canvas != null)
                        {
                            surfaceHolder.unlockCanvasAndPost(canvas);
                        }
                    }
                    catch (Exception e)
                    {
                        e.printStackTrace();
                    }
                }
            }
        }
```

```
        Looper.loop();
        try
        {
            sleep(1000);
        }
        catch (InterruptedException e)
        {
            e.printStackTrace();
        }
    }
}
```

从上面线程的 run()方法中的粗体字代码可以看出，该线程所做的事情非常简单：只要游戏还未退出，该线程就会每隔 40ms 执行一次 stageLogic()方法（处理场景逻辑的方法）和 doStage()方法（根据当前场景执行绘制的方法），这意味着该游戏将会每隔 40ms 就会重绘一次游戏界面，这样即可让整个游戏界面上的角色、怪物都"动"起来。

最后程序还会在 SurfaceHolder.Callback 的 surfaceCreated()方法中启动该线程。下面是程序重写的 surfaceCreated()方法的代码。

```
@Override
public void surfaceCreated(SurfaceHolder holder)
{
    // 启动主线程执行部分
    paint.setTextSize(15);
    if (thread != null)
    {
        thread.needStop = true;
    }
    thread = new GameThread(surfaceHolder);
    thread.start();
}
```

上面粗体字代码就是创建并启动游戏线程的代码。当 SurfaceView 被加载时，surfaceCreated()方法将会被自动激发，这样整个游戏线程就被启动起来了，从而控制整个游戏界面上的角色、怪物都"动"起来。

18.6 本章小结

本章开发了一个非常经典的射击类游戏：合金弹头。开发这款流行的小游戏难度适中，而且能充分激发学习热情，对于 Android 学习者来说是一个不错的选择。学习本章可以帮助读者掌握开发手机游戏的基本功：开发者应该用面向对象的方式来定义界面上的所有角色、怪物、子弹……一些能与玩家交互的元素。除此之外，游戏的动画管理，以及动画后面的线程支持，还有游戏的发射子弹，子弹是否打中目标，玩家控制角色移动、跳跃、射击等行为的处理，都值得读者好好学习，这些都是开发手机游戏需要重点掌握的能力。

CHAPTER

19

第 19 章
电子拍卖系统

本章要点

- Android 应用与传统应用整合的意义
- Android 应用整合传统应用的方式
- 基于 OkHttp、JSON 数据交换的整合方式
- JSON 基本知识
- JSON 语法
- Android 客户端整合 RESTful 风格的服务器端
- 开发 Android 客户端界面
- 使用 OkHttp 发送请求
- 使用 OkHttp 获取服务器响应
- 将服务器响应转换为 JSON 对象或数组
- 通过 Android 客户端加载服务器响应

本章介绍了一个实用的 Android 应用：电子拍卖系统。本章所介绍的应用不再是普通的 Android 项目，而是一个 Android + Spring MVC + Spring 5+ Hibernate 5 整合的应用。Spring MVC + Spring 5 + Hibernate 5 提供了一个 B/S 结构的电子拍卖系统，对于使用 PC 的用户而言，他们可以使用浏览器来访问该系统；对于使用 Android 手机的用户而言，可以选择安装 Android 客户端程序，Android 客户端与 RESTful 风格的服务器端接口整合，这样即可通过手机来使用该拍卖系统了。

与一般图书中所介绍的 toy 项目不同，本应用的服务器端采用了完整的 Java EE 应用架构：在技术实现上依赖最流行的 Spring MVC + Spring + Hibernate 组合，对外暴露符合 RESTful 风格的服务器端接口；应用架构采用了最流行的、具有高度可扩展性的控制器层 + 业务逻辑层 + DAO 层的分层架构。Android 客户端通过网络与服务器端的控制器组件交互，整个应用具有极好的示范性。

本应用的用户界面兼顾了手机和平板电脑两种设备，因此必须为手机屏幕和平板电脑屏幕设计用户界面。但由于该 Android 应用界面大量采用了 Fragment，而 Fragment 代表了可复用的"Activity 片段"，因此兼顾两种屏幕的界面复用了共同的 Fragment。

> **提示：** Android 系统发展的大势是与传统服务器应用系统整合，因为手机的硬件资源毕竟是有限的——计算能力有限，存储能力也有限，所以 Android 应用更适合作为应用的客户端——手机携带方便，可以随时随地开机运行应用，而且可以随时访问网络，并通过网络与服务器端应用交互，获取服务器端的数据。正如本书前几版所预测的：运行在手机上的电子商务客户端（各种电商系统都已有了手机客户端）、证券系统客户端、金融系统客户端已大量出现，目前绝大部分传统应用都提供了手机客户端。

由于本章介绍的重点是 Android 开发，因此将会详细介绍 Android 应用的开发，以及如何让 Android 应用与远程服务器交互。本章不会全面、详细地介绍服务器端的 Spring、Hibernate 开发，这些内容不是短短的一章可以讲完的。如果读者需要详细学习 Spring、Hibernate 相关知识，请参考疯狂 Java 体系的《轻量级 Java EE 企业应用实战》一书。

📁 19.1 系统功能简介和架构设计

本章介绍的应用不再是简单的单机小应用，而是一个 Android 与传统服务器应用整合的应用，在这个应用中，服务器端程序依然保持了良好的应用架构，而客户端则使用 Android 程序充当。

▶▶ 19.1.1 系统功能简介

本章所介绍的系统是一个功能不太复杂的电子拍卖系统，本系统从实际电子商务平台上抽取，只取出其中部分核心功能实现，以作为示范应用，向读者展示一种良好的程序架构。

本章的电子拍卖系统其实就是一个电子商务平台，只要将该系统部署在互联网上，全球的客户都可以在该系统上发布想售出的商品，也可以对拍卖中的商品参与竞价。整个过程无须任何人工干预，由系统自动完成。

如果系统中提供与电子银行的接口，将可以通过电子银行的操作，实现买家对卖家的自动付款。一旦付款成功，就可以利用全球物流供应系统将拍卖物品发送到买家手中。可见，这种电子拍卖系统是一种开放式的、成本极其低廉的系统，大部分工作无须人工干预，系统自动完成管理。当然，由于本系统是一个示范系统，因此不提供与电子银行的接口，只是模拟了用户添加拍卖物品，用户参与拍卖的基本行为。拍卖结束后，系统会判断物品是否被最高竞价者获得。

该电子拍卖系统模拟了淘宝系统部分功能，抽取了实际电子拍卖系统部分功能，但没有提供如个人身份认证、信用管理等细节问题，本系统主要实现了电子拍卖系统中的核心功能。

本项目的服务器端是一个完整的 Java EE 项目，服务器端采用了控制器层、业务逻辑层、DAO 层的分层架构，服务器端应用会对外暴露 RESTful 风格的接口。Android 客户端应用只负责与服务器的 RESTful 风格的接口交互，Android 应用采用 OkHttp 向服务器端的控制器发送请求并获取服务器响应，这样即可实现 Android 系统与电子拍卖系统之间的通信。

本系统要求用户参与拍卖之前必须登录系统。本系统提供了系统登录验证，登录验证在服务器端通过 Spring MVC 实现，Spring MVC 拦截用户请求，并判断 Session 中是否保存了当前用户 ID，如果保存了用户 ID，即该用户已经登录；否则没有登录。

对于物品的管理，本系统可以查询拍卖物品，添加拍卖物品，增加物品种类，竞价处理，以及发送邮件通知用户所参与的竞价。

> 注册用户可以添加拍卖物品，添加物品种类。在添加之前必须登录系统。
> 注册用户可以浏览当前拍卖中的物品，以及流拍的物品。
> 注册用户可以参与竞价，参与的竞价系统将通过邮件通知用户。

▶▶ 19.1.2 系统架构设计

本系统的服务器采用 Java EE 的分层结构，分为视图层、控制器层、业务逻辑层和 DAO 层。分层体系将业务规则、数据访问等工作放到中间层处理，客户端不直接与数据库交互，而是通过控制器与中间层建立连接，再由中间层与数据库交互。

中间层采用 Spring MVC+Spring 5+Hibernate 5，为了分离控制层与业务逻辑层，又可细分为：

> 控制器层，就是 MVC 模式里面的"C"（Controller），负责表现层与业务逻辑层的交互，调用业务逻辑层，并将业务数据返回给表现层来显示。MVC 框架采用流行的 Spring MVC。
> Service 层（业务逻辑层），负责实现业务逻辑，对 DAO 对象进行门面模式的封装。
> DAO 层（数据访问对象层），负责与持久化对象交互，封装了数据的增、删、查、改原子操作。
> Domain Object 层（持久化对象层），通过实体/关系映射工具将关系型数据库的数据映射成对象，实现以面向对象方式操作数据库。这个系统采用 Hibernate 作为 O/R Mapping 框架。

本系统使用 MySQL 数据库存放数据。

服务器端应用的总体架构图如图 19.1 所示。

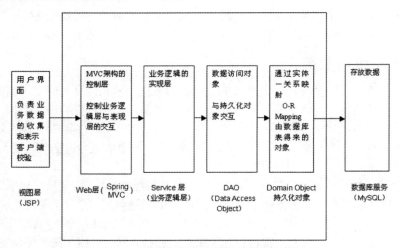

图 19.1　服务器端应用的总体架构图

当采用 Android 应用作为客户端时，Android 应用可以通过网络与服务器端交互，Android 应用将会通过 OkHttp 向服务器端的 RESTful 接口发送请求，并获取服务器响应，服务器响应将会采用

JSON 数据格式——可以更有效地进行数据交互。

Android 应用向服务器端的 RESTful 接口发送请求，此处的 RESTful 接口同样由 Spring MVC 的控制器负责提供。

图 19.2 显示了 Android 客户端与服务器整合的架构图。

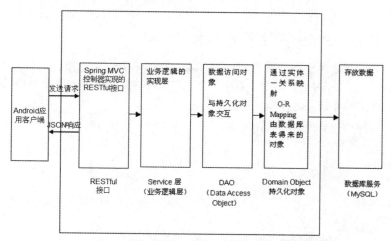

图 19.2 Android 客户端与服务器整合的架构图

细心的读者可能已经发现，图 19.1 与图 19.2 所示的结构十分相似，服务器端应用的结构基本不需要改变，只要在传统 Java EE 应用的基础上增加一个 RESTful 接口，该接口负责向 Android 客户端提供响应即可。

图 19.1 与图 19.2 十分相似正好说明了 Java EE 应用架构的优势：当整个应用的某一层需要改变或重构时，应用系统能最大限度地"复用"以前的应用组件，而不需要重新开发，这样才能保证以前编写的项目代码具有高度的保值性。也正是由于上面两个结构图的相似性，才可让我们非常快速地为该应用增加各种平台的客户端系统。

19.2 JSON 简介

Android 客户端与服务器端通信时需要一种合适的数据交换格式，本系统采用了 JSON 作为 Android 客户端与服务器端的数据交换格式。

 提示：
> 实际上还可以考虑使用 Web Service 来作为 Android 应用与服务器端的通信技术，对于 Web Service 而言，底层采用 XML 作为数据交换格式。

JSON 的全称是 JavaScript Object Notation，即 JavaScript 对象符号，它是一种轻量级的数据交换格式。JSON 的数据交换格式既适合人来读/写，也适合计算机本身解析和生成。最早的时候，JSON 是 JavaScript 语言的数据交换格式，后来慢慢发展成一种语言无关的数据交换格式，这一点非常类似于 XML。

JSON 主要在类似于 C 的编程语言中广泛使用，这些语言包括 C、C++、C#、Java、JavaScript、Perl、Python 等。JSON 提供了多种语言之间完成数据交换的能力，因此，JSON 也是一种非常理想的数据交换格式。JSON 主要有如下两种数据结构。

➢ 由 key-value 对组成的数据结构。这种数据结构在不同的语言中有不同的实现。例如，在 JavaScript 中是一个对象，在 Java 中是一种 Map 结构，在 C 语言中则是一个 struct，在其他语言中可能有 record、dictionary、hash table 等。
➢ 有序集合。这种数据结构在不同语言中可能有 list、vector、数组和序列等实现。

上面两种数据结构在不同的语言中都有对应的实现。因此，这种简便的数据表示方式完全可以实现跨语言，所以可以作为程序设计语言中通用的数据交换格式。在 JavaScript 中主要有两种 JSON 语法，其中一种用于创建对象；另一种用于创建数组。

▶▶ 19.2.1 使用 JSON 语法创建对象

使用 JSON 语法创建对象是一种更简单的方式，既可避免书写函数，也可避免使用 new 关键字，而是直接获取一个 JavaScript 对象。对于早期的 JavaScript 版本，如果要使用 JavaScript 创建一个对象，在通常情况下可能会这样写：

```
// 定义一个函数，同时也可作为类的构造器
function Person(name, sex)
{
    this.name = name;
    this.sex = sex;
}
// 创建一个 Person 实例
var p = new Person('yeeku', 'male');
// 输出 Person 实例
alert(p.name);
```

从 JavaScript 1.2 开始，创建对象有了一种更快捷的语法，语法如下：

```
var p = {"name": 'yeeku',
        "sex" : 'male'};
alert(p);
```

这种语法就是一种 JSON 语法。显然，使用 JSON 语法创建对象更加简捷、方便。图 19.3 显示了这种语法示意图。

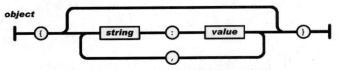

图 19.3　JSON 创建对象的语法示意图

从图 19.3 可以看出，创建对象 object 时，总以{开始，以}结束，对象的每个属性名和属性值之间以英文冒号（:）隔开，多个属性定义之间以英文逗号（,）隔开。语法格式如下：

```
object =
{
    propertyName1 : propertyValue1 ,
    propertyName2 : propertyValue2 ,
    ...
}
```

必须注意的是，并不是每个属性定义后面都有英文逗号（,），必须在后面还有属性定义时才需要逗号（,），因此，下面的对象定义是错误的。

```
person =
{
    name: 'yeeku',
    sex: 'male',
}
```

因为 sex 属性定义后多出一个英文逗号，最后一个属性定义的后面应直接以 } 结束，不再有英文逗号（,）。

当然，使用 JSON 语法创建 JavaScript 对象时，属性值不仅可以是普通字符串，也可以是任何基本数据类型，还可以是函数、数组，甚至是另外一个 JSON 语法创建的对象。例如：

```
person =
{
    name: 'yeeku',
    sex : 'male',
    // 使用 JSON 语法为其指定一个属性
    son: {
        name:'nono',
        grade:1
    },
    // 使用 JSON 语法为 person 直接分配一个方法
    info : function()
    {
        document.writeln("姓名: " + this.name + "性别: " + this.sex);
    }
}
```

▶▶ 19.2.2 使用 JSON 语法创建数组

使用 JSON 语法创建数组也是非常常见的情形，在早期的 JavaScript 语法里，我们通过如下方式来创建数组。

```
// 创建数组对象
var a = new Array();
// 为数组元素赋值
a[0] = 'yeeku';
// 为数组元素赋值
a[1] = 'nono';
```

或者，通过如下方式创建数组：

```
// 创建数组对象时直接赋值
var a = new Array('yeeku', 'nono');
```

但如果我们使用 JSON 语法，则可以通过如下方式创建数组：

```
// 使用 JSON 语法创建数组
var a = ['yeeku', 'nono'];
```

如图 19.4 所示是 JSON 创建数组的语法示意图。

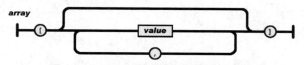

图 19.4 JSON 创建数组的语法示意图

正如从图 19.4 中所见到的，JSON 创建数组总是以英文方括号（[）开始，然后依次放入数组元素，元素与元素之间以英文逗号（,）隔开，最后一个数组元素后面不需要英文逗号，但以英文反方括号（]）结束。使用 JSON 创建数组的语法格式如下：

```
arr = [value1 , value 2 ...]
```

与使用 JSON 语法创建对象相似的是，数组的最后一个元素后面不能有英文逗号（,）。

鉴于 JSON 语法的简单易用，而且作为数据传输载体时，数据传输量更小，假设需要交换一个对象 person，其 name 属性为 yeeku，gender 属性为 male，age 属性为 29，使用 JSON 语法可以简化为如下形式：

```
person =
{
```

```
    name:'yeeku',
    gender:'male',
    age:29
}
```

但如果使用 XML 数据交换格式，则需要采用如下格式：

```
<person>
    <name>yeeku</name>
    <gender>male</gender>
    <age>29</age>
</person>
```

对比这两种表示方式，第一种方式明显比第二种方式更加简洁，数据传输量也更小。

▶▶ 19.2.3 Android 的 JSON 支持

当服务器返回一个满足 JSON 格式的字符串后，我们可以利用 JSON 项目提供的工具类将该字符串转换为 JSON 对象或 JSON 数组。

幸运的是，Android 系统内置了对 JSON 的支持，在 Android SDK 的 org.json 包下提供了 JSONArray、JSONObject、JSONStringer 和 JSONExeception 等类，通过这些类即可非常方便地完成 JSON 字符串与 JSONArray、JSONObject 之间的相互转换。

19.3 发送请求的工具类

本系统采用 OkHttp 与远程服务器通信。为了简化 OkHttp 的用法，本系统定义了一个工具类对 OkHttp 进行封装。该工具类定义了如下两个方法来发送请求。

> ➢ getRequest()：发送 GET 请求。
> ➢ postRequest()：发送 POST 请求。

该工具类的代码如下。

程序清单：codes\19\AuctionClient\app\src\main\java\org\crazyit\auction\client\util\HttpUtil.java

```java
public class HttpUtil
{
    public static final String BASE_URL = "http://192.168.1.88:8888/auction/api/";
    private static Map<String, List<Cookie>> cookieStore = new HashMap<>();
    // 创建线程池
    private static ExecutorService threadPool = Executors.newFixedThreadPool(30);
    // 创建默认的 OkHttpClient 对象
    private static OkHttpClient okHttpClient = new OkHttpClient.Builder()
        .cookieJar(new CookieJar()
    {
        @Override
        public void saveFromResponse(@NonNull HttpUrl httpUrl,
            @NonNull List<Cookie> list)
        {
            cookieStore.put(httpUrl.host(), list);
        }
        @Override
        public List<Cookie> loadForRequest(@NonNull HttpUrl httpUrl)
        {
            List<Cookie> cookies = cookieStore.get(httpUrl.host());
            return cookies == null ? new ArrayList<>() : cookies;
        }
    }).build();
    /**
     *
```

```java
 * @param url 发送请求的 URL
 * @return 服务器响应字符串
 * @throws Exception 该方法可能引发的异常
 */
public static String getRequest(String url) throws Exception
{
    FutureTask<String> task = new FutureTask<>(() -> {
        // 创建请求对象
        Request request = new Request.Builder()
            .url(url)
            .build();
        Call call = okHttpClient.newCall(request);
        // 发送 GET 请求
        Response response = call.execute();
        // 如果服务器成功地返回响应
        if (response.isSuccessful() && response.body() != null)
        {
            // 获取服务器响应字符串
            return response.body().string().trim();
        }
        else
        {
            return null;
        }
    });
    threadPool.submit(task); // 提交任务
    return task.get();
}
/**
 * @param url 发送请求的 URL
 * @param rawParams 请求参数
 * @return 服务器响应字符串
 * @throws Exception 该方法可能引发的异常
 */
public static String postRequest(String url,
    Map<String, String> rawParams) throws Exception
{
    FutureTask<String> task = new FutureTask<>(() -> {
        // 构建包含请求参数的表单体
        FormBody.Builder builder = new FormBody.Builder();
        rawParams.forEach(builder::add);
        FormBody body = builder.build();
        // 创建请求对象
        Request request = new Request.Builder()
                .url(url)
                .post(body).build();
        Call call = okHttpClient.newCall(request);
        // 发送 POST 请求
        Response response = call.execute();
        // 如果服务器成功地返回响应
        if (response.isSuccessful() && response.body() != null)
        {
            // 获取服务器响应字符串
            return response.body().string().trim();
        }
        else
        {
            return null;
        }
    });
    threadPool.submit(task); // 提交任务
```

```
        return task.get();
    }
}
```

上面 HttpUtil 中的两行粗体字代码定义了 getRuquest()和 postRequest()两个方法，这两个方法用于向服务器发送请求，返回服务器的响应。在 HttpUtil 中提供这两个方法之后，接下来在 Android 应用中只要调用这两个方法即可实现与服务器的通信。

19.4 用户登录

在使用该电子拍卖系统之前，用户必须先登录系统。用户在 Android 应用中输入用户名、密码，单击"登录"按钮，程序即可通过 HttpUtil 向服务器发送请求，通过服务器来验证用户所输入的用户名、密码是否正确。

19.4.1 处理登录的接口

处理用户登录的 RESTful 接口的作用只有三个。
> 获取请求参数。
> 调用业务逻辑组件的方法来处理用户请求。
> 根据处理结果来生成输出。

服务器端 RESTful 接口的实现组件由 Spring MVC 控制器提供。对于 Android 开发者而言，基本不需要关心服务器端 REST 接口的具体实现细节，只要知道服务器端接口的地址、服务器响应数据的格式即可。

处理登录的服务器端接口的地址为：

http://<host_ip>:8888/auction/api/users/login

上面地址中的 host_ip 代表服务器端程序所在主机的 IP 地址，8888 是 Web 服务器的端口（Tomcat 默认端口是 8080）。上面服务器端地址中的 host_ip 一定要替换成服务器的 IP 地址（千万不可在 Android 客户端用 localhost 或 127.0.0.1，因为这两个地址都代表本机，而 Android 客户端所在的本机是模拟器或真机，因此读者务必将上面的 host_ip 改为部署服务器端应用的电脑的 IP 地址）。

客户端必须以 POST 方式提交请求，请求中包含 username、userpass 两个请求参数，代表登录所用的用户名、密码。

服务器响应是一个简单的整数，如果该整数大于 0，则代表登录成功；如果该整数小于 0，则代表登录失败。

19.4.2 用户登录客户端

Android 客户端中用户登录界面有两个文本框，用于接收用户输入的用户名、密码信息。下面是用户登录的界面布局 XML 文档。

程序清单：codes\19\AuctionClient\app\src\main\res\layout\login.xml

```xml
<?xml version="1.0" encoding="utf-8"?>
<TableLayout xmlns:android="http://schemas.android.com/apk/res/android"
    android:layout_width="400dp"
    android:layout_height="match_parent"
    android:layout_gravity="center_horizontal"
    android:stretchColumns="1">
    <ImageView
        android:layout_width="wrap_content"
        android:layout_height="wrap_content"
```

```xml
            android:contentDescription="@string/app_name"
            android:scaleType="fitCenter"
            android:src="@drawable/logo" />
    <TextView
        android:id="@+id/TextView"
        android:layout_width="match_parent"
        android:layout_height="wrap_content"
        android:gravity="center"
        android:padding="@dimen/title_padding"
        android:text="@string/welcome"
        android:textSize="@dimen/label_font_size" />
    <!-- 输入用户名的行 -->
    <TableRow>
        <TextView
            android:layout_width="wrap_content"
            android:layout_height="wrap_content"
            android:labelFor="@+id/userEditText"
            android:text="@string/user_name"
            android:textSize="@dimen/label_font_size" />
        <EditText
            android:id="@+id/userEditText"
            android:layout_width="match_parent"
            android:layout_height="wrap_content"
            android:inputType="text" />
    </TableRow>
    <!-- 输入密码的行 -->
    <TableRow>
        <TextView
            android:layout_width="wrap_content"
            android:layout_height="wrap_content"
            android:labelFor="@+id/pwdEditText"
            android:text="@string/user_pass"
            android:textSize="@dimen/label_font_size" />
        <EditText
            android:id="@+id/pwdEditText"
            android:layout_width="match_parent"
            android:layout_height="wrap_content"
            android:inputType="textPassword"
            android:text="" />
    </TableRow>
    <!-- 定义登录、取消按钮的行 -->
    <LinearLayout
        android:layout_width="match_parent"
        android:layout_height="wrap_content"
        android:orientation="horizontal">
        <Button
            android:id="@+id/bnLogin"
            android:layout_width="0dp"
            android:layout_height="wrap_content"
            android:text="@string/login"
            android:layout_weight="1"/>
        <Button
            android:id="@+id/bnCancel"
            android:layout_width="0dp"
            android:layout_height="wrap_content"
            android:text="@string/cancel"
            android:layout_weight="1"/>
    </LinearLayout>
</TableLayout>
```

该界面布局的效果如图 19.5 所示。

图 19.5　用户登录界面

在图 19.5 所示的界面中输入用户名、密码之后，如果用户单击"登录"按钮将会激发登录处理，也就是通过 HttpUtil 向服务器发送请求。用户登录的 Activity 代码如下。

程序清单：codes\19\AuctionClient\app\src\main\java\org\crazyit\auction\client\LoginActivity.java

```java
public class LoginActivity extends Activity
{
    // 定义界面上的两个文本框
    private EditText etName;
    private EditText etPass;
    @Override
    protected void onCreate(Bundle savedInstanceState)
    {
        super.onCreate(savedInstanceState);
        setContentView(R.layout.login);
        // 获取界面上的两个编辑框
        etName = findViewById(R.id.userEditText);
        etPass = findViewById(R.id.pwdEditText);
        // 定义并获取界面上的两个按钮
        Button bnLogin = findViewById(R.id.bnLogin);
        Button bnCancel = findViewById(R.id.bnCancel);
        // 为 bnCancal 按钮的单击事件绑定事件监听器
        bnCancel.setOnClickListener(new HomeListener(this));
        bnLogin.setOnClickListener(view -> {
            // 执行输入校验
            if (validate()) // ①
            {
                // 如果登录成功
                if (loginPro()) // ②
                {
                    // 启动 AuctionClientActivity
                    Intent intent = new Intent(LoginActivity.this,
                        AuctionClientActivity.class);
                    startActivity(intent);
                    // 结束该 Activity
                    finish();
                }
                else
                {
                    DialogUtil.showDialog(LoginActivity.this,
                        "用户名或者密码错误，请重新输入！", false);
                }
            }
        });
    }
    private boolean loginPro()
```

```java
    {
        // 获取用户输入的用户名、密码
        String username = etName.getText().toString();
        String pwd = etPass.getText().toString();
        try
        {
            String result = query(username, pwd);
            // 如果result大于0
            if (result != null && Integer.parseInt(result) > 0)
            {
                return true;
            }
        }
        catch (Exception e)
        {
            DialogUtil.showDialog(this, "服务器响应异常,请稍后再试!", false);
            e.printStackTrace();
        }
        return false;
    }
    // 对用户输入的用户名、密码进行校验
    private boolean validate()
    {
        String username = etName.getText().toString().trim();
        if (username.equals(""))
        {
            DialogUtil.showDialog(this, "用户账户是必填项!", false);
            return false;
        }
        String pwd = etPass.getText().toString().trim();
        if (pwd.equals(""))
        {
            DialogUtil.showDialog(this, "用户口令是必填项!", false);
            return false;
        }
        return true;
    }
    // 定义发送请求的方法
    private String query(String username, String password) throws Exception
    {
        // 使用Map封装请求参数
        Map<String, String> map = new HashMap<>();
        map.put("username", username);
        map.put("userpass", password);
        // 定义发送请求的URL
        **String url = HttpUtil.BASE_URL + "users/login";**
        // 发送请求
        **return HttpUtil.postRequest(url, map);**
    }
}
```

上面Activity的query()方法中的两行粗体字代码用于向指定URL发送请求,并返回服务器响应的字符串。

上面的程序为登录按钮的单击事件绑定了事件监听器,当用户单击"登录"按钮时,程序先执行输入校验,如①号粗体字代码所示;接下来执行登录处理,如②号粗体字代码所示——程序调用了loginPro来处理用户的登录请求。

如果用户输入的用户名、密码不正确,系统将会调用DialogUtil来显示对话框,对话框提示登录失败。由于本系统经常需要显示各种对话框,因此程序专门把它定义成一个独立的类。DialogUtil类的代码如下。

程序清单：codes\19\AuctionClient\app\src\main\java\org\crazyit\auction\client\util\DialogUtil.java

```java
public class DialogUtil
{
    // 定义一个显示消息的对话框
    public static void showDialog(Context ctx, String msg, boolean goHome)
    {
        // 创建一个AlertDialog.Builder对象
        AlertDialog.Builder builder = new AlertDialog.Builder(ctx)
                .setMessage(msg).setCancelable(false);
        if (goHome)
        {
            builder.setPositiveButton("确定", (dialog, which) -> {
                Intent i = new Intent(ctx, AuctionClientActivity.class);
                i.setFlags(Intent.FLAG_ACTIVITY_CLEAR_TOP);
                ctx.startActivity(i);
            });
        }
        else
        {
            builder.setPositiveButton("确定", null);
        }
        builder.create().show();
    }
    // 定义一个显示指定组件的对话框
    public static void showDialog(Context ctx, View view)
    {
        new AlertDialog.Builder(ctx)
                .setView(view).setCancelable(false)
                .setPositiveButton("确定", null)
                .create()
                .show();
    }
}
```

如果登录成功，系统启动 AuctionClientActivity，这个 Activity 相当于系统主界面，用户可通过该界面提供的 ListView 进入各功能。

AuctionClientActivity 的界面布局文件可分为两个：为普通手机屏幕提供的应用界面和为平板电脑屏幕提供的界面。下面先看为普通手机屏幕提供的界面布局文件。

程序清单：codes\19\AuctionClient\app\src\main\res\layout\activity_main.xml

```xml
<?xml version="1.0" encoding="utf-8"?>
<LinearLayout
    xmlns:android="http://schemas.android.com/apk/res/android"
    android:orientation="horizontal"
    android:layout_width="match_parent"
    android:layout_height="match_parent">
    <!-- 添加一个Fragment -->
    <fragment
        android:name="org.crazyit.auction.client.AuctionListFragment"
        android:id="@+id/auction_list"
        android:layout_width="match_parent"
        android:layout_height="match_parent"/>
</LinearLayout>
```

上面程序界面的主要组件就是 AuctionListFragment，该 Fragment 显示一个 ListView，该 ListView 中的每个列表项都代表一个系统功能。

下面再看为平板电脑屏幕提供的界面布局文件。

程序清单：codes\19\AuctionClient\app\src\main\res\layout-sw480dp\activity_main.xml

```xml
<?xml version="1.0" encoding="utf-8"?>
```

```xml
<!-- 定义一个水平排列的LinearLayout,并指定使用中等分隔条 -->
<LinearLayout
    xmlns:android="http://schemas.android.com/apk/res/android"
    android:orientation="horizontal"
    android:layout_width="match_parent"
    android:layout_height="match_parent"
    android:layout_marginLeft="16dp"
    android:layout_marginRight="16dp"
    android:divider="?android:attr/dividerHorizontal"
    android:showDividers="middle">
    <!-- 添加一个Fragment -->
    <fragment
        android:name="org.crazyit.auction.client.AuctionListFragment"
        android:id="@+id/auction_list"
        android:layout_width="0dp"
        android:layout_height="match_parent"
        android:layout_weight="1" />
    <!-- 添加一个FrameLayout容器 -->
    <FrameLayout
        android:id="@+id/auction_detail_container"
        android:layout_width="0dp"
        android:paddingLeft="10dp"
        android:layout_height="match_parent"
        android:layout_weight="3" />
</LinearLayout>
```

在上面的程序界面中同样包含了一个AuctionListFragment。除此之外,该程序界面中还包含了一个FrameLayout容器,该容器负责装载对应功能的Fragment组件。

由于 layout 和 layout-sw480dp 目录下分别包含了 activity_main.xml 界面布局文件,因此AuctionClientActivity 会根据屏幕尺寸自动加载不同目录下的界面布局文件。除此之外,该Activity必须根据界面布局来进行处理:如果程序加载 layout 目录下的 activity_main.xml 布局文件,用户点击功能项时,系统将会启动相应的 Activity 来显示功能;如果程序加载 layout-sw480dp 目录下的activity_main.xml 布局文件,用户点击功能项时,系统将会使用 FrameLayout 加载相应功能的Fragment。

AuctionClientActivity 的代码如下。

程序清单:codes\19\AuctionClient\app\src\main\java\org\crazyit\auction\client\AuctionClientActivity.java

```java
public class AuctionClientActivity extends FragmentActivity
        implements Callbacks
{
    // 定义一个旗标,用于标识该应用是否支持大屏幕
    private boolean mTwoPane;
    @Override
    public void onCreate(Bundle savedInstanceState)
    {
        super.onCreate(savedInstanceState);
        // 指定加载 R.layout.activity_main 对应的界面布局文件
        // 但实际上该应用会根据屏幕分辨率加载不同的界面布局文件
        setContentView(R.layout.activity_main);
        // 如果加载的界面布局文件中包含 ID 为 auction_detail_container 的组件
        if (findViewById(R.id.auction_detail_container) != null)
        {
            mTwoPane = true;
            AuctionListFragment listFragment = (AuctionListFragment)
                    getSupportFragmentManager().findFragmentById(R.id.auction_list);
            if (listFragment != null)
            {
                listFragment.setActivateOnItemClick(true);
            }
```

```java
        }
    }
    @Override
    public void onItemSelected(Integer id, Bundle bundle)
    {
        if (mTwoPane)
        {
            Fragment fragment = null;
            switch (id)
            {
                // 查看竞得物品
                case 0:
                    // 创建 ViewItemFragment
                    fragment = new ViewItemFragment();
                    // 创建 Bundle，准备向 Fragment 传入参数
                    Bundle arguments = new Bundle();
                    arguments.putString("action", "items/byWiner");
                    // 向 Fragment 传入参数
                    fragment.setArguments(arguments);
                    break;
                // 浏览流拍物品
                case 1:
                    // 创建 ViewItemFragment
                    fragment = new ViewItemFragment();
                    // 创建 Bundle，准备向 Fragment 传入参数
                    Bundle arguments2 = new Bundle();
                    arguments2.putString("action", "items/fail");
                    // 向 Fragment 传入参数
                    fragment.setArguments(arguments2);
                    break;
                // 管理物品种类
                case 2:
                    // 创建 ManageKindFragment
                    fragment = new ManageKindFragment();
                    break;
                // 管理物品
                case 3:
                    // 创建 ManageItemFragment
                    fragment = new ManageItemFragment();
                    break;
                // 浏览拍卖物品（选择物品种类）
                case 4:
                    // 创建 ChooseKindFragment
                    fragment = new ChooseKindFragment();
                    break;
                // 查看自己的竞标
                case 5:
                    // 创建 ViewBidFragment
                    fragment = new ViewBidFragment();
                    break;
                case ManageItemFragment.ADD_ITEM:
                    fragment = new AddItemFragment();
                    break;
                case ManageKindFragment.ADD_KIND:
                    fragment = new AddKindFragment();
                    break;
                case ChooseKindFragment.CHOOSE_ITEM:
                    fragment = new ChooseItemFragment();
                    Bundle args = new Bundle();
                    args.putLong("kindId", bundle.getLong("kindId"));
                    fragment.setArguments(args);
                    break;
                case ChooseItemFragment.ADD_BID:
```

```java
                    fragment = new AddBidFragment();
                    Bundle args2 = new Bundle();
                    args2.putInt("itemId", bundle.getInt("itemId"));
                    fragment.setArguments(args2);
                    break;
            }
            // 使用 fragment 替换 auction_detail_container 容器当前显示的 Fragment
            assert fragment != null;
            getSupportFragmentManager().beginTransaction()
                    .replace(R.id.auction_detail_container, fragment)
                    .addToBackStack(null).commit();
        }
        else
        {
            Intent intent;
            switch (id)
            {
                // 查看竞得物品
                case 0:
                    // 启动 ViewItemActivity
                    intent = new Intent(this, ViewItemActivity.class);
                    // action 属性为请求的 URL。
                    intent.putExtra("action", "items/byWiner");
                    startActivity(intent);
                    break;
                // 浏览流拍物品
                case 1:
                    // 启动 ViewItemActivity
                    intent = new Intent(this, ViewItemActivity.class);
                    // action 属性为请求的 URL
                    intent.putExtra("action", "items/fail");
                    startActivity(intent);
                    break;
                // 管理物品种类
                case 2:
                    // 启动 ManageKindActivity
                    intent = new Intent(this, ManageKindActivity.class);
                    startActivity(intent);
                    break;
                // 管理物品
                case 3:
                    // 启动 ManageItemActivity
                    intent = new Intent(this, ManageItemActivity.class);
                    startActivity(intent);
                    break;
                // 浏览拍卖物品（选择物品种类）
                case 4:
                    // 启动 ChooseKindActivity
                    intent = new Intent(this, ChooseKindActivity.class);
                    startActivity(intent);
                    break;
                // 查看自己的竞标
                case 5:
                    // 启动 ViewBidActivity
                    intent = new Intent(this, ViewBidActivity.class);
                    startActivity(intent);
                    break;
            }
        }
    }
}
```

图 19.6　系统主菜单（手机）

从上面的代码可以看出，如果在手机上运行，AuctionClientActivity 主要提供一个 ListView，当用户单击不同的列表项时，程序将会启动不同的 Activity。AuctionClientActivity 的运行效果如图 19.6 所示。

用户单击图 19.6 所示的"主菜单"（其实是 ListView）的任一个列表项，系统将会启动对应的 Activity，从而允许用户执行相应的操作。

但如果在平板电脑上运行，AuctionClientActivity 则提供一个 ListView 和一个 FrameLayout 容器，当用户单击不同的列表项时，程序将使用 FrameLayout 装载相应功能的 Fragment。在平板电脑上运行 AuctionClientActivity 的效果如图 19.7 所示。

图 19.7　系统主界面（平板电脑）

用户单击图 19.7 所示的"主菜单"（其实是 ListView）的任一个列表项，系统将会使用右边的 FrameLayout 装载相应功能的 Fragment。

19.5　查看流拍物品

当用户单击"浏览流拍物品"时，程序将使用 FrameLayout 装载相应的 Fragment，启动相应的 Activity 装载相应的 Fragment，并显示系统中的流拍物品。

19.5.1　查看流拍物品的接口

查看流拍物品的接口地址是：

```
http://<host_ip>:8888/auction/api/items/fail
```

如果直接向服务器的 http://<host_ip>:8888/auction/api/items/fail 发送请求，将可以看到如图 19.8 所示的输出。

> **提示：**
> 　　如图 19.8 所示的 Postman 是一个测试 RESTful 接口的小工具，它可以用于向指定地址发送 GET、POST、DELETE、PUT、PATCH 等各种请求，并支持指定请求头、请求参数。

图 19.8 显示的字符串就是典型的 JSON 格式字符串，Android 客户端程序只要调用 JSONArray 类的构造器，即可把它转换为 JSONArray——就是一个 JSON 数组。

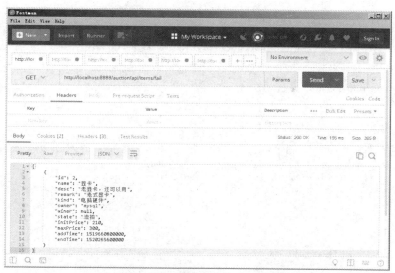

图 19.8　浏览流拍物品的 JSON 响应

19.5.2　查看流拍物品客户端

下面是查看流拍物品的程序界面布局代码。

程序清单：codes\19\AuctionClient\app\src\main\res\layout\view_item.xml

```xml
<?xml version="1.0" encoding="utf-8"?>
<LinearLayout xmlns:android="http://schemas.android.com/apk/res/android"
    android:layout_width="match_parent"
    android:layout_height="match_parent"
    android:gravity="center"
    android:orientation="vertical">
    <LinearLayout
        android:layout_width="match_parent"
        android:layout_height="wrap_content"
        android:layout_margin="@dimen/sub_title_margin"
        android:gravity="center"
        android:orientation="horizontal">
        <TextView
            android:id="@+id/view_titile"
            android:layout_width="wrap_content"
            android:layout_height="wrap_content"
            android:text="@string/view_succ"
            android:textSize="@dimen/label_font_size" />
        <!-- 定义返回按钮 -->
        <Button
            android:id="@+id/bn_home"
            android:layout_width="wrap_content"
            android:layout_height="wrap_content"
            android:layout_marginStart="@dimen/label_font_size"
            android:background="@drawable/home" />
    </LinearLayout>
    <!-- 查看物品列表的 RecyclerView -->
    <android.support.v7.widget.RecyclerView
        android:id="@+id/succList"
        android:layout_width="match_parent"
        android:layout_height="match_parent"
        android:padding="@dimen/title_padding"/>
</LinearLayout>
```

上面界面布局中的主要组件就是一个 RecyclerView，用于显示多个物品。查看流拍物品的

Fragment 代码如下。

程序清单：codes\19\AuctionClient\app\src\main\java\org\crazyit\auction\client\ViewItemFragment.java

```java
public class ViewItemFragment extends Fragment
{
    private JSONArray jsonArray;
    @Override
    public View onCreateView(@NonNull LayoutInflater inflater,
        ViewGroup container, Bundle savedInstanceState)
    {
        View rootView = inflater.inflate(R.layout.view_item, container, false);
        // 获取界面上的返回按钮
        Button bnHome = rootView.findViewById(R.id.bn_home);
        RecyclerView succList = rootView.findViewById(R.id.succList);
        succList.setHasFixedSize(true);
        // 为 RecyclerView 设置布局管理器
        succList.setLayoutManager(new LinearLayoutManager(getActivity(),
                LinearLayoutManager.VERTICAL, false));
        TextView viewTitle = rootView.findViewById(R.id.view_titile);
        // 为返回按钮的单击事件绑定事件监听器
        bnHome.setOnClickListener(new HomeListener(getActivity()));
        assert getArguments() != null;
        String action = getArguments().getString("action");
        // 定义发送请求的 URL
        String url = HttpUtil.BASE_URL + action;
        // 如果是查看流拍物品，则修改标题
        if (action != null && action.equals("items/fail"))
        {
            viewTitle.setText(R.string.view_fail);
        }
        String result = null;
        try
        {
            // 向指定 URL 发送请求，并把服务器响应转换成 JSONArray 对象
            result = HttpUtil.getRequest(url);  // ①
            jsonArray = new JSONArray(result);
            // 将 JSONArray 包装成 Adapter
            JSONArrayAdapter adapter = new JSONArrayAdapter(getActivity(), jsonArray,
                "name", this::viewItemDetail /* 查看指定物品的详细情况 */);  // ②
            succList.setAdapter(adapter);
        }
        catch(JSONException e)
        {
            if (result != null && !result.isEmpty())
            {
                DialogUtil.showDialog(getActivity(), result, true);
            }
        }
        catch (Exception e)
        {
            DialogUtil.showDialog(getActivity(),"服务器响应异常,请稍后再试!", false);
            e.printStackTrace();
        }
        return rootView;
    }
    private void viewItemDetail(int position)
    {
        // 加载 detail.xml 界面布局代表的视图
        View detailView = getActivity().getLayoutInflater()
            .inflate(R.layout.detail, null);
        // 获取 detail.xml 界面布局中的文本框
        TextView itemName = detailView.findViewById(R.id.itemName);
```

```
            TextView itemKind = detailView.findViewById(R.id.itemKind);
            TextView maxPrice = detailView.findViewById(R.id.maxPrice);
            TextView itemRemark = detailView.findViewById(R.id.itemRemark);
            // 获取被单击的列表项
            JSONObject jsonObj = jsonArray.optJSONObject(position);
            // 通过文本框显示物品详情
            try
            {
                itemName.setText(jsonObj.getString("name"));
                itemKind.setText(jsonObj.getString("kind"));
                maxPrice.setText(jsonObj.getString("maxPrice"));
                itemRemark.setText(jsonObj.getString("desc"));
            }
            catch (JSONException e)
            {
                e.printStackTrace();
            }
            DialogUtil.showDialog(getActivity(), detailView);
        }
}
```

上面程序中的①号粗体字代码用于向指定 URL 发送请求，接下来将服务器响应包装成 JSONArray 对象，这就完成了 Android 客户端与服务器的交互。JSONArray 对象的本质就是一个数组，它提供了如下常用方法。

➢ length()：返回该 JSON 数组的长度。
➢ optJSONObject(int index)：获取指定索引处的 JSONObject 对象。
➢ optJSONArray(int index)：获取指定索引处的 JSONArray 对象。
➢ optXxx(int index)：获取指定索引处的数组元素。

对于开发者而言，当程序中获取到 JSONArray 对象之后，完全可以把它当成数组处理。

本程序提供了一个 JSONArrayAdapter 类，它的本质是一个 RecyclerView.Adapter，它负责对 JSON 数组进行包装，并作为 RecyclerView 的内容 Adapter。JSONArrayAdapter 类的代码如下。

程序清单：codes\19\AuctionClient\app\src\main\java\org\crazyit\auction\client\JSONArrayAdapter.java

```
public class JSONArrayAdapter extends RecyclerView.Adapter<TextViewHolder>
{
    private Context ctx;
    // 定义需要包装的 JSONArray 对象
    private JSONArray jsonArray;
    // 定义列表项显示 JSONObject 对象的哪个属性
    private String property;
    private ItemClickedCallback callback;
    JSONArrayAdapter(Context ctx
        , JSONArray jsonArray, String property, ItemClickedCallback callback)
    {
        this.ctx = ctx;
        this.jsonArray = jsonArray;
        this.property = property;
        this.callback = callback;
    }
    @NonNull @Override
    public TextViewHolder onCreateViewHolder(@NonNull ViewGroup viewGroup, int i)
    {
        LinearLayout container = new LinearLayout(ctx);
        container.setLayoutParams(new LinearLayout.LayoutParams(
                LinearLayout.LayoutParams.MATCH_PARENT,
                LinearLayout.LayoutParams.WRAP_CONTENT));
        LayoutInflater.from(ctx).inflate(R.layout.item, container);
        return new TextViewHolder(container, callback);
```

```java
        }
        @Override
        public int getItemCount()
        {
            // 返回 RecyclerView 包含的列表项的数量
            return jsonArray.length();
        }
        @Override
        public void onBindViewHolder(@NonNull TextViewHolder textViewHolder, int i)
        {
            try
            {
                // 获取 JSONArray 数组元素的 property 属性
                String itemName = jsonArray.optJSONObject(i)
                    .getString(property);
                // 设置 TextView 所显示的内容
                textViewHolder.textView.setText(itemName);
            }
            catch (JSONException e)
            {
                e.printStackTrace();
            }
        }
    }
    class TextViewHolder extends RecyclerView.ViewHolder
    {
        TextView textView;
        TextViewHolder(View itemView, ItemClickedCallback callback)
        {
            super(itemView);
            textView = itemView.findViewById(R.id.textView);
            // 如果 callback 不为 null,则为列表项绑定事件监听器
            if(callback != null)
            {
                itemView.findViewById(R.id.item_root).setOnClickListener(view ->
                    callback.clickPosition(this.getAdapterPosition())); // ①
            }
        }
    }
```

上面的 JSONArrayAdapter 负责为 RecyclerView 提供列表项,而且由于程序可能需要对各列表项的单击事件提供事件监听器,因此程序创建该 JSONArrayAdapter 时需要传入一个 ItemClickedCallback 对象,该对象封装了列表项被单击时的处理逻辑。

TextViewHolder 类的构造器会负责为列表项的单击事件绑定事件监听器——当 ItemClickedCallback 参数(由 JSONArrayAdapter 传给 TextViewHolder 对象)不为 null 时,程序会为列表项的单击事件绑定事件监听器,而事件监听器的处理逻辑就是调用 callback 的 clickPosition() 方法,如 JSONArrayAdapter.java 程序中①号粗体字代码所示。

上面的 JSONArrayAdapter 可以多次复用,因此程序把它单独定义成一个 Adapter 类,这样可以多次使用该 Adapter 来封装 JSONArray 对象。

在平板电脑上查看流拍物品,将看到如图 19.9 所示的界面。

从图 19.9 所示的列表中只能看到流拍物品的物品名,如果用户希望看到该物品的详情,则可以单击该物品对应的列表项,此时程序将会触发 ViewItemFragment 中的 viewItemDetail(position) 方法,如 ViewItemFragment 类中的②号粗体字代码所示。

viewItemDetail(position) 方法会使用对话框加载系统中的 detail.xml 界面布局文件,并显示该流拍物品的详情。当用户单击图 19.9 所示的列表项时,系统将会显示如图 19.10 所示的对话框。

图 19.9　在平板电脑上查看流拍物品

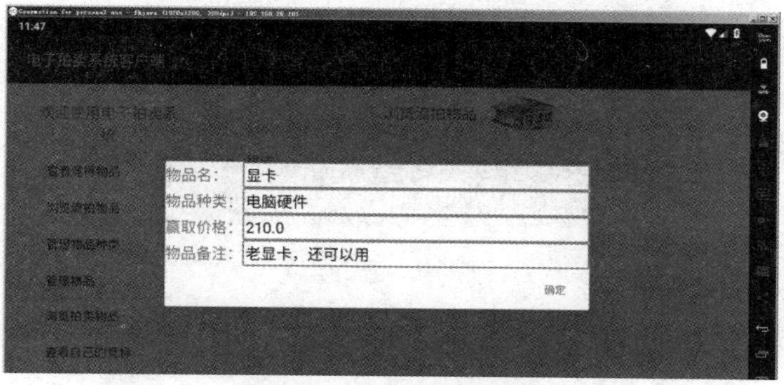

图 19.10　查看物品详情

上面的 ViewItemFragment 除用于显示流拍物品之外，也可用于查看竞得物品，因为两个功能的前端实现基本是一致的，只是 Android 需要调用的服务器端方法不同而已。

如果在手机上使用，系统还需要使用一个 Activity 来"盛装"该 Fragment。由于该系统中有大量 Fragment 需要使用 Activity 来显示，因此本系统专门开发了一个 AbsFragmentActivity，它只是用于显示一个 Fragment。该 Activity 的代码如下。

程序清单：codes\19\AuctionClient\app\src\main\java\org\crazyit\app\base\AbsFragmentActivity.java

```java
public abstract class AbsFragmentActivity extends FragmentActivity
{
    public static final int ROOT_CONTAINER_ID = 0x90001;
    protected abstract Fragment getFragment();
    @Override
    public void onCreate(Bundle savedInstanceState)
    {
        super.onCreate(savedInstanceState);
        LinearLayout layout = new LinearLayout(this);
        setContentView(layout);
        layout.setId(ROOT_CONTAINER_ID);
        getSupportFragmentManager().beginTransaction()
            .replace(ROOT_CONTAINER_ID, getFragment())
            .commit();
    }
}
```

上面的粗体字代码定义了一个抽象方法，该抽象方法将会返回一个 Fragment，而该 Activity 的作用就是加载、显示该 Fragment。

FragmentActivity 用于被其他 Activity 继承，继承它的 Activity 只要重写 getFragment()抽象方法即可。下面是 ViewItemActivity 的代码。

程序清单：codes\19\AuctionClient\app\src\main\java\org\crazyit\auction\client\ViewItemActivity.java

```java
public class ViewItemActivity extends AbsFragmentActivity
{
    @Override
    protected Fragment getFragment()
    {
        Fragment fragment = new ViewItemFragment();
        Bundle arguments = new Bundle();
        arguments.putString("action", getIntent().getStringExtra("action"));
        fragment.setArguments(arguments);
        return fragment;
    }
}
```

从上面的代码不难看出，ViewItemActivity 只是显示 ViewItemFragment 而已——在显示该 Fragment 之前，向该 Fragment 传入参数。

在手机上查看流拍物品，将可以看到如图 19.11 所示的界面。

图 19.11　在手机上查看流拍物品

19.6　管理物品种类

管理物品种类包括浏览系统中的物品种类、添加物品种类两大主要功能。Android 客户端主要充当用户交互的客户端：显示系统中物品种类；添加种类时提供输入框供用户输入种类名称、种类描述等必要信息。

▶▶ 19.6.1　浏览物品种类的接口

浏览物品种类的接口地址为：

```
http://<host_ip>:8888/auction/api/kinds
```

向该地址发送 GET 请求，服务器将会以 JSON 格式返回系统中所有的物品种类。

使用 Postman 向上述地址发送 GET 请求，将可以看到如图 19.12 所示的 JSON 字符串输出。

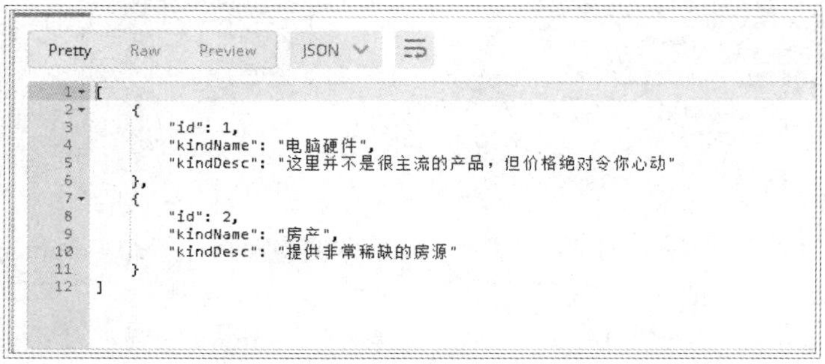

图 19.12　JSON 字符串响应

▶▶ 19.6.2 查看物品种类

在 Android 客户端查看物品种类，只要先通过 HttpUtil 向服务器发送请求，并把服务器响应字符串转换成 JSONArray 对象，再使用 Adapter 包装 JSONArray 对象，并使用 RecyclerView 进行显示即可。

查看物品种类的界面布局代码如下。

程序清单：codes\19\AuctionClient\app\src\main\res\layout\manage_kind.xml

```xml
<?xml version="1.0" encoding="utf-8"?>
<LinearLayout xmlns:android="http://schemas.android.com/apk/res/android"
    android:layout_width="match_parent"
    android:layout_height="match_parent"
    android:gravity="center"
    android:orientation="vertical">
    <LinearLayout
        android:layout_width="match_parent"
        android:layout_height="wrap_content"
        android:layout_margin="@dimen/sub_title_margin"
        android:gravity="center"
        android:orientation="horizontal">
        <LinearLayout
            android:layout_width="wrap_content"
            android:layout_height="wrap_content"
            android:gravity="center"
            android:orientation="vertical">
            <TextView
                android:layout_width="wrap_content"
                android:layout_height="wrap_content"
                android:text="@string/manage_kind"
                android:textSize="@dimen/label_font_size" />
            <!-- 添加种类的按钮 -->
            <Button
                android:id="@+id/bnAdd"
                android:layout_width="85dp"
                android:layout_height="30dp"
                android:background="@drawable/add_kind" />
        </LinearLayout>
        <Button
            android:id="@+id/bn_home"
            android:layout_width="wrap_content"
            android:layout_height="wrap_content"
            android:layout_marginStart="@dimen/label_font_size"
            android:background="@drawable/home" />
    </LinearLayout>
    <!-- 显示种类列表的RecyclerView -->
    <android.support.v7.widget.RecyclerView
        android:id="@+id/kindList"
        android:layout_width="match_parent"
        android:layout_height="match_parent"
        android:padding="@dimen/title_padding"/>
</LinearLayout>
```

上面的界面布局中定义了一个 RecyclerView 来显示系统中的物品种类，程序只要把服务器返回的物品种类包装成 Adapter，并使用该 RecyclerView 来显示所有的物品种类即可。下面是显示物品种类的 Fragment 代码。

程序清单：codes\19\AuctionClient\app\src\main\java\org\crazyit\auction\client\ManageKindFragment.java

```java
public class ManageKindFragment extends Fragment
{
    public static final  int ADD_KIND = 0x1007;
    private Callbacks mCallbacks;
```

```java
    @Override
    public View onCreateView(@NonNull LayoutInflater inflater,
            ViewGroup container, Bundle savedInstanceState)
    {
        View rootView = inflater.inflate(R.layout.manage_kind, container, false);
        // 定义并获取界面布局中的两个按钮
        Button bnHome = rootView.findViewById(R.id.bn_home);
        Button bnAdd = rootView.findViewById(R.id.bnAdd);
        RecyclerView kindList = rootView.findViewById(R.id.kindList);
        kindList.setHasFixedSize(true);
        // 为 RecyclerView 设置布局管理器
        kindList.setLayoutManager(new LinearLayoutManager(getActivity(),
                LinearLayoutManager.VERTICAL, false));
        // 为返回按钮的单击事件绑定事件监听器
        bnHome.setOnClickListener(new HomeListener(getActivity()));
        // 为添加按钮的单击事件绑定事件监听器
        bnAdd.setOnClickListener(view ->
            // 当添加按钮被单击时
            // 调用该 Fragment 所在 Activity 的 onItemSelected 方法
            mCallbacks.onItemSelected(ADD_KIND, null));
        // 定义发送请求的 URL
        String url = HttpUtil.BASE_URL + "kinds";
        String result = null;
        try
        {
            // 向指定 URL 发送请求,并把响应包装成 JSONArray 对象
            result = HttpUtil.getRequest(url);
            JSONArray jsonArray = new JSONArray(result);
            // 把 JSONArray 对象包装成 Adapter
            kindList.setAdapter(new KindArrayAdapter(jsonArray, getActivity(), null));
        }
        catch (JSONException e)
        {
            if (result != null && !result.isEmpty())
            {
                DialogUtil.showDialog(getActivity(), result, true);
            }
        }
        catch (Exception e)
        {
            DialogUtil.showDialog(getActivity(), "服务器响应异常,请稍后再试!", false);
            e.printStackTrace();
        }
        return rootView;
    }
    // 当该 Fragment 被添加、显示到 Context 时,回调该方法
    @Override
    public void onAttach(Context context)
    {
        super.onAttach(context);
        // 如果 Context 没有实现 Callbacks 接口,则抛出异常
        if (!(context instanceof Callbacks))
        {
            throw new IllegalStateException(
                "ManageKindFragment 所在的 Context 必须实现 Callbacks 接口!");
        }
        // 把该 Context 当成 Callbacks 对象
        mCallbacks = (Callbacks) context;
    }
    // 当该 Fragment 从它所属的 Activity 中被删除时回调该方法
    @Override
    public void onDetach()
    {
```

```
        super.onDetach();
        // 将 mCallbacks 赋值为 null
        mCallbacks = null;
    }
}
```

上面程序的 onCreateView()方法中的粗体字代码是实现向服务器发送请求，接下来将服务器响应转换成 JSONArray 对象，并使用 RecyclerView 显示物品种类的核心代码。由于物品种类包含的信息量并不大，只有种类名称和种类描述两种，因此程序使用了 KindArrayAdapter 来包装 JSONArray 对象，KindArrayAdapter 提供的列表项既包括种类名称，也包括种类描述。下面是该 Adapter 类的代码。

程序清单：codes\19\AuctionClient\app\src\main\java\org\crazyit\auction\client\KindArrayAdapter.java

```java
public class KindArrayAdapter extends RecyclerView.Adapter<KindContentHolder>
{
    // 需要包装的 JSONArray
    private JSONArray kindArray;
    private Context ctx;
    private ItemClickedCallback callback;
    KindArrayAdapter(JSONArray kindArray
            ,Context ctx, ItemClickedCallback callback)
    {
        this.kindArray = kindArray;
        this.ctx = ctx;
        this.callback = callback;
    }
    @NonNull @Override
    public KindContentHolder onCreateViewHolder(@NonNull ViewGroup viewGroup, int i)
    {
        LinearLayout container = new LinearLayout(ctx);
        container.setLayoutParams(new LinearLayout.LayoutParams(
                LinearLayout.LayoutParams.MATCH_PARENT,
                LinearLayout.LayoutParams.WRAP_CONTENT));
        LayoutInflater.from(ctx).inflate(R.layout.kind_item, container);
        return new KindContentHolder(container, callback);
    }
    @Override
    public void onBindViewHolder(@NonNull KindContentHolder kindContentHolder, int i)
    {
        try
        {
            // 获取 JSONArray 数组元素的 kindName 属性
            String kindName = kindArray.optJSONObject(i)
                    .getString("kindName");
            // 设置 TextView 所显示的内容
            kindContentHolder.nameTv.setText(kindName);
            // 获取 JSONArray 数组元素的 kindDesc 属性
            String kindDesc = kindArray.optJSONObject(i)
                    .getString("kindDesc");
            // 设置 TextView 所显示的内容
            kindContentHolder.descTv.setText(kindDesc);
        }
        catch (JSONException e)
        {
            e.printStackTrace();
        }
    }
    @Override
    public int getItemCount()
    {
        // 返回 RecyclerView 包含的列表项的数量
```

```
            return kindArray.length();
        }
    }
    class KindContentHolder extends RecyclerView.ViewHolder
    {
        TextView nameTv;
        TextView descTv;
        KindContentHolder(View itemView, ItemClickedCallback callback)
        {
            super(itemView);
            nameTv = itemView.findViewById(R.id.name_tv);
            descTv = itemView.findViewById(R.id.desc_tv);
            // 如果 callback 不为 null, 则为列表项绑定事件监听器
            if(callback != null)
            {
                itemView.findViewById(R.id.item_root).setOnClickListener(view ->
                    callback.clickPosition(this.getAdapterPosition())));
            }
        }
    }
```

从上面程序中的粗体字代码可以看出, 该 Adapter 提供的每个列表项不仅包括种类名称, 而且包括种类描述, 这样用户查看种类时一目了然。

用户查看物品种类时将可看到如图 19.13 所示的界面。

图 19.13　在平板电脑上查看物品种类

为了在手机上运行该应用, 程序提供了一个 ManageKindActivity 来包装、显示该 Fragment。该 Activity 的代码如下。

程序清单：codes\19\AuctionClient\app\src\main\java\org\crazyit\auction\client\ManageKindActivity.java

```
public class ManageKindActivity extends AbsFragmentActivity
        implements Callbacks
{
    @Override
    protected Fragment getFragment()
    {
        return new ManageKindFragment();
    }
    @Override
    public void onItemSelected(Integer id, Bundle bundle)
    {
        // 当用户单击 ManageKindFragment 中的添加按钮时, 将启动 AddKindActivity
        Intent i = new Intent(this, AddKindActivity.class);
        startActivity(i);
    }
}
```

正如上面的粗体字代码所示, ManageKindActivity 仅仅是包装、显示 ManageKindFragment,

因此在手机上运行该程序时，将可以看到如图 19.14 所示的界面。

在图 19.13、图 19.14 所示界面中有一个"添加种类"按钮，当用户单击该按钮时，Fragment 将会回调它所在 Activity 的 onItemSelected()方法。对于在平板电脑上运行的 Activity，onItemSelected()方法将会让 FrameLayout 装载 AddKindFragment；而在手机上运行的 Activity，onItemSelected()方法将会启动 AddKindActivity（该 Activity 仅仅是包装、显示 AddKindFragment）。

图 19.14　在手机上查看物品种类

▶▶ 19.6.3　添加物品种类的接口

添加物品种类的接口地址同样是：

```
http://<host_ip>:8888/auction/api/kinds
```

当客户端向该地址发送 POST 请求，并包含 kindName、kindDesc 两个请求参数时，服务器端的 RESTful 接口将会添加物品种类。

在添加物品种类之后，RESTful 接口会直接返回字符串响应，该响应用于向客户端生成提示。

▶▶ 19.6.4　添加物品种类

在添加物品种类的界面上包括两个输入框，用于接受用户输入种类名称和种类描述，并提供添加、取消两个按钮。该界面布局比较简单，此处不再给出界面布局代码。

添加物品种类的 Fragment 代码如下。

程序清单：codes\19\AuctionClient\app\src\main\java\org\crazyit\auction\client\AddKindFragment.java

```java
public class AddKindFragment extends Fragment
{
    // 定义界面上的两个文本框
    private EditText kindName;
    private EditText kindDesc;
    @Override
    public View onCreateView(@NonNull LayoutInflater inflater,
            ViewGroup container, Bundle savedInstanceState)
    {
        View rootView = inflater.inflate(R.layout.add_kind, container, false);
        // 获取界面上的两个编辑框
        kindName = rootView.findViewById(R.id.kindName);
        kindDesc = rootView.findViewById(R.id.kindDesc);
        // 定义并获取界面上的两个按钮
        Button bnAdd = rootView.findViewById(R.id.bnAdd);
        Button bnCancel = rootView.findViewById(R.id.bnCancel);
        // 为取消按钮的单击事件绑定事件监听器
        bnCancel.setOnClickListener(new HomeListener(getActivity()));
        bnAdd.setOnClickListener(view -> {
            // 输入校验
            if (validate())
            {
                // 获取用户输入的种类名称、种类描述
                String name = kindName.getText().toString();
                String desc = kindDesc.getText().toString();
                try
                {
                    // 添加物品种类
                    String result = addKind(name, desc);
```

```java
                    // 使用对话框来显示添加结果
                    DialogUtil.showDialog(getActivity(), result, true);
                }
                catch (Exception e)
                {
                    DialogUtil.showDialog(getActivity(), "服务器响应异常，请稍后再试！", false);
                    e.printStackTrace();
                }
            }
        });
        return rootView;
    }
    // 对用户输入的种类名称进行校验
    private boolean validate()
    {
        String name = kindName.getText().toString().trim();
        if (name.equals(""))
        {
            DialogUtil.showDialog(getActivity(), "种类名称是必填项！", false);
            return false;
        }
        return true;
    }
    private String addKind(String name, String desc) throws Exception
    {
        // 使用 Map 封装请求参数
        Map<String, String> map = new HashMap<>();
        map.put("kindName", name);
        map.put("kindDesc", desc);
        // 定义发送请求的 URL
        String url = HttpUtil.BASE_URL + "kinds";
        // 发送请求
        return HttpUtil.postRequest(url, map);
    }
}
```

上面的 Fragment 先对用户输入的种类名称、种类描述进行输入校验，然后调用 addKind()方法来添加物品种类，该方法利用 HttpUtil 发送 POST 请求完成添加。添加成功后，可以看到系统显示如图 19.15 所示的对话框。

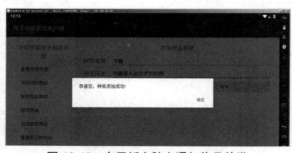

图 19.15 在平板电脑上添加物品种类

为了兼顾手机屏幕，同样需要定义 Activity 来加载、显示该 Fragment。AddKindActivity 的代码如下。

程序清单：codes\19\AuctionClient\app\src\main\java\org\crazyit\auction\client\AddKindActivity.java

```java
public class AddKindActivity extends AbsFragmentActivity
{
    @Override
    public Fragment getFragment()
    {
```

```
        return new AddKindFragment();
    }
}
```

正如上面的粗体字代码所示，AddKindActivity 几乎什么也没干，仅仅是加载、显示 AddKindFragment。在手机上添加物品种类，如果添加成功，将看到如图 19.16 所示的对话框。

19.7 管理拍卖物品

管理拍卖物品包括浏览自己的拍卖物品、添加拍卖物品两大主要功能。Android 客户端主要充当用户交互的客户端：显示当前用户的拍卖物品；添加拍卖物品时提供输入框供用户输入物品名称、物品描述等必要信息。

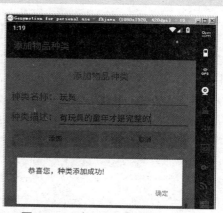

图 19.16 在手机上添加物品种类

19.7.1 查看自己的拍卖物品的接口

查看自己的拍卖物品的接口地址如下：

```
http://<host_ip>:8888/auction/api/items/byOwner
```

使用 Postman 向该接口发送请求，将可以看到服务器端生成如图 19.17 所示的 JSON 字符串。

当服务器返回如图 19.17 所示的 JSON 字符串响应之后，Android 客户端就可以把它转换成 JSONArray 对象，并从中获取详细的物品信息了。

图 19.17 JSON 字符串响应

19.7.2 查看自己的拍卖物品

查看拍卖物品的界面使用 ListView 来显示物品列表。该界面布局的代码如下。

程序清单：codes\19\AuctionClient\app\src\main\res\manage_item.xml

```xml
<?xml version="1.0" encoding="utf-8"?>
<LinearLayout xmlns:android="http://schemas.android.com/apk/res/android"
    android:layout_width="match_parent"
    android:layout_height="match_parent"
    android:gravity="center"
    android:orientation="vertical">
    <LinearLayout
        android:layout_width="match_parent"
        android:layout_height="wrap_content"
        android:layout_margin="@dimen/sub_title_margin"
        android:gravity="center"
        android:orientation="horizontal">
        <LinearLayout
            android:layout_width="wrap_content"
            android:layout_height="wrap_content"
            android:gravity="center"
            android:orientation="vertical"
            android:paddingStart="12dp">
            <TextView
                android:layout_width="wrap_content"
                android:layout_height="wrap_content"
                android:text="@string/manage_item"
```

```xml
            android:textSize="@dimen/label_font_size" />
        <!-- 添加物品的按钮 -->
        <Button
            android:id="@+id/bnAdd"
            android:layout_width="85dp"
            android:layout_height="30dp"
            android:background="@drawable/add_item" />
    </LinearLayout>
    <Button
        android:id="@+id/bn_home"
        android:layout_width="wrap_content"
        android:layout_height="wrap_content"
        android:layout_marginStart="@dimen/label_font_size"
        android:background="@drawable/home" />
</LinearLayout>
<!-- 显示物品列表的 RecyclerView -->
<android.support.v7.widget.RecyclerView
    android:id="@+id/itemList"
    android:layout_width="match_parent"
    android:layout_height="match_parent"
    android:padding="@dimen/title_padding"/>
</LinearLayout>
```

上面的界面布局中定义了一个 RecyclerView 来显示当前用户的拍卖物品。除此之外，该界面还包含了几个按钮，其中一个按钮用于启动添加物品的用户界面。

管理物品的 Fragment 只要通过 HttpUtil 向服务器发送请求，并把服务器响应转换成 JSONArray 对象，然后把 JSONArray 对象包装成 Adapter，再使用 ListView 来显示这些物品即可。管理物品的 Fragment 代码如下。

程序清单：codes\19\AuctionClient\app\src\main\java\org\crazyit\auction\client\ManageItemFragment.java

```java
public class ManageItemFragment extends Fragment
{
    public static final int ADD_ITEM = 0x1006;
    private JSONArray jsonArray;
    private Callbacks mCallbacks;
    @Override
    public View onCreateView(@NonNull LayoutInflater inflater,
            ViewGroup container, Bundle savedInstanceState)
    {
        View rootView = inflater.inflate(R.layout.manage_item, container, false);
        // 定义并获取界面上的两个按钮
        Button bnHome = rootView.findViewById(R.id.bn_home);
        Button bnAdd = rootView.findViewById(R.id.bnAdd);
        RecyclerView itemList = rootView.findViewById(R.id.itemList);
        itemList.setHasFixedSize(true);
        // 为 RecyclerView 设置布局管理器
        itemList.setLayoutManager(new LinearLayoutManager(getActivity(),
                LinearLayoutManager.VERTICAL, false));
        // 为返回按钮的单击事件绑定事件监听器
        bnHome.setOnClickListener(new HomeListener(getActivity()));
        // 为添加按钮绑定事件监听器
        bnAdd.setOnClickListener(view -> mCallbacks.onItemSelected(ADD_ITEM, null));
        // 定义发送请求的 URL
        String url = HttpUtil.BASE_URL + "items/byOwner";
        String result = null;
        try
        {
            // 向指定 URL 发送请求
            result = HttpUtil.getRequest(url);
            jsonArray = new JSONArray(result);
            // 将服务器响应包装成 Adapter
```

```java
            JSONArrayAdapter adapter = new JSONArrayAdapter(getActivity(), jsonArray,
                "name", this::viewItemInBid);  // ①
            itemList.setAdapter(adapter);
        }
        catch(JSONException e)
        {
            if (result != null && !result.isEmpty())
            {
                DialogUtil.showDialog(getActivity(), result, true);
            }
        }
        catch (Exception e)
        {
            DialogUtil.showDialog(getActivity(),"服务器响应异常,请稍后再试!", false);
            e.printStackTrace();
        }
        return rootView;
    }
    // 当该Fragment被添加、显示到Context时,回调该方法
    @Override
    public void onAttach(Context context)
    {
        super.onAttach(context);
        // 如果Activity没有实现Callbacks接口,则抛出异常
        if (!(context instanceof Callbacks))
        {
            throw new IllegalStateException(
                "ManagerItemFragment所在的Context必须实现Callbacks接口!");
        }
        // 把该Context当成Callbacks对象
        mCallbacks = (Callbacks) context;
    }
    // 当该Fragment从它所属的Activity中被删除时回调该方法
    @Override
    public void onDetach()
    {
        super.onDetach();
        // 将mCallbacks赋值为null
        mCallbacks = null;
    }
    private void viewItemInBid(int position)
    {
        // 加载detail_in_bid.xml界面布局代表的视图
        View detailView = getActivity().getLayoutInflater()
            .inflate(R.layout.detail_in_bid, null);
        // 获取detail_in_bid.xml界面中的文本框
        TextView itemName = detailView.findViewById(R.id.itemName);
        TextView itemKind = detailView.findViewById(R.id.itemKind);
        TextView maxPrice = detailView.findViewById(R.id.maxPrice);
        TextView initPrice = detailView.findViewById(R.id.initPrice);
        TextView endTime = detailView.findViewById(R.id.endTime);
        TextView itemRemark = detailView.findViewById(R.id.itemRemark);
        // 获取被单击列表项所包装的JSONObject
        JSONObject jsonObj = jsonArray.optJSONObject(position);
        // 通过文本框显示物品详情
        try
        {
            itemName.setText(jsonObj.getString("name"));
            itemKind.setText(jsonObj.getString("kind"));
            maxPrice.setText(jsonObj.getString("maxPrice"));
            itemRemark.setText(jsonObj.getString("desc"));
            initPrice.setText(jsonObj.getString("initPrice"));
            endTime.setText(jsonObj.getString("endTime"));
```

```
            }
            catch (JSONException e)
            {
                e.printStackTrace();
            }
            DialogUtil.showDialog(getActivity(), detailView);
        }
```

上面程序中的粗体字代码使用了 HttpUtil 向服务器发送请求，并使用 ListView 来显示服务器返回的物品列表。当用户在平板电脑上进入管理物品的界面时，将会看到如图 19.18 所示的界面。

图 19.18　管理自己的拍卖物品

图 19.18 只是列出拍卖物品的物品名，如果用户需要查看该物品的详情，则可以选择单击代表该物品的列表项，程序将会触发 viewItemInBid(position)方法（如上面程序中①号粗体字代码所示），该方法将会启动一个对话框来显示该物品的详情。该对话框中定义了多个文本框，多个文本框显示了该物品的详情。

用户单击物品列表中的指定物品时，将可以看到如图 19.19 所示的界面。

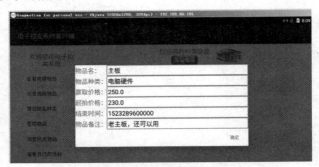

图 19.19　查看物品详情

为了兼顾手机屏幕，同样需要定义 Activity 来加载、显示该 Fragment。ManageItemActivity 的代码如下。

程序清单：codes\19\AuctionClient\app\src\main\java\org\crazyit\auction\client\ManageItemActivity.java

```
public class ManageItemActivity extends AbsFragmentActivity
        implements Callbacks
{
    @Override
    protected Fragment getFragment()
    {
        return new ManageItemFragment();
    }
    @Override
    public void onItemSelected(Integer id, Bundle bundle)
    {
```

```
        // 当用户单击添加按钮时，将会启动 AddItemActivity
        Intent i = new Intent(this, AddItemActivity.class);
        startActivity(i);
    }
}
```

在手机上查看物品详情，将可以看到如图 19.20 所示的界面。

在图 19.18、图 19.20 所示界面上都包含一个"添加物品"按钮，用户单击该按钮即可添加拍卖物品。

▶▶ 19.7.3 添加拍卖物品的接口

添加拍卖物品的接口地址如下：

`http://<host_ip>:8888/auction/api/items`

客户端必须向该地址发送 POST 请求，并在请求中包含 itemName、itemDesc、initPrice、avail、kindId 请求参数，该 RESTful 接口对应的服务器端程序才会添加拍卖物品；否则将会输出添加失败的响应。

在提供了该服务器端接口之后，接下来 Android 客户端就可以向该接口发送请求来添加拍卖物品了。

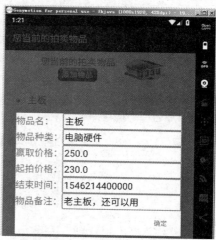

图 19.20　在手机上查看物品详情

▶▶ 19.7.4 添加拍卖物品

添加拍卖物品的程序界面中包含多个文本框，这些文本框用于接受用户输入的物品属性。添加拍卖物品的界面布局文件如下。

程序清单：codes\19\AuctionClient\app\src\main\res\layout\add_item.xml

```xml
<?xml version="1.0" encoding="utf-8"?>
<TableLayout xmlns:android="http://schemas.android.com/apk/res/android"
    android:layout_width="match_parent"
    android:layout_height="match_parent"
    android:padding="@dimen/title_padding"
    android:stretchColumns="1">
    <TextView
        android:layout_width="match_parent"
        android:layout_height="wrap_content"
        android:gravity="center"
        android:padding="@dimen/title_padding"
        android:text="@string/add_item_title"
        android:textSize="@dimen/label_font_size" />
    <!-- 输入物品名称的行 -->
    <TableRow>
        <TextView
            android:layout_width="wrap_content"
            android:layout_height="wrap_content"
            android:text="@string/item_name"
            android:textSize="@dimen/label_font_size" />
        <EditText
            android:id="@+id/itemName"
            android:layout_width="match_parent"
            android:layout_height="wrap_content"
            android:inputType="text" />
    </TableRow>
    <!-- 输入物品描述的行 -->
    <TableRow>
        <TextView
```

```xml
            android:layout_width="wrap_content"
            android:layout_height="wrap_content"
            android:text="@string/item_desc"
            android:textSize="@dimen/label_font_size" />
        <EditText
            android:id="@+id/itemDesc"
            android:layout_width="match_parent"
            android:layout_height="wrap_content"
            android:inputType="text" />
    </TableRow>
    <!-- 输入物品备注的行 -->
    <TableRow>
        <TextView
            android:layout_width="wrap_content"
            android:layout_height="wrap_content"
            android:text="@string/remark"
            android:textSize="@dimen/label_font_size" />
        <EditText
            android:id="@+id/itemRemark"
            android:layout_width="match_parent"
            android:layout_height="wrap_content"
            android:inputType="text" />
    </TableRow>
    <!-- 输入起拍价格的行 -->
    <TableRow>
        <TextView
            android:layout_width="wrap_content"
            android:layout_height="wrap_content"
            android:text="@string/init_price"
            android:textSize="@dimen/label_font_size" />
        <EditText
            android:id="@+id/initPrice"
            android:layout_width="match_parent"
            android:layout_height="wrap_content"
            android:inputType="numberDecimal" />
    </TableRow>
    <!-- 选择有效时间的行 -->
    <TableRow>
        <TextView
            android:layout_width="wrap_content"
            android:layout_height="wrap_content"
            android:text="@string/avail_time"
            android:textSize="@dimen/label_font_size" />
        <Spinner
            android:id="@+id/availTime"
            android:layout_width="match_parent"
            android:layout_height="wrap_content"
            android:entries="@array/availTime" />
    </TableRow>
    <!-- 选择物品种类的行 -->
    <TableRow>
        <TextView
            android:layout_width="wrap_content"
            android:layout_height="wrap_content"
            android:text="@string/item_kind"
            android:textSize="@dimen/label_font_size" />
        <Spinner
            android:id="@+id/itemKind"
            android:layout_width="match_parent"
            android:layout_height="wrap_content" />
    </TableRow>
    <!-- 定义按钮的行 -->
    <LinearLayout
        android:layout_width="match_parent"
```

```xml
            android:layout_height="wrap_content"
            android:gravity="center">
            <Button
                android:id="@+id/bnAdd"
                android:layout_width="0dp"
                android:layout_height="wrap_content"
                android:layout_weight="1"
                android:text="@string/add" />
            <Button
                android:id="@+id/bnCancel"
                android:layout_width="0dp"
                android:layout_height="wrap_content"
                android:layout_weight="1"
                android:text="@string/cancel" />
    </LinearLayout>
</TableLayout>
```

上面的界面布局中包含了两个 Spinner 组件，它们定义了两个列表框供用户选择有效时间和物品种类。对于选择有效时间的 Spinner 来说，程序可以直接指定一个数组作为它的列表项；但对于选择物品种类的 Spinner 来说，程序必须加载系统中的所有物品种类来作为列表项。因此，为了在 Spinner 中加载物品种类，程序必须向/api/kinds 发送请求，然后把响应包装成 Adapter，接下来使用 Spinner 来显示种类列表。

当用户在平板电脑上进入添加拍卖物品的界面之后，将会看到如图 19.21 所示的输入界面。

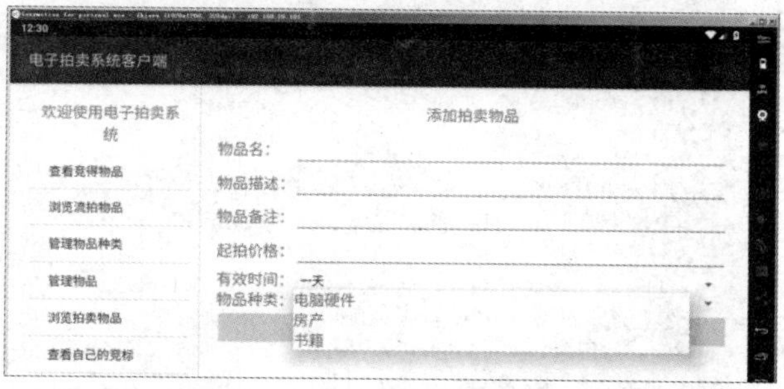

图 19.21 添加拍卖物品

从图 19.21 所示的界面可以看出，程序最下面的物品种类就是从系统中加载的。当用户填写了拍卖物品的详情之后，程序将会向/api/kinds 发送请求来添加拍卖物品。添加拍卖物品的 Fragment 代码如下。

程序清单：codes\19\AuctionClient\app\src\main\java\org\crazyit\auction\client\AddItemFragment.java

```java
public class AddItemFragment extends Fragment
{
    // 定义界面上的文本框
    private EditText itemName;
    private EditText itemDesc;
    private EditText itemRemark;
    private EditText initPrice;
    private Spinner itemKind;
    private Spinner availTime;
    @Override
    public View onCreateView(@NonNull LayoutInflater inflater,
        ViewGroup container, Bundle savedInstanceState)
    {
        View rootView = inflater.inflate(R.layout.add_item, container, false);
        // 获取界面上的文本框
        itemName = rootView.findViewById(R.id.itemName);
        itemDesc = rootView.findViewById(R.id.itemDesc);
        itemRemark = rootView.findViewById(R.id.itemRemark);
```

```java
        initPrice = rootView.findViewById(R.id.initPrice);
        itemKind = rootView.findViewById(R.id.itemKind);
        availTime = rootView.findViewById(R.id.availTime);
        // 定义发送请求的地址
        String url = HttpUtil.BASE_URL + "kinds";
        JSONArray jsonArray = null;
        try
        {
            // 获取系统中所有的物品种类
            // 向执行 URL 发送请求，并把服务器响应包装成 JSONArray
            jsonArray = new JSONArray(HttpUtil.getRequest(url));    // ①
        }
        catch (Exception e1)
        {
            e1.printStackTrace();
        }
        // 将 JSONArray 包装成 Adapter
        KindSpinnerAdapter adapter = new KindSpinnerAdapter(getActivity(),
            jsonArray, "kindName");
        // 显示物品种类列表
        itemKind.setAdapter(adapter);
        // 定义并获取界面上的两个按钮
        Button bnAdd = rootView.findViewById(R.id.bnAdd);
        Button bnCancel = rootView.findViewById(R.id.bnCancel);
        // 为取消按钮的单击事件绑定事件监听器
        bnCancel.setOnClickListener(new HomeListener(getActivity()));
        bnAdd.setOnClickListener(view -> {
            // 执行输入校验
            if (validate())
            {
                // 获取用户输入的物品名称、物品描述等信息
                String name = itemName.getText().toString();
                String desc = itemDesc.getText().toString();
                String remark = itemRemark.getText().toString();
                String price = initPrice.getText().toString();
                JSONObject kind = (JSONObject)itemKind.getSelectedItem();
                int avail = availTime.getSelectedItemPosition();
                // 根据用户选择的有效时间选项，指定实际的有效时间
                switch (avail)
                {
                    case 5: avail = 7; break;
                    case 6: avail = 30; break;
                    default: avail += 1; break;
                }
                try
                {
                    // 添加物品
                    String result = addItem(name, desc, remark, price,
                        kind.getInt("id"), avail);
                    // 显示对话框
                    DialogUtil.showDialog(getActivity(), result, true);
                }
                catch (Exception e)
                {
                    DialogUtil.showDialog(getActivity(), "服务器响应异常，请稍后再试！", false);
                    e.printStackTrace();
                }
            }
        });
        return rootView;
    }
    // 对用户输入的物品名称、起拍价格进行校验
    private boolean validate()
```

```
        {
            String name = itemName.getText().toString().trim();
            if (name.equals(""))
            {
                DialogUtil.showDialog(getActivity(), "物品名称是必填项！", false);
                return false;
            }
            String price = initPrice.getText().toString().trim();
            if (price.equals(""))
            {
                DialogUtil.showDialog(getActivity(), "起拍价格是必填项！", false);
                return false;
            }
            try
            {
                // 尝试把起拍价格转换为浮点数
                java.lang.Double.parseDouble(price);
            }
            catch (NumberFormatException e)
            {
                DialogUtil.showDialog(getActivity(), "起拍价格必须是数值！", false);
                return false;
            }
            return true;
        }
        private String addItem(String name, String desc, String remark,
            String initPrice, int kindId, int availTime) throws Exception
        {
            // 使用 Map 封装请求参数
            Map<String, String> map = new HashMap<>();
            map.put("itemName", name);
            map.put("itemDesc", desc);
            map.put("itemRemark", remark);
            map.put("initPrice", initPrice);
            map.put("kindId", kindId + "");
            map.put("avail", availTime + "");
            // 定义发送请求的 URL
            String url = HttpUtil.BASE_URL + "items";
            // 发送请求
            return HttpUtil.postRequest(url, map);
        }
}
```

上面程序中的①号粗体字代码向/api/kinds 发送请求，并把服务器响应包装成 JSONArray 对象，然后使用 Spinner 把这些物品种类显示出来即可。

当填写了拍卖物品的详情之后，用户单击"添加"按钮将先执行输入校验，然后调用 addItem() 方法来添加物品，如上面程序中后面两行粗体字代码所示。

如果用户添加拍卖物品成功，将会看到如图 19.22 所示的对话框。

图 19.22　在平板电脑上添加拍卖物品成功

为了兼顾手机屏幕，同样需要定义 Activity 来加载、显示该 Fragment。AddItemActivity 的代码如下。

程序清单：codes\19\AuctionClient\app\src\main\java\org\crazyit\auction\client\AddItemActivity.java

```java
public class AddItemActivity extends AbsFragmentActivity
{
    @Override
    public Fragment getFragment()
    {
        return new AddItemFragment();
    }
}
```

从上面的粗体字代码不难看出，AddItemActivity 仅仅是加载并显示 AddItemFragment。在手机上添加物品成功后，可以看到如图 19.23 所示的界面。

图 19.23　在手机上添加拍卖物品成功

19.8 参与竞拍

用户可以通过物品种类来浏览系统中的拍卖物品，找到合适的拍卖物品之后，可以对该物品进行竞价。

▶▶ 19.8.1 选择物品种类

前面介绍的/api/kinds 可以生成所有物品种类的响应，Android 客户端只要向该接口地址发送请求，即可显示物品种类供用户选择。

在选择物品种类的界面上主要包含一个 RecyclerView，该 RecyclerView 列出系统中全部物品种类，当用户单击某个物品种类时，程序将会显示该种类下的全部物品。

选择物品种类的 Fragment 代码如下。

程序清单：codes\19\AuctionClient\app\src\main\java\org\crazyit\auction\client\ChooseKindFragment.java

```java
public class ChooseKindFragment extends Fragment
{
    public static final int CHOOSE_ITEM = 0x1008;
    private Callbacks mCallbacks;
    @Override
    public View onCreateView(@NonNull LayoutInflater inflater,
            ViewGroup container, Bundle savedInstanceState)
    {
        View rootView = inflater.inflate(R.layout.choose_kind, container, false);
```

```java
        // 定义并获取界面上的按钮
        Button bnHome = rootView.findViewById(R.id.bn_home);
        RecyclerView kindList = rootView.findViewById(R.id.kindList);
        kindList.setHasFixedSize(true);
        // 为 RecyclerView 设置布局管理器
        kindList.setLayoutManager(new LinearLayoutManager(getActivity(),
            LinearLayoutManager.VERTICAL, false));
        // 为返回按钮的单击事件绑定事件监听器
        bnHome.setOnClickListener(new HomeListener(getActivity()));
        // 定义发送请求的 URL
        String url = HttpUtil.BASE_URL + "kinds";
        String result = null;
        try
        {
            // 向指定 URL 发送请求，并将服务器响应包装成 JSONArray 对象
            result = HttpUtil.getRequest(url);    // ①
            JSONArray jsonArray = new JSONArray(result);
            // 使用 RecyclerView 显示所有物品种类
            kindList.setAdapter(new KindArrayAdapter(jsonArray, getActivity(),
position -> {
                Bundle bundle = new Bundle();
                try
                {
                    bundle.putLong("kindId", jsonArray
                        .optJSONObject(position).getInt("id"));
                }
                catch (JSONException e)
                {
                    e.printStackTrace();
                }
                mCallbacks.onItemSelected(CHOOSE_ITEM, bundle);
            }));
        }
        catch(JSONException e)
        {
            if (result != null && !result.isEmpty())
            {
                DialogUtil.showDialog(getActivity(), result, true);
            }
        }
        catch (Exception e)
        {
            DialogUtil.showDialog(getActivity(),"服务器响应异常，请稍后再试!", false);
            e.printStackTrace();
        }
        return rootView;
    }
    // 当该 Fragment 被添加、显示到 Context 时，回调该方法
    @Override
    public void onAttach(Context context)
    {
        super.onAttach(context);
        // 如果 Activity 没有实现 Callbacks 接口，则抛出异常
        if (!(context instanceof Callbacks))
        {
            throw new IllegalStateException(
                "ManageKindFragment 所在的 Context 必须实现 Callbacks 接口!");
        }
        // 把该 Context 当成 Callbacks 对象
        mCallbacks = (Callbacks) context;
    }
    // 当该 Fragment 从它所属的 Activity 中被删除时回调该方法
    @Override
```

```java
public void onDetach()
{
    super.onDetach();
    // 将 mCallbacks 赋值为 null
    mCallbacks = null;
}
```

程序中①号粗体字代码用于向指定 URL 发送请求,并将服务器响应转换成 JSONArray 对象,接下来程序只要把 JSONArray 对象包装成 Adapter,并使用 RecyclerView 显示种类列表即可。

当用户单击指定物品种类时,程序将会回调该 Fragment 所在 Activity 的 onItemSelecte()方法,并把当前物品种类作为参数传过去,而该 Fragment 所在 Activity 将会负责加载 Fragment,或启动对应的 Activity 来显示该种类下的全部拍卖物品。

▶▶ 19.8.2 根据种类浏览物品的服务器端接口

根据种类浏览拍卖物品的服务器端接口地址如下:

```
http://<host_ip>:8888/auction/api/items/{kindId}
```

上面接口地址中的{kindId}会动态改变为物品种类 ID,服务器端将会返回该物品种类下的所有物品。

使用 Postman 向上面地址发送请求,将看到如图 19.24 所示的 JSON 字符串响应。

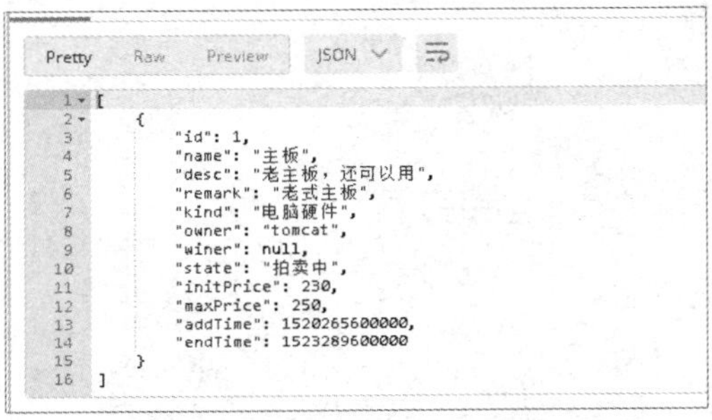

▶▶ 19.8.3 根据种类浏览物品

在服务器端 RESTful 接口生成如图 19.24 所示的 JSON 字符串响应后,Android 客户端只要向该接口发送请求并把该响应转换为 JSONArray 对象,再将该 JSONArray 对象包装成 Adapter,并使用 RecyclerView 来显示这些物品即可。

图 19.24 服务器响应的 JSON 字符串

下面是 ChooseItemFragment 的代码。

程序清单:codes\19\AuctionClient\app\src\main\java\org\crazyit\auction\client\ChooseItemFragment.java

```java
public class ChooseItemFragment extends Fragment
{
    public static final int ADD_BID = 0x1009;
    private RecyclerView succList;
    private Callbacks mCallbacks;
    // 重写该方法,该方法返回的 View 将作为 Fragment 显示的组件
    @Override
    public View onCreateView(@NonNull LayoutInflater inflater,
            ViewGroup container, Bundle savedInstanceState)
    {
        View rootView = inflater.inflate(R.layout.view_item, container, false);
        // 定义并获取界面上的返回按钮
        Button bnHome = rootView.findViewById(R.id.bn_home);
        succList = rootView.findViewById(R.id.succList);
        succList.setHasFixedSize(true);
        // 为 RecyclerView 设置布局管理器
        succList.setLayoutManager(new LinearLayoutManager(getActivity(),
                LinearLayoutManager.VERTICAL, false));
        // 定义并获取界面上的文本框
        TextView viewTitle = rootView.findViewById(R.id.view_titile);
        // 为返回按钮的单击事件绑定事件监听器
        bnHome.setOnClickListener(new HomeListener(getActivity()));
```

```java
            assert getArguments() != null;
            long kindId = getArguments().getLong("kindId");
            // 定义发送请求的 URL
            String url = HttpUtil.BASE_URL + "items/" + kindId;
            String result = null;
            try
            {
                result = HttpUtil.getRequest(url);
                // 根据种类 ID 获取该种类对应的所有物品
                JSONArray jsonArray = new JSONArray(result);
                ItemClickedCallback callback = position -> {
                    // 获取被点击列表项的数据
                    JSONObject jsonObj = jsonArray.optJSONObject(position);
                    Bundle bundle = new Bundle();
                    try
                    {
                        // 将被点击列表项的 ID 封装到 Bundle 中
                        bundle.putInt("itemId", jsonObj.getInt("id"));
                    }
                    catch (JSONException e)
                    {
                        e.printStackTrace();
                    }
                    mCallbacks.onItemSelected(ADD_BID, bundle);
                };
                JSONArrayAdapter adapter = new JSONArrayAdapter(
                        getActivity(), jsonArray, "name", callback);
                // 使用 RecyclerView 显示当前种类的所有物品
                succList.setAdapter(adapter);
            }
            catch (JSONException e)
            {
                if (result != null && !result.isEmpty())
                {
                    DialogUtil.showDialog(getActivity(), result, true);
                }
            }
            catch(Exception e1)
            {
                DialogUtil.showDialog(getActivity(),"服务器响应异常,请稍后再试!", false);
                e1.printStackTrace();
            }
            // 修改标题
            viewTitle.setText(R.string.item_list);
            return rootView;
    }
    // 当该 Fragment 被添加、显示到 Activity 时，回调该方法
    @Override
    public void onAttach(Context context)
    {
        super.onAttach(context);
        // 如果 Activity 没有实现 Callbacks 接口，则抛出异常
        if (!(context instanceof Callbacks))
        {
            throw new IllegalStateException(
                "ManagerItemFragment 所在的 Context 必须实现 Callbacks 接口!");
        }
        // 把该 Activity 当成 Callbacks 对象
        mCallbacks = (Callbacks) context;
    }
    // 当该 Fragment 从它所属的 Activity 中被删除时回调该方法
    @Override
    public void onDetach()
```

```
        {
            super.onDetach();
            // 将 mCallbacks 赋为 null。
            mCallbacks = null;
        }
}
```

上面程序中的粗体字代码用于向服务器端 RESTful 接口发送请求,并把服务器响应转换成 JSONArray 对象,再将该对象包装成 Adapter,并使用 RecyclerView 来显示这些物品。

当用户在平板电脑上选择指定物品种类时,将会看到如图 19.25 所示的物品列表。

图 19.25 在平板电脑上查看指定种类的拍卖物品

在图 19.25 中列出了指定种类下所有的拍卖物品,用户可以单击指定物品进入拍卖界面。

> **提示:**
> 系统也为兼容手机屏幕提供了 ChooseItemActivity,该 Activity 的作用也只是包装并显示 ChooseItemFragment,此处不再给出 ChooseItemActivity 的代码。

19.8.4 参与竞价的服务器端接口

参与竞价的服务器端接口地址如下:

```
http://<host_ip>:8888/auction/api/bids
```

客户端必须向上述地址发送 POST 请求,并在请求中包含 bidPrice 和 itemId 两个请求参数,服务器端接口才会添加竞价记录,每次用户参与竞拍就是添加一条竞价记录。

当用户竞价成功后,服务器端会生成一条字符串提示信息;否则生成竞价失败的信息。

19.8.5 参与竞价

当用户选择指定物品参与竞价时,系统将会显示该物品的当前详情,例如起拍价格、当前最高竞价等,界面下方提供一个输入框供用户输入竞拍价。

用于竞价的界面布局文件如下。

程序清单:codes\19\AuctionClient\app\src\main\res\layout\add_bid.xml

```xml
<?xml version="1.0" encoding="utf-8"?>
<ScrollView xmlns:android="http://schemas.android.com/apk/res/android"
    android:layout_width="match_parent"
    android:layout_height="match_parent">
    <TableLayout
        android:layout_width="match_parent"
        android:layout_height="wrap_content"
        android:padding="@dimen/title_padding"
        android:stretchColumns="1">
        <TextView
            android:layout_width="match_parent"
```

```xml
            android:layout_height="wrap_content"
            android:gravity="center"
            android:padding="@dimen/title_padding"
            android:text="@string/item_detail_title"
            android:textSize="@dimen/label_font_size" />
    <!-- 显示物品名称的行 -->
    <TableRow>
        <TextView
            android:layout_width="wrap_content"
            android:layout_height="wrap_content"
            android:text="@string/item_name"
            android:textSize="@dimen/label_font_size" />
        <TextView
            android:id="@+id/itemName"
            style="@style/tv_show"
            android:layout_width="match_parent"
            android:layout_height="wrap_content" />
    </TableRow>
    <!-- 显示物品描述的行 -->
    <TableRow>
        <TextView
            android:layout_width="wrap_content"
            android:layout_height="wrap_content"
            android:text="@string/item_desc"
            android:textSize="@dimen/label_font_size" />
        <TextView
            android:id="@+id/itemDesc"
            style="@style/tv_show"
            android:layout_width="match_parent"
            android:layout_height="wrap_content" />
    </TableRow>
    <!-- 显示物品备注的行 -->
    <TableRow>
        <TextView
            android:layout_width="wrap_content"
            android:layout_height="wrap_content"
            android:text="@string/remark"
            android:textSize="@dimen/label_font_size" />
        <TextView
            android:id="@+id/itemRemark"
            style="@style/tv_show"
            android:layout_width="match_parent"
            android:layout_height="wrap_content" />
    </TableRow>
    <!-- 显示物品种类的行 -->
    <TableRow>
        <TextView
            android:layout_width="wrap_content"
            android:layout_height="wrap_content"
            android:text="@string/item_kind"
            android:textSize="@dimen/label_font_size" />
        <TextView
            android:id="@+id/itemKind"
            style="@style/tv_show"
            android:layout_width="match_parent"
            android:layout_height="wrap_content" />
    </TableRow>
    <!-- 显示起拍价格的行 -->
    <TableRow>
        <TextView
            android:layout_width="wrap_content"
            android:layout_height="wrap_content"
            android:text="@string/init_price"
            android:textSize="@dimen/label_font_size" />
```

```xml
            <TextView
                android:id="@+id/initPrice"
                style="@style/tv_show"
                android:layout_width="match_parent"
                android:layout_height="wrap_content" />
        </TableRow>
        <!-- 显示最高竞价的行 -->
        <TableRow>
            <TextView
                android:layout_width="wrap_content"
                android:layout_height="wrap_content"
                android:text="@string/max_price"
                android:textSize="@dimen/label_font_size" />
            <TextView
                android:id="@+id/maxPrice"
                style="@style/tv_show"
                android:layout_width="match_parent"
                android:layout_height="wrap_content" />
        </TableRow>
        <!-- 显示结束时间的行 -->
        <TableRow>
            <TextView
                android:layout_width="wrap_content"
                android:layout_height="wrap_content"
                android:text="@string/end_time"
                android:textSize="@dimen/label_font_size" />
            <TextView
                android:id="@+id/endTime"
                style="@style/tv_show"
                android:layout_width="match_parent"
                android:layout_height="wrap_content" />
        </TableRow>
        <!-- 输入竞拍价格的行 -->
        <TableRow>
            <TextView
                android:layout_width="wrap_content"
                android:layout_height="wrap_content"
                android:text="@string/you_bid"
                android:textSize="@dimen/label_font_size" />
            <EditText
                android:id="@+id/bidPrice"
                android:layout_width="match_parent"
                android:layout_height="wrap_content"
                android:inputType="numberDecimal" />
        </TableRow>
        <LinearLayout
            android:layout_width="match_parent"
            android:layout_height="wrap_content">
            <Button
                android:id="@+id/bnAdd"
                android:layout_width="0dp"
                android:layout_height="wrap_content"
                android:layout_weight="1"
                android:text="@string/bid" />
            <Button
                android:id="@+id/bnCancel"
                android:layout_width="0dp"
                android:layout_height="wrap_content"
                android:layout_weight="1"
                android:text="@string/cancel" />
        </LinearLayout>
    </TableLayout>
</ScrollView>
```

从上面的界面布局可以看出，当用户选择竞拍物品之后，程序会显示该物品的详情，界面下方包含一个文本框供用户填写竞拍价格。该界面如图 19.26 所示。

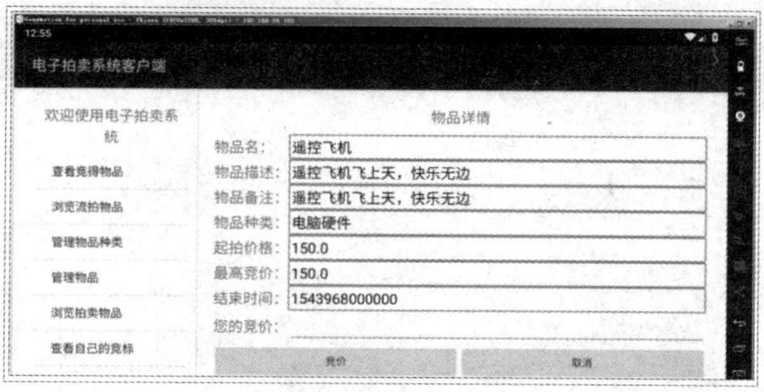

图 19.26 参与竞价

当用户在图 19.26 所示界面中输入竞拍价格，单击"竞价"按钮后，程序将会向/api/bids 发送 POST 请求，添加竞价记录。

参与竞价的 Fragment 代码如下。

程序清单：codes\19\AuctionClient\app\src\main\java\org\crazyit\auction\client\AddBidFragment.java

```java
public class AddBidFragment extends Fragment
{
    // 获取界面上的编辑框
    private EditText bidPrice;
    // 定义当前正在拍卖的物品
    private JSONObject jsonObj;
    @Override
    public View onCreateView(@NonNull LayoutInflater inflater,
        ViewGroup container, Bundle savedInstanceState)
    {
        View rootView = inflater.inflate(R.layout.add_bid, container, false);
        // 定义界面上的文本框
        TextView itemName = rootView.findViewById(R.id.itemName);
        TextView itemDesc = rootView.findViewById(R.id.itemDesc);
        TextView itemRemark = rootView.findViewById(R.id.itemRemark);
        TextView itemKind = rootView.findViewById(R.id.itemKind);
        TextView initPrice = rootView.findViewById(R.id.initPrice);
        TextView maxPrice = rootView.findViewById(R.id.maxPrice);
        TextView endTime = rootView.findViewById(R.id.endTime);
        bidPrice = rootView.findViewById(R.id.bidPrice);
        // 定义并获取界面上的两个按钮
        Button bnAdd = rootView.findViewById(R.id.bnAdd);
        Button bnCancel = rootView.findViewById(R.id.bnCancel);
        // 为取消按钮的单击事件绑定事件监听器
        bnCancel.setOnClickListener(new HomeListener(getActivity()));
        assert getArguments() != null;
        // 定义发送请求的 URL
        String url = HttpUtil.BASE_URL + "item/"
            + getArguments().getInt("itemId");
        try
        {
            // 获取指定的拍卖物品
            jsonObj = new JSONObject(HttpUtil.getRequest(url));
            // 使用文本框来显示拍卖物品的详情
            itemName.setText(jsonObj.getString("name"));
            itemDesc.setText(jsonObj.getString("desc"));
            itemRemark.setText(jsonObj.getString("remark"));
            itemKind.setText(jsonObj.getString("kind"));
            initPrice.setText(jsonObj.getString("initPrice"));
```

```java
                maxPrice.setText(jsonObj.getString("maxPrice"));
                endTime.setText(jsonObj.getString("endTime"));
            }
            catch (Exception e1)
            {
                DialogUtil.showDialog(getActivity(), "服务器响应出现异常! ", false);
                e1.printStackTrace();
            }
            bnAdd.setOnClickListener(view -> {
                try
                {
                    // 执行类型转换
                    double curPrice = Double.parseDouble(bidPrice.getText().toString());
                    // 执行输入校验
                    if (curPrice < jsonObj.getDouble("maxPrice")) // ①
                    {
                        DialogUtil.showDialog(getActivity(),
                            "您输入的竞价必须高于当前竞价", false);
                    }
                    else
                    {
                        // 添加竞价记录
                        String result = addBid(jsonObj.getString("id"), curPrice + ""); // ②
                        // 显示对话框
                        DialogUtil.showDialog(getActivity(), result, true);
                    }
                }
                catch (NumberFormatException ne)
                {
                    DialogUtil.showDialog(getActivity(), "您输入的竞价必须是数值", false);
                }
                catch (Exception e)
                {
                    e.printStackTrace();
                    DialogUtil.showDialog(getActivity(), "服务器响应出现异常，请重试! ", false);
                }
            });
            return rootView;
        }
        private String addBid(String itemId, String bidPrice) throws Exception
        {
            // 使用Map封装请求参数
            Map<String , String> map = new HashMap<>();
            map.put("itemId", itemId);
            map.put("bidPrice", bidPrice);
            // 定义请求将会发送到bids
            String url = HttpUtil.BASE_URL + "bids";
            // 发送请求
            return HttpUtil.postRequest(url, map);
        }
    }
```

从上面的程序可以看出，当用户单击"竞价"按钮后，程序将先执行输入校验，再调用addBid()方法来添加竞价记录，如上面程序中的①、②两行粗体字代码所示。

如果用户竞价成功，系统将显示如图19.27所示的对话框。

> **提示：**
> 系统也为兼容手机屏幕提供了AddBidActivity，该Activity的作用也只是包装并显示AddBidFragment，此处不再给出该类的代码。

图 19.27 竞价成功

19.9 权限控制

前面介绍时已经看到，服务器端程序在处理用户登录时，如果用户登录成功，系统会把用户 ID 放入 HTTP session 中，方便系统跟踪用户的登录状态。

对于 Android 客户端程序来说，由于 Android 客户端采用了 OkHttp 来发送请求、获取响应，因此 OkHttp 会自动维护与服务器之间的登录状态。在有效时间之内，服务器端程序可以跟踪 Android 客户端的登录状态。

本系统要求只有登录用户才能使用系统功能，因此程序考虑在服务器端使用 Spring MVC 的拦截器进行控制，拦截器只要拦截匹配的/api/**（RESTful 接口的所有功能都位于/api/之下）的 URL 即可。

程序清单：codes\19\auction\WEB-INF\src\org\crazyit\auction\controller\RestfulAuth.java

```java
public class RestfulAuth extends HandlerInterceptorAdapter
{
    @Override
    public boolean preHandle(HttpServletRequest request,
        HttpServletResponse response, Object handler) throws Exception
    {
        HttpSession sess = request.getSession();
        Integer userId = (Integer) sess.getAttribute("userId");
        if(userId != null && userId > 0)
        {
            // 继续向下执行
            return true;
        }
        else
        {
            response.setContentType("text/html; charset=utf-8");
            // 生成错误提示。
            response.getWriter().println("您还没有登录系统，请先登录系统！");
            return false;
        }
    }
}
```

正如从上面的粗体字代码所看到的，拦截器要求 HTTP session 中的 userId 属性不为 null，且 userId 属性大于 0，这样就可以判定该用户已经登录系统；否则，该拦截器不会"放行"请求，而是直接向客户端生成提示信息。

在定义了该拦截器之后，接下来在 Spring MVC 配置文件中添加如下配置即可。

```xml
<mvc:interceptor>
    <mvc:mapping path="/api/**" />
    <!-- 不进行拦截 -->
```

```xml
<mvc:exclude-mapping path="/api/users/login" />
<bean class="org.crazyit.auction.controller.RestfulAuth" />
</mvc:interceptor>
```

提示：
笔者见过一些与该应用类似的 Android 应用的权限控制，它们并没有在服务器端进行权限控制，而是只要求用户在第一次使用时登录系统，但实际上这是不够的。如果应用程序不在服务器端进行权限控制，而是只在客户端要求用户登录，那么这种系统的安全控制十分脆弱。

对于绝大部分普通用户来说，这样的安全控制可能没有太大的问题；但对于恶意用户来说，他可以采用多种方法来绕过客户端的登录要求——最简单的方法比如反编译 Android 应用，让用户在启动程序时立即进入 Main Activity，如果服务器不再进行权限控制，那么整个应用就"赤裸裸"地暴露出来了，这将是一件可怕的事情。所以这里系统不仅要求用户第一次使用时进行登录，而且程序还在服务器端进行了控制，这样才可保证系统的安全性。

对于实际企业应用的 Android 客户端而言，如果需要提供更高强度、更细粒度的权限控制，则通常推荐使用 OAuth 2.0 的权限控制，这样会更好。

19.10 本章小结

本章介绍了一个非常实用的 Android 应用，Android 应用充当电子拍卖系统的客户端，服务器端则采用 Spring MVC + Spring + Hibernate 的技术组合，架构上采用了控制器层、业务逻辑层、DAO 层的分层架构，保证整个项目具有极好的可扩展性和可维护性。由于本书是一本介绍 Android 开发的图书，因此本章并未介绍服务器端的业务逻辑组件、DAO 组件的实现，而是重点介绍了 Android 客户端的实现，包括为 Android 客户端提供响应的 RESTful 接口、Android 客户端的界面布局、Activity 实现等。本章的 Android 客户端通过 OkHttp 与服务器交互，服务器与客户端之间采用 JSON 作为数据交换格式。读者学习本章需要重点掌握 Android 应用与传统企业应用整合的方式，二者之间通过网络进行数据交换的方式。